线性系统理论

周　彬　著

科学出版社
北　京

内 容 简 介

本书主要介绍基于状态空间模型的线性定常系统理论. 书中系统介绍了输入输出规范型理论, 并用之解决了极点配置、不变因子配置、解耦控制、最小相位系统的输出反馈镇定、输出跟踪和状态跟踪等问题; 详细讨论了函数能控能观性、强能控能观性、强能检测性和强能稳性等与不变零点有关的系统量, 并将之与系统结构分解和设计问题相联系, 深刻地揭示了线性系统的结构特点; 充分利用二次最优性能指标的特殊性, 完整介绍了基于配方法的二次最优控制理论; 全面讨论了观测器设计问题, 在统一的框架下介绍了全维/降维/函数观测器、对偶观测器-控制器、未知输入观测器以及干扰观测器的设计理论. 本书既有基础知识, 也有先进理论, 还有部分最新研究进展, 特别是包含了作者的部分研究成果.

本书可作为控制科学与工程、系统科学、运筹学与控制论、应用数学等相关学科的研究生教材或者教学参考书, 也可供相关专业教学与科研人员和工程技术人员参考.

图书在版编目(CIP)数据

线性系统理论/周彬著. —北京：科学出版社，2024.5

ISBN 978-7-03-078492-6

Ⅰ. ①线… Ⅱ. ①周… Ⅲ. ①线性系统理论 Ⅳ. ①O231

中国国家版本馆 CIP 数据核字(2024)第 092718 号

责任编辑: 朱英彪 赵微微 / 责任校对: 任苗苗

责任印制: 吴兆东 / 封面设计: 无极书装

科学出版社 出版

北京东黄城根北街 16 号

邮政编码: 100717

http://www.sciencep.com

北京中科印刷有限公司印刷

科学出版社发行 各地新华书店经销

*

2024 年 5 月第 一 版 开本: 787 × 1092 1/16

2025 年 1 月第二次印刷 印张: 34

字数: 870 000

定价: 198.00 元

(如有印装质量问题, 我社负责调换)

作 者 简 介

周彬, 哈尔滨工业大学教授, 博导, 航天学院控制理论与制导技术研究中心主任. 国家杰出青年科学基金获得者; 全国百篇优秀博士学位论文奖获得者; 中国青少年科技创新奖获得者; 国家自然科学基金优秀青年科学基金获得者; 国家自然科学奖二等奖获得者; 教育部新世纪优秀人才支持计划入选者. 在控制理论和工程领域的主流和权威期刊 *Automatica*, *IEEE Transactions on Automatic Control*, *SIAM Journal on Control and Optimization* 等上发表论文 100 余篇. 目前担任国际自动控制联合会 (IFAC) 旗舰期刊 *Automatica*, IEEE 航空航天与电子系统学会旗舰期刊 *IEEE Transactions on Aerospace and Electronic Systems* 以及 IEEE 系统、人与控制论学会旗舰期刊 *IEEE Transactions on Systems, Man, and Cybernetics: Systems* 等期刊的编委; 是中国自动化学会控制理论专业委员会委员, IFAC 线性控制系统技术委员会委员, IFAC 非线性控制系统技术委员会委员, IFAC 航空航天技术委员会委员. 主要研究方向为时变系统理论、时滞系统理论、非线性控制理论和飞行器控制等.

前　言

本书主要介绍系数为定常矩阵的连续时间线性动态系统的控制理论.

我从 2009 年参加工作以来, 讲授过各种形式的 "线性系统理论" 课程, 其中包括不足 10 学时的本科生课程 "现代控制理论"、超过 60 学时的研究生课程 "线性系统理论"、32 学时的留学生课程 "线性系统理论", 以及针对航天院所的简明课程 "线性系统理论". 每次登台授课之前, 少不了温习和梳理即将讲授的课程内容, 有不懂或者小有心得的地方就记录下来, 已有十数年之久. 此外, 我一直从事与线性系统理论密切相关的控制理论的研究, 得力于互联网时代具备的高效文献检索和索取方式, 通过阅读大量的文献, 特别是年代较久远的文献, 积累了一些自认为比较重要或有趣的知识点. 这两方面的原因促成了本书的写作.

本书定位成线性系统理论的基础, 主要是基于两个方面的原因. 首先, 本书介绍的内容大多属于最一般的情形, 如随机生成的一个方阵, 本书考虑该方阵为非奇异的情形. 虽然方阵奇异的情形很棘手, 但毕竟是小概率事件. 在科学理论中, 最难处理的往往是奇异的情形. 例如, Lyapunov 当年提出的 Lyapunov 第一法应用于线性化系统是稳定或者不稳定等最为常见的情形是相对简单的, 而应用于线性化系统是相对少见的临界稳定的情形是相当复杂的, 从而也占用了最可观的篇幅. 作为一个具体实例, 本书对耦合矩阵非奇异这一相对常见情形下的输入输出规范型进行了详细的介绍, 而对需要更多的概念和手段进行处理的奇异情形仅做简要介绍. 其次, 本书介绍的内容大多以解决问题为度, 并不追求特定意义上的最佳, 或者解法的优越性. 许多问题, 如最基础的极点配置问题, 文献中存在大量先进的算法. 然而, 因涉及太多深入的矩阵分析的内容, 会显著增加本书的阅读难度, 也就没有进行介绍. 这方面的缺憾可以通过阅读专门的学术论文进行弥补.

线性系统理论特别是线性定常系统理论在 20 世纪 70 ~ 80 年代已经发展成熟. 因此, 同期或者稍后的 90 年代产生了大量优秀的关于线性定常系统理论的教材和著作, 这些著作全面地概括了线性系统领域的基础性成果. 从这个角度来看, 如今已经没有必要再耗费时间和精力从浩瀚的文献中发掘一手资料来编写教材或者参考书. 但以我粗浅的认知, 认为至少有一点值得考虑, 那就是非线性系统理论的发展给线性系统理论提供了一些新的视角. 这里仅举一个例子. 相对阶以及和相对阶密切相关的内动态是非线性系统理论中非常重要的概念和工具. 虽然将它们从非线性系统平移到线性系统是简单和直接的, 甚至它们最初就是针对线性系统而提出的[①], 然而它们在大多数线性系统理论的教材或者专著中很少或没有被提及. 事实上, 借助这两个概念, 线性系统理论中的许多问题, 如能控规范型、极点配置、解耦控制、输出反馈镇定、输出轨迹跟踪和状态跟踪等, 都可以非常简洁地得到解决, 并能深刻地揭示这些问题之间的内在联系.

本书内容共 8 章. 粗略地说, 前 4 章是线性系统的分析, 后 4 章是线性系统的设计. 具体地, 第 1 章介绍线性系统的状态空间模型、解以及常用的概念 (如极点、零点等); 第 2 章介

---

① 据我所知, 相对阶的概念至少可以追溯到 1965 年 Brockett 的论文 "Poles, zeros, and feedback: State space interpretation".

绍能控性与能观性; 第 3 章介绍稳定性; 第 4 章介绍系统变换和分解, 这一章可看成承上启下的一章, 既有对能控性、能观性和稳定性的分析和运用, 又为线性系统的设计奠定了基础; 第 5 章介绍非优化设计——反馈镇定; 第 6 章介绍优化设计——二次最优控制; 第 7 章介绍观测器; 第 8 章介绍跟踪与调节.

我在阅读那些成功的线性系统理论著作特别是英文著作之后逐渐产生一种感觉, 那就是成书年代早的著作, 内容相对艰深复杂, 而年代近的著作则内容相对简单和基础. 特别是有些著作的早期版本内容很艰深, 而近期再版的著作却相当基础. 我认为, 这不是线性系统理论越来越不重要的表现, 反而是越来越重要的一个重要依据. 这是因为, 线性系统理论作为自动控制领域的基础知识, 已经成为工程相关专业的通识内容, 从而要求其内容要更简洁以便能被更广泛的受众所接受. 本书的定位是作为从事控制理论研究的同行特别是研究生的教材或参考书, 并未考虑受众是否更容易接受, 因此在内容上相对有一定的难度.

本书的选材受限于我自身的兴趣偏好. 例如, 传递函数的实现理论具有非常丰富的内容, 但我认为其与状态空间方法体系的关联不大, 故仅做简单介绍. 相反, 我认为多变量系统的各种规范型能真正体现多变量系统的特色, 是线性系统理论的精华内容, 故用较大的篇幅 (第 4 章是全书篇幅最长的一章) 进行详细的介绍. 又如, 模态控制几乎不见于任何线性系统理论的教材和专著, 但我在本科期间学习《飞行器控制》(张家余主编, 1993 年) 初识该理论时, 该方法在物理上的直观性给我留下了深刻的印象, 所以借此机会对模态控制进行了一番较为详细的梳理. 线性系统理论经过几十年的发展, 可供选择的内容非常丰富. 我在写作本书之初, 也曾想面面俱到地介绍连续与离散系统、时变与定常系统, 然而真正动手之后才发现这远超我的能力. 因此, 本书只考虑连续时间线性定常系统而不涉及其他——这也是本书的一个不足之处.

本书所用数学工具是矩阵分析. 具备线性代数基础知识的读者即可阅读本书. 为了方便读者, 本书的附录 A 中介绍一些普通矩阵分析教材中不常见但对本书有重要价值的内容. 本书每章都有一定数量的习题, 它们部分取自国内外相关教材, 部分为我自己设计. 这些习题总体上的难度较大, 有些题目甚至可以扩充为研究课题. 我相信这些习题对于加强读者对本书内容的理解, 甚至对培养研究生的学术研究能力都是有一定益处的.

本书在每章主要内容之后提供了数量不等的附注. 附注的排列顺序与正文内容的出现顺序基本保持一致. 其内容主要包括三个方面: 一是对该章正文内容的来源进行说明. 限于眼界、时间和精力, 这部分内容未能做到尽善尽美, 在此表达诚挚的歉意. 二是对正文内容做适当扩充, 并指向具体的参考文献, 以方便读者进一步阅读和研究. 三是对正文内容发表个人的粗浅看法. 因是个人看法, 难免存在不当之处.

本书有机地融合了作者的一些研究成果, 如能控能观性分析的部分结论、各种指数集 (可逆性、输入函数能观性、输出函数能控性) 的定义和性质、多输入多输出系统输入输出规范型的构造方法、Morse 规范型的部分结论、可解耦质系统与能控规范型、对称化子与能控规范型、模态控制的部分结论、最小多项式配置问题及其解、固定终端有限时间二次最优控制的部分结论、参量 Lyapunov 方程及其性质、对偶观测器的部分结论、干扰观测器的部分结论和输出跟踪及状态跟踪的部分结论等.

我在写作本书的过程中广泛参考了国内自 1979 年至 2022 年出版的相关优秀中文教材和专著 (含日文翻译著作) 四十余种, 特别是段广仁、古田胜久和佐野昭、胡克定和郑卫新、庞富胜、市川邦彦、须田信英等、张忠兴、郑大钟等的著作; 也参考了与线性系统理论相关的国外优秀教材和专著三十余种, 特别是 P. J. Antsaklis 和 A. N. Michel, R. W. Brockett, C. T. Chen, J. P. Hespanha, T. Kailath, R. E. Kalman 等, H. H. Rosenbrock, W. J. Rugh 等的著作. 谨向这些优秀教材和专著的作者致以诚挚的感谢. 自 2003 年至今, 我已在段广仁院士团队学习和工作二十年, 借出版此书的机会衷心感谢段院士长期以来在工作和生活中提供的大公无私的帮助和全心全力的支持. 我指导的博士研究生杨雪飞、刘青松、罗威威、徐川川、姜怀远、张凯 (2017 级)、宋云霞、张哲、张康康、张凯 (2019 级)、黎海芳、初晓晨、张立轩、王义皓、彭正晓、姜迪、张瑞卿、谢沁宇等协助录入和校对了本书的部分内容, 宋云霞、张凯 (2019 级)、王义皓、黎海芳、张哲、姜怀远、彭正晓、张康康等还分别提供了第 1 ～ 8 章部分习题的答案 (有需要的读者可向作者索取), 硕士研究生黄子豪和丁一协助绘制了本书的部分插图, 数学学院博士研究生赵蕾和未来技术学院本科生曹峻玮 (2022 级) 提出了不少修改意见，在此一并表示感谢. 本书包含的部分研究成果是在国家杰出青年科学基金 (62125303) 、国家自然科学基金优秀青年科学基金 (61322305)、高等学校全国优秀博士学位论文作者专项资金 (201343)、教育部新世纪优秀人才支持计划 (NCET-11-0815)、霍英东教育基金会高等院校青年教师基金 (151060)、中央高校基本科研业务费专项资金 (HIT.BRET.2021008) 等项目的资助下完成的, 于此对上述资助机构深表谢忱.

囿于作者的学术水平、眼界和品位, 本书难免存在不当之处. 我诚挚地希望读者朋友能将在阅读过程中发现的问题通过电子邮箱 binzhou@hit.edu.cn 进行反馈, 也欢迎读者朋友对本书的不当之处提出批评和指正意见.

周　彬

2023 年 3 月于哈尔滨

符 号 表

集合相关符号

$\mathbf{N}$	自然数的集合, 即 $\{0,1,2,\cdots\}$
$\mathbf{N}_{>0}$	正整数的集合, 即 $\{1,2,\cdots\}$
$\mathbf{R}$	实数集合
$\mathbf{R}_{\geqslant 0}$	非负实数的集合
$\mathbf{C}$	复数集合 (复平面)
$\mathbf{C}_{<0}$	实部为负实数的复数的集合 (开左半平面)
$\mathbf{C}_{\geqslant 0}$	实部为非负实数的复数的集合 (闭右半平面)
$\mathbf{R}^n$	n 维实向量的集合
$\mathbf{R}^{n\times m}$	$n\times m$ 实矩阵的集合
$\mathbf{R}_r^{n\times m}$	秩为 r 的 $n\times m$ 实矩阵的集合
$\mathbf{C}^n$	n 维复向量的集合
$\mathbf{C}^{n\times m}$	$n\times m$ 复矩阵的集合
$\mathbf{C}_r^{n\times m}$	秩为 r 的 $n\times m$ 复矩阵的集合
$\mathbf{R}^{p\times m}[s]$	变量为 s 的 $p\times m$ 实多项式矩阵的集合
$\mathbf{R}^{p\times m}(s)$	变量为 s 的 $p\times m$ 实有理分式矩阵的集合
$\mathbf{C}([a,b],\mathbf{R}^p)$	定义在 $[a,b]$ 上的 p 维实值连续函数的集合

矩阵相关符号

$\mathrm{adj}(A)$	方阵 A 的伴随矩阵
$\det(A)$	方阵 A 的行列式
$\mathrm{rank}(A)$	矩阵 A 的秩
$\mathrm{nrank}(G(s))$	有理分式或多项式矩阵 $G(s)$ 的常秩, 即最大秩
$\mathrm{tr}(A)$	方阵 A 的迹
e^A	方阵 A 的矩阵指数
A^{-1}	方阵 A 的逆
A^-	矩阵 A 的 1 逆, 即 $AA^-A=A$
A^+	矩阵 A 的 Moore-Penrose 逆
A^{T}	矩阵 A 的转置
A^{H}	矩阵 A 的共轭转置
$\overline{A}$	矩阵 A 的共轭
$\mathcal{R}(A)$	矩阵 A 的像空间, 即 $\{y:y=Ax,\forall x\}$

$\mathcal{N}(A)$	矩阵 A 的零空间, 即 $\{x : Ax = 0\}$
$\lambda(A)$	方阵 A 的特征值的集合
$\lambda_i(A)$	方阵 A 的第 i 个特征值
$\lambda_{\min}(A)$	方阵 A 的最小特征值
$\lambda_{\max}(A)$	方阵 A 的最大特征值
$\rho(A)$	方阵 A 的谱半径, 即 $\max_{s\in\lambda(A)}\{\|s\|\}$
$\sigma(A)$	方阵 A 的谱横坐标, 即 $\max_{s\in\lambda(A)}\{\mathrm{Re}\{s\}\}$
$A > 0$	对称正定矩阵 A
$A \geqslant 0$	对称半正定矩阵 A
$A^{\frac{1}{2}}$	满足 $Z^2 = A \geqslant 0$ 的唯一对称半正定矩阵 Z
$\\|A\\|$ 或 $\\|A\\|_2$	矩阵 A 的 2-范数, 即其最大奇异值
$\\|A\\|_{\mathrm{F}}$	矩阵 A 的 Frobenius 范数, 即 $(\mathrm{tr}(A^{\mathrm{H}}A))^{\frac{1}{2}}$
$\\|a\\|$ 或 $\\|a\\|_2$	向量 a 的 2-范数或 Euclidean 范数, 即 $\sqrt{a^{\mathrm{H}}a}$
$\\|a\\|_\infty$	向量 a 的 ∞-范数, 即 $\max_i\{\|a_i\|\}$
$\mathrm{vec}(A)$	设 $A=[a_1, a_2, \cdots, a_n]\in\mathbf{C}^{m\times n}$, 则 $\mathrm{vec}(A)=[a_1^{\mathrm{T}}, a_2^{\mathrm{T}}, \cdots, a_n^{\mathrm{T}}]^{\mathrm{T}}$

二元符号

$A \Rightarrow B$	A 蕴含 B
$A \Leftrightarrow B$	A 等价于 B
$a \in \mathscr{A}$	元素 a 属于集合 $\mathscr{A}$
$\mathscr{A} \subset \mathscr{B}$	集合 $\mathscr{A}$ 是集合 $\mathscr{B}$ 的子集
$\mathscr{A} \cap \mathscr{B}$	集合 $\mathscr{A}$ 和集合 $\mathscr{B}$ 的交集
$\mathscr{A} \cup \mathscr{B}$	集合 $\mathscr{A}$ 和集合 $\mathscr{B}$ 的并集
$A \otimes B$	矩阵 A 和矩阵 B 的 Kronecker 乘积
$A \oplus B$	对角元素为矩阵 A 和矩阵 B 的矩阵
$A \sim B$	方阵 A 相似于方阵 B
$a(s)\|b(s)$	多项式 $a(s)$ 整除 $b(s)$

其他符号

$\gcd(a_1(s), a_2(s), \cdots, a_n(s))$	多项式 $a_1(s), a_2(s), \cdots, a_n(s)$ 的最大公因式
$\mathrm{span}\{\alpha_1, \alpha_2, \cdots, \alpha_r\}$	由 $\alpha_1, \alpha_2, \cdots, \alpha_r$ 张成的线性子空间
$\#\{n_1, n_2, \cdots, n_m\}$	非负整数集合 $\{n_1, n_2, \cdots, n_m\}$ 的共轭分拆
$\mathscr{H}\{n_1, n_2, \cdots, n_m\}$	非负整数集合 $\{n_1, n_2, \cdots, n_m\}$ 元素单调不减重排后的集合
$\dim(\mathcal{X})$	线性空间 $\mathcal{X}$ 的维数
$\deg(\alpha(s))$	多项式 $\alpha(s)$ 的次数
$\begin{pmatrix} n \\ m \end{pmatrix}$ 或 C_n^m	(n, m) 的组合数, 即 $\dfrac{n!}{m!(n-m)!}$

$\mathscr{L}$ 和 $\mathscr{L}^{-1}$	Laplace 变换和逆变换
$x^{(k)}(t)$	函数 $x(t)$ 的 k 阶导数 (1 阶和 2 阶导数也有按惯例分别记为 $\dot{x}$ 和 $\ddot{x}$ 的情形)
d^k	k 阶微分算子, 即 $\mathrm{d}^k(x(t)) = x^{(k)}(t)$
$a^{[k]}$	序号为 $[k]$ 的变量 a
$\mathrm{Re}\{s\}/\mathrm{Im}\{s\}$	复数或矩阵 s 的实部/虚部
$\overline{\lambda}$	复数 λ 的共轭
$\|\lambda\|$	复数 λ 的模
$\delta(t)$	单位脉冲函数
$\forall$	任意
$\varnothing$	空集
$\exists$	存在
I_n	$n \times n$ 单位矩阵
$0_{m\times n}$	$m \times n$ 零矩阵
i	虚数单位
$n!$	非负整数 n 的阶乘

目　　录

第 1 章　状态空间模型与解

用经典控制理论来进行控制系统设计的思路十分成熟. 不过在设计过程中只采取根轨迹和 Bode 图等手段, 既要保证稳定性, 又要兼顾控制性能, 往往难以获得满意的参数. 一旦得不到合适的参数, 通常要从头开始作图, 费时费力. 另外, 当系统的阶数很高时, 画图并不是很方便, 精确程度也难以满足实际需求. 所幸现代控制理论提供了一种不错的方案. 现代控制理论基于状态空间模型, 在线性情形下可借助于强大的矩阵分析工具, 不仅在理论上更为完善, 还更便于利用现代的计算机辅助进行控制系统的分析和设计.

本书主要讨论现代控制理论中最为基础的一个分支: 线性系统理论, 特别是基于时域方法的线性系统理论. 作为线性系统理论的基础, 本章介绍线性系统 (linear system) 的状态空间模型以及状态空间模型的解. 严格来讲, 这部分内容属于微分方程和矩阵分析的结合部分, 专属于控制理论的概念较少, 部分内容如矩阵指数早在控制理论诞生之前就是熟知的结论了.

1.1　状态空间模型

1.1.1　动态系统

“系统” 一词是英文 “system” 的音译, 意指若干部分相互联系和相互作用, 形成的具有某些功能的整体, 如人体的神经系统. 许多大系统是由若干小系统组成的, 即由系统组成的系统, 例如人体是由运动系统、神经系统、循环系统、呼吸系统和消化系统等组成的复杂系统. 系统一般根据其功能命名. 本书主要讨论控制系统.

控制系统一般是由传感器、控制器、执行器和被控对象等组成的系统. 由于传感器、执行器和被控对象一样, 都是物理实体, 一般将它们三者合并称为广义被控对象. 这样一来, 一个控制系统仅包含广义被控对象和控制器两部分. 由于广义被控对象一般都是物理实体, 在不引起混淆的前提下可称之为物理系统或系统. 控制指采用自动控制装置对物理系统的关键性参数进行自动调节, 使它们在受到外界扰动的影响而偏离正常状态时, 能够自动调节回期望的数值范围内.

在控制理论中, 一般把系统看成这样一个装置: 当对该装置施加一定的输入信号时, 该装置产生一定的输出信号. 如图 1.1(a) 所示, 其中, $u_i(t)$ $(i = 1, 2, \cdots, m)$ 表示输入信号, $y_i(t)$ $(i = 1, 2, \cdots, p)$ 表示输出信号. 显然, 输出信号和输入信号有关, 或者说输出信号是输入信号的函数. 根据这种函数关系, 可以把系统分为静态系统和动态系统. 如果当前的输入立即决定当前的输出, 即系统的响应具有瞬时性, 则称为静态系统; 反之, 如果系统的输出受过去的输入信号的影响, 则称为动态系统. 静态系统是无记忆的, 而动态系统是有记忆的.

例 1.1.1　一个电阻 R 可以看成一个系统, 其输入为通过它的电流 i, 其输出为两端的电压 v. 那么 $v = Ri$. 显然, 系统的输入 i 立即决定输出 v, 所以该系统是一个静态系统. 一个电容 C 也可以看成是一个系统, 其输入为通过它的电流 i, 其输出为它两端的电压 v. 那么

$v(t)=v(t_0)+\int_{t_0}^{t} i(s)\mathrm{d}s/C, t \geqslant t_0$, 这里 t_0 是初始时刻. 由此可见该系统的输出 v 和历史的输入 i 有关, 所以该系统是一个动态系统.

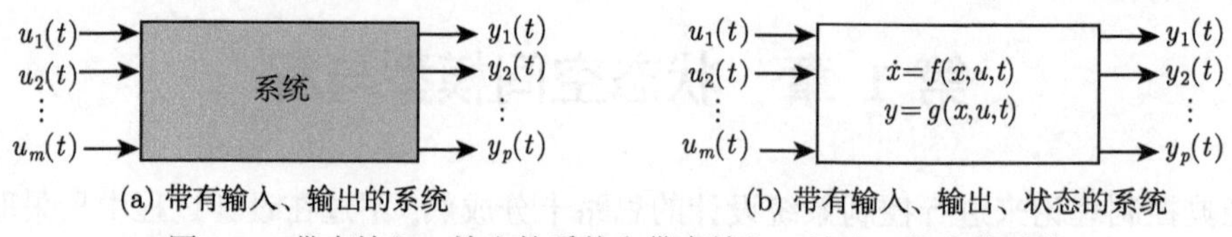

(a) 带有输入、输出的系统　　(b) 带有输入、输出、状态的系统

图 1.1　带有输入、输出的系统和带有输入、输出、状态的系统

本书主要考虑动态系统. 若非特别指出, 下文的系统均指动态系统.

1.1.2　状态和状态空间模型

为了定量描述系统, 需对系统建立数学模型. 在不考虑建模误差的前提下, 可以认为数学模型就是其描述的系统本身. 当运用数学方法对系统进行分析和设计时, 系统“状态”的概念至关重要. 我们说“系统状态为 x”的直观含义是, 通过了解 x 在某一个时刻的值, 可以知道系统在未来时刻的所有行为. 下面给出比较正式的定义. 为了简便, 除非必要, 时间 t 的函数均省略 (t).

定义 1.1.1　考虑 n 个变量, 即时间的函数 $x_1, x_2, \cdots, x_n$. 如果动态系统的 p 个输出变量 $y_1, y_2, \cdots, y_p$ 完全由 $x_1(t_0), x_2(t_0), \cdots, x_n(t_0)$ 以及 m 个输入量 $u_1(s), u_2(s), \cdots, u_m(s)$ 在时间区间 $[t_0, t]$ 内的历史决定, 则称 $x_1, x_2, \cdots, x_n$ 为系统的状态变量 (state variable). 此外, 分别称

$$u=\begin{bmatrix} u_1 \\ u_2 \\ \vdots \\ u_m \end{bmatrix} \in \mathbf{R}^m, \quad x=\begin{bmatrix} x_1 \\ x_2 \\ \vdots \\ x_n \end{bmatrix} \in \mathbf{R}^n, \quad y=\begin{bmatrix} y_1 \\ y_2 \\ \vdots \\ y_p \end{bmatrix} \in \mathbf{R}^p$$

为系统的输入向量、状态向量和输出向量 (有时直接省略“向量”而称为输入、状态和输出), 其中, 正整数 m、n 和 p 分别称为系统的输入维数、状态或系统维数和输出维数.

为了理解状态的概念, 考虑工程中广泛使用的描述物理系统的高阶微分方程模型

$$z^{(n)}=h\left(z, z^{(1)}, \cdots, z^{(n-1)}, u, t\right), \quad z \in \mathbf{R}, u \in \mathbf{R}^m \tag{1.1}$$

在实际工程问题中, 系统的输出或者感兴趣的变量往往是 $z, z^{(1)}, \cdots, z^{(n-1)}$ 和 u 的静态函数, 即

$$y=g\left(z, z^{(1)}, \cdots, z^{(n-1)}, u, t\right), \quad y \in \mathbf{R}^p, u \in \mathbf{R}^m$$

根据定义 1.1.1, 如果 x 是该系统的状态, 对任意时刻 $t \geqslant t_0$, 由状态 x 的初值 $x(t_0)$ 和输入 $u(s)$ $(s \in [t_0, t])$ 能确定该系统在任何时刻 t 的输出 $y(t)$. 设

$$x_1=z, \quad x_2=z^{(1)}, \quad \cdots, \quad x_n=z^{(n-1)}$$

由微分方程理论可知, 对任意 $t \geqslant t_0$, 如果 $z^{(i-1)}(t_0)$ $(i=1,2,\cdots,n)$ 和 $u(s)$ $(s \in [t_0, t])$ 已知, 在比较宽泛的条件下, 例如 h 满足 Lipschitz 条件, 就可以确定该系统在 t 时刻的解 $z(t)$

以及其导数 $z^{(k)}(t)$ $(k=1,2,\cdots,n-1)$ (该问题在数学上称为 Cauchy 问题), 进而可以确定输出 $y(t)$. 因此, $z^{(i-1)}$ $(i=1,2,\cdots,n)$ 可以作为系统 (1.1) 的状态变量, 向量

$$x=\begin{bmatrix} x_1 \\ x_2 \\ \vdots \\ x_n \end{bmatrix}=\begin{bmatrix} z \\ z^{(1)} \\ \vdots \\ z^{(n-1)} \end{bmatrix}$$

可作为系统 (1.1) 的状态向量. 当然, 上述 x 并不是系统 (1.1) 状态向量的唯一选择.

有了状态向量, 可以将系统 (1.1) 转化成一阶微分方程组. 由系统 (1.1) 和 x_i 的定义可知

$$\begin{cases} \dot{x}_1=x_2 \\ \dot{x}_2=x_3 \\ \quad\vdots \\ \dot{x}_n=h(x_1,x_2,\cdots,x_n,u,t) \\ y=g(x_1,x_2,\cdots,x_n,u,t) \end{cases}$$

写成向量的形式为

$$\begin{cases} \dot{x}=f(x,u,t) \\ y=g(x,u,t) \end{cases} \tag{1.2}$$

其中, $f:\mathbf{R}^n\times\mathbf{R}^m\times\mathbf{R}\to\mathbf{R}^n$ 和 $g:\mathbf{R}^n\times\mathbf{R}^m\times\mathbf{R}\to\mathbf{R}^p$ 是适当定义的向量值函数. 这是一个一阶微分方程组. 根据上面的讨论, 对任意 $t\geqslant t_0$, 状态 x 在初始时刻 t_0 的值 $x(t_0)$ 和输入 $u(s)$ $(s\in[t_0,t])$ 决定了时刻 t 的状态 $x(t)$, 从而也决定了时刻 t 的输出 $y(t)$.

如果 f 和 g 是一般的非线性函数, 则系统 (1.2) 称为非线性系统. 如果函数 f 或 g 显含 t, 则系统 (1.2) 称为非线性时变 (time-varying) 系统; 如果 f 和 g 都不显含 t, 则系统 (1.2) 称为非线性定常 (time-invariant) 系统. 通常称系统 (1.2) 的第 1 个方程为状态方程, 第 2 个方程为输出方程. 由系统 (1.2) 可见, 输入 u 引起系统状态 x 的变化, 而状态 x 和输入 u 最终影响系统的输出 y. 如图 1.1(b) 所示.

说明 1.1.1　在很多实际问题中, 如果一个形如式 (1.1) 的高阶微分方程不足以完整描述系统, 可以采用多个高阶微分方程形成高阶微分方程组

$$\begin{cases} z_1^{(n_1)}=h_1(z_1,z_1^{(1)},\cdots,z_1^{(n_1-1)},\cdots,z_r,z_r^{(1)},\cdots,z_r^{(n_r-1)},u,t) \\ z_2^{(n_2)}=h_2(z_1,z_1^{(1)},\cdots,z_1^{(n_1-1)},\cdots,z_r,z_r^{(1)},\cdots,z_r^{(n_r-1)},u,t) \\ \quad\vdots \\ z_r^{(n_r)}=h_r(z_1,z_1^{(1)},\cdots,z_1^{(n_1-1)},\cdots,z_r,z_r^{(1)},\cdots,z_r^{(n_r-1)},u,t) \end{cases} \tag{1.3}$$

进行描述. 相应的输出方程为

$$y(t)=g(z_1,z_1^{(1)},\cdots,z_1^{(n_1-1)},\cdots,z_r,z_r^{(1)},\cdots,z_r^{(n_r-1)},u,t)$$

此时状态向量可以取成

$$x = \left[\begin{array}{cccc|c|cccc} z_1 & z_1^{(1)} & \cdots & z_1^{(n_1-1)} & \cdots & z_r & z_r^{(1)} & \cdots & z_r^{(n_r-1)} \end{array}\right]^{\mathrm{T}} \in \mathbf{R}^n \tag{1.4}$$

其中, $n = n_1 + n_2 + \cdots + n_r$. 需要指出的是, 如果微分方程 (1.1) 含有 u 的导数项, 即

$$z^{(n)} = h\left(z, z^{(1)}, \cdots, z^{(n-1)}, u, u^{(1)}, \cdots, u^{(m)}, t\right), \quad m \leqslant n$$

则一般情况下将之转化为形如式 (1.2) 的一阶微分方程组是一个比较复杂的问题. 线性情形将在后面进行讨论 (见 1.3 节).

显然, 对于一个给定的系统, 取不同的初始状态 $x(t_0)$ 和不同的输入 $u(s)$ $(s \in [t_0, t])$ 就会得到不同的状态 $x(t)$. 系统所有可能的状态构成的集合称为该系统的状态空间. 因此, n 维系统的状态空间是 $\mathbf{R}^n$ 的子空间.

例 1.1.2　考虑如图 1.2(a) 所示的小车倒立摆系统. 倒立摆的支点装在一个沿水平方向运动的小车上, 小车与电机相连, 电机在小车上施加水平方向的力 F. 该系统的受力分析如图 1.2(b) 所示. 设匀质摆杆的质量为 m, 长度为 $2l$, 摆杆与垂直方向的夹角为 θ (以顺时针方向为正), 支点的位移为 w. 因此摆杆质心的坐标为 $(w + l\sin(\theta), l\cos(\theta))$. 设摆杆受到的水平方向的作用力为 H, 竖直方向的反作用力为 V. 忽略一切摩擦力. 根据 Newton 运动定律有

$$m\frac{\mathrm{d}^2}{\mathrm{d}t^2}(w + l\sin(\theta)) = H \tag{1.5}$$

$$m\frac{\mathrm{d}^2}{\mathrm{d}t^2}(l\cos(\theta)) = V - mg \tag{1.6}$$

其中, g 是重力加速度.

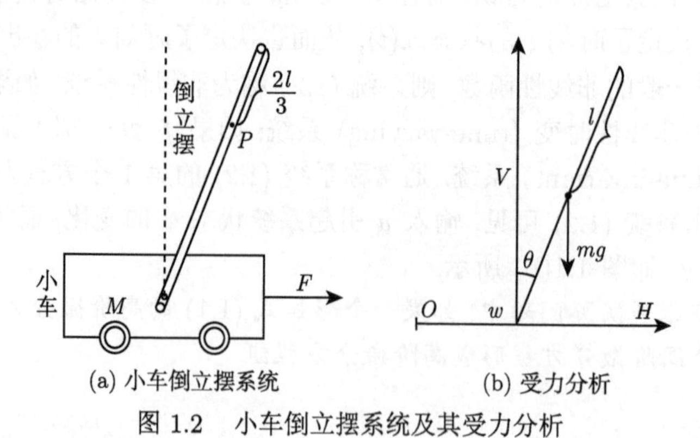

图 1.2　小车倒立摆系统及其受力分析

对摆杆的质心应用动量矩定理可得

$$J\ddot{\theta} = Vl\sin(\theta) - Hl\cos(\theta) \tag{1.7}$$

其中, $J = m(2l)^2/12$ 是摆杆对质心的转动惯量.

根据 Newton 运动定律, 小车在水平方向上满足的方程为

$$M\ddot{w} = F - H \tag{1.8}$$

其中, M 是小车的质量.

联立式 (1.5) ~ 式 (1.8) 消去 V 和 H 可得

$$\begin{cases} \dfrac{M+m}{m}\ddot{w} + l\ddot{\theta}\cos(\theta) = \dfrac{F}{m} + l\dot{\theta}^2\sin(\theta) \\ \dfrac{4l}{3}\ddot{\theta} + \ddot{w}\cos(\theta) = g\sin(\theta) \end{cases}$$

以 $\ddot{w}$ 和 $\ddot{\theta}$ 为未知变量解之可得

$$\begin{cases} \ddot{w} = \dfrac{4ml\dot{\theta}^2\sin(\theta) - 3mg\cos(\theta)\sin(\theta) + 4F}{4M + m + 3m\sin^2(\theta)} \\ \ddot{\theta} = \dfrac{3(M+m)g\sin(\theta) - 3ml\dot{\theta}^2\sin(\theta)\cos(\theta) - 3F\cos(\theta)}{l(4M + m + 3m\sin^2(\theta))} \end{cases} \tag{1.9}$$

该方程具有式 (1.3) 的形式. 根据式 (1.4) 可取状态向量 $x = [x_1, x_2, x_3, x_4]^{\mathrm{T}} = [w, \dot{w}, \theta, \dot{\theta}]^{\mathrm{T}}$. 设 F 为输入 u, 位移 w 为输出 y. 那么非线性系统 (1.9) 可以写成系统 (1.2) 的形式, 其中

$$f(x,u) = \begin{bmatrix} x_2 \\ \dfrac{4mlx_4^2\sin(x_3) - 3mg\cos(x_3)\sin(x_3) + 4u}{4M + m + 3m\sin^2(x_3)} \\ x_4 \\ \dfrac{3(M+m)g\sin(x_3) - 3mlx_4^2\sin(x_3)\cos(x_3) - 3u\cos(x_3)}{l(4M + m + 3m\sin^2(x_3))} \end{bmatrix}, \quad g(x,u) = x_1$$

这是一个非线性时不变系统.

1.1.3 线性系统模型

在非线性系统 (1.2) 中, 如果 $f(x,u,t)$ 和 $g(x,u,t)$ 都是 u 的仿射函数, 即

$$\begin{cases} \dot{x} = A(x,t) + B(x,t)u \\ y = C(x,t) + D(x,t)u \end{cases}$$

则称该系统为仿射非线性系统. 如果进一步限定 $f(x,u,t)$ 和 $g(x,u,t)$ 为 x 和 u 的线性函数, 即

$$\begin{cases} \dot{x} = A(t)x + B(t)u \\ y = C(t)x + D(t)u \end{cases} \tag{1.10}$$

则称该系统为线性时变系统, 其中, $A(t) \in \mathbf{R}^{n\times n}$ 称为系统矩阵, $B(t) \in \mathbf{R}^{n\times m}$ 称为控制矩阵, $C(t) \in \mathbf{R}^{p\times n}$ 称为输出矩阵, $D(t) \in \mathbf{R}^{p\times m}$ 称为前馈矩阵. 如果 $A(t)$、$B(t)$ 、$C(t)$ 和 $D(t)$ 都与 t 无关, 则系统 (1.10) 可以写成

$$\begin{cases} \dot{x} = Ax + Bu \\ y = Cx + Du \end{cases} \tag{1.11}$$

此系统称为线性时不变系统或者线性定常系统. 线性定常系统是本书考虑的主要对象, 若非特别强调, 本书直接称之为线性系统. 若无特别说明, 本书的剩余部分均对 (B,C,D) 按下述方式分块, 即

$$B=\begin{bmatrix} b_1 & \cdots & b_m \end{bmatrix},\quad C=\begin{bmatrix} c_1 \\ \vdots \\ c_p \end{bmatrix},\quad D=\begin{bmatrix} d_{11} & \cdots & d_{1m} \\ \vdots & & \vdots \\ d_{p1} & \cdots & d_{pm} \end{bmatrix} \tag{1.12}$$

说明 1.1.2 为了讨论的方便, 通常假设每个控制输入都对系统 (1.11) 有影响, 即

$$\operatorname{rank}\begin{bmatrix} B \\ D \end{bmatrix}=m \tag{1.13}$$

以及系统 (1.11) 的每个输出都是独立的, 即

$$\operatorname{rank}\begin{bmatrix} C & D \end{bmatrix}=p \tag{1.14}$$

如果式 (1.13) 和/或式 (1.14) 不成立, 令 $T_y\in\mathbf{R}_{\tilde{p}}^{\tilde{p}\times p}$ 使得

$$\begin{bmatrix} \tilde{C} & \check{D} \end{bmatrix}=T_y\begin{bmatrix} C & D \end{bmatrix},\quad \operatorname{rank}\begin{bmatrix} \tilde{C} & \check{D} \end{bmatrix}=\tilde{p},\quad \tilde{C}\in\mathbf{R}^{\tilde{p}\times n}$$

再令 $T_u\in\mathbf{R}_{\tilde{m}}^{\tilde{m}\times m}$ 使得

$$\begin{bmatrix} \tilde{B} \\ \tilde{D} \end{bmatrix}=\begin{bmatrix} B \\ \check{D} \end{bmatrix}T_u,\quad \operatorname{rank}\begin{bmatrix} \tilde{B} \\ \tilde{D} \end{bmatrix}=\tilde{m},\quad \tilde{B}\in\mathbf{R}^{n\times\tilde{m}} \tag{1.15}$$

那么, 如果设

$$u=T_u\tilde{u},\quad \tilde{y}=T_yy \tag{1.16}$$

则原系统 (1.11) 可以写成

$$\begin{cases} \dot{x}=Ax+\tilde{B}\tilde{u} \\ \tilde{y}=\tilde{C}x+\tilde{D}\tilde{u} \end{cases} \tag{1.17}$$

其中, $\tilde{D}=T_yDT_u=\check{D}T_u$. 此时根据引理 A.1.1 有

$$\operatorname{rank}\begin{bmatrix} \tilde{C} & \tilde{D} \end{bmatrix}=\operatorname{rank}\left(\begin{bmatrix} \tilde{C} & \check{D} \end{bmatrix}(I_n\oplus T_u)\right)=\operatorname{rank}\begin{bmatrix} \tilde{C} & \check{D} \end{bmatrix}=\tilde{p}$$

式 (1.15) 和上式表明变换后的系统 (1.17) 满足式 (1.13) 和式 (1.14). 注意到变换 (1.16) 是合理的: 系统 (1.17) 的输出 $\tilde{y}$ 由原系统 (1.11) 的输出 y 确定, 而任何针对系统 (1.17) 设计的控制信号 $\tilde{u}$ 可以确定原系统 (1.11) 的控制信号 u.

如果 $m=p=1$, 为了显示其特殊性, 经常将 B、C、D 分别写成 b、c、d, 即

$$\begin{cases} \dot{x} = Ax + bu \\ y = cx + du \end{cases} \tag{1.18}$$

该系统称为单输入单输出 (single-input-single-output, SISO) 系统. 有别于 SISO 系统, 只要 m 和 p 其中一个量大于 1, 称系统 (1.11) 为多输入多输出 (multiple-input-multiple-output, MIMO) 系统. MIMO 系统有时也称为多变量 (multi-variable) 系统. 在有些文献中, 输入维数等于输出维数即 $m = p$ 的系统称为全驱系统; 输入维数大于输出维数即 $m > p$ 的系统称为过驱系统; 输入维数小于输出维数即 $m < p$ 的系统称为欠驱系统.

由此可见, 线性系统是非线性系统的一种极其特殊的情况. 研究这种极其特殊系统的原因有如下几点.

(1) 这种系统相对简单, 可以采用成熟的数学工具特别是矩阵进行处理.

(2) 在最简单的情形下容易获得最纯粹的理论结果, 进而指导复杂情形下的理论研究.

(3) 许多实际物理系统在一定的条件下可以用线性系统模型进行比较精确的描述.

(4) 非线性系统在一定条件下可以用线性系统进行精度较高的近似.

下面用一个电路系统和一个机械系统来说明如何建立线性系统模型. 这些实际存在的线性系统证实了上面提及的第 (3) 点理由.

例 1.1.3　考虑如图 1.3 所示的电气网络系统, 其输入量为电流 i, 输出量为电容 C_1 和 C_2 上的电压. 下面建立此网络的状态空间表达式. 一般而言, 电气网络的状态个数等于储能元件即电容和电感的总个数. 由于电容电压和电感电流自然满足微分方程, 它们一般被取为状态变量. 取电容 C_1 和 C_2 两端的电压 v_1 和 v_2 以及电感 L_1 和 L_2 中的电流 i_1 和 i_2 为状态变量, 即 $x_1 = v_1, x_2 = v_2, x_3 = i_1, x_4 = i_2$. 在节点 a 、b、c 按 Kirchhoff 电流定律可列出电流方程

$$\begin{cases} i + i_1 = \dfrac{1}{R_1}(v_1 - L_1\dot{i}_1) + C_2\dot{v}_2 \\ 0 = C_1\dot{v}_1 + i_1 + i_2 \\ i_2 + C_2\dot{v}_2 = \dfrac{1}{R_2}(v_1 - L_2\dot{i}_2) \end{cases}$$

在回路 l 中按 Kirchhoff 电压定律可列出电压方程 $v_2 + L_1\dot{i}_1 = L_2\dot{i}_2$. 在以上 4 个方程中, 将 $\dot{v}_1$、$\dot{v}_2$、$\dot{i}_1$、$\dot{i}_2$ 看成未知量, 移项得到

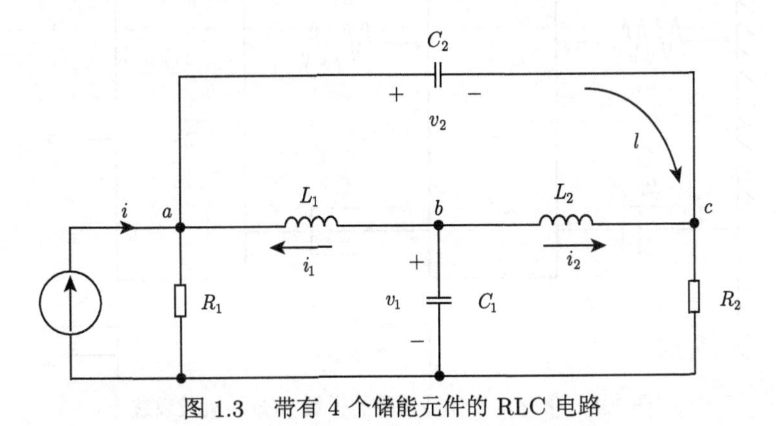

图 1.3　带有 4 个储能元件的 RLC 电路

$$
\begin{cases}
\dot{x}_1 = -\dfrac{1}{C_1}x_3 - \dfrac{1}{C_1}x_4 \\
R_1C_2\dot{x}_2 - L_1\dot{x}_3 = -x_1 + R_1x_3 + R_1 i \\
R_2C_2\dot{x}_2 + L_2\dot{x}_4 = x_1 - R_2x_4 \\
-L_1\dot{x}_3 + L_2\dot{x}_4 = x_2
\end{cases}
$$

从以上 4 个方程中解出 $\dot{x}_i\ (i=1,2,3,4)$, 并记 $x=[x_1,x_2,x_3,x_4]^{\mathrm{T}}, y=[y_1,y_2]^{\mathrm{T}}=[v_1,v_2]^{\mathrm{T}}$ 和 $u=i$, 得到状态空间表达式

$$
\begin{cases}
\dot{x} = \begin{bmatrix}
0 & 0 & -\dfrac{1}{C_1} & -\dfrac{1}{C_1} \\
0 & -\dfrac{1}{C_2(R_1+R_2)} & \dfrac{R_1}{C_2(R_1+R_2)} & -\dfrac{R_2}{C_2(R_1+R_2)} \\
\dfrac{1}{L_1} & -\dfrac{R_1}{L_1(R_1+R_2)} & \dfrac{R_1R_2}{L_1(R_1+R_2)} & -\dfrac{R_1R_2}{L_1(R_1+R_2)} \\
\dfrac{1}{L_2} & \dfrac{R_2}{L_2(R_1+R_2)} & -\dfrac{R_1R_2}{L_2(R_1+R_2)} & -\dfrac{R_1R_2}{L_2(R_1+R_2)}
\end{bmatrix} x + \begin{bmatrix}
0 \\
\dfrac{R_1}{C_2(R_1+R_2)} \\
\dfrac{R_1R_2}{L_1(R_1+R_2)} \\
-\dfrac{R_1R_2}{L_2(R_1+R_2)}
\end{bmatrix} u \\
y = \begin{bmatrix} 1 & 0 & 0 & 0 \\ 0 & 1 & 0 & 0 \end{bmatrix} x
\end{cases}
$$

例 1.1.4 考虑如图 1.4 所示的弹簧-质量块机械系统, 其中, M_1 和 M_2 为质量块, K_1 和 K_2 为弹簧, B_1 和 B_2 是阻尼器. 这里字母表示相应的质量、弹性系数和阻尼系数. 下面建立在外力 f 作用下, 以质量块 M_1 和 M_2 的位移 y_1 和 y_2 为输出的状态空间表达式. 与电气网络系统类似, 机械系统的状态个数也等于储能元件即弹簧和质量块的总个数. 取质量块 M_1 和 M_2 的位移或弹簧的伸长度 y_1 和 y_2 以及质量块的速度 v_1 和 v_2 作为状态变量, 即 $x_1=y_1, x_2=y_2, x_3=v_1=\mathrm{d}y_1/\mathrm{d}t, x_4=v_2=\mathrm{d}y_2/\mathrm{d}t$. 根据 Newton 运动定律, 对 M_1 和 M_2 分别有

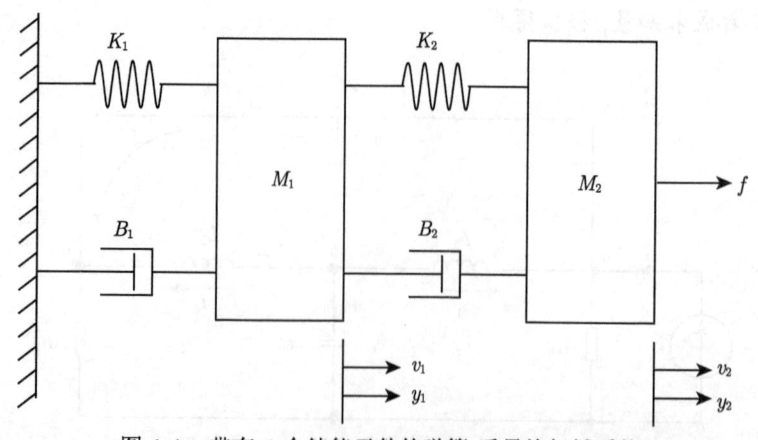

图 1.4 带有 4 个储能元件的弹簧-质量块机械系统

$$
\begin{cases}
M_1\dfrac{\mathrm{d}v_1}{\mathrm{d}t}=K_2(y_2-y_1)+B_2\left(\dfrac{\mathrm{d}y_2}{\mathrm{d}t}-\dfrac{\mathrm{d}y_1}{\mathrm{d}t}\right)-K_1y_1-B_1\dfrac{\mathrm{d}y_1}{\mathrm{d}t}\\
M_2\dfrac{\mathrm{d}v_2}{\mathrm{d}t}=f-K_2(y_2-y_1)-B_2\left(\dfrac{\mathrm{d}y_2}{\mathrm{d}t}-\dfrac{\mathrm{d}y_1}{\mathrm{d}t}\right)
\end{cases}
$$

将状态变量和控制量 $u=f$ 代入上面两个公式并整理可得

$$
\begin{cases}
\dot{x}_1=x_3\\
\dot{x}_2=x_4\\
\dot{x}_3=-\dfrac{1}{M_1}(K_1+K_2)x_1+\dfrac{K_2}{M_1}x_2-\dfrac{1}{M_1}(B_1+B_2)x_3+\dfrac{B_2}{M_1}x_4\\
\dot{x}_4=\dfrac{K_2}{M_2}x_1-\dfrac{K_2}{M_2}x_2+\dfrac{B_2}{M_2}x_3-\dfrac{B_2}{M_2}x_4+\dfrac{1}{M_2}u
\end{cases}
$$

如将 x_1 和 x_2 作为输出, 并记 $x=[x_1,x_2,x_3,x_4]^{\mathrm{T}}$ 和 $y=[x_1,x_2]^{\mathrm{T}}$, 上式可写成矩阵形式:

$$
\begin{cases}
\dot{x}=\begin{bmatrix}
0 & 0 & 1 & 0\\
0 & 0 & 0 & 1\\
-\dfrac{1}{M_1}(K_1+K_2) & \dfrac{K_2}{M_1} & -\dfrac{1}{M_1}(B_1+B_2) & \dfrac{B_2}{M_1}\\
\dfrac{K_2}{M_2} & -\dfrac{K_2}{M_2} & \dfrac{B_2}{M_2} & -\dfrac{B_2}{M_2}
\end{bmatrix}x+\begin{bmatrix}0\\0\\0\\ \dfrac{1}{M_2}\end{bmatrix}u\\
y=\begin{bmatrix}1 & 0 & 0 & 0\\ 0 & 1 & 0 & 0\end{bmatrix}x
\end{cases}
$$

1.2　非线性系统的线性化

在工程实践中, 类似于例 1.1.3 和例 1.1.4 的线性模型比较少, 而非线性模型则是非常常见的. 如何用线性模型描述非线性系统呢? 一般有两种方法: 近似方法和精确方法. 近似方法, 就是在系统的工作点附近, 用一个线性模型近似代替非线性模型; 精确方法, 就是通过合适的坐标变换和反馈, 使得改造后的系统呈现出线性系统的形式. 这两种方法也分别称为工作点处线性化/近似线性化和反馈线性化/精确线性化. 由于工作点处线性化最为常用, 经常直接称为线性化. 本节对这两种方法进行简单的介绍.

1.2.1　近似线性化

考虑由状态空间描述的非线性系统

$$
\begin{cases}
\dot{x}=f(x,u,t)\\
y=g(x,u,t)
\end{cases}
\tag{1.19}
$$

其中, $x\in\mathbf{R}^n$、$y\in\mathbf{R}^p$ 和 $u\in\mathbf{R}^m$ 分别是状态、输出和输入向量.

定义 1.2.1 如果 $(u^*, x^*, y^*) = (u^*(t), x^*(t), y^*(t))$ 满足

$$\begin{cases} \dot{x}^* = f(x^*, u^*, t) \\ y^* = g(x^*, u^*, t) \end{cases}, \quad t \geqslant t_0 \tag{1.20}$$

则称其为非线性系统 (1.19) 的一个工作点 (working point).

值得注意的是, 工作点是对受控即具有输入的系统而言的, 而平衡点是对不受控即无输入的系统而言的. 当系统 (1.19) 工作在工作点附近时, 也就是 $(u, x, y) = (u^*, x^*, y^*) + (u_\delta, x_\delta, y_\delta)$, 其中, $(u_\delta, x_\delta, y_\delta)$ 表示 (u, x, y) 与工作点 (u^*, x^*, y^*) 的偏差, 它们在数值上相对于 (u^*, x^*, y^*) 是较小的, 可将 (u, x, y) 在 (u^*, x^*, y^*) 处展开成 Taylor 级数, 即

$$\begin{aligned} \dot{x}^* + \dot{x}_\delta &= f(x^* + x_\delta, u^* + u_\delta, t) \\ &= f(x^*, u^*, t) + \left.\frac{\partial f(x, u, t)}{\partial x}\right|_{x=x^*, u=u^*} x_\delta + \left.\frac{\partial f(x, u, t)}{\partial u}\right|_{x=x^*, u=u^*} u_\delta + \cdots \\ &\approx f(x^*, u^*, t) + \frac{\partial f(x^*, u^*, t)}{\partial x} x_\delta + \frac{\partial f(x^*, u^*, t)}{\partial u} u_\delta \end{aligned} \tag{1.21}$$

和

$$\begin{aligned} y^* + y_\delta &= g(x^* + x_\delta, u^* + u_\delta, t) \\ &= g(x^*, u^*, t) + \frac{\partial g(x^*, u^*, t)}{\partial x} x_\delta + \frac{\partial g(x^*, u^*, t)}{\partial u} u_\delta + \cdots \\ &\approx g(x^*, u^*, t) + \frac{\partial g(x^*, u^*, t)}{\partial x} x_\delta + \frac{\partial g(x^*, u^*, t)}{\partial u} u_\delta \end{aligned} \tag{1.22}$$

这里省略号代表 x_δ 和 u_δ 的高阶项,

$$\frac{\partial f(x^*, u^*, t)}{\partial x} = \begin{bmatrix} \dfrac{\partial f_1(x^*, u^*, t)}{\partial x_1} & \dfrac{\partial f_1(x^*, u^*, t)}{\partial x_2} & \cdots & \dfrac{\partial f_1(x^*, u^*, t)}{\partial x_n} \\ \dfrac{\partial f_2(x^*, u^*, t)}{\partial x_1} & \dfrac{\partial f_2(x^*, u^*, t)}{\partial x_2} & \cdots & \dfrac{\partial f_2(x^*, u^*, t)}{\partial x_n} \\ \vdots & \vdots & & \vdots \\ \dfrac{\partial f_n(x^*, u^*, t)}{\partial x_1} & \dfrac{\partial f_n(x^*, u^*, t)}{\partial x_2} & \cdots & \dfrac{\partial f_n(x^*, u^*, t)}{\partial x_n} \end{bmatrix}$$

表示 $f(x, u, t)$ 在 (u^*, x^*) 处的 Jacobi 矩阵. 由于 (u^*, x^*, y^*) 满足非线性方程 (1.20), 式 (1.21) 和式 (1.22) 可近似地写成

$$\begin{cases} \dot{x}_\delta = A(t) x_\delta + B(t) u_\delta \\ y_\delta = C(t) x_\delta + D(t) u_\delta \end{cases} \tag{1.23}$$

其中

$$\begin{bmatrix} A(t) & B(t) \\ C(t) & D(t) \end{bmatrix} = \begin{bmatrix} \dfrac{\partial f(x^*,u^*,t)}{\partial x} & \dfrac{\partial f(x^*,u^*,t)}{\partial u} \\ \dfrac{\partial g(x^*,u^*,t)}{\partial x} & \dfrac{\partial g(x^*,u^*,t)}{\partial u} \end{bmatrix} \tag{1.24}$$

这表明任何一非线性系统在工作点附近的偏差 $(u_\delta, x_\delta, y_\delta)$ 近似满足一个线性系统. 由于系数矩阵 (1.24) 与 Jacobi 矩阵 (1.24) 相关, 上述线性化方法也可称为 Jacobi 线性化. 通常称线性系统 (1.23) 为非线性系统 (1.19) 的线性化 (linearized) 系统.

说明 1.2.1　关于非线性系统 (1.19) 和线性化系统 (1.23) 之间的关系, 有几点需要说明.

(1) 如果非线性系统是时不变的, 工作点 (u^*, x^*, y^*) 与时间无关, 那么线性化系统一定是时不变的 (见例 1.2.1 中小车倒立摆在竖直位置的线性化系统).

(2) 虽然工作点 (u^*, x^*, y^*) 与时间有关, 线性化系统也可能是时不变的 (例如, 例 1.2.1 中倒立摆角度 $\theta^* \in (0, \pi/2)$ 为常值时的线性化系统).

(3) 如果工作点 (u^*, x^*, y^*) 与时间有关, 即使非线性系统是时不变的, 线性化系统也可能是时变的 (见习题 1.3 讨论的火箭发射系统模型).

下面将分别考虑小车倒立摆系统和航天器轨道交会系统的线性化模型.

例 1.2.1　考虑如图 1.2 所示的小车倒立摆系统. 令 (u^*, x^*, y^*) 是该非线性系统的任意一个工作点, 即

$$\begin{bmatrix} \dot{x}_1^* \\ \dot{x}_2^* \\ \dot{x}_3^* \\ \dot{x}_4^* \end{bmatrix} = \begin{bmatrix} x_2^* \\ \dfrac{4mlx_4^{*2}\sin(x_3^*) - 3mg\cos(x_3^*)\sin(x_3^*) + 4u^*}{4M + m + 3m\sin^2(x_3^*)} \\ x_4^* \\ \dfrac{3(M+m)g\sin(x_3^*) - 3mlx_4^{*2}\sin(x_3^*)\cos(x_3^*) - 3u^*\cos(x_3^*)}{l(4M + m + 3m\sin^2(x_3^*))} \end{bmatrix}, \quad y^* = x_1^*$$

则根据式 (1.24) 可以计算出 $D = 0$ 以及

$$A = \begin{bmatrix} 0 & 1 & 0 & 0 \\ 0 & 0 & \dfrac{ma_{23}}{\alpha_2^2} & \dfrac{8lmx_4^*\sin(x_3^*)}{\alpha_2} \\ 0 & 0 & 0 & 1 \\ 0 & 0 & \dfrac{a_{43}}{l\alpha_2^2} & \dfrac{-3mx_4^*\sin(2x_3^*)}{\alpha_2} \end{bmatrix}, \quad b = \begin{bmatrix} 0 \\ \dfrac{4}{\alpha_2} \\ 0 \\ -\dfrac{3\cos(x_3^*)}{l\alpha_2} \end{bmatrix}, \quad c = \begin{bmatrix} 1 \\ 0 \\ 0 \\ 0 \end{bmatrix}^{\mathrm{T}} \tag{1.25}$$

其中

$$\alpha_2 = 4M + m + 3m\sin^2(x_3^*)$$

$$\begin{aligned} a_{23} = & 12mlx_4^{*2}\cos^3(x_3^*) - 3(8M+5m)g\cos^2(x_3^*) + 8(2M-m)lx_4^{*2}\cos(x_3^*) \\ & + 12g(M+m) - 12\sin(2x_3^*)u^* \end{aligned}$$

$$\begin{aligned} a_{43} = & 9(M+m)mg\cos^3(x_3^*) - 3(8M+5m)mlx_4^{*2}\cos^2(x_3^*) + 6(2M^2+Mm-m^2)g\cos(x_3^*) \\ & + 12(M+m)mlx_4^{*2} + 3(4(M+m) + 3m\cos^2(x_3^*))\sin(x_3^*)u^* \end{aligned}$$

下面考虑该系统的一个特殊工作点: $(u^*, x^*, y^*) = (0,0,0)$, 即倒立摆恰好位于竖直位置. 显然该工作点与时间无关. 将此 (u^*, x^*, y^*) 代入式 (1.25) 可得对应线性系统 (1.23) 的系数矩阵:

$$A = \begin{bmatrix} 0 & 1 & 0 & 0 \\ 0 & 0 & -\dfrac{3mg}{4M+m} & 0 \\ 0 & 0 & 0 & 1 \\ 0 & 0 & \dfrac{3(M+m)g}{(4M+m)l} & 0 \end{bmatrix}, \quad b = \begin{bmatrix} 0 \\ \dfrac{4}{4M+m} \\ 0 \\ -\dfrac{3}{(4M+m)l} \end{bmatrix}, \quad c = \begin{bmatrix} 1 \\ 0 \\ 0 \\ 0 \end{bmatrix}^{\mathrm{T}}, \quad d = 0 \tag{1.26}$$

这显然是一个线性时不变系统. 注意到在这种情况下有 $(u_\delta, x_\delta, y_\delta) = (u, x, y)$, 即线性化系统的输入、状态和输出就是原始非线性系统的输入、状态和输出, 故可仍用 (u, x, y) 表示.

例 1.2.2 考虑如图 1.5 所示的目标航天器运行在轨道角速度为 ω 的圆轨道上的航天器轨道交会问题. 设目标航天器轨道坐标系的原点在目标航天器的重心, X 轴指向航天器运动方向, Z 轴指向引力体 (如地球), X、Y、Z 三轴之间满足右手定则. 设目标航天器到引力体中心的距离为 R, μ 为引力体的引力常数. 若引力体为地球, 则 $\mu = GM \approx 398600.44\mathrm{km}^3/\mathrm{s}^2$, 这里 G 是万有引力常数, M 是地球质量. 根据万有引力定律有 $\omega = \sqrt{\mu/R^3}$. 设追踪航天器的质量为 m, 其所装载的推力器在三轴上的分量为 F_X、F_Y、F_Z, 并假设追踪航天器本体坐标系的各轴和目标轨道坐标系的各轴平行, 追踪航天器在目标轨道坐标系中的坐标为 (X, Y, Z). 根据 Newton 运动定律, 追踪航天器在目标轨道坐标系中的动力学方程为

$$\begin{bmatrix} \ddot{X} \\ \ddot{Z} \\ \ddot{Y} \end{bmatrix} = \begin{bmatrix} 2\omega\dot{Z} + \omega^2 X - \dfrac{\mu X}{r_0^3} \\ \omega^2 Z - 2\omega\dot{X} - \mu\left(\dfrac{Z-R}{r_0^3} + \dfrac{1}{R^2}\right) \\ -\dfrac{\mu Y}{r_0^3} \end{bmatrix} + \begin{bmatrix} \dfrac{F_X}{m} \\ \dfrac{F_Z}{m} \\ \dfrac{F_Y}{m} \end{bmatrix} \tag{1.27}$$

其中, $r_0 = (X^2 + (R-Z)^2 + Y^2)^{\frac{1}{2}}$. 如果取 $x = [X, \dot{X}, Z, \dot{Z}, Y, \dot{Y}]^{\mathrm{T}}$ 为状态向量, $u = [F_X, F_Z, F_Y]^{\mathrm{T}}$ 为控制向量, $y = [X, Z, Y]^{\mathrm{T}}$ 为输出向量, 则式 (1.27) 可以写成非线性系统 (1.2) 的形式. 如果追踪航天器位于理想的工作点, 则应和目标航天器具有相同的轨道要素, 即 $(X^*, Z^*, Y^*) = (\dot{X}^*, \dot{Z}^*, \dot{Y}^*) = (0,0,0)$. 设

$$(X_\delta, Z_\delta, Y_\delta, \dot{X}_\delta, \dot{Z}_\delta, \dot{Y}_\delta) = (X, Z, Y, \dot{X}, \dot{Z}, \dot{Y}) - (X^*, Z^*, Y^*, \dot{X}^*, \dot{Z}^*, \dot{Y}^*) = (X, Z, Y, \dot{X}, \dot{Z}, \dot{Y})$$

注意到 $r_0 \approx R \gg \max\{|X|, |Y|, |Z|\}$ 以及 $\omega^2 = \mu/R^3$, 所以有 $\mu/r_0^3 \approx \omega^2$ 以及

$$\frac{Z-R}{r_0^3} + \frac{1}{R^2} \approx \frac{Z-R}{(R-Z)^3} + \frac{1}{R^2} = \frac{Z^2 - 2RZ}{R^2(R-Z)^2} \approx -\frac{2Z}{R^3}$$

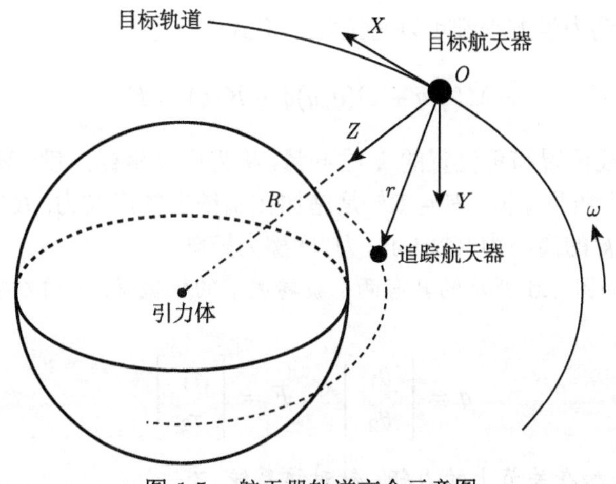

图 1.5　航天器轨道交会示意图

因此非线性系统 (1.27) 在该工作点处的线性化模型为

$$\begin{bmatrix} \ddot{X} \\ \ddot{Z} \\ \ddot{Y} \end{bmatrix} = \begin{bmatrix} 2\omega\dot{Z} \\ 3\omega^2 Z - 2\omega\dot{X} \\ -\omega^2 Y \end{bmatrix} + \begin{bmatrix} \dfrac{F_X}{m} \\ \dfrac{F_Z}{m} \\ \dfrac{F_Y}{m} \end{bmatrix} \tag{1.28}$$

容易看出 X-Z 平面的运动与 Y 轴的运动是解耦的, 故下面只考虑 X-Z 平面内的运动. 选取

$$x = \begin{bmatrix} X & \dfrac{\dot{X}}{\omega} & Z & \dfrac{\dot{Z}}{\omega} \end{bmatrix}^{\mathrm{T}}, \quad u = \begin{bmatrix} \dfrac{F_X}{\omega m} & \dfrac{F_Z}{\omega m} \end{bmatrix}^{\mathrm{T}}, \quad y = \begin{bmatrix} X & Z \end{bmatrix}^{\mathrm{T}} \tag{1.29}$$

这里第 2 个和第 4 个状态变量之所以分别选为 $\dot{X}/\omega$ 和 $\dot{Z}/\omega$, 是为了保证 x 的各个分量的量纲是相同的. 方程 (1.28) 所包含的 X-Z 平面的线性化动力学可以写成标准形式 (1.23), 其中

$$A = \omega \begin{bmatrix} 0 & 1 & 0 & 0 \\ 0 & 0 & 0 & 2 \\ 0 & 0 & 0 & 1 \\ 0 & -2 & 3 & 0 \end{bmatrix}, \quad B = \begin{bmatrix} 0 & 0 \\ 1 & 0 \\ 0 & 0 \\ 0 & 1 \end{bmatrix}, \quad C = \begin{bmatrix} 1 & 0 \\ 0 & 0 \\ 0 & 1 \\ 0 & 0 \end{bmatrix}^{\mathrm{T}}, \quad D = 0 \tag{1.30}$$

1.2.2　精确线性化

精确线性化 (exact linearization) 就是反馈线性化 (feedback linearization), 即通过设计适当的反馈输入 u 和状态变换使得改造之后的系统是一个线性系统. 本节以全驱系统和严格反馈形式的非线性系统为例说明反馈线性化的具体实施过程. 反馈线性化作为一种非常重要的非线性控制方法, 在一般的关于非线性控制的教材和专著中都有详细的介绍, 这里给出的结论属于最简单的情况.

许多机械系统的动力学方程都可以写成如下形式:

$$M(q)\ddot{q} + D(q,\dot{q})\dot{q} + K(q) = F \tag{1.31}$$

其中, $q \in \mathbf{R}^k$ 是表示线位置和角位置的 k 维向量, 称为广义坐标向量; $M(q)$ 是 $k \times k$ 的非奇异对称正定矩阵, 称为质量矩阵; $F \in \mathbf{R}^k$ 是施加在系统上的广义力; $K(q) \in \mathbf{R}^k$ 称为保守力向量; $D(q,\dot{q})$ 是 $k \times k$ 的离心力/Coriolis 力/摩擦力矩阵.

例 1.2.3 考虑如图 1.6 所示的具有两个旋转关节的机械臂, 其动力学方程为式 (1.31), 其中

$$q = \begin{bmatrix} \theta_1 \\ \theta_2 \end{bmatrix}, \quad F = \begin{bmatrix} \tau_1 \\ \tau_2 \end{bmatrix}$$

其中, τ_1 和 τ_2 表示施加在关节上的力矩. 针对该系统, 有

$$M(q) = \begin{bmatrix} m_2 l_2^2 + 2m_2 l_1 l_2 \cos(\theta_2) + (m_1+m_2) l_2^2 & m_2 l_2^2 + m_2 l_1 l_2 \cos(\theta_2) \\ m_2 l_2^2 + m_2 l_1 l_2 \cos(\theta_2) & m_2 l_2^2 \end{bmatrix}$$

$$D(q,\dot{q}) = \begin{bmatrix} -2m_2 l_1 l_2 \dot{\theta}_2 \sin(\theta_2) & -m_2 l_1 l_2 \dot{\theta}_2 \sin(\theta_2) \\ m_2 l_1 l_2 \dot{\theta}_1 \sin(\theta_2) & 0 \end{bmatrix}$$

$$K(q) = g \begin{bmatrix} m_2 l_2 \cos(\theta_1 - \theta_2) + (m_1+m_2) l_1 \cos(\theta_1) \\ m_2 l_2 \cos(\theta_1 - \theta_2) \end{bmatrix}$$

其中, g 为重力加速度.

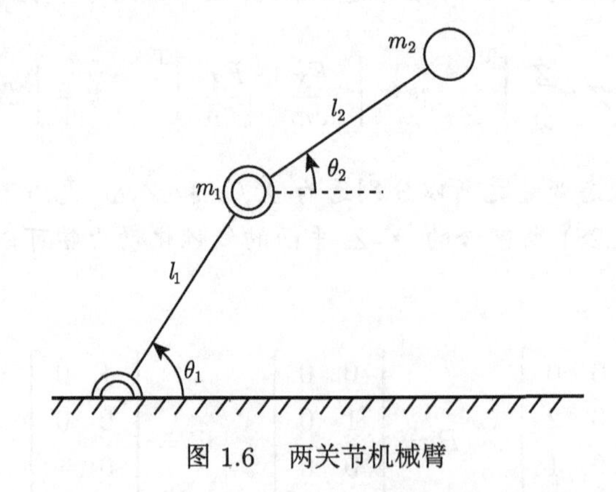

图 1.6 两关节机械臂

如果令 F 作为控制量, 则 F 的维数等于广义坐标向量的维数, 且可以任意改变所有的广义坐标向量. 因此, 用式 (1.31) 描述的机械系统一般称为全驱系统. 对于全驱系统, 可以利用反馈线性化来设计非线性控制器. 具体地, 通过选择

$$F = u_{\mathrm{nl}}(q,\dot{q}) + M(q)v, \quad u_{\mathrm{nl}}(q,\dot{q}) = D(q,\dot{q})\dot{q} + K(q) \tag{1.32}$$

可以得到 $M(q)\ddot{q} = M(q)v$, 或者等价地写成

$$\ddot{q} = v \tag{1.33}$$

这表明非线性控制 (1.32) 将原非线性系统转化为一个线性双积分器. 如果取状态向量 $x = [q^{\mathrm{T}}, \dot{q}^{\mathrm{T}}]^{\mathrm{T}} \in \mathbf{R}^{2k}$ 和输出向量 $y = q$, 则其状态空间模型为

$$\begin{cases} \dot{x} = \begin{bmatrix} 0_{k\times k} & I_k \\ 0_{k\times k} & 0_{k\times k} \end{bmatrix} x + \begin{bmatrix} 0_{k\times k} \\ I_k \end{bmatrix} v \\ y = \begin{bmatrix} I_k & 0_{k\times k} \end{bmatrix} x \end{cases}$$

一般称式 (1.32) 为反馈线性化控制器.

例 1.2.4 容易看出例 1.2.2 所给出的航天器轨道交会系统模型 (1.27) 恰好可以写成式 (1.31) 的形式, 其中, $q = [q_1, q_2, q_3]^{\mathrm{T}} = [X, Z, Y]^{\mathrm{T}}, M(q) = mI_3, F = [F_X, F_Z, F_Y]^{\mathrm{T}}$ 以及

$$D(q, \dot{q}) = m \begin{bmatrix} 0 & -2\omega & 0 \\ 2\omega & 0 & 0 \\ 0 & 0 & 0 \end{bmatrix}, \quad K(q) = K_{\mathrm{l}}(q) + K_{\mathrm{nl}}(q)$$

$$K_{\mathrm{l}}(q) = m \begin{bmatrix} 0 \\ -3\omega^2 q_2 \\ \omega^2 q_3 \end{bmatrix}, \quad K_{\mathrm{nl}}(q) = m \begin{bmatrix} \dfrac{\mu q_1}{r_0^3} - \omega^2 q_1 \\ 2\omega^2 q_2 + \mu \left(\dfrac{q_2 - R}{r_0^3} + \dfrac{1}{R^2} \right) \\ \dfrac{\mu q_3}{r_0^3} - \omega^2 q_3 \end{bmatrix}$$

由于 $D(q, \dot{q})\dot{q}$ 和 $K_{\mathrm{l}}(q)$ 已是 q 和 $\dot{q}$ 的线性函数, 反馈线性化控制器 (1.32) 不包含它们, 即

$$F = u_{\mathrm{nl}}(q, \dot{q}) + M(q)v, \quad u_{\mathrm{nl}}(q, \dot{q}) = K_{\mathrm{nl}}(q) \tag{1.34}$$

则原系统 (1.27) 变成

$$v = \ddot{q} + \frac{D(q, \dot{q})}{m}\dot{q} + \frac{K_{\mathrm{l}}(q)}{m} = \begin{bmatrix} \ddot{q}_1 - 2\omega\dot{q}_2 \\ \ddot{q}_2 + 2\omega\dot{q}_1 - 3\omega^2 q_2 \\ \ddot{q}_3 + \omega^2 q_3 \end{bmatrix}$$

上述系统和系统 (1.28) 在形式上完全一样, 可以化成标准的线性系统.

说明 1.2.2 需要指出的是, 测量噪声会对反馈线性化控制器产生不利的影响. 当 q 与 $\dot{q}$ 的测量受到噪声干扰时, 由式 (1.31) 和式 (1.32) 可得

$$\begin{aligned} M(q)\ddot{q} + D(q, \dot{q})\dot{q} + K(q) &= u_{\mathrm{nl}}(q + n, \dot{q} + w) + M(q + n)v \\ &= D(q + n, \dot{q} + w)(\dot{q} + w) + K(q + n) + M(q + n)v \end{aligned}$$

其中, n 和 w 分别为对应测量 q 和 $\dot{q}$ 的传感器中的测量噪声. 经过简单计算可以得到

$$\ddot{q} = (I_k + \varDelta)v + d \tag{1.35}$$

其中

$$\varDelta = M^{-1}(q)(M(q + n) - M(q))$$

$$d = M^{-1}(q)((D(q+n,\dot{q}+w) - D(q,\dot{q}))\dot{q} + D(q+n,\dot{q}+w)w + K(q+n) - K(q))$$

因为 Δ 和 d 可能非常大, 实际模型 (1.35) 和精确模型 (1.33) 的差别可能非常大. 所以在使用反馈线性化控制器时, 应确保新控制输入 v 对于乘性不确定性 Δ 是鲁棒 (robust) 的, 并能很好地抑制干扰 d.

在机械系统模型 (1.31) 中, 如果控制量的个数少于广义坐标向量的维数, 例如

$$M(q)\ddot{q} + D(q,\dot{q})\dot{q} + K(q) = B(q,\dot{q})F \tag{1.36}$$

其中, $B(q,\dot{q})$ 列满秩; F 的维数小于 k. 这类系统一般称为欠驱系统. 例如, 例 1.1.2 的小车倒立摆系统 (1.9) 就是一个形如式 (1.36) 的欠驱系统. 一般来说, 上面针对全驱系统的反馈线性化方法难以推广到欠驱系统.

将机械系统模型 (1.31) 写成

$$\begin{cases} \dot{x}_1 = x_2 \\ \dot{x}_2 = -M^{-1}(x_1)(D(x_1,x_2)x_2 + K(x_1)) + M^{-1}(x_1)u \end{cases}$$

因此, 反馈线性化就是通过设计 u 消去上式第 2 个微分方程中的非线性项, 使之变成线性微分方程. 类似的想法可以推广到如下严反馈 (strict-feedback) 非线性系统:

$$\begin{cases} \dot{x}_1 = f_1(x_1) + g_1(x_1)x_2 \\ \dot{x}_2 = f_2(x_1,x_2) + g_2(x_1,x_2)x_3 \\ \quad\vdots \\ \dot{x}_{n-1} = f_{n-1}(x_1,\cdots,x_{n-1}) + g_{n-1}(x_1,\cdots,x_{n-1})x_n \\ \dot{x}_n = f_n(x_1,\cdots,x_n) + g_n(x_1,\cdots,x_n)u \end{cases}$$

其中, $f_i(\cdot)$ 是充分光滑的函数; $g_i(\cdot)$ 是充分光滑的非零函数, 即 $g_i(x_1,x_2,\cdots,x_i) \neq 0, \forall x_i \in \mathbf{R}$ $(i=1,2,\cdots,n)$. 虽然上述系统输入量的个数少于状态或广义坐标向量的个数, 但却是可以反馈线性化的. 为了说明具体步骤, 假设 $n=3$. 即

$$\begin{cases} \dot{x}_1 = f_1(x_1) + g_1(x_1)x_2 \\ \dot{x}_2 = f_2(x_1,x_2) + g_2(x_1,x_2)x_3 \\ \dot{x}_3 = f_3(x_1,x_2,x_3) + g_3(x_1,x_2,x_3)u \end{cases} \tag{1.37}$$

首先取 $z_1 = x_1$ 和 $z_2 = F_1(x_1) + G_1(x_1)x_2$, 其中, $F_1(\cdot) = f_1(\cdot), G_1(\cdot) = g_1(\cdot)$, 则系统 (1.37) 的第 1 个方程变成

$$\dot{z}_1 = z_2 \tag{1.38}$$

对 z_2 求导并将系统 (1.37) 的第 2 个方程代入, 有

$$\begin{aligned} \dot{z}_2 &= \frac{\partial F_1(x_1)}{\partial x_1}\dot{x}_1 + G_1(x_1)\dot{x}_2 + \frac{\partial G_1(x_1)}{\partial x_1}\dot{x}_1 x_2 \\ &= \left(\frac{\partial F_1(x_1)}{\partial x_1} + \frac{\partial G_1(x_1)}{\partial x_1}x_2\right)\dot{x}_1 + G_1(x_1)f_2(x_1,x_2) + G_1(x_1)g_2(x_1,x_2)x_3 \end{aligned}$$

$$\stackrel{\text{def}}{=} F_2(x_1,x_2)+G_2(x_1,x_2)x_3$$

其中, $G_2(\cdot)=g_2(\cdot)G_1(\cdot)=g_2(\cdot)g_1(\cdot)$ 是非零光滑函数. 再取 $z_3=F_2(x_1,x_2)+G_2(x_1,x_2)x_3$, 则上式变成

$$\dot{z}_2=z_3 \tag{1.39}$$

对 z_3 求导并将系统 (1.37) 的第 3 个方程代入, 有

$$\begin{aligned}\dot{z}_3&=\left(\frac{\partial F_2(x_1,x_2)}{\partial x_1}+\frac{\partial G_2(x_1,x_2)}{\partial x_1}x_3\right)\dot{x}_1+\left(\frac{\partial F_2(x_1,x_2)}{\partial x_2}+\frac{\partial G_2(x_1,x_2)}{\partial x_2}x_3\right)\dot{x}_2\\&\quad+G_2(x_1,x_2)(f_3(x_1,x_2,x_3)+g_3(x_1,x_2,x_3)u)\\&\stackrel{\text{def}}{=}F_3(x_1,x_2,x_3)+G_3(x_1,x_2,x_3)u\end{aligned}$$

其中, $G_3(\cdot)=g_3(\cdot)G_2(\cdot)=g_3(\cdot)g_2(\cdot)g_1(\cdot)$ 是非零光滑函数. 最后取

$$u=\frac{v-F_3(x_1,x_2,x_3)}{G_3(x_1,x_2,x_3)}$$

其中, v 是新的控制输入, 则上述关于 z_3 的方程可以写成

$$\dot{z}_3=v \tag{1.40}$$

取状态向量 $z=[z_1,z_2,z_3]^{\mathrm{T}}$, 则式 (1.38) ~ 式 (1.40) 可以写成线性系统

$$\dot{z}=\begin{bmatrix}0&1&0\\0&0&1\\0&0&0\end{bmatrix}z+\begin{bmatrix}0\\0\\1\end{bmatrix}v \tag{1.41}$$

此外注意到 (x_1,x_2,x_3) 和 (z_1,z_2,z_3) 是一一对应的, 即

$$\begin{bmatrix}z_1\\z_2\\z_3\end{bmatrix}=\begin{bmatrix}x_1\\F_1(x_1)+G_1(x_1)x_2\\F_2(x_1,x_2)+G_2(x_1,x_2)x_3\end{bmatrix}$$

因此, 由线性系统 (1.41) 的一些性质如稳定性可以推知原非线性系统 (1.37) 的一些性质.

1.3　状态空间模型与传递函数

1.3.1　状态空间模型的传递函数

线性系统的状态空间模型 (1.11) 是线性系统的一个内部描述. 由状态方程可知输入 u 可以改变 x, 由输出方程可知状态 x 和 u 共同改变输出 y. 因此, 从输入-输出关系来看, 输入间接地影响输出. 与此不同, 对于经典控制理论中被广泛使用的传递函数描述 $Y(s)=G(s)U(s)$, 这里 $Y(s)$ 和 $U(s)$ 分别表示输出 $y(t)$ 和输入 $u(t)$ 的 Laplace 变换, 输入 u 直接影响输出 y. 那么, 根据输入间接影响输出的状态空间模型, 是否可以导出输入直接影响输出的传递函数模型呢? 答案是显然的.

定理 1.3.1 在零初始条件下, 即 $x(0)=0$, 线性系统 (1.11) 从 u 到 y 的传递函数矩阵为

$$G(s)=C(sI_n-A)^{-1}B+D \tag{1.42}$$

该传递函数是真 (proper) 有理分式矩阵. 此外, $G(s)$ 是严格真 (strictly proper) 有理分式矩阵当且仅当 $D=0$.

证明 在零初始条件下对线性系统 (1.11) 进行 Laplace 变换可得

$$\begin{cases} sX(s)=AX(s)+BU(s) \\ Y(s)=CX(s)+DU(s) \end{cases}$$

从上式第 1 个方程可以解出 $X(s)=(sI_n-A)^{-1}BU(s)$, 代入第 2 个方程即得

$$Y(s)=(C(sI_n-A)^{-1}B+D)U(s)$$

这表明从 $U(s)$ 到 $Y(s)$ 的传递函数就是式 (1.42). 注意到

$$C(sI_n-A)^{-1}B+D=C\frac{\operatorname{adj}(sI_n-A)}{\det(sI_n-A)}B+D \tag{1.43}$$

由于矩阵 $\operatorname{adj}(sI_n-A)$ 的各元素是次数不超过 $n-1$ 的多项式, 故 $G(s)\xrightarrow{s\to\infty}D$. 因此, $G(s)$ 是真有理分式矩阵, 且 $G(s)$ 是严格真有理分式矩阵当且仅当 $D=0$. 证毕. □

在线性系统的状态空间理论中, 传递函数的主要作用是作为系统的一种输入-输出描述, 常用于系统的分析而非设计. 下面讨论传递函数 $G(s)$ 的计算方法. 设 A 的特征多项式为

$$\alpha(s)=\det(sI_n-A)=\sum_{i=0}^{n}\alpha_i s^i \tag{1.44}$$

矩阵 A 或 $\alpha(s)$ 的对称化子为式 (A.24). 另外, 设

$$Q_{\mathrm{c}}(A,B)=\begin{bmatrix} B & AB & \cdots & A^{n-1}B \end{bmatrix},\quad Q_{\mathrm{o}}(A,C)=\begin{bmatrix} C \\ CA \\ \vdots \\ CA^{n-1} \end{bmatrix}$$

则可以给出如下计算传递函数 $G(s)$ 的方法.

定理 1.3.2 设矩阵 A 的特征多项式如式 (1.44) 所示. 定义 Laplace 算子向量

$$l_n(s)=\begin{bmatrix} 1 & s & \cdots & s^{n-2} & s^{n-1} \end{bmatrix}^{\mathrm{T}} \tag{1.45}$$

则线性系统 (1.11) 的传递函数矩阵可表示为

$$G(s)=\frac{1}{\alpha(s)}CQ_{\mathrm{c}}(A,B)(S_\alpha\otimes I_m)(l_n(s)\otimes I_m)+D \tag{1.46}$$

$$G(s)=\frac{1}{\alpha(s)}(l_n^{\mathrm{T}}(s)\otimes I_p)(S_\alpha\otimes I_p)Q_{\mathrm{o}}(A,C)B+D \tag{1.47}$$

证明　根据式 (A.12) 有

$$(sI_n - A)^{-1} = \sum_{k=0}^{n-1} \frac{p_k(s)}{\alpha(s)} A^k$$

其中, p_k 满足式 (A.13). 设 $p(s) = [p_0(s), p_1(s), \cdots, p_{n-1}(s)]^{\mathrm{T}}$, 则由式 (A.13) 可知

$$p(s) = \begin{bmatrix} \alpha_1 & \alpha_2 & \cdots & \alpha_{n-1} & 1 \\ \alpha_2 & \alpha_3 & \cdots & 1 & \\ \vdots & \vdots & \iddots & & \\ \alpha_{n-1} & 1 & & & \\ 1 & & & & \end{bmatrix} \begin{bmatrix} 1 \\ s \\ \vdots \\ s^{n-2} \\ s^{n-1} \end{bmatrix} = S_\alpha l_n(s)$$

那么利用式 (A.12) 可以算得

$$\begin{aligned} C(sI_n - A)^{-1}B &= C\sum_{i=0}^{n-1} \frac{p_i(s)}{\alpha(s)} A^i B = \frac{1}{\alpha(s)} C \begin{bmatrix} B & AB & \cdots & A^{n-1}B \end{bmatrix} (p(s) \otimes I_m) \\ &= \frac{1}{\alpha(s)} CQ_{\mathrm{c}}(A,B)((S_\alpha l_n(s)) \otimes I_m) = \frac{1}{\alpha(s)} CQ_{\mathrm{c}}(A,B)(S_\alpha \otimes I_m)(l_n(s) \otimes I_m) \end{aligned}$$

式 (1.47) 同理可证. 证毕. □

对于 SISO 线性系统 (1.18), 有推论 1.3.1.

推论 1.3.1　设矩阵 A 的特征多项式如式 (1.44) 所示, S_α 和 $l_n(s)$ 分别如式 (A.24) 和式 (1.45) 所定义. 如果 $p = m = 1$, 则 SISO 线性系统 (1.18) 的传递函数可表示为

$$\begin{aligned} G(s) &= \frac{1}{\alpha(s)} cQ_{\mathrm{c}}(A,b)S_\alpha l_n(s) + d = \frac{1}{\alpha(s)} l_n^{\mathrm{T}}(s) S_\alpha Q_{\mathrm{o}}(A,c) b + d \\ &= \frac{1}{\alpha(s)} \sum_{i=0}^{n-1} \beta_i s^i + d \overset{\mathrm{def}}{=\!=} \frac{\beta(s)}{\alpha(s)} + d \end{aligned}$$

其中, β_i $(i = 0, 1, \cdots, n-1)$ 如下式定义:

$$\begin{bmatrix} \beta_0 & \beta_1 & \cdots & \beta_{n-1} \end{bmatrix} = cQ_{\mathrm{c}}(A,b)S_\alpha = (S_\alpha Q_{\mathrm{o}}(A,c)b)^{\mathrm{T}} \tag{1.48}$$

下面通过两个简单的例子说明如何运用上述传递函数的计算方法.

例 1.3.1　考虑小车倒立摆系统的线性化系统 (1.26). 这是一个 SISO 线性系统. 首先计算 A 的特征多项式

$$\alpha(s) = s^2 \left(s^2 - \frac{3(M+m)g}{(4M+m)l} \right)$$

根据式 (1.48) 可以得到

$$\begin{bmatrix} \beta_0 & \beta_1 & \beta_2 & \beta_3 \end{bmatrix} = \begin{bmatrix} -\frac{3g}{(4M+m)l} & 0 & \frac{4}{4M+m} & 0 \end{bmatrix}$$

故该系统的传递函数为

$$G(s)=\frac{\beta(s)}{\alpha(s)}=\frac{\dfrac{4}{4M+m}\left(s^2-\dfrac{3g}{4l}\right)}{s^2\left(s^2-\dfrac{3(M+m)g}{(4M+m)l}\right)} \tag{1.49}$$

例 1.3.2 考虑航天器轨道交会系统在 X-Z 平面内的线性化系统 (1.30). 这是一个 MIMO 线性系统. 首先计算 A 的特征多项式 $\alpha(s)=s^2(s^2+\omega^2)$. 其次计算

$$CQ_{\mathrm{c}}(A,B)(S_\alpha\otimes I_m)=\left[\begin{array}{cc|cc|cc|cc} -3\omega^3 & 0 & 0 & 2\omega^2 & \omega & 0 & 0 & 0\\ 0 & 0 & -2\omega^2 & 0 & 0 & \omega & 0 & 0\end{array}\right]$$

将此代入式 (1.46) 可得传递函数矩阵

$$G(s)=\begin{bmatrix}\dfrac{\omega(s^2-3\omega^2)}{s^2(s^2+\omega^2)} & \dfrac{2\omega^2}{s(s^2+\omega^2)}\\ -\dfrac{2\omega^2}{s(s^2+\omega^2)} & \dfrac{\omega}{s^2+\omega^2}\end{bmatrix}$$

1.3.2 传递函数的状态空间模型

考虑在经典控制理论中由传递函数矩阵

$$G(s)=\begin{bmatrix} g_{11}(s) & g_{12}(s) & \cdots & g_{1m}(s)\\ g_{21}(s) & g_{22}(s) & \cdots & g_{2m}(s)\\ \vdots & \vdots & & \vdots\\ g_{p1}(s) & g_{p2}(s) & \cdots & g_{pm}(s)\end{bmatrix}\in\mathbf{R}^{p\times m}(s) \tag{1.50}$$

描述的 MIMO 线性系统, 这里 $g_{ij}(s)$ $(i=1,2,\cdots,p, j=1,2,\cdots,m)$ 都是有理真分式. 根据传递函数的定义, 系统的输入 $u\in\mathbf{R}^m$ 和输出 $y\in\mathbf{R}^p$ 满足

$$Y(s)=G(s)U(s) \tag{1.51}$$

其中, $U(s)$ 和 $Y(s)$ 分别是 $u(t)$ 和 $y(t)$ 的 Laplace 变换.

定义 1.3.1 对给定的有理分式矩阵 (1.50), 如果存在形如式 (1.11) 的线性系统使得

$$C(sI_n-A)^{-1}B+D=G(s) \tag{1.52}$$

则称线性系统 (1.11) 或 (A,B,C,D) 是 $G(s)$ 的一个实现 (realization) , 并称 A 的维数 n 为 $G(s)$ 的实现的阶数.

传递函数是线性系统的输入输出描述, 只涉及 2 个变量: 输入 u 和输出 y, 而状态空间模型涉及 3 个变量: 输入 u、状态 x 和输出 y. 因此, 实现问题就是要构造合适的状态向量 x, 且维持输入 u 和输出 y 之间的关系不变. 我们将采用构造性的方法来解决传递函数的实现问题.

引理 1.3.1 设 $G(s)$ 是真有理分式矩阵, 则存在正整数 n, 矩阵 $A_i \in \mathbf{R}^{p\times p}$ $(i=0,1,\cdots,n-1)$ 和矩阵 $B_i \in \mathbf{R}^{p\times m}$ $(i=0,1,\cdots,n)$, 使得系统 (1.51) 在时域内可以写成如下的高阶向量微分方程:

$$y^{(n)} + A_{n-1}y^{(n-1)} + \cdots + A_1\dot{y} + A_0 y = B_n u^{(n)} + B_{n-1}u^{(n-1)} + \cdots + B_1\dot{u} + B_0 u \tag{1.53}$$

此外, $B_n = 0$ 当且仅当 $G(s)$ 是严格真有理分式矩阵.

证明 首先将 $G(s)$ 写成

$$G(s) = \left[\frac{b_{ij}(s)}{a_i(s)}\right]_{p\times m}$$

其中, $a_i(s)$ $(i=1,2,\cdots,p)$ 是满足 $\deg(a_i(s)) = n$ 的首一多项式, 即最高次项系数为 1 的多项式. 满足该条件的最简单的一组多项式是传递函数 $g_{ij}(s)$ 各分母的最小公倍式. 因此, 有

$$G(s) = A^{-1}(s)B(s) \tag{1.54}$$

其中, $A(s) = a_1(s) \oplus a_2(s) \oplus \cdots \oplus a_p(s), B(s) = [b_{ij}(s)]_{p\times m}$. 由于 $g_{ij}(s)$ 是真有理分式, 所以 $\deg(b_{ij}(s)) \leqslant n$, 从而可将多项式矩阵 $A(s)$ 和 $B(s)$ 改写成如下矩阵多项式的形式:

$$\begin{cases} A(s) = I_p s^n + A_{n-1}s^{n-1} + \cdots + A_1 s + A_0 \\ B(s) = B_n s^n + B_{n-1}s^{n-1} + \cdots + B_1 s + B_0 \end{cases} \tag{1.55}$$

如果 $g_{ij}(s)$ 都是严格真有理分式, 则显然还有 $\deg(b_{ij}(s)) < n$, 即 $B_n = 0$. 最后, 由

$$Y(s) = G(s)U(s) = A^{-1}(s)B(s)U(s)$$

可得 $A(s)Y(s) = B(s)U(s)$. 此式写成时域形式即为式 (1.53). 证毕. □

下面假设存在形如式 (1.55) 的 $(A(s), B(s))$ 满足式 (1.54). 仿照式 (A.24) 定义的多项式 $\alpha(s)$ 的对称化子 S_α, 对形如式 (1.55) 的矩阵多项式 $A(s)$ 和 $B(s)$, 定义如下两个广义对称化子:

$$S_A = \begin{bmatrix} A_1 & A_2 & \cdots & A_{n-1} & I_p \\ A_2 & A_3 & \cdots & I_p & \\ \vdots & \vdots & \iddots & & \\ A_{n-1} & I_p & & & \\ I_p & & & & \end{bmatrix}, \quad S_B = \begin{bmatrix} B_1 & B_2 & \cdots & B_{n-1} & B_n \\ B_2 & B_3 & \cdots & B_n & \\ \vdots & \vdots & \iddots & & \\ B_{n-1} & B_n & & & \\ B_n & & & & \end{bmatrix} \tag{1.56}$$

这两个矩阵只是形式上的对称矩阵而并不一定是通常意义下的对称矩阵. 此外, 定义

$$A = \left[\begin{array}{ccc|c} & & & -A_0 \\ \hline I_p & & & -A_1 \\ & \ddots & & \vdots \\ & & I_p & -A_{n-1} \end{array}\right], \quad B = \begin{bmatrix} B_0 - A_0 B_n \\ B_1 - A_1 B_n \\ \vdots \\ B_{n-1} - A_{n-1}B_n \end{bmatrix}, \quad C = \left[\begin{array}{c} 0 \\ \vdots \\ 0 \\ \hline I_p \end{array}\right]^{\mathrm{T}}, \quad D = B_n \tag{1.57}$$

这里 A 可看成是广义友矩阵. 再定义系统 (1.51) 的广义输出向量 $\tilde{y}$ 和输入向量 $\tilde{u}$ 如下:

$$\tilde{y}=\begin{bmatrix} y \\ y^{(1)} \\ \vdots \\ y^{(n-1)} \end{bmatrix}\in \mathbf{R}^{np},\quad \tilde{u}=\begin{bmatrix} u \\ u^{(1)} \\ \vdots \\ u^{(n-1)} \end{bmatrix}\in \mathbf{R}^{nm} \tag{1.58}$$

定理 1.3.3　设形如式 (1.50) 的传递函数矩阵 $G(s)$ 是真有理分式矩阵, 形如式 (1.55) 的矩阵多项式对 $(A(s),B(s))$ 满足式 (1.54). 定义状态向量

$$x=S_A\tilde{y}-S_B\tilde{u} \tag{1.59}$$

那么传递函数 $G(s)$ 的一个实现为 (A,B,C,D), 其中, A、B、C、D 如式 (1.57) 所示. 此外, $D=0$ 当且仅当 $G(s)$ 是严格真有理分式矩阵.

证明　设 $x=[x_1,x_2,\cdots,x_n]^{\mathrm{T}}$. 那么可将式 (1.59) 等价地写成

$$\begin{aligned}
x_n &= y-B_nu \\
x_{n-1} &= A_{n-1}y+y^{(1)}-B_{n-1}u-B_nu^{(1)} \\
x_{n-2} &= A_{n-2}y+A_{n-1}y^{(1)}+y^{(2)}-B_{n-2}u-B_{n-1}u^{(1)}-B_nu^{(2)} \\
&\ \ \vdots \\
x_2 &= A_2y+A_3y^{(1)}+\cdots+A_{n-1}y^{(n-3)}+y^{(n-2)} \\
&\quad -B_2u-B_3u^{(1)}-\cdots-B_{n-1}u^{(n-3)}-B_nu^{(n-2)} \\
x_1 &= A_1y+A_2y^{(1)}+\cdots+A_{n-1}y^{(n-2)}+y^{(n-1)} \\
&\quad -B_1u-B_2u^{(1)}-\cdots-B_{n-1}u^{(n-2)}-B_nu^{(n-1)}
\end{aligned}$$

由此可以计算

$$\begin{aligned}
x_n^{(1)} &= y^{(1)}-B_nu^{(1)} \\
&= x_{n-1}-A_{n-1}y+B_{n-1}u \\
&= x_{n-1}-A_{n-1}x_n+(B_{n-1}-A_{n-1}B_n)u \\
x_{n-1}^{(1)} &= A_{n-1}y^{(1)}+y^{(2)}-B_{n-1}u^{(1)}-B_nu^{(2)} \\
&= x_{n-2}-A_{n-2}y+B_{n-2}u \\
&= x_{n-2}-A_{n-2}x_n+(B_{n-2}-A_{n-2}B_n)u \\
&\ \ \vdots
\end{aligned}$$

$$
\begin{aligned}
x_2^{(1)} &= A_2y^{(1)} + A_3y^{(2)} + \cdots + A_{n-1}y^{(n-2)} + y^{(n-1)} \\
&\quad - B_2u^{(1)} - B_3u^{(2)} - \cdots - B_{n-1}u^{(n-2)} - B_nu^{(n-1)} \\
&= x_1 - A_1y + B_1u \\
&= x_1 - A_1x_n + (B_1 - A_1B_n)u \\
x_1^{(1)} &= A_1y^{(1)} + A_2y^{(2)} + \cdots + A_{n-1}y^{(n-1)} + y^{(n)} \\
&\quad - B_1u^{(1)} - B_2u^{(2)} - \cdots - B_{n-1}u^{(n-1)} - B_nu^{(n)} \\
&= -A_0y + B_0u = -A_0x_n + (B_0 - A_0B_n)u
\end{aligned}
$$

上述最后一个方程用到了高阶微分方程 (1.53). 上述一系列方程恰好可以写成形如式 (1.11) 所示的状态方程. 另外, 从 $x_n = y - B_nu$ 可知 $y = x_n + B_nu = Cx + Du$.

下面证明线性系统 (A, B, C, D) 的传递函数为 $G(s)$. 令

$$
C(sI_{np} - A)^{-1} = Z = \begin{bmatrix} Z_1 & Z_2 & \cdots & Z_n \end{bmatrix} \tag{1.60}
$$

则 $C = Z(sI_{np} - A)$, 即

$$
\begin{bmatrix} 0 & \cdots & 0 & I_p \end{bmatrix} = \begin{bmatrix} sZ_1 - Z_2 & \cdots & sZ_{n-1} - Z_n & \sum_{i=0}^{n-1} Z_{i+1}A_i + sZ_n \end{bmatrix} \tag{1.61}
$$

比较式 (1.61) 两边分块矩阵的前 $n-1$ 个元素可得 $Z_{i+1}(s) = s^iZ_1$ $(i = 1, 2, \cdots, n-1)$. 进一步比较式 (1.61) 两边分块矩阵的第 n 个元素有

$$
I_p = \sum_{i=0}^{n-1} Z_{i+1}A_i + sZ_n = \sum_{i=0}^{n-1} s^iZ_1A_i + s^nZ_1 = Z_1A(s)
$$

因此 $Z_1 = A^{-1}(s)$. 将此式代入式 (1.60) 可得

$$
Z = \begin{bmatrix} A^{-1}(s) & sA^{-1}(s) & \cdots & s^{n-1}A^{-1}(s) \end{bmatrix} = A^{-1}(s)\begin{bmatrix} I_p & sI_p & \cdots & s^{n-1}I_p \end{bmatrix}
$$

根据定理 1.3.1, 利用式 (1.55) 和式 (1.54), 由式 (1.57) 定义的 (A, B, C, D) 对应的线性系统的传递函数是

$$
\begin{aligned}
&C(sI_{np} - A)^{-1}B + D \\
&= ZB + D = A^{-1}(s)\left(\sum_{i=0}^{n-1} B_is^i - \sum_{i=0}^{n-1} A_is^iB_n\right) + B_n \\
&= A^{-1}(s)(B(s) - B_ns^n - (A(s) - s^nI_p)B_n) + B_n = A^{-1}(s)B(s) = G(s)
\end{aligned}
$$

最后, 由引理 1.3.1 可知 $D = B_n = 0$ 当且仅当 $G(s)$ 是严格真有理分式矩阵. 证毕. □

式 (1.59) 定义的状态 x 的意义非常明确, 即状态 x 是输入向量 u 和输出向量 y 及其各阶导数的线性组合. 特别地, 如果 $B_i = 0\ (i \geqslant 1)$, 则状态向量仅是输出向量 y 及其各阶导数的线性组合. 此时状态反馈就是经典控制理论中的比例微分反馈.

基于定理 1.3.3, 可给出命题 1.3.1.

命题 1.3.1 传递函数 $G(s)$ 存在一个实现 (A, B, C, D) 当且仅当它是真有理分式矩阵.

证明 充分性: 如果 $G(s)$ 是真有理分式矩阵, 由定理 1.3.3 可知存在一个形如式 (1.57) 的实现.

必要性: 如果实现问题有解, 则存在 (A, B, C, D) 使得式 (1.52) 成立. 由定理 1.3.1 可知 $G(s)$ 是真有理分式矩阵. 证毕. □

下面举一个简单的数值例子说明从传递函数模型到状态空间模型的转换过程.

例 1.3.3 考虑传递函数矩阵

$$G(s) = \begin{bmatrix} \dfrac{s^3+2s}{s^3+1} & \dfrac{1}{(s+1)(s+2)} \\ \dfrac{s+3}{s+2} & \dfrac{1}{s^2-s+1} \end{bmatrix} \tag{1.62}$$

首先将其写成式 (1.53) 的形式. 注意到

$$G(s) = \frac{1}{(s^3+1)(s+2)} \begin{bmatrix} (s^3+2s)(s+2) & s^2-s+1 \\ (s+3)(s^3+1) & (s+1)(s+2) \end{bmatrix}$$

因此有

$$(s^3+1)(s+2)Y(s) = \begin{bmatrix} (s^3+2s)(s+2) & s^2-s+1 \\ (s+3)(s^3+1) & (s+1)(s+2) \end{bmatrix} U(s)$$

即

$$y^{(4)} + A_3 y^{(3)} + A_2 y^{(2)} + A_1 y^{(1)} + A_0 y = B_4 u^{(4)} + B_3 u^{(3)} + B_2 u^{(2)} + B_1 u^{(1)} + B_0 u$$

其中, $A_3 = 2I_2, A_2 = 0, A_1 = I_2, A_0 = 2I_2$ 以及

$$B_0 = \begin{bmatrix} 0 & 1 \\ 3 & 2 \end{bmatrix}, \quad B_1 = \begin{bmatrix} 4 & -1 \\ 1 & 3 \end{bmatrix}, \quad B_2 = \begin{bmatrix} 2 & 1 \\ 0 & 1 \end{bmatrix}, \quad B_3 = \begin{bmatrix} 2 & 0 \\ 3 & 0 \end{bmatrix}, \quad B_4 = \begin{bmatrix} 1 & 0 \\ 1 & 0 \end{bmatrix}$$

根据式 (1.57), 其状态空间模型的系数矩阵为

$$A = \begin{bmatrix} 0 & 0 & 0 & -2 \\ 1 & 0 & 0 & -1 \\ 0 & 1 & 0 & 0 \\ 0 & 0 & 1 & -2 \end{bmatrix} \otimes I_2, \quad B = \left[\begin{array}{cc|cc|cc|cc} -2 & 1 & 3 & 0 & 2 & 0 & 0 & 1 \\ 1 & 2 & -1 & 3 & 1 & 1 & 0 & 0 \end{array}\right]^{\mathrm{T}}$$

$$C = \begin{bmatrix} 0 & 0 & 0 & 1 \end{bmatrix} \otimes I_2, \quad D = \begin{bmatrix} 1 & 0 \\ 1 & 0 \end{bmatrix}$$

上述针对传递函数矩阵 (1.50) 建立的转换方法对于标量传递函数

$$g(s)=\frac{Y(s)}{U(s)}=\frac{\beta_n s^n+\beta_{n-1}s^{n-1}+\cdots+\beta_1 s+\beta_0}{s^n+\alpha_{n-1}s^{n-1}+\cdots+\alpha_1 s+\alpha_0} \tag{1.63}$$

或者单变量高阶微分方程

$$y^{(n)}+\alpha_{n-1}y^{(n-1)}+\cdots+\alpha_1\dot{y}+\alpha_0 y=\beta_n u^{(n)}+\cdots+\beta_1\dot{u}+\beta_0 u \tag{1.64}$$

同样适用. 此时, 式 (1.56) 定义的矩阵 S_A 是 $\alpha(s)$ 的对称化子 S_α, 而式 (1.56) 定义的矩阵 S_B 可相应地写成

$$S_\beta=\begin{bmatrix}\beta_1 & \beta_2 & \cdots & \beta_{n-1} & \beta_n\\ \beta_2 & \beta_3 & \cdots & \beta_n & \\ \vdots & \vdots & \iddots & & \\ \beta_{n-1} & \beta_n & & & \\ \beta_n & & & & \end{bmatrix}$$

同样, 如式 (1.57) 所定义的 (A,b,c,d) 可以相应地定义为

$$A=\left[\begin{array}{ccc|c} & & & -\alpha_0\\ \hline 1 & & & -\alpha_1\\ & \ddots & & \vdots\\ & & 1 & -\alpha_{n-1}\end{array}\right],\quad b=\begin{bmatrix}\beta_0-\alpha_0\beta_n\\ \beta_1-\alpha_1\beta_n\\ \vdots\\ \beta_{n-1}-\alpha_{n-1}\beta_n\end{bmatrix},\quad c=\left[\begin{array}{c}0\\ \vdots\\ 0\\ \hline 1\end{array}\right]^{\mathrm{T}},\quad d=\beta_n$$

与式 (1.58) 对应的广义输出向量 $\tilde{y}$ 和输入向量 $\tilde{u}$ 也可定义如下:

$$\tilde{y}=\begin{bmatrix}y\\ y^{(1)}\\ \vdots\\ y^{(n-1)}\end{bmatrix}\in\mathbf{R}^n,\quad \tilde{u}=\begin{bmatrix}u\\ u^{(1)}\\ \vdots\\ u^{(n-1)}\end{bmatrix}\in\mathbf{R}^n$$

推论 1.3.2 给定形如式 (1.63) 的传递函数 $g(s)$, 定义状态向量

$$x=S_\alpha\tilde{y}-S_\beta\tilde{u}\in\mathbf{R}^n \tag{1.65}$$

那么用传递函数 (1.63) 或者单变量高阶微分方程 (1.64) 描述的 SISO 系统可以写成状态空间模型 (1.18) 的形式, 且其传递函数为 $g(s)$. 此外, $d=0$ 当且仅当 $g(s)$ 是严格真有理分式.

1.4 线性系统的解

前面不仅从理论上建立了线性系统的状态空间模型, 还通过大量实例证实了状态空间模型的广泛实用性. 状态空间模型给系统的分析和设计提供了可以操作的数学对象. 有了数学模型, 系统的分析和设计可以针对数学模型进行而不必深入到具体的被控对象之中. 下面主要针对状态空间模型描述的系统进行分析.

系统的分析是系统设计的基础. 通常把对事物的分析分为定量分析和定性分析. 定量分析要求对被分析对象的某种属性如某人的身高和体重等进行精确的描述, 描述的结果在无限集合中取值, 即准确的数字. 定性分析要确定被分析对象的某种属性的归属, 如某人的国籍, 描述的结果在有限集合中取值. 系统的分析也分为定性分析和定量分析. 定量分析主要包括运动分析, 即系统的状态和输出关于时间 t 的精确变化规律. 定性分析主要包括能控性、能观性和稳定性等, 分析的结果一般只有 "是" 和 "非" 两种情况. 本节主要研究线性系统的解或运动分析.

1.4.1 解的含义和性质

将线性系统 (1.11) 重写如下:

$$\begin{cases} \dot{x}(t) = Ax(t) + Bu(t) \\ y(t) = Cx(t) + Du(t) \end{cases}, \quad x(t_0) = x_0,\ t \geqslant t_0 \tag{1.66}$$

其中, x_0 表示 t_0 时刻的状态初值; $u(t)$ 是给定的输入信号. 由于系统 (1.66) 的输出方程是代数方程, 一旦 $x(t)$ 确定, 可立即得到 $y(t)$, 因此, 对系统 (1.66) 的分析主要针对状态方程

$$\dot{x}(t) = Ax(t) + Bu(t), \quad x(t_0) = x_0,\ t \geqslant t_0 \tag{1.67}$$

进行. 由 x_0 和 $u(t)$ 决定的满足线性系统 (1.67) 的函数 $x(t)$ 从不同的角度来看具有不同的意义.

(1) 从数学的角度看, 线性系统 (1.67) 是一个非齐次线性微分方程, 因此, 函数 $x(t)$ 表征的是该非齐次线性微分方程的初值问题, 即 Cauchy 问题的解.

(2) 从物理的角度看, 线性系统 (1.67) 描述的是动态系统的运行规律, 因此, 函数 $x(t)$ 表征的是该动态系统在给定初值 $x(t_0)$ 和输入信号 $u(t)$ 作用下的运动.

(3) 从系统的角度看, 线性系统 (1.67) 描述的是输入 u 影响状态 x 的方式, 因此, 函数 $x(t)$ 表征的是该系统由初始状态 x_0 和输入 $u(t)$ 引起的响应.

由上可见, 给定 $x(t_0)$ 和 $u(t)$ 求解 $x(t)$ 和 $y(t)$ 的过程可称为线性系统的求解、运动分析或者响应分析. 以后将根据需要采取这三种等价说法之一. 线性系统的运动分析是线性系统其他定性分析和定量分析的基础, 是线性系统理论的一个重要内容.

虽然线性系统 (1.66) 的运动是由初始状态 $x(t_0)$ 和输入 $u(t)$ 引起的, 但运动的规律主要是由系统自身的结构和参数决定的. 系统的参数 (A, B, C, D) 确定的规律要通过初始状态 x_0 和输入 $u(t)$ 激励的运动才能展现出来. 正如一个电阻 R, 虽然它本身是不依赖于电压和电流的存在, 但电阻的特征必须通过其两端的电压和流过它的电流才能体现出来.

由于线性系统 (1.67) 的响应 $x(t)$ 依赖初值 x_0 和输入 $u(t)$, 故可以写成

$$x(t) = \phi(t, t_0, x_0, u) \tag{1.68}$$

该响应称为线性系统 (1.67) 的整体响应或状态响应, 简称响应. 因此, 线性系统 (1.67) 在不存在输入 $u(t)$ 时的齐次线性系统

$$\dot{x}(t) = Ax(t), \quad x(t_0) = x_0 \tag{1.69}$$

的响应可以写成 $\phi(t, t_0, x_0, 0)$. 该响应称为线性系统 (1.67) 的零输入响应. 物理上, 零输入响应代表系统的自由运动, 由系统矩阵 A 完全确定, 不受输入向量 u 的影响. 同理, 线性系统

(1.67) 在初值为零时的非齐次线性系统

$$\dot{x}(t) = Ax(t) + Bu(t), \quad x(t_0) = 0 \tag{1.70}$$

的响应可以写成 $\phi(t, t_0, 0, u)$. 该响应称为线性系统 (1.67) 的零状态响应. 物理上, 零状态响应代表系统状态受输入向量 u 所激励的强迫运动. 若线性系统满足一定的稳定性条件, 当时间 t 足够长之后, 状态 x 有类似于输入 u 的函数形态. 例如, 输入是常值, 状态也趋于常值; 输入是正弦函数, 状态也趋于正弦函数.

引理 1.4.1 设 k 和 $\tilde{k}$ 为任意常数, 则

$$\phi(t, t_0, kx_0 + \tilde{k}\tilde{x}_0, ku + \tilde{k}\tilde{u}) = k\phi(t, t_0, x_0, u) + \tilde{k}\phi(t, t_0, \tilde{x}_0, \tilde{u}) \tag{1.71}$$

特别地, 线性系统 (1.67) 的整体响应是零输入响应和零状态响应之和, 即

$$\phi(t, t_0, x_0, u) = \phi(t, t_0, x_0, 0) + \phi(t, t_0, 0, u) \tag{1.72}$$

证明 根据定义有

$$\frac{\partial}{\partial t}\phi(t, t_0, x_0, u) = A\phi(t, t_0, x_0, u) + Bu$$
$$\frac{\partial}{\partial t}\phi(t, t_0, \tilde{x}_0, \tilde{u}) = A\phi(t, t_0, \tilde{x}_0, \tilde{u}) + B\tilde{u}$$

将上面两式分别乘以 k 和 $\tilde{k}$ 并相加得到

$$\frac{\partial}{\partial t}\tilde{\phi}(t) = A\tilde{\phi}(t) + B(ku + \tilde{k}\tilde{u})$$

其中, $\tilde{\phi}(t) = k\phi(t, t_0, x_0, u) + \tilde{k}\phi(t, t_0, \tilde{x}_0, \tilde{u})$ 且满足

$$\tilde{\phi}(t_0) = k\phi(t_0, t_0, x_0, u(t_0)) + \tilde{k}\phi(t_0, t_0, \tilde{x}_0, \tilde{u}(t_0)) = kx_0 + \tilde{k}\tilde{x}_0$$

因此 $\tilde{\phi}(t)$ 是由初值 $kx_0+\tilde{k}\tilde{x}_0$ 和输入 $ku+\tilde{k}\tilde{u}$ 确定的响应, 即 $\tilde{\phi}(t) = \phi(t, t_0, kx_0+\tilde{k}\tilde{x}_0, ku+\tilde{k}\tilde{u})$. 从而式 (1.71) 得证. 最后, 在式 (1.71) 中取 $k = \tilde{k} = 1, u = 0$ 和 $\tilde{x}_0 = 0$ 得到

$$\phi(t, t_0, x_0, \tilde{u}) = \phi(t, t_0, x_0, 0) + \phi(t, t_0, 0, \tilde{u})$$

因此, 式 (1.72) 得证. 证毕. □

上述结论表明线性系统的整体响应是零输入响应和零状态响应的叠加, 这也说明线性系统的响应是初始状态 x_0 和输入 u 的线性函数. 上述结论有时也称为线性系统的叠加原理.

引理 1.4.2 设 $\phi(t, t_0, x_0, u)$ 是线性系统的整体响应, 则

$$\phi(t, t_0, x_0, u) = \phi(t - t_0, 0, x_0, v)$$

其中, $v(t) = u(t + t_0)$.

证明　根据假设, 由式 (1.68) 定义的 $x(t)$ 满足线性系统 (1.70). 因此有

$$\dot{x}(t+t_0)=Ax(t+t_0)+Bu(t+t_0)$$

设 $\eta(t)=x(t+t_0)$, 则上式可以重写成 $\dot{\eta}(t)=A\eta(t)+Bv(t)$. 此线性系统和线性系统 (1.70) 具有完全相同的形式, 所以它在初始时刻 0 经过 x_0 这一点的解可表示为 $\eta(t)=\phi(t,0,x_0,v)$. 因此有

$$x(t)=\eta(t-t_0)=\phi(t-t_0,0,x_0,v)$$

将上式和式 (1.68) 比较即完成证明. 证毕. □

引理 1.4.2 的含义如图 1.7 所示. 由该引理可知, 考虑线性系统 (1.70) 的解时不必指定初始时刻. 因此, 若无特殊需要, 以后都假设 $t_0=0$, 相应地, 零输入响应、零状态响应和整体响应分别记为 $\phi(t,x_0,0)$、$\phi(t,0,u)$ 和 $\phi(t,x_0,u)$.

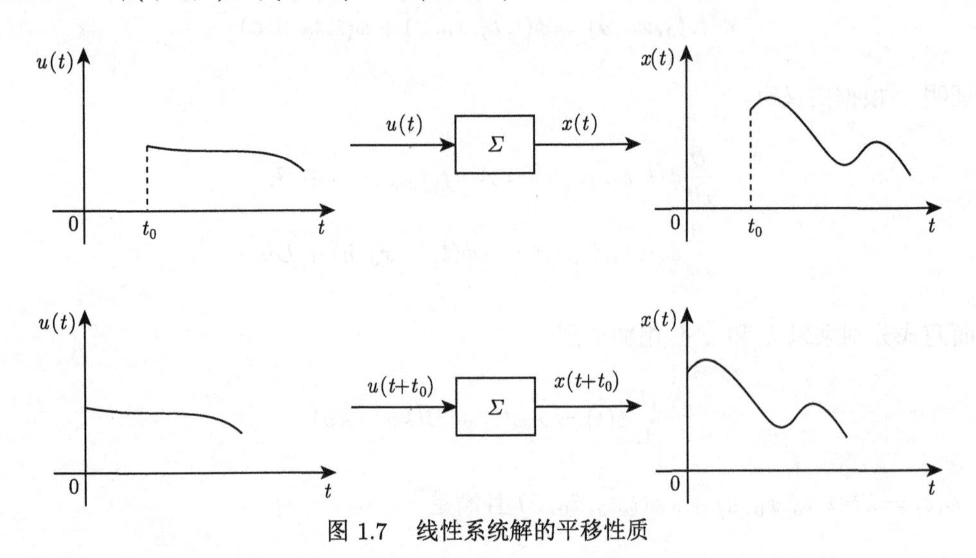

图 1.7　线性系统解的平移性质

1.4.2 状态转移矩阵与解

首先考虑无输入齐次线性系统 (1.66) 的响应, 即零输入响应. 为此, 给出定义 1.4.1.

定义 1.4.1　如果 $\Phi(t):\mathbf{R}\to\mathbf{R}^{n\times n}$ 满足矩阵微分方程

$$\dot{\Phi}(t)=A\Phi(t),\quad \Phi(0)=I_n,\quad \forall t\in\mathbf{R} \tag{1.73}$$

则称其为线性系统 (1.67) 的状态转移矩阵 (state transition matrix).

从定义 1.4.1 立刻得到引理 1.4.3.

引理 1.4.3　设 $\Phi(t)$ 是线性系统 (1.67) 的状态转移矩阵, 则 $\Phi(t)$ 也满足矩阵微分方程

$$\dot{\Phi}(t)=\Phi(t)A,\quad \Phi(0)=I_n,\quad \forall t\in\mathbf{R} \tag{1.74}$$

因此, $\Phi(t)A=A\Phi(t)$.

证明 记 $\Phi(t)$ 的 Laplace 变换为 $\tilde{\Phi}(s)$. 对式 (1.73) 两边取 Laplace 变换得 $s\tilde{\Phi}(s)-I_n=A\tilde{\Phi}(s)$. 因此有

$$I_n=(sI_n-A)\tilde{\Phi}(s)=\tilde{\Phi}(s)(sI_n-A) \tag{1.75}$$

即 $s\tilde{\Phi}(s)-I_n=\tilde{\Phi}(s)A$. 两边再取 Laplace 逆变换得 $\dot{\Phi}(t)=\Phi(t)A$. 证毕. □

由引理 1.4.3 可知, 状态转移矩阵 $\Phi(t)$ 也可根据矩阵微分方程 (1.74) 的解进行定义. 利用状态转移矩阵可得到定理 1.4.1.

定理 1.4.1 *设 $\Phi(t)$ 是线性系统 (1.67) 的状态转移矩阵, 则该系统的零输入响应可表示为*

$$x(t)=\phi(t,t_0,x_0,0)=\Phi(t-t_0)x(t_0), \quad \forall t,t_0\in\mathbf{R} \tag{1.76}$$

证明 由状态转移矩阵的性质可知 $x(t_0)=\Phi(0)x(t_0)=x_0$ 和

$$\dot{x}(t)=\dot{\Phi}(t-t_0)x(t_0)=A\Phi(t-t_0)x(t_0)=Ax(t)$$

因此 $x(t)$ 满足线性系统 (1.69), 从而是其唯一解, 也即是该系统的零输入响应. 证毕. □

式 (1.76) 的含义是系统 (1.69) 在 t 时刻的状态一定位于在 t_0 时刻穿过 x_0 这一点的运动轨迹上. $\Phi(t-t_0)$ 的作用是将初始时刻 t_0 的状态 $x(t_0)$ 转移到终端时刻 t 的状态 $x(t)$. 这是状态转移矩阵得名的由来.

为了进一步研究非齐次线性系统 (1.67) 的解, 先给出引理 1.4.4.

引理 1.4.4 *设 $\Phi(t)$ 是线性系统 (1.67) 的状态转移矩阵, 则*

$$\Phi(t_1)\Phi(t_2)=\Phi(t_1+t_2), \quad \forall t_1,t_2\in\mathbf{R} \tag{1.77}$$

因此 $\Phi(t)$ 对任意 t 都是非奇异的, 且

$$\Phi^{-1}(t)=\Phi(-t), \quad \forall t\in\mathbf{R} \tag{1.78}$$

证明 考虑矩阵微分方程

$$\dot{X}(t)=AX(t), \quad X(t)\in\mathbf{R}^{n\times n}$$

对任意 $t,t_0\in\mathbf{R}$, 由定理 1.4.1 的证明可知 $X(t)=\Phi(t-t_0)X(t_0), X(t_0)=\Phi(t_0)X(0)$ 以及 $X(t)=\Phi(t)X(0)$. 所以

$$X(t)=\Phi(t-t_0)X(t_0)=\Phi(t-t_0)\Phi(t_0)X(0)=\Phi(t)X(0)$$

由 $X(0)$ 的任意性可知

$$\Phi(t-t_0)\Phi(t_0)=\Phi(t) \tag{1.79}$$

设 $t_0=t_1$ 和 $t-t_0=t_2$ 即得性质 (1.77). 最后令式 (1.79) 中的 $t=0$ 可得 $\Phi(-t_0)\Phi(t_0)=\Phi(0)=I_n$, 此即 $\Phi^{-1}(t_0)=\Phi(-t_0)$. 证毕. □

有了上面的准备, 可以给出线性系统 (1.67) 的整体响应.

定理 1.4.2 考虑非齐次线性系统

$$\dot{x}(t) = Ax(t) + f(t), \quad x(t_0) = x_0 \tag{1.80}$$

其中, $f(t) : [t_0, \infty) \to \mathbf{R}^{n\times n}$ 为任意的向量值函数, 则该系统的唯一解可表示为

$$x(t) = \Phi(t - t_0)x_0 + \int_{t_0}^{t} \Phi(t - s)f(s)\mathrm{d}s, \quad \forall t \geqslant t_0 \tag{1.81}$$

特别地, 线性系统 (1.67) 的唯一解 (即整体响应), 可表示为

$$x(t) = \phi(t, t_0, x_0, u) = \Phi(t - t_0)x_0 + \int_{t_0}^{t} \Phi(t - s)Bu(s)\mathrm{d}s, \quad \forall t \geqslant t_0$$

证明 可直接验证式 (1.81) 满足非齐次线性系统 (1.80), 也可通过求解非齐次线性系统 (1.80) 得到解 (1.81). 注意到

$$\frac{\mathrm{d}}{\mathrm{d}t}\Phi^{-1}(t) = -\Phi^{-1}(t)\dot{\Phi}(t)\Phi^{-1}(t) = -\Phi^{-1}(t)A$$

将非齐次线性系统 (1.80) 的自变量改成 s, 两端同时左乘 $\Phi^{-1}(s)$ 并移项得到

$$\Phi^{-1}(s)f(s) = \Phi^{-1}(s)\dot{x}(s) + \left(\frac{\mathrm{d}}{\mathrm{d}s}\Phi^{-1}(s)\right)x(s) = \frac{\mathrm{d}}{\mathrm{d}s}(\Phi^{-1}(s)x(s))$$

将上式两端同时从 t_0 到 t 积分得到

$$\int_{t_0}^{t} \Phi^{-1}(s)f(s)\mathrm{d}s = \int_{t_0}^{t} \frac{\mathrm{d}}{\mathrm{d}s}(\Phi^{-1}(s)x(s))\mathrm{d}s = \Phi^{-1}(t)x(t) - \Phi^{-1}(t_0)x_0$$

从而有

$$x(t) = \Phi(t)\left(\Phi^{-1}(t_0)x_0 + \int_{t_0}^{t} \Phi^{-1}(s)f(s)\mathrm{d}s\right) = \Phi(t - t_0)x_0 + \int_{t_0}^{t} \Phi(t - s)f(s)\mathrm{d}s$$

上式最后一步用到了式 (1.77) 和式 (1.78). 证毕. □

由定理 1.4.2 和引理 1.4.1 可知线性系统 (1.67) 的零状态响应是

$$\phi(t, t_0, 0, u) = \int_{t_0}^{t} \Phi(t - s)Bu(s)\mathrm{d}s \tag{1.82}$$

如果初始时刻 $t_0 = 0$, 则式 (1.82) 可写成

$$\phi(t, 0, 0, u) = \int_{0}^{t} \Phi(t - s)Bu(s)\mathrm{d}s = \int_{0}^{t} \Phi(\tau)Bu(t - \tau)\mathrm{d}\tau$$

其中, $\tau = t - s$. 上式在数学上称为 $\Phi(t)$ 和 $Bu(t)$ 的卷积.

最终, 带输出方程的线性系统 (1.80) 的响应或解可表示为

$$\begin{cases} x(t) = \Phi(t - t_0)x_0 + \displaystyle\int_{t_0}^{t} \Phi(t - s)Bu(s)\mathrm{d}s \\ y(t) = C\left(\Phi(t - t_0)x_0 + \displaystyle\int_{t_0}^{t} \Phi(t - s)Bu(s)\mathrm{d}s\right) + Du(t) \end{cases}, \quad \forall t \geqslant t_0 \tag{1.83}$$

1.4.3　脉冲响应

在以单变量系统为主要研究对象的经典控制理论中, 脉冲响应可作为线性系统的一种等价描述. 类似结论对多变量系统也是成立的. 本节对此做简单介绍.

定义单位脉冲函数如下:

$$\delta(t)=\begin{cases}\infty, & t=0\\ 0, & t\neq 0\end{cases}$$

并且对每个分段连续的实函数 $f(t)$ 都有

$$\int_{-\infty}^{+\infty} f(t)\delta(t-\tau)\mathrm{d}t=f(\tau) \tag{1.84}$$

式 (1.84) 表明单位脉冲函数 $\delta(t-\tau)$ 与任意函数 $f(t)$ 作用后, 能从该函数中筛选出 $f(\tau)$. 因此, 该性质称为单位脉冲函数的筛选性质.

定义 1.4.2　考虑一个具有 m 个输入和 p 个输出的线性系统. 假设系统的初始状态为零. 在 0 时刻加于第 j 个输入端一个单位脉冲函数 $\delta(t)$ 而令其他输入为零, 用 $h_{ij}(t)$ 表示第 i 个输出端在时刻 t 的脉冲响应. 以脉冲响应 $h_{ij}(t)$ $(i=1,2,\cdots,p, j=1,2,\cdots,m)$ 为元所构成的 $p\times m$ 矩阵

$$H(t)=\begin{bmatrix} h_{11}(t) & h_{12}(t) & \cdots & h_{1m}(t)\\ h_{21}(t) & h_{22}(t) & \cdots & h_{2m}(t)\\ \vdots & \vdots & & \vdots\\ h_{p1}(t) & h_{p2}(t) & \cdots & h_{pm}(t)\end{bmatrix}$$

称为该线性系统的脉冲响应矩阵.

由于实际系统都满足因果律, 且总是假定系统的输出在输入加入之前的所有时刻都为零, 所以必然有 $H(t)=0$ $(\forall t<0)$. 下面考虑初值为零的线性系统 (1.66) 的脉冲响应.

定理 1.4.3　线性系统 (1.66) 的脉冲响应矩阵为

$$H(t)=C\Phi(t)B+D\delta(t),\quad t\geqslant 0 \tag{1.85}$$

且满足

$$G(s)=\mathscr{L}(H(t)) \tag{1.86}$$

此外, 对任意输入 $u(t)$ $(t\geqslant 0)$, 线性系统 (1.66) 的输出可表示为

$$y(t)=\int_0^t H(t-s)u(s)\mathrm{d}s=\int_0^t H(\tau)u(t-\tau)\mathrm{d}\tau,\quad t\geqslant 0 \tag{1.87}$$

证明　设 (B,C,D) 按式 (1.12) 分块. 对任意 $j=1,2,\cdots,m$, 取

$$u_j(t)=\begin{bmatrix} 0 & \cdots & 0 & \delta(t) & 0 & \cdots & 0\end{bmatrix}^{\mathrm{T}}$$

其中, $\delta(t)$ 位于第 j 行. 在零初始状态下, 根据式 (1.83) 和式 (1.84), 相应的状态为

$$x_j(t)=\int_0^t \Phi(t-s)Bu_j(s)\mathrm{d}s=\int_0^t \Phi(t-s)B\begin{bmatrix}0 & \cdots & 0 & \delta(s) & 0 & \cdots & 0\end{bmatrix}^{\mathrm{T}}\mathrm{d}s$$
$$=\int_0^t \Phi(t-s)b_j\delta(s)\mathrm{d}s=\Phi(t)b_j$$

根据定义 1.4.2 有

$$h_{ij}(t)=c_ix_j(t)+d_iu_j(t)=c_i\Phi(t)b_j+d_{ij}\delta(t)$$

其中, d_i 表示 D 的第 i 行. 从而由脉冲响应矩阵的定义可得

$$H(t)=\begin{bmatrix} c_1\Phi(t)b_1+d_{11}\delta(t) & c_1\Phi(t)b_2+d_{12}\delta(t) & \cdots & c_1\Phi(t)b_m+d_{1m}\delta(t)\\ c_2\Phi(t)b_1+d_{21}\delta(t) & c_2\Phi(t)b_2+d_{22}\delta(t) & \cdots & c_2\Phi(t)b_m+d_{2m}\delta(t)\\ \vdots & \vdots & & \vdots\\ c_p\Phi(t)b_1+d_{p1}\delta(t) & c_p\Phi(t)b_2+d_{p2}\delta(t) & \cdots & c_p\Phi(t)b_m+d_{pm}\delta(t)\end{bmatrix}$$
$$=\begin{bmatrix}c_1\\ \vdots\\ c_p\end{bmatrix}\Phi(t)\begin{bmatrix}b_1 & \cdots & b_m\end{bmatrix}+\begin{bmatrix}d_{11} & \cdots & d_{1m}\\ \vdots & & \vdots\\ d_{p1} & \cdots & d_{pm}\end{bmatrix}\delta(t)$$
$$=C\Phi(t)B+D\delta(t)$$

即证明了式 (1.85). 另一方面, 由式 (1.75) 可知

$$\mathscr{L}(H(t))=\mathscr{L}(C\Phi(t)B+D\delta(t))=C\mathscr{L}(\Phi(t))B+D\mathscr{L}(\delta(t))$$
$$=C(sI_n-A)^{-1}B+D=G(s)$$

这就证明了式 (1.86). 最后, 再一次利用式 (1.83) 和式 (1.84) 可得

$$y(t)=\int_0^t C\Phi(t-s)Bu(s)\mathrm{d}s+\int_0^t D\delta(t-s)u(s)\mathrm{d}s$$
$$=\int_0^t (C\Phi(t-s)B+D\delta(t-s))u(s)\mathrm{d}s$$
$$=\int_0^t H(t-s)u(s)\mathrm{d}s=\int_0^t H(\tau)u(t-\tau)\mathrm{d}\tau$$

这里最后一步利用变量代换 $t-s\mapsto\tau$. 证毕. □

由式 (1.86) 和式 (1.87) 可知, 脉冲响应矩阵本质上可看成线性系统 (1.66) 的一种与传递函数等价的输入输出描述.

1.5 矩阵指数与解

1.5.1 状态转移矩阵与矩阵指数

由 1.4 节的分析可知, 状态转移矩阵 $\Phi(t)$ 在线性系统的运动分析中十分重要. 显然, 根据定义 1.4.1 得到的状态转移矩阵不方便使用和计算, 因此有必要给出 $\Phi(t)$ 的具体表达式.

矩阵微分方程 (1.73) 的解 $\Phi(t)$ 存在且唯一, 不妨将 $\Phi(t)$ 在 0 处展开成幂级数

$$\Phi(t)=\Phi_0+\frac{\Phi_1 t}{1!}+\frac{\Phi_2 t^2}{2!}+\frac{\Phi_3 t^3}{3!}+\cdots \tag{1.88}$$

由于 $\Phi(0)=I_n$, 所以 $\Phi_0=I_n$. 将上述表达式代入矩阵微分方程 (1.73) 可得

$$\dot{\Phi}(t)=\Phi_1+\frac{\Phi_2 t}{1!}+\frac{\Phi_3 t^2}{2!}+\frac{\Phi_4 t^3}{3!}+\cdots=A\left(\Phi_0+\frac{\Phi_1 t}{1!}+\frac{\Phi_2 t^2}{2!}+\frac{\Phi_3 t^3}{3!}+\cdots\right)$$

比较两端 t 的同次幂的系数可得 $\Phi_i=A\Phi_{i-1}$ $(i=1,2,\cdots)$. 由此解得 $\Phi_i=A^i$ $(i=0,1,\cdots)$. 代入式 (1.88) 得

$$\Phi(t)=I_n+\frac{At}{1!}+\frac{A^2t^2}{2!}+\cdots+\frac{A^kt^k}{k!}+\cdots$$

这是一个矩阵级数. 显然, 当 A 是标量时上式是指数函数的 Taylor 级数. 因此, 上式通常称为 A 的矩阵指数, 并记作 e^{At}. 关于矩阵函数的相关介绍, 参见 A.3 节.

有了矩阵指数的定义, 线性系统 (1.66) 的零输入响应 $\phi(t,t_0,x_0,0)$、零状态响应 $\phi(t,t_0,0,u)$ 和整体响应 $\phi(t,t_0,x_0,u)$ 可分别表示为

$$\begin{cases}\phi(t,t_0,x_0,0)=\mathrm{e}^{A(t-t_0)}x_0\\ \phi(t,t_0,0,u)=\displaystyle\int_{t_0}^{t}\mathrm{e}^{A(t-s)}Bu(s)\mathrm{d}s\\ \phi(t,t_0,x_0,u)=\mathrm{e}^{A(t-t_0)}x_0+\displaystyle\int_{t_0}^{t}\mathrm{e}^{A(t-s)}Bu(s)\mathrm{d}s\end{cases} \tag{1.89}$$

据此也可将带输出方程的线性系统 (1.66) 的解 (1.83) 写成

$$\begin{cases}x(t)=\mathrm{e}^{A(t-t_0)}x_0+\displaystyle\int_{t_0}^{t}\mathrm{e}^{A(t-s)}Bu(s)\mathrm{d}s\\ y(t)=C\left(\mathrm{e}^{A(t-t_0)}x_0+\displaystyle\int_{t_0}^{t}\mathrm{e}^{A(t-s)}Bu(s)\mathrm{d}s\right)+Du(t)\end{cases},\quad \forall t\geqslant t_0 \tag{1.90}$$

1.5.2　矩阵指数的性质

矩阵指数 e^{At} 除了具有 $\mathrm{e}^{A\times 0}=\Phi(0)=I_n$ 这样的简单性质之外, 还具有许多其他的性质.

命题 1.5.1　设 A 是 $n\times n$ 常值矩阵, 则 A 的矩阵指数函数 e^{At} 有如下性质.

(1) $\mathrm{e}^{At}=\mathscr{L}^{-1}((sI_n-A)^{-1})$, $\dfrac{\mathrm{d}}{\mathrm{d}t}\mathrm{e}^{At}=A\mathrm{e}^{At}=\mathrm{e}^{At}A$, $\forall t\in\mathbf{R}$.

(2) 对任意非奇异矩阵 P, 如果 $A=PFP^{-1}$, 则 $\mathrm{e}^{At}=P\mathrm{e}^{Ft}P^{-1}$.

(3) 如果 A 是块对角矩阵, e^{At} 也是块对角矩阵, 即

$$A=A_1\oplus A_2\Rightarrow \mathrm{e}^{At}=\mathrm{e}^{A_1t}\oplus\mathrm{e}^{A_2t}$$

(4) $\mathrm{e}^{At_1}\mathrm{e}^{At_2}=\mathrm{e}^{A(t_1+t_2)}$ $(\forall t_1,t_2\in\mathbf{R})$. 特别地, $(\mathrm{e}^{At})^m=\mathrm{e}^{Amt}$ $(m=0,1,\cdots)$.

(5) e^{At} 对任意 $t\in\mathbf{R}$ 都是非奇异的, 即 $(\mathrm{e}^{At})^{-1}=\mathrm{e}^{-At}$, 且

$$\det(\mathrm{e}^{At})=\mathrm{e}^{\mathrm{tr}(A)t} \tag{1.91}$$

(6) 对于同维数的方阵 A 和 B, 有下式成立:

$$AB = BA \Leftrightarrow A\mathrm{e}^{Bt} = \mathrm{e}^{Bt}A \Leftrightarrow \mathrm{e}^{At}\mathrm{e}^{Bt} = \mathrm{e}^{(A+B)t} \Leftrightarrow \mathrm{e}^{At}\mathrm{e}^{Bt} = \mathrm{e}^{Bt}\mathrm{e}^{At}$$

证明　性质 (1) 由式 (1.73) ~ 式 (1.75) 立得.

性质 (2) 的证明: 由 $A = PFP^{-1}$ 可知 $A^i = PF^iP^{-1}$ $(i = 0, 1, \cdots)$. 由 e^{At} 的定义可知

$$\mathrm{e}^{At} = \sum_{i=0}^{\infty} PF^iP^{-1}\frac{t^i}{i!} = P\left(\sum_{i=0}^{\infty}\frac{F^it^i}{i!}\right)P^{-1} = P\mathrm{e}^{Ft}P^{-1}$$

性质 (3) 根据 e^{At} 的定义可以直接得到, 故证明略去.

性质 (4) 的证明: 本条性质是式 (1.77) 的等价描述, 也可根据 e^{At} 的定义直接证明. 事实上

$$\begin{aligned}\mathrm{e}^{At_1}\mathrm{e}^{At_2} &= \left(\sum_{i=0}^{\infty}\frac{A^it_1^i}{i!}\right)\left(\sum_{j=0}^{\infty}\frac{A^jt_2^j}{j!}\right) = \sum_{i=0}^{\infty}\sum_{j=0}^{\infty}\frac{A^{i+j}t_1^it_2^j}{i!j!} \quad (\text{设} i+j=k)\\ &= \sum_{k=0}^{\infty}\frac{A^k}{k!}\sum_{j=0}^{k}\frac{k!t_1^{k-j}t_2^j}{(k-j)!j!} = \sum_{k=0}^{\infty}\frac{A^k(t_1+t_2)^k}{k!} = \mathrm{e}^{A(t_1+t_2)}\end{aligned}$$

性质 (5) 的证明: $(\mathrm{e}^{At})^{-1} = \mathrm{e}^{-At}$ 也是式 (1.78) 的等价描述, 且是性质 (4) 的直接推论. 只需证明式 (1.91). 考虑 A 的一个分解

$$A = PFP^{-1}, \quad F = \begin{bmatrix}\lambda_1 & * & \cdots & * \\ & \lambda_2 & \ddots & \vdots \\ & & \ddots & * \\ & & & \lambda_n\end{bmatrix}$$

其中, $*$ 表示不关心的元素; λ_i 是 A 的特征值, 不必互异. 该分解是存在的, 如附录 A.2.1 介绍的 Jordan 分解. 由性质 (2) 可知

$$\begin{aligned}\mathrm{e}^{At} &= P\mathrm{e}^{Ft}P^{-1} = P\left(\sum_{i=0}^{\infty}\frac{F^it^i}{i!}\right)P^{-1}\\ &= P\begin{bmatrix}\sum\limits_{i=0}^{\infty}\dfrac{t^i\lambda_1^i}{i!} & * & \cdots & * \\ & \sum\limits_{i=0}^{\infty}\dfrac{t^i\lambda_2^i}{i!} & \ddots & \vdots \\ & & \ddots & * \\ & & & \sum\limits_{i=0}^{\infty}\dfrac{t^i\lambda_n^i}{i!}\end{bmatrix}P^{-1}\end{aligned}$$

$$
= P \begin{bmatrix} e^{\lambda_1 t} & * & \cdots & * \\ & e^{\lambda_2 t} & \ddots & \vdots \\ & & \ddots & * \\ & & & e^{\lambda_n t} \end{bmatrix} P^{-1}
$$

所以

$$
\det(e^{At}) = \det(P)\det(P^{-1})e^{\lambda_1 t}e^{\lambda_2 t}\cdots e^{\lambda_n t} = e^{(\lambda_1+\lambda_2+\cdots+\lambda_n)t} = e^{\mathrm{tr}(A)t}
$$

性质 (6) 的证明如下.

① 证明 $AB = BA \Rightarrow Ae^{Bt} = e^{Bt}A$. 由矩阵指数的定义可知

$$
Ae^{Bt} = A\sum_{j=0}^{\infty} B^j \frac{t^j}{j!} = \sum_{j=0}^{\infty} B^j A \frac{t^j}{j!} = \sum_{j=0}^{\infty} B^j \frac{t^j}{j!} A = e^{Bt}A
$$

② 证明 $Ae^{Bt} = e^{Bt}A \Rightarrow AB = BA$. 将 $Ae^{Bt} = e^{Bt}A$ 两边对 t 求导得到 $ABe^{Bt} = Be^{Bt}A$. 两边令 $t = 0$ 即得 $AB = BA$.

③ 证明 $AB = BA \Rightarrow e^{At}e^{Bt} = e^{(A+B)t}$. 定义矩阵 $\Psi(t) = e^{At}e^{Bt}$. 由于 $AB = BA$, 由上面①的证明可知 $e^{At}B = Be^{At}$. 所以

$$
\dot{\Psi}(t) = Ae^{At}e^{Bt} + e^{At}Be^{Bt} = (A+B)e^{At}e^{Bt} = (A+B)\Psi(t) \tag{1.92}
$$

此外有 $\Psi(0) = I_n$. 另外, 根据状态转移矩阵的定义, 线性系统 (1.92) 的唯一解可表示为 $\Psi(t) = e^{(A+B)t}$. 因此 $e^{At}e^{Bt} = e^{(A+B)t}$.

④ 证明 $e^{At}e^{Bt} = e^{(A+B)t} \Rightarrow AB = BA$. 将 $e^{At}e^{Bt} = e^{(A+B)t}$ 两边对 t 求导两次得到

$$
A^2e^{At}e^{Bt} + Ae^{At}Be^{Bt} + Ae^{At}Be^{Bt} + e^{At}B^2e^{Bt} = (A+B)^2e^{(A+B)t}
$$

两边令 $t = 0$ 得到

$$
A^2 + AB + AB + B^2 = (A+B)^2 = A^2 + AB + BA + B^2
$$

此即 $AB = BA$.

⑤ 证明 $AB = BA \Rightarrow e^{At}e^{Bt} = e^{Bt}e^{At}$. 由上面 ③ 的证明可知 $e^{At}e^{Bt} = e^{(A+B)t} = e^{(B+A)t} = e^{Bt}e^{At}$.

⑥ 证明 $e^{At}e^{Bt} = e^{Bt}e^{At} \Rightarrow AB = BA$. 将 $e^{At}e^{Bt} = e^{Bt}e^{At}$ 两边对 t 求导两次得

$$
A^2e^{At}e^{Bt} + 2Ae^{At}Be^{Bt} + e^{At}B^2e^{Bt} = B^2e^{Bt}e^{At} + 2Be^{Bt}Ae^{At} + e^{Bt}A^2e^{At}
$$

两边令 $t = 0$ 即得 $A^2 + 2AB + B^2 = B^2 + 2BA + A^2$. 此即 $AB = BA$. 证毕. □

利用 A 的 Jordan 分解, 可根据命题 1.5.1 的性质 (2) 和 (3) 得到一种计算 e^{At} 的方法.

推论 1.5.1　设 A 的 Jordan 标准型为

$$
J = J_1 \oplus J_2 \oplus \cdots \oplus J_r, \quad J_i = \begin{bmatrix} \lambda_i & 1 & & \\ & \lambda_i & \ddots & \\ & & \ddots & 1 \\ & & & \lambda_i \end{bmatrix}_{d_i \times d_i}, \quad i = 1, 2, \cdots, r \tag{1.93}
$$

即 $A=VJV^{-1}$, 这里 λ_i 不必互异, V 是 A 的广义特征向量矩阵, 则 $\mathrm{e}^{At}=V\mathrm{e}^{Jt}V^{-1}$, 其中

$$\mathrm{e}^{Jt}=\mathrm{e}^{J_1t}\oplus\mathrm{e}^{J_2t}\oplus\cdots\oplus\mathrm{e}^{J_rt},\quad \mathrm{e}^{J_it}=\mathrm{e}^{\lambda_it}\begin{bmatrix}1 & \dfrac{t}{1!} & \cdots & \dfrac{t^{d_i-1}}{(d_i-1)!}\\ & 1 & \ddots & \vdots\\ & & \ddots & \dfrac{t}{1!}\\ & & & 1\end{bmatrix}_{d_i\times d_i} \tag{1.94}$$

特别地, 如果 A 是可对角化矩阵, 即 $J=\lambda_1\oplus\lambda_2\oplus\cdots\oplus\lambda_n$, 则 $\mathrm{e}^{At}=V\mathrm{e}^{Jt}V^{-1}$, 其中

$$\mathrm{e}^{Jt}=\mathrm{e}^{\lambda_1t}\oplus\mathrm{e}^{\lambda_2t}\oplus\cdots\oplus\mathrm{e}^{\lambda_nt} \tag{1.95}$$

证明 根据命题 1.5.1 的性质 (2) 和 (3), 只需要证明 e^{J_it} 的表达式. 注意到 $J_i=\lambda_iI_{d_i}+N_{d_i}$, 这里 N_{d_i} 是形如

$$N_n=\begin{bmatrix}0 & I_{n-1}\\ 0 & 0\end{bmatrix}\in\mathbf{R}^{n\times n} \tag{1.96}$$

的幂零矩阵, 即 $N_n^k=0\ (k=n,n+1,\cdots)$. 由于 $\lambda_iI_{d_i}$ 和 N_{d_i} 可交换, 根据性质 (6) 有

$$\mathrm{e}^{J_it}=\mathrm{e}^{\lambda_iI_{d_i}t}\mathrm{e}^{N_{d_i}t}=\mathrm{e}^{\lambda_it}\mathrm{e}^{N_{d_i}t} \tag{1.97}$$

又由于 N_{d_i} 是幂零矩阵, 根据幂零矩阵的性质有

$$\mathrm{e}^{N_{d_i}t}=\sum_{j=0}^{\infty}\frac{(N_{d_i}t)^j}{j!}=\sum_{j=0}^{d_i-1}\frac{(N_{d_i}t)^j}{j!} \tag{1.98}$$

根据 $N_{d_i}^k\ (k=0,1,\cdots,d_i-1)$ 的特殊形式, 从式 (1.98) 可得

$$\mathrm{e}^{N_{d_i}t}=\begin{bmatrix}1 & \dfrac{t}{1!} & \cdots & \dfrac{t^{d_i-1}}{(d_i-1)!}\\ & 1 & \ddots & \vdots\\ & & \ddots & \dfrac{t}{1!}\\ & & & 1\end{bmatrix} \tag{1.99}$$

将式 (1.99) 代入式 (1.97) 即完成证明. 证毕. □

由于上述命题需要 A 的广义特征向量矩阵, 实际计算比较复杂, 数值稳定性也较差. 但式 (1.94) 在理论分析中十分重要. 下面给出一个例子.

例 1.5.1 考虑一对复共轭特征值 $\sigma\pm\omega\mathrm{i}\ (\sigma,\omega\in\mathbf{R})$ 对应的实 Jordan 标准型

$$A=\begin{bmatrix}\sigma & \omega\\ -\omega & \sigma\end{bmatrix}$$

下求 e^{At}. 注意到 $A=\sigma I_2+A_\omega$, 其中

$$A_\omega=\begin{bmatrix}0 & \omega\\ -\omega & 0\end{bmatrix}=\omega E_2,\quad E_2=\begin{bmatrix}0 & 1\\ -1 & 0\end{bmatrix}$$

由于 $\sigma I_2 A_\omega=A_\omega\sigma I_2$, 根据命题 1.5.1 的性质 (6) 有 $e^{At}=e^{\sigma t}e^{A_\omega t}$. 因此只需求 $e^{A_\omega t}$. 注意到 $A_\omega^2=-\omega^2 I_2$, 因此

$$\begin{aligned}e^{A_\omega t}&=I_2+A_\omega t+\frac{A_\omega^2t^2}{2!}+\cdots+\frac{A_\omega^kt^k}{k!}+\cdots\\&=I_2+\frac{\omega t}{1!}E_2-\frac{(\omega t)^2}{2!}I_2-\frac{(\omega t)^3}{3!}E_2+\frac{(\omega t)^4}{4!}I_2+\cdots\\&=\left(1-\frac{(\omega t)^2}{2!}+\frac{(\omega t)^4}{4!}-\cdots\right)I_2+\left(\frac{\omega t}{1!}-\frac{(\omega t)^3}{3!}+\frac{(\omega t)^5}{5!}-\cdots\right)E_2\\&=\cos(\omega t)I_2+\sin(\omega t)E_2=\begin{bmatrix}\cos(\omega t) & \sin(\omega t)\\ -\sin(\omega t) & \cos(\omega t)\end{bmatrix}\end{aligned}$$

因此有

$$e^{At}=e^{\sigma t}e^{A_\omega t}=e^{\sigma t}\begin{bmatrix}\cos(\omega t) & \sin(\omega t)\\ -\sin(\omega t) & \cos(\omega t)\end{bmatrix}$$

1.5.3 矩阵指数的计算

线性系统的运动分析归结为计算系统矩阵 A 的矩阵指数. 在附录 A.3.2 中, 我们介绍了一般矩阵函数的插值方法. 该方法自然适用于矩阵指数的计算. 本节基于命题 1.5.1 的性质 (1), 即通过计算 $(sI_n-A)^{-1}$ 的 Laplace 逆变换, 可以给出矩阵指数函数 e^{At} 的一种计算方法. 这里讨论的算法是解析的, 并没有考虑其数值稳定性问题.

命题 1.5.2 设矩阵 $A\in\mathbf{C}^{n\times n}$ 的互异特征值为 $\lambda_i\ (i=1,2,\cdots,\varpi)$, 特征值 λ_i 的代数重数为 $n_i\ (i=1,2,\cdots,\varpi)$. 定义

$$W_{ij}=\frac{1}{(n_i-j)!}\frac{\mathrm{d}^{n_i-j}}{\mathrm{d}s^{n_i-j}}\left((s-\lambda_i)^{n_i}(sI_n-A)^{-1}\right)\bigg|_{s=\lambda_i}\tag{1.100}$$

其中, $j=1,2,\cdots,n_i, i=1,2,\cdots,\varpi$. 那么

$$e^{At}=\sum_{i=1}^{\varpi}\sum_{j=1}^{n_i}\frac{t^{j-1}}{(j-1)!}W_{ij}e^{\lambda_i t}\tag{1.101}$$

证明 根据假设有

$$\det(sI_n-A)=(s-\lambda_1)^{n_1}(s-\lambda_2)^{n_2}\cdots(s-\lambda_\varpi)^{n_\varpi}$$

因此, 将 $(sI_n-A)^{-1}=\mathrm{adj}(sI_n-A)/\det(sI_n-A)$ 的每一项进行分部展开可得

$$(sI_n-A)^{-1}=\sum_{i=1}^{\varpi}\sum_{j=1}^{n_i}\frac{W_{ij}}{(s-\lambda_i)^j}\tag{1.102}$$

其中, W_{ij} 是待确定的矩阵, 即 W_{ij} 是 $1/(s-\lambda_i)^j$ 的系数矩阵. 上式两端同时乘以 $(s-\lambda_k)^{n_k}$ $(k=1,2,\cdots,\varpi)$ 得到

$$(s-\lambda_k)^{n_k}(sI_n-A)^{-1}=\sum_{i=1}^{\varpi}\sum_{j=1}^{n_i}\frac{(s-\lambda_k)^{n_k}}{(s-\lambda_i)^j}W_{ij}$$

对任意 $l=1,2,\cdots,n_k$, 将上式求 n_k-l 阶导有

$$\begin{aligned}&\frac{\mathrm{d}^{n_k-l}}{\mathrm{d}s^{n_k-l}}\left((s-\lambda_k)^{n_k}(sI_n-A)^{-1}\right)\Big|_{s=\lambda_k}\\&=\frac{\mathrm{d}^{n_k-l}}{\mathrm{d}s^{n_k-l}}\sum_{i=1}^{\varpi}\sum_{j=1}^{n_i}\frac{(s-\lambda_k)^{n_k}}{(s-\lambda_i)^j}W_{ij}\Big|_{s=\lambda_k}=\frac{\mathrm{d}^{n_k-l}}{\mathrm{d}s^{n_k-l}}\sum_{j=1}^{n_k}\frac{(s-\lambda_k)^{n_k}}{(s-\lambda_k)^j}W_{kj}\Big|_{s=\lambda_k}\\&=\frac{\mathrm{d}^{n_k-l}}{\mathrm{d}s^{n_k-l}}\sum_{j=1}^{n_k}(s-\lambda_k)^{n_k-j}W_{kj}\Big|_{s=\lambda_k}=(n_k-l)!W_{kl}\end{aligned}$$

这就得到了式 (1.100). 将式 (1.102) 取 Laplace 逆变换即得式 (1.101). 证毕. □

由于 $(s-\lambda_i)^{n_i}(sI_n-A)^{-1}$ 是有理分式矩阵, 用上述结论求 e^{At} 的难度在于 W_{ij} 的计算. 但如果 A 具有 n 个不同的特征值, 则有如下简单的推论.

推论 1.5.2 设矩阵 A 具有 n 个不同的特征值 λ_i $(i=1,2,\cdots,n)$. 定义

$$W_i=(s-\lambda_i)(sI_n-A)^{-1}\big|_{s=\lambda_i} \tag{1.103}$$

那么

$$\mathrm{e}^{At}=\sum_{i=1}^{n}W_i\mathrm{e}^{\lambda_i t} \tag{1.104}$$

在上述推论的假设下, 如果 sI_n-A 的逆矩阵容易求得, 则式 (1.103) 和式 (1.104) 十分方便使用. 下面给出一个应用命题 1.5.2 的例子.

例 1.5.2 考虑小车倒立摆系统在工作点 $(u^*,x^*,y^*)=(0,0,0)$ 处的线性化系统 (1.26), 其系统矩阵 A 的特征值分别是 $\lambda_1=0,\lambda_2=\lambda_*,\lambda_3=-\lambda_*$, 相应的重数分别是 $n_1=2$ 和 $n_2=n_3=1$. 这里 $\lambda_*=\sqrt{3g(M+m)/(l(4M+m))}$. 根据命题 1.5.2 中的式 (1.100) 可以得到

$$\begin{cases}W_{11}=\dfrac{1}{1!}\dfrac{\mathrm{d}}{\mathrm{d}s}((s-\lambda_1)^2(sI_n-A)^{-1})\Big|_{s=\lambda_1}\\W_{12}=\dfrac{1}{0!}(s-\lambda_1)^2(sI_n-A)^{-1}\big|_{s=\lambda_1}\\W_{21}=\dfrac{1}{0!}(s-\lambda_2)(sI_n-A)^{-1}\big|_{s=\lambda_2}\\W_{31}=\dfrac{1}{0!}(s-\lambda_3)(sI_n-A)^{-1}\big|_{s=\lambda_3}\end{cases}$$

将 $\lambda_1=0,\lambda_2=\lambda_*,\lambda_3=-\lambda_*$ 代入上式计算可得

$$W_{11}=\begin{bmatrix}1&0&\dfrac{lm}{M+m}&0\\0&1&0&\dfrac{lm}{M+m}\\0&0&0&0\\0&0&0&0\end{bmatrix},\quad W_{12}=\begin{bmatrix}0&1&0&\dfrac{lm}{M+m}\\0&0&0&0\\0&0&0&0\\0&0&0&0\end{bmatrix}$$

$$W_{21}=\begin{bmatrix}0&0&-\dfrac{lm}{2(M+m)}&-\dfrac{lm}{2\lambda_*(M+m)}\\0&0&-\dfrac{\lambda_* lm}{2(M+m)}&-\dfrac{lm}{2(M+m)}\\0&0&\dfrac{1}{2}&\dfrac{1}{2\lambda_*}\\0&0&\dfrac{\lambda_*}{2}&\dfrac{1}{2}\end{bmatrix}$$

$$W_{31}=\begin{bmatrix}0&0&-\dfrac{lm}{2(M+m)}&\dfrac{lm}{2\lambda_*(M+m)}\\0&0&\dfrac{\lambda_* lm}{2(M+m)}&-\dfrac{lm}{2(M+m)}\\0&0&\dfrac{1}{2}&-\dfrac{1}{2\lambda_*}\\0&0&-\dfrac{\lambda_*}{2}&\dfrac{1}{2}\end{bmatrix}$$

从而根据式 (1.101) 有

$$\begin{aligned}e^{At}&=W_{11}+tW_{12}+e^{\lambda_* t}W_{21}+e^{-\lambda_* t}W_{31}\\&=\begin{bmatrix}1&t&-\dfrac{lm(\cosh(\lambda_* t)-1)}{M+m}&\dfrac{lm(\lambda_* t-\sinh(\lambda_* t))}{\lambda_*(M+m)}\\0&1&-\dfrac{\lambda_* lm\sinh(\lambda_* t)}{M+m}&-\dfrac{lm(\cosh(\lambda_* t)-1)}{M+m}\\0&0&\cosh(\lambda_* t)&\dfrac{\sinh(\lambda_* t)}{\lambda_*}\\0&0&\lambda_*\sinh(\lambda_* t)&\cosh(\lambda_* t)\end{bmatrix}\end{aligned}$$

其中, $\sinh(\cdot)$ 和 $\cosh(\cdot)$ 分别是双曲正弦和双曲余弦函数.

1.5.4 线性系统的模态

模态 (modal) 是物理学中一个常用的概念. 下面给出线性系统模态的概念.

定义 1.5.1 如果存在常数 $\lambda\in\mathbf{C}$ 和非零向量 c 使得 $x(t)=ce^{\lambda t}$ $(t\in\mathbf{R})$ 是齐次线性系统 (1.69) 的一个解, 则称 λ 是该系统的一个模态.

引理 1.5.1　常数 $\lambda \in \mathbf{C}$ 是齐次线性系统 (1.69) 的一个模态当且仅当 λ 是 A 的一个特征值. 此外, c 是相应的特征向量.

证明　根据定义有 $\dot{x}(t) = \lambda c\mathrm{e}^{\lambda t} = Ax(t) = Ac\mathrm{e}^{\lambda t}$, 所以 $\lambda c = Ac$, 即 λ 是 A 的一个特征值, c 是相应的特征向量. 另外, 如果 λ 是其特征值, c 是特征向量, 容易验证 $x(t) = c\mathrm{e}^{\lambda t}$ 满足齐次线性系统 (1.69). 证毕. □

由此可见, 线性系统的模态就是 A 的特征值. 因此, 如果 A 具有 ϖ 个互异的特征值, 则齐次线性系统 (1.69) 有 ϖ 个不同的模态. 有了模态的概念, 可以对线性系统的运动进行模态分解. 首先考虑简单情形.

命题 1.5.3　设 A 的每个特征值 λ_i $(i = 1, 2, \cdots, n)$ 都存在一个特征向量, 即 A 是可对角化的, 相应的右特征向量矩阵 V 和左特征向量矩阵 W 分别是

$$V = \begin{bmatrix} v_1 & v_2 & \cdots & v_n \end{bmatrix}, \quad W = V^{-1} = \begin{bmatrix} w_1 & w_2 & \cdots & w_n \end{bmatrix}^{\mathrm{T}}$$

则齐次线性系统 (1.69) 的解 (即零输入响应) 可表示为

$$x(t) = \phi(t, x_0, 0) = \sum_{i=1}^{n} \mathrm{e}^{\lambda_i t} v_i w_i^{\mathrm{T}} x_0$$

非齐次线性系统 (1.70) 的解 (即零状态响应) 可表示为

$$x(t) = \phi(t, 0, u) = \sum_{i=1}^{n} \int_0^t \mathrm{e}^{\lambda_i (t-s)} v_i w_i^{\mathrm{T}} Bu(s) \mathrm{d}s \tag{1.105}$$

证明　根据线性系统的解公式 (1.89)、矩阵指数的性质和式 (1.95) 有

$$\begin{aligned} x(t) &= \mathrm{e}^{At} x_0 = V\mathrm{e}^{Jt} W x_0 = \begin{bmatrix} \mathrm{e}^{\lambda_1 t} v_1 & \mathrm{e}^{\lambda_2 t} v_2 & \cdots & \mathrm{e}^{\lambda_n t} v_n \end{bmatrix} W x_0 \\ &= \begin{bmatrix} \mathrm{e}^{\lambda_1 t} v_1 & \mathrm{e}^{\lambda_2 t} v_2 & \cdots & \mathrm{e}^{\lambda_n t} v_n \end{bmatrix} \begin{bmatrix} x_0^{\mathrm{T}} w_1 & x_0^{\mathrm{T}} w_2 & \cdots & x_0^{\mathrm{T}} w_n \end{bmatrix}^{\mathrm{T}} \\ &= \mathrm{e}^{\lambda_1 t} v_1 w_1^{\mathrm{T}} x_0 + \mathrm{e}^{\lambda_2 t} v_2 w_2^{\mathrm{T}} x_0 + \cdots + \mathrm{e}^{\lambda_n t} v_n w_n^{\mathrm{T}} x_0 \end{aligned}$$

同理可证式 (1.105). 证毕. □

由命题 1.5.3 可知, 线性系统的运动是由系统的各个模态 λ_i 对应的运动 $\mathrm{e}^{\lambda_i t}$ 通过相应的特征向量线性组合而成. 线性系统的运动形式完全由 A 的特征值决定, 而每一个特征值对应的运动形式 $\mathrm{e}^{\lambda_i t}$ 在整个响应中的“比重”则由对应的特征向量和初始状态 x_0 决定. 由 $WV = I_n$ 可知 $w_i^{\mathrm{T}} v_j = \delta_{ij}$. 因此, 如果 $x_0 = \alpha v_i$, 即初始状态 x_0 平行于特征值 λ_i 的特征向量, 则 $x(t) = \alpha v_i \mathrm{e}^{\lambda_i t}$, 也就是说 $\mathrm{e}^{\lambda_i t}$ 在状态响应中的比重达到最大. 如果 x_0 是 v_i 和 v_j 的线性组合, 即 $x_0 = \alpha_i v_i + \alpha_j v_j$, 则

$$x(t) = \alpha_i v_i \mathrm{e}^{\lambda_i t} + \alpha_j v_j \mathrm{e}^{\lambda_j t}$$

也就是说状态响应也是运动形式 $\mathrm{e}^{\lambda_i t}$ 和 $\mathrm{e}^{\lambda_j t}$ 的线性组合. 从这个意义上说, 矩阵 A 的特征值决定了线性系统运动的形式, 在线性系统的运动中起主要作用, 而特征向量则决定了对应运动在状态空间中的分布, 在线性系统的运动中起次要作用.

下面讨论 A 不能对角化的情形. 首先从式 (1.101) 可以得出推论 1.5.3.

推论 1.5.3　设矩阵 A 的特征值为 $\lambda_i\ (i=1,2,\cdots,r)$, 这些特征值不必互异, 特征值 λ_i 的重数为 $d_i\ (d_i \geqslant 1, i=1,2,\cdots,r)$, 即 A 的 Jordan 标准型有 r 个 Jordan 块, 每个 Jordan 块的阶数为 d_i, 则线性系统 (1.67) 的零输入响应是下述初等函数的线性组合:

$$\left\{\mathrm{e}^{\lambda_1 t}, t\mathrm{e}^{\lambda_1 t}, \cdots, t^{d_1-1}\mathrm{e}^{\lambda_1 t}, \cdots, \mathrm{e}^{\lambda_r t}, t\mathrm{e}^{\lambda_r t}, \cdots, t^{d_r-1}\mathrm{e}^{\lambda_r t}\right\}$$

由此可见, 如果 A 的某个特征值 λ_i 对应的 Jordan 块的阶数为 d_i, 则对应的线性系统的解存在 $t^k\mathrm{e}^{\lambda_i t}\ (k=0,1,\cdots,d_i-1)$ 的运动形式. 对于这种情况, 命题 1.5.4 成立.

命题 1.5.4　设 A 的 Jordan 标准型如式 (1.93) 所示, 广义右特征向量矩阵 V 和左特征向量矩阵 W 分别是

$$V = \begin{bmatrix} V_1 & V_2 & \cdots & V_r \end{bmatrix}, \quad W = V^{-1} = \begin{bmatrix} W_1 & W_2 & \cdots & W_r \end{bmatrix}^{\mathrm{T}}$$

其中, 各子矩阵有相容的维数. 那么, 齐次线性系统 (1.69) 的解 (即零输入响应) 可表示为

$$x(t) = \sum_{i=1}^{r}\sum_{k=0}^{d_i-1} \frac{t^k\mathrm{e}^{\lambda_i t}}{k!} V_i N_{d_i}^k W_i^{\mathrm{T}} x_0 \tag{1.106}$$

其中, N_{d_i} 是 $d_i \times d_i$ 的幂零矩阵; 非齐次线性系统 (1.70) 的解 (即零状态响应) 可表示为

$$x(t) = \sum_{i=1}^{r}\sum_{k=0}^{d_i-1} \int_0^t \frac{(t-s)^k\mathrm{e}^{\lambda_i(t-s)}}{k!} V_i N_{d_i}^k W_i^{\mathrm{T}} B u(s)\mathrm{d}s$$

证明　根据式 (1.98), 式 (1.94) 中的 $\mathrm{e}^{J_i t}$ 可表示为

$$\mathrm{e}^{J_i t} = \mathrm{e}^{\lambda_i t}\left(I_{d_i} + \frac{t}{1!}N_{d_i} + \frac{t^2}{2!}N_{d_i}^2 + \cdots + \frac{t^{d_i-1}}{(d_i-1)!}N_{d_i}^{d_i-1}\right)$$

剩余部分与命题 1.5.3 的证明类似, 故略去. 证毕. □

根据命题 1.5.4, 可以得到推论 1.5.4.

推论 1.5.4　设 A 的 Jordan 标准型如式 (1.93) 所示. 如果对于某 x_0, 齐次线性系统 (1.69) 的解中有形如 $t^k\mathrm{e}^{\lambda_i t}$ 的函数, 其中 $k \in \{1,2,\cdots,d_i-1\}$, 则该解中必有形如 $t^{k-1}\mathrm{e}^{\lambda_i t}, t^{k-2}\mathrm{e}^{\lambda_i t}, \cdots, t\mathrm{e}^{\lambda_i t}, \mathrm{e}^{\lambda_i t}$ 的函数.

证明　根据假设和式 (1.106), 必有

$$L(i,k,t) = \frac{t^k\mathrm{e}^{\lambda_i t}}{k!} V_i N_{d_i}^k W_i^{\mathrm{T}} x_0 \neq 0$$

由于 V_i 列满秩, 根据引理 A.1.1, 上式等价于 $N_{d_i}^k W_i^{\mathrm{T}} x_0 \neq 0$. 这意味着 $N_{d_i}^{k-1} W_i^{\mathrm{T}} x_0 \neq 0$. 不然, 如果 $N_{d_i}^{k-1} W_i^{\mathrm{T}} x_0 = 0$, 则必有 $N_{d_i}^k W_i^{\mathrm{T}} x_0 = 0$. 重复此过程可知 $N_{d_i}^j W_i^{\mathrm{T}} x_0 \neq 0\ (j = k-1,\cdots,1,0)$. 因此

$$L(i,j,t) = \frac{t^j\mathrm{e}^{\lambda_i t}}{j!} V_i N_{d_i}^j W_i^{\mathrm{T}} x_0 \neq 0, \quad j = k-1,\cdots,1,0$$

根据式 (1.106), 上式表明解 $x(t)$ 中必然含有形如 $t^{k-1}\mathrm{e}^{\lambda_i t}, \cdots, t\mathrm{e}^{\lambda_i t}, \mathrm{e}^{\lambda_i t}$ 的函数. 证毕. □

推论 1.5.4 的含义是, 除了形如 $\mathrm{e}^{\lambda t}$ 的函数, 其他形如 $t^k\mathrm{e}^{\lambda t}\ (k \geqslant 1)$ 的函数不可单独被激发出来, 而是函数序列 $t^k\mathrm{e}^{\lambda t}, t^{k-1}\mathrm{e}^{\lambda_i t}, \cdots, t\mathrm{e}^{\lambda t}, \mathrm{e}^{\lambda t}$ 要同时被激发出来.

1.6 极点和零点

考虑一个用传递函数描述的 SISO 线性系统

$$g(s)=\frac{\beta(s)}{\alpha(s)}$$

在经典控制理论中, 如果 $\beta(s)$ 和 $\alpha(s)$ 互质, 即二者没有公因式或者共同的零点, 称 $\alpha(s)=0$ 的根为传递函数 $g(s)$ 的极点, $\beta(s)=0$ 的根为传递函数 $g(s)$ 的零点. 换句话说:

(1) $g(s)$ 的极点是使得 $g(s)$ 无界的变量 $s\in\mathbf{C}$ 的值.

(2) $g(s)$ 的零点是使得 $g(s)=0$ 的变量 $s\in\mathbf{C}$ 的值.

如果将上述概念推广到用传递函数矩阵 $G(s)$ 描述的 MIMO 线性系统, 则应该是:

(1) $G(s)$ 的极点是使得 $G(s)$ 中至少有一项是无界的变量 $s\in\mathbf{C}$ 的值.

(2) $G(s)$ 的零点是使得 $G(s)$ 的秩降低的变量 $s\in\mathbf{C}$ 的值.

这里注意到 MIMO 系统与 SISO 系统在零点的定义方面有很大的差异, 这是因为 "标量 = 0" 不能简单地推广成 "矩阵 = 0" . 实际上, 对于一般的 MIMO 系统, 几乎没有 s 使得 $G(s)=0$, 而且大部分变量 s 都无法使得传递函数 $G(s)$ 的秩发生变化. 此外, 与 SISO 系统不同, 使得 MIMO 系统 $G(s)$ 的秩降低的变量 s 一般称为 $G(s)$ 的传输零点 (transmission zero).

当然, 上述概念只是一个非正式的定义. 由于并不清楚如何计算传递函数 $G(s)$ 在极点位置的秩, 上述定义不能帮助我们确定 $G(s)$ 的极点是否也是 $G(s)$ 的传输零点. 事实上, 在 MIMO 系统中, 传输零点是可以和极点重合的, 这是与 SISO 系统的不同之处. 此外, 上述定义也没有为我们提供确定极点或零点重数的方法.

1.6.1 传递函数矩阵的极点和传输零点

准确定义传递函数矩阵 $G(s)$ 的零极点一般需要涉及有理分式矩阵的 Smith-McMillan 规范型. 为了方便, Smith-McMillan 规范型的简要介绍放在了附录 A.3.3 中. 根据定理 A.3.5, 对于有理分式矩阵 $G(s)\in\mathbf{R}^{p\times m}(s)$, 存在幺模矩阵 $U_L(s)\in\mathbf{R}^{p\times p}[s]$ 和 $U_R(s)\in\mathbf{R}^{m\times m}[s]$ 使得

$$G(s)=\frac{P(s)}{d(s)}=U_L(s)M_G(s)U_R(s) \tag{1.107}$$

其中, $d(s)$ 是 $G(s)$ 所有项的分母多项式的最小公倍式.

$$M_G(s)=\frac{\varepsilon_1(s)}{\psi_1(s)}\oplus\frac{\varepsilon_2(s)}{\psi_2(s)}\oplus\cdots\oplus\frac{\varepsilon_{r_G}(s)}{\psi_{r_G}(s)}\oplus 0_{(p-r_G)\times(m-r_G)} \tag{1.108}$$

称为 $G(s)$ 的 Smith-McMillan 规范型. 这里

$$r_G=\max_{s\in\mathbf{C}}\{\mathrm{rank}(G(s))\}\overset{\mathrm{def}}{=\!=}\mathrm{nrank}(G(s))$$

称为 $G(s)$ 的常秩 (normal rank), 每一对首一多项式 $\{\varepsilon_i(s),\psi_i(s)\}$ 都是互质的, $\psi_1(s)=d(s)$, 多项式 $\varepsilon_i(s)$ 整除 $\varepsilon_{i+1}(s)$, 而多项式 $\psi_{i+1}(s)$ 整除 $\psi_i(s)$ $(i=1,2,\cdots,r_G-1)$.

定义 1.6.1　设传递函数矩阵 $G(s) \in \mathbf{R}^{p\times m}(s)$ 的 Smith-McMillan 规范型如式 (1.108) 所示. 称多项式

$$p_G(s) = \psi_1(s)\psi_2(s)\cdots\psi_{r_G}(s)$$

为 $G(s)$ 的极点或特征多项式, 其根称为 $G(s)$ 的极点. 极点的集合称为极点集. 称多项式

$$z_G(s) = \varepsilon_1(s)\varepsilon_2(s)\cdots\varepsilon_{r_G}(s)$$

为 $G(s)$ 的传输零点多项式, 其根称为 $G(s)$ 的传输零点. 传输零点的集合称为传输零点集.

对于标量有理分式矩阵

$$g(s) = \frac{\beta(s)}{\alpha(s)} = k\frac{n(s)}{d(s)}$$

其中, $n(s)$ 和 $d(s)$ 是互质的首一多项式, 其 Smith-McMillan 规范型就是 $n(s)/d(s)$. 因此, 其传输零点多项式和特征多项式分别是 $z_g(s) = n(s)$ 和 $p_g(s) = d(s)$. 因此, 上述定义可以看成是 SISO 传递函数的零极点在 MIMO 传递函数矩阵上的自然推广.

标量有理分式函数的零极点不能位于同一个位置, 但有理分式矩阵的零极点却可以出现在同一位置. 例如, 对于处于 Smith-McMillan 规范型的有理分式矩阵

$$G(s) = \begin{bmatrix} \dfrac{1}{s(s-2)} & 0 \\ 0 & \dfrac{s-2}{s} \end{bmatrix} \tag{1.109}$$

其零点集合为 $\{2\}$, 极点集合为 $\{0, 0, 2\}$, 即 2 既是它的极点也是它的传输零点.

说明 1.6.1　在一定条件下可以在不计算 Smith-McMillan 规范型的情况下得到传递函数的零点和极点多项式. 从式 (1.107) 和式 (1.108) 可以看出, 如果 s_0 使得 $G(s_0)$ 有定义且

$$\operatorname{rank}(G(s_0)) < \operatorname{nrank}(G(s)) \tag{1.110}$$

那么 s_0 必然是 $z_G(s_0) = 0$ 的根, 从而是传递函数 $G(s)$ 的传输零点. 因此, 那些使得 $G(s)$ 降秩的 s 一定是其传输零点. 特别地, 当 $p = m = r_G$ 时, 根据式 (1.107) 有

$$\det(G(s)) = \det(U_L(s)M_G(s)U_R(s)) = k\det(M_G(s)) = k\frac{z_G(s)}{p_G(s)}$$

其中, $k = \det(L(s))\det(R(s))$ 是非零常数, 因此使得 $G(s)$ 降秩的 s 一定是其传输零点. 但遗憾的是, 当传输零点多项式和特征多项式有公共根时, 相应的极点和传输零点就会对消, 从而不会出现在 $\det(G(s))$ 中. 例如, 对于传递函数 (1.109), $\det(G(s)) = 1/s^2$ 仅表明 $G(s)$ 在原点处有两个极点, 其在 $s = 2$ 处的极点被相应的零点对消掉了.

1.6.2　状态空间模型的极点和不变零点

从本质上说, 零极点是传递函数和传递函数矩阵特有的概念. 对于状态空间模型 (1.11), 其零极点应该根据其对应的传递函数矩阵 $G(s) = C(sI_n - A)^{-1}B + D$ 去定义. 但这样的定义在应用中毕竟是不方便的. 为此, 有必要直接针对状态空间模型 (1.11) 定义其零极点.

定理 1.6.1 考虑线性系统 (1.11) 和其传递函数矩阵 $G(s) = C(sI_n - A)^{-1}B + D$. 设 $G(s)$ 的一个极点为 λ_0, 则 $\lambda_0 \in \lambda(A)$.

证明 根据传递函数 $G(s)$ 的计算公式 (1.43) 有

$$G(s) = \frac{C\mathrm{adj}(sI_n - A)B + \alpha(s)D}{\alpha(s)} = \frac{P(s)}{d(s)}$$

其中, $\alpha(s) = \det(sI_n - A)$ 是 A 的特征多项式, $d(s)|\alpha(s)$. 因此 $d(s) = 0$ 的任何一个根都是 $\alpha(s) = 0$ 的根, 即是 A 的一个特征值. 另外, 根据 $G(s)$ 的 Smith-McMillan 规范型 (1.107) 可知 $G(s)$ 的任何一个极点都是 $d(s) = 0$ 的根. 因此结论成立. 证毕. □

定理 1.6.1 表明 $G(s)$ 的任何一个极点必然是 A 的特征值. 因此可以给出定义 1.6.2.

定义 1.6.2 如果 $s_0 \in \mathbf{C}$ 是 A 的特征值, 即 $s_0 \in \lambda(A)$, 则称其为线性系统 (1.11) 的极点.

但需要注意的是, A 的特征值并不都是传递函数 $G(s)$ 的极点, 最简单的反例就是 SISO 系统 (A, b, c) 的传递函数的分子和分母有公因式的情形. 此外, 根据定义 1.6.2, 有时也相应地称 A 的特征值集合和特征多项式分别为线性系统 (1.11) 的极点集和特征多项式.

下面考虑线性系统 (1.11) 的零点. 零点的情形相对复杂. 首先考虑 SISO 线性系统 (1.18). 设 $\alpha(s) = \det(sI_n - A)$ 是 A 的特征多项式, 则线性系统 (1.18) 的传递函数为

$$g(s) = c(sI_n - A)^{-1}b + d = \frac{d\det(sI_n - A) + c\ \mathrm{adj}(sI_n - A)b}{\det(sI_n - A)} \xlongequal{\text{def}} \frac{\beta(s)}{\alpha(s)} \tag{1.111}$$

引理 1.6.1 设 SISO 线性系统 (1.18) 的传递函数为式 (1.111), 则

$$\beta(s) = (-1)^n \det \begin{bmatrix} A - sI_n & b \\ c & d \end{bmatrix} \tag{1.112}$$

证明 由于 $\alpha(s) = \det(sI_n - A)$ 是 A 的特征多项式, 由定理 A.1.1 可知

$$\begin{aligned}\det \begin{bmatrix} A - sI_n & b \\ c & d \end{bmatrix} &= \det(A - sI_n)\det\left(d - c(A - sI_n)^{-1}b\right) \\ &= (-1)^n \det(sI_n - A)\det\left(d + c(sI_n - A)^{-1}b\right) \\ &= (-1)^n \det(sI_n - A)\frac{\beta(s)}{\alpha(s)} = (-1)^n\beta(s)\end{aligned}$$

即式 (1.112). 证毕. □

由此可见, 在 $\beta(s)$ 和 $\alpha(s)$ 互质的前提下, 传递函数 $g(s)$ 的零点就是多项式方程

$$\det \begin{bmatrix} A - sI_n & b \\ c & d \end{bmatrix} = 0$$

的根. 一般称多项式矩阵

$$R(s) = \begin{bmatrix} A - sI_n & b \\ c & d \end{bmatrix}$$

为线性系统 (1.18) 的 Rosenbrock 系统矩阵. 因此, SISO 线性系统 (1.18) 的零点可以定义为 Rosenbrock 系统矩阵 $R(s)$ 的行列式的根.

但是, 将上述概念推广到 MIMO 线性系统 (1.11) 会面临一些困难. 首先, 其 Rosenbrock 系统矩阵

$$R(s) = \begin{bmatrix} A - sI_n & B \\ C & D \end{bmatrix}$$

并不一定是方阵. 因此, 多项式方程 $\det(R(s)) = 0$ 有定义当且仅当 $p = m$. 其次, 即使对于 $p = m$ 的情形, 多项式方程 $\det(R(s)) = 0$ 可能有无穷多个根, 如例 1.6.1 所示.

例 1.6.1　*考虑 MIMO 线性系统*

$$A = \begin{bmatrix} 0 & 1 & 0 \\ 0 & 0 & 0 \\ 1 & 0 & 1 \end{bmatrix}, \quad B = \begin{bmatrix} 0 & 1 \\ 1 & 0 \\ 0 & 0 \end{bmatrix}, \quad C = \begin{bmatrix} 1 & 0 & 0 \\ 0 & 0 & 1 \end{bmatrix}, \quad D = 0$$

容易验证 $\det(R(s)) = 0$ $(\forall s \in \mathbf{C})$, *这表明多项式方程* $\det(R(s)) = 0$ *有无穷多个根.*

为了克服上述困难, 必须考虑 Rosenbrock 系统矩阵的常秩, 即

$$r_R = \max_{s\in\mathbf{C}} \{\text{rank}(R(s))\} \stackrel{\text{def}}{=\!=} \text{nrank}(R(s))$$

引理 1.6.2　*设 r_G 是 MIMO 线性系统 (1.11) 的传递函数 $G(s)$ 的常秩, 则其 Rosenbrock 系统矩阵的常秩满足*

$$r_R = n + r_G \leqslant n + \min\{p, m\}$$

证明　由于使得 $\text{rank}(R(s)) < r_R$ 的 s 是一些孤立点, 所以

$$r_R = \max_{s\in\mathbf{C}, s\notin\lambda(A)} \{\text{rank}(R(s))\}$$

另外, 注意到 Rosenbrock 系统矩阵可以分解为

$$R(s) = \begin{bmatrix} A - sI_n & 0_{n\times p} \\ C & I_p \end{bmatrix} \begin{bmatrix} I_n & (A - sI_n)^{-1}B \\ 0_{p\times n} & G(s) \end{bmatrix} \tag{1.113}$$

因此, 根据引理 A.1.1 有

$$\begin{aligned} r_R &= \max_{s\in\mathbf{C}, s\notin\lambda(A)} \{\text{rank}(R(s))\} \\ &= \max_{s\in\mathbf{C}, s\notin\lambda(A)} \left\{ \text{rank} \begin{bmatrix} I_n & (A - sI_n)^{-1}B \\ 0_{p\times n} & G(s) \end{bmatrix} \right\} \\ &= n + \max_{s\in\mathbf{C}, s\notin\lambda(A)} \{\text{rank}(G(s))\} = n + r_G \end{aligned}$$

这里同样注意到使得 $\text{rank}(G(s)) < r_G$ 的 s 是一些孤立点. 证毕. □

注意到在 $p=m$ 且 $\text{nrank}(R(s))=n+m$ 时存在 s 满足 $\det(R(s))=0$ 当且仅当存在 s 使得 $R(s)$ 降秩. 基于此, 可以给出定义 1.6.3.

定义 1.6.3 如果 $z\in\mathbf{C}$ 使得 Rosenbrock 系统矩阵 $R(z)$ 降秩, 即

$$\text{rank}(R(z))=\text{rank}\begin{bmatrix} A-zI_n & B \\ C & D \end{bmatrix}<r_R$$

则称其为线性系统 (1.11) 的不变零点 (invariant zero).

由于使得 $\text{rank}(R(z))<r_R$ 的 z 是一些孤立点, 线性系统不变零点的个数是有限的. 与极点对应, 也可称不变零点的集合为不变零点集.

在 SISO 系统的情形, 如果式 (1.111) 中的 $\beta(s)$ 和 $\alpha(s)$ 互质, 则由式 (1.112) 可知 SISO 线性系统 (1.18) 的不变零点就是传递函数 $g(s)$ 的传输零点. 粗略地说, 传输零点定义在频域中, 用于传递函数矩阵; 不变零点则定义在时域中, 用于状态空间模型. 关于传输零点和不变零点之间的关系, 有下面与定理 1.6.1 对应的结论.

定理 1.6.2 考虑线性系统 (1.11) 和其传递函数矩阵 $G(s)=C(sI_n-A)^{-1}B+D$. 设 $G(s)$ 的一个传输零点为 z_0, 且 $z_0\notin\lambda(A)$, 则 z_0 是线性系统 (1.11) 的一个不变零点.

证明 如果 z_0 是传递函数矩阵 $G(s)$ 的传输零点且 $z_0\notin\lambda(A)$, 那么 $\text{rank}(G(z_0))<r_G$. 因此, 根据式 (1.113) 和引理 A.1.1 有

$$\text{rank}(R(z_0))=n+\text{rank}(G(z_0))<n+r_G=r_R$$

根据定义 1.6.3, z_0 是线性系统 (1.11) 的不变零点. 证毕. □

1.6.3 线性系统的可逆性与不变零点

线性系统的不变零点和其逆系统有千丝万缕的关系, 这里进行一些极简单的介绍.

定义 1.6.4 考虑线性系统 (1.11), 其传递函数矩阵为 $G(s)$.

(1) 如果存在 $H_L(s)\in\mathbf{R}^{m\times p}(s)$ 使得 $H_L(s)G(s)=I_m$, 则称系统是左可逆的.

(2) 如果存在 $H_R(s)\in\mathbf{R}^{m\times p}(s)$ 使得 $G(s)H_R(s)=I_p$, 则称系统是右可逆的.

(3) 如果它既是左可逆的又是右可逆的, 则称系统是可逆的.

显然, 线性系统 (1.11) 是

(1) 左可逆的当且仅当 $\text{nrank}(G(s))=m$.

(2) 右可逆的当且仅当 $\text{nrank}(G(s))=p$.

(3) 可逆的当且仅当 $\text{nrank}(G(s))=m=p$.

线性系统的可逆性和 Rosenbrock 系统矩阵 $R(s)$ 密切相关. 事实上, 由引理 1.6.2 可以得到推论 1.6.1.

推论 1.6.1 线性系统 (1.11) 是

(1) 左可逆的当且仅当 $\text{nrank}(R(s))=n+m$.

(2) 右可逆的当且仅当 $\text{nrank}(R(s))=n+p$.

(3) 可逆的当且仅当 $\text{nrank}(R(s))=n+p=n+m$.

如果线性系统 (1.11) 是左可逆或者右可逆的, 则称该系统是非退化的 (non-degenerate); 否则称该系统是退化的 (degenerate). 根据推论 1.6.1, 线性系统 (1.11) 是非退化的当且仅当

$$\text{nrank}(R(s))=n+\min\{m,p\}$$

关于非退化系统以及非退化系统的不变零点, 存在定理 1.6.3.

定理 1.6.3　设线性系统 (1.11) 满足式 (1.13) 和式 (1.14), 则几乎所有线性系统都是非退化的. 此外, 假设线性系统是非退化的, 则:

(1) 当 $D=0$ 时最多有 $n-\max\{p,m\}$ 个不变零点, 且当 $m=p$ 时, 几乎所有线性系统都有 $n-m$ 个不变零点.

(2) 当 $D\neq 0$ 时最多有 n 个不变零点, 且当 $m=p$ 时几乎所有线性系统都有 n 个不变零点.

(3) 当 $m\neq p$ 时几乎所有线性系统都没有不变零点.

定理 1.6.3 表明, 不变零点几乎只存在于输入维数 m 等于输出维数 p 的方形线性系统, 而这些系统几乎都是可逆的. 最后, 关于可逆系统的不变零点, 存在推论 1.6.2.

推论 1.6.2　如果线性系统 (1.11) 是可逆的, 即其 Rosenbrock 系统矩阵 $R(s)$ 的常秩为 $n+m$, 则该系统的不变零点就是下述多项式方程的根:

$$\det(R(s))=\det\begin{bmatrix} A-sI_n & B \\ C & D \end{bmatrix}=0$$

推论 1.6.2 可看成 SISO 系统的相关结论 (即引理 1.6.1) 在 MIMO 系统上的推广.

1.6.4　不变零点的系统意义

极点对于线性系统的意义非常明确, 即每一个极点都是系统的一个模态, 决定了系统的响应. 那么不变零点的意义是什么呢? 定理 1.6.4 回答了这个问题.

定理 1.6.4　设 z 是线性系统 (1.11) 的一个不变零点, 那么存在非零复向量 $\xi_*=[x_*^{\mathrm{T}},u_*^{\mathrm{T}}]^{\mathrm{T}}$ 使得

$$\begin{bmatrix} A-zI_n & B \\ C & D \end{bmatrix}\begin{bmatrix} x_* \\ u_* \end{bmatrix}=0 \tag{1.114}$$

考虑如下的初值和输入:

$$x(0)=\frac{1}{2}(x_*+\overline{x}_*)\in\mathbf{R}^n \tag{1.115}$$

$$u(t)=\frac{1}{2}(\mathrm{e}^{zt}u_*+\mathrm{e}^{\overline{z}t}\overline{u}_*)\in\mathbf{R}^m \tag{1.116}$$

则 $y(t)=0\ (\forall t\geqslant 0)$.

证明　首先, 根据不变零点的定义, 存在非零向量 ξ_* 满足式 (1.114). 由式 (1.114) 可知 $(A-zI_n)x_*=-Bu_*$. 设 $x(0)=x_*, u(t)=\mathrm{e}^{zt}u_*$. 根据线性系统的解 (即式 (1.90)) 有

$$\begin{aligned}
x(t)&=\mathrm{e}^{At}x(0)+\int_0^t \mathrm{e}^{A(t-s)}Bu(s)\mathrm{d}s\\
&=\mathrm{e}^{At}\left(x_*+\int_0^t \mathrm{e}^{-(A-zI_n)s}\mathrm{d}sBu_*\right)=\mathrm{e}^{At}\left(x_*-\int_0^t \mathrm{e}^{-(A-zI_n)s}(A-zI_n)\mathrm{d}sx_*\right)\\
&=\mathrm{e}^{At}\left(I_n+\int_{s=0}^{s=t}\mathrm{d}\mathrm{e}^{-(A-zI_n)s}\right)x_*=\mathrm{e}^{At}\mathrm{e}^{-(A-zI_n)t}x_*=\mathrm{e}^{zt}x_*
\end{aligned}$$

因此, 再一次由式 (1.114) 可知

$$y(t)=Cx(t)+Du(t)=\mathrm{e}^{zt}(Cx_*+Du_*)=0, \quad \forall t\geqslant 0$$

另外, 将式 (1.114) 两边取共轭得到

$$\begin{bmatrix} A-\overline{z}I_n & B \\ C & D \end{bmatrix}\begin{bmatrix} \overline{x}_* \\ \overline{u}_* \end{bmatrix}=0$$

类似于上面的分析, 如果 $x(0)=\overline{x}_*, u(t)=\mathrm{e}^{\overline{z}t}\overline{u}_*$, 则有 $y(t)=0$ $(\forall t\geqslant 0)$. 因此, 根据引理 1.4.1, 如果 $x(0)$ 和 $u(t)$ 分别取为式 (1.115) 和式 (1.116), 则同样有 $y(t)=0$ $(\forall t\geqslant 0)$. 证毕. □

定理 1.6.4 表明线性系统的不变零点对特定的输入 $u(t)$ 和初始状态 $x(0)$ 有阻塞作用, 即输出完全不能反映该输入和初始状态. 这是不变零点的直观系统意义. 对于传递函数的传输零点, 也有类似的性质. 这里略去细节.

例 1.6.2 考虑例 1.1.2 的小车倒立摆系统的线性化模型 (1.26), 但这里设系统的输出为 $y=w+2l\sin(\theta)\approx w+2l\theta$, 即 y 表示倒立摆顶点的水平位置. 根据例 1.2.1 有

$$c=\begin{bmatrix} 1 & 0 & 2l & 0 \end{bmatrix}$$

该系统的 Rosenbrock 系统矩阵满足 $\det(R(s))=-(2ls^2+3g)/(l(4M+m))$. 因此, 该系统是可逆的. 根据推论 1.6.2, 该系统的两个不变零点为 $z_{1,2}=\pm\sqrt{3g/(2l)}\mathrm{i}$. 设 $z=z_1$, 容易求得方程 (1.114) 的解为

$$x_*=\begin{bmatrix} -2l\eta & -\sqrt{6gl}\eta\mathrm{i} & \eta & \dfrac{1}{2}\sqrt{\dfrac{6g}{l}}\eta\mathrm{i} \end{bmatrix}^{\mathrm{T}}, \quad u_*=\frac{3}{2}g(2M+m)\eta$$

其中, η 是任意非零实数. 将此解代入式 (1.115) 和式 (1.116) 得到

$$x(0)=\begin{bmatrix} -2l\eta & 0 & \eta & 0 \end{bmatrix}^{\mathrm{T}}, \quad u(t)=\frac{3g(2M+m)}{2}\eta\cos\left(\frac{1}{2}\sqrt{\frac{6g}{l}}t\right)$$

注意到 $y(0)=cx(0)=0$, 且小车的位移为

$$w(t)=x_1(t)=-2l\eta\cos\left(\frac{1}{2}\sqrt{\frac{6g}{l}}t\right)$$

这意味着, 如果摆杆的顶点在初始时刻恰好位于原点的正上方, 输入是特定的余弦函数且 η 充分小, 则摆杆的顶点可以一直保持不动, 而小车则在水平面上做直线周期往复运动.

本章小结

本章引入了状态空间模型并给出了状态空间模型的解. 状态是现代控制理论的基础, 然而状态的概念很难说清楚. 对于特定的物理系统, 状态是那些描述动态环节的变量, 意义是不言自明的. 如果物理系统已经转化成了数学模型, 确定状态便不是一件简单的事情. 特别地, 如果系统已经用基于传递函数的输入输出模型进行了描述, 物理元素已经消失, 状态变量就

是纯粹数学意义上的变量了. 即便如此, 在将传递函数模型转化为状态空间模型的实现问题中, 状态变量也不应该是凭空而来的变量, 而应该是与输入输出相关的变量. 否则, 将凭空而来的状态变量用于系统的分析和设计, 特别是与状态直接相关的反馈设计, 就变得毫无意义. 这也是本章在实现问题中特别选择形如式 (1.59) 的状态变量的主要原因.

线性系统模型作为状态空间模型的一种特殊情况, 虽然可以描述很多实际物理系统, 但毕竟是有限的. 将非线性系统在关心的工作点处线性化得到的线性系统, 能很好地近似非线性系统的局部行为, 是线性系统理论得以广泛应用的基础. 另外, 很多非线性系统经过适当的处理, 如坐标变换和反馈等, 可以精确地转化成线性系统. 虽然这样得到的线性系统往往是全局模型, 但因为它增加了控制的代价, 从工程设计的角度来看并不总是必要的和有效的.

线性系统的解/运动分析/响应是定量研究线性系统的起点, 而齐次线性系统的解又是线性系统的解的基础内容. 齐次线性系统的解由初值和状态转移矩阵–矩阵指数决定, 后者是构成线性系统运动分析的核心内容. 因此, 本章比较详细地介绍了矩阵指数的性质和计算方法, 主要讨论了预解矩阵方法和 Jordan 标准型方法. 更为有效的插值方法见附录 A.3.2. 基于状态转移矩阵, 一般线性系统的解可以分解为零输入响应和零状态响应的叠加.

零点和极点本来完全是频域的概念. 因此, 定义线性系统的零极点只能从其传递函数的 Smith-McMillan 规范型出发, 而基于系统矩阵 A 和 Rosenbrock 系统矩阵的定义则是在一定意义上的等价定义. 因此二者是有区别的, 特别是关于零点的定义. 粗略地说, 传递函数模型的零点称为传输零点, 而状态空间模型的零点称为不变零点. 极点反映了系统的模态, 而不变零点体现了系统对特定输入的阻塞作用.

本章习题

1.1　考虑如图 1.8 所示的电路, 其中电感的个数为 n, 电感、电容和电阻的大小为 1H、1F 和 1Ω. 设 u 为输入, y 为输出, 试求其状态空间表达式, 并计算该系统的传递函数.

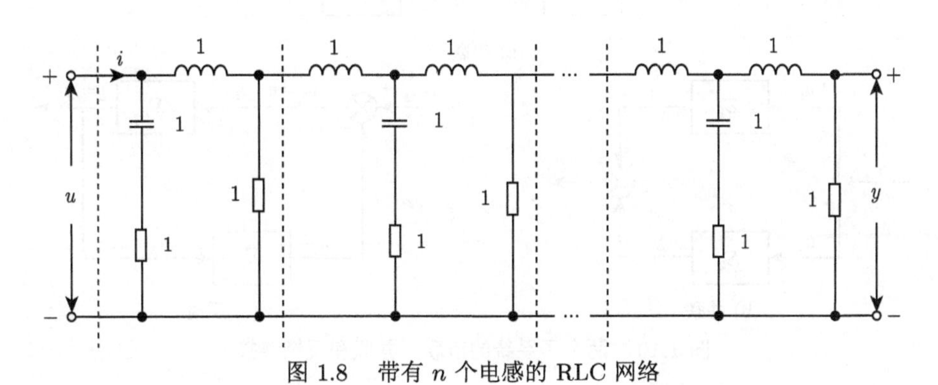

图 1.8　带有 n 个电感的 RLC 网络

1.2　试证: $\sin(t)$ 是非线性方程 $\ddot{x}(t)+4x^3(t)/3=-\sin(3t)/3$ 在适当的初始条件下的一个解, 并求出方程在该解附近的线性化方程.

1.3　考虑如图 1.9 所示的火箭发射系统, 其中, 火箭质量为 m, 速度为 v, 距地面高度为 h, 火箭单位时间内的喷射量为 u. 该系统的动力学方程为

$$\dot{h}=v,\quad m\dot{v}=-mg+ku,\quad \dot{m}=u$$

其中, k 表示单位喷射量产生的推力. 设系统的输入为 u, 输出为高度 h, 状态为 $[h,v,m]^{\mathrm{T}}$. 试求其在工作点 (u^*,x^*,y^*) 处的线性化系统.

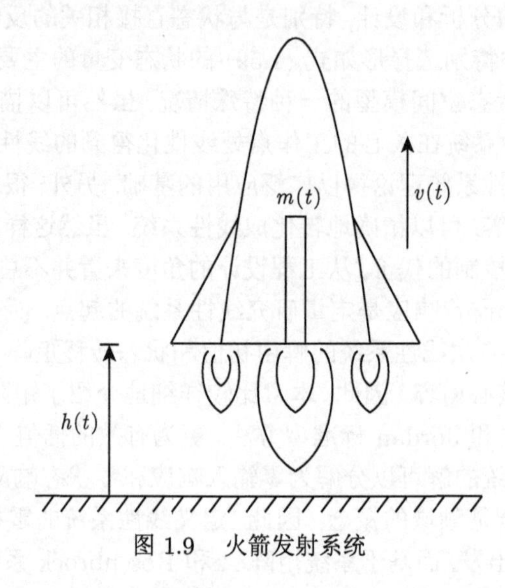

图 1.9　火箭发射系统

1.4　由多个子系统按照一定的方式连接构成的系统称为复合系统. 连接的基本方式包括串联、并联和反馈三种类型, 如图 1.10 所示. 设两个子系统的状态空间模型分别是

$$\varSigma_i:\begin{cases}\dot{x}_i=A_ix_i+B_iu_i\\ y_i=C_ix_i+D_iu_i\end{cases},\quad i=1,2$$

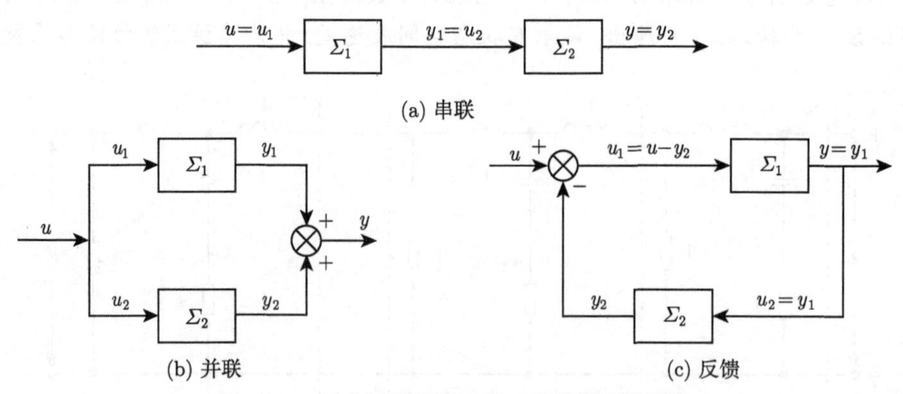

图 1.10　两个子系统的串联、并联和反馈连接

试证: 在维数相容的情况下, 子系统串联、并联和反馈形成复合系统的数学模型分别为

$$\dot{x}=\begin{bmatrix}A_1 & 0\\ B_2C_1 & A_2\end{bmatrix}x+\begin{bmatrix}B_1\\ B_2D_1\end{bmatrix}u,\quad y=\begin{bmatrix}D_2C_1 & C_2\end{bmatrix}x+D_2D_1u$$

$$\dot{x}=\begin{bmatrix}A_1 & 0\\ 0 & A_2\end{bmatrix}x+\begin{bmatrix}B_1\\ B_2\end{bmatrix}u,\quad y=\begin{bmatrix}C_1 & C_2\end{bmatrix}x+(D_1+D_2)u$$

$$\dot{x}=\begin{bmatrix} A_1 & -B_1C_2 \\ B_2C_1 & A_2 \end{bmatrix}x+\begin{bmatrix} B_1 \\ 0 \end{bmatrix}u,\quad y=\begin{bmatrix} C_1 & 0 \end{bmatrix}x\quad (D_1=0, D_2=0)$$

此外, 设两个子系统的传递函数分别是 $G_1(s)$ 和 $G_2(s)$. 试证: 这两个子系统串联、并联和反馈连接形成的系统的传递函数矩阵 $G(s)$ 分别为 $G(s)=G_1(s)G_2(s), G(s)=G_1(s)+G_2(s)$ 和 $G(s)=G_1(s)(I+G_2(s)G_1(s))^{-1}=(I+G_1(s)G_2(s))^{-1}G_1(s)$.

1.5　考虑线性系统 $\dot{x}(t)=Ax(t)+Bu(t), x(0)=x_0$. 设 A 可逆, 且 $u(t)$ 连续可导. 令 $q(t)=-A^{-1}Bu(t)$. 请导出 $z(t)=x(t)-q(t)$ 满足的状态方程.

1.6　记所有维数为 $2p\times 2q$ 的各向同性矩阵的集合为

$$S^{p\times q}=\left\{\begin{bmatrix} A_1 & -A_2 \\ A_2 & A_1 \end{bmatrix}: A_i\in\mathbf{R}^{p\times q}\right\}\subset\mathbf{R}^{2p\times 2q} \tag{1.117}$$

称线性系统

$$\begin{cases} \begin{bmatrix} \dot{x}_1 \\ \dot{x}_2 \end{bmatrix}=\begin{bmatrix} A_1 & -A_2 \\ A_2 & A_1 \end{bmatrix}\begin{bmatrix} x_1 \\ x_2 \end{bmatrix}+\begin{bmatrix} B_1 & -B_2 \\ B_2 & B_1 \end{bmatrix}\begin{bmatrix} u_1 \\ u_2 \end{bmatrix}\stackrel{\text{def}}{=\!=}Ax+Bu \\ \begin{bmatrix} y_1 \\ y_2 \end{bmatrix}=\begin{bmatrix} C_1 & -C_2 \\ C_2 & C_1 \end{bmatrix}\begin{bmatrix} x_1 \\ x_2 \end{bmatrix}+\begin{bmatrix} D_1 & -D_2 \\ D_2 & D_1 \end{bmatrix}\begin{bmatrix} u_1 \\ u_2 \end{bmatrix}\stackrel{\text{def}}{=\!=}Cx+Du \end{cases} \tag{1.118}$$

为各向同性线性系统 (isotropic linear system), 其中, $A_i\in\mathbf{R}^{n\times n}, B_i\in\mathbf{R}^{n\times m}, C_i\in\mathbf{R}^{p\times n}, D_i\in\mathbf{R}^{p\times m}$ $(i=1,2)$. 试证:

(1) $M_1, M_2\in S^{p\times q}\Rightarrow M_1+M_2\in S^{p\times q}$.

(2) $M_1\in S^{p\times q}, M_2\in S^{q\times s}\Rightarrow M_1M_2\in S^{p\times s}$.

(3) $M\in S^{p\times p}\Rightarrow M^{-1}\in S^{p\times p}$.

(4) 各向同性线性系统的传递函数矩阵也是各向同性矩阵.

1.7　考虑线性映射 $\phi: S^{p\times q}\rightarrow\mathbf{C}^{p\times q}$

$$\phi\left(\begin{bmatrix} A_1 & -A_2 \\ A_2 & A_1 \end{bmatrix}\right)=A_1+A_2\mathrm{i}\in\mathbf{C}^{p\times q} \tag{1.119}$$

这里 $S^{p\times q}$ 如式 (1.117) 定义, 即 $\phi(A)$ 将各向同性矩阵 A 映射成一个复矩阵. 试证:

(1) $\phi(M_1M_2)=\phi(M_1)\phi(M_2), M_1\in S^{p\times q}, M_2\in S^{q\times s}$.

(2) $\phi(M_1+M_2)=\phi(M_1)+\phi(M_2), M_1, M_2\in S^{p\times q}$.

(3) $\phi(M^{\mathrm{T}})=(\phi(M))^{\mathrm{H}}, M\in S^{p\times q}$.

(4) $\phi(M^{-1})=(\phi(M))^{-1}, M\in S^{p\times p}$.

(5) $M>(\geqslant)\ 0\ \Leftrightarrow\phi(M)>(\geqslant)\ 0, M\in S^{p\times p}$.

(6) (u,x,y) 满足各向同性线性系统 (1.118) 当且仅当 $v=\sqrt{2}(u_1+u_2\mathrm{i})/2, z=\sqrt{2}(x_1+x_2\mathrm{i})/2, w=\sqrt{2}(y_1+y_2\mathrm{i})/2$ 满足复线性系统 (complex linear system)

$$\begin{cases} \dot{z}=\phi(A)z+\phi(B)v \\ w=\phi(C)z+\phi(D)v \end{cases} \tag{1.120}$$

(7) 复线性系统 (1.120) 的极点是各向同性线性系统 (1.118) 的极点; 如果 λ 是各向同性线性系统 (1.118) 的极点, 则 λ 或 $\overline{\lambda}$ 是复线性系统 (1.120) 的极点.

1.8 考虑如下双线性 (bilinear) 系统

$$\begin{cases} \dot{x} = Ax + Dxu + bu, \quad x(0) = x_0 \\ y = cx \end{cases}$$

其中, A、D 为 $n \times n$ 矩阵; b 为 n 维列向量; c 为 n 维行向量. 所有的矩阵都是定常矩阵.

(1) 考虑定常输入 $u(t) = u^*$. 试问: 该系统在什么条件下有定常解 x^*.

(2) 试证: 若 A 可逆, 则在 $|u^*|$ 充分小的条件下, 该系统必存在定常解 x^*, 并求该非线性系统在该定常解 (事实上就是一个工作点) 处的线性化系统.

1.9 考虑线性系统 $\dot{x} = Ax + Bu$. 设 $t_2 \geqslant t_1$. 试证:

$$\mathrm{e}^{-At_2}x(t_2) - \mathrm{e}^{-At_1}x(t_1) = \int_{t_1}^{t_2} \mathrm{e}^{-As}Bu(s)\mathrm{d}s$$

1.10 考虑线性系统 $\dot{x}(t) = Ax(t) + b$, 其中 b 是常数向量. 问: 在什么条件下该系统对于合适的初值 x_0 有常数解?

1.11 考虑高阶线性微分方程

$$x^{(n)}(t) + \alpha_{n-1}x^{(n-1)}(t) + \cdots + \alpha_1\dot{x}(t) + \alpha_0 x(t) = u(t)$$

和一个观测输出

$$y(t) = \beta_{n-1}x^{(n-1)}(t) + \beta_{n-2}x^{(n-2)}(t) + \cdots + \beta_1\dot{x}(t) + \beta_0 x(t)$$

其中, $\alpha_i, \beta_i \ (i = 1, 2, \cdots, n-1)$ 是实常数. 试证: 在初始条件 $x(0) = \dot{x}(0) = \cdots = x^{(n-1)}(0) = 0$ 下, 必存在 $h(t)$ 使得

$$y(t) = \int_0^t h(t-\tau)u(\tau)\mathrm{d}\tau$$

此外, 请给出 $h(t)$ 的表达式.

1.12 考虑单输入 n 阶非线性定常系统

$$\dot{x} = Ax + Dxu + bu, \quad x(0) = 0$$

试证: 在适当的附加条件下该方程的一个解为

$$x(t) = \int_0^t \mathrm{e}^{A(t-s)}\mathrm{e}^{D\int_s^t u(\tau)\mathrm{d}\tau}bu(s)\mathrm{d}s$$

1.13 设 $A_{ii} \in \mathbf{R}^{n_i \times n_i}, A_{12} \in \mathbf{R}^{n_1 \times n_2} \ (i = 1, 2)$ 为常数矩阵. 考虑分块矩阵

$$A = \begin{bmatrix} A_{11} & A_{12} \\ 0 & A_{22} \end{bmatrix}$$

试证: 矩阵 A 的矩阵指数为

$$\mathrm{e}^{At}=\begin{bmatrix}\mathrm{e}^{A_{11}t} & \displaystyle\int_0^t \mathrm{e}^{A_{11}(t-s)}A_{12}\mathrm{e}^{A_{22}s}\mathrm{d}s\\ 0 & \mathrm{e}^{A_{22}t}\end{bmatrix}$$

1.14　考虑线性系统 $\dot{x}=Ax+Bu, x(0)=x_0$. 设输入 $u=[u_1,u_2,\cdots,u_m]^{\mathrm{T}}$ 取为

$$u_i(t)=k_i\mathrm{e}^{\alpha_i t}\cos(\omega_i t+\theta_i),\quad t\geqslant 0, i=1,2,\cdots,m$$

其中, k_i、α_i、ω_i、θ_i $(i=1,2,\cdots,m)$ 都是常数. 假设 $\alpha_i+\omega_i\mathrm{i}\notin\lambda(A)$ 并令 $A_i=A-(\alpha_i+\omega_i\mathrm{i})I_n$ $(i=1,2,\cdots,m)$. 试证: 该系统的响应为

$$x(t)=\mathrm{e}^{At}\left(x_0+\sum_{i=1}^{m}\mathrm{Re}\left\{A_i^{-1}b_ik_i\mathrm{e}^{\theta_i\mathrm{i}}\right\}\right)-\sum_{i=1}^{m}\mathrm{Re}\left\{A_i^{-1}b_ik_i\mathrm{e}^{(\alpha_i+\omega_i\mathrm{i})t+\theta_i\mathrm{i}}\right\},\quad t\geqslant 0$$

其中, b_i $(i=1,2,\cdots,m)$ 为 B 的第 i 列. 特别地, 如果 $\alpha_i=\omega_i=\theta_i=0$ $(i=1,2,\cdots,m)$, 即输入为阶跃函数$u_i(t)=k_i$ $(t\geqslant 0)$, 则该系统的阶跃响应为

$$x(t)=\mathrm{e}^{At}\left(x_0+A^{-1}\sum_{i=1}^{m}b_ik_i\right)-A^{-1}\sum_{i=1}^{m}b_ik_i,\quad t\geqslant 0$$

1.15　考虑单输入线性系统 $\dot{x}=Ax+bu, x(0)=x_0$, 其中 A 可逆. 设输入 $u=t^m$, 其中, $m\geqslant 0$ 是整数. 试证: 该系统的响应为

$$x(t)=\mathrm{e}^{At}(x_0+m!A^{-(m+1)}b)-m!\left(\sum_{i=0}^{m}\frac{A^{-m+i}t^i}{i!}\right)A^{-1}b,\quad t\geqslant 0$$

1.16　设 $A\in\mathbf{R}^{n\times n}$ 是常数矩阵. 试给出矩阵指数 e^{At} 是周期函数的充要条件.

1.17　设 $A\in\mathbf{R}^{n\times n}, B\in\mathbf{R}^{m\times m}$, $t\in\mathbf{R}$. 试证:

(1) $\mathrm{e}^{At\otimes I_m}=\mathrm{e}^{At}\otimes I_m$.

(2) $\mathrm{e}^{I_n\otimes Bt}=I_n\otimes\mathrm{e}^{Bt}$.

(3) $\mathrm{e}^{(A\otimes I_m+I_n\otimes B)t}=\mathrm{e}^{At}\otimes\mathrm{e}^{Bt}$.

(4) 矩阵函数 $X(t)=\mathrm{e}^{At}X_0\mathrm{e}^{Bt}$ 是下述矩阵微分方程的解:

$$\dot{X}(t)=AX(t)+X(t)B,\quad X(0)=X_0\in\mathbf{R}^{n\times m}$$

1.18　(Baker-Campbell-Hausdorff 公式) 设 A 和 B 为同维方阵, 定义 $[A,B]=AB-BA$. 试证:

(1) $\mathrm{e}^{A}B\mathrm{e}^{-A}=D$, 其中, $D=B+[A,B]+\dfrac{1}{2}[A,[A,B]]+\cdots$.

(2) $\mathrm{e}^{A}\mathrm{e}^{B}=\mathrm{e}^{C}$, 其中, $C=A+B+\dfrac{1}{2}[A,B]+\dfrac{1}{12}[A-B,[A,B]]+\cdots$.

1.19 若 A 和 B 均为 $n\times n$ 定常矩阵, 试证:

(1) $\mathrm{e}^{(A+B)t}-\mathrm{e}^{At}=\int_0^t \mathrm{e}^{A(t-s)}B\mathrm{e}^{(A+B)s}\mathrm{d}s.$

(2) $\mathrm{e}^{A}\mathrm{e}^{B}-\mathrm{e}^{A+B}=\int_0^1 \mathrm{e}^{As}\left(\mathrm{e}^{(A+B)(1-s)}B-B\mathrm{e}^{(A+B)(1-s)}\right)\mathrm{e}^{Bs}\mathrm{d}s.$

1.20 考虑 2 阶线性微分方程

$$\ddot{x}+A^2x=Bu$$

其中, A 和 B 分别是 $n\times n$ 和 $n\times m$ 常值矩阵. 假设 A 非奇异, $u(t)$ $(t\geqslant 0)$ 是有界向量值函数, 微分方程的初值为 $x(0)$ 和 $\dot{x}(0)$. 试证: 该微分方程的解可表示为

$$x(t)=\cos(At)x(0)+A^{-1}\sin(At)\dot{x}(0)+A^{-1}\int_0^t \sin(A(t-s))Bu(s)\mathrm{d}s,\quad t\geqslant 0$$

1.21 如果一个实矩阵的元素都是非负的, 则称其为非负矩阵; 如果一个实方阵的非对角线元素都是非负的, 则称其为 Metzler 矩阵. 试证: 若 A 是 Metzler 矩阵, 则 e^{At} $(\forall t\geqslant 0)$ 是非负矩阵.

本章附注

附注 1.1 在国内外诸多著名教材中, 状态被定义为完全表征系统时间域行为的最小内部变量组. 这里的难点有以下两个. 以 MIMO 传递函数 $G(s)$ 描述的线性系统为例, 写出它的一个状态空间模型后, 首先并不能判断其状态 x 是不是系统真实的内部变量, 其次也不能判断状态的个数是不是最小的. 事实上, 只有该状态空间模型是传递函数的最小实现, 即能控又能观时, 状态变量的个数才是最小的. 鉴于此, 本书没有采用这种定义. 对于实际系统, 状态变量的选择还要考虑其他问题. 以航天器轨道交会系统的线性化模型 (1.28) 为例. 如果选择状态向量 $x=[X,\dot{X},Z,\dot{Z}]^{\mathrm{T}}$, 那么对应的系统矩阵为

$$A=\begin{bmatrix}0&1&0&0\\0&0&0&2\omega\\0&0&0&1\\0&-2\omega&3\omega^2&0\end{bmatrix}$$

由于典型航天器对应的轨道角速度 ω 的数值很小, 例如, 地球同步轨道卫星对应的轨道角速度为 $\omega=7.2722\times 10^{-5}\mathrm{rad/s}$, 上述系统矩阵中与 ω 相关的非零元素 2ω 和 $3\omega^2$ 相对于非零元素 1 非常小, 在计算时容易被淹没. 这是选择形如式 (1.29) 的状态向量的主要原因.

附注 1.2 例 1.2.3 的两关节机械臂系统的建模参见文献 [1]. 形如例 1.2.3 的全驱系统一定可以反馈线性化, 但某些欠驱系统也是可以反馈线性化的, 如飞轮倒立摆系统[2]. 小车倒立摆系统的非线性模型较简单, 这里给出了详细的推导 (非线性方程见文献 [3]), 而航天器轨道交会系统的非线性模型较复杂, 其详细推导可参考文献 [4]. 航天器轨道交会系统的线性化模型 (1.28) 就是著名的 CW(Clohessy-Wiltshire) 方程[5] 或者 Hill 方程[6]. 习题 1.6 介绍的

各向同性线性系统可以用来建模许多工程系统[7]. 各向同性线性系统可以等价地转化成维数减半的复系统 (1.120). 这是复系统理论的研究背景之一.

附注 1.3 非线性系统在工作点处线性化所得线性系统对原始非线性系统的近似精度,取决于系统实际变量 (u,x) 与工作点 (u^*,x^*) 之间的距离, 一般要具体问题具体分析. 例如,对于航天器轨道交会系统, 如果目标航天器运行在 500km 高度的轨道上, 当追踪航天器与目标航天器之间的距离小于 10km 时, 近似精度是非常高的[4]. 非线性系统的反馈线性化是非常成熟的理论, 可参见文献 [3].

附注 1.4 如果一个非线性系统采用近似线性化和反馈线性化都可以得到线性系统, 那么哪种方式得到的线性化模型更好呢? 一般而言, 相比近似线性化, 反馈线性化可以得到精确的线性系统模型. 但由于反馈线性化需要抵消系统固有的动态环节, 通常需要较大的控制能量. 因此, 当系统工作在工作点附近时, 近似线性化模型足够精确, 相比反馈线性化方法可能更好. 事实上, 虽然近似线性化方法是近似/局部方法, 反馈线性化方法是精确/全局方法,但在工程实践中, 由于受到执行器执行能力的约束, 两种设计方法的控制效果往往是差不多的[2]. 需要指出的是, 例 1.2.4 提供了一种在近似线性化和精确线性化之间折中的线性化方法:非线性反馈 (1.34) 只用来抵消非线性高阶项, 从而保留了原非线性系统固有的线性项, 进而有可能节省控制能量.

附注 1.5 定理 1.3.2 和推论 1.3.1 给出的计算传递函数的公式取自作者的工作[8]. 虽然这只是定理 A.1.3 介绍的 Faddeev-Leverrier 公式的简单应用, 但公式本身展示了传递函数与能控性矩阵和能观性矩阵之间的关系.

附注 1.6 如在本章小结中所述, 传递函数的实现问题需要凭空构造状态变量. 作者认为, 如果状态变量与已知的系统输入和输出变量都没有关系, 一切基于凭空构造的状态变量的分析和设计都是毫无意义的. 因此, 本章特别给出了形如式 (1.59) 的状态向量, 它是输入和输出向量的各阶导数的线性组合. 这部分内容取自作者的工作[9].

附注1.7 命题 1.5.1 第 (6) 条展示的矩阵指数的性质, 与大多数著作中都是将 $AB=BA$ 作为充分条件不同, 这里给出了一系列充要条件. 矩阵指数的计算是一个备受关注的问题. 这里所列出的方法都是解析的, 并未关注数值稳定性的问题. 文献 [10] 列出了 19 种不同的计算方法并分析了各自的优劣, 还对每种方法的数值稳定性进行了分析. 矩阵指数可以推广到复矩阵和多个矩阵的情形, 感兴趣的读者可以参考作者的工作[11,12].

附注 1.8 线性系统模态的概念对于理解线性系统的运动形式十分方便, 故本书进行了详细的介绍. 推论 1.5.4 取自文献 [13], 但这里的证明更简洁. 模态的概念来自力学, 模态包括特征值和对应的特征向量. 本书仅考虑特征值.

附注 1.9 关于线性系统零点的详细介绍, 可以参考文献 [14]. 对于传递函数模型 $G(s)$ 和它对应的状态空间模型 (A,B,C,D), 定理 1.6.1 只说明 $G(s)$ 的极点集合包含于 A 的特征值集合, 而定理 1.6.2 只说明 $G(s)$ 的传输零点集包含于 (A,B,C,D) 的不变零点集. 由于传递函数 $G(s)$ 只能反映状态空间模型 (A,B,C,D) 的既能控又能观部分, 上述结论不难理解. 事实上, 如果线性系统 (A,B,C,D) 是既能控又能观的, 则上述两个"包含于"都可以换成"等于". 详细证明参见文献 [15]. 基于上述事实并考虑到状态空间模型能更全面和真实地描述实际系统, 基于状态空间模型的极点和不变零点的概念更有价值. 定理 1.6.3 的证明可以参考文献 [16], 该文献详细讨论了线性系统不变零点的性质和计算方法.

附注 1.10　本节介绍的状态空间模型 (A,B,C,D) 的不变零点没有考虑重数. 若要考虑重数, 需要用到其 Rosenbrock 系统矩阵 $R(s)$ 的 Smith 规范型. 设具有适当维数的幺模矩阵 $U_L(s)$ 和 $U_R(s)$ 使得

$$R(s)=U_L(s)(\varphi_1(s)\oplus\cdots\oplus\varphi_{r_R}(s)\oplus 0_{(p+n-r_R)\times(m+n-r_R)})U_R(s)$$

其中, $\varphi_i(s)$ 都是首一多项式, 且 $\varphi_i(s)$ 整除 $\varphi_{i+1}(s)$ $(i=1,2,\cdots,r_R-1)$. 那么, (A,B,C,D) 的不变零点多项式定义为 $z_R(s)=\varphi_1(s)\varphi_2(s)\cdots\varphi_{r_R}(s)$, 其根称为 (A,B,C,D) 的不变零点. 当然, 若不考虑重数, 上述定义和定义 1.6.3 是等价的.

附注 1.11　除了不变零点, 线性系统还有许多其他形式的零点. 关于这些零点的性质以及其他零点的介绍, 可以参考文献 [14] 和文献 [15]. 作者认为, 每种零点的定义都是为特定的系统设计目的服务的, 如 5.4.3 节介绍的耦合零点. 因此, 详细介绍所有零点的定义是没有必要的. 本章介绍的不变零点是最常用的一种零点, 且在后续线性系统的设计中具有重要的作用.

参考文献

[1] Craig J J. Introduction to Robotics: Mechanics and Control. Boston: Addison-Wesley, 1989.

[2] Spong M W, Corke P, Lozano R. Nonlinear control of the reaction wheel pendulum. Automatica, 2001, 37(11): 1845-1851.

[3] Khalil H K. Nonlinear Control. New York: Pearson, 2015.

[4] Yamanaka K, Ankersen F. New state transition matrix for relative motion on an arbitrary elliptical orbit. Journal of Guidance, Control, and Dynamics, 2002, 25(1): 60-66.

[5] Clohessy W H, Wiltshire R S. Terminal guidance system for satellite rendezvous. Journal of the Aerospace Sciences, 1960, 27(9): 653-658.

[6] Hill G W. A method of computing absolute perturbations. Astronomische Nachrichten, 1874, 83(14): 209-224.

[7] 周彬, 任玉武, 姜怀远. 各向同性线性系统理论研究综述. 控制与决策, 2023, 38(9): 2433-2443.

[8] Duan G R, Zhou B. An explicit solution to right factorization with application in eigenstructure assignment. Journal of Control Theory and Applications, 2005, 3(3): 275-279.

[9] Zhou B, Duan G R. Pole assignment of high-order linear systems with high-order time-derivatives in the input. Journal of the Franklin Institute, 2020, 357(3): 1437-1456.

[10] Moler C, van Loan C. Nineteen dubious ways to compute the exponential of a matrix. SIAM Review, 1978, 20(4): 801-836.

[11] Zhou B. Analysis and design of complex-valued linear systems. International Journal of Systems Science, 2018, 49(15): 3063-3081.

[12] Zhou B, Duan G R, Zhong Z. Closed form solutions for matrix linear systems using double matrix exponential functions. International Journal of Systems Science, 2009, 40(1): 91-99.

[13] Zadeh L, Desoer C. Linear System Theory: The State Space Approach. New York: McGraw-Hill, 1970.

[14] Schrader C B, Sain M K. Research on system zeros: A survey. International Journal of Control, 1989, 50(4): 1407-1433.

[15] Antsaklis P J, Michel A N. Linear Systems. New York: Springer, 2006.

[16] Davison E J, Wang S H. Properties and calculation of transmission zeros of linear multivariable systems. Automatica, 1974, 10(6): 643-658.

第 2 章　能控性与能观性

考虑线性系统

$$\begin{cases} \dot{x} = Ax + Bu \\ y = Cx + Du \end{cases}, \quad x(0) = x_0,\ t \geqslant 0 \tag{2.1}$$

其中, $A \in \mathbf{R}^{n\times n}$、$B \in \mathbf{R}^{n\times m}$、$C \in \mathbf{R}^{p\times n}$ 和 $D \in \mathbf{R}^{p\times m}$ 分别是系统矩阵、控制矩阵、输出矩阵和前馈矩阵. 根据说明 1.1.2 的讨论, 在很多情形下可以不失一般性地假设

$$(1)\ \mathrm{rank}\begin{bmatrix} B \\ D \end{bmatrix} = m, \quad (2)\ \mathrm{rank}\begin{bmatrix} C & D \end{bmatrix} = p \tag{2.2}$$

如果将线性系统 (2.1) 看成一个黑箱子, 那么外部输入 u 可以通过状态方程影响系统的状态 x, 进而通过输出方程影响系统的输出 y. 系统的外部输入 u 和输出 y 一般可以直接测量, 输入 u 甚至可以任意设计, 但状态向量 x 属于内部变量, 一般情况下难以直接获取和直接设计. 一方面, 从输入的方向考虑 “黑箱” 系统, 自然想知道是否可以通过改变 u 来使得系统的状态 x 具有期望的值或性质——这是能控性问题. 另一方面, 从输出的方向考虑 “黑箱” 系统, 自然想知道是否可以利用系统的输出来确定系统的状态——这是能观性问题. 自从 20 世纪 60 年代 Kalman 引入系统的能控性和能观性这两个概念以来, 理论和实践都证明它们对于系统的设计和估计具有重要的价值.

本章系统性地讨论线性系统 (2.1) 的能控性和能观性问题. 作为与这些问题对称的能达性问题和能重构性问题, 本章也进行一定的介绍, 并通过引入时间反转系统和对偶系统对这些不同性质之间的关系进行梳理. 将最基础的能控性与能观性概念进行了深入的拓展, 本章详细介绍了输出能控性、输出函数能控性、强能控性、输入能观性、输入函数能观性、强能观性等概念和判据. 最后, 本章介绍能控性指数、能控性指数集、Brunovsky 指数、可逆性指数集、输出函数能控性指数集、输入函数能观性指数集等比能控性和能观性更细致的概念和性质.

2.1　能　控　性

2.1.1　能控性的定义

本节讨论状态能控性问题. 该问题主要考虑输入 u 对状态 x 的影响, 故只与系统 (2.1) 的状态方程有关. 按照惯例, 状态能控性也直接称为能控性. 如果一个控制信号 $u \in \mathbf{R}^m$ 的幅值可以取任意有限值且在持续的时间区间 $[0,\tau]$ 上平方可积, 则称其为无约束容许控制信号. 为了方便, 本章将定义在时间区间 $[0,\tau]$ 上的无约束容许控制信号的集合记作

$$\mathcal{U}_\tau = \left\{u(t), t \in [0,\tau] : \int_0^\tau \|u(s)\|^2\,\mathrm{d}s < \infty,\ \max_{t\in[0,\tau]}\{\|u(t)\|\} < \infty\right\}$$

定义 2.1.1　对任意初始状态 $x_0 \in \mathbf{R}^n$ 和任意终端状态 $x_{\mathrm{T}} \in \mathbf{R}^n$, 如果存在有限时间 τ 和 $u \in \mathcal{U}_\tau$ 使得 $x(\tau) = \phi(\tau, 0, x_0, u) = x_{\mathrm{T}}$, 则称线性系统 (2.1) 是能控的 (controllable).

定义 2.1.2　对任意初始状态 $x_0 \in \mathbf{R}^n$, 如果存在有限时间 τ 和 $u \in \mathcal{U}_\tau$ 使得 $x(\tau) = \phi(\tau, 0, x_0, u) = 0$, 则称线性系统 (2.1) 是零能控的 (null controllable).

显然, 零能控性是能控性的特例. 在上述两个定义中, 我们只关心初始状态 x_0、终端状态 x_{T} 和时间 τ, 在初始状态 x_0 和终端状态 x_{T} 之间的状态并不关心. 此外, 对状态转移所需的时间 τ 也没有施加定量的限制, 即 τ 可以依赖 (x_0, x_{T}) 但必须是有限值.

2.1.2 Kalman 判据和 Gram 矩阵判据

根据定义来判断系统的能控性显然是不具可操作性的. 本节给出 Kalman 判据和基于能控性 Gram 矩阵的判据.

定理 2.1.1　下述 4 个陈述是等价的.

(1) 线性系统 (2.1) 是能控的.

(2) 线性系统 (2.1) 是零能控的.

(3) 如下 $n \times nm$ 的能控性矩阵是行满秩的 (Kalman 判据):

$$Q_{\mathrm{c}} = Q_{\mathrm{c}}(A, B) = \begin{bmatrix} B & AB & \cdots & A^{n-1}B \end{bmatrix}$$

(4) 对任意 $\tau > 0$, 如下能控性 Gram 矩阵 $W_{\mathrm{c}}(\tau)$ 是非奇异的 (Gram 矩阵判据):

$$W_{\mathrm{c}}(\tau) = \int_0^\tau \mathrm{e}^{-As} B B^{\mathrm{T}} \mathrm{e}^{-A^{\mathrm{T}} s} \mathrm{d}s \tag{2.3}$$

证明　陈述 (1) ⇒ 陈述 (2) 是显然成立的. 下面按照陈述 (2) ⇒ 陈述 (3) ⇒ 陈述 (4) ⇒ 陈述 (1) 的顺序证明本定理.

陈述 (2) ⇒ 陈述 (3) 的证明: 反证. 假设陈述 (3) 不成立, 那么存在非零向量 $z \in \mathbf{R}^n$ 使得

$$z^{\mathrm{T}} \begin{bmatrix} B & AB & \cdots & A^{n-1}B \end{bmatrix} = 0 \tag{2.4}$$

根据 Cayley-Hamilton 定理 (定理 A.3.2), 存在函数 $\alpha_i(t)$ $(i = 0, 1, \cdots, n-1)$ 使得

$$\mathrm{e}^{At} = \alpha_0(t) I_n + \alpha_1(t) A + \cdots + \alpha_{n-1}(t) A^{n-1} \tag{2.5}$$

所以对任意 t 有

$$z^{\mathrm{T}} \mathrm{e}^{At} B = \sum_{i=0}^{n-1} \alpha_i(t) z^{\mathrm{T}} A^i B = 0 \tag{2.6}$$

由于系统 (2.1) 是零能控的, 对任意 x_0, 存在 $\tau = \tau(x_0)$ 和 $u \in \mathcal{U}_\tau$ 使得 $x(\tau) = x_{\mathrm{T}} = 0$, 即

$$0 = x(\tau) = \mathrm{e}^{A\tau} \left(x_0 + \int_0^\tau \mathrm{e}^{-As} B u(s) \mathrm{d}s \right)$$

这等价于

$$x_0 = -\int_0^\tau \mathrm{e}^{-As} B u(s) \mathrm{d}s$$

上式左乘 z^{T} 并结合式 (2.6) 可得 $z^{\mathrm{T}}x_0 = 0$. 由 x_0 的任意性可知必有 $z = 0$. 这与 $z \neq 0$ 相矛盾.

陈述 (3) ⇒ 陈述 (4) 的证明: 反证. 假设陈述 (4) 不成立, 那么存在 $\tau > 0$ 和非零向量 $z = z(\tau) \in \mathbf{R}^n$ 使得

$$0 = z^{\mathrm{T}}W_{\mathrm{c}}(\tau)z = \int_0^\tau z^{\mathrm{T}}\mathrm{e}^{-As}BB^{\mathrm{T}}\mathrm{e}^{-A^{\mathrm{T}}s}z\mathrm{d}s = \int_0^\tau \left\|z^{\mathrm{T}}\mathrm{e}^{-As}B\right\|^2\mathrm{d}s$$

上式表明

$$z^{\mathrm{T}}\mathrm{e}^{-As}B = 0, \quad \forall s \in [0, \tau] \tag{2.7}$$

将上式对 s 反复求导并令 $s = 0$ 可得 $z^{\mathrm{T}}A^kB = 0$ $(k = 0, 1, \cdots, n-1)$. 此即式 (2.4). 这表明 $Q_{\mathrm{c}}(A, B)$ 不是行满秩的. 矛盾.

陈述 (4) ⇒ 陈述 (1) 的证明: 对任意初始状态 x_0 和终端状态 x_{T}, 令

$$u(t) = B^{\mathrm{T}}\mathrm{e}^{-A^{\mathrm{T}}t}W_{\mathrm{c}}^{-1}(\tau)(\mathrm{e}^{-A\tau}x_{\mathrm{T}} - x_0) \tag{2.8}$$

显然 $u \in \mathcal{U}_\tau$. 直接计算可得

$$\begin{aligned} x(\tau) &= \mathrm{e}^{A\tau}\left(x_0 + \int_0^\tau \mathrm{e}^{-As}Bu(s)\mathrm{d}s\right) \\ &= \mathrm{e}^{A\tau}\left(x_0 - \left(\int_0^\tau \mathrm{e}^{-As}BB^{\mathrm{T}}\mathrm{e}^{-A^{\mathrm{T}}s}\mathrm{d}s\right)W_{\mathrm{c}}^{-1}(\tau)(x_0 - \mathrm{e}^{-A\tau}x_{\mathrm{T}})\right) = x_{\mathrm{T}} \end{aligned}$$

根据定义 2.1.1, 线性系统 (2.1) 是能控的. 证毕. □

定理 2.1.1 表明线性系统 (2.1) 的能控性只和 (A, B) 有关, 是系统固有的性质. 因此, 线性系统 (2.1) 能控有时也直接称 (A, B) 能控. 关于定理 2.1.1 及其证明, 给出三点说明.

说明 2.1.1　在能控性的定义中, 状态转移时间 τ 和 (x_0, x_{T}) 有关. 然而式 (2.8) 表明, 对于能控的系统, 存在控制律在任意短且相同的时间区间 $[0, \tau]$ 内将任意初始状态 x_0 转移到任意终端状态 x_{T}, 也就是说 τ 实际上与 (x_0, x_{T}) 无关.

说明 2.1.2　如果系统 (2.1) 能控, 有可能存在多种不同的控制律将初始条件 x_0 驱动到原点. 但基于能控性 Gram 矩阵的控制律 (2.8) 所消耗的能量是所有控制律中最小的. 参见推论 6.2.1 和说明 6.2.2. 这种控制律有如下特征: ① 即使系统是时不变的, 控制律也是时变的. ② 它是开环控制律, 即不需要每时刻的状态 $x(t)$. ③ 它需要初始状态 x_0 的精确信息. 这些特征中的任何一个都限制了这类控制律的实际应用.

说明 2.1.3　由定理 2.1.1 的证明可知如下结论成立: 设 A 的最小多项式的次数是 n_0, 则线性系统 (2.1) 是能控的当且仅当

$$\operatorname{rank}\begin{bmatrix} B & AB & \cdots & A^{n_0-1}B \end{bmatrix} = n$$

最后用几个例子来说明如何应用前面给出的部分方法来判断线性系统的能控性.

例 2.1.1　考虑小车倒立摆系统在 $(0, 0, 0, 0)$ 处的线性化系统 (1.26), 其能控性矩阵为

$$Q_{\mathrm{c}}(A,b)=\left[\begin{array}{c|c|c|c} 0 & \dfrac{4}{4M+m} & 0 & \dfrac{9mg}{(4M+m)^2 l} \\ \dfrac{4}{4M+m} & 0 & \dfrac{9mg}{(4M+m)^2 l} & 0 \\ 0 & -\dfrac{3}{(4M+m)l} & 0 & -\dfrac{9(M+m)g}{(4M+m)^2 l^2} \\ -\dfrac{3}{(4M+m)l} & 0 & -\dfrac{9(M+m)g}{(4M+m)^2 l^2} & 0 \end{array}\right]$$

由于 $\det(Q_{\mathrm{c}}(A,b))=81g^2/((4M+m)^4 l^4)\neq 0$, 该线性系统是能控的.

例 2.1.2 考虑航天器轨道交会系统在 X-Z 平面内的线性化系统 (1.30). 容易计算其能控性矩阵的秩为 4, 故该系统是能控的. 记 $B=[b_1,b_2]$. 现在假设只有 X 轴即轨道切向的控制器工作而 Z 轴即径向的控制器不工作, 即控制矩阵为 b_1. 此时能控性矩阵

$$Q_{\mathrm{c}}(A,b_1)=\begin{bmatrix} 0 & \omega & 0 & -4\omega^3 \\ 1 & 0 & -4\omega^2 & 0 \\ 0 & 0 & -2\omega^2 & 0 \\ 0 & -2\omega & 0 & 2\omega^3 \end{bmatrix}$$

满足 $\det(Q_{\mathrm{c}}(A,b_1))=-12\omega^6\neq 0$, 因此该系统是能控的. 如果只有 Z 轴的控制器工作而 X 轴的控制器不工作, 即控制矩阵为 b_2, 此时能控性矩阵

$$Q_{\mathrm{c}}(A,b_2)=\begin{bmatrix} 0 & 0 & 2\omega^2 & 0 \\ 0 & 2\omega & 0 & -2\omega^3 \\ 0 & \omega & 0 & -\omega^3 \\ 1 & 0 & -\omega^2 & 0 \end{bmatrix}$$

的秩为 3, 因此该系统是不能控的. 这表明 X-Z 平面内的线性化系统只需要在 X 轴方向安装一个控制器就能保证系统的能控性.

2.1.3 PBH 判据和 Jordan 判据

本节介绍判断线性系统能控性的 PBH (Popov-Belevitch-Hautus) 判据. 这一判据可以有效地将线性系统的状态空间方法和频域方法联系起来.

定理 2.1.2 线性系统 (2.1) 是能控的当且仅当 $A-sI_n$ 和 B 是左互质的, 即

$$\operatorname{rank}\begin{bmatrix} A-sI_n & B \end{bmatrix}=n,\quad \forall s\in\mathbf{C}$$

或者等价地写成

$$\operatorname{rank}\begin{bmatrix} A-\sigma I_n & B \end{bmatrix}=n,\quad \forall \sigma\in\lambda(A) \tag{2.9}$$

证明 必要性: 反证. 假设式 (2.9) 不成立, 则存在非零向量 $z\in\mathbf{C}^n$ 使得

$$z^{\mathrm{H}}\begin{bmatrix} A-\sigma I_n & B \end{bmatrix}=0 \tag{2.10}$$

即 $z^{\mathrm{H}}A=\sigma z^{\mathrm{H}}$ 和 $z^{\mathrm{H}}B=0$. 对任意非负整数 k, 反复运用此两个关系式有

$$z^{\mathrm{H}}A^kB=\sigma z^{\mathrm{H}}A^{k-1}B=\cdots=\sigma^k z^{\mathrm{H}}B=0$$

综合在一起就是

$$z^{\mathrm{H}}\left[\begin{array}{cccc} B & AB & \cdots & A^{n-1}B \end{array}\right]=0 \tag{2.11}$$

这表明 $Q_{\mathrm{c}}(A,B)$ 不是行满秩的, 根据定理 2.1.1, 这与系统 (2.1) 能控相矛盾.

充分性: 反证. 假设系统 (2.1) 不能控, 那么必然存在非零向量 $z\in\mathbf{C}^n$ 使得式 (2.11) 成立. 设 $k\leqslant n-1$ 是使得向量 $z^{\mathrm{H}},z^{\mathrm{H}}A,\cdots,z^{\mathrm{H}}A^{k-1}$ 线性无关的最大整数, 也就是 $z^{\mathrm{H}},z^{\mathrm{H}}A,\cdots,$ $z^{\mathrm{H}}A^k$ 线性相关, 即存在不全为零的常数 α_i $(i=0,1,\cdots,k)$ 使得

$$\begin{aligned}0&=\alpha_0z^{\mathrm{H}}+\alpha_1z^{\mathrm{H}}A+\alpha_2z^{\mathrm{H}}A^2+\cdots+\alpha_kz^{\mathrm{H}}A^k\\&=z^{\mathrm{H}}(\alpha_0I_n+\alpha_1A+\alpha_2A^2+\cdots+\alpha_kA^k)\end{aligned} \tag{2.12}$$

显然应该有 $\alpha_k\neq0$. 不然, 如果 $\alpha_k=0$, 则 α_i $(i=0,1,\cdots,k-1)$ 不全为零且

$$0=\alpha_0z^{\mathrm{H}}+\alpha_1z^{\mathrm{H}}A+\alpha_2z^{\mathrm{H}}A^2+\cdots+\alpha_{k-1}z^{\mathrm{H}}A^{k-1}$$

这意味着 $z^{\mathrm{H}},z^{\mathrm{H}}A,\cdots,z^{\mathrm{H}}A^{k-1}$ 线性相关, 和假设矛盾. 设复数 λ_* 是 $f(\lambda)=\alpha_0+\alpha_1\lambda+\cdots+\alpha_k\lambda^k=0$ 的任意一个根. 那么 $f(\lambda)=g(\lambda)(\lambda-\lambda_*)$, 其中

$$g(\lambda)=\beta_0+\beta_1\lambda+\beta_2\lambda^2+\cdots+\beta_{k-1}\lambda^{k-1}$$

且其最高次项的系数 $\beta_{k-1}=\alpha_k\neq0$. 因此, 由式 (2.12) 可知

$$0=z^{\mathrm{H}}f(A)=z^{\mathrm{H}}g(A)(A-\lambda_*I_n) \tag{2.13}$$

显然应该有 $z^{\mathrm{H}}g(A)\neq0$. 不然, 如果 $z^{\mathrm{H}}g(A)=0$, 则有

$$\beta_0z^{\mathrm{H}}+\beta_1z^{\mathrm{H}}A+\beta_2z^{\mathrm{H}}A^2+\cdots+\beta_{k-1}z^{\mathrm{H}}A^{k-1}=0$$

这意味着 $z^{\mathrm{H}},z^{\mathrm{H}}A,\cdots,z^{\mathrm{H}}A^{k-1}$ 线性相关, 与假设矛盾. 所以由式 (2.13) 可知 λ_* 是 A 的特征值, $z^{\mathrm{H}}g(A)$ 是相应的左特征向量. 另外, 由式 (2.11) 可知

$$z^{\mathrm{H}}g(A)B=\beta_0z^{\mathrm{H}}B+\beta_1z^{\mathrm{H}}AB+\cdots+\beta_{k-1}z^{\mathrm{H}}A^{k-1}B=0 \tag{2.14}$$

综合式 (2.13) 和式 (2.14) 得到

$$z^{\mathrm{H}}g(A)\left[\begin{array}{cc} A-\lambda_*I_n & B \end{array}\right]=0,\quad z^{\mathrm{H}}g(A)\neq0$$

这与式 (2.9) 矛盾. 故系统 (2.1) 一定能控. 证毕. □

说明 2.1.4　*从上面的证明可以看出 PBH 判据有一种等价描述, 即由式 (2.10) 可推知 $z=0$, 或者等价地说, 矩阵 A 不存在与 B 各列正交的左特征向量.*

由 PBH 判据可以引入不能控振型或输入解耦零点的概念.

定义 2.1.3 如果复数 $\sigma_0 \in \lambda(A)$ 满足

$$\operatorname{rank}\begin{bmatrix} A-\sigma_0 I_n & B \end{bmatrix} < n \tag{2.15}$$

则称其是系统 (A,B) 的一个不能控振型或者输入解耦零点 (input decoupling zero).

根据定义 2.1.3 和 PBH 判据, 线性系统能控当且仅当它没有不能控振型或输入解耦零点.

说明 2.1.5 不能控振型可解释如下. 如果复数 $\sigma_0 \in \lambda(A)$ 使得式 (2.15) 成立, 那么存在非零向量 $z \in \mathbf{C}^n$ 使得式 (2.10) 成立, 或者 $z^{\mathrm{H}}A = \sigma_0 z^{\mathrm{H}}$ 和 $z^{\mathrm{H}}B = 0$. 现设 $\eta(t) = z^{\mathrm{H}}x(t)$, 则利用系统方程 (2.1) 有

$$\dot{\eta} = z^{\mathrm{H}}\dot{x} = z^{\mathrm{H}}(Ax+Bu) = \sigma_0 z^{\mathrm{H}}x = \sigma_0\eta$$

这表明, 无论系统的输入 u 是什么, 系统的状态组合 $\eta(t) = z^{\mathrm{H}}x(t)$ 按照既有规律

$$\eta(t) = \mathrm{e}^{\sigma_0 t}\eta(0) = \mathrm{e}^{\sigma_0 t}z^{\mathrm{H}}x_0$$

"振动". 这种类型的运动不受外部输入的控制, 故可称为不能控振型. 由于不能控振型 σ_0 是 A 的特征值, 故也可称之为不能控模态.

运用 PBH 判据, 可以导出基于 Jordan 标准型的判据. 为此先给出引理 2.1.1.

引理 2.1.1 设线性系统 (A,B) 具有如下结构:

$$A = \begin{bmatrix} A_1 & 0 \\ 0 & A_2 \end{bmatrix}, \quad B = \begin{bmatrix} B_1 \\ B_2 \end{bmatrix}$$

其中, $A_1 \in \mathbf{R}^{n_1\times n_1}, A_2 \in \mathbf{R}^{n_2\times n_2}; n_1+n_2=n$. 如果 $\lambda(A_1)\cap\lambda(A_2)=\varnothing$, 那么 (A,B) 能控当且仅当 (A_1,B_1) 和 (A_2,B_2) 都能控.

证明 如果 (A,B) 能控, 那么

$$n = \operatorname{rank}(Q_{\mathrm{c}}(A,B)) = \operatorname{rank}\begin{bmatrix} B_1 & A_1B_1 & \cdots & A_1^{n-1}B_1 \\ B_2 & A_2B_2 & \cdots & A_2^{n-1}B_2 \end{bmatrix}$$

上式蕴含

$$\operatorname{rank}\begin{bmatrix} B_i & A_iB_i & \cdots & A_i^{n_i-1}B_i \end{bmatrix} = n_i, \quad i=1,2$$

即 (A_1,B_1) 和 (A_2,B_2) 都能控. 另外, 如果 (A_1,B_1) 和 (A_2,B_2) 都能控, 根据 PBH 判据有

$$\operatorname{rank}\begin{bmatrix} A_i-\sigma I_n & B_i \end{bmatrix} = n_i, \quad \forall\sigma\in\lambda(A_i),\ i=1,2 \tag{2.16}$$

任意选择 $\sigma\in\lambda(A)$, 则要么 $\sigma\in\lambda(A_1)$, 要么 $\sigma\in\lambda(A_2)$. 若 $\sigma\in\lambda(A_1)$, 由于 $\lambda(A_1)\cap\lambda(A_2)=\varnothing$, 根据式 (2.16) 有

$$\operatorname{rank}\begin{bmatrix} A-\sigma I_n & B \end{bmatrix} = \operatorname{rank}\begin{bmatrix} A_1-\sigma I_{n_1} & B_1 \end{bmatrix} + n_2 = n$$

若 $\sigma\in\lambda(A_2)$, 则同理可证. 综合可知 (A,B) 能控. 证毕. □

假设 (A,B) 具有如下结构:

$$A = J_1 \oplus J_2 \oplus \cdots \oplus J_{\varpi}, \quad J_i = J_{i1} \oplus J_{i2} \oplus \cdots \oplus J_{i,q_i} \tag{2.17}$$

$$J_{ij} = \begin{bmatrix} \lambda_i & 1 & & \\ & \lambda_i & \ddots & \\ & & \ddots & 1 \\ & & & \lambda_i \end{bmatrix}, \quad B = \begin{bmatrix} B_1 \\ B_2 \\ \vdots \\ B_{\varpi} \end{bmatrix}, \quad B_i = \begin{bmatrix} B_{i1} \\ B_{i2} \\ \vdots \\ B_{i,q_i} \end{bmatrix}, \quad B_{ij} = \begin{bmatrix} b_{ij}^{[1]} \\ b_{ij}^{[2]} \\ \vdots \\ b_{ij}^{[p_{ij}]} \end{bmatrix} \tag{2.18}$$

其中, A 是 Jordan 标准型; $i = 1,2,\cdots,\varpi, j = 1,2,\cdots,q_i$; $\lambda(J_i) \cap \lambda(J_j) = \varnothing$ $(\forall i \neq j)$.

定理 2.1.3 设 (A,B) 形如式 (2.17) 和式 (2.18), 则线性系统 (2.1) 是能控的当且仅当对任意 $i = 1,2,\cdots,\varpi$, 矩阵 B_{ij} $(j = 1,2,\cdots,q_i)$ 的最后一行组成的向量组行线性无关, 即

$$\operatorname{rank} \begin{bmatrix} b_{i1}^{[p_{i1}]} \\ b_{i2}^{[p_{i2}]} \\ \vdots \\ b_{i,q_i}^{[p_{i,q_i}]} \end{bmatrix} = q_i, \quad i = 1,2,\cdots,\varpi \tag{2.19}$$

证明 由于 $\lambda(J_i) \cap \lambda(J_j) = \varnothing$ $(\forall i \neq j)$, 反复运用引理 2.1.1 可知 (A,B) 能控当且仅当 (J_i, B_i) $(i = 1,2,\cdots,\varpi)$ 都是能控的. 为了简便, 假设对某个 i 有 $q_i = 2, p_{i1} = 3, p_{i2} = 2$, 即几何重数为 2, 代数重数为 $3+2=5$. 因此

$$J_i = \left[\begin{array}{ccc|cc} \lambda_i & 1 & & & \\ & \lambda_i & 1 & & \\ & & \lambda_i & & \\ \hline & & & \lambda_i & 1 \\ & & & & \lambda_i \end{array}\right], \quad B_i = \left[\begin{array}{c} b_{i1}^{[1]} \\ b_{i1}^{[2]} \\ b_{i1}^{[3]} \\ \hline b_{i2}^{[1]} \\ b_{i2}^{[2]} \end{array}\right]$$

根据 PBH 判据, (J_i, B_i) 能控当且仅当

$$5 = \operatorname{rank}\begin{bmatrix} J_i - \lambda_i I & B_i \end{bmatrix} = \operatorname{rank}\left[\begin{array}{ccc|cc|c} 0 & 1 & 0 & & & b_{i1}^{[1]} \\ & 0 & 1 & & & b_{i1}^{[2]} \\ & & 0 & & & b_{i1}^{[3]} \\ \hline & & & 0 & 1 & b_{i2}^{[1]} \\ & & & & 0 & b_{i2}^{[2]} \end{array}\right] = 3 + \operatorname{rank}\begin{bmatrix} b_{i1}^{[3]} \\ b_{i2}^{[2]} \end{bmatrix}$$

或者等价地写成

$$\operatorname{rank}\begin{bmatrix} b_{i1}^{[3]} \\ b_{i2}^{[2]} \end{bmatrix} = 2$$

证毕. □

由于任取 q_i ($q_i \leqslant m$) 个行向量 $b_{ij}^{[p_{ij}]}$ ($j = 1, 2, \cdots, q_i$) 使得式 (2.19) 成立是大概率事件, 线性系统是能控的也是一个大概率事件. 相反, 不能控的线性系统倒是非常罕见的. 利用基于 Jordan 标准型的判据可以得到推论 2.1.1.

推论 2.1.1 线性系统 (A, B) 能控的必要条件是 A 的任意特征值的几何重数不高于 m. 特别地, 单输入系统 (A, b) 能控的必要条件是 A 的任意特征值的几何重数都是 1.

2.1.4 能达性

零能控性考虑的是将状态空间中的非零初始状态转移到原点的问题. 下面考虑相反的问题: 将原点处的初始状态驱动到状态空间中的任意位置.

定义 2.1.4 对任意向量 $x_{\mathrm{T}} \in \mathbf{R}^n$, 如果存在有限时间 τ 和 $u \in \mathcal{U}_\tau$ 使得线性系统 (2.1) 从原点 $x_0 = 0$ 起始的状态 $x(t)$ 满足 $x(\tau) = x_{\mathrm{T}}$, 则称该系统是能达的 (reachable).

与能控性的定义类似, 在上述定义中, 不关心初始状态 $x_0 = 0$ 和终端状态 $x(\tau) = x_{\mathrm{T}}$ 之间的状态, 对状态转移所需的时间 τ 也没有施加定量的限制, 即 τ 有限即可. 能控性、零能控性和能达性三者之间的区别和联系见示意图 2.1.

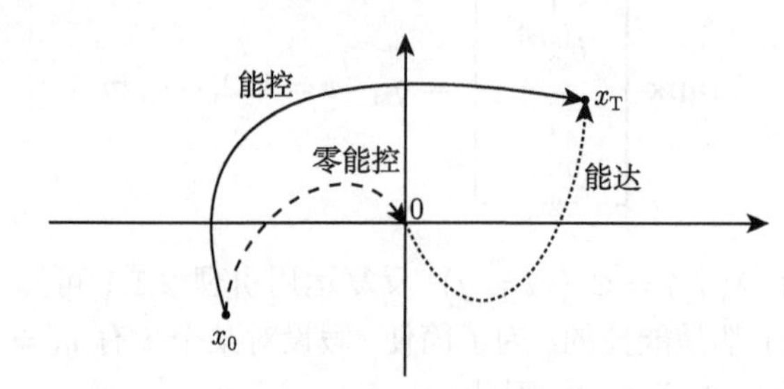

图 2.1 能控性、零能控性和能达性示意图

定理 2.1.4 下述 3 个陈述是等价的.

(1) 线性系统 (2.1) 是能达的.

(2) 能控性矩阵 $Q_{\mathrm{c}}(A, B)$ 是行满秩的.

(3) 对任意 $\tau > 0$, 如下定义的能达性 Gram 矩阵$W_{\mathrm{r}}(\tau)$ 是非奇异的:

$$W_{\mathrm{r}}(\tau) = \int_0^\tau \mathrm{e}^{As} B B^{\mathrm{T}} \mathrm{e}^{A^{\mathrm{T}} s} \mathrm{d}s \tag{2.20}$$

证明 陈述 (1) ⇒ 陈述 (2) 的证明: 该证明和定理 2.1.1的陈述 (2) ⇒ 陈述 (3) 的证明完全相同.

陈述 (2) ⇒ 陈述 (3) 的证明: 对式 (2.20) 和式 (2.3) 进行比较可以发现, (A, B) 的能达性 Gram 矩阵就是 $(-A, B)$ 的能控性 Gram 矩阵, 而 $\mathrm{rank}(Q_{\mathrm{c}}(A, B)) = \mathrm{rank}(Q_{\mathrm{c}}(-A, B))$. 因此, 由定理 2.1.1 的陈述 (3) ⇒ 陈述 (4) 即知本结论成立.

陈述 (3) ⇒ 陈述 (1) 的证明: 对任意 $x_{\mathrm{T}} \in \mathbf{R}^n$ 和 $\tau > 0$ 取

$$u(t) = B^{\mathrm{T}} \mathrm{e}^{A^{\mathrm{T}}(\tau - t)} W_{\mathrm{r}}^{-1}(\tau) x_{\mathrm{T}}, \quad t \in [0, \tau]$$

那么线性系统 (2.1) 从原点 $x_0 = 0$ 起始的状态可表示为

$$x(\tau) = \int_0^\tau \mathrm{e}^{A(\tau - s)} B u(s) \mathrm{d}s = \left(\int_0^\tau \mathrm{e}^{A(\tau - s)} B B^{\mathrm{T}} \mathrm{e}^{A^{\mathrm{T}}(\tau - s)} \mathrm{d}s \right) W_{\mathrm{r}}^{-1}(\tau) x_{\mathrm{T}} = x_{\mathrm{T}}$$

根据定义 2.1.4, 该系统是能达的. 证毕. □

由此可见, 线性系统的能达性、能控性和零能控性是完全等价的, 都只和 (A,B) 有关.

2.2 能 观 性

2.2.1 能观性的定义

定义 2.2.1 对任意初始状态 x_0, 如果存在 $\tau>0$ 使得 x_0 可由输出 $y(t)$ $(t\in[0,\tau])$ 和输入 $u(t)$ $(t\in[0,\tau])$ 唯一确定, 则称线性系统 (2.1) 是能观的 (observable).

与能控性类似, 线性系统的能观性默认指的是状态能观性. 研究线性系统的能观性时, 只要求观测初始状态 x_0. 事实上, 由于输入 $u(t)$ $(t\in[0,\tau])$ 完全已知, 初始状态 x_0 是可以被观测到的当且仅当 $x(t)$ $(\forall t\geqslant 0)$ 都是可以被观测到的. 另外, 由于输入 $u(t)$ $(t\in[0,\tau])$ 完全已知, $y(t)$ 和 $y(t)-\int_0^t C\mathrm{e}^{A(t-s)}Bu(s)\mathrm{d}s-Du(t)$ 是一一对应的, 因此从

$$y(t)-\left(\int_0^t C\mathrm{e}^{A(t-s)}Bu(s)\mathrm{d}s+Du(t)\right)=C\mathrm{e}^{At}x_0$$

可看出还可以不失一般性地假设 $u(t)=0$ $(\forall t\geqslant 0)$.

2.2.2 能观性判据

类似于能控性的情形, 有判断能观性的定理 2.2.1.

定理 2.2.1 下述 3 个陈述是等价的.

(1) 线性系统 (2.1) 是能观的.

(2) 如下 $np\times n$ 的能观性矩阵是列满秩的 (Kalman 判据):

$$Q_{\mathrm{o}}=Q_{\mathrm{o}}(A,C)=\begin{bmatrix}C\\CA\\\vdots\\CA^{n-1}\end{bmatrix}$$

(3) 任意 $\tau>0$, 如下能观性 Gram 矩阵 $W_{\mathrm{o}}(\tau)$ 是非奇异的 (Gram 矩阵判据):

$$W_{\mathrm{o}}(\tau)=\int_0^\tau \mathrm{e}^{A^{\mathrm{T}}s}C^{\mathrm{T}}C\mathrm{e}^{As}\mathrm{d}s$$

证明 如前所述, 不失一般性地假设 $u(t)=0$ $(\forall t\geqslant 0)$. 记

$$y(x_0,t)=C\mathrm{e}^{At}x_0,\quad \forall t\geqslant 0 \tag{2.21}$$

根据定义 2.2.1, 线性系统 (2.1) 是能观的当且仅当存在 τ 使得映射

$$\mathbf{R}^n\ni x_0\mapsto(y(x_0,t),t\in[0,\tau])\in\mathbf{C}([0,\tau],\mathbf{R}^p) \tag{2.22}$$

是单射, 即存在 τ 使得 $y(x_1,t)=y(x_2,t)$ $(\forall t\in[0,\tau])$ 蕴含 $x_1=x_2$.

陈述 (1) ⇒ 陈述 (2) 的证明: 假设 $Q_{\mathrm{o}}(A,C)$ 不是列满秩的, 那么存在非零向量 $z\in\mathbf{R}^{n\times 1}$ 使得 $Q_{\mathrm{o}}(A,C)z=0$. 所以从式 (2.5) 能得到

$$C\mathrm{e}^{At}z=\sum_{i=0}^{n-1}\alpha_i(t)CA^iz=0,\quad \forall t\geqslant 0$$

因此, 由式 (2.21) 可知对任意 $\tau>0$ 都有 $y(z,t)=y(0,t)=0$ ($\forall t\in[0,\tau]$), 但 $z\neq 0$. 这表明不存在 $\tau>0$ 使得映射 (2.22) 是单射, 即线性系统 (2.1) 不是能观的. 矛盾.

陈述 (2) ⇒ 陈述 (3) 的证明: 假设陈述 (3) 不成立, 即存在 $\tau>0$ 使得 $W_{\mathrm{o}}(\tau)$ 是奇异的, 那么存在非零向量 $z=z(\tau)\in\mathbf{R}^n$ 使得

$$0=z^{\mathrm{T}}W_{\mathrm{o}}(\tau)z=\int_0^\tau\left\|C\mathrm{e}^{As}z\right\|^2\mathrm{d}s$$

这蕴含 $C\mathrm{e}^{As}z=0$ ($\forall s\in[0,\tau]$). 和式 (2.7) 类似, 上式蕴含 $Q_{\mathrm{o}}(A,C)z=0$, 即 $Q_{\mathrm{o}}(A,C)$ 不是列满秩的. 矛盾.

陈述 (3) ⇒ 陈述 (1) 的证明: 由式 (2.21) 可知

$$y(x_1,t)-y(x_2,t)=C\mathrm{e}^{At}(x_1-x_2),\quad \forall t\geqslant 0$$

两边左乘 $(C\mathrm{e}^{At})^{\mathrm{T}}$ 并从 0 至 τ 积分得到

$$W_{\mathrm{o}}(\tau)(x_1-x_2)=\int_0^\tau(C\mathrm{e}^{As})^{\mathrm{T}}(y(x_1,s)-y(x_2,s))\mathrm{d}s \tag{2.23}$$

由于 $W_{\mathrm{o}}(\tau)$ 非奇异, 式 (2.23) 表明存在 $\tau>0$ 使得 $y(x_1,t)=y(x_2,t)$ ($\forall t\in[0,\tau]$) 蕴含 $x_1=x_2$, 即映射 (2.22) 是单射, 也即线性系统 (2.1) 是能观的. 证毕. □

定理 2.2.1 表明能观性只和 (A,C) 有关, 也是系统固有的性质. 因此, 线性系统 (2.1) 能观有时也直接称 (A,C) 能观. 关于定理 2.2.1, 给出两点说明.

说明 2.2.1　类似于式 (2.23), 由式 (2.21) 可以得到 (即映射 (2.22) 的左逆映射)

$$x_0=W_{\mathrm{o}}^{-1}(\tau)\int_0^\tau\mathrm{e}^{A^{\mathrm{T}}s}C^{\mathrm{T}}y(s)\mathrm{d}s \tag{2.24}$$

这表明, 虽然在能观性的定义中允许 τ 和 x_0 有关, 但对于能观的系统可利用任意短且相等的时间区间内的输出 $y(t)$ 将初始状态 x_0 确定下来, 也就是说 τ 实际上与 x_0 无关. 需要注意的是, 式 (2.24) 涉及积分运算, 在实际问题中是难以应用的.

说明 2.2.2　如果 A 的最小多项式的次数 n_0 小于 n, 同能控性矩阵 $Q_{\mathrm{c}}(A,B)$ 一样, 能观性矩阵 $Q_{\mathrm{o}}(A,C)$ 也可减少一些行, 即线性系统 (2.1) 是能观的当且仅当

$$\operatorname{rank}\begin{bmatrix}C^{\mathrm{T}} & (CA)^{\mathrm{T}} & \cdots & (CA^{n_0-1})^{\mathrm{T}}\end{bmatrix}^{\mathrm{T}}=n$$

例 2.2.1　考虑航天器轨道交会系统在 X-Z 平面内的线性化系统 (1.30). 设

$$C=\begin{bmatrix}1&0&0&0\\0&0&1&0\end{bmatrix}=\begin{bmatrix}c_1\\c_2\end{bmatrix}$$

其中, $y_1 = c_1x$ 是 X 轴即轨道切向位置测量值; $y_2 = c_2x$ 是 Z 轴即径向位置测量值. 容易验证能观性矩阵 $Q_o(A, C)$ 的秩为 4, 故该系统是能观的. 现假设只有 X 轴位置测量值可用, 即输出矩阵为 c_1, 相应的能观性矩阵 $Q_o(A, c_1)$ 满足 $\det(Q_o(A, c_1)) = -12\omega^6$, 故该系统是能观的. 如果只有 Z 轴测量值可用, 即输出矩阵为 c_2, 相应的能观性矩阵 $Q_o(A, c_2)$ 的秩是 3, 所以该系统是不能观的. 由此可见, 为了使所需要的测量值最少, 可考虑不测量 Z 轴的位置 y_2. 从实际角度很容易理解, 光靠径向测量值是不能确定一个圆形轨道的. 而另一个结论就不那么明显了.

例 2.2.2 考虑如图 2.2 所示的 RLC 网络. 设电压 v 是输入, 电流 i 是输出, 电容两端的电压 x_1 和流经电感的电流 x_2 为状态变量, 则

$$\begin{bmatrix} \dot{x}_1 \\ \dot{x}_2 \end{bmatrix} = \begin{bmatrix} -\dfrac{1}{R_1C} & 0 \\ 0 & -\dfrac{R_2}{L} \end{bmatrix} \begin{bmatrix} x_1 \\ x_2 \end{bmatrix} + \begin{bmatrix} \dfrac{1}{R_1C} \\ \dfrac{1}{L} \end{bmatrix} v, \quad i = \begin{bmatrix} -\dfrac{1}{R_1} & 1 \end{bmatrix} \begin{bmatrix} x_1 \\ x_2 \end{bmatrix} + \frac{1}{R_1}v$$

其传递函数为

$$g(s) = c(sI_2 - A)^{-1}b + d = \frac{(R_1^2C - L)s + (R_1 - R_2)}{(Ls + R_2)(R_1^2Cs + R_1)} + \frac{1}{R_1}$$

计算得到

$$\begin{bmatrix} b & Ab \end{bmatrix} = \begin{bmatrix} \dfrac{1}{R_1C} & -\dfrac{1}{(R_1C)^2} \\ \dfrac{1}{L} & -\dfrac{R_2}{L^2} \end{bmatrix}, \quad \begin{bmatrix} c \\ cA \end{bmatrix} = \begin{bmatrix} -\dfrac{1}{R_1} & 1 \\ \dfrac{1}{R_1^2C} & -\dfrac{R_2}{L} \end{bmatrix}$$

容易看出, 该系统不能控或不能观当且仅当

$$R_1R_2C = L \tag{2.25}$$

此外, 如果进一步有 $R_1 = R_2$ 和 $R_1^2C = L$, 则 $g(s) = 1/R_1$. 此时称该网络为恒阻网络. 恒阻网络在滤波器设计中十分有用.

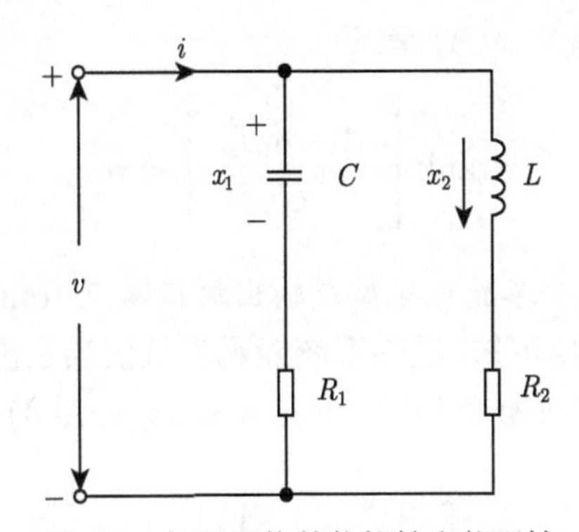

图 2.2 恒阻网络的能控性和能观性

从例 2.2.2 可以看出, 对于图 2.2 中的 RLC 网络, 只有当元器件的参数满足式 (2.25) 时才是不能控或不能观的. 另外, 随机选择一组元器件 (R_1, R_2, C, L), 它们满足式 (2.25) 的概率是很低的. 由此可见, 一个物理系统是不能控或不能观的概率是很低的, 可以认为是小概率事件.

类似于能控性, 也存在判断能观性的 PBH 判据.

定理 2.2.2　线性系统 (2.1) 是能观的当且仅当 $A - sI_n$ 和 C 是右互质的, 即

$$\operatorname{rank}\begin{bmatrix} A - sI_n \\ C \end{bmatrix} = n, \quad \forall s \in \mathbf{C}$$

或者等价地写成

$$\operatorname{rank}\begin{bmatrix} A - \sigma I_n \\ C \end{bmatrix} = n, \quad \forall \sigma \in \lambda(A) \tag{2.26}$$

证明　注意到式 (2.26) 等价于

$$\operatorname{rank}\begin{bmatrix} A^{\mathrm{T}} - \sigma I_n & C^{\mathrm{T}} \end{bmatrix} = n, \quad \forall \sigma \in \lambda(A^{\mathrm{T}})$$

根据定理 2.1.2, 上式等价于

$$\operatorname{rank}\begin{bmatrix} C^{\mathrm{T}} & A^{\mathrm{T}}C^{\mathrm{T}} & \cdots & (A^{\mathrm{T}})^{n-1}C^{\mathrm{T}} \end{bmatrix} = n$$

这又进一步等价于定理 2.2.1 的陈述 (2), 即等价于线性系统的能观性. 证毕. □

说明 2.2.3　类似于能控性 PBH 判据, 能观性 PBH 判据也有一种等价描述, 即

$$\begin{bmatrix} A - sI_n \\ C \end{bmatrix} z = 0 \Rightarrow z = 0$$

或者等价地说, 矩阵 A 不存在与 C 的各行正交的右特征向量. 此外, 也可类似于定理 2.1.3 得到基于 Jordan 标准型的能观性判据, 特别地, 只需将定理 2.1.3 中的“最后一行”换成“第 1 列”. 为节省篇幅, 此处不加以详述.

同样, 根据能观性的 PBH 判据, 可以定义线性系统 (2.1) 的不能观振型.

定义 2.2.2　如果复数 $\sigma_0 \in \lambda(A)$ 满足

$$\operatorname{rank}\begin{bmatrix} A - \sigma_0 I_n \\ C \end{bmatrix} < n \tag{2.27}$$

则称其是线性系统 (2.1) 的一个不能观振型或输出解耦零点 (output decoupling zero).

由定义 2.2.2 和 PBH 判据可知, 线性系统能观当且仅当它没有不能观振型.

说明 2.2.4　不能观振型可解释如下. 如果复数 $\sigma_0 \in \lambda(A)$ 使得式 (2.27) 成立, 那么存在非零向量 $z \in \mathbf{C}^n$ 使得

$$\begin{bmatrix} A - \sigma_0 I_n \\ C \end{bmatrix} z = 0 \tag{2.28}$$

上式等价地写成 $Az = \sigma_0 z$ 和 $Cz = 0$. 现设系统 (2.1) 的初始条件为 $x_0 = z$, 那么该系统以此为初始条件的解为

$$x(t) = z\mathrm{e}^{\sigma_0 t} \tag{2.29}$$

事实上 $\dot{x}(t) = \sigma_0 z\mathrm{e}^{\sigma_0 t} = Az\mathrm{e}^{\sigma_0 t} = Ax(t)$ $(\forall t > 0)$ 且 $x(0) = x_0$. 然而, 此时系统 (2.1) 的输出为

$$y(t) = Cx(t) = Cz\mathrm{e}^{\sigma_0 t} = 0, \quad \forall t \geqslant 0$$

这表明当初始条件为 $x_0 = z$ 时, 系统具有形如式 (2.29) 的 "振动" 模式, 该模式不能由恒为零的输出观测到. 不能观振型也称为不能观模态.

2.2.3 能重构性

能观性考虑的是根据系统在一段时间 $[0, \tau]$ 上的输出 $y(t)$ $(t \in [0, \tau])$ 确定初值 x_0. 现在考虑和此问题相关的能重构性问题.

定义 2.2.3 对给定的 $\tau > 0$, 如果可根据输入 $u(t)$ $(t \in [0, \tau])$ 和输出 $y(t)$ $(t \in [0, \tau])$ 唯一地确定末端时刻状态 $x(\tau)$, 则称线性系统 (2.1) 是能重构的 (reconstructible).

类似于能观性, 有判断能重构性的定理 2.2.3.

定理 2.2.3 下述 3 个陈述是等价的.

(1) 线性系统 (2.1) 是能重构的.

(2) 能观性矩阵 $Q_{\mathrm{o}}(A, C)$ 是列满秩的.

(3) 对任意 $\tau > 0$, 如下能重构性 Gram 矩阵$W_{\mathrm{g}}(\tau)$ 是非奇异的:

$$W_{\mathrm{g}}(\tau) = \int_0^\tau \mathrm{e}^{-A^{\mathrm{T}} s} C^{\mathrm{T}} C \mathrm{e}^{-As} \mathrm{d}s$$

证明 注意到对任意 $s \in [0, \tau]$ 都有

$$\begin{aligned}\tilde{y}(s) &\xlongequal{\mathrm{def}} y(s) - \left(\int_\tau^s C\mathrm{e}^{A(s-\theta)} Bu(\theta)\mathrm{d}\theta + Du(s)\right) = C\mathrm{e}^{As} x_0 + \int_0^\tau C\mathrm{e}^{A(s-\theta)} Bu(\theta)\mathrm{d}\theta \\ &= C\mathrm{e}^{As}\mathrm{e}^{-A\tau}\left(x(\tau) - \int_0^\tau \mathrm{e}^{A(\tau-\theta)} Bu(\theta)\mathrm{d}\theta\right) + \int_0^\tau C\mathrm{e}^{A(s-\theta)} Bu(\theta)\mathrm{d}\theta = C\mathrm{e}^{As}\mathrm{e}^{-A\tau} x(\tau)\end{aligned}$$

这表明 $\tilde{y}(t)$ $(t \in [0, \tau])$ 满足线性系统

$$\dot{z}(t) = Az(t), \quad z(0) = x(\tau), \quad \tilde{y}(t) = C\mathrm{e}^{-A\tau} z(t)$$

比较此系统和系统 (2.1) 并比较能重构性和能观性的定义可知, 线性系统 (A, C) 能重构当且仅当线性系统 $(A, C\mathrm{e}^{-A\tau})$ 能观. 由于 $Q_{\mathrm{o}}(A, C\mathrm{e}^{-A\tau}) = Q_{\mathrm{o}}(A, C)\mathrm{e}^{-A\tau}$, $(A, C\mathrm{e}^{-A\tau})$ 能观当且仅当 (A, C) 能观. 因此, 根据定理 2.2.1 立即得到本定理的结论. 证毕. □

由此可见, 线性系统的能观性和能重构性是完全等价的.

2.3 时间反转原理和对偶原理

到目前为止介绍了线性系统的能控性、能观性、能达性和能重构性等四种不同的性质. 这些性质可以通过时间反转原理和对偶原理相联系.

2.3.1 时间反转原理

对任意给定的常数 $\tau > 0$, 将线性系统 (2.1) 改写成

$$\begin{cases} \dfrac{\mathrm{d}x(\tau - t)}{\mathrm{d}(\tau - t)} = Ax(\tau - t) + Bu(\tau - t) \\ y(\tau - t) \ \ = Cx(\tau - t) + Du(\tau - t) \end{cases}, \quad t \in [0, \tau] \tag{2.30}$$

设

$$\eta(t) = x(\tau - t), \quad w(t) = u(\tau - t), \quad \zeta(t) = y(\tau - t), \quad t \in [0, \tau]$$

即 $\eta(t)$、$w(t)$ 和 $\zeta(t)$ 分别通过将 $x(t)$、$u(t)$ 和 $y(t)$ 关于终端时刻 τ 进行时间反转得到. 那么, 系统 (2.30) 可以写成

$$\begin{cases} \dot{\eta}(t) = -A\eta(t) - Bw(t) \\ \zeta(t) = C\eta(t) + Dw(t) \end{cases}, \quad t \in [0, \tau] \tag{2.31}$$

上述系统称为线性系统 (2.1) 的时间反转系统. 该系统的能控性 Gram 矩阵 $W_{\mathrm{c}}^{\#}(\tau)$、能达性 Gram 矩阵 $W_{\mathrm{r}}^{\#}(\tau)$、能观性 Gram 矩阵 $W_{\mathrm{o}}^{\#}(\tau)$ 和能重构性 Gram 矩阵 $W_{\mathrm{g}}^{\#}(\tau)$ 可定义如下:

$$W_{\mathrm{c}}^{\#}(\tau) = \int_0^\tau \mathrm{e}^{As}BB^{\mathrm{T}}\mathrm{e}^{A^{\mathrm{T}}s}\mathrm{d}s, \quad W_{\mathrm{r}}^{\#}(\tau) = \int_0^\tau \mathrm{e}^{-As}BB^{\mathrm{T}}\mathrm{e}^{-A^{\mathrm{T}}s}\mathrm{d}s$$

$$W_{\mathrm{o}}^{\#}(\tau) = \int_0^\tau \mathrm{e}^{-A^{\mathrm{T}}s}C^{\mathrm{T}}C\mathrm{e}^{-As}\mathrm{d}s, \quad W_{\mathrm{g}}^{\#}(\tau) = \int_0^\tau \mathrm{e}^{A^{\mathrm{T}}s}C^{\mathrm{T}}C\mathrm{e}^{As}\mathrm{d}s$$

通过比较时间反转系统 (2.31) 和原系统 (2.1) 的各种 Gram 矩阵可得到定理 2.3.1.

定理 2.3.1 考虑线性系统 (2.1) 和其时间反转系统 (2.31), 则

$$W_{\mathrm{c}}(\tau) = W_{\mathrm{r}}^{\#}(\tau), \quad W_{\mathrm{r}}(\tau) = W_{\mathrm{c}}^{\#}(\tau), \quad W_{\mathrm{o}}(\tau) = W_{\mathrm{g}}^{\#}(\tau), \quad W_{\mathrm{g}}(\tau) = W_{\mathrm{o}}^{\#}(\tau)$$

因此, 线性系统 (2.1) 是能控/能达的当且仅当其时间反转系统 (2.31) 是能达/能控的; 线性系统 (2.1) 是能观/能重构的当且仅当其时间反转系统 (2.31) 是能重构/能观的.

2.3.2 对偶原理

从能控性和能观性 Gram 矩阵可以看出二者之间有某种类似的关系. 这种关系由对偶原理揭示. 为了介绍对偶原理, 先引入线性系统 (2.1) 的对偶系统

$$\begin{cases} \dot{\xi} = -A^{\mathrm{T}}\xi + C^{\mathrm{T}}v \\ z = B^{\mathrm{T}}\xi + D^{\mathrm{T}}v \end{cases}, \quad t \geqslant 0 \tag{2.32}$$

其中, A、B、C 和 D 都是由原系统 (2.1) 确定的矩阵. 该系统的能控性 Gram 矩阵 $W_{\mathrm{c}}^{*}(\tau)$、能达性 Gram 矩阵 $W_{\mathrm{r}}^{*}(\tau)$、能观性 Gram 矩阵 $W_{\mathrm{o}}^{*}(\tau)$ 和能重构性 Gram 矩阵 $W_{\mathrm{g}}^{*}(\tau)$ 可定义如下:

$$W_{\mathrm{c}}^{*}(\tau) = \int_0^\tau \mathrm{e}^{A^{\mathrm{T}}s}C^{\mathrm{T}}C\mathrm{e}^{As}\mathrm{d}s, \quad W_{\mathrm{r}}^{*}(\tau) = \int_0^\tau \mathrm{e}^{-A^{\mathrm{T}}s}C^{\mathrm{T}}C\mathrm{e}^{-As}\mathrm{d}s$$

$$W_{\rm o}^*(\tau)=\int_0^\tau {\rm e}^{-As}BB^{\rm T}{\rm e}^{-A^{\rm T}s}{\rm d}s,\quad W_{\rm g}^*(\tau)=\int_0^\tau {\rm e}^{As}BB^{\rm T}{\rm e}^{A^{\rm T}s}{\rm d}s$$

通过比较对偶系统 (2.32) 和原系统 (2.1) 的各种 Gram 矩阵可得到如下结论.

定理 2.3.2　考虑线性系统 (2.1) 和其对偶系统 (2.32), 则

$$W_{\rm c}^*(\tau)=W_{\rm o}(\tau),\quad W_{\rm r}^*(\tau)=W_{\rm g}(\tau),\quad W_{\rm o}^*(\tau)=W_{\rm c}(\tau),\quad W_{\rm g}^*(\tau)=W_{\rm r}(\tau) \tag{2.33}$$

因此, 线性系统 (2.1) 是能控/能观的当且仅当其对偶系统 (2.32) 是能观/能控的, 线性系统 (2.1) 是能达/能重构的当且仅当对偶系统 (2.32) 是能重构/能达的. 时间反转原理和对偶原理将系统 (2.1)、(2.31) 和 (2.32) 共 12 种性质联系起来.

需要指出的是, 很多情况下线性系统 (A,B,C,D) 的对偶系统也被定义为 $(A^{\rm T},C^{\rm T},B^{\rm T},D^{\rm T})$. 此时虽然式 (2.33) 不再严格成立, 但由于定常系统的特殊性, 原系统 (A,B,C,D) 的能控性/能观性/能达性/能重构性和对偶系统 $(A^{\rm T},C^{\rm T},B^{\rm T},D^{\rm T})$ 的能观性/能控性/能重构性/能达性仍然是等价的.

2.4　输出能控性和输入能观性

2.4.1　输出能控性

状态能控性问题也可推广到输出情形. 具体描述如下.

定义 2.4.1　对任意初始状态 $x_0\in\mathbf{R}^n$ 和给定终端输出 $y_{\rm T}\in\mathbf{R}^p$, 如果存在时刻 $\tau>0$ 和 $u\in\mathcal{U}_\tau$ 使得 $y(\tau)=y_{\rm T}$, 则称线性系统 (2.1) 是输出能控的 (output controllable).

类似于状态能控性, 也有判断输出能控性的定理 2.4.1.

定理 2.4.1　下述 3 个陈述是等价的.

(1) 线性系统 (2.1) 是输出能控的.

(2) 如下 $p\times(n+1)m$ 的输出能控性矩阵是行满秩的:

$$Q_{\rm oc}=Q_{\rm oc}(A,B,C,D)=\begin{bmatrix} D & CB & CAB & \cdots & CA^{n-1}B\end{bmatrix} \tag{2.34}$$

(3) 对任意 $\tau>0$, 如下输出能控性 Gram 矩阵 $W_{\rm oc}(\tau)$ 是非奇异的:

$$W_{\rm oc}(\tau)=\int_0^\tau\left(\int_0^s C{\rm e}^{A\theta}B{\rm d}\theta+D\right)\left(\int_0^s C{\rm e}^{A\theta}B{\rm d}\theta+D\right)^{\rm T}{\rm d}s$$

证明　陈述 (1) ⇒ 陈述 (2) 的证明: 反证. 设陈述 (2) 不成立, 则存在非零向量 $z\in\mathbf{R}^{p\times 1}$ 使得

$$z^{\rm T}\begin{bmatrix} D & CB & CAB & \cdots & CA^{n-1}B\end{bmatrix}=0 \tag{2.35}$$

所以从式 (2.5) 能得到

$$z^{\rm T}C{\rm e}^{At}B=0,\quad \forall t\geqslant 0,\quad z^{\rm T}D=0 \tag{2.36}$$

由于系统 (2.1) 是输出能控的, 对于初值 $x_0=0$ 和任意终端输出 $y_{\rm T}\in\mathbf{R}^p$, 存在时刻 $\tau=\tau(x_0,y_{\rm T})$ 和输入 $u(t)\in\mathcal{U}_\tau$ 使得

$$y_{\rm T}=y(\tau)=\int_0^\tau C{\rm e}^{A(\tau-s)}Bu(s){\rm d}s+Du(\tau)$$

将上式左乘 z^{T} 并用式 (2.36) 可得 $z^{\mathrm{T}}y_{\mathrm{T}}=0$. 由 y_{T} 的任意性可知 $z=0$. 矛盾.

陈述 (2) ⇒ 陈述 (3) 的证明: 反证. 假设陈述 (3) 不成立, 那么存在 $\tau>0$ 和非零向量 $z=z(\tau)\in\mathbf{R}^{p\times 1}$ 使得

$$0=z^{\mathrm{T}}W_{\mathrm{oc}}(\tau)z=\int_0^{\tau}\left\|z^{\mathrm{T}}\left(\int_0^s C\mathrm{e}^{A\theta}B\mathrm{d}\theta+D\right)\right\|^2\mathrm{d}s$$

这表明

$$z^{\mathrm{T}}\left(\int_0^s C\mathrm{e}^{A\theta}B\mathrm{d}\theta+D\right)=0,\quad \forall s\in[0,\tau] \tag{2.37}$$

令 $s=0$ 得到 $z^{\mathrm{T}}D=0$. 关于 s 重复求导并令 $s=0$ 得到 $z^{\mathrm{T}}CA^kB=0\ (k=0,1,\cdots,n-1)$. 即式 (2.35) 成立, 从而 $Q_{\mathrm{oc}}(A,B,C,D)$ 不是行满秩的. 矛盾.

陈述 (3) ⇒ 陈述 (1) 的证明: 设 $\dot{u}(t)=\tilde{u}(t),u(0)=u_0$, 其中 $u_0\in\mathbf{R}^m$ 是任意给定向量, 则线性系统 (2.1) 可以写成

$$\left\{\begin{array}{l}\begin{bmatrix}\dot{x}\\ \dot{u}\end{bmatrix}=\begin{bmatrix}A & B\\ 0 & 0\end{bmatrix}\begin{bmatrix}x\\ u\end{bmatrix}+\begin{bmatrix}0\\ I_m\end{bmatrix}\tilde{u}\stackrel{\text{def}}{=\!=}\tilde{A}\tilde{x}+\tilde{B}\tilde{u}\\ y=\begin{bmatrix}C & D\end{bmatrix}\begin{bmatrix}x\\ u\end{bmatrix}\stackrel{\text{def}}{=\!=}\tilde{C}\tilde{x}\end{array}\right. \tag{2.38}$$

其中, $\tilde{x}(0)=[x_0^{\mathrm{T}},u_0^{\mathrm{T}}]^{\mathrm{T}}\stackrel{\text{def}}{=\!=}\tilde{x}_0$. 利用 $(\tilde{A},\tilde{B},\tilde{C})$ 的特殊结构可以算得 (见习题 1.13)

$$\begin{aligned}\tilde{G}_{\mathrm{oc}}(\tau)&\stackrel{\text{def}}{=\!=}\int_0^{\tau}\tilde{C}\mathrm{e}^{\tilde{A}s}\tilde{B}\tilde{B}^{\mathrm{T}}\mathrm{e}^{\tilde{A}^{\mathrm{T}}s}\tilde{C}^{\mathrm{T}}\mathrm{d}s\\ &=\int_0^{\tau}\left(\int_0^s C\mathrm{e}^{A\theta}B\mathrm{d}\theta+D\right)\left(\int_0^s C\mathrm{e}^{A\theta}B\mathrm{d}\theta+D\right)^{\mathrm{T}}\mathrm{d}s\\ &=W_{\mathrm{oc}}(\tau)\end{aligned}$$

因此, $\tilde{G}_{\mathrm{oc}}(\tau)$ 对任意 $\tau>0$ 都是非奇异的. 对任意初始状态 $x(0)=x_0$ 和终端输出 y_{T}, 令

$$\tilde{u}(t)=-\tilde{B}^{\mathrm{T}}\mathrm{e}^{\tilde{A}^{\mathrm{T}}(\tau-t)}\tilde{C}^{\mathrm{T}}\tilde{G}_{\mathrm{oc}}^{-1}(\tau)(\tilde{C}\mathrm{e}^{\tilde{A}\tau}\tilde{x}_0-y_{\mathrm{T}}),\quad t\in[0,\tau] \tag{2.39}$$

那么根据系统 (2.38) 直接计算可得

$$\begin{aligned}y(\tau)&=\tilde{C}\mathrm{e}^{\tilde{A}\tau}\tilde{x}_0+\int_0^{\tau}\tilde{C}\mathrm{e}^{\tilde{A}(\tau-s)}\tilde{B}\tilde{u}(s)\mathrm{d}s\\ &=\tilde{C}\mathrm{e}^{\tilde{A}\tau}\tilde{x}_0-\left(\int_0^{\tau}\tilde{C}\mathrm{e}^{\tilde{A}(\tau-s)}\tilde{B}\tilde{B}^{\mathrm{T}}\mathrm{e}^{\tilde{A}^{\mathrm{T}}(\tau-s)}\tilde{C}^{\mathrm{T}}\mathrm{d}s\right)\tilde{G}_{\mathrm{oc}}^{-1}(\tau)(\tilde{C}\mathrm{e}^{\tilde{A}\tau}\tilde{x}_0-y_{\mathrm{T}})\\ &=\tilde{C}\mathrm{e}^{\tilde{A}\tau}\tilde{x}_0-\left(\int_0^{\tau}\tilde{C}\mathrm{e}^{\tilde{A}s}\tilde{B}\tilde{B}^{\mathrm{T}}\mathrm{e}^{\tilde{A}^{\mathrm{T}}s}\tilde{C}^{\mathrm{T}}\mathrm{d}s\right)\tilde{G}_{\mathrm{oc}}^{-1}(\tau)(\tilde{C}\mathrm{e}^{\tilde{A}\tau}\tilde{x}_0-y_{\mathrm{T}})=y_{\mathrm{T}}\end{aligned}$$

将 $(\tilde{A},\tilde{B},\tilde{C})$ 代入式 (2.39) 简化得到

$$\tilde{u}(t)=-\left(\int_0^{\tau-t}C\mathrm{e}^{As}B\mathrm{d}s+D\right)^{\mathrm{T}}W_{\mathrm{oc}}^{-1}(\tau)(y(u_0,\tau)-y_{\mathrm{T}})$$

其中, $t\in[0,\tau]$;

$$y(u_0,\tau)=C\mathrm{e}^{A\tau}x_0+\left(C\int_0^{\tau}\mathrm{e}^{A(\tau-\theta)}B\mathrm{d}\theta+D\right)u_0$$

表示系统 (2.1) 在输入 u_0 作用下的输出. 因此,

$$\begin{aligned}
u(t)&=u_0+\int_0^t\tilde{u}(s)\mathrm{d}s\\
&=u_0-\int_0^t\left(\int_0^{\tau-s}C\mathrm{e}^{A\theta}B\mathrm{d}\theta+D\right)^{\mathrm{T}}\mathrm{d}sW_{\mathrm{oc}}^{-1}(\tau)(y(u_0,\tau)-y_{\mathrm{T}})\\
&=u_0-\left(\int_0^{\tau-s}C\mathrm{e}^{A\theta}B\mathrm{d}\theta+D\right)^{\mathrm{T}}s\Bigg|_{s=0}^{s=t}W_{\mathrm{oc}}^{-1}(\tau)(y(u_0,\tau)-y_{\mathrm{T}})\\
&\quad+\int_0^t\frac{\mathrm{d}}{\mathrm{d}s}\left(\int_0^{\tau-s}C\mathrm{e}^{A\theta}B\mathrm{d}\theta+D\right)^{\mathrm{T}}s\mathrm{d}sW_{\mathrm{oc}}^{-1}(\tau)(y(u_0,\tau)-y_{\mathrm{T}})\\
&=u_0-t\left(\int_0^{\tau-t}C\mathrm{e}^{A\theta}B\mathrm{d}\theta+D\right)^{\mathrm{T}}W_{\mathrm{oc}}^{-1}(\tau)(y(u_0,\tau)-y_{\mathrm{T}})\\
&\quad-\left(\int_0^t sC\mathrm{e}^{A(\tau-s)}B\right)^{\mathrm{T}}\mathrm{d}sW_{\mathrm{oc}}^{-1}(\tau)(y(u_0,\tau)-y_{\mathrm{T}}),\quad t\in[0,\tau]
\end{aligned}\tag{2.40}$$

显然 $u(t)\in\mathcal{U}_\tau$. 根据定义 2.4.1, 线性系统 (2.1) 是输出能控的. 证毕. □

关于定理 2.4.1, 给出三点说明.

说明 2.4.1 有时也称对称矩阵

$$G_{\mathrm{oc}}(\tau)=\int_0^{\tau}C\mathrm{e}^{As}BB^{\mathrm{T}}\mathrm{e}^{A^{\mathrm{T}}s}C^{\mathrm{T}}\mathrm{d}s+DD^{\mathrm{T}}\tag{2.41}$$

为线性系统 (2.1) 的输出能控性 Gram 矩阵, 这是因为 $W_{\mathrm{oc}}(\tau)$ 非奇异当且仅当 $G_{\mathrm{oc}}(\tau)$ 非奇异. 事实上, $G_{\mathrm{oc}}(\tau)$ 奇异当且仅当存在非零向量 $z=z(\tau)\in\mathbf{R}^{p\times1}$ 使得

$$0=z^{\mathrm{T}}G_{\mathrm{oc}}(\tau)z=\int_0^{\tau}\left\|z^{\mathrm{T}}C\mathrm{e}^{As}B\right\|^2\mathrm{d}s+\left\|z^{\mathrm{T}}D\right\|^2$$

即 $z^{\mathrm{T}}C\mathrm{e}^{As}B=0\ (\forall s\in[0,\tau])$ 和 $z^{\mathrm{T}}D=0$. 此式等价于式 (2.37).

说明 2.4.2 在陈述 (3) ⇒ 陈述 (1) 的证明中, 我们构造了显式的容许控制律 (2.40). 此控制律形式比较复杂. 如果 $D=0$, 则从式 (2.39) 可以得到更简洁的控制律

$$u_*(t)=-B^{\mathrm{T}}\mathrm{e}^{A^{\mathrm{T}}(\tau-t)}C^{\mathrm{T}}G_{\mathrm{oc}}^{-1}(\tau)(C\mathrm{e}^{A\tau}x_0-y_{\mathrm{T}})\tag{2.42}$$

其中, $G_{\mathrm{oc}}(\tau)$ 如式 (2.41) 所定义.

说明 2.4.3　根据输出能控性矩阵的定义有

$$Q_{\mathrm{oc}}(A,B,C,D)=\begin{bmatrix} C & D \end{bmatrix}\left[\begin{array}{c|c} & B \quad AB \quad \cdots \quad A^{n-1}B \\ \hline I_m & \end{array}\right]$$

因此, 线性系统 (2.1) 是输出能控的一个必要条件是式 (2.2) 的条件 (2). 此外, 如果 (A,B) 能控, 则式 (2.2) 的条件 (2) 还是充分的.

类似于状态能控的情形, 也可以给出输出零能控性的定义.

定义 2.4.2　如果存在 $\tau>0$ 使得对任意初始状态 $x_0\in\mathbf{R}^n$ 都存在 $u\in\mathcal{U}_\tau$ 导致 $y(\tau)=0$, 则称线性系统 (2.1) 是输出零能控的 (output null controllable).

定理 2.4.2　设线性系统 (2.1) 满足式 (2.2) 的条件 (2), 则它是输出零能控的当且仅当它是输出能控的.

证明　输出能控性显然蕴含输出零能控性. 根据定理 2.4.1, 只需要证明输出零能控蕴含 $Q_{\mathrm{oc}}(A,B,C,D)$ 行满秩. 反证. 假设 $Q_{\mathrm{oc}}(A,B,C,D)$ 不是行满秩的, 那么存在非零向量 $z\in\mathbf{R}^{p\times 1}$ 使得式 (2.35) 成立, 即式 (2.36) 也成立. 由于线性系统 (2.1) 是输出零能控的, 存在 $\tau>0$ 使得对任意 x_0 都有控制 $u\in\mathcal{U}_\tau$ 使得

$$0=y(\tau)=C\mathrm{e}^{A\tau}x_0+\int_0^\tau C\mathrm{e}^{A(\tau-s)}Bu(s)\mathrm{d}s+Du(\tau)$$

将上式左乘 z^{T} 并结合式 (2.36) 可得 $z^{\mathrm{T}}C\mathrm{e}^{A\tau}x_0=0$. 由 x_0 的任意性可知 $z^{\mathrm{T}}C=0$. 因此, 有

$$z^{\mathrm{T}}\begin{bmatrix} C & D \end{bmatrix}=0$$

由于 (C,D) 满足式 (2.2) 的条件 (2), 上式蕴含 $z=0$. 矛盾. 证毕. □

类似地, 也可给出输出能达性的概念.

定义 2.4.3　对 $x_0=0$ 和任意给定终端输出 $y_{\mathrm{T}}\in\mathbf{R}^p$, 如果存在时刻 τ 和 $u\in\mathcal{U}_\tau$ 使得 $y(\tau)=y_{\mathrm{T}}$, 则称线性系统 (2.1) 是输出能达的 (output reachable).

定理 2.4.3　线性系统 (2.1) 是输出能达的当且仅当它是输出能控的.

证明　输出能控性显然蕴含输出能达性. 根据定理 2.4.1, 只需要证明输出能达性蕴含 $Q_{\mathrm{oc}}(A,B,C,D)$ 行满秩. 此事实已经在定理 2.4.1 的陈述 (1) ⇒ 陈述 (2) 的证明中获证. 证毕. □

对于状态能控性, 能控性、零能控性和能达性完全等价. 但对于输出能控性, 上面的结论表明输出零能控性相对特殊. 特别地, 从定义 2.4.1 ~ 定义 2.4.3 可以看出, 输出能控性和输出能达性允许时刻 τ 与初始状态 x_0 和终端输出 y_{T} 相关, 而输出零能控要求对所有初始状态 x_0 有相同的时刻 τ. 为什么要这么要求? 例 2.4.1 给出了很好的解释.

例 2.4.1　考虑线性系统

$$A=\begin{bmatrix} \sigma & \omega \\ -\omega & \sigma \end{bmatrix},\quad B=0,\quad C=\begin{bmatrix} 0 & 1 \end{bmatrix},\quad D=0$$

其中, $\omega>0$ 和 σ 都是常数. 显然, $Q_{\mathrm{oc}}(A,B,C,D)=0$ 不是行满秩的. 初值 $x_0=[x_{01},x_{02}]^{\mathrm{T}}$ 对应的输出为

$$y(\tau)=C\mathrm{e}^{A\tau}x_0=\mathrm{e}^{\sigma\tau}(x_{02}\cos(\omega\tau)-x_{01}\sin(\omega\tau))=\mathrm{e}^{\sigma\tau}\|x_0\|\cos\left(\omega\tau+2\pi+\arcsin\left(\frac{x_{01}}{\|x_0\|}\right)\right)$$

显然, 对任意非零 x_0 都有 $y(\tau)=0$, 其中

$$\tau=\tau(x_0)=\frac{1}{\omega}\left(\frac{3\pi}{2}-\arcsin\left(\frac{x_{01}}{\|x_0\|}\right)\right)>0$$

这表明, 如果允许定义 2.4.2 中的时刻 τ 与初值 x_0 有关, 那么该系统是输出零能控的. 很显然, 输出只是周期地到达零. 如果认为这类系统是输出零能控的, 虽然在数学上是融洽的, 但对于实际系统的控制并无明显价值.

2.4.2　输入能观性

鉴于输入向量和输出向量之间的某种对称关系, 可以给出输入能观性的概念.

定义 2.4.4　对任意阶跃函数输入 $u(t)=u_0\in\mathbf{R}^m$ $(t\geqslant 0)$, 如果存在 $\tau>0$ 使得 u_0 可由输出 $y(t)$ $(t\in[0,\tau])$ 和 x_0 唯一确定, 则称线性系统 (2.1) 是输入能观的 (input observable).

在定义 2.4.4 中, 将输入取为特殊的函数, 即阶跃函数. 这一方面是由于在物理上阶跃响应可以完整地描述系统, 另一方面也是为了数学上的方便. 当然, 阶跃函数也可替换为其他的特殊函数, 如脉冲函数或者斜坡函数. 如果将输入取为一般的任意函数, 上述定义就变成了输入函数能观性的定义 (见 2.4.3 节). 类似于输出能控性, 存在定理 2.4.4.

定理 2.4.4　下述 3 个陈述是等价的.

(1) 线性系统 (2.1) 是输入能观的.

(2) 如下 $(n+1)p\times m$ 的输入能观性矩阵是列满秩的:

$$Q_{\mathrm{io}}=Q_{\mathrm{io}}(A,B,C,D)=\begin{bmatrix} D^{\mathrm{T}} & (CB)^{\mathrm{T}} & (CAB)^{\mathrm{T}} & \cdots & (CA^{n-1}B)^{\mathrm{T}}\end{bmatrix}^{\mathrm{T}} \tag{2.43}$$

(3) 对任意 $\tau>0$, 如下输入能观性 Gram 矩阵 $W_{\mathrm{io}}(\tau)$ 是非奇异的:

$$W_{\mathrm{io}}(\tau)=\int_0^{\tau}\left(\int_0^s C\mathrm{e}^{A\theta}B\mathrm{d}\theta+D\right)^{\mathrm{T}}\left(\int_0^s C\mathrm{e}^{A\theta}B\mathrm{d}\theta+D\right)\mathrm{d}s$$

证明　线性系统 (2.1) 在阶跃输入下的输出为

$$y(t)=C\mathrm{e}^{At}x_0+\left(\int_0^t C\mathrm{e}^{A\theta}B\mathrm{d}\theta+D\right)u_0,\quad \forall t\geqslant 0$$

因为 $y(t)$ 和 $y(t)-C\mathrm{e}^{At}x_0$ 一一对应, 从而可不失一般性地假设 $x_0=0$. 记

$$y(u_0,t)=\left(\int_0^t C\mathrm{e}^{A\theta}B\mathrm{d}\theta+D\right)u_0,\quad \forall t\geqslant 0 \tag{2.44}$$

根据定义, 线性系统 (2.1) 是输入能观的当且仅当存在 τ 使得映射

$$\mathbf{R}^m\ni u_0\mapsto(y(u_0,t),t\in[0,\tau])\in\mathbf{C}([0,\tau],\mathbf{R}^p)$$

是单射, 即存在 τ 使得 $y(u_1,t)=y(u_2,t)$ $(\forall t\in[0,\tau])$ 蕴含 $u_1=u_2$.

陈述 (1) ⇒ 陈述 (2) 的证明: 假设陈述 (2) 不成立, 那么存在非零向量 $z\in\mathbf{R}^m$ 使得 $Q_{\text{io}}(A,B,C,D)z=0$, 即 $CA^iBz=0$ $(i=0,1,\cdots,n-1)$, $Dz=0$. 由式 (2.5) 可知 $C\mathrm{e}^{At}Bz=0$ $(\forall t\geqslant 0)$. 因此有

$$y(z,t)=\left(\int_0^t C\mathrm{e}^{A\theta}B\mathrm{d}\theta+D\right)z=0$$

这表明 $y(z,t)=y(0,t)$ $(\forall t\geqslant 0)$ 但 $z\neq 0$, 即线性系统 (2.1) 不是输入能观的. 矛盾.

陈述 (2) ⇒ 陈述 (3) 的证明: 注意到 $Q_{\text{io}}(A,B,C,D)=Q_{\text{oc}}^{\mathrm{T}}(A^{\mathrm{T}},C^{\mathrm{T}},B^{\mathrm{T}},D^{\mathrm{T}})$, 而 $W_{\text{io}}(\tau)$ 恰好是对偶系统 $(A^{\mathrm{T}},C^{\mathrm{T}},B^{\mathrm{T}},D^{\mathrm{T}})$ 的输出能控性 Gram 矩阵, 故从定理 2.4.1 立得此结论.

陈述 (3) ⇒ 陈述 (1) 的证明: 由式 (2.44) 可知

$$y(u_1,t)-y(u_2,t)=\left(\int_0^t C\mathrm{e}^{A\theta}B\mathrm{d}\theta+D\right)(u_1-u_2)$$

两边左乘 $(C\int_0^t \mathrm{e}^{A\theta}B\mathrm{d}\theta+D)^{\mathrm{T}}$ 并从 0 至 τ 积分得到

$$W_{\text{io}}(\tau)(u_1-u_2)=\int_0^\tau\left(\int_0^s C\mathrm{e}^{A\theta}B\mathrm{d}\theta+D\right)^{\mathrm{T}}(y(u_1,s)-y(u_2,s))\mathrm{d}s$$

由于 $W_{\text{io}}(\tau)$ 非奇异, 上式表明存在 $\tau>0$ 使得 $y(u_1,t)=y(u_2,t)$ $(\forall t\in[0,\tau])$ 蕴含 $u_1=u_2$, 即线性系统 (2.1) 是输入能观的. 证毕. □

从上面的证明已经能看出输入能观性和输出能控性之间的对偶关系, 即线性系统 (A,B,C,D) 是输入能观/输出能控当且仅当其对偶系统 $(A^{\mathrm{T}},C^{\mathrm{T}},B^{\mathrm{T}},D^{\mathrm{T}})$ 是输出能控/输入能观的.

说明 2.4.4 根据输入能观性矩阵的定义有

$$Q_{\text{io}}(A,B,C,D)=\left[\begin{array}{c|c} & I_p \\ \hline C & \\ \vdots & \\ CA^{n-1} & \end{array}\right]\begin{bmatrix}B\\D\end{bmatrix}$$

因此, 线性系统 (2.1) 是输入能观的一个必要条件是式 (2.2) 的条件 (1). 此外, 如果 (A,C) 能观, 则式 (2.2) 的条件 (1) 还是充分的.

2.4.3 输入函数能观性

前已提到, 如果在输入能观性的定义中对输入函数 u 的形式不作任何假设, 就能得到输入函数能观性的概念.

定义 2.4.5 如果输入函数 $u(t)$ $(t\geqslant 0)$ 可由输出函数 $y(t)$ $(t\geqslant 0)$ 和已知初始条件 $x(0)=x_0$ 唯一确定, 则称线性系统 (2.1) 是输入函数能观的 (input functional observable).

定理 2.4.5 线性系统 (2.1) 是输入函数能观的当且仅当该线性系统是左可逆的, 即

$$\operatorname{nrank}(G(s))=m \tag{2.45}$$

其中, $G(s)=C(sI_n-A)^{-1}B+D$, 或者等价地写成

$$\operatorname{rank}\begin{bmatrix} A-sI_n & B \\ C & D \end{bmatrix}=n+m, \quad \exists s\in \mathbf{C} \tag{2.46}$$

因此, 输入函数能观的必要条件是 $p\geqslant m$ 且 (B,D) 满足式 (2.2) 的条件 (1).

证明　设 $Y(s)$ 和 $U(s)$ 分别是 $y(t)$ 和 $u(t)$ 的 Laplace 变换, 则线性系统 (2.1) 可以写成

$$Y(s)=C(sI_n-A)^{-1}x_0+G(s)U(s) \tag{2.47}$$

由于 x_0 是已知的且 $(u(t),y(t))$ 和 $(U(s),Y(s))$ 是一一对应的, 与状态能观性和输入能观性类似, 线性系统 (2.1) 是输入函数能观的当且仅当映射 $U(s)\mapsto G(s)U(s)$ 是单射. 注意到这是一个线性映射, 它是单射当且仅当式 (2.45) 成立. 根据推论 1.6.1, 式 (2.45) 进一步等价于式 (2.46). 最后, 必要条件是显然的. 证毕. □

定理 2.4.5 事实上给出了传递函数矩阵左可逆的系统意义. 从本质上说, 频域条件 (2.46) 可看成是输入函数能观性的 PBH 判据. 考虑到能控性与能观性都存在时域的秩判据, 有必要也建立相应的时域秩判据. 这就是定理 2.4.6.

定理 2.4.6　下述 3 个陈述是等价的.

(1) 线性系统 (2.1) 是输入函数能观的.

(2) 如下定义的 $(2n+1)p\times(n+1)m$ 块 Hankel 矩阵是列满秩的:

$$\operatorname{rank}\left[\begin{array}{ccccc} & & & & D \\ & & & D & CB \\ & & \iddots & CB & CAB \\ & D & \iddots & \vdots & \vdots \\ D & CB & \cdots & CA^{n-2}B & CA^{n-1}B \\ \hline CB & CAB & \cdots & CA^{n-1}B & CA^{n}B \\ \vdots & \vdots & & \vdots & \vdots \\ CA^{n-1}B & CA^{n}B & \cdots & CA^{2n-2}B & CA^{2n-1}B \end{array}\right]=(n+1)m \tag{2.48}$$

(3) 如下秩条件成立:

$$\operatorname{rank}\begin{bmatrix} & & & D \\ & & \iddots & CB \\ & D & \iddots & \vdots \\ D & CB & \cdots & CA^{n-1}B \end{bmatrix}-\operatorname{rank}\begin{bmatrix} & & & D \\ & & \iddots & CB \\ & D & \iddots & \vdots \\ D & CB & \cdots & CA^{n-2}B \end{bmatrix}=m \tag{2.49}$$

证明　按照陈述 (1) ⇒ 陈述 (2) ⇒ 陈述 (3) ⇒ 陈述 (1) 的步骤证明本定理.

陈述 (1) ⇒ 陈述 (2) 的证明: 根据定理 1.3.2 有

$$G(s)=\frac{1}{\alpha(s)}(A_ns^n+A_{n-1}s^{n-1}+\cdots+A_1s+A_0) \tag{2.50}$$

其中, $\alpha(s) = s^n + \alpha_{n-1}s^{n-1} + \cdots + \alpha_1 s + \alpha_0$ 是 A 的特征多项式;

$$\begin{cases} A_n = D \\ A_{n-1} = CB + \alpha_{n-1}D \\ \qquad \vdots \\ A_1 = CA^{n-2}B + \alpha_{n-1}CA^{n-3}B + \cdots + \alpha_1 D \\ A_0 = CA^{n-1}B + \alpha_{n-1}CA^{n-2}B + \cdots + \alpha_1 CB + \alpha_0 D \end{cases}$$

为了简便, 定义块 Hankel 矩阵

$$\Omega_n = \left[\begin{array}{cccc} & & & D \\ & & \iddots & CB \\ & D & \iddots & \vdots \\ D & CB & \cdots & CA^{n-1}B \\ \hline CB & CAB & \cdots & CA^nB \\ \vdots & \vdots & & \vdots \\ CA^{n-1}B & CA^nB & \cdots & CA^{2n-1}B \end{array}\right], \quad \Pi_n = \begin{bmatrix} & & & A_n \\ & & \iddots & \vdots \\ & A_n & \cdots & A_1 \\ A_n & A_{n-1} & \cdots & A_0 \\ A_{n-1} & \vdots & \iddots & \\ \vdots & A_0 & & \\ A_0 & & & \end{bmatrix} \tag{2.51}$$

和非奇异下三角矩阵

$$T_n = \begin{bmatrix} 1 & & & & & & \\ \alpha_{n-1} & 1 & & & & & \\ \vdots & \alpha_{n-1} & \ddots & & & & \\ \alpha_0 & \vdots & \ddots & 1 & & & \\ 0 & \alpha_0 & \cdots & \alpha_{n-1} & 1 & & \\ \vdots & \ddots & \ddots & \vdots & \ddots & \ddots & \\ 0 & \cdots & 0 & \alpha_0 & \cdots & \alpha_{n-1} & 1 \end{bmatrix} \in \mathbf{R}^{(2n+1)\times(2n+1)}$$

利用 Cayley-Hamilton 定理计算可得

$$(T_n \otimes I_p)\Omega_n = \Pi_n \tag{2.52}$$

下面用反证法证明本结论. 假设陈述 (2) 不成立. 那么由式 (2.52) 可知存在不全为零的列向量 $z_i \in \mathbf{R}^m$ $(i = 0, 1, \cdots, n)$ 使得

$$\Pi_n \begin{bmatrix} z_n \\ \vdots \\ z_1 \\ z_0 \end{bmatrix} = (T_n \otimes I_p)\Omega_n \begin{bmatrix} z_n \\ \vdots \\ z_1 \\ z_0 \end{bmatrix} = 0$$

现设 $U(s) = z_0 + \frac{z_1}{s} + \cdots + \frac{z_{n-1}}{s^{n-1}} + \frac{z_n}{s^n} \neq 0$, 则从式 (2.50) 和上式可以得到

$$\begin{aligned}\alpha(s)G(s)U(s) &= (A_n s^n + A_{n-1}s^{n-1} + \cdots + A_1 s + A_0)\left(z_0 + \frac{z_1}{s} + \cdots + \frac{z_{n-1}}{s^{n-1}} + \frac{z_n}{s^n}\right) \\ &= A_n z_0 s^n + (A_n z_1 + A_{n-1}z_0)s^{n-1} + \cdots + (A_n z_n + A_{n-1}z_{n-1} + \cdots + A_0 z_0) \\ &\quad + \frac{1}{s}(A_{n-1}z_n + A_{n-2}z_{n-1} + \cdots + A_0 z_1) + \cdots + \frac{1}{s^n}A_0 z_n \\ &= 0\end{aligned}$$

这表明式 (2.45) 不成立. 由定理 2.4.5 可知系统 (2.1) 不是输入函数能观的. 矛盾.

陈述 (2) ⇒ 陈述 (3) 的证明: 如果 $\mathrm{rank}(D) = m$, 则陈述 (3) 显然成立. 如果陈述 (3) 不成立且 $\mathrm{rank}(D) \leqslant m - 1$, 则由推论 2.6.2 可知陈述 (2) 不成立. 矛盾.

陈述 (3) ⇒ 陈述 (1) 的证明: 定义一系列块 Hankel 矩阵

$$Q_{\mathrm{i}}^{[k]} = Q_{\mathrm{i}}^{[k]}(A,B,C,D) = \begin{bmatrix} & & & D \\ & & \iddots & CB \\ & D & \iddots & \vdots \\ D & CB & \cdots & CA^{k-1}B \end{bmatrix} \in \mathbf{R}^{p(k+1)\times m(k+1)} \tag{2.53}$$

其中, $k = 0, 1, \cdots, n$. 这里规定 $Q_{\mathrm{i}}^{[-1]} = 0$ 且当 $k = -1$ 时 $CA^kB = D$, 即 $Q_{\mathrm{i}}^{[0]} = D$. 由式 (2.49) 可得

$$\mathrm{rank}(Q_{\mathrm{i}}^{[n]}) = \mathrm{rank}(Q_{\mathrm{i}}^{[n-1]}) + m = \mathrm{rank}\left[\begin{array}{c|c} Q_{\mathrm{i}}^{[n-1]} & 0 \\ \hline 0 & I_m \end{array}\right] = \mathrm{rank}\left[\begin{array}{c} Q_{\mathrm{i}}^{[n]} \\ \hline 0 \quad I_m \end{array}\right] \tag{2.54}$$

这表明线性方程

$$\begin{bmatrix} N_n & \cdots & N_1 & N_0 \end{bmatrix} Q_{\mathrm{i}}^{[n]} = \begin{bmatrix} 0 & \cdots & 0 & I_m \end{bmatrix}$$

存在非零解 $N_i \in \mathbf{R}^{m\times p}$ $(i = 0, 1, \cdots, n)$. 设 $C_n = N_n C + N_{n-1}CA + \cdots + N_0 CA^n$. 那么根据上式容易计算

$$\begin{aligned}\left(\sum_{i=0}^{n}\frac{N_i}{s^i}\right)G(s) &= \left(\sum_{i=0}^{n}\frac{N_i}{s^i}\right)\left(D + \frac{CB}{s} + \frac{CAB}{s^2} + \cdots + \frac{CA^{n-1}B}{s^n} + \cdots\right) \\ &= N_0 D + \frac{1}{s}(N_1 D + N_0 CB) + \cdots + \frac{1}{s^{n-1}}(N_{n-1}D + N_{n-2}CB \\ &\quad + \cdots + N_0 CA^{n-2}B) + \frac{1}{s^n}(N_n D + N_{n-1}CB + \cdots + N_0 CA^{n-1}B) \\ &\quad + \frac{1}{s^{n+1}}(N_n CB + N_{n-1}CAB + \cdots + N_0 CA^n B) + \cdots \\ &\quad + \frac{1}{s^{n+k}}(N_n CA^{k-1}B + N_{n-1}CA^kB + \cdots + N_0 CA^{n+k-1}B) + \cdots \\ &= \frac{1}{s^n}I_m + \frac{1}{s^{n+1}}(N_n C + N_{n-1}CA + \cdots + N_0 CA^n)B\end{aligned}$$

$$+\cdots+\frac{1}{s^{n+k}}(N_nC+N_{n-1}CA+\cdots+N_0CA^n)A^{k-1}B+\cdots$$
$$=\frac{1}{s^n}\left(I_m+\frac{C_nB}{s}+\cdots+\frac{C_nA^{k-1}B}{s^k}+\cdots\right)=\frac{1}{s^n}(I_m+C_n(sI_n-A)^{-1}B)$$

这表明

$$\begin{aligned}I_m&=(I_m+C_n(sI_n-A)^{-1}B)^{-1}\left(\sum_{i=0}^{n}N_{n-i}s^i\right)G(s)\\&=(I_m-C_n(sI_n-(A-BC_n))^{-1}B)\left(\sum_{i=0}^{n}N_{n-i}s^i\right)G(s)\end{aligned}\tag{2.55}$$

也就是说 $G(s)$ 是左可逆的. 由定理 2.4.5 可知线性系统 (2.1) 是输入函数能观的. 证毕. □

式 (2.55) 事实上给出了传递函数左逆的一个表达式. 其状态空间模型为

$$\begin{cases}\dot{z}=(A-BC_n)z+B\displaystyle\sum_{i=0}^{n}N_{n-i}y^{(i)}\\u=-C_nz+\displaystyle\sum_{i=0}^{n}N_{n-i}y^{(i)}\end{cases}\tag{2.56}$$

基于定理 2.4.6, 还可以建立如下关于一类特殊多项式矩阵左可逆的判据.

推论 2.4.1 设 $P_0,P_1\in\mathbf{R}^{p\times q}$ 是给定矩阵, $\mathrm{rank}(P_1)=r\leqslant q\leqslant p$, 则多项式矩阵 $P(s)=sP_1+P_0$ 左可逆当且仅当

$$\mathrm{rank}\begin{bmatrix}&&&P_0\\&&P_0&P_1\\&\iddots&P_1&\\P_0&\iddots&&\\P_1&&&\end{bmatrix}_{(r+2)p\times(r+1)q}=(r+1)q$$

证明 显然, $P(s)=sP_1+P_0$ 左可逆当且仅当 $P(1/s)=P_1/s+P_0$ 左可逆. 设 $P_1=CB$, 其中 $C\in\mathbf{R}^{p\times r},B\in\mathbf{R}^{r\times q}$, 则 $P(1/s)=C(sI_r-A)^{-1}B+D$, 其中 $A=0_{r\times r},D=P_0$. 根据定理 2.4.6, $P(1/s)$ 左可逆当且仅当

$$\left[\begin{array}{ccccc}&&&&D\\&&&D&CB\\&&\iddots&CB&CAB\\&D&\iddots&\vdots&\vdots\\D&CB&\cdots&CA^{n-2}B&CA^{n-1}B\\\hline CB&CAB&\cdots&CA^{n-1}B&CA^nB\\\vdots&\vdots&&\vdots&\vdots\\CA^{n-1}B&CA^nB&\cdots&CA^{2n-2}B&CA^{2n-1}B\end{array}\right]=\left[\begin{array}{ccccc}&&&&P_0\\&&&P_0&P_1\\&&\iddots&P_1&0\\&P_0&\iddots&\vdots&\vdots\\P_0&P_1&\cdots&0&0\\\hline P_1&0&\cdots&0&0\\\vdots&\vdots&&\vdots&\vdots\\0&0&\cdots&0&0\end{array}\right]$$

列满秩. 这就是欲证之结论. 证毕. □

基于推论 2.4.1, 可得到如下输入函数能观性的另一种秩判据.

定理 2.4.7　线性系统 (2.1) 是输入函数能观的当且仅当 $((n+1)p+n)\times(n+1)m$ 输入函数能观性矩阵

$$Q_{\text{ifo}} = Q_{\text{ifo}}(A,B,C,D) = \left[\begin{array}{ccccc} & & & & D \\ & & & D & CB \\ & & \iddots & CB & CAB \\ & D & \iddots & \vdots & \vdots \\ D & CB & \cdots & CA^{n-2}B & CA^{n-1}B \\ \hline B & AB & \cdots & A^{n-1}B & A^nB \end{array}\right] \tag{2.57}$$

列满秩, 即

$$\operatorname{rank}(Q_{\text{ifo}}(A,B,C,D)) = (n+1)m \tag{2.58}$$

证明　注意到

$$R(s) \xlongequal{\text{def}} \begin{bmatrix} A-sI_n & B \\ C & D \end{bmatrix} = -s\begin{bmatrix} I_n & 0 \\ 0 & 0 \end{bmatrix} + \begin{bmatrix} A & B \\ C & D \end{bmatrix} \xlongequal{\text{def}} -sP_1 + P_0$$

根据定理 2.4.5, 线性系统 (2.1) 是输入函数能观的当且仅当 $R(s)$ 列满秩, 即 $R(-s)$ 列满秩. 由于 $\operatorname{rank}(P_1)=n$, 根据推论 2.4.1, 这等价于如下矩阵

$$\varDelta_n = \left[\begin{array}{cc|c|cc|cc} & & & & & A & B \\ & & & & & C & D \\ \hline & & & A & B & I_n & 0 \\ & & & C & D & 0 & 0 \\ \hline & & \iddots & I_n & 0 & & \\ & & \iddots & 0 & 0 & & \\ \hline A & B & \iddots & & & & \\ C & D & \iddots & & & & \\ \hline I_n & 0 & & & & & \\ 0 & 0 & & & & & \end{array}\right] \in \mathbf{R}^{(n+2)(n+p)\times(n+1)(n+m)}$$

列满秩. 通过行列初等变换可以验证 $\operatorname{rank}(\varDelta_n) = (n+1)(n+m)$ 当且仅当式 (2.58) 成立. 证毕. □

从式 (2.57) 看到能控性矩阵出现在能观性判据中. 与判据 (2.49) 相比, 秩判据 (2.48) 和 (2.58) 都涉及系统的维数 n. 因此, 相对而言, 判据 (2.49) 比较容易检验.

2.4.4　输出函数能控性

定义 2.4.6　对任意给定的初始状态 $x(0)=x_0$ 和充分光滑的函数 $y^*(t):[0,\infty)\to\mathbf{R}^p$, 如果存在输入函数 $u(t):[0,\infty)\to\mathbf{R}^m$ 使得 $y(t)=y^*(t)$ $(\forall t\geqslant 0)$, 则称线性系统 (2.1) 是输出函数能控的 (output functional controllable).

输出函数能控性也称为能跟踪性 (trackability). 在跟踪问题中, 往往需要根据期望的输出 $y^*(t)$ 确定对应的输入信号 (见第 8 章). 因此, 输出函数能控性具有重要的价值. 关于输出函数能控性可以建立如下判据.

定理 2.4.8 下述 5 个陈述是等价的.

(1) 线性系统 (2.1) 是输出函数能控的.

(2) 线性系统 (2.1) 是右可逆的, 即 $\mathrm{nrank}(G(s)) = p$, 或者

$$\mathrm{rank}\begin{bmatrix} A - sI_n & B \\ C & D \end{bmatrix} = n + p, \quad \exists s \in \mathbf{C} \tag{2.59}$$

(3) 如下定义的 $(n+1)p \times (2n+1)m$ 块 Hankel 矩阵是行满秩的:

$$\mathrm{rank}\left[\begin{array}{cccc|ccc} & & & D & CB & \cdots & CA^{n-1}B \\ & & \iddots & CB & CAB & \cdots & CA^nB \\ & D & \iddots & \vdots & \vdots & & \vdots \\ D & CB & \cdots & CA^{n-1}B & CA^nB & \cdots & CA^{2n-1}B \end{array}\right] = (n+1)p \tag{2.60}$$

(4) 如下秩条件成立:

$$\mathrm{rank}\begin{bmatrix} & & & D \\ & & \iddots & CB \\ & D & \iddots & \vdots \\ D & CB & \cdots & CA^{n-1}B \end{bmatrix} - \mathrm{rank}\begin{bmatrix} & & & D \\ & & \iddots & CB \\ & D & \iddots & \vdots \\ D & CB & \cdots & CA^{n-2}B \end{bmatrix} = p \tag{2.61}$$

(5) 如下定义的 $(n+1)p \times ((n+1)m + n)$ 输出函数能控性矩阵是行满秩的:

$$Q_{\mathrm{ofc}} = Q_{\mathrm{ofc}}(A,B,C,D) = \left[\begin{array}{ccccc|c} & & & & D & C \\ & & & D & CB & CA \\ & & \iddots & CB & CAB & CA^2 \\ & D & \iddots & \vdots & \vdots & \vdots \\ D & CB & \cdots & CA^{n-2}B & CA^{n-1}B & CA^n \end{array}\right] \tag{2.62}$$

证明 由于 $G(s)$ 右可逆当且仅当 $G^{\mathrm{T}}(s)$ 左可逆, 由定理 2.4.5、定理 2.4.6 和定理 2.4.7 可知陈述 (2) $\Leftrightarrow$ 陈述 (3) $\Leftrightarrow$ 陈述 (4) $\Leftrightarrow$ 陈述 (5). 因此, 只需要证明陈述 (1) $\Leftrightarrow$ 陈述 (2). 令 $u^*(t)$ 和 $y^*(t)$ 的 Laplace 变换分别为 $U^*(s)$ 和 $Y^*(s)$. 根据式 (2.47) 有

$$Y^*(s) = C(sI_n - A)^{-1}x_0 + G(s)U^*(s) \tag{2.63}$$

充分性: 如果 $\mathrm{nrank}(G(s)) = p$, 则容易验证

$$U^*(s) = G^{\mathrm{T}}(s)(G(s)G^{\mathrm{T}}(s))^{-1}(Y^*(s) - C(sI_n - A)^{-1}x_0) \tag{2.64}$$

满足式 (2.63). 根据定义 2.4.6, 该系统是输出函数能控的.

必要性: 假设 $\mathrm{nrank}(G(s)) < p$, 则必然存在非零向量 $f(s) \in \mathbf{R}^{1\times p}(s)$ 使得 $f(s)G(s) = 0$. 取 $Y^*(s)$ 满足 $f(s)Y^*(s) \neq 0$, 初始条件 $x_0 = 0$. 假设存在 $U^*(s)$ 满足式 (2.63), 即 $Y^*(s) = G(s)U^*(s)$. 将此式左乘 $f(s)$ 得到 $0 \neq f(s)Y^*(s) = f(s)G(s)U^*(s) = 0$. 矛盾. 因此必有 $\mathrm{nrank}(G(s)) = p$.

最后, 根据推论 1.6.1, $\mathrm{nrank}(G(s)) = p$ 进一步等价于式 (2.59). 证毕. □

2.5　强能观性和强能控性

2.5.1　强能观性

为了导出强能观性的定义, 首先给出如下结论.

引理 2.5.1　线性系统 (2.1) 能观当且仅当 $u(t) = 0$ 和 $y(t) = 0$ $(\forall t \geqslant 0)$ 蕴含 $x(t) = 0$ $(\forall t \geqslant 0)$.

证明　将线性系统 (2.1) 的输出方程反复求导并利用状态方程可以得到

$$\begin{bmatrix} y(t) \\ y^{(1)}(t) \\ \vdots \\ y^{(n-1)}(t) \end{bmatrix} = \left[\begin{array}{cccc|c} & & & D & C \\ & & \iddots & CB & CA \\ & D & \iddots & \vdots & \vdots \\ D & CB & \cdots & CA^{n-2}B & CA^{n-1} \end{array}\right] \left[\begin{array}{c} u^{(n-1)}(t) \\ u^{(n-2)}(t) \\ \vdots \\ u(t) \\ \hline x(t) \end{array}\right], \quad \forall t \geqslant 0 \tag{2.65}$$

由于 $u(t) = 0$ 和 $y(t) = 0$ $(\forall t \geqslant 0)$, 由式 (2.65) 可知 $Q_{\mathrm{o}}(A, C)x(t) = 0$ $(\forall t \geqslant 0)$. 因此 $x(t) = 0$ $(\forall t \geqslant 0)$ 当且仅当 $Q_{\mathrm{o}}(A, C)$ 列满秩, 即线性系统 (2.1) 是能观的. 证毕. □

由引理 2.5.1 可知, 能观性等价于在输入为零的前提下输出恒为零蕴含状态恒为零. 如果去掉输入恒为零的前提, 就可以给出下面的强能观性的定义.

定义 2.5.1　在 (充分光滑的) 未知输入 $u(t)$ 的驱动下, 如果输出 $y(t) = 0$ $(\forall t \geqslant 0)$ 蕴含 $x(t) = 0$ $(\forall t \geqslant 0)$, 则称线性系统 (2.1) 是强能观的 (strongly observable).

对比定义 2.5.1 和引理 2.5.1可以看出, 线性系统是强能观的当且仅当系统在受到 (充分光滑的) 未知输入 $u(t)$ 的驱动时, 输出恒为零蕴含状态恒为零. 因此, 强能观性也称为未知输入能观性 (observability with unknown input). 关于强能观性的判定, 存在定理 2.5.1.

定理 2.5.1　设 (B, D) 满足式 (2.2) 的条件 (1), 则线性系统 (2.1) 是强能观的当且仅当其 Rosenbrock 系统矩阵是右互质的, 即

$$\mathrm{rank}\begin{bmatrix} A - sI_n & B \\ C & D \end{bmatrix} = n + m, \quad \forall s \in \mathbf{C} \tag{2.66}$$

证明　必要性: 反证. 假设式 (2.66) 不成立, 那么至少存在一个 $z \in \mathbf{C}$ 使得该式当 $s = z = \sigma + \omega\mathrm{i}$ $(\sigma \in \mathbf{R}, \omega \in \mathbf{R})$ 时不成立, 从而存在不全为零的向量 $x_* = x_*^{[1]} + x_*^{[2]}\mathrm{i}, x_*^{[i]} \in \mathbf{R}^n$ $(i = 1, 2)$ 和 $u_* \in \mathbf{C}^m$ 使得

$$\begin{bmatrix} A - zI_n & B \\ C & D \end{bmatrix}\begin{bmatrix} x_* \\ u_* \end{bmatrix} = 0$$

显然 $x_* \neq 0$. 不然有 $[B^{\mathrm{T}}, D^{\mathrm{T}}]^{\mathrm{T}} u_* = 0$, 而由式 (2.2) 的条件 (1) 可知 $u_* = 0$. 根据定理 1.6.4 的证明, 对于形如式 (1.115) 和式 (1.116) 的实初值 $x(0) \neq 0$ 和实输入 $u(t)$ 有

$$x(t) = \mathrm{e}^{zt} x_* + \mathrm{e}^{\overline{z}t} \overline{x}_* = 2\mathrm{e}^{\sigma t}(x_*^{[1]} \cos(\omega t) - x_*^{[2]} \sin(\omega t)) \tag{2.67}$$

显然, 如果 $\omega \neq 0$, 则 $x(t)$ 不恒等于零; 如果 $\omega = 0$, 则 $x_*^{[2]} = 0$, 从而 $x_*^{[1]} \neq 0$, 即 $x(t)$ 不恒等于零. 但 $y(t) = 0$ $(\forall t \geqslant 0)$. 这表明系统 (2.1) 不是强能观的. 矛盾.

充分性: 由式 (2.66) 可知存在幺模矩阵 $U(s) \in \mathbf{R}^{(n+p)\times(n+p)}[s]$ 和 $V(s) \in \mathbf{R}^{(n+m)\times(n+m)}[s]$ 使得

$$U(s) \begin{bmatrix} A - sI_n & B \\ C & D \end{bmatrix} V(s) = \begin{bmatrix} I_{n+m} \\ 0 \end{bmatrix}$$

这里右端的矩阵是 Rosenbrock 系统矩阵 $R(s)$ 的 Smith 规范型. 这表明

$$(V(s) \oplus I_{p-m}) U(s) \begin{bmatrix} A - sI_n & B \\ C & D \end{bmatrix} = \begin{bmatrix} I_{n+m} \\ 0 \end{bmatrix} \tag{2.68}$$

设

$$(V(s) \oplus I_{p-m}) U(s) = \begin{bmatrix} N(s) & L(s) \\ * & * \end{bmatrix}, \quad N(s) \in \mathbf{R}^{n\times n}[s], \quad L(s) \in \mathbf{R}^{n\times p}[s]$$

那么从式 (2.68) 可以得到

$$\begin{bmatrix} N(s) & L(s) \end{bmatrix} \begin{bmatrix} A - sI_n & B \\ C & D \end{bmatrix} = \begin{bmatrix} I_n & 0 \end{bmatrix} \tag{2.69}$$

由于 $N(s)$ 和 $L(s)$ 都是多项式矩阵, 可以将其写成

$$N(s) = \sum_{i=0}^{d} N_i s^i, \quad L(s) = \sum_{i=0}^{d} L_i s^i$$

其中, $d \in \mathbf{N}$; $N_i \in \mathbf{R}^{n\times n}$ 和 $L_i \in \mathbf{R}^{n\times p}$ $(i = 0, 1, \cdots, d)$ 都是常矩阵. 将上式代入式 (2.69) 得到

$$\sum_{i=0}^{d} N_i s^i (A - sI_n) + \sum_{i=0}^{d} L_i s^i C = I_n, \quad \sum_{i=0}^{d} N_i s^i B + \sum_{i=0}^{d} L_i s^i D = 0$$

比较上述两个方程两端 s 的同次幂的系数可以得到

$$\begin{cases} N_0 A + L_0 C = I_n, N_d = 0, N_i A + L_i C = N_{i-1}, & i = 1, 2, \cdots, d \\ N_i B + L_i D = 0, & i = 0, 1, \cdots, d \end{cases} \tag{2.70}$$

将线性系统 (2.1) 两端分别乘以 N_i 和 L_i 得到

$$N_i \dot{x} = N_i A x + N_i B u, \quad L_i y = L_i C x + L_i D u$$

其中, $i = 0, 1, 2, \cdots, d$. 两式相加并利用式 (2.70) 可得到

$$N_i\dot{x} + L_iy = (N_iA + L_iC)x + (N_iB + L_iD)u = N_{i-1}x, \quad i = 1, 2, \cdots, d \tag{2.71}$$

以及 $N_0\dot{x} + L_0y = (N_0A + L_0C)x = x$. 因此, 反复利用式 (2.71) 能得到

$$x = L_0y + N_0\dot{x} = L_0y + L_1\dot{y} + N_1\ddot{x} = \cdots = \sum_{i=0}^{d} L_iy^{(i)} + N_dx^{(d+1)} = \sum_{i=0}^{d} L_iy^{(i)}$$

这表明无论 $u(t)$ 取何函数, $y(t) = 0$ $(\forall t \geqslant 0)$ 蕴含 $x(t) = 0$ $(\forall t \geqslant 0)$. 根据定义 2.5.1, 系统是强能观的. 证毕. □

定理 2.5.1 给出的是强能观性的 PBH 判据. 频域条件 (2.66) 事实上是说线性系统 (2.1) 是强能观的当且仅当它不存在不变零点. 下面建立判断强能观性的秩判据.

定理 2.5.2 线性系统 (2.1) 是强能观的当且仅当

$$\operatorname{rank}\left[\begin{array}{cccc|c} & & & D & C \\ & & \cdot^{\cdot^{\cdot}} & CB & CA \\ & D & \cdot^{\cdot^{\cdot}} & \vdots & \vdots \\ D & CB & \cdots & CA^{n-2}B & CA^{n-1} \end{array}\right] = n + \operatorname{rank}\left[\begin{array}{cccc} & & & D \\ & & \cdot^{\cdot^{\cdot}} & CB \\ & D & \cdot^{\cdot^{\cdot}} & \vdots \\ D & CB & \cdots & CA^{n-2}B \end{array}\right] \tag{2.72}$$

证明 充分性: 设 $Q_{\rm i}^{[k]}$ 如式 (2.53) 所定义, $Q_{\rm o} = Q_{\rm o}(A, C)$ 为 (A, C) 的能观性矩阵. 与式 (2.54) 类似, 由式 (2.72) 可知

$$\operatorname{rank}\left[\begin{array}{cc} Q_{\rm i}^{[n-1]} & Q_{\rm o} \end{array}\right] = \operatorname{rank}\left[\begin{array}{c|c} Q_{\rm i}^{[n-1]} & \\ \hline & I_n \end{array}\right] = \operatorname{rank}\left[\begin{array}{cc} Q_{\rm i}^{[n-1]} & Q_{\rm o} \\ \hline 0 & I_n \end{array}\right]$$

这表明线性方程

$$\left[\begin{array}{cccc} L_1 & L_2 & \cdots & L_n \end{array}\right]\left[\begin{array}{cccc|c} & & & D & C \\ & & \cdot^{\cdot^{\cdot}} & CB & CA \\ & D & \cdot^{\cdot^{\cdot}} & \vdots & \vdots \\ D & CB & \cdots & CA^{n-2}B & CA^{n-1} \end{array}\right] = \left[\begin{array}{cccc} 0 & \cdots & 0 & I_n \end{array}\right] \tag{2.73}$$

有解 $L_i \in \mathbf{R}^{n\times p}$ $(i = 1, 2, \cdots, n)$. 因此, 利用式 (2.65) 和式 (2.73) 可以得到

$$x = L_1y + L_2y^{(1)} + \cdots + L_ny^{(n-1)} \tag{2.74}$$

这表明无论 $u(t)$ 取何函数, $y(t) = 0$ $(\forall t \geqslant 0)$ 蕴含 $x(t) = 0$ $(\forall t \geqslant 0)$. 根据定义 2.5.1, 系统 (2.1) 是强能观的.

必要性: 反证. 假设式 (2.72) 不成立, 则 $Q_{\rm o}$ 中至少有一列可表示为 $Q_{\rm o}$ 其他各列和 $Q_{\rm i}^{[n-1]}$ 各列的线性组合, 即存在非零向量 $x_0 \in \mathbf{R}^n$ 和向量 $u_i \in \mathbf{R}^m$ $(i = 0, 1, \cdots, n-1)$ 使得

$$\left[\begin{array}{cccc|c} & & & D & C \\ & & \cdot^{\cdot^{\cdot}} & CB & CA \\ & D & \cdot^{\cdot^{\cdot}} & \vdots & \vdots \\ D & CB & \cdots & CA^{n-2}B & CA^{n-1} \end{array}\right]\left[\begin{array}{c} u_{n-1} \\ \vdots \\ u_0 \\ \hline x_0 \end{array}\right] = 0$$

这就是

$$\begin{cases} 0 = Cx_0 + Du_0 \\ 0 = C(Ax_0 + Bu_0) + Du_1 \\ 0 = C(A^2x_0 + ABu_0 + Bu_1) + Du_2 \\ \quad\vdots \\ 0 = C(A^{n-1}x_0 + A^{n-2}Bu_0 + \cdots + Bu_{n-2}) + Du_{n-1} \end{cases} \tag{2.75}$$

设

$$x_i = A^i x_0 + A^{i-1}Bu_0 + \cdots + Bu_{i-1}, \quad i = 1, 2, \cdots, n-1 \tag{2.76}$$

则式 (2.75) 可以写成

$$Cx_i + Du_i = 0, \quad i = 0, 1, \cdots, n-1 \tag{2.77}$$

从式 (2.76) 可以注意到

$$\begin{aligned} x_{i+1} &= A^{i+1}x_0 + A^iBu_0 + \cdots + ABu_{i-1} + Bu_i \\ &= A(A^ix_0 + A^{i-1}Bu_0 + \cdots + Bu_{i-1}) + Bu_i \\ &= Ax_i + Bu_i, \quad i = 0, 1, \cdots, n-2 \end{aligned} \tag{2.78}$$

再设

$$x_n = Ax_{n-1} + Bu_{n-1} \tag{2.79}$$

考虑向量组 $\{x_0, x_1, \cdots, x_n\}$. 设正整数 $q \leqslant n$ 是使得 $\{x_0, x_1, \cdots, x_q\}$ 线性相关的最小正整数. 因此存在不全为零的常数 $\gamma_i\ (i = 0, 1, \cdots, q-1)$ 使得

$$x_q = \gamma_0 x_0 + \gamma_1 x_1 + \cdots + \gamma_{q-1}x_{q-1} \tag{2.80}$$

现在取 $x_i^* = x_i, u_i^* = u_i\ (i = 0, 1, \cdots, q-1)$ 和

$$x_q^* = \sum_{i=0}^{q-1} \gamma_i x_i^* = x_q, \quad u_q^* = \sum_{i=0}^{q-1} \gamma_i u_i^* \tag{2.81}$$

则由式 (2.77) ~ 式 (2.80) 可知

$$\begin{cases} x_{k+1}^* = Ax_k^* + Bu_k^* \\ 0 = Cx_k^* + Du_k^* \end{cases}, \quad k = 0, 1, \cdots, q-1 \tag{2.82}$$

进而表明

$$Cx_q^* + Du_q^* = \sum_{i=0}^{q-1} \gamma_i (Cx_i^* + Du_i^*) = 0 \tag{2.83}$$

对于 $j = 1, 2, \cdots$, 递推地定义

$$x_{q+j}^* = \sum_{i=0}^{q-1} \gamma_i x_{i+j}^*, \quad u_{q+j}^* = \sum_{i=0}^{q-1} \gamma_i u_{i+j}^* \tag{2.84}$$

利用数学归纳法, 根据式 (2.82) ~ 式 (2.84) 很容易看出

$$\begin{cases} x_{k+1}^* = Ax_k^* + Bu_k^* \\ 0 = Cx_k^* + Du_k^* \end{cases}, \quad k = 0, 1, \cdots \tag{2.85}$$

下面求取 (x_k^*, u_k^*) 的表达式. 由式 (2.81) 可知

$$\begin{bmatrix} x_1^* \\ x_2^* \\ \vdots \\ x_q^* \end{bmatrix} = \left[\begin{array}{c|ccc} 0 & I_n & & \\ \vdots & & \ddots & \\ 0 & & & I_n \\ \hline \gamma_0 I_n & \gamma_1 I_n & \cdots & \gamma_{q-1} I_n \end{array}\right] \begin{bmatrix} x_0^* \\ x_1^* \\ \vdots \\ x_{q-1}^* \end{bmatrix} \overset{\text{def}}{=\!=} (G \otimes I_n) \begin{bmatrix} x_0^* \\ x_1^* \\ \vdots \\ x_{q-1}^* \end{bmatrix}$$

其中, $G \in \mathbf{R}^{q\times q}$ 是友矩阵. 同理, 从式 (2.84) 可知对任意 $k \geqslant 1$ 都有

$$\begin{bmatrix} x_k^* \\ x_{k+1}^* \\ \vdots \\ x_{k+q-1}^* \end{bmatrix} = (G \otimes I_n) \begin{bmatrix} x_{k-1}^* \\ x_k^* \\ \vdots \\ x_{k+q-2}^* \end{bmatrix} = \cdots = (G^k \otimes I_n) \begin{bmatrix} x_0^* \\ x_1^* \\ \vdots \\ x_{q-1}^* \end{bmatrix}$$

设 $X_0^* = [(x_0^*)^{\mathrm{T}}, (x_1^*)^{\mathrm{T}}, \cdots, (x_{q-1}^*)^{\mathrm{T}}]^{\mathrm{T}}$ 和 $e_1 = [1, 0, \cdots, 0]^{\mathrm{T}} \in \mathbf{R}^{q\times 1}$, 则从上式能得到

$$x_k^* = (e_1^{\mathrm{T}} \otimes I_n)(G^k \otimes I_n)X_0^* = (e_1^{\mathrm{T}} G^k \otimes I_n)X_0^*, \quad k = 0, 1, \cdots$$

因此有

$$x^*(t) \overset{\text{def}}{=\!=} \sum_{k=0}^{\infty} \frac{x_k^* t^k}{k!} = \sum_{k=0}^{\infty} \left(\frac{e_1^{\mathrm{T}} G^k t^k}{k!} \otimes I_n \right) X_0^* = (e_1^{\mathrm{T}} \otimes I_n)(\mathrm{e}^{Gt} \otimes I_n)X_0^*$$

由于 $x_0^* = x_0 \neq 0$, 故 $x^*(t)$ 不恒为零. 同理可证

$$u^*(t) \overset{\text{def}}{=\!=} \sum_{k=0}^{\infty} \frac{u_k^* t^k}{k!} = (e_1^{\mathrm{T}} \otimes I_n)(\mathrm{e}^{Gt} \otimes I_m)U_0^*$$

其中, $U_0^* = [(u_0^*)^{\mathrm{T}}, (u_1^*)^{\mathrm{T}}, \cdots, (u_{q-1}^*)^{\mathrm{T}}]^{\mathrm{T}}$.

注意到式 (2.85) 表明 $(x^*(t), u^*(t))$ 满足

$$\begin{cases} \dot{x}^*(t) = Ax^*(t) + Bu^*(t) \\ 0 = Cx^*(t) + Du^*(t) \end{cases}, \quad \forall t \geqslant 0$$

这表明 $y^*(t) = 0$ $(\forall t \geqslant 0)$ 而 $x^*(t)$ 不恒为零, 即线性系统 (2.1) 不是强能观的. 矛盾. 证毕. □

从式 (2.74) 可以看出, 对于强能观的线性系统, 系统的状态可表示为输出及其各阶导数的线性组合, 也就是说确定状态不需要知道输入的信息. 事实上, 输入的信息完全包含在输出及其各阶导数中. 为说明此, 令 $\varDelta \in \mathbf{R}^{m\times n}$ 和 $L_0 \in \mathbf{R}^{m\times p}$ 按式 (2.86) 定义:

$$\begin{bmatrix} \varDelta & L_0 \end{bmatrix} = \begin{bmatrix} 0 & I_m \end{bmatrix} \begin{bmatrix} A & B \\ C & D \end{bmatrix}^{-} \tag{2.86}$$

定理 2.5.3 设线性系统 (2.1) 是强能观的, (B,D) 满足式 (2.2) 的条件 (1), $L_k\in\mathbf{R}^{n\times p}$ $(k=1,2,\cdots,n)$ 是线性方程 (2.73) 的解, $\varDelta\in\mathbf{R}^{m\times n}$ 和 $L_0\in\mathbf{R}^{m\times p}$ 如式 (2.86) 所定义, 则系统的状态和输入可唯一地表示为

$$\begin{cases}x(t)=L_1y(t)+L_2y^{(1)}(t)+\cdots+L_ny^{(n-1)}(t)\\ u(t)=L_0y(t)+\varDelta L_1y^{(1)}(t)+\cdots+\varDelta L_ny^{(n)}(t)\end{cases},\quad \forall t\geqslant 0 \tag{2.87}$$

此外,

$$\left(L_0+\sum_{k=1}^{n}s^k\varDelta L_k\right)(C(sI_n-A)^{-1}B+D)=I_m \tag{2.88}$$

即传递函数 $G(s)$ 存在多项式左逆 $G_L(s)=L_0+s\varDelta L_1+\cdots+s^n\varDelta L_n$.

证明 式 (2.87) 的第 1 个等式就是式 (2.74). 将线性系统 (2.1) 改写成

$$\begin{bmatrix}A & B\\ C & D\end{bmatrix}\begin{bmatrix}x(t)\\ u(t)\end{bmatrix}=\begin{bmatrix}\dot{x}(t)\\ y(t)\end{bmatrix},\quad \forall t\geqslant 0$$

这是一个关于 u 相容的线性方程. 根据推论 A.4.2, 在条件 (2.66) 成立时其唯一解可表示为

$$u(t)=\begin{bmatrix}0 & I_m\end{bmatrix}\begin{bmatrix}A & B\\ C & D\end{bmatrix}^{-}\begin{bmatrix}\dot{x}(t)\\ y(t)\end{bmatrix}=\varDelta\dot{x}(t)+L_0y(t),\quad \forall t\geqslant 0$$

这里用到了式 (2.86). 将式 (2.74) 代入上式即得式 (2.87) 的第 2 个等式. 最后, 将式 (2.87) 取 Laplace 变换得到

$$U(s)=\left(L_0+\sum_{k=1}^{n}s^k\varDelta L_k\right)Y(s)=\left(L_0+\sum_{k=1}^{n}s^k\varDelta L_k\right)G(s)U(s)$$

其中, $Y(s)$ 和 $U(s)$ 分别是 $y(t)$ 和 $u(t)$ 的 Laplace 变换并假设 $y^{(k)}(0)=0$ $(k=0,1,\cdots,n-1)$. 由 $U(s)$ 的任意性知式 (2.88) 成立 (式 (2.88) 也可利用式 (2.73) 和式 (2.86) 直接验证, 见习题 2.33). 证毕. □

由方程 (2.47) 可知

$$U(s)=G^{-}(s)(Y(s)-C(sI_n-A)^{-1}x_0)$$

这表明, 对于一般的左可逆系统, 需要知道初值 x_0 才能根据输出 $y(t)$ 确定系统的输入 $u(t)$. 而对于没有不变零点即强能观的系统, 由式 (2.87) 可知无须知道初值 $x(0)$ 就能从输出 $y(t)$ 确定系统的输入 $u(t)$. 总之, 强能观系统的输出包含了系统状态和输入的全部信息, 是一类非常特殊的左可逆系统.

2.5.2 强能控性

为了介绍强能观性的对偶概念——强能控性, 需要介绍单位脉冲函数 $\delta(t)$ 的各阶导数 $\delta^{(i)}(t)$ $(i=1,2,\cdots)$, 即

$$\delta^{(i)}(t)=\begin{cases}\infty, & t=0\\ 0, & t\neq 0\end{cases},\quad \int_a^b\delta^{(i)}(t)f(t)\mathrm{d}t=\begin{cases}(-1)^if^{(i)}(0), & 0\in[a,b]\\ 0, & 0\notin[a,b]\end{cases}$$

其中, $f(t)$ 是任意 i 次可微函数. 这表明

$$\mathscr{L}(\delta^{(i)}(t)) = \int_0^\infty \delta^{(i)}(t)\mathrm{e}^{-st}\mathrm{d}t = (-1)^i(-s)^i = s^i, \quad i = 0, 1, \cdots \tag{2.89}$$

考虑由脉冲函数 $\delta(t)$ 和其各阶导数 $\delta^{(i)}(t)$ $(i = 1, 2, \cdots, q)$ 组成的线性函数

$$u(t) = u_0^*\delta(t) + u_1^*\delta^{(1)}(t) + \cdots + u_q^*\delta^{(q)}(t) \tag{2.90}$$

其中, $q \in \mathbf{N}; u_i^* \in \mathbf{R}^m$ $(i = 0, 1, \cdots, q)$ 是已知向量.

根据式 (2.89), $u(t)$ 的 Laplace 变换为 $U(s) = u_0^* + u_1^*s + \cdots + u_q^*s^q$. 定义 $x_i^* \in \mathbf{R}^n$ $(i = 0, 1, \cdots, q)$ 如下:

$$\begin{bmatrix} x_0^* & x_1^* & \cdots & x_q^* \end{bmatrix} = \begin{bmatrix} B & AB & \cdots & A^qB \end{bmatrix} \begin{bmatrix} u_0^* & \cdots & u_{q-1}^* & u_q^* \\ \vdots & \iddots & u_q^* & \\ u_{q-1}^* & \iddots & & \\ u_q^* & & & \end{bmatrix} \tag{2.91}$$

那么线性系统 (2.1) 在输入 (2.90) 作用下状态的 Laplace 变换可表示为

$$\begin{aligned} X(s) &= (sI_n - A)^{-1}x_0 + (sI_n - A)^{-1}BU(s) \\ &= (sI_n - A)^{-1}x_0 + \left(\sum_{i=0}^\infty \frac{A^i}{s^{i+1}}\right)B\left(\sum_{j=0}^q u_j^*s^j\right) \\ &= (sI_n - A)^{-1}x_0 + s^{q-1}Bu_q^* + s^{q-2}(Bu_{q-1}^* + ABu_q^*) \\ &\quad + \cdots + s(Bu_2^* + ABu_3^* + \cdots + A^{q-2}Bu_q^*) + (Bu_1^* + ABu_2^* + \cdots + A^{q-1}Bu_q^*) \\ &\quad + \frac{1}{s}(Bu_0^* + ABu_1^* + \cdots + A^qBu_q^*) + \frac{1}{s^2}(ABu_0^* + A^2Bu_1^* + \cdots + A^{q+1}Bu_q^*) \\ &\quad + \cdots + \frac{1}{s^k}(A^{k-1}Bu_0^* + A^kBu_1^* + \cdots + A^{q+k-1}Bu_q^*) + \cdots \\ &= (sI_n - A)^{-1}x_0 + \sum_{i=0}^{q-1} x_{i+1}^*s^i + \sum_{j=0}^\infty \frac{A^jx_0^*}{s^{j+1}} \\ &= (sI_n - A)^{-1}(x_0 + x_0^*) + \sum_{i=0}^{q-1} x_{i+1}^*s^i \end{aligned} \tag{2.92}$$

两边取 Laplace 逆变换并利用式 (2.89) 得到

$$x(t) = \mathrm{e}^{At}(x_0 + x_0^*) + \sum_{i=0}^{q-1} x_{i+1}^*\delta^{(i)}(t), \quad t \geqslant 0 \tag{2.93}$$

其中, 第一部分是光滑函数, 第二部分包含脉冲函数及其各阶导数. 根据脉冲函数的性质有

$$x(0^+) = x_0 + x_0^* \tag{2.94}$$

基于上面的分析, 得到下面的结论.

引理 2.5.2　线性系统 (2.1) 是能控的当且仅当对任意 $x_0 \in \mathbf{R}^n$ 和 $x_\mathrm{T} \in \mathbf{R}^n$ 存在形如式 (2.90) 的输入 $u(t)$ 使得 $x(0^+) = x_\mathrm{T}$.

证明　由式 (2.94) 和式 (2.91) 可知 $x(0^+) = x_\mathrm{T}$ 当且仅当存在 $u_i^* \in \mathbf{R}^m$ $(i = 0, 1, \cdots, q)$ 使得

$$x_\mathrm{T} - x_0 = x_0^* = \begin{bmatrix} B & AB & \cdots & A^q B \end{bmatrix} \begin{bmatrix} u_0^* \\ \vdots \\ u_q^* \end{bmatrix} \tag{2.95}$$

由于 x_0 和 x_T 的任意性, 式 (2.95) 等价于存在 $q \in \mathbf{N}$ 使得 $\mathrm{rank}[B, AB, \cdots, A^q B] = n$. 根据定理 2.1.1, 这进一步等价于线性系统 (2.1) 是能控的. 证毕. □

引理 2.5.2 表明, 线性系统 (2.1) 的能控性等价于存在形如式 (2.90) 的脉冲输入使得其状态可从任意初值 x_0 即时地被驱动到任意期望状态 x_T. 然而, 从式 (2.93) 可以看出, 状态在 0 时刻存在脉冲函数及其各阶导数. 基于这样的观察, 可以给出强能控的概念.

定义 2.5.2　对任意初始状态 $x_0 \in \mathbf{R}^n$ 和任意终端状态 $x_\mathrm{T} \in \mathbf{R}^n$, 如果存在形如式 (2.90) 的输入使得 $x(0^+) = x_\mathrm{T}$ 且输出 $y(t)$ 中不存在脉冲函数及其各阶导数, 则称线性系统 (2.1) 是强能控的 (strongly controllable).

定义 2.5.2 的含义是, 虽然状态中的脉冲无法避免, 但对于强能控的系统, 输出 $y(t)$ 中的脉冲是可以避免的. 关于强能控性, 存在下面的秩判据.

定理 2.5.4　线性系统 (2.1) 是强能控的当且仅当

$$\mathrm{rank}\left[\begin{array}{cccc} & & & D \\ & & \iddots & CB \\ & D & \iddots & \vdots \\ D & CB & \cdots & CA^{n-2}B \\ \hline B & AB & \cdots & A^{n-1}B \end{array}\right] = n + \mathrm{rank}\begin{bmatrix} & & & D \\ & & \iddots & CB \\ & D & \iddots & \vdots \\ D & CB & \cdots & CA^{n-2}B \end{bmatrix} \tag{2.96}$$

证明　根据式 (2.92) 有

$$\begin{aligned} y(t) &= C\mathrm{e}^{At}(x_0 + x_0^*) + \sum_{i=0}^{q-1} C x_{i+1}^* \delta^{(1)}(t) + D \sum_{i=0}^{q} u_i^* \delta^{(i)}(t) \\ &= C\mathrm{e}^{At}(x_0 + x_0^*) + \sum_{i=0}^{q} (C x_{i+1}^* + D u_i^*) \delta^{(i)}(t) \end{aligned} \tag{2.97}$$

其中, $x_{q+1}^* = 0$. 这表明输出 $y(t)$ 中不存在脉冲函数及其各阶导数当且仅当

$$C x_{i+1}^* + D u_i^* = 0, \quad i = 0, 1, \cdots, q$$

将式 (2.91) 代入上式并化简得到

$$\begin{bmatrix} & & & D \\ & & \iddots & CB \\ & D & \iddots & \vdots \\ D & CB & \cdots & CA^{q-1}B \end{bmatrix} \begin{bmatrix} u_0^* \\ u_1^* \\ \vdots \\ u_q^* \end{bmatrix} = 0$$

因此, 由式 (2.95) 可知线性系统 (2.1) 是强能控的当且仅当存在 $q\in\mathbf{N}$ 使得方程

$$\left[\begin{array}{cccc} & & & D \\ & & \cdot^{\cdot^{\cdot}} & CB \\ & D & \cdot^{\cdot^{\cdot}} & \vdots \\ D & CB & \cdots & CA^{q-1}B \\ \hline B & AB & \cdots & A^qB \end{array}\right]\begin{bmatrix} u_0^* \\ u_1^* \\ \vdots \\ u_q^* \end{bmatrix}=\left[\begin{array}{c} 0 \\ \vdots \\ 0 \\ \hline x_{\mathrm{T}}-x_0 \end{array}\right]$$

对任意 $x_0,x_{\mathrm{T}}\in\mathbf{R}^n$ 都有解 $u_i^*\in\mathbf{R}^m$ $(i=0,1,\cdots,q)$. 这等价于存在 $q\in\mathbf{N}$ 使得方程

$$\left[\begin{array}{cccc} & & & D \\ & & \cdot^{\cdot^{\cdot}} & CB \\ & D & \cdot^{\cdot^{\cdot}} & \vdots \\ D & CB & \cdots & CA^{q-1}B \\ \hline B & AB & \cdots & A^qB \end{array}\right]\begin{bmatrix} R_1 \\ R_2 \\ \vdots \\ R_{q+1} \end{bmatrix}=\left[\begin{array}{c} 0 \\ \vdots \\ 0 \\ \hline I_n \end{array}\right] \tag{2.98}$$

有解 $R_i\in\mathbf{R}^{m\times n}$ $(i=1,2,\cdots,q+1)$. 根据线性方程理论, 这等价于存在 $q\in\mathbf{N}$ 使得

$$\operatorname{rank}\left[\begin{array}{cccc} & & & D \\ & & \cdot^{\cdot^{\cdot}} & CB \\ & D & \cdot^{\cdot^{\cdot}} & \vdots \\ D & CB & \cdots & CA^{q-1}B \\ \hline B & AB & \cdots & A^qB \end{array}\right]=n+\operatorname{rank}\begin{bmatrix} & & & D \\ & & \cdot^{\cdot^{\cdot}} & CB \\ & D & \cdot^{\cdot^{\cdot}} & \vdots \\ D & CB & \cdots & CA^{q-1}B \end{bmatrix}$$

这进一步等价于线性系统 $(A^{\mathrm{T}},C^{\mathrm{T}},B^{\mathrm{T}},D^{\mathrm{T}})$ 是强能观的 (习题 2.31). 根据定理 2.5.2, 这等价于式 (2.96) 成立. 证毕. □

从式 (2.97) 可以看出, 如果线性系统 (2.1) 是强能控的, 则存在形如式 (2.90) 的输入使得 $y(t)=0$ $(\forall t\geqslant 0)$. 此外, 线性系统 (A,B,C,D) 的强能控性等价于其对偶系统 $(A^{\mathrm{T}},C^{\mathrm{T}},B^{\mathrm{T}},D^{\mathrm{T}})$ 的强能观性. 这也是对偶原理的内容之一. 基于对偶原理, 从定理 2.5.1 可以得到下面的 PBH 判据.

定理 2.5.5 设 (C,D) 满足式 (2.2) 的条件 (2), 则线性系统 (2.1) 是强能控的当且仅当其 Rosenbrock 系统矩阵是左互质的, 即

$$\operatorname{rank}\begin{bmatrix} A-sI_n & B \\ C & D \end{bmatrix}=n+p,\quad \forall s\in\mathbf{C} \tag{2.99}$$

与强能观性对偶, 条件 (2.99) 表明强能控的线性系统是右可逆的且没有不变零点. 事实上, 与强能观情形对偶, 强能控的线性系统存在多项式的右逆. 设 $R_i\in\mathbf{R}^{m\times n}$ $(i=1,2,\cdots,n)$

满足线性方程 (2.98), 其中 $q=n-1$, 即

$$\left[\begin{array}{cccc} & & & D \\ & & \cdot^{\cdot^{\cdot}} & CB \\ & D & \cdot^{\cdot^{\cdot}} & \vdots \\ D & CB & \cdots & CA^{n-2}B \\ \hline B & AB & \cdots & A^{n-1}B \end{array}\right]\begin{bmatrix} R_1 \\ R_2 \\ \vdots \\ R_n \end{bmatrix}=\left[\begin{array}{c} 0 \\ 0 \\ \vdots \\ 0 \\ \hline I_n \end{array}\right] \tag{2.100}$$

并定义矩阵 $X_i\in\mathbf{R}^{n\times n}\ (i=0,1,\cdots,n-1)$ 如下:

$$\begin{bmatrix} X_0 & X_1 & \cdots & X_{n-1} \end{bmatrix}=\begin{bmatrix} B & AB & \cdots & A^{n-1}B \end{bmatrix}\begin{bmatrix} R_1 & \cdots & R_{n-1} & R_n \\ \vdots & \cdot^{\cdot^{\cdot}} & R_n & \\ R_{n-1} & \cdot^{\cdot^{\cdot}} & & \\ R_n & & & \end{bmatrix} \tag{2.101}$$

此外 $\Delta\in\mathbf{R}^{n\times p}$ 和 $R_0\in\mathbf{R}^{m\times p}$ 定义如下:

$$\begin{bmatrix} \Delta \\ R_0 \end{bmatrix}=\begin{bmatrix} A & B \\ C & D \end{bmatrix}^{-}\begin{bmatrix} 0 \\ I_p \end{bmatrix} \tag{2.102}$$

定理 2.5.6 设线性系统 (2.1) 是强能控的, (C,D) 满足式 (2.2) 的条件 (2), $R_k\in\mathbf{R}^{m\times n}\ (k=1,2,\cdots,n)$ 是线性方程 (2.100) 的解, $X_k\in\mathbf{R}^{n\times n}\ (k=0,1,\cdots,n-1)$ 如式 (2.101) 所定义, $\Delta\in\mathbf{R}^{n\times p}$ 和 $R_0\in\mathbf{R}^{m\times p}$ 如式 (2.102) 所定义. 对任意 n 次可微函数 $y^*(t):[0,\infty)\to\mathbf{R}^p$, 定义

$$\begin{cases} x^*(t)=X_0\Delta y^*(t)+X_1\Delta y^{*(1)}(t)+\cdots+X_{n-1}\Delta y^{*(n-1)}(t) \\ u^*(t)=R_0y^*(t)+R_1\Delta y^{*(1)}(t)+\cdots+R_n\Delta y^{*(n)}(t) \end{cases},\quad \forall t\geqslant 0 \tag{2.103}$$

则 $(u^*(t),x^*(t),y^*(t))$ 恒满足线性系统 (2.1). 此外,

$$(C(sI_n-A)^{-1}B+D)\left(R_0+\sum_{k=1}^{n}s^kR_k\Delta\right)=I_p \tag{2.104}$$

即传递函数 $G(s)$ 存在多项式右逆 $G_R(s)=R_0+sR_1\Delta+\cdots+s^nR_n\Delta$.

证明 根据 $X_k\ (k=0,1,\cdots,n-1)$ 的定义式 (2.101) 和方程 (2.100) 可知 $X_0=I_n$ 和

$$\begin{bmatrix} X_{n-1} \\ 0 \end{bmatrix}=\begin{bmatrix} B \\ D \end{bmatrix}R_n,\quad \begin{bmatrix} X_{k-1} \\ 0 \end{bmatrix}=\begin{bmatrix} A & B \\ C & D \end{bmatrix}\begin{bmatrix} X_k \\ R_k \end{bmatrix}$$

其中, $k=1,2,\cdots,n-1$. 此外, 由于 (A,B,C,D) 满足式 (2.99), 由 (Δ,R_0) 的定义式 (2.102) 可得

$$\begin{bmatrix} A & B \\ C & D \end{bmatrix}\begin{bmatrix} \Delta \\ R_0 \end{bmatrix}=\begin{bmatrix} A & B \\ C & D \end{bmatrix}\begin{bmatrix} A & B \\ C & D \end{bmatrix}^{-}\begin{bmatrix} 0 \\ I_p \end{bmatrix}=\begin{bmatrix} 0 \\ I_p \end{bmatrix}$$

因此有

$$\begin{aligned}
\begin{bmatrix} A & B \\ C & D \end{bmatrix}\begin{bmatrix} x^* \\ u^* \end{bmatrix} &= \begin{bmatrix} A & B \\ C & D \end{bmatrix}\begin{bmatrix} \sum_{k=0}^{n-1} X_k \Delta y^{*(k)} \\ R_0 y^* + \sum_{k=1}^{n} R_k \Delta y^{*(k)} \end{bmatrix} \\
&= \sum_{k=1}^{n-1} \begin{bmatrix} A & B \\ C & D \end{bmatrix}\begin{bmatrix} X_k \\ R_k \end{bmatrix} \Delta y^{*(k)} + \begin{bmatrix} A & B \\ C & D \end{bmatrix}\begin{bmatrix} X_0 \Delta y^* \\ R_0 y^* + R_n \Delta y^{*(n)} \end{bmatrix} \\
&= \sum_{k=1}^{n-1} \begin{bmatrix} X_{k-1} \\ 0 \end{bmatrix} \Delta y^{*(k)} + \begin{bmatrix} A & B \\ C & D \end{bmatrix}\begin{bmatrix} \Delta \\ R_0 \end{bmatrix} y^* + \begin{bmatrix} B \\ D \end{bmatrix} R_n \Delta y^{*(n)} \\
&= \sum_{k=1}^{n} \begin{bmatrix} X_{k-1} \\ 0 \end{bmatrix} \Delta y^{*(k)} + \begin{bmatrix} 0 \\ I_p \end{bmatrix} y^* = \begin{bmatrix} \dot{x}^* \\ y^* \end{bmatrix}
\end{aligned}$$

即 $(u^*(t), x^*(t), y^*(t))$ 恒满足线性系统 (2.1). 最后, 将式 (2.103) 取 Laplace 变换得到

$$Y^*(s) = G(s)U^*(s) = G(s)\left(R_0 + \sum_{k=1}^{n} s^k R_k \Delta\right) Y^*(s)$$

其中, $Y^*(s)$ 和 $U^*(s)$ 分别是 $y^*(t)$ 和 $u^*(t)$ 的 Laplace 变换并假设 $y^{*(k)}(0) = 0$ $(k = 0, 1, \cdots, n-1)$. 由 $Y^*(s)$ 的任意性知式 (2.104) 成立 (式 (2.104) 也可利用式 (2.100) ~ 式 (2.102) 直接验证, 见习题 2.33). 证毕. □

对于一般的右可逆系统, 由式 (2.64) 可知, 为了确定产生期望输出 $y^*(t)$ 的期望输入 $u^*(t)$, 既需要积分环节也需要微分环节. 而对于没有不变零点即强能控的线性系统, 由式 (2.103) 可知只需要微分环节即可, 并且能同时获得期望状态 $x^*(t)$. 总之, 通过设计输入, 强能控的系统可以产生任何期望的充分光滑的输出 (即输入 u 能对系统产生很强的控制作用). 因此, 强能控系统是一类非常特殊的右可逆系统.

说明 2.5.1 我们需要注意定理 2.5.3 和定理 2.5.6 的区别. 虽然式 (2.87) 和式 (2.103) 都是将 (u, x) 表示为 y 的函数, 但二者意义是不一样的. 前者表示如果一个系统的输出 $y(t)$ 已知, 那么当系统是强能观时, 系统的状态 x 和输入 u 由 y 及其各阶导数唯一确定. 后者表示对任意期望输出 $y^*(t)$, 如果系统是强能控的, 可构造形如式 (2.103) 的状态 x^* 和输入 u^* (一般不唯一, 除非 $m = p$) 使得相应的输出为 y^*.

最后, 也可定义强零能控和强能达的概念. 与能控性类似, 对于连续定常线性系统, 它们与强能控性完全等价. 为节省篇幅, 这里不再详细介绍.

如果线性系统 (2.1) 既是强能观的又是强能控的, 则称其为质系统 (prime system) 或者素系统. 根据定理 2.5.1 和定理 2.5.5 可得推论 2.5.1.

推论 2.5.1 线性系统 (2.1) 是质系统当且仅当 $p = m$ 且式 (2.72) 或式 (2.96) 成立. 此外, 如果条件 (2.2) 成立, 则该系统是质系统当且仅当 $p = m$ 且

$$R(s) = \begin{bmatrix} A - sI_n & B \\ C & D \end{bmatrix}$$

是幺模矩阵.

2.5.3 各种能控性之间的关系

至此, 已经介绍了状态能控性、输出能控性、输出函数能控性和强能控性等四种能控性的概念. 除了状态能控性只和 (A,B) 有关外, 其余能控性都和 (A,B,C,D) 有关. 关于这些不同的能控性之间的关系, 下面的结论成立.

命题 2.5.1　考虑线性系统 (2.1):

(1) 如果它是输出函数能控的, 则它一定是输出能控的.

(2) 如果它是强能控的且 (C,D) 满足式 (2.2) 的条件 (2), 则它一定是状态能控和输出函数能控的.

(3) 如果它是状态能控的且 (C,D) 满足式 (2.2) 的条件 (2), 则它一定是输出能控的.

(4) 如果存在整数 $d \leqslant n-1$ 使得 $CA^kB=0\ (k=-1,0,\cdots,d-1)$ 而 $\mathrm{rank}(CA^dB)=p$, 则它既是输出函数能控的又是输出能控的, 这里规定 $CA^{-1}B=D$. 特别地, SISO 线性系统是输出函数能控的当且仅当它是输出能控的.

图 2.3 直观地展示了在条件 (2.2) 成立时这四种能控性之间的关系. 下面给出一个状态能控、输出能控、输出函数能控但不一定是强能控的例子.

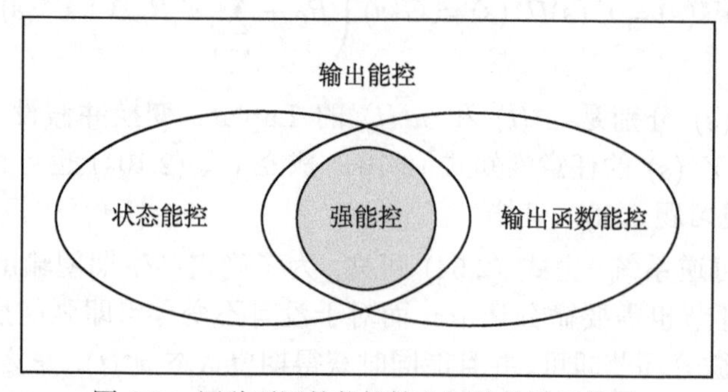

图 2.3　四种不同的能控性之间的关系示意图

例 2.5.1　考虑 SISO 线性系统

$$A=\begin{bmatrix}0&1&0\\0&0&1\\0&0&0\end{bmatrix},\quad b=\begin{bmatrix}0\\\beta\\1\end{bmatrix},\quad c=\begin{bmatrix}1\\0\\0\end{bmatrix}^{\mathrm{T}},\quad d=0$$

容易验证 $\det(Q_{\mathrm{c}}(A,b))=-1, cb=0, cAb=\beta, cA^2b=1$ 和

$$\det\begin{bmatrix}A-sI_3&b\\c&d\end{bmatrix}=-\beta s-1$$

因此, 该系统对任意 $\beta\in\mathbf{R}$ 都是能控、输出能控和输出函数能控的, 但仅当 $\beta=0$ 时才是强能控的.

由式 (2.59) 可知, 输出函数能控的必要条件是 $m\geqslant p$ 且 (C,D) 满足式 (2.2) 的条件 (2). 因此, 虽然状态能控性和输出函数能控性之间没有必然的关系, 但只要 $m<p$, 线性系

统 (2.1) 不可能是输出函数能控的却有可能是状态能控和输出能控的. 下面给出一个是输出能控、不是输出函数能控但可能是状态能控的例子.

例 2.5.2　考虑线性系统

$$A=\begin{bmatrix}0&1&0\\0&0&1\\0&0&0\end{bmatrix},\quad B=\begin{bmatrix}0\\1\\\beta\end{bmatrix},\quad C=\begin{bmatrix}1&0\\0&1\\0&0\end{bmatrix}^{\mathrm{T}},\quad D=0$$

容易验证 $\det(Q_{\mathrm{c}}(A,B))=-\beta^3, m=1<2=p$ 和

$$Q_{\mathrm{oc}}(A,B,C,D)=\begin{bmatrix}0&1&\beta\\1&\beta&0\end{bmatrix}$$

因此, 该系统对任意 $\beta\in\mathbf{R}$ 都是输出能控的、都不是输出函数能控的, 且仅当 $\beta\neq 0$ 时才是能控的.

本节的讨论亦适用于能观性的情形. 为节省篇幅, 这里略去具体内容.

2.6　各种指数集

能控性是控制理论中最重要的概念. 但是这个概念却是很粗糙的. 为说明这一点, 考虑两个线性系统 (A,B_1) 和 (A,B_2), 它们具有相同的系统矩阵和不同的控制矩阵, 即

$$B_1=\begin{bmatrix}b_{11}&b_{12}\end{bmatrix}\in\mathbf{R}^{n\times 2},\quad B_2=\begin{bmatrix}b_{21}&b_{22}\end{bmatrix}\in\mathbf{R}^{n\times 2}$$

假设系统 (A,B_1) 和 (A,B_2) 都是能控的, 但是

$$\begin{aligned}&\operatorname{rank}(Q_{\mathrm{c}}(A,b_{11}))=\operatorname{rank}(Q_{\mathrm{c}}(A,b_{12}))=n\\&\operatorname{rank}(Q_{\mathrm{c}}(A,b_{21}))<n,\quad \operatorname{rank}(Q_{\mathrm{c}}(A,b_{22}))<n\end{aligned}\tag{2.105}$$

那么, 对第 1 个系统 (A,B_1) 而言, 有

$$\dot{x}=Ax+b_{11}u_1+b_{12}u_2=\begin{cases}Ax+b_{11}u_1, & u_2=0\\Ax+b_{12}u_2, & u_1=0\end{cases}$$

这表明由单一控制器驱动的系统 $\dot{x}=Ax+b_{11}u_1$ 和 $\dot{x}=Ax+b_{12}u_2$ 都是能控的, 即对于系统 (A,B_1), 为了达到控制目标, 只需要两个控制器中的一个工作即可. 在不考虑控制性能的情况下, 这种系统可以节约一个控制器. 见例 2.1.2 所讨论的航天器轨道交会系统. 相反, 对第 2 个系统 (A,B_2) 而言, 由式 (2.105) 可知, 其相应的两个单输入线性系统 $\dot{x}=Ax+b_{21}u_1$ 和 $\dot{x}=Ax+b_{22}u_2$ 都是不能控的. 这表明, 为了达到控制目标两个控制器必须同时工作. 这种区别仅仅通过判断能控性是无法分辨的. 下面是一个具体的数值例子.

例 2.6.1　考虑两个不同的线性系统, 其共同的系统矩阵为

$$A=\begin{bmatrix}0&1&0\\0&0&1\\0&0&1\end{bmatrix}$$

它们的控制矩阵 B_1 和 B_2 分别是

$$B_1 = \begin{bmatrix} b_{11} & b_{12} \end{bmatrix} = \left[\begin{array}{c|c} 0 & 1 \\ 0 & 0 \\ 1 & 1 \end{array}\right], \quad B_2 = \begin{bmatrix} b_{21} & b_{22} \end{bmatrix} = \left[\begin{array}{c|c} 1 & 1 \\ 1 & 1 \\ 1 & 0 \end{array}\right]$$

通过直接计算可知系统 (A, B_1) 和 (A, B_2) 都是能控的, 并且子系统 (A, b_{11}) 和 (A, b_{12}) 也都是能控的. 但是子系统 (A, b_{21}) 和 (A, b_{22}) 都是不能控的.

上面针对能控性的讨论同样也适用于其他能控性和各种能观性. 该讨论表明有必要引入比能控性和能观性更为精确的概念. 这些概念将在构造系统的规范型和控制器的设计中起重要作用.

2.6.1 能控性指数集

设 B 的各列为 b_i, $n_c = \mathrm{rank}(Q_c(A, B))$. 将 $Q_c(A, B)$ 的各列依次填入表 2.1 中, 然后按照从左到右、从上到下的顺序依次选择 n_c 个线性无关的向量. 或者等价地从矩阵

$$\left[\begin{array}{cccc|c|cccc} b_1 & b_2 & \cdots & b_m & \cdots & A^{n-1}b_1 & A^{n-1}b_2 & \cdots & A^{n-1}b_m \end{array}\right]$$

中自左至右依次选择 n_c 个线性无关的向量, 即如果 $A^s b_i$ 可表示为它左侧所有向量的线性组合, 则舍弃此向量, 否则选择此向量. 将选择出来的向量记为

$$\{b_1, Ab_1, \cdots, A^{\mu_1-1}b_1, b_2, Ab_2, \cdots, A^{\mu_2-1}b_2, \cdots, b_m, Ab_m, \cdots, A^{\mu_m-1}b_m\} \tag{2.106}$$

表 2.1　在能控性矩阵 $Q_c(A, B)$ 中自左至右选择 n_c 个线性无关的向量

B	b_1	b_2	$\cdots$	b_{m-1}	b_m
AB	Ab_1	Ab_2	$\cdots$	Ab_{m-1}	Ab_m
A^2B	A^2b_1	A^2b_2	$\cdots$	A^2b_{m-1}	A^2b_m
$\vdots$	$\vdots$	$\vdots$		$\vdots$	$\vdots$
$A^{n-1}B$	$A^{n-1}b_1$	$A^{n-1}b_2$	$\cdots$	$A^{n-1}b_{m-1}$	$A^{n-1}b_m$

说明 2.6.1　根据上面的选择法则, 如果 $A^s b_i$ 被舍弃了, 那么对任意 $t > s$, 向量 $A^t b_i$ 也必须舍弃. 我们用一个具有 4 个输入的线性系统来说明这一点. 对应矩阵 $Q_c(A, B)$ 的各列如表 2.2 所示. 假设在第 2 行, 向量 Ab_1 和 Ab_4 都被舍弃了. 下面说明第 3 行的 A^2b_1 同样会被舍弃. 事实上, 由于 Ab_1 可表示为 $\{b_1, b_2, b_3, b_4\}$ 的线性组合, Ab_4 可表示为 $\{b_1, b_2, b_3, b_4, Ab_2, Ab_3\}$ 的线性组合, 所以 $A^2b_1 = A(Ab_1)$ 可表示为 $\{Ab_1, Ab_2, Ab_3, Ab_4\}$ 的线性组合, 也可表示为 $\{b_1, b_2, b_3, b_4, Ab_2, Ab_3\}$ 的线性组合, 从而根据挑选法则必须予以舍弃. 最后注意到上述过程可以重复进行.

表 2.2　如果 $A^s b_i$ 被舍弃, 则 $A^t b_i$ $(t > s)$ 亦被舍弃

B	b_1	b_2	b_3	b_4
AB	$\boxed{Ab_1}$	Ab_2	Ab_3	$\boxed{Ab_4}$
A^2B	$\boxed{A^2b_1}$	A^2b_2	$\boxed{A^2b_3}$	$\boxed{A^2b_4}$
A^3B	$\boxed{A^3b_1}$	$\boxed{A^3b_2}$	$\boxed{A^3b_3}$	$\boxed{A^3b_4}$

与向量组 (2.106) 相关联的有序集合

$$\mu_c(A,B)=\{\mu_1,\mu_2,\cdots,\mu_m\}$$

称为线性系统 (A,B) 的能控性指数集. 此外, 称

$$\mu=\max\{\mu_1,\mu_2,\cdots,\mu_m\}$$

为线性系统 (A,B) 的能控性指数. 下面给出能控性指数 μ 的一些性质.

命题 2.6.1　设 B 列满秩, μ 是线性系统 (A,B) 的能控性指数.

(1) 设 A 的最小多项式的次数是 n_0, 那么

$$\frac{n}{m}\leqslant\mu\leqslant\min\{n-m+1,n_0\}$$

(2) 系统 (A,B) 能控当且仅当 $\mu_1+\mu_2+\cdots+\mu_m=n$ 或者

$$n=\operatorname{rank}\begin{bmatrix}B & AB & \cdots & A^{\mu-1}B\end{bmatrix}=\operatorname{rank}\begin{bmatrix}B & AB & \cdots & A^{n-m}B\end{bmatrix}$$

(3) 对于能控的单输入系统即 $m=1$, 有 $\mu=n$.

证明　结论 (2) 和结论 (3) 可从结论 (1) 直接得到, 故只需证明结论 (1). 注意到 $n/m\leqslant\mu$ 等价于 $n\leqslant m\mu$, 这是显然成立的. 下面证明 $\mu\leqslant n-m+1$. 定义整数序列

$$o_k=\operatorname{rank}\begin{bmatrix}B & AB & \cdots & A^{k-1}B\end{bmatrix},\quad k=1,2,\cdots,n$$

由能控性指数的定义可知 μ 是使得 o_k 不再增加的最小的 k, 即

$$m=o_1<o_2<\cdots<o_\mu=o_{\mu+1}=\cdots=o_n \tag{2.107}$$

式 (2.107) 蕴含

$$n\geqslant o_\mu\geqslant o_{\mu-1}+1\geqslant o_{\mu-2}+2\geqslant\cdots\geqslant o_1+\mu-1=m+\mu-1$$

这是期望的不等式. 最后证明 $\mu\leqslant n_0$. 设 A 的最小多项式是 $\psi(s)=s^{n_0}+\psi_{n_0-1}s^{n_0-1}+\cdots+\psi_1 s+\psi_0$. 根据定义有 $\psi(A)=0$. 由此可知 $A^{n_0}B$ 可以表示为 $A^iB\ (i=0,1,\cdots,n_0-1)$ 的线性组合. 因此必有 $o_{n_0}=o_{n_0+1}$, 从而根据式 (2.107) 有 $n_0\geqslant\mu$. 证毕. □

需要指出的是, 能控性指数 μ 虽然提供了比能控性更多的信息, 但它给出的依然是 (A,B) 的整体信息. 但能控性指数集 $\mu_c(A,B)$ 能提供与 B 的各分量相关的信息.

例 2.6.2　以例 2.6.1 中的两个系统为例. 可以验证 (A,B_1) 的 3 个线性无关的向量组为 $\{b_{11},b_{12},Ab_{11}\}$, (A,B_2) 的 3 个线性无关的向量组为 $\{b_{21},b_{22},Ab_{22}\}$. 从而 (A,B_1) 和 (A,B_2) 的能控性指数都是 2, 这表明能控性指数不能够区分这两个系统. 但 $\mu_c(A,B_1)=\{2,1\}$ 和 $\mu_c(A,B_2)=\{1,2\}$. 这说明能控性指数集能够将 (A,B_1) 和 (A,B_2) 区分开来.

2.6.2 Brunovsky 指数集

设 $N \geqslant 0$ 是给定的非负整数 (通常取为 n). 针对线性系统 (A, B) 定义一系列矩阵

$$Q_{\mathrm{c}}^{[k]} = Q_{\mathrm{c}}^{[k]}(A, B) = \left[\begin{array}{cccc} B & AB & \cdots & A^{k-1}B \end{array}\right], \quad k = 0, 1, \cdots, N \tag{2.108}$$

这里规定 $Q_{\mathrm{c}}^{[0]}(A, B) = 0$. 显然, $Q_{\mathrm{c}}^{[n]}(A, B)$ 就是线性系统 (A, B) 的能控性矩阵 $Q_{\mathrm{c}}(A, B)$. 根据矩阵序列 $Q_{\mathrm{c}}^{[k]}(A, B)$ $(k = 0, 1, \cdots, N)$ 再定义非负整数序列

$$\varphi_{\mathrm{c}}^{[k]} = \varphi_{\mathrm{c}}^{[k]}(A, B) = \mathrm{rank}(Q_{\mathrm{c}}^{[k]}(A, B)) - \mathrm{rank}(Q_{\mathrm{c}}^{[k-1]}(A, B)), \quad k = 1, 2, \cdots, N \tag{2.109}$$

称有序集合

$$\varphi_{\mathrm{c}}(A, B) = \{\varphi_{\mathrm{c}}^{[1]}, \varphi_{\mathrm{c}}^{[2]}, \cdots, \varphi_{\mathrm{c}}^{[N]}\}$$

为线性系统 (A, B) 的 Brunovsky 指数集. 下面的结论是显然成立的.

引理 2.6.1 设 N 是给定的正整数, $\varphi_{\mathrm{c}}(A, B)$ 是线性系统 (A, B) 的 Brunovsky 指数集, 则

$$\mathrm{rank}(B) = \varphi_{\mathrm{c}}^{[1]} \geqslant \varphi_{\mathrm{c}}^{[2]} \geqslant \cdots \geqslant \varphi_{\mathrm{c}}^{[n]} = \cdots = \varphi_{\mathrm{c}}^{[N]} \geqslant 0$$

$$\varphi_{\mathrm{c}}^{[1]} + \varphi_{\mathrm{c}}^{[2]} + \cdots + \varphi_{\mathrm{c}}^{[k]} = \mathrm{rank}(Q_{\mathrm{c}}^{[k]}(A, B)), \quad k \in \{1, 2, \cdots, N\}$$

关于 Brunovsky 指数集和能控性指数集之间的关系, 存在引理 2.6.2.

引理 2.6.2 设 $N \geqslant n$ 是给定的正整数, $\mu_{\mathrm{c}}(A, B)$ 和 $\varphi_{\mathrm{c}}(A, B)$ 分别是线性系统 (A, B) 的能控性指数集和 Brunovsky 指数集, 则

$$\{\mu_{i_1}, \mu_{i_2}, \cdots, \mu_{i_m}\} \overset{\mathrm{def}}{=\!=} \mathscr{H}\{\mu_1, \mu_2, \cdots, \mu_m\} = \#\{\varphi_{\mathrm{c}}^{[1]}, \varphi_{\mathrm{c}}^{[2]}, \cdots, \varphi_{\mathrm{c}}^{[N]}\}$$

其中, $\mathscr{H}\{\mathcal{S}\}$ 和 $\#\{\mathcal{S}\}$ 分别是集合 $\mathcal{S}$ 的降序排序和共轭分拆.

证明 不失一般性地假设 $\mathrm{rank}(B) = m$. 根据能控性指数集的定义, 在表 2.1 中自左至右、自上至下选择极大线性无关组.

(1) 第 1 行有 $\varphi_{\mathrm{c}}^{[1]} = m$ 个线性无关的向量, 此 $\varphi_{\mathrm{c}}^{[1]} = m$ 个向量都被选中.

(2) 第 2 行有 $\varphi_{\mathrm{c}}^{[2]}$ 个与第 1 行线性无关的向量, 自左至右选择 $\varphi_{\mathrm{c}}^{[2]}$ 个向量. 未被选中的向量 Ab_k 下方的向量 $A^j b_k$ $(j \geqslant 2)$ 后续不再考虑.

(3) 第 3 行有 $\varphi_{\mathrm{c}}^{[3]}$ 个与第 1、2 行线性无关的向量, 这 $\varphi_{\mathrm{c}}^{[3]}$ 个线性无关的向量必然出现在那些在上一行被选中的向量的下方. 未被选中的向量 $A^2 b_k$ 下方的向量 $A^j b_k$ $(j \geqslant 3)$ 后续不再考虑.

(4) 重复上述过程, 直至 $n_{\mathrm{c}} = \mathrm{rank}(Q_{\mathrm{c}}(A, B))$ 个线性无关的向量都被挑选出来.

由此可见, μ_{i_1} 等于 Brunovsky 指数集 $\varphi_{\mathrm{c}}(A, B)$ 中大于等于 1 的元素的个数, μ_{i_2} 等于 Brunovsky 指数集 $\varphi_{\mathrm{c}}(A, B)$ 中大于等于 2 的元素的个数, $\cdots$, μ_{i_m} 等于 Brunovsky 指数集 $\varphi_{\mathrm{c}}(A, B)$ 中大于等于 m 的元素的个数. 根据共轭分拆的定义, 结论得证. 证毕. □

上述引理表明 $\mathscr{H}(\mu_{\mathrm{c}}(A, B))$ 和 $\varphi_{\mathrm{c}}(A, B)$ 是一一对应的.

2.6.3　输入重排与能控性指数集

在列写线性系统的状态方程时, 如果选择的控制信号的排列顺序不同 (实际上控制信号的排列顺序具有极大的人为性), 那么所得到的线性系统应该也是不同的, 但它们之间是否有关系呢?

考虑一个具有两个输入的线性系统, 即 $m=2$. 通过重新排列输入信号的顺序可以得到

$$\dot{x}=Ax+Bu=Ax+\begin{bmatrix} b_1 & b_2 \end{bmatrix}\begin{bmatrix} u_1 \\ u_2 \end{bmatrix}=Ax+\begin{bmatrix} b_2 & b_1 \end{bmatrix}\begin{bmatrix} u_2 \\ u_1 \end{bmatrix}\overset{\text{def}}{=\!=}Ax+\tilde{B}\tilde{u}$$

显然 (A,B) 和 $(A,\tilde{B})$ 描述的是同一个系统. 令 $\mu_{\rm c}(A,B)=\{\mu_1,\mu_2\}$ 和 $\mu_{\rm c}(A,\tilde{B})=\{\tilde{\mu}_2,\tilde{\mu}_1\}$. 我们要问的问题是: $\mu_1=\tilde{\mu}_1$ 和 $\mu_2=\tilde{\mu}_2$ 是否成立? 如果成立, 即 b_i 和 μ_i 是一一对应的, 那么可以说整数 μ_i 揭示了分量 b_i (或者 u_i) 的某种固有属性. 本节简要讨论该问题.

命题 2.6.2　设线性系统 (A,B) 经输入重排之后的线性系统为 $(A,\tilde{B})$, 二者的能控性指数集分别为 $\mu_{\rm c}(A,B)$ 和 $\mu_{\rm c}(A,\tilde{B})$, 二者的 Brunovsky 指数集分别为 $\varphi_{\rm c}(A,B)$ 和 $\varphi_{\rm c}(A,\tilde{B})$, 则

$$\varphi_{\rm c}(A,\tilde{B})=\varphi_{\rm c}(A,B),\quad \mathscr{H}(\mu_{\rm c}(A,\tilde{B}))=\mathscr{H}(\mu_{\rm c}(A,B))$$

上述命题的第 1 式显然成立, 而第 2 式根据引理 2.6.2 可得. 命题 2.6.2 说明 (A,B) 的 Brunovsky 指数集在输入重排之下具有不变性, 但能控性指数集在一般情况下不具有不变性. 基于命题 2.6.2 和引理 2.6.2, 可以立即得到推论 2.6.1.

推论 2.6.1　设 $\mu_{\rm c}(A,B)=\{\mu_1,\mu_2,\cdots,\mu_m\}$. 将 μ_i 重排为

$$\mu=\mu_{i_1}\geqslant\mu_{i_2}\geqslant\cdots\geqslant\mu_{i_m}\geqslant 1$$

同时将 B 按照相应的顺序重排, 即 $\tilde{B}=[b_{i_1},b_{i_2},\cdots,b_{i_m}]$. 那么

$$\mu_{\rm c}(A,\tilde{B})=\{\mu_{i_1},\mu_{i_2},\cdots,\mu_{i_m}\}=\mathscr{H}\{\mu_1,\mu_2,\cdots,\mu_m\}$$

推论 2.6.1 表明, 如果按照能控性指数集内元素非升序的方式对输入进行重排, 则 b_i 和 μ_i 是一一对应的, 这进而表明可以通过这种输入重排使得线性系统的能控性指数集的元素实现非升序排列. 自然要问, 用其他方式进行输入重排是否可以得到类似的结论? 特别地, 是否可通过输入重排实现能控性指数集的元素非降序排列呢? 答案是否定的.

例 2.6.3　考虑一个能控的具有 4 个输入的 7 维系统, 即 $n=7, m=4$. 假设

$$\mu_{\rm c}(A,B)=\{\mu_1,\mu_2,\mu_3,\mu_4\}=\{1,3,2,1\}$$

挑选的线性无关的向量如表 2.2 所示. 如果将 B 按照 μ_i 单调不减的顺序重排, 即

$$\tilde{B}=\begin{bmatrix} b_1 & b_4 & b_3 & b_2 \end{bmatrix}\tag{2.110}$$

那么由表 2.2 和表 2.3 可以确定 $\tilde{\mu}_1=1=\mu_1$, 但不能确定 $\tilde{\mu}_4=1=\mu_4$, 这是因为不清楚 Ab_4 是否可表示为 $\{b_1,b_2,b_3,b_4\}$ 的线性组合——根据假设只知道 Ab_4 是 $\{b_1,b_2,b_3,b_4,Ab_2,Ab_3\}$ 的线性组合.

表 2.3　如式 (2.110) 确定的 $\tilde{B}$ 的能控性指数集 $\mu_c(A,\tilde{B})$

B	b_1	b_4	b_3	b_2
AB	$\boxed{Ab_1}$	Ab_4 (?)	Ab_3 (?)	Ab_2 (?)
A^2B	$\boxed{A^2b_1}$	A^2b_4 (?)	A^2b_3 (?)	A^2b_2 (?)
A^3B	$\boxed{A^3b_1}$	A^3b_4 (?)	A^3b_3 (?)	A^3b_2 (?)

由此可见, 当 B 按照 μ_i 单调不减的顺序重排后, b_i 和 μ_i 一般不是一一对应的, 也就是说能控性指数集在这种输入重排之下通常不具有不变性. 一般地, 在 B 的其他重排情形下 b_i 和 μ_i 也不是一一对应的. 该现象和命题 2.6.2 用一句话总结就是 "个体或有得失, 整体维持不变".

事实上, 我们将在第 4 章证明能控性指数集在更一般的输入变换下都不具备不变性, 但 Brunovsky 指数集则不然. 因此, Brunovsky 指数集比能控性指数集的定义更合理. 由于历史的原因, 这里仍然保留能控性指数集的定义.

2.6.4 Hermite 指数集

能控性指数集通过在矩阵 $Q_c(A,B)$ 中自左至右选择最大数量的线性无关的向量得到, Hermite 指数集则是按照另外的方式选择 $Q_c(A,B)$ 中最大数量的线性无关的向量得到的. 具体来说, 将在表 2.1中自上至下、自左至右选择线性无关的向量, 或者从矩阵

$$\left[\begin{array}{cccc|c|cccc} b_1 & Ab_1 & \cdots & A^{n-1}b_1 & \cdots & b_m & Ab_m & \cdots & A^{n-1}b_m \end{array}\right]$$

中自左至右选择线性无关的向量, 即如果 A^sb_i 可表示为之前的向量的线性组合, 则舍弃之. 类似于说明 2.6.1, 在这种情况下很容易证明, 如果 A^sb_i 被舍弃, 则 A^tb_i $(t>s)$ 都需要被舍弃. 将所选择出来的线性无关的向量记为

$$\{b_1, Ab_1, \cdots, A^{h_1-1}b_1, b_2, Ab_2, \cdots, A^{h_2-1}b_2, \cdots, b_m, Ab_m, \cdots, A^{h_m-1}b_m\}$$

那么称有序整数集合

$$h_c(A,B)=\{h_1,h_2,\cdots,h_m\}$$

为线性系统 (A,B) 的 Hermite 指数集, 并称

$$h=\max\{h_1,h_2,\cdots,h_m\}$$

为线性系统 (A,B) 的 Hermite 指数. Hermite 指数集得名于它们与线性系统的 Hermite 规范型密切相关. 与能控性指数集类似, Hermite 指数集 $h_c(A,B)$ 也有如下性质:

$$h_1+h_2+\cdots+h_m=\operatorname{rank}\left[\begin{array}{cccc} B & AB & \cdots & A^{n-1}B \end{array}\right]=n_c$$

如果对输入进行重排, 与推论 2.6.1 类似的性质对 Hermite 指数集是否成立呢?

例 2.6.4　考虑例 2.6.3 中具有 4 个输入的 7 维能控线性系统. 假设 $h_c(A,B)=\{1,3,2,1\}$. 参见表 2.2. 将 B 按照 h_i $(i=1,2,3,4)$ 以单调不增的方式重排, 即

$$\tilde{B}=\left[\begin{array}{cccc} b_2 & b_3 & b_1 & b_4 \end{array}\right] \tag{2.111}$$

由于不清楚 A^3b_2 是否是 $\{b_2, Ab_2, A^2b_2\}$ 的线性组合 (从表 2.2 中只知道 A^3b_2 是 $\{b_1, b_2, Ab_2, A^2b_2\}$ 的线性组合), 甚至都无法确定是否有 $\tilde{h}_2 = 3$. 参见表 2.4 的说明.

表 2.4　如式 (2.111) 确定的 $\tilde{B}$ 的 Hermite 指数集 $h_c(A, \tilde{B})$

B	b_2	b_3 (?)	b_1 (?)	b_4 (?)
AB	Ab_2	Ab_3 (?)	Ab_1 (?)	Ab_4 (?)
A^2B	A^2b_2	A^2b_3 (?)	A^2b_1 (?)	A^2b_4 (?)
A^3B	A^3b_2 (?)	A^3b_3 (?)	A^3b_1 (?)	A^3b_4 (?)

因此, 类似于推论 2.6.1 的结论对 Hermite 指数集并不成立. 同样也可验证 B 的其他方式的重排也得不到与推论 2.6.1 类似的结论.

关于能控性指数集与 Hermite 指数集之间的关系, 有定理 2.6.1.

定理 2.6.1　设 $\{\mu_1, \mu_2, \cdots, \mu_m\}$ 和 $\{h_1, h_2, \cdots, h_m\}$ 分别是线性系统 (A, B) 的能控性指数集和 Hermite 指数集. 将 $\{\mu_1, \mu_2, \cdots, \mu_m\}$ 和 $\{h_1, h_2, \cdots, h_m\}$ 分别重新排列为

$$\{\mu_{i_1}, \mu_{i_2}, \cdots, \mu_{i_m}\} = \mathscr{H}\{\mu_1, \mu_2, \cdots, \mu_m\}, \quad \mu_{i_1} \geqslant \mu_{i_2} \geqslant \cdots \geqslant \mu_{i_m}$$

$$\{h_{j_1}, h_{j_2}, \cdots, h_{j_m}\} = \mathscr{H}\{h_1, h_2, \cdots, h_m\}, \quad h_{j_1} \geqslant h_{j_2} \geqslant \cdots \geqslant h_{j_m}$$

那么下面的不等式成立:

$$\sum_{s=1}^{k} \mu_{i_s} \leqslant \sum_{s=1}^{k} h_{j_s}, \quad k = 1, 2, \cdots, m$$

特别地, 线性系统 (A, B) 的能控性指数 μ 和 Hermite 指数 h 满足 $\mu \leqslant h$.

粗略地说, 定理 2.6.1 表明能控性指数集 $\{\mu_1, \mu_2, \cdots, \mu_m\}$ 比 Hermite 指数集 $\{h_1, h_2, \cdots, h_m\}$ 的分布更为合理.

根据对偶原理, 矩阵对 (A, B) 的能控性指数、能控性指数集、Brunovsky 指数集等概念可以方便地推广到矩阵对 (A, C) 之上. 这里仅做简要介绍. 设

$$Q_{\rm o}^{[k]} = Q_{\rm o}^{[k]}(A, C) = \begin{bmatrix} C^{\rm T} & (CA)^{\rm T} & \cdots & (CA^{k-1})^{\rm T} \end{bmatrix}^{\rm T} \tag{2.112}$$

这里规定 $Q_{\rm o}^{[0]}(A, C) = 0$. 显然, $Q_{\rm o}^{[n]}(A, C)$ 就是线性系统 (A, C) 的能观性矩阵 $Q_{\rm o}(A, C)$. 令

$$\varphi_{\rm o}^{[k]} = \varphi_{\rm o}^{[k]}(A, C) = {\rm rank}(Q_{\rm o}^{[k]}(A, C)) - {\rm rank}(Q_{\rm o}^{[k-1]}(A, C)), \quad k = 1, 2, \cdots, N$$

称有序集合

$$\varphi_{\rm o}(A, C) = \{\varphi_{\rm o}^{[1]}, \varphi_{\rm o}^{[2]}, \cdots, \varphi_{\rm o}^{[N]}\}$$

为线性系统 (A, C) 的对偶 Brunovsky 指数集. 此外, 称 $(A^{\rm T}, C^{\rm T})$ 的能控性指数集为 (A, C) 的能观性指数集, 即

$$\nu_{\rm o}(A, C) \overset{\rm def}{=\!=} \{\nu_1, \nu_2, \cdots, \nu_p\} = \mu_{\rm c}(A^{\rm T}, C^{\rm T})$$

而 $\nu = \max\limits_{i=1,2,\cdots,p} \{\nu_i\}$ 称为 (A, C) 的能观性指数.

2.6.5 其他指数集

从定理 2.4.6、定理 2.4.7 和定理 2.4.8 可以看出, 式 (2.53) 定义的矩阵 $Q_{\rm i}^{[k]}$ 在判断线性系统的左和右可逆性中具有重要地位, 因此称其为线性系统 (2.1) 的可逆性矩阵. 此外, 类似于式 (2.109), 对任意给定的非负整数 N, 定义一系列非负整数

$$\varphi_{\rm i}^{[k]}=\varphi_{\rm i}^{[k]}(A,B,C,D)={\rm rank}(Q_{\rm i}^{[k]}(A,B,C,D))-{\rm rank}(Q_{\rm i}^{[k-1]}(A,B,C,D)) \tag{2.113}$$

其中, $k=0,1,\cdots,N$. 类似于 Brunovsky 指数集 $\varphi_{\rm c}(A,B)$, 称有序集合

$$\varphi_{\rm i}(A,B,C,D)=\{\varphi_{\rm i}^{[0]},\varphi_{\rm i}^{[1]},\cdots,\varphi_{\rm i}^{[N]}\}$$

为线性系统 (2.1) 的可逆性指数集. 根据定理 2.4.6 的第 (3) 条和定理 2.4.8 的第 (4) 条, 线性系统 (2.1) 是可逆的当且仅当 $\varphi_{\rm i}^{[n]}=m=p$.

类似于式 (2.53) 和式 (2.108), 根据定理 2.4.7 和定理 2.4.8 的第 (5) 条, 定义两个矩阵序列

$$Q_{\rm ifo}^{[k]}=Q_{\rm ifo}^{[k]}(A,B,C,D)=\left[\begin{array}{cccc} & & & D \\ & & D & CB \\ & \iddots & \iddots & \vdots \\ D & CB & \cdots & CA^{k-1}B \\ \hline B & AB & \cdots & A^kB \end{array}\right] \tag{2.114}$$

$$Q_{\rm ofc}^{[k]}=Q_{\rm ofc}^{[k]}(A,B,C,D)=\left[\begin{array}{cccc|c} & & & D & C \\ & & D & CB & CA \\ & \iddots & \iddots & \vdots & \vdots \\ D & CB & \cdots & CA^{k-1}B & CA^k \end{array}\right] \tag{2.115}$$

其中, $k=0,1,\cdots,N$, 并规定 $Q_{\rm ofc}^{[-1]}(A,B,C,D)=0$ 和 $Q_{\rm ifo}^{[-1]}(A,B,C,D)=0$. 显然 $Q_{\rm ofc}^{[n]}(A,B,C,D)$ 就是线性系统 (2.1) 的输出函数能控性矩阵 $Q_{\rm ofc}(A,B,C,D)$, 而 $Q_{\rm ifo}^{[n]}(A,B,C,D)$ 就是线性系统 (2.1) 的输入函数能观性矩阵 $Q_{\rm ifo}(A,B,C,D)$.

类似于式 (2.109) 和式 (2.113), 根据 $Q_{\rm ifo}^{[k]},Q_{\rm ofc}^{[k]}$ $(k=-1,0,\cdots,N)$ 定义两个非负整数序列

$$\varphi_{\rm ifo}^{[k]}=\varphi_{\rm ifo}^{[k]}(A,B,C,D)={\rm rank}(Q_{\rm ifo}^{[k]}(A,B,C,D))-{\rm rank}(Q_{\rm ifo}^{[k-1]}(A,B,C,D)) \tag{2.116}$$

$$\varphi_{\rm ofc}^{[k]}=\varphi_{\rm ofc}^{[k]}(A,B,C,D)={\rm rank}(Q_{\rm ofc}^{[k]}(A,B,C,D))-{\rm rank}(Q_{\rm ofc}^{[k-1]}(A,B,C,D)) \tag{2.117}$$

其中, $k=0,1,\cdots,N$. 类似地, 称有序集合

$$\varphi_{\rm ifo}(A,B,C,D)=\{\varphi_{\rm ifo}^{[0]},\varphi_{\rm ifo}^{[1]},\cdots,\varphi_{\rm ifo}^{[N]}\},\quad \varphi_{\rm ofc}(A,B,C,D)=\{\varphi_{\rm ofc}^{[0]},\varphi_{\rm ofc}^{[1]},\cdots,\varphi_{\rm ofc}^{[N]}\}$$

分别为线性系统 (2.1) 的输入函数能观性指数集和输出函数能控性指数集. 显然, 如果 $C=0$, $D=0$, 则输入函数能观性指数集退化为 Brunovsky 指数集, 即 $\varphi_{\rm ifo}(A,B,0,0)=\{\varphi_{\rm c}^{[1]},\varphi_{\rm c}^{[2]},\cdots,\varphi_{\rm c}^{[N+1]}\}$. 输出函数能控性指数集也有类似的性质.

需要强调的是, 上面定义的三类指数集 $\varphi_{\rm i}$、$\varphi_{\rm ifo}$ 和 $\varphi_{\rm ofc}$ 是 Brunovsky 指数集 $\varphi_{\rm c}$ 而不是能控性指数集 $\mu_{\rm c}$ 的推广. 这三类指数集都有类似于引理 2.6.1 的性质.

引理 2.6.3　设线性系统 (2.1) 的输入函数能观性指数集 φ_{ifo}、输出函数能控性指数集 φ_{ofc} 和可逆性指数集 φ_{i} 分别如式 (2.116)、式 (2.117) 和式 (2.113) 所定义, 则对任意 $k\in\{0,1,\cdots,N\}$ 有

$$\mathrm{rank}(D)=\varphi_{\mathrm{i}}^{[0]}\leqslant\varphi_{\mathrm{i}}^{[1]}\leqslant\cdots\leqslant\varphi_{\mathrm{i}}^{[N]}\leqslant\min\{p,m\} \tag{2.118}$$

$$\mathrm{rank}\begin{bmatrix}B\\D\end{bmatrix}=\varphi_{\mathrm{ifo}}^{[0]}\geqslant\varphi_{\mathrm{ifo}}^{[1]}\geqslant\cdots\geqslant\varphi_{\mathrm{ifo}}^{[k]}\geqslant\varphi_{\mathrm{i}}^{[k]} \tag{2.119}$$

$$\mathrm{rank}\begin{bmatrix}C & D\end{bmatrix}=\varphi_{\mathrm{ofc}}^{[0]}\geqslant\varphi_{\mathrm{ofc}}^{[1]}\geqslant\cdots\geqslant\varphi_{\mathrm{ofc}}^{[k]}\geqslant\varphi_{\mathrm{i}}^{[k]} \tag{2.120}$$

以及

$$\sum_{i=0}^{k}\varphi_j^{[i]}=\mathrm{rank}(Q_j^{[k]}(A,B,C,D)),\quad j\in\{\mathrm{i},\mathrm{ifo},\mathrm{ofc}\} \tag{2.121}$$

证明　式 (2.121) 是显然的. 只证明式 (2.118) 和式 (2.119), 式 (2.120) 类似可证.

式 (2.118) 的证明: 对任意 $k=2,3,\cdots,N$, 将矩阵 $Q_{\mathrm{i}}^{[k]}$ 按照下述方式分块:

$$\left[\begin{array}{cccc|c} & & & 0 & D\\ & & & D & CB\\ & & \iddots & \vdots & \vdots\\ & D & \cdots & CA^{k-3}B & CA^{k-2}B\\ \hline D & CB & \cdots & CA^{k-2}B & CA^{k-1}B\end{array}\right]\xlongequal{\mathrm{def}}\left[\begin{array}{cccc|c|c} & & & 0 & & \\ & & & D & & \\ & & \iddots & \vdots & Z_{k1} & Z_{k2}\\ & D & \cdots & CA^{k-3}B & & \\ \hline D & CB & \cdots & CA^{k-2}B & Z_{k3} & Z_{k4}\end{array}\right]$$

其中, $Z_{k1}\in\mathbf{R}^{kp\times\varphi_{\mathrm{i}}^{[k]}},Z_{k2}\in\mathbf{R}^{kp\times(m-\varphi_{\mathrm{i}}^{[k]})},Z_{k3}\in\mathbf{R}^{p\times\varphi_{\mathrm{i}}^{[k]}},Z_{k4}\in\mathbf{R}^{p\times(m-\varphi_{\mathrm{i}}^{[k]})}$. 根据 $\varphi_{\mathrm{i}}^{[k]}$ 的定义, 可不失一般性地假设 $Q_{\mathrm{i}}^{[k]}$ 的后 $m-\varphi_{\mathrm{i}}^{[k]}$ 列与前面各列线性相关. 这表明

$$\left[\begin{array}{cccc|c} & & & 0 & D\\ & & & D & CB\\ & & \iddots & CB & CAB\\ & D & \iddots & \vdots & \vdots\\ D & CB & & CA^{k-3}B & CA^{k-2}B\end{array}\right]\xlongequal{\mathrm{def}}\left[\begin{array}{cccc|c|c} & & & 0 & & \\ & & & D & & \\ & & \iddots & CB & Z_{k1} & Z_{k2}\\ & D & \iddots & \vdots & & \\ D & CB & & CA^{k-3}B & & \end{array}\right]$$

的后 $m-\varphi_{\mathrm{i}}^{[k]}$ 个列向量或者是零或者与前面各列线性相关. 因此

$$\mathrm{rank}\left[\begin{array}{cccc|c} & & & 0 & D\\ & & & D & CB\\ & & \iddots & CB & CAB\\ & D & \iddots & \vdots & \vdots\\ D & CB & & CA^{k-3}B & CA^{k-2}B\end{array}\right]\leqslant\mathrm{rank}\begin{bmatrix} & & & 0\\ & & & D\\ & & \iddots & CB\\ & D & \iddots & \vdots\\ D & CB & & CA^{k-3}B\end{bmatrix}+\varphi_{\mathrm{i}}^{[k]}$$

即 $\varphi_{\mathrm{i}}^{[k-1]} \xlongequal{\mathrm{def}} \mathrm{rank}(Q_{\mathrm{i}}^{[k-1]}) - \mathrm{rank}(Q_{\mathrm{i}}^{[k-2]}) \leqslant \varphi_{\mathrm{i}}^{[k]}$ $(k = N, N-1, \cdots, 2)$. 此外, 由

$$\mathrm{rank}\begin{bmatrix} 0 & D \\ D & CB \end{bmatrix} \geqslant \mathrm{rank}(D) + \mathrm{rank}(D) = 2\mathrm{rank}(D)$$

可知

$$\varphi_{\mathrm{i}}^{[1]} = \mathrm{rank}\begin{bmatrix} 0 & D \\ D & CB \end{bmatrix} - \mathrm{rank}(D) \geqslant \mathrm{rank}(D) = \varphi_{\mathrm{i}}^{[0]}$$

最后 $\varphi_{\mathrm{i}}^{[k]} \leqslant \min\{p, m\}$ $(k = 0, 1, \cdots, N)$ 是显然成立的.

式 (2.119) 的证明: 设

$$\tilde{A} = \left[\begin{array}{c|ccc|c} 0 & I_p & & & \\ \vdots & & \ddots & & \\ 0 & & & I_p & \\ \hline & & & & C \\ \hline & & & & A \end{array}\right], \quad \tilde{B} = \left[\begin{array}{c} 0 \\ \vdots \\ 0 \\ \hline D \\ \hline B \end{array}\right]$$

其中, $\tilde{A} \in \mathbf{R}^{(p(N+1)+n)\times(p(N+1)+n)}$, $\tilde{B} \in \mathbf{R}^{(p(N+1)+n)\times m}$. 容易验证

$$Q_{\mathrm{c}}^{[k]}(\tilde{A}, \tilde{B}) = \left[\begin{array}{cccc} & & & 0 \\ \hline & & & D \\ & & \iddots & CB \\ & D & \iddots & \vdots \\ D & CB & \cdots & CA^{k-2}B \\ B & AB & \cdots & A^{k-1}B \end{array}\right] = \begin{bmatrix} 0 \\ Q_{\mathrm{ifo}}^{[k-1]} \end{bmatrix}$$

其中, $k = 1, 2, \cdots, N$, 并规定 $Q_{\mathrm{c}}^{[0]}(\tilde{A}, \tilde{B}) = 0$. 因此, 根据 $\varphi_{\mathrm{ifo}}^{[k]}$ 和 $\varphi_{\mathrm{c}}^{[k]}$ 的定义有

$$\varphi_{\mathrm{ifo}}^{[k]} = \mathrm{rank}(Q_{\mathrm{ifo}}^{[k]}) - \mathrm{rank}(Q_{\mathrm{ifo}}^{[k-1]}) = \mathrm{rank}(Q_{\mathrm{c}}^{[k+1]}(\tilde{A}, \tilde{B})) - \mathrm{rank}(Q_{\mathrm{c}}^{[k]}(\tilde{A}, \tilde{B})) = \varphi_{\mathrm{c}}^{[k+1]}(\tilde{A}, \tilde{B})$$

其中, $k = 0, 1, \cdots, N$. 由引理 2.6.1 可知 $\mathrm{rank}(\tilde{B}) = \varphi_{\mathrm{c}}^{[1]}(\tilde{A}, \tilde{B}) \geqslant \cdots \geqslant \varphi_{\mathrm{c}}^{[N+1]}(\tilde{A}, \tilde{B})$. 因此上式蕴含式 (2.119) 左端诸不等式及等式. 下面只需证明 $\varphi_{\mathrm{ifo}}^{[k]} \geqslant \varphi_{\mathrm{i}}^{[k]}$ $(\forall k \geqslant 0)$. 与式 (2.118) 的证明类似, 设

$$\left[\begin{array}{ccc|c} & & & D \\ & & D & CB \\ & \iddots & \vdots & \vdots \\ D & \cdots & CA^{k-2}B & CA^{k-1}B \\ \hline B & \cdots & A^{k-1}B & A^kB \end{array}\right] \xlongequal{\mathrm{def}} \left[\begin{array}{ccc|c|c} & & 0 & & \\ & & D & & \\ & \iddots & \vdots & Y_{k1} & Y_{k2} \\ D & \cdots & CA^{k-2}B & & \\ \hline B & \cdots & A^{k-1}B & Y_{k3} & Y_{k4} \end{array}\right]$$

其中, Y_{k1} 的列数为 $\varphi_{\text{ifo}}^{[k]}$, 且上述矩阵后 $m-\varphi_{\text{ifo}}^{[k]}$ 列与前面各列线性相关. 因此

$$\operatorname{rank}\left[\begin{array}{ccc|c} & & & D\\ & & D & CB\\ & \iddots & \vdots & \vdots\\ D & \cdots & CA^{k-2}B & CA^{k-1}B\end{array}\right]\leqslant \operatorname{rank}\begin{bmatrix} & & D\\ & \iddots & \vdots\\ D & \cdots & CA^{k-2}B\end{bmatrix}+\varphi_{\text{ifo}}^{[k]}$$

此即 $\varphi_{\text{i}}^{[k]}\leqslant\varphi_{\text{ifo}}^{[k]}$. 证毕. □

推论 2.6.2　设线性系统 (2.1) 的可逆性指数集如式 (2.53) 和式 (2.113) 所定义, Ω_n 如式 (2.51) 所定义. 如果 $\operatorname{rank}(D)\leqslant m-1$ 且 $\varphi_{\text{i}}^{[n]}\leqslant m-1$, 则 $\operatorname{rank}(\Omega_n)<m(n+1)$.

证明　由引理 2.6.3 可知 $\varphi_{\text{i}}^{[0]}\leqslant\varphi_{\text{i}}^{[1]}\leqslant\cdots\leqslant\varphi_{\text{i}}^{[n]}\leqslant m-1$. 这表明

$$\begin{aligned}\operatorname{rank}(Q_{\text{i}}^{[n]})&=\varphi_{\text{i}}^{[n]}+\operatorname{rank}(Q_{\text{i}}^{[n-1]})=\varphi_{\text{i}}^{[n]}+\varphi_{\text{i}}^{[n-1]}+\operatorname{rank}(Q_{\text{i}}^{[n-2]})\\&=\cdots=\sum_{k=1}^{n}\varphi_{\text{i}}^{[k]}+\operatorname{rank}(Q_{\text{i}}^{[0]})\leqslant n(m-1)+m-1=(n+1)(m-1)\end{aligned}$$

因此根据 Ω_n 的定义式 (2.51) 有

$$\begin{aligned}\operatorname{rank}(\Omega_n)&\leqslant\operatorname{rank}(Q_{\text{i}}^{[n]})+\operatorname{rank}\begin{bmatrix}CB & CAB & \cdots & CA^nB\\ \vdots & \vdots & & \vdots\\ CA^{n-1}B & CA^nB & \cdots & CA^{2n-1}B\end{bmatrix}\\&=\operatorname{rank}(Q_{\text{i}}^{[n]})+\operatorname{rank}\begin{bmatrix}C\\ CA\\ \vdots\\ CA^{n-1}\end{bmatrix}\begin{bmatrix}B & AB & \cdots & A^nB\end{bmatrix}\\&\leqslant(n+1)(m-1)+n=m(n+1)-1<m(n+1)\end{aligned}$$

这就是期望的不等式. 证毕. □

本章小结

本章系统性地介绍了线性系统的能控性/零能控性和能观性, 分别介绍了 Gram 矩阵判据、Kalman 判据、PBH 判据和基于 Jordan 标准型的判据. 此外, 还介绍了线性系统的能达性和能重构性. 能控性、能观性、能达性、能重构性等四组概念通过对偶原理和时间反转原理相联系. 一般来说, 我们只需要掌握能控性和能达性等与 (A,B) 相关的内容, 能观性和能重构性等与 (A,C) 相关的内容就比较容易得到.

本章还介绍了输出能控性、输出函数能控性、强能控性以及和它们对偶的概念即输入能观性、输入函数能观性和强能观性. 状态能控性只关心状态变量, 其判据只和 (A,B) 有关, 而输出能控性、输出函数能控性和强能控性同时兼顾输出变量, 其判据和 (A,B,C,D) 都有

关, 从而也更复杂. 能观性亦然. 这些不同的能控性和能观性进一步为系统的零点和可逆性等概念提供了系统论的解释, 并将在后续的系统设计中起到一定的作用.

Brunovsky 指数集、能控性指数集、Hermite 指数集、输入函数能观性指数集、输出函数能控性指数集和可逆性指数集是多变量系统独有的数量特征. 现代控制理论之所以比经典控制理论更先进, 在于前者能方便地处理多变量系统. 这些集合作为多变量系统独有的数量特征, 理应得到高度的重视. 第 4 章将介绍, 这些指数集决定了系统的某种特殊的分解形式, 全面地反映了线性系统的各种特征量, 并且在系统的设计中具有重要的价值.

本章习题

2.1 考虑 SISO 线性系统 $(A,b,c)\in(\mathbf{R}^{n\times n},\mathbf{R}^{n\times 1},\mathbf{R}^{1\times n})$. 试证: 如果

$$cb=cAb=cA^2b=\cdots=cA^{n-1}b=0$$

则该线性系统不可能同时能控又能观; 如果

$$cb=cAb=cA^2b=\cdots=cA^{n-2}b=0,\quad cA^{n-1}b=k\neq 0$$

则该线性系统总是既能控又能观的.

2.2 假设单输入线性系统 $(A,b)\in(\mathbf{R}^{n\times n},\mathbf{R}^{n\times 1})$ 能控. 试证: 如果

$$c_1(sI_n-A)^{-1}b=c_2(sI_n-A)^{-1}b$$

对所有 s 成立, 那么必有 $c_1=c_2$.

2.3 给定循环矩阵 $A\in\mathbf{R}^{n\times n}$. 试证: 任给 $b\in\mathbf{R}^{n\times 1}$ 和 $\varepsilon>0$, 存在 $b_1\in\mathbf{R}^{n\times 1}$ 使得 (A,b_1) 能控且 $\|b-b_1\|\leqslant\varepsilon$.

2.4 设 SISO 线性系统 $(A,b,c)\in(\mathbf{R}^{n\times n},\mathbf{R}^{n\times 1},\mathbf{R}^{1\times n})$ 是能控且能观的. 试证: 当 $n\geqslant 2$ 时 A 和 bc 不可交换.

2.5 给定 n 维单输入线性系统 $\dot{x}=Ax+bu, x(0)=0$ 和约束条件 $u(t+1/2)=u(t)$. 试证: 可以选择 u 使得 $x(1)=x_1$ 当且仅当存在向量 η 使得

$$\left(\mathrm{e}^{\frac{A}{2}}+I_n\right)\left[\begin{array}{cccc} b & Ab & \cdots & A^{n-1}b \end{array}\right]\eta=x_1$$

2.6 试证: 如果 $(A,B)\in(\mathbf{R}^{n\times n},\mathbf{R}^{n\times m})$ 能控且 A 是循环矩阵, 那么存在一个 m 维向量 p 使得 (A,Bp) 是能控的.

2.7 (Heymann 引理) 设 $(A,B)\in(\mathbf{R}^{n\times n},\mathbf{R}^{n\times m}_m)$ 能控, 能控性指数集为 $\{\mu_1,\mu_2,\cdots,\mu_m\}$, 矩阵 B 的第 1 列为 b_1. 令

$$Q=\left[\begin{array}{cccc} Q_1 & Q_2 & \cdots & Q_m \end{array}\right],\quad Q_i=\left[\begin{array}{cccc} b_i & Ab_i & \cdots & A^{\mu_i-1}b_i \end{array}\right]$$

$$W=\left[\begin{array}{cccc} W_1 & \cdots & W_{m-1} & 0_{m\times\mu_m} \end{array}\right],\quad W_k=\left[\begin{array}{cccc} 0 & \cdots & 0 & e_{k+1} \end{array}\right]\in\mathbf{R}^{m\times\mu_k}$$

其中, $i=1,2,\cdots,m, k=1,2,\cdots,m-1; e_k$ 表示 I_m 的第 k 列. 取 $K=WQ^{-1}$. 试证: $(A+BK,b_1)$ 能控.

2.8　考虑 2 阶线性微分方程 $\ddot{x}+x=0$. 试证: $x(0)$ 和 $\dot{x}(0)$ 的值无法由 x 在 $t=\pi,2\pi,3\pi,\cdots$ 处的值唯一确定.

2.9　试证: 线性系统 (A,B) 能控当且仅当对任意标量 α, 系统 $(A+\alpha I_n,B)$ 能控.

2.10　试证: (A,C) 能观当且仅当 $(A,C^{\mathrm{H}}C)$ 能观, (A,B) 能控当且仅当 (A,BB^{H}) 能控.

2.11　试证: $(A,B)\in(\mathbf{R}^{n\times n},\mathbf{R}^{n\times m})$ 能控当且仅当 $(A^2,[B,AB])$ 能控.

2.12　试证: 线性系统 (2.1) 能控当且仅当

$$\operatorname{rank}\begin{bmatrix} I_n & & & & & & B \\ A & I_n & & & & B & \\ & A & \ddots & & & \cdot^{\cdot^{\cdot}} & \\ & & \ddots & I_n & B & & \\ & & & A & B & & \end{bmatrix}_{n^2\times(n+m-1)n}=n^2$$

2.13　试证: 线性系统 $\dot{x}=Ax+Bu$ 能控当且仅当 2 阶线性系统 $\ddot{x}=Ax+Bu$ 能控.

2.14　设 $f(t)\in\mathbf{R}^n$ 是已知的任意连续向量函数. 试证: 线性定常系统 (A,B) 能控当且仅当系统 $\dot{x}(t)=Ax(t)+f(t)+Bu(t)$ 能控.

2.15　试证: 线性系统 (2.1) 能控当且仅当下述方程组仅有零解即 $X=0$:

$$XA=AX,\quad XB=0$$

2.16　设 Q 是一个正定矩阵, 试问下述线性系统何时是能控的?

$$\begin{bmatrix}\dot{x}_1\\ \dot{x}_2\end{bmatrix}=\begin{bmatrix}0 & Q\\ -Q & 0\end{bmatrix}\begin{bmatrix}x_1\\ x_2\end{bmatrix}+\begin{bmatrix}0\\ B\end{bmatrix}u$$

2.17　试证: 线性系统 (2.1) 的能控性 Gram 矩阵 $W_{\mathrm{c}}(\tau)$ 是 τ 的增函数. 如果系统 (2.1) 能控, 则 $W_{\mathrm{c}}(\tau)$ 是 τ 的严格增函数. 此外, $W_{\mathrm{c}}(\tau)$ 是下述线性矩阵微分方程的唯一解:

$$\dot{W}_{\mathrm{c}}(\tau)=-AW_{\mathrm{c}}(\tau)-W_{\mathrm{c}}(\tau)A^{\mathrm{T}}+BB^{\mathrm{T}},\quad W_{\mathrm{c}}(0)=0$$

进一步地, 如果系统 (2.1) 能控, 则 $P_{\mathrm{c}}(\tau)=W_{\mathrm{c}}^{-1}(\tau)>0,\forall\tau>0$ 满足如下非线性矩阵微分方程:

$$\dot{P}_{\mathrm{c}}(\tau)=A^{\mathrm{T}}P_{\mathrm{c}}(\tau)+P_{\mathrm{c}}(\tau)A-P_{\mathrm{c}}(\tau)BB^{\mathrm{T}}P_{\mathrm{c}}(\tau)$$

2.18　设 $W_{\mathrm{c}}(t)$ 是线性系统 (2.1) 的能控性 Gram 矩阵. 假设线性矩阵方程

$$AQ_0+Q_0A^{\mathrm{T}}-BB^{\mathrm{T}}=0$$

存在解 Q_0. 试证: $P(t)=W_{\mathrm{c}}(t)-Q_0\ (t\in[0,t_1])$ 满足线性矩阵微分方程

$$\dot{P}(t)=-AP(t)-P(t)A^{\mathrm{T}},\quad t\in[0,t_1],\quad P(0)=-Q_0$$

且有 $W_{\mathrm{c}}(t)=Q_0-\mathrm{e}^{-At}Q_0\mathrm{e}^{-A^{\mathrm{T}}t}\ (\forall t\in[0,t_1])$.

2.19　试证: 对称矩阵

$$W(t) = \int_0^t N\mathrm{e}^{As}BB^{\mathrm{T}}\mathrm{e}^{A^{\mathrm{T}}s}N^{\mathrm{T}}\mathrm{d}s$$

对于所有的 $t > 0$ 都是正定的当且仅当如下矩阵是正定的

$$W^* = N\begin{bmatrix} B & AB & \cdots & A^{n-1}B \end{bmatrix}\begin{bmatrix} B & AB & \cdots & A^{n-1}B \end{bmatrix}^{\mathrm{T}} N^{\mathrm{T}}$$

2.20　设下面两个维数分别为 n_1 和 n_2 的线性系统

$$\dot{x}_1 = A_1x_1 + B_1u, \quad y = C_1x_1$$

$$\dot{x}_2 = A_2x_2 + B_2u$$

都是能控的, 且第 1 个系统输出的维数 p_1 等于第 2 个系统输入的维数 m_2. 试证: 若对于矩阵 A_2 的每个特征值 s 有

$$\mathrm{rank}\begin{bmatrix} A_1 - sI_{n_1} & B_1 \\ C_1 & 0 \end{bmatrix} = n_1 + p_1$$

成立, 则如下线性系统是能控的:

$$\dot{x} = \begin{bmatrix} A_1 & 0 \\ B_2C_1 & A_2 \end{bmatrix} x + \begin{bmatrix} B_1 \\ 0 \end{bmatrix} u$$

2.21　对于给定 $\tau > 0$, 线性系统 $\dot{x} = Ax + Bu$ 或者 (A, B) 的能控集定义为

$$\mathcal{C}_\tau(A, B) = \left\{x : x = \int_0^\tau \mathrm{e}^{-As}Bv(s)\mathrm{d}s, v \in \mathcal{U}\right\}$$

试证: $\mathcal{C}_\tau(A, B)$ 是 $\mathbf{R}^n$ 的线性子空间 (通常称 $\mathcal{C}_\tau(A, B)$ 为线性系统 (A, B) 的能控子空间), 且

$$\mathcal{C}_\tau(A, B) = \mathcal{R}(W_{\mathrm{c}}(\tau)) = \mathcal{R}(Q_{\mathrm{c}}(A, B)) = \bigcup_{i=0}^{n-1} \mathcal{R}(A^iB)$$

其中, $W_{\mathrm{c}}(\tau)$ 是线性系统 (A, B) 的能控性 Gram 矩阵. 此外, $\mathcal{C}_\tau(A, B)$ 与 τ 无关, 即 $\mathcal{C}_\tau(A, B) = \mathcal{C}(A, B)$, 且 $\mathcal{C}(A, B)$ 是 A 不变子空间, 即

$$A\mathcal{C}(A, B) \overset{\mathrm{def}}{=\!=} \{Ax : x \in \mathcal{C}(A, B)\} \subseteq \mathcal{C}(A, B)$$

2.22　对于给定 $\tau > 0$, 线性系统 $\dot{x} = Ax, y = Cx$ 或者 (A, C) 的不能观集定义为

$$\mathcal{O}_\tau(A, C) = \{x : C\mathrm{e}^{As}x = 0, \forall s \in [0, \tau]\}$$

试证: $\mathcal{O}_\tau(A,C)$ 是 $\mathbf{R}^n$ 的线性子空间 (通常称 $\mathcal{O}_\tau(A,C)$ 为线性系统 (A,C) 的不能观子空间), 且

$$\mathcal{O}_\tau(A,C)=\mathcal{N}(W_\text{o}(\tau))=\mathcal{N}(Q_\text{o}(A,C))=\bigcap_{i=1}^{n-1}\mathcal{N}(CA^i)\subset\mathcal{N}(C)$$

其中, $W_\text{o}(\tau)$ 是线性系统 (A,C) 的能观性 Gram 矩阵. 此外, $\mathcal{O}_\tau(A,C)$ 与 τ 无关, 即 $\mathcal{O}_\tau(A,C)=\mathcal{O}(A,C)$, 且 $\mathcal{O}(A,C)$ 是 A 不变子空间.

2.23 线性系统 (A,B) 能控等价于下述 3 个条件之一:

(1) 对任意 t, 矩阵 $\mathrm{e}^{At}B$ 的所有行线性无关, 即不存在非零向量 z 使得 $z^\mathrm{T}\mathrm{e}^{At}B=0$.

(2) 对任意 s, 矩阵 $(sI_n-A)^{-1}B$ 的各行线性无关, 即不存在 $z\neq 0$ 使得 $z^\mathrm{T}(sI_n-A)^{-1}B=0$.

(3) 对任意 t, 映射 $u(s),s\in[0,t]\mapsto\int_0^t\mathrm{e}^{-As}Bu(s)\mathrm{d}s\in\mathbf{R}^n$ 是满射.

2.24 考虑输出能控的线性系统 $\dot{x}=Ax+Bu, y=Cx$. 给定初始状态 x_0 和终端输出 y_T. 对任意 $\tau>0$, 设 $u_1(t)$ $(t\in[0,\tau])$ 是任意使得 $y(\tau)=y_\mathrm{T}$ 的控制律, $u_*(t)$ 如式 (2.42) 所定义. 试证:

$$\int_0^\tau\|u_*(t)\|^2\,\mathrm{d}t\leqslant\int_0^\tau\|u_1(t)\|^2\,\mathrm{d}t$$

2.25 试证: 线性系统 (2.1) 是左可逆的当且仅当存在非负整数 $r\leqslant n$ 使得

$$\varphi_\text{i}^{[r]}=\text{rank}(Q_\text{i}^{[r]})-\text{rank}(Q_\text{i}^{[r-1]})=m$$

2.26 试证: 线性系统 (2.1) 是左可逆的当且仅当对任意 $i\in\mathbf{N}$ (或 $i=0,1,\cdots,n$) 都有

$$\text{rank}\left[\begin{array}{ccccc} & & & & D\\ & & & D & CB\\ & & \iddots & CB & CAB\\ & D & \iddots & \vdots & \vdots\\ D & CB & \cdots & CA^{i-2}B & CA^{i-1}B\\ \hline CB & CAB & \cdots & CA^{i-1}B & CA^iB\\ \vdots & \vdots & & \vdots & \vdots\\ CA^{n-1}B & CA^nB & \cdots & CA^{n+i-2}B & CA^{n+i-1}B\end{array}\right]=(i+1)m$$

2.27 试证: 线性系统 (2.1) 是左可逆的当且仅当对任意 $i\in\mathbf{N}$ (或 $i=0,1,\cdots,n$) 都有

$$\text{rank}(Q_\text{ifo}^{[i]})=(i+1)m$$

此外, 该系统是左可逆的当且仅当 $i=i^*$ 时上述秩条件成立, 这里

$$i^*=\text{rank}\begin{bmatrix}A & B\\ C & D\end{bmatrix}$$

2.28 考虑线性系统 (2.1), 其中 $m=p$ 且 D 可逆. 试证: 该系统的逆系统为

$$\begin{cases}\dot{x}=(A-BD^{-1}C)x+BD^{-1}u\\ y=-D^{-1}Cx+D^{-1}u\end{cases}$$

此外, 逆系统是能控/能观的当且仅当原系统是能控/能观的.

2.29 考虑线性系统 (2.1), 其中 $m=p, D=0$ 且 CB 可逆. 令 $P=I_n-B(CB)^{-1}C$. 试证: 该系统的逆系统为

$$\begin{cases}\dot{z}=APz+AB(CB)^{-1}y\\ u=-(CB)^{-1}CAPz-(CB)^{-1}CAB(CB)^{-1}y+(CB)^{-1}\dot{y}\end{cases}$$

2.30 考虑线性系统 (2.1), 其中 $\operatorname{rank}(D)=m$. 请给出传递函数 $G(s)$ 左逆的表达式. 此外, 试证: 如果 $D=0$ 且 $\operatorname{rank}(CB)=m$, 则该系统也是左可逆的, 并给出传递函数 $G(s)$ 左逆的表达式.

2.31 试证: 线性系统 (2.1) 是强能观的当且仅当存在 $q\in\mathbf{N}$ 使得

$$\operatorname{rank}\left[\begin{array}{cccc|c} & & & D & C\\ & & \iddots & CB & CA\\ & D & \iddots & \vdots & \vdots\\ D & CB & \cdots & CA^{q-1}B & CA^q\end{array}\right]=n+\operatorname{rank}\begin{bmatrix} & & & D\\ & & \iddots & CB\\ & D & \iddots & \vdots\\ D & CB & \cdots & CA^{q-1}B\end{bmatrix}$$

2.32 考虑多项式矩阵 $P(s)=P_ns^n+\cdots+P_1s+P_0$, 其中 $P_i\in\mathbf{R}^{p\times q}\ (i=0,1,\cdots,n)$ 是给定矩阵, $q\leqslant p$. 令 $N=nq$. 试证:

(1) $P(s)$ 右互质当且仅当 P_0 列满秩且

$$\operatorname{rank}\begin{bmatrix} & & P_n & \cdots & P_0\\ & P_n & \cdots & P_0 & \\ \iddots & \cdots & \iddots & & \\ P_n & \cdots & P_0 & & \end{bmatrix}=N+\operatorname{rank}\begin{bmatrix} & & & P_n\\ & & P_n & \vdots\\ & \iddots & \iddots & P_0\\ P_n & \iddots & \iddots & \\ P_n & \cdots & P_0 & \end{bmatrix}$$

其中, 两个分块矩阵的维数分别为 $Np\times N(q+1)$ 和 $Np\times Nq$.

(2) $P(s)$ 左可逆当且仅当

$$\operatorname{rank}\begin{bmatrix} & & & & P_n\\ & & & P_n & P_{n-1}\\ & & \iddots & P_{n-1} & \vdots\\ & P_n & \iddots & \vdots & P_0\\ P_n & P_{n-1} & \iddots & P_0 & \\ P_{n-1} & \vdots & \iddots & & \\ \vdots & P_0 & & & \\ P_0 & & & & \end{bmatrix}=(N+1)q$$

其中, 分块矩阵的维数为 $((N+1)p+np)\times(N+1)q$.

2.33　请验证恒等式 (2.88) 和式 (2.104) 成立.

2.34　设线性系统 (2.1) 是强能观的, (B,D) 满足式 (2.2) 的条件 (1), $L_k\in\mathbf{R}^{n\times p}$ $(k=1,2,\cdots,n)$ 是线性方程 (2.73) 的解. 令 $P_k\in\mathbf{R}^{m\times p}$ $(k=0,1,\cdots,n)$ 如下式所定义:

$$P_0=\begin{bmatrix}B\\D\end{bmatrix}^-\begin{bmatrix}-AL_1\\I_p-CL_1\end{bmatrix},\quad P_n=\begin{bmatrix}B\\D\end{bmatrix}^-\begin{bmatrix}L_n\\0\end{bmatrix},\quad P_k=\begin{bmatrix}B\\D\end{bmatrix}^-\begin{bmatrix}L_k-AL_{k+1}\\-CL_{k+1}\end{bmatrix}$$

其中, $k=1,2,\cdots,n-1$. 试证: 系统 (2.1) 的状态和输入可唯一地表示为

$$\begin{cases}x(t)=L_1y(t)+L_2y^{(1)}(t)+\cdots+L_ny^{(n-1)}(t)\\u(t)=P_0y(t)+P_1y^{(1)}(t)+\cdots+P_ny^{(n)}(t)\end{cases},\quad\forall t\geqslant 0$$

此外,

$$\left(\sum_{k=0}^{n}P_ks^k\right)(C(sI_n-A)^{-1}B+D)=I_m$$

即传递函数 $G(s)$ 存在多项式左逆 $G_L(s)=P_0+sP_1+\cdots+s^nP_n$.

2.35　设线性系统 (2.1) 是强能控的, (C,D) 满足式 (2.2) 的条件 (2), $R_k\in\mathbf{R}^{m\times n}$ $(k=1,2,\cdots,n)$ 是线性方程 (2.100) 的解. 令 $Q_k\in\mathbf{R}^{m\times p}$ $(k=0,1,\cdots,n)$ 如下式所定义:

$$\begin{cases}Q_0=\begin{bmatrix}-R_1A & I_m-R_1B\end{bmatrix}\begin{bmatrix}C & D\end{bmatrix}^-\\Q_k=\begin{bmatrix}R_k-R_{k+1}A & -R_{k+1}B\end{bmatrix}\begin{bmatrix}C & D\end{bmatrix}^-,\quad k=1,2,\cdots,n-1\\Q_n=\begin{bmatrix}R_n & 0\end{bmatrix}\begin{bmatrix}C & D\end{bmatrix}^-\end{cases}$$

矩阵 $X_i\in\mathbf{R}^{n\times p}$ $(i=0,1,\cdots,n-1)$ 如下式定义:

$$\begin{bmatrix}X_0 & X_1 & \cdots & X_{n-1}\end{bmatrix}=\begin{bmatrix}B & AB & \cdots & A^{n-1}B\end{bmatrix}\begin{bmatrix}Q_1 & \cdots & Q_{n-1} & Q_n\\\vdots & \iddots & Q_n & \\Q_{n-1} & \iddots & & \\Q_n & & & \end{bmatrix}$$

对任意 n 次可微函数 $y^*(t)$, 定义

$$\begin{cases}x^*(t)=X_0y^*(t)+X_1y^{*(1)}(t)+\cdots+X_{n-1}y^{*(n-1)}(t)\\u^*(t)=Q_0y^*(t)+Q_1y^{*(1)}(t)+\cdots+Q_ny^{*(n)}(t)\end{cases},\quad\forall t\geqslant 0$$

试证: $(u^*(t),x^*(t),y^*(t))$ 恒满足线性系统 (2.1). 此外,

$$(C(sI_n-A)^{-1}B+D)\left(\sum_{k=0}^{n}Q_ks^k\right)=I_p$$

即传递函数 $G(s)$ 存在多项式右逆 $G_R(s)=Q_0+sQ_1+\cdots+s^nQ_n$.

2.36 试证: 线性系统 (2.1) 是能控的、输出能控的、输出函数能控的和强能控的当且仅当线性系统 $(\tilde{A},\tilde{B},\tilde{C})$ 是能控的、输出能控的、输出函数能控的和强能控的, 其中

$$\tilde{A}=\begin{bmatrix} A & B \\ 0 & 0 \end{bmatrix},\quad \tilde{B}=\begin{bmatrix} 0 \\ I_m \end{bmatrix},\quad \tilde{C}=\begin{bmatrix} C & D \end{bmatrix}$$

2.37 考虑线性系统 (2.1). 设

$$R_0=\begin{bmatrix} A & B \\ C & D \end{bmatrix},\quad R_1=\begin{bmatrix} I_n & \\ & 0_{p\times m} \end{bmatrix}$$

试证: 该系统是质系统当且仅当 R_0 非奇异且 $R_0^{-1}R_1$ 是幂零矩阵.

本章附注

附注 2.1 能控性与能观性的概念和 Kalman 判据归功于 Kalman[1-3]. 这两组概念在现代控制理论中起着核心作用, 也是有别于经典控制理论的核心概念. 对于大多数控制问题, 能控性和能观性是问题可解的必要条件, 有时甚至是充分条件. PBH 判据是由 Popov 等[4]、Belevitch[5] 和 Hautus[6] 分别独立提出的 (PBH 是这三人姓氏首字母的连写). 习题 2.7 给出的 Heymann 引理[7] 通过状态反馈 $u=Kx+[1,0,\cdots,0]^{\mathrm{T}}v$ 将能控的多输入系统转化为能控的单输入系统 $\dot{x}=(A+BK)x+b_1v$, 经常用于解决线性系统的极点配置问题. 能控性判据可以推广到其他复杂情形, 如文献 [8].

附注 2.2 输出能控性的概念最早是由 Bertram 等[9] 提出的, Kreindler 等[10] 则建立了 Gram 矩阵判据和秩判据. 与输出能控性相关的其他能控性和判据见文献 [11] 和文献 [12]. Sain 等[13] 将输出能控性推广到了输入能观性的对偶情形. 输出函数能控性最早由 Brockett 等[14] 提出, 并建立了秩判据 (2.60). 输出函数能控性和输入函数能观性秩判据 (2.49) 和 (2.61) 由 Sain 等[13] 建立, 其证明依赖于离散系统 (输入输出序列). 秩判据 (2.57) 和 (2.62) 分别被文献 [15] 和文献 [16] 基于推论 2.4.1 提出, 并被文献 [17] 基于 Kronecker 规范型再次发现. 这里注意到推论 2.4.1可由秩判据 (2.48) 推出. 本章对现有结论进行了系统性的梳理, 所提供的证明力争自包含且保证严密性.

附注 2.3 强能观性作为一个纯理论概念最早由 Basile 等[18] 提出. Rappaport 等[19] 首次将该概念用于解决离散系统二次最优控制问题. 连续情形下, Hautus[20] 采用微分算子理论给出强能观的 PBH 判据; 在 $D=0$ 的特殊情形下, Kratz[21] 给出了秩判据. 强能观性在未知输入观测器设计理论中起着基础性的作用. 与强能观性不同, 强能控性最早在几何控制理论中被提出. 与强能观性类似, 离散系统强能控性的概念非常容易在时域内进行定义[22], 但对于连续系统, 由于必须采用脉冲输入作为控制, 其严密性需要分布理论[23]才能得到保证. 强能观性和强能控性的几何刻画, 参见文献 [24] 的第 7、8 章. 本章对强能观性和能控性的概念和判据进行了系统的整理, 力争用最初等的方法给出最一般的结论. 定理 2.5.3、定理 2.5.6 和习题 2.35 给出的强能观和强能控系统的逆系统计算公式, 似未见其他文献报道. 习题 2.34 建立的公式推广了文献 [25] 的结论.

附注 2.4　能控性指数、能控性指数集和 Brunovsky 指数集是线性系统理论中较老的概念[26,27]，但 Hermite 指数和 Hermite 指数集则是较新的概念[28]．这两组概念在线性理论中都起着重要的作用[29,30]，也有一些与之相关的非常有趣的问题[31,32]．能控性指数集和 Hermite 指数集是一类更为广泛的集合的特例．与此相关的应用可参见文献 [29] 和作者的工作[33]．可逆性指数集、输入函数能观性指数集和输出函数能控性指数集的定义和性质是作者在文献 [13] 和文献 [34] 的基础上提出的，似未见其他文献有系统性的介绍．

附注 2.5　能控性只是定性指标．为了定量地描述线性系统 (A, B) 能控的程度，通常采用能控性半径

$$\rho_{\mathbf{F}}(A,B) = \inf_{(\delta A,\delta B)\in(\mathbf{F}^{n\times n},\mathbf{F}^{n\times m})} \left\{ \left\| \begin{bmatrix} \delta A & \delta B \end{bmatrix} \right\| : \operatorname{rank}(Q_{\mathrm{c}}(A+\delta A, B+\delta B)) < n \right\}$$

即使得 $(A+\delta A, B+\delta B)$ 不能控的扰动 $(\delta A, \delta B)$ 的最小范数，也就是 (A, B) 与不能控的最小距离，这里 $\mathbf{F}=\mathbf{C}$ 或者 $\mathbf{R}$．当 $\mathbf{F}=\mathbf{C}$ 时目前最好的结果是[35]

$$\rho_{\mathbf{C}}(A,B) = \inf_{s\in\mathbf{C}} \left\{ \sigma_n \left(\begin{bmatrix} A - sI_n & B \end{bmatrix} \right) \right\}$$

其中，$\sigma_n(X)$ 表示 $X \in \mathbf{C}^{n\times(n+m)}$ 的最小奇异值．当 $\mathbf{F}=\mathbf{R}$ 时目前最好的结果是[36]

$$\rho_{\mathbf{R}}(A,B) = \inf_{s\in\mathbf{C}} \sup_{\gamma\in(0,1]} \left\{ \sigma_{2n-1} \left(\begin{bmatrix} \mathrm{Re}\{W_s\} & -\gamma \mathrm{Im}\{W_s\} \\ \dfrac{1}{\gamma}\mathrm{Im}\{W_s\} & \mathrm{Re}\{W_s\} \end{bmatrix} \right) \right\}$$

其中，$\sigma_{2n-1}(X)$ 表示 $X \in \mathbf{C}^{2n\times 2(n+m)}$ 的次最小奇异值；$W_s = [A - sI_n, B]$．围绕能控性半径的计算，产生了许多算法．基于 PBH 判据，通过将 W_s 替换成其他相关多项式矩阵，能控性半径的概念可以推广到其他情形，如能观性半径、能稳性半径、能检测性半径、输出函数能控性半径、强能控性半径、强能观性半径、稳定性半径等．

参考文献

[1] Kalman R E. Contributions to the theory of optimal control. Boletin de la Sociedad Matematica Mexicana, 1960, 5(2): 102-119.

[2] Kalman R E. Canonical structure of linear dynamical systems. Proceedings of the National Academy of Sciences of the United States of America, 1962, 48(4): 596-600.

[3] Kalman R E. Mathematical description of linear dynamical systems. Journal of the Society for Industrial and Applied Mathematics Series A Control, 1963, 1(2): 152-192.

[4] Popov V M, Georgescu R. Hyperstability of Control Systems. New York: Springer-Verlag, 1973.

[5] Belevitch V. Classical Network Theory. San Francisco: Holden-Day, 1968.

[6] Hautus M L J. Controllability and observability conditions of linear autonomous systems. Nederlandse Akademie van Wetenschappen, 1969, 72: 443-448.

[7] Heymann M, Wonham W. Comments "On pole assignment in multi-input controllable linear systems". IEEE Transactions on Automatic Control, 1968, 13(6): 748-749.

[8] Camlibel M K, Heemels W P M H, Schumacher J M. Algebraic necessary and sufficient conditions for the controllability of conewise linear systems. IEEE Transactions on Automatic Control, 2008, 53(3): 762-774.

[9] Bertram J E, Sarachik P E. On optimal computer control. IFAC Proceedings Volumes, 1960, 1(1): 429-432.

[10] Kreindler E, Sarachik P. On the concepts of controllability and observability of linear systems. IEEE Transactions on Automatic Control, 1964, 9(2): 129-136.

[11] Danhane B, Lohéac J, Jungers M. Characterizations of output controllability for LTI systems. Automatica, 2023, 154: 111104.

[12] Danhane B, Lohéac J, Jungers M. Contributions to output controllability for linear time varying systems. IEEE Control Systems Letters, 2021, 6: 1064-1069.

[13] Sain M, Massey J. Invertibility of linear time-invariant dynamical systems. IEEE Transactions on Automatic Control, 1969, 14(2): 141-149.

[14] Brockett R W, Mesarović M D. The reproducibility of multivariable systems. Journal of Mathematical Analysis and Applications, 1965, 11: 548-563.

[15] Wang S, Davison E. A new invertibility criterion for linear multivariable systems. IEEE Transactions on Automatic Control, 1973, 18(5): 538-539.

[16] Emre E, Huseyin O. Invertibility criteria for linear multivariable systems. IEEE Transactions on Automatic Control, 1974, 19(5): 609-610.

[17] García-Planas M I, Domínguez-García J L. Alternative tests for functional and pointwise output-controllability of linear time-invariant systems. Systems & Control Letters, 2013, 62(5): 382-387.

[18] Basile G, Marro G. On the observability of linear, time-invariant systems with unknown inputs. Journal of Optimization Theory and Applications, 1969, 3(6): 410-415.

[19] Rappaport D, Silverman L. Structure and stability of discrete-time optimal systems. IEEE Transactions on Automatic Control, 1971, 16(3): 227-233.

[20] Hautus M L J. Strong detectability and observers. Linear Algebra and Its Applications, 1983, 50: 353-368.

[21] Kratz W. Characterization of strong observability and construction of an observer. Linear Algebra and Its Applications, 1995, 221: 31-40.

[22] Molinari B. A strong controllability and observability in linear multivariable control. IEEE Transactions on Automatic Control, 1976, 21(5): 761-764.

[23] Hautus M L, Silverman L M. System structure and singular control. Linear Algebra and Its Applications, 1983, 50: 369-402.

[24] Trentelman H L, Stoorvogel A A, Hautus M. Control Theory for Linear Systems. London: Springer Science & Business Media, 2012.

[25] Bengtsson G. Minimal system inverses for linear multivariable systems. Journal of Mathematical Analysis and Applications, 1974, 46(2): 261-274.

[26] Brunovský P. A classification of linear controllable systems. Kybernetika, 1970, 6(3): 173-188.

[27] Fagnani F. Controllability and observability indices for linear time-invariant systems: A new approach. Systems & Control Letters, 1991, 17(4): 243-250.

[28] Zaballa I. Controllability and Hermite indices of matrix pairs. International Journal of Control, 1997, 68(1): 61-86.

[29] Antoulas A C. New results on the algebraic theory of linear systems: The solution of the cover problems. Linear Algebra and Its Applications, 1983, 50: 1-43.

[30] Zhang M, Yeung L, Jiang Y. Genetic algorithm for input/output selection in MIMO systems based on controllability and observability indices. Electronics Letters, 2002, 38(19): 1150-1151.

[31] Baragaña I, Fernández V, Zaballa I. Hermite indices and the action of the feedback group. Linear Algebra and Its Applications, 2005, 401: 401-427.

[32] Herrera A, Mondie S. On the complete controllability indexes assignment problem. IEEE Transactions on Automatic Control, 2001, 46(2): 348-352.

[33] Zhou B, Duan G R. An explicit solution to polynomial matrix right coprime factorization with application in eigenstructure assignment. Journal of Control Theory and Applications, 2006, 4(2): 147-154.

[34] Garcia-Planas M I, Magret M D. An alternative system of structural invariants of quadruples matrices. Linear Algebra and Its Applications, 1999, 291: 83-102.

[35] Eising R. Between controllable and uncontrollable. Systems & Control Letters, 1984, 4(5): 263-264.

[36] Hu G D, Davison E J. Real controllability/stabilizability radius of LTI systems. IEEE Transactions on Automatic Control, 2004, 49(2): 254-257.

第 3 章 稳 定 性

“稳定”作为一个常用词汇, 意思是某种状态在一定时间之内不会发生变化. 如图 3.1 所示, 小球在 A 点、B 点以及 MN 之间的任意一点 C 都能静止放置, 相应的状态是“稳定”的. 然而, A、B、C 这三种“稳定”的状态显然是不一样的. 对 A 点而言, 若用外力“扰动”小球使之偏离该点一小段距离, 小球在摩擦力的作用下最终又静止在 A 点. 若对 B 点的小球施加同样的扰动, 显然小球偏离该点之后永远不会再返回 B 点. 而对于 C 点, 在摩擦力的作用下小球最终可能停留在 MN 之间的任意一点处 (未必是 C 点).

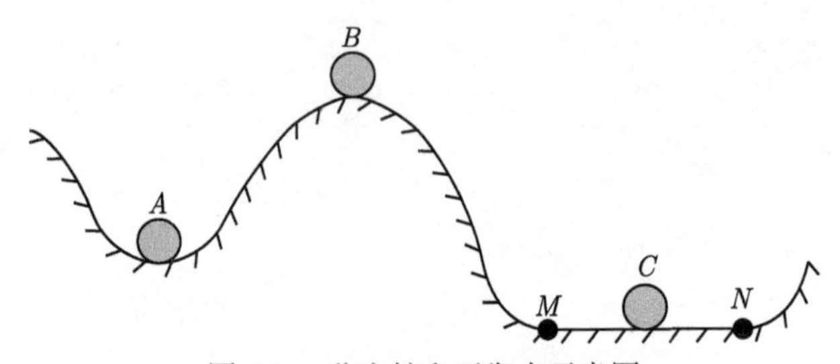

图 3.1　稳定性和平衡点示意图

由上述现象可知, 虽然“稳定”表示某种“平衡”状态在一定时间之内不会发生变化, 但考虑到“扰动”在现实中无处不在, 真正的“稳定”应该是“扰动”之后, 仍能恢复到该“平衡”状态. 控制系统的稳定性就是指这种受到扰动之后仍能回到平衡点的能力. 下面以 Watt 蒸汽机离心调速器为例说明稳定性的工程意义.

基本的 Watt 蒸汽机离心调速器如图 3.2 所示. 连杆连接的等质量的飞球 B 和 B' 通过铰链 CC' 附在一个旋转的主轴 AA' 上. 飞球 B 和 B' 绕主轴 AA' 旋转, 主轴 AA' 通过齿轮连接至蒸汽机轴. 飞球臂通过刚性杆 MN 和 $M'N'$ 与套筒 R 相连. 套筒可以在主轴 AA' 上下自由移动. 随着主轴角速度 ω 的增大或减小, 离心力使飞球的角度 θ 即图 3.2 中的角 BAA' 增大或减少, 进而通过刚性杆 MN 和 $M'N'$ 驱动套筒 R 升高或降低. 套筒 R 与控制杆 W 相连接, 套筒上下滑动带动控制杆, 控制杆进而带动节流阀来减少或者增大蒸汽机的供气量, 从而减少或者增大蒸汽机的转速.

假定蒸汽机驱动一根角速度为 Ω 的轴用来对外做功, 而这个轴通过传动装置连接到调速器的主轴, 传动比为 n_0, 即

$$\omega = n_0 \Omega \tag{3.1}$$

现假设蒸汽机驱动轴以恒定的角速度 Ω_* 运行, 即蒸汽供应量恒定. 如果由于某种原因出现短暂的干扰而导致蒸汽机驱动轴的角速度 Ω 增大, 则由式 (3.1) 可知调速器主轴 AA' 将旋转得更快, 飞球角度 θ 将增大, 进而导致套筒上升, 带动控制杆调节节流阀而减少蒸汽机的供气量, 因此蒸汽机驱动轴的角速度 Ω 会减慢. 相反, 如果蒸汽机驱动轴的角速度 Ω 下降, 则调速器做出反应使蒸汽机供气量增加, 从而使蒸汽机驱动轴的转速 Ω 再次提高. 由此可见,

离心调速器的作用总是使得蒸汽机驱动轴的转速 Ω 向恒定的角速度 Ω_* 靠近, 也就是说离心调速器使得整个蒸汽机系统具有"受到扰动之后仍能回到平衡点的能力", 也就是上面所说的稳定性.

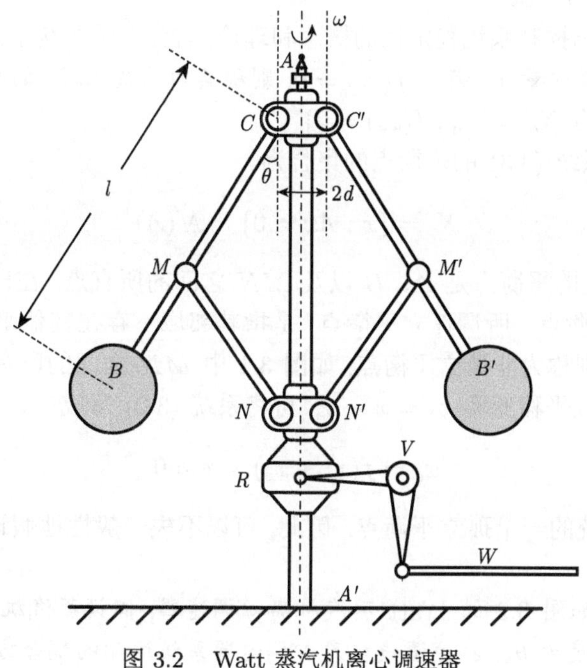

图 3.2 Watt 蒸汽机离心调速器

稳定性是控制系统得以正常运行的首要条件. 同能控性与能观性一样, 稳定性也是控制系统的一种固有的结构特征, 完全由控制系统自身的参数进行表征. 本章系统性地介绍线性系统的稳定性理论. 首先介绍稳定性的基本概念, 在此基础上介绍线性系统的稳定性理论, 分别给出基于系统矩阵的判据 (直接方法) 和 Lyapunov 稳定性理论 (间接方法).

3.1 控制系统的稳定性

3.1.1 系统的平衡点

考虑用微分方程描述的不受控动态系统

$$\dot{x} = f(x), \quad x(0) = x_0, \quad t \geqslant 0 \tag{3.2}$$

其中, x 是 n 维状态向量; $f : \mathbf{R}^n \to \mathbf{R}^n$ 是向量值函数.

由于 f 中不显含 t, 此系统称为自治系统 (autonomous system), 否则称为非自治系统 (non-autonomous system). 非自治系统的稳定性理论非常复杂, 不在本书的讨论范围之内. 若 $f(x)$ 是状态 x 的线性函数, 则此系统就是线性系统

$$\dot{x} = Ax, \quad t \geqslant 0 \tag{3.3}$$

其中, $A \in \mathbf{R}^{n\times n}$ 是给定的常数矩阵. 自治线性系统即是线性定常系统. 记系统 (3.2) 的解为 $x(t)=\phi(t,x_0)\,(t\geqslant 0)$, 则显然有 $\phi(0,x_0)=x_0$. 根据第 1 章的讨论, 在系统理论中, $x(t)$ 表征用微分方程 (3.2) 描述的系统的运动. 那么, 微分方程的解 $\phi(t,x_0)$ 的系统意义是, 系统 (3.2) 在初始扰动 x_0 作用下的运动.

为了较全面地介绍控制系统稳定性的概念和理论, 首先介绍系统平衡点的概念.

定义 3.1.1　如果向量 $x_{\rm e}$ 满足 $f(x_{\rm e})=0$, 则称其为系统 (3.2) 的平衡点 (equilibrium). 记所有平衡点的集合为 $X_{\rm e}=\{x_{\rm e}:f(x_{\rm e})=0\}$.

容易看出, 线性系统 (3.3) 的平衡点的集合为

$$X_{\rm e}=\{x:Ax=0\}=\mathcal{N}(A)$$

在图 3.1 中, 小球系统的平衡点是 A、B 以及 MN 之间的所有点. 在讨论稳定性问题时, 一般关心系统的孤立平衡点. 所谓孤立平衡点, 是指其邻域不存在其他平衡点的平衡点, 如图 3.1 中的 A 和 B; 否则称为非孤立平衡点, 如图 3.1 中 MN 之间的所有点. 对任意一个非零的孤立平衡点 $x_{\rm e}$, 通过平移变换 $x_\delta=x-x_{\rm e}$, 可将系统 (3.2) 写成

$$\dot{x}_\delta=f(x_\delta+x_{\rm e}),\quad t\geqslant 0$$

显然, 原点是上述系统的一个孤立平衡点. 因此, 可以不失一般性地假设原点是原系统 (3.2) 的一个孤立平衡点.

例 3.1.1　考虑如图 3.2 的 Watt 蒸汽机离心调速器, 假设蒸汽机驱动轴的期望角速度为 Ω_*, 此时飞球的角度为 θ_*. 描述蒸汽机离心调速器系统运动的耦合方程为

$$\ddot{\theta}=(n_0\Omega)^2\left(\frac{d}{l}+\sin(\theta)\right)\cos(\theta)-\frac{g}{l}\sin(\theta)-\frac{b}{m}\dot{\theta}\tag{3.4}$$

$$\dot{\Omega}=\frac{k}{I}(\cos(\theta)-\cos(\theta_*))\tag{3.5}$$

其中, d、l 和 θ 如图 3.2 所示; m 表示飞球质量; I 表示飞球的转动惯量; g 表示重力加速度; b 表示摩擦系数; k 表示适当的常数. 方程 (3.4) 表示蒸汽机驱动轴的角速度 Ω 对调速器角度 θ 的影响, 而方程 (3.5) 表示调速器通过蒸汽量对蒸汽机驱动轴的角速度 Ω 的影响. 取状态 $x=[\theta,\dot{\theta},\Omega]^{\rm T}$, 则

$$\dot{x}=\begin{bmatrix}\dot{\theta}\\ \ddot{\theta}\\ \dot{\Omega}\end{bmatrix}=\begin{bmatrix}\dot{\theta}\\ (n_0\Omega)^2\left(\dfrac{d}{l}+\sin(\theta)\right)\cos(\theta)-\dfrac{g}{l}\sin(\theta)-\dfrac{b}{m}\dot{\theta}\\ \dfrac{k}{I}(\cos(\theta)-\cos(\theta_*))\end{bmatrix}=f(x)$$

此系统的平衡点为 $x_{\rm e}=x_*=[\theta_*,0,\Omega_*]^{\rm T}$, 其中, Ω_* 和 θ_* 满足

$$(n_0\Omega_*)^2\left(\frac{d}{l}+\sin(\theta_*)\right)\cos(\theta_*)=\frac{g}{l}\sin(\theta_*)\tag{3.6}$$

取 $x_\delta=x-x_*=[\theta_\delta,\dot{\theta}_\delta,\Omega_\delta]^{\rm T}$, 则

$$\dot{x}_\delta = \begin{bmatrix} \dot{\theta}_\delta \\ (n_0(\Omega_\delta + \Omega_*))^2 \left(\dfrac{d}{l} + \sin(\theta_\delta + \theta_*)\right) \cos(\theta_\delta + \theta_*) - \dfrac{g}{l} \sin(\theta_\delta + \theta_*) - \dfrac{b}{m}\dot{\theta}_\delta \\ \dfrac{k}{I}(\cos(\theta_\delta + \theta_*) - \cos(\theta_*)) \end{bmatrix} \tag{3.7}$$

显然, 由式 (3.6) 可知 $x_\delta = 0$ 是上述系统的一个平衡点.

3.1.2 稳定性的定义

虽然许多早期的科学家对稳定性都有模糊的概念并取得了一些判断稳定性的方法, 如多项式稳定的 Routh 判据和矩阵稳定的 Hurwitz 判据, 但是第一个系统性地对稳定性进行研究的是俄国数学家 Lyapunov (1857—1918). 他于 1892 年在他著名的博士论文中首次按照 Cauchy 关于极限描述的 ε-δ 语言对微分方程的稳定性做了严格的定义, 给出了稳定、渐近稳定等科学概念. 本节利用现代的数学语言介绍一些最简单的情形.

根据上面的介绍, 不失一般性, 本节假设原点 $x_{\mathrm{e}} = 0$ 是系统 (3.2) 的一个孤立平衡点.

定义 3.1.2 考虑系统 (3.2), 如果对任意 $\varepsilon > 0$, 都存在 $\delta(\varepsilon) > 0$ 使得

$$\|x_0\| \leqslant \delta(\varepsilon) \Rightarrow \|\phi(t, x_0)\| \leqslant \varepsilon, \quad \forall t \geqslant 0$$

则称其零平衡点是稳定或 Lyapunov 稳定的. 此外, 如果还存在正常数 η 使得

$$\|x_0\| \leqslant \eta \Rightarrow \lim_{t\to\infty} \|\phi(t, x_0)\| = 0 \tag{3.8}$$

则称其零平衡点是渐近稳定的; 若式 (3.8) 对任意 η 都成立, 则称其零平衡点是全局渐近稳定的.

当上述定义的条件满足时, 也可称系统 (3.2) 的平凡解或者平衡点 $x_{\mathrm{e}} = 0$ 是稳定的或渐近稳定的. 由于定常系统的稳定性与初始时刻无关, 所以上述定义也是“一致稳定”和“一致渐近稳定”的定义. 顺便指出, “平凡解稳定”的提法比“平衡点稳定”提法更精确, 因为对于某些系统, 如用泛函微分方程描述的控制系统, 只有平凡解的概念而没有平衡点的概念. 为了方便, 下文陈述稳定性不再强调“零平衡点”.

由定义可见, 渐近稳定性就是系统被扰动之后回到平衡点的能力. 一个系统是渐近稳定的直观解释是, 初始条件即扰动对未来状态的影响随着时间趋于 ∞ 而消失, 即系统的状态又能回到平衡点. 但需要指出是, 稳定性是系统固有的特性, 不是因为有了扰动才有稳定性. 扰动是为了让稳定性的固有特性表现出来以便定量和定性地描述.

关于定义 3.1.2, 还有以下几点说明.

说明 3.1.1 由定义 3.1.2 可知 $\delta(\varepsilon) \leqslant \varepsilon$. 这表明, 要求系统状态 $\|x(t)\| = \|\phi(t, x_0)\|$ 越小, 则要求初始状态 $\|x_0\|$ 也越小. 一个系统是 Lyapunov 稳定的直观解释是, 可以通过调整初始条件 (即扰动的大小) 使其未来的状态不超出给定的具有任意小半径的球体 $\{x : \|x\| \leqslant \varepsilon\}$. 另外, 需要指出的是, 稳定性是一个局部的概念, “全局稳定性”的提法是错误的.

说明 3.1.2 根据极限的定义, 式 (3.8) 等价于: 对任意 $\varepsilon > 0$, 存在一个正常数 $T(\varepsilon, \eta)$ 使得

$$\|x_0\| \leqslant \eta \Rightarrow \|\phi(t, x_0)\| \leqslant \varepsilon, \quad \forall t \geqslant T(\varepsilon, \eta)$$

其中, T 表示起始于集合 $\Omega_\eta = \{x : \|x\| \leqslant \eta\}$ 的状态进入集合 Ω_ε 并不离开该集合的时间, 一般称为吸引时间或衰减时间. 初始条件的集合 Ω_η 一般称为吸引域. 见图 3.3 (a).

说明 3.1.3 注意 Lyapunov 稳定和渐近稳定的区别. 考虑如图 3.3 (b) 所示的无阻尼的单摆系统. 此系统除了重力之外, 不受其他任何外力. 在平衡点 A, 单摆在给定一个任意的初始角度 θ 之后便开始在 B 和 C 之间摆动, 运动模式是一个周期振荡. 如果要求此单摆运动之后的角度不超过 ε, 那么只需要初始角度 θ 不超过 ε 即可. 这表明此系统是 Lyapunov 稳定的. 但由于单摆并不会最终回到平衡点 A, 即 $\theta_{\mathrm{e}}=0$, 该系统不是渐近稳定的.

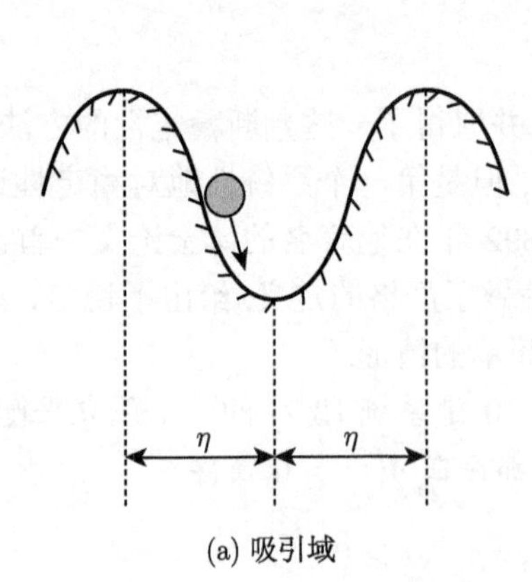

(a) 吸引域

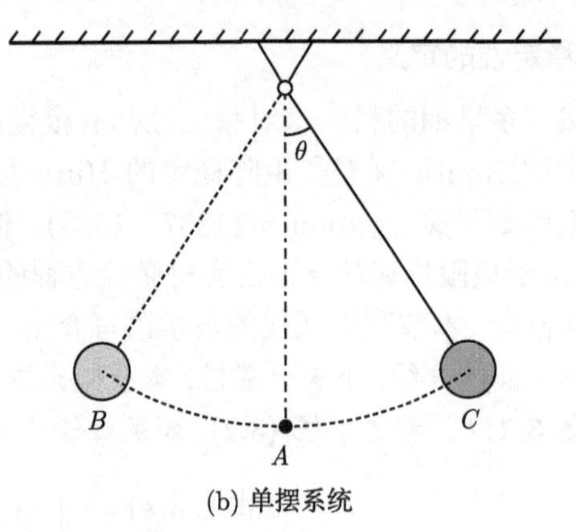

(b) 单摆系统

图 3.3 吸引域和单摆系统

下面再给出两组更强的稳定性的定义.

定义 3.1.3 如果存在 $\eta>0,\beta>0$ 以及 $k>0$ 使得

$$\|x_0\|\leqslant\eta\Rightarrow\|\phi(t,x_0)\|\leqslant k\mathrm{e}^{-\beta t},\quad\forall t\geqslant 0 \tag{3.9}$$

则称系统 (3.2) 是指数稳定的. 如果对任意 x_0, 都存在 $\beta>0$ 和 $k>0$ 使得

$$\|\phi(t,x_0)\|\leqslant k\|x_0\|\mathrm{e}^{-\beta t},\quad\forall t\geqslant 0$$

则称系统 (3.2) 是全局指数稳定的.

显然指数稳定性蕴含渐近稳定性. 关于线性系统的稳定性, 还有引理 3.1.1.

引理 3.1.1 考虑线性系统 (3.3), 则它是

(1) 渐近稳定的, 当且仅当它是全局渐近稳定的.

(2) 指数稳定的, 当且仅当它是全局指数稳定的.

证明 这两个结论都只需要证明必要性. 设 η 为任意正常数. 对任意 x_0^*, 设 $x_0=x_0^*\eta/\|x_0^*\|$, 则 $\|x_0\|=\eta$. 如果线性系统 (3.3) 是渐近稳定的, 那么由式 (3.8) 可知

$$\lim_{t\to\infty}\|\phi(t,x_0^*)\|=\lim_{t\to\infty}\left\|\phi\left(t,\frac{\|x_0^*\|}{\eta}x_0\right)\right\|=\frac{\|x_0^*\|}{\eta}\lim_{t\to\infty}\|\phi(t,x_0)\|=0$$

因此线性系统 (3.3) 是全局渐近稳定的. 如果线性系统 (3.3) 是指数稳定的, 同理, 由式 (3.9) 可知

$$\|\phi(t,x_0^*)\|=\frac{\|x_0^*\|}{\eta}\|\phi(t,x_0)\|\leqslant\frac{\|x_0^*\|}{\eta}k\|x_0\|\mathrm{e}^{-\beta t}=k\|x_0^*\|\mathrm{e}^{-\beta t}$$

因此线性系统 (3.3) 是全局指数稳定的. 证毕. □

根据引理 3.1.1, 对线性系统 (3.3) 而言, 不必区分“局部”和“全局”的概念.

3.2 直接判据

3.2.1 基于特征值的判据

本节讨论线性系统 (3.3) 的稳定性. 首先给出基于矩阵指数即状态转移矩阵的判据.

命题 3.2.1 考虑线性系统 (3.3), 则它是

(1) 稳定的, 当且仅当存在正常数 K 使得

$$\left\|\mathrm{e}^{At}\right\| \leqslant K, \quad \forall t \geqslant 0 \tag{3.10}$$

(2) 渐近稳定的, 当且仅当

$$\lim_{t\to\infty}\left\|\mathrm{e}^{At}\right\| = 0 \tag{3.11}$$

(3) 指数稳定的, 当且仅当存在正常数 K 和 β 使得

$$\left\|\mathrm{e}^{At}\right\| \leqslant K\mathrm{e}^{-\beta t}, \quad \forall t \geqslant 0 \tag{3.12}$$

证明 结论 (1) 的证明: 充分性显然成立. 必要性: 设 $\mathrm{e}^{At} = [\phi_{ij}(t)]$. 假设式 (3.10) 不成立, 那么必然存在某个 $\phi_{ij}(t)$ 满足

$$\lim_{k\to\infty}|\phi_{ij}(t_k)| = \infty, \quad \lim_{k\to\infty} t_k = \infty$$

设 x_0 的第 j 个元素为正常数 δ, 其他为零. 那么 $x(t)$ 的第 i 个元素为 $x_i(t) = \phi_{ij}(t)\delta$. 由

$$\lim_{k\to\infty}\|x(t_k)\| \geqslant \lim_{k\to\infty}|x_i(t_k)| = \lim_{k\to\infty}|\phi_{ij}(t_k)|\,\delta \to \infty$$

可知, 不论 δ 多小, $\|x(t)\|$ 不能始终小于给定的正常数 ε. 矛盾.

结论 (2) 的证明: 先证明充分性. 注意到式 (3.11) 蕴含式 (3.10), 所以该系统稳定. 另外, 由式 (3.11) 可知

$$\lim_{t\to\infty}\|x(t)\| \leqslant \|x_0\|\lim_{t\to\infty}\left\|\mathrm{e}^{At}\right\| = 0$$

故系统是渐近稳定的. 再证必要性. 假设式 (3.11) 不成立, 则必然存在 $M > 0$ 和某个 $\phi_{ij}(t)$ 满足

$$|\phi_{ij}(t_k)| \geqslant M, \quad \lim_{k\to\infty} t_k = \infty$$

类似于结论 (1) 的必要性的证明, 对于类似的 x_0 可以推知 $\|x(t_k)\| \geqslant M\delta$, 这与 $\|x(t)\| \xrightarrow{t\to\infty} 0$ 矛盾.

结论 (3) 的证明: 充分性显然成立. 下面证明必要性. 如果线性系统 (3.3) 指数稳定, 那么对任意 x_0, 存在 $\beta > 0$ 和 $k > 0$ 使得

$$\|x(t)\| \leqslant k\,\|x_0\|\,\mathrm{e}^{-\beta t}, \quad \forall t \geqslant 0 \tag{3.13}$$

设 $x_0 = e_i \ (i = 1, 2, \cdots, n)$, 其中 e_i 是 n 阶单位矩阵的第 i 列, 对应的状态为 $x_i(t)$. 那么

$$\begin{bmatrix} x_1(t) & x_2(t) & \cdots & x_n(t) \end{bmatrix} = \mathrm{e}^{At}\begin{bmatrix} e_1 & e_2 & \cdots & e_n \end{bmatrix} = \mathrm{e}^{At}$$

所以由式 (3.13) 可知

$$\left\|e^{At}\right\| = \left\|\begin{bmatrix} x_1(t) & x_2(t) & \cdots & x_n(t) \end{bmatrix}\right\| \leqslant \sum_{i=0}^{n} \|x_i(t)\| \leqslant \sum_{i=0}^{n} k \|e_i\| e^{-\beta t} \tag{3.14}$$

即式 (3.12) 成立. 证毕. □

由命题 3.2.1 可知线性系统的稳定性与 $\left\|e^{At}\right\|$ 密切相关. 引理 3.2.1 给出了 $\left\|e^{At}\right\|$ 的估计.

引理 3.2.1 设矩阵 A 的谱横坐标为 $\sigma(A)$, 且实部等于 $\sigma(A)$ 的特征值对应的 Jordan 块的最大阶数为 n_*. 那么存在正常数 c_i $(i=1,2)$ 使得

$$c_1 \left(\sum_{j=0}^{n_*-1} \frac{t^j}{j!}\right) e^{\sigma(A)t} \leqslant \left\|e^{At}\right\| \leqslant c_2 \left(\sum_{j=0}^{n_*-1} \frac{t^j}{j!}\right) e^{\sigma(A)t}, \quad \forall t \geqslant 0 \tag{3.15}$$

此外, 对任意 $\varepsilon \in (0,1)$ 有

$$c_1 e^{\sigma(A)t} \leqslant \left\|e^{At}\right\| \leqslant \frac{c_2}{\varepsilon^{n_*-1}} e^{(\sigma(A)+\varepsilon)t}, \quad \forall t \geqslant 0 \tag{3.16}$$

成立.

证明 设 A 的 Jordan 标准型为 J, 即 $A = VJV^{-1}$, 其中 V 是 A 的广义特征向量矩阵,

$$J = J_1 \oplus J_2 \oplus \cdots \oplus J_r, \quad J_i = \begin{bmatrix} \lambda_i & 1 & & \\ & \lambda_i & \ddots & \\ & & \ddots & 1 \\ & & & \lambda_i \end{bmatrix} \in \mathbf{R}^{n_i \times n_i}$$

其中, λ_i $(i=1,2,\cdots,r)$ 不必互异. 根据矩阵指数函数的性质有

$$e^{At} = V(e^{J_1 t} \oplus e^{J_2 t} \oplus \cdots \oplus e^{J_r t})V^{-1} \tag{3.17}$$

其中

$$e^{J_i t} = e^{\lambda_i t} \begin{bmatrix} 1 & t & \cdots & \dfrac{t^{n_i-1}}{(n_i-1)!} \\ & 1 & \ddots & \vdots \\ & & \ddots & t \\ & & & 1 \end{bmatrix}, \quad i=1,2,\cdots,r$$

对任意 $i=1,2,\cdots,r$, 容易看出

$$\begin{aligned} \left\|e^{J_i t}\right\| &\leqslant \left|e^{\lambda_i t}\right| \left(\|I_{n_i}\| + \frac{t}{1!}\|N_{n_i}\| + \frac{t^2}{2!}\left\|N_{n_i}^2\right\| + \cdots + \frac{t^{n_i-1}}{(n_i-1)!}\left\|N_{n_i}^{n_i-1}\right\|\right) \\ &\leqslant n_i e^{\mathrm{Re}\{\lambda_i\}t} \left(1 + \frac{t}{1!} + \frac{t^2}{2!} + \cdots + \frac{t^{n_i-1}}{(n_i-1)!}\right) \end{aligned} \tag{3.18}$$

其中, N_k 是形如式 (1.96) 的幂零矩阵, 并注意到 $\left\|N_{n_i}^k\right\| \leqslant n_i\ (k=0,1,\cdots)$. 不失一般性, 假设

$$\mathrm{Re}\{\lambda_i\}=\sigma(A),\quad i=1,2,\cdots,k$$
$$\mathrm{Re}\{\lambda_i\}<\sigma(A),\quad i=k+1,k+2,\cdots,r$$

那么根据式 (3.18), 可得

$$\left\|\mathrm{e}^{J_i t}\right\| \leqslant n_i \mathrm{e}^{\sigma(A)t}\sum_{j=0}^{n_*-1}\frac{t^j}{j!},\quad i=1,2,\cdots,k \tag{3.19}$$

对任意正常数 $\delta\in(0,1)$ 和正整数 n 有

$$\begin{aligned}\sum_{j=0}^{n-1}\frac{t^j}{j!}&=1+\frac{t\delta}{1!\delta}+\frac{(t\delta)^2}{2!\delta^2}+\cdots+\frac{(t\delta)^{n-1}}{(n-1)!\delta^{n-1}}\\&\leqslant\frac{1}{\delta^{n-1}}\left(1+\frac{t\delta}{1!}+\frac{(t\delta)^2}{2!}+\cdots+\frac{(t\delta)^{n-1}}{(n-1)!}\right)\leqslant\frac{1}{\delta^{n-1}}\sum_{j=0}^{\infty}\frac{(t\delta)^j}{j!}=\frac{\mathrm{e}^{t\delta}}{\delta^{n-1}}\end{aligned} \tag{3.20}$$

成立. 令 $\delta\in(0,1)$ 充分小且使得 $\mathrm{Re}\{\lambda_i\}+\delta\leqslant\sigma(A)\ (i=k+1,k+2,\cdots,r)$ 成立. 那么对于 $i=k+1,k+2,\cdots,r$, 由式 (3.18) 可知

$$\left\|\mathrm{e}^{J_i t}\right\| \leqslant n_i \mathrm{e}^{\mathrm{Re}\{\lambda_i\}t}\frac{\mathrm{e}^{t\delta}}{\delta^{n_i-1}}=\frac{n_i\mathrm{e}^{(\mathrm{Re}\{\lambda_i\}+\delta)t}}{\delta^{n_i-1}}\leqslant\frac{n_i\mathrm{e}^{\sigma(A)t}}{\delta^{n_\#-1}},\quad i=k+1,k+2,\cdots,r \tag{3.21}$$

其中, $n_\#=\max\limits_{i=k+1,k+2,\cdots,r}\{n_i\}$. 将式 (3.19) 和式 (3.21) 代入式 (3.17) 得到

$$\begin{aligned}\left\|\mathrm{e}^{At}\right\|&\leqslant\left\|V^{-1}\right\|\|V\|\left\|\mathrm{e}^{Jt}\right\|\leqslant\left\|V^{-1}\right\|\|V\|\left(\sum_{i=1}^{k}\left\|\mathrm{e}^{J_i t}\right\|+\sum_{i=k+1}^{r}\left\|\mathrm{e}^{J_i t}\right\|\right)\\&\leqslant\mathrm{e}^{\sigma(A)t}\left\|V^{-1}\right\|\|V\|\left(\sum_{i=1}^{k}n_i+\sum_{i=k+1}^{r}\frac{n_i}{\delta^{n_\#-1}}\right)\sum_{j=0}^{n_*-1}\frac{t^j}{j!}\leqslant\frac{\left\|V^{-1}\right\|\|V\|}{\delta^{n_\#-1}}n\left(\sum_{j=0}^{n_*-1}\frac{t^j}{j!}\right)\mathrm{e}^{\sigma(A)t}\end{aligned}$$

这就证明了式 (3.15) 右端的不等式. 不失一般性假设 λ_1 对应的 Jordan 块的阶数为 n_*, 则

$$\begin{aligned}\left\|\mathrm{e}^{J_1 t}\right\|&\geqslant\mathrm{e}^{\sigma(A)t}\left\|\begin{bmatrix}1 & t & \cdots & \frac{t^{n_*-1}}{(n_*-1)!}\end{bmatrix}\right\|\\&=\mathrm{e}^{\sigma(A)t}\left(1+\left(\frac{t}{1!}\right)^2+\cdots+\left(\frac{t^{n_*-1}}{(n_*-1)!}\right)^2\right)^{\frac{1}{2}}\\&\geqslant\frac{\mathrm{e}^{\sigma(A)t}}{\sqrt{n_*}}\left(1+\frac{t}{1!}+\cdots+\frac{t^{n_*-1}}{(n_*-1)!}\right)\end{aligned}$$

注意到

$$\left\|\mathrm{e}^{J_1 t}\right\|\leqslant\left\|\mathrm{e}^{Jt}\right\|=\left\|V^{-1}\mathrm{e}^{At}V\right\|\leqslant\left\|V^{-1}\right\|\|V\|\left\|\mathrm{e}^{At}\right\|$$

所以

$$\left\|\mathrm{e}^{At}\right\| \geqslant \frac{\left\|\mathrm{e}^{J_1 t}\right\|}{\left\|V^{-1}\right\|\left\|V\right\|} \geqslant \frac{\mathrm{e}^{\sigma(A)t}}{\sqrt{n_*}\left\|V^{-1}\right\|\left\|V\right\|}\left(\sum_{j=0}^{n_*-1}\frac{t^j}{j!}\right)$$

这就证明了式 (3.15) 左端的不等式.

最后, 对任意 $\varepsilon \in (0,1)$, 利用式 (3.20) 可知

$$\sum_{j=0}^{n_*-1}\frac{t^j}{j!} \leqslant \frac{\mathrm{e}^{\varepsilon t}}{\varepsilon^{n_*-1}}$$

将此式代入式 (3.15) 右端不等式即得式 (3.16) 右端的不等式. 而式 (3.16) 左端不等式是显然成立的. 证毕. □

有了引理 3.2.1, 可以证明定理 3.2.1.

定理 3.2.1 考虑线性系统 (3.3), 它是

(1) 稳定的, 当且仅当 A 的所有特征值都有非正的实部, 且零实部特征值对应的 Jordan 块是对角的.

(2) 渐近稳定的, 当且仅当 A 的所有特征值具有负实部.

(3) 指数稳定的, 当且仅当它是渐近稳定的.

证明 结论 (1) 的证明: 从式 (3.15) 可以看出 $\left\|\mathrm{e}^{At}\right\|$ 有界当且仅当 $\sigma(A)<0$, 即 A 的所有特征值都有负实部, 或者 $\sigma(A)=0, n_*=1$, 即 A 的所有零实部特征值对应的 Jordan 块是对角的.

结论 (2) 的证明: 从式 (3.15) 可看出 $\left\|\mathrm{e}^{At}\right\| \xrightarrow{t\to\infty} 0$ 当且仅当 $\sigma(A)<0$, 即 A 的所有特征值都有负实部.

结论 (3) 的证明: 显然指数稳定蕴含渐近稳定. 如果线性系统 (3.3) 是渐近稳定的, 由本定理的结论 (2) 可知 $\sigma(A)<0$. 那么令式 (3.16) 中的 $\varepsilon=-\sigma(A)/2 \overset{\text{def}}{=\!=} \beta$ 可知

$$\left\|\mathrm{e}^{At}\right\| \leqslant \frac{c_2}{\beta^{n_*-1}}\mathrm{e}^{-\beta t}, \quad \forall t \geqslant 0$$

根据引理 3.2.1, 线性系统 (3.3) 是指数稳定的. 证毕. □

由定理 3.2.1 可知, 线性系统 (3.3) 的稳定性完全由其系统矩阵 A 的特征值确定. 类似的问题最早由德国数学家 Hurwitz (1859—1919) 进行研究. 为了叙述方便, 给出定义 3.2.1.

定义 3.2.1 对于方阵 A, 如果它所有的特征值都具有负实部, 则称其为 Hurwitz 矩阵或者稳定矩阵; 如果它的所有特征值都有非正的实部, 且位于虚轴上的特征值对应的 Jordan 标准型是对角矩阵, 则称其为临界 Hurwitz 矩阵或者 Lyapunov 稳定矩阵; 如果它的所有特征值都有非正的实部, 则称其为半稳定 (semi-stable) 矩阵; 如果它至少存在一个实部为正的特征值, 则称其为本质不稳定矩阵; 如果它的所有特征值都具有正实部, 则称其为反稳定 (anti-stable) 矩阵.

如果线性系统 (3.3) 是半稳定的, 那么 A 的谱横坐标为零, 故根据引理 3.2.1 可得

$$c_1\sum_{j=0}^{n_*-1}\frac{t^j}{j!} \leqslant \left\|\mathrm{e}^{At}\right\| \leqslant c_2\sum_{j=0}^{n_*-1}\frac{t^j}{j!}, \quad \forall t \geqslant 0$$

其中, n_* 的定义同引理 3.2.1. 由此可见, 半稳定线性系统的状态转移矩阵或者状态最多以 t 的多项式形式发散. 故半稳定线性系统也可称为多项式稳定系统或者多项式不稳定系统.

例 3.2.1 考虑小车倒立摆在工作点 $(u^*, x^*, y^*) = (0,0,0)$ 处的线性化系统 (1.26), 其系统矩阵的特征值集合为 $\lambda(A) = \{0, 0, \pm\sqrt{3(M+m)g/((4M+m)l)}\}$. 由于有一个正实特征值, 该系统显然是不稳定的. 再考虑其在工作点 $(u^*, x^*, y^*) = (0, [0,0,\pi,0]^{\mathrm{T}}, 0)$ 处的线性化系统

$$A = \left[\begin{array}{cc|cc} 0 & 1 & 0 & 0 \\ 0 & 0 & -\dfrac{3mg}{4M+m} & 0 \\ \hline 0 & 0 & 0 & 1 \\ 0 & 0 & -\dfrac{3(M+m)g}{(4M+m)l} & 0 \end{array}\right] = \begin{bmatrix} A_{11} & A_{12} \\ 0 & A_{22} \end{bmatrix}, \quad b = \begin{bmatrix} 0 \\ \dfrac{4}{4M+m} \\ 0 \\ \dfrac{3}{(4M+m)l} \end{bmatrix} \tag{3.22}$$

显然 $\lambda(A) = \lambda(A_{11}) \cup \lambda(A_{22}) = \{0, 0\} \cup \{\pm\sqrt{3(M+m)g/((4M+m)l)}\mathrm{i}\}$, 因此该系统是半稳定的. 那么该系统是不是 Lyapunov 稳定的呢? 这要看特征值 0 对应的 Jordan 块是不是对角的. 假设存在矩阵 X 使得

$$\begin{bmatrix} A_{11} & A_{12} \\ 0 & A_{22} \end{bmatrix} \begin{bmatrix} I_2 & X \\ 0 & I_2 \end{bmatrix} = \begin{bmatrix} I_2 & X \\ 0 & I_2 \end{bmatrix} \begin{bmatrix} A_{11} & 0 \\ 0 & A_{22} \end{bmatrix} \tag{3.23}$$

即 $A_{11}X - XA_{22} + A_{12} = 0$. 由于 $\lambda(A_{11}) \cap \lambda(A_{22}) = \varnothing$, 根据引理 A.4.1, 上述方程有唯一解 $X = mlI_2/(M+m)$. 因此由方程 (3.23) 可得出

$$\begin{bmatrix} A_{11} & A_{12} \\ 0 & A_{22} \end{bmatrix} \sim \begin{bmatrix} A_{11} & 0 \\ 0 & A_{22} \end{bmatrix}$$

而 A_{11} 恰好是特征值 0 对应的 Jordan 标准型, 显然不是对角的. 因此该系统不是 Lyapunov 稳定的. 这个结论其实是显然的: 如果小车受扰后的速度不为零, 二者质心会沿着直线匀速运动, 从而位移是无界的.

例 3.2.2 为了说明谱横坐标 $\sigma(A) = 0$ 对应的特征值的 Jordan 块的阶数对线性系统稳定性的决定性作用, 考虑两个完全相同的振荡器系统

$$\Sigma_i : \dot{x}_i = \begin{bmatrix} 0 & 1 \\ -1 & 0 \end{bmatrix} x_i + \begin{bmatrix} 0 \\ 1 \end{bmatrix} u_i, \quad y_i = \begin{bmatrix} 1 & 0 \end{bmatrix} x_i, \quad i = 1, 2$$

当 $u = 0$ 时这两个系统都是 Lyapunov 稳定的, 因为系统矩阵 A 的矩阵指数

$$\mathrm{e}^{At} = \begin{bmatrix} \cos(t) & \sin(t) \\ -\sin(t) & \cos(t) \end{bmatrix}$$

是有界的. 将两个系统 Σ_i $(i = 1, 2)$ 的串联和并联系统分别记作 Σ_{s} 和 Σ_{p}. 忽略输入和输出, 系统 Σ_{s} 的状态空间表达式为 (见习题 1.4)

$$\Sigma_{\mathrm{s}}:\dot{\xi}=\left[\begin{array}{cc|cc}0&1&0&0\\-1&0&0&0\\\hline 0&0&0&1\\1&0&-1&0\end{array}\right]\xi=A_{\mathrm{s}}\xi$$

其中, $\xi=[x_1^{\mathrm{T}},x_2^{\mathrm{T}}]^{\mathrm{T}}$. 容易验证其系统矩阵 A_{s} 有一对共轭虚根 $\pm\mathrm{i}$, 其 Jordan 块的阶数都为 2. 根据定理 3.2.1, 该系统不是 Lyapunov 稳定的. 事实上, 由 A_{s} 的矩阵指数

$$\mathrm{e}^{A_{\mathrm{s}}t}=\begin{bmatrix}\mathrm{e}^{At}&0\\ \Pi&\mathrm{e}^{At}\end{bmatrix},\quad \Pi=\frac{1}{2}\begin{bmatrix}t\sin(t)&\sin(t)-t\cos(t)\\ \sin(t)+t\cos(t)&t\sin(t)\end{bmatrix}$$

可知 $\left\|\mathrm{e}^{A_{\mathrm{s}}k\pi}\right\|\xrightarrow{k\to\infty}\infty$. 另一方面, Σ_{p} 的状态空间表达式为 (见习题 1.4)

$$\Sigma_{\mathrm{p}}:\dot{\xi}=\left(\begin{bmatrix}0&1\\-1&0\end{bmatrix}\oplus\begin{bmatrix}0&1\\-1&0\end{bmatrix}\right)\xi=A_{\mathrm{p}}\xi$$

容易验证其系统矩阵 A_{p} 也有一对共轭虚根 $\pm\mathrm{i}$, 但其 Jordan 块的阶数都为 1. 根据定理 3.2.1, 该系统是 Lyapunov 稳定的. 事实上, 由 A_{p} 的矩阵指数 $\mathrm{e}^{A_{\mathrm{p}}t}=\mathrm{e}^{At}\oplus\mathrm{e}^{At}$ 可知 $\left\|\mathrm{e}^{A_{\mathrm{p}}t}\right\|=1$. 两种不同的连接导致不同的稳定性, 其机理可以简述如下: 对于并联系统, 两个子系统的状态互不影响, 都是频率为 1 的正弦/余弦函数, 自然是 Lyapunov 稳定的. 对于串联系统, 第 1 个子系统的输出是频率为 1 的正弦/余弦函数, 它又作为第 2 个系统的输入; 而第 2 个系统的固有频率也是 1, 故在该输入的作用下产生了"共振"现象, 从而导致了整个系统的不稳定.

在上面的例子中, 两个 Lyapunov 稳定的子系统串联之后改变了整个系统的 Jordan 标准型的结构, 导致了多项式不稳定现象. 下面再给出一个相反的例子.

例 3.2.3　考虑两个完全相同的双重积分器系统

$$\Sigma_i:\dot{x}_i=\begin{bmatrix}0&1\\0&0\end{bmatrix}x_i+\begin{bmatrix}0\\1\end{bmatrix}u_i,\quad y_i=\begin{bmatrix}0&1\end{bmatrix}x_i,\quad i=1,2$$

因为系统矩阵 A 的矩阵指数

$$\mathrm{e}^{At}=\begin{bmatrix}1&t\\0&1\end{bmatrix}$$

无界, 当 $u=0$ 时这两个系统都是多项式不稳定的. 现在考虑两个系统 $\Sigma_i\ (i=1,2)$ 的反馈连接构成的系统 Σ_{f}. 其状态空间表达式为 (见习题 1.4)

$$\Sigma_{\mathrm{f}}:\dot{\xi}=\left[\begin{array}{cc|cc}0&1&0&0\\0&0&0&-1\\\hline 0&0&0&1\\0&1&0&0\end{array}\right]\xi=A_{\mathrm{f}}\xi$$

其中, $\xi = [x_1^{\mathrm{T}}, x_2^{\mathrm{T}}]^{\mathrm{T}}$. 容易验证其系统矩阵 A_{f} 的特征值集合为 $\{0, 0, \pm\mathrm{i}\}$, 其 Jordan 块的阶数都为 1. 根据定理 3.2.1, 该系统是 Lyapunov 稳定的. 事实上, 由 A_{f} 的矩阵指数

$$
\mathrm{e}^{A_{\mathrm{f}}t} = \begin{bmatrix} 1 & \sin(t) & 0 & \cos(t)-1 \\ 0 & \cos(t) & 0 & -\sin(t) \\ 0 & 1-\cos(t) & 1 & \sin(t) \\ 0 & \sin(t) & 0 & \cos(t) \end{bmatrix}
$$

可知 $\left\|\mathrm{e}^{A_{\mathrm{f}}t}\right\|$ 是有界的. 这个例子表明, 两个临界不稳定的积分器, 通过速度负反馈连接之后的系统是临界稳定的.

3.2.2 基于特征多项式的判据

矩阵的特征值是其特征多项式的零点, 因此也可用特征多项式的零点来判断稳定性. 设 A 的特征多项式为

$$
\alpha(s) = \alpha_n s^n + \alpha_{n-1} s^{n-1} + \cdots + \alpha_1 s + \alpha_0 \tag{3.24}
$$

其中, $\alpha_n = 1$. 与稳定矩阵类似, 称多项式是 Hurwitz 的, 如果它的所有零点都具有负实部. 判断多项式的稳定性有多种方法. 这里只介绍 Routh 表方法, 即 Routh 判据.

先考虑 n 为奇数的情形. 将 $\alpha(s)$ 的系数按照表 3.1 的方式填入该表的第 1 行和第 2 行. 在此表中, 其他行的元素按照公式

$$
\begin{aligned}
\beta_i^{[k]} &= \frac{1}{\beta_1^{[k+1]}} \det \begin{bmatrix} \beta_1^{[k+1]} & \beta_{i+1}^{[k+1]} \\ \beta_1^{[k+2]} & \beta_{i+1}^{[k+2]} \end{bmatrix} = \frac{\beta_1^{[k+1]}\beta_{i+1}^{[k+2]} - \beta_1^{[k+2]}\beta_{i+1}^{[k+1]}}{\beta_1^{[k+1]}} \\
&= \beta_{i+1}^{[k+2]} - \gamma_{k+2}\beta_{i+1}^{[k+1]}, \quad \gamma_{k+2} = \frac{\beta_1^{[k+2]}}{\beta_1^{[k+1]}}, \quad k = n-2, n-3, \cdots, 1, 0
\end{aligned} \tag{3.25}
$$

迭代计算. 从表 3.1 可以看出, 每两行缩进一个元素. 从而表 3.1 的行数为 $n+1$, 列数为 $N = (n+1)/2$. 如果 n 为偶数, 则相应的 Routh 表如表 3.2 所示. 表 3.2 的每一个元素的计算方式与 n 为奇数时相同. 与奇数时不同的是, 表 3.2 从第 2 行开始, 每两行缩进一个元素. 从而表 3.2 的行数是 $n+1$, 列数是 $N = n/2+1$.

表 3.1 n 为奇数时的 Routh 表 ($N = (n+1)/2$)

s^n	$\beta_1^{[n]} = \alpha_n$	$\beta_2^{[n]} = \alpha_{n-2}$	$\cdots$	$\beta_{N-2}^{[n]} = \alpha_5$	$\beta_{N-1}^{[n]} = \alpha_3$	$\beta_N^{[n]} = \alpha_1$
s^{n-1}	$\beta_1^{[n-1]} = \alpha_{n-1}$	$\beta_2^{[n-1]} = \alpha_{n-3}$	$\cdots$	$\beta_{N-2}^{[n-1]} = \alpha_4$	$\beta_{N-1}^{[n-1]} = \alpha_2$	$\beta_N^{[n-1]} = \alpha_0$
s^{n-2}	$\beta_1^{[n-2]}$	$\beta_2^{[n-2]}$	$\cdots$	$\beta_{N-2}^{[n-2]}$	$\beta_{N-1}^{[n-2]}$	
s^{n-3}	$\beta_1^{[n-3]}$	$\beta_2^{[n-3]}$	$\cdots$	$\beta_{N-2}^{[n-3]}$	$\beta_{N-1}^{[n-3]}$	
s^{n-4}	$\beta_1^{[n-4]}$	$\beta_2^{[n-4]}$	$\cdots$	$\beta_{N-2}^{[n-4]}$		
s^{n-5}	$\beta_1^{[n-5]}$	$\beta_2^{[n-5]}$	$\cdots$	$\beta_{N-2}^{[n-5]}$		
$\vdots$	$\vdots$	$\vdots$				
s^3	$\beta_1^{[3]}$	$\beta_2^{[3]}$				
s^2	$\beta_1^{[2]}$	$\beta_2^{[2]}$				
s^1	$\beta_1^{[1]}$					
s^0	$\beta_1^{[0]}$					

表 3.2　n 为偶数时的 Routh 表 ($N = n/2+1$)

s^n	$\beta_1^{[n]} = \alpha_n$	$\beta_2^{[n]} = \alpha_{n-2}$	$\cdots$	$\beta_{N-2}^{[n]} = \alpha_4$	$\beta_{N-1}^{[n]} = \alpha_2$	$\beta_N^{[n]} = \alpha_0$
s^{n-1}	$\beta_1^{[n-1]} = \alpha_{n-1}$	$\beta_2^{[n-1]} = \alpha_{n-3}$	$\cdots$	$\beta_{N-2}^{[n-1]} = \alpha_3$	$\beta_{N-1}^{[n-1]} = \alpha_1$	
s^{n-2}	$\beta_1^{[n-2]}$	$\beta_2^{[n-2]}$	$\cdots$	$\beta_{N-2}^{[n-2]}$	$\beta_{N-1}^{[n-2]}$	
s^{n-3}	$\beta_1^{[n-3]}$	$\beta_2^{[n-3]}$	$\cdots$	$\beta_{N-2}^{[n-3]}$		
s^{n-4}	$\beta_1^{[n-4]}$	$\beta_2^{[n-4]}$	$\cdots$	$\beta_{N-2}^{[n-4]}$		
$\vdots$	$\vdots$	$\vdots$				
s^3	$\beta_1^{[3]}$	$\beta_2^{[3]}$				
s^2	$\beta_1^{[2]}$	$\beta_2^{[2]}$				
s^1	$\beta_1^{[1]}$					
s^0	$\beta_1^{[0]}$					

定理 3.2.2　多项式 $\alpha(s)$ 是 Hurwitz 的当且仅当其 Routh 表的第 1 列元素皆为正.

该定理的证明将在 3.4.1 节给出. 注意到, Routh 判据中"Routh 表的第 1 列元素皆为正"也可等价地表述为"Routh 表的每一个元素 $\beta_i^{[j]}$ 皆为正". 下面用一个例子说明 Routh 判据的使用方法.

例 3.2.4　设线性系统 $\dot{x} = Ax$ 的系统矩阵为

$$A = \begin{bmatrix} 0 & 1 & 0 \\ 0 & -2 & 1 \\ -K & 0 & -1 \end{bmatrix}$$

下面确定使得该系统渐近稳定的参数 K 的范围. 首先计算 A 的特征多项式

$$\alpha_K(s) = \det(sI_3 - A) = s^3 + 3s^2 + 2s + K$$

由于 n 是奇数, 相应的 Routh 表见表 3.3 的最左侧子表. 此表第 1 列所有元素都是正的当且仅当 $0 < K < 6$, 根据定理 3.2.2, 这也是该系统渐近稳定的充要条件.

表 3.3　3 次、4 次和 6 次多项式的 Routh 表

s^3	1	2
s^2	3	K
s^1	$\dfrac{6-K}{3}$	
s^0	K	

s^4	1	3	4
s^3	2	6	
s^2	0 (ε)	4	
s^1	$\dfrac{6\varepsilon-8}{\varepsilon}$		
s^0	4		

s^6	1	5	8	4
s^5	1	3	2	
s^4	2	6	4	
s^3	0 (8)	0 (12)		
s^2	3	4		
s^1	$\dfrac{4}{3}$			
s^0	4			

说明 3.2.1　Routh 表不仅可以判断多项式的稳定性, 还可判断多项式正实部根的个数 n^+: n^+ 等于 Routh 表第 1 列数字符号变化的次数. 但需要注意的是会出现两种特殊情况: ① 某行的第 1 个元素为零; ② 某行的全部元素为零. 这两种情况都意味着多项式是不稳定

的. 如需进一步确定 n^+, 第一种情况可用充分小的正常数 ε 代替该行的第 1 个元素零, 继续余下的计算. 考虑多项式:

$$\alpha(s) = s^4 + 2s^3 + 3s^2 + 6s + 4 \tag{3.26}$$

其 Routh 表见表 3.3 的中间子表. 由于第 3 行第 1 个元素为零, 用 ε 代替. 由计算结果可知第 1 列符号改变 2 次, 所以该多项式有两个正实部的特征值. 第二种情况用上一行生成的辅助多项式求导后的多项式系数代替, 继续余下的计算, 且这种情况下多项式位于虚轴上的零点由辅助多项式的零点确定. 考虑多项式 $s^6 + s^5 + 5s^4 + 3s^3 + 8s^2 + 2s + 4$, 其 Routh 表见表 3.3 的最右侧子表. 由于第 4 行全为零, 根据第 3 行的系数建立辅助多项式 $d_4(s) = 2s^4 + 6s^2 + 4$, 求导得到 $\dot{d}_4(s) = 8s^3 + 12s$ 并将其系数填入第 4 行. 由计算结果可知该多项式无正实部零点, 只有位于虚轴上的零点, 且虚轴上的零点由辅助多项式方程 $d_4(s) = 0$ 确定, 即 $s_{1,2} = \pm\mathrm{i}, s_{3,4} = \pm\sqrt{2}\mathrm{i}$.

如果将一个 Hurwitz 矩阵 A 的特征值都标记在复平面上, 则所有特征值与虚轴的距离的最小值是 $-\sigma(A)$. 该值越大, 由式 (3.15) 可知系统的解衰减到零的速度越快, 反之越慢; 如果该值为零, 说明系统是临界稳定的. 因此, 该值可以称为系统的稳定裕度, 记为 σ, 即

$$\sigma = -\sigma(A) = -\max_{i=1,2,\cdots,n} \{\mathrm{Re}\,\{\lambda_i(A)\}\}$$

稳定裕度的概念也适用于 Hurwitz 多项式, 即一个 Hurwitz 多项式的所有零点与虚轴的距离的最小值为该多项式的稳定裕度. 对于一个稳定的控制系统, 其系统矩阵或者传递函数特征方程的稳定裕度就是该控制系统的稳定裕度. 在设计控制系统时, 也可将稳定裕度作为一个设计指标.

例 3.2.5 已知某单位负反馈控制系统的方框图如图 3.4 所示, 其中 K 是开环放大增益. 容易计算闭环系统的特征方程为

$$\alpha(s) = s^3 + 13s^2 + 30s + K = 0 \tag{3.27}$$

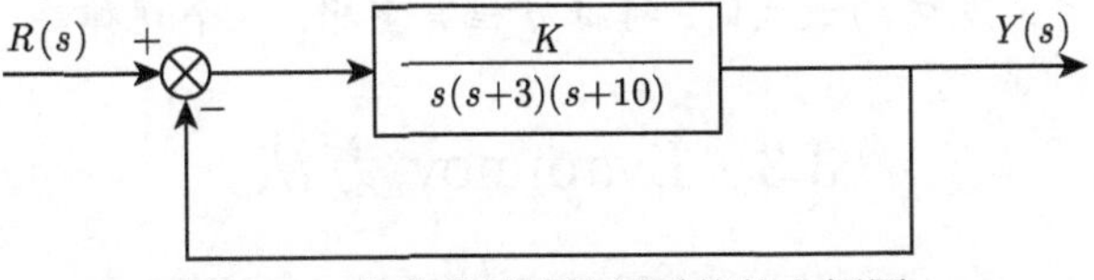

图 3.4 单位负反馈控制系统的方框图

根据 Routh 判据, 该系统渐近稳定当且仅当 $0 < K < 390$. 这表明当 $K = 0$ 和 $K = 390$ 时闭环系统都是临界稳定的. 由于特征方程的根关于 K 连续变化, 必然存在合适的 K 使得闭环系统的稳定裕度达到最大. 下面求该最大稳定裕度以及相应的增益 K. 显然, 闭环系统具有稳定裕度 σ 当且仅当 z 的多项式方程 $\beta(z) = \alpha(z - \sigma) = 0$ 的所有根具有非正实部. 注意到

$$\beta(z) = z^3 + (13 - 3\sigma)z^2 + (3\sigma^2 - 26\sigma + 30)z - \sigma^3 + 13\sigma^2 - 30\sigma + K$$

根据 Routh 判据, $\beta(z) = 0$ 的所有根具有负实部当且仅当

$$13 - 3\sigma > 0 \tag{3.28}$$

$$3\sigma^2 - 26\sigma + 30 > 0 \tag{3.29}$$

$$-\sigma^3 + 13\sigma^2 - 30\sigma + K > 0 \tag{3.30}$$

$$(13 - 3\sigma)(3\sigma^2 - 26\sigma + 30) > -\sigma^3 + 13\sigma^2 - 30\sigma + K \tag{3.31}$$

将式 (3.30) 和式 (3.31) 写成

$$\sigma^3 - 13\sigma^2 + 30\sigma < K < (13 - 3\sigma)(3\sigma^2 - 26\sigma + 30) + \sigma^3 - 13\sigma^2 + 30\sigma \tag{3.32}$$

由此可见, 如果式 (3.28) 和式 (3.29) 成立, 必有 $(13 - 3\sigma)(3\sigma^2 - 26\sigma + 30) > 0$, 从而必存在 K 使得式 (3.30) 和式 (3.31) 成立. 解不等式 (3.28) 和式 (3.29) 得到

$$\sigma < \frac{13}{3}, \quad \sigma < \frac{13 - \sqrt{79}}{3} \text{ 或} \sigma > \frac{13 + \sqrt{79}}{3}$$

综合可知 $\sigma < (13 - \sqrt{79})/3$. 因此 σ 的最大值或上确界为

$$\sigma_{\max} = \frac{13 - \sqrt{79}}{3} \approx 1.371$$

在式 (3.32) 中令 $\sigma = \sigma_{\max}$ 可得 $(158\sqrt{79} - 884)/27 < K < (158\sqrt{79} - 884)/27$. 因此 K 的最优值为

$$K_{\text{opt}} = \frac{158\sqrt{79} - 884}{27} \approx 19.27$$

此时, 特征方程 (3.27) 的 3 个根 $s_i\ (i = 1, 2, 3)$ 为

$$s_1 = s_2 = \frac{\sqrt{79} - 13}{3} = -\sigma_{\max} \approx -1.371, \quad s_3 = -\frac{13 + 2\sqrt{79}}{3} \approx -10.26$$

这表明闭环系统的稳定裕度达到最大时, 特征方程有重根. 这个规律在一般情况下都成立.

3.3 Lyapunov 方法

对于一般的由微分方程描述的动态系统, 由于微分方程的显式解一般无法求出, 无法按照稳定性的定义来判断其稳定性. Lyapunov 受力学系统中"在渐近稳定平衡位置附近总能量总是逐步减少"这一物理现象的启发, 引入了一个能量函数 V, 或者称为 Lyapunov 函数, 通过此函数和它沿着系统的全导数的性质来判断系统的稳定性. 这种方法由于不需要用到系统的解——从而不需要求解微分方程, 被称为 Lyapunov 直接法或者 Lyapunov 第二法.

Lyapunov 第二法由于概念直观和物理意义明确, 自 20 世纪 60 年代被引入控制理论中之后, 得到了广泛的关注和极大的发展. Lyapunov 方法现在几乎已经渗透到控制理论的每一个分支和领域, 如最优控制、鲁棒控制、自适应控制等. 在可以预见的时间范围内, Lyapunov 方法将会得到越来越多的重视.

本节利用 Lyapunov 第二法来讨论线性系统的稳定性. 对于线性系统 (3.3), Lyapunov 函数 $V(x)$ 一般取成状态的二次函数, 即

$$V(x) = x^{\mathrm{T}} P x, \quad P > 0 \tag{3.33}$$

由

$$\lambda_{\min}(P) \|x\|^2 \leqslant V(x) \leqslant \lambda_{\max}(P) \|x\|^2 \tag{3.34}$$

可知该函数除了 $x = 0$ 这一点之外都是正的, 所以是一个合适的能量函数. 该函数沿着线性系统 (3.3) 的导数是

$$\dot{V}(x) = x^{\mathrm{T}}(A^{\mathrm{T}} P + PA)x \tag{3.35}$$

根据 Lyapunov 第二法的思想, 为了保证能量是减少的, 应该使得 $\dot{V}(x) < 0$ $(\forall x \neq 0)$. 这等价于存在正定矩阵 $Q > 0$ 使得

$$A^{\mathrm{T}} P + PA = -Q \tag{3.36}$$

上述方程称为 Lyapunov 方程. 该方程在线性系统理论中具有重要的地位, 也是本节讨论的重点.

3.3.1 Lyapunov 方程与稳定性

本节讨论 Lyapunov 方程 (3.36) 与线性系统 (3.3) 的稳定性之间的关系. 为此, 介绍一类比方程 (3.36) 更一般的 Lyapunov 方程

$$A^{\mathrm{T}} P + PA = -C^{\mathrm{T}} C \tag{3.37}$$

其中, $C \in \mathbf{R}^{p \times n}$ 是任意给定的参数矩阵, P 是未知矩阵. 显然, 如果 $C = Q^{\frac{1}{2}}$, 则方程 (3.37) 恰好是方程 (3.36). 但由于 C 的行数可能小于列数, 方程 (3.37) 比方程 (3.36) 更具有一般性. 根据推论 A.4.1, Lyapunov 方程 (3.37) 有唯一解当且仅当

$$\lambda_i + \lambda_j \neq 0, \quad \forall \lambda_i, \lambda_j \in \lambda(A) \tag{3.38}$$

下面给出判断线性系统 (3.3) 渐近稳定性的 Lyapunov 稳定性定理.

定理 3.3.1 考虑线性系统 (3.3) 和下面 3 个陈述:

(a) 矩阵 A 是 Hurwitz 的.

(b) Lyapunov 方程 (3.37) 有解 $P > 0$.

(c) 矩阵对 (A, C) 能观.

那么, 下述 3 个结论成立:

$$(1)\ \mathrm{a} + \mathrm{b} \Rightarrow \mathrm{c}, \quad (2)\ \mathrm{a} + \mathrm{c} \Rightarrow \mathrm{b}, \quad (3)\ \mathrm{b} + \mathrm{c} \Rightarrow \mathrm{a}$$

证明 结论 (1) 的证明: 假设 (A, C) 不能观. 根据 PBH 判据, 存在一个 A 的特征值 λ^* 和相应的右特征向量 x_* 满足 $Ax_* = \lambda_* x_*$ 且使得 $Cx_* = 0$. 将 Lyapunov 方程 (3.37) 的左右两边分别乘以 x_*^{H} 和 x_* 可得

$$0 = -(Cx_*)^{\mathrm{H}}(Cx_*) = x_*^{\mathrm{H}} A^{\mathrm{H}} P x_* + x_*^{\mathrm{H}} P A x_* = 2\,\mathrm{Re}(\lambda_*) x_*^{\mathrm{H}} P x_* \tag{3.39}$$

由于 $P > 0$, 由式 (3.39) 可知 $\mathrm{Re}(\lambda_*) = 0$. 这与矩阵 A 是 Hurwitz 矩阵相矛盾. 故 (A, C) 能观.

结论 (2) 的证明: 由于 A 是 Hurwitz 矩阵, 根据引理 A.4.1, Lyapunov 方程 (3.37) 有唯一解

$$P=\int_0^{\infty}\mathrm{e}^{A^{\mathrm{T}}t}C^{\mathrm{T}}C\mathrm{e}^{At}\mathrm{d}t \tag{3.40}$$

此矩阵显然是半正定的. 注意到对任意 $T>0$ 有

$$P=\int_0^{\infty}\mathrm{e}^{A^{\mathrm{T}}t}C^{\mathrm{T}}C\mathrm{e}^{At}\mathrm{d}t\geqslant\int_0^{T}\mathrm{e}^{A^{\mathrm{T}}t}C^{\mathrm{T}}C\mathrm{e}^{At}\mathrm{d}t$$

根据能观性 Gram 矩阵判据, 上式表明 P 还是正定的.

结论 (3) 的证明: 反证. 假设 A 不是 Hurwitz 矩阵, 则 A 至少有一个特征值 λ_* 使得 $\mathrm{Re}(\lambda_*)\geqslant 0$. 设相应的右特征向量是 x_*, 即 $Ax_*=\lambda_*x_*$. 类似于式 (3.39), 在 Lyapunov 方程 (3.37) 的左右分别乘以 x_*^{H} 和 x_* 可得

$$-(Cx_*)^{\mathrm{H}}(Cx_*)=x_*^{\mathrm{H}}A^{\mathrm{H}}Px_*+x_*^{\mathrm{H}}PAx_*=2\,\mathrm{Re}(\lambda_*)x_*^{\mathrm{H}}Px_* \tag{3.41}$$

由于 $x_*^{\mathrm{H}}Px_*>0$, 式 (3.41) 成立当且仅当 $\mathrm{Re}(\lambda_*)=0$ 和 $Cx_*=0$ 同时成立. 由于 (A,C) 能观, 根据 PBH 判据, 这是不可能的. 矛盾. 证毕. □

由定理 3.3.1 可知, 如果将此 3 个陈述的任何一个陈述作为前提, 则另外两个陈述是等价的. 例如, 在 (A,C) 能观的条件下, A 是 Hurwitz 矩阵当且仅当 Lyapunov 方程 (3.37) 有解 $P>0$. 特别地, 如果 $C^{\mathrm{T}}C=Q$ 是正定的, 则显然有 (A,C) 能观, 此时前面的结论自然成立. 因这一结论比较重要, 将其写成推论 3.3.1.

推论 3.3.1 下面 4 个陈述等价:

(1) 矩阵 A 是 Hurwitz 的.

(2) 对任意给定的矩阵 $Q>0$, Lyapunov 方程 (3.36) 有解 $P>0$.

(3) 存在矩阵 $Q>0$, Lyapunov 方程 (3.36) 有解 $P>0$.

(4) 存在 $P>0$ 满足 Lyapunov 不等式

$$A^{\mathrm{T}}P+PA<0 \tag{3.42}$$

说明 3.3.1 需要特别指出的是, 在 A 是 Hurwitz 矩阵的前提下, 对任意 $Q>0$, Lyapunov 方程 (3.36) 有唯一解 $P>0$. 但任意给定 $P>0$, 并不能保证 $Q>0$. 为说明此问题, 设

$$A=\begin{bmatrix}0 & 1\\ -2 & -1\end{bmatrix},\quad P=I_2$$

显然 A 是 Hurwitz 矩阵, $P>0$. 容易计算

$$Q=-(A^{\mathrm{T}}P+PA)=\begin{bmatrix}0 & 1\\ 1 & 2\end{bmatrix}$$

因为 $\lambda(Q)=1\pm\sqrt{2}$, 矩阵 Q 显然不是正定的, 甚至不是半正定的.

下面举一个简单的例子说明如何应用 Lyapunov 方程来判断系统的稳定性.

例 3.3.1 考虑例 3.2.4 所讨论的问题. 首先容易看出 $K \neq 0$, 不然 0 是 A 的一个特征值, 系统不可能是渐近稳定的. 取 $C = [0, 0, 1]$, 则

$$\det(Q_o(A, C)) = \det \begin{bmatrix} 0 & 0 & 1 \\ -K & 0 & -1 \\ K & -K & 1 \end{bmatrix} = K^2 > 0$$

因此 (A, C) 能观. 根据定理 A.4.4, 可求得 Lyapunov 方程 (3.36) 的唯一解为

$$P = \begin{bmatrix} \dfrac{K(K+12)}{2(6-K)} & \dfrac{3K}{6-K} & 0 \\ \dfrac{3K}{6-K} & \dfrac{3K}{2(6-K)} & \dfrac{K}{2(6-K)} \\ 0 & \dfrac{K}{2(6-K)} & \dfrac{3}{6-K} \end{bmatrix}$$

其顺序主子式分别是

$$p_{11} = \frac{K(K+12)}{2(6-K)}, \quad \det \begin{bmatrix} p_{11} & p_{12} \\ p_{12} & p_{22} \end{bmatrix} = \frac{3K^3}{4(K-6)^2}, \quad \det(P) = \frac{K^3}{8(K-6)^2}$$

因此 P 为正定矩阵当且仅当 $0 < K < 6$, 这就是该线性系统渐近稳定的充要条件. 该条件与例 3.2.4 所求出的条件完全一致.

关于 Lyapunov 方程 (3.37), 还可证明下述有趣的结论. 这一结论表明 Lyapunov 方程 (3.37) 的解还可提供 A 的稳定特征值和不稳定特征值的个数信息.

命题 3.3.1 如果 (A, C) 能观且 Lyapunov 方程 (3.37) 有对称解 P, 则下述结论成立.

(1) A 必无零实部的特征值.

(2) P 必为非奇异矩阵.

(3) P 的正特征值和负特征值的个数分别和 A 的具有负实部和正实部的特征值的个数相等.

证明 注意到结论 (2) 可由结论 (1) 和 (3) 推出, 故只需证明结论 (1) 和结论 (3).

结论 (1) 的证明: 由式 (3.41) 可知, 由于 $Cx_* \neq 0$, $\mathrm{Re}(\lambda_*)$ 必不为零.

结论 (3) 的证明: 注意到对任意可逆矩阵 T, 如果 $A' = TAT^{-1}, C' = CT^{-1}$, 则

$$C^{\mathrm{T}}C + A^{\mathrm{T}}P + PA = T^{\mathrm{T}}(C'^{\mathrm{T}}C' + A'^{\mathrm{T}}P' + P'A')T$$

其中, $P' = T^{-\mathrm{T}}PT^{-1}$. 这表明 Lyapunov 方程 (3.37) 等价于 $A'^{\mathrm{T}}P' + P'A' = -C'^{\mathrm{T}}C'$. 此外由

$$\begin{bmatrix} A' - sI_n \\ C' \end{bmatrix} = \begin{bmatrix} T & \\ & I_p \end{bmatrix} \begin{bmatrix} A - sI_n \\ C \end{bmatrix} T^{-1}$$

可知 (A, C) 能观当且仅当 (A', C') 能观. 因此, 不失一般性, 假设 (A, C) 形如

$$A = A_1 \oplus A_2, \quad C = \begin{bmatrix} C_1 & C_2 \end{bmatrix} \tag{3.43}$$

其中, $A_1 \in \mathbf{R}^{n_1\times n_1}$ 的特征值都具有负实部; $A_2 \in \mathbf{R}^{n_2\times n_2}$ 的特征值都具有正实部. 从而 A_1 与 A_2 的特征值没有交集. 在此条件下, (A,C) 能观当且仅当 (A_1,C_1) 和 (A_2,C_2) 能观 (引理 2.1.1 的对偶结论). 将 Lyapunov 方程 (3.37) 的解分块为

$$P=\begin{bmatrix} P_1 & P_{12} \\ P_{12}^{\mathrm{T}} & P_2 \end{bmatrix}$$

将上式代入 Lyapunov 方程 (3.37) 可得两个方程

$$A_1^{\mathrm{T}}P_1+P_1A_1=-C_1^{\mathrm{T}}C_1,\quad (-A_2)^{\mathrm{T}}(-P_2)+(-P_2)(-A_2)=-C_2^{\mathrm{T}}C_2$$

根据定理 3.3.1 有 $P_1>0$ 和 $P_2<0$. 从而 $P_2-P_{12}^{\mathrm{T}}P_1^{-1}P_{12}<0$. 注意到

$$\begin{bmatrix} I_{n_1} & 0 \\ -P_{12}^{\mathrm{T}}P_1^{-1} & I_{n_2} \end{bmatrix}\begin{bmatrix} P_1 & P_{12} \\ P_{12}^{\mathrm{T}} & P_2 \end{bmatrix}\begin{bmatrix} I_{n_1} & -P_1^{-1}P_{12} \\ 0 & I_{n_2} \end{bmatrix}=\begin{bmatrix} P_1 & 0 \\ 0 & P_2-P_{12}^{\mathrm{T}}P_1^{-1}P_{12} \end{bmatrix}$$

这表明 P 的正特征值和负特征值的个数分别与 A_1 和 A_2 的维数相同. 证毕. □

命题 3.3.1 的结论 (3) 称为 Lyapunov 方程的惯性定理.

以上结论都与 A 的渐近稳定性相关. 下面介绍一个与 A 的 Lyapunov 稳定性相关的结论.

定理 3.3.2 矩阵 A 是 Lyapunov 稳定的当且仅当存在 $P>0$ 和 $Q\geqslant 0$ 满足 Lyapunov 方程 (3.36).

证明 充分性: 对系统 (3.3) 取 Lyapunov 函数 (3.33), 则由式 (3.35) 可知 $\dot V(x)\leqslant 0$. 因此, 对任意 x_0, 由式 (3.34) 可知

$$\|x(t)\|^2\leqslant\frac{x^{\mathrm{T}}(t)Px(t)}{\lambda_{\min}(P)}=\frac{1}{\lambda_{\min}(P)}\left(\int_0^t\dot V(x)\mathrm{d}s+V(x_0)\right)\leqslant\frac{V(x_0)}{\lambda_{\min}(P)}\leqslant\frac{\lambda_{\max}(P)}{\lambda_{\min}(P)}\|x_0\|^2$$

类似于式 (3.14) 的证明, 上式蕴含

$$\|\mathrm{e}^{At}\|\leqslant n\sqrt{\frac{\lambda_{\max}(P)}{\lambda_{\min}(P)}},\quad \forall t\geqslant 0$$

根据命题 3.2.1, 上式表明系统是 Lyapunov 稳定的.

必要性: 由定理 3.2.1 可知, A 的所有特征值都有非正实部, 且虚轴上的特征值对应的 Jordan 标准型是对角矩阵. 与命题 3.3.1 的证明类似, 不失一般性, 设 A 形如式 (3.43), 其中 A_1 的所有特征值具有负实部, A_2 的特征值都位于虚轴上, 且 A_2 是对角矩阵. 那么, A_2 的对角元素或者是零或者是形如

$$J_\omega=\begin{bmatrix} 0 & \omega \\ -\omega & 0 \end{bmatrix}$$

的 2×2 块矩阵, 其中, $\omega>0$. 那么, A_2 显然是反对称矩阵, 即 $A_2^{\mathrm{T}}+A_2=0$. 现在取 $P=P_1\oplus I_{n_2}$, 其中 $P_1>0$ 是 Lyapunov 方程 $A_1^{\mathrm{T}}P_1+P_1A_1=-I_{n_1}$ 的唯一解. 那么直接验证可知如此选择的 P 和 $Q=I_{n_1}\oplus 0_{n_2\times n_2}$ 满足 Lypaunov 方程 (3.36). 证毕. □

最后介绍一个关于判断线性系统不稳定的定理.

定理 3.3.3 设 A 的特征值满足条件 (3.38), 则线性系统 (3.3) 有无界的解 $x(t)$ 当且仅当 $Q>0$ 时 Lyapunov 方程 (3.36) 的解 P 存在负特征值.

证明 充分性: 反证. 假设线性系统 (3.3) 不存在无界的解, 而 A 又没有位于虚轴上的特征值, 故 A 一定是 Hurwitz 矩阵. 根据推论 3.3.1, 必有 $P>0$. 这与题设矛盾.

必要性: 假设当 $Q>0$ 时 Lyapunov 方程 (3.36) 的解 P 只有 0 或者正特征值. 设 λ 是 A 的任意一个特征值, ξ 是对应的特征向量. 那么由 Lyapunov 方程 (3.36) 可知

$$(\lambda+\overline{\lambda})\xi^{\mathrm{H}}P\xi=-\xi^{\mathrm{H}}Q\xi$$

由于 $\xi^{\mathrm{H}}Q\xi>0$, $\xi^{\mathrm{H}}P\xi\geqslant 0$, 上式必然要求 $\lambda+\overline{\lambda}=2\,\mathrm{Re}\{\lambda\}<0$. 这表明 A 是 Hurwitz 矩阵, 从而不存在无界的解. 矛盾. 证毕. □

3.3.2 收敛速度的估计

Lyapunov 直接法的本质是通过选择 Lyapunov 函数 $V(x):\mathbf{R}^n\to\mathbf{R}_{\geqslant 0}$, 将 $\mathbf{R}^n$ 维空间的向量函数 $x(t)$ 的分析转化到 $\mathbf{R}_{\geqslant 0}$ 上的标量函数 $V(x(t))$ 的分析, 即

$$\dot{V}(x)=x^{\mathrm{T}}(A^{\mathrm{T}}P+PA)x=-x^{\mathrm{T}}Qx \tag{3.44}$$

其中, (P,Q) 满足 Lyapunov 方程 (3.36). 由 $Q>0$ 推知 $V(x(t))\xrightarrow{t\to\infty}0$, 进而由式 (3.34) 推知 $\|x(t)\|\xrightarrow{t\to\infty}0$. 虽然渐近稳定的线性系统的状态一定指数收敛到零, 从式 (3.44) 本身难以直接看出 $\|x(t)\|$ 收敛到零的方式和速度. 关于这个问题, 有定理 4.3.4.

定理 3.3.4 设线性系统 (3.3) 是渐近稳定的. 对任意 $Q>0$, 设 Lyapunov 方程 (3.36) 的解为 $P>0$. 令

$$\gamma_{\min}=\frac{1}{2}\lambda_{\min}(QP^{-1}),\quad \gamma_{\max}=\frac{1}{2}\lambda_{\max}(QP^{-1})$$

则对任意 $x_0\in\mathbf{R}$, 线性系统 (3.3) 的解 $x(t)$ $(t\geqslant 0)$ 满足

$$\sqrt{\frac{\lambda_{\min}(P)}{\lambda_{\max}(P)}}\|x_0\|\,\mathrm{e}^{-\gamma_{\max}t}\leqslant\|x(t)\|\leqslant\sqrt{\frac{\lambda_{\max}(P)}{\lambda_{\min}(P)}}\|x_0\|\,\mathrm{e}^{-\gamma_{\min}t} \tag{3.45}$$

证明 由 $\gamma_{\min}$ 的定义可知

$$\begin{aligned}\gamma_{\min}&=\frac{1}{2}\lambda_{\min}(P^{-\frac{1}{2}}(QP^{-1})P^{\frac{1}{2}})=\frac{1}{2}\lambda_{\min}(P^{-\frac{1}{2}}QP^{-\frac{1}{2}})\\&=\frac{1}{2}\inf_{y\neq 0}\left\{\frac{y^{\mathrm{T}}P^{-\frac{1}{2}}QP^{-\frac{1}{2}}y}{y^{\mathrm{T}}y}\right\}=\frac{1}{2}\inf_{z\neq 0}\left\{\frac{z^{\mathrm{T}}Qz}{z^{\mathrm{T}}Pz}\right\}\leqslant\frac{1}{2}\frac{z^{\mathrm{T}}Qz}{z^{\mathrm{T}}Pz},\quad\forall z\neq 0\end{aligned}$$

其中, 第 3 步中用到了正定矩阵最小奇异值即特征值的性质, 第 4 步中 $z=P^{-\frac{1}{2}}y$. 同理

$$\begin{aligned}\gamma_{\max}&=\frac{1}{2}\lambda_{\max}(P^{-\frac{1}{2}}(QP^{-1})P^{\frac{1}{2}})=\frac{1}{2}\lambda_{\max}(P^{-\frac{1}{2}}QP^{-\frac{1}{2}})\\&=\frac{1}{2}\sup_{y\neq0}\left\{\frac{y^{\mathrm{T}}P^{-\frac{1}{2}}QP^{-\frac{1}{2}}y}{y^{\mathrm{T}}y}\right\}=\frac{1}{2}\sup_{z\neq0}\left\{\frac{z^{\mathrm{T}}Qz}{z^{\mathrm{T}}Pz}\right\}\geqslant\frac{1}{2}\frac{z^{\mathrm{T}}Qz}{z^{\mathrm{T}}Pz},\quad\forall z\neq0\end{aligned}$$

其中, 第 3 步中则用到了正定矩阵最大奇异值的性质. 因此对任意状态向量 $x\in\mathbf{R}^n$ 有

$$2\gamma_{\min}x^{\mathrm{T}}Px\leqslant x^{\mathrm{T}}Qx\leqslant2\gamma_{\max}x^{\mathrm{T}}Px$$

对任意 $x_0\neq0$ 即 $x(t)\neq0$, 将上式代入式 (3.44) 得到

$$-2\gamma_{\max}\leqslant\frac{\dot{V}(x(s))}{V(x(s))}\leqslant-2\gamma_{\min},\quad s\in[0,t],\quad\forall t\geqslant0$$

对上面不等式的三端都从 0 到 t 积分可得

$$-2\gamma_{\max}t\leqslant\ln\left(\frac{V(x(t))}{V(x_0)}\right)\leqslant-2\gamma_{\min}t,\quad\forall t\geqslant0$$

这意味着

$$V(x_0)\mathrm{e}^{-2\gamma_{\max}t}\leqslant V(x)\leqslant V(x_0)\mathrm{e}^{-2\gamma_{\min}t},\quad\forall t\geqslant0$$

利用式 (3.34), 从上式可以得到

$$\frac{\lambda_{\min}(P)}{\lambda_{\max}(P)}\|x_0\|^2\mathrm{e}^{-2\gamma_{\max}t}\leqslant\|x(t)\|^2\leqslant\frac{\lambda_{\max}(P)}{\lambda_{\min}(P)}\|x_0\|^2\mathrm{e}^{-2\gamma_{\min}t}$$

这就证明了式 (3.45). 如果 $x_0=0$, 则式 (3.45) 自然成立. 证毕. □

由定理 3.3.4 可知, $\|x(t)\|$ 在上包络线 $\mathrm{e}^{-\gamma_{\min}t}$ 和下包络线 $\mathrm{e}^{-\gamma_{\max}t}$ 围成的区域内收敛到零. 如图 3.5 所示. 考虑到最坏的情况, 应以 $\mathrm{e}^{-\gamma_{\min}t}$ 作为衡量系统状态收敛到零的速度. 为了方便, 称 $\gamma_{\min}$ 为线性系统 (3.3) 相对于 (P,Q) 的最小收敛速率.

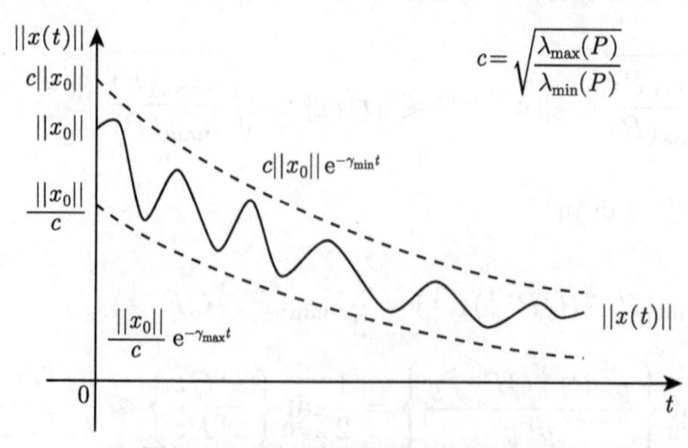

图 3.5　线性系统收敛速度的估计

容易看出, $\gamma_{\min}$ 取决于 (P,Q). 准确地说, 由于 P 是由 Q 决定的, $\gamma_{\min}$ 仅取决于 Q, 即 $\gamma_{\min} = \gamma_{\min}(Q)$. 因此, 选择不同的 Q, 可以得到不同的最小收敛速率 $\gamma_{\min}(Q)$. 由于 $\mathrm{e}^{-\gamma_{\min}(Q)t}$ 是 $\|x(t)\|$ 的上包络线, 自然希望 $\gamma_{\min}(Q)$ 越大越好, 即求

$$\gamma_A \overset{\text{def}}{=\!=} \sup_{Q>0}\{\gamma_{\min}(Q)\} = \frac{1}{2}\sup_{Q>0}\left\{\lambda_{\min}(QP^{-1})\right\} \tag{3.46}$$

称 γ_A 为线性系统 (3.3) 的收敛速率. 关于 γ_A 和矩阵 A 的谱横坐标之间的关系, 有定理 3.3.5.

定理 3.3.5 设线性系统 (3.3) 是渐近稳定的, 矩阵 A 的谱横坐标为 $\sigma(A)$.

(1) 设收敛速率 γ_A 如式 (3.46) 所定义, 则 $\gamma_A = -\sigma(A)$.

(2) 存在 $Q > 0$ 使得 Lyapunov 方程 (3.36) 的唯一对称正定解 P 满足

$$\sigma(A) = -\frac{1}{2}\lambda_{\min}(QP^{-1}) \tag{3.47}$$

当且仅当 A 的实部为 $\sigma(A)$ 的全部特征值对应的 Jordan 标准型是对角的.

证明 证明本定理结论 (1) 的难点在于, 由于 γ_A 的定义涉及上确界, 有可能不存在 $Q > 0$ 使得 $\gamma_A = \gamma_{\min}(Q) = \lambda_{\min}(QP^{-1})$. 为此, 只需要证明下述两点事实.

事实 1: 对任意 $Q > 0$ 成立 $\gamma_{\min}(Q) \leqslant -\sigma(A)$.

事实 2: 对任意充分小的 $\varepsilon > 0$, 存在 $Q_\varepsilon > 0$ 使得 $\gamma_{\min}(Q_\varepsilon) \geqslant -(\sigma(A)+\varepsilon)$.

事实 1 的证明: 反证. 假设存在 $Q_* > 0$ 使得 $\gamma_{\min}(Q_*) > -\sigma(A)$, 那么

$$\gamma_{\min}(Q_*) = \frac{1}{2}\lambda_{\min}(Q_*P_*^{-1}) = \frac{1}{2}\lambda_{\min}(P_*^{-\frac{1}{2}}Q_*P_*^{-\frac{1}{2}}) > -\sigma(A)$$

其中, (P_*, Q_*) 满足 Lyapunov 方程 (3.36). 这表明 $P_*^{-\frac{1}{2}}Q_*P_*^{-\frac{1}{2}} > -2\sigma(A)I_n$, 即 $Q_* > -2\sigma(A)P_*$. 因此 $A^{\mathrm{T}}P_* + P_*A = -Q_* < 2\sigma(A)P_*$, 或者等价地写成

$$(A-\sigma(A)I_n)^{\mathrm{T}}P_* + P_*(A-\sigma(A)I_n) < 0$$

由推论 3.3.1 可知, $A-\sigma(A)I_n$ 是 Hurwitz 矩阵. 另外, 由谱横坐标的定义可知 $A-\sigma(A)I_n$ 的谱横坐标为零, 因此不可能是 Hurwitz 矩阵. 矛盾.

事实 2 的证明: 根据谱横坐标 $\sigma(A)$ 的定义, $A-(\sigma(A)+\varepsilon)I_n$ 的谱横坐标为 $-\varepsilon < 0$. 因此, 根据推论 3.3.1, 对任意 $Q > 0$, 存在对称正定矩阵 $P_\varepsilon > 0$ 满足 Lyapunov 方程

$$(A-(\sigma(A)+\varepsilon)I_n)^{\mathrm{T}}P_\varepsilon + P_\varepsilon(A-(\sigma(A)+\varepsilon)I_n) = -Q$$

将此式改写成

$$A^{\mathrm{T}}P_\varepsilon + P_\varepsilon A = -(Q-2(\sigma(A)+\varepsilon)P_\varepsilon) \overset{\text{def}}{=\!=} -Q_\varepsilon$$

当 $\varepsilon > 0$ 充分小时有 $-(\sigma(A)+\varepsilon) > 0$. 因此 $Q_\varepsilon > 0$, 从而

$$\begin{aligned}\gamma_{\min}(Q_\varepsilon) &= \frac{1}{2}\lambda_{\min}(Q_\varepsilon P_\varepsilon^{-1}) = \frac{1}{2}\lambda_{\min}((Q-2(\sigma(A)+\varepsilon)P_\varepsilon)P_\varepsilon^{-1}) \\ &= -(\sigma(A)+\varepsilon) + \frac{1}{2}\lambda_{\min}(QP_\varepsilon^{-1}) \geqslant -(\sigma(A)+\varepsilon)\end{aligned}$$

下证结论 (2). 充分性: 假设 A 的实部为 $\sigma(A)$ 的全部特征值对应的 Jordan 标准型是对角的, 则类似于命题 3.3.1 的证明, 可不失一般性地假设 $A=A_1\oplus A_2, A_1\in\mathbf{R}^{n_1\times n_1}, A_2\in\mathbf{R}^{n_2\times n_2}$, 其中, A_2 的所有特征值的实部小于 $\sigma(A)$, A_1 具有如下结构:

$$A_1=\sigma(A)I\oplus D_1\oplus\cdots\oplus D_s,\quad D_i=\begin{bmatrix}\sigma(A) & \omega_i\\ -\omega_i & \sigma(A)\end{bmatrix},\quad \omega_i>0,\ i=1,2,\cdots,s$$

由于 A_2 的所有特征值的实部小于 $\sigma(A)$, 故 $A_2-\sigma(A)I_{n_2}$ 是 Hurwitz 矩阵. 因此存在 $P_2>0$ 使得

$$(A_2-\sigma(A)I_{n_2})^{\mathrm{T}}P_2+P_2(A_2-\sigma(A)I_{n_2})=-I_{n_2}$$

取

$$P=I_{n_1}\oplus P_2,\quad Q=(-2\sigma(A)I_{n_1})\oplus(I_{n_2}-2\sigma(A)P_2)>0$$

则容易验证 (P,Q) 满足 Lyapunov 方程 (3.36). 此时

$$\lambda_{\min}(QP^{-1})=\lambda_{\min}((-2\sigma(A)I_{n_1})\oplus(P_2^{-1}-2\sigma(A)I_{n_2}))=-2\sigma(A)$$

必要性: 假设存在 (P,Q) 使得式 (3.47) 成立. 即 $-\sigma(A)I_n=\lambda_{\min}(QP^{-1})I_n/2\leqslant P^{-\frac{1}{2}}QP^{-\frac{1}{2}}$, 或 $Q\geqslant-2\sigma(A)P$. 因此

$$(A-\sigma(A)I_n)^{\mathrm{T}}P+P(A-\sigma(A)I_n)=-2\sigma(A)P-Q\leqslant 0$$

由定理 3.3.2 可知, $A-\sigma(A)I_n$ 是 Lyapunov 稳定的, 故 A 的实部为 $\sigma(A)$ 的全部特征值对应的 Jordan 标准型是对角的. 证毕. □

显然根据式 (3.46) 计算 γ_A 不是一件容易的事情. 下面介绍一个估计收敛速率的可行方法. 为此, 首先给出引理 3.3.1.

引理 3.3.1 设线性系统 (3.3) 是渐近稳定的. 对任意给定的正常数 γ, 存在 c 使得线性系统 (3.3) 起始于任意初值 $x_0\in\mathbf{R}^n$ 的解满足

$$\|x(t)\|\leqslant c\|x_0\|\,\mathrm{e}^{-\gamma t},\quad \forall t\geqslant 0 \tag{3.48}$$

当且仅当存在矩阵 $P>0$ 和 $Q\geqslant 0$ 满足 Lyapunov 方程

$$(A+\gamma I_n)^{\mathrm{T}}P+P(A+\gamma I_n)=A^{\mathrm{T}}P+PA+2\gamma P=-Q \tag{3.49}$$

证明 必要性: 设 $y(t)=x(t)\mathrm{e}^{\gamma t}$, 则由式 (3.48) 可知

$$\|y(t)\|=\|x(t)\|\,\mathrm{e}^{\gamma t}\leqslant c\|x_0\|=c\|y_0\|$$

另外, 利用线性系统 (3.3) 可以计算

$$\dot y(t)=\dot x(t)\mathrm{e}^{\gamma t}+\gamma x(t)\mathrm{e}^{\gamma t}=(A+\gamma I_n)x(t)\mathrm{e}^{\gamma t}=(A+\gamma I_n)y(t)$$

这说明 $y(t)$ 也满足一个线性系统. 因此 $A+\gamma I_n$ 是临界 Hurwitz 矩阵. 根据定理 3.3.2, 存在 $P>0$ 和 $Q\geqslant 0$ 满足 Lyapunov 方程 (3.49).

充分性: 由于上述过程是可逆的, 故显然. 证毕. □

一般称式 (3.49) 为带有收敛速率保证的 Lyapunov 方程. 由引理 3.3.1 可见, 为了获得一个收敛速率的估计 γ, 只需要保证存在 $P>0$ 和 $Q\geqslant 0$ 使得 Lyapunov 方程 (3.49) 成立即可.

定理 3.3.6 设线性系统 (3.3) 是渐近稳定的.

(1) 对任意正常数 $\varepsilon>0$, 设 $\gamma=-\sigma(A)-\varepsilon$, 则 Lyapunov 方程 (3.49) 对任意 $Q>0$ 都有解 $P>0$.

(2) 设 $\gamma=-\sigma(A)$, 则存在 $P>0$ 和 $Q\geqslant 0$ 使得 Lyapunov 方程 (3.49) 成立当且仅当 A 的实部为 $\sigma(A)$ 的全部特征值对应的 Jordan 标准型是对角的.

证明 结论 (1) 的证明: 当 $\gamma=-\sigma(A)-\varepsilon$ 时 Lyapunov 方程 (3.49) 可写成

$$(A-\sigma(A)I_n-\varepsilon I_n)^{\mathrm{T}}P+P(A-\sigma(A)I_n-\varepsilon I_n)=-Q$$

其中, $\max\{\mathrm{Re}\{\lambda_i(A-\sigma(A)I_n-\varepsilon I_n)\}\}=-\varepsilon<0$. 根据推论 3.3.1, 对任意 $Q>0$, 上述 Lyapunov 方程必有解 $P>0$.

结论 (2) 的证明: 当 $\gamma=-\sigma(A)$ 时 Lyapunov 方程 (3.49) 可写成

$$(A-\sigma(A)I_n)^{\mathrm{T}}P+P(A-\sigma(A)I_n)=-Q$$

根据定理 3.3.2, 存在 $P>0$ 和 $Q\geqslant 0$ 满足上述 Lyapunov 方程当且仅当 $A-\sigma(A)I_n$ 是 Lyapunov 稳定的, 也就是 A 的实部为 $\sigma(A)$ 的全部特征值对应的 Jordan 标准型是对角的. 证毕. □

基于定理 3.3.6, 取正定矩阵 $Q>0$, 令 γ 从 0 开始不断增加, 直至 Lyapunov 方程 (3.49) 的解 P 的最小特征值等于零, 此时的 γ 就是 $-\sigma(A)$ 或者 γ_A. 当然, 严格来说, γ 应该是无限接近 $-\sigma(A)$ 或者 γ_A. 下面的简单推论也是非常常用的.

推论 3.3.2 矩阵 A 是 Hurwitz 矩阵当且仅当存在标量 $\gamma>0$ 和矩阵 $P>0$ 满足

$$A^{\mathrm{T}}P+PA\leqslant -2\gamma P$$

3.4 Lyapunov 方法的优点和应用

由前面的讨论可知, Lyapunov 方法得到的稳定性结论甚至包括收敛速率的结论和特征值方法完全相同. 另外, 当 A 给定时, 求解 Lyapunov 方程 (3.36) 或者不等式 (3.42) 并不比计算 A 的特征值更容易. 因此在判断线性系统的稳定性这个问题上, Lyapunov 方法并不比特征值方法更有效. 但是, 与特征值方法不同, 一方面, 利用 Lyapunov 方法判断线性系统的稳定性, 只需要确定存在 $P>0$ 满足 Lyapunov 方程 (3.37) 或者不等式 (3.42), 这在定性分析时十分方便; 此外, Lyapunov 方法能得到一个二次 Lyapunov 函数 $V(x)$, 该二次 Lyapunov 函数 $V(x)$ 可以进一步用于其他的目的. 这是 Lyapunov 方法的主要优点. 本节用三个代表性问题来说明这些优点.

3.4.1 Routh 判据的证明

为了说明 Lyapunov 方法在定性分析中的优势, 本节用 Lyapunov 方法来证明 Routh 判据, 即定理 3.2.2. 不失一般性, 假设 $\alpha_n=1$. 注意到一个首一多项式是 Hurwitz 多项式的必要条件是其系数皆为正. 因此, 假设多项式 (3.24) 各项系数皆正.

首先假设 Routh 表的第 1 列非零, 也就是说 Routh 表可以完整地确定下来. 根据 Routh 表 s^k 那一行的系数定义多项式

$$\beta_k(s) = \beta_1^{[k]} s^k + \beta_2^{[k]} s^{k-2} + \beta_3^{[k]} s^{k-4} + \cdots, \quad k = n, n-1, \cdots, 1, 0$$

注意到 $\beta_k(s)$ 中 s 的幂依次下降 2. 那么显然有

$$\beta_n(s) = \alpha_n s^n + \alpha_{n-2} s^{n-2} + \alpha_{n-4} s^{n-4} + \cdots$$

$$\beta_{n-1}(s) = \alpha_{n-1} s^{n-1} + \alpha_{n-3} s^{n-3} + \alpha_{n-5} s^{n-5} + \cdots$$

采用长除法并根据 Routh 表的计算规则不难发现

$$\begin{aligned}\frac{\beta_n(s)}{\beta_{n-1}(s)} &= \frac{\alpha_n s^n + \alpha_{n-2} s^{n-2} + \alpha_{n-4} s^{n-4} + \cdots}{\alpha_{n-1} s^{n-1} + \alpha_{n-3} s^{n-3} + \alpha_{n-5} s^{n-5} + \cdots} \\ &= \frac{\alpha_n}{\alpha_{n-1}} s + \frac{(\alpha_{n-2} - \frac{\alpha_n}{\alpha_{n-1}} \alpha_{n-3}) s^{n-2} + (\alpha_{n-4} - \frac{\alpha_n}{\alpha_{n-1}} \alpha_{n-5}) s^{n-4} + \cdots}{\alpha_{n-1} s^{n-1} + \alpha_{n-3} s^{n-3} + \alpha_{n-5} s^{n-5} + \cdots} \\ &= \gamma_n s + \frac{\beta_{n-2}(s)}{\beta_{n-1}(s)} = \gamma_n s + \frac{1}{\beta_{n-1}(s)/\beta_{n-2}(s)}\end{aligned}$$

其中, γ_n 如式 (3.25) 所定义. 对有理分式 $\beta_{n-1}(s)/\beta_{n-2}(s)$ 采取类似的处理可以得到

$$\frac{\beta_{n-1}(s)}{\beta_{n-2}(s)} = \gamma_{n-1} s + \frac{1}{\beta_{n-2}(s)/\beta_{n-3}(s)}$$

因此有

$$\frac{\beta_k(s)}{\beta_{k-1}(s)} = \gamma_k s + \frac{1}{\beta_{k-1}(s)/\beta_{k-2}(s)}, \quad k = n, n-1, \cdots, 2, \quad \frac{\beta_1(s)}{\beta_0(s)} = \frac{\beta_1^{[1]}}{\beta_1^{[0]}} s = \gamma_1 s$$

考虑传递函数 $g(s) = \beta_n(s)/\alpha(s)$. 根据上式有

$$\begin{aligned}g(s) &= \frac{\beta_n(s)}{\beta_n(s) + \beta_{n-1}(s)} = \frac{1}{1 + \beta_n(s)/\beta_{n-1}(s)} = \frac{1}{1 + \gamma_n s + \beta_{n-1}(s)/\beta_{n-2}(s)} \\ &= \cdots = \cfrac{1}{1 + \gamma_n s + \cfrac{1}{\gamma_{n-1} s + \cfrac{1}{\ddots \, \cdots \cfrac{}{\gamma_2 s + \cfrac{1}{\gamma_1 s}}}}}\end{aligned} \tag{3.50}$$

这是有理真分式 $g(s)$ 的 Stieljes 型连分式.

考虑 n 维 SISO 线性系统

$$\dot{x} = R_n x + bu, \quad y = cx \tag{3.51}$$

其中, $x = [x_1, x_2, \cdots, x_n]^{\mathrm{T}}$;

$$
R_n = \begin{bmatrix} 0 & \frac{1}{\gamma_1} & 0 & & & \\ -\frac{1}{\gamma_2} & 0 & \frac{1}{\gamma_2} & & & \\ & \ddots & \ddots & \ddots & & \\ & & -\frac{1}{\gamma_{n-1}} & 0 & \frac{1}{\gamma_{n-1}} \\ & & & -\frac{1}{\gamma_n} & -\frac{1}{\gamma_n} \end{bmatrix}, \quad b = \begin{bmatrix} 0 \\ 0 \\ \vdots \\ 0 \\ \frac{1}{\gamma_n} \end{bmatrix}, \quad c = \begin{bmatrix} 0 \\ 0 \\ \vdots \\ 0 \\ 1 \end{bmatrix}^{\mathrm{T}} \tag{3.52}
$$

可以看出, R_n 是 Routh 矩阵.

设 x_i、y 和 u 的 Laplace 变换分别为 X_i、Y 和 U $(i = 1, 2, \cdots, n)$. 由线性系统 (3.51) 状态方程的最后一个方程可知

$$
sX_n = -\frac{1}{\gamma_n}X_n - \frac{1}{\gamma_n}X_{n-1} + \frac{1}{\gamma_n}U
$$

两端除以 X_n 得到 $s = -1/\gamma_n - X_{n-1}/(\gamma_n X_n) + U/(\gamma_n X_n)$. 因此有

$$
\frac{Y}{U} = \frac{X_n}{U} = \frac{1}{1 + \gamma_n s + X_{n-1}/X_n}
$$

再考察线性系统 (3.51) 状态方程的倒数第 2 个方程, 即 $sX_{n-1} = X_n/\gamma_{n-1} - X_{n-2}/\gamma_{n-1}$. 两端同时除以 X_{n-1} 并移项得到

$$
\frac{X_{n-1}}{X_n} = \frac{1}{\gamma_{n-1}s + X_{n-2}/X_{n-1}}
$$

重复上述过程可得

$$
\frac{X_{k-1}}{X_k} = \frac{1}{\gamma_{k-1}s + X_{k-2}/X_{k-1}}, \quad k = n, n-1, \cdots, 3
$$

最后, 根据线性系统 (3.51) 状态方程的第 1 个方程有 $X_1/X_2 = 1/(\gamma_1 s)$. 综合上述诸式可知线性系统 (3.51) 的传递函数恰好为式 (3.50). 因此有 $\det(sI_n - R_n) = \alpha(s)$, 即 $\alpha(s)$ 是 Hurwitz 多项式当且仅当 R_n 是 Hurwitz 矩阵.

容易验证

$$
Q_{\mathrm{o}}(R_n, c) = \begin{bmatrix} & & & 1 \\ & & \frac{-1}{\gamma_n} & * \\ & \iddots & \iddots & \vdots \\ \frac{(-1)^{n-1}}{\gamma_2\gamma_3\cdots\gamma_n} & * & \cdots & * \end{bmatrix}
$$

因此线性系统 (3.51) 是能观的. 设

$$
P_n = \frac{1}{2}(\gamma_1 \oplus \gamma_2 \oplus \cdots \oplus \gamma_n)
$$

则容易验证 P_n 满足 Lyapunov 方程

$$R_n^{\mathrm{T}} P_n + P_n R_n = -c^{\mathrm{T}} c \tag{3.53}$$

根据定理 3.3.1, R_n 是 Hurwitz 矩阵当且仅当 $P_n > 0$. 由 γ_i 的定义式 (3.25) 可知这等价于 Routh 表的第 1 列皆为正. 事实上, 由命题 3.3.1 可知 R_n 的负和正实部特征值的个数分别等于 $\{\gamma_i\}$ 中正和负数的个数, 即正实部特征值个数等于 Routh 表第 1 列符号变化的次数.

下面考虑 Routh 表的第 1 列有零元素的情形. 不失一般性, 假设第 1 列第 3 行为零且 $n \geqslant 3$. 考虑两种情况.

情况 1: 第 3 行所有元素都是零. 由式 (3.25) 可知 $\beta_{i+1}^{[n]} = \gamma_n \beta_{i+1}^{[n-1]}$ $(i = 0, 1, \cdots)$. 这意味着 $\beta_n(s) = \gamma_n s \beta_{n-1}(s)$. 从而有

$$\alpha(s) = \beta_n(s) + \beta_{n-1}(s) = (1 + \gamma_n s)\beta_{n-1}(s)$$

由于 $n \geqslant 3$, 上式意味着 $\beta_{n-1}(s)$ 不可能是 Hurwitz 多项式, 从而 $\alpha(s)$ 不是 Hurwitz 多项式.

情况 2: 第 3 行的第 1 列元素 $\beta_1^{[n-2]} = 0$, 但该行存在其他非零元素. 为了使得证明易懂, 考虑多项式 (3.26), 其中 $n = 4$. 根据说明 3.2.1, 将 $\beta_1^{[2]}$ 用充分小的正参数 ε 代替 (即 $\beta_1^{[2]} = \varepsilon$) 后, 所得 Routh 表见表 3.3 的中间子表. 根据 γ_i $(i = 1, 2, 3, 4)$ 的定义式 (3.25) 有

$$\gamma_4 = \frac{1}{2}, \quad \gamma_3 = \frac{2}{\varepsilon}, \quad \gamma_1 = \frac{\varepsilon^2}{6\varepsilon - 8}, \quad \gamma_0 = \frac{3\varepsilon - 4}{2\varepsilon}$$

式 (3.52) 对应的矩阵 $R_4 = R_4(\varepsilon)$ 的特征多项式为

$$\alpha_\varepsilon(s) \stackrel{\text{def}}{=\!=} \det(sI_4 - R_4(\varepsilon)) = s^4 + 2s^3 + (\varepsilon + 3)s^2 + 6s + 4$$

由于对任意充分小的 ε 都有 $\gamma_1 < 0, \gamma_2 < 0$, 由 Lyapunov 方程 (3.53) 可知 $R_4(\varepsilon)$ 对任意充分小的 ε 都不是 Hurwitz 矩阵, 即 $\alpha_\varepsilon(s)$ 对任意充分小的 ε 都不是 Hurwitz 多项式. 由于多项式的根关于系数是连续的, 故原多项式 (3.26) 不是 Hurwitz 多项式.

3.4.2 线性化方法的理论依据

考虑非线性系统

$$\dot{x} = f(x, t), \quad x(0) = x_0, \quad \forall t \geqslant 0 \tag{3.54}$$

其中, $x \in \mathbf{R}^n$; $f : \mathbf{R}^n \times [0, \infty) \to \mathbf{R}^n$ 是连续的向量值函数. 假设其在原点处的线性化系统是

$$\dot{y} = Ay, \quad y(0) = y_0 = x_0, \quad \forall t \geqslant 0 \tag{3.55}$$

其中, $A = \partial f(0, t)/\partial x \in \mathbf{R}^{n \times n}$ 为与 t 无关的常数矩阵. 也有文献称线性系统 (3.55) 是非线性系统 (3.54) 的一次近似系统. 1.2 节曾指出, 用近似的线性系统 (3.55) 代替原始非线性系统 (3.54) 是研究线性系统理论的出发点之一, 也是处理非线性系统的主要手段之一. 那么自然要问该出发点是否正确? 该手段是否合理? 以稳定性为例, 非线性系统 (3.54) 的稳定性和线性系统 (3.55) 的稳定性有何关系? 本节主要探讨此问题.

首先回答第一个问题: 如果线性系统 (3.55) 渐近稳定, 那么非线性系统 (3.54) 是否渐近稳定? 利用 Lyapunov 方法可以给出一个肯定的答案.

定理 3.4.1 如果线性系统 (3.55) 是渐近稳定的, 则非线性系统 (3.54) 是局部指数稳定的.

证明 将非线性系统 (3.54) 写成

$$\dot{x} = Ax + g(x,t), \quad \forall t \geqslant 0, \quad x(0) = x_0 \tag{3.56}$$

其中, $g(x,t) = f(x,t) - Ax$ 在 $x = 0$ 的邻域是 x 的高次函数, 即

$$\lim_{\|x\| \to 0^+} \frac{\|g(x,t)\|}{\|x\|} = 0, \quad \forall t \geqslant 0 \tag{3.57}$$

因此, 对任意 $k > 0$, 存在正常数 $r(k) > 0$ 使得

$$\sup_{\|x\| \leqslant r(k)} \left\{ \frac{\|g(x,t)\|}{\|x\|} \right\} \leqslant k$$

即当 $\|x\| \leqslant r(k)$ 时非线性函数 $g(x,t)$ 满足

$$\|g(x,t)\| = \frac{\|g(x,t)\|}{\|x\|} \|x\| \leqslant \sup_{\|x\| \leqslant r(k)} \left\{ \frac{\|g(x,t)\|}{\|x\|} \right\} \|x\| \leqslant k \|x\|, \quad \forall t \geqslant 0 \tag{3.58}$$

由于 A 是 Hurwitz 矩阵, 对任意 $Q > 0$, Lyapunov 方程 (3.36) 有解 $P > 0$. 取正常数 k 满足

$$k < \frac{1}{2} \frac{\lambda_{\min}(Q)}{\lambda_{\max}(P)} \stackrel{\text{def}}{=\!=} \kappa(Q) \tag{3.59}$$

考虑椭球 $\Omega_k = \{x : x^{\mathrm{T}} P x \leqslant r^2(k) \lambda_{\min}(P)\}$. 对任意 $x \in \Omega_k$, 有 $\lambda_{\min}(P) \|x\|^2 \leqslant x^{\mathrm{T}} P x \leqslant r^2(k) \lambda_{\min}(P)$ 也就是 $\|x\| \leqslant r(k)$, 进而有式 (3.58) 成立. 利用式 (3.34), Lyapunov 方程 (3.36) 和式 (3.58), $V(x) = x^{\mathrm{T}} P x$ 沿着非线性系统 (3.56) 的导数满足

$$\begin{aligned}
\dot{V}(x) &= x^{\mathrm{T}}(A^{\mathrm{T}} P + PA)x + 2x^{\mathrm{T}} P g(x,t) \\
&= -x^{\mathrm{T}} Q x + 2x^{\mathrm{T}} P g(x,t) \leqslant -\lambda_{\min}(Q) \|x\|^2 + 2 \|x\| \lambda_{\max}(P) \|g(x,t)\| \\
&\leqslant -2\lambda_{\max}(P) \left(\frac{1}{2} \frac{\lambda_{\min}(Q)}{\lambda_{\max}(P)} - k \right) \|x\|^2 = -2(\kappa(Q) - k) \lambda_{\max}(P) \|x\|^2 \\
&\leqslant -2(\kappa(Q) - k) V(x) \leqslant 0, \quad \forall x \in \Omega_k
\end{aligned} \tag{3.60}$$

由式 (3.60) 可断定 $x_0 \in \Omega_k \Rightarrow x(t) \in \Omega_k$ $(\forall t \geqslant 0)$. 事实上, 如果 $x(t) \in \Omega_k$ $(\forall t \geqslant 0)$ 不真, 必然存在 $t_* \geqslant 0$ 使得 $x^{\mathrm{T}}(t_*) P x(t_*) = r^2(k) \lambda_{\min}(P)$ 且 $\dot{V}(x)|_{t=t_*} > 0$, 这与式 (3.60) 矛盾. 因此, 如果 $x_0 \in \Omega_k$, 则式 (3.60) 对所有 $t \geqslant 0$ 都成立. 由式 (3.60) 的倒数第 2 个不等式可知

$$V(x(t)) \leqslant \mathrm{e}^{-2(\kappa(Q)-k)t} V(x_0), \quad \forall t \geqslant 0$$

再一次利用式 (3.34) 有

$$\lambda_{\min}(P) \|x(t)\|^2 \leqslant V(x(t)) \leqslant \mathrm{e}^{-2(\kappa(Q)-k)t} V(x_0) \leqslant \mathrm{e}^{-2(\kappa(Q)-k)t} \lambda_{\max}(P) \|x_0\|^2, \quad \forall t \geqslant 0$$

因此

$$\|x(t)\|^2 \leqslant \frac{\lambda_{\max}(P)}{\lambda_{\min}(P)} \mathrm{e}^{-2(\kappa(Q)-k)t} \|x_0\|^2, \quad \forall t \geqslant 0$$

这就是

$$x_0 \in \Omega_k \Rightarrow \|x(t)\| \leqslant \sqrt{\frac{\lambda_{\max}(P)}{\lambda_{\min}(P)}} \mathrm{e}^{-(\kappa(Q)-k)t} \|x_0\|, \quad \forall t \geqslant 0$$

即该非线性系统是局部指数稳定的, 且 Ω_k 是它的一个吸引域. 证毕. □

显然, 利用特征值方法难以得到类似于定理 3.4.1 的结论. 下面考虑第二个问题: 如果线性系统 (3.55) 是本质不稳定的, 那么非线性系统 (3.54) 是否渐近稳定? 定理 3.4.2 回答了这个问题.

定理 3.4.2 如果线性系统 (3.55) 是本质不稳定的, 则非线性系统 (3.54) 是不稳定的.

证明 由于 A 至少有一个实部为正的特征值, $-A$ 至少有一个实部为负的特征值, 从而存在常数 $\gamma > 0$ 使得 $A_\gamma = -A + \gamma I_n/2$ 至少有一个实部为负的特征值且

$$\gamma \neq \lambda_i(A) + \lambda_j(A), \quad i, j = 1, 2, \cdots, n$$

上式保证 $\lambda_i(A_\gamma) + \lambda_j(A_\gamma) = \gamma - \lambda_i(A) - \lambda_j(A) \neq 0\ (i, j = 1, 2, \cdots, n)$, 从而 Lyapunov 方程

$$A_\gamma^{\mathrm{T}} P + P A_\gamma = -I_n \tag{3.61}$$

有唯一解. 根据惯性定理即命题 3.3.1 的结论 (3) 可知 P 至少有一个正特征值. 将方程 (3.61) 改写成

$$A^{\mathrm{T}} P + P A = \gamma P + I_n \tag{3.62}$$

取 $k = 1/(2\|P\|)$. 根据式 (3.57), 存在 $r(k)$ 使得式 (3.58) 成立. 考察集合 $\Omega_k = \{x : \|x\| \leqslant r(k)\}$. 对任意 $x \in \Omega_k$ 有

$$-x^{\mathrm{T}} P g(x, t) \leqslant \|x\| \|P\| \|g(x, t)\| \leqslant k \|x\|^2 \|P\| = \frac{1}{2} \|x\|^2 \tag{3.63}$$

假设非线性系统 (3.56) 是稳定的, 根据稳定性的定义, 对任意 $r(k) > 0$, 存在 $\delta(r(k)) \leqslant r(k)$ 使得 $x_0 \in \{x : \|x\| \leqslant \delta(r(k))\} \subseteq \Omega_k \Rightarrow x(t) \in \Omega_k\ (\forall t \geqslant 0)$. 由于 P 至少有一个正特征值, 存在非零向量 $x_0 \in \{x : \|x\| \leqslant \delta(r(k))\} \subseteq \Omega_k$ 使得 $x_0^{\mathrm{T}} P x_0 > 0$. 因此, 非线性系统 (3.56) 以 x_0 为初值的解 $x(t)$ 始终位于 Ω_k 之中. 现考虑 Lyapunov 函数 $V(x) = x^{\mathrm{T}} P x$ 沿着该解的导数. 由方程 (3.62) 和式 (3.63) 可知

$$\dot{V}(x) = x^{\mathrm{T}}(A^{\mathrm{T}} P + P A)x + 2x^{\mathrm{T}} P g(x, t) = \gamma V(x) + x^{\mathrm{T}} x + 2x^{\mathrm{T}} P g(x, t) \geqslant \gamma V(x), \quad \forall t \geqslant 0$$

因此

$$V(x(t)) \geqslant V(x_0)\mathrm{e}^{\gamma t} = x_0^{\mathrm{T}} P x_0 \mathrm{e}^{\gamma t}, \quad \forall t \geqslant 0 \tag{3.64}$$

又由于

$$V(x(t)) \leqslant \|P\| \|x(t)\|^2 \leqslant \|P\| r^2(k), \quad \forall t \geqslant 0$$

故式 (3.64) 的右端趋于 $+\infty$ 而左端有界, 矛盾. 因此非线性系统 (3.54) 是不稳定的. 证毕. □

上述两个定理表明, 如果一个非线性系统的线性化系统是渐近稳定的, 则该非线性系统也是局部指数稳定的; 如果一个非线性系统的线性化系统是本质不稳定的, 则该非线性系统也是不稳定的. 这事实上是 Lyapunov 间接法即 Lyapunov 第一法的主要内容. 然而, 如果一个非线性系统的线性化系统仅是 Lyapunov 稳定的, 其稳定性情况则比较复杂.

例 3.4.1 非线性系统 $\dot{x} = -x^3$ 和 $\dot{x} = x^3$ 的线性化系统都是 $\dot{x} = 0$, 该线性系统显然是 Lyapunov 稳定但不是渐近稳定的. 容易证明 $\dot{x} = -x^3$ 是渐近稳定的而 $\dot{x} = x^3$ 是不稳定的.

线性化系统仅是 Lyapunov 稳定的情形, 此处不再深入讨论. 最后用一个例子结束本节.

例 3.4.2 根据本章开头对 Watt 蒸汽机离心调速器的介绍, 在理想情况下, 蒸汽机驱动轴以恒定的角速度 Ω_* 运行. 然而, 人们在实践中发现, 如果离心调速器的各个物理参数设计不合理, 蒸汽机驱动轴的转速并不能以恒定的转速 Ω_* 运行, 可能出现停转、转速越来越大或者时快时慢的现象. 这就是稳定性问题. 下面用线性化方法即 Lyapunov 第一法分析该系统的稳定性. 根据例 3.1.1, 将系统 (3.7) 在 $x_\delta = 0$ 处线性化得到线性系统

$$\dot{x}_\delta \approx \begin{bmatrix} 0 & 1 & 0 \\ -\dfrac{g(d+l\sin^3(\theta_*))}{l\cos(\theta_*)(d+l\sin(\theta_*))} & -\dfrac{b}{m} & \dfrac{2g\sin(\theta_*)}{l\Omega_*} \\ -\dfrac{k}{I}\sin(\theta_*) & 0 & 0 \end{bmatrix} x_\delta = Ax_\delta$$

该系统的特征多项式为

$$\alpha(s) = \det(sI_3 - A) = s^3 + \alpha_2 s^2 + \alpha_1 s + \alpha_0 \tag{3.65}$$

其中

$$\alpha_2 = \frac{b}{m}, \quad \alpha_1 = \frac{g(d+l\sin^3(\theta_*))}{l\cos(\theta_*)(d+l\sin(\theta_*))}, \quad \alpha_0 = \frac{2kg\sin^2(\theta_*)}{Il\Omega_*}$$

容易看出 $\alpha_i > 0$ $(i = 0, 1, 2)$. 因此, 由 Routh 表可知该系统渐近稳定当且仅当 $\alpha_1\alpha_2 > \alpha_0$. 利用式 (3.6) 可将上述条件 $(\alpha_1\alpha_2 > \alpha_0)$ 写成

$$\frac{Ib\sqrt{\dfrac{g}{l}}\left(\dfrac{d}{l} + \sin^3(\theta_*)\right)}{2n_0 mk\left(\left(\dfrac{d}{l} + \sin(\theta_*)\right)\cos(\theta_*)\sin(\theta_*)\right)^{\frac{3}{2}}} > 1 \tag{3.66}$$

从式 (3.66) 可以看出, 减小飞球的转动惯量 I、增大飞球质量 m 以及减小调速器摩擦系数 b 都会使得系统不稳定.

3.4.3 二次型积分的计算

Lyapunov 函数和 Lyapunov 方程有时也可用于解决除稳定性之外的问题. 考虑线性系统

$$\dot{x} = Ax, \quad y = Cx, \quad x(0) = x_0, \quad t \geqslant 0 \tag{3.67}$$

其中, $A \in \mathbf{R}^{n\times n}$ 是 Hurwitz 矩阵; $C \in \mathbf{R}^{p\times n}$ 是常值矩阵.

在很多实际应用中, 往往需要计算二次型积分

$$J_2 = \int_0^\infty \|y(t)\|^2 \, \mathrm{d}t \tag{3.68}$$

例如, 如果系统矩阵 A 含有可调参数 ξ, 一个经常关注的问题是, 如何选择 ξ 使得 J_2 极小化?

形如式 (3.68) 的二次型积分可以很方便地通过求解适当的 Lyapunov 方程来计算. 注意到

$$J_2 = \int_0^\infty x^{\mathrm{T}}(t)C^{\mathrm{T}}Cx(t)\mathrm{d}t = x_0^{\mathrm{T}}\left(\int_0^\infty \mathrm{e}^{A^{\mathrm{T}}t}C^{\mathrm{T}}C\mathrm{e}^{At}\mathrm{d}t\right)x_0 = x_0^{\mathrm{T}}Px_0 \tag{3.69}$$

其中, $P = \int_0^\infty \mathrm{e}^{A^{\mathrm{T}}t}C^{\mathrm{T}}C\mathrm{e}^{At}\mathrm{d}t$. 根据式 (3.40), P 是 Lyapunov 方程 (3.37) 的唯一对称半正定解. 因此, 通过求解 Lyapunov 方程 (3.37) 可以很容易地计算出二次型积分 (3.68), 进而解决其他问题.

实际情况当然可能比上述情况复杂, 但一般可以采用适当的方法将其转化为上述问题. 为说明具体操作过程, 考虑 2 维线性系统

$$\dot{z} = \begin{bmatrix} 0 & 1 \\ -\omega^2 & -2\xi\omega \end{bmatrix} z + \begin{bmatrix} 0 \\ \omega^2 \end{bmatrix} u = Az + bu, \quad w = \begin{bmatrix} 1 & 0 \end{bmatrix} z = cz \tag{3.70}$$

该系统的传递函数为

$$G(s) = \frac{W(s)}{U(s)} = \frac{\omega^2}{s^2 + 2\xi\omega s + \omega^2}$$

这是一个典型的 2 阶环节, 其中, $\omega > 0$ 是无阻尼自振角频率; $\xi \in (0, 1)$ 是阻尼比.

定理 3.4.3 *设 2 维线性系统 (3.70) 的初值为 $z_0 = 0$, 输入 u 为单位阶跃函数, 跟踪误差为 $y(t) = u(t) - w(t)$. 考虑二次型积分*

$$J_{2,1}(\xi) = \int_0^\infty y^2(t)\mathrm{d}t, \quad J_{2,2}(\xi) = \int_0^\infty \left(y^2(t) + \left(\frac{\dot{y}(t)}{\omega}\right)^2\right)\mathrm{d}t$$

其中, $J_{2,1}(\xi)$ 表示跟踪误差平方的积分; $J_{2,2}(\xi)$ 表示误差和误差导数平方和的积分 (这里用 $\dot{y}(t)/\omega$ 而不是 $\dot{y}(t)$, 是考虑到前者与 $y(t)$ 的量纲一致). 那么

$$J_{2,1}(\xi) = \frac{4\xi^2 + 1}{4\omega\xi}, \quad J_{2,2}(\xi) = \frac{2\xi^2 + 1}{2\omega\xi}$$

且 $J_{2,1}(\xi)$ 极小化当且仅当 $\xi = \xi_* = 1/2$, $J_{2,2}(\xi)$ 极小化当且仅当 $\xi = \xi_* = \sqrt{2}/2$.

证明 由系统方程 (3.70) 可知

$$z(t) = \int_0^t \mathrm{e}^{A(t-s)}bu(s)\mathrm{d}s = \int_0^t \mathrm{e}^{A(t-s)}b\mathrm{d}s = \left(\int_0^t \mathrm{e}^{A\tau}\mathrm{d}\tau\right)b = (\mathrm{e}^{At} - I_2)A^{-1}b$$

注意到 $cA^{-1}b = -1$. 因此

$$y(t) = u(t) - w(t) = 1 - c(\mathrm{e}^{At} - I_2)A^{-1}b = -c\mathrm{e}^{At}A^{-1}b \tag{3.71}$$

取

$$x(t) = -e^{At}A^{-1}b \tag{3.72}$$

则由式 (3.71) 可知

$$\dot{x}(t) = Ax(t), \quad x(0) = x_0 = -A^{-1}b = \begin{bmatrix} 1 \\ 0 \end{bmatrix}, \quad y(t) = cx(t)$$

这样就将计算 $J_{2,1}(\xi)$ 的问题转化为求解形如式 (3.68) 的二次型积分问题. 由式 (3.69) 可知

$$J_{2,1}(\xi) = x_0^{\mathrm{T}}Px_0 = (A^{-1}b)^{\mathrm{T}}PA^{-1}b$$

其中, $P = \int_0^\infty e^{A^{\mathrm{T}}t}c^{\mathrm{T}}ce^{At}\mathrm{d}t$ 是 Lyapunov 方程

$$A^{\mathrm{T}}P + PA = -c^{\mathrm{T}}c$$

的唯一解. 容易算得

$$P = P(\xi) = \begin{bmatrix} \dfrac{4\xi^2+1}{4\omega\xi} & \dfrac{1}{2\omega^2} \\ \dfrac{1}{2\omega^2} & \dfrac{1}{4\omega^3\xi} \end{bmatrix}$$

因此 $J_{2,1}(\xi) = (4\xi^2+1)/(4\omega\xi)$. 同理由式 (3.71) 可得 $\dot{y}(t) = -ce^{At}b$. 从而有

$$\begin{aligned} J_{2,2}(\xi) &= J_{2,1}(\xi) + \frac{1}{\omega^2}\int_0^\infty \dot{y}^2(t)\mathrm{d}t \\ &= J_{2,1}(\xi) + \frac{1}{\omega^2}b^{\mathrm{T}}\left(\int_0^\infty e^{A^{\mathrm{T}}t}c^{\mathrm{T}}ce^{At}\mathrm{d}t\right)b \\ &= J_{2,1}(\xi) + \frac{1}{\omega^2}b^{\mathrm{T}}P(\xi)b = \frac{2\xi^2+1}{2\omega\xi} \end{aligned}$$

最后, 将 $J_{2,1}(\xi)$ 对 ξ 求导数并令之为零得 $\mathrm{d}J_{2,1}(\xi)/\mathrm{d}\xi = (4\xi^2-1)/(4\omega\xi^2) = 0$, 此方程的唯一解为 $\xi = \xi_* = 1/2$; 将 $J_{2,2}(\xi)$ 对 ξ 求导数并令之为零得 $\mathrm{d}J_{2,2}(\xi)/\mathrm{d}\xi = (2\xi^2-1)/(2\omega\xi^2) = 0$, 此方程的唯一解为 $\xi = \xi_* = 1/\sqrt{2}$. 证毕. □

在经典控制理论中, $\xi_* = \sqrt{2}/2$ 称为最佳阻尼比. 定理 3.4.3 与该结论是吻合的.

前述计算二次型积分的方法可以推广到计算正定四次型积分

$$J_4 = \int_0^\infty \sum_{i,j,k,l\in\{1,2,\cdots,n\}} w_{ijkl}x_i(t)x_j(t)x_k(t)x_l(t)\mathrm{d}t \tag{3.73}$$

其中, x_i 表示线性系统 (3.67) 的状态 x 的第 i 个元素; w_{ijkl} 是加权系数. 事实上可以将四次型积分转化为二次型积分. 设

$$x^{[2]} = \begin{bmatrix} x_1^2 & x_1x_2 & \cdots & x_1x_n & \cdots & x_nx_1 & x_nx_2 & \cdots & x_n^2 \end{bmatrix}^{\mathrm{T}} = x \otimes x$$

则可将四次型积分 (3.73) 写成

$$J_4 = \int_0^{\infty} (x^{[2]}(t))^{\mathrm{T}} (C^{[2]})^{\mathrm{T}} C^{[2]} x^{[2]}(t) \mathrm{d}t \tag{3.74}$$

其中, $C^{[2]}$ 是适当的加权矩阵. 另外, 利用附录 A.4.1 中 Kronecker 积的性质有

$$\begin{aligned} \dot{x}^{[2]}(t) &= \dot{x}(t) \otimes x(t) + x(t) \otimes \dot{x}(t) = Ax(t) \otimes x(t) + x(t) \otimes Ax(t) \\ &= (A \otimes I_n)(x(t) \otimes x(t)) + (I_n \otimes A)(x(t) \otimes x(t)) \\ &= (A \otimes I_n + I_n \otimes A) x^{[2]}(t) \overset{\text{def}}{=\!=} A^{[2]} x^{[2]}(t), \quad x^{[2]}(0) = x_0 \otimes x_0 \end{aligned} \tag{3.75}$$

这表明 $x^{[2]}(t)$ 也满足一个线性系统, 且根据定理 A.4.2 容易看出, 如果 A 是 Hurwitz 矩阵, 则 $A^{[2]}$ 亦然. 如果定义 $y^{[2]}(t) = C^{[2]} x^{[2]}(t)$, 则有

$$\dot{x}^{[2]}(t) = A^{[2]} x^{[2]}(t), \quad y^{[2]}(t) = C^{[2]} x^{[2]}(t), \quad x^{[2]}(0) = x_0 \otimes x_0$$

和

$$J_4 = \int_0^{\infty} \left\| y^{[2]}(t) \right\|^2 \mathrm{d}t$$

这就是前面介绍的标准的计算线性系统的二次型积分问题. 因此有

$$J_4 = (x^{[2]}(0))^{\mathrm{T}} P^{[2]} x^{[2]}(0) \tag{3.76}$$

其中, $P^{[2]}$ 是如下 Lyapunov 方程的正定对称解:

$$(A^{[2]})^{\mathrm{T}} P^{[2]} + P^{[2]} A^{[2]} = -(C^{[2]})^{\mathrm{T}} C^{[2]} \tag{3.77}$$

为说明具体操作过程, 仍然考虑 2 维线性系统 (3.70).

定理 3.4.4　*设 2 维线性系统 (3.70) 的初值为 $z_0 = 0$, 输入为单位阶跃函数, 跟踪误差为 $y(t) = u(t) - w(t)$, 则有四次型积分*

$$J_{4,1}(\xi) = \int_0^{\infty} y^4(t) \mathrm{d}t = \frac{48\xi^4 + 52\xi^2 + 3}{32\omega\xi(3\xi^2 + 1)} \tag{3.78}$$

且 $J_{4,1}(\xi)$ 极小化当且仅当 $\xi = \xi_* \approx 0.3425$, 其中 $\xi_*^2 \approx 0.1173$ 是 3 次多项式方程 $144\lambda^3 - 12\lambda^2 + 25\lambda - 3 = 0$ 的唯一正实根.

证明　设 $x(t)$ 如式 (3.72) 所定义, 则

$$x^{[2]} = \begin{bmatrix} x_1^2 & x_1 x_2 & x_2 x_1 & x_2^2 \end{bmatrix}^{\mathrm{T}}$$

下面将 $J_{4,1}(\xi)$ 写成式 (3.74) 的形式. 注意到

$$J_{4,1}(\xi) = \int_0^{\infty} x_1^4(t) \mathrm{d}t = \int_0^{\infty} (x^{[2]}(t))^{\mathrm{T}} (C^{[2]})^{\mathrm{T}} C^{[2]} x^{[2]}(t) \mathrm{d}t$$

其中

$$C^{[2]} = \begin{bmatrix} 1 & 0 & 0 & 0 \end{bmatrix} = c \otimes c$$

另外, 根据定义式 (3.75) 可求得

$$A^{[2]} = A \otimes I_2 + I_2 \otimes A = \begin{bmatrix} 0 & 1 & 1 & 0 \\ -\omega^2 & -2\omega\xi & 0 & 1 \\ -\omega^2 & 0 & -2\omega\xi & 1 \\ 0 & -\omega^2 & -\omega^2 & -4\omega\xi \end{bmatrix}$$

解相应的 Lyapunov 方程 (3.77) 可得

$$P^{[2]} = \begin{bmatrix} \dfrac{48\xi^4+52\xi^2+3}{32\omega\xi(3\xi^2+1)} & \dfrac{1}{4\omega^2} & \dfrac{1}{4\omega^2} & \dfrac{12\xi^2+1}{32\omega^3\xi(3\xi^2+1)} \\ \dfrac{1}{4\omega^2} & \dfrac{12\xi^2+1}{32\omega^3\xi(3\xi^2+1)} & \dfrac{12\xi^2+1}{32\omega^3\xi(3\xi^2+1)} & \dfrac{3}{16\omega^4(3\xi^2+1)} \\ \dfrac{1}{4\omega^2} & \dfrac{12\xi^2+1}{32\omega^3\xi(3\xi^2+1)} & \dfrac{12\xi^2+1}{32\omega^3\xi(3\xi^2+1)} & \dfrac{3}{16\omega^4(3\xi^2+1)} \\ \dfrac{12\xi^2+1}{32\omega^3\xi(3\xi^2+1)} & \dfrac{3}{16\omega^4(3\xi^2+1)} & \dfrac{3}{16\omega^4(3\xi^2+1)} & \dfrac{3}{32\omega^5\xi(3\xi^2+1)} \end{bmatrix}$$

根据式 (3.76) 显然有式 (3.78) 成立. 最后注意到

$$\frac{\mathrm{d}J_{4,1}(\xi)}{\mathrm{d}\xi} = \frac{144\xi^6 - 12\xi^4 + 25\xi^2 - 3}{32\omega\xi^2(1+3\xi^2)^2}$$

证毕. □

不难看出上述方法可以重复使用, 从而在理论上可以计算状态的任何正定 $2k$ 次型积分, 其中, $k \geqslant 1$ 是自然数. 此时可取

$$x^{[k]} = x \otimes x \otimes \cdots \otimes x$$

其中, x 出现 k 次. 容易验证 $x^{[k]}$ 也满足一个线性系统. 具体细节略去.

3.5 其他稳定性

3.5.1 外部稳定性

考虑线性系统

$$\begin{cases} \dot{x} = Ax + Bu \\ y = Cx + Du \end{cases}, \quad x(0) = x_0,\ t \geqslant 0 \tag{3.79}$$

其中, A、B、C、D 分别是 $n \times n$、$n \times m$、$p \times n$、$p \times m$ 的常数矩阵. 前面讨论的稳定性是考虑初始条件 x_0 的扰动对状态的影响而定义的. 根据线性系统的解公式 $x(t) = \mathrm{e}^{At}x_0$, 该稳定性只和系统矩阵 A 有关. 一般称这种稳定性为内部稳定性. 如果还考虑输入的扰动以及扰

动对输出的影响, 可以定义不同的稳定性, 称为外部稳定性. 文献中有三种其他常用的外部稳定性, 即输出稳定性、有界输入有界输出 (bounded input bounded output, BIBO) 稳定性和输入-状态稳定性 (input-to-state stability, ISS). 为了简便, 假设 $D=0$.

定义 3.5.1 考虑线性系统 (3.79):

(1) 当 $u(t)=0$ 时, 如果对任意初值 x_0 都有 $\|y(t)\| \xrightarrow{t\to\infty} 0$, 则称其为输出稳定的.

(2) 当 $x_0=0$ 时, 如果对任意有界输入 $u(t)$, 其输出也是有界的, 即存在正常数 k_u 使得

$$\|y(t)\| \leqslant k_u \sup_{s\in[0,t]} \{\|u(s)\|\}, \quad \forall t \geqslant 0$$

则称其为有界输入有界输出稳定的.

(3) 如果存在正常数 k_x、k_u 和 λ 使得对任意初始状态 x_0 和有界输入 $u(t)$ 都有

$$\|x(t)\| \leqslant k_x \|x_0\| \mathrm{e}^{-\lambda t} + k_u \sup_{s\in[0,t]} \{\|u(s)\|\}, \quad \forall t \geqslant 0 \tag{3.80}$$

则称其为输入-状态稳定的.

为了给出相应的稳定性判据, 先介绍两个引理.

引理 3.5.1 设线性系统 (A,B) 能控, (A,C) 能观, 则 A 是 Hurwitz 矩阵当且仅当

$$\lim_{t\to\infty} C\mathrm{e}^{At}B = 0$$

证明 必要性显然成立. 下证充分性. 设矩阵 $A\in\mathbf{R}^{n\times n}$ 的互异特征值为 λ_i $(i=1,2,\cdots,\varpi)$, 相应特征值 λ_i 的代数重数为 n_i $(i=1,2,\cdots,\varpi)$. 那么根据矩阵指数的展开公式有

$$C\mathrm{e}^{At}B = \sum_{i=1}^{\varpi}\sum_{j=0}^{n_i-1} \frac{t^j}{j!} CW_{ij}B\mathrm{e}^{\lambda_i t}$$

其中, W_{ij} 如式 (1.100) 所定义. 如果存在 λ_i 和 $j\in\{1,2,\cdots,n_i\}$ 使得 $\mathrm{Re}\{\lambda_i\}\geqslant 0$ 且 $CW_{ij}B\neq 0$, 则 $C\mathrm{e}^{At}B$ 中必含有 $t^j\mathrm{e}^{\lambda_i t}$ 这样的函数, 从而不可能趋于零. 因此, 或者不存在 λ_i 使得 $\mathrm{Re}\{\lambda_i\}\geqslant 0$, 或者存在 λ_i 使得 $\mathrm{Re}\{\lambda_i\}\geqslant 0$ 但 $CW_{ij}B=0$ $(\forall j\in\{1,2,\cdots,n_i\})$. 对于第一种情况, 显然有 A 是 Hurwitz 矩阵. 对于第二种情况, 可将 $C\mathrm{e}^{At}B$ 改写成

$$C\mathrm{e}^{At}B = \sum_{i=1}^{\tilde{\varpi}}\sum_{j=0}^{n_i-1} \frac{t^j}{j!} CW_{ij}B\mathrm{e}^{\lambda_i t} \tag{3.81}$$

其中, $\tilde{\varpi}<\varpi; \mathrm{Re}\{\lambda_i\}<0$ $(i=1,2,\cdots,\tilde{\varpi})$. 将式 (3.81) 两边对 t 求导得

$$CA\mathrm{e}^{At}B = \sum_{i=1}^{\tilde{\varpi}}\sum_{j=0}^{n_i-1} \frac{t^j}{j!}\lambda_i CW_{ij}B\mathrm{e}^{\lambda_i t} + \sum_{i=1}^{\tilde{\varpi}}\sum_{j=1}^{n_i-1} \frac{t^{j-1}}{(j-1)!} CW_{ij}B\mathrm{e}^{\lambda_i t}$$

由于 $\mathrm{Re}\{\lambda_i\}<0$ $(i=1,2,\cdots,\tilde{\varpi})$, 所以由上式可知 $CA\mathrm{e}^{At}B \xrightarrow{t\to\infty} 0$. 重复上述过程可知

$$\lim_{t\to\infty} CA^i\mathrm{e}^{At}A^jB = 0, \quad i,j=1,2,\cdots,n-1$$

注意到

$$\Pi(t) \stackrel{\text{def}}{=} \begin{bmatrix} C\mathrm{e}^{At}B & C\mathrm{e}^{At}AB & \cdots & C\mathrm{e}^{At}A^{n-1}B \\ CA\mathrm{e}^{At}B & CA\mathrm{e}^{At}AB & \cdots & CA\mathrm{e}^{At}A^{n-1}B \\ \vdots & \vdots & & \vdots \\ CA^{n-1}\mathrm{e}^{At}B & CA^{n-1}\mathrm{e}^{At}AB & \cdots & CA^{n-1}\mathrm{e}^{At}A^{n-1}B \end{bmatrix} = Q_{\mathrm{o}}\mathrm{e}^{At}Q_{\mathrm{c}}$$

其中, $Q_{\mathrm{o}} = Q_{\mathrm{o}}(A,C), Q_{\mathrm{c}} = Q_{\mathrm{c}}(A,B)$. 由于 $\Pi(t) \xrightarrow{t\to\infty} 0, (A,C)$ 能观, (A,B) 能控, 以及

$$\begin{aligned} \left\|Q_{\mathrm{o}}\mathrm{e}^{At}Q_{\mathrm{c}}\right\|^2 &= \lambda_{\max}(Q_{\mathrm{c}}^{\mathrm{T}}\mathrm{e}^{A^{\mathrm{T}}t}Q_{\mathrm{o}}^{\mathrm{T}}Q_{\mathrm{o}}\mathrm{e}^{At}Q_{\mathrm{c}}) \geqslant \lambda_{\min}(Q_{\mathrm{o}}^{\mathrm{T}}Q_{\mathrm{o}})\lambda_{\max}(Q_{\mathrm{c}}^{\mathrm{T}}\mathrm{e}^{A^{\mathrm{T}}t}\mathrm{e}^{At}Q_{\mathrm{c}}) \\ &= \lambda_{\min}(Q_{\mathrm{o}}^{\mathrm{T}}Q_{\mathrm{o}})\lambda_{\max}(\mathrm{e}^{At}Q_{\mathrm{c}}Q_{\mathrm{c}}^{\mathrm{T}}\mathrm{e}^{A^{\mathrm{T}}t}) \geqslant \lambda_{\min}(Q_{\mathrm{o}}^{\mathrm{T}}Q_{\mathrm{o}})\lambda_{\min}(Q_{\mathrm{c}}Q_{\mathrm{c}}^{\mathrm{T}})\lambda_{\max}(\mathrm{e}^{At}\mathrm{e}^{A^{\mathrm{T}}t}) \\ &= \lambda_{\min}(Q_{\mathrm{o}}^{\mathrm{T}}Q_{\mathrm{o}})\lambda_{\min}(Q_{\mathrm{c}}Q_{\mathrm{c}}^{\mathrm{T}})\left\|\mathrm{e}^{At}\right\|^2 \end{aligned}$$

因此必有 $\left\|\mathrm{e}^{At}\right\| \xrightarrow{t\to\infty} 0$, 即 A 是 Hurwitz 矩阵. 证毕. □

引理 3.5.2 线性系统 (3.79) 是有界输入有界输出稳定的当且仅当

$$\int_0^\infty \left\|C\mathrm{e}^{At}B\right\| \mathrm{d}t < \infty \tag{3.82}$$

证明 充分性: 如果式 (3.82) 成立, 设 $k_u = \int_0^\infty \left\|C\mathrm{e}^{At}B\right\| \mathrm{d}t$, 则

$$\begin{aligned} \|y(t)\| &\leqslant \int_0^t \left\|C\mathrm{e}^{A(t-s)}B\right\| \|u(s)\| \,\mathrm{d}s \leqslant \sup_{s\in[0,t]}\{\|u(s)\|\} \int_0^t \left\|C\mathrm{e}^{As}B\right\| \mathrm{d}s \\ &\leqslant \sup_{s\in[0,t]}\{\|u(s)\|\} \int_0^\infty \left\|C\mathrm{e}^{As}B\right\| \mathrm{d}s = k_u \sup_{s\in[0,t]}\{\|u(s)\|\} \end{aligned}$$

这表明线性系统 (3.79) 是有界输入有界输出稳定的.

下证必要性. 假设式 (3.82) 不真, 必有

$$\lim_{\tau\to\infty} \int_0^\tau \left\|C\mathrm{e}^{At}B\right\| \mathrm{d}t = \infty \tag{3.83}$$

设 $H(t) = C\mathrm{e}^{At}B = [h_{ij}(t)]_{p\times m}$. 由式 (3.83) 可知必有一个元素 $h_{ij}(t)$ 满足

$$\lim_{\tau\to\infty} \int_0^\tau |h_{ij}(t)| \,\mathrm{d}t = \infty \tag{3.84}$$

下证存在有界控制使得 $y(t)$ 无界, 即对任意给定的常数 $M > 0$, 存在 $\tau_M > 0$ 使得

$$\|y(\tau_M)\| \geqslant |y_i(\tau_M)| \geqslant M \tag{3.85}$$

由式 (3.84) 可知存在 $\tau_M > 0$ 使得 $\int_0^{\tau_M} |h_{ij}(t)| \,\mathrm{d}t \geqslant M$. 由于 $h_{ij}(t)$ 是连续函数, 可定义函数 $u(t) = [u_1(t), u_2(t), \cdots, u_m(t)]^{\mathrm{T}}$, 其中, $u_k(t) = 0, k \neq j$ 以及

$$u_j(t) = \begin{cases} 1, & h_{ij}(\tau_M - t) \geqslant 0 \\ -1, & h_{ij}(\tau_M - t) < 0 \end{cases}$$

显然有 $\|u(t)\|=1$. 因此

$$y_i(\tau_M)=\int_0^{\tau_M}h_{ij}(\tau_M-t)u_j(t)\mathrm{d}t=\int_0^{\tau_M}|h_{ij}(\tau_M-t)|\,\mathrm{d}t\geqslant M$$

此式蕴含式 (3.85), 即 $y(t)$ 无界. 因此式 (3.82) 成立. 证毕. □

有了前面的工作, 可以给出定理 3.5.1.

定理 3.5.1 假设线性系统 (3.79) 是能控又能观的, 则下述 4 个陈述是等价的.

(1) 该线性系统是内稳定的, 即 A 是 Hurwitz 矩阵.

(2) 该线性系统是输出稳定的.

(3) 该线性系统是有界输入有界输出稳定的.

(4) 该系统是输入-状态稳定的.

证明 陈述 (2) ⇔ 陈述 (1) 的证明: 由于 $y(t)=C\mathrm{e}^{At}x_0$, 故该线性系统是输出稳定的当且仅当 $C\mathrm{e}^{At}\xrightarrow{t\to\infty}0$. 由于 (A,C) 能观, (A,I_n) 能控, 根据引理 3.5.1, 这等价于 A 是 Hurwitz 矩阵.

陈述 (1) ⇒ 陈述 (3) 的证明: 由 A 是 Hurwitz 矩阵很容易推知成立, 故由引理 3.5.2 可知该线性系统是有界输入有界输出稳定的.

陈述 (3) ⇒ 陈述 (1) 的证明: 首先断定, 如果线性系统 (3.79) 是有界输入有界输出稳定的且 (A,C) 能观, 则系统

$$\dot{x}=Ax+Bu,\quad \tilde{y}=x \tag{3.86}$$

也是有界输入有界输出稳定的. 假设不然, 那么存在有界输入 u 使得上述系统的输出 $\tilde{y}=x$ 无界. 对任意 $\tau>0$ 和 $t\geqslant 0$ 有

$$\begin{aligned}\max_{s\in[t,t+\tau]}\left\{\|y(s)\|^2\right\}&\geqslant\frac{1}{\tau}\int_t^{t+\tau}\|y(s)\|^2\,\mathrm{d}s=\frac{1}{\tau}\int_t^{t+\tau}\left\|C\mathrm{e}^{A(s-t)}x(t)\right\|^2\mathrm{d}s\\&=\frac{1}{\tau}x^{\mathrm{T}}(t)\left(\int_0^{\tau}\mathrm{e}^{A^{\mathrm{T}}s}C^{\mathrm{T}}C\mathrm{e}^{As}\mathrm{d}s\right)x(t)\geqslant\frac{1}{\tau}\lambda_{\min}(W_{\mathrm{o}}(\tau))\,\|x(t)\|^2\end{aligned}$$

其中, $W_{\mathrm{o}}(\tau)>0$ 是系统 (A,C) 的能观性 Gram 矩阵. 这表明线性系统 (3.79) 的输出 y 也是无界的. 矛盾. 因此, 线性系统 (3.86) 是有界输入有界输出稳定的, 从而根据引理 3.5.2 有

$$\int_0^{\infty}\left\|\mathrm{e}^{At}B\right\|\mathrm{d}t<\infty \tag{3.87}$$

下面证明上式蕴含 A 是 Hurwitz 矩阵.

对任意 $\tau>0$, 利用能控性 Gram 矩阵的定义有

$$W_{\mathrm{c}}(\tau)=\int_0^{\tau}\mathrm{e}^{-As}BB^{\mathrm{T}}\mathrm{e}^{-A^{\mathrm{T}}s}\mathrm{d}s=\mathrm{e}^{-A\omega}\int_{\omega-\tau}^{\omega}\mathrm{e}^{As}BB^{\mathrm{T}}\mathrm{e}^{A^{\mathrm{T}}(s-\omega)}\mathrm{d}s$$

其中, $\omega\geqslant\tau$ 是任意实数. 由此可知

$$
\begin{aligned}
\left\|\mathrm{e}^{A\omega}\right\| &= \left\|\left(\int_{\omega-\tau}^{\omega} \mathrm{e}^{As}BB^{\mathrm{T}}\mathrm{e}^{A^{\mathrm{T}}(s-\omega)}\mathrm{d}s\right)W_{\mathrm{c}}^{-1}(\tau)\right\| \\
&\leqslant \int_{\omega-\tau}^{\omega} \left\|\mathrm{e}^{As}B\right\| \mathrm{d}s \max_{s\in[\omega-\tau,\omega]} \left\{\left\|B^{\mathrm{T}}\mathrm{e}^{A^{\mathrm{T}}(s-\omega)}W_{\mathrm{c}}^{-1}(\tau)\right\|\right\} \stackrel{\mathrm{def}}{=\!=} c\int_{\omega-\tau}^{\omega}\left\|\mathrm{e}^{As}B\right\|\mathrm{d}s
\end{aligned}
$$

设 $M = \mathrm{e}^{A\tau}$ 并取 $\omega = i\tau\ (i = 1, 2, \cdots)$, 则从上式和式 (3.87) 可以得到

$$
\sum_{i=0}^{\infty}\left\|M^i\right\| = \sum_{i=0}^{\infty}\left\|\mathrm{e}^{iA\tau}\right\| \leqslant 1 + c\sum_{i=1}^{\infty}\int_{i\tau-\tau}^{i\tau}\left\|\mathrm{e}^{As}B\right\|\mathrm{d}s = 1 + c\int_0^{\infty}\left\|\mathrm{e}^{As}B\right\|\mathrm{d}s < \infty \tag{3.88}
$$

设 $M = VJV^{-1}$, 其中 Jordan 矩阵 J 的 (1,1) 位置的元素 J_{11} 满足 $\rho(M) = |J_{11}|$, 这里 $\rho(M)$ 是 M 的谱半径. 那么对 $i = 0, 1, \cdots$ 有

$$
\rho^i(M) = \left\|e_1^{\mathrm{T}}J^ie_1\right\| = \left\|e_1^{\mathrm{T}}V^{-1}M^iVe_1\right\| \leqslant \|V\|\left\|V^{-1}\right\|\left\|M^i\right\|
$$

其中, $e_1 = [1, 0, \cdots, 0]^{\mathrm{T}} \in \mathbf{R}^n$. 如果 $\rho(M) \geqslant 1$, 则根据上式有

$$
\sum_{i=0}^{\infty}\left\|M^i\right\| \geqslant \frac{1}{\|V\|\left\|V^{-1}\right\|}\sum_{i=0}^{\infty}\rho^i(M) = \infty
$$

这与式 (3.88) 矛盾. 从而有 $\rho(M) < 1$. 由于

$$
\rho(M) = \exp\left(\max_{i=1,2,\cdots,n}\{\mathrm{Re}(\lambda_i(A))\tau\}\right)
$$

因此有 $\mathrm{Re}(\lambda_i(A))\tau < 0\,(i = 1, 2, \cdots, n)$, 即 A 是 Hurwitz 矩阵.

陈述 (4) $\Leftrightarrow$ 陈述 (1) 的证明: 如果系统是输入-状态稳定的, 在式 (3.80) 中取 $u(t) = 0$ 得 $\|x(t)\| \leqslant k_x\|x_0\|\mathrm{e}^{-\lambda t}$, 这表明该系统是内稳定的. 反之, 如果系统是内稳定的, 则存在 $k > 0$ 和 $\lambda > 0$ 使得 $\left\|\mathrm{e}^{At}\right\| \leqslant k\mathrm{e}^{-\lambda t}$. 因此

$$
\begin{aligned}
\|x(t)\| &\leqslant \left\|\mathrm{e}^{At}\right\|\|x_0\| + \|B\|\int_0^t\left\|\mathrm{e}^{A(t-s)}\right\|\|u(s)\|\mathrm{d}s \\
&\leqslant k\mathrm{e}^{-\lambda t}\|x_0\| + \|B\|\sup_{s\in[0,t]}\{\|u(s)\|\}\int_0^t\mathrm{e}^{-\lambda(t-s)}\mathrm{d}s \\
&= k\mathrm{e}^{-\lambda t}\|x_0\| + \frac{\|B\|}{\lambda}\sup_{s\in[0,t]}\{\|u(s)\|\}, \quad \forall t \geqslant 0
\end{aligned}
$$

这表明系统是输入-状态稳定的. 证毕. □

3.5.2 能检测性和能稳性与零点的稳定性

受能观性的等价定义 (引理 2.5.1) 和强能观性的定义 (定义 2.5.1) 的启发, 我们给出如下能检测性和强能检测性的定义.

定义 3.5.2 如果 $u(t) = 0$ 和 $y(t) = 0$ $(\forall t \geqslant 0)$ 蕴含 $x(t) \xrightarrow{t\to\infty} 0$, 则称线性系统 (3.79) 是能检测的 (detectable).

定义 3.5.3 在 (充分光滑的) 未知输入 $u(t)$ 的驱动下, 如果输出 $y(t)=0\ (\forall t\geqslant 0)$ 蕴含 $x(t)\xrightarrow{t\to\infty}0$, 则称线性系统 (3.79) 是强能检测的 (strongly detectable).

能检测的含义是, 在零输入情形下那些不能从输出反映出来的模态一定是渐近稳定的; 而强能检测的含义是, 在未知输入存在的情形下那些不能从输出反映出来的运动形式一定是渐近稳定的. 首先给出强能检测性的 PBH 判据.

定理 3.5.2 设线性系统 (3.79) 满足

$$\operatorname{rank}\begin{bmatrix} B \\ D \end{bmatrix}=m \tag{3.89}$$

则它是强能检测的当且仅当

$$\operatorname{rank}\begin{bmatrix} A-sI_n & B \\ C & D \end{bmatrix}=n+m,\quad \forall s\in \mathbf{C}_{\geqslant 0} \tag{3.90}$$

证明 必要性: 反证. 假设式 (3.90) 不成立, 那么至少存在一个 $z\in\mathbf{C}_{\geqslant 0}$ 和不全为零的向量 $x_*\in\mathbf{C}^n$ 和 $u_*\in\mathbf{C}^m$ 使得

$$\begin{bmatrix} A-zI_n & B \\ C & D \end{bmatrix}\begin{bmatrix} x_* \\ u_* \end{bmatrix}=0$$

显然 $x_*\neq 0$. 不然有 $u_*\neq 0$ 且 $[B^{\mathrm{T}},D^{\mathrm{T}}]^{\mathrm{T}}u_*=0$, 即 $[B^{\mathrm{T}},D^{\mathrm{T}}]^{\mathrm{T}}$ 不是列满秩的, 这与式 (3.89) 矛盾. 根据定理 1.6.4 的证明, 对于形如式 (1.115) 和式 (1.116) 的实初值 $x(0)\neq 0$ 和实输入 $u(t)$ 有 $x(t)=\mathrm{e}^{zt}x_*+\mathrm{e}^{\overline{z}t}\overline{x}_*$ 和 $y(t)=0\ (\forall t\geqslant 0)$. 与式 (2.67) 的分析类似, 由 $z\in\mathbf{C}_{\geqslant 0}$ 可知当 $t\to\infty$ 时 $x(t)$ 不趋于零. 这表明线性系统 (3.79) 不是强能检测的. 矛盾.

充分性: 设幺模矩阵 $U(s)\in\mathbf{R}^{(n+p)\times(n+p)}[s]$ 和 $V(s)\in\mathbf{R}^{(n+m)\times(n+m)}[s]$ 使得

$$U(s)\begin{bmatrix} A-sI_n & B \\ C & D \end{bmatrix}V(s)=\begin{bmatrix} S(s) \\ 0 \end{bmatrix}$$

其中, 右端的矩阵是 Rosenbrock 系统矩阵 $R(s)$ 的 Smith 规范型, 即 $S(s)=\delta_1(s)\oplus\delta_2(s)\oplus\cdots\oplus\delta_{n+m}(s)$. 由式 (3.90) 可知 $\delta_i(s)\ (i=1,2,\cdots,n+m)$ 或者是 1 或者是 Hurwitz 多项式. 那么

$$(V(s)S^{-1}(s)\oplus I_{p-m})U(s)\begin{bmatrix} A-sI_n & B \\ C & D \end{bmatrix}=\begin{bmatrix} I_{n+m} \\ 0 \end{bmatrix} \tag{3.91}$$

设

$$(V(s)S^{-1}(s)\oplus I_{p-m})U(s)=\begin{bmatrix} N(s) & L(s) \\ * & * \end{bmatrix},\quad N(s)\in\mathbf{R}^{n\times n}(s),\quad L(s)\in\mathbf{R}^{n\times p}(s)$$

显然, $N(s)$ 和 $L(s)$ 的各元或是多项式, 或是分母为 Hurwitz 多项式的有理分式. 据式 (3.91) 得

$$\begin{bmatrix} N(s) & L(s) \end{bmatrix}\begin{bmatrix} A-sI_n & B \\ C & D \end{bmatrix}=\begin{bmatrix} I_n & 0 \end{bmatrix} \tag{3.92}$$

将线性系统 (3.79) 取 Laplace 变换得到

$$\begin{bmatrix} A-sI_n & B \\ C & D \end{bmatrix}\begin{bmatrix} X(s) \\ U(s) \end{bmatrix}=\begin{bmatrix} x_0 \\ Y(s) \end{bmatrix}$$

其中, $U(s)$、$X(s)$、$Y(s)$ 分别是 u、x、y 的 Laplace 变换. 上式左乘 $[N(s),L(s)]$ 并根据式 (3.92) 有

$$X(s)=N(s)x_0+L(s)Y(s)$$

根据 $N(s)$ 的性质, 无论 $u(t)$ 为何函数, 从 $y(t)=0$ ($\forall t\geqslant 0$) 即 $Y(s)=0$ ($\forall s\in\mathbf{C}$) 可推知 $x(t)=\mathscr{L}^{-1}(N(s))x_0\xrightarrow{t\to\infty}0$. 根据定义 3.5.3, 该系统是强能检测的. 证毕. □

关于能检测性, 存在下面的 PBH 判据.

定理 3.5.3 线性系统 (3.79) 是能检测的当且仅当

$$\operatorname{rank}\begin{bmatrix} A-sI_n \\ C \end{bmatrix}=n,\quad \forall s\in\mathbf{C}_{\geqslant 0} \tag{3.93}$$

证明 充分性的证明和定理 3.5.2 充分性的证明完全类似, 为了节省篇幅, 此处略去. 下面只证明必要性. 反证. 假设式 (3.93) 不成立, 那么至少存在一个 $\sigma_0\in\mathbf{C}_{\geqslant 0}$ 和不为零的向量 $z\in\mathbf{C}^n$ 使得

$$\begin{bmatrix} A-\sigma_0 I_n \\ C \end{bmatrix}z=0$$

此即式 (2.28). 由说明 2.2.4 知 $x(t)=z\mathrm{e}^{\sigma_0 t}$ 是系统 (3.79) 在 $u(t)=0$ ($\forall t\geqslant 0$) 时的解且 $y(t)=0$ ($\forall t\geqslant 0$). 同理知 $x(t)=\overline{z}\mathrm{e}^{\overline{\sigma}_0 t}$ 也是系统 (3.79) 在 $u(t)=0$ ($\forall t\geqslant 0$) 时的解且 $y(t)=0$ ($\forall t\geqslant 0$). 根据叠加原理, $x(t)=z\mathrm{e}^{\sigma_0 t}+\overline{z}\mathrm{e}^{\overline{\sigma}_0 t}:[0,\infty)\to\mathbf{R}^n$ 也是系统 (3.79) 在 $u(t)=0$ ($\forall t\geqslant 0$) 时的解且 $y(t)=0$ ($\forall t\geqslant 0$). 与式 (2.67) 的分析类似, 由 $\sigma_0\in\mathbf{C}_{\geqslant 0}$ 知当 $t\to\infty$ 时 $x(t)$ 不趋于零. 这表明系统 (3.79) 不是能检测的. 矛盾. 证毕. □

根据对偶原理, 在定理 3.5.2 和定理 3.5.3 的基础上给出定义 3.5.4.

定义 3.5.4 设线性系统 (3.79) 满足

$$\operatorname{rank}\begin{bmatrix} C & D \end{bmatrix}=p \tag{3.94}$$

(1) 如果对偶系统 $(A^{\mathrm{T}},C^{\mathrm{T}},B^{\mathrm{T}},D^{\mathrm{T}})$ 是能检测的, 即

$$\operatorname{rank}\begin{bmatrix} A-sI_n & B \end{bmatrix}=n,\quad \forall s\in\mathbf{C}_{\geqslant 0} \tag{3.95}$$

则称线性系统 (3.79) 是能稳的 (stabilizable).

(2) 如果对偶系统 $(A^{\mathrm{T}},C^{\mathrm{T}},B^{\mathrm{T}},D^{\mathrm{T}})$ 是强能检测的, 即

$$\operatorname{rank}\begin{bmatrix} A-sI_n & B \\ C & D \end{bmatrix}=n+p,\quad \forall s\in\mathbf{C}_{\geqslant 0}$$

则称线性系统 (3.79) 是强能稳的 (strongly stabilizable).

定理 3.5.2、定理 3.5.3 和定义 3.5.4 表明, 线性系统 (3.79) 是能检测/能稳的当且仅当它的输出/输入解耦零点都具有负实部; 线性系统 (3.79) 是强能检测或强能稳的当且仅当它的不变零点都具有负实部. 与极点类似, 具有负实部的不变零点称为稳定的不变零点, 否则称为不稳定的不变零点. 为了后续需要, 给出定义 3.5.5.

定义 3.5.5 如果线性系统 (3.79) 的不变零点

(1) 都具有负实部, 则称其为最小相位 (minimum-phase) 系统.

(2) 至少有一个具有非负实部, 则称其为非最小相位 (non-minimum phase) 系统.

(3) 具有非正的实部, 则称其为弱最小相位 (weak minimum-phase) 系统.

(4) 都具有正的实部, 则称其为最大相位 (maximum-phase) 系统.

定义 3.5.5 主要针对不变零点, 针对输入解耦零点或者输出解耦零点也可给出类似的定义. 根据此定义, 非退化系统 (A, B, C, D) 是最小相位系统当且仅当

$$\operatorname{rank}\begin{bmatrix} A-sI_n & B \\ C & D \end{bmatrix} = n+\min\{m,p\}, \quad \forall s \in \mathbf{C}_{\geqslant 0}$$

其他情形如最大相位系统也可以建立类似的判据, 这里不再赘述. 根据定理 3.5.2 和定义 3.5.4, 满足式 (3.89) 和式 (3.94) 的线性系统是强能检测的当且仅当它是最小相位系统.

从前面内容可以知道, 线性系统的稳定性只与极点 (即 A 的特征值) 有关, 与不变零点的位置无关. 但不稳定的不变零点会对系统的响应产生一定的影响. 考虑具有一个不稳定不变零点的稳定 SISO 线性系统, 其传递函数描述为

$$g(s) = \frac{s-z}{s^n + \alpha_{n-1}s^{n-1} + \cdots + \alpha_1 s + \alpha_0}$$

这里分母多项式是 Hurwitz 多项式, $z > 0$ 是正常数. 考虑系统的单位阶跃响应 $Y(s) = g(s)/s$. 根据初值定理有

$$y^{(k)}(t)\big|_{t=0} = \lim_{s\to\infty} s^{k+1}Y(s) = \begin{cases} 0, & k=0,1,\cdots,n-2 \\ 1, & k=n-1 \end{cases}$$

因此当 $t \geqslant 0$ 时有

$$\begin{aligned} y(t) &= \frac{y^{(0)}(0)}{0!} + \frac{y^{(1)}(0)}{1!}t + \cdots + \frac{y^{(n-1)}(0)}{(n-1)!}t^{n-1} + \frac{y^{(n)}(0)}{n!}t^n + \cdots \\ &= \frac{y^{(n-1)}(0)}{(n-1)!}t^{n-1} + \frac{y^{(n)}(0)}{n!}t^n + \cdots = t^{n-1}\left(\frac{1}{(n-1)!} + \frac{y^{(n)}(0)t}{n!} + \cdots\right) \end{aligned} \tag{3.96}$$

另外, 根据终值定理有

$$\lim_{t\to\infty} y(t) = \lim_{s\to 0} sY(s) = \lim_{s\to 0} \frac{s-z}{s^n + \alpha_{n-1}s^{n-1} + \cdots + \alpha_1 s + \alpha_0} = -\frac{z}{\alpha_0} < 0 \tag{3.97}$$

式 (3.96) 意味着输出 $y(t)$ 在 $t \geqslant 0$ 的一小段时间内为正, 但式 (3.97) 表明输出 $y(t)$ 的终值反转为负值了, 也就是说系统的输出响应会经历一次正负号反转. 采取相同的分析方式可以知道, 不稳定的零点越多, 系统的输出达到稳态值之前要经历反转的次数越多. 这种输出多次反向的行为是非最小相位系统的基本特性.

例 3.5.1 考虑 3 个非最小相位 SISO 线性系统, 其传递函数分别为

$$g_1(s) = \frac{10(s-1)}{(s+1)(s^2+2s+2)(s^2+4s+5)}$$

$$g_2(s) = \frac{10(s-1)(2s-1)}{(s+1)(s^2+2s+2)(s^2+4s+5)}$$

$$g_3(s) = \frac{10(s-1)(2s-1)(3s-1)}{(s+1)(s^2+2s+2)(s^2+4s+5)}$$

它们分别有 1、2 和 3 个不稳定的不变零点. 其单位阶跃响应如图 3.6 所示. 从中可以看出, 输出 $y(t)$ 从 0 到达稳态分别经历了 1 次、2 次和 3 次符号的变更. 作为比较, 对应的最小相位 SISO 线性系统

$$\hat{g}_1(s) = \frac{10(s+1)}{(s+1)(s^2+2s+2)(s^2+4s+5)}$$

$$\hat{g}_2(s) = \frac{10(s+1)(2s+1)}{(s+1)(s^2+2s+2)(s^2+4s+5)}$$

$$\hat{g}_3(s) = \frac{10(s+1)(2s+1)(3s+1)}{(s+1)(s^2+2s+2)(s^2+4s+5)}$$

的单位阶跃响应也被记录在图 3.7 中. 从中可以看出, 这 3 个最小相位系统的输出都不存在符号的变更.

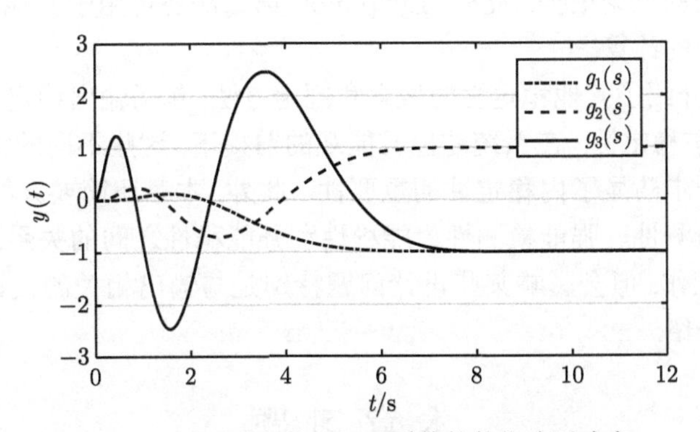

图 3.6 非最小相位 SISO 系统的单位阶跃响应

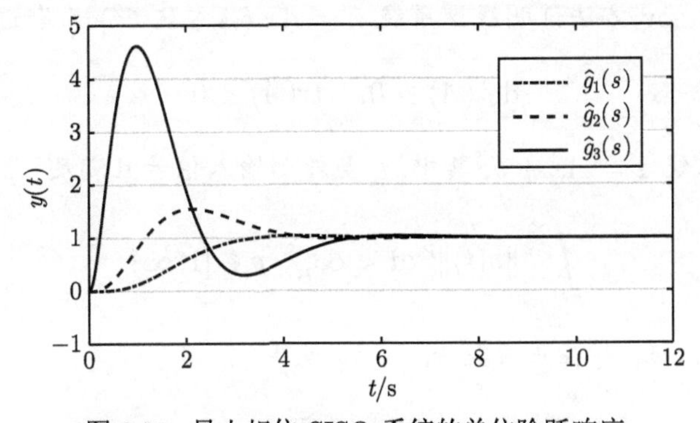

图 3.7 最小相位 SISO 系统的单位阶跃响应

上面主要针对 SISO 系统对最小相位特性进行了简单的介绍. 对于 MIMO 系统, 讨论不变零点对系统输出的影响会更复杂, 这里不再介绍.

本章小结

稳定性理论有十分丰富的内容. 由于本书限定为线性定常系统, 稳定性理论的内容显得较为简单. 本章主要给出了两类稳定性判据, 基于系统矩阵的判据和基于 Lyapunov 第二法的判据. 对于基于系统矩阵的判据, 线性系统的渐近稳定性等价于系统矩阵的所有特征值具有负的实部, 而 Lyapunov 稳定性则进一步允许系统有位于虚轴上的根, 但要求对应的 Jordan 块必须是对角的. 对于 Lyapunov 第二法, 线性系统的稳定性等价于 Lyapunov 方程的正定解的存在性. 本章详细讨论了 Lyapunov 方程的各种情形, 特别是临界稳定情形、不稳定情形和 Q 矩阵仅是半正定的情形, 还讨论了一般情形下的惯性定理.

本章还讨论了线性系统收敛速率的估计问题. 对于基于系统矩阵的判据, 收敛速率的估计与系统矩阵的谱横坐标密切相关. 对于 Lyapunov 第二法, 系统收敛速率的估计与 Lyapunov 方程的 Q 矩阵和解 P 矩阵密切相关. 此外, 证明了这两种方法在估计收敛速率方面的等价性.

Lyapunov 第二法作为一种不需要精确求解系统状态的方法, 相比于基于系统矩阵的方法有更多的优点. 例如, 可以利用构造的线性部分的二次 Lyapunov 函数研究更复杂的系统的稳定性. 本节基于此证明了线性化系统的稳定性蕴含了非线性系统的局部指数稳定性. 这是 Lyapunov 间接法的理论依据. 此外, Lyapunov 第二法还可用于其他问题, 如与线性系统的解有关的复杂积分的计算.

最后, 本章简要介绍了其他稳定性的概念和判定方法, 包括输出稳定性、有界输入有界输出稳定性和输入-状态稳定性. 在系统能控又能观的前提下, 这些不同的稳定性事实上都等价于内稳定性. 这进一步凸显了内稳定性的重要性. 此外, 本章还简要介绍了零点的稳定性以及它们和系统的能检测性、强能检测性、能稳性和强能稳性之间的关系. 零点的稳定性虽然不影响系统的正常工作, 但会影响某些设计问题特别是与输出相关的设计问题的可解性. 这将在后续章节进行介绍.

本章习题

3.1 利用 Lyapunov 方法证明线性系统 $\dot{x} = Ax$ $(A \in \mathbf{R}^{2\times 2})$ 为渐近稳定的充要条件是

$$\det(A) > 0, \quad \operatorname{tr}(A) < 0$$

3.2 考虑线性系统 $\dot{x} = Ax + v$, 其中, v 是外部输入信号且满足

$$\int_0^{\infty} \|v(t)\|^p \, \mathrm{d}t < \infty, \quad p \in [1, \infty)$$

A 是 Hurwitz 矩阵. 试证: 存在正常数 k_1 和 k_2 使得

$$\int_0^{\infty} \|x(s)\|^p \, \mathrm{d}s \leqslant k_1 \|x(0)\|^p + k_2 \int_0^{\infty} \|v(s)\|^p \, \mathrm{d}s, \quad \lim_{t\to\infty} \|x(t)\| = 0$$

3.3 试证: 多项式 $p_n s^n + p_{n-1}s^{n-1} + \cdots + p_1 s + p_0$ 的所有零点的实部小于零当且仅当多项式 $p_0 s^n + p_1 s^{n-1} + \cdots + p_{n-1}s + p_n$ 的所有零点的实部小于零.

3.4 设 $A \in \mathbf{R}^{n\times n}$ 是常数矩阵. 试证: 如果 Lyapunov 方程 $A^{\mathrm{T}}P + PA = -Q$ 对任意 $Q > 0$ 都有解, 则系统 $\dot{x} = Ax$ 的解或者是无界的, 或者是渐近稳定的.

3.5 设 P 和 Q 均为 $n \times n$ 的半正定矩阵, 且满足 Lyapunov 方程 $A^{\mathrm{T}}P + PA = -Q$, 其中 A 为 $n \times n$ 矩阵. 再设对任意 n 维复向量 z, 由 $z^{\mathrm{H}}\mathrm{e}^{A^{\mathrm{T}}t}Q\mathrm{e}^{At}z = 0$ 可得 $\mathrm{e}^{At}z \xrightarrow{t\to\infty} 0$. 试用反证法证明: 矩阵 A 的所有特征值都具有负实部.

3.6 假设 $A \in \mathbf{R}^{n\times n}$ 是 Hurwitz 矩阵, $Q \geqslant 0$ 是给定实矩阵. 考虑 Lyapunov 方程

$$A^{\mathrm{T}}P + PA = -Q \tag{3.98}$$

试证: 求解该 Lyapunov 方程只需求解形如 $Bp = q$ 的线性方程, 其中 B 是 $n(n+1)/2$ 维方阵.

3.7 假设 A 是 $n \times n$ 的实 Hurwitz 矩阵, $Q \geqslant 0$ 是给定实矩阵. 考虑 Lyapunov 方程 (3.98) 和

$$A^{\mathrm{T}}S + SA = \frac{1}{2}(A^{\mathrm{T}}Q - QA) \tag{3.99}$$

试证:

(1) Lyapunov 方程 (3.99) 的解 S 是反对称矩阵, 即 $S + S^{\mathrm{T}} = 0$.

(2) 求解 Lyapunov 方程 (3.99) 只需求解形如 $Cs = d$ 的线性方程, 其中 C 是 $n(n-1)/2$ 维方阵.

(3) Lyapunov 方程 (3.98) 的解可表示为

$$P = \left(S - \frac{1}{2}Q\right)A^{-1}$$

另外, 请指明本题所蕴含的算法相比习题 3.6 所蕴含的算法的优势.

3.8 设 P 和 Q 分别满足 Lyapunov 方程

$$A^{\mathrm{T}}P + PA + S = 0, \quad AQ + QA^{\mathrm{T}} + R = 0$$

其中, A、S 和 R 都是给定的实矩阵. 试证: $\mathrm{tr}(QS) = \mathrm{tr}(PR)$.

3.9 设 $A \in \mathbf{R}^{n\times n}$、$B \in \mathbf{R}^{m\times m}$ 和 $C \in \mathbf{R}^{n\times m}$ 都是常矩阵, $X \in \mathbf{R}^{n\times m}$ 满足 Sylvester 方程

$$AX + XB = -C$$

试证: 对任意 $t \geqslant 0$ 都有

$$X = \mathrm{e}^{At}X\mathrm{e}^{Bt} + \int_0^t \mathrm{e}^{As}C\mathrm{e}^{Bs}\mathrm{d}s$$

3.10 假设 A 是实正规矩阵, 即 $AA^{\mathrm{T}} = A^{\mathrm{T}}A$. 试证: 线性系统 $\dot{x} = Ax$ 是渐近稳定的当且仅当此系统的任何解 $x(t)$ 满足 $\|x(t)\| < \|x(0)\|$ $(\forall t > 0)$.

3.11 设 $(A, C) \in (\mathbf{R}^{n\times n}, \mathbf{R}^{p\times n})$. 试证: 如果 Lyapunov 方程

$$A^{\mathrm{T}}P + PA = -C^{\mathrm{T}}C$$

有解, 则 $\mathcal{N}(P) \subset \mathcal{N}(Q_{\mathrm{o}}(A, C))$; 如果上述 Lyapunov 方程有唯一解, 则 $\mathcal{N}(Q_{\mathrm{o}}(A, C)) \subset \mathcal{N}(P)$.

3.12 考虑线性系统 $(A, B) \in (\mathbf{R}^{n\times n}, \mathbf{R}^{n\times m})$ 和下面 3 个陈述: (a) 矩阵 A 是 Hurwitz 矩阵. (b) Lyapunov 方程 $AP + PA^{\mathrm{T}} = -BB^{\mathrm{T}}$ 有解 $P > 0$. (c) (A, B) 能控. 试证:

$$(1)\ \mathrm{a} + \mathrm{b} \Rightarrow \mathrm{c}, \quad (2)\ \mathrm{a} + \mathrm{c} \Rightarrow \mathrm{b}, \quad (3)\ \mathrm{b} + \mathrm{c} \Rightarrow \mathrm{a}$$

3.13 设 A 和 B 均为方阵. 试证: 以 Q 为未知量的方程 $AQ + QB = C$ 有解, 当且仅当对于所有满足 $A^{\mathrm{T}}P + PB^{\mathrm{T}} = 0$ 的 P 都有 $\mathrm{tr}(P^{\mathrm{T}}C) = 0$.

3.14 设 $A \in \mathbf{R}^{n\times n}$ 是 Hurwitz 矩阵, $Q_i \in \mathbf{R}^{n\times n}$ $(i = 1, 2)$ 都是给定的正定矩阵, $P_i \in \mathbf{R}^{n\times n}$ $(i = 1, 2)$ 分别是下述两个 Lyapunov 方程

$$A^{\mathrm{T}}P_1 + P_1A = -Q_1, \quad A^{\mathrm{T}}P_2 + P_2A = -Q_2$$

的解. 试证: 如果 $Q_1 > Q_2$, 则 $P_1 > P_2$; 如果 $Q_1 \geqslant Q_2$, 则 $P_1 \geqslant P_2$.

3.15 考虑线性系统 $\dot{x} = FAx$, 其中, $F > 0, A + A^{\mathrm{T}} < 0$. 试证: 该系统是渐近稳定的.

3.16 试证: 各向同性线性系统 (1.118) 是渐近稳定的当且仅当对任意各向同性矩阵 $Q > 0$, Lyapunov 方程 $A^{\mathrm{T}}P + PA = -Q$ 的解 P 是各向同性矩阵且正定.

3.17 设 $A, B \in \mathbf{R}^{n\times n}$ 都是对称矩阵, 且 A 正定. 试证: 存在非奇异矩阵 T 使得 $T^{\mathrm{T}}AT = I_n$ 和 $T^{\mathrm{T}}BT$ 是对角矩阵, 即 A 和 B 可同时被对角化.

3.18 设 $A, B \in \mathbf{R}^{n\times n}$ 都是正定矩阵. 试证:

(1) 若存在 $P > 0$ 使得 $APA > BPB$, 则 $A > B$.

(2) 若 $A > B$, 则存在 $P > 0$ 使得 $APA > BPB$, 且后者并非对所有 $P > 0$ 都成立.

3.19 试证: 如果存在正定矩阵 $P > 0, Q > 0$ 和实反对称矩阵 $S = -S^{\mathrm{T}}$ 使得 $A = P(S - Q)$, 则 A 是 Hurwitz 矩阵, 并且

$$-\lambda_{\max}(PQ) \leqslant \mathrm{Re}(\lambda_i(A)) \leqslant -\lambda_{\min}(PQ)$$

3.20 设线性系统 $\dot{x} = Ax$ 是渐近稳定的, A 的谱横坐标为 $\sigma(A)$. 试证:

$$\gamma^* \stackrel{\text{def}}{=\!=} \sup_{\exists P>0\text{使得}A^{\mathrm{T}}P+PA+2\gamma P\leqslant 0} \{\gamma\} = -\sigma(A)$$

3.21 设 (A, C) 能观, $A \in \mathbf{R}^{n\times n}$ 存在一个实部为正的特征值. 试证: 存在初值 $x_0 \in \mathbf{R}^n$ 使得输出无界. 此外, 请给出 x_0 的具体取法.

3.22 考虑受扰线性系统 $\dot{x} = Ax + g(x, t)$ $(\forall t \geqslant 0, x(0) = x_0)$, 其中, $g(x, t)$ 满足 $\|g(x, t)\| \leqslant k\|x\|$ $(\forall x \in \mathbf{R}^n)$, 这里 k 是正常数. 试证: 如果存在 $\alpha > 0$ 和对称正定矩阵 $P > 0$ 使得

$$\begin{bmatrix} A^{\mathrm{T}}P + PA + \alpha k^2 I_n & P \\ P & -\alpha I_n \end{bmatrix} < 0$$

则该受扰线性系统是指数稳定的.

3.23 考虑受扰线性系统 $\dot{x} = Ax + f, x(0) = x_0$, 其中, $A \in \mathbf{R}^{n\times n}$ 的所有特征值都具有负实部; f 是连续函数且以 T 为周期. 试证:

(1) 如下以 $x_0 = \int_{-\infty}^{0} \mathrm{e}^{-As} f(s)\mathrm{d}s$ 为初值的解的周期为 T:

$$x(t) = \int_{-\infty}^{t} \mathrm{e}^{A(t-s)} f(s)\mathrm{d}s$$

(2) 该系统以任意 x_1 为初值的解在 $t \to \infty$ 时也收敛于该周期解.

3.24 设线性系统

$$\dot{x} = Ax + Bu, \quad y = Cx, \quad x(0) = 0$$

的系统矩阵 A 是 Hurwitz 矩阵, 输入信号 $u(t) = u_0 \sin(\omega t)$, 其中 u_0 为 m 维列向量且 $\omega > 0$. 试证: 系统的输出为 (该输出也称为在频率 ω 下的稳态频率响应)

$$y(t) = \mathrm{Im}(G(\omega \mathrm{i}))u_0 \cos(\omega t) + \mathrm{Re}(G(\omega \mathrm{i}))u_0 \sin(\omega t)$$

其中, $\mathrm{Re}(\cdot)$ 和 $\mathrm{Im}(\cdot)$ 分别表示 $\cdot$ 的实部和虚部.

3.25 考虑线性系统 $\dot{x} = (A + F)x$. 设存在常数 α 和 K 使得 $\left\|\mathrm{e}^{At}\right\| \leqslant K\mathrm{e}^{\alpha t}$ $(\forall t \geqslant 0)$. 试证:

$$\left\|\mathrm{e}^{(A+F)t}\right\| \leqslant K\mathrm{e}^{(\alpha + K\|F\|)t}, \quad \forall t \geqslant 0$$

3.26 考虑线性系统 $\dot{x} = Ax, y = Cx, x(0) = x_0$, 其中, A 是 Hurwitz 矩阵. 试证: 对任意整数 $m \geqslant 0$, 输出 $y(t)$ 的 m 阶矩为

$$J_m \stackrel{\text{def}}{=\!=} \int_{0}^{\infty} t^m y^{\mathrm{T}}(t) y(t)\mathrm{d}t = m! x_0^{\mathrm{T}} P_m x_0$$

其中, $P_k \geqslant 0$ $(k = 0, 1, \cdots, m)$ 是如下系列 Lyapunov 方程的解:

$$\begin{aligned} &A^{\mathrm{T}} P_0 + P_0 A = -C^{\mathrm{T}} C \\ &A^{\mathrm{T}} P_k + P_k A = -P_{k-1}, \quad k = 1, 2, \cdots, m \end{aligned}$$

3.27 设 $Q > 0$ 是给定矩阵, A 是 Hurwitz 矩阵, $P > 0$ 是 Lyapunov 方程 (3.36) 的解, $\kappa(Q)$ 如式 (3.59) 所定义. 试证: $\kappa(Q) \leqslant \kappa(I_n)$ $(\forall Q > 0)$.

3.28 考虑 2 维线性系统

$$\dot{x} = \begin{bmatrix} 0 & 1 \\ -\omega^2 & -2\xi\omega \end{bmatrix} x = Ax, \quad y = \begin{bmatrix} 1 & 0 \end{bmatrix} x = cx$$

其中, $\omega > 0$ 和 $\xi \in (0, 1)$ 分别是无阻尼自振角频率和阻尼比; 初始状态为 $x_0 = [1, 0]^{\mathrm{T}}$. 求最优 ξ 使得性能指标

$$J(\xi) = \int_{0}^{\infty} x^{\mathrm{T}}(t) Q x(t)\mathrm{d}t, \quad Q = \begin{bmatrix} 1 & 0 \\ 0 & \dfrac{k}{\omega^2} \end{bmatrix}$$

极小, 这里 $k > 0$ 是给定常数. 特别地, 说明在 $k = 0$ 和 $k = 1$ 两种情况下上述性能指标的含义和相应的最优阻尼比.

3.29　考虑高阶线性微分方程

$$x^{(n)}(t)+\alpha_{n-1}x^{(n-1)}(t)+\cdots+\alpha_1x^{(1)}(t)+\alpha_0x(t)=0$$

其初始状态为 $x(0)=1, x^{(i)}(0)=0\ (i=1,2,\cdots,n-1)$. 设 $\alpha(s)=s^n+\alpha_{n-1}s^{n-1}+\cdots+\alpha_1s+\alpha_0$ 是 Hurwitz 多项式. 试计算 $J_2=\int_0^\infty x^2(t)\mathrm{d}t$.

3.30　试计算 $J_6=\int_0^\infty y^6(t)\mathrm{d}t$, 其中 $y(t)$ 满足如下 2 阶线性微分方程

$$\ddot{y}(t)+3\dot{y}(t)+2y(t)=0,\quad y(0)=1,\quad \dot{y}(0)=0$$

3.31　考虑渐近稳定且真的传递函数

$$g(s)=\frac{s^{\delta_0}\prod_{i=1}^{\delta_1}(s-z_i)\prod_{j=1}^{\delta_2}(s+\zeta_j)\prod_{k=1}^{\delta_3}(s^2+\beta_{k1}s+\beta_{k0})}{s^n+\alpha_{n-1}s^{n-1}+\cdots+\alpha_1s+\alpha_0}$$

其中, $z_i>0;\zeta_j<0$; 二次方程 $s^2+\beta_{k1}s+\beta_{k0}=0$ 的根是一对共轭复数; $\delta_i\ (i=0,1,2,3)$ 是非负整数. 设系统的阶跃响应为 $Y(s)=g(s)/s$. 如果存在正整数 q 使得 $y^{(k)}(t)\big|_{t=0}=0\ (k=0,1,\cdots,q-1)$ 和

$$\left(y^{(q)}(t)\big|_{t=0}\right)\lim_{t\to\infty}y(t)<0$$

成立, 即输出的稳态值和输出在 0^+ 时刻的值符号相反, 则称该系统存在下冲 (undershooting) 现象. 试证: 该系统存在下冲现象当且仅当 $\delta_0=0$ 且 δ_1 为奇数, 即其不稳定的实零点的个数为奇数且没有在原点处的零点.

本章附注

附注 3.1　古诗云: 疾风知劲草, 板荡识诚臣. 草之劲否, 肉眼难以辨别. 若以风扰之, 如能屹立不倒, 风停还能恢复挺拔, 才是劲草. 系统的稳定性亦然. 老子《道德经》第二十六章云: “重为轻根, 静为躁君” (厚重是轻率的根本, 静定是躁动的主宰). 如果将“静”理解为“稳定”, 那么“躁”就是“扰动”; “静为躁君”就是说“静”能主宰“躁”, 真正的“稳定”不会因为“扰动”而被破坏, “扰动”反而检验了什么是真正的“稳定”.

附注 3.2　1992 年在 Lyapunov 的博士论文发表 100 周年之际, 国际期刊 *International Journal of Control* 将其从法文翻译成英文重新发表[1]. 感兴趣的读者可以参考. 关于 Lyapunov 稳定性方法有十分丰富的内容, 可参考专门书籍[2]. Lyapunov 稳定性方法一直在发展之中. 例如, 一般的 Lyapunov 稳定性方法要求 Lyapunov 函数的导数是负定的, 但通过施加一定的条件, 可以允许 Lyapunov 函数的导数是不定的. 此外, 在不定导数 Lyapunov 函数的基础上还可以进一步构造导数严格负定的 Lyapunov 函数[3,4]. 这意味着, 对于复杂的系统, 可以不追求一步到位地构造出导数严格负定的 Lyapunov 函数, 而是先构造导数不定的 Lyapunov 函数, 再将该 Lyapunov 函数进行严格化. 作者在这方面做了一些工作, 包括线性时变系统[5-7]、非线性时变系统[8], 时滞时变系统[9,10] 和随机时变系统[11] 等, 感兴趣的读者可以参考.

附注 3.3 方阵 A 的谱横坐标 (spectral abscissa) 在连续线性系统中的作用类似于谱半径在离散线性系统中的作用, 但该概念并没有得到和谱半径同等的重视. 引理 3.2.1 利用谱横坐标给出的矩阵指数函数 $\|e^{At}\|$ 的上下界是紧的, 可用于其他需要 $\|e^{At}\|$ 的估计的场合.

附注 3.4 多项式不稳定或多项式稳定的系统是一类重要的系统. 当考虑控制信号受到幅值约束时, 一个能控的线性系统能够被全局镇定当且仅当它最多是多项式不稳定的, 也就是说本质不稳定的线性系统不能通过有界的控制律实现全局镇定. 相关问题得到了十分深入的研究. 例 3.2.2 和例 3.2.3 给出的例子分别展示了临界稳定和多项式不稳定系统的相互连接所导致的复杂现象. 这两个例子分别来自文献 [12] 和作者的工作[13].

附注 3.5 Routh 判据是 Routh 于 1875 年采用 Sturm 组合 Cauchy 指数的方法得到的. 这里给出的 Routh 判据证明参考了文献 [14] 和文献 [15]. 近年来, Routh 表被用于现代控制系统的设计, 例如, Routh 表与系统的性能指标, 即系统的各种范数密切相关. 可参见相关文献. 此外, 关于多项式的稳定性有非常丰富的内容, 可参考文献 [2] 的第二章.

附注 3.6 例 3.2.5 所讨论的稳定裕度最大化问题是一个很有趣而困难的问题. 本例中仅有一个参数 K, 此时该问题也可通过绘制根轨迹来解决. 实际问题中可能含有多个参数. 例如, 对称航天器姿态控制系统在有界线性反馈作用下的闭环系统的最大稳定裕度是 3 次多项式方程

$$\sigma^3 + \frac{1}{2}\sigma^2 - \frac{1}{2} = 0$$

的唯一实根. 具体推证过程见作者的工作[13]. 其他相关问题例如航天器轨道交会控制系统和航天器磁力矩姿态控制系统的最大稳定裕度问题, 可分别参见作者的工作[16,17]. 我们注意到, 仿射约束下的稳定裕度极大化 (极小化极大特征值实部) 问题的解一般都是在重根出现时获得的[18].

附注 3.7 关于 Lyapunov 方程有非常丰富的内容, 特别是 Lyapunov 方程的求解 (习题 3.7) 和解的性质 (习题 3.14) 得到了大量的深入研究, 感兴趣的读者可以查阅相关文献. 注意到习题 3.7 给出了一种只需计算 $(n-1)n/2$ 维矩阵逆矩阵的 Lyapunov 方程解法, 而一般的解法需要计算 $n(n+1)/2$ 维矩阵的逆矩阵 (习题 3.6). 这一算法由文献 [19] 给出. 习题 3.11 关于 Lyapunov 方程解的零空间的结果来自文献 [20]. 关于此结果的进一步阐述可参见该文献.

附注 3.8 Watt 离心调速器的稳定性问题是一个古老的问题. 将 Watt 离心调速器的稳定性问题转化为 3 阶线性微分方程, 即 3 次多项式 (3.65) 的稳定问题并建立充要条件 (3.66) 的工作最早由 Maxwell[21] 完成. 基于非线性系统模型的稳定性分析参见文献 [22].

附注 3.9 最小相位系统的概念源自经典控制理论, 一般指开环传递函数的极点和零点的实部都小于或等于零的系统. 关于最小相位系统的严格定义和性质可以参考文献 [23]. 非最小相位系统最基本的特性是输出响应会出现“欲扬先抑”的现象, 即输出响应初期会先经历至少一次正负号反转, 从而给系统的控制带来一定的难度. 在线性系统理论中, 最小相位系统一般仅指不变零点是渐近稳定的系统. 由于不变零点本质上是与输入输出相关的概念, 凡是与输入输出有关的控制问题都会涉及不变零点, 如输出反馈镇定、解耦控制、输出跟踪、输出调节等. 在这些问题中, 非最小相位系统的控制难度往往都要高于最小相位系统, 有些问题甚至只有当系统是最小相位时才能解决. 详细内容参考后文相应部分的介绍.

参 考 文 献

[1] Lyapunov A M. The general problem of the stability of motion. International Journal of Control, 1992, 55(3): 531-534.
[2] 黄琳. 稳定性与鲁棒性的理论基础. 北京: 科学出版社, 2003.
[3] Zhou B. Construction of strict Lyapunov-Krasovskii functionals for time-varying time-delay systems. Automatica, 2019, 107: 382-397.
[4] Zhou B, Tian Y, Lam J. On construction of Lyapunov functions for scalar linear time-varying systems. Systems & Control Letters, 2020, 135: 104591.
[5] Zhou B. On asymptotic stability of linear time-varying systems. Automatica, 2016, 68: 266-276.
[6] Zhou B. Lyapunov differential equations and inequalities for stability and stabilization of linear time-varying systems. Automatica, 2021, 131: 109785.
[7] Zhou B, Zhao T R. On asymptotic stability of discrete-time linear time-varying systems. IEEE Transactions on Automatic Control, 2017, 62(8): 4274-4281.
[8] Zhou B. Stability analysis of non-linear time-varying systems by Lyapunov functions with indefinite derivatives. IET Control Theory & Applications, 2017, 11(9): 1434-1442.
[9] Zhou B. Improved Razumikhin and Krasovskii approaches for discrete-time time-varying time-delay systems. Automatica, 2018, 91: 256-269.
[10] Zhou B, Egorov A V. Razumikhin and Krasovskii stability theorems for time-varying time-delay systems. Automatica, 2016, 71: 281-291.
[11] Zhou B, Luo W W. Improved Razumikhin and Krasovskii stability criteria for time-varying stochastic time-delay systems. Automatica, 2018, 89: 382-391.
[12] Khalil H K. Nonlinear Control. New York: Pearson, 2015.
[13] Zhou B. On stability and stabilization of the linearized spacecraft attitude control system with bounded inputs. Automatica, 2019, 105: 448-452.
[14] Chen C T. Linear System Theory and Design. New York: Oxford University Press, 1984.
[15] Parks R C. A new proof of the Routh-Hurwitz stability criterion using the second method of Liapunov. Mathematical Proceedings of the Cambridge Philosophical Society, 1962, 58(4): 694-702.
[16] Zhou B, Lam J. Global stabilization of linearized spacecraft rendezvous system by saturated linear feedback. IEEE Transactions on Control Systems Technology, 2017, 25(6): 2185-2193.
[17] Luo W W, Zhou B, Duan G R. Global stabilization of the linearized three-axis axisymmetric spacecraft attitude control system by bounded linear feedback. Aerospace Science and Technology, 2018, 78: 33-42.
[18] Blondel V D, Gurbuzbalaban M, Megretski A, et al. Explicit solutions for root optimization of a polynomial family with one affine constraint. IEEE Transactions on Automatic Control, 2012, 57(12): 3078-3089.
[19] Barnett S, Storey C. Solution of the Lyapunov matrix equation. Electronics Letters, 1966, 12(2): 466-467.
[20] Li Z Y, Wang Y. Lyapunov iteration and equation characterizations for unobservable subspace. Applied Mathematics Letters, 2010, 23(2): 212-218.
[21] Maxwell J C I. On governors. Proceedings of the Royal Society of London, 1868, (16): 270-283.
[22] Denny M. Watt steam governor stability. European Journal of Physics, 2002, 23(3): 339-351.
[23] Ilchmann A, Wirth F. On minimum phase. At-Automatisierungstechnik, 2013, 61(12): 805-817.

第 4 章　变换和分解

对于一个实际物理系统, 如果它可以用线性模型加以描述, 在选定状态向量 x、输入向量 u 和输出向量 y 之后, 可以唯一地写成如下状态空间的形式:

$$\begin{cases} \dot{x} = Ax + Bu \\ y = Cx + Du \end{cases} \tag{4.1}$$

其中, $A \in \mathbf{R}^{n\times n}$、$B \in \mathbf{R}^{n\times m}$、$C \in \mathbf{R}^{p\times n}$ 和 $D \in \mathbf{R}^{p\times m}$ 分别是系统矩阵、控制矩阵、输出矩阵和前馈矩阵.

对不同的研究者来说, 状态向量 x、输入向量 u 和输出向量 y 的选择往往不同. 考虑一个最简单的 RLC 电路, 甲可以用电感电流和电容电压分别作为 x 的第 1 和第 2 个分量, 而乙则可能选择电容电压和电感电流分别作为 x 的第 1 和第 2 个分量. 同样的情况会发生在输入和输出变量上. 因此, 对于相同的物理系统, 甲和乙得到的线性系统模型却是不一样的. 显然, 这两个不同的模型应该具有某种等价性. 这就是本章要考虑的线性系统的等价问题.

作为系统等价问题的进一步延伸, 自然要问, 是否可以选择合适的状态、输入和输出向量, 甚至其他可逆的变换, 使得不同的线性系统具有相同或者类似的结构, 以便于对系统进行规范性的分析和设计? 这就是本章要考虑的规范型问题. 通过构造合适的规范型, 线性系统的系数矩阵往往具有能够辨识的特殊结构, 从而为将大系统分解成小系统提供了可能性.

根据第 1 章的讨论, 在很多情形下可以不失一般性地假设

$$(1)\ \operatorname{rank}\begin{bmatrix} B \\ D \end{bmatrix} = m, \quad (2)\ \operatorname{rank}\begin{bmatrix} C & D \end{bmatrix} = p, \quad (3)\ \operatorname{rank}(D) = m_0 \tag{4.2}$$

如果系统 (4.1) 是 SISO 线性系统, 出于需要, 将其重写如下:

$$\begin{cases} \dot{x} = Ax + bu \\ y = cx + du \end{cases} \tag{4.3}$$

其中, $A \in \mathbf{R}^{n\times n}, b \in \mathbf{R}^{n\times 1}, c \in \mathbf{R}^{1\times n}$, $d \in \mathbf{R}$.

4.1　代数等价变换

4.1.1　代数等价变换的定义

代数等价变换, 指的是状态等价变换、输入等价变换和输出等价变换的总称, 即

$$\tilde{x} = Tx, \quad \tilde{u} = T_u u, \quad \tilde{y} = T_y y$$

其中, $(T_u, T, T_y) \in (\mathbf{R}_m^{m\times m}, \mathbf{R}_n^{n\times n}, \mathbf{R}_p^{p\times p})$ 是非奇异矩阵簇. 为了简便, 代数等价变换也简称为等价变换, 并通常记作 (T_u, T, T_y). 线性系统 (4.1) 经过此等价变换之后变成

$$\begin{cases} \dot{\tilde{x}} = \tilde{A}\tilde{x} + \tilde{B}\tilde{u} \\ \tilde{y} = \tilde{C}\tilde{x} + \tilde{D}\tilde{u} \end{cases} \tag{4.4}$$

其中

$$\begin{bmatrix} \tilde{A} & \tilde{B} \\ \tilde{C} & \tilde{D} \end{bmatrix} \stackrel{\text{def}}{=\!=} \begin{bmatrix} TAT^{-1} & TBT_u^{-1} \\ T_yCT^{-1} & T_yDT_u^{-1} \end{bmatrix} = \begin{bmatrix} T & \\ & T_y \end{bmatrix} \begin{bmatrix} A & B \\ C & D \end{bmatrix} \begin{bmatrix} T^{-1} & \\ & T_u^{-1} \end{bmatrix} \tag{4.5}$$

为方便, 称 $(\tilde{A}, \tilde{B}, \tilde{C}, \tilde{D})$ 和 (A, B, C, D) 关于 (T_u, T, T_y) 是等价的, 或直接称二者是等价的. 在大多情况下, 等价变换不考虑输入和输出变换, 而仅考虑状态等价变换 (I_m, T, I_p), 即 $\tilde{x} = Tx$.

由于 T_u、T 和 T_y 都是可逆矩阵, 等价变换 (T_u, T, T_y) 是可逆变换, 即 $(T_u^{-1}, T^{-1}, T_y^{-1})$ 能将线性系统 (4.4) 变成系统 (4.1). 因此, 可以期望代数等价变换 (T_u, T, T_y) 不改变线性系统的本质特性.

4.1.2 代数等价变换的性质

代数等价变换不改变线性系统的大多数性质.

引理 4.1.1 考虑系统 (4.1). 设矩阵 $Q_{\rm c}^{[k]}$、$Q_{\rm o}^{[k]}$、$Q_{\rm i}^{[k]}$、$Q_{\rm ifo}^{[k]}$、$Q_{\rm ofc}^{[k]}$、$Q_{\rm io}$ 和 $Q_{\rm oc}$ 分别如式 (2.108)、式 (2.112)、式 (2.53)、式 (2.114)、式 (2.115)、式 (2.43) 和式 (2.34) 所定义, $(\tilde{A}, \tilde{B}, \tilde{C}, \tilde{D})$ 如式 (4.5) 所定义, 则

$$\begin{aligned}
\mathrm{rank}(Q_{\rm c}^{[k]}(\tilde{A}, \tilde{B})) &= \mathrm{rank}(Q_{\rm c}^{[k]}(A, B)) \\
\mathrm{rank}(Q_{\rm o}^{[k]}(\tilde{A}, \tilde{C})) &= \mathrm{rank}(Q_{\rm o}^{[k]}(A, C)) \\
\mathrm{rank}(Q_{\rm i}^{[k]}(\tilde{A}, \tilde{B}, \tilde{C}, \tilde{D})) &= \mathrm{rank}(Q_{\rm i}^{[k]}(A, B, C, D)) \\
\mathrm{rank}(Q_{\rm ifo}^{[k]}(\tilde{A}, \tilde{B}, \tilde{C}, \tilde{D})) &= \mathrm{rank}(Q_{\rm ifo}^{[k]}(A, B, C, D)) \\
\mathrm{rank}(Q_{\rm ofc}^{[k]}(\tilde{A}, \tilde{B}, \tilde{C}, \tilde{D})) &= \mathrm{rank}(Q_{\rm ofc}^{[k]}(A, B, C, D)) \\
\mathrm{rank}(Q_{\rm io}(\tilde{A}, \tilde{B}, \tilde{C}, \tilde{D})) &= \mathrm{rank}(Q_{\rm io}(A, B, C, D)) \\
\mathrm{rank}(Q_{\rm oc}(\tilde{A}, \tilde{B}, \tilde{C}, \tilde{D})) &= \mathrm{rank}(Q_{\rm oc}(A, B, C, D))
\end{aligned}$$

其中, $k = 0, 1, 2, \cdots, n$.

引理 4.1.1 的证明非常简单, 这里略去细节. 基于上述引理可以得到定理 4.1.1.

定理 4.1.1 代数等价变换不改变线性系统的:

(1) 极点 (即稳定性)、输入解耦零点 (即不能控振型)、输出解耦零点 (即不能观振型)、不变零点.

(2) Brunovsky 指数集、对偶 Brunovsky 指数集、可逆性指数集、输入函数能观性指数集、输出函数能控性指数集.

(3) 能控性、能观性、输出能控性、输入能观性、能稳性、能检测性.

(4) 输出函数能控性 (即右可逆性)、输入函数能观性 (即左可逆性)、可逆性.

(5) 强能控性、强能观性、强能稳性、强能检测性.

(6) 能控性指数、能观性指数.

证明　注意到

$$\begin{bmatrix} \tilde{A}-sI_n & \tilde{B} \end{bmatrix} = T\begin{bmatrix} A-sI_n & B \end{bmatrix}(T^{-1}\oplus T_u^{-1})$$

$$\begin{bmatrix} \tilde{A}-sI_n \\ \tilde{C} \end{bmatrix} = (T\oplus T_y)\begin{bmatrix} A-sI_n \\ C \end{bmatrix}T^{-1}$$

$$\begin{bmatrix} \tilde{A}-sI_n & \tilde{B} \\ \tilde{C} & \tilde{D} \end{bmatrix} = (T\oplus T_y)\begin{bmatrix} A-sI_n & B \\ C & D \end{bmatrix}(T^{-1}\oplus T_u^{-1})$$

因此结论 (1) ~ (5) 可从相应概念的定义式、判据和引理 4.1.1 立得.

结论 (6) 的证明: 能控性指数 μ 是使得 $Q_{\mathrm{c}}^{[k]}(A,B)$ 达到最大秩的最小的 k. 因此, 根据引理 4.1.1, 能控性指数 μ 也不变. 同理能观性指数也不变. 证毕. □

下面讨论代数等价变换对能控性指数集和能观性指数集的影响.

定理 4.1.2　设线性系统 (4.1) 经代数等价变换 (T_u,T,T_y) 之后为系统 (4.4), (A,B) 和 $(\tilde{A},\tilde{B})$ 的能控性指数集分别为 $\{\mu_1,\mu_2,\cdots,\mu_m\}$ 和 $\{\tilde{\mu}_1,\tilde{\mu}_2,\cdots,\tilde{\mu}_m\}$, (A,C) 和 $(\tilde{A},\tilde{C})$ 的能观性指数集分别为 $\{\nu_1,\nu_2,\cdots,\nu_p\}$ 和 $\{\tilde{\nu}_1,\tilde{\nu}_2,\cdots,\tilde{\nu}_p\}$. 那么

$$\begin{aligned} \mathscr{H}\{\tilde{\mu}_1,\tilde{\mu}_2,\cdots,\tilde{\mu}_m\} &= \mathscr{H}\{\mu_1,\mu_2,\cdots,\mu_m\} \\ \mathscr{H}\{\tilde{\nu}_1,\tilde{\nu}_2,\cdots,\tilde{\nu}_p\} &= \mathscr{H}\{\nu_1,\nu_2,\cdots,\nu_p\} \end{aligned} \tag{4.6}$$

此外, 如果 $T_u=I_m, T_y=I_p$, 则

$$\{\tilde{\mu}_1,\tilde{\mu}_2,\cdots,\tilde{\mu}_m\}=\{\mu_1,\mu_2,\cdots,\mu_m\},\quad \{\tilde{\nu}_1,\tilde{\nu}_2,\cdots,\tilde{\nu}_p\}=\{\nu_1,\nu_2,\cdots,\nu_p\}$$

证明　设 (A,B) 和 $(\tilde{A},\tilde{B})$ 的 Brunovsky 指数集分别为 $\varphi_{\mathrm{c}}(A,B)$ 和 $\varphi_{\mathrm{c}}(\tilde{A},\tilde{B})$. 根据引理 2.6.2, 能控性指数集由其 Brunovsky 指数集唯一确定, 即

$$\mathscr{H}\{\mu_1,\mu_2,\cdots,\mu_m\}=\#\varphi_{\mathrm{c}}(A,B),\quad \mathscr{H}\{\tilde{\mu}_1,\tilde{\mu}_2,\cdots,\tilde{\mu}_m\}=\#\varphi_{\mathrm{c}}(\tilde{A},\tilde{B})$$

根据定理 4.1.1, 式 (4.6) 得证.

如果 $T_u=I_m$, 由式 (4.5) 可知对任意 $k=0,1,\cdots,n-1$ 和 $i=1,2,\cdots,m$ 有

$$\operatorname{rank}\begin{bmatrix} B & AB & \cdots & A^{k-1}B & A^kB_i \end{bmatrix}=\operatorname{rank}\begin{bmatrix} \tilde{B} & \tilde{A}\tilde{B} & \cdots & \tilde{A}^{k-1}\tilde{B} & \tilde{A}^k\tilde{B}_i \end{bmatrix}$$

其中

$$B_i=\begin{bmatrix} b_1 & b_2 & \cdots & b_i \end{bmatrix},\quad \tilde{B}_i=\begin{bmatrix} \tilde{b}_1 & \tilde{b}_2 & \cdots & \tilde{b}_i \end{bmatrix}$$

这里 $\tilde{b}_i$ 表示 $\tilde{B}$ 的第 i 列. 根据能控性指数集的构造法则, $(\tilde{A},\tilde{B})$ 的能控性指数集和 (A,B) 的能控性指数集相同. 能观性的情形同理可证. 证毕. □

定理 4.1.1 和定理 4.1.2 进一步印证了第 2 章的说法: Brunovsky 指数集是比能控性指数集更合理的概念. 以上讨论的是能控性指数和指数集, 至于 Hermite 指数和指数集, 类似地可以证明只有在状态等价变换之下保持不变.

最后考虑代数等价变换对系统传递函数的影响. 从式 (4.5) 得到

$$\tilde{G}(s) \stackrel{\text{def}}{=} \tilde{C}(sI_n - \tilde{A})^{-1}\tilde{B} + \tilde{D} = T_y(C(sI_n - A)^{-1}B + D)T_u^{-1} = T_y G(s) T_u^{-1} \tag{4.7}$$

这表明状态等价变换 (I_m, T, I_p) 不改变系统的传递函数. 由于传递函数是脉冲响应矩阵的 Laplace 变换, 因此状态等价变换 (I_m, T, I_p) 也不改变线性系统的脉冲响应矩阵.

4.2 结构分解

结构分解的目的是展示系统的结构特征, 将不明显的结构特征明显化. 对线性系统进行结构分解主要有两个好处: 一是可以深入地了解系统的结构特点; 二是方便系统的分析和设计. 通常, 结构分解的主要工具是状态等价变换. 在某些情况, 输入变换和输出变换也是必要的. 本节将采用状态等价变换.

4.2.1 能控性与能观性结构分解

能控性结构分解, 就是将系统的能控部分和不能控部分区分开来. 因此, 对于能控的系统没有必要进行能控性结构分解. 考虑不完全能控的 n 维线性系统 (4.1). 因此

$$\operatorname{rank}(Q_{\mathrm{c}}(A,B)) = \operatorname{rank}\begin{bmatrix} B & AB & \cdots & A^{n-1}B \end{bmatrix} = n_{\mathrm{c}} < n$$

这表明能控性矩阵 $Q_{\mathrm{c}}(A,B)$ 中最多只有 n_{c} 个线性无关的列向量. 可通过任何方式, 包括通过对表 2.1 进行行搜索或列搜索, 在 $Q_{\mathrm{c}}(A,B)$ 中取出 n_{c} 个线性无关的 n 维列向量, 记为 $\{q_1, q_2, \cdots, q_{n_{\mathrm{c}}}\}$. 由于 n 维空间中线性无关的向量的个数最多为 n, 一定可以找到 $n - n_{\mathrm{c}}$ 个列向量 $\{q_{n_{\mathrm{c}}+1}, q_{n_{\mathrm{c}}+2}, \cdots, q_n\}$ 使得它们和 $\{q_1, q_2, \cdots, q_{n_{\mathrm{c}}}\}$ 都是线性无关的. 从而矩阵

$$Q = \left[\begin{array}{cccc|cccc} q_1 & q_2 & \cdots & q_{n_{\mathrm{c}}} & q_{n_{\mathrm{c}}+1} & q_{n_{\mathrm{c}}+2} & \cdots & q_n \end{array}\right] \stackrel{\text{def}}{=} \begin{bmatrix} Q_1 & Q_2 \end{bmatrix} \tag{4.8}$$

是非奇异的. 相应地, 表其逆矩阵为

$$T = Q^{-1} = \begin{bmatrix} T_1 \\ T_2 \end{bmatrix}, \quad T_1 \in \mathbf{R}^{n_{\mathrm{c}} \times n} \tag{4.9}$$

有了上述准备, 可以给出如下关于能控性结构分解的结论.

定理 4.2.1 对于不完全能控的线性系统 (4.1), 其能控性矩阵的秩为 n_{c}, 矩阵 Q 和 T 如式 (4.8) 和式 (4.9) 所定义. 那么经过状态变换 $\tilde{x} \stackrel{\text{def}}{=} \left[\tilde{x}_1^{\mathrm{T}}, \tilde{x}_2^{\mathrm{T}}\right]^{\mathrm{T}} = Tx$ 之后, 该系统等价于

$$\left\{\begin{array}{l} \begin{bmatrix} \dot{\tilde{x}}_1 \\ \dot{\tilde{x}}_2 \end{bmatrix} = \begin{bmatrix} A_{11} & A_{12} \\ 0 & A_{22} \end{bmatrix} \begin{bmatrix} \tilde{x}_1 \\ \tilde{x}_2 \end{bmatrix} + \begin{bmatrix} B_1 \\ 0 \end{bmatrix} u \\ y = \begin{bmatrix} C_1 & C_2 \end{bmatrix} \begin{bmatrix} \tilde{x}_1 \\ \tilde{x}_2 \end{bmatrix} + Du \end{array}\right. \tag{4.10}$$

其中, $\tilde{x}_1 \in \mathbf{R}^{n_c}$ 是 n_c 维能控状态, 即 (A_{11}, B_1) 能控; $\tilde{x}_2 \in \mathbf{R}^{n-n_c}$ 是 $n-n_c$ 维不能控状态. 此外, 如果 (A, C) 能观, 则 (A_{11}, C_1) 也能观.

证明 由于 Q_1 的各列向量是 $Q_c(A, B)$ 的各列向量的极大线性无关组, 而 AQ_1 的各列向量可表示为 $Q_c(A, B)$ 的各列向量的线性组合, 故 AQ_1 的各列向量一定可表示为 Q_1 的各列向量的线性组合, 即存在矩阵 $X_1 \in \mathbf{R}^{n_c \times n_c}$ 使得

$$AQ_1 = A\begin{bmatrix} q_1 & q_2 & \cdots & q_{n_c} \end{bmatrix} = Q_1 X_1$$

同理, 由于 B 的各列向量也能表示为 Q_1 的各列向量的线性组合, 存在 $X_2 \in \mathbf{R}^{n_c \times m}$ 使得 $B = Q_1 X_2$. 另外, 由于

$$I_n = TQ = \begin{bmatrix} T_1 \\ T_2 \end{bmatrix}\begin{bmatrix} Q_1 & Q_2 \end{bmatrix} = \begin{bmatrix} T_1Q_1 & T_1Q_2 \\ T_2Q_1 & T_2Q_2 \end{bmatrix}$$

所以有 $T_2Q_1 = 0 \in \mathbf{R}^{(n-n_c)\times n_c}$ 和 $T_1Q_1 = I_{n_c}$. 记 $(\tilde{A}, \tilde{B}, \tilde{C}) = (TAT^{-1}, TB, CT^{-1})$, 则

$$\tilde{A} = \begin{bmatrix} T_1AQ_1 & T_1AQ_2 \\ T_2AQ_1 & T_2AQ_2 \end{bmatrix} = \begin{bmatrix} T_1Q_1X_1 & T_1AQ_2 \\ T_2Q_1X_1 & T_2AQ_2 \end{bmatrix} = \begin{bmatrix} X_1 & T_1AQ_2 \\ 0 & T_2AQ_2 \end{bmatrix}$$

这就证明了 $\tilde{A}$ 的结构. 同理,

$$\tilde{B} = \begin{bmatrix} T_1B \\ T_2B \end{bmatrix} = \begin{bmatrix} T_1Q_1X_2 \\ T_2Q_1X_2 \end{bmatrix} = \begin{bmatrix} X_2 \\ 0 \end{bmatrix}$$

故 $\tilde{B}$ 的结构也得证. 另外 $\tilde{C}$ 无特殊形式, 按 $\tilde{x}$ 的结构分块即可. 下面证明 (A_{11}, B_1) 是能控的. 由于状态变换不改变能控性矩阵的秩, 故

$$\begin{aligned} n_c = \operatorname{rank}(Q_c(\tilde{A}, \tilde{B})) &= \operatorname{rank}\begin{bmatrix} B_1 & A_{11}B_1 & \cdots & A_{11}^{n-1}B_1 \\ 0 & 0 & \cdots & 0 \end{bmatrix} \\ &= \operatorname{rank}\begin{bmatrix} B_1 & A_{11}B_1 & \cdots & A_{11}^{n_c-1}B_1 \end{bmatrix} \end{aligned}$$

注意到上式的第 2 步到第 3 步用到了 Cayley-Hamilton 定理 (定理 A.3.2). 最后, 注意到

$$\operatorname{rank}\begin{bmatrix} A - sI_n \\ C \end{bmatrix} = \operatorname{rank}\begin{bmatrix} \tilde{A} - sI_n \\ \tilde{C} \end{bmatrix} = \operatorname{rank}\left[\begin{array}{c|c} A_{11} - sI_{n_c} & A_{12} \\ C_1 & C_2 \\ \hline 0 & A_{22} - sI_{n-n_c} \end{array}\right]$$

因此, 根据 PBH 判据, 如果 (A, C) 能观, 则 (A_{11}, C_1) 也能观. 证毕. □

关于能控性结构分解, 有下述说明.

说明 4.2.1 能控性结构分解能分离出线性系统的不能控振型. 根据式 (4.10) 容易看出

$$\det(sI_n - A) = \det(sI_n - \tilde{A}) = \det(sI_{n_c} - A_{11})\det(sI_{n-n_c} - A_{22})$$

这表明系统的极点被分成了两部分, 即不能控振型和能控振型. 事实上 $\lambda(A_{22})$ 包含了系统的所有不能控振型. 输入 u 只能影响能控振型, 即 A_{11} 的特征值.

说明 4.2.2 从能控性结构分解 (4.10) 可以看到, 之所以称 $\tilde{x}_2$ 为不能控子系统是因为它满足的动态方程 $\dot{\tilde{x}}_2 = A_{22}\tilde{x}_2$ 和控制输入 u 无关, 完全不受 u 的控制. 但是另一方面, 不能控子系统的状态 $\tilde{x}_2 \in \mathbf{R}^{n-n_c}$ 注入到了能控子系统 (A_{11}, B_1) 之中, 即

$$\dot{\tilde{x}}_1 = A_{11}\tilde{x}_1 + A_{12}\tilde{x}_2 + B_1 u = A_{11}\tilde{x}_1 + B_1 u + A_{12}\mathrm{e}^{A_{22}t}\tilde{x}_2(0)$$

这种外部输入 $A_{12}\mathrm{e}^{A_{22}t}\tilde{x}_2(0)$ 并不影响系统 $\tilde{x}_1$ 的能控性 (习题 2.14).

说明 4.2.3 从能控性结构分解 (4.10) 可知原系统 (4.1) 的传递函数是

$$C(sI_n - A)^{-1}B + D = \tilde{C}(sI_n - \tilde{A})^{-1}\tilde{B} + D = C_1(sI_{n_c} - A_{11})^{-1}B_1 + D$$

这表明原系统的传递函数仅仅由能控的子系统和相应的输出决定, 与不能控子系统无关.

说明 4.2.4 能控性结构分解在形式上具有唯一性, 即 $(\tilde{A}, \tilde{B})$ 的分块结构具有唯一性. 这是因为这种结构仅仅是由线性无关组 $\{q_1, q_2, \cdots, q_{n_c}\}$ 的选择原则决定的, 而与这 n_c 个向量的具体数值无关. 但是 $(\tilde{A}, \tilde{B})$ 的非零元素的值与线性无关组 $\{q_1, q_2, \cdots, q_{n_c}\}$ 的具体数值有关.

说明 4.2.5 假设 (A, B, C, D) 是右可逆的, 其 Rosenbrock 系统矩阵为 $R(s)$. 注意到

$$\mathrm{rank}(R(s)) = \mathrm{rank}\left[\begin{array}{cc|c} A_{11} - sI & A_{12} & B_1 \\ 0 & A_{22} - sI & 0 \\ \hline C_1 & C_2 & D \end{array}\right] = \mathrm{rank}\left[\begin{array}{cc|c} A_{11} - sI & B_1 & A_{12} \\ C_1 & D & C_2 \\ \hline & & A_{22} - sI \end{array}\right]$$

如果 $z \in \lambda(A_{22})$, 那么 $\mathrm{rank}(R(z)) < n+p$, 即 z 是 (A, B, C, D) 的不变零点. 如果 $z \notin \lambda(A_{22})$, 则

$$\mathrm{rank}(R(z)) = n - n_c + \mathrm{rank}\begin{bmatrix} A_{11} - zI & B_1 \\ C_1 & D \end{bmatrix}$$

这表明 z 是 (A, B, C, D) 的不变零点当且仅当 z 是 (A_{11}, B_1, C_1, D) 的不变零点. 因此, (A, B, C, D) 的不变零点集是 (A_{11}, B_1, C_1, D) 的不变零点集和 $\lambda(A_{22})$ 的并集. 特别地, 如果是可逆系统, 则

$$|\det(R(s))| = |\det(sI - A_{22})| \left|\det\begin{bmatrix} A_{11} - sI & B_1 \\ C_1 & D \end{bmatrix}\right|$$

下面简单讨论线性系统的能观性结构分解. 它是能控性结构分解的对偶形式, 主要针对不能观的线性系统进行, 即

$$\mathrm{rank}(Q_o(A, C)) = \mathrm{rank}\begin{bmatrix} C \\ CA \\ \vdots \\ CA^{n-1} \end{bmatrix} = n_o < n$$

与能控性结构分解类似, 在 $Q_o(A, C)$ 中任意选择 n_o 个线性无关的行向量 $\{l_1, l_2, \cdots, l_{n_o}\}$, 并在 $\mathbf{R}^n$ 空间中任意选择 $n - n_o$ 个线性无关的行向量 $\{l_{n_o+1}, l_{n_o+2}, \cdots, l_n\}$ 使得

$$T = \left[\begin{array}{ccc|ccc} l_1^{\mathrm{T}} & \cdots & l_{n_o}^{\mathrm{T}} & l_{n_o+1}^{\mathrm{T}} & \cdots & l_n^{\mathrm{T}} \end{array}\right]^{\mathrm{T}} \tag{4.11}$$

是非奇异矩阵, 则对偶于定理 4.2.1, 有定理 4.2.2.

定理 4.2.2 对于不完全能观的 n 维线性系统 (4.1), 其能观性矩阵的秩为 n_o, 矩阵 T 如式 (4.11) 所定义. 那么经过状态变换 $\tilde{x} \stackrel{\text{def}}{=} [\tilde{x}^\text{T}, \tilde{x}_2^\text{T}]^\text{T} = Tx$ 之后, 该系统等价于

$$\begin{cases} \begin{bmatrix} \dot{\tilde{x}}_1 \\ \dot{\tilde{x}}_2 \end{bmatrix} = \begin{bmatrix} A_{11} & 0 \\ A_{21} & A_{22} \end{bmatrix} \begin{bmatrix} \tilde{x}_1 \\ \tilde{x}_2 \end{bmatrix} + \begin{bmatrix} B_1 \\ B_2 \end{bmatrix} u \\ y = \begin{bmatrix} C_1 & 0 \end{bmatrix} \begin{bmatrix} \tilde{x}_1 \\ \tilde{x}_2 \end{bmatrix} + Du \end{cases}$$

其中, $\tilde{x}_1 \in \mathbf{R}^{n_\text{o}}$ 是 n_o 维能观状态, 即 (A_{11}, C_1) 能观; $\tilde{x}_2 \in \mathbf{R}^{n-n_\text{o}}$ 是 $n - n_\text{o}$ 维不能观状态. 此外, 如果 (A, B) 能控, 则 (A_{11}, B_1) 也能控.

与说明 4.2.1 ~ 说明 4.2.5 对偶的结论对于能观性结构分解同样成立, 在此不再赘述.

4.2.2 Kalman 分解和规范型

规范分解是将不完全能控和不完全能观的系统分解成既能控又能观、能控但不能观、能观但不能控和既不能控又不能观 4 个子系统. 这种分解最早由 Kalman[1] 提出, 故也称 Kalman 分解. 设

$$n_\text{c} = \text{rank}(Q_\text{c}(A, B)), \quad n_\text{o} = \text{rank}(Q_\text{o}(A, C)), \quad n_* = \text{rank}(Q_\text{o}(A, C) Q_\text{c}(A, B)) \tag{4.12}$$

Kalman 分解的变换矩阵按以下步骤构造.

第 1 步: 根据式 (4.9) 构造变换矩阵 T. 根据定理 4.2.1, 系统 (A, B, C, D) 经状态等价变换 $\tilde{x} = Tx$ 之后而得到系统 (4.10), 即

$$\begin{bmatrix} \tilde{A} & \tilde{B} \\ \tilde{C} & D \end{bmatrix} = \begin{bmatrix} TAT^{-1} & TB \\ CT^{-1} & D \end{bmatrix} = \left[\begin{array}{cc|c} A_{11} & A_{12} & B_1 \\ 0 & A_{22} & 0 \\ \hline C_1 & C_2 & D \end{array}\right], \quad A_{11} \in \mathbf{R}^{n_\text{c} \times n_\text{c}} \tag{4.13}$$

第 2 步: 考虑系统 $(\tilde{A}, \tilde{C})$ 的能观性矩阵

$$Q_\text{o}(\tilde{A}, \tilde{C}) = \left[\begin{array}{c|c} C_1 & C_2 \\ C_1 A_{11} & C_1 A_{12} + C_2 A_{22} \\ \vdots & \vdots \\ C_1 A_{11}^{n-1} & C_1 A_{11}^{n-2} A_{12} + \cdots + C_2 A_{22}^{n-1} \end{array}\right] \stackrel{\text{def}}{=} \left[\begin{array}{c|c} O_1 & O_2 \end{array}\right] \tag{4.14}$$

设 $\text{rank}(O_1) = r$. 在 O_1 中取 r 个线性无关的列向量 $\{\xi_1, \xi_2, \cdots, \xi_r\}$, 在 O_2 中选取剩下的 $n_\text{o} - r$ 个与 $\{\xi_1, \xi_2, \cdots, \xi_r\}$ 线性无关的列向量 $\{\xi_{r+1}, \xi_{r+2}, \cdots, \xi_{n_\text{o}}\}$. 记

$$O_{11} = \begin{bmatrix} \xi_1 & \xi_2 & \cdots & \xi_r \end{bmatrix}, \quad O_{22} = \begin{bmatrix} \xi_{r+1} & \xi_{r+2} & \cdots & \xi_{n_\text{o}} \end{bmatrix}$$

令矩阵 $P_{11} \in \mathbf{R}^{r \times n_\text{c}}, P_{12} \in \mathbf{R}^{r \times (n-n_\text{c})}$ 和 $P_{32} \in \mathbf{R}^{(n_\text{o}-r) \times (n-n_\text{c})}$ 使得

$$O_1 = O_{11} P_{11}, \quad O_2 = O_{11} P_{12} + O_{22} P_{32} \tag{4.15}$$

第 3 步: 选择矩阵 $P_{21} \in \mathbf{R}^{(n_c-r)\times n_c}$ 和 $P_{42} \in \mathbf{R}^{(n-n_c-n_o+r)\times(n-n_c)}$ 使得

$$P = \left[\begin{array}{c|c} P_{11} & P_{12} \\ P_{21} & P_{22} \\ \hline 0 & P_{32} \\ 0 & P_{42} \end{array}\right] \stackrel{\text{def}}{=\!=} \left[\begin{array}{c|c} P_1 & P_2 \\ \hline 0 & P_3 \end{array}\right] \in \mathbf{R}^{n\times n} \tag{4.16}$$

是非奇异矩阵, 这里 $P_{22} \in \mathbf{R}^{(n_c-r)\times(n-n_c)}$ 是任意矩阵. 可以证明 P_{21} 和 P_{42} 总是存在的.

那么可以得到定理 4.2.3. 该定理的证明比较复杂, 放在了附录 B.1 中.

定理 4.2.3 设 T 和 P 分别如式 (4.9) 和式 (4.16) 所定义, (n_c, n_o, n_*) 如式 (4.12) 所定义. 那么线性系统 (4.1) 经状态等价变换 $\breve{x} = PTx$ 之后具有如下形式 (Kalman 规范型):

$$\left\{\begin{array}{l} \begin{bmatrix} \dot{\breve{x}}_1 \\ \dot{\breve{x}}_2 \\ \dot{\breve{x}}_3 \\ \dot{\breve{x}}_4 \end{bmatrix} = \left[\begin{array}{cc|cc} \breve{A}_{11} & 0 & \breve{A}_{13} & 0 \\ \breve{A}_{21} & \breve{A}_{22} & \breve{A}_{23} & \breve{A}_{24} \\ \hline 0 & 0 & \breve{A}_{33} & 0 \\ 0 & 0 & \breve{A}_{43} & \breve{A}_{44} \end{array}\right] \begin{bmatrix} \breve{x}_1 \\ \breve{x}_2 \\ \breve{x}_3 \\ \breve{x}_4 \end{bmatrix} + \left[\begin{array}{c} \breve{B}_1 \\ \breve{B}_2 \\ \hline 0 \\ 0 \end{array}\right] u \\ y = \left[\begin{array}{cc|cc} \breve{C}_1 & 0 & \breve{C}_3 & 0 \end{array}\right] \begin{bmatrix} \breve{x}_1 \\ \breve{x}_2 \\ \breve{x}_3 \\ \breve{x}_4 \end{bmatrix} + Du \end{array}\right. \tag{4.17}$$

其中, $\breve{x}_1 \in \mathbf{R}^{n_*}$ 是既能控又能观的状态; $\breve{x}_2 \in \mathbf{R}^{n_c-n_*}$ 是能控但不能观的状态; $\breve{x}_3 \in \mathbf{R}^{n_o-n_*}$ 是能观但不能控的状态; $\breve{x}_4 \in \mathbf{R}^{n-n_c-n_o+n_*}$ 是既不能控又不能观的状态, 即

$$\left(\begin{bmatrix} \breve{A}_{11} & 0 \\ \breve{A}_{21} & \breve{A}_{22} \end{bmatrix}, \begin{bmatrix} \breve{B}_1 \\ \breve{B}_2 \end{bmatrix}\right), \quad \left(\begin{bmatrix} \breve{A}_{11} & \breve{A}_{13} \\ 0 & \breve{A}_{33} \end{bmatrix}, \begin{bmatrix} \breve{C}_1 & \breve{C}_3 \end{bmatrix}\right)$$

分别是能控和能观的, 而 $(\breve{A}_{11}, \breve{B}_1, \breve{C}_1)$ 是既能控又能观的.

我们用 $\varSigma_{ii} = (sI - \breve{A}_{ii})^{-1}$ 表示 $\breve{A}_{ii}$ 对应的子系统. 根据式 (4.17) 可得到如图 4.1 所示的系统实现 Kalman 分解后的示意图. 图中用箭头表示各变量所能传递的方向. 从图 4.1 中可以很直观地看出: $\varSigma_{22}$ 只有信号输入而无信号输出, 故为能控但不能观部分; $\varSigma_{33}$ 只有信号输出而无信号输入, 故为不能控但能观部分; $\varSigma_{44}$ 虽有信号输入和信号输出, 但输入信号来自 $\varSigma_{33}$, 而输出信号只能到达 $\varSigma_{22}$, 所以为不能控且不能观部分; 只有 $\varSigma_{11}$ 能够实现信号由输入 u 到输出 y 间的传递, 因此是能控和能观的部分.

说明 4.2.6 Kalman 分解的系统意义在于, 系统的能控部分和能观部分在这种分解之下被展示出来了, 使得设计者能够窥见系统的内部特征. 与这种能够展示内部特征的描述相反, 传递函数只能展示既能控又能观的部分. 事实上, 由定理 4.2.3 和说明 4.2.3 可知

$$\begin{aligned} C(sI_n - A)^{-1}B + D &= \begin{bmatrix} \breve{C}_1 & 0 \end{bmatrix} \left(sI - \begin{bmatrix} \breve{A}_{11} & 0 \\ \breve{A}_{21} & \breve{A}_{22} \end{bmatrix}\right)^{-1} \begin{bmatrix} \breve{B}_1 \\ \breve{B}_2 \end{bmatrix} + D \\ &= \begin{bmatrix} \breve{C}_1 & 0 \end{bmatrix} \begin{bmatrix} (sI - \breve{A}_{11})^{-1} & 0 \\ * & (sI - \breve{A}_{22})^{-1} \end{bmatrix} \begin{bmatrix} \breve{B}_1 \\ \breve{B}_2 \end{bmatrix} + D \end{aligned}$$

$$= \check{C}_1(sI - \check{A}_{11})^{-1}\check{B}_1 + D$$

说明 4.2.7　假设 (A, B, C, D) 是可逆的, 其 Rosenbrock 系统矩阵为 $R(s)$, 则通过初等行列变换很容易验证

$$|\det R(s)| = \left|\det(sI - \check{A}_{22})\right| \left|\det(sI - \check{A}_{33})\right| \left|\det(sI - \check{A}_{44})\right| \left|\det \begin{bmatrix} \check{A}_{11} - sI & \check{B}_1 \\ \check{C}_1 & D \end{bmatrix}\right|$$

因此 (A, B, C, D) 的不变零点集是 $(\check{A}_{11}, \check{B}_1, \check{C}_1, D)$ 的不变零点集和 $\lambda(\check{A}_{ii})$ $(i = 2, 3, 4)$ 的并集.

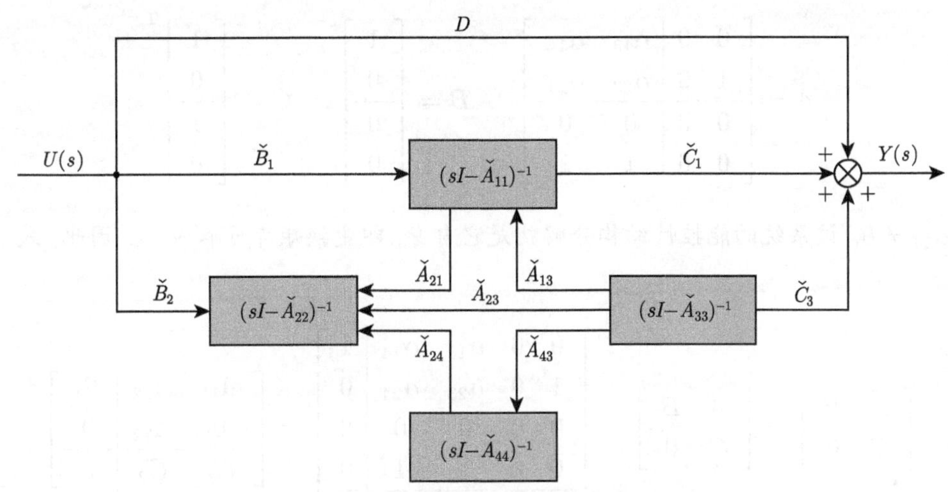

图 4.1　线性系统的 Kalman 分解示意图

比较式 (4.13) 和式 (4.17) 容易猜测, 能否根据定理 4.2.2 将系统 (4.13) 中的子系统 (A_{11}, C_1) 和 (A_{22}, C_2) 分别进行能观性结构分解而得到 Kalman 规范型 (4.17) 呢? 为了回答这个问题, 设 (A_{11}, C_1) 和 (A_{22}, C_2) 的能观性结构分解分别为

$$(P_1' A_{11} P_1'^{-1}, C_1 P_1'^{-1}) = \left(\begin{bmatrix} \Phi_{11} & 0 \\ \Phi_{21} & \Phi_{22} \end{bmatrix}, \begin{bmatrix} \Pi_1 & 0 \end{bmatrix} \right) \tag{4.18}$$

$$(P_2' A_{22} P_2'^{-1}, C_2 P_2'^{-1}) = \left(\begin{bmatrix} \Phi_{33} & 0 \\ \Phi_{43} & \Phi_{44} \end{bmatrix}, \begin{bmatrix} \Pi_3 & 0 \end{bmatrix} \right) \tag{4.19}$$

其中, 变换矩阵 $P_1' \in \mathbf{R}_{n_c}^{n_c \times n_c}$ 和 $P_2' \in \mathbf{R}_{n-n_c}^{(n-n_c)\times(n-n_c)}$ 按定理 4.2.2 所陈述的方式构造; 子系统 (Φ_{11}, Π_1) 和 (Φ_{33}, Π_3) 都是能观的. 取 $P' = P_1' \oplus P_2'$. 那么根据式 (4.13)、式 (4.18) 和式 (4.19) 有

$$\begin{bmatrix} P'\tilde{A}P'^{-1} & P'\tilde{B} \\ \tilde{C}P'^{-1} & D \end{bmatrix} = \left[\begin{array}{cccc|c} \Phi_{11} & 0 & \Phi_{13} & \Phi_{14} & \Omega_1 \\ \Phi_{21} & \Phi_{22} & \Phi_{23} & \Phi_{24} & \Omega_2 \\ 0 & 0 & \Phi_{33} & 0 & 0 \\ 0 & 0 & \Phi_{43} & \Phi_{44} & 0 \\ \hline \Pi_1 & 0 & \Pi_3 & 0 & D \end{array}\right] \tag{4.20}$$

其中

$$P_1'A_{12}P_2'^{-1}=\begin{bmatrix}\Phi_{13} & \Phi_{14}\\ \Phi_{23} & \Phi_{24}\end{bmatrix},\quad P_1'B_1=\begin{bmatrix}\Omega_1\\ \Omega_2\end{bmatrix}$$

对 Kalman 规范型 (4.17) 和式 (4.20) 进行比较可以发现, 后者系统矩阵的 (1,4) 位置, 即 Φ_{14} 无法断定为零. 事实上 Φ_{14} 可能不为零. 此时 Φ_{44} 对应的状态通过耦合项 Φ_{14} 进入到 Φ_{11} 对应的子系统, 而 Φ_{11} 对应的子系统又是能观的, 从而 Φ_{44} 对应的状态是有可能能观的. 因此, 式 (4.20) 不是合适的 Kalman 规范型. 下面举一个例子.

例 4.2.1 考虑线性系统

$$A=\left[\begin{array}{cc|cc}0 & 0 & \alpha_{13} & \alpha_{14}\\ 1 & 0 & \alpha_{23} & \alpha_{24}\\ \hline 0 & 0 & 0 & 0\\ 0 & 0 & 1 & 1\end{array}\right],\quad B=\left[\begin{array}{c}1\\ 0\\ \hline 0\\ 0\end{array}\right],\quad C=\left[\begin{array}{c}1\\ 0\\ \hline 1\\ 0\end{array}\right]^{\mathrm{T}}$$

其中, $\alpha_{14}\neq 0$. 该系统的能控性结构分解就是它自身, 即变换矩阵可取为 I_4. 因此, 式 (4.13) 就是

$$\begin{bmatrix}\tilde{A} & \tilde{B}\\ \tilde{C} & 0\end{bmatrix}=\begin{bmatrix}A & B\\ C & 0\end{bmatrix}=\left[\begin{array}{cccc|c}0 & 0 & \alpha_{13} & \alpha_{14} & 1\\ 1 & 0 & \alpha_{23} & \alpha_{24} & 0\\ 0 & 0 & 0 & 0 & 0\\ 0 & 0 & 1 & 1 & 0\\ \hline 1 & 0 & 1 & 0 & 0\end{array}\right]=\left[\begin{array}{cc|c}A_{11} & A_{12} & B_1\\ 0 & A_{22} & 0\\ \hline C_1 & C_2 & 0\end{array}\right]$$

其中, $A_{ij}\in\mathbf{R}^{2\times 2}$ $(i,j=1,2)$. 进一步容易验证 (A_{11},C_1) 和 (A_{22},C_2) 的能观性结构分解就是它们自身, 即变换矩阵都可取为 I_2. 因此, 该系统经过一次能控性结构分解和两次能观性结构分解之后的系统 (4.20) 仍然是其自身, 即

$$\left[\begin{array}{cccc|c}\Phi_{11} & 0 & \Phi_{13} & \Phi_{14} & \Omega_1\\ \Phi_{21} & \Phi_{22} & \Phi_{23} & \Phi_{24} & \Omega_2\\ 0 & 0 & \Phi_{33} & 0 & 0\\ 0 & 0 & \Phi_{43} & \Phi_{44} & 0\\ \hline \Pi_1 & 0 & \Pi_3 & 0 & 0\end{array}\right]=\left[\begin{array}{cccc|c}0 & 0 & \alpha_{13} & \alpha_{14} & 1\\ 1 & 0 & \alpha_{23} & \alpha_{24} & 0\\ 0 & 0 & 0 & 0 & 0\\ 0 & 0 & 1 & 1 & 0\\ \hline 1 & 0 & 1 & 0 & 0\end{array}\right]$$

由于 $\Phi_{14}=\alpha_{14}\neq 0$, 上述系统不是形如式 (4.17) 的 Kalman 规范型, 因此不能确定 x_4 子系统是否既不能控又不能观. 计算可得

$$Q_{\mathrm{o}}(A,C)=\begin{bmatrix}1 & 0 & 1 & 0\\ 0 & 0 & \alpha_{13} & \alpha_{14}\\ 0 & 0 & \alpha_{14} & \alpha_{14}\\ 0 & 0 & \alpha_{14} & \alpha_{14}\end{bmatrix},\quad Q_{\mathrm{c}}(A,B)=\begin{bmatrix}1 & 0 & 0 & 0\\ 0 & 1 & 0 & 0\\ 0 & 0 & 0 & 0\\ 0 & 0 & 0 & 0\end{bmatrix}$$

和 $Q_o(A,C)Q_c(A,B) = 1 \oplus 0_{3\times 3}$. 因此 $n_c = 2, n_* = 1$. 如果 $\alpha_{13} \neq \alpha_{14}$, 则 $n_o = 3$. 此时, 根据定理 4.2.3, 该系统既不能控又不能观子系统的维数是 $n - n_c - n_o + n_* = 0$, 即没有既不能控又不能观的子系统. 事实上, 此时该系统已经是 $\check{A}_{44}$ 不存在时的 Kalman 规范型, 即

$$\left[\begin{array}{c|c|cc} 0 & 0 & \alpha_{13} & \alpha_{14} \\ \hline 1 & 0 & \alpha_{23} & \alpha_{24} \\ \hline 0 & 0 & 0 & 0 \\ 0 & 0 & 1 & 1 \end{array}\right] = \begin{bmatrix} \check{A}_{11} & 0 & \check{A}_{13} \\ \check{A}_{21} & \check{A}_{22} & \check{A}_{23} \\ 0 & 0 & \check{A}_{33} \end{bmatrix}, \quad \left[\begin{array}{c} 1 \\ \hline 0 \\ \hline 0 \\ 0 \end{array}\right] = \begin{bmatrix} \check{B}_1 \\ \check{B}_2 \\ 0 \end{bmatrix}, \quad \left[\begin{array}{c} 1 \\ \hline 0 \\ \hline 1 \\ 0 \end{array}\right] = \begin{bmatrix} \check{C}_1^{\mathrm{T}} \\ 0 \\ \check{C}_3^{\mathrm{T}} \end{bmatrix}$$

如果 $\alpha_{13} = \alpha_{14}$, 则 $n_o = 2$. 根据定理 4.2.3, 此时该系统既不能控又不能观子系统的维数是 $n - n_c - n_o + n_* = 1$. 下面求其 Kalman 规范型. 由于

$$Q_o(\tilde{A},\tilde{C}) = \left[\begin{array}{c|c} 1 & 1 \\ 0 & \alpha_{14} \\ 0 & \alpha_{14} \\ 0 & \alpha_{14} \end{array}\right] \left[\begin{array}{cc|cc} 1 & 0 & 0 & -1 \\ \hline 0 & 0 & 1 & 1 \end{array}\right] \stackrel{\text{def}}{=} \left[\begin{array}{c|c} O_{11} & O_{22} \end{array}\right] \left[\begin{array}{c|c} P_{11} & P_{12} \\ \hline 0 & P_{32} \end{array}\right]$$

根据式 (4.15) 和式 (4.16) 可以取

$$P = \left[\begin{array}{c|c} P_{11} & P_{12} \\ P_{21} & P_{22} \\ \hline 0 & P_{32} \\ 0 & P_{42} \end{array}\right] = \left[\begin{array}{cc|cc} 1 & 0 & 0 & -1 \\ 0 & 1 & 0 & 0 \\ \hline 0 & 0 & 1 & 1 \\ 0 & 0 & 0 & 1 \end{array}\right] = \left[\begin{array}{cc|cc} 1 & 0 & 0 & 1 \\ 0 & 1 & 0 & 0 \\ \hline 0 & 0 & 1 & -1 \\ 0 & 0 & 0 & 1 \end{array}\right]^{-1}$$

代入 $(\check{A},\check{B},\check{C}) = (P\tilde{A}P^{-1}, P\tilde{B}, \tilde{C}P^{-1})$ 可得到该系统的 Kalman 规范型

$$\check{A} = \left[\begin{array}{c|c|c|c} 0 & 0 & \alpha_{14}-1 & 0 \\ \hline 1 & 0 & \alpha_{23} & 1+\alpha_{24}-\alpha_{23} \\ \hline 0 & 0 & 1 & 0 \\ \hline 0 & 0 & 1 & 0 \end{array}\right], \quad \check{B} = \left[\begin{array}{c} 1 \\ \hline 0 \\ \hline 0 \\ \hline 0 \end{array}\right], \quad \check{C} = \left[\begin{array}{c} 1 \\ \hline 0 \\ \hline 1 \\ \hline 0 \end{array}\right]^{\mathrm{T}}$$

4.2.3 传递函数的最小实现

第 1 章介绍了从传递函数到状态空间模型的转换问题——实现问题. 这里借助线性系统的结构分解进一步探讨该问题.

一般来说, 实现问题的解不是唯一的. 事实上, 传递函数作为线性系统的输入-输出模型, 不含系统的状态信息. 因此, 传递函数 $G(s)$ 的两个实现 (A,B,C,D) 和 $(\tilde{A},\tilde{B},\tilde{C},\tilde{D})$ 虽然有相同的传递函数, 但不一定是完全一样的, 甚至它们状态的维数都有可能是不一样的. 从物理上讲, 一个传递函数的实现的状态维数等于所需要的积分器的个数, 或者说是储能元件的个数. 因此, 从经济的角度看, 希望状态的维数最低. 基于这样的考虑, 给出定义 4.2.1.

定义 4.2.1　设 $p\times m$ 传递函数矩阵 $G(s)$ 的一个实现为 $(A,B,C,D) \in (\mathbf{R}^{n\times n}, \mathbf{R}^{n\times m}, \mathbf{R}^{p\times n}, \mathbf{R}^{p\times m})$. 如果 $G(s)$ 不存在其他阶次比它低的实现, 则称 (A,B,C,D) 是其最小实现.

引理 4.2.1 给出了传递函数 $G(s)$ 的两个实现 (A,B,C,D) 和 $(\tilde{A},\tilde{B},\tilde{C},\tilde{D})$ 之间的关系.

引理 4.2.1　两个线性系统 (A,B,C,D) 和 $(\tilde{A},\tilde{B},\tilde{C},\tilde{D})$ 是同一个有理真分式传递函数矩阵 $G(s)$ 的实现当且仅当

$$D=\tilde{D},\quad CA^iB=\tilde{C}\tilde{A}^i\tilde{B},\quad i=0,1,\cdots \tag{4.21}$$

证明　必要性: 由于 (A,B,C,D) 和 $(\tilde{A},\tilde{B},\tilde{C},\tilde{D})$ 是同一个传递函数 $G(s)$ 的实现, 有

$$G(s)=D+C(sI_n-A)^{-1}B=\tilde{D}+\tilde{C}(sI_{\tilde{n}}-\tilde{A})^{-1}\tilde{B}$$

注意到 $(sI_n-A)^{-1}=I_n/s+A/s^2+\cdots$, 故有

$$G(s)=D+\sum_{i=0}^{\infty}\frac{CA^iB}{s^{i+1}}=\tilde{D}+\sum_{i=0}^{\infty}\frac{\tilde{C}\tilde{A}^i\tilde{B}}{s^{i+1}}$$

比较上式两端 $1/s^i\ (i=0,1,\cdots)$ 的系数即得式 (4.21). 充分性: 显然. 证毕.　□

定理 4.2.4 给出了有理真分式传递函数矩阵 $G(s)$ 的最小实现的一个等价描述.

定理 4.2.4　有理真分式传递函数矩阵 $G(s)$ 的一个实现 (A,B,C,D) 是最小实现当且仅当 (A,B) 能控和 (A,C) 能观.

证明　必要性: 反证. 假设或者 (A,B) 不能控或者 (A,C) 不能观, 那么根据定理 4.2.1 和定理 4.2.2, 存在一个阶次更低且具有传递函数矩阵 $G(s)$ 的线性系统. 这与 (A,B,C,D) 是最小实现相矛盾.

充分性: 反证. 假设 $G(s)$ 存在一个低阶的 $\tilde{n}$ 维实现 $(\tilde{A},\tilde{B},\tilde{C},\tilde{D})$. 由于 (A,B) 能控且 (A,C) 能观, 能观性矩阵 $Q_{\mathrm{o}}=Q_{\mathrm{o}}(A,C)$ 和能控性矩阵 $Q_{\mathrm{c}}=Q_{\mathrm{c}}(A,B)$ 分别是列满秩和行满秩的, 从而有 $\mathrm{rank}(\varPi)=n$, 这里 $\varPi=Q_{\mathrm{o}}Q_{\mathrm{c}}$. 另外, 利用关系式 (4.21) 可得

$$\begin{aligned}\varPi&=\begin{bmatrix}CB & CAB & \cdots & CA^{n-1}B\\ CAB & CA^2B & \cdots & CA^nB\\ \vdots & \vdots & & \vdots\\ CA^{n-1}B & CA^nB & \cdots & CA^{2n-2}B\end{bmatrix}\\&=\begin{bmatrix}\tilde{C}\tilde{B} & \tilde{C}\tilde{A}\tilde{B} & \cdots & \tilde{C}\tilde{A}^{n-1}\tilde{B}\\ \tilde{C}\tilde{A}\tilde{B} & \tilde{C}\tilde{A}^2\tilde{B} & \cdots & \tilde{C}\tilde{A}^n\tilde{B}\\ \vdots & \vdots & & \vdots\\ \tilde{C}\tilde{A}^{n-1}\tilde{B} & \tilde{C}\tilde{A}^n\tilde{B} & \cdots & \tilde{C}\tilde{A}^{2n-2}\tilde{B}\end{bmatrix}=Q_{\mathrm{o}}(\tilde{A},\tilde{C})Q_{\mathrm{c}}(\tilde{A},\tilde{B})\end{aligned} \tag{4.22}$$

由于 $\tilde{A}$ 的维数是 $\tilde{n}\times\tilde{n}$, 从而 $\mathrm{rank}(\varPi)\leqslant\tilde{n}<n$. 这与 $\mathrm{rank}(\varPi)=n$ 相矛盾. 证毕.　□

关于 SISO 线性系统, 有如下定理 4.2.4 的推论.

推论 4.2.1　SISO 线性系统 $(A,b,c)\in(\mathbf{R}^{n\times n},\mathbf{R}^{n\times 1},\mathbf{R}^{1\times n})$ 是传递函数

$$g(s)=\frac{\beta(s)}{\alpha(s)},\quad \alpha(s)=\det(sI_n-A)$$

的最小实现当且仅当分子多项式 $\beta(s)$ 和分母多项式 $\alpha(s)$ 是互质的.

证明　充分性: 反证. 假设 (A,b,c) 不是最小实现, 即存在一个维数 $\tilde{n}<n$ 的系统 $(\tilde{A},\tilde{b},\tilde{c})$ 使得

$$\frac{\beta(s)}{\alpha(s)}=\tilde{c}(sI_{\tilde{n}}-\tilde{A})^{-1}\tilde{b}=\frac{\tilde{c}\mathrm{adj}(sI_{\tilde{n}}-\tilde{A})\tilde{b}}{\det(sI_{\tilde{n}}-\tilde{A})}$$

这表明 $\beta(s)$ 和 $\alpha(s)$ 存在公因子. 矛盾.

必要性: 反证. 假设分子多项式 $\beta(s)$ 和分母多项式 $\alpha(s)$ 存在公因子, 即

$$g(s)=\frac{\beta(s)}{\alpha(s)}=\frac{\tilde{\beta}(s)}{\tilde{\alpha}(s)}$$

其中, $\deg(\tilde{\alpha}(s))=\tilde{n}<n$, 那么根据推论 1.3.2 可知 $g(s)$ 存在一个 $\tilde{n}$ 维实现 $(\tilde{A},\tilde{b},\tilde{c})$, 这与 (A,b,c) 是最小实现相矛盾. 证毕. □

从定理 4.2.4 和说明 4.2.6 可以看出, 如果 $G(s)$ 的一个实现 (A,B,C,D) 不是最小实现, 即它不是能控或者能观的, 可以通过 Kalman 分解 (4.17) 分离出既能控又能观的子系统 $(\check{A}_{11},\check{B}_1,\check{C}_1,D)$, 该子系统就是传递函数 $G(s)$ 的一个最小实现. 当然, 也可先利用定理 4.2.1 进行能控性结构分解得到能控子系统, 再对此能控子系统利用定理 4.2.2 进行能观性结构分解得到能观子系统. 根据定理 4.2.2, 该能观子系统必然也是能控的, 从而是一个最小实现.

容易看出一个传递函数的最小实现并不是唯一的. 那么这些最小实现之间有什么关系呢? 事实上, 它们在状态等价变换的意义下是等价的. 这就是定理 4.2.5.

定理 4.2.5　*设线性系统 $(\tilde{A},\tilde{B},\tilde{C},\tilde{D})$ 和 (A,B,C,D) 都是真有理分式传递函数矩阵 $G(s)$ 的最小实现, 则一定存在非奇异矩阵 T 使得它们关于 (I_m,T,I_p) 是等价的, 即*

$$(\tilde{A},\tilde{B},\tilde{C},\tilde{D})=(TAT^{-1},TB,CT^{-1},D)\tag{4.23}$$

证明　由于 $(\tilde{A},\tilde{B},\tilde{C},\tilde{D})$ 和 (A,B,C,D) 都是 $G(s)$ 的实现, 有式 (4.21) 成立. 又由于它们都是最小实现, 可设 $n=\dim(A)=\dim(\tilde{A})$. 为记号简单, 令 $Q_{\mathrm{c}}=Q_{\mathrm{c}}(A,B),\tilde{Q}_{\mathrm{c}}=Q_{\mathrm{c}}(\tilde{A},\tilde{B}),Q_{\mathrm{o}}=Q_{\mathrm{o}}(A,C)$ 和 $\tilde{Q}_{\mathrm{o}}=Q_{\mathrm{o}}(\tilde{A},\tilde{C})$. 根据式 (4.22) 有

$$Q_{\mathrm{o}}Q_{\mathrm{c}}=\tilde{Q}_{\mathrm{o}}\tilde{Q}_{\mathrm{c}}\tag{4.24}$$

同理可证

$$Q_{\mathrm{o}}AQ_{\mathrm{c}}=\tilde{Q}_{\mathrm{o}}\tilde{A}\tilde{Q}_{\mathrm{c}},\quad Q_{\mathrm{o}}B=\tilde{Q}_{\mathrm{o}}\tilde{B},\quad CQ_{\mathrm{c}}=\tilde{C}\tilde{Q}_{\mathrm{c}}\tag{4.25}$$

由于 $(\tilde{A},\tilde{B})$ 能控, $(\tilde{A},\tilde{C})$ 能观, 可设

$$T=\tilde{Q}_{\mathrm{o}}^{+}Q_{\mathrm{o}},\quad \tilde{Q}_{\mathrm{o}}^{+}=(\tilde{Q}_{\mathrm{o}}^{\mathrm{T}}\tilde{Q}_{\mathrm{o}})^{-1}\tilde{Q}_{\mathrm{o}}^{\mathrm{T}},\quad Q=Q_{\mathrm{c}}\tilde{Q}_{\mathrm{c}}^{+},\quad \tilde{Q}_{\mathrm{c}}^{+}=\tilde{Q}_{\mathrm{c}}^{\mathrm{T}}(\tilde{Q}_{\mathrm{c}}\tilde{Q}_{\mathrm{c}}^{\mathrm{T}})^{-1}$$

利用式 (4.24) 能得到

$$TQ=\tilde{Q}_{\mathrm{o}}^{+}Q_{\mathrm{o}}Q_{\mathrm{c}}\tilde{Q}_{\mathrm{c}}^{+}=\tilde{Q}_{\mathrm{o}}^{+}\tilde{Q}_{\mathrm{o}}\tilde{Q}_{\mathrm{c}}\tilde{Q}_{\mathrm{c}}^{+}=I_n$$

这表明 $T^{-1}=Q$. 利用式 (4.24) 和式 (4.25) 可以验证:

$$TAT^{-1}=\tilde{Q}_{\mathrm{o}}^{+}Q_{\mathrm{o}}AQ_{\mathrm{c}}\tilde{Q}_{\mathrm{c}}^{+}=\tilde{Q}_{\mathrm{o}}^{+}\tilde{Q}_{\mathrm{o}}\tilde{A}\tilde{Q}_{\mathrm{c}}\tilde{Q}_{\mathrm{c}}^{+}=\tilde{A}$$

$$TB=\tilde{Q}_{\mathrm{o}}^{+}Q_{\mathrm{o}}B=\tilde{Q}_{\mathrm{o}}^{+}\tilde{Q}_{\mathrm{o}}\tilde{B}=\tilde{B}$$

$$CT^{-1} = CQ = CQ_{\mathrm{c}}\tilde{Q}_{\mathrm{c}}^{+} = \tilde{C}\tilde{Q}_{\mathrm{c}}\tilde{Q}_{\mathrm{c}}^{+} = \tilde{C}$$

即式 (4.23) 成立. 证毕. □

4.3　输入输出规范型

4.2 节介绍的结构分解将系统的能控、不能控、能观和不能观等四种状态分离出来了. 本节介绍一种新的分解方式, 它不是针对能控和能观性, 而是针对系统的不变零点. 由于不变零点是由输入输出共同决定的, 故称为输入输出规范型 (input-output normal form).

4.3.1　相对阶与耦合矩阵

为了介绍输入输出规范型, 先要给出相对阶和耦合矩阵的概念. 首先考虑 SISO 线性系统 (4.3), 其中 $d = 0$, 即

$$\begin{cases} \dot{x} = Ax + bu \\ y = cx \end{cases} \tag{4.26}$$

其传递函数为

$$g(s) = c(sI_n - A)^{-1}b = \frac{\beta(s)}{\alpha(s)}$$

这里 $\alpha(s) = \det(sI_n - A)$ 是 A 的特征多项式. 令

$$r = \deg(\alpha(s)) - \deg(\beta(s)) \tag{4.27}$$

由于 r 表示传递函数 $g(s)$ 的分母与分子多项式阶次之差, 故称其为系统 (4.3) 的相对阶 (relative degree). 由于 $g(s)$ 是严真有理分式, 显然有 $1 \leqslant r \leqslant n$.

引理 4.3.1　如果传递函数 $g(s)$ 不恒等于零, 则 SISO 线性系统 (4.26) 的相对阶为 r 当且仅当

$$cb = cAb = \cdots = cA^{r-2}b = 0 \tag{4.28}$$

$$\varGamma = \varGamma(A, b, c) \xlongequal{\text{def}} cA^{r-1}b \neq 0 \tag{4.29}$$

此外传递函数 $g(s) = 0$ $(\forall s \in \mathbf{C})$ 当且仅当

$$cA^k b = 0, \quad k = 0, 1, \cdots, n-1 \tag{4.30}$$

证明　注意到

$$g(s) = c\left(\sum_{i=1}^{\infty} \frac{A^{i-1}}{s^i}\right) b = \sum_{i=1}^{\infty} \frac{cA^{i-1}b}{s^i} \tag{4.31}$$

式 (4.31) 表明 $g(s) = 0$ $(\forall s \in \mathbf{C})$ 当且仅当 $cA^k b = 0$ $(\forall k \in \mathbf{N})$ 成立. 根据 Cayley-Hamilton 定理, 这进一步等价于式 (4.30). 下面考虑传递函数 $g(s)$ 不恒等于零的情形. 根据相对阶的定义式 (4.27) 可知 SISO 线性系统 (4.26) 的相对阶为 r 当且仅当

$$\lim_{s \to \infty} s^k g(s) = 0, \quad k = 1, 2, \cdots, r-1 \tag{4.32}$$

$$\lim_{s\to\infty} s^r g(s) \neq 0 \tag{4.33}$$

根据式 (4.31) 容易看出当 $s\to\infty$ 时 $s^k g(s)$ $(k=1,2,\cdots,r)$ 的极限如存在必有 $s^k g(s)\xrightarrow{s\to\infty} cA^{k-1}b$ $(k=1,2,\cdots,r)$. 因此式 (4.32) 和式 (4.33) 分别等价于式 (4.28) 和式 (4.29). 证毕.

□

本节对系统 (4.26) 施加如下假设.

假设 4.3.1　SISO 线性系统 (4.26) 即 (A,b,c) 的耦合矩阵/系数 $\Gamma(A,b,c)\neq 0$.

如果上述假设不成立, 根据引理 4.3.1 可知传递函数 $g(s)=0$ $(\forall s\in \mathbf{C})$, 即输入完全不能影响输出. 因此上述假设是很弱的.

下面将相对阶的概念推广到 MIMO 线性系统. 为了简单, 这里只考虑 $D=0$ 且系统是方的情形, 即 $m=p$. 为了方便, 将系统 (4.1) 重写如下:

$$\begin{cases} \dot{x}=Ax+Bu \\ y=Cx \end{cases} \tag{4.34}$$

按照惯例, 记 y 的第 i 行为 y_i, u 的第 i 行为 u_i. 系统 (4.34) 的传递函数矩阵为

$$G(s)=C(sI_n-A)^{-1}B=\begin{bmatrix} g_1(s) \\ g_2(s) \\ \vdots \\ g_m(s) \end{bmatrix}=[g_{ij}(s)]_{m\times m}=\left[\frac{d_{ij}(s)}{\alpha(s)}\right]_{m\times m}$$

其中, $\alpha(s)=\det(sI_n-A)$ 是 A 的特征多项式, 而

$$g_i(s)=c_i(sI_n-A)^{-1}B,\quad i=1,2,\cdots,m$$

$$g_{ij}(s)=\frac{d_{ij}(s)}{\alpha(s)}=c_i(sI_n-A)^{-1}b_j,\quad i,j=1,2,\cdots,m$$

类似于标量传递函数的相对阶 (4.27), 根据传递函数矩阵 $G(s)$ 的 m^2 个元素可以得到 m^2 个相对阶. 这里只关心 $G(s)$ 每一行 $g_i(s)$ 各元素相对阶的最小值, 即

$$r_i=\min_{j=1,2,\cdots,m}\{\deg(\alpha(s))-\deg(d_{ij}(s))\}=\deg(\alpha(s))-\max_{j=1,2,\cdots,m}\{\deg(d_{ij}(s))\},\quad i=1,2,\cdots,m$$

r_i 称为 MIMO 线性系统 (4.34) 的第 i 个相对阶, 而有序数组 $\{r_1,r_2,\cdots,r_m\}$ 称为其相对阶. 根据相对阶的定义显然有 $1\leqslant r_i\leqslant n$ $(i=1,2,\cdots,m)$.

说明 4.3.1　从相对阶的定义可以看出 c_i 和 r_i 是一一对应的. 因此, 如果将 C 的各行重排, 即

$$\tilde{C}=\begin{bmatrix} c_{i_1}^{\mathrm{T}} & c_{i_2}^{\mathrm{T}} & \cdots & c_{i_m}^{\mathrm{T}} \end{bmatrix}^{\mathrm{T}},\quad \bigcup_{j=1}^{m}\{i_j\}=\{1,2,\cdots,m\}$$

则线性系统 $(A,B,\tilde{C})$ 的相对阶为 $\{r_{i_1},r_{i_2},\cdots,r_{i_m}\}$.

引理 4.3.2 可看成是引理 4.3.1 在 MIMO 系统上的推广. 其证明和引理 4.3.1 的证明完全相同, 故略去.

引理 4.3.2 对任意 $i \in \{1,2,\cdots,m\}$, 如果 $g_i(s)$ 不恒等于零, 则 MIMO 线性系统 (4.34) 第 i 个相对阶为 r_i 当且仅当

$$c_iA^kB = 0, \quad k = 0,1,\cdots,r_i-2 \tag{4.35}$$

$$c_iA^{r_i-1}B \neq 0 \tag{4.36}$$

此外, $g_i(s) = 0$ $(\forall s \in \mathbf{C})$ 当且仅当

$$c_iA^kB = 0, \quad k = 0,1,\cdots,n-1$$

仿照 SISO 情形下的式 (4.29), 定义矩阵

$$\Gamma = \Gamma(A,B,C) = \begin{bmatrix} c_1A^{r_1-1}B \\ c_2A^{r_2-1}B \\ \vdots \\ c_mA^{r_m-1}B \end{bmatrix} \in \mathbf{R}^{m\times m} \tag{4.37}$$

该矩阵称为线性系统 (4.34) 的耦合矩阵 (coupling matrix). 容易看出耦合矩阵 $\Gamma(A,B,C)$ 也可按照

$$\Gamma(A,B,C) = \lim_{s\to\infty}(s^{r_1} \oplus s^{r_2} \oplus \cdots \oplus s^{r_m})G(s) \tag{4.38}$$

等价地进行定义. 引理 4.3.2 表明, Γ 的第 i 行不为零当且仅当 $g_i(s)$ 不恒等于零. 本节进一步对 Γ 作如下假设.

假设 4.3.2 线性系统 (4.34) 即 (A,B,C) 的耦合矩阵 $\Gamma(A,B,C)$ 是非奇异的.

对 MIMO 系统而言, 即使 Γ 的每一行都不为零, Γ 仍可能是奇异的. 下面举一个例子.

例 4.3.1 考虑 MIMO 线性系统

$$A = \begin{bmatrix} 0 & 0 & 0 & 0 \\ 0 & 0 & 0 & 0 \\ 0 & 0 & 0 & 0 \\ 0 & 0 & 1 & 0 \end{bmatrix}, \quad B = \begin{bmatrix} 1 & 0 & 0 \\ 0 & 1 & 0 \\ 0 & 0 & 1 \\ 0 & 0 & 0 \end{bmatrix}, \quad C = \begin{bmatrix} 1 & 1 & 0 \\ 0 & 1 & 1 \\ 0 & 0 & 0 \\ 0 & 1 & 0 \end{bmatrix}^{\mathrm{T}}$$

容易验证该系统的相对阶为 $\{1,1,1\}$. 虽然耦合矩阵

$$\Gamma(A,B,C) = \begin{bmatrix} c_1B \\ c_2B \\ c_3B \end{bmatrix} = CB = \begin{bmatrix} 1 & 0 & 0 \\ 1 & 1 & 0 \\ 0 & 1 & 0 \end{bmatrix}$$

的每一行都不为零, 但显然是奇异的, 即假设 4.3.2 不成立.

本节最后简单讨论代数等价变换对线性系统相对阶和耦合矩阵的影响. 根据相对阶的定义很容易验证下述事实.

(1) 代数等价变换 (T_u, T, T_y) 不改变 SISO 线性系统的相对阶, 且

$$\varGamma(\tilde{A}, \tilde{b}, \tilde{c}) = \varGamma(TAT^{-1}, TbT_u^{-1}, T_y cT^{-1}) = T_y\varGamma(A, b, c)T_u^{-1}$$

(2) 状态变换和输入变换不改变 MIMO 系统的相对阶, 且变换后的耦合矩阵满足

$$\varGamma(\tilde{A}, \tilde{B}, \tilde{C}) = \varGamma(TAT^{-1}, TBT_u^{-1}, CT^{-1}) = \varGamma(A, B, C)T_u^{-1} \tag{4.39}$$

因此, 对于不满足假设 4.3.2 的 MIMO 线性系统, 不可能通过状态变换和输入变换使得变换之后的系统满足该假设. 另外, 从说明 4.3.1 可以看出, 对于不满足假设 4.3.2 的 MIMO 线性系统, 也不可能通过输出重排这种特殊的输出变换使得变换之后的系统满足该假设. 但需要特别指出的是, 与 SISO 系统不同, 输出变换不仅可能会改变 MIMO 系统的相对阶, 还可能使得耦合矩阵从奇异变成非奇异. 下面举一个例子.

例 4.3.2　继续考虑例 4.3.1 中的 MIMO 线性系统. 考虑输出变换矩阵

$$T_y = \begin{bmatrix} 1 & 0 & 0 \\ 0 & 1 & 0 \\ 1 & -1 & 1 \end{bmatrix}$$

并令 $\tilde{C} = T_y C$. 容易验证变换后线性系统 $(A, B, \tilde{C})$ 的相对阶为 $\{1, 1, 2\}$, 与原系统的相对阶 $\{1, 1, 1\}$ 不相同. 此外, 变换后的耦合矩阵

$$\varGamma(A, B, \tilde{C}) = \begin{bmatrix} \tilde{c}_1 B \\ \tilde{c}_2 B \\ \tilde{c}_3 AB \end{bmatrix} = \begin{bmatrix} c_1 B \\ c_2 B \\ \tilde{c}_3 AB \end{bmatrix} = \begin{bmatrix} 1 & 0 & 0 \\ 1 & 1 & 0 \\ 0 & 0 & -1 \end{bmatrix}$$

满足 $\det(\varGamma(A, B, \tilde{C})) = -1$, 从而是非奇异的.

4.3.2 SISO 系统的输入输出规范型

根据式 (4.28) 和式 (4.29), 将系统 (4.26) 的输出方程 $y = cx$ 反复求导可得

$$\begin{cases} y^{(1)} = c(Ax + bu) = cAx \\ y^{(2)} = cA(Ax + bu) = cA^2 x \\ \quad\vdots \\ y^{(r-1)} = cA^{r-2}(Ax + bu) = cA^{r-1}x \\ y^{(r)} = cA^{r-1}(Ax + bu) = cA^r x + cA^{r-1}bu \end{cases} \tag{4.40}$$

这表明控制输入 u 能直接影响输出 y 的 r 阶导数. 设

$$\xi = \begin{bmatrix} \xi_1 \\ \xi_2 \\ \vdots \\ \xi_r \end{bmatrix} \overset{\text{def}}{=\!=} \begin{bmatrix} y \\ y^{(1)} \\ \vdots \\ y^{(r-1)} \end{bmatrix} = \begin{bmatrix} c \\ cA \\ \vdots \\ cA^{r-1} \end{bmatrix} x \overset{\text{def}}{=\!=} Ox \tag{4.41}$$

则式 (4.40) 可以写成

$$
\begin{cases}
\dot{\xi}_1 = \xi_2 \\
\dot{\xi}_2 = \xi_3 \\
\quad \vdots \\
\dot{\xi}_{r-1} = \xi_r \\
\dot{\xi}_r = cA^r x + cA^{r-1}bu
\end{cases} \tag{4.42}
$$

观察此方程不难发现, 对任意 $i = 2, 3, \cdots, r$, 状态变量 ξ_{i-1} 是状态变量 ξ_i 的积分. 因此这是一个长度为 r 的积分链. 另外, 从上向下观察系统 (4.42) 能看出, ξ_2 可以控制 ξ_1, ξ_3 可以控制 $\xi_2, \cdots, \xi_r$ 可以控制 ξ_{r-1}, 而 u 可以控制 ξ_r, 这进而表明 u 可以控制 ξ_i $(i = 1, 2, \cdots, r)$. 因此, 对任意长度的积分链, 只需要将控制信号放在积分链的最末端就可以完全控制它.

如果 $r = n$ 且 O 是非奇异的, 即 (A, c) 能观, 式 (4.41) 定义了一个合适的状态等价变换, 系统 (4.42) 和原系统 (4.26) 是等价的. 然而, 一般情况下仅有 $r < n$, 即除了 ξ 之外还有 $n - r$ 维的状态未揭示出来. 因此, 需要寻找合适的矩阵 $N \in \mathbf{R}_{n-r}^{(n-r)\times n}$ 来构造非奇异变换矩阵

$$
T = \begin{bmatrix} N \\ O \end{bmatrix} \in \mathbf{R}^{n\times n} \tag{4.43}
$$

这总是可能的, 因为引理 4.3.3 指出 O 总是行满秩的.

引理 4.3.3　设 SISO 线性系统 (4.26) 满足假设 4.3.1. 令 $S = OQ$, 其中

$$
Q \overset{\text{def}}{=\!=} Q_{\mathrm{c}}^{[r]}(A, b) = \begin{bmatrix} b & Ab & \cdots & A^{r-1}b \end{bmatrix} \in \mathbf{R}^{n\times r} \tag{4.44}
$$

则 S 是非奇异矩阵, 且矩阵 O 和 Q 分别是行满秩和列满秩矩阵.

证明　由式 (4.28) 和式 (4.29) 可知

$$
S = \begin{bmatrix} cb & cAb & \cdots & cA^{r-1}b \\ cAb & cA^2b & \cdots & cA^r b \\ \vdots & \vdots & & \vdots \\ cA^{r-1}b & cA^r b & \cdots & cA^{2r-2}b \end{bmatrix} = \begin{bmatrix} & & & \Gamma \\ & & \Gamma & * \\ & \iddots & & \vdots \\ \Gamma & * & \cdots & * \end{bmatrix} \tag{4.45}
$$

其中, $*$ 表示可能的非零项. 这表明 S 是非奇异矩阵, 从而 O 和 Q 都是满秩矩阵. 证毕. □

由此可见, 一定存在矩阵 $N \in \mathbf{R}_{n-r}^{(n-r)\times n}$ 使得 T 是非奇异矩阵. 出于需要, 下面选择一个极其特殊的 N. 由于 $O \in \mathbf{R}^{r\times n}$ 行满秩, 必存在矩阵 $O_0 \in \mathbf{R}_{n-r}^{n\times(n-r)}$ 使得 $OO_0 = 0$, 即 O_0 的各列是 O 的零空间的一组基向量. 取

$$
N = (O_0^{\mathrm{T}} O_0)^{-1} O_0^{\mathrm{T}} (I_n - QS^{-1}O) \in \mathbf{R}^{(n-r)\times n} \tag{4.46}
$$

引理 4.3.4 表明如此选取的 N 的确能保证 T 是非奇异的, 且具有其他的特殊性质.

引理 4.3.4　设 SISO 线性系统 (4.26) 满足假设 4.3.1, 变换矩阵 T 如式 (4.43) 所定义, 其中 O 和 N 分别如式 (4.41) 和式 (4.46) 所定义, 则 T 可逆且

$$
T^{-1} = \begin{bmatrix} O_0 & QS^{-1} \end{bmatrix} \tag{4.47}
$$

证明　根据定义式 (4.46) 容易看出

$$
\begin{aligned}
NO_0 &= (O_0^{\mathrm{T}}O_0)^{-1}O_0^{\mathrm{T}}(O_0 - QS^{-1}OO_0) = I_{n-r} \\
NQ &= (O_0^{\mathrm{T}}O_0)^{-1}O_0^{\mathrm{T}}(Q - QS^{-1}OQ) = 0
\end{aligned} \tag{4.48}
$$

因此有

$$
\begin{bmatrix} N \\ O \end{bmatrix} \begin{bmatrix} O_0 & QS^{-1} \end{bmatrix} = \begin{bmatrix} I_{n-r} & \\ & I_r \end{bmatrix}
$$

这就证明了 T^{-1} 具有式 (4.47) 的形式. 证毕. □

有了上面的准备, 可以给出定理 4.3.1.

定理 4.3.1　*设 SISO 线性系统 (4.26) 满足假设 4.3.1, 变换矩阵 T 如式 (4.43) 所定义, 其中 O 和 N 分别如式 (4.41) 和式 (4.46) 所定义, 则该系统经状态等价变换*

$$
\begin{bmatrix} \eta \\ \xi \end{bmatrix} \overset{\text{def}}{=\!=} \begin{bmatrix} Nx \\ \xi \end{bmatrix} = \begin{bmatrix} N \\ O \end{bmatrix} x = Tx \tag{4.49}
$$

之后的线性系统为

$$
\begin{cases}
\dot{\eta} = A_{00}\eta + b_0 y \\
\dot{\xi}_1 = \xi_2 \\
\dot{\xi}_2 = \xi_3 \\
\quad \vdots \\
\dot{\xi}_{r-1} = \xi_r \\
\dot{\xi}_r = cA^r x + cA^{r-1}bu = cA^r O_0\eta + cA^r QS^{-1}\xi + \Gamma u \\
y = \xi_1
\end{cases} \tag{4.50}
$$

其中, $A_{00} \in \mathbf{R}^{(n-r)\times(n-r)}$ 和 $b_0 \in \mathbf{R}^{(n-r)\times 1}$ 分别定义如下:

$$
A_{00} = NAO_0, \quad b_0 = NA^r b\Gamma^{-1} \tag{4.51}
$$

证明　根据式 (4.49), 系统 (4.42) 的最后一个方程可以写成

$$
\begin{aligned}
\dot{\xi}_r &= cA^r T^{-1} \begin{bmatrix} \eta \\ \xi \end{bmatrix} + cA^{r-1}bu = cA^r \begin{bmatrix} O_0 & QS^{-1} \end{bmatrix} \begin{bmatrix} \eta \\ \xi \end{bmatrix} + cA^{r-1}bu \\
&= cA^r O_0\eta + cA^r QS^{-1}\xi + cA^{r-1}bu
\end{aligned} \tag{4.52}
$$

这里用到了式 (4.47). 另外, 根据式 (4.47)、式 (4.48) 和式 (4.51), 可以得到

$$
\dot{\eta} = N(Ax + bu) = N(AO_0\eta + AQS^{-1}\xi + bu) = A_{00}\eta + NAQS^{-1}\xi \tag{4.53}
$$

从式 (4.45) 注意到

$$
S^{-1} = \begin{bmatrix} * & \cdots & * & \Gamma^{-1} \\ \vdots & & \Gamma^{-1} & \\ * & \iddots & & \\ \Gamma^{-1} & & & \end{bmatrix}
$$

因此, 根据式 (4.48) 和式 (4.51) 有

$$
\begin{aligned}
NAQS^{-1} &= N\left[\begin{array}{cccc} Ab & A^2b & \cdots & A^rb \end{array}\right]S^{-1} \\
&= NQ\left[\begin{array}{ccc|c} 0 & \cdots & 0 & 0 \\ \hline 1 & & & 0 \\ & \ddots & & \vdots \\ & & 1 & 0 \end{array}\right]S^{-1} + N\left[\begin{array}{cccc} 0 & \cdots & 0 & A^rb \end{array}\right]S^{-1} \\
&= N\left[\begin{array}{cccc} 0 & \cdots & 0 & A^rb \end{array}\right]S^{-1} \\
&= \left[\begin{array}{cccc} NA^rb\Gamma^{-1} & 0 & \cdots & 0 \end{array}\right] \\
&= \left[\begin{array}{cccc} b_0 & 0 & \cdots & 0 \end{array}\right]
\end{aligned} \tag{4.54}
$$

将式 (4.54) 代入系统 (4.53), 并将之和系统 (4.52) 合并即完成证明. 证毕. □

定理 4.3.1 给出的输入输出规范型示意图如图 4.2 所示. 从图中容易看出, 输入 u 不直接影响 η 子系统, 而是控制长度为 r 的积分链, 进而由积分链的最前端即 y 控制子系统 η.

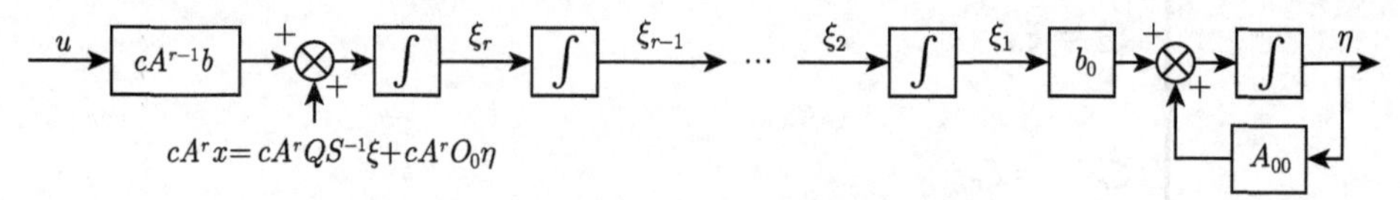

图 4.2　SISO 线性系统的输入输出规范型

有时为了方便, 也将变换之后的系统 (4.50) 写成矩阵的形式. 记 $(\tilde{A},\tilde{b},\tilde{c}) = (TAT^{-1}, Tb, cT^{-1})$, 则

$$
\tilde{A} = \left[\begin{array}{c|cccc} A_{00} & b_0 & 0 & \cdots & 0 \\ \hline 0 & 0 & 1 & & \\ \vdots & \vdots & & \ddots & \\ 0 & 0 & & & 1 \\ * & * & * & \cdots & * \end{array}\right], \quad \tilde{b} = \left[\begin{array}{c} 0_{(n-r)\times 1} \\ \hline 0 \\ \vdots \\ 0 \\ 1 \end{array}\right]\Gamma, \quad \tilde{c} = \left[\begin{array}{c} 0_{(n-r)\times 1} \\ \hline 1 \\ 0 \\ \vdots \\ 0 \end{array}\right]^{\mathrm{T}} \tag{4.55}
$$

其中, $*$ 表示可能的非零项.

最后用一个例子来说明 SISO 系统输入输出规范型的计算步骤.

例 4.3.3　考虑小车倒立摆系统的线性化系统 (1.26). 容易验证该系统的相对阶为 $r=2$ 且 $cb=0, \Gamma = cAb = 4/(4M+m) \neq 0$. 将

$$
O = \left[\begin{array}{c} c \\ cA \end{array}\right] = \left[\begin{array}{cccc} 1 & 0 & 0 & 0 \\ 0 & 1 & 0 & 0 \end{array}\right], \quad O_0 = \left[\begin{array}{cccc} 0 & 0 & 1 & 0 \\ 0 & 0 & 0 & 1 \end{array}\right]^{\mathrm{T}}
$$

代入式 (4.46) 和式 (4.43) 得到变换矩阵

$$T=\begin{bmatrix} N \\ O \end{bmatrix}=\left[\begin{array}{cccc} \dfrac{3}{4l} & 0 & 1 & 0 \\ 0 & \dfrac{3}{4l} & 0 & 1 \\ \hline 1 & 0 & 0 & 0 \\ 0 & 1 & 0 & 0 \end{array}\right] \tag{4.56}$$

将式 (4.56) 代入 $(\tilde{A},\tilde{b},\tilde{c})=(TAT^{-1},Tb,cT^{-1})$ 得到该系统的输入输出规范型

$$\tilde{A}=\left[\begin{array}{cc|cc} 0 & 1 & 0 & 0 \\ \dfrac{3g}{4l} & 0 & -\dfrac{9g}{16l^2} & 0 \\ \hline 0 & 0 & 0 & 1 \\ -\dfrac{3mg}{4M+m} & 0 & \dfrac{9mg}{4l(4M+m)} & 0 \end{array}\right],\quad \tilde{b}=\left[\begin{array}{c} 0 \\ 0 \\ \hline 0 \\ \dfrac{4}{4M+m} \end{array}\right],\quad \tilde{c}=\left[\begin{array}{c} 0 \\ 0 \\ \hline 1 \\ 0 \end{array}\right]^{\mathrm{T}} \tag{4.57}$$

4.3.3 MIMO 系统的输入输出规范型

本节讨论方 MIMO 系统 (4.34) 的输入输出规范型. 为避免过多的符号, 在不引起混淆的情况下, 本节采用与 4.3.2 节相同的符号. 设系统的相对阶为 $\{r_1,r_2,\cdots,r_m\}$, 并记

$$r=r_1+r_2+\cdots+r_m$$

对任意 $i=1,2,\cdots,m$, 将系统 (4.34) 的输出 $y_i=c_ix$ 反复求导并利用式 (4.35) 和式 (4.36) 得到

$$\begin{cases} y_i^{(1)}=c_i(Ax+Bu)=c_iAx \\ y_i^{(2)}=c_iA(Ax+Bu)=c_iA^2x \\ \quad\vdots \\ y_i^{(r_i-1)}=c_iA^{r_i-2}(Ax+Bu)=c_iA^{r_i-1}x \\ y_i^{(r_i)}=c_iA^{r_i-1}(Ax+Bu)=c_iA^{r_i}x+c_iA^{r_i-1}Bu \end{cases} \tag{4.58}$$

这表明控制输入 u 能直接影响输出 y_i 的 r_i 阶导数. 设

$$\xi_i=\begin{bmatrix} \xi_{i1} \\ \xi_{i2} \\ \vdots \\ \xi_{i,r_i} \end{bmatrix} \overset{\text{def}}{=\!=} \begin{bmatrix} y_i \\ y_i^{(1)} \\ \vdots \\ y_i^{(r_i-1)} \end{bmatrix} = \begin{bmatrix} c_i \\ c_iA \\ \vdots \\ c_iA^{r_i-1} \end{bmatrix} x \overset{\text{def}}{=\!=} O_ix \tag{4.59}$$

其中, $O_i\in\mathbf{R}^{r_i\times n}$, 则式 (4.58) 可以写成

$$\begin{cases} \dot{\xi}_{i1} = \xi_{i2} \\ \dot{\xi}_{i2} = \xi_{i3} \\ \quad \vdots \\ \dot{\xi}_{i,r_i-1} = \xi_{i,r_i} \\ \dot{\xi}_{i,r_i} = c_i A^{r_i} x + c_i A^{r_i-1} B u \end{cases}, \quad i = 1, 2, \cdots, m \tag{4.60}$$

和 SISO 系统类似, 此系统是 m 个长度分别为 r_i $(i = 1, 2, \cdots, m)$ 的积分链的耦合, 且每个积分链都可被 u 控制. 为了后面使用的方便, 记

$$\xi = \begin{bmatrix} \xi_1 \\ \xi_2 \\ \vdots \\ \xi_m \end{bmatrix} = \begin{bmatrix} O_1 \\ O_2 \\ \vdots \\ O_m \end{bmatrix} x \stackrel{\text{def}}{=} Ox \in \mathbf{R}^{r\times 1}, \quad O \in \mathbf{R}^{r\times n} \tag{4.61}$$

在假设 4.3.2 下, 可以考虑输入等价变换

$$v = \begin{bmatrix} v_1 \\ v_2 \\ \vdots \\ v_m \end{bmatrix} = \begin{bmatrix} c_1 A^{r_1-1} B \\ c_2 A^{r_2-1} B \\ \vdots \\ c_m A^{r_m-1} B \end{bmatrix} u = \varGamma u \tag{4.62}$$

系统 (4.60) 被变换成

$$\begin{cases} \dot{\xi}_{i1} = \xi_{i2} \\ \dot{\xi}_{i2} = \xi_{i3} \\ \quad \vdots \\ \dot{\xi}_{i,r_i-1} = \xi_{i,r_i} \\ \dot{\xi}_{i,r_i} = c_i A^{r_i} x + v_i \end{cases}, \quad i = 1, 2, \cdots, m \tag{4.63}$$

这表明每一个新的输入 v_i 控制一个长度为 r_i 的积分链, 且该积分链只与输出 y_i 及其各阶导数有关. 与 SISO 系统类似, 如果 $r = n$ 且 O 是非奇异矩阵, 系统 (4.60) 或者系统 (4.63) 和原系统 (4.34) 是等价的. 然而, 一般仅有 $r < n$. 因此, 除了 r 维状态 ξ 之外还有 $n - r$ 维的状态未揭示出来. 为此需要定义合适的状态变换.

通过输入变换 (4.62), 原系统 (4.34) 变成

$$\begin{cases} \dot{x} = Ax + \varTheta v \\ y = Cx \end{cases} \tag{4.64}$$

其中

$$\varTheta = B\varGamma^{-1} \stackrel{\text{def}}{=} \begin{bmatrix} \theta_1 & \theta_2 & \cdots & \theta_m \end{bmatrix} \tag{4.65}$$

与 SISO 系统相仿, 定义

$$
\begin{aligned}
&Q = \begin{bmatrix} Q_1 & Q_2 & \cdots & Q_m \end{bmatrix} \in \mathbf{R}^{n\times r} \\
&Q_i = Q_{\mathrm{c}}^{[r_i]}(A,\theta_i) = \begin{bmatrix} \theta_i & A\theta_i & \cdots & A^{r_i-1}\theta_i \end{bmatrix} \in \mathbf{R}^{n\times r_i}, \quad i=1,2,\cdots,m
\end{aligned} \tag{4.66}
$$

注意到和式 (4.44) 稍有区别, 这里的 Q 是针对变换之后的系统 (4.64) 定义的. 引理 4.3.5 是引理 4.3.3 在 MIMO 系统上的推广.

引理 4.3.5 设 MIMO 线性系统 (4.34) 满足假设 4.3.2, 则 $S=OQ\in\mathbf{R}^{r\times r}$ 是非奇异矩阵, 从而 O 和 Q 都是满秩矩阵, 即

$$
\operatorname{rank}(O)=\operatorname{rank}(Q)=r\leqslant n \tag{4.67}
$$

证明 由式 (4.35) 和式 (4.65) 可知

$$
c_iA^k\Theta=0,\quad k=0,1,\cdots,r_i-2,\quad i=1,2,\cdots,m \tag{4.68}
$$

而由式 (4.36) 和式 (4.65) 可知

$$
c_iA^{r_i-1}\theta_j=\begin{cases}0, & j\neq i, i,j=1,2,\cdots,m\\ 1, & j=i, i,j=1,2,\cdots,m\end{cases} \tag{4.69}
$$

根据 O_i 和 Q_i 的定义有

$$
S=OQ=\begin{bmatrix} O_1Q_1 & O_1Q_2 & \cdots & O_1Q_m\\ O_2Q_1 & O_2Q_2 & \cdots & O_2Q_m\\ \vdots & \vdots & & \vdots\\ O_mQ_1 & O_mQ_2 & \cdots & O_mQ_m\end{bmatrix} \overset{\text{def}}{=\!=} \begin{bmatrix} S_{11} & S_{12} & \cdots & S_{1m}\\ S_{21} & S_{22} & \cdots & S_{2m}\\ \vdots & \vdots & & \vdots\\ S_{m1} & S_{m2} & \cdots & S_{mm}\end{bmatrix}
$$

其中, $S_{ij}=O_iQ_j\in\mathbf{R}^{r_i\times r_j}$ $(i,j=1,2,\cdots,m)$. 由式 (4.68) 和式 (4.69) 可知, 如果 $j=i,i=1,2,\cdots,m$, 则

$$
S_{ii}=\begin{bmatrix} c_i\theta_i & c_iA\theta_i & \cdots & c_iA^{r_i-1}\theta_i\\ c_iA\theta_i & c_iA^2\theta_i & \cdots & c_iA^{r_i}\theta_i\\ \vdots & \vdots & & \vdots\\ c_iA^{r_i-1}\theta_i & c_iA^{r_i}\theta_i & \cdots & c_iA^{2r_i-2}\theta_i\end{bmatrix}=\begin{bmatrix} & & & 1\\ & & \cdot^{\cdot^{\cdot}} & c_iA^{r_i}\theta_i\\ & 1 & & \vdots\\ 1 & c_iA^{r_i}\theta_i & \cdots & c_iA^{2r_i-2}\theta_i\end{bmatrix}
$$

如果 $j\neq i,i=1,2,\cdots,m$, 则

$$
S_{ij}=\begin{bmatrix} 0 & 0 & 0 & \cdots & \vdots\\ \vdots & \vdots & \vdots & & \vdots\\ 0 & 0 & 0 & \cdots & c_iA^{r_i+r_j-4}\theta_j\\ 0 & 0 & c_iA^{r_i}\theta_j & \cdots & c_iA^{r_i+r_j-3}\theta_j\\ 0 & c_iA^{r_i}\theta_j & c_iA^{r_i+1}\theta_j & \cdots & c_iA^{r_i+r_j-2}\theta_j\end{bmatrix}
$$

由此可见 S_{ij} 具有相似的下三角或梯形结构, 且只有 S_{ii} 的斜对角线元素为 1. 通过一系列直接的初等行和列变换可将 S 变换成 I_r, 故 S 是非奇异矩阵. 证毕. □

与 SISO 系统的情形类似, 引理 4.3.5 表明 $O \in \mathbf{R}^{r\times n}$ 是行满秩矩阵, 从而可作为状态等价变换矩阵 T 的一部分, 或者说 ξ 可作为变换后状态 $\tilde{x}$ 的一部分. 因此, 问题是如何确定状态等价变换矩阵 T 的剩余 $n-r$ 行或剩下的 $n-r$ 维变换后的状态向量 η. 由式 (4.67) 可知存在 $O_0 \in \mathbf{R}_{n-r}^{n\times(n-r)}$ 使得 $OO_0 = 0$, 即 O_0 的各列是 O 的零空间的一组基向量. 与单输入系统的情形类似, 取

$$N = (O_0^{\mathrm{T}} O_0)^{-1} O_0^{\mathrm{T}} (I_n - QS^{-1}O) \in \mathbf{R}^{(n-r)\times n} \tag{4.70}$$

但与 SISO 系统的情形不同, 如果按照式 (4.49) 的方式选取变换矩阵 T, 不能保证 η 子系统仅仅受 y 的驱动. 下面举例说明这一点.

例 4.3.4　考虑线性系统

$$A = \begin{bmatrix} 0 & 1 & 0 & 1 & 0 & 0 \\ 0 & 0 & 0 & 1 & 0 & 1 \\ 2 & 0 & 0 & 0 & -1 & 0 \\ 0 & 0 & 0 & 0 & 0 & 1 \\ 0 & 0 & 1 & 0 & 0 & 0 \\ 1 & 0 & 0 & -1 & 0 & 1 \end{bmatrix}, \quad B = \begin{bmatrix} 0 & 1 \\ 0 & 0 \\ 1 & 0 \\ 0 & 0 \\ 1 & 1 \\ 0 & 0 \end{bmatrix}, \quad C = \begin{bmatrix} 0 & 0 \\ 0 & 0 \\ 1 & 0 \\ 0 & 1 \\ 0 & 0 \\ 0 & 0 \end{bmatrix}^{\mathrm{T}}$$

容易验证该系统的相对阶为 $\{r_1, r_2\} = \{1, 3\}$, 相应的耦合矩阵

$$\Gamma = \begin{bmatrix} c_1 B \\ c_2 A^2 B \end{bmatrix} = \begin{bmatrix} 1 & 0 \\ 0 & 1 \end{bmatrix} = I_2$$

显然是非奇异矩阵, 且 $\Theta = B$. 根据式 (4.61) 和式 (4.66) 可以构造

$$O = \left[\begin{array}{cccccc} 0 & 0 & 1 & 0 & 0 & 0 \\ \hline 0 & 0 & 0 & 1 & 0 & 0 \\ 0 & 0 & 0 & 0 & 0 & 1 \\ 1 & 0 & 0 & -1 & 0 & 1 \end{array}\right], \quad Q = \left[\begin{array}{c|ccc} 0 & 1 & 0 & 0 \\ 0 & 0 & 0 & 1 \\ 1 & 0 & 1 & 0 \\ 0 & 0 & 0 & 1 \\ 1 & 1 & 0 & 1 \\ 0 & 0 & 1 & 1 \end{array}\right], \quad S = OQ = \left[\begin{array}{c|ccc} 1 & 0 & 1 & 0 \\ \hline 0 & 0 & 0 & 1 \\ 0 & 0 & 1 & 1 \\ 0 & 1 & 1 & 0 \end{array}\right]$$

如果选择变换矩阵

$$O_0 = \begin{bmatrix} 0 & 0 \\ 1 & 0 \\ 0 & 0 \\ 0 & 0 \\ 0 & 1 \\ 0 & 0 \end{bmatrix}, \quad T = \begin{bmatrix} N \\ O \end{bmatrix} = \left[\begin{array}{cccccc} 0 & 1 & 0 & -1 & 0 & 0 \\ -1 & 0 & -1 & -2 & 1 & 1 \\ \hline 0 & 0 & 1 & 0 & 0 & 0 \\ 0 & 0 & 0 & 1 & 0 & 0 \\ 0 & 0 & 0 & 0 & 0 & 1 \\ 1 & 0 & 0 & -1 & 0 & 1 \end{array}\right]$$

其中, N 根据式 (4.70) 计算, 那么变换后的系统 $(\tilde{A}, \tilde{B}, \tilde{C}) = (TAT^{-1}, TB, CT^{-1})$ 为

$$
\tilde{A}=\left[\begin{array}{cc|c|ccc}
0 & 0 & 0 & 1 & 0 & 0 \\
-1 & 1 & 2 & -1 & -2 & 0 \\
\hline
0 & -1 & -1 & 1 & 0 & 1 \\
\hline
0 & 0 & 0 & 0 & 1 & 0 \\
0 & 0 & 0 & 0 & 0 & 1 \\
1 & 0 & 0 & 2 & -1 & 1
\end{array}\right], \quad \tilde{B}=\left[\begin{array}{cc}
0 & 0 \\
0 & 0 \\
\hline
1 & 0 \\
\hline
0 & 0 \\
0 & 0 \\
0 & 1
\end{array}\right], \quad \tilde{C}=\left[\begin{array}{cc}
0 & 0 \\
0 & 0 \\
1 & 0 \\
0 & 1 \\
0 & 0 \\
0 & 0
\end{array}\right]^{\mathrm{T}} \tag{4.71}
$$

显然, 其对应的 η 子系统为

$$
\dot{\eta}=\left[\begin{array}{cc}
0 & 0 \\
-1 & 1
\end{array}\right] \eta+\left[\begin{array}{c}
0 \\
2
\end{array}\right] \xi_1+\left[\begin{array}{ccc}
1 & 0 & 0 \\
-1 & -2 & 0
\end{array}\right] \xi_2 \tag{4.72}
$$

这表明 η 子系统不仅受到 y 的驱动, 还受到 $\dot{y}_2$ 的驱动.

为了解决上面的问题, 必须选择不同的状态等价变换矩阵 T. 为此, 先介绍一些记号. 设

$$
A_{00} \stackrel{\text{def}}{=} N A O_0 \in \mathbf{R}^{(n-r) \times(n-r)} \tag{4.73}
$$

$$
N A Q S^{-1} \stackrel{\text{def}}{=}\left[\begin{array}{llll}
\tilde{A}_{01} & \tilde{A}_{02} & \cdots & \tilde{A}_{0m}
\end{array}\right] \in \mathbf{R}^{(n-r) \times r} \tag{4.74}
$$

$$
\tilde{A}_{0i} \stackrel{\text{def}}{=}\left[\begin{array}{llll}
a_{0i}^{[1]} & a_{0i}^{[2]} & \cdots & a_{0i}^{[r_i]}
\end{array}\right] \in \mathbf{R}^{(n-r) \times r_i} \tag{4.75}
$$

$$
S_{0i} \stackrel{\text{def}}{=}\left[\begin{array}{ccccc}
a_{0i}^{[1]} & a_{0i}^{[2]} & \cdots & a_{0i}^{[r_i-1]} & a_{0i}^{[r_i]} \\
a_{0i}^{[2]} & a_{0i}^{[3]} & \cdots & a_{0i}^{[r_i]} & \\
\vdots & \vdots & \iddots & & \\
a_{0i}^{[r_i-1]} & a_{0i}^{[r_i]} & & & \\
a_{0i}^{[r_i]} & & & &
\end{array}\right] \in \mathbf{R}^{r_i(n-r) \times r_i} \tag{4.76}
$$

其中, $i=1,2,\cdots,m$. 此外, 设

$$
\left[\begin{array}{lllll}
h_{i1} & h_{i2} & \cdots & h_{i,r_i-1} & h_{i,r_i}
\end{array}\right]=\left[\begin{array}{lllll}
I_{n-r} & A_{00} & \cdots & A_{00}^{r_i-2} & A_{00}^{r_i-1}
\end{array}\right] S_{0i} \tag{4.77}
$$

并定义矩阵 $B_0 \in \mathbf{R}^{(n-r) \times m}$ 和 $H \in \mathbf{R}^{(n-r) \times r}$ 如下:

$$
B_0=\left[\begin{array}{lllll}
h_{11} & h_{21} & h_{31} & \cdots & h_{m1}
\end{array}\right] \in \mathbf{R}^{(n-r) \times m} \tag{4.78}
$$

$$
H_i=\left[\begin{array}{lllll}
h_{i2} & h_{i3} & \cdots & h_{i,r_i} & 0
\end{array}\right] \in \mathbf{R}^{(n-r) \times r_i}, \quad i=1,2,\cdots,m \tag{4.79}
$$

$$
H=\left[\begin{array}{llll}
H_1 & H_2 & \cdots & H_m
\end{array}\right] \in \mathbf{R}^{(n-r) \times r} \tag{4.80}
$$

有了前面的工作, 我们可以介绍定理 4.3.2.

定理 4.3.2 设 MIMO 线性系统 (4.34) 满足假设 4.3.2, 则

$$
\tilde{x}=\left[\begin{array}{c}
\eta \\
\xi
\end{array}\right]=\left[\begin{array}{c}
N-H O \\
O
\end{array}\right] x \stackrel{\text{def}}{=} T x \tag{4.81}
$$

是状态等价变换, 其中 O、N 和 H 分别如式 (4.61)、式 (4.70) 和式 (4.80) 所定义, ξ 如式 (4.59) 和式 (4.61) 所定义. 且线性系统 (4.34) 经此变换之后的系统为

$$\begin{cases} \dot{\eta} = A_{00}\eta + B_0 y \\ \dot{\xi}_{i1} = \xi_{i2} \\ \dot{\xi}_{i2} = \xi_{i3} \\ \quad\vdots \\ \dot{\xi}_{i,r_i-1} = \xi_{i,r_i} \\ \dot{\xi}_{i,r_i} = c_i A^{r_i} x + c_i A^{r_i-1} Bu = c_i A^{r_i} O_0 \eta + c_i A^{r_i}(O_0 H + QS^{-1})\xi + c_i A^{r_i-1} Bu \\ y_i = \xi_{i1} \end{cases} \tag{4.82}$$

其中, $i = 1, 2, \cdots, m$; A_{00} 和 B_0 分别如式 (4.73) 和式 (4.78) 所定义.

证明 考虑状态等价变换

$$\begin{bmatrix} \eta_0 \\ \xi \end{bmatrix} \overset{\text{def}}{=\!=} \begin{bmatrix} Nx \\ \xi \end{bmatrix} = \begin{bmatrix} N \\ O \end{bmatrix} x \overset{\text{def}}{=\!=} T_0 x \tag{4.83}$$

注意到 T_0 相当于 SISO 情形由式 (4.49) 定义的矩阵 T. 采取与引理 4.3.4 的证明完全相同的方法可以证明 T_0 可逆且

$$T_0^{-1} = \begin{bmatrix} O_0 & QS^{-1} \end{bmatrix} \tag{4.84}$$

由于 $NQ = 0$, 因此 $N\Theta = 0$. 由式 (4.74)、式 (4.73) 和式 (4.84) 可知

$$\begin{aligned} \dot{\eta}_0 &= N(Ax + \Theta v) = N(AO_0\eta_0 + AQS^{-1}\xi + \Theta v) = A_{00}\eta_0 + NAQS^{-1}\xi \\ &= A_{00}\eta_0 + \begin{bmatrix} \tilde{A}_{01} & \tilde{A}_{02} & \cdots & \tilde{A}_{0m} \end{bmatrix} \xi = A_{00}\eta_0 + \sum_{i=1}^{m} \tilde{A}_{0i}\xi_i \end{aligned} \tag{4.85}$$

由于 $\tilde{A}_{0i}$ 并非仅有第 1 列非零 (见例 4.3.4 的式 (4.72)), 式 (4.85) 的 η_0 子系统不仅受输出 y 的驱动, 还受 y 的各阶导数的驱动. 下面进一步对式 (4.85) 进行变换, 使得 η_0 子系统仅受 y 的驱动.

根据式 (4.75), 可将系统 (4.85) 写成

$$\begin{aligned} \dot{\eta}_0 &= A_{00}\eta_0 + \sum_{i=1}^{m}\sum_{j=1}^{r_i} a_{0i}^{[j]}\xi_{ij} = A_{00}\eta_0 + \sum_{j=1}^{r_1} a_{01}^{[j]}\xi_{1j} + \sum_{i=2}^{m}\sum_{j=1}^{r_i} a_{0i}^{[j]}\xi_{ij} \\ &= A_{00}\eta_0 + \sum_{j=1}^{r_1-1} a_{01}^{[j]}\xi_{1j} + a_{01}^{[r_1]}\xi_{1,r_1} + \sum_{i=2}^{m}\sum_{j=1}^{r_i} a_{0i}^{[j]}\xi_{ij} \\ &= A_{00}\eta_0 + \sum_{j=1}^{r_1-1} a_{01}^{[j]}\xi_{1j} + a_{01}^{[r_1]}\dot{\xi}_{1,r_1-1} + \sum_{i=2}^{m}\sum_{j=1}^{r_i} a_{0i}^{[j]}\xi_{ij} \end{aligned} \tag{4.86}$$

这里用到了 $\dot{\xi}_{1,r_1-1} = \xi_{1,r_1}$. 设

$$\eta_{11} = \eta_0 - a_{01}^{[r_1]}\xi_{1,r_1-1} = \eta_0 - h_{1,r_1}\xi_{1,r_1-1}$$

这里用到了式 (4.77). 由式 (4.86) 可知

$$
\begin{aligned}
\dot{\eta}_{11} &= A_{00}\eta_0 + \sum_{j=1}^{r_1-1} a_{01}^{[j]}\xi_{1j} + \sum_{i=2}^{m}\sum_{j=1}^{r_i} a_{0i}^{[j]}\xi_{ij} \\
&= A_{00}(\eta_{11} + a_{01}^{[r_1]}\xi_{1,r_1-1}) + \sum_{j=1}^{r_1-1} a_{01}^{[j]}\xi_{1j} + \sum_{i=2}^{m}\sum_{j=1}^{r_i} a_{0i}^{[j]}\xi_{ij} \\
&= A_{00}\eta_{11} + \sum_{j=1}^{r_1-2} a_{01}^{[j]}\xi_{1j} + (a_{01}^{[r_1-1]} + A_{00}a_{01}^{[r_1]})\xi_{1,r_1-1} + \sum_{i=2}^{m}\sum_{j=1}^{r_i} a_{0i}^{[j]}\xi_{ij} \\
&= A_{00}\eta_{11} + \sum_{j=1}^{r_1-2} a_{01}^{[j]}\xi_{1j} + h_{1,r_1-1}\xi_{1,r_1-1} + \sum_{i=2}^{m}\sum_{j=1}^{r_i} a_{0i}^{[j]}\xi_{ij}
\end{aligned} \tag{4.87}
$$

由于 $\dot{\xi}_{1,r_1-2} = \xi_{1,r_1-1}$, 式 (4.87) 可以写成

$$
\dot{\eta}_{11} = A_{00}\eta_{11} + \sum_{j=1}^{r_1-2} a_{01}^{[j]}\xi_{1j} + h_{1,r_1-1}\dot{\xi}_{1,r_1-2} + \sum_{i=2}^{m}\sum_{j=1}^{r_i} a_{0i}^{[j]}\xi_{ij}
$$

类似于 η_{11}, 定义新状态变量

$$
\eta_{12} = \eta_{11} - h_{1,r_1-1}\xi_{1,r_1-2}
$$

则类似于式 (4.87) 可以得到

$$
\dot{\eta}_{12} = A_{00}\eta_{12} + \sum_{j=1}^{r_1-3} a_{01}^{[j]}\xi_{1j} + h_{1,r_1-2}\xi_{1,r_1-2} + \sum_{i=2}^{m}\sum_{j=1}^{r_i} a_{0i}^{[j]}\xi_{ij}
$$

重复上述过程, 如果设

$$
\eta_{1l} = \eta_{1,l-1} - h_{1,r_1-l+1}\xi_{1,r_1-l} \tag{4.88}
$$

其中, $l = 1, 2, \cdots, r_1 - 1$ 和 $\eta_{10} = \eta_0$, 则类似于式 (4.87) 可以得到

$$
\dot{\eta}_{1,r_1-1} = A_{00}\eta_{1,r_1-1} + h_{11}\xi_{11} + \sum_{i=2}^{m}\sum_{j=1}^{r_i} a_{0i}^{[j]}\xi_{ij} \tag{4.89}
$$

容易看出上述系统只受 $y_1 = \xi_{11}$ 驱动, 而不受 y_1 的各阶导数的驱动. 即上述过程成功地移除了 y_1 的各阶导数对 η_0 子系统的影响.

为了得到系统 (4.89) 的状态 η_{1,r_1-1} 与原状态 η_0 的关系, 设 $\eta_1 = \eta_{1,r_1-1}$, 则由式 (4.88) 可知

$$
\eta_1 = \eta_{1,r_1-1} = \eta_0 - \sum_{k=1}^{r_1-1} h_{1,k+1}\xi_{1k} = \eta_0 - H_1\xi_1 \tag{4.90}
$$

其中, $H_1 \in \mathbf{R}^{(n-r)\times r_1}$ 如式 (4.79) 所定义. 此外, 系统 (4.89) 可以写成

$$
\dot{\eta}_1 = A_{00}\eta_1 + h_{11}\xi_{11} + \sum_{i=2}^{m}\sum_{j=1}^{r_i} a_{0i}^{[j]}\xi_{ij} \tag{4.91}
$$

其中, h_{11} 如式 (4.77) 所定义.

以上的变换是针对 $y_1 = \xi_{11}$ 进行的. 对 $y_k = \xi_{k1}$ $(k = 2, 3, \cdots, m)$ 可重复上述过程, 即通过定义形如式 (4.90) 的新状态

$$\eta_k = \eta_{k-1} - H_k \xi_k, \quad k = 1, 2, \cdots, m \tag{4.92}$$

系统 (4.85) 可被变换成如下形如式 (4.91) 的系统:

$$\dot{\eta}_m = A_{00}\eta_m + \sum_{k=1}^{m} h_{k1}\xi_{k1} = A_{00}\eta_m + \sum_{k=1}^{m} h_{k1} y_k \tag{4.93}$$

注意到式 (4.92) 也可以写成

$$\eta_m = \eta_0 - \sum_{k=1}^{m} H_k \xi_k = \eta_0 - H\xi \tag{4.94}$$

为了使得符号简单, 令 $\eta = \eta_m$, 则式 (4.93) 就是系统 (4.82) 的第 1 个状态方程.

最后, 由式 (4.94) 和式 (4.83) 可知

$$\begin{bmatrix} \eta \\ \xi \end{bmatrix} = \begin{bmatrix} I_{n-r} & -H \\ 0 & I_r \end{bmatrix} \begin{bmatrix} \eta_0 \\ \xi \end{bmatrix} = \begin{bmatrix} I_{n-r} & -H \\ 0 & I_r \end{bmatrix} \begin{bmatrix} N \\ O \end{bmatrix} x = \begin{bmatrix} N - HO \\ O \end{bmatrix} x$$

这就是式 (4.81), 且蕴含 T 非奇异, 即

$$T^{-1} = \begin{bmatrix} N \\ O \end{bmatrix}^{-1} \begin{bmatrix} I_{n-r} & H \\ 0 & I_r \end{bmatrix} = \begin{bmatrix} O_0 & O_0 H + QS^{-1} \end{bmatrix} \tag{4.95}$$

因此, 式 (4.60) 的最后一个方程可以写成

$$\dot{\xi}_{i,r_i} = c_i A^{r_i} T^{-1}\tilde{x} + c_i A^{r_i - 1} B u = c_i A^{r_i} O_0 \eta + c_i A^{r_i}(O_0 H + QS^{-1})\xi + c_i A^{r_i - 1} B u$$

其中, $i = 1, 2, \cdots, m$. 证毕. □

定理 4.3.2 给出的输入输出规范型示意图如图 4.3 所示. 与 SISO 情形类似, 从图中可以看出, 输入 u 控制长度分别为 r_i $(i = 1, 2, \cdots, m)$ 的积分链, 进而由积分链的最前端即 y 控制子系统 η. 自然地, 如果 $m = 1$, 则 $H = 0$, 定理 4.3.2 退化成定理 4.3.1.

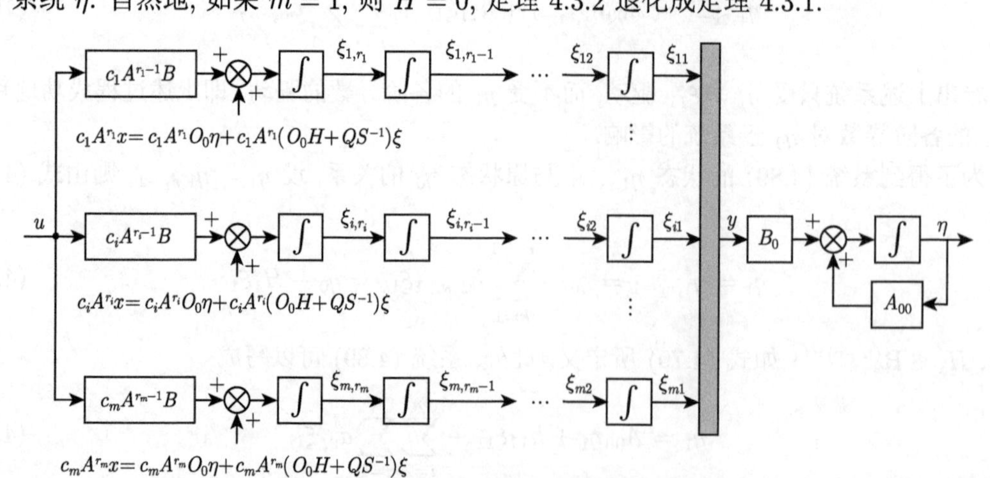

图 4.3 MIMO 线性系统的输入输出规范型

与 SISO 系统类似, 有时为了方便, 也将变换之后的系统 (4.82) 写成矩阵的形式. 记 $(\tilde{A},\tilde{B},\tilde{C})=(TAT^{-1},TB,CT^{-1})$, 则

$$\tilde{A}=\left[\begin{array}{c|cccc} A_{00} & A_{01} & A_{02} & \cdots & A_{0m} \\ \hline A_{10} & A_{11} & A_{12} & \cdots & A_{1m} \\ A_{20} & A_{21} & A_{22} & \cdots & A_{2m} \\ \vdots & \vdots & \vdots & & \vdots \\ A_{m0} & A_{m1} & A_{m2} & \cdots & A_{mm} \end{array}\right] \tag{4.96}$$

$$\tilde{B}=\left[\begin{array}{ccc} & 0_{(n-r)\times m} & \\ \hline b_{11} & & \\ & \ddots & \\ & & b_{mm} \end{array}\right]\Gamma,\quad b_{ii}=\left[\begin{array}{c} 0 \\ \vdots \\ 0 \\ \hline 1 \end{array}\right]\in\mathbf{R}^{r_i\times 1} \tag{4.97}$$

$$\tilde{C}=\left[\begin{array}{c|ccc} & c_{11} & & \\ 0_{m\times(n-r)} & & \ddots & \\ & & & c_{mm} \end{array}\right],\quad c_{ii}=\left[\begin{array}{c|ccc} 1 & 0 & \cdots & 0 \end{array}\right]\in\mathbf{R}^{1\times r_i} \tag{4.98}$$

其中, 各矩阵具有如下形式:

$$\begin{gathered} A_{ii}=\left[\begin{array}{c|ccc} 0 & 1 & & \\ \vdots & & \ddots & \\ 0 & & & 1 \\ \hline * & * & \cdots & * \end{array}\right]\in\mathbf{R}^{r_i\times r_i},\quad A_{ij}=\left[\begin{array}{cccc} 0 & 0 & \cdots & 0 \\ \vdots & \vdots & & \vdots \\ 0 & 0 & \cdots & 0 \\ \hline * & * & \cdots & * \end{array}\right]\in\mathbf{R}^{r_i\times r_j} \\ A_{0i}=\left[\begin{array}{c|ccc} * & 0 & \cdots & 0 \\ * & 0 & \cdots & 0 \\ \vdots & \vdots & & \vdots \\ * & 0 & \cdots & 0 \end{array}\right]\in\mathbf{R}^{(n-r)\times r_i},\quad A_{i0}=\left[\begin{array}{cccc} 0 & 0 & \cdots & 0 \\ \vdots & \vdots & & \vdots \\ 0 & 0 & \cdots & 0 \\ \hline * & * & \cdots & * \end{array}\right]\in\mathbf{R}^{r_i\times(n-r)} \end{gathered} \tag{4.99}$$

$i,j=1,2,\cdots,m,j\neq i$; $*$ 表示可能的非零元素.

最后用一个数值算例来说明 MIMO 系统的输入输出规范型的计算方法.

例 4.3.5　继续考虑例 4.3.4 中的系统. 根据式 (4.74)、式 (4.75) 和式 (4.73) 或直接根据式 (4.71) 可以算得

$$A_{00}=\begin{bmatrix} 0 & 0 \\ -1 & 1 \end{bmatrix},\quad \begin{bmatrix} \tilde{A}_{01} & \tilde{A}_{02} \end{bmatrix}=\left[\begin{array}{c|ccc} a_{01}^{[1]} & a_{02}^{[1]} & a_{02}^{[2]} & a_{02}^{[3]} \end{array}\right]=\left[\begin{array}{c|ccc} 0 & 1 & 0 & 0 \\ 2 & -1 & -2 & 0 \end{array}\right]$$

根据式 (4.76) 可以构造矩阵

$$
S_{01}=a_{01}^{[1]},\quad S_{02}=\begin{bmatrix} a_{02}^{[1]} & a_{02}^{[2]} & a_{02}^{[3]} \\ a_{02}^{[2]} & a_{02}^{[3]} & \\ a_{02}^{[3]} & & \end{bmatrix}=\left[\begin{array}{c|c|c} 1 & 0 & 0 \\ -1 & -2 & 0 \\ \hline 0 & 0 & \\ -2 & 0 & \\ \hline 0 & & \\ 0 & & \end{array}\right]
$$

将上式代入式 (4.77) 得到 $h_{11}=a_{01}^{[1]}$ 和

$$
\begin{bmatrix} h_{21} & h_{22} & h_{23} \end{bmatrix}=\begin{bmatrix} I_2 & A_{00} & A_{00}^2 \end{bmatrix}S_{02}=\begin{bmatrix} 1 & 0 & 0 \\ -3 & -2 & 0 \end{bmatrix}
$$

根据式 (4.78)、式 (4.79) 和式 (4.80) 可以算得 $H_1=0$ 和

$$
H_2=\begin{bmatrix} h_{22} & h_{23} & 0 \end{bmatrix}=\begin{bmatrix} 0 & 0 & 0 \\ -2 & 0 & 0 \end{bmatrix},\quad B_0=\begin{bmatrix} h_{11} & h_{21} \end{bmatrix}=\left[\begin{array}{c|c} 0 & 1 \\ 2 & -3 \end{array}\right]
$$

最后, 根据式 (4.81) 可以得到对应的变换矩阵和变换后的系统矩阵为

$$
T=\left[\begin{array}{cccccc} 0 & 1 & 0 & -1 & 0 & 0 \\ -1 & 0 & -1 & 0 & 1 & 1 \\ \hline 0 & 0 & 1 & 0 & 0 & 0 \\ 0 & 0 & 0 & 1 & 0 & 0 \\ 0 & 0 & 0 & 0 & 0 & 1 \\ 1 & 0 & 0 & -1 & 0 & 1 \end{array}\right],\quad \tilde{A}=\left[\begin{array}{cc|c|ccc} 0 & 0 & 0 & 1 & 0 & 0 \\ -1 & 1 & 2 & -3 & 0 & 0 \\ \hline 0 & -1 & -1 & 1 & 0 & 1 \\ \hline 0 & 0 & 0 & 0 & 1 & 0 \\ 0 & 0 & 0 & 0 & 0 & 1 \\ 1 & 0 & 0 & 2 & -1 & 1 \end{array}\right]
$$

而 $\tilde{B}$ 和 $\tilde{C}$ 与式 (4.71) 完全相同.

4.3.4 输入输出规范型的性质

本节讨论输入输出规范型的性质. 由于 SISO 情形是 MIMO 情形的特殊情况, 为节省篇幅, 以下讨论仅针对 MIMO 系统进行.

推论 4.3.1 设 MIMO 线性系统 (4.34) 满足假设 4.3.2, 其输入输出规范型如式 (4.82) 所示, 则 (A,B) 能控/能稳当且仅当 (A_{00},B_0) 能控/能稳, (A,C) 能观/能检测当且仅当 (A_{00},C_0) 能观/能检测, 这里

$$
C_0=\begin{bmatrix} c_1A^{r_1}O_0 \\ c_2A^{r_2}O_0 \\ \vdots \\ c_mA^{r_m}O_0 \end{bmatrix}\in \mathbf{R}^{m\times(n-r)} \tag{4.100}
$$

即式 (4.82) 的 ξ 子系统总是能控又能观的, 而 η 子系统 (A_{00},B_0,C_0) 能控/能观/能稳/能检测当且仅当原系统能控/能观/能稳/能检测.

证明 根据 4.1 节的结论, (A,B) 能控当且仅当 $(\tilde{A},\tilde{B})$ 能控. 注意到 $(\tilde{A},\tilde{B})$ 的特殊结构, 经过简单的初等变换容易验证

$$\begin{aligned}\operatorname{rank}\begin{bmatrix}\tilde{A}-sI_n & \tilde{B}\end{bmatrix} &= r_1+r_2+\cdots+r_m+\operatorname{rank}\begin{bmatrix}A_{00}-sI_{n-r} & B_0\end{bmatrix}\\ &= r+\operatorname{rank}\begin{bmatrix}A_{00}-sI_{n-r} & B_0\end{bmatrix}\end{aligned}$$

故 $(\tilde{A},\tilde{B})$ 能控当且仅当 (A_{00},B_0) 能控. 其他情形同理可证. 证毕. □

为了揭示输入输出规范型中 η 子系统的系统意义, 给出定理 4.3.3.

定理 4.3.3 设 MIMO 线性系统 (4.34) 满足假设 4.3.2, 其输入输出规范型如式 (4.82) 所示, 则

$$\left|\det\begin{bmatrix}A-sI_n & B\\ C & 0\end{bmatrix}\right| = |\det(\Gamma)|\,|\det(sI_{n-r}-A_{00})|,\quad \forall s\in\mathbf{C}$$

即 A_{00} 的特征值集合等于系统不变零点集.

证明 对于 $i=1,2,\cdots,m$, 考虑状态反馈 (其定义将在 4.6 节详细介绍) 和输入变换

$$w_i = c_iA^{r_i}x + c_iA^{r_i-1}Bu \tag{4.101}$$

其中, w_i 是新输入. 式 (4.101) 也可写成矩阵的形式:

$$w=\begin{bmatrix}w_1\\ w_2\\ \vdots\\ w_m\end{bmatrix}=\begin{bmatrix}c_1A^{r_1}\\ c_2A^{r_2}\\ \vdots\\ c_mA^{r_m}\end{bmatrix}x+\begin{bmatrix}c_1A^{r_1-1}\\ c_2A^{r_2-1}\\ \vdots\\ c_mA^{r_m-1}\end{bmatrix}Bu$$

因此系统 (4.34) 的输入输出规范型 (4.82) 可以写成

$$\begin{cases}\dot{\eta}=A_{00}\eta+B_0y\\ \dot{\xi}_i=A_i\xi_i+b_{ii}w_i, \qquad i=1,2,\cdots,m\\ y_i=c_{ii}\xi_i\end{cases} \tag{4.102}$$

其中, ξ_i 和 ξ 分别如式 (4.59) 和式 (4.61) 所定义; b_{ii} 和 c_{ii} 分别如式 (4.97) 和式 (4.98) 所定义;

$$A_i=\left[\begin{array}{c|ccc}0 & 1 & & \\ \vdots & & \ddots & \\ 0 & & & 1\\ \hline 0 & 0 & \cdots & 0\end{array}\right]\in\mathbf{R}^{r_i\times r_i},\quad i=1,2,\cdots,m$$

另外, 系统 (4.34) 经过变换 (4.81) 后的系统 (4.82) 可以写成

$$\begin{cases}\dot{\tilde{x}}=\tilde{A}\tilde{x}+\tilde{B}u\\ y=\tilde{C}\tilde{x}\end{cases} \tag{4.103}$$

其中, $(\tilde{A},\tilde{B},\tilde{C})=(TAT^{-1},TB,CT^{-1})$ 分别具有式 (4.96) ~ 式 (4.98) 的形式, 而式 (4.101) 可以写成

$$u=\tilde{K}\tilde{x}+\Gamma^{-1}w,\quad \tilde{K}=-\Gamma^{-1}\begin{bmatrix} c_1A^{r_1}\\ c_2A^{r_2}\\ \vdots\\ c_mA^{r_m}\end{bmatrix}T^{-1} \tag{4.104}$$

将式 (4.104) 代入式 (4.103) 得到

$$\begin{cases} \dot{\tilde{x}}=\tilde{A}_{\rm c}\tilde{x}+\tilde{B}\Gamma^{-1}w\\ y=\tilde{C}\tilde{x}\end{cases} \tag{4.105}$$

其中, $\tilde{A}_{\rm c}=\tilde{A}+\tilde{B}\tilde{K}$. 系统 (4.105) 显然和系统 (4.102) 是同一个系统. 因此, 由式 (4.102) 的特殊结构可知系统 (4.105) 的系数矩阵 $(\tilde{B},\tilde{C})$ 如式 (4.97) 和式 (4.98) 所示, 而

$$\tilde{A}_{\rm c}=\left[\begin{array}{c|ccc} A_{00} & * & \cdots & * \\ \hline & A_1 & & \\ & & \ddots & \\ & & & A_m \end{array}\right]$$

其中, $*$ 表示不关心的项. 经过简单的初等行列变换可知存在满足 $|\det(P_L)|=|\det(P_R)|=1$ 的初等变换矩阵 P_L 和 P_R 使得

$$\begin{bmatrix} \tilde{A}_{\rm c}-sI_n & \tilde{B}\Gamma^{-1}\\ \tilde{C} & 0\end{bmatrix}=P_L\left[\begin{array}{c|ccc} A_{00}-sI_{n-r} & * & \cdots & * \\ \hline & \Sigma_1(s) & & \\ & & \ddots & \\ & & & \Sigma_m(s) \end{array}\right]P_R \tag{4.106}$$

其中

$$\Sigma_i(s)=\begin{bmatrix} A_i-sI_{r_i} & b_{ii}\\ c_{ii} & 0\end{bmatrix}=\left[\begin{array}{cccc|c} -s & 1 & & & 0\\ \vdots & \ddots & \ddots & & \vdots\\ 0 & & -s & 1 & 0\\ 0 & 0 & \cdots & -s & 1\\ \hline 1 & 0 & \cdots & 0 & 0\end{array}\right]\in\mathbf{R}^{(r_i+1)\times(r_i+1)}$$

显然有 $|\det(\Sigma_i(s))|=1\ (\forall s\in\mathbf{C})$.

最后, 注意到

$$\begin{bmatrix} A-sI_n & B\\ C & 0\end{bmatrix}=\begin{bmatrix} T^{-1} & \\ & I_m\end{bmatrix}\begin{bmatrix} \tilde{A}+\tilde{B}\tilde{K}-sI_n & \tilde{B}\\ \tilde{C} & 0\end{bmatrix}\begin{bmatrix} T & \\ -\tilde{K}T & I_m\end{bmatrix}$$

因此, 从式 (4.106) 可以得到

$$
\begin{aligned}
\det\begin{bmatrix} A-sI_n & B \\ C & 0 \end{bmatrix} &= \det\begin{bmatrix} \tilde{A}+\tilde{B}\tilde{K}-sI_n & \tilde{B} \\ \tilde{C} & 0 \end{bmatrix} \\
&= \det\begin{bmatrix} \tilde{A}+\tilde{B}\tilde{K}-sI_n & \tilde{B}\Gamma^{-1} \\ \tilde{C} & 0 \end{bmatrix}\begin{bmatrix} I_n & \\ & \Gamma \end{bmatrix} \\
&= \det(\Gamma)\det\begin{bmatrix} \tilde{A}+\tilde{B}\tilde{K}-sI_n & \tilde{B}\Gamma^{-1} \\ \tilde{C} & 0 \end{bmatrix} \\
&= (-1)^{\delta}\det(\Gamma)\det(A_{00}-sI_{n-r})\prod_{i=1}^{m}|\det(\Sigma_i(s))| \\
&= (-1)^{\delta}\det(\Gamma)\det(A_{00}-sI_{n-r})
\end{aligned}
$$

这里 $\delta=0$ 或者 1. 证毕. □

定理 4.3.3 表明系统 (4.34) 的 Rosenbrock 系统矩阵 $R(s)$ 的行列式一定是非零多项式. 因此存在推论 4.3.2.

推论 4.3.2 MIMO 线性系统 (4.34) 满足假设 4.3.2 仅当下面诸条件成立:

(1) 系统是可逆的, 即 Rosenbrock 系统矩阵 $R(s)$ 和传递函数矩阵 $G(s)$ 都是非奇异矩阵.

(2) 系统是输入函数能观的.

(3) 系统是输出函数能控的.

(4) 系统是输入能观的.

(5) 系统是输出能控的.

(6) $\text{rank}(C)=\text{rank}(B)=m$.

定理 4.3.3 表明 η 子系统恰好反映了 MIMO 线性系统 (4.34) 的不变零点. 为了使用方便, 称矩阵 A_{00} 为系统 (4.34) 的零点矩阵. 输入输出规范型 (4.82) 能揭示线性系统的不变零点, 在许多控制系统的设计问题中具有重要的地位. 根据定义 3.5.5, 满足假设 4.3.2 的 MIMO 线性系统 (4.34) 是最小相位的当且仅当 A_{00} 是稳定矩阵; 是弱最小相位的当且仅当 A_{00} 是半稳定矩阵; 是最大相位的当且仅当 A_{00} 是反稳定矩阵.

为了进一步理解 η 子系统的系统意义, 给出定义 4.3.1.

定义 4.3.1 考虑 MIMO 线性系统 (4.34). 如果 $(x_z(t),u_z(t))$ 满足

$$
\begin{cases} \dot{x}_z(t)=Ax_z(t)+Bu_z(t) \\ 0=Cx_z(t) \end{cases},\quad t\geqslant 0 \tag{4.107}
$$

则称其为该系统的一个零动态 (zero dynamics). 零动态的集合记作 $\mathcal{Z}_{(A,B,C)}=\{[x_z^{\mathrm{T}},u_z^{\mathrm{T}}]^{\mathrm{T}}\}$.

零动态就是当系统的输出 $y(t)$ 恒为零时系统所具有的状态 x 和输入 u. 基于输入输出规范型, 可以得到定理 4.3.4.

定理 4.3.4 设 MIMO 线性系统 (4.34) 满足假设 4.3.2, 其输入输出规范型为式 (4.82), 则

$$
\mathcal{Z}_{(A,B,C)}=\left\{\begin{bmatrix} O_0 \\ -\Gamma^{-1}C_0 \end{bmatrix}\eta_z : \dot{\eta}_z=A_{00}\eta_z, t\geqslant 0\right\}
$$

其中, $\eta_{\rm z}(0)\in\mathbf{R}^{n-r}$ 为任意向量; C_0 如式 (4.100) 所定义.

证明 由式 (4.59) 可知, 当系统 (4.107) 的输出恒为零时有 $\xi_{\rm z}(t)=0$. 因此, 根据式 (4.82) 有

$$\begin{cases}\dot{\eta}_{\rm z}=A_{00}\eta_{\rm z}\\ 0=c_iA^{r_i}O_0\eta_{\rm z}+c_iA^{r_i-1}Bu_{\rm z}, \quad i=1,2,\cdots,m\end{cases}$$

上式的第 2 个方程可以写成 $0=C_0\eta_{\rm z}+\varGamma u_{\rm z}$. 从而有

$$u_{\rm z}=-\varGamma^{-1}C_0\eta_{\rm z}, \quad \forall t\geqslant 0 \tag{4.108}$$

另外, 由式 (4.81) 和式 (4.95) 可以得到

$$x_{\rm z}=T^{-1}\begin{bmatrix}\eta_{\rm z}\\ \xi_{\rm z}\end{bmatrix}=O_0\eta_{\rm z}, \quad \forall t\geqslant 0 \tag{4.109}$$

综合式 (4.108) 和式 (4.109) 即得到所要的结论. 证毕. □

基于定理 4.3.4, 通常称 η 子系统 $\dot{\eta}=A_{00}\eta$ 为线性系统 (4.34) 的零动态. 此外, 由于 ξ 子系统的状态由输出 y 及其各阶导数组成, 因此称为线性系统 (4.34) 的外动态 (external dynamics). 相对而言, 称 η 子系统 $\dot{\eta}=A_{00}\eta+B_0y$ 为线性系统 (4.34) 的内动态 (internal dynamics).

例 4.3.6 考虑小车倒立摆系统的输入输出规范型 (4.57). 不难验证

$$|\beta(s)|=\left|\det\begin{bmatrix}A-sI_n & b\\ c & 0\end{bmatrix}\right|=|\varGamma|\,|\det(sI_{n-r}-A_{00})|=\frac{4}{4M+m}\left|s^2-\frac{3g}{4l}\right|$$

其中, $\beta(s)$ 为其传递函数的分子多项式;

$$A_{00}=\begin{bmatrix}0 & 1\\ \dfrac{3g}{4l} & 0\end{bmatrix}$$

这和例 1.3.1 所得结论一致. 由于 A_{00} 具有正实部的特征值, 该系统是非最小相位系统.

4.3.5 逆系统

在第 2 章中, 曾指出系统 (2.56) 是左可逆线性系统的一个逆系统. 该逆系统的维数和原系统相同. 本节借助输入输出规范型建立可逆系统的一种维数更低的逆系统.

定理 4.3.5 设 MIMO 线性系统 (4.34) 满足假设 4.3.2, 其输入输出规范型为式 (4.82), C_0 如式 (4.100) 所定义,

$$D_0({\rm d})=\begin{bmatrix}{\rm d}^{r_1} & & & \\ & {\rm d}^{r_2} & & \\ & & \ddots & \\ & & & {\rm d}^{r_m}\end{bmatrix}-\begin{bmatrix}c_1A^{r_1}\\ c_2A^{r_2}\\ \vdots\\ c_mA^{r_m}\end{bmatrix}(O_0H+QS^{-1})l({\rm d}) \tag{4.110}$$

其中

$$l(\mathrm{d}) = l_1(\mathrm{d}) \oplus l_2(\mathrm{d}) \oplus \cdots \oplus l_m(\mathrm{d}), \quad l_k(\mathrm{d}) = \begin{bmatrix} 1 & \mathrm{d} & \cdots & \mathrm{d}^{r_k-1} \end{bmatrix}^{\mathrm{T}}$$

$k = 1, 2, \cdots, m$; d 是微分算子, 即 $\mathrm{d}^i y = y^{(i)}$ $(i = 0, 1, \cdots)$, 那么

$$\begin{cases} \dot{\eta} = A_{00}\eta + B_0 y \\ u = \Gamma^{-1}(D_0(\mathrm{d})y - C_0\eta) \end{cases} \tag{4.111}$$

是线性系统 (4.34) 的逆系统, 即

$$G_{uy}(s) \overset{\text{def}}{=\!=} -\Gamma^{-1}C_0(sI_{n-r} - A_{00})^{-1}B_0 + \Gamma^{-1}D_0(s) = (C(sI_n - A)^{-1}B)^{-1} \tag{4.112}$$

证明　方程 (4.111) 的第 1 式显然. 从式 (4.82) 的最后一个状态方程可以推知:

$$c_i A^{r_i-1}Bu = \dot{\xi}_{i,r_i} - c_i A^{r_i}(O_0 H + QS^{-1})\xi - c_i A^{r_i} O_0 \eta, \quad i = 1, 2, \cdots, m$$

根据式 (4.59)、式 (4.100) 和式 (4.110), 上式就是式 (4.111) 的第 2 个方程. 系统 (4.111) 分别以原系统 (4.34) 的输出 y 和输入 u 作为输入和输出, 故

$$U(s) = G_{uy}(s)Y(s) = G_{uy}(s)G(s)U(s)$$

其中, $U(s)$ 和 $Y(s)$ 分别是 $u(t)$ 和 $y(t)$ 的 Laplace 变换; $G(s) = C(sI_n - A)^{-1}B$. 由于 $U(s)$ 是任意的, 上式蕴含式 (4.112). 证毕. □

注意到逆系统 (4.111) 不是一个真 (proper) 线性系统. 与系统 (2.56) 相比, 逆系统 (4.111) 的维数 $n-r$ 等于系统不变零点的个数. 对于分子和分母互质的 SISO 系统, 其逆系统的维数等于零点的个数. 因此, 可以认为逆系统 (4.111) 就是维数最低的逆系统.

例 4.3.7　考虑小车倒立摆系统的线性化系统 (1.26). 根据例 4.3.3, 通过状态等价变换

$$\begin{bmatrix} \eta \\ \xi \end{bmatrix} = Tx, \quad \xi = \xi_1 = \begin{bmatrix} \xi_{11} \\ \xi_{12} \end{bmatrix}$$

其中, T 如式 (4.56) 所定义, 得到该系统的输入输出规范型 (4.57), 即

$$\begin{cases} \dot{\eta} = A_{00}\eta + B_0 y \\ \dot{\xi}_{11} = \xi_{12} \\ \dot{\xi}_{12} = cA^r O_0 \eta + cA^r QS^{-1}\xi_1 + \Gamma u \\ y = \xi_1 \end{cases}$$

其中

$$\Gamma = \frac{4}{4M+m}, A_{00} = \begin{bmatrix} 0 & 1 \\ \dfrac{3g}{4l} & 0 \end{bmatrix}, B_0 = \begin{bmatrix} 0 \\ -\dfrac{9g}{16l^2} \end{bmatrix}, \begin{bmatrix} cA^r O_0 \\ cA^r QS^{-1} \end{bmatrix} = \begin{bmatrix} -\dfrac{3mg}{4M+m} & 0 \\ \dfrac{9mg}{4l(4M+m)} & 0 \end{bmatrix}$$

根据式 (4.110) 有

$$D_0(\mathrm{d}) = \mathrm{d}^2 - cA^r QS^{-1} l(\mathrm{d}) = \mathrm{d}^2 - \frac{9mg}{4l(4M+m)}$$

因此根据式 (4.111), 该系统的逆系统为

$$
\left\{\begin{aligned}
\dot{\eta} &= \begin{bmatrix} 0 & 1 \\ \dfrac{3g}{4l} & 0 \end{bmatrix}\eta + \begin{bmatrix} 0 \\ -\dfrac{9g}{16l^2} \end{bmatrix} y \\
u &= \begin{bmatrix} \dfrac{3mg}{4} & 0 \end{bmatrix}\eta + \left(\frac{4M+m}{4}\mathrm{d}^2 - \frac{9mg}{16l}\right) y
\end{aligned}\right. \tag{4.113}
$$

容易验证其传递函数为

$$
G_{uy}(s) = \frac{4M+m}{4}\frac{s^2\left(s^2 - \dfrac{3(M+m)g}{(4M+m)l}\right)}{s^2 - \dfrac{3g}{4l}} = \frac{1}{G(s)}
$$

其中, $G(s)$ 如式 (1.49) 所示.

4.3.6 可解耦质系统

由前面的内容可知, 如果满足假设 4.3.2 的线性系统没有不变零点, 那么其输入输出规范型中的 η 子系统就不会出现, 此时输入输出规范型实际上就是 m 个输入 v_i 分别控制长度为 r_i 的积分链, 这样一个多变量系统就变成了 m 个单变量系统, 其控制变得相对容易. 根据定理 4.3.3 和推论 2.5.1, 满足此条件的系统一定是质系统. 基于这样的考虑, 给出定义 4.3.2.

定义 4.3.2 设线性系统 (4.34) 满足假设 4.3.2. 如果其相对阶 $\{r_1, r_2, \cdots, r_m\}$ 满足

$$
r_1 + r_2 + \cdots + r_m = r = n
$$

则称该系统是可解耦质系统, 或者称其具有完整相对阶 (complete relative degree).

但并非所有的质系统都是可解耦质系统. 请看例 4.3.8.

例 4.3.8 考虑线性系统

$$
A = \begin{bmatrix} -3 & 4 & -2 & 2 & -1 & 0 \\ 1 & 0 & -2 & 2 & -1 & 0 \\ -2 & 1 & 0 & -1 & 0 & 0 \\ -3 & 0 & 3 & -4 & 1 & 0 \\ -2 & 2 & 3 & 0 & 0 & 1 \\ 2 & 1 & -2 & -1 & 3 & 0 \end{bmatrix}, \quad B = \begin{bmatrix} 1 & 0 & 1 \\ 1 & 0 & 0 \\ 0 & 1 & 0 \\ -1 & 0 & 0 \\ -1 & 0 & 0 \\ 0 & 0 & 0 \end{bmatrix}, \quad C = \begin{bmatrix} 0 & 0 & 1 \\ 0 & 1 & -1 \\ 0 & 0 & 0 \\ -1 & 1 & 0 \\ 1 & 0 & 0 \\ 0 & 0 & 0 \end{bmatrix}^{\mathrm{T}}
$$

容易验证 $\det(R(s)) = 1$ 是常数, 故该系统是质系统. 然而该系统的相对阶为 $\{2, 2, 1\}$, 且耦合矩阵

$$
\Gamma(A, B, C) = \begin{bmatrix} c_1AB \\ c_2AB \\ c_3B \end{bmatrix} = \begin{bmatrix} 0 & 0 & 1 \\ 0 & 1 & -2 \\ 0 & 0 & 1 \end{bmatrix}
$$

是奇异的, 故不是可解耦质系统.

如前所述, 如果线性系统 (4.34) 是可解耦质系统, 其输入输出规范型中的 η 子系统就不会出现, 此时其输入输出规范型具有特殊的结构. 为了方便后续使用, 给出定理 4.3.2 的推论.

推论 4.3.3 设 MIMO 线性系统 (4.34) 是可解耦质系统, 其相对阶为 $\{r_1, r_2, \cdots, r_m\}$, 耦合矩阵为 Γ, $T = O \in \mathbf{R}^{n\times n}$. 记线性系统 (4.34) 经状态等价变换 $\tilde{x} = Tx$ 之后的线性系统为 $(\tilde{A}, \tilde{B}, \tilde{C}) = (TAT^{-1}, TB, CT^{-1})$, 则

$$\tilde{A} = \begin{bmatrix} A_{11} & \cdots & A_{1m} \\ \vdots & & \vdots \\ A_{m1} & \cdots & A_{mm} \end{bmatrix}, \quad \tilde{B} = \begin{bmatrix} b_{11} & & \\ & \ddots & \\ & & b_{mm} \end{bmatrix} \Gamma, \quad \tilde{C} = \begin{bmatrix} c_{11} & & \\ & \ddots & \\ & & c_{mm} \end{bmatrix}$$

其中, A_{ij}、b_{ii}、c_{ii} $(i, j = 1, 2, \cdots, m)$ 具有式 (4.99)、式 (4.97) 和式 (4.98) 的形式.

下面举一个例子说明可解耦质系统的输入输出规范型的构造步骤.

例 4.3.9 考虑一个线性系统 (A, B, C), 其中 (A, B) 取为例 4.3.8 的 (A, B), 而

$$C = \begin{bmatrix} 0 & 0 & 0 & 0 & 0 & 1 \\ 0 & 1 & 0 & 1 & 0 & 0 \\ 0 & 1 & 0 & 0 & 1 & 0 \end{bmatrix}$$

容易验证该系统的相对阶为 $\{2, 2, 2\}$, 耦合矩阵

$$\Gamma(A, B, C) = \begin{bmatrix} c_1AB \\ c_2AB \\ c_3AB \end{bmatrix} = CAB = \begin{bmatrix} 1 & -2 & 2 \\ 0 & 1 & -2 \\ 0 & 1 & -1 \end{bmatrix}$$

非奇异. 因此这是一个可解耦质系统. 根据式 (4.61) 构造非奇异变换矩阵

$$T = O = \begin{bmatrix} c_1 \\ c_1A \\ \hline c_2 \\ c_2A \\ \hline c_3 \\ c_3A \end{bmatrix} = \begin{bmatrix} 0 & 0 & 0 & 0 & 0 & 1 \\ 2 & 1 & -2 & -1 & 3 & 0 \\ \hline 0 & 1 & 0 & 1 & 0 & 0 \\ -2 & 0 & 1 & -2 & 0 & 0 \\ \hline 0 & 1 & 0 & 0 & 1 & 0 \\ -1 & 2 & 1 & 2 & -1 & 1 \end{bmatrix}$$

因此该可解耦质系统的输入输出规范型为

$$\tilde{A} = \left[\begin{array}{cc|cc|cc} 0 & 1 & 0 & 0 & 0 & 0 \\ 7 & 0 & 28 & 4 & -8 & -4 \\ \hline 0 & 0 & 0 & 1 & 0 & 0 \\ -6 & 0 & -25 & -8 & 6 & 6 \\ \hline 0 & 0 & 0 & 0 & 0 & 1 \\ -2 & 1 & -9 & 0 & 2 & 1 \end{array}\right], \quad \tilde{B} = \left[\begin{array}{c|c|c} 0 & & \\ 1 & & \\ \hline & 0 & \\ & 1 & \\ \hline & & 0 \\ & & 1 \end{array}\right] \Gamma, \quad \tilde{C} = \left[\begin{array}{c|c|c} 1 & & \\ 0 & & \\ \hline & 1 & \\ & 0 & \\ \hline & & 1 \\ & & 0 \end{array}\right]^{\mathrm{T}}$$

4.4 能控规范型

本节考虑利用状态等价变换将一个能控的线性系统转化为容易辨识的特殊结构. 具有特殊结构的能控的线性系统称为能控规范型 (controllable canonical form). 引入能控规范型具有诸多的好处. 例如:

(1) 它们可以揭示能控系统的本质, 因为只有能控系统才能转化成这种规范型.

(2) 它们可以使得线性系统的分析和设计过程规范化, 即对具有规范型的系统进行研究具有一般性, 如后文将要讨论的极点配置问题.

与以传递函数为描述手段的经典控制理论相比, 以状态空间为描述手段的现代控制理论的最大好处是可以处理多变量系统. 然而, 对与系统的解和稳定性等相关的性质而言, 单变量系统和多变量系统并无本质区别, 唯有对与能控和能观性相关的能控性指数集、能观性指数集等系统量而言, 多变量系统与单变量系统才有巨大的差别. 因此, 本节用较大的篇幅介绍多变量系统的能控规范型. 为了节省篇幅, 本节只讨论能控规范型, 根据对偶原理, 相应的能观规范型很容易得到.

4.4.1 一般形式的能控规范型

不失一般性, 以下都假设线性系统 (4.1) 能控且 B 是列满秩的. 如前所述, 只要通过合适的状态变换 $\tilde{x} = Tx$ 之后的线性系统 $(\tilde{A}, \tilde{B}) = (TAT^{-1}, TB)$ 具有容易辨识的结构, 就可以认为该系统是一个合适的能控规范型. 根据 4.3 节介绍的输入输出规范型, 控制信号出现在最末端的具有任意长度的积分链具有十分容易辨识的精简结构, 可认为是合适的能控规范型.

为了构造能控规范型, 根据 4.3 节介绍的可解耦质系统的结论, 需要构造输出

$$w = \begin{bmatrix} w_1 \\ w_2 \\ \vdots \\ w_m \end{bmatrix} = \begin{bmatrix} p_1 \\ p_2 \\ \vdots \\ p_m \end{bmatrix} x \stackrel{\text{def}}{=} Px$$

使得 (A, B, P) 是可解耦质系统. 这里为了和系统 (4.1) 的输出矩阵 C 相区别, 定义了新的辅助输出矩阵 $P \in \mathbf{R}^{m\times n}$. 这要求 (A, B, P) 的相对阶 $\{r_1, r_2, \cdots, r_m\}$ 满足

$$r_1 + r_2 + \cdots + r_m = n \tag{4.114}$$

向量 $p_i \in \mathbf{R}^{1\times n}$ 满足

$$p_i A^{j-1} B = 0, \quad j = 1, 2, \cdots, r_i - 1 \tag{4.115}$$

$$p_i A^{r_i - 1} B \neq 0, \quad i = 1, 2, \cdots, m \tag{4.116}$$

且使得耦合矩阵

$$\varGamma = \varGamma(A, B, P) = \begin{bmatrix} p_1 A^{r_1-1} B \\ p_2 A^{r_2-1} B \\ \vdots \\ p_m A^{r_m-1} B \end{bmatrix} \tag{4.117}$$

是非奇异的. 根据式 (4.59) 和式 (4.61), 相应的状态变换为

$$\tilde{x}_i = \begin{bmatrix} \tilde{x}_{i1} \\ \tilde{x}_{i2} \\ \vdots \\ \tilde{x}_{i,r_i} \end{bmatrix} = \begin{bmatrix} p_i \\ p_iA \\ \vdots \\ p_iA^{r_i-1} \end{bmatrix} x \stackrel{\text{def}}{=\!=} T_ix, \quad \tilde{x} = \begin{bmatrix} \tilde{x}_1 \\ \tilde{x}_2 \\ \vdots \\ \tilde{x}_m \end{bmatrix} = \begin{bmatrix} T_1 \\ T_2 \\ \vdots \\ T_m \end{bmatrix} x \stackrel{\text{def}}{=\!=} Tx \tag{4.118}$$

由于式 (4.115) 和式 (4.116) 成立, 类似于式 (4.58), 对 $w_i = p_ix$ 求导 r_i 次并注意到 $w_i^{(k-1)} = \tilde{x}_{ik}\ (k = 1, 2, \cdots, r_i, i = 1, 2, \cdots, m)$ 有 (见式 (4.60))

$$\begin{cases} \dot{\tilde{x}}_{i1} = \tilde{x}_{i2} \\ \dot{\tilde{x}}_{i2} = \tilde{x}_{i3} \\ \qquad \vdots \\ \dot{\tilde{x}}_{i,r_i-1} = \tilde{x}_{i,r_i} \\ \dot{\tilde{x}}_{i,r_i} = p_iA^{r_i}x + p_iA^{r_i-1}Bu = p_iA^{r_i}T^{-1}\tilde{x} + p_iA^{r_i-1}Bu \end{cases} \tag{4.119}$$

其中, $i = 1, 2, \cdots, m$. 如前面反复强调过的, 这是 m 个控制信号加在最末端的长度分别为 $r_i\ (i = 1, 2, \cdots, m)$ 的积分链. 类似于式 (4.99), 定义如下一系列矩阵:

$$A_{ii} = \left[\begin{array}{c|ccc} 0 & 1 & & \\ \vdots & & \ddots & \\ 0 & & & 1 \\ \hline -\alpha_{ii}^{[0]} & -\alpha_{ii}^{[1]} & \cdots & -\alpha_{ii}^{[r_i-1]} \end{array}\right] \in \mathbf{R}^{r_i \times r_i} \tag{4.120}$$

$$A_{ij} = \left[\begin{array}{cccc} 0 & 0 & \cdots & 0 \\ \vdots & \vdots & \cdots & \vdots \\ 0 & 0 & \cdots & 0 \\ \hline -\alpha_{ij}^{[0]} & -\alpha_{ij}^{[1]} & \cdots & -\alpha_{ij}^{[r_j-1]} \end{array}\right] \in \mathbf{R}^{r_i \times r_j}, \quad i \neq j \tag{4.121}$$

其中, 各参数可根据式 (4.119) 而被定义为

$$p_iA^{r_i}T^{-1} \stackrel{\text{def}}{=\!=} -\begin{bmatrix} \alpha_{i1} & \alpha_{i2} & \cdots & \alpha_{im} \end{bmatrix} \in \mathbf{R}^{1 \times n}, \quad i, j = 1, 2, \cdots, m \tag{4.122}$$

$$\alpha_{ij} \stackrel{\text{def}}{=\!=} \begin{bmatrix} \alpha_{ij}^{[0]} & \alpha_{ij}^{[1]} & \cdots & \alpha_{ij}^{[r_j-1]} \end{bmatrix} \in \mathbf{R}^{1 \times r_j}, \quad i, j = 1, 2, \cdots, m \tag{4.123}$$

那么有定理 4.4.1. 该定理可看成是推论 4.3.3 的重新表述.

定理 4.4.1　设 $P \in \mathbf{R}^{m \times n}$ 使得 (A, B, P) 是可解耦质系统, 即其相对阶 $\{r_1, r_2, \cdots, r_m\}$ 满足式 (4.114), 其耦合矩阵 (4.117) 非奇异, 则线性系统 (A, B) 经状态等价变换 (4.118) 之后的线性系统 $(\tilde{A}, \tilde{B}) = (TAT^{-1}, TB)$ 具有如下相对于 P 的能控规范型:

$$\tilde{A}=\begin{bmatrix} A_{11} & A_{12} & \cdots & A_{1m} \\ A_{21} & A_{22} & \cdots & A_{2m} \\ \vdots & \vdots & & \vdots \\ A_{m1} & A_{m2} & \cdots & A_{mm} \end{bmatrix},\quad \tilde{B}=\begin{bmatrix} b_{11} & & & \\ & b_{22} & & \\ & & \ddots & \\ & & & b_{mm} \end{bmatrix}\Gamma,\quad b_{ii}=\left[\begin{array}{c} 0 \\ \vdots \\ 0 \\ \hline 1 \end{array}\right]\in \mathbf{R}^{r_i\times 1} \tag{4.124}$$

其中, A_{ij} $(i,j=1,2,\cdots,m)$ 如式 (4.120) 和式 (4.121) 所定义. 此外, 对于任何具有形如式 (4.124) 的线性系统 (A,B), 必然存在 $P\in \mathbf{R}^{m\times n}$ 使得该系统 (A,B) 相对于 P 的能控规范型为其自身.

证明 只需要证明最后一个结论. 如果 (A,B) 具有式 (4.124) 的结构, 取

$$P=\begin{bmatrix} p_1 \\ \vdots \\ p_m \end{bmatrix}=\begin{bmatrix} p_{11} & & \\ & \ddots & \\ & & p_{mm} \end{bmatrix},\quad p_{ii}=\begin{bmatrix} 1 & 0 & \cdots & 0 \end{bmatrix}\in \mathbf{R}^{1\times r_i},\quad i=1,2,\cdots,m$$

则容易验证如式 (4.118) 所定义的变换矩阵 $T\in \mathbf{R}^{n\times n}$ 为单位矩阵, 即 (A,B) 相对于 P 的能控规范型为其自身. 证毕. □

根据定理 4.4.1, 线性系统 (A,B) 的能控规范型取决于选择的辅助输出矩阵 P. 不同的辅助输出矩阵会导致不同的相对于 P 的能控规范型. 下面举例说明.

例 4.4.1 考虑如下 $n=7$、$m=3$ 的线性系统

$$A=\left[\begin{array}{cc|ccc|cc} 0 & 1 & 0 & 0 & 0 & 0 & 0 \\ 3 & -1 & -1 & 2 & -2 & -1 & -3 \\ \hline 0 & 0 & 0 & 1 & 0 & 0 & 0 \\ 0 & 0 & 0 & 0 & 1 & 0 & 0 \\ -3 & -1 & -4 & -2 & 1 & -1 & 11 \\ \hline 0 & 0 & 0 & 0 & 0 & 0 & 1 \\ 4 & -1 & 1 & -1 & -2 & -1 & 5 \end{array}\right],\quad B=\left[\begin{array}{c|c|c} 0 & 0 & 0 \\ 1 & -1 & 1 \\ \hline 0 & 0 & 0 \\ 0 & 0 & 0 \\ 0 & 1 & -1 \\ \hline 0 & 0 & 0 \\ 0 & 0 & 1 \end{array}\right] \tag{4.125}$$

容易验证 (A,B) 能控, 且 (A,B) 已经具有形如式 (4.124) 的形式, 相应的相对阶为 $\{2,3,2\}$. 因此, 根据定理 4.4.1, 如果选择辅助输出矩阵

$$P=\left[\begin{array}{cc|ccc|cc} 1 & 0 & & & & & \\ \hline & & 1 & 0 & 0 & & \\ \hline & & & & & 1 & 0 \end{array}\right] \tag{4.126}$$

则该系统相对于 P 的能控规范型是它自身. 然而, 此系统还存在具有相同结构的其他能控规范型. 设 $P=[p_{ij}]$ 为待定参数矩阵. 通过计算可知系统 (A,B,P) 的相对阶为 $\{2,3,2\}$ 当且仅当

$$P=\begin{bmatrix} p_1 \\ p_2 \\ p_3 \end{bmatrix}=\begin{bmatrix} p_{11} & 0 & p_{13} & p_{14} & 0 & p_{16} & 0 \\ 0 & 0 & p_{23} & 0 & 0 & 0 & 0 \\ p_{31} & 0 & p_{33} & p_{34} & 0 & p_{36} & 0 \end{bmatrix} \tag{4.127}$$

相应的耦合矩阵为

$$
\Gamma = \begin{bmatrix} p_1AB \\ p_2A^2B \\ p_3AB \end{bmatrix} = \begin{bmatrix} p_{11} & p_{14}-p_{11} & p_{11}-p_{14}+p_{16} \\ 0 & p_{23} & -p_{23} \\ p_{31} & p_{34}-p_{31} & p_{31}-p_{34}+p_{36} \end{bmatrix}
$$

因此 (A,B,P) 是可解耦质系统当且仅当 $p_{11}p_{23}p_{36}-p_{16}p_{23}p_{31}\neq 0$. 根据式 (4.118) 有

$$
T = \left[\begin{array}{c} p_1 \\ p_1A \\ \hline p_2 \\ p_2A \\ p_2A^2 \\ \hline p_3 \\ p_3A \end{array}\right] = \left[\begin{array}{ccccccc} p_{11} & 0 & p_{13} & p_{14} & 0 & p_{16} & 0 \\ 0 & p_{11} & 0 & p_{13} & p_{14} & 0 & p_{16} \\ \hline 0 & 0 & p_{23} & 0 & 0 & 0 & 0 \\ 0 & 0 & 0 & p_{23} & 0 & 0 & 0 \\ 0 & 0 & 0 & 0 & p_{23} & 0 & 0 \\ \hline p_{31} & 0 & p_{33} & p_{34} & 0 & p_{36} & 0 \\ 0 & p_{31} & 0 & p_{33} & p_{34} & 0 & p_{36} \end{array}\right] \tag{4.128}
$$

代入 $(\tilde{A},\tilde{B})=(TAT^{-1},TB)$ 得到该系统相对于矩阵 (4.127) 的能控规范型

$$
\tilde{A} = \left[\begin{array}{cc|ccc|cc} 0 & 1 & 0 & 0 & 0 & 0 & 0 \\ * & * & * & * & * & * & * \\ \hline 0 & 0 & 0 & 1 & 0 & 0 & 0 \\ 0 & 0 & 0 & 0 & 1 & 0 & 0 \\ * & * & * & * & * & * & * \\ \hline 0 & 0 & 0 & 0 & 0 & 0 & 1 \\ * & * & * & * & * & * & * \end{array}\right], \quad \tilde{B} = \left[\begin{array}{c|c|c} 0 & & \\ 1 & & \\ \hline & 0 & \\ & 0 & \\ & 1 & \\ \hline & & 0 \\ & & 1 \end{array}\right] \Gamma
$$

其中, $*$ 表示可能非零的量. 显然, 当 $p_{13}=p_{14}=p_{16}=p_{31}=p_{33}=p_{34}=0$ 和 $p_{11}=p_{23}=p_{36}=1$ 时, 辅助输出矩阵 (4.127) 退化为式 (4.126), 此时有 $T=I_6$ 和 $(\tilde{A},\tilde{B})=(A,B)$.

4.4.2 单输入系统的能控规范型

本节讨论单输入线性系统 (4.3) 的能控规范型. 设 (A,b) 能控, 其能控性矩阵为

$$
Q = Q_{\rm c}(A,b) = \begin{bmatrix} b & Ab & \cdots & A^{n-2}b & A^{n-1}b \end{bmatrix} \tag{4.129}
$$

根据 4.4.1 节的讨论, 只需要寻找一个合适的输出矩阵 $p\in\mathbf{R}^{1\times n}$ 使得 (A,b,p) 是一个可解耦质系统, 即

$$
pA^{i-1}b=0, \quad i=1,2,\cdots,n-1 \tag{4.130}
$$

$$
pA^{n-1}b=\Gamma=\Gamma(A,b,p)=1 \tag{4.131}
$$

这里不失一般性地假设 $\Gamma = 1$. 在此条件下, 经过状态变换 (见式 (4.118))

$$\tilde{x} = \begin{bmatrix} \tilde{x}_1 \\ \tilde{x}_2 \\ \vdots \\ \tilde{x}_n \end{bmatrix} = \begin{bmatrix} p \\ pA \\ \vdots \\ pA^{n-1} \end{bmatrix} x \overset{\text{def}}{=\!=} Tx \tag{4.132}$$

之后, 系统 (4.3) 的状态方程被变换成 (见式 (4.119))

$$\begin{cases} \dot{\tilde{x}}_1 = \tilde{x}_2 \\ \dot{\tilde{x}}_2 = \tilde{x}_3 \\ \quad \vdots \\ \dot{\tilde{x}}_{n-1} = \tilde{x}_n \\ \dot{\tilde{x}}_n = pA^n x + pA^{n-1}bu = pA^nT^{-1}\tilde{x} + u \end{cases}$$

引理 4.4.1 设 (A, b) 能控, 则使得 (A, b, p) 是可解耦质系统 (即保证式 (4.130) 和式 (4.131) 成立) 的向量 $p \in \mathbf{R}^{1\times n}$ 是唯一的, 且可表示为

$$p = \begin{bmatrix} 0 & \cdots & 0 & 1 \end{bmatrix} Q^{-1} \tag{4.133}$$

其中, Q 如式 (4.129) 所定义. 此外有

$$pA^nT^{-1} = -\begin{bmatrix} \alpha_0 & \alpha_1 & \cdots & \alpha_{n-1} \end{bmatrix} \tag{4.134}$$

其中, $\alpha_i \ (i = 0, 1, \cdots, n)$ 是 A 的特征多项式的系数, 即

$$\alpha(s) = \det(sI_n - A) = s^n + \alpha_{n-1}s^{n-1} + \cdots + \alpha_1 s + \alpha_0$$

证明 将式 (4.130) 和式 (4.131) 写成方程组的形式:

$$p\begin{bmatrix} b & Ab & \cdots & A^{n-2}b & A^{n-1}b \end{bmatrix} = \begin{bmatrix} 0 & 0 & \cdots & 0 & 1 \end{bmatrix}$$

由于 (A, b) 能控, 满足上述方程组的解 p 是唯一的, 且可表示为式 (4.133). 另外, 根据 Cayley-Hamilton 定理 (定理 A.3.2) 有

$$\begin{aligned} pA^nT^{-1} &= -p(\alpha_{n-1}A^{n-1} + \alpha_{n-2}A^{n-2} + \cdots + \alpha_1 A + \alpha_0 I_n)T^{-1} \\ &= -\begin{bmatrix} \alpha_0 & \alpha_1 & \cdots & \alpha_{n-1} \end{bmatrix} \begin{bmatrix} p \\ pA \\ \vdots \\ pA^{n-1} \end{bmatrix} T^{-1} = -\begin{bmatrix} \alpha_0 & \alpha_1 & \cdots & \alpha_{n-1} \end{bmatrix} \end{aligned}$$

这就证明了式 (4.134). 证毕. □

根据引理 4.4.1 和定理 4.4.1, 可以立即得到定理 4.4.2.

定理 4.4.2 设单输入线性系统 (A,b) 是能控的, p 如式 (4.133) 所定义, T 如式 (4.132) 所定义, 则该系统通过状态等价变换 (4.132) 之后的线性系统 $(\tilde{A},\tilde{b})=(TAT^{-1},Tb)$ 具有如下的 (这里省略"相对于 p 的") 能控规范型:

$$\tilde{A}=\left[\begin{array}{c|ccc} 0 & 1 & & \\ \vdots & & \ddots & \\ 0 & & & 1 \\ \hline -\alpha_0 & -\alpha_1 & \cdots & -\alpha_{n-1} \end{array}\right],\quad \tilde{b}=\left[\begin{array}{c} 0 \\ \vdots \\ 0 \\ \hline 1 \end{array}\right] \tag{4.135}$$

其中, $\alpha_i\ (i=0,1,\cdots,n-1)$ 是 A 的特征多项式的系数.

单输入线性系统的能控规范型的示意图如图 4.4 所示. 下面举例说明单输入系统的能控规范型的构造步骤.

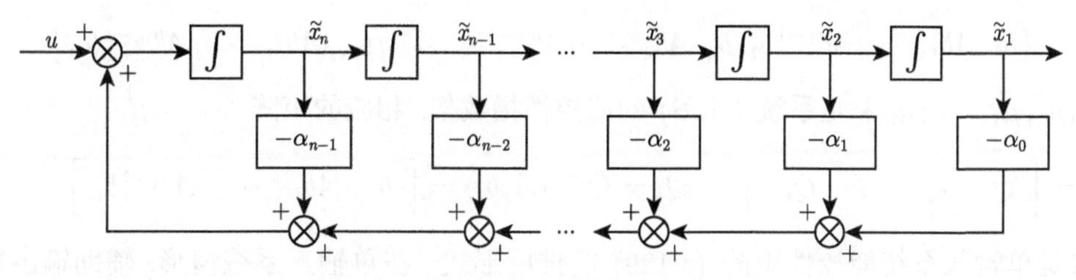

图 4.4 单输入线性系统的能控规范型

例 4.4.2 考虑小车倒立摆系统的线性化模型 (1.26). 其能控性矩阵为

$$Q=\left[\begin{array}{cccc} b & Ab & A^2b & A^3b \end{array}\right]=\left[\begin{array}{cccc} 0 & M+m & 0 & ml \\ M+m & 0 & lm & 0 \\ 0 & -\dfrac{\Omega l}{3g} & 0 & -\dfrac{4\Omega l^2}{9g} \\ \hline -\dfrac{\Omega l}{3g} & 0 & -\dfrac{4\Omega l^2}{9g} & 0 \end{array}\right]^{-1}$$

这里 $\Omega=4M+m$. 根据式 (4.133) 应取

$$p=\left[\begin{array}{cccc} -\dfrac{\Omega l}{3g} & 0 & -\dfrac{4\Omega l^2}{9g} & 0 \end{array}\right] \tag{4.136}$$

根据式 (4.132) 可取变换矩阵为

$$T=\left[\begin{array}{c} p \\ pA \\ pA^2 \\ pA^3 \end{array}\right]=\left[\begin{array}{cccc} -\dfrac{\Omega l}{3g} & 0 & -\dfrac{4\Omega l^2}{9g} & 0 \\ 0 & -\dfrac{\Omega l}{3g} & 0 & -\dfrac{4\Omega l^2}{9g} \\ 0 & 0 & -\dfrac{\Omega l}{3} & 0 \\ 0 & 0 & 0 & -\dfrac{\Omega l}{3} \end{array}\right]$$

代入 $(\tilde{A},\tilde{b})=(TAT^{-1},Tb)$ 得到该系统的能控规范型

$$\tilde{A}=\left[\begin{array}{c|ccc}0&1&0&0\\0&0&1&0\\0&0&0&1\\\hline 0&0&\dfrac{3(M+m)g}{(4M+m)l}&0\end{array}\right],\quad \tilde{b}=\left[\begin{array}{c}0\\0\\0\\\hline 1\end{array}\right]$$

4.4.3 Luenberger 能控规范型

本节介绍多输入线性系统的能控规范型. 从 4.4.1 节可以知道多输入线性系统 (A,B) 的能控规范型取决于使 (A,B,P) 为可解耦质系统的辅助输出矩阵 P. 4.4.1 节没有给出 P 的具体构造方法. 本节给出 P 的一种特殊的选择方案.

由于线性系统 (A,B) 是能控的, 采取行搜索方案, 可在能控性矩阵 $Q_{\mathrm{c}}(A,B)$ 中自左至右挑选 n 个线性无关的向量并重新排列为

$$\left\{b_1,Ab_1,\cdots,A^{\mu_1-1}b_1,b_2,Ab_2,\cdots,A^{\mu_2-1}b_2,\ \cdots,b_m,Ab_m,\cdots,A^{\mu_m-1}b_m\right\}$$

其中, $\{\mu_1,\mu_2,\cdots,\mu_m\}$ 是系统 (A,B) 的能控性指数集. 相应的矩阵

$$Q=\left[\begin{array}{cccc}Q_1&Q_2&\cdots&Q_m\end{array}\right],\quad Q_i=Q_{\mathrm{c}}^{[\mu_i]}(A,b_i)=\left[\begin{array}{cccc}b_i&Ab_i&\cdots&A^{\mu_i-1}b_i\end{array}\right]\tag{4.137}$$

可看成是单输入系统能控性矩阵 (4.129) 的推广形式. 在单输入系统情形, 辅助输出矩阵 p 选为能控性矩阵的逆矩阵 Q^{-1} 的最后一行. 那自然会想到, 类似的方法对于多输入系统是否也有效呢? 答案是肯定的. 设

$$Q^{-1}=\begin{bmatrix}\tilde{Q}_1\\\tilde{Q}_2\\\vdots\\\tilde{Q}_m\end{bmatrix},\quad \tilde{Q}_i=\left[\begin{array}{c}*\\\vdots\\*\\\hline p_i\end{array}\right]\in\mathbf{R}^{\mu_i\times n},\quad P=\begin{bmatrix}p_1\\p_2\\\vdots\\p_m\end{bmatrix}\tag{4.138}$$

即 p_1 取为 Q^{-1} 的第 μ_1 行, p_2 取为 Q^{-1} 的第 $\mu_1+\mu_2$ 行, $\cdots\cdots$, p_m 取为 Q^{-1} 的第 $\mu_1+\mu_2+\cdots+\mu_m=n$ 行.

关于这样选择的辅助输出矩阵 P, 有引理 4.4.2. 该结论可看成是单输入情形即引理 4.4.1 在多输入情形上的直接推广.

引理 4.4.2 设能控线性系统 (A,B) 的能控性指数集为 $\{\mu_1,\mu_2,\cdots,\mu_m\}$, 辅助输出矩阵 P 如式 (4.138) 所定义, 则 (A,B,P) 是可解耦质系统, 其相对阶为 $\{r_1,r_2,\cdots,r_m\}=\{\mu_1,\mu_2,\cdots,\mu_m\}$, 且

$$\varGamma=\varGamma(A,B,P)=\begin{bmatrix}p_1A^{\mu_1-1}B\\p_2A^{\mu_2-1}B\\\vdots\\p_mA^{\mu_m-1}B\end{bmatrix}=\begin{bmatrix}1&\beta_{12}&\cdots&\beta_{1m}\\&1&\ddots&\vdots\\&&\ddots&\beta_{m-1,m}\\&&&1\end{bmatrix}\tag{4.139}$$

其中, $\beta_{ij}\ (j=i+1,i+2,\cdots,m,i=1,2,\cdots,m-1)$ 是可能的非零量.

证明　根据定义, 只需要证明式 (4.137) 和式 (4.138) 所定义的 p_i $(i=1,2,\cdots,m)$ 满足

$$p_iA^{k-1}B=0,\quad k=1,2,\cdots,\mu_i-1,\quad i=1,2,\cdots,m \tag{4.140}$$

$$p_iA^{\mu_i-1}B=\begin{bmatrix}0 & \cdots & 0 & 1 & \beta_{i,i+1} & \cdots & \beta_{im}\end{bmatrix}\neq 0,\quad i=1,2,\cdots,m \tag{4.141}$$

上述两组等式的证明极其烦琐, 可读性差. 为了使得证明的思路简单易懂, 假设 $n=7,m=3,\mu_1=2,\mu_2=3,\mu_3=2$. 根据式 (4.137) 和式 (4.138) 有

$$I_7=\begin{bmatrix}\tilde{Q}_1\\ \tilde{Q}_2\\ \tilde{Q}_3\end{bmatrix}Q=\left[\begin{array}{cc|ccc|cc} * & * & * & * & * & * & * \\ p_1b_1 & p_1Ab_1 & p_1b_2 & p_1Ab_2 & p_1A^2b_2 & p_1b_3 & p_1Ab_3 \\ \hline * & * & * & * & * & * & * \\ * & * & * & * & * & * & * \\ p_2b_1 & p_2Ab_1 & p_2b_2 & p_2Ab_2 & p_2A^2b_2 & p_2b_3 & p_2Ab_3 \\ \hline * & * & * & * & * & * & * \\ p_3b_1 & p_3Ab_1 & p_3b_2 & p_3Ab_2 & p_3A^2b_2 & p_3b_3 & p_3Ab_3 \end{array}\right] \tag{4.142}$$

其中, $*$ 表示不关心的项. 当 $i=1$ 时, 比较式 (4.142) 的两端容易看出

$$p_1B=\begin{bmatrix}p_1b_1 & p_1b_2 & p_1b_3\end{bmatrix}=0$$

$$p_1AB=\begin{bmatrix}p_1Ab_1 & p_1Ab_2 & p_1Ab_3\end{bmatrix}=\begin{bmatrix}1 & 0 & 0\end{bmatrix}$$

当 $i=2$ 时, 同样通过比较式 (4.142) 的两端可以得到

$$p_2B=\begin{bmatrix}p_2b_1 & p_2b_2 & p_2b_3\end{bmatrix}=0$$

$$p_2AB=\begin{bmatrix}p_2Ab_1 & p_2Ab_2 & p_2Ab_3\end{bmatrix}=0$$

$$p_2A^2B=\begin{bmatrix}p_2A^2b_1 & p_2A^2b_2 & p_2A^2b_3\end{bmatrix}=\begin{bmatrix}p_2A^2b_1 & 1 & p_2A^2b_3\end{bmatrix}$$

根据能控性指数集的定义, $A^2b_1\in\operatorname{span}\{b_1,b_2,b_3,Ab_1,Ab_2,Ab_3\}$, 而 $p_2B=p_2AB=0$, 因此 $p_2A^2b_1=0$, 即

$$p_2A^2B=\begin{bmatrix}0 & 1 & \beta_{23}\end{bmatrix}$$

其中, $\beta_{23}=p_2A^2b_3$.

当 $i=3$ 时, 再次比较式 (4.142) 的两端得到

$$p_3B=\begin{bmatrix}p_3b_1 & p_3b_2 & p_3b_3\end{bmatrix}=0$$

$$p_3AB=\begin{bmatrix}p_3Ab_1 & p_3Ab_2 & p_3Ab_3\end{bmatrix}=\begin{bmatrix}0 & 0 & 1\end{bmatrix}$$

综合上述各式可知式 (4.140) 和式 (4.141) 成立. 证毕. □

说明 4.4.1 从上述证明可以看出仍有部分 $\beta_{ij}\ (j>i)$ 可以确定为零, 即如果 $\mu_j \geqslant \mu_i$, 则 $\beta_{ij}=0\ (j>i=1,2,\cdots,m)$. 特别地, 如果 $\mu_m \geqslant \mu_{m-1} \geqslant \cdots \geqslant \mu_1$, 则 $\Gamma = I_m$.

基于式 (4.138) 定义的辅助输出矩阵 P, 可根据式 (4.118) 定义变换矩阵

$$\tilde{x}_i = \begin{bmatrix} \tilde{x}_{i1} \\ \tilde{x}_{i2} \\ \vdots \\ \tilde{x}_{i,\mu_i} \end{bmatrix} = \begin{bmatrix} p_i \\ p_i A \\ \vdots \\ p_i A^{\mu_i - 1} \end{bmatrix} x \overset{\text{def}}{=\!=} T_i x, \quad \tilde{x} = \begin{bmatrix} \tilde{x}_1 \\ \tilde{x}_2 \\ \vdots \\ \tilde{x}_m \end{bmatrix} = \begin{bmatrix} T_1 \\ T_2 \\ \vdots \\ T_m \end{bmatrix} x \overset{\text{def}}{=\!=} Tx \tag{4.143}$$

那么变换之后的系统 (4.119) 可以写成

$$\begin{cases} \dot{\tilde{x}}_{i1} = \tilde{x}_{i2} \\ \dot{\tilde{x}}_{i2} = \tilde{x}_{i3} \\ \quad \vdots \\ \dot{\tilde{x}}_{i,\mu_i-1} = \tilde{x}_{i,\mu_i} \\ \dot{\tilde{x}}_{i,\mu_i} = p_i A^{\mu_i} x + p_i A^{\mu_i-1} B u = p_i A^{\mu_i} T^{-1} \tilde{x} + p_i A^{\mu_i - 1} B u \end{cases} \tag{4.144}$$

其中, $i=1,2,\cdots,m$.

类似于式 (4.120) ~ 式 (4.123), 定义如下一系列矩阵:

$$A_{ii} = \left[\begin{array}{c|ccc} 0 & 1 & & \\ \vdots & & \ddots & \\ 0 & & & 1 \\ \hline -\alpha_{ii}^{[0]} & -\alpha_{ii}^{[1]} & \cdots & -\alpha_{ii}^{[\mu_i-1]} \end{array}\right] \in \mathbf{R}^{\mu_i \times \mu_i}$$

$$A_{ij} = \left[\begin{array}{cccc} 0 & 0 & \cdots & 0 \\ \vdots & \vdots & \cdots & \vdots \\ 0 & 0 & \cdots & 0 \\ \hline -\alpha_{ij}^{[0]} & -\alpha_{ij}^{[1]} & \cdots & -\alpha_{ij}^{[\mu_j-1]} \end{array}\right] \in \mathbf{R}^{\mu_i \times \mu_j}, \quad i \neq j$$

其中, 各参数 $\alpha_{ij}^{[k]}$ 根据式 (4.144) 可被定义为

$$p_i A^{\mu_i} T^{-1} \overset{\text{def}}{=\!=} -\begin{bmatrix} \alpha_{i1} & \alpha_{i2} & \cdots & \alpha_{im} \end{bmatrix} \in \mathbf{R}^{1\times n}, \quad i=1,2,\cdots,m$$

$$\alpha_{ij} \overset{\text{def}}{=\!=} \begin{bmatrix} \alpha_{ij}^{[0]} & \alpha_{ij}^{[1]} & \cdots & \alpha_{ij}^{[\mu_j-1]} \end{bmatrix} \in \mathbf{R}^{1\times \mu_j}, \quad i,j=1,2,\cdots,m$$

那么从定理 4.4.1 可立即得到定理 4.4.3.

定理 4.4.3 设线性系统 (A,B) 能控, 则其经状态等价变换 (4.143) 之后的线性系统 (4.144) 的系数 $(\tilde{A},\tilde{B})=(TAT^{-1},TB)$ 具有如下的形式:

$$\tilde{A}=\begin{bmatrix} A_{11} & A_{12} & \cdots & A_{1m} \\ A_{21} & A_{22} & \cdots & A_{2m} \\ \vdots & \vdots & & \vdots \\ A_{m1} & A_{m2} & \cdots & A_{mm} \end{bmatrix},\quad \tilde{B}=\begin{bmatrix} b_{11} & & & \\ & b_{22} & & \\ & & \ddots & \\ & & & b_{mm} \end{bmatrix}\Gamma,\quad b_{ii}=\begin{bmatrix} 0 \\ \vdots \\ 0 \\ \hline 1 \end{bmatrix}\in \mathbf{R}^{\mu_i\times 1} \tag{4.145}$$

其中, Γ 如式 (4.139) 所定义.

定理 4.4.3 中的 $(\tilde{A},\tilde{B})$ 被称为线性系统 (A,B) 的 Luenberger 能控规范型. 多输入线性系统的 Luenberger 能控规范型示意图如图 4.5 所示.

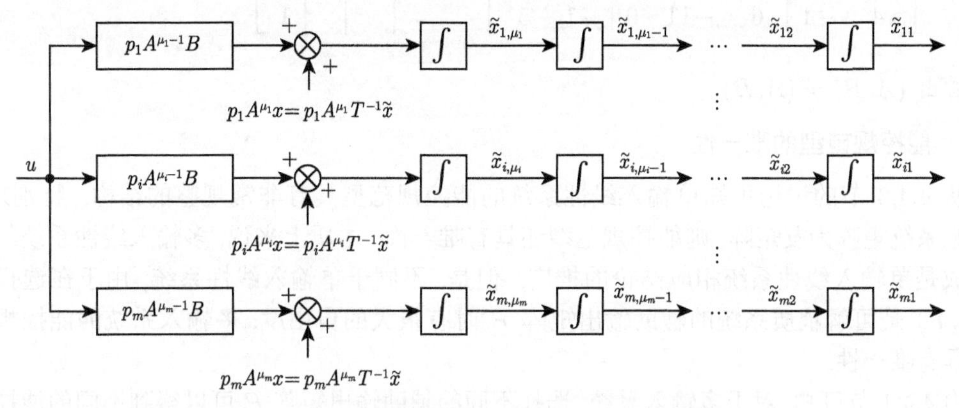

图 4.5　多输入线性系统的 Luenberger 能控规范型

例4.4.3　继续考虑例 4.4.1中的线性系统 (4.125). 该系统的能控性指数集为 $\{\mu_1,\mu_2,\mu_3\}=\{2,3,2\}$. 根据定义有 $Q=[b_1,Ab_1,b_2,Ab_2,A^2b_2,b_3,Ab_3]$. 因此

$$Q^{-1}=\begin{bmatrix} 2 & 1 & 0 & 1 & 1 & -8 & 0 \\ 1 & 0 & -1 & 1 & 0 & 0 & 0 \\ \hline 2 & 0 & 4 & 1 & 1 & -16 & 1 \\ 0 & 0 & -1 & 1 & 0 & 1 & 0 \\ 0 & 0 & 1 & 0 & 0 & 0 & 0 \\ \hline 1 & 0 & 5 & 2 & 0 & -5 & 1 \\ 0 & 0 & 1 & 0 & 0 & 1 & 0 \end{bmatrix}=\begin{bmatrix} * \\ p_1 \\ \hline * \\ * \\ p_2 \\ \hline * \\ p_3 \end{bmatrix}$$

根据式 (4.143), 相应的变换矩阵为

$$T=\begin{bmatrix} p_1 \\ p_1A \\ \hline p_2 \\ p_2A \\ p_2A^2 \\ \hline p_3 \\ p_3A \end{bmatrix}=\begin{bmatrix} 1 & 0 & -1 & 1 & 0 & 0 & 0 \\ 0 & 1 & 0 & -1 & 1 & 0 & 0 \\ \hline 0 & 0 & 1 & 0 & 0 & 0 & 0 \\ 0 & 0 & 0 & 1 & 0 & 0 & 0 \\ 0 & 0 & 0 & 0 & 1 & 0 & 0 \\ \hline 0 & 0 & 1 & 0 & 0 & 1 & 0 \\ 0 & 0 & 0 & 1 & 0 & 0 & 1 \end{bmatrix} \tag{4.146}$$

该变换矩阵是变换矩阵 (4.128) 的特殊情况, 即 $p_{11}=p_{23}=p_{36}=p_{14}=p_{33}=1, p_{13}=-1, p_{16}=p_{31}=p_{34}=0$. 根据定理 4.4.3, 该系统的 Luenberger 能控规范型为

$$\tilde{A}=\left[\begin{array}{cc|ccc|cc} 0 & 1 & 0 & 0 & 0 & 0 & 0 \\ 0 & -2 & -3 & -10 & 0 & -2 & 8 \\ \hline 0 & 0 & 0 & 1 & 0 & 0 & 0 \\ 0 & 0 & 0 & 0 & 1 & 0 & 0 \\ -3 & -1 & -6 & -11 & 2 & -1 & 11 \\ \hline 0 & 0 & 0 & 0 & 0 & 0 & 1 \\ 4 & -1 & 6 & -11 & 0 & -1 & 5 \end{array}\right], \tilde{B}=\left[\begin{array}{c|c|c} 0 & & \\ 1 & & \\ \hline & 0 & \\ & 0 & \\ & 1 & \\ \hline & & 0 \\ & & 1 \end{array}\right]\Gamma, \Gamma=\left[\begin{array}{ccc} 1 & 0 & 0 \\ & 1 & -1 \\ & & 1 \end{array}\right]$$

不难看出 $(\tilde{A}, \tilde{B}) \neq (A, B)$.

4.4.4 能控规范型的唯一性

从 4.4.3 节的讨论可知单输入线性系统的能控规范型具有非常规整的结构. 特别地, 如果限定系统矩阵为友矩阵, 则能控规范型还具有唯一性. 本质上来说, 多输入线性系统的结论可看成是单输入线性系统相应结论的推广. 但是, 不同于单输入线性系统, 由于在选择使得 (A, B, P) 是可解耦质系统的辅助输出矩阵 P 时有很大的自由度, 多输入系统的能控规范型不再具有唯一性.

由 4.4.1 节可知, 对于多输入系统, 选择不同的辅助输出矩阵 P 可以得到不同的能控规范型, 而由 4.4.3 节可知, 选择特殊的辅助输出矩阵 P 可得到与能控性指数集 $\{\mu_1, \mu_2, \cdots, \mu_m\}$ 相关的能控规范型即 Luenberger 能控规范型, 即 m 个长度分别是 μ_i $(i=1,2,\cdots,m)$ 的积分链, 那么自然要问, 是否存在其他辅助输出矩阵 P 使得相应的能控规范型的积分链有不同的长度? 答案在一定程度上是否定的.

定理 4.4.4 设 (A, B) 能控, 其能控性指数集为 $\{\mu_1, \mu_2, \cdots, \mu_m\}$, 则存在辅助输出矩阵 P^* 使得 (A, B) 相对于矩阵 P^* 的能控规范型为式 (4.124) 当且仅当

$$\mathscr{H}\{r_1, r_2, \cdots, r_m\}=\mathscr{H}\{\mu_1, \mu_2, \cdots, \mu_m\} \tag{4.147}$$

其中, $\{r_1, r_2, \cdots, r_m\}$ 是 (A, B, P^*) 的相对阶; $\mathscr{H}$ 是降序排序算子.

证明 充分性: 根据 4.4.3 节结论, 如按照式 (4.137) 和式 (4.138) 的方式构造 P, 那么 (A, B, P) 的相对阶为 $\{\mu_1, \mu_2, \cdots, \mu_m\}$. 注意到式 (4.147) 蕴含 $\{r_1, r_2, \cdots, r_m\}=\{\mu_{j_1}, \mu_{j_2}, \cdots, \mu_{j_m}\}$, 其中 $\bigcup\limits_{i=1}^{m}\{j_i\}=\{1,2,\cdots,m\}$. 设

$$P^*=\left[\begin{array}{llll} p_{j_1}^{\mathrm{T}} & p_{j_2}^{\mathrm{T}} & \cdots & p_{j_m}^{\mathrm{T}} \end{array}\right]^{\mathrm{T}}$$

根据说明 4.3.1, 系统 (A, B, P^*) 的相对阶为 $\{\mu_{j_1}, \mu_{j_2}, \cdots, \mu_{j_m}\}$ 也即 $\{r_1, r_2, \cdots, r_m\}$. 这就证明了 (A, B) 相对于矩阵 P^* 的能控规范型恰好为式 (4.124).

必要性: 如果存在辅助输出矩阵 P^* 使得 (A, B) 相对于 P^* 的能控规范型的积分链长度分别为 r_i $(i=1,2,\cdots,m)$, 则必有式 (4.147) 成立. 根据假设, 系统 (A, B) 相对于 P^* 的能控规范型为式 (4.124). 设 (A, B) 和 $(\tilde{A}, \tilde{B}\Gamma^{-1})$ 的 Brunovsky 指数集分别为 $\varphi_{\mathrm{c}}(A, B)$ 和

$\varphi_c(\tilde{A}, \tilde{B}\Gamma^{-1})$, 这里 $\Gamma = \Gamma(A, B, P^*)$. 由于状态等价变换不改变系统的 Brunovsky 指数集, 有 $\varphi_c(A, B) = \varphi_c(\tilde{A}, \tilde{B}\Gamma^{-1})$. 一方面, 根据引理 2.6.2 有

$$\mathscr{H}\{\mu_1, \mu_2, \cdots, \mu_m\} = \#\varphi_c(A, B)$$

另一方面, 由于 $(\tilde{A}, \tilde{B}\Gamma^{-1})$ 的特殊结构, 可以验证其能控性指数集恰好为 $\{r_1, r_2, \cdots, r_m\}$ (习题 4.16). 因此

$$\mathscr{H}\{r_1, r_2, \cdots, r_m\} = \#\varphi_c(\tilde{A}, \tilde{B}\Gamma^{-1})$$

综上可知式 (4.147) 成立. 证毕. □

由此可见, 如果将 (A, B) 的能控性指数集的元素从大到小排序之后记为 $\{\mu_{i_1}, \mu_{i_2}, \cdots, \mu_{i_m}\}$, 则 (A, B) 的任何能控规范型中 m 个积分链的长度按从长到短的顺序排列必为 $\mu_{i_1}, \mu_{i_2}, \cdots, \mu_{i_m}$. 因此, 从这个角度来看, 线性系统的能控规范型是唯一的.

4.4.5 Luenberger 能控规范型的性质

本节给出 Luenberger 能控规范型的一个重要性质.

定理 4.4.5 设 $(A, B) \in (\mathbf{R}^{n\times n}, \mathbf{R}_m^{n\times m})$ 能控, 其能控性指数集为 $\{\mu_1, \mu_2, \cdots, \mu_m\}$, 其 Luenberger 能控规范型为式 (4.145), $sI_n - A$ 的不变因子为 $\phi_i(s), \deg(\phi_i(s)) = a_i$ $(i = 1, 2, \cdots, n), \phi_1(s)|\phi_2(s)|\cdots|\phi_n(s)$. 定义 $m \times m$ 的 Luenberger 多项式矩阵

$$L(s) = [\alpha_{ij}(s)], \quad \alpha_{ii}(s) = s^{\mu_i} + \sum_{k=0}^{\mu_i - 1} \alpha_{ii}^{[k]} s^k, \quad \alpha_{ji}(s) = \sum_{k=0}^{\mu_i - 1} \alpha_{ji}^{[k]} s^k, \quad j \neq i \tag{4.148}$$

(1) 存在幺模矩阵 $U(s), V(s) \in \mathbf{R}^{n\times n}[s]$ 使得

$$U(s)(sI_n - A)V(s) = I_{n-m} \oplus L(s) \tag{4.149}$$

从而有

$$\det(sI_n - A) = \det(L(s)) \tag{4.150}$$

(2) 设 $\{\mu_{i_1}, \mu_{i_2}, \cdots, \mu_{i_m}\} = \mathscr{H}\{\mu_1, \mu_2, \cdots, \mu_m\}$, 即 $\mu_{i_1} \geqslant \mu_{i_2} \geqslant \cdots \geqslant \mu_{i_m} \geqslant 1$, 则

$$a_1 = a_2 = \cdots = a_{n-m} = 0 \tag{4.151}$$

$$\begin{aligned} a_{n-m+1} &\leqslant \mu_{i_m} \\ a_{n-m+1} + a_{n-m+2} &\leqslant \mu_{i_m} + \mu_{i_{m-1}} \\ &\vdots \\ a_{n-m+1} + a_{n-m+2} + \cdots + a_{n-1} &\leqslant \mu_{i_m} + \mu_{i_{m-1}} + \cdots + \mu_{i_2} \end{aligned} \tag{4.152}$$

$$a_{n-m+1} + a_{n-m+2} + \cdots + a_{n-1} + a_n = \mu_{i_m} + \mu_{i_{m-1}} + \cdots + \mu_{i_2} + \mu_{i_1} \tag{4.153}$$

证明 结论 (1) 的证明: 可不失一般性地假设 A 已经具有 Leunberger 能控规范型 (4.145) 的形式. 此时利用其特殊结构很容易得到幺模矩阵 $U(s)$ 和 $V(s)$ 的具体形式. 详细

过程省略 (见习题 4.26). 注意到 $L(s)$ 是列简约的, 列主导系数矩阵是 I_n, 因此式 (4.150) 从式 (4.149) 立得.

结论 (2) 的证明: 由式 (4.149) 可知 $sI_n - A$ 的不变因子就是 $I_{n-m} \oplus L(s)$ 的不变因子, 因此必有式 (4.151) 成立, 且 $\phi_{n-m+i}(s)$ $(i=1,2,\cdots,m)$ 是 $L(s)$ 的不变因子. 根据不变因子的定义有

$$a_{n-m+1} = \deg(\phi_{n-m+1}(s)) \leqslant \min_{i,j=1,2,\cdots,m} \{\deg(\alpha_{ij}(s))\} \leqslant \mu_{i_m} \tag{4.154}$$

且如果

$$L(s) = \alpha_{11}(s) \oplus \alpha_{22}(s) \oplus \cdots \oplus \alpha_{mm}(s) \tag{4.155}$$

则式 (4.154) 中的等号成立. 同理, 对于 $L(s)$ 的任意 2 阶非零子式

$$\Delta_2^{[iljk]}(s) = \det \begin{bmatrix} \alpha_{ij}(s) & \alpha_{ik}(s) \\ \alpha_{lj}(s) & \alpha_{lk}(s) \end{bmatrix}$$

根据行列式因子和不变因子的定义有

$$\begin{aligned} a_{n-m+1} + a_{n-m+2} &= \deg(\phi_{n-m+1}(s)\phi_{n-m+2}(s)) \\ &\leqslant \min_{i,l,j,k=1,2,\cdots,m,i\neq l,j\neq k} \left\{\deg\left(\Delta_2^{[iljk]}(s)\right)\right\} \\ &\leqslant \mu_{i_m} + \mu_{i_{m-1}} \end{aligned}$$

且当 $L(s)$ 满足式 (4.155) 时取等号. 重复上述过程即证明了不等式 (4.152). 最后, 式 (4.153) 由式 (4.150) 立得. 证毕. □

注意到式 (4.151) 蕴含 A 的任何一个特征值的几何重数不可能大于 m. 因此, 式 (4.151)、式 (4.153) 和式 (4.152) 能比推论 2.1.1 更深刻地揭示能控线性系统的特征.

4.5 对称化子与能控规范型

在 4.4 节我们借助可解耦质系统的输入输出规范型系统地介绍了线性系统的能控规范型理论. 作为补充, 本节介绍一种完全基于矩阵分析的方法.

4.5.1 单输入系统

考虑能控的 SISO 线性系统 (4.3). 设 A 的特征多项式为

$$\alpha(s) = \det(sI_n - A) = s^n + \alpha_{n-1}s^{n-1} + \cdots + \alpha_1 s + \alpha_0$$

系统的能控性矩阵 Q 如式 (4.129) 所定义.

引理 4.5.1 线性系统 (4.3) 经过状态等价变换 $\check{x} = Q^{-1}x$ 之后的线性系统

$$\dot{\check{x}} = \check{A}\check{x} + \check{b}u \tag{4.156}$$

的系数 $(\check{A}, \check{b}) = (Q^{-1}AQ, Q^{-1}b)$ 为

$$\check{A}=\left[\begin{array}{ccc|c}0&\cdots&0&-\alpha_0\\\hline 1&&&-\alpha_1\\&\ddots&&\vdots\\&&1&-\alpha_{n-1}\end{array}\right]\in\mathbf{R}^{n\times n},\quad \check{b}=\left[\begin{array}{c}1\\\hline 0\\\vdots\\0\end{array}\right]\in\mathbf{R}^{n\times 1}\tag{4.157}$$

证明　显然有 $b=Q\check{b}$. 利用 Cayley-Hamilton 定理 (定理 A.3.2) 可知

$$AQ=\left[\begin{array}{cccc}Ab & A^2b & \cdots & A^nb\end{array}\right]=\left[\begin{array}{cccc}Ab & A^2b & \cdots & -\sum_{i=0}^{n-1}\alpha_iA^ib\end{array}\right]=Q\check{A}$$

证毕. □

在一些教材和文献中, 上述 $(\check{A},\check{b})$ 也称为系统 (A,b) 的第一能控规范型. 相应地, 式 (4.135) 定义的 $(\tilde{A},\tilde{b})$ 称为系统 (A,b) 的第二能控规范型.

引理 4.5.2　设 (A,b) 和 (A',b') 为两个给定的单输入线性系统且 (A,b) 能控. 那么存在一个非奇异的状态变换矩阵 T 使得 $(A',b')=(TAT^{-1},Tb)$ 成立当且仅当 (A',b') 也能控且矩阵 A' 和 A 有相同的特征多项式. 此外, 如果这两个条件都成立, 唯一的状态变换矩阵 T 可表示为

$$T=Q_{\rm c}(A',b')Q_{\rm c}^{-1}(A,b)\tag{4.158}$$

证明　显然, 如果 (A',b') 和 (A,b) 等价, 则有 (A',b') 能控, 且 A 和 A' 有相同的特征多项式. 下证逆命题也成立. 设 $Q=Q_{\rm c}(A,b),Q'=Q_{\rm c}(A',b')$. 由于 (A,b) 和 (A',b') 都是能控的, 由引理 4.5.1 可知

$$Q^{-1}AQ=\left[\begin{array}{ccc|c}0&\cdots&0&-\alpha_0\\\hline 1&&0&-\alpha_1\\&\ddots&&\vdots\\&&1&-\alpha_{n-1}\end{array}\right],\quad Q'^{-1}A'Q'=\left[\begin{array}{ccc|c}0&\cdots&0&-\alpha'_0\\\hline 1&&0&-\alpha'_1\\&\ddots&&\vdots\\&&1&-\alpha'_{n-1}\end{array}\right]$$

其中, $\alpha(s)=s^n+\alpha_{n-1}s^{n-1}+\cdots+\alpha_1s+\alpha_0$ 和 $\alpha'(s)=s^n+\alpha'_{n-1}s^{n-1}+\cdots+\alpha'_1s+\alpha'_0$ 分别是 A 和 A' 的特征多项式. 由于 A 和 A' 有相同的特征多项式, 所以 $\alpha'(s)=\alpha(s)$. 因此, $Q^{-1}AQ=Q'^{-1}A'Q'$, 从而有

$$A'=Q'Q^{-1}AQQ'^{-1}=Q'Q^{-1}A(Q'Q^{-1})^{-1}=TAT^{-1}$$

此外注意到

$$Tb=Q'Q^{-1}\left[\begin{array}{cccc}b & Ab & \cdots & A^{n-1}b\end{array}\right]\left[\begin{array}{cccc}1 & 0 & \cdots & 0\end{array}\right]^{\rm T}=Q'\left[\begin{array}{cccc}1 & 0 & \cdots & 0\end{array}\right]^{\rm T}=b'$$

这表明式 (4.158) 定义的 T 使得 $(A',b')=(TAT^{-1},Tb)$. 最后, 容易从 $(A',b')=(TAT^{-1},Tb)$ 推知矩阵 T 满足 $TQ=Q'$, 而此方程具有唯一解 (4.158). 证毕. □

定理 4.5.1　设变换矩阵 T 如式 (4.132) 和式 (4.133) 所定义, 能控性矩阵 $Q=Q_{\rm c}(A,b)$ 如式 (4.129) 所定义, 对称化子 S_α 如式 (A.24) 所定义, 则

$$T=(QS_\alpha)^{-1}=S_\alpha^{-1}Q^{-1}\tag{4.159}$$

因此, 线性系统 (4.156) 经过状态等价变换 $\tilde{x}=S_\alpha^{-1}\check{x}$ 之后的线性系统为能控规范型 (4.135).

证明 设 $(\tilde{A},\tilde{b})$ 和 $(\check{A},\check{b})$ 分别如式 (4.135) 和式 (4.157) 所定义. 由于 $(\tilde{A},\tilde{b})$ 和 $(\check{A},\check{b})$ 都能控且 $\tilde{A}$ 和 $\check{A}$ 有相同的特征多项式, 根据引理 4.5.2, 存在唯一的变换矩阵 $\check{T}$ 使得

$$(\tilde{A},\tilde{b})=(\check{T}\check{A}\check{T}^{-1},\check{T}\check{b}) \tag{4.160}$$

且该唯一变换矩阵为 $\check{T}=Q_{\rm c}(\tilde{A},\tilde{b})Q_{\rm c}^{-1}(\check{A},\check{b})$. 根据 $(\check{A},\check{b})=(Q^{-1}AQ,Q^{-1}b)$ 有

$$Q_{\rm c}(\check{A},\check{b})=\begin{bmatrix} Q^{-1}b & Q^{-1}Ab & \cdots & Q^{-1}A^{n-1}b\end{bmatrix}=I_n$$

因此

$$\check{T}=Q_{\rm c}(\tilde{A},\tilde{b})=\begin{bmatrix}\tilde{b} & \tilde{A}\tilde{b} & \cdots & \tilde{A}^{n-1}\tilde{b}\end{bmatrix} \tag{4.161}$$

另一方面, 根据式 (A.25) 有 $S_\alpha\tilde{A}=\check{A}S_\alpha$, 或者

$$\tilde{A}=S_\alpha^{-1}\check{A}S_\alpha \tag{4.162}$$

将式 (4.162) 代入式 (4.161) 并注意到 $\check{b}=S_\alpha\tilde{b}$ 可得

$$\begin{aligned}\check{T}&=\begin{bmatrix}\tilde{b} & S_\alpha^{-1}\check{A}S_\alpha\tilde{b} & \cdots & S_\alpha^{-1}\check{A}^{n-1}S_\alpha\tilde{b}\end{bmatrix}=S_\alpha^{-1}\begin{bmatrix}S_\alpha\tilde{b} & \check{A}S_\alpha\tilde{b} & \cdots & \check{A}^{n-1}S_\alpha\tilde{b}\end{bmatrix}\\&=S_\alpha^{-1}\begin{bmatrix}\check{b} & \check{A}\check{b} & \cdots & \check{A}^{n-1}\check{b}\end{bmatrix}=S_\alpha^{-1}\end{aligned}$$

将上式代入式 (4.160) 并利用 $(\check{A},\check{b})=(Q^{-1}AQ,Q^{-1}b)$ 得到

$$(\tilde{A},\tilde{b})=(S_\alpha^{-1}\check{A}S_\alpha,S_\alpha^{-1}\check{b})=((QS_\alpha)^{-1}A(QS_\alpha),(QS_\alpha)^{-1}b)$$

将上式和 $(\tilde{A},\tilde{b})=(TAT^{-1},Tb)$ 比较并根据引理 4.5.2 即得式 (4.159). 证毕. □

相比于 T 的计算公式 (4.132) 和式 (4.133), 等价计算公式 (4.159) 在形式上更简洁一些, 且直接和能控性矩阵 Q 以及 A 的特征多项式相联系.

4.5.2 Luenberger 能控规范型

本节考虑能控的多输入系统 (4.1). 根据能控性指数集 $\{\mu_1,\mu_2,\cdots,\mu_m\}$ 的定义, 对任意 $i=1,2,\cdots,m$, 存在唯一常数 $\check{\alpha}_{ij}^{[k]}$ $(k=0,1,\cdots,\mu_i,j=1,2,\cdots,m)$ 使得

$$A^{\mu_i}b_i=-\sum_{k=0}^{\mu_1-1}\check{\alpha}_{1i}^{[k]}A^kb_1-\sum_{k=0}^{\mu_2-1}\check{\alpha}_{2i}^{[k]}A^kb_2-\cdots-\sum_{k=0}^{\mu_m-1}\check{\alpha}_{mi}^{[k]}A^kb_m \tag{4.163}$$

需要指出的是, 其中某些系数 $\check{\alpha}_{ij}^{[k]}$ 可能为零. 这些系数由 (A,B) 唯一确定, 且容易看出状态等价变换不改变这些系数. 基于这些系数 $\check{\alpha}_{ij}^{[k]}$ 定义如下系列矩阵:

$$\check{A}_{ii}=\left[\begin{array}{ccc|c}0 & \cdots & 0 & -\check{\alpha}_{ii}^{[0]}\\ \hline 1 & & & -\check{\alpha}_{ii}^{[1]}\\ & \ddots & & \vdots\\ & & 1 & -\check{\alpha}_{ii}^{[\mu_i-1]}\end{array}\right]\in\mathbf{R}^{\mu_i\times\mu_i},\quad \check{A}_{ij}=\left[\begin{array}{ccc|c}0 & \cdots & 0 & -\check{\alpha}_{ij}^{[0]}\\ 0 & \cdots & 0 & -\check{\alpha}_{ij}^{[1]}\\ \vdots & & \vdots & \vdots\\ 0 & \cdots & 0 & -\check{\alpha}_{ij}^{[\mu_i-1]}\end{array}\right]\in\mathbf{R}^{\mu_i\times\mu_j}$$

其中, $i \neq j, i, j = 1, 2, \cdots, m$.

根据式 (4.163) 容易得到引理 4.5.3.

引理 4.5.3　设线性系统 (4.1) 能控, Q 如式 (4.137) 所定义, 则经过状态等价变换 $\breve{x} = Q^{-1}x$ 之后的线性系统

$$\dot{\breve{x}} = \breve{A}\breve{x} + \breve{B}u \tag{4.164}$$

的系数 $(\breve{A}, \breve{B}) = (Q^{-1}AQ, Q^{-1}B)$ 为

$$\breve{A} = \begin{bmatrix} \breve{A}_{11} & \breve{A}_{12} & \cdots & \breve{A}_{1m} \\ \breve{A}_{21} & \breve{A}_{22} & \cdots & \breve{A}_{2m} \\ \vdots & \vdots & & \vdots \\ \breve{A}_{m1} & \breve{A}_{m2} & \cdots & \breve{A}_{mm} \end{bmatrix}, \quad \breve{B} = \begin{bmatrix} \breve{b}_{11} & & & \\ & \breve{b}_{22} & & \\ & & \ddots & \\ & & & \breve{b}_{mm} \end{bmatrix}, \quad \breve{b}_{ii} = \begin{bmatrix} 1 \\ \hline 0 \\ \vdots \\ 0 \end{bmatrix} \tag{4.165}$$

与单输入情形相同, 在一些教材和文献中, 上述系统 $(\breve{A}, \breve{B})$ 也称为系统 (A,B) 的 Luenberger 第一能控规范型. 相应地, 式 (4.145) 定义的系统 $(\tilde{A}, \tilde{B})$ 称为系统 (A,B) 的 Luenberger 第二能控规范型. 注意到矩阵 $\tilde{A}$ 和 $\breve{A}$ 在结构上互为转置的关系. 事实上从 4.4.2 节已经知道, 在单输入情形有 $\tilde{A} = \breve{A}^{\mathrm{T}}$. 但对于多输入系统, 这个结论是不成立的. 见例 4.4.3 和后面的例 4.5.1.

仿照单输入系统的对称化子 S_α, 定义如下的广义对称化子:

$$S = \begin{bmatrix} S_{11} & S_{12} & \cdots & S_{1m} \\ S_{21} & S_{22} & \cdots & S_{2m} \\ \vdots & \vdots & & \vdots \\ S_{m1} & S_{m2} & \cdots & S_{mm} \end{bmatrix} \in \mathbf{R}^{n\times n} \tag{4.166}$$

其中, 对任意 $i, j = 1, 2, \cdots, m$, 如果 $i = j$, 则

$$S_{ii} = \begin{bmatrix} \breve{\alpha}_{ii}^{[1]} & \cdots & \breve{\alpha}_{ii}^{[\mu_i-1]} & 1 \\ \vdots & \cdot^{\cdot^{\cdot}} & 1 & \\ \breve{\alpha}_{ii}^{[\mu_i-1]} & \cdot^{\cdot^{\cdot}} & & \\ 1 & & & \end{bmatrix} \in \mathbf{R}^{\mu_i\times\mu_i} \tag{4.167}$$

如果 $i \neq j$ 且 $\mu_i = \mu_j$, 则

$$S_{ij} = \begin{bmatrix} \breve{\alpha}_{ij}^{[1]} & \cdots & \breve{\alpha}_{ij}^{[\mu_i-1]} & 0 \\ \vdots & \cdot^{\cdot^{\cdot}} & 0 & \\ \breve{\alpha}_{ij}^{[\mu_i-1]} & \cdot^{\cdot^{\cdot}} & & \\ 0 & & & \end{bmatrix} \in \mathbf{R}^{\mu_i\times\mu_j} \tag{4.168}$$

如果 $i \neq j$ 且 $\mu_i < \mu_j$, 则

$$S_{ij}=\left[\begin{array}{ccc|ccc}\check{\alpha}_{ij}^{[1]} & \cdots & \check{\alpha}_{ij}^{[\mu_i-1]} & 0 & \cdots & 0\\ \vdots & \iddots & 0 & 0 & \cdots & 0\\ \check{\alpha}_{ij}^{[\mu_i-1]} & \iddots & & \vdots & & \vdots\\ 0 & & & 0 & \cdots & 0\end{array}\right]\in\mathbf{R}^{\mu_i\times\mu_j} \tag{4.169}$$

如果 $i\neq j$ 且 $\mu_i>\mu_j$, 则

$$S_{ij}=\left[\begin{array}{cccc}\check{\alpha}_{ij}^{[1]} & \cdots & \check{\alpha}_{ij}^{[\mu_j-1]} & \check{\alpha}_{ij}^{[\mu_j]}\\ \vdots & & \vdots & \vdots\\ \check{\alpha}_{ij}^{[\mu_i-\mu_j]} & \cdots & \check{\alpha}_{ij}^{[\mu_i-2]} & \check{\alpha}_{ij}^{[\mu_i-1]}\\ \hline \check{\alpha}_{ij}^{[\mu_i-\mu_j+1]} & \cdots & \check{\alpha}_{ij}^{[\mu_i-1]} & 0\\ \vdots & \iddots & 0 & \\ \check{\alpha}_{ij}^{[\mu_i-1]} & \iddots & & \\ 0 & & & \end{array}\right]\in\mathbf{R}^{\mu_i\times\mu_j} \tag{4.170}$$

注意到 Luenberger 能控规范型 (4.145) 的系统矩阵 $\tilde{A}$ 完全由其第 $\mu_1+\mu_2+\cdots+\mu_i$ $(i=1,2,\cdots,m)$ 行元素确定, 将这些元素写成矩阵的形式:

$$G=\left[\begin{array}{ccc|c|ccc}\alpha_{11}^{[0]} & \cdots & \alpha_{11}^{[\mu_1-1]} & \cdots & \alpha_{1m}^{[0]} & \cdots & \alpha_{1m}^{[\mu_m-1]}\\ \hline \alpha_{21}^{[0]} & \cdots & \alpha_{21}^{[\mu_1-1]} & \cdots & \alpha_{2m}^{[0]} & \cdots & \alpha_{2m}^{[\mu_m-1]}\\ \hline \vdots & & \vdots & & \vdots & & \vdots\\ \hline \alpha_{m1}^{[0]} & \cdots & \alpha_{m1}^{[\mu_1-1]} & \cdots & \alpha_{mm}^{[0]} & \cdots & \alpha_{mm}^{[\mu_m-1]}\end{array}\right]\in\mathbf{R}^{m\times n} \tag{4.171}$$

矩阵对 (G,Γ) 和能控性指数集 $\{\mu_1,\mu_2,\cdots,\mu_m\}$ 完全确定了 Luenberger 能控规范型, 这里 Γ 如式 (4.139) 所定义. 类似地, 线性系统 (4.165) 也完全由式 (4.163) 定义的系数 $\check{\alpha}_{ij}^{[k]}$ 和能控性指数集 $\{\mu_1,\mu_2,\cdots,\mu_m\}$ 确定. 类似于 (G,Γ), 定义

$$\check{G}=\left[\begin{array}{ccc|c|ccc}\check{\alpha}_{11}^{[0]} & \cdots & \check{\alpha}_{11}^{[\mu_1-1]} & \cdots & \check{\alpha}_{1m}^{[0]} & \cdots & \check{\alpha}_{1m}^{[\mu_m-1]}\\ \hline \check{\alpha}_{21}^{[0]} & \cdots & \check{\alpha}_{21}^{[\mu_1-1]} & \cdots & \check{\alpha}_{2m}^{[0]} & \cdots & \check{\alpha}_{2m}^{[\mu_m-1]}\\ \hline \vdots & & \vdots & & \vdots & & \vdots\\ \hline \check{\alpha}_{m1}^{[0]} & \cdots & \check{\alpha}_{m1}^{[\mu_1-1]} & \cdots & \check{\alpha}_{mm}^{[0]} & \cdots & \check{\alpha}_{mm}^{[\mu_m-1]}\end{array}\right]\in\mathbf{R}^{m\times n} \tag{4.172}$$

$$\check{\Gamma}=\begin{bmatrix}1 & \check{\alpha}_{12}^{[\mu_2]} & \cdots & \check{\alpha}_{1m}^{[\mu_m]}\\ & 1 & \ddots & \vdots\\ & & \ddots & \check{\alpha}_{m-1,m}^{[\mu_m]}\\ & & & 1\end{bmatrix}\in\mathbf{R}^{m\times m} \tag{4.173}$$

其中, 若 $\check{\alpha}_{ij}^{[k]}$ 在式 (4.163) 中无定义则置为零. 注意到 $\check{G}$ 中各元素的上下标和 G 保持一致.

类似于单输入系统, 式 (4.165) 定义的 $(\check{A},\check{B})$ 与式 (4.145) 定义的 Luenberger 能控规范型之间的关系可通过广义对称化子矩阵相联系. 这就是定理 4.5.2. 该定理可看成是定理 4.5.1 在多输入系统上的推广, 故其证明与定理 4.5.1 相仿, 这里略去直接但相当烦琐的计算.

定理 4.5.2　设 T 如式 (4.143) 所定义, Q 如式 (4.137) 所定义, 广义对称化子 S 如式 (4.166) ~ 式 (4.170) 所定义, $(\check{G},\check{\Gamma})$ 如式 (4.172) 和式 (4.173) 所定义, (G,Γ) 如式 (4.171) 和式 (4.139) 所定义, 则

$$(\Gamma, G) = (\check{\Gamma}^{-1}, \check{\Gamma}^{-1}\check{G}) \tag{4.174}$$

$$T = (QS)^{-1} = S^{-1}Q^{-1} \tag{4.175}$$

因此, 线性系统 (4.164) 经变换 $\tilde{x} = S^{-1}\check{x}$ 之后的线性系统为 Luenberger 能控规范型 (4.145).

可以看出变换矩阵 T 的计算公式 (4.175) 恰好是单输入系统的计算公式 (4.159) 在多输入系统上的推广. 此外, 定理 4.5.2 还表明, 在系数 $\check{\alpha}_{ij}^{[k]}$ 确定后, 只需要计算 $m\times m$ 的上三角矩阵 $\check{\Gamma}$ 的逆矩阵就可以确定 Luenberger 能控规范型 $(\tilde{A},\tilde{B})$ 的系数 (G,Γ).

最后通过一个数值算例来验证定理 4.5.2.

例 4.5.1　继续考虑例 4.4.1 中的系统 (4.125). 利用例 4.4.3 中构造的矩阵 Q 并根据 $(\check{A},\check{B}) = (Q^{-1}AQ,\ Q^{-1}B)$ 可以算出

$$\check{A} = \left[\begin{array}{cc|ccc|cc} 0 & 0 & 0 & 0 & -3 & 0 & -2 \\ 1 & -2 & 0 & 0 & -10 & 0 & 8 \\ \hline 0 & 1 & 0 & 0 & 0 & 0 & -2 \\ 0 & -2 & 1 & 0 & -22 & 0 & 16 \\ 0 & 0 & 0 & 1 & 2 & 0 & -1 \\ \hline 0 & 4 & 0 & 0 & 6 & 0 & -1 \\ 0 & -1 & 0 & 0 & -11 & 1 & 5 \end{array}\right], \quad \check{B} = \left[\begin{array}{c|c|c} 1 & 0 & 0 \\ 0 & 0 & 0 \\ \hline 0 & 1 & 0 \\ 0 & 0 & 0 \\ 0 & 0 & 0 \\ \hline 0 & 0 & 1 \\ 0 & 0 & 0 \end{array}\right]$$

可以看出 $(\check{A},\check{B})$ 的确具有式 (4.165) 的形式. 由上式和例 4.4.3 可知

$$\left[\begin{array}{cc|ccc|cc} \check{\alpha}_{11}^{[0]} & \check{\alpha}_{11}^{[1]} & \check{\alpha}_{21}^{[0]} & \check{\alpha}_{21}^{[1]} & \check{\alpha}_{21}^{[2]} & \check{\alpha}_{31}^{[0]} & \check{\alpha}_{31}^{[1]} \\ \hline \check{\alpha}_{12}^{[0]} & \check{\alpha}_{12}^{[1]} & \check{\alpha}_{22}^{[0]} & \check{\alpha}_{22}^{[1]} & \check{\alpha}_{22}^{[2]} & \check{\alpha}_{32}^{[0]} & \check{\alpha}_{32}^{[1]} \\ \hline \check{\alpha}_{13}^{[0]} & \check{\alpha}_{13}^{[1]} & \check{\alpha}_{23}^{[0]} & \check{\alpha}_{23}^{[1]} & \check{\alpha}_{23}^{[2]} & \check{\alpha}_{33}^{[0]} & \check{\alpha}_{33}^{[1]} \end{array}\right] = \left[\begin{array}{cc|ccc|cc} 0 & 2 & -1 & 2 & 0 & -4 & 1 \\ \hline 3 & 10 & 0 & 22 & -2 & -6 & 11 \\ \hline 2 & -8 & 2 & -16 & 1 & 1 & -5 \end{array}\right]$$

$$G = \left[\begin{array}{cc|ccc|cc} \alpha_{11}^{[0]} & \alpha_{11}^{[1]} & \alpha_{12}^{[0]} & \alpha_{12}^{[1]} & \alpha_{12}^{[2]} & \alpha_{13}^{[0]} & \alpha_{13}^{[1]} \\ \hline \alpha_{21}^{[0]} & \alpha_{21}^{[1]} & \alpha_{22}^{[0]} & \alpha_{22}^{[1]} & \alpha_{22}^{[2]} & \alpha_{23}^{[0]} & \alpha_{23}^{[1]} \\ \hline \alpha_{31}^{[0]} & \alpha_{31}^{[1]} & \alpha_{32}^{[0]} & \alpha_{32}^{[1]} & \alpha_{32}^{[2]} & \alpha_{33}^{[0]} & \alpha_{33}^{[1]} \end{array}\right] = \left[\begin{array}{cc|ccc|cc} 0 & 2 & 3 & 10 & 0 & 2 & -8 \\ \hline 3 & 1 & 6 & 11 & -2 & 1 & -11 \\ \hline -4 & 1 & -6 & 11 & 0 & 1 & -5 \end{array}\right]$$

由式 (4.166) ~ 式 (4.170) 和式 (4.172)、式 (4.173) 可知

$$S = \left[\begin{array}{cc|ccc|cc} \check{\alpha}_{11}^{[1]} & 1 & \check{\alpha}_{12}^{[1]} & 0 & 0 & \check{\alpha}_{13}^{[1]} & 0 \\ 1 & 0 & 0 & 0 & 0 & 0 & 0 \\ \hline \check{\alpha}_{21}^{[1]} & \check{\alpha}_{21}^{[2]} & \check{\alpha}_{22}^{[1]} & \check{\alpha}_{22}^{[2]} & 1 & \check{\alpha}_{23}^{[1]} & \check{\alpha}_{23}^{[2]} \\ \check{\alpha}_{21}^{[2]} & 0 & \check{\alpha}_{22}^{[2]} & 1 & 0 & \check{\alpha}_{23}^{[2]} & 0 \\ 0 & 0 & 1 & 0 & 0 & 0 & 0 \\ \hline \check{\alpha}_{31}^{[1]} & 0 & \check{\alpha}_{32}^{[1]} & 0 & 0 & \check{\alpha}_{33}^{[1]} & 1 \\ 0 & 0 & 0 & 0 & 0 & 1 & 0 \end{array}\right] = \left[\begin{array}{cc|ccc|cc} 2 & 1 & 10 & 0 & 0 & -8 & 0 \\ 1 & 0 & 0 & 0 & 0 & 0 & 0 \\ \hline 2 & 0 & 22 & -2 & 1 & -16 & 1 \\ 0 & 0 & -2 & 1 & 0 & 1 & 0 \\ 0 & 0 & 1 & 0 & 0 & 0 & 0 \\ \hline 1 & 0 & 11 & 0 & 0 & -5 & 1 \\ 0 & 0 & 0 & 0 & 0 & 1 & 0 \end{array}\right]$$

$$\check{G}=\left[\begin{array}{cc|ccc|cc}\check{\alpha}_{11}^{[0]} & \check{\alpha}_{11}^{[1]} & \check{\alpha}_{12}^{[0]} & \check{\alpha}_{12}^{[1]} & \check{\alpha}_{12}^{[2]} & \check{\alpha}_{13}^{[0]} & \check{\alpha}_{13}^{[1]} \\ \hline \check{\alpha}_{21}^{[0]} & \check{\alpha}_{21}^{[1]} & \check{\alpha}_{22}^{[0]} & \check{\alpha}_{22}^{[1]} & \check{\alpha}_{22}^{[2]} & \check{\alpha}_{23}^{[0]} & \check{\alpha}_{23}^{[1]} \\ \hline \check{\alpha}_{31}^{[0]} & \check{\alpha}_{31}^{[1]} & \check{\alpha}_{32}^{[0]} & \check{\alpha}_{32}^{[1]} & \check{\alpha}_{32}^{[2]} & \check{\alpha}_{33}^{[0]} & \check{\alpha}_{33}^{[1]}\end{array}\right]=\left[\begin{array}{cc|ccc|cc}0 & 2 & 3 & 10 & 0 & 2 & -8 \\ \hline -1 & 2 & 0 & 22 & -2 & 2 & -16 \\ \hline -4 & 1 & -6 & 11 & 0 & 1 & -5\end{array}\right]$$

$$\check{\Gamma}=\begin{bmatrix}1 & \check{\alpha}_{12}^{[3]} & \check{\alpha}_{13}^{[2]} \\ & 1 & \check{\alpha}_{23}^{[2]} \\ & & 1\end{bmatrix}=\begin{bmatrix}1 & 0 & 0 \\ & 1 & 1 \\ & & 1\end{bmatrix}$$

不难验证式 (4.174) 和式 (4.175) 都成立. 注意到一个有趣的事实: 那些在 $\check{G}$ 和 $\check{\Gamma}$ 中没有用到的 $\check{\alpha}_{ij}^{[k]}$ 都为零. 此外, 容易验证

$$TQ=S^{-1}=\left[\begin{array}{cc|ccc|cc}0 & 1 & 0 & 0 & 0 & 0 & 0 \\ 1 & -2 & 0 & 0 & -10 & 0 & 8 \\ \hline 0 & 0 & 0 & 0 & 1 & 0 & 0 \\ 0 & 0 & 0 & 1 & 2 & 0 & -1 \\ 0 & -1 & 1 & 2 & -7 & -1 & 9 \\ \hline 0 & 0 & 0 & 0 & 0 & 0 & 1 \\ 0 & -1 & 0 & 0 & -11 & 1 & 5\end{array}\right]$$

即 S^{-1} 也是形式上和 S 对称的广义对称化子.

4.5.3 Wonham 能控规范型

我们在 4.4.3 节构造 Luenberger 能控规范型时采取了行搜索方案. 自然要问, 如果采取列搜索方案是否可得到类似于 Luenberger 能控规范型的结论? 本节首先要指出上述问题的答案是否定的, 然后借助对称化子给出一种新的基于列搜索方案的能控规范型.

根据列搜索方案, 在表 2.1 中自上至下、自左至右选择线性无关的向量, 或者从矩阵

$$\left[\begin{array}{cccc|c|cccc} b_1 & Ab_1 & \cdots & A^{n-1}b_1 & \cdots & b_m & Ab_m & \cdots & A^{n-1}b_m\end{array}\right]$$

中自左至右选择 n 个线性无关的向量, 记为

$$\{b_1, Ab_1, \cdots, A^{h_1-1}b_1, b_2, Ab_2, \cdots, A^{h_2-1}b_2, \cdots, b_l, Ab_l, \cdots, A^{h_l-1}b_l\}$$

其中, $l\leqslant m$. 显然 $h_{\rm c}(A,B)=\{h_1,h_2,\cdots,h_l,0,\cdots,0\}$ 是系统 (A,B) 的 Hermite 指数集. 为了讨论方便, 假设 $h_i\geqslant 1$ $(i=1,2,\cdots,l)$. 为了不使符号过多而显得杂乱, 本节采用与 4.4.3 节相同的符号. 定义变换矩阵

$$Q=\begin{bmatrix}Q_1 & Q_2 & \cdots & Q_l\end{bmatrix},\quad Q_i=Q_{\rm c}^{[h_i]}(A,b_i)=\begin{bmatrix}b_i & Ab_i & \cdots & A^{h_i-1}b_i\end{bmatrix} \tag{4.176}$$

下面采用与式 (4.118) 类似的方式构造变换矩阵. 令

$$Q^{-1}=\begin{bmatrix}\tilde{Q}_1 \\ \tilde{Q}_2 \\ \vdots \\ \tilde{Q}_l\end{bmatrix},\quad \tilde{Q}_i=\begin{bmatrix}* \\ \vdots \\ * \\ p_i\end{bmatrix}\in\mathbf{R}^{h_i\times n} \tag{4.177}$$

即取 p_i 为 Q^{-1} 的第 $h_1+h_2+\cdots+h_i$ 行, 这里 $i=1,2,\cdots,l$. 根据 4.4.1 节的理论, 如果如此选择的 P 使得 (A,B,P) 是可解耦质系统, 那么相应的状态等价变换 $\tilde{x}=Tx$ 可将系统 (A,B) 转化为其能控规范型, 这里变换矩阵 T 按式 (4.118) 进行定义, 即

$$T=\begin{bmatrix} T_1 \\ T_2 \\ \vdots \\ T_l \end{bmatrix},\quad T_i=\begin{bmatrix} p_i \\ p_iA \\ \vdots \\ p_iA^{h_i-1} \end{bmatrix},\quad i=1,2,\cdots,l \tag{4.178}$$

然而, 如此选择的 P 并不能保证 (A,B,P) 是可解耦质系统. 请看例 4.5.2.

例 4.5.2　考虑例 4.3.8 中的系统 (A,B), 其 Hermite 指数集为 $\{3,2,1\}$. 根据式 (4.177) 得到

$$P=\begin{bmatrix} p_1 \\ p_2 \\ p_3 \end{bmatrix}=\begin{bmatrix} 0 & 0 & 0 & -1 & 1 & 0 \\ 0 & 1 & 0 & 1 & 0 & 0 \\ 1 & -1 & 0 & 0 & 0 & 0 \end{bmatrix}$$

如果根据式 (4.178) 取变换矩阵

$$T=\left[\begin{array}{c} p_1 \\ p_1A \\ p_1A^2 \\ \hline p_2 \\ p_2A \\ \hline p_3 \end{array}\right]=\left[\begin{array}{cccccc} 0 & 0 & 0 & -1 & 1 & 0 \\ 1 & 2 & 0 & 4 & -1 & 1 \\ -9 & 3 & 1 & -11 & 4 & -1 \\ \hline 0 & 1 & 0 & 1 & 0 & 0 \\ -2 & 0 & 1 & -2 & 0 & 0 \\ \hline 1 & -1 & 0 & 0 & 0 & 0 \end{array}\right]$$

则得到变换后的系统

$$\tilde{A}=\left[\begin{array}{ccc|cc|c} 0 & 1 & 0 & 0 & 0 & 0 \\ 0 & 0 & 1 & 0 & 0 & 0 \\ -1 & 3 & -1 & -4 & -6 & 27 \\ \hline & & & 0 & 1 & 0 \\ & & & -1 & -2 & 6 \\ \hline & & & & & -4 \end{array}\right],\quad \tilde{B}=\left[\begin{array}{c|c|c} 0 & 0 & 0 \\ 0 & 0 & 1 \\ 1 & 1 & -9 \\ \hline & 0 & 0 \\ & 1 & -2 \\ \hline & & 1 \end{array}\right]$$

显然 $\tilde{B}$ 矩阵不具备能控规范型 (4.124) 的结构. 事实上, (A,B,P) 的相对阶为 $\{2,2,1\}$, 该系统不是可解耦质系统, 因此不可根据此 P 构造该系统的能控规范型.

由此可见, 列搜索方案不适合构造能控规范型. 但如果不将能控规范型限定为定理 4.4.1 中的解耦积分链结构, 利用对称化子, 根据列搜索方案的确可以导出一种具有特殊结构的规范型. 为此, 先介绍引理 4.5.4, 该引理可看成引理 4.5.3 的平行结论.

引理 4.5.4　设 Q 由式 (4.176) 给出, 则能控的线性系统 (4.1) 经过状态等价变换 $\breve{x}=Q^{-1}x$ 之后的线性系统的系数 $(\breve{A},\breve{B})=(Q^{-1}AQ,Q^{-1}B)$ 具有如下形式:

$$\breve{A} = \begin{bmatrix} \breve{A}_{11} & \breve{A}_{12} & \cdots & \breve{A}_{1l} \\ & \breve{A}_{22} & \cdots & \breve{A}_{2l} \\ & & \ddots & \vdots \\ & & & \breve{A}_{ll} \end{bmatrix}, \quad \breve{A}_{ii} = \left[\begin{array}{ccc|c} 0 & \cdots & 0 & -\breve{\alpha}_{ii}^{[0]} \\ \hline 1 & \cdots & 0 & -\breve{\alpha}_{ii}^{[1]} \\ & \ddots & \vdots & \vdots \\ & & 1 & -\breve{\alpha}_{ii}^{[h_i-1]} \end{array}\right] \in \mathbf{R}^{h_i \times h_i}$$

$$\breve{A}_{ij} = \left[\begin{array}{ccc|c} 0 & \cdots & 0 & -\breve{\alpha}_{ij}^{[0]} \\ 0 & \cdots & 0 & -\breve{\alpha}_{ij}^{[1]} \\ \vdots & & \vdots & \vdots \\ 0 & \cdots & 0 & -\breve{\alpha}_{ij}^{[h_i-1]} \end{array}\right] \in \mathbf{R}^{h_i \times h_j}, \quad j > i, \ i = 1, 2, \cdots, l-1$$

$$\breve{B} = \left[\begin{array}{cccc|ccc} \breve{b}_{11} & 0 & \cdots & 0 & * & \cdots & * \\ 0 & \breve{b}_{22} & \cdots & 0 & * & \cdots & * \\ \vdots & \vdots & & \vdots & \vdots & & \vdots \\ 0 & 0 & \cdots & \breve{b}_{ll} & * & \cdots & * \end{array}\right], \quad \breve{b}_{ii} = \left[\begin{array}{c} 1 \\ \hline 0 \\ \vdots \\ 0 \end{array}\right] \in \mathbf{R}^{h_i \times 1}$$

其中, $\breve{\alpha}_{ij}^{[k]}$ 表示可能的非零标量元素.

证明 等式 $B = Q\breve{B}$ 显然. 下证 $AQ = Q\breve{A}$. 注意到

$$\begin{aligned} AQ &= A\left[\begin{array}{cccc|c|cccc} b_1 & Ab_1 & \cdots & A^{h_1-1}b_1 & \cdots & b_l & Ab_l & \cdots & A^{h_l-1}b_l \end{array}\right] \\ &= \left[\begin{array}{cccc|c|cccc} Ab_1 & A^2b_1 & \cdots & A^{h_1}b_1 & \cdots & Ab_l & A^2b_l & \cdots & A^{h_l}b_l \end{array}\right] \end{aligned} \tag{4.179}$$

根据列搜索方案, $A^{h_1}b_1$ 可表示为 $\{b_1, Ab_1, \cdots, A^{h_1-1}b_1\}$ 的线性组合, $A^{h_2}b_2$ 可表示为 $\{b_1, Ab_1, \cdots, A^{h_1-1}b_1,\ b_2, Ab_2, \cdots, A^{h_2-1}b_2\}$ 的线性组合, ……, $A^{h_l}b_l$ 可表示为 $\{b_1, Ab_1, \cdots, A^{h_1-1}b_1, \cdots, b_l,\ Ab_l, \cdots, A^{h_l-1}b_l\}$ 的线性组合, 即存在常数 $\breve{\alpha}_{ij}^{[k]}$ 使得

$$A^{h_1}b_1 = -\sum_{k=0}^{h_1-1} \breve{\alpha}_{11}^{[k]} A^k b_1$$

$$A^{h_2}b_2 = -\sum_{k=0}^{h_1-1} \breve{\alpha}_{12}^{[k]} A^k b_1 - \sum_{k=0}^{h_2-1} \breve{\alpha}_{22}^{[k]} A^k b_2$$

$$\vdots$$

$$A^{h_l}b_l = -\sum_{k=0}^{h_1-1} \breve{\alpha}_{1l}^{[k]} A^k b_1 - \sum_{k=0}^{h_2-1} \breve{\alpha}_{2l}^{[k]} A^k b_2 - \cdots - \sum_{k=0}^{h_l-1} \breve{\alpha}_{ll}^{[k]} A^k b_l$$

将上面诸式代入式 (4.179) 并写成矩阵的形式即得 $AQ = Q\breve{A}$. 证毕. □

在一些教材和文献中, 上述 $(\breve{A}, \breve{B})$ 也称为 (A, B) 的 Wonham 第一能控规范型. 根据引理 4.5.4 中的系数 $\breve{\alpha}_{ii}^{[k]}$ 定义如下广义对称化子:

$$S_\delta = \begin{bmatrix} S_{11} & & & \\ & S_{22} & & \\ & & \ddots & \\ & & & S_{ll} \end{bmatrix}, \quad S_{ii} = \begin{bmatrix} \breve{\alpha}_{ii}^{[1]} & \cdots & \breve{\alpha}_{ii}^{[h_i-1]} & 1 \\ \vdots & ⋰ & 1 & \\ \breve{\alpha}_{ii}^{[h_i-1]} & ⋰ & & \\ 1 & & & \end{bmatrix} \in \mathbf{R}^{h_i \times h_i} \tag{4.180}$$

注意到与广义对称化子 (4.166) ~ 式 (4.170) 相比, 上述广义对称化子具有块对角结构. 有了这些准备工作, 可以介绍如下的 Wonham 能控规范型.

定理 4.5.3　设能控的线性系统 (4.1) 的 Hermite 指数集为 $\{h_1, \cdots, h_l, 0, \cdots, 0\}$, Q 如式 (4.176) 所定义, 广义对称化子 S_δ 如式 (4.180) 所定义, 则线性系统 (4.1) 经过状态等价变换

$$\tilde{x} = Tx, \quad T = (QS_\delta)^{-1} \tag{4.181}$$

之后的线性系统的系数 $(\tilde{A}, \tilde{B}) = (TAT^{-1}, TB)$ 具有如下形式:

$$\tilde{A} = \begin{bmatrix} A_{11} & A_{12} & \cdots & A_{1l} \\ & A_{22} & \cdots & A_{2l} \\ & & \ddots & \vdots \\ & & & A_{ll} \end{bmatrix}, \quad A_{ii} = \left[\begin{array}{c|ccc} 0 & 1 & & \\ \vdots & & \ddots & \\ 0 & & & 1 \\ \hline -\breve{\alpha}_{ii}^{[0]} & -\breve{\alpha}_{ii}^{[1]} & \cdots & -\breve{\alpha}_{ii}^{[h_i-1]} \end{array}\right] = \breve{A}_{ii}^{\mathrm{T}} \tag{4.182}$$

$$A_{ij} = \left[\begin{array}{c|ccc} -\alpha_{ij}^{[0]} & 0 & \cdots & 0 \\ -\alpha_{ij}^{[1]} & 0 & \cdots & 0 \\ \vdots & \vdots & & \vdots \\ -\alpha_{ij}^{[h_i-1]} & 0 & \cdots & 0 \end{array}\right], \quad \begin{bmatrix} \alpha_{ij}^{[0]} \\ \alpha_{ij}^{[1]} \\ \vdots \\ \alpha_{ij}^{[h_i-1]} \end{bmatrix} = S_{ii}^{-1} \begin{bmatrix} \breve{\alpha}_{ij}^{[0]} \\ \breve{\alpha}_{ij}^{[1]} \\ \vdots \\ \breve{\alpha}_{ij}^{[h_i-1]} \end{bmatrix}, \quad j > i \tag{4.183}$$

$$\tilde{B} = \left[\begin{array}{cccc|ccc} b_{11} & 0 & \cdots & 0 & * & \cdots & * \\ 0 & b_{22} & \cdots & 0 & * & \cdots & * \\ \vdots & \vdots & & \vdots & \vdots & & \vdots \\ 0 & 0 & \cdots & b_{ll} & * & \cdots & * \end{array}\right], \quad b_{ii} = \left[\begin{array}{c} 0 \\ \vdots \\ 0 \\ \hline 1 \end{array}\right] \in \mathbf{R}^{h_i \times 1}$$

其中, $\breve{\alpha}_{ij}^{[k]}$ 和 $\breve{A}_{ii}$ 如引理 4.5.4 所定义; $*$ 表示可能的非零项.

证明　注意到 $\tilde{x} = S_\delta^{-1} Q^{-1} x = S_\delta^{-1} \breve{x}$. 因此, 变换 $\tilde{x} = (QS_\delta)^{-1} x$ 相当于在变换 $\breve{x} = Q^{-1} x$ 的基础之上再作变换 $\tilde{x} = S^{-1} \breve{x}$. 从而有

$$\tilde{A} = S_\delta^{-1} \breve{A} S_\delta = \begin{bmatrix} S_{11}^{-1} \breve{A}_{11} S_{11} & S_{11}^{-1} \breve{A}_{12} S_{22} & \cdots & S_{11}^{-1} \breve{A}_{1l} S_{ll} \\ & S_{22}^{-1} \breve{A}_{22} S_{22} & \cdots & S_{22}^{-1} \breve{A}_{2l} S_{ll} \\ & & \ddots & \vdots \\ & & & S_{ll}^{-1} \breve{A}_{ll} S_{ll} \end{bmatrix}$$

由式 (4.162) 可知 $A_{ii} = S_{ii}^{-1} \breve{A}_{ii} S_{ii} = \breve{A}_{ii}^{\mathrm{T}}$. 这就证明了式 (4.182). 另外, 对任意 $j > i$ 有

$$A_{ij} = S_{ii}^{-1}\check{A}_{ij}S_{jj} = S_{ii}^{-1}\left[\begin{array}{c|ccc} -\check{\alpha}_{ij}^{[0]} & 0 & \cdots & 0 \\ -\check{\alpha}_{ij}^{[1]} & 0 & \cdots & 0 \\ \vdots & \vdots & & \vdots \\ -\check{\alpha}_{ij}^{[h_i-1]} & 0 & \cdots & 0 \end{array}\right]$$

这就证明了式 (4.183). 最后证明 $\tilde{B}$ 的形式, 即 $\check{b}_{ii} = S_{ii}b_{ii}$. 这是显然成立的. 证毕. □

在有些著作中, 上述 Wonham 能控规范型也称为 Wonham 第二能控规范型. 可以看出, 与 Luenberger 能控规范型的变换矩阵相比, 变换矩阵 (4.181) 既不同于式 (4.178), 也不同于式 (4.175). 另外, Wonham 能控规范型中的 A_{ij} $(i \neq j)$ 的第 1 列而非最后一行是可能的非零元素. 这是与 Luenberger 能控规范型的主要区别. 正是由于 A_{ij} $(i \neq j)$ 的特殊结构, Wonham 能控规范型不能分解成形如式 (4.119) 的积分链, 即不能得到 l 个长度为 h_i $(i = 1, 2, \cdots, l)$ 的积分链. 这是 Wonham 规范型相比 Luenberger 规范型不足的地方.

说明 4.5.1 与定理 4.4.3 的 Luenberger 能控规范型相比, Wonham 能控规范型最大的好处是系统矩阵 $\tilde{A}$ 是块上三角矩阵, 这在某些场合会给系统的分析和设计带来方便. 例如, 由引理 4.5.4 和定理 4.5.3 可知

$$\det(sI_n - A) = \det(sI_n - \tilde{A}) = \prod_{i=1}^{l}\det(sI_{h_i} - A_{ii}) = \prod_{i=1}^{l}\left(s^{h_i} + \sum_{k=0}^{h_i-1}\check{\alpha}_{ii}^{[k]}s^k\right)$$

相比式 (4.150), 上式能更方便地计算 A 的特征多项式.

下面举例说明 Wonham 能控规范型的构造方法.

例 4.5.3 考虑例 4.3.8 中的线性系统. 其 Hermite 指数集为 $\{3, 2, 1\}$. 根据引理 4.5.4 可以得到

$$\check{A} = \left[\begin{array}{ccc|cc|c} 0 & 0 & -1 & 0 & -3 & -3 \\ 1 & 0 & 3 & 0 & -4 & -2 \\ 0 & 1 & -1 & 0 & 1 & 1 \\ \hline & & & 0 & -1 & -2 \\ & & & 1 & -2 & -2 \\ \hline & & & & & -4 \end{array}\right], \quad \check{B} = \left[\begin{array}{c|c|c} 1 & & \\ 0 & & \\ 0 & & \\ \hline & 1 & \\ & 0 & \\ \hline & & 1 \end{array}\right]$$

因此, 根据式 (4.180) 和式 (4.181) 可以计算出

$$S_\delta = \left[\begin{array}{ccc|cc|c} -3 & 1 & 1 & & & \\ 1 & 1 & & & & \\ 1 & & & & & \\ \hline & & & 2 & 1 & \\ & & & 1 & & \\ \hline & & & & & 1 \end{array}\right], \quad T = \begin{bmatrix} 0 & 0 & 0 & -1 & 1 & 0 \\ 0 & 2 & 0 & 3 & -1 & 1 \\ 0 & 1 & 0 & -4 & 4 & -1 \\ 0 & 1 & 0 & 1 & 0 & 0 \\ 0 & -2 & 1 & -2 & 0 & 0 \\ 1 & -1 & 0 & 0 & 0 & 0 \end{bmatrix}$$

因此, 该系统的 Wonham 能控规范型为

$$\tilde{A} = \left[\begin{array}{ccc|ccc|c} 0 & 1 & 0 & 1 & 0 & 1 \\ 0 & 0 & 1 & -5 & 0 & -3 \\ -1 & 3 & -1 & 5 & 0 & 3 \\ \hline & & & 0 & 1 & -2 \\ & & & -1 & -2 & 2 \\ \hline & & & & & -4 \end{array}\right], \quad \tilde{B} = \left[\begin{array}{c|c|c} 0 & & \\ 0 & & \\ 1 & & \\ \hline & 0 & \\ & 1 & \\ \hline & & 1 \end{array}\right]$$

4.6　全等价变换

4.6.1　状态反馈变换及其作用

状态反馈变换指的是

$$u = Kx + \tilde{u} \tag{4.184}$$

其中, $K \in \mathbf{R}^{m\times n}$ 称为反馈增益矩阵, 也称为 Kalman 增益; $\tilde{u}$ 是新的输入信号. 将式 (4.184) 代入系统 (4.1) 得到

$$\begin{cases} \dot{x} = (A + BK)x + B\tilde{u} \\ y = (C + DK)x + D\tilde{u} \end{cases} \tag{4.185}$$

和代数等价变换 (4.5) 类似, 状态反馈变换也可以写成

$$\begin{bmatrix} \tilde{A} & \tilde{B} \\ \tilde{C} & \tilde{D} \end{bmatrix} \xlongequal{\text{def}} \begin{bmatrix} A+BK & B \\ C+DK & D \end{bmatrix} = \begin{bmatrix} A & B \\ C & D \end{bmatrix} \begin{bmatrix} I_n & 0 \\ K & I_m \end{bmatrix} \tag{4.186}$$

本节将研究状态反馈变换改变系统的能力.

首先容易看出变换后系统 (4.185) 的系统矩阵 $A + BK$ 发生了变化. 因此, 状态反馈变换可能改变线性系统的极点集合, 即系统的稳定性.

引理 4.6.1　系统 (4.185) 的传递函数矩阵

$$G_K(s) = (C + DK)(sI_n - (A + BK))^{-1}B + D$$

和原系统 (4.1) 的传递函数矩阵 $G(s) = C(sI_n - A)^{-1}B + D$ 满足

$$G_K(s) = G(s)(I_m - K(sI_n - A)^{-1}B)^{-1} \tag{4.187}$$

证明　设 u、x、y 和 $\tilde{u}$ 的 Laplace 变换分别是 $U(s)$、$X(s)$、$Y(s)$ 和 $\tilde{U}(s)$. 由式 (4.184) 可知 $U(s) = KX(s) + \tilde{U}(s)$. 另外, 由系统 (4.1) 的状态方程可知 $X(s) = (sI_n - A)^{-1}BU(s)$. 因此有

$$U(s) = (I_m - K(sI_n - A)^{-1}B)^{-1}\tilde{U}(s)$$

将此式代入 $Y(s) = G(s)U(s)$ 即得所需结论. 证毕. □

引理 4.6.1 表明系统 (4.185) 可以看成是在原系统 (4.1) 前面引入前置滤波器

$$H_K(s) = (I_m - K(sI_n - A)^{-1}B)^{-1} = I_m + K(sI_n - (A + BK))^{-1}B$$

而得到. 注意到 $H_K(s)$ 是真但不是严格真的. 对于 SISO 线性系统 (4.3), 有下面关于引理 4.6.1 的推论.

推论 4.6.1 考虑 SISO 线性系统 (4.3). 设反馈增益 $K=k\in\mathbf{R}^{1\times n}$. 令

$$g(s)\overset{\text{def}}{=\!=}c(sI_n-A)^{-1}b+d=\frac{\beta(s)}{\alpha(s)},\quad k(sI_n-A)^{-1}b=\frac{\kappa(s)}{\alpha(s)} \tag{4.188}$$

其中, $\alpha(s)=\det(sI_n-A),\deg(\kappa(s))<n,\deg(\beta(s))\leqslant n$. 那么, 系统 $(A+bk,b,c+dk)$ 的传递函数 $g_k(s)$ 满足

$$g_k(s)=(c+dk)(sI_n-(A+bk))^{-1}b+d=\frac{\beta(s)}{\alpha(s)-\kappa(s)}$$

4.6.2 状态反馈变换下的不变量

虽然状态反馈变换可以改变一些系统量, 但并不能改变所有的系统量.

引理 4.6.2 考虑线性系统 (4.1). 设矩阵 $Q_{\rm c}^{[k]}$、$Q_{\rm i}^{[k]}$、$Q_{\rm ifo}^{[k]}$、$Q_{\rm ofc}^{[k]}$ 和 $Q_{\rm oc}$ 分别如式 (2.108)、式 (2.53)、式 (2.114)、式 (2.115) 和式 (2.34) 所定义, 则对 $k=0,1,\cdots,n$ 有

$$\begin{aligned}
\operatorname{rank}(Q_{\rm c}^{[k]}(A+BK,B))&=\operatorname{rank}(Q_{\rm c}^{[k]}(A,B))\\
\operatorname{rank}(Q_{\rm i}^{[k]}(A+BK,B,C+DK,D))&=\operatorname{rank}(Q_{\rm i}^{[k]}(A,B,C,D))\\
\operatorname{rank}(Q_{\rm ifo}^{[k]}(A+BK,B,C+DK,D))&=\operatorname{rank}(Q_{\rm ifo}^{[k]}(A,B,C,D))\\
\operatorname{rank}(Q_{\rm ofc}^{[k]}(A+BK,B,C+DK,D))&=\operatorname{rank}(Q_{\rm ofc}^{[k]}(A,B,C,D))\\
\operatorname{rank}(Q_{\rm oc}(A+BK,B,C+DK,D))&=\operatorname{rank}(Q_{\rm oc}(A,B,C,D))
\end{aligned}$$

证明 根据 $Q_{\rm c}^{[k]}(A,B)$ 的定义式 (2.108) 有

$$\begin{aligned}
Q_{\rm c}^{[k]}(A+BK,B)&=\begin{bmatrix} B & (A+BK)B & \cdots & (A+BK)^{k-1}B\end{bmatrix}\\
&=\begin{bmatrix} B & AB & \cdots & A^{k-1}B\end{bmatrix}\varPi_{\rm c}^{[k-1]}(A,B,K)
\end{aligned}$$

其中

$$\varPi_{\rm c}^{[k]}(A,B,K)=\begin{bmatrix} I_m & KB & \cdots & K(A+BK)^{k-1}B\\ & \ddots & \ddots & \vdots\\ & & I_m & KB\\ & & & I_m\end{bmatrix}$$

显然是非奇异矩阵, 这里规定当 $k=-1$ 时 $(A+BK)^k=0$. 同理有

$$\begin{aligned}
Q_{\rm i}^{[k]}(A+BK,B,C+DK,D)&=Q_{\rm i}^{[k]}(A,B,C,D)\varPi_{\rm c}^{[k]}(A,B,K)\\
Q_{\rm ifo}^{[k]}(A+BK,B,C+DK,D)&=Q_{\rm ifo}^{[k]}(A,B,C,D)\varPi_{\rm c}^{[k]}(A,B,K)\\
Q_{\rm oc}(A+BK,B,C+DK,D)&=Q_{\rm oc}(A,B,C,D)\varPi_{\rm c}^{[n]}(A,B,K)\\
Q_{\rm ofc}^{[k]}(A+BK,B,C+DK,D)&=Q_{\rm ofc}^{[k]}(A,B,C,D)\varPi_{\rm ofc}^{[k]}(A,B,K)
\end{aligned}$$

其中

$$
\Pi_{\mathrm{ofc}}^{[k]}(A,B,K)=\left[\begin{array}{cccc|c}
I_m & KB & \cdots & K(A+BK)^{k-1}B & K(A+BK)^k \\
 & \ddots & \ddots & \vdots & \vdots \\
 & & I_m & KB & K(A+BK) \\
 & & & I_m & K \\
\hline
 & & & & I_n
\end{array}\right]
$$

也是非奇异矩阵. 上述诸式蕴含所欲证之结论. 证毕. □

基于引理 4.6.2 可以得到定理 4.6.1.

定理 4.6.1　状态反馈变换不改变线性系统的

(1) 输入解耦零点 (即不能控振型)、不变零点.

(2) Brunovsky 指数集、可逆性指数集、输入函数能观性指数集、输出函数能控性指数集.

(3) 能控性、输出能控性、能稳性.

(4) 输出函数能控性 (即右可逆性)、输入函数能观性 (即左可逆性)、可逆性.

(5) 强能控性、强能观性、强能稳性、强能检测性.

(6) 能控性指数集、能控性指数.

但状态反馈变换有可能改变线性系统的能观性、输入能观性、能检测性和稳定性.

证明　注意到对任意 $s\in\mathbf{C}$ 和任意 $K\in\mathbf{R}^{m\times n}$ 有

$$
\left[\begin{array}{cc} A+BK-sI_n & B \end{array}\right]=\left[\begin{array}{cc} A-sI_n & B \end{array}\right]\left[\begin{array}{cc} I_n & 0 \\ K & I_m \end{array}\right]
$$

$$
\left[\begin{array}{cc} A+BK-sI_n & B \\ C+DK & D \end{array}\right]=\left[\begin{array}{cc} A-sI_n & B \\ C & D \end{array}\right]\left[\begin{array}{cc} I_n & 0 \\ K & I_m \end{array}\right] \tag{4.189}
$$

因此, 根据引理 4.6.2 和第 2 章介绍的各种能控性/能观性概念的定义式和判据, 结论 (1) ~ (5) 成立.

下面只证明状态反馈变换不改变能控性指数集. 设

$$
B_i=\left[\begin{array}{cccc} b_1 & b_2 & \cdots & b_i \end{array}\right],\quad i=1,2,\cdots,m
$$

$$
Q_{\mathrm{c}}^{[k,i]}(A,B)=\left[\begin{array}{ccccc} B & AB & \cdots & A^{k-2}B & A^{k-1}B_i \end{array}\right],\quad k=1,2,\cdots,n
$$

根据能控性指数集的定义和求取法则, 如果对所有 $i=1,2,\cdots,m$ 和 $k=1,2,\cdots,n$,

$$
\mathrm{rank}(Q_{\mathrm{c}}^{[k,i]}(A+BK,B))=\mathrm{rank}(Q_{\mathrm{c}}^{[k,i]}(A,B))
$$

都成立, 则 $(A+BK,B)$ 和 (A,B) 有相同的能控性指数/集. 注意到

$$
Q_{\mathrm{c}}^{[k,i]}(A+BK,B)=Q_{\mathrm{c}}^{[k,i]}(A,B)\left[\begin{array}{cccc}
I_m & * & \cdots & * \\
 & \ddots & \ddots & \vdots \\
 & & I_m & * \\
 & & & I_i
\end{array}\right]
$$

其中, $*$ 表示不关心的量. 因此结论显然成立.

为了证明状态反馈变换可能会改变线性系统的能观性、输入能观性和能检测性, 只需举一个反例. 考虑线性系统

$$A=\begin{bmatrix}0&1&0\\0&0&1\\0&0&0\end{bmatrix},\quad B=\begin{bmatrix}1&0\\0&0\\0&1\end{bmatrix},\quad C=\begin{bmatrix}1&0&0\end{bmatrix},\quad D=0$$

显然 (A,B) 能控, (A,C) 能观, 从而也是能检测的, (A,B,C,D) 输入能观. 设

$$K=\begin{bmatrix}0&-1&0\\0&0&0\end{bmatrix}$$

则容易验证 $(A+BK,B,C+DK,D)$ 不是输入能观的, 不是能观的, 也不是能检测的. 证毕.

□

说明 4.6.1　定理 4.6.1 表明状态反馈变换可以改变能观性. 那么自然要问, 在状态反馈作用下不能观测状态所张成子空间的最大者 (即最大不能观测子空间) 如何刻画? 下面以输入输出规范型 (4.82) 为例说明此问题. 考虑如下的状态反馈:

$$c_iA^{r_i-1}Bu=-c_iA^{r_i}O_0\eta+\tilde{u}_i,\quad i=1,2,\cdots,n$$

则系统 (4.82) 中 $\xi_i\ (i=1,2,\cdots,m)$ 子系统完全不受 η 的驱动, 这表明 η 子系统完全不能观测. 容易看出, 此时 η 子系统的状态张成的子空间就是最大不能观测子空间.

对于 SISO 线性系统, 根据推论 4.6.1, 变换后系统传递函数的分子和原系统传递函数的分子完全相同, 从而变换后系统的零点能够发生改变当且仅当 $\beta(s)$ 和 $\alpha(s)-\kappa(s)$ 有相同的根. 因此有推论 4.6.2.

推论 4.6.2　状态反馈一般不改变 SISO 线性系统传递函数的零点, 且状态反馈可以改变传递函数的零点当且仅当变换后系统的极点集合和原系统的零点集合有交集.

定理 4.6.1 关于强能观性和强能检测性的结论可以进一步加强.

命题 4.6.1　设 (B,D) 满足式 (4.2) 的条件 (1), 则线性系统 (4.1) 即 (A,B,C,D) 是强能观/强能检测的当且仅当对任意 K 变换后系统 (4.185), 即 $(A+BK,C+DK)$ 都是能观/能检测的.

证明　只证明强能检测的情形, 强能观情形同理可证. 必要性: 如果 (A,B,C,D) 是强能检测的, 由定理 3.5.2 和式 (4.189) 可知对任意 K 都有

$$\operatorname{rank}\begin{bmatrix}A+BK-sI_n\\C+DK\end{bmatrix}=n,\quad \forall s\in\mathbf{C}_{\geqslant 0}$$

即 $(A+BK,C+DK)$ 是能检测的.

充分性: 反证. 假设 (A,B,C,D) 不是强能检测的, 即存在 $s_0\in\mathbf{C}_{\geqslant 0}$ 和不全为零的向量 $x_*\in\mathbf{C}^n$ 和 $u_*\in\mathbf{C}^m$ 使得

$$\begin{bmatrix}A-s_0I_n&B\\C&D\end{bmatrix}\begin{bmatrix}x_*\\u_*\end{bmatrix}=0\tag{4.190}$$

显然 $x_* \neq 0$. 不然有 $\left[B^{\mathrm{T}}, D^{\mathrm{T}}\right]^{\mathrm{T}} u_* = 0$, 而根据式 (2.2) 的条件 (1) 可知 $u_* = 0$. 因此有

$$\operatorname{rank}(x_*) = \operatorname{rank}\begin{bmatrix} x_* \\ u_* \end{bmatrix} = 1$$

根据线性方程理论, 上式表明存在矩阵 K 使得 $u_* = Kx_*$. 将其代入式 (4.190) 得到

$$\begin{bmatrix} A + BK - s_0 I_n \\ C + DK \end{bmatrix} x_* = 0$$

由于 $x_* \neq 0$, 根据定理 3.5.3, 上式蕴含 $(A + BK, C + DK)$ 是不能检测的. 矛盾. 证毕. □

说明4.6.2　命题 4.6.1 也经常被用于强能观/强能检测的定义, 即如果系统 $(A+BK, C+DK)$ 对任意 K 都是能观/能检测的, 则称线性系统 (A, B, C, D) 是强能观/强能检测的.

最后讨论状态反馈变换对相对阶和耦合矩阵的影响. 为了方便, 假设 $D = 0$.

引理4.6.3　设方的线性系统 (A, B, C) 的相对阶为 $\{r_1, r_2, \cdots, r_m\}$, 耦合矩阵为式 (4.37), 则对任意状态反馈增益 $K \in \mathbf{R}^{m\times n}$, 系统 $(A + BK, B, C)$ 的相对阶仍为 $\{r_1, r_2, \cdots, r_m\}$, 且

$$\Gamma(A + BK, B, C) = \Gamma(A, B, C) \tag{4.191}$$

证明　设 $G_K(s)$ 的相对阶为 $\{\tilde{r}_1, \tilde{r}_2, \cdots, \tilde{r}_m\}$, 第 i 行为 $\tilde{g}_i(s)$. 那么由式 (4.187) 可知

$$\tilde{g}_i(s) = g_i(s)(I_m - K(sI_n - A)^{-1}B)^{-1}, \quad i = 1, 2, \cdots, m \tag{4.192}$$

显然 $\tilde{g}_i(s) = 0$ $(\forall s \in \mathbf{C})$ 当且仅当 $g_i(s) = 0$ $(\forall s \in \mathbf{C})$. 如果 $g_i(s) = 0$ $(\forall s \in \mathbf{C})$, 根据相对阶的定义有 $\tilde{r}_i = r_i = n$. 如果 $g_i(s)$ 不恒等于零, 由相对阶的定义可知 $G_K(s)$ 的第 i 个相对阶为 $\tilde{r}_i$ 当且仅当

$$\lim_{s\to\infty} s^k \tilde{g}_i(s) = 0, k = 0, 1, \cdots, \tilde{r}_i - 1, \quad \lim_{s\to\infty} s^{\tilde{r}_i} \tilde{g}_i(s) \neq 0$$

根据式 (4.192) 上述两式分别等价于

$$\lim_{s\to\infty} s^k g_i(s) = 0, k = 0, 1, \cdots, \tilde{r}_i - 1, \quad \lim_{s\to\infty} s^{\tilde{r}_i} g_i(s) \neq 0$$

后两者等价于 $g_i(s)$ 的相对阶为 $\tilde{r}_i$. 因此 $\tilde{r}_i = r_i$. 最后, 根据耦合矩阵的定义式 (4.38) 和式 (4.187) 有

$$\begin{aligned} \Gamma(A + BK, B, C) &= \lim_{s\to\infty} (s^{r_1} \oplus s^{r_2} \oplus \cdots \oplus s^{r_m}) G_K(s) \\ &= \lim_{s\to\infty} (s^{r_1} \oplus s^{r_2} \oplus \cdots \oplus s^{r_m}) G(s)(I_m - K(sI_n - A)^{-1}B)^{-1} \\ &= \lim_{s\to\infty} ((s^{r_1} \oplus s^{r_2} \oplus \cdots \oplus s^{r_m}) G(s)) \lim_{s\to\infty} (I_m - K(sI_n - A)^{-1}B)^{-1} \\ &= \Gamma(A, B, C) \end{aligned}$$

证毕. □

根据上面的讨论, 总体来说, 状态反馈变换不能改变的系统量比能改变的系统量更多.

4.6.3 输出注入变换及其性质

输出注入 (output injection) 变换指的是在状态方程中引入输出的比例项, 即 Ly, 其中 $L \in \mathbf{R}^{n\times p}$ 是增益矩阵. 该增益通常称为 Luenberger 增益, 其具体意义将在第 7 章进行介绍. 经过输出注入变换后的系统为

$$\begin{cases} \dot{\tilde{x}} = A\tilde{x} + Bu + Ly = (A+LC)\tilde{x} + (B+LD)u \\ \tilde{y} = C\tilde{x} + Du \end{cases} \tag{4.193}$$

与代数等价变换 (4.5) 和状态反馈变换 (4.186) 类似, 输出注入变换也可写成下面的简洁形式:

$$\begin{bmatrix} \tilde{A} & \tilde{B} \\ \tilde{C} & \tilde{D} \end{bmatrix} \overset{\text{def}}{=\!=\!=} \begin{bmatrix} A+LC & B+LD \\ C & D \end{bmatrix} = \begin{bmatrix} I_n & L \\ 0 & I_p \end{bmatrix} \begin{bmatrix} A & B \\ C & D \end{bmatrix} \tag{4.194}$$

由此可见, 输出注入变换也是可逆变换. 不难看出, 对 (A,B,C,D) 施加输出注入变换等价于对其对偶系统 $(A^{\mathrm{T}},C^{\mathrm{T}},B^{\mathrm{T}},D^{\mathrm{T}})$ 施加状态反馈变换. 因此根据前面关于状态反馈变换的讨论, 不难有下面的结论.

引理 4.6.4 变换后系统 (4.193) 的传递函数矩阵

$$G_L(s) = C(sI_n - (A+LC))^{-1}(B+LD) + D$$

和原系统 (4.1) 的传递函数矩阵 $G(s) = C(sI_n - A)^{-1}B + D$ 满足

$$G_L(s) = (I_p - C(sI_n - A)^{-1}L)^{-1}G(s)$$

引理 4.6.5 考虑系统 (4.1). 设矩阵 $Q_{\mathrm{o}}^{[k]}$、$Q_{\mathrm{i}}^{[k]}$、$Q_{\mathrm{ifo}}^{[k]}$、$Q_{\mathrm{ofc}}^{[k]}$ 和 Q_{io} 分别如式 (2.112)、式 (2.53)、式 (2.114)、式 (2.115) 和式 (2.43) 所定义, 则对 $k=0,1,\cdots,n$ 有

$$\begin{aligned} \mathrm{rank}(Q_{\mathrm{o}}^{[k]}(A+LC,C)) &= \mathrm{rank}(Q_{\mathrm{o}}^{[k]}(A,C)) \\ \mathrm{rank}(Q_{\mathrm{i}}^{[k]}(A+LC,B+LD,C,D)) &= \mathrm{rank}(Q_{\mathrm{i}}^{[k]}(A,B,C,D)) \\ \mathrm{rank}(Q_{\mathrm{ifo}}^{[k]}(A+LC,B+LD,C,D)) &= \mathrm{rank}(Q_{\mathrm{ifo}}^{[k]}(A,B,C,D)) \\ \mathrm{rank}(Q_{\mathrm{ofc}}^{[k]}(A+LC,B+LD,C,D)) &= \mathrm{rank}(Q_{\mathrm{ofc}}^{[k]}(A,B,C,D)) \\ \mathrm{rank}(Q_{\mathrm{io}}(A+LC,B+LD,C,D)) &= \mathrm{rank}(Q_{\mathrm{io}}(A,B,C,D)) \end{aligned}$$

定理 4.6.2 输出注入变换不改变线性系统的

(1) 输出解耦零点 (即不能观振型)、不变零点.

(2) 对偶 Brunovsky 指数集、可逆性指数集、输入函数能观性指数集、输出函数能控性指数集.

(3) 能观性、输入能观性、能检测性.

(4) 输出函数能控性 (即右可逆性)、输入函数能观性 (即左可逆性)、可逆性.

(5) 强能控性、强能观性、强能稳性、强能检测性.

(6) 能观性指数集、能观性指数.

但输出注入变换有可能改变线性系统的能控性、输出能控性、能稳性和稳定性.

命题 4.6.2 设 (C, D) 满足式 (4.2) 的条件 (2), 则线性系统 (4.1) 即 (A, B, C, D) 是强能控/强能稳性当且仅当对任意 L, 系统 (4.193) 即 $(A+LC, B+LD)$ 都是能控/能稳的.

上述诸结论的证明和状态反馈变换情形完全对偶, 故略去.

4.6.4 全等价变换及其性质

状态反馈变换、输出注入变换和代数等价变换复合在一起的变换称为全等价变换. 线性系统 (4.1) 依次经过状态反馈变换 (4.186)、输出注入变换 (4.194) 和代数等价变换 (4.5) 之后的系统为

$$\begin{bmatrix} \tilde{A} & \tilde{B} \\ \tilde{C} & \tilde{D} \end{bmatrix} = T_{\mathrm{L}} \begin{bmatrix} A & B \\ C & D \end{bmatrix} T_{\mathrm{R}} = \begin{bmatrix} T(A+BK+LC+LDK)T^{-1} & T(B+LD)T_u^{-1} \\ T_y(C+DK)T^{-1} & T_y D T_u^{-1} \end{bmatrix} \tag{4.195}$$

其中

$$T_{\mathrm{R}} = \begin{bmatrix} I_n & 0 \\ K & I_m \end{bmatrix} \begin{bmatrix} T^{-1} & \\ & T_u^{-1} \end{bmatrix} = \begin{bmatrix} T^{-1} & 0 \\ KT^{-1} & T_u^{-1} \end{bmatrix} \tag{4.196}$$

$$T_{\mathrm{L}} = \begin{bmatrix} T & \\ & T_y \end{bmatrix} \begin{bmatrix} I_n & L \\ 0 & I_p \end{bmatrix} = \begin{bmatrix} T & TL \\ 0 & T_y \end{bmatrix} \tag{4.197}$$

当然, 由于这三类变换都是可逆变换, 如果更换变换顺序, 最终的系统有类似的形式.

根据定理 4.1.1、定理 4.6.1 和定理 4.6.2, 有定理 4.6.3.

定理 4.6.3 全等价变换不改变线性系统的

(1) 不变零点.

(2) 可逆性指数集、输入函数能观性指数集、输出函数能控性指数集.

(3) 输出函数能控性 (即右可逆性)、输入函数能观性 (即左可逆性)、可逆性.

(4) 强能控性、强能观性、强能稳性、强能检测性.

但全等价变换有可能改变线性系统的

(1) 极点 (即稳定性)、输入解耦零点 (即不能控振型)、输出解耦零点 (即不能观振型).

(2) Brunovsky 指数集、对偶 Brunovsky 指数集、能控性指数/集、能观性指数/集.

(3) 能控性、能观性、输出能控性、输入能观性、能稳性、能检测性.

在线性系统的各种零点中, 只有不变零点在全等价变换之下具有不变性. 这是不变零点得名的主要原因.

4.7 Morse 规范型及其性质

本节讨论这样的问题: 线性系统 (4.1) 经过全等价变换之后具有什么样的最简形式. 作为这种最简形式的应用, 4.7.6 节简要介绍如何确定可逆系统的逆系统.

4.7.1 Brunovsky 规范型

为了便于理解, 首先考虑不带输出方程的情形. 此时只有状态变换、输入变换和状态反馈变换, 即

$$\left[\begin{array}{cc}\tilde{A} & \tilde{B}\end{array}\right]=T\left[\begin{array}{cc}A & B\end{array}\right]T_{\mathrm{R}}=\left[\begin{array}{cc}T(A+BK)T^{-1} & TBT_u^{-1}\end{array}\right] \tag{4.198}$$

显然, 这相当于线性系统 (4.1) 依次经过变换

$$u=Kx+T_u^{-1}\tilde{u},\quad \tilde{x}=Tx \tag{4.199}$$

之后的系统.

定理 4.7.1 设线性系统 (4.1) 能控, B 列满秩, 能控指数集为 $\{\mu_1,\mu_2,\cdots,\mu_m\}$, 耦合矩阵 Γ 如式 (4.139) 所定义, T 如式 (4.143) 所定义,

$$K=-\Gamma^{-1}\begin{bmatrix}p_1A^{\mu_1}\\ p_2A^{\mu_2}\\ \vdots\\ p_mA^{\mu_m}\end{bmatrix},\quad T_u=\Gamma \tag{4.200}$$

则线性系统 (4.1) 经变换 (4.199) 之后的系统 (4.198) 为 $(\tilde{A},\tilde{B})=(A_0,B_0)$, 其中

$$A_0=\left[\begin{array}{c|c}0 & I_{\mu_1-1}\\ \hline 0 & 0\end{array}\right]\oplus\cdots\oplus\left[\begin{array}{c|c}0 & I_{\mu_m-1}\\ \hline 0 & 0\end{array}\right],\quad B_0=\left[\begin{array}{c}0_{\mu_1-1}\\ \hline 1\end{array}\right]\oplus\cdots\oplus\left[\begin{array}{c}0_{\mu_m-1}\\ \hline 1\end{array}\right] \tag{4.201}$$

证明 线性系统 (4.1) 经过状态变换 (4.143) 之后为系统 (4.144). 对此系统考虑状态反馈变换和输入变换

$$p_iA^{\mu_i}x+p_iA^{\mu_i-1}Bu=\tilde{u}_i,\quad i=1,2,\cdots,m \tag{4.202}$$

其中, $\tilde{u}_i\ (i=1,2,\cdots,m)$ 是新输入. 由于 Γ 非奇异, 变换 (4.202) 可以写成式 (4.199) 的形式, 其中 $\tilde{u}=[\tilde{u}_1,\tilde{u}_2,\cdots,\tilde{u}_m]^{\mathrm{T}}$; (K,T_u) 如式 (4.200) 所定义. 由式 (4.144) 和式 (4.202) 组成的系统为

$$\begin{cases}\dot{\tilde{x}}_{i1}=\tilde{x}_{i2}\\ \dot{\tilde{x}}_{i2}=\tilde{x}_{i3}\\ \quad\vdots\\ \dot{\tilde{x}}_{i,\mu_i-1}=\tilde{x}_{i,\mu_i}\\ \dot{\tilde{x}}_{i,\mu_i}=\tilde{u}_i\end{cases},\quad i=1,2,\cdots,m$$

写成状态空间的形式就是 $\dot{\tilde{x}}=\tilde{A}\tilde{x}+\tilde{B}\tilde{u}$, 其中 $(\tilde{A},\tilde{B})=(A_0,B_0)$ 形如式 (4.201). 证毕. □

变换后的系统 (4.201) 通常称为线性系统 (A,B) 的 Brunovsky 规范型, 其中每一个子系统

$$\left(\left[\begin{array}{c|c}0 & I_{\mu_i-1}\\ \hline 0 & 0\end{array}\right],\left[\begin{array}{c}0_{\mu_i-1}\\ \hline 1\end{array}\right]\right),\quad i=1,2,\cdots,m$$

都是一个 μ_i 阶的纯积分链. 这表明系统 (4.201) 是由这 m 个纯积分链组合而成. Brunovsky 规范型是状态方程在代数等价变换和状态反馈变换下的最简形式.

根据引理 2.6.2, 为了方便有时也不失一般性地假设 $\mu_1 \geqslant \mu_2 \geqslant \cdots \geqslant \mu_m$. 此时 Brunovsky 规范型的积分链长度单调不增. 由于变换 (4.199) 是可逆变换, 同维数的两个能控的线性系统如果具有相同的能控性指数集或 Brunovsky 指数集, 事实上可认为是同一个系统. 从这个角度上看, 线性系统的个数是有限的. 例如, 对于 $(n,m)=(5,2)$ 的情形, 只有 $\{\mu_1,\mu_2\}=\{4,1\}$ 和 $\{\mu_1,\mu_2\}=\{3,2\}$ 两个系统.

4.7.2 Morse 规范型

将 Brunovsky 规范型推广到具有输出方程的线性系统 (4.1), 就得到 Morse 规范型.

定理 4.7.2 设线性系统 (4.1) 满足式 (4.2). 那么存在 $(T,T_u,T_y,K,L)\in(\mathbf{R}_n^{n\times n},\mathbf{R}_m^{m\times m},\mathbf{R}_p^{p\times p},\mathbf{R}^{m\times n},\mathbf{R}^{n\times p})$ 使得经过全等价变换 (4.195)、式 (4.196) 和式 (4.197) 之后的系统 $(\tilde{A},\tilde{B},\tilde{C},\tilde{D})$ 具有如下结构:

$$\begin{bmatrix} \tilde{A} & \tilde{B} \\ \tilde{C} & \tilde{D} \end{bmatrix} = \left[\begin{array}{cccc|ccc} A_0 & 0 & 0 & 0 & 0 & 0 & 0 \\ 0 & A_1 & 0 & 0 & 0 & B_1 & 0 \\ 0 & 0 & A_2 & 0 & 0 & 0 & 0 \\ 0 & 0 & 0 & A_3 & 0 & 0 & B_3 \\ \hline 0 & 0 & 0 & 0 & I_{m_0} & 0 & 0 \\ 0 & 0 & C_2 & 0 & 0 & 0 & 0 \\ 0 & 0 & 0 & C_3 & 0 & 0 & 0 \end{array}\right] \tag{4.203}$$

其中, $A_0\in\mathbf{R}^{n_0\times n_0}$ 是实 Jordan 矩阵; $(A_1,B_1)\in(\mathbf{R}^{n_1\times n_1},\mathbf{R}^{n_1\times k_1}),(A_2,C_2)\in(\mathbf{R}^{n_2\times n_2},\mathbf{R}^{k_2\times n_2})$ 形如

$$A_1=\left[\begin{array}{c|c} 0 & I_{r_1-1} \\ \hline 0 & 0 \end{array}\right]\oplus\cdots\oplus\left[\begin{array}{c|c} 0 & I_{r_{k_1}-1} \\ \hline 0 & 0 \end{array}\right],\quad B_1=\left[\begin{array}{c} 0_{(r_1-1)\times 1} \\ \hline 1 \end{array}\right]\oplus\cdots\oplus\left[\begin{array}{c} 0_{(r_{k_1}-1)\times 1} \\ \hline 1 \end{array}\right]$$

$$A_2=\left[\begin{array}{c|c} 0 & I_{l_1-1} \\ \hline 0 & 0 \end{array}\right]\oplus\cdots\oplus\left[\begin{array}{c|c} 0 & I_{l_{k_2}-1} \\ \hline 0 & 0 \end{array}\right],\quad C_2=\left[\begin{array}{c|c} 1 & 0_{1\times(l_1-1)} \end{array}\right]\oplus\cdots\oplus\left[\begin{array}{c|c} 1 & 0_{1\times(l_{k_2}-1)} \end{array}\right]$$

其中, $r_1\geqslant r_2\geqslant\cdots\geqslant r_{k_1}\geqslant 1, l_1\geqslant l_2\geqslant\cdots\geqslant l_{k_2}\geqslant 1$; $(A_3,B_3,C_3)\in(\mathbf{R}^{n_3\times n_3},\mathbf{R}^{n_3\times k_3},\mathbf{R}^{k_3\times n_3})$ 形如

$$A_3=\left[\begin{array}{c|c} 0 & I_{q_1-1} \\ \hline 0 & 0 \end{array}\right]\oplus\left[\begin{array}{c|c} 0 & I_{q_2-1} \\ \hline 0 & 0 \end{array}\right]\oplus\cdots\oplus\left[\begin{array}{c|c} 0 & I_{q_{k_3}-1} \\ \hline 0 & 0 \end{array}\right]$$

$$B_3=\left[\begin{array}{c} 0_{(q_1-1)\times 1} \\ \hline 1 \end{array}\right]\oplus\left[\begin{array}{c} 0_{(q_2-1)\times 1} \\ \hline 1 \end{array}\right]\oplus\cdots\oplus\left[\begin{array}{c} 0_{(q_{k_3}-1)\times 1} \\ \hline 1 \end{array}\right]$$

$$C_3=\left[\begin{array}{c|c} 1 & 0_{1\times(q_1-1)} \end{array}\right]\oplus\left[\begin{array}{c|c} 1 & 0_{1\times(q_2-1)} \end{array}\right]\oplus\cdots\oplus\left[\begin{array}{c|c} 1 & 0_{1\times(q_{k_3}-1)} \end{array}\right]$$

其中, $q_1\geqslant q_2\geqslant\cdots\geqslant q_{k_3}\geqslant 1$. 这里 $n_0=n-n_1-n_2-n_3$, 其中

$$n_1 = \sum_{i=1}^{k_1} r_i, \quad n_2 = \sum_{i=1}^{k_2} l_i, \quad n_3 = \sum_{i=1}^{k_3} q_i$$

此外, k_i $(i = 1, 2, 3)$ 满足

$$k_1 + k_3 + m_0 = m, \quad k_2 + k_3 + m_0 = p \tag{4.204}$$

与 Brunovsky 规范型不同, 上述 Morse 规范型的变换矩阵簇 (T, T_u, T_y, K, L) 的构造极其复杂, 参见附注 4.5. 注意到式 (4.204) 是根据输入和输出维数确定的. Morse 规范型是线性系统在全等价变换下的最简形式. 容易看出, Morse 规范型 (4.203) 具有和 Kalman 规范型 (4.17) 比较类似的结构. 但相较于 Kalman 规范型, Morse 规范型的结构更为稀疏.

下面介绍 A_i $(i = 1, 2, 3)$ 中各子矩阵的维数.

定理 4.7.3 设线性系统 (4.1) 满足式 (4.2), 其输入函数能观性指数集 $\{\varphi_{\text{ifo}}^{[k]}\}_{k=0}^{n}$、输出函数能控性指数集 $\{\varphi_{\text{ofc}}^{[k]}\}_{k=0}^{n}$ 和可逆性指数集 $\{\varphi_{\text{i}}^{[k]}\}_{k=0}^{n}$ 分别如式 (2.116)、式 (2.117) 和式 (2.113) 所定义.

(1) A_3 中维数为 k 的子系统的个数为 $\varphi_{\text{i}}^{[k]} - \varphi_{\text{i}}^{[k-1]}$ $(k = 1, 2, \cdots, n)$. 如果 $\varphi_{\text{i}}^{[k]} - \varphi_{\text{i}}^{[k-1]} = 0$, 则维数为 k 的子系统不存在. 因此

$$n_3 = \sum_{k=1}^{n} k(\varphi_{\text{i}}^{[k]} - \varphi_{\text{i}}^{[k-1]}) \tag{4.205}$$

(2) 集合 $\{r_1, r_2, \cdots, r_{k_1}\}$ 是非负整数集合 $\{\varphi_{\text{ifo}}^{[k]} - \varphi_{\text{i}}^{[n]}\}_{k=0}^{n}$ 的共轭分拆, 即 $\{r_1, r_2, \cdots, r_{k_1}\} = \#\{\varphi_{\text{ifo}}^{[k]} - \varphi_{\text{i}}^{[n]}\}_{k=0}^{n}$. 因此

$$n_1 = \sum_{k=0}^{n} (\varphi_{\text{ifo}}^{[k]} - \varphi_{\text{i}}^{[n]}) = \text{rank}(Q_{\text{ifo}}(A, B, C, D)) - (n+1)\varphi_{\text{i}}^{[n]} \tag{4.206}$$

(3) 集合 $\{l_1, l_2, \cdots, l_{k_2}\}$ 是非负整数集合 $\{\varphi_{\text{ofc}}^{[k]} - \varphi_{\text{i}}^{[n]}\}_{k=0}^{n}$ 的共轭分拆, 即 $\{l_1, l_2, \cdots, l_{k_2}\} = \#\{\varphi_{\text{ofc}}^{[k]} - \varphi_{\text{i}}^{[n]}\}_{k=0}^{n}$. 因此

$$n_2 = \sum_{k=0}^{n} (\varphi_{\text{ofc}}^{[k]} - \varphi_{\text{i}}^{[n]}) = \text{rank}(Q_{\text{ofc}}(A, B, C, D)) - (n+1)\varphi_{\text{i}}^{[n]}$$

证明 为了符号简单, 设 $\Sigma = (A, B, C, D)$, $\tilde{\Sigma} = (\tilde{A}, \tilde{B}, \tilde{C}, \tilde{D})$ 和 $\Sigma_3 = (A_3, B_3, C_3)$. 由定理 4.6.3 可知 $\{\varphi_{\text{i}}^{[k]}\}_{k=0}^{n}$、$\{\varphi_{\text{ifo}}^{[k]}\}_{k=0}^{n}$ 和 $\{\varphi_{\text{ofc}}^{[k]}\}_{k=0}^{n}$ 在全等价变换之下具有不变性, 因此它们分别等于 Morse 规范型 $(\tilde{A}, \tilde{B}, \tilde{C}, \tilde{D})$ 相应的指数集. 注意到 $\tilde{C}\tilde{A}^k\tilde{B} = 0 \oplus C_3 A_3^k B_3$ 和

$$\tilde{C}\tilde{A}^k = \begin{bmatrix} 0 & 0 & 0 & 0 \\ 0 & 0 & C_2 A_2^k & 0 \\ 0 & 0 & 0 & C_3 A_3^k \end{bmatrix}, \quad \tilde{A}^k\tilde{B} = \begin{bmatrix} 0 & 0 & 0 \\ 0 & A_1^k B_1 & 0 \\ 0 & 0 & 0 \\ 0 & 0 & A_3^k B_3 \end{bmatrix}$$

对任意 $k \geqslant 0$ 都成立. 经过简单的计算可知

$$\operatorname{rank}(Q_{\mathrm{i}}^{[k]}(\tilde{\Sigma})) = (k+1)m_0 + \operatorname{rank}(Q_{\mathrm{i}}^{[k]}(\Sigma_3)) \tag{4.207}$$

$$\operatorname{rank}(Q_{\mathrm{ifo}}^{[k]}(\tilde{\Sigma})) = (k+1)m_0 + \operatorname{rank}(Q_{\mathrm{ifo}}^{[k]}(\Sigma_3)) + \operatorname{rank}(Q_{\mathrm{c}}^{[k+1]}(A_1, B_1)) \tag{4.208}$$

$$\operatorname{rank}(Q_{\mathrm{ofc}}^{[k]}(\tilde{\Sigma})) = (k+1)m_0 + \operatorname{rank}(Q_{\mathrm{ofc}}^{[k]}(\Sigma_3)) + \operatorname{rank}(Q_{\mathrm{o}}^{[k+1]}(A_2, C_2))$$

结论 (1) 的证明: 首先从性质 (2.119) 可知集合 $\{\varphi_{\mathrm{ifo}}^{[k]} - \varphi_{\mathrm{i}}^{[n]}\}_{k=0}^{n}$ 中的元素是非负的. 设

$$\{q_1, q_2, \cdots, q_{k_3}\} = \left\{ \underbrace{n, \cdots, n}_{p_n}, \underbrace{n-1, \cdots, n-1}_{p_{n-1}}, \cdots, \underbrace{1, \cdots, 1}_{p_1} \right\} \tag{4.209}$$

其中, $p_i \geqslant 0\ (i = 1, 2, \cdots, n)$. 利用 (A_3, B_3, C_3) 的结构很容易算得 (见习题 4.31)

$$\operatorname{rank}(Q_{\mathrm{i}}^{[k]}(\Sigma_3)) = p_1 + (p_1 + p_2) + \cdots + (p_1 + \cdots + p_k) \tag{4.210}$$

根据 $\varphi_{\mathrm{i}}^{[k]}$ 的定义、式 (4.207) 和式 (4.210) 可知

$$\begin{aligned}\varphi_{\mathrm{i}}^{[k]} &= \operatorname{rank}(Q_{\mathrm{i}}^{[k]}(\tilde{\Sigma})) - \operatorname{rank}(Q_{\mathrm{i}}^{[k-1]}(\tilde{\Sigma})) = m_0 + \operatorname{rank}(Q_{\mathrm{i}}^{[k]}(\Sigma_3)) - \operatorname{rank}(Q_{\mathrm{i}}^{[k-1]}(\Sigma_3)) \\ &= m_0 + p_1 + \cdots + p_k, \quad k = 0, 1, \cdots, n\end{aligned}$$

假设 $p_0 = 0$. 上述系列方程蕴含 $\varphi_{\mathrm{i}}^{[k]} - \varphi_{\mathrm{i}}^{[k-1]} = p_k\ (k = 1, 2, \cdots, n)$, 这表明 A_3 中维数为 k 的子系统的个数为 $p_k = \varphi_{\mathrm{i}}^{[k]} - \varphi_{\mathrm{i}}^{[k-1]}$. 最后, 式 (4.205) 是显然成立的.

结论 (2) 的证明: 由于方系统 (A_3, B_3, C_3) 是质系统, 从而是可逆系统, 由式 (2.49) 可知

$$\varphi_{\mathrm{i}}^{[n_3]}(\Sigma_3) = \operatorname{rank}(Q_{\mathrm{i}}^{[n_3]}(\Sigma_3)) - \operatorname{rank}(Q_{\mathrm{i}}^{[n_3-1]}(\Sigma_3)) = k_3$$

因此, 根据引理 2.6.3 的式 (2.118) 可以得到

$$\varphi_{\mathrm{i}}^{[k]}(\Sigma_3) = k_3, \quad \forall k \geqslant n_3 \tag{4.211}$$

另外, 利用式 (2.119) 可知

$$\operatorname{rank}(B_3) \geqslant \varphi_{\mathrm{ifo}}^{[0]}(\Sigma_3) \geqslant \cdots \geqslant \varphi_{\mathrm{ifo}}^{[n]}(\Sigma_3) \geqslant \varphi_{\mathrm{i}}^{[n]}(\Sigma_3)$$

联合上式和式 (4.211) 可得

$$\varphi_{\mathrm{ifo}}^{[k]}(\Sigma_3) = k_3, \quad \forall k \geqslant 0 \tag{4.212}$$

根据 $\varphi_{\mathrm{i}}^{[n]}$ 的定义、式 (4.207) 和式 (4.211), 有

$$\begin{aligned}\varphi_{\mathrm{i}}^{[n]} &= \operatorname{rank}(Q_{\mathrm{i}}^{[n]}(\tilde{\Sigma})) - \operatorname{rank}(Q_{\mathrm{i}}^{[n-1]}(\tilde{\Sigma})) \\ &= m_0 + \operatorname{rank}(Q_{\mathrm{i}}^{[n]}(\Sigma_3)) - \operatorname{rank}(Q_{\mathrm{i}}^{[n-1]}(\Sigma_3)) \\ &= m_0 + \varphi_{\mathrm{i}}^{[n]}(\Sigma_3) = m_0 + k_3\end{aligned} \tag{4.213}$$

根据 $\varphi_{\mathrm{ifo}}^{[k]}$ 的定义、式 (4.208)、式 (4.212) 和式 (4.213), 也有

$$\begin{aligned}\varphi_{\mathrm{ifo}}^{[k]}&=\operatorname{rank}(Q_{\mathrm{ifo}}^{[k]}(\tilde{\Sigma}))-\operatorname{rank}(Q_{\mathrm{ifo}}^{[k-1]}(\tilde{\Sigma}))=m_0+\varphi_{\mathrm{ifo}}^{[k]}(\Sigma_3)+\varphi_{\mathrm{c}}^{[k+1]}(A_1,B_1)\\&=m_0+k_3+\varphi_{\mathrm{c}}^{[k+1]}(A_1,B_1)=\varphi_{\mathrm{i}}^{[n]}+\varphi_{\mathrm{c}}^{[k+1]}(A_1,B_1),\quad k=0,1,\cdots,n\end{aligned}$$

由此可知 $\varphi_{\mathrm{c}}^{[k+1]}(A_1,B_1)=\varphi_{\mathrm{ifo}}^{[k]}-\varphi_{\mathrm{i}}^{[n]}$ $(k=0,1,\cdots,n)$. 根据引理 2.6.2 有

$$\{r_1,r_2,\cdots,r_{k_1}\}=\#\left\{\varphi_{\mathrm{c}}^{[k]}(A_1,B_1)\right\}_{k=1}^{n}=\#\left\{\varphi_{\mathrm{c}}^{[k]}(A_1,B_1)\right\}_{k=1}^{n+1}=\#\{\varphi_{\mathrm{ifo}}^{[k]}-\varphi_{\mathrm{i}}^{[n]}\}_{k=0}^{n}$$

最后, 由式 (2.121) 可知

$$\begin{aligned}n_1&=\sum_{i=1}^{k_1}r_i=\sum_{k=0}^{n}(\varphi_{\mathrm{ifo}}^{[k]}-\varphi_{\mathrm{i}}^{[n]})=\sum_{k=0}^{n}\varphi_{\mathrm{ifo}}^{[k]}-(n+1)\varphi_{\mathrm{i}}^{[n]}\\&=\operatorname{rank}(Q_{\mathrm{ifo}}^{[n]}(\Sigma))-(n+1)\varphi_{\mathrm{i}}^{[n]}=\operatorname{rank}(Q_{\mathrm{ifo}}(\Sigma))-(n+1)\varphi_{\mathrm{i}}^{[n]}\end{aligned}$$

这里用到了共轭分拆的性质. 式 (4.206) 得证.

结论 (3) 的证明和结论 (2) 的证明类似, 故略去. 证毕. □

从式 (4.205) 可直接得到推论 4.7.1.

推论 4.7.1 设线性系统 (4.1) 满足式 (4.2), 则它是质系统当且仅当

$$n=\sum_{k=1}^{n}k(\varphi_{\mathrm{i}}^{[k]}-\varphi_{\mathrm{i}}^{[k-1]})\tag{4.214}$$

与推论 2.5.1 相比, 判据 (4.214) 只需要计算可逆性矩阵 $Q_{\mathrm{i}}^{[k]}$ $(k=0,1,\cdots,n)$ 的秩. 最后举一个简单的例子验证定理 4.7.3.

例 4.7.1 考虑已经具有 Morse 规范型的系统, 其中 $m_0=1$, $\{k_1,k_2,k_3\}=\{2,3,2\}$, $\{r_1,r_2\}=\{2,1\}$, $\{l_1,l_2,l_3\}=\{3,2,2\}$, $\{q_1,q_2\}=\{3,1\}$,

$$A_0=\begin{bmatrix}-2&1\\-1&-2\end{bmatrix}\oplus\begin{bmatrix}-2&1\\-1&-2\end{bmatrix}$$

因此 $\{n_0,n_1,n_2,n_3\}=\{4,3,7,4\}$, $\{n,m,p\}=\{18,5,6\}$. 通过直接计算有

$$\{\varphi_{\mathrm{ifo}}^{[k]}\}_{k=0}^{n}=\{5,4,3,\cdots,3\},\quad\{\varphi_{\mathrm{ofc}}^{[k]}\}_{k=0}^{n}=\{6,6,4,3,\cdots,3\},\quad\{\varphi_{\mathrm{i}}^{[k]}\}_{k=0}^{n}=\{1,2,2,3,\cdots,3\}$$

因此有 $\varphi_{\mathrm{i}}^{[n]}=3$ 和

$$\begin{aligned}\#\{\varphi_{\mathrm{ifo}}^{[k]}-\varphi_{\mathrm{i}}^{[n]}\}_{k=0}^{n}&=\#\{2,1,0,\cdots,0\}=\{2,1\}=\{r_1,r_2\}\\\#\{\varphi_{\mathrm{ofc}}^{[k]}-\varphi_{\mathrm{i}}^{[n]}\}_{k=0}^{n}&=\#\{3,3,1,0,\cdots,0\}=\{3,2,2\}=\{l_1,l_2,l_3\}\\\{\varphi_{\mathrm{i}}^{[k]}-\varphi_{\mathrm{i}}^{[k-1]}\}_{k=1}^{n}&=\{1,0,1,0,\cdots,0\}\Rightarrow\{q_1,q_2\}=\{3,1\}\end{aligned}$$

这表明定理 4.7.3 的诸结论都成立.

4.7.3 Morse 规范型的性质

由于 Morse 规范型的简洁结构, 可以得到其具备的很多性质. 这里简要介绍一些最基本的性质. 容易看出 A_0 对应的子系统是既不能控又不能观的; (A_1, B_1) 具有 Brunovsky 规范型的形式, 其对应的子系统是能控但不能观的; (A_2, C_2) 对应的子系统是能观但不能控的; 而

$$\left(A_3, \begin{bmatrix} 0 & B_3 \end{bmatrix}, \begin{bmatrix} 0 \\ C_3 \end{bmatrix}, \begin{bmatrix} I_{m_0} & 0 \\ 0 & 0 \end{bmatrix}\right)$$

对应的子系统是既能控又能观的.

定理 4.7.4 设线性系统 (4.1) 的 Morse 规范型如定理 4.7.2 所描述, 则:

(1) 该系统的传递函数的常秩为 $k_3 + m_0$, Rosenbrock 系统矩阵的常秩为 $n + k_3 + m_0$.

(2) 该系统的不变零点集合为 $\lambda(A_0)$, 是最小相位的当且仅当 A_0 是 Hurwitz 矩阵.

(3) 该系统是输入函数能观的 (即左可逆的), 当且仅当 (A_1, B_1) 不存在.

(4) 该系统是输出函数能控的 (即右可逆的), 当且仅当 (A_2, C_2) 不存在.

(5) 该系统是同时输入函数能观和输出函数能控的, 当且仅当 (A_1, B_1) 和 (A_2, C_2) 都不存在.

(6) 该系统是强能观的, 当且仅当 (A_1, B_1) 和 A_0 都不存在.

(7) 该系统是强能控的, 当且仅当 (A_2, C_2) 和 A_0 都不存在.

(8) 该系统是质系统, 当且仅当 (A_1, B_1)、(A_2, C_2) 和 A_0 都不存在.

(9) 该系统是强能检测的, 当且仅当 (A_1, B_1) 不存在且 A_0 是 Hurwitz 矩阵.

(10) 该系统是强能稳的, 当且仅当 (A_2, C_2) 不存在且 A_0 是 Hurwitz 矩阵.

证明　注意到

$$\begin{aligned} \operatorname{rank}\begin{bmatrix} A - sI_n & B \\ C & D \end{bmatrix} &= \operatorname{rank}\begin{bmatrix} \tilde{A} - sI_n & \tilde{B} \\ \tilde{C} & \tilde{D} \end{bmatrix} \\ &= \operatorname{rank}(A_0 - sI_{n_0}) + \operatorname{rank}\begin{bmatrix} A_1 - sI_{n_1} & B_1 \end{bmatrix} + m_0 \\ &\quad + \operatorname{rank}\begin{bmatrix} A_2 - sI_{n_2} \\ C_2 \end{bmatrix} + \operatorname{rank}\begin{bmatrix} A_3 - sI_{n_3} & B_3 \\ C_3 & 0 \end{bmatrix} \\ &= \operatorname{rank}(A_0 - sI_{n_0}) + n_1 + n_2 + (n_3 + k_3) + m_0 \end{aligned} \tag{4.215}$$

结论 (1) 的证明: 由式 (4.215) 可知

$$\operatorname{nrank}\begin{bmatrix} A - sI_n & B \\ C & D \end{bmatrix} = n_0 + n_1 + n_2 + n_3 + k_3 + m_0 = n + k_3 + m_0$$

因此 Rosenbrock 系统矩阵的常秩为 $n + k_3 + m_0$. 根据引理 1.6.2, 该系统的传递函数的常秩为 $m_0 + k_3$.

结论 (2) 的证明: 根据定义 1.6.3, z 是线性系统 (4.1) 的一个不变零点当且仅当

$$\operatorname{rank}\begin{bmatrix} A - zI_n & B \\ C & D \end{bmatrix} < \operatorname{nrank}\begin{bmatrix} A - sI_n & B \\ C & D \end{bmatrix} = n + m_0 + k_3$$

而由式 (4.215) 可知

$$\operatorname{rank}\begin{bmatrix} A-zI_n & B \\ C & D \end{bmatrix}=\operatorname{rank}(A_0-zI_{n_0})+n_1+n_2+n_3+k_3+m_0$$

因此 z 是线性系统 (4.1) 的一个不变零点当且仅当

$$\operatorname{rank}(A_0-zI_{n_0})<n+m_0+k_3-(n_1+n_2+n_3+k_3+m_0)=n_0$$

即 z 是 A_0 的一个特征值.

结论 (3) 的证明: 根据式 (4.215) 和定理 2.4.5, 系统 (4.1) 是输入函数能观的 (即左可逆的) 当且仅当

$$n+m=\operatorname{nrank}\begin{bmatrix} A-sI_n & B \\ C & D \end{bmatrix}=n+k_3+m_0=n+m-k_1$$

这里已经注意到了式 (4.204) 中的第 1 个等式. 因此上式成立当且仅当 $k_1=0$, 即 (A_1,B_1) 不存在. 结论 (4) 和 (5) 同理可证.

结论 (6) 的证明: 根据式 (4.215) 和定理 2.5.1, 线性系统 (4.1) 是强能观的当且仅当对任意 $s\in\mathbf{C}$ 都有

$$\begin{aligned} n+m&=\operatorname{rank}(A_0-sI_{n_0})+n_1+n_2+n_3+k_3+m_0\\ &=n+m+\operatorname{rank}(A_0-sI_{n_0})-n_0-k_1 \end{aligned}$$

这里已经注意到了式 (4.204) 中的第 1 个等式. 因此上式成立当且仅当 $k_1=0$ (即 (A_1,B_1) 不存在) 且 $n_0=0$ (即 A_0 不存在). 结论 (7) $\sim$ (10) 的证明类似, 故略去. 证毕. □

在 Morse 规范型 (4.203) 中, 通常称

$$\begin{aligned} I_2(A,B,C,D)&=\{r_1,r_2,\cdots,r_{k_1}\}\\ I_3(A,B,C,D)&=\{l_1,l_2,\cdots,l_{k_2}\}\\ I_4(A,B,C,D)&=\{q_1,q_2,\cdots,q_{k_3}\} \end{aligned}$$

为 Morse 结构指数. 根据定理 4.7.4, 线性系统 (4.1) 是左可逆的当且仅当 $k_1=0$, 故只有左可逆的系统才可能有 $I_3(A,B,C,D)$, 因此它称为系统 (4.1) 的左可逆结构指数. 同理, $I_2(A,B,C,D)$ 称为系统 (4.1) 的右可逆结构指数. 为了说明 $I_4(A,B,C,D)$ 的意义, 下面简要介绍无限零点的概念. 受式 (1.110) 启发, 称传递函数矩阵 $G(s)$ 有无限零点, 如果

$$\operatorname{rank}(G(\infty))=\operatorname{rank}\left(\lim_{z\to\infty}G(z)\right)<\operatorname{nrank}(G(s))$$

引理 4.7.1 设系统 (4.1) 满足式 (4.2), 则其传递函数矩阵 $G(s)$ 有无限零点当且仅当 $k_3\geqslant 1$.

证明 设 $\tilde{G}(s)$ 为 Morse 规范型 (4.203) 的传递函数, 即

$$\tilde{G}(s)\overset{\text{def}}{=\!=}\tilde{C}(sI_n-\tilde{A})^{-1}\tilde{B}+\tilde{D}$$

$$
\begin{aligned}
&= I_{m_0} \oplus 0 \oplus C_3(sI_{n_3} - A_3)^{-1}B_3 \\
&= I_{m_0} \oplus 0 \oplus \frac{1}{s^{q_1}} \oplus \frac{1}{s^{q_2}} \oplus \cdots \oplus \frac{1}{s^{q_{k_3}}}
\end{aligned} \tag{4.216}
$$

由式 (4.195) 和式 (4.7) 可知

$$
\begin{aligned}
\tilde{G}(s) &= T_y((C+DK)(sI_n - (A+BK+LC+LDK))^{-1}(B+LD)+D)T_u^{-1} \\
&= T_y(C_K(sI_n - (A_K + LC_K))^{-1}(B+LD)+D)T_u^{-1}
\end{aligned}
$$

其中, $A_K = A+BK, C_K = C+DK$. 根据引理 4.6.4 有

$$
\begin{aligned}
\tilde{G}(s) &= T_y(I_p - C_K(sI_n - A_K)^{-1}L)^{-1}(C_K(sI_n - A_K)^{-1}B + D)T_u^{-1} \\
&= T_y(I_p - C_K(sI_n - A_K)^{-1}L)^{-1}((C+DK)(sI_n - (A+BK))^{-1}B + D)T_u^{-1} \\
&= T_y(I_p - C_K(sI_n - A_K)^{-1}L)^{-1}G(s)(I_m - K(sI_n - A)^{-1}B)^{-1}T_u^{-1}
\end{aligned}
$$

这里最后一步用到了引理 4.6.1. 因此有

$$
G(s) = (I_p - C_K(sI_n - A_K)^{-1}L)T_y^{-1}\tilde{G}(s)T_u(I_m - K(sI_n - A)^{-1}B)
$$

即 $\lim\limits_{z\to\infty} G(z) = T_y^{-1}\lim\limits_{z\to\infty}\tilde{G}(z)T_u$. 因此, 由式 (4.216) 可知传递函数矩阵 $G(s)$ 有无限零点当且仅当 $k_3 \geqslant 1$. 证毕. □

从式 (4.216) 可以看出 q_i $(i=1,2,\cdots,k_3)$ 还体现了 $G(\infty)$ 的结构. 因此, 通常称 $I_4(A, B, C, D)$ 为线性系统 (4.1) 的无限零点结构指数. 这三组指数 I_i (A,B,C,D) $(i=2,3,4)$ 和 A_0 的不变因子 (记作 $I_1(A,B,C,D)$) 在全等价变换下都不发生变化, 是线性系统 (4.1) 的全部不变量.

4.7.4 代数等价变换下的 Morse 规范型

为了获得 Morse 规范型, 我们采取了全等价变换. 由于在观测器设计和控制器设计时通常分别不能采用状态反馈和输出注入变换, 有必要讨论仅在代数等价变换下的 Morse 规范型.

命题 4.7.1 设线性系统 (4.1) 满足式 (4.2), $(T, T_u, T_y, K, L) \in (\mathbf{R}_n^{n\times n}, \mathbf{R}_m^{m\times m}, \mathbf{R}_p^{p\times p}, \mathbf{R}^{m\times n}, \mathbf{R}^{n\times p})$ 为定理 4.7.2 所给出的变换矩阵簇. 记

$$
\tilde{K} = -T_uKT^{-1} = \begin{bmatrix} K_{00} & K_{01} & K_{02} & K_{03} \\ K_{10} & K_{11} & K_{12} & K_{13} \\ K_{30} & K_{31} & K_{32} & K_{33} \end{bmatrix}, \quad \tilde{L} = -TLT_y^{-1} = \begin{bmatrix} L_{00} & L_{02} & L_{03} \\ L_{10} & L_{12} & L_{13} \\ L_{20} & L_{22} & L_{23} \\ L_{30} & L_{32} & L_{33} \end{bmatrix}
$$

其中, K_{ij} 和 L_{ij} 具有适当的维数. 那么线性系统 (4.1) 经过代数等价变换 (T_u, T, T_y) 之后的线性系统 $(\check{A}, \check{B}, \check{C}, \check{D}) = (TAT^{-1}, TBT_u^{-1}, T_yCT^{-1}, T_yDT_u^{-1})$ 具有如下结构:

$$
\check{A} = \begin{bmatrix} A_0 & 0 & L_{02}C_2 & L_{03}C_3 \\ B_1K_{10} & A_1 + B_1K_{11} & B_1K_{12} + L_{12}C_2 & B_1K_{13} + L_{13}C_3 \\ 0 & 0 & A_2 + L_{22}C_2 & L_{23}C_3 \\ B_3K_{30} & B_3K_{31} & B_3K_{32} + L_{32}C_2 & A_3 + B_3K_{33} + L_{33}C_3 \end{bmatrix} + \check{A}_{\mathrm{D}}
$$

$$\check{B}=\begin{bmatrix} L_{00} & 0 & 0 \\ L_{10} & B_1 & 0 \\ L_{20} & 0 & 0 \\ L_{30} & 0 & B_3 \end{bmatrix},\quad \check{C}=\begin{bmatrix} K_{00} & K_{01} & K_{02} & K_{03} \\ 0 & 0 & C_2 & 0 \\ 0 & 0 & 0 & C_3 \end{bmatrix},\quad \check{D}=\begin{bmatrix} I_{m_0} & 0 & 0 \\ 0 & 0 & 0 \\ 0 & 0 & 0 \end{bmatrix}$$

其中, $\check{A}_{\mathrm{D}}$ 仅在 $D\neq 0$ 时是存在的, 且具有如下形式:

$$\check{A}_{\mathrm{D}}=\begin{bmatrix} L_{00}^{\mathrm{T}} & L_{10}^{\mathrm{T}} & L_{20}^{\mathrm{T}} & L_{30}^{\mathrm{T}} \end{bmatrix}^{\mathrm{T}}\begin{bmatrix} K_{00} & K_{01} & K_{02} & K_{03} \end{bmatrix}$$

证明 由式 (4.195) ~ 式 (4.197) 可知

$$\begin{aligned}\begin{bmatrix} \tilde{A} & \tilde{B} \\ \tilde{C} & \tilde{D} \end{bmatrix}&=\begin{bmatrix} T & TL \\ 0 & T_y \end{bmatrix}\begin{bmatrix} A & B \\ C & D \end{bmatrix}\begin{bmatrix} T^{-1} & 0 \\ KT^{-1} & T_u^{-1} \end{bmatrix}\\ &=\begin{bmatrix} I_n & TLT_y^{-1} \\ 0 & I_p \end{bmatrix}\begin{bmatrix} T & \\ & T_y \end{bmatrix}\begin{bmatrix} A & B \\ C & D \end{bmatrix}\begin{bmatrix} T^{-1} & \\ & T_u^{-1} \end{bmatrix}\begin{bmatrix} I_n & 0 \\ T_uKT^{-1} & I_m \end{bmatrix}\\ &=\begin{bmatrix} I_n & TLT_y^{-1} \\ 0 & I_p \end{bmatrix}\begin{bmatrix} \check{A} & \check{B} \\ \check{C} & \check{D} \end{bmatrix}\begin{bmatrix} I_n & 0 \\ T_uKT^{-1} & I_m \end{bmatrix}\end{aligned}$$

因此

$$\begin{bmatrix} \check{A} & \check{B} \\ \check{C} & \check{D} \end{bmatrix}=\begin{bmatrix} I_n & \tilde{L} \\ 0 & I_p \end{bmatrix}\begin{bmatrix} \tilde{A} & \tilde{B} \\ \tilde{C} & \tilde{D} \end{bmatrix}\begin{bmatrix} I_n & 0 \\ \tilde{K} & I_m \end{bmatrix}=\begin{bmatrix} \tilde{A}+\tilde{L}\tilde{C}+\tilde{B}\tilde{K}+\tilde{L}\tilde{D}\tilde{K} & \tilde{B}+\tilde{L}\tilde{D} \\ \tilde{C}+\tilde{D}\tilde{K} & \tilde{D} \end{bmatrix}$$

将 $(\tilde{A},\tilde{B},\tilde{C},\tilde{D})$ 的表达式 (4.203) 和 $(\tilde{K},\tilde{L})$ 的表达式代入上式即完成证明. 证毕. □

命题 4.7.1 中的系统 $(\check{A},\check{B},\check{C},\check{D})$ 和 Morse 规范型 (4.203) 是一一对应的, 故笼统称为 Morse 规范型. 定理 4.7.4 所陈述的诸结论对 Morse 规范型 $(\check{A},\check{B},\check{C},\check{D})$ 同样成立.

引理 4.7.2 设线性系统 (4.1) 满足式 (4.2), 其 Morse 规范型为 $(\check{A},\check{B},\check{C},\check{D})$. 定义矩阵对

$$(A_{\mathrm{c}},B_{\mathrm{c}})=\left(\begin{bmatrix} A_0 & L_{02}C_2 \\ 0 & A_2+L_{22}C_2 \end{bmatrix},\begin{bmatrix} L_{00} & L_{03} \\ L_{20} & L_{23} \end{bmatrix}\right)$$

$$(A_{\mathrm{o}},C_{\mathrm{o}})=\left(\begin{bmatrix} A_0 & 0 \\ B_1K_{10} & A_1+B_1K_{11} \end{bmatrix},\begin{bmatrix} K_{00} & K_{01} \\ K_{30} & K_{31} \end{bmatrix}\right)$$

则对任意 $s\in\mathbf{C}$ 都有

$$\operatorname{rank}\begin{bmatrix} A-sI_n & B \end{bmatrix}=n_1+n_3+\operatorname{rank}\begin{bmatrix} A_{\mathrm{c}}-sI_{n_0+n_2} & B_{\mathrm{c}} \end{bmatrix} \tag{4.217}$$

$$\operatorname{rank}\begin{bmatrix} A-sI_n \\ C \end{bmatrix}=n_2+n_3+\operatorname{rank}\begin{bmatrix} A_{\mathrm{o}}-sI_{n_0+n_1} \\ C_{\mathrm{o}} \end{bmatrix} \tag{4.218}$$

因此, (A,B) 能控/能稳当且仅当 $(A_{\mathrm{c}},B_{\mathrm{c}})$ 能控/能稳, (A,C) 能观/能检测当且仅当 $(A_{\mathrm{o}},C_{\mathrm{o}})$ 能观/能检测.

证明　只需要证明式 (4.217), 而式 (4.218) 同理可证. 由 $\tilde{K}$ 的表达式可知

$$
\begin{aligned}
&\operatorname{rank}\begin{bmatrix} A-sI_n & B \end{bmatrix}\\
&=\operatorname{rank}\begin{bmatrix} \check{A}-\check{B}\tilde{K}-sI_n & \check{B} \end{bmatrix}\\
&=\operatorname{rank}\left[\begin{array}{ccccc|cc} A_0-sI & L_{02}C_2 & L_{00} & L_{03}C_3 & 0 & 0 & 0\\ 0 & A_2+L_{22}C_2-sI & L_{20} & L_{23}C_3 & 0 & 0 & 0\\ 0 & L_{32}C_2 & L_{30} & A_3+L_{33}C_3-sI & B_3 & 0 & 0\\ \hline 0 & L_{12}C_2 & L_{10} & L_{13}C_3 & 0 & A_1-sI & B_1 \end{array}\right]\\
&=n_1+\operatorname{rank}\begin{bmatrix} A_0-sI & L_{02}C_2 & L_{00} & L_{03}C_3 & 0\\ 0 & A_2+L_{22}C_2-sI & L_{20} & L_{23}C_3 & 0\\ 0 & L_{32}C_2 & L_{30} & A_3+L_{33}C_3-sI & B_3 \end{bmatrix}
\end{aligned}\tag{4.219}
$$

这里注意到 (A_1,B_1) 是能控的.

由 (A_3,B_3,C_3) 的结构特点可知存在置换矩阵 $P\in\mathbf{R}_{n_3+k_3}^{(n_3+k_3)\times(n_3+k_3)}$ 使得

$$
\begin{bmatrix} L_{03}C_3 & 0\\ L_{23}C_3 & 0\\ A_3+L_{33}C_3-sI & B_3 \end{bmatrix}=\begin{bmatrix} L_{03} & 0\\ L_{23} & 0\\ L_{33}(s) & A_3(s) \end{bmatrix}P
$$

其中

$$
L_{33}(s)=L_{33}-\begin{bmatrix} s\\ 0\\ \vdots\\ 0 \end{bmatrix}_{q_1\times 1}\oplus\begin{bmatrix} s\\ 0\\ \vdots\\ 0 \end{bmatrix}_{q_2\times 1}\oplus\cdots\oplus\begin{bmatrix} s\\ 0\\ \vdots\\ 0 \end{bmatrix}_{q_{k_3}\times 1}
$$

$$
A_3(s)=\begin{bmatrix} 1 & & & \\ -s & 1 & & \\ & \ddots & \ddots & \\ & & -s & 1 \end{bmatrix}_{q_1\times q_1}\oplus\cdots\oplus\begin{bmatrix} 1 & & & \\ -s & 1 & & \\ & \ddots & \ddots & \\ & & -s & 1 \end{bmatrix}_{q_{k_3}\times q_{k_3}}
$$

都是多项式矩阵. 由于 $A_3(s)\in\mathbf{R}^{n_3\times n_3}[s]$ 是幺模矩阵, 式 (4.219) 可以进一步写成

$$
\operatorname{rank}\begin{bmatrix} A-sI_n & B \end{bmatrix}=n_1+n_3+\operatorname{rank}\begin{bmatrix} A_0-sI_{n_0} & L_{02}C_2 & L_{00} & L_{03}\\ 0 & A_2+L_{22}C_2-sI_{n_2} & L_{20} & L_{23} \end{bmatrix}
$$

这就证明了式 (4.217). 证毕. □

Morse 规范型 $(\check{A},\check{B},\check{C},\check{D})$ 还可以进一步精简. 为此, 首先介绍引理 4.7.3, 其证明放在了附录 B.2 中.

引理 4.7.3 设 $A_i\ (i=1,2,3)$、$B_i\ (i=1,3)$、$C_i\ (i=2,3)$ 如定理 4.7.2 所定义, K_{11}、K_{12}、K_{13}、L_{22}、L_{32} 如命题 4.7.1 所定义, 则存在矩阵对 $(S_{13},H_{13})\in(\mathbf{R}^{n_1\times n_3},\mathbf{R}^{n_1\times k_3})$ 和 $(S_{32},H_{32})\in(\mathbf{R}^{n_3\times n_2},\mathbf{R}^{k_3\times n_2})$ 分别满足方程组

$$(A_1+B_1K_{11})S_{13}-S_{13}A_3-B_1K_{13}=H_{13}C_3,\quad S_{13}B_3=0 \tag{4.220}$$

$$A_3S_{32}-S_{32}(A_2+L_{22}C_2)-L_{32}C_2=B_3H_{32},\quad C_3S_{32}=0 \tag{4.221}$$

此外, 存在矩阵 $Z_2\in\mathbf{R}^{n_2\times k_2}$ 使得如下 Sylvester 方程有唯一解 $S_{12}\in\mathbf{R}^{n_1\times n_2}$:

$$S_{12}(A_2+Z_2C_2)-(A_1+B_1K_{11})S_{12}+B_1K_{12}=0 \tag{4.222}$$

有了引理 4.7.3, 可以证明命题 4.7.2.

命题 4.7.2 设线性系统 (4.1) 满足式 (4.2), 其 Morse 规范型 $(\check{A},\check{B},\check{C},\check{D})$ 如命题 4.7.1 所定义, 矩阵 (S_{12},S_{13},S_{32}) 和 (H_{13},H_{32}) 如引理 4.7.3 所确定. 设

$$S=\left[\begin{array}{c|c|c|c} I_{n_0} & 0 & 0 & 0\\ \hline 0 & I_{n_1} & S_{12} & S_{13}\\ \hline 0 & 0 & I_{n_2} & 0\\ \hline 0 & 0 & S_{32} & I_{n_3}\end{array}\right]=\left[\begin{array}{c|c|c|c} I_{n_0} & 0 & 0 & 0\\ \hline 0 & I_{n_1} & S_{13}S_{32}-S_{12} & -S_{13}\\ \hline 0 & 0 & I_{n_2} & 0\\ \hline 0 & 0 & -S_{32} & I_{n_3}\end{array}\right]^{-1}$$

那么 $(\check{A},\check{B},\check{C},\check{D})$ 经过代数等价变换 $\breve{x}=S\check{x}$ 之后的系统为 $(\breve{A},\breve{B},\breve{C},\breve{D})=(S\check{A}S^{-1},S\check{B},\check{C}S^{-1},\check{D})$, 其中

$$\breve{A}=\begin{bmatrix} A_0 & 0 & L_{02}C_2 & L_{03}C_3\\ B_1K_{10} & A_1+B_1K_{11} & \breve{L}_{12}C_2 & \breve{L}_{13}C_3\\ 0 & 0 & A_2+L_{22}C_2 & L_{23}C_3\\ B_3K_{30} & B_3K_{31} & B_3\breve{K}_{32} & A_3+B_3\breve{K}_{33}+\breve{L}_{33}C_3\end{bmatrix}+\breve{A}_{\mathrm{D}} \tag{4.223}$$

$$\breve{B}=\begin{bmatrix} L_{00} & 0 & 0\\ \breve{L}_{10} & B_1 & 0\\ L_{20} & 0 & 0\\ \breve{L}_{30} & 0 & B_3\end{bmatrix},\quad \breve{C}=\begin{bmatrix} K_{00} & K_{01} & \breve{K}_{02} & \breve{K}_{03}\\ 0 & 0 & C_2 & 0\\ 0 & 0 & 0 & C_3\end{bmatrix},\quad \breve{D}=\check{D}$$

其中, $\breve{A}_{\mathrm{D}}$ 仅在 $D\neq 0$ 时是存在的, 且具有形式:

$$\breve{A}_{\mathrm{D}}=\begin{bmatrix} L_{00}^{\mathrm{T}} & \breve{L}_{10}^{\mathrm{T}} & L_{20}^{\mathrm{T}} & \breve{L}_{30}^{\mathrm{T}}\end{bmatrix}^{\mathrm{T}}\begin{bmatrix} K_{00} & K_{01} & \breve{K}_{02} & \breve{K}_{03}\end{bmatrix}$$

其中, 矩阵 $\breve{K}_{02}$、$\breve{K}_{03}$、$\breve{K}_{32}$、$\breve{K}_{33}$、$\breve{L}_{10}$、$\breve{L}_{30}$、$\breve{L}_{12}$、$\breve{L}_{13}$ 和 $\breve{L}_{33}$ 按下式定义:

$$\breve{K}_{02}=K_{02}+K_{01}(S_{13}S_{32}-S_{12})-K_{03}S_{32}$$

$$\breve{K}_{03}=K_{03}-K_{01}S_{13}$$

$$\breve{K}_{32}=K_{32}+K_{31}(S_{13}S_{32}-S_{12})-K_{33}S_{32}-H_{32}$$

$$\breve{K}_{33} = K_{33} - K_{31}S_{13}$$

$$\breve{L}_{10} = L_{10} + S_{12}L_{20} + S_{13}L_{30}$$

$$\breve{L}_{30} = L_{30} + S_{32}L_{20}$$

$$\breve{L}_{12} = L_{12} + S_{12}(L_{22} - Z_2) + S_{13}L_{32}$$

$$\breve{L}_{13} = L_{13} + S_{12}L_{23} + S_{13}L_{33} - H_{13}$$

$$\breve{L}_{33} = L_{33} + S_{32}L_{23}$$

证明　根据 S 的定义并利用式 (4.220) 和式 (4.221) 中的 $S_{13}B_3 = 0$ 和 $C_3S_{32} = 0$, 容易验证 $S\breve{B} = \breve{B}$ 和 $\breve{C}S^{-1} = \breve{C}$. 因此, 只需要证明 $\breve{A} = S\breve{A}S^{-1}$ 具有式 (4.223) 的形式. 再次利用 $S_{13}B_3 = 0$ 和 $C_3S_{32} = 0$ 可得

$$\breve{A} = \begin{bmatrix} A_0 & 0 & L_{02}C_2 & L_{03}C_3 \\ B_1K_{10} & A_1 + B_1K_{11} & X_{12} & X_{13} \\ 0 & 0 & A_2 + L_{22}C_2 & L_{23}C_3 \\ B_3K_{30} & B_3K_{31} & X_{32} & A_3 + B_3\breve{K}_{33} + \breve{L}_{33}C_3 \end{bmatrix} + \breve{A}_{\mathrm{D}} \tag{4.224}$$

其中

$$\begin{aligned} X_{12} = {} & S_{12}(A_2 + Z_2C_2) - (A_1 + B_1K_{11})S_{12} + B_1K_{12} + (A_1 + B_1K_{11})S_{13}S_{32} \\ & -(B_1K_{13} + S_{13}A_3)S_{32} + (L_{12} + S_{12}L_{22} + S_{13}L_{32} - S_{12}Z_2)C_2 \end{aligned}$$

$$X_{13} = (S_{13}A_3 - (A_1 + B_1K_{11})S_{13} + B_1K_{13}) + (L_{13} + S_{12}L_{23} + S_{13}L_{33})C_3$$

$$X_{32} = (S_{32}(A_2 + L_{22}C_2) - A_3S_{32} + L_{32}C_2) + B_3(K_{31}(S_{13}S_{32} - S_{12}) + K_{32} - K_{33}S_{32})$$

将式 (4.220) 和式 (4.221) 的第 1 个等式分别代入 X_{13} 和 X_{32} 中得到

$$X_{13} = (L_{13} + S_{12}L_{23} + S_{13}L_{33} - H_{13})C_3 = \breve{L}_{13}C_3$$

$$X_{32} = B_3(K_{31}(S_{13}S_{32} - S_{12}) + K_{32} - K_{33}S_{32} - H_{32}) = B_3\breve{K}_{32}$$

另外, 将式 (4.220) 的第 1 式代入 X_{12} 并利用式 (4.222) 可以得到

$$X_{12} = S_{12}(A_2 + Z_2C_2) - (A_1 + B_1K_{11})S_{12} + B_1K_{12} + \breve{L}_{12}C_2 = \breve{L}_{12}C_2$$

最后, 将 X_{12}、X_{13} 和 X_{32} 的表达式代入式 (4.224) 即完成证明. 证毕. □

与命题 4.7.1 类似, 亦笼统地称命题 4.7.2 中的系统 $(\breve{A}, \breve{B}, \breve{C}, \breve{D})$ 为 Morse 规范型. 相比命题 4.7.1 中的 $\breve{A}$, 命题 4.7.2 中的 $\breve{A}$ 具有更精简的结构.

4.7.5 Morse 规范型与输入输出规范型

本节简要讨论 Morse 规范型与输入输出规范型的关系.

为了更好地看清楚 Morse 规范型 $(\check{A},\check{B},\check{C},\check{D})$ 的结构特点, 假设 $D=0$. 所得结论可以毫无障碍地推广到 $D\neq 0$ 的情形. 此时 $K_{0i}=0, L_{i0}=0\ (i=0,1,2,3)$. 设

$$\check{x}\stackrel{\text{def}}{=\!=}\begin{bmatrix}\check{x}_0\\ \check{x}_1\\ \check{x}_2\\ \check{x}_3\end{bmatrix}=Tx,\quad \check{y}\stackrel{\text{def}}{=\!=}\begin{bmatrix}\check{y}_2\\ \check{y}_3\end{bmatrix}=T_y y,\quad \check{u}\stackrel{\text{def}}{=\!=}\begin{bmatrix}\check{u}_1\\ \check{u}_3\end{bmatrix}=T_u^{-1}u$$

和

$$\tilde{L}=\begin{bmatrix}L_{02} & L_{03}\\ L_{12} & L_{13}\\ L_{22} & L_{23}\\ L_{32} & L_{33}\end{bmatrix}\stackrel{\text{def}}{=\!=}\begin{bmatrix}L_0\\ L_1\\ L_2\\ L_3\end{bmatrix},\quad \tilde{K}=\begin{bmatrix}K_{10} & K_{11} & K_{12} & K_{13}\\ K_{30} & K_{31} & K_{32} & K_{33}\end{bmatrix}\stackrel{\text{def}}{=\!=}\begin{bmatrix}K_1\\ K_3\end{bmatrix}$$

那么 Morse 规范型 $(\check{A},\check{B},\check{C})$ 可以写成状态方程的形式:

$$\begin{cases}\dot{\check{x}}_0=A_0\check{x}_0+L_0\check{y}\\ \dot{\check{x}}_1=A_1\check{x}_1+L_1\check{y}+B_1(\check{u}_1+K_1\check{x})\\ \dot{\check{x}}_2=A_2\check{x}_2+L_2\check{y},\quad \check{y}_2=C_2\check{x}_2\\ \dot{\check{x}}_3=A_3\check{x}_3+L_3\check{y}+B_3(\check{u}_3+K_3\check{x}),\quad \check{y}_3=C_3\check{x}_3\end{cases}\tag{4.225}$$

这表明 $\check{x}_0$-子系统是既没有直接输入也没有直接输出的子系统, $\check{x}_1$-子系统是有直接输入但没有直接输出的子系统, $\check{x}_2$-子系统是没有直接输入但有直接输出的子系统, $\check{x}_3$-子系统是既有直接输入也有直接输出的子系统.

为了将 Morse 规范型和输入输出规范型相比较, 假设线性系统 (4.1) 是可逆的. 根据定理 4.7.4, 此时 $\check{x}_i\ (i=1,2)$ 都不存在, 从而有 $k_3=p=m, n_3=q_1+q_2+\cdots+q_m$ 和

$$\check{y}=\check{y}_3=T_y y\stackrel{\text{def}}{=\!=}\begin{bmatrix}\check{y}^{[1]}\\ \check{y}^{[2]}\\ \vdots\\ \check{y}^{[m]}\end{bmatrix},\quad \check{u}=\check{u}_3=T_u^{-1}u\stackrel{\text{def}}{=\!=}\begin{bmatrix}\check{u}^{[1]}\\ \check{u}^{[2]}\\ \vdots\\ \check{u}^{[m]}\end{bmatrix}$$

为了符号简单, 设

$$\eta=\check{x}_0,\quad \xi=\check{x}_3,\quad \begin{bmatrix}\eta\\ \xi\end{bmatrix}=\begin{bmatrix}\check{x}_0\\ \check{x}_3\end{bmatrix}=\check{x}=Tx$$

那么系统 (4.225) 可以写成

$$\begin{cases}\dot{\eta}=A_0\eta+L_0\check{y}\\ \dot{\xi}=A_3\xi+L_3\check{y}+B_3(\check{u}+K_3\check{x})\\ \check{y}=C_3\xi\end{cases}\tag{4.226}$$

将状态向量 ξ 按照 A_3 的结构进行分块, 即

$$\xi = \begin{bmatrix} \xi_1 \\ \xi_2 \\ \vdots \\ \xi_m \end{bmatrix}, \quad \xi_i = \begin{bmatrix} \xi_{i1} \\ \xi_{i2} \\ \vdots \\ \xi_{i,q_i} \end{bmatrix}, \quad i = 1, 2, \cdots, m$$

同理, 将矩阵 $K_3 = \tilde{K} \in \mathbf{R}^{m \times n}$ 和 $L_3 \in \mathbf{R}^{n_3 \times m}$ 也按 A_3 的结构进行分块, 即

$$K_3 = \begin{bmatrix} K_{31}^{[1]} & K_{32}^{[1]} \\ K_{31}^{[2]} & K_{32}^{[2]} \\ \vdots & \vdots \\ K_{31}^{[m]} & K_{32}^{[m]} \end{bmatrix} \overset{\text{def}}{=\!=} \begin{bmatrix} K_{31} & K_{32} \end{bmatrix}, \quad L_3 = \begin{bmatrix} L_{31} \\ L_{32} \\ \vdots \\ L_{3m} \end{bmatrix}, \quad L_{3i} = \begin{bmatrix} L_{3i}^{[1]} \\ L_{3i}^{[2]} \\ \vdots \\ L_{3i}^{[q_i]} \end{bmatrix} \tag{4.227}$$

其中, $i = 1, 2, \cdots, m$. 那么, 根据 (A_3, B_3, C_3) 的特殊结构, 系统 (4.226) 可以写成分量的形式:

$$\begin{cases} \dot{\eta} = A_0\eta + L_0\breve{y} \\ \dot{\xi}_{i1} = \xi_{i2} + L_{3i}^{[1]}\breve{y} \\ \dot{\xi}_{i2} = \xi_{i3} + L_{3i}^{[2]}\breve{y} \\ \quad\vdots \\ \dot{\xi}_{i,q_i-1} = \xi_{i,q_i} + L_{3i}^{[q_i-1]}\breve{y} \\ \dot{\xi}_{i,q_i} = K_{31}^{[i]}\eta + K_{32}^{[i]}\xi + L_{3i}^{[q_i]}\breve{y} + \breve{u}^{[i]} \\ \breve{y}^{[i]} = \xi_{i1} \end{cases}, \quad i = 1, 2, \cdots, m \tag{4.228}$$

将系统 (4.228) 和输入输出规范型 (4.82) 比较发现, 如果

$$L_{3i}^{[k]} = 0, \quad k = 1, 2, \cdots, q_i, \ i = 1, 2, \cdots, m \tag{4.229}$$

或者 $L_3 = 0$, 则式 (4.228) 完全退化为式 (4.82), 此时 $\{q_1, q_2, \cdots, q_m\}$ 就是相对阶 $\{r_1, r_2, \cdots, r_m\}$. 由此可见, 命题 4.7.1 所给出的 Morse 规范型可以认为是输入输出规范型的推广.

对于可逆的 SISO 系统, 条件 (4.229) 自然成立. 但对于 MIMO 系统, 前面已经指出 (见例 4.3.8), 线性系统 (4.1) 的可逆性不能保证假设 4.3.2 成立, 后者是输入输出规范型存在的前提. 这意味着假设 4.3.2 可保证式 (4.229) 成立. 对于那些可逆但不满足假设 4.3.2 且也不可通过输出等价变换而满足假设 4.3.2 的线性系统, 条件 (4.229) 一般不成立, 也就是说此时 Morse 规范型中的输出注入项一般是不可消除的. 下面给出一个简单的例子说明这一现象.

例 4.7.2　考虑线性系统

$$A = \left[\begin{array}{ccc|c} 0 & 1 & 0 & 2 \\ 0 & 0 & 1 & 0 \\ -1 & 0 & -1 & 0 \\ \hline 0 & -1 & 0 & -1 \end{array}\right], \quad B = \left[\begin{array}{c|c} 0 & \\ 0 & \\ 1 & \\ \hline & 1 \end{array}\right], \quad C = \left[\begin{array}{ccc|c} 1 & 0 & 0 & \\ \hline & & & 1 \end{array}\right]$$

其可逆性指数集为 $\{\varphi_{\mathrm{i}}^{[0]}, \varphi_{\mathrm{i}}^{[1]}, \varphi_{\mathrm{i}}^{[2]}, \varphi_{\mathrm{i}}^{[3]}, \varphi_{\mathrm{i}}^{[4]}\} = \{0,1,1,2,2\}$. 由推论 4.7.1, 该系统是质系统, 从而其 Morse 规范型中只有 (A_3, B_3, C_3) 子系统. 由定理 4.7.3 可知 $\{q_1, q_2\} = \{3,1\}$. 这表明 (A,B,C) 已是形如式 (4.226) 的 Morse 规范型, 其中 $A_0 = 0, L_0 = 0, A_3 = A, B_3 = B, C_3 = C$,

$$K_3 = \begin{bmatrix} -1 & 0 & -1 & 0 \\ 0 & -1 & 0 & -1 \end{bmatrix}, \quad L_3 = \begin{bmatrix} 0 & 0 & 0 & 0 \\ 2 & 0 & 0 & 0 \end{bmatrix}^{\mathrm{T}}$$

下面将说明不可能找到代数等价变换 (T_u, T, T_y) 使得其 Morse 规范型 $(\check{A}, \check{B}, \check{C}) = (TAT^{-1}, TBT_u^{-1}, T_yCT^{-1})$ 具有如下形式:

$$\check{A} = \left[\begin{array}{ccc|c} 0 & 1 & 0 & 0 \\ 0 & 0 & 1 & 0 \\ a_{31} & a_{32} & a_{33} & a_{34} \\ \hline a_{41} & a_{42} & a_{43} & a_{44} \end{array}\right], \quad \check{B} = \left[\begin{array}{c|c} 0 & \\ 0 & \\ 1 & \\ \hline & 1 \end{array}\right], \quad \check{C} = \left[\begin{array}{ccc|c} 1 & 0 & 0 & \\ \hline & & & 1 \end{array}\right]$$

即无法消除原系统中的输出注入项 L_3, 这里 a_{ij} 是可能的非零常数. 将 $T = [t_{ij}]$ 代入 $\check{B}T_u = TB$ 和 $T_yC = \check{C}T$ 可得 $t_{12} = t_{13} = t_{14} = t_{23} = t_{24} = t_{42} = t_{43} = 0$. 此时 $\det(T) = t_{11}t_{22}t_{33}t_{44}$. 经过计算可知 $TA - \check{A}T$ 的 $(4,1)$ 位置的元素为 $2t_{11}$. 因此 $t_{11} = 0$, 这导致 $\det(T) = 0$, 即不存在代数等价变换 (T_u, T, T_y) 使得输出注入项 L_3 被消除.

4.7.6 Morse 规范型与逆系统

Morse 规范型的用途非常广泛, 这里为了特定的目的, 利用它确定线性系统的逆系统. 事实上, 由于 Morse 规范型与输入输出规范型的类似结构, 定理 4.3.5 的结论可以推广到一般的可逆系统.

定理 4.7.5 设线性系统 (A,B,C) 可逆, 其 Morse 规范型 $(\check{A}, \check{B}, \check{C}) = (TAT^{-1}, TBT_u^{-1}, T_yCT^{-1})$ 形如式 (4.226). 设 K_{31}、K_{32}、$L_{3i}^{[k]}$ $(k = 1,2,\cdots,q_i, i = 1,2,\cdots,m)$ 如式 (4.227) 所定义, $\check{C}_0 = -K_{31}$,

$$\check{D}_0(\mathrm{d}) = \begin{bmatrix} \mathrm{d}^{q_1}e_1 - \mathrm{d}^{q_1-1}L_{31}^{[1]} - \cdots - L_{31}^{[q_1]} \\ \vdots \\ \mathrm{d}^{q_m}e_m - \mathrm{d}^{q_m-1}L_{3m}^{[1]} - \cdots - L_{3m}^{[q_m]} \end{bmatrix} - K_{32} \begin{bmatrix} \check{D}_1(\mathrm{d}) \\ \vdots \\ \check{D}_m(\mathrm{d}) \end{bmatrix}$$

$$\check{D}_i(\mathrm{d}) = \begin{bmatrix} e_i \\ \mathrm{d}e_i - L_{3i}^{[1]} \\ \vdots \\ \mathrm{d}^{q_i-1}e_i - \mathrm{d}^{q_i-2}L_{3i}^{[1]} - \cdots - L_{3i}^{[q_i-1]} \end{bmatrix}, \quad e_i = \begin{bmatrix} 0_{(i-1)\times 1} \\ 1 \\ 0_{(m-i)\times 1} \end{bmatrix}^{\mathrm{T}} \in \mathbf{R}^{1\times m}$$

其中, $i = 1,2,\cdots,m$; d 是微分算子. 那么, $(\check{A}, \check{B}, \check{C})$ 的逆系统为

$$\begin{cases} \dot{\eta} = A_0\eta + L_0\check{y} \\ \check{u} = \check{C}_0\eta + \check{D}_0(\mathrm{d})\check{y} \end{cases} \tag{4.230}$$

证明　将系统 (4.228) 中的 ξ 子系统改写成

$$\begin{cases} \xi_{i1} = e_i\check{y} \\ \xi_{i2} = \dot{\xi}_{i1} - L_{3i}^{[1]}\check{y} \\ \xi_{i3} = \dot{\xi}_{i2} - L_{3i}^{[2]}\check{y} \\ \vdots \\ \xi_{i,q_i} = \dot{\xi}_{i,q_i-1} - L_{3i}^{[q_i-1]}\check{y} \end{cases}, \quad i = 1, 2, \cdots, m$$

由此可以确定

$$\xi_i = \begin{bmatrix} e_i \\ \mathrm{d}e_i - L_{3i}^{[1]} \\ \vdots \\ \mathrm{d}^{q_i-1}e_i - \mathrm{d}^{q_i-2}L_{3i}^{[1]} - \cdots - L_{3i}^{[q_i-1]} \end{bmatrix} \check{y} = \check{D}_i(\mathrm{d})\check{y} \tag{4.231}$$

其中, $i = 1, 2, \cdots, m$. 根据系统 (4.228) 的最后一个方程有

$$\check{u}^{[i]} = \dot{\xi}_{i,q_i} - L_{3i}^{[q_i]}\check{y} - K_{31}^{[i]}\eta - K_{32}^{[i]}\xi = (\mathrm{d}^{q_i}e_i - \mathrm{d}^{q_i-1}L_{3i}^{[1]} - \cdots - L_{3i}^{[q_i]})\check{y} - K_{31}^{[i]}\eta - K_{32}^{[i]}\xi$$

其中, $i = 1, 2, \cdots, m$. 利用式 (4.227) 和式 (4.231), 将上式写成向量的形式就是式 (4.230) 的第 2 式. 余下证明和定理 4.3.5 的证明类似. 证毕. □

和逆系统 (4.111) 类似, 逆系统 (4.230) 也不是一个真线性系统. 逆系统 (4.230) 的维数也等于系统不变零点的个数, 因此也可以认为是维数最低的逆系统.

本 章 小 结

本章系统地讨论了基于等价变换的线性系统的分解理论. 等价变换分为代数等价变换、状态反馈变换和输出注入变换. 三者联合称为全等价变换.

基于代数等价变换的能控性和能观性结构分解将系统的不能控或者不能观振型分离出来, 而 Kalman 分解则进一步将能控又能观、能控但不能观、能观但不能控、既不能控又不能观等四种振型进行分离而得到 Kalman 规范型, 揭示了系统的内部特征. 借助能控性和能观性结构分解或者 Kalman 分解可以得到传递函数的最小实现.

基于代数等价变换的输入输出规范型通过将系统分解成不同长度的积分链, 既能展示控制变量对状态变量的影响方式, 即控制积分链的最末端, 还能展示系统的内动态和不变零点. 输入输出规范型的核心是相对阶和耦合矩阵的概念. 当相对阶之和等于系统维数时, 内动态消失, 输入输出规范型退化成能控规范型. 本章通过引入辅助输出矩阵使得系统成为可解耦质系统, 深入地探讨了线性系统的能控规范型, 特别是对多输入情形, 既说明了能控规范型参数的不唯一性又说明了其结构的唯一性. 能控性指数集在能控规范型中的作用恰如相对阶在输入输出规范型中的作用.

与输入输出规范型理论不同, 也可从矩阵变换的角度考虑能控规范型. 本章单列一节深入探讨了对称化子在能控规范型中的重要作用. 无论是单输入系统还是多输入系统, 通过

定义合适的对称化子和广义对称化子, 结合能控性矩阵的行搜索方案, 可以直接得到 Luenberger 能控规范型. 利用对称化子的性质, 还在列搜索方案的基础上给出了 Wonham 能控规范型. Wonham 能控规范型不具备 Luenberger 能控规范型那样的解耦积分链结构, 但由于系统矩阵具有上三角结构, 在某些场合有特定的用途. 能控规范型是多变量系统理论的精华内容, 所以本章细致地讨论了各种能控规范型并澄清了它们之间的关系.

相比代数等价变换, 状态反馈变换和输出注入变换能进一步改变系统内部联系而突出内在的系统结构. 本章详细探讨了系统在状态反馈变换和输出注入变换下的不变量, 进而导出了基于全等价变换的 Morse 规范型以及作为其特殊情况的 Brunovsky 规范型. Morse 规范型形式上类似于 Kalman 规范型, 但比 Kalman 规范型能揭示更多的系统不变量, 是线性系统理论中最深刻的结论之一. Morse 规范型可认为是输入输出规范型的推广, 降低了后者对相对阶和耦合矩阵的要求.

本章习题

4.1 考虑下述处于能控性结构分解形式的线性系统

$$A=\begin{bmatrix} A_1 & A_{12}\\ 0 & A_2\end{bmatrix},\quad B=\begin{bmatrix} B_1\\ 0\end{bmatrix}$$

试证: 如果 Sylvester 方程 $A_1X-XA_2=A_{12}$ 有解 X, 则系统 (A,B) 和下述能控部分与不能控部分完全解耦的线性系统等价:

$$\tilde{A}=\begin{bmatrix} A_1 & 0\\ 0 & A_2\end{bmatrix},\quad \tilde{B}=\begin{bmatrix} B_1\\ 0\end{bmatrix}$$

4.2 考虑线性系统 $(A,B)\in(\mathbf{R}^{n\times n},\mathbf{R}^{n\times m})$. 试证:

$$\min_{s\in\mathbf{C}}\left\{\operatorname{rank}\begin{bmatrix} A-sI_n & B\end{bmatrix}\right\}\geqslant \operatorname{rank}\begin{bmatrix} B & AB & \cdots & A^{n-1}B\end{bmatrix}$$

另外, 请说明上述不等式的含义.

4.3 考虑线性系统 (A,B,C). 试证: 该系统是

(1) 输出稳定的当且仅当其能观性结构分解的能观子系统是渐近稳定的.

(2) 有界输入有界输出稳定的当且仅当其 Kalman 规范型的能控又能观子系统是渐近稳定的.

4.4 试证: 传递函数矩阵 (1.51) 的实现 (1.57) 是能观的. 此外, 针对例 1.3.3 中传递函数 (1.62) 的实现, 求其能控性结构分解, 导出最小实现, 并结合定理 1.3.3 将该最小实现的状态写成原系统的输入和输出的各阶导数的线性组合.

4.5 设有理真分式传递函数矩阵 $G(s)$ 的一个能观但不一定能控的实现为 $(A,B,C,D)\in(\mathbf{R}^{n\times n},\mathbf{R}^{n\times m},\mathbf{R}^{p\times n},\mathbf{R}^{p\times m})$, 这里 $\operatorname{rank}(Q_{\mathrm{c}}(A,B))=n_{\mathrm{c}}\leqslant n$. 将 $Q_{\mathrm{c}}(A,B)$ 各列的极大线性无关组选出组成矩阵 $Q\in\mathbf{R}^{n\times n_{\mathrm{c}}}_{n_{\mathrm{c}}}$. 试证: $G(s)$ 的一个最小实现为

$$(\tilde{A},\tilde{B},\tilde{C},\tilde{D})=((Q^{\mathrm{T}}Q)^{-1}Q^{\mathrm{T}}AQ,(Q^{\mathrm{T}}Q)^{-1}Q^{\mathrm{T}}B,CQ,D)$$

4.6　设线性系统 $(A,B,C)\in(\mathbf{R}^{n\times n},\mathbf{R}^{n\times m},\mathbf{R}^{m\times n})$ 的相对阶为 $\{r_1,r_2,\cdots,r_m\}$, 耦合矩阵 $\varGamma$ 非奇异. 试证: $r_i\leqslant n-(m-1)\ (i=1,2,\cdots,m)$.

4.7　设线性系统 $(A,B,C)\in(\mathbf{R}^{n\times n},\mathbf{R}^{n\times m},\mathbf{R}^{m\times n})$ 的相对阶为 $\{r_1,r_2,\cdots,r_m\}$, A 的最小多项式的次数为 n_0. 试证: $r_i\leqslant n_0\ (\forall i\in\{1,2,\cdots,m\})$.

4.8　考虑相对阶 $r=n-m$ 的传递函数

$$g(s)=\frac{\beta_m s^m+\beta_{m-1}s^{m-1}+\cdots+\beta_1 s+\beta_0}{s^n+\alpha_{n-1}s^{n-1}+\cdots+\alpha_1 s+\alpha_0},\quad \beta_m\neq 0$$

其中, $n>m$, 其状态空间模型的参数为

$$A=\left[\begin{array}{c|ccc} 0 & 1 & & \\ \vdots & & \ddots & \\ 0 & & & 1 \\ \hline -\alpha_0 & -\alpha_1 & \cdots & -\alpha_{n-1}\end{array}\right],\quad b=\begin{bmatrix}0\\ \vdots\\ 0\\ 1\end{bmatrix},\quad c=\begin{bmatrix}\beta_0\\ \vdots\\ \beta_m\\ 0_{(n-(m+1))\times 1}\end{bmatrix}^{\mathrm{T}}$$

设

$$O=\begin{bmatrix}c\\ \vdots\\ cA^{r-1}\end{bmatrix}=\left[\begin{array}{cccc|ccc}\beta_0 & \cdots & \beta_{r-1} & \cdots\ \ \beta_{m-1} & \beta_m & & \\ & \ddots & \vdots & \vdots & \vdots & \ddots & \\ & & \beta_0 & \cdots\ \ \beta_{2m-n} & \beta_{2m+1-n} & \cdots & \beta_m\end{array}\right]=\begin{bmatrix}O_1 & O_2\end{bmatrix}$$

其中, $O_2\in\mathbf{R}_r^{r\times r}; \beta_k=0; k<0$. 试证: 根据式 (4.43) 和式 (4.46) 确定的变换矩阵 T 为

$$O_0=\begin{bmatrix}I_m\\ -O_2^{-1}O_1\end{bmatrix},\quad T=\begin{bmatrix}N\\ O\end{bmatrix}=\left[\begin{array}{c|c}I_m & \\ \hline O_1 & O_2\end{array}\right]$$

且该系统经过状态变换 (4.49) 之后的输入输出规范型 (4.50) 的参数为

$$A_{00}=\left[\begin{array}{c|ccc}0 & 1 & & \\ \vdots & & \ddots & \\ 0 & & & 1\\ \hline -\dfrac{\beta_0}{\beta_m} & -\dfrac{\beta_1}{\beta_m} & \cdots & -\dfrac{\beta_{m-1}}{\beta_m}\end{array}\right],\quad b_0=\begin{bmatrix}0\\ \vdots\\ 0\\ \dfrac{1}{\beta_m}\end{bmatrix},\quad \varGamma=\beta_m$$

4.9　设线性系统 $(A,B,C)\in(\mathbf{R}^{n\times n},\mathbf{R}^{n\times m},\mathbf{R}^{m\times n})$ 的相对阶为 $\{r_1,r_2,\cdots,r_m\}$. 如果 $r_1=r_2=\cdots=r_m=r_0$, 则称其具有严格相对阶 (strict relative degree). 试证: 对于具有严格相对阶的线性系统, 存在状态变换 $\tilde{x}=Tx$ 使得变换之后的系统具有下面的输入输出规范型:

$$\tilde{A}=\left[\begin{array}{c|cccc}A_{00} & A_{01} & 0 & \cdots & 0\\ \hline 0 & 0 & I_m & & \\ \vdots & \vdots & & \ddots & \\ 0 & 0 & & & I_m\\ -A_{10} & -A_0 & -A_1 & \cdots & -A_{r-1}\end{array}\right],\quad \tilde{B}=\begin{bmatrix}0_{(n-r)\times m}\\ \hline 0\\ \vdots\\ 0\\ \varGamma\end{bmatrix},\quad \tilde{C}=\begin{bmatrix}0_{(n-r)\times m}\\ \hline I_m\\ 0\\ \vdots\\ 0\end{bmatrix}^{\mathrm{T}}$$

其中, Γ 是耦合矩阵; $r = mr_0$; 其他矩阵有相容的维数.

4.10 设 SISO 线性系统 $\dot{x} = Ax + bu, y = cx$ 的输入输出规范型为式 (4.50). 考虑输出重定义 (output redefine) $\tilde{y} = -k_0\eta + y \stackrel{\text{def}}{=\!=} \tilde{c}x$. 试求系统 $(A, b, \tilde{c})$ 的输入输出规范型, 并证明其零点矩阵为 $A_{00} + b_0k_0$.

4.11 设 MIMO 线性系统 $\dot{x} = Ax + Bu, y = Cx$ 的输出维数 p 和输入维数 m 满足 $p \leqslant m$, 相对阶 $\{r_1, r_2, \cdots, r_p\}$ 满足 $1 \leqslant r_i \leqslant n\ (i = 1, 2, \cdots, p)$, 耦合矩阵 Γ 行满秩. 试证: 若将式 (4.65) 中的 Γ^{-1} 换成 $\Gamma^+ \stackrel{\text{def}}{=\!=} \Gamma^{\mathrm{T}}\left(\Gamma\Gamma^{\mathrm{T}}\right)^{-1}$, 其余矩阵不变, 则该线性系统经过状态等价变换 (4.81) 之后的输入输出规范型也具有式 (4.82) 的形式.

4.12 考虑单输入线性系统 $\dot{x} = Ax + bu$. 试证:

(1) 如果 $n = 2$, 则该系统对于所有非零向量 b 是能控的当且仅当矩阵 A 的特征值为复数.

(2) 如果 $n \geqslant 3$, 则该系统不可能对所有非零向量 b 都能控.

4.13 考虑 SISO 线性系统 (A, b, c). 假设 (A, b) 能控. 试问是否存在 c 使得 (A, c) 总是能观的? 如有, 请给出 c 的一种表达式.

4.14 设单输入线性系统 $(A, b) \in (\mathbf{R}^{n\times n}, \mathbf{R}^{n\times 1})$ 能控, $\alpha(s)$ 是 A 的特征多项式. 试证: 任给一个次数不超过 $n-1$ 的多项式 $\beta(s)$, 必存在唯一的 $c \in \mathbf{R}^{1\times n}$ 使得

$$c(sI_n - A)^{-1}b = \frac{\beta(s)}{\alpha(s)}$$

4.15 考虑小车倒立摆系统在 $(0, [0, 0, \pi, 0]^{\mathrm{T}}, 0)$ 处的线性化系统 (3.22). 请确定该线性系统的能控规范型以及相应的变换矩阵.

4.16 设 $(\tilde{A}, \tilde{B}\Gamma^{-1})$ 如式 (4.124) 所定义. 试证: $(\tilde{A}, \tilde{B}\Gamma^{-1})$ 的能控性指数集为 $\{r_1, r_2, \cdots, r_m\}$.

4.17 设 $(\check{A}, \check{B})$ 具有式 (4.165) 的形式, 其中 $\check{\alpha}_{ij}^{[k]}\ (i, j = 1, 2, \cdots, m)$ 为任意常数. 试举例说明 $(\check{A}, \check{B})$ 的能控性指数集不一定等于 $\{\mu_1, \mu_2, \cdots, \mu_m\}$.

4.18 设 $(\tilde{A}, \tilde{B})$ 具有式 (4.145) 的形式, 其中 $\alpha_{ij}^{[k]}\ (i, j = 1, 2, \cdots, m)$ 为任意常数, Γ 如式 (4.139) 所示, 其中 β_{ij} 为任意常数. 试证: $(\tilde{A}, \tilde{B})$ 的能控性指数集为 $\{\mu_1, \mu_2, \cdots, \mu_m\}$. 此外试举例说明, 如果 Γ 仅是非奇异的, 则上述结论一般不成立.

4.19 考虑能控的线性系统 (A, B), 其中 B 列满秩. 将 (A, B) 转化为其 Luenberger 能控规范型 $(\tilde{A}, \tilde{B})$ 的操作记作 $\mathscr{T}$, 即 $(\tilde{A}, \tilde{B}) = \mathscr{T}(A, B)$. 试证: $\mathscr{T}(\tilde{A}, \tilde{B}) = (\tilde{A}, \tilde{B})$, 即一个线性系统的 Luenberger 能控规范型的 Luenberger 规范型为该系统的 Luenberger 能控规范型.

4.20 考虑能控线性系统 (A, B), 其 Luenberger 第一能控规范型 $(\check{A}, \check{B})$ 如式 (4.165) 所定义, 对称化子矩阵 S 如式 (4.166) ~ 式 (4.170) 所定义,

$$\check{c}_i = \begin{bmatrix} 0 & \cdots & 0 & 1 & 0 & \cdots & 0 \end{bmatrix} \in \mathbf{R}^{1\times n}, \quad i = 1, 2, \cdots, m$$

其中, 1 出现在第 $\mu_1 + \mu_2 + \cdots + \mu_i$ 列. 试证:

$$S^{-1} = \begin{bmatrix} \check{S}_1 \\ \check{S}_2 \\ \vdots \\ \check{S}_m \end{bmatrix}, \quad \check{S}_i = \begin{bmatrix} \check{c}_i \\ \check{c}_i\check{A} \\ \vdots \\ \check{c}_i\check{A}^{\mu_i - 1} \end{bmatrix}, \quad i = 1, 2, \cdots, m$$

4.21 设能控的线性系统 (A,B) 的 Hermite 指数集为 $\{h_1,\cdots,h_l,0,\cdots,0\}$, 矩阵 Q 如式 (4.176) 所定义, T 如式 (4.178) 所定义. 试证: 线性系统 (A,B) 经过状态等价变换 $\tilde{x}=Tx$ 之后的线性系统 $(\tilde{A},\tilde{B})$ 具有如下的 Wonham 第三能控规范型:

$$\tilde{A}=\begin{bmatrix}\tilde{A}_{11} & \tilde{A}_{12} & \cdots & \tilde{A}_{1l}\\ & \tilde{A}_{22} & \cdots & \tilde{A}_{2l}\\ & & \ddots & \vdots\\ & & & \tilde{A}_{ll}\end{bmatrix},\quad \tilde{A}_{ii}=\left[\begin{array}{c|ccc}0 & 1 & & \\ \vdots & & \ddots & \\ 0 & & & 1\\ \hline * & * & \cdots & *\end{array}\right],\quad \tilde{A}_{ij}=\left[\begin{array}{cccc}0 & 0 & \cdots & 0\\ \vdots & \vdots & & \vdots\\ 0 & 0 & \cdots & 0\\ \hline * & * & \cdots & *\end{array}\right]$$

$$\tilde{B}=\left[\begin{array}{cccc|ccc}\tilde{b}_{11} & * & \cdots & * & * & \cdots & *\\ & \tilde{b}_{22} & \cdots & * & * & \cdots & *\\ & & \ddots & \vdots & \vdots & & \vdots\\ & & & \tilde{b}_{ll} & * & \cdots & *\end{array}\right],\quad \tilde{b}_{ii}=\left[\begin{array}{c}0\\ \vdots\\ 0\\ \hline 1\end{array}\right]\in\mathbf{R}^{h_i\times 1}$$

其中, $*$ 表示可能的非零项. 此外, 试以例 4.3.8 中的系统为例说明, 如果针对引理 4.5.4 中的 Wonham 第一能控规范型, 根据式 (4.166) ~ 式 (4.170) 构造块上三角的对称化子 S, 那么不可通过状态等价变换 $\tilde{x}=(QS)^{-1}x$ 将系统变换成上面的 Wonham 第三能控规范型.

4.22 考虑线性系统 (A,B), 其中 $B=[b_1,b_2,\cdots,b_m]$. 如果 (A,b_1) 能控, 则 (A,B) 的 Wonham 能控规范型是否有某种特殊形式?

4.23 设线性系统 $(A,B)\in(\mathbf{R}^{n\times n},\mathbf{R}^{n\times m})$ 能控, B 的第 i 列记为 b_i $(i=1,2,\cdots,m)$. 令

$$n_i=\operatorname{rank}\begin{bmatrix}b_i & Ab_i & \cdots & A^{n-1}b_i\end{bmatrix},\quad i=1,2,\cdots,m$$

试证: 如果 $n_1+n_2+\cdots+n_m=n$, 则 $\{n_1,n_2,\cdots,n_m\}$ 既是系统的能控性指数集又是 Hermite 指数集, 且该系统的 Luenberger 和 Wonham 能控规范型都为

$$\tilde{A}=A_{11}\oplus A_{22}\oplus\cdots\oplus A_{mm},\quad \tilde{B}=b_{11}\oplus b_{22}\oplus\cdots\oplus b_{mm}$$

其中

$$A_{ii}=\left[\begin{array}{c|ccc}0 & 1 & & \\ \vdots & & \ddots & \\ 0 & & & 1\\ \hline -\alpha_{i0} & -\alpha_{i1} & \cdots & -\alpha_{i,n_i-1}\end{array}\right],\quad b_{ii}=\left[\begin{array}{c}0\\ \vdots\\ 0\\ \hline 1\end{array}\right]$$

α_{ij} $(j=0,1,\cdots,n_i-1,i=1,2,\cdots,m)$ 满足

$$A^{n_i}b_i=-\alpha_{i0}b_i-\alpha_{i1}Ab_i-\cdots-\alpha_{i,n_i-1}A^{n_i-1}b_i$$

4.24 设线性系统 $(A,B)\in(\mathbf{R}^{n\times n},\mathbf{R}^{n\times m})$ 能控, 其能控性指数 μ 满足 $\mu m=n$. 试证: 存在非奇异矩阵 T 使得

$$TAT^{-1}=\left[\begin{array}{c|ccc}0 & I_m & & \\ \vdots & & \ddots & \\ 0 & & & I_m \\ \hline -A_0 & -A_1 & \cdots & -A_{\mu-1}\end{array}\right],\quad TB=\left[\begin{array}{c}0\\ \vdots\\ 0\\ \hline I_m\end{array}\right]$$

其中, $A_i\in\mathbf{R}^{m\times m}\ (i=0,1,\cdots,\mu-1)$ 是可能非零的矩阵.

4.25 设 (A,B) 能控, 能控性指数集为 $\{\mu_1,\mu_2,\cdots,\mu_m\}$, Luenberger 能控规范型为式 (4.145), T、Γ 和 G 分别如式 (4.143)、式 (4.139) 和式 (4.171) 所定义, (A_0,B_0) 如式 (4.201) 所定义,

$$P_0(s)=\left[\begin{array}{cccc|c} & & & & 0\\ \hline 1 & & & & \\ s & 1 & & & \\ \vdots & \ddots & \ddots & & \\ s^{\mu_1-2} & \cdots & s & 1 & \end{array}\right]\oplus\cdots\oplus\left[\begin{array}{cccc|c} & & & & 0\\ \hline 1 & & & & \\ s & 1 & & & \\ \vdots & \ddots & \ddots & & \\ s^{\mu_m-2} & \cdots & s & 1 & \end{array}\right]$$

$$Q_0(s)=\begin{bmatrix} s^{\mu_1-1} & \cdots & s & 1\end{bmatrix}\oplus\cdots\oplus\begin{bmatrix} s^{\mu_m-1} & \cdots & s & 1\end{bmatrix}$$

$$N_0(s)=\begin{bmatrix} 1 & s & \cdots & s^{\mu_1-1}\end{bmatrix}^{\mathrm{T}}\oplus\cdots\oplus\begin{bmatrix} 1 & s & \cdots & s^{\mu_m-1}\end{bmatrix}^{\mathrm{T}}$$

$$D_0(s)=s^{\mu_1}\oplus s^{\mu_2}\oplus\cdots\oplus s^{\mu_m}$$

其中, $(P_0(s),Q_0(s),N_0(s),D_0(s))\in(\mathbf{R}^{n\times n}[s],\mathbf{R}^{m\times n}[s],\mathbf{R}^{n\times m}[s],\mathbf{R}^{m\times m}[s])$. 设

$$\begin{bmatrix} P(s) & N(s)\\ Q(s) & D(s)\end{bmatrix}=\begin{bmatrix} T^{-1} & 0\\ \Gamma^{-1}G & \Gamma^{-1}\end{bmatrix}\begin{bmatrix} P_0(s) & N_0(s)\\ Q_0(s) & D_0(s)\end{bmatrix}\begin{bmatrix} T & 0\\ 0 & I_m\end{bmatrix}$$

$L(s)\in\mathbf{R}^{m\times m}[s]$ 如式 (4.148) 所定义. 试证: $L(s)=D_0(s)+GN_0(s)=\Gamma D(s)$ 且①

$$\begin{bmatrix} A_0-sI_n & B_0\end{bmatrix}\begin{bmatrix} P_0(s) & N_0(s)\\ Q_0(s) & D_0(s)\end{bmatrix}=\begin{bmatrix} I_n & 0\end{bmatrix},\quad \left|\det\begin{bmatrix} P_0(s) & N_0(s)\\ Q_0(s) & D_0(s)\end{bmatrix}\right|=1$$

$$\begin{bmatrix} A-sI_n & B\end{bmatrix}\begin{bmatrix} P(s) & N(s)\\ Q(s) & D(s)\end{bmatrix}=\begin{bmatrix} I_n & 0\end{bmatrix},\quad \left|\det\begin{bmatrix} P(s) & N(s)\\ Q(s) & D(s)\end{bmatrix}\right|=1 \tag{4.232}$$

4.26 请以 $n=7,m=3,\mu_1=2,\mu_2=3,\mu_3=2$ 为例证明式 (4.149) 成立.

4.27 试证: 矩阵 $A\in\mathbf{R}^{n\times n}$ 是循环的当且仅当存在向量 b 使得 (A,b) 能控.

---

① 式 (4.232) 事实上是 $[A-sI_n,B]$ 的 Smith 规范型分解. 该式也可写成

$$(sI_n-A)^{-1}B=N(s)D^{-1}(s),\quad (A-sI_n)P(s)+BQ(s)=I_n$$

上述第 1 式称为线性系统 (A,B) 的右互质分解, 该结论也称为 Falb-Wolovich 结构定理, 而第 2 式是左互质多项式矩阵 $[A-sI_n,B]$ 的 Bezout 恒等式.

4.28　考虑 SISO 线性系统 $\dot{x} = Ax + bu, y = cx$, 其传递函数为

$$g(s) = c(sI_n - A)^{-1}b = \frac{\sum\limits_{i=0}^{n-1}\beta_i s^i}{\det(sI_n - A)} \xlongequal{\text{def}} \frac{\beta(s)}{\alpha(s)} \tag{4.233}$$

设 T 如式 (4.132) 所定义, $\beta = [\beta_0, \beta_1, \cdots, \beta_{n-1}]$. 试证: 该系统经过状态等价变换 $\tilde{x} = Tx$ 之后的系统为 $\dot{\tilde{x}} = \tilde{A}\tilde{x} + \tilde{b}u, y = \beta\tilde{x}$. 其中, $(\tilde{A}, \tilde{b})$ 是线性系统 (A, b) 的能控规范型.

4.29　设 SISO 线性系统 $(A, b, c) \in (\mathbf{R}^{n\times n}, \mathbf{R}^{n\times 1}, \mathbf{R}^{1\times n})$ 或者能控或者能观, $Q_\text{c} = Q_\text{c}(A, b)$ 和 $Q_\text{o} = Q_\text{o}(A, c)$ 分别是其能控和能观性矩阵, S_α 是对称化子, 传递函数为式 (4.233). 试证:

$$\beta(A) \xlongequal{\text{def}} \sum_{i=0}^{n-1}\beta_i A^i = Q_\text{c} S_\alpha Q_\text{o} \tag{4.234}$$

4.30　考虑如下 n 阶单输入多积分器系统

$$A = \begin{bmatrix} 0 & 1 & & \\ & 0 & \ddots & \\ & & \ddots & 1 \\ & & & 0 \end{bmatrix} \in \mathbf{R}^{n\times n},\ b = \begin{bmatrix} 0 \\ \vdots \\ 0 \\ 1 \end{bmatrix} \in \mathbf{R}^{n\times 1}$$

设 $\lambda_i\ (i = 2, 3, \cdots, n)$ 是任意给定的正数. 称

$$A_\text{T} = \begin{bmatrix} 0 & \lambda_2 & \cdots & \lambda_{n-1} & \lambda_n \\ & 0 & \cdots & \lambda_{n-1} & \lambda_n \\ & & \ddots & \vdots & \vdots \\ & & & 0 & \lambda_n \\ & & & & 0 \end{bmatrix}, \quad b_\text{T} = \begin{bmatrix} 1 \\ 1 \\ \vdots \\ 1 \\ 1 \end{bmatrix}$$

为线性系统 (A, b) 的 Teel 能控规范型. 试证: 存在变换矩阵 T 使得 $(A_\text{T}, b_\text{T}) = (TAT^{-1}, Tb)$. 此外, 请确定此变换矩阵.

4.31　设 (A_3, B_3, C_3) 如定理 4.7.2 所定义, 其中 $\{q_1, q_2, \cdots, q_{k_3}\}$ 具有式 (4.209) 的形式. 试证: 可逆性矩阵 $Q_\text{i}^{[k]}(A_3, B_3, C_3)\ (k \geqslant 0)$ 的秩满足式 (4.210).

4.32　设方线性系统 $(A, B, C), B \in \mathbf{R}_m^{n\times m}$ 满足假设 4.3.2, 且不失一般性地假设相对阶为

$$\{r_1, r_2, \cdots, r_m\} = \Big\{\underbrace{n, \cdots, n}_{p_n}, \underbrace{n-1, \cdots, n-1}_{p_{n-1}}, \cdots, \underbrace{1, \cdots, 1}_{p_1}\Big\}$$

其中, $p_i \geqslant 0\ (i = 1, 2, \cdots, n)$ 是适当的非负整数, $\{\varphi_\text{i}^{[k]}\}_{k=0}^n$ 是系统的可逆性指数集. 试证:

$$\text{rank}(Q_\text{i}^{[k]}(A, B, C)) = p_1 + (p_1 + p_2) + \cdots + (p_1 + \cdots + p_k)$$
$$p_k = \varphi_\text{i}^{[k]} - \varphi_\text{i}^{[k-1]}, \quad k \in \{1, 2, \cdots, n\}$$

4.33 设线性系统 $(A,B,C)\in(\mathbf{R}^{n\times n},\mathbf{R}_m^{n\times m},\mathbf{R}_p^{p\times n})$ 是右可逆的且 $p<m$. 试根据其 Morse 规范型导出其右逆系统的表达式.

本章附注

附注 4.1 输入输出规范型最初是由 Byrnes 和 Isidori 针对非线性系统建立的[2], 故也称为 Byrnes-Isidori 规范型. 输入输出规范型在线性系统领域并没有得到足够的重视. 本章系统性地介绍了 SISO 系统和方 MIMO 系统的输入输出规范型, 其中 SISO 情形参考了文献 [3], 而 MIMO 情形则参考了文献 [4], 但这里给出的变换矩阵较文献 [4] 更简洁, 似未见其他文献有相同的结论. 据作者所知, 习题 4.9 考虑的具有严格相对阶情形的输入输出规范型最早见于文献 [5]. 例 4.3.2 表明, 某些系统可以通过输出变换使得变换后系统的耦合矩阵是非奇异的. 最近, 作者建立了关于输出变换存在性的一个非常简洁的充要条件[6], 即

$$\operatorname{rank}\begin{bmatrix} & & CB \\ & \iddots & \vdots \\ CB & \cdots & CA^{n-1}B\end{bmatrix}=\sum_{k=1}^{n}\operatorname{rank}\begin{bmatrix} CB & CAB & \cdots & CA^{k-1}B\end{bmatrix}$$

$$\operatorname{rank}\begin{bmatrix} CB & CAB & \cdots & CA^{n-1}B\end{bmatrix}=m$$

附注 4.2 多输入系统的能控规范型最早由 Luenberger[7] 于 1967 年进行了系统性的研究. Luenberger 首先将线性系统转化为第一能控规范型 (引理 4.5.3), 在此基础上构造 Luenberger 第二能控规范型 (定理 4.4.3). 本章通过引入可解耦质系统的概念, 扩宽了能控规范型的范围, 即任何形如式 (4.124) 的系统即解耦的积分链都可以认为是合适的能控规范型, 从而将 Luenberger 能控规范型当成了特例. 另外, 我们还证明了能控规范型在结构上的唯一性, 由系统的能控性指数集确定. 将能控规范型作为输入输出规范型的特例, 有助于深刻理解线性系统的内在结构特性. 据作者所知, 类似的观点未引起足够的注意.

附注 4.3 关于能控规范型与对称化子之间的关系, 单输入系统情形的结果最早见于文献 [8], 目前被大部分教材和文献采用. 但一般都将对称化子 S_α 写成下三角矩阵, 这导致变换矩阵 T 与 $[A^{n-1}b,\cdots,Ab,b]$ 相关, 而不是直接与能控性矩阵相关, 故未被本书采用. 在多输入系统的情形下, 据作者所知, 通过广义对称化子将 Luenberger 第一能控规范型 (引理 4.5.3) 与 Luenberger 第二能控规范型 (定理 4.4.3) 相联系 (式 (4.175)), 未见相关文献报道. Luenberger 第一和第二能控规范型的系数之间的关系 (式 (4.174)) 取自文献 [9]. Wonham 能控规范型是 Wonham 首次在文献 [10] 中给出的. 事实上, 同一年 Anderson 和 Luenberger[11] 构造了与之完全一样的规范型. 本章利用对称化子提供的证明方法应该是最简洁易懂的. 对称化子有许多有趣的性质, 如习题 4.20 和习题 4.29. 其中习题 4.29 取自作者的工作[12]. 恒等式 (4.234) 事实上是 $\alpha(s)$ 和 $\beta(s)$ 的一个结式 (resultant) 矩阵. 多输入系统除了本章介绍的 Luenberger 和 Wonham 能控规范型之外, 比较常用的还有 Yokoyama 能控规范型[13]. 多输入系统的其他规范型可参考综述文献 [14].

附注 4.4 单输入线性系统的能控规范型也叫相变规范型 (phase-variable canonical form), 最早由 Wonham 等[15] 提出. 后续文献中出现了许多迥异的变换矩阵构造方法. 然而, 根据引理 4.5.2[16], 变换矩阵是唯一的. 这意味着不同的构造方法事实上得到的是相同

的变换矩阵. 利用引理 4.5.2 还可以给出单输入系统的许多其他能控规范型的变换矩阵. 线性系统 (A,b) 在状态等价变换之下的规范型可看成是方阵 A 在相似变换之下的规范型的推广. 因此, 只要 A 有一种规范型 $\tilde{A}$, 那么相应地 (A,b) 就有一种规范型 $(\tilde{A},\tilde{b})$. 文献中报道了大量的单输入线性系统的能控规范型, 如 Jordan 能控规范型[17]、Hessenberg 能控规范型、Schwarz 能控规范型[18]、Routh 能控规范型等. 不同的能控规范型有不同的作用. 感兴趣的读者可参考文献 [19], 其中还介绍了其他的一些有趣的规范型. 特别指出的是, 单输入系统的一类 Teel 能控规范型 (习题 4.30) 在受限控制问题中十分重要, 感兴趣的读者可以参考作者的工作[16,20-24].

附注 4.5 Morse 规范型于 1973 年由 Morse[25] 采用抽象线性代数的方法给出. 同年 Thorp[26] 采用奇异矩阵束的 Kronecker 规范型理论得到了完全相同的结论. 事有凑巧, 同年 Popov 建立了一种类似的规范型 (见文献 [27] 的证明). 无论是基于抽象线性代数的几何方法还是基于 Kronecker 规范型的代数方法, 都没有给出变换矩阵簇 (T,T_u,T_y,K,L) 的简易确定方法. 据作者所知, 现有求取变换矩阵簇的文献包括 [27] ~ [33], 其中文献 [27]、文献 [29]、文献 [30] 和文献 [31] 都是基于 Silverman 结构化算法[34]. 这些方法无一例外都异常复杂. 定理 4.7.3 和能控规范型理论启发我们, 直接利用可逆性矩阵、输入函数能观性矩阵以及输出函数能控性矩阵构造变换矩阵簇应该是可行的. 文献 [28] 中的方法已有这种迹象. 然而该问题还需进一步深入研究. 最近, Kučera[35] 采用有理分式矩阵理论给出了 Morse 规范型一个较简单的证明方法, 然而亦涉及较复杂的步骤. 通常, 如上述列举的诸文献所展示的那样, 只有系统被变换成其 Morse 规范型之后才能完全确定 Morse 结构指数. 定理 4.7.3 通过系统的可逆性指数集、输入函数能观性指数集和输出函数能控性指数集即可确定其 Morse 结构指数, 无疑是非常方便的. 该定理取自作者的工作[36], 改进了文献 [37] 的相关结论. 据作者所知, 推论 4.7.1 最早见于文献 [38], 那里要求系统是既能控又能观的. 该结论未引起广泛重视. 命题 4.7.2 中的精简 Morse 规范型最早由文献 [30] 给出 (在该文献中被称为"特殊坐标基"), 这里提供的构造性方法取自作者的工作[36]. Morse 规范型的应用非常广泛, 如各种解耦问题[30] 特别是干扰解耦问题[39], 见文献 [25] 的施引文献. Brunovsky 规范型由文献 [40] 提出. 该规范型也可由矩阵束 $[A,B]-s[I_n,0]$ 的 Kronecker 规范型直接导出, 因此 Brunovsky 规范型中的能控性指数集有时也称为 Kronecker 指数集.

附注 4.6 研究线性系统在代数等价变换、状态反馈变换、输出注入变换等操作下保持不变的量是一个理论上非常重要的问题, 因为它能够刻画这些"操作"改变系统的能力. 在科学问题中, 能做什么固然重要, 但不能做什么也是非常重要的. 关于线性系统在各种操作下的不变量, 可以参考文献 [25] 和文献 [40] ~ [42].

参考文献

[1] Kalman R E. Mathematical description of linear dynamical systems. Journal of the Society for Industrial and Applied Mathematics series A Control, 1963, 1(2): 152-192.

[2] Isidori A. Nonlinear Control Systems II. London: Springer, 2013.

[3] Ilchmann A, Ryan E P, Townsend P. Tracking with prescribed transient behavior for nonlinear systems of known relative degree. SIAM Journal on Control and Optimization, 2007, 46(1): 210-230.

[4] Mueller M. Normal form for linear systems with respect to its vector relative degree. Linear Algebra and Its Applications, 2009, 430(4): 1292-1312.
[5] Sannuti P. Direct singular perturbation analysis of high-gain and cheap control problems. Automatica, 1983, 19(1): 41-51.
[6] Zhou B. On the relative degree and normal forms of linear systems by output transformation with applications to tracking. Automatica, 2023, 148: 110800.
[7] Luenberger D G. Canonical forms for linear multivariable systems. IEEE Transactions on Automatic Control, 1967, 12(3): 290-293.
[8] Tuel Jr W G. On the transformation to (phase-variable) canonical form. IEEE Transactions on Automatic Control, 1966, 11(3): 607.
[9] Chan W, Wang Y. A basis for the controllable canonical form of linear time-invariant multiinput systems. IEEE Transactions on Automatic Control, 1978, 23(4): 742-745.
[10] Wonham W. On pole assignment in multi-input controllable linear systems. IEEE Transactions on Automatic Control, 1967, 12(6): 660-665.
[11] Anderson B D O, Luenberger D G. Design of multivariable feedback systems. Proceedings of the Institution of Electrical Engineers, 1967, 114(3): 395-399.
[12] Zhou B, Duan G R, Song S M. An identity concerning controllability observability and coprimeness of linear systems and its applications. Journal of Control Theory and Applications, 2007, 5: 177-183.
[13] Yokoyama R, Kinnen E. Phase-variable canonical forms for linear, multi-input, multi-output systems. International Journal of Control, 1973, 17(6): 1297-1312.
[14] Maroulas J, Barnett S. Canonical forms for time-invariant linear control systems: A survey with extensions II. Multivariable case. International Journal of Systems Science, 1979, 10(1): 33-50.
[15] Wonham W M, Johnson C D. Optimal bang-bang control with quadratic performance index. Transactions of the ASME, Series D: Journal of Basic Engineering, 1964, 86: 107-115.
[16] Zhou B, Duan G R. Global stabilisation of multiple integrators via saturated controls. IET Control Theory & Applications, 2007, 1(6): 1586-1593.
[17] Hinrichsen D, Prätzel-Wolters D. A Jordan canonical form for reachable linear systems. Linear Algebra and Its applications, 1989, 122-124: 489-524.
[18] Chen C, Chu H. A matrix for evaluating Schwarz's form. IEEE Transactions on Automatic Control, 1966, 11(2): 303-305.
[19] Maroulas J, Barnett S. Canonical forms for time-invariant linear control systems: A survey with extensions Part I. Single-input case. International Journal of Systems Science, 1978, 9(5): 497-514.
[20] Zhou B, Duan G R. A novel nested non-linear feedback law for global stabilisation of linear systems with bounded controls. International Journal of Control, 2008, 81(9): 1352-1363.
[21] Zhou B, Lam J, Lin Z L, et al. Global stabilization and restricted tracking with bounded feedback for multiple oscillator systems. Systems & Control Letters, 2010, 59(7): 414-422.
[22] Zhou B, Lin Z L, Duan G R. L_∞ and L_2 low-gain feedback: Their properties, characterizations and applications in constrained control. IEEE Transactions on Automatic Control, 2010, 56(5): 1030-1045.
[23] Zhou B, Yang X F. Global stabilization of the multiple integrators system by delayed and bounded controls. IEEE Transactions on Automatic Control, 2015, 61(12): 4222-4228.
[24] Zhou B, Yang X F. Global stabilization of discrete-time multiple integrators with bounded and delayed feedback. Automatica, 2018, 97: 306-315.
[25] Morse A S. Structural invariants of linear multivariable systems. SIAM Journal on Control, 1973, 11(3): 446-465.
[26] Thorp J S. The singular pencil of a linear dynamical system. International Journal of Control, 1973, 18(3): 577-596.
[27] Dragan V, Halanay A. High-gain feedback stabilization of linear systems. International Journal of Control, 1987, 45(2): 549-577.

[28] Jordan D, Godbout L. On computation of the canonical pencil of a linear system. IEEE Transactions on Automatic Control, 1977, 22(1): 126-128.
[29] Kitapci A, Silverman L M. Determination of Morse's canonical form using the structure algorithm. The 23rd IEEE Conference on Decision and Control, Las Vegas, 1984: 1752-1757.
[30] Sannuti P, Saberi A. Special coordinate basis for multivariable linear systems-finite and infinite zero structure, squaring down and decoupling. International Journal of Control, 1987, 45(5): 1655-1704.
[31] Suda N. An elementary derivation of Kronecker canonical form for linear time-invariant systems. Advances in Control Education, 1995: 73-76.
[32] Thorp J S. An algorithm for an invariant canonical form. IEEE Conference on Decision and Control, Phoenix, 1974: 248-253.
[33] van Dooren P. The computation of Kronecker's canonical form of a singular pencil. Linear Algebra and Its Applications, 1979, 27: 103-140.
[34] Silverman L M J P. Inversion of multivariable linear systems. IEEE Transactions on Automatic Control, 1969, 14(3): 270-276.
[35] Kučera V. An alternative proof of the Kronecker/Morse normal form. The 18th European Control Conference, Naples, 2019: 3809-3816.
[36] Zhou B. On the invertibility indices and the Morse normal form for linear multivariable systems. International Journal of Control, 2024, 97(6): 1198-1209.
[37] García-Planas M I, Magret M D. An alternative system of structural invariants of quadruples of matrices. Linear Algebra and Its Applications, 1999, 291(1-3): 83-102.
[38] Baser U, Eldem V. A new set of necessary and sufficient conditions for a system to be prime. IEEE Transactions on Automatic Control, 1984, 29(12): 1091-1095.
[39] Compta A, Ferrer J, Peña M. Use of reduced forms in the disturbance decoupling problem. Linear Algebra and Its Applications, 2009, 430(5-6): 1574-1589.
[40] Brunovský P. A classification of linear controllable systems. Kybernetika, 1970, 6(3): 173-188.
[41] Molinari B P. Structural invariants of linear multivariable systems. International Journal of Control, 1978, 28(4): 493-510.
[42] Popov V M. Invariant description of linear, time-invariant controllable systems. SIAM Journal on Control, 1972, 10(2): 252-264.

第 5 章 反馈镇定

线性系统的设计是线性系统理论的重要组成部分. 从根本上说, 线性系统的分析是为线性系统的设计做准备的. 实现控制系统设计的重要手段是反馈. 本章介绍最重要的非优化设计问题: 镇定.

考虑如下一般形式的线性系统:

$$\begin{cases} \dot{x} = Ax + Bu \\ y = Cx + Du \end{cases}, \quad x(0) = x_0,\ t \geqslant 0 \tag{5.1}$$

其中, $A \in \mathbf{R}^{n\times n}$ 是系统矩阵; $B \in \mathbf{R}^{n\times m}$ 是控制矩阵; $C \in \mathbf{R}^{p\times n}$ 是输出矩阵; $D \in \mathbf{R}^{p\times m}$ 是前馈矩阵. 为方便阅读, 如无特别说明, 任何时间函数如状态向量 $x(t)$ 均简记为 x. 在本章中, 上述系统通常被称为被控对象或者开环系统, 如图 5.1(a) 所示.

针对系统 (5.1) 考虑状态反馈变换和输入等价变换

$$u = Kx + Hv \tag{5.2}$$

其中, $K \in \mathbf{R}^{m\times n}$ 是反馈增益矩阵; $v \in \mathbf{R}^m$ 是新的输入信号; $H \in \mathbf{R}_m^{m\times m}$ 是输入变换矩阵, 在大多数情形下有 $H = I_m$. 为了方便, 以后直接称式 (5.2) 为状态反馈. 由于式 (5.2) 是代数方程, 为了和一般的动态反馈相区别, 有时也将其称为静态状态反馈. 将式 (5.2) 代入系统 (5.1) 得到

$$\begin{cases} \dot{x} = (A + BK)x + BHv \\ y = (C + DK)x + DHv \end{cases} \tag{5.3}$$

与开环系统 (5.1) 相对应, 上述改造后的线性系统称为闭环系统, 如图 5.1(b) 所示.

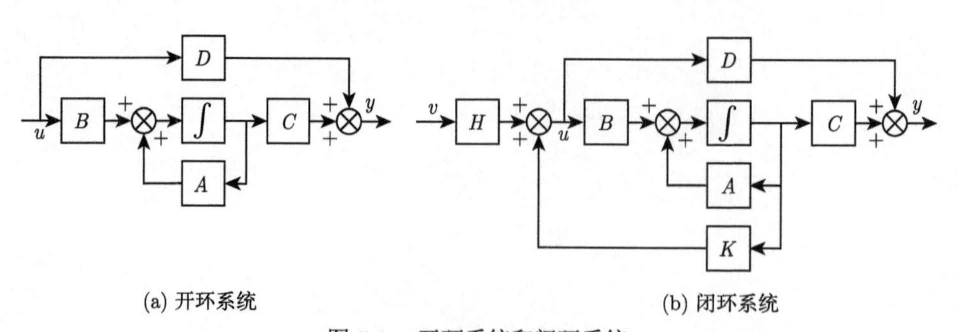

(a) 开环系统　　(b) 闭环系统

图 5.1　开环系统和闭环系统

5.1 状态反馈镇定

5.1.1 问题的描述与解

反馈的目的是使得闭环系统达到某个特定的目标. 显然, 稳定性是首要目标. 本节考虑

保证闭环系统渐近稳定的反馈控制律的设计问题. 提法如下.

问题 5.1.1　给定线性系统 (5.1), 设计状态反馈 (5.2) 使得闭环系统 (5.3) 渐近稳定, 即 $A+BK$ 是 Hurwitz 矩阵.

问题 5.1.1 一般称为镇定问题, 镇定问题的解 $K\in\mathbf{R}^{m\times n}$ 称为镇定增益. 下面首先给出 (A,B) 能控时镇定问题的解.

定理 5.1.1　设线性系统 (A,B) 是能控的. 如果反馈增益矩阵取为

$$K=-B^{\mathrm{T}}\left(\int_0^{\tau}\mathrm{e}^{-\gamma s}\mathrm{e}^{-As}BB^{\mathrm{T}}\mathrm{e}^{-A^{\mathrm{T}}s}\mathrm{d}s\right)^{-1}$$

其中, τ 为任意正常数; γ 为任意非负常数, 则闭环系统 (5.3) 是渐近稳定的, 且

$$\mathrm{Re}(\lambda_i(A+BK))<-\frac{\gamma}{2},\quad i=1,2,\cdots,n \tag{5.4}$$

证明　定义矩阵

$$W_{\gamma}(\tau)=\int_0^{\tau}\mathrm{e}^{-\left(A+\frac{\gamma}{2}I_n\right)s}BB^{\mathrm{T}}\mathrm{e}^{-\left(A+\frac{\gamma}{2}I_n\right)^{\mathrm{T}}s}\mathrm{d}s$$

注意到 $W_{\gamma}(\tau)$ 是线性系统 $(A+\gamma I_n/2,B)\overset{\mathrm{def}}{=\!=}(A_{\gamma},B)$ 的能控性 Gram 矩阵. 由于 (A,B) 能控, 所以 (A_{γ},B) 也能控, 从而 $W_{\gamma}(\tau)>0$. 注意到

$$\begin{aligned}A_{\gamma}W_{\gamma}(\tau)+W_{\gamma}(\tau)A_{\gamma}^{\mathrm{T}}&=\int_0^{\tau}\left(A_{\gamma}\mathrm{e}^{-A_{\gamma}s}BB^{\mathrm{T}}\mathrm{e}^{-A_{\gamma}^{\mathrm{T}}s}+\mathrm{e}^{-A_{\gamma}s}BB^{\mathrm{T}}\mathrm{e}^{-A_{\gamma}^{\mathrm{T}}s}A_{\gamma}^{\mathrm{T}}\right)\mathrm{d}s\\&=-\int_{s=0}^{s=\tau}\mathrm{d}\left(\mathrm{e}^{-A_{\gamma}s}BB^{\mathrm{T}}\mathrm{e}^{-A_{\gamma}^{\mathrm{T}}s}\right)=BB^{\mathrm{T}}-\mathrm{e}^{-A_{\gamma}\tau}BB^{\mathrm{T}}\mathrm{e}^{-A_{\gamma}^{\mathrm{T}}\tau}\end{aligned}$$

由此可知

$$\begin{aligned}&(A_{\gamma}+BK)W_{\gamma}(\tau)+W_{\gamma}(\tau)(A_{\gamma}+BK)^{\mathrm{T}}\\&=(A_{\gamma}-BB^{\mathrm{T}}W_{\gamma}^{-1}(\tau))W_{\gamma}(\tau)+W_{\gamma}(\tau)(A_{\gamma}-BB^{\mathrm{T}}W_{\gamma}^{-1}(\tau))^{\mathrm{T}}\\&=A_{\gamma}W_{\gamma}(\tau)+W_{\gamma}(\tau)A_{\gamma}^{\mathrm{T}}-2BB^{\mathrm{T}}=-BB^{\mathrm{T}}-\mathrm{e}^{-A_{\gamma}\tau}BB^{\mathrm{T}}\mathrm{e}^{-A_{\gamma}^{\mathrm{T}}\tau}\\&=-\left[\begin{array}{cc}B & \mathrm{e}^{-A_{\gamma}\tau}B\end{array}\right]\left[\begin{array}{cc}B & \mathrm{e}^{-A_{\gamma}\tau}B\end{array}\right]^{\mathrm{T}}\end{aligned}\tag{5.5}$$

根据定理 4.6.1, 状态反馈不改变能控性. 因此, 从 (A_{γ},B) 能控可以推知 $(A_{\gamma}+BK,B)$ 能控, 进而有 $(A_{\gamma}+BK,\ [B,\mathrm{e}^{-A_{\gamma}\tau}B])$ 能控. 根据 Lyapunov 方程理论 (见习题 3.12), 方程 (5.5) 表明 $A_{\gamma}+BK$ 是 Hurwitz 矩阵, 即 $\mathrm{Re}(\lambda_i(A_{\gamma}+BK))<0$ $(i=1,2,\cdots,n)$. 这就是式 (5.4). 证毕. □

定理 5.1.1 表明 (A,B) 能控是问题 5.1.1 可解的充分条件. 下面进一步给出充要条件.

命题 5.1.1　问题 5.1.1 可解当且仅当线性系统 (A,B) 能稳, 即系统的不能控振型是渐近稳定的或者 (见式 (3.95))

$$\mathrm{rank}\left[\begin{array}{cc}A-sI_n & B\end{array}\right]=n,\quad \forall s\in\mathbf{C}_{\geqslant 0}$$

证明 必要性: 由定理 4.6.1 可知状态反馈不改变系统 (A,B) 的不能控振型, 因此, 如果不能控振型不稳定, 则闭环系统一定是不稳定的. 下证充分性. 设 $\operatorname{rank}(Q_{\rm c}(A,B))=n_{\rm c}<n$, 则由定理 4.2.1 可知存在可逆矩阵 T 使得

$$(TAT^{-1},TB)=\left(\left[\begin{array}{cc} A_{11} & A_{12} \\ 0 & A_{22} \end{array}\right],\left[\begin{array}{c} B_1 \\ 0 \end{array}\right]\right) \tag{5.6}$$

其中, $(A_{11},B_1)\in(\mathbf{R}^{n_{\rm c}\times n_{\rm c}},\mathbf{R}^{n_{\rm c}\times m})$ 是能控的. 根据假设, A_{22} 是 Hurwitz 矩阵. 另外, 根据定理 5.1.1, 存在反馈增益 K_1 使得 $A_{11}+B_1K_1$ 是 Hurwitz 矩阵. 令

$$K=\left[\begin{array}{cc} K_1 & K_2 \end{array}\right]T \tag{5.7}$$

其中, $K_2\in\mathbf{R}^{m\times(n-n_{\rm c})}$ 是任意矩阵, 则

$$A+BK=T^{-1}\left[\begin{array}{cc} A_{11}+B_1K_1 & A_{12}+B_1K_2 \\ 0 & A_{22} \end{array}\right]T$$

因此

$$\lambda(A+BK)=\lambda(A_{11}+B_1K_1)\cup\lambda(A_{22}) \tag{5.8}$$

这表明 $A+BK$ 是 Hurwitz 矩阵. 证毕. □

根据命题 5.1.1 的证明, 如果 (A,B) 能稳, 则相应的镇定增益 K 可按下面的步骤计算.

(1) 将 (A,B) 进行能控性结构分解, 得到式 (5.6).

(2) 利用定理 5.1.1 的方法对能控的子系统 (A_{11},B_1) 设计镇定增益 K_1.

(3) 任选 $K_2\in\mathbf{R}^{(n-n_{\rm c})\times n}$, 通过式 (5.7) 构造镇定增益 K.

显然, 由于 K_1 和 K_2 都不是唯一的, 上述过程得到的镇定增益 K 也不是唯一的. 此外, 能控子系统 (A_{11},B_1) 的镇定增益 K_1 还可用其他的方法进行设计, 如 5.1.2 节要介绍的方法.

5.1.2 降阶方法

本节介绍一种镇定增益的降阶设计方法. 假设 (A,B) 能稳, 且不失一般性地假设 B 列满秩. 故存在矩阵 $B_0\in\mathbf{R}_{n-m}^{(n-m)\times n}$ 使得 $B_0B=0$. 容易验证

$$T_0=\left[\begin{array}{cc} B & B_0^{\rm T} \end{array}\right]=\left[\begin{array}{c} (B^{\rm T}B)^{-1}B^{\rm T} \\ (B_0B_0^{\rm T})^{-1}B_0 \end{array}\right]^{-1} \tag{5.9}$$

是非奇异矩阵. 考虑状态等价变换

$$\tilde{x}=\left[\begin{array}{c} \tilde{x}_1 \\ \tilde{x}_2 \end{array}\right]=T_0^{-1}x=\left[\begin{array}{c} (B^{\rm T}B)^{-1}B^{\rm T} \\ (B_0B_0^{\rm T})^{-1}B_0 \end{array}\right]x \tag{5.10}$$

其中, $\tilde{x}_1\in\mathbf{R}^m,\tilde{x}_2\in\mathbf{R}^{n-m}$. 那么, 线性系统 (5.1) 的状态方程被变换成

$$\left[\begin{array}{c} \dot{\tilde{x}}_1 \\ \dot{\tilde{x}}_2 \end{array}\right]=\left[\begin{array}{cc} A_{11} & A_{12} \\ A_{21} & A_{22} \end{array}\right]\left[\begin{array}{c} \tilde{x}_1 \\ \tilde{x}_2 \end{array}\right]+\left[\begin{array}{c} I_m \\ 0 \end{array}\right]u \tag{5.11}$$

其中

$$\begin{bmatrix} A_{11} & A_{12} \\ A_{21} & A_{22} \end{bmatrix} = T_0^{-1} A T_0 = \begin{bmatrix} (B^{\mathrm{T}}B)^{-1}B^{\mathrm{T}}AB & (B^{\mathrm{T}}B)^{-1}B^{\mathrm{T}}AB_0^{\mathrm{T}} \\ (B_0B_0^{\mathrm{T}})^{-1}B_0AB & (B_0B_0^{\mathrm{T}})^{-1}B_0AB_0^{\mathrm{T}} \end{bmatrix}$$

为了进一步的讨论, 先介绍引理 5.1.1.

引理 5.1.1 (A, B) 能稳/能控当且仅当子系统 (A_{22}, A_{21}) 能稳/能控.

证明 注意到

$$\operatorname{rank}\begin{bmatrix} A - sI_n & B \end{bmatrix} = \operatorname{rank}\begin{bmatrix} T_0^{-1}AT_0 - sI_n & T_0^{-1}B \end{bmatrix}$$

$$= \operatorname{rank}\begin{bmatrix} A_{11} - sI_m & A_{12} & I_m \\ A_{21} & A_{22} - sI_{n-m} & 0 \end{bmatrix} = \operatorname{rank}\begin{bmatrix} 0 & 0 & I_m \\ A_{22} - sI_{n-m} & A_{21} & 0 \end{bmatrix}$$

因此, 根据 PBH 判据, (A, B) 能稳/能控当且仅当 (A_{22}, A_{21}) 能稳/能控. 证毕. □

将系统 (5.11) 改写成

$$\begin{cases} \dot{\tilde{x}}_2 = A_{22}\tilde{x}_2 + A_{21}\tilde{x}_1 \\ \dot{\tilde{x}}_1 = A_{11}\tilde{x}_1 + A_{12}\tilde{x}_2 + u \end{cases} \tag{5.12}$$

在 $\tilde{x}_1$ 子系统中, u 的系数矩阵是单位阵. 根据 1.2.2 节的介绍, 这种系统通常称为全驱系统. 全驱系统的特点是可以设计 u 使得方程的右端具有任何期望的形式, 进而可以保证其稳定性. 因此, 只需要考虑 $\tilde{x}_2$ 子系统的镇定问题. 但 $\tilde{x}_2$ 子系统不直接受 u 的影响, 如何设计 u 来镇定它呢? 注意到, 如果将 $\tilde{x}_1$ 作为 $\tilde{x}_2$ 子系统的虚拟输入, 并注意到 (A_{22}, A_{21}) 能稳, 那么根据命题 5.1.1 可以设计合适的状态反馈

$$\tilde{x}_1 = K_{12}\tilde{x}_2 + \check{x}_1 \tag{5.13}$$

使之稳定, 其中, $K_{12} \in \mathbf{R}^{m\times(n-m)}$ 是反馈增益; $\check{x}_1 \in \mathbf{R}^m$ 是待定量. 将式 (5.13) 代入系统 (5.12) 得

$$\dot{\tilde{x}}_2 = (A_{22} + A_{21}K_{12})\tilde{x}_2 + A_{21}\check{x}_1 \tag{5.14}$$

其中, $A_{22} + A_{21}K_{12}$ 是 Hurwitz 矩阵. 另外, 将式 (5.13) 两边求导并利用系统 (5.12) 和系统 (5.14) 得到

$$\begin{aligned} \dot{\check{x}}_1 &= \dot{\tilde{x}}_1 - K_{12}\dot{\tilde{x}}_2 \\ &= A_{11}\tilde{x}_1 + A_{12}\tilde{x}_2 + u - K_{12}((A_{22} + A_{21}K_{12})\tilde{x}_2 + A_{21}\check{x}_1) \\ &= A_{11}(K_{12}\tilde{x}_2 + \check{x}_1) + A_{12}\tilde{x}_2 + u - K_{12}((A_{22} + A_{21}K_{12})\tilde{x}_2 + A_{21}\check{x}_1) \\ &= (A_{11}K_{12} + A_{12} - K_{12}(A_{22} + A_{21}K_{12}))\tilde{x}_2 + (A_{11} - K_{12}A_{21})\check{x}_1 + u \end{aligned} \tag{5.15}$$

这表明 $\check{x}_1$ 子系统仍然是全驱系统. 设

$$u = -(A_{11}K_{12} + A_{12} - K_{12}(A_{22} + A_{21}K_{12}))\tilde{x}_2 - (A_{11} - K_{12}A_{21})\check{x}_1 + \varPhi_m\check{x}_1$$

其中, $\varPhi_m \in \mathbf{R}^{m\times m}$ 是任意的 Hurwitz 矩阵. 那么, 系统 (5.15) 可以写成

$$\dot{\check{x}}_1 = \varPhi_m\check{x}_1 \tag{5.16}$$

将式 (5.13) 代入 u 的表达式并化简可得到状态反馈控制律

$$\begin{aligned}u &= (\varPhi_m - A_{11} + K_{12}A_{21})\check{x}_1 - (A_{11}K_{12} + A_{12} - K_{12}(A_{22} + A_{21}K_{12}))\tilde{x}_2 \\ &= (\varPhi_m - A_{11} + K_{12}A_{21})(\tilde{x}_1 - K_{12}\tilde{x}_2) - (A_{11}K_{12} + A_{12} - K_{12}(A_{22} + A_{21}K_{12}))\tilde{x}_2 \\ &= \tilde{K}\tilde{x} = \tilde{K}T_0^{-1}x \end{aligned} \tag{5.17}$$

其中

$$\tilde{K} = \left[\begin{array}{cc} K_{12}A_{21} + \varPhi_m - A_{11} & K_{12}A_{22} - A_{12} - \varPhi_m K_{12} \end{array}\right] \tag{5.18}$$

总结上述过程能得到定理 5.1.2.

定理 5.1.2 设 (A,B) 能稳, $K = \tilde{K}T_0^{-1}$, 其中 $\tilde{K}$ 如式 (5.18) 所定义, $\varPhi_m \in \mathbf{R}^{m\times m}$ 是任意 Hurwitz 矩阵, $K_{12} \in \mathbf{R}^{m\times(n-m)}$ 使得 $A_{22} + A_{21}K_{12} \in \mathbf{R}^{(n-m)\times(n-m)}$ 是 Hurwitz 矩阵, 则式 (5.17) 是系统 (5.11) 的一个镇定控制律, 且闭环系统矩阵 $A + BK$ 满足

$$T_0^{-1}(A+BK)T_0 = \left[\begin{array}{cc} I_m & K_{12} \\ 0 & I_{n-m} \end{array}\right]\left[\begin{array}{cc} \varPhi_m & 0 \\ A_{21} & A_{22} + A_{21}K_{12} \end{array}\right]\left[\begin{array}{cc} I_m & K_{12} \\ 0 & I_{n-m} \end{array}\right]^{-1} \tag{5.19}$$

即 $\lambda(A+BK) = \lambda(\varPhi_m) \cup \lambda(A_{22} + A_{21}K_{12})$.

证明 由式 (5.14) 和式 (5.16) 可知

$$\left[\begin{array}{c} \dot{\check{x}}_1 \\ \dot{\tilde{x}}_2 \end{array}\right] = \left[\begin{array}{cc} \varPhi_m & 0 \\ A_{21} & A_{22} + A_{21}K_{12} \end{array}\right]\left[\begin{array}{c} \check{x}_1 \\ \tilde{x}_2 \end{array}\right] \tag{5.20}$$

另外由式 (5.13) 可知

$$\tilde{x} = \left[\begin{array}{c} \tilde{x}_1 \\ \tilde{x}_2 \end{array}\right] = \left[\begin{array}{cc} I_m & K_{12} \\ 0 & I_{n-m} \end{array}\right]\left[\begin{array}{c} \check{x}_1 \\ \tilde{x}_2 \end{array}\right]$$

上述两个式子蕴含了式 (5.19). 证毕. □

上述方法的主要难点在于子系统 (A_{22}, A_{21}) 的镇定控制律的设计. 注意到, 与原系统 (A,B) 相比, 该子系统状态的维数降低到了 $n-m$. 因此, 其镇定控制律的设计变得相对简单. 另外, 针对降阶的子系统 (A_{22}, A_{21}), 也可再次采取上面的降阶方法进行处理. 具体来说, 如果 A_{21} 的秩为 $m_1 \leqslant m$, 则重复上述过程之后, 只需要设计一个 $n-m-m_1$ 维子系统的反馈镇定控制律. 如此重复, 最终只需要针对一个标量或者 2 维系统进行设计, 这是一个非常简单的问题. 上述递推的设计过程可以推广到一般的具有一定结构的非线性系统, 相应的方法称为反步 (backstepping) 法.

5.2 极 点 配 置

5.2.1 问题的描述与解的存在性

由定理 5.1.1 可知, 对能控的线性系统可以设计线性状态反馈控制律使得闭环系统具有任意快的收敛速度. 具有任意快的收敛速度意味着闭环系统的极点可以位于左半平面上距离

虚轴任意远的位置. 本节将进一步指出, 对于能控的线性系统, 不但闭环系统的极点可以配置到左半平面上距离虚轴任意远的位置, 还可精确指定它们的位置. 为此, 下面先给出极点配置的问题描述. 对于集合 $\Omega_n=\{\lambda_i\}_{i=1}^n$, 如果 $\lambda\in\Omega_n$ 蕴含 $\overline{\lambda}\in\Omega_n$, 且 λ 和 $\overline{\lambda}$ 的重数相同, 则称其为容许的. 这里允许 Ω_n 中有相同的元素.

问题 5.2.1　给定线性系统 $(A,B)\in(\mathbf{R}^{n\times n},\mathbf{R}^{n\times m})$ 和一个容许集合 Ω_n, 求取 $K\in\mathbf{R}^{m\times n}$ 使得 $\lambda(A+BK)=\Omega_n$.

如果问题 5.2.1 有解, 称线性系统 (A,B) 可以任意极点配置. 由于 Ω_n 是容许集合, 以 $\lambda_i\ (i=1,2,\cdots,n)$ 为零点的首一多项式

$$\gamma(s)=\prod_{i=1}^{n}(s-\lambda_i)=s^n+\sum_{i=0}^{n-1}\gamma_i s^i \tag{5.21}$$

的系数都是实数. 因此, 极点配置问题也可描述为: 给定任意期望的实系数首一多项式 $\gamma(s)$, 求取反馈增益 K 使得闭环系统的特征多项式为 $\gamma(s)$. 显然, 极点配置问题就是特征多项式配置问题. 为方便使用, 利用多项式 $\gamma(s)$ 的系数 $\gamma_i\ (i=0,1,\cdots,n-1)$ 定义实向量

$$\gamma_*=-\begin{bmatrix}\gamma_0 & \gamma_1 & \cdots & \gamma_{n-1}\end{bmatrix}$$

下面在 (A,B) 能控的情况下采取 Luenberger 能控规范型理论解决问题 5.2.1.

定理 5.2.1　设 (A,B) 能控, $p_i\ (i=1,2,\cdots,m)$ 如式 (4.138) 所定义, Γ 如式 (4.139) 所定义, T 如式 (4.143) 所定义, 则问题 5.2.1 的一个解为

$$K=-\Gamma^{-1}\begin{bmatrix}p_1A^{\mu_1}\\ p_2A^{\mu_2}\\ \vdots\\ p_mA^{\mu_m}\end{bmatrix}+\Gamma^{-1}\begin{bmatrix}p_2\\ \vdots\\ p_m\\ \gamma_*T\end{bmatrix} \tag{5.22}$$

证明　设 u 满足

$$p_iA^{\mu_i-1}Bu=-p_iA^{\mu_i}x+\tilde{x}_{i+1,1},\quad i=1,2,\cdots,m \tag{5.23}$$

其中, $\tilde{x}_{m+1,1}=v$ 是待设计的变量. 那么, 系统 (4.144) 可以写成

$$\begin{cases}\dot{\tilde{x}}_{i1}=\tilde{x}_{i2}\\ \dot{\tilde{x}}_{i2}=\tilde{x}_{i3}\\ \quad\vdots\\ \dot{\tilde{x}}_{i,\mu_i-1}=\tilde{x}_{i,\mu_i}\\ \dot{\tilde{x}}_{i,\mu_i}=\tilde{x}_{i+1,1}\end{cases},\quad i=1,2,\cdots,m$$

此系统写成矩阵的形式就是

$$\dot{\tilde{x}}=\left[\begin{array}{c|ccc}0 & 1 & & \\ \vdots & & \ddots & \\ 0 & & & 1\\ \hline 0 & 0 & \cdots & 0\end{array}\right]\tilde{x}+\left[\begin{array}{c}0\\ \vdots\\ 0\\ \hline 1\end{array}\right]v \tag{5.24}$$

该系统和反馈控制律

$$v = \gamma_* \tilde{x} = -\begin{bmatrix} \gamma_0 & \gamma_1 & \cdots & \gamma_{n-1} \end{bmatrix} \tilde{x} \tag{5.25}$$

组成的闭环系统为

$$\dot{\tilde{x}} = \left[\begin{array}{c|ccc} 0 & 1 & & \\ \vdots & & \ddots & \\ 0 & & & 1 \\ \hline -\gamma_0 & -\gamma_1 & \cdots & -\gamma_{n-1} \end{array}\right] \tilde{x} \tag{5.26}$$

上述系统的特征多项式就是 $\gamma(s)$. 根据式 (4.143), 控制律 (5.23) 和 (5.25) 可以写成下述矩阵的形式:

$$\begin{bmatrix} p_1 A^{\mu_1-1}B \\ p_2 A^{\mu_2-1}B \\ \vdots \\ p_m A^{\mu_m-1}B \end{bmatrix} u = \begin{bmatrix} \tilde{x}_{21} \\ \vdots \\ \tilde{x}_{m1} \\ v \end{bmatrix} - \begin{bmatrix} p_1 A^{\mu_1} \\ p_2 A^{\mu_2} \\ \vdots \\ p_m A^{\mu_m} \end{bmatrix} x = \begin{bmatrix} p_2 \\ \vdots \\ p_m \\ \gamma_* T \end{bmatrix} x - \begin{bmatrix} p_1 A^{\mu_1} \\ p_2 A^{\mu_2} \\ \vdots \\ p_m A^{\mu_m} \end{bmatrix} x$$

注意到耦合矩阵 Γ 的非奇异性, 上式可以写成 $u = Kx$, 其中, K 如式 (5.22) 所定义. 证毕. □

比较控制增益 (4.200) 和 (5.22) 可以发现, 后者的第 1 项和前者相同, 用于将开环系统转化为其 Brunovsky 规范型, 而后者的第 2 项再将 Brunovsky 规范型转化为具有期望特征多项式 $\gamma(s)$ 的闭环系统.

说明 5.2.1 利用定理 5.2.1 的构造性方法设计反馈增益 K 是程序化的. 其难点主要体现在 $p_i\ (i = 1, 2, \cdots, m)$ 的求取上. 在有计算机辅助的情况下, 计算量不是主要问题. 不然, 最简单的方法应该是待定系数法. 即将增益 K 的各元素待定, 一共有 mn 个未知变量, 然后求取 $A + BK$ 的特征多项式, 比较该多项式与期望多项式 (5.21) 的系数, 得到 n 个方程. 当系统具有多个输入时, 即 $m > 1$, 方程的个数小于未知变量的个数, 因此解不唯一. 此时可以将其中 $(m-1)n$ 个变量取定再求取唯一解. 当然, 变量的取值不合适可能会导致解不存在.

基于定理 5.2.1 可以给出定理 5.2.2, 它深刻地揭示了极点配置和能控性之间的关系.

定理 5.2.2 线性系统 (A, B) 可以任意极点配置当且仅当它能控.

证明 必要性: 反证. 假设 (A, B) 不能控, 根据能控性结构分解定理 4.2.1, 存在非奇异矩阵 T 使得式 (5.6) 成立. 那么由式 (5.8) 可知, 无论 K 取什么值, $A + BK$ 的特征值集合都包含 $\lambda(A_{22})$. 因此, 该系统不可以任意极点配置. 矛盾.

充分性: 根据定理 5.2.1, 如果 (A, B) 能控, 增益 (5.22) 就是问题 5.2.1 的解. 证毕. □

下面举一个例子说明极点配置问题的求解步骤.

例 5.2.1 考虑例 4.4.1 中的系统 (4.125). 假设期望的极点集合为

$$\Omega_7 = \left\{-1 \pm \mathrm{i}, -1 \pm \sqrt{2}\mathrm{i}, -1 \pm \sqrt{3}\mathrm{i}, -2\right\} \tag{5.27}$$

根据式 (5.21), 对应的多项式为 $\gamma(s)=s^7+8s^6+33s^5+86s^4+150s^3+176s^2+128s+48$. 根据例 4.4.3 的计算有 $\{\mu_1,\mu_2,\mu_3\}=\{2,3,2\}$ 和

$$\begin{bmatrix} p_1 \\ p_2 \\ p_3 \end{bmatrix}=\begin{bmatrix} 1 & 0 & -1 & 1 & 0 & 0 & 0 \\ 0 & 0 & 1 & 0 & 0 & 0 & 0 \\ 0 & 0 & 1 & 0 & 0 & 1 & 0 \end{bmatrix},\quad \Gamma=\begin{bmatrix} 1 & 0 & 0 \\ 0 & 1 & -1 \\ 0 & 0 & 1 \end{bmatrix}$$

将上述诸参数和式 (4.146) 的变换矩阵 T 代入式 (5.22) 得到反馈增益

$$K=\begin{bmatrix} 0 & 2 & 6 & 0 & 2 & 2 & -8 \\ -49 & -126 & -157 & -75 & -214 & -30 & -24 \\ -52 & -127 & -162 & -77 & -213 & -32 & -13 \end{bmatrix} \tag{5.28}$$

5.2.2 极点配置公式

虽然定理 5.2.1 已经给出了一个非常简洁的极点配置公式, 但强制让闭环系统的系统矩阵相似于一个友矩阵 (见式 (5.26)) 是不必要的. 事实上, 如不作此强制性要求, 基于 Luenberger 能控规范型可以给出一个更简洁的公式.

如果存在容许集合 $\Omega_i=\{\lambda_{ij}\}_{j=1}^{\mu_i}\ (i=1,2,\cdots,m)$ 使得 $\Omega_n=\bigcup\limits_{i=1}^{m}\Omega_i$, 称集合 Ω_n 关于能控性指数集 $\{\mu_i\}_{i=1}^{m}$ 是可分的. 此时, 存在实系数首一多项式 $\gamma_i(s)\ (i=1,2,\cdots,m)$ 使得

$$\gamma(s)=\prod_{i=1}^{m}\gamma_i(s),\quad \gamma_i(s)=\prod_{j=1}^{\mu_i}(s-\lambda_{ij})=s^{\mu_i}+\sum_{j=0}^{\mu_i-1}\gamma_{ij}s^j \tag{5.29}$$

定理 5.2.3 设 (A,B) 能控, $p_i\ (i=1,2,\cdots,m)$ 如式 (4.138) 所定义, Γ 如式 (4.139) 所定义, 实系数首一多项式 $\gamma_i(s)\ (i=1,2,\cdots,m)$ 如式 (5.29) 所定义, 则状态反馈增益

$$K=-\Gamma^{-1}\begin{bmatrix} p_1\gamma_1(A) \\ p_2\gamma_2(A) \\ \vdots \\ p_m\gamma_m(A) \end{bmatrix} \tag{5.30}$$

是问题 5.2.1 的解, 且闭环系统矩阵相似于

$$\left[\begin{array}{c|ccc} 0 & 1 & & \\ \vdots & & \ddots & \\ 0 & & & 1 \\ \hline -\gamma_{10} & -\gamma_{11} & \cdots & -\gamma_{1,\mu_1-1} \end{array}\right]\oplus\cdots\oplus\left[\begin{array}{c|ccc} 0 & 1 & & \\ \vdots & & \ddots & \\ 0 & & & 1 \\ \hline -\gamma_{m0} & -\gamma_{m1} & \cdots & -\gamma_{m,\mu_m-1} \end{array}\right] \tag{5.31}$$

证明 针对系统 (4.144), 设

$$p_iA^{\mu_i}x+p_iA^{\mu_i-1}Bu=-\sum_{j=0}^{\mu_i-1}\gamma_{ij}\tilde{x}_{i,j+1},\quad i=1,2,\cdots,m \tag{5.32}$$

则闭环系统为

$$\begin{cases} \dot{\tilde{x}}_{i1} = \tilde{x}_{i2} \\ \dot{\tilde{x}}_{i2} = \tilde{x}_{i3} \\ \quad\vdots \\ \dot{\tilde{x}}_{i,\mu_i-1} = \tilde{x}_{i,\mu_i} \\ \dot{\tilde{x}}_{i,\mu_i} = -\sum\limits_{j=0}^{\mu_i-1} \gamma_{ij}\tilde{x}_{i,j+1} \end{cases}, \quad i=1,2,\cdots,m$$

写成矩阵的形式就是

$$\dot{\tilde{x}}_i = \left[\begin{array}{c|ccc} 0 & 1 & & \\ \vdots & & \ddots & \\ 0 & & & 1 \\ \hline -\gamma_{i0} & -\gamma_{i1} & \cdots & -\gamma_{i,\mu_i-1} \end{array}\right]\tilde{x}_i, \quad i=1,2,\cdots,m \tag{5.33}$$

其中, $\tilde{x}_i$ 如式 (4.143) 所定义. 从式 (4.143) 还注意到

$$\sum_{j=0}^{\mu_i-1}\gamma_{ij}\tilde{x}_{i,j+1} = \sum_{j=0}^{\mu_i-1}\gamma_{ij}p_iA^jx, \quad i=1,2,\cdots,m$$

将此代入反馈控制律 (5.32) 得到

$$p_iA^{\mu_i-1}Bu = -p_iA^{\mu_i}x - \sum_{j=0}^{\mu_i-1}\gamma_{ij}p_iA^jx = -p_i\left(A^{\mu_i} + \sum_{j=0}^{\mu_i-1}\gamma_{ij}A^j\right)x = -p_i\gamma_i(A)x$$

其中, $i=1,2,\cdots,m$. 写成矩阵的形式就是

$$\begin{bmatrix} p_1A^{\mu_1-1}B \\ p_2A^{\mu_2-1}B \\ \vdots \\ p_mA^{\mu_m-1}B \end{bmatrix} u = -\begin{bmatrix} p_1\gamma_1(A) \\ p_2\gamma_2(A) \\ \vdots \\ p_m\gamma_m(A) \end{bmatrix} x$$

注意到 u 的系数矩阵恰好是式 (4.139) 定义的耦合矩阵 $\varGamma$, 故上式等价于 $u=Kx$, 其中, K 如式 (5.30) 所定义. 最后, 注意到闭环系统 (5.33) 的系统矩阵恰好是式 (5.31). 证毕. □

容易看出控制律 (5.32) 将闭环系统改造成了形如系统 (5.33) 的 m 个阶次分别为 μ_i 的互不关联的系统. 这显然是不必要的. 事实上, 可以允许变换后的闭环系统具有块上三角或者块下三角的结构. 这里不给出细节. 此外, 在 $\varOmega_n$ 关于 Hermite 指数集 $\{h_i\}_{i=1}^m$ 是可分的假设条件下, Wonham 能控规范型也可用于极点配置. 因处理方法类似, 此处不再加以介绍.

利用 4.4.1 节介绍的一般形式的能控规范型, 采取和定理 5.2.3 类似的证明方式, 可以得到定理 5.2.4.

定理 5.2.4　设 (A,B) 能控, $P\in\mathbf{R}^{m\times n}$ 使得 (A,B,P) 是可解耦质系统, 即 (A,B,P) 的相对阶 $\{r_1,r_2,\cdots,r_m\}$ 满足 $r_1+r_2+\cdots+r_m=n$, 且耦合矩阵

$$\Gamma(A,B,P)=\begin{bmatrix} p_1A^{r_1-1}B\\ p_2A^{r_2-1}B\\ \vdots\\ p_mA^{r_m-1}B\end{bmatrix}$$

非奇异 (其中 p_i 为 P 的第 i 行), 集合 Ω_n 关于 $\{r_1,r_2,\cdots,r_m\}$ 是可分的, 即存在实系数首一多项式 $\gamma_i(s),\deg(\gamma_i(s))=r_i\ (i=1,2,\cdots,m)$ 使得 $\gamma(s)=\gamma_1(s)\gamma_2(s)\cdots\gamma_m(s)$, 其中 $\gamma(s)$ 如式 (5.21) 所定义. 那么, 如下状态反馈增益是问题 5.2.1 的解:

$$K=-\Gamma^{-1}(A,B,P)\begin{bmatrix} p_1\gamma_1(A)\\ p_2\gamma_2(A)\\ \vdots\\ p_m\gamma_m(A)\end{bmatrix}\tag{5.34}$$

下面给出两个算例.

例 5.2.2　继续考虑例 4.4.1 中的系统 (4.125). 假设期望的极点集合为式 (5.27). 该集合关于能控性指数集 $\{\mu_1,\mu_2,\mu_3\}=\{2,3,2\}$ 是可分的. 如果取

$$\begin{cases}\gamma_1(s)=(s+1+\sqrt{2}\mathrm{i})(s+1-\sqrt{2}\mathrm{i})\\ \gamma_2(s)=(s+1+\mathrm{i})(s+1-\mathrm{i})(s+2)\\ \gamma_3(s)=(s+1+\sqrt{3}\mathrm{i})(s+1-\sqrt{3}\mathrm{i})\end{cases}\tag{5.35}$$

那么根据式 (5.30) 可以得到反馈增益

$$K=\begin{bmatrix} -3 & 0 & 8 & -1 & 0 & 2 & -8\\ -1 & 2 & -5 & -5 & -4 & -2 & -18\\ -4 & 1 & -5 & -1 & 1 & -3 & -7\end{bmatrix}\tag{5.36}$$

如果调换 $\gamma_1(s)$ 和 $\gamma_3(s)$ 的位置, 那么根据式 (5.30) 可以得到状态反馈增益

$$K=\begin{bmatrix} -4 & 0 & 9 & -2 & 0 & 2 & -8\\ -1 & 2 & -4 & -5 & -4 & -1 & -18\\ -4 & 1 & -4 & -1 & 1 & -2 & -7\end{bmatrix}\tag{5.37}$$

例 5.2.3　继续考虑例 4.4.1 中的系统 (4.125). 仍假设期望的极点集合为式 (5.27). 根据例 4.4.1 的计算, 如果取 (见式 (4.126))

$$P=\begin{bmatrix} p_1\\ p_2\\ p_3\end{bmatrix}=\left[\begin{array}{cc|ccc|cc} 1 & 0 & & & & & \\ \hline & & 1 & 0 & 0 & & \\ \hline & & & & & 1 & 0\end{array}\right]$$

那么 (A, B, P) 的相对阶为 $\{r_1, r_2, r_3\} = \{2, 3, 2\}$, 集合 Ω_7 关于相对阶 $\{r_1, r_2, r_3\}$ 也是可分的, 故仍然可按照式 (5.35) 选择 $\gamma_i(s)$ $(i = 1, 2, 3)$. 根据式 (5.34) 可以算得反馈增益

$$K = \begin{bmatrix} -3 & 0 & 1 & -6 & -3 & 2 & -8 \\ -1 & 2 & -1 & -3 & -3 & -2 & -18 \\ -4 & 1 & -1 & 1 & 2 & -3 & -7 \end{bmatrix} \tag{5.38}$$

将例 5.2.1 的反馈增益 (5.28) 与上面两个例子给出的 3 个增益 (5.36)、(5.37) 和 (5.38) 相比不难发现, 后 3 个增益各元素的值总体上小于反馈增益 (5.28) 各元素的值. 之所以会有这种区别, 是因为在定理 5.2.1 中, 前 $m-1$ 个输入 (见式 (5.23)) 仅用于将系统转化成长度为 n 的积分链 (见式 (5.24)), 最后一个输入才将闭环系统的极点配置到期望的位置; 而在定理 5.2.3 和定理 5.2.4 中 m 个输入相对平均地将闭环系统的极点配置到期望的位置, 从而每个输入对应的增益也较小. 在工程上, 太大的控制增益不仅需要消耗过大的能量, 还会导致执行器饱和. 这说明基于定理 5.2.3 和定理 5.2.4 设计的反馈增益更有工程应用价值.

最后指出, 定理 5.2.3 和定理 5.2.4 要求期望极点集合 Ω_n 关于能控性指数集 $\{\mu_1, \mu_2, \cdots, \mu_m\}$ 或者相对阶 $\{r_1, r_2, \cdots, r_m\}$ 是可分的这一条件是很容易满足的. 例如, 在上面的例子中, 任何容许集合 Ω_n 关于 $\{\mu_1, \mu_2, \mu_3\} = \{2, 3, 2\}$ 都是可分的. 另外, 即使该条件不满足, 在实际应用中, 也可以对期望极点集合 Ω_n 做适当的微调以满足可分的条件. 由于期望极点集合 Ω_n 是根据控制性能要求来选择的, 对其进行微调不会对控制性能产生明显的影响.

5.2.3 单输入系统 Ackermann 公式

对于能控的单输入线性系统, 由说明 5.2.1 可知其极点配置问题有解且解唯一. 此时, 根据式 (4.133) 有下面的关于定理 5.2.3 的推论.

推论 5.2.1 设单输入线性系统 (A, b) 能控. 令期望的闭环系统特征多项式为 $\gamma(s)$ (见式 (5.21)), 则极点配置问题的唯一解为

$$k = -\begin{bmatrix} 0 & \cdots & 0 & 1 \end{bmatrix} Q_{\mathrm{c}}^{-1}(A, b)\gamma(A) \tag{5.39}$$

式 (5.39) 一般称为 Ackermann 公式.

基于能控规范型, 单输入系统还有一种等价的极点配置公式. 设 A 的特征多项式为

$$\alpha(s) = \det(sI_n - A) = s^n + \alpha_{n-1}s^{n-1} + \cdots + \alpha_1 s + \alpha_0 \tag{5.40}$$

根据定理 4.5.1, 设

$$T = (QS_\alpha)^{-1}, \quad Q = Q_{\mathrm{c}}(A, b) \tag{5.41}$$

其中, S_α 是 $\alpha(s)$ 的对称化子, 则状态等价变换 $\tilde{x} = Tx$ 可将开环系统变换成其能控规范型, 即

$$\dot{\tilde{x}} = \left[\begin{array}{c|ccc} 0 & 1 & & \\ \vdots & & \ddots & \\ 0 & & & 1 \\ \hline -\alpha_0 & -\alpha_1 & \cdots & -\alpha_{n-1} \end{array}\right] \tilde{x} + \left[\begin{array}{c} 0 \\ \vdots \\ 0 \\ \hline 1 \end{array}\right] u$$

因此, 如果取

$$\begin{aligned} u &= \begin{bmatrix} \alpha_0 - \gamma_0 & \alpha_1 - \gamma_1 & \cdots & \alpha_{n-1} - \gamma_{n-1} \end{bmatrix} \tilde{x} \\ &= \begin{bmatrix} \alpha_0 - \gamma_0 & \alpha_1 - \gamma_1 & \cdots & \alpha_{n-1} - \gamma_{n-1} \end{bmatrix} Tx \end{aligned} \tag{5.42}$$

其中, $\gamma(s)$ 是期望的闭环系统特征多项式 (见式 (5.21)), 则闭环系统成为

$$\dot{\tilde{x}} = \left[\begin{array}{c|ccc} 0 & 1 & & \\ \vdots & & \ddots & \\ 0 & & & 1 \\ \hline -\gamma_0 & -\gamma_1 & \cdots & -\gamma_{n-1} \end{array}\right] \tilde{x} \tag{5.43}$$

该系统和系统 (5.26) 完全一致, 具有期望的特征多项式 $\gamma(s)$. 综合上述推导, 得到定理 5.2.5.

定理 5.2.5 设单输入线性系统 (A, b) 能控, 开环系统的特征多项式 $\alpha(s)$ 和期望的闭环系统特征多项式 $\gamma(s)$ 分别如式 (5.40) 和式 (5.21) 所定义, 则极点配置问题的唯一解为

$$k = \begin{bmatrix} \alpha_0 - \gamma_0 & \alpha_1 - \gamma_1 & \cdots & \alpha_{n-1} - \gamma_{n-1} \end{bmatrix} T \tag{5.44}$$

其中, 矩阵 T 如式 (5.41) 所定义.

不难验证反馈增益 (5.39) 和反馈增益 (5.44) 是等价的.

说明 5.2.2 反馈控制律 (5.42) 可以分为两部分, 即 $u = v_1 + v_2$,

$$v_1 = \begin{bmatrix} \alpha_0 & \alpha_1 & \cdots & \alpha_{n-1} \end{bmatrix} \tilde{x}, \quad v_2 = -\begin{bmatrix} \gamma_0 & \gamma_1 & \cdots & \gamma_{n-1} \end{bmatrix} \tilde{x}$$

其中, v_1 的作用是将线性系统 (5.1) 转化为其 Brunovsky 规范型, 即

$$\dot{\tilde{x}} = \left[\begin{array}{c|ccc} 0 & 1 & & \\ \vdots & & \ddots & \\ 0 & & & 1 \\ \hline 0 & 0 & \cdots & 0 \end{array}\right] \tilde{x} + \left[\begin{array}{c} 0 \\ \vdots \\ 0 \\ \hline 1 \end{array}\right] v_2$$

由此可见, v_1 的作用是消去开环系统的动态特性, 将闭环系统变成一个纯积分链, 而 v_2 的作用是将闭环系统转化为具有期望特征多项式的系统 (5.43), 即 v_2 引入期望的动态特性.

例 5.2.4 考虑小车倒立摆系统的线性化模型 (1.26). 设期望的闭环系统极点集合为 $\{-5 \pm 2\mathrm{i}, -5 \pm 3\mathrm{i}\}$, 即

$$\gamma(s) = s^4 + 20s^3 + 163s^2 + 630s + 986 \tag{5.45}$$

根据 Ackermann 公式 (5.39) 可以算得反馈增益

$$k = \frac{1}{g} \left[\frac{986}{3} l(4M + m) \quad 210l(4M + m) \quad \frac{1}{9} k_3 \quad \frac{20}{3} l(4M + m)(g + 42l) \right] \tag{5.46}$$

其中, $k_3 = 9Mg^2 + 15776Ml^2 + 9mg^2 + 3944ml^2 + 1956Mgl + 489mgl$.

5.3 不变因子和特征结构配置

5.3.1 不变因子配置

在极点配置问题中, 我们只关心闭环系统极点的位置, 不关心极点对应的 Jordan 标准型. 本节进一步考虑 Jordan 标准型的配置问题. 提法如下.

问题 5.3.1 *求取状态反馈增益 K 使得闭环系统 $A+BK$ 具有指定的 Jordan 标准型*

$$J = J_1 \oplus J_2 \oplus \cdots \oplus J_{\varpi}, \quad J_i = J_{i1} \oplus J_{i2} \oplus \cdots \oplus J_{i,q_i}$$

其中, $\lambda(J_i) \cap \lambda(J_j) = \varnothing, \forall i \neq j$,

$$J_{ij} = \begin{bmatrix} \lambda_i & 1 & & \\ & \lambda_i & \ddots & \\ & & \ddots & 1 \\ & & & \lambda_i \end{bmatrix} \in \mathbf{C}^{p_{ij} \times p_{ij}}$$

其中, $p_{i,q_i} \geqslant p_{i,q_i-1} \geqslant \cdots \geqslant p_{i1} \geqslant 1$ $(i = 1, 2, \cdots, \varpi, j = 1, 2, \cdots, q_i)$, 并规定复数 $\{\lambda_i\}_{i=1}^{\varpi}$ 成对出现, 且相应的几何重数和对应的 Jordan 块维数完全一致, 即对应的 $\Omega_n = \lambda(J)$ 是容许集合.

问题 5.3.1 要求期望闭环系统矩阵有 ϖ 个互异特征值 λ_i $(i = 1, 2, \cdots, \varpi)$, 每个特征值的几何重数是 q_i, 对应的 q_i 个 Jordan 块的维数分别为 p_{ij} $(j = 1, 2, \cdots, q_i)$. 设

$$\begin{aligned}
\varphi_n(s) &= (s-\lambda_1)^{p_{1,q_1}}(s-\lambda_2)^{p_{2,q_2}} \cdots (s-\lambda_{\varpi})^{p_{\varpi,q_{\varpi}}} \\
\varphi_{n-1}(s) &= (s-\lambda_1)^{p_{1,q_1-1}}(s-\lambda_2)^{p_{2,q_2-1}} \cdots (s-\lambda_{\varpi})^{p_{\varpi,q_{\varpi}-1}} \\
&\ \ \vdots \\
\varphi_2(s) &= (s-\lambda_1)^{p_{1,q_1-(n-2)}}(s-\lambda_2)^{p_{2,q_2-(n-2)}} \cdots (s-\lambda_{\varpi})^{p_{\varpi,q_{\varpi}-(n-2)}} \\
\varphi_1(s) &= (s-\lambda_1)^{p_{1,q_1-(n-1)}}(s-\lambda_2)^{p_{2,q_2-(n-1)}} \cdots (s-\lambda_{\varpi})^{p_{\varpi,q_{\varpi}-(n-1)}}
\end{aligned} \tag{5.47}$$

这里规定 $p_{ij} = 0$ $(j \leqslant 0, i = 1, 2, \cdots, \varpi)$. 由定义可知 $\varphi_i(s)$ $(i = 1, 2, \cdots, n)$ 是实系数首一多项式, 它们是 $sI_n - J$ 的不变因子且满足

$$\varphi_1(s) | \varphi_2(s) | \cdots | \varphi_n(s), \quad \sum_{i=1}^{n} \deg(\varphi_i(s)) = n \tag{5.48}$$

记这些不变因子的阶次为 $\{\delta_i\}_{i=1}^{n}$, 其中

$$\delta_i \stackrel{\text{def}}{=\!=} \deg(\varphi_i(s)) = p_{1,q_1-(n-i)} + p_{2,q_2-(n-i)} + \cdots + p_{\varpi,q_{\varpi}-(n-i)}$$

由式 (5.48) 可知 $\delta_n \geqslant \delta_{n-1} \geqslant \cdots \geqslant \delta_1 \geqslant 0$ 且 $\delta_1 + \delta_2 + \cdots + \delta_n = n$.

根据上面的讨论, Jordan 标准型配置问题 5.3.1 就是不变因子配置问题. 本节的主要结果陈述如下.

定理 5.3.1 设 $(A,B)\in(\mathbf{R}^{n\times n},\mathbf{R}_m^{n\times m})$ 能控, 能控性指数集为 $\{\mu_1,\mu_2,\cdots,\mu_m\}$. 设 $\{\mu_{i_1},\mu_{i_2},\cdots,\mu_{i_m}\}=\mathscr{H}\{\mu_1,\mu_2,\cdots,\mu_m\}$, 即 $\mu_{i_1}\geqslant\mu_{i_2}\geqslant\cdots\geqslant\mu_{i_m}\geqslant 1$, 则问题 5.3.1 有解, 即存在反馈增益 $K\in\mathbf{R}^{m\times n}$ 使得 $sI_n-(A+BK)$ 具有形如式 (5.47) 的指定的不变因子 $\varphi_i(s)$ $(i=1,2,\cdots,n)$ 当且仅当

$$\delta_1=\delta_2=\cdots=\delta_{n-m}=0 \tag{5.49}$$

$$\begin{gathered}\delta_{n-m+1}\leqslant\mu_{i_m}\\ \delta_{n-m+1}+\delta_{n-m+2}\leqslant\mu_{i_m}+\mu_{i_{m-1}}\\ \vdots\\ \delta_{n-m+1}+\delta_{n-m+2}+\cdots+\delta_{n-1}\leqslant\mu_{i_m}+\mu_{i_{m-1}}+\cdots+\mu_{i_2}\end{gathered} \tag{5.50}$$

$$\delta_{n-m+1}+\delta_{n-m+2}+\cdots+\delta_{n-1}+\delta_n=\mu_{i_m}+\mu_{i_{m-1}}+\cdots+\mu_{i_2}+\mu_{i_1} \tag{5.51}$$

证明 考虑 (A,B) 的 Luenberger 能控规范型 (4.145). 设

$$K=\tilde{K}T,\quad \tilde{K}=-\Gamma^{-1}K_0 \tag{5.52}$$

其中, Γ 如式 (4.139) 所定义, T 如式 (4.143) 所定义, 增益

$$K_0=\left[\begin{array}{ccc|c|ccc} k_{11}^{[0]} & \cdots & k_{11}^{[\mu_1-1]} & \cdots & k_{1m}^{[0]} & \cdots & k_{1m}^{[\mu_m-1]}\\ \hline k_{21}^{[0]} & \cdots & k_{21}^{[\mu_1-1]} & \cdots & k_{2m}^{[0]} & \cdots & k_{2m}^{[\mu_m-1]}\\ \hline \vdots & & \vdots & & \vdots & & \vdots\\ \hline k_{m1}^{[0]} & \cdots & k_{m1}^{[\mu_1-1]} & \cdots & k_{mm}^{[0]} & \cdots & k_{mm}^{[\mu_m-1]} \end{array}\right]\in\mathbf{R}^{m\times n}$$

与式 (4.171) 中的 G 有相同的结构. 根据定理 4.4.3 有 $A_{\mathrm{c}}=A+BK=T^{-1}(\tilde{A}+\tilde{B}\tilde{K})T$. 由式 (4.145) 可知 $\tilde{A}_{\mathrm{c}}\overset{\text{def}}{=\!=}\tilde{A}+\tilde{B}\tilde{K}$ 与 $\tilde{A}$ 有相同的结构, 只不过其第 $\mu_1+\mu_2+\cdots+\mu_i$ $(i=1,2,\cdots,m)$ 行为

$$-\left[\begin{array}{ccc|c|ccc}\alpha_{i1}^{[0]}+k_{i1}^{[0]} & \cdots & \alpha_{i1}^{[\mu_1-1]}+k_{i1}^{[\mu_1-1]} & \cdots & \alpha_{im}^{[0]}+k_{im}^{[0]} & \cdots & \alpha_{im}^{[\mu_m-1]}+k_{im}^{[\mu_m-1]}\end{array}\right]$$

因此, 根据定理 4.4.5 的结论 (1), 存在幺模矩阵 $U_{\mathrm{c}}(s)\in\mathbf{R}^{n\times n}[s]$ 和 $V_{\mathrm{c}}(s)\in\mathbf{R}^{n\times n}[s]$ 使得

$$U_{\mathrm{c}}(s)(sI_n-A_{\mathrm{c}})V_{\mathrm{c}}(s)=I_{n-m}\oplus L_{\mathrm{c}}(s) \tag{5.53}$$

其中, $L_{\mathrm{c}}(s)=[\delta_{ij}(s)]\in\mathbf{R}^{m\times m}[s]$ 是 Luenberger 多项式矩阵, 其元素为

$$\delta_{ii}(s)=s^{\mu_i}+\sum_{k=0}^{\mu_i-1}\left(\alpha_{ii}^{[k]}+k_{ii}^{[k]}\right)s^k,\quad \delta_{ji}(s)=\sum_{k=0}^{\mu_i-1}\left(\alpha_{ji}^{[k]}+k_{ji}^{[k]}\right)s^k,\quad j\neq i \tag{5.54}$$

必要性: 由于 sI_n-A_{c} 的不变因子为 $\varphi_i(s)$ $(i=1,2,\cdots,n)$, 根据式 (5.53) 和定理 4.4.5 的结论 (2), 必有式 (5.49) ~ 式 (5.51) 成立.

充分性: 构造法. 假设在式 (5.49) ~ 式 (5.51) 成立时能构造出不变因子为 $\varphi_i(s)$ $(i=n-m+1,n-m+2,\cdots,n)$ 且列次为 $\{\mu_1,\mu_2,\cdots,\mu_m\}$ 的 Luenberger 多项式矩阵, 即

$$P(s)=[\gamma_{ij}(s)],\quad \gamma_{ii}(s)=s^{\mu_i}+\sum_{k=0}^{\mu_i-1}\gamma_{ii}^{[k]}s^k,\quad \gamma_{ji}(s)=\sum_{k=0}^{\mu_i-1}\gamma_{ji}^{[k]}s^k,\quad j\neq i \tag{5.55}$$

其中, $\gamma_{ji}^{[k]}$ 是实数; $k=0,1,\cdots,\mu_i,\ i,j=1,2,\cdots,m$. 取 $L_{\rm c}(s)=P(s)$. 那么由式 (5.53) 可知闭环系统 $sI_n-A_{\rm c}$ 的不变因子就是 $I_{n-m}\oplus P(s)$ 的不变因子, 即 $\varphi_i(s)$ $(i=1,2,\cdots,n)$, 其中 $\varphi_i(s)=1$ $(i=1,2,\cdots,n-m)$. 将式 (5.55) 和式 (5.54) 比较即得到反馈增益

$$K_0=G_\gamma-G \tag{5.56}$$

其中

$$G_\gamma=\left[\begin{array}{ccc|c|ccc}\gamma_{11}^{[0]} & \cdots & \gamma_{11}^{[\mu_1-1]} & \cdots & \gamma_{1m}^{[0]} & \cdots & \gamma_{1m}^{[\mu_m-1]}\\ \hline \gamma_{21}^{[0]} & \cdots & \gamma_{21}^{[\mu_1-1]} & \cdots & \gamma_{2m}^{[0]} & \cdots & \gamma_{2m}^{[\mu_m-1]}\\ \hline \vdots & & \vdots & & \vdots & & \vdots\\ \hline \gamma_{m1}^{[0]} & \cdots & \gamma_{m1}^{[\mu_1-1]} & \cdots & \gamma_{mm}^{[0]} & \cdots & \gamma_{mm}^{[\mu_m-1]}\end{array}\right] \tag{5.57}$$

也具有与式 (4.171) 中矩阵 G 完全相同的结构. 因此, 关键是如何构造列次为 $\{\mu_1,\mu_2,\cdots,\mu_m\}$ 且不变因子为 $\varphi_i(s)$ $(i=n-m+1,n-m+2,\cdots,n)$ 的 Luenberger 多项式矩阵 $P(s)$.

首先, 构造多项式矩阵

$$P_1(s)=\varphi_n(s)\oplus\varphi_{n-1}(s)\oplus\cdots\oplus\varphi_{n-m+1}(s)\in\mathbf{R}^{m\times m}[s] \tag{5.58}$$

显然其不变因子为 $\varphi_i(s)$ $(i=n-m+1,n-m+2,\cdots,n)$, 且

$$\deg(P_1(s))\stackrel{\rm def}{=}\{\delta_1^{[1]},\delta_1^{[2]},\cdots,\delta_1^{[m]}\}=\{\delta_n,\delta_{n-1},\cdots,\delta_{n-m+1}\}$$

下面对 $P_1(s)$ 进行初等行列变换, 使之最终的列次为 $\{\mu_{i_1},\mu_{i_2},\cdots,\mu_{i_m}\}$. 变换逐步进行, 第 k 次变换后的矩阵记作 $P_{k+1}(s)$. 它仍然是一个 Luenberger 多项式矩阵, 其列次记作

$$\deg(P_{k+1}(s))\stackrel{\rm def}{=}\{\delta_{k+1}^{[1]},\delta_{k+1}^{[2]},\cdots,\delta_{k+1}^{[m]}\},\quad k\geqslant 1$$

在实施第 k 次变换时, 变换原则如下.

原则 1: 对任意 $l\in\{1,2,\cdots,m\}$, 如果 $P_k(s)$ 第 l 列的列次 $\delta_k^{[l]}$ 等于 μ_{i_l}, 则该列的列次在后续变换中不再发生变化.

原则 2: 记 $m_k=\max\{l:\delta_k^{[l]}<\mu_{i_l}\}$ 和 $M_k=\min\{l:\delta_k^{[l]}>\mu_{i_l}\}$. 利用引理 A.3.1, 构造幺模矩阵 $V_k(s)\in\mathbf{R}^{m\times m}[s]$ 和 $U_k(s)\in\mathbf{R}^{m\times m}[s]$ 使得 $P_{k+1}(s)=U_k(s)P_k(s)V_k(s)$ 的第 m_k 列的列次增加 1, 而第 M_k 列的列次减少 1, 其余列的列次不变, 且 $P_{k+1}(s)$ 仍然是 Luenberger 多项式矩阵.

由于 $\{\delta_n,\delta_{n-1},\cdots,\delta_{n-m+1}\}$ 满足式 (5.50) 和式 (5.51), 存在 $N\in\mathbf{N}_{>0}$ 使得 $P_N(s)$ 的列次为 $\{\mu_{i_1},\ \mu_{i_2},\ \cdots,\mu_{i_m}\}$. 为了使得证明直观易懂, 设 $n=20,m=6$ 和 $\mu_{\rm c}(A,B)=$

$\{4,2,3,2,5,4\}$. 取满足条件 (5.50) 和 (5.51) 的一组 $\{\delta_n, \delta_{n-1}, \cdots, \delta_{n-m+1}\} = \{7,6,4,1,1,1\}$. 注意到

$$\{\mu_{i_1}, \mu_{i_2}, \mu_{i_3}, \mu_{i_4}, \mu_{i_5}, \mu_{i_6}\} = \{5, 4, \boxed{4}, 3, 2, 2\}$$

$$\{\delta_1^{[1]}, \delta_1^{[2]}, \delta_1^{[3]}, \delta_1^{[4]}, \delta_1^{[5]}, \delta_1^{[6]}\} = \{7, 6, \boxed{4}, 1, 1, 1\}$$

根据原则 1, $P_1(s)$ 第 3 列的列次在后续变换中不发生变化. 不发生变化的列次用方框标记.

第 1 次变换: 由于 $\delta_1^{[6]} = 1 < \mu_{i_6} = 2$ 而 $\delta_1^{[1]} = 7 > \mu_{i_1} = 5$, 所以有 $m_1 = 6, M_1 = 1$. 根据引理 A.3.1, 存在幺模矩阵 $V_1(s) \in \mathbf{R}^{m\times m}[s]$ 和 $U_1(s) \in \mathbf{R}^{m\times m}[s]$ 使得 $P_2(s) = U_1(s)P_1(s)V_1(s)$ 的列次为

$$\{\delta_2^{[1]}, \delta_2^{[2]}, \delta_2^{[3]}, \delta_2^{[4]}, \delta_2^{[5]}, \delta_2^{[6]}\} = \{7-1, 6, \boxed{4}, 1, 1, 1+1\} = \{6, 6, \boxed{4}, 1, 1, 2\}$$

因此

$$\{\mu_{i_1}, \mu_{i_2}, \mu_{i_3}, \mu_{i_4}, \mu_{i_5}, \mu_{i_6}\} = \{5, 4, \boxed{4}, 3, 2, \boxed{2}\}$$

$$\{\delta_2^{[1]}, \delta_2^{[2]}, \delta_2^{[3]}, \delta_2^{[4]}, \delta_2^{[5]}, \delta_2^{[6]}\} = \{6, 6, \boxed{4}, 1, 1, \boxed{2}\}$$

第 2 次变换: 由于 $\delta_2^{[5]} = 1 < \mu_{i_5} = 2$ 而 $\delta_2^{[1]} = 6 > \mu_{i_1} = 5$, 所以有 $m_2 = 5, M_2 = 1$. 根据引理 A.3.1, 存在幺模矩阵 $V_2(s) \in \mathbf{R}^{m\times m}[s]$ 和 $U_2(s) \in \mathbf{R}^{m\times m}[s]$ 使得 $P_3(s) = U_2(s)P_2(s)V_2(s)$ 的列次为

$$\{\delta_3^{[1]}, \delta_3^{[2]}, \delta_3^{[3]}, \delta_3^{[4]}, \delta_3^{[5]}, \delta_3^{[6]}\} = \{6-1, 6, \boxed{4}, 1, 1+1, \boxed{2}\} = \{5, 6, \boxed{4}, 1, 2, \boxed{2}\}$$

因此

$$\{\mu_{i_1}, \mu_{i_2}, \mu_{i_3}, \mu_{i_4}, \mu_{i_5}, \mu_{i_6}\} = \{\boxed{5}, 4, \boxed{4}, 3, \boxed{2}, \boxed{2}\}$$

$$\{\delta_3^{[1]}, \delta_3^{[2]}, \delta_3^{[3]}, \delta_3^{[4]}, \delta_3^{[5]}, \delta_3^{[6]}\} = \{\boxed{5}, 6, \boxed{4}, 1, \boxed{2}, \boxed{2}\}$$

第 3 次变换: 由于 $\delta_3^{[4]} = 1 < \mu_{i_4} = 3$ 而 $\delta_3^{[2]} = 6 > \mu_{i_2} = 4$, 所以有 $m_3 = 4, M_3 = 2$. 根据引理 A.3.1, 存在幺模矩阵 $V_3(s) \in \mathbf{R}^{m\times m}[s]$ 和 $U_3(s) \in \mathbf{R}^{m\times m}[s]$ 使得 $P_4(s) = U_3(s)P_3(s)V_3(s)$ 的列次为

$$\{\delta_4^{[1]}, \delta_4^{[2]}, \delta_4^{[3]}, \delta_4^{[4]}, \delta_4^{[5]}, \delta_4^{[6]}\} = \{\boxed{5}, 6-1, \boxed{4}, 1+1, \boxed{2}, \boxed{2}\} = \{\boxed{5}, 5, \boxed{4}, 2, \boxed{2}, \boxed{2}\}$$

因此

$$\{\mu_{i_1}, \mu_{i_2}, \mu_{i_3}, \mu_{i_4}, \mu_{i_5}, \mu_{i_6}\} = \{\boxed{5}, 4, \boxed{4}, 3, \boxed{2}, \boxed{2}\}$$

$$\{\delta_4^{[1]}, \delta_4^{[2]}, \delta_4^{[3]}, \delta_4^{[4]}, \delta_4^{[5]}, \delta_4^{[6]}\} = \{\boxed{5}, 5, \boxed{4}, 2, \boxed{2}, \boxed{2}\}$$

第 4 次变换: 由于 $\delta_4^{[4]} = 2 < \mu_{i_4} = 3$ 而 $\delta_4^{[2]} = 5 > \mu_{i_2} = 4$, 所以有 $m_4 = 4, M_4 = 2$. 根据引理 A.3.1, 存在幺模矩阵 $V_4(s) \in \mathbf{R}^{m\times m}[s]$ 和 $U_4(s) \in \mathbf{R}^{m\times m}[s]$ 使得 $P_5(s) = U_4(s)P_4(s)V_4(s)$ 的列次为

$$\{\delta_5^{[1]}, \delta_5^{[2]}, \delta_5^{[3]}, \delta_5^{[4]}, \delta_5^{[5]}, \delta_5^{[6]}\} = \{\boxed{5}, 5-1, \boxed{4}, 2+1, \boxed{2}, \boxed{2}\} = \{\boxed{5}, 4, \boxed{4}, 3, \boxed{2}, \boxed{2}\}$$

因此

$$\{\mu_{i_1},\mu_{i_2},\mu_{i_3},\mu_{i_4},\mu_{i_5},\mu_{i_6}\}=\{\boxed{5},\boxed{4},\boxed{4},\boxed{3},\boxed{2},\boxed{2}\}$$

$$\{\delta_5^{[1]},\delta_5^{[2]},\delta_5^{[3]},\delta_5^{[4]},\delta_5^{[5]},\delta_5^{[6]}\}=\{\boxed{5},\boxed{4},\boxed{4},\boxed{3},\boxed{2},\boxed{2}\}$$

经过 4 次变换之后的 $P_5(s)$ 的列次已经满足条件. 最后, 调换 $P_5(s)$ 的某些列和相应的行得到 $P(s)$, 使得其列次为 $\mu_c(A,B)=\{4,2,3,2,5,4\}$. 这样就得到了期望的 Luenberger 多项式矩阵 $P(s)$. 证毕. □

需要指出的是, 问题 5.3.1 如有解, 其解一般不唯一. 基于定理 5.3.1 可得推论 5.3.1.

推论 5.3.1 设 $(A,B)\in(\mathbf{R}^{n\times n},\mathbf{R}_m^{n\times m})$ 能控, 能控性指数集为 $\{\mu_1,\mu_2,\cdots,\mu_m\}$, 则:

(1) 存在 $K\in\mathbf{R}^{m\times n}$ 使得 $A+BK$ 是循环的, 且其特征多项式的系数可任意指定.

(2) 设容许集合 $\Omega_n=\{\lambda_i\}_{i=1}^n$ 满足 $\lambda_1=\lambda_2=\cdots=\lambda_q$ 且 $\lambda_i\neq\lambda_j\neq\lambda_1,i,j\in\{q+1,q+2,\cdots,n\},i\neq j$. 如果 $q\leqslant m$, 则存在 $K\in\mathbf{R}^{m\times n}$ 使得 $\lambda(A+BK)=\Omega_n$ 且 $A+BK$ 的 Jordan 标准型为对角矩阵.

证明 结论 (1) 的证明: 对任意容许集合 Ω_n, 将闭环系统的不变因子取为 $\{1,1,\cdots,1,\gamma(s)\}$, 其中 $\gamma(s)$ 如式 (5.21) 所定义. 这组不变因子显然满足式 (5.49) ~ 式 (5.51). 因此, 结论由定理 5.3.1 立得.

结论 (2) 的证明: 将闭环系统的不变因子取为 $\{1,\cdots,1,s-\lambda_1,\cdots,s-\lambda_1,(s-\lambda_1)(s-\lambda_{q+1})\cdots(s-\lambda_n)\}$, 其中 $s-\lambda_1$ 重复出现的次数为 $q-1$. 其对应的次数为 $\{\delta_i\}_{i=1}^n=\{0,\cdots,0,1,\cdots,1,n-q+1\}$, 对应的 Jordan 标准型为对角矩阵. 该组不变因子显然满足式 (5.49) ~ 式 (5.51). 证毕. □

推论 5.3.1 的结论 (1) 事实上就是定理 5.2.1. 在推论 5.3.1 的结论 (2) 中, 当允许容许集合 Ω_n 中有多组相同的元素时, 是否存在反馈增益 K 使得闭环系统的 Jordan 标准型为对角矩阵是要根据条件 (5.49) ~ 条件 (5.51) 严格检验的.

例 5.3.1 考虑 $n=4,m=2$ 和能控性指数集为 $\{3,1\}$ 的线性系统以及两种期望的 Jordan 标准型

$$J=\begin{bmatrix}\lambda_1 & 1\\ & \lambda_1\end{bmatrix}\oplus\begin{bmatrix}\lambda_1 & 1\\ & \lambda_1\end{bmatrix},\quad J=\lambda_2\oplus\lambda_2\oplus\lambda_3\oplus\lambda_3$$

其中, λ_1 是给定实数, $\lambda_2\neq\lambda_3$. 它们对应的不变因子分别为 $\{1,1,(s-\lambda_1)^2,(s-\lambda_1)^2\}$ 和 $\{1,1,(s-\lambda_2)(s-\lambda_3),(s-\lambda_2)(s-\lambda_3)\}$, 不变因子的阶次都是 $\{0,0,2,2\}$. 容易看出, 虽然这两种情形都满足式 (5.49), 但不满足条件 (5.50), 因此都是不可配置的.

上例的第二种情形告诉我们, 要求闭环系统有多组重极点且 Jordan 标准型是对角矩阵并不是总能实现的, 即推论 5.3.1 的结论 (2) 在一般情形下不能改进——除非对能控性指数集施加一定的假设.

例 5.3.2 考虑例 4.4.1 中的线性系统 (4.125). 该系统的能控性指数集为 $\{\mu_1,\mu_2,\mu_3\}=\{2,3,2\}$. 因此 $n=7,m=3,\{\mu_{i_1},\mu_{i_2},\mu_{i_3}\}=\{3,2,2\}$. 当期望特征值的几何重数不超过 $m=3$ 时 (即条件 (5.49) 成立), 不变因子的次数 $\{\delta_i\}_{i=1}^7$ 只有以下八种情况:

$$\{0,0,0,0,0,0,7\},\quad\{0,0,0,0,0,1,6\},\quad\{0,0,0,0,0,2,5\},\quad\{0,0,0,0,0,3,4\}$$

$$\{0,0,0,0,1,1,5\}, \quad \{0,0,0,0,1,2,4\}, \quad \{0,0,0,0,1,3,3\}, \quad \{0,0,0,0,2,2,3\}$$

不难发现这八种情况都满足条件 (5.50). 也就是说, 只要期望特征值的几何重数不超过 $m=3$, 就存在 K 使得闭环系统具有期望的 Jordan 标准型. 此例表明存在特殊的线性系统使得“几何重数不超过输入维数”是不变因子任意配置的充要条件.

下面给出一个数值例子.

例 5.3.3　继续考虑例 4.4.1 中的线性系统 (4.125). 设期望的 Jordan 标准型为

$$J=\begin{bmatrix}\lambda_1 & 1\\ & \lambda_1\end{bmatrix}\oplus\lambda_1\oplus\begin{bmatrix}\overline{\lambda}_1 & 1\\ & \overline{\lambda}_1\end{bmatrix}\oplus\overline{\lambda}_1\oplus\lambda_2 \tag{5.59}$$

其中, $\lambda_1=-1+\mathrm{i},\lambda_2=-2$. 因此期望的不变因子为

$$\{1,1,1,1,1,(s-\lambda_1)(s-\overline{\lambda}_1),(s-\lambda_1)^2(s-\overline{\lambda}_1)^2(s-\lambda_2)\}$$

相应的次数为 $\{\delta_i\}_{i=1}^7=\{0,0,0,0,0,2,5\}$. 由于对应的容许集合 $\Omega_n=\{\lambda_1,\lambda_1,\lambda_1,\overline{\lambda}_1,\overline{\lambda}_1,\overline{\lambda}_1,\lambda_2\}$ 关于能控性指数集 $\{2,3,2\}$ 是可分的, 可采用定理 5.2.3 的方法求取满足 $\lambda(A+BK)=\Omega_n$ 的反馈增益. 此时, 由式 (5.31) 可知闭环系统的 Jordan 标准型为

$$J=\lambda_1\oplus\lambda_1\oplus\lambda_1\oplus\overline{\lambda}_1\oplus\overline{\lambda}_1\oplus\overline{\lambda}_1\oplus\lambda_2$$

这不符合要求. 如果采取定理 5.2.1 的方法求取满足 $\lambda(A+BK)=\Omega_n$ 的反馈增益, 闭环系统矩阵是循环的, 其 Jordan 标准型为

$$J=\begin{bmatrix}\lambda_1 & 1 & \\ & \lambda_1 & 1\\ & & \lambda_1\end{bmatrix}\oplus\begin{bmatrix}\overline{\lambda}_1 & 1 & \\ & \overline{\lambda}_1 & 1\\ & & \overline{\lambda}_1\end{bmatrix}\oplus\lambda_2$$

这也不符合要求. 下面采用定理 5.3.1 的证明所给出的方法求取反馈增益. 根据式 (5.58) 取

$$\begin{aligned}P_1(s)&=(s-\lambda_1)^2(s-\overline{\lambda}_1)^2(s-\lambda_2)\oplus(s-\lambda_1)(s-\overline{\lambda}_1)\oplus 1\\&=(s^2+2s+2)^2(s+2)\oplus(s^2+2s+2)\oplus 1\end{aligned}$$

其列次为 $\{5,2,0\}$. 根据例 A.3.4 的计算, 经过两次初等变换后得到的 $P_3(s)$ 如式 (A.46) 所示, 其列次为 $\{3,2,2\}$. 调换 $P_3(s)$ 的第 1 列和第 2 列以及第 1 行和第 2 行得到

$$P(s)=\begin{bmatrix}s^2+2s+2 & 0 & 0\\ 0 & s^3+78s^2-20s-8 & -s-6\\ 0 & 6121s^2-1552s-624 & s^2-72s-469\end{bmatrix}$$

因此根据式 (5.57) 有

$$G_\gamma=\left[\begin{array}{cc|ccc|cc}2 & 2 & 0 & 0 & 0 & 0 & 0\\ \hline 0 & 0 & -8 & -20 & 78 & -6 & -1\\ \hline 0 & 0 & -624 & -1552 & 6121 & -469 & -72\end{array}\right]$$

根据例 4.4.3 中确定的矩阵 T 和 Γ, 将 G_γ 依次代入式 (5.56) 和式 (5.52) 得到最终的反馈增益

$$K=\begin{bmatrix} -2 & 0 & 7 & 0 & 0 & 2 & -8 \\ -1 & 2 & 1110 & 1648 & -6199 & 477 & 57 \\ -4 & 1 & 1092 & 1625 & -6120 & 470 & 67 \end{bmatrix}$$

通过检验, 闭环系统矩阵 $A+BK$ 的 Jordan 标准型的确是式 (5.59).

5.3.2 最小多项式配置

本节考虑下述最小多项式配置 (minimal polynomial assignment) 问题.

问题 5.3.2 设 $\psi_{\rm c}(s)$ 是给定的次数不超过 n 的实系数首一多项式. 求取反馈增益 $K \in \mathbf{R}^{m\times n}$ 使得闭环系统矩阵 $A+BK$ 的最小多项式为 $\psi_{\rm c}(s)$.

问题 5.3.2 可解的一个必要条件是期望最小多项式 $\psi_{\rm c}(s)$ 必须是某个 $n\times n$ 实矩阵的最小多项式. 如 s^2+2s+2 不可能是任何 3×3 实矩阵的最小多项式. 本节的主要结论如下.

定理 5.3.2 设 $(A,B)\in(\mathbf{R}^{n\times n},\mathbf{R}_m^{n\times m})$ 能控, 能控性指数为 μ, 则问题 5.3.2 可解当且仅当

$$\deg(\psi_{\rm c}(s))\geqslant\mu \tag{5.60}$$

且当 n 为奇数时 $\psi_{\rm c}(s)=0$ 至少有一个实根.

证明 设 (A,B) 的能控性指数集 $\{\mu_1,\mu_2,\cdots,\mu_m\}$ 按照降序排序之后为 $\{\mu_{i_1},\mu_{i_2},\cdots,\mu_{i_m}\}$, 即 $\mu_{i_1}\geqslant\mu_{i_2}\geqslant\cdots\geqslant\mu_{i_m}\geqslant 1$. 此外, 不失一般性, 假设

$$\psi_{\rm c}(s)=\prod_{j=1}^{r}(s+\gamma_j)\prod_{k=1}^{c}(s+\alpha_k+\beta_k{\rm i})(s+\alpha_k-\beta_k{\rm i}) \tag{5.61}$$

其中, $\gamma_j,\alpha_k,\beta_k\neq 0$ $(j\in\{1,2,\cdots,r\},k\in\{1,2,\cdots,c\})$ 都是实数; $(r,c)\neq(0,0)$ 是一对非负整数. 显然, 问题 5.3.2 可解当且仅当存在 $K\in\mathbf{R}^{m\times n}$ 使得闭环系统 $A+BK$ 具有不变因子 $\{\varphi_k(s),k=1,2,\cdots,n\}$, 其中 $\varphi_n(s)=\psi_{\rm c}(s)$. 记 $\deg(\varphi_k(s))=\delta_k$ $(k=1,2,\cdots,n)$, 其中 $\delta_n=r+2c$. 根据定理 5.3.1, 这等价于式 (5.49) $\sim$ 式 (5.51) 成立. 容易验证, 在等式 (5.51) 成立的前提下, 式 (5.50) 等价于

$$\begin{aligned} \delta_n &\geqslant \mu_{i_1} \\ \delta_{n-1}+\delta_n &\geqslant \mu_{i_2}+\mu_{i_1} \\ &\ \ \vdots \\ \delta_{n-m+2}+\delta_{n-m+3}+\cdots+\delta_n &\geqslant \mu_{i_{m-1}}+\mu_{i_{m-2}}+\cdots+\mu_{i_1} \end{aligned} \tag{5.62}$$

必要性: 由于 $\psi_{\rm c}(s)=\varphi_n(s)$, 不等式 (5.60) 就是式 (5.62) 的第 1 个不等式. 假设 n 为奇数. 如果 $r=0$, 则由式 (5.48) 的第 1 式可知 δ_k $(k=1,2,\cdots,n)$ 都是偶数, 从而 n 必为偶数. 矛盾. 因此 $r\geqslant 1$, 即 $\psi_{\rm c}(s)=0$ 至少有一个实根.

充分性: 设 $\delta = \deg(\psi_c(s))$ 和 $h = \lceil n/\delta \rceil$, 这里 $\lceil \cdot \rceil$ 是向上取整函数, 例如, $\lceil 3.1 \rceil = \lceil 3.9 \rceil = \lceil 4 \rceil = 4$. 那么根据不等式 (5.60) 有

$$(h-1)\delta < n \leqslant h\delta \tag{5.63}$$

和

$$n = \mu_{i_1} + \mu_{i_2} + \cdots + \mu_{i_m} \leqslant m\delta \tag{5.64}$$

如果 $m < h$ 即 $m \leqslant h-1$, 那么从式 (5.63) 和式 (5.64) 可得到

$$(h-1)\delta < n \leqslant m\delta \leqslant (h-1)\delta$$

这是不可能的. 因此必有 $m \geqslant h$. 假设存在次数为 $n-(h-1)\delta \in (0,\delta]$ 的实系数首一多项式 $\psi_*(s)$ 满足

$$\psi_*(s) | \psi_c(s) \tag{5.65}$$

并设期望的闭环系统不变因子为

$$\{\varphi_1(s), \varphi_2(s), \cdots, \varphi_n(s)\} = \left\{ \underbrace{1, \cdots, 1}_{n-h}, \psi_*(s), \underbrace{\psi_c(s), \cdots, \psi_c(s)}_{h-1} \right\} \tag{5.66}$$

相应的阶次满足

$$\{\delta_1, \delta_2, \cdots, \delta_n\} = \left\{ \underbrace{0, \cdots, 0}_{n-h}, n-(h-1)\delta, \underbrace{\delta, \cdots, \delta}_{h-1} \right\} \tag{5.67}$$

由式 (5.65) ~ 式 (5.67) 可知式 (5.48)、式 (5.49) 和式 (5.51) 都成立. 由于 $\mu_{i_1} = \mu \leqslant \delta$, 直接计算有

$$\begin{aligned}
\delta_n = \delta &\geqslant \mu_{i_1} \\
\delta_n + \delta_{n-1} = 2\delta &\geqslant \mu_{i_1} + \mu_{i_2} \\
&\vdots \\
\sum_{k=n-h+2}^{n} \delta_k = (h-1)\delta &\geqslant \mu_{i_1} + \mu_{i_2} + \cdots + \mu_{i_{h-1}} \\
\sum_{k=n-j+1}^{n} \delta_k = n &\geqslant \mu_{i_1} + \mu_{i_2} + \cdots + \mu_{i_j}
\end{aligned}$$

其中, $j = h$ $(m = h)$ 或 $j \in \{h, h+1, \cdots, m-1\}$ $(m > h)$. 上述诸不等式就是式 (5.62), 也即不等式 (5.50). 因此, 根据定理 5.3.1, 式 (5.66) 定义的不变因子 $\{\varphi_k(s), k = 1, 2, \cdots, n\}$ 是可配置的, 从而问题 5.3.2 可解. 因此, 只需要证明, 如果 $\psi_c(s)$ 满足不等式 (5.60), 且当 n 为奇数时 $\psi_c(s) = 0$ 至少有一个实根, 则必然存在次数为 $n-(h-1)\delta \in (0,\delta]$ 的实系数首一多项式 $\psi_*(s)$ 满足式 (5.65).

为了证明上述结论, 设

$$\psi_*(s)=\prod_{j=1}^{r_*}(s+\gamma_j)\prod_{k=1}^{c_*}(s+\alpha_k+\beta_k\mathrm{i})(s+\alpha_k-\beta_k\mathrm{i}) \tag{5.68}$$

并考虑两种情况.

情况 1: $r=0$. 根据题设, 此时 n 必为偶数. 设 $r_*=0$ 和

$$c_*=\frac{1}{2}(n-(h-1)\delta)\in\left(0,\frac{1}{2}\delta\right]=(0,c]$$

显然 c_* 是正整数, 且 $\psi_*(s)$ 满足式 (5.65).

情况 2: $r\geqslant 1$. 设

$$c_*=\min\left\{c,\left\lfloor\frac{n-(h-1)\delta}{2}\right\rfloor\right\},\quad r_*=n-(h-1)\delta-2c_*=\max\{\rho_1,\rho_2\}$$

其中, $\lfloor\cdot\rfloor$ 是向下取整函数, 例如, $\lfloor 3.9\rfloor=\lfloor 3.1\rfloor=\lfloor 3\rfloor=3$, 以及

$$\rho_1=n-(h-1)\delta-2c\leqslant\delta-2c=r$$

$$\rho_2=n-(h-1)\delta-2\left\lfloor\frac{n-(h-1)\delta}{2}\right\rfloor\leqslant 1\leqslant r$$

因此有 $\deg(\psi_*(s))=r_*+2c_*=n-(h-1)\delta$. 此外, 由 $0\leqslant c_*\leqslant c$ 和 $0\leqslant\rho_2\leqslant r_*\leqslant r$ 可知 $\psi_*(s)$ 满足式 (5.65). 证毕. □

根据定理 5.3.2, 有如下显然的推论.

推论 5.3.2 设 n 为偶数, 则问题 5.3.2 可解当且仅当不等式 (5.60) 成立.

由定理 5.3.2 的证明可知, 最小多项式配置问题被转化成了不变因子 (5.66) 和 (5.68) 的配置问题, 后者可用前节的方法予以解决. 最后我们给出一个简单的例子.

例 5.3.4 设线性系统 (A,B) 满足 $\{\mu_{i_1},\mu_{i_2},\mu_{i_3}\}=\{3,2,1\}$. 由于 $n=6$ 是偶数, 由推论 5.3.2 可知, 对任意满足不等式 (5.60) 的期望最小多项式 $\psi_{\mathrm{c}}(s)$, 问题 5.3.2 都是可解的. 设 $\psi_{\mathrm{c}}(s)$ 形如式 (5.61). 那么满足不等式 (5.60) 的 $\{r,c\}$ 一共有 12 组, 即

$$\{6,0\},\{5,0\},\{4,0\},\{3,0\},\{4,1\},\{3,1\}$$
$$\{2,1\},\{1,1\},\{2,2\},\{1,2\},\{0,2\},\{0,3\}$$

对于每一组 $\{r,c\}$, 可以根据式 (5.66) 和式 (5.68) 构造相应的不变因子 $\{\varphi_k(s),k=1,2,\cdots,n\}$. 这 12 组对应的参数 $\{h,r_*,c_*\}$ 可选为

$$\{1,6,0\},\{2,1,0\},\{2,2,0\},\{2,3,0\},\{1,4,1\},\{2,1,0\}$$
$$\{2,0,1\},\{2,1,1\},\{1,2,2\},\{2,1,0\},\{2,0,1\},\{1,0,3\}$$

5.3.3 特征结构配置

根据第 1 章的介绍, 线性系统 (5.1) 的每一个解或响应都取决于 3 个量:

(1) A 的特征值, 决定响应的衰减率/增长率.

(2) A 的特征向量, 决定响应的形状.

(3) 初始条件, 决定每个模态参与到响应中的程度.

因此, 如果反馈是用来改变系统的响应特性, 那么特征向量和特征值的位置必须要同时加以考虑. 设计反馈增益 K 使得闭环系统矩阵 $A+BK$ 既具有给定的特征值集合又具有给定的特征向量, 这一问题称为特征结构配置 (eigenstructure assignment) 问题. 具体描述如下.

问题 5.3.3 设 $\{\lambda_i\}_{i=1}^r$ 是一个给定的容许集合, 其中元素不必互异, 正整数集合 $\{d_i\}_{i=1}^r$ 满足 $d_1+d_2+\cdots+d_r=n$. 令 $\{v_{ij}, j=1,2,\cdots,d_i, i=1,2,\cdots,r\}$ 为一组给定的线性无关的向量, 且 $\lambda_i=\overline{\lambda}_j$ 蕴含 $d_i=d_j$ 和 $v_{il}=\overline{v}_{jl}$ $(l=1,2,\cdots,d_i)$. 寻求实矩阵 $K\in\mathbf{R}^{m\times n}$ 使得

$$\begin{cases} (A+BK-\lambda_i I_n)v_{i1}=0 \\ (A+BK-\lambda_i I_n)v_{ij}=v_{i,j-1} \end{cases} \tag{5.69}$$

其中, $j=2,3,\cdots,d_i, i=1,2,\cdots,r$.

很显然, 对于单输入系统, 同时配置二者是不可能的. 因为一旦特征值集合给定, 增益 K 是唯一的, 闭环系统被唯一确定, 相应的特征向量自然也是唯一确定的. 因此, 特征结构配置问题只对多输入线性系统有意义. 另外, 即使对于多输入线性系统, 特征结构配置问题也并非总有解. 理由简述如下: 设 J 和 V 是期望的特征值对应的 Jordan 标准型和相应的特征向量矩阵, 则 $A+BK=VJV^{-1}$, 或者 $BK=VJV^{-1}-A$. 由于 B 的列数通常小于 n, 此关于 K 的方程显然不是总有解的.

本节将探讨特征结构配置问题的可解性. 主要结果如下.

定理 5.3.3 问题 5.3.3 可解当且仅当存在向量组 $\{w_{ij}, j=1,2,\cdots,d_i, i=1,2,\cdots,r\}$ 满足

$$\begin{bmatrix} A-\lambda_i I_n & B \end{bmatrix}\begin{bmatrix} v_{ij} \\ w_{ij} \end{bmatrix}=v_{i,j-1},\quad v_{i0}=0 \tag{5.70}$$

其中, $\lambda_i=\overline{\lambda}_j$ 蕴含 $w_{il}=\overline{w}_{jl}$ $(l=1,2,\cdots,d_i)$. 此外, 如果式 (5.70) 成立, 则

$$K=\begin{bmatrix} W_1 & W_2 & \cdots & W_r \end{bmatrix}\begin{bmatrix} V_1 & V_2 & \cdots & V_r \end{bmatrix}^{-1}\in\mathbf{R}^{m\times n} \tag{5.71}$$

其中

$$\begin{bmatrix} V_i \\ W_i \end{bmatrix}=\begin{bmatrix} v_{i1} & v_{i2} & \cdots & v_{i,d_i} \\ w_{i1} & w_{i2} & \cdots & w_{i,d_i} \end{bmatrix},\quad i=1,2,\cdots,r \tag{5.72}$$

若进一步有 $\operatorname{rank}(B)=m$, 则 K 是唯一的.

证明 必要性: 由方程组 (5.69) 可知

$$\begin{bmatrix} A-\lambda_i I_n & B \end{bmatrix}\begin{bmatrix} v_{ij} \\ Kv_{ij} \end{bmatrix}=v_{i,j-1},\quad v_{i0}=0 \tag{5.73}$$

其中, $j=1,2,\cdots,d_i, i=1,2,\cdots,r$. 令 $w_{ij}=Kv_{ij}$ $(j=1,2,\cdots,d_i, i=1,2,\cdots,r)$, 则式 (5.73) 可写成式 (5.70), 且显然有 $\lambda_i=\overline{\lambda}_j$ 蕴含 $w_{il}=\overline{w}_{jl}$ $(l=1,2,\cdots,d_i)$.

充分性: 设 K 如式 (5.71) 所定义, 即

$$w_{ij}=Kv_{ij},\quad j=1,2,\cdots,d_i,\quad i=1,2,\cdots,r \tag{5.74}$$

则根据式 (5.70) 有式 (5.73) 成立, 而式 (5.73) 又等价于式 (5.69).

下面证明式 (5.71) 确定的 K 是实矩阵. 若 λ_i 都是实数, 则显然. 为简单计, 假设 $\lambda_1=\overline{\lambda}_2$ 是复数而所有其他的特征值都是实数. 根据式 (5.74) 有 $KV_i=W_i$ $(i=1,2,\cdots,r)$. 将 V_k、W_k $(k=1,2)$ 各列的顺序适当调整后写成

$$K\begin{bmatrix} V_{12} & V_3 & V_4 & \cdots & V_r \end{bmatrix}=\begin{bmatrix} W_{12} & W_3 & W_4 & \cdots & W_r \end{bmatrix} \tag{5.75}$$

其中

$$\begin{bmatrix} W_{12} \\ V_{12} \end{bmatrix}=\left[\begin{array}{cc|cc|c|cc} w_{11} & w_{21} & w_{12} & w_{22} & \cdots & w_{1d_1} & w_{2d_1} \\ v_{11} & v_{21} & v_{12} & v_{22} & \cdots & v_{1d_1} & v_{2d_1} \end{array}\right]\in \mathbf{C}^{(m+n)\times 2d_1}$$

根据假设有 $v_{1k}=\overline{v}_{2k}, w_{1k}=\overline{w}_{2k}$ $(k=1,2,\cdots,d_1)$. 将方程 (5.75) 两边同时右乘非奇异矩阵

$$T=\begin{bmatrix} \dfrac{1}{2} & -\dfrac{\mathrm{i}}{2} \\ \dfrac{1}{2} & \dfrac{\mathrm{i}}{2} \end{bmatrix}\oplus\cdots\oplus\begin{bmatrix} \dfrac{1}{2} & -\dfrac{\mathrm{i}}{2} \\ \dfrac{1}{2} & \dfrac{\mathrm{i}}{2} \end{bmatrix}\oplus I_{n-2d_1}$$

得到

$$K\begin{bmatrix} \mathrm{Re}\{V_1\} & \mathrm{Im}\{V_1\} & V_3 & \cdots & V_r \end{bmatrix}=\begin{bmatrix} \mathrm{Re}\{W_1\} & \mathrm{Im}\{W_1\} & W_3 & \cdots & W_r \end{bmatrix}$$

上述方程的唯一解 K 显然是实矩阵.

由于 $\{\lambda_i\}$ 和 $\{v_{ij}\}$ 是给定的, $A+BK=VJV^{-1}$ 也是确定的, 这里 J 是对应的 Jordan 矩阵, V 是对应的给定特征向量矩阵. 设存在两个 K 使得 $A+BK=VJV^{-1}$ 成立, 则 $BK_1=BK_2=A-VJV^{-1}$. 由于 $\mathrm{rank}(B)=m$, 只能有 $K_1-K_2=0$. 因此 K 是唯一的. 证毕. □

需要指出的是, 定理 5.3.3 并不要求系统 (A,B) 能控. 由 5.1.1 节的结论可知, 如果系统不能控, 状态反馈不可改变不能控模态. 但却不难举例说明可以利用状态反馈改变不能控模态对应的特征向量.

定理 5.3.3 表明, 在特征值 $\{\lambda_i\}$ 给定的情况下, 相应的特征向量必须满足约束 (5.70), 或者说关于 w_{ij} 的非齐次线性方程组 (5.70) 可解. 这些方程组的可解性判定和求解是比较费事的. 注意到, 如果将 v_{ij}、w_{ij} 都看成未知量, 则式 (5.70) 是关于这些未知量的齐次线性方程组, 处理起来就相对方便了. 关于齐次线性方程组 (5.70) 的解, 可以建立定理 5.3.4.

定理 5.3.4 设 $(A,B)\in(\mathbf{R}^{n\times n},\mathbf{R}^{n\times m})$ 能控, $(P_i,Q_i,N_i,D_i)\in(\mathbf{C}^{n\times n},\mathbf{C}^{m\times n},\mathbf{C}^{n\times m},\mathbf{C}^{m\times m})$ 满足

$$\begin{bmatrix} A-\lambda_i I_n & B \end{bmatrix}\begin{bmatrix} P_i & N_i \\ Q_i & D_i \end{bmatrix}=\begin{bmatrix} I_n & 0 \end{bmatrix} \tag{5.76}$$

其中, $\lambda_i=\overline{\lambda}_j$ 蕴含 $(P_i,Q_i,N_i,D_i)=(\overline{P}_j,\overline{Q}_j,\overline{N}_j,\overline{D}_j)$, 且

$$\operatorname{rank}\begin{bmatrix} P_i & N_i \\ Q_i & D_i \end{bmatrix}=n+m \tag{5.77}$$

其中, $i,j=1,2,\cdots,r$. 那么, 线性方程组 (5.70) 的通解可表示为

$$\begin{bmatrix} v_{ik} \\ w_{ik} \end{bmatrix}=\begin{bmatrix} P_i^{k-1}N_i \\ Q_iP_i^{k-2}N_i \end{bmatrix}z_{i1}+\begin{bmatrix} P_i^{k-2}N_i \\ Q_iP_i^{k-3}N_i \end{bmatrix}z_{i2}+\cdots+\begin{bmatrix} N_i \\ D_i \end{bmatrix}z_{ik} \tag{5.78}$$

其中, $z_{ik}\in\mathbf{C}^{m\times 1}$ $(k=1,2,\cdots,d_i,i=1,2,\cdots,r)$ 是任意向量, 并规定当 $k=-1$ 时 $Q_iP_i^kN_i=D_i$. 此外, 如果 $\lambda_i=\overline{\lambda}_j$ 蕴含 $z_{il}=\overline{z}_{jl}$ $(l=1,2,\cdots,d_i)$ 且存在 z_{ik} 使得式 (5.72) 确定的特征向量矩阵

$$V=\begin{bmatrix} V_1 & V_2 & \cdots & V_r \end{bmatrix}$$

非奇异, 则满足式 (5.69) 的实增益矩阵 K 可表示为式 (5.71).

证明 根据定理 5.3.3, 只需要证明式 (5.78) 是方程组 (5.70) 的通解. 对任意 $i\in\{1,2,\cdots,r\}$, 当 $k=1$ 时式 (5.78) 可写成

$$\begin{bmatrix} v_{i1} \\ w_{i1} \end{bmatrix}=\begin{bmatrix} N_i \\ D_i \end{bmatrix}z_{i1}$$

左乘 $[A-\lambda_iI_n,B]$ 并利用式 (5.76) 可知式 (5.70) 成立; 当 $k=2,3,\cdots,d_i$ 时式 (5.78) 可写成

$$\begin{bmatrix} v_{ik} \\ w_{ik} \end{bmatrix}=\begin{bmatrix} P_i \\ Q_i \end{bmatrix}P_i^{k-2}N_iz_{i1}+\begin{bmatrix} P_i \\ Q_i \end{bmatrix}P_i^{k-3}N_iz_{i2}+\cdots+\begin{bmatrix} N_i \\ D_i \end{bmatrix}z_{ik}$$

左乘 $[A-\lambda_iI_n,B]$ 并利用式 (5.76) 可知

$$\begin{bmatrix} A-\lambda_iI_n & B \end{bmatrix}\begin{bmatrix} v_{ik} \\ w_{ik} \end{bmatrix}=P_i^{k-2}N_iz_{i1}+P_i^{k-3}N_iz_{i2}+\cdots+N_iz_{i,k-1}=v_{i,k-1}$$

即式 (5.70) 也成立. 因此式 (5.78) 的确是方程组 (5.70) 的解. 以下只需证明式 (5.78) 是通解.

对任意 $i\in\{1,2,\cdots,r\}$, 将方程组 (5.70) 写成

$$0=\begin{bmatrix} A_i & & & \\ B_i & A_i & & \\ & \ddots & \ddots & \\ & & B_i & A_i \end{bmatrix}\begin{bmatrix} x_{i1} \\ x_{i2} \\ \vdots \\ x_{i,d_i} \end{bmatrix}\overset{\text{def}}{=\!=}\mathit{\Pi}_ix_i \tag{5.79}$$

其中

$$A_i=\begin{bmatrix} A-\lambda_iI_n & B \end{bmatrix},\quad B_i=\begin{bmatrix} -I_n & 0 \end{bmatrix},\quad x_{ik}=\begin{bmatrix} v_{ik} \\ w_{ik} \end{bmatrix}$$

由于 (A,B) 能控, 根据 PBH 判据有 $\text{rank}(\Pi_i)=d_i\text{rank}(A_i)=nd_i$, 即 Π_i 行满秩. 根据线性方程组理论, 线性方程 (5.79) 解空间的维数为 $(n+m)d_i-\text{rank}(\Pi_i)=md_i$. 另外, 自由参数 $\{z_{ik}\}_{k=1}^{d_i}$ 的个数也为 md_i. 因此只需要证明 $\{z_{ik}\}_{k=1}^{d_i}\mapsto x_i$ 是单射. 将式 (5.78) 写成

$$x_i=\begin{bmatrix}x_{i1}\\x_{i2}\\\vdots\\x_{i,d_i}\end{bmatrix}=\left[\begin{array}{c|c|c|c}N_i & & & \\ D_i & & & \\ \hline * & N_i & & \\ * & D_i & & \\ \hline \vdots & \vdots & \ddots & \\ \hline * & * & * & N_i \\ * & * & * & D_i\end{array}\right]\begin{bmatrix}z_{i1}\\z_{i2}\\\vdots\\z_{i,d_i}\end{bmatrix}\overset{\text{def}}{=\!=}\Phi_i z_i$$

其中, $*$ 表示不关心的项. 由于 (N_i,D_i) 满足式 (5.77), 矩阵 Φ_i 列满秩, 因此 $z_i\mapsto x_i$ 是单射. 证毕. □

说明 5.3.1 满足式 (5.76) 和式 (5.77) 的矩阵簇 (P_i,Q_i,N_i,D_i) 既可通过对 $[A-\lambda_iI_n,B]$ 进行奇异值分解来确定 (见习题 5.8), 也可通过令式 (4.232) 中 $(P(s),Q(s),N(s),D(s))$ 的 $s=\lambda_i$ 而得到.

根据定理 5.3.4, 只需要选取参数 $\{z_{ik}\}$ 来获取满意的特征向量矩阵 V, 相应的增益由式 (5.71) 确定. 当然, 为了保证存在 $\{z_{ik}\}$ 使得 V 可逆, 必须要满足定理 5.3.1 对闭环系统的不变因子或 Jordan 标准型的要求 (5.49) $\sim$ (5.51).

至此可以发现判断能控性的三种判据即能控性 Gram 矩阵判据、能控性矩阵判据和 PBH 判据分别在镇定问题 (定理 5.1.1)、极点配置问题 (定理 5.2.1 和定理 5.2.3) 和特征结构配置问题 (定理 5.3.3 和定理 5.3.4) 中得到了直接的应用.

5.4 解耦控制

本节为了方便, 假设 $D=0$. 为此将开环系统 (5.1) 重写成

$$\begin{cases}\dot{x}=Ax+Bu\\ y=Cx\end{cases}\tag{5.80}$$

将闭环系统 (5.3) 重写成

$$\begin{cases}\dot{x}=(A+BK)x+BHv\\ y=Cx\end{cases}\tag{5.81}$$

5.4.1 问题的描述与解

在镇定或者极点配置问题中, 只考虑闭环系统的稳定性, 完全没有考虑闭环系统的输出是否符合期望要求. 虽然说闭环系统的输出是状态的线性组合, 从稳定性的角度来说, 输出也必然是稳定的, 但在 MIMO 系统的一些问题中, 我们期望每一个控制量只控制一个输出量, 以便得到期望的动态特性. 这就是解耦控制问题. 具体描述如下.

问题 5.4.1 考虑线性系统 (5.80), 其中输入和输出维数相同, 即 $(A,B,C)\in(\mathbf{R}^{n\times n},\mathbf{R}^{n\times m},\mathbf{R}^{m\times n})$, 寻找状态反馈控制律 (5.2) 使得闭环系统 (5.81) 的传递函数矩阵是对角矩阵, 即

$$G_{(K,H)}(s)\overset{\text{def}}{=\!=}C(sI_n-(A+BK))^{-1}BH=\varDelta_1(s)\oplus\varDelta_2(s)\oplus\cdots\oplus\varDelta_m(s) \tag{5.82}$$

其中, $\varDelta_i(s)$ $(i=1,2,\cdots,m)$ 是非零的有理分式.

由上面的问题描述可知, 当闭环系统 (5.81) 实现了输入输出解耦后, 其输出向量 y 和输入向量 v 之间有关系式

$$Y_i(s)=\varDelta_i(s)V_i(s),\quad i=1,2,\cdots,m$$

其中

$$Y(s)=\begin{bmatrix}Y_1(s)\\Y_2(s)\\\vdots\\Y_m(s)\end{bmatrix},\quad V(s)=\begin{bmatrix}V_1(s)\\V_2(s)\\\vdots\\V_m(s)\end{bmatrix}$$

分别是 $y(t)$ 和 $v(t)$ 的 Laplace 变换. 这表明, 尽管闭环系统 (5.81) 中包含着变量间的耦合, 即矩阵 $A+BK$ 并不一定是对角矩阵, 但通过合适地设计反馈增益 K 和输入等价变换矩阵 H, 一个 m 维的 MIMO 线性系统被转化成为 m 个相互独立的 SISO 线性系统, 即实现了一个输出变量仅由一个输入变量完全控制. 解耦控制能够简化控制过程, 使得对各个输出变量的控制均可单独进行. 在许多工程问题中, 特别是在过程控制中, 解耦控制有着重要的意义.

设 $\gamma_i(s)$ $(i=1,2,\cdots,m)$ 是 m 个任意给定的次数为 r_i 的实系数 Hurwitz 首一多项式, 即

$$\gamma_i(s)=s^{r_i}+\gamma_{i,r_i-1}s^{r_i-1}+\cdots+\gamma_{i1}s+\gamma_{i0},\quad i=1,2,\cdots,m \tag{5.83}$$

关于问题 5.4.1 的可解性, 有定理 5.4.1.

定理 5.4.1 设线性系统 (5.80) 的相对阶为 $\{r_1,r_2,\cdots,r_m\}$, 则问题 5.4.1 可解当且仅当耦合矩阵 (4.37) 非奇异. 此时该问题的一个解为

$$K=-\varGamma^{-1}\begin{bmatrix}c_1\gamma_1(A)\\c_2\gamma_2(A)\\\vdots\\c_m\gamma_m(A)\end{bmatrix},\quad H=\varGamma^{-1} \tag{5.84}$$

相应的闭环系统的传递函数矩阵为

$$G_{(K,H)}(s)=\frac{1}{\gamma_1(s)}\oplus\frac{1}{\gamma_2(s)}\oplus\cdots\oplus\frac{1}{\gamma_m(s)} \tag{5.85}$$

证明 必要性: 根据引理 4.6.3, 闭环系统 $(A+BK,BH,C)$ 的相对阶仍为 $\{r_1,r_2,\cdots,r_m\}$, 即 $\varDelta_i(s)$ 的相对阶为 r_i $(i=1,2,\cdots,m)$. 由于闭环系统的传递函数矩阵是对角的, 所

以 $\lim_{s\to\infty} s^{r_i}\Delta_i(s)$ $(i=1,2,\cdots,m)$ 存在且非零. 根据耦合矩阵的定义式 (4.38) 和式 (5.82) 可知

$$\begin{aligned}\Gamma(A+BK,BH,C)&=\lim_{s\to\infty}(s^{r_1}\oplus s^{r_2}\oplus\cdots\oplus s^{r_m})G_{(K,H)}(s)\\&=\lim_{s\to\infty}(s^{r_1}\Delta_1(s)\oplus s^{r_2}\Delta_2(s)\oplus\cdots\oplus s^{r_m}\Delta_m(s))\end{aligned}$$

因此 $\Gamma(A+BK,BH,C)$ 是非奇异的. 最后, 由等式 (4.39) 和式 (4.191) 可知 $\Gamma(A,B,C)$ 非奇异.

充分性: 根据引理 4.3.2 可知

$$c_iA^kB=0,\quad k=0,1,\cdots,r_i-2,\quad c_iA^{r_i-1}B\neq 0,\quad i=1,2,\cdots,m \tag{5.86}$$

将系统 (5.80) 的输出 $y_i=c_ix$ $(i=1,2,\cdots,m)$ 反复求导并利用式 (5.86) 得到

$$\begin{cases}y_i^{(1)}=c_i(Ax+Bu)=c_iAx\\ y_i^{(2)}=c_iA(Ax+Bu)=c_iA^2x\\ \quad\vdots\\ y_i^{(r_i-1)}=c_iA^{r_i-2}(Ax+Bu)=c_iA^{r_i-1}x\\ y_i^{(r_i)}=c_iA^{r_i-1}(Ax+Bu)=c_iA^{r_i}x+c_iA^{r_i-1}Bu\end{cases} \tag{5.87}$$

将方程 (5.87) 的第 j 行乘以 γ_{ij} 得到

$$\begin{cases}\gamma_{i0}y_i=\gamma_{i0}c_ix\\ \gamma_{i1}y_i^{(1)}=\gamma_{i1}c_iAx\\ \quad\vdots\\ \gamma_{i,r_i-1}y_i^{(r_i-1)}=\gamma_{i,r_i-1}c_iA^{r_i-1}x\\ y_i^{(r_i)}=c_iA^{r_i}x+c_iA^{r_i-1}Bu\end{cases}$$

其中, $i=1,2,\cdots,m$. 将以上 r_i+1 个方程相加得到

$$\begin{aligned}y_i^{(r_i)}+\sum_{j=0}^{r_{i-1}}\gamma_{ij}y_i^{(j)}&=c_i\sum_{j=0}^{r_{i-1}}\gamma_{ij}A^jx+c_iA^{r_i}x+c_iA^{r_i-1}Bu\\&=c_i\gamma_i(A)x+c_iA^{r_i-1}Bu\end{aligned} \tag{5.88}$$

如果取

$$c_iA^{r_i-1}Bu=-c_i\gamma_i(A)x+v_i,\quad i=1,2,\cdots,m \tag{5.89}$$

其中, v_i $(i=1,2,\cdots,m)$ 为外部输入, 则可从式 (5.88) 得到

$$y_i^{(r_i)}+\sum_{j=0}^{r_{i-1}}\gamma_{ij}y_i^{(j)}=v_i,\quad i=1,2,\cdots,m \tag{5.90}$$

将式 (5.90) 两边取 Laplace 变换得到

$$V_i(s) = s^{r_i} Y_i(s) + \sum_{j=0}^{r_{i-1}} \gamma_{ij} s^j Y_i(s) = \gamma_i(s) Y_i(s)$$

其中, $Y_i(s)$ 和 $V_i(s)$ 分别是 $y_i(t)$ 和 $v_i(t)$ 的 Laplace 变换. 这就是

$$\frac{Y_i(s)}{V_i(s)} = \frac{1}{\gamma_i(s)} = \Delta_i(s), \quad i = 1, 2, \cdots, m$$

因此闭环系统的传递函数矩阵具有式 (5.85) 的对角形式. 将式 (5.89) 写成矩阵的形式就是

$$\begin{bmatrix} c_1 A^{r_1-1} B \\ c_2 A^{r_2-1} B \\ \vdots \\ c_m A^{r_m-1} B \end{bmatrix} u = -\begin{bmatrix} c_1 \gamma_1(A) \\ c_2 \gamma_2(A) \\ \vdots \\ c_m \gamma_m(A) \end{bmatrix} x + v$$

由于 $\Gamma(A, B, C)$ 非奇异, 上式可以写成式 (5.2) 的形式, 其中 (K, H) 如式 (5.84) 所定义. 也就是说, 式 (5.84) 定义的 (K, H) 是问题 5.4.1 的一个解. 证毕. □

一般地, 如果解耦控制问题 5.4.1 可解, 称线性系统 (5.80) 即 (A, B, C) 是可解耦的. 由此可见, (A, B, C) 是可解耦的当且仅当耦合矩阵 $\Gamma(A, B, C)$ 非奇异. 根据推论 4.3.2, 线性系统 (5.80) 是可解耦的仅当推论 4.3.2 的诸条件成立.

下面举例说明解耦问题的求解步骤.

例 5.4.1 考虑线性系统

$$A = \begin{bmatrix} 6 & 4 & 0 & 0 & -1 & -3 \\ -3 & -1 & 0 & 0 & 1 & 2 \\ 3 & 2 & 1 & -1 & 0 & -2 \\ 0 & -1 & 0 & 0 & -1 & 0 \\ 1 & 2 & -1 & 1 & -1 & 1 \\ 5 & 5 & 0 & 0 & 0 & -2 \end{bmatrix}, \quad B = \begin{bmatrix} 0 & 1 \\ 1 & 0 \\ 1 & 1 \\ -1 & 0 \\ 0 & 1 \\ 1 & 1 \end{bmatrix}, \quad C = \begin{bmatrix} -1 & 2 \\ 0 & 2 \\ 0 & -1 \\ 1 & 1 \\ 0 & -1 \\ 1 & 0 \end{bmatrix}^{\mathrm{T}}$$

该系统的相对阶为 $\{2, 2\}$, 耦合矩阵 $\Gamma(A, B, C) = I_2$. 取期望的闭环系统传递函数分母多项式

$$\gamma_1(s) = s^2 + 2s + 2, \quad \gamma_2(s) = s^2 + 2s + 3$$

代入式 (5.84) 得到 $H = \Gamma^{-1} = I_2$ 和

$$K = \begin{bmatrix} 5 & -1 & 0 & -2 & -1 & -5 \\ -14 & -10 & 3 & -3 & 4 & 4 \end{bmatrix} \tag{5.91}$$

代入式 (5.82) 得到闭环系统的传递函数

$$G_{(K,H)}(s) = \frac{1}{s^2 + 2s + 2} \oplus \frac{1}{s^2 + 2s + 3} = \frac{1}{\gamma_1(s)} \oplus \frac{1}{\gamma_2(s)}$$

5.4.2 闭环系统的稳定性

解耦控制问题 5.4.1 虽然考虑了输入输出关系, 却没有考虑闭环系统矩阵 $A+BK$ 的稳定性. 本节探讨保证闭环系统渐近稳定的条件. 主要结论如下.

定理 5.4.2 系统 (5.80) 在状态反馈 (5.2) 和 (5.84) 作用下的闭环系统 (5.81) 的极点集合为

$$\lambda(A+BK)=\lambda(A_{00})\cup\bigcup_{i=1}^{m}\{s:\gamma_i(s)=0\} \tag{5.92}$$

其中, $A_{00}\in\mathbf{R}^{(n-r)\times(n-r)}$ 是线性系统 (A,B,C) 的零点矩阵, 其特征值是线性系统 (A,B,C) 的不变零点. 因此, 闭环系统 $A+BK$ 渐近稳定当且仅当系统是最小相位的.

证明 考虑线性系统 (5.80) 的输入输出规范型 (4.82). 根据式 (5.90), ξ_{i,r_i} 子系统可以写成

$$\dot{\xi}_{i,r_i}=y_i^{(r_i)}=v_i-\sum_{j=0}^{r_{i-1}}\gamma_{ij}y_i^{(j)}=v_i-\sum_{j=0}^{r_{i-1}}\gamma_{ij}\xi_{i,j+1}$$

其中, $\xi_{i,j}$ 如式 (4.59) 所定义. 因此从系统 (4.82) 可以得到闭环系统

$$\begin{cases}\dot{\eta}=A_{00}\eta+B_0y\\ \dot{\xi}_i=\varPhi_{ii}\xi_i+b_{ii}v_i\\ y_i=c_{ii}\xi_i\end{cases},\quad i=1,2,\cdots,m \tag{5.93}$$

其中

$$\varPhi_{ii}=\left[\begin{array}{c|ccc}0&1&&\\ \vdots&&\ddots&\\ 0&&&1\\ \hline -\gamma_{i0}&-\gamma_{i1}&\cdots&-\gamma_{i,r_i-1}\end{array}\right],\quad b_{ii}=\left[\begin{array}{c}0\\ \vdots\\ 0\\ \hline 1\end{array}\right],\quad c_{ii}=\left[\begin{array}{c}1\\ \hline 0\\ \vdots\\ 0\end{array}\right]^{\mathrm{T}} \tag{5.94}$$

显然, 闭环系统 (5.93) 的极点集合分别为 $\gamma_i(s)=0\ (i=1,2,\cdots,m)$ 的根的集合和 A_{00} 的特征值集合, 即式 (5.92) 成立. 证毕. □

闭环系统 (5.93) 的方框图如图 5.2 所示. 由图可见闭环系统的结构为: $\xi_i\ (i=1,2,\cdots,m)$ 子系统并联, 进而和 η 子系统串联. 容易看出 ξ 子系统是既能控又能观的, 而 η 子系统的状态完全不影响输出 y, 因此是不能观的. 传递函数只能反映能控又能观的部分即稳定的 ξ 子系统, 而不能反映不能观且可能不稳定的 η 子系统. 这就是为什么虽然闭环系统传递函数 $G_{(K,H)}(s)$ 各元素的分母都是 Hurwitz 多项式, 闭环系统实际上却可能是不稳定的. 事实上, 从式 (5.92) 可以看出解耦控制器 (5.2) 和 (5.84) 引入的部分极点正好对消掉开环系统的不变零点. 因此, 闭环系统的稳定性取决于系统的不变零点是否具有负实部.

下面对解耦控制律 (5.89) 做一些解释. 为此, 将其写成

$$c_iA^{r_i-1}Bu=-c_i\gamma_i(A)x+v_i=-c_iA^{r_i}x+\nu_i \tag{5.95}$$

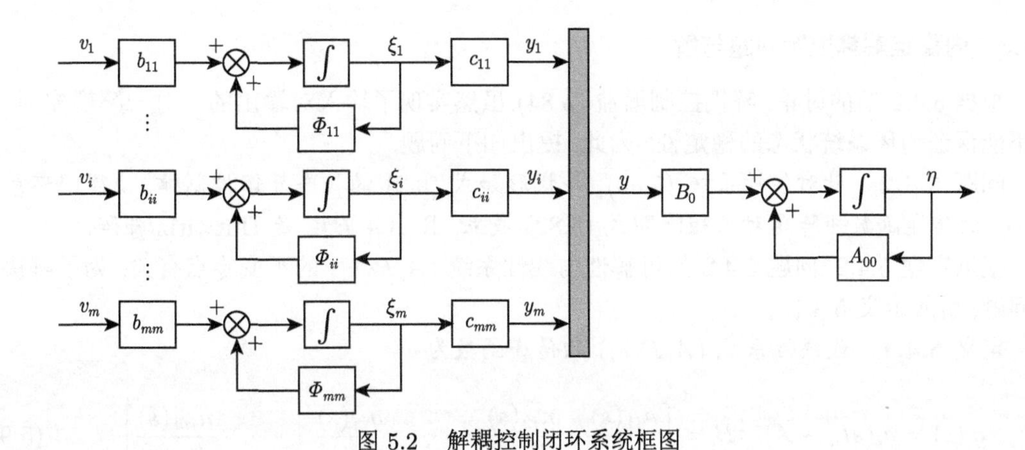

图 5.2 解耦控制闭环系统框图

其中

$$\nu_i = -\sum_{j=0}^{r_i-1} \gamma_{ij} c_i A^j x + v_i = -\sum_{j=0}^{r_i-1} \gamma_{ij} \xi_{i,j+1} + v_i, \quad i = 1, 2, \cdots, m \tag{5.96}$$

注意到输入输出规范型 (4.82) 中 ξ_{i,r_i} 满足的方程为

$$\dot{\xi}_{i,r_i} = c_i A^{r_i} x + c_i A^{r_i-1} B u, \quad i = 1, 2, \cdots, m \tag{5.97}$$

由此可见, 式 (5.95) 中的第 1 项 $-c_i A^{r_i} x$ 用于抵消式 (5.97) 中的 $c_i A^{r_i} x$, 也就是为了消除 ξ_i $(i = 1, 2, \cdots, m)$ 之间以及和 η 的耦合. 所得到的系统为

$$\begin{cases} \dot{\eta} = A_{00}\eta + B_0 y \\ \dot{\xi}_{i1} = \xi_{i2} \\ \dot{\xi}_{i2} = \xi_{i3} \\ \quad \vdots \\ \dot{\xi}_{i,r_i-1} = \xi_{i,r_i} \\ \dot{\xi}_{i,r_i} = \nu_i \\ y_i = \xi_{i1} \end{cases}, \quad i = 1, 2, \cdots, m$$

这表明 ξ 子系统是 m 个互不耦合的长度为 r_i 的纯积分链. 另外, 从式 (5.96) 可以看出 ν_i 的目的是使每一个长度为 r_i 的积分链形成独立的闭环系统, 以保证 ξ_i 子系统的稳定性. 因此, 可以认为解耦控制律 (5.95) 可按功能分成两部分: 解耦部分 $-c_i A^{r_i} x$ 和极点配置部分 ν_i.

例 5.4.2 继续考虑例 5.4.1 中的系统. 容易验证该系统的不变零点满足的多项式为

$$\left| \det \begin{bmatrix} A - sI_n & B \\ C & 0 \end{bmatrix} \right| = \left| s^2 - 1 \right|$$

即 $\lambda(A_{00}) = \{1, -1\}$. 另外, 利用例 5.4.1 中的反馈增益 (5.91) 可以算得

$$\lambda(A + BK) = \left\{1, -1, -1 \pm \mathrm{i}, -1 \pm \sqrt{2}\mathrm{i}\right\} = \lambda(A_{00}) \cup \{-1 \pm \mathrm{i}\} \cup \left\{-1 \pm \sqrt{2}\mathrm{i}\right\}$$

由此可见式 (5.92) 成立. 闭环系统的极点包含不稳定的不变零点 1, 因此是不稳定的.

5.4.3 内稳定解耦控制问题与解

根据 5.4.2 节的讨论, 解耦控制增益 (5.84) 虽然实现了输入对输出的一对一解耦控制, 但并不能保证闭环系统状态的稳定性. 为此, 提出如下问题.

问题 5.4.2 针对线性系统 (5.80), 寻找形如式 (5.2) 的状态反馈控制律, 使得闭环系统 (5.81) 的传递函数矩阵是对角矩阵即式 (5.82) 成立, 且 $A+BK$ 是 Hurwitiz 矩阵.

根据定理 5.4.2, 问题 5.4.2 的可解性与线性系统 (A,B,C) 的不变零点有关. 为了解决上述问题, 引入定义 5.4.1.

定义 5.4.1 设线性系统 (A,B,c_i) 的传递函数为

$$g_i(s)=c_i(sI_n-A)^{-1}B=\begin{bmatrix}\dfrac{n_{i1}(s)}{d_{i1}(s)} & \dfrac{n_{i2}(s)}{d_{i2}(s)} & \cdots & \dfrac{n_{ij}(s)}{d_{ij}(s)} & \cdots & \dfrac{n_{im}(s)}{d_{im}(s)}\end{bmatrix} \tag{5.98}$$

其中, $(n_{ij}(s),d_{ij}(s))$ 互质. 如果存在 $i\in\{1,2,\cdots,m\}$ 和 $z\notin\lambda(A)$ 使得 $n_{ij}(z)=0$ $(j=1,2,\cdots,m)$, 则称 z 是线性系统 (A,B,C) 的非耦合零点 (non-coupling zero).

引理 5.4.1 揭示了非耦合零点与不变零点的关系.

引理 5.4.1 设线性系统 (5.80) 的相对阶为 $\{r_1,r_2,\cdots,r_m\}$, 耦合矩阵 $\Gamma(A,B,C)$ 非奇异, 则线性系统 (5.80) 的任意非耦合零点 z 一定是其不变零点.

证明 根据推论 4.3.2, 在本引理的前提下, 线性系统 (5.80) 的传递函数矩阵 $G(s)$ 非奇异. 因此, 由定义可知任意非耦合零点 z 一定使得 $G(s)$ 降秩, 进而由式 (1.113) 可知 z 也使得 Rosenbrock 矩阵 $R(s)$ 降秩, 即 z 是线性系统 (5.80) 的不变零点. 证毕. □

对于每个 $i\in\{1,2,\cdots,m\}$, 设 $\omega_i(s)$ 是 $n_{ij}(s)$ $(j=1,2,\cdots,m)$ 的最大公因式, 即

$$\omega_i(s)=\gcd\{n_{ij}(s),j=1,2,\cdots,m\}=s^{q_i}+\omega_{i,q_i-1}s^{q_i-1}+\cdots+\omega_{i1}s^1+\omega_{i0} \tag{5.99}$$

其中, $\deg(\omega_i(s))=q_i\geqslant 0$, 且

$$\omega_i(s)\neq 0,\quad \forall s\in\lambda(A),\quad i=1,2,\cdots,m \tag{5.100}$$

容易看出

$$\mathcal{Z}_{\rm nc}=\bigcup_{i=1}^{m}\{z:\omega_i(z)=0\} \tag{5.101}$$

是线性系统 (A,B,C) 的非耦合零点的集合. 对任意 $z\in\lambda(A_{00})$ 但 $z\notin\mathcal{Z}_{\rm nc}$, 称 z 是线性系统 (A,B,C) 的耦合零点 (coupling zero). 因此,

$$\mathcal{Z}_{\rm c}=\{z:z\in\lambda(A_{00}),z\notin\mathcal{Z}_{\rm nc}\}\overset{\rm def}{=\!=}\lambda(A_{00})-\mathcal{Z}_{\rm nc} \tag{5.102}$$

是线性系统 (A,B,C) 的耦合零点的集合.

根据 $\omega_i(s)$ 的定义, 存在多项式 $\tilde{n}_{ij}(s)$ 使得 $n_{ij}(s)=\omega_i(s)\tilde{n}_{ij}(s)$ $(j=1,2,\cdots,m)$. 因此, 传递函数 $g_i(s)$ 可以写成

$$g_i(s)=\omega_i(s)\begin{bmatrix}\dfrac{\tilde{n}_{i1}(s)}{d_{i1}(s)} & \dfrac{\tilde{n}_{i2}(s)}{d_{i2}(s)} & \cdots & \dfrac{\tilde{n}_{im}(s)}{d_{im}(s)}\end{bmatrix}\overset{\rm def}{=\!=}\omega_i(s)\tilde{g}_i(s) \tag{5.103}$$

其中, $i=1,2,\cdots,m$. 上式写成矩阵的形式就是

$$G(s)=W(s)\tilde{G}(s) \tag{5.104}$$

其中

$$W(s)=\omega_1(s)\oplus\omega_2(s)\oplus\cdots\oplus\omega_m(s),\quad \tilde{G}(s)=\begin{bmatrix} \tilde{g}_1^{\mathrm{T}}(s) & \tilde{g}_2^{\mathrm{T}}(s) & \cdots & \tilde{g}_m^{\mathrm{T}}(s) \end{bmatrix}^{\mathrm{T}} \tag{5.105}$$

那么有引理 5.4.2. 该引理的证明比较烦琐, 因此放在了附录 B.3 中.

引理 5.4.2 设 $\omega_i(s)$ 如式 (5.99) 所定义且满足式 (5.100), 则式 (5.105) 定义的传递函数矩阵 $\tilde{G}(s)$ 可表示为

$$\tilde{G}(s)=\tilde{C}(sI_n-A)^{-1}B \tag{5.106}$$

其中

$$\tilde{C}\overset{\text{def}}{=\!=}\begin{bmatrix}\tilde{c}_1\\ \tilde{c}_2\\ \vdots\\ \tilde{c}_m\end{bmatrix}\overset{\text{def}}{=\!=}\begin{bmatrix}c_1\omega_1^{-1}(A)\\ c_2\omega_2^{-1}(A)\\ \vdots\\ c_m\omega_m^{-1}(A)\end{bmatrix},\quad i=1,2,\cdots,m \tag{5.107}$$

根据式 (5.106) 定义的传递函数矩阵 $\tilde{G}(s)$, 考虑线性系统

$$\begin{cases}\dot{x}=Ax+Bu\\ \tilde{y}=\tilde{C}x\end{cases} \tag{5.108}$$

其中, 第 1 个方程就是线性系统 (5.80) 的状态方程; 第 2 个方程是辅助输出方程. 从 $\tilde{Y}(s)=\tilde{G}(s)U(s)$ 和式 (5.104) 可知

$$Y(s)=G(s)U(s)=W(s)\tilde{G}(s)U(s)=W(s)\tilde{Y}(s) \tag{5.109}$$

由于 $W(s)$ 是对角矩阵, 式 (5.109) 表明, 如果 u 实现了对线性系统 (5.108) 的解耦控制, 即 $\tilde{Y}(s)=\tilde{G}_{(K,H)}(s)V(s)$, 其中 $\tilde{G}_{(K,H)}(s)$ 是对角矩阵, 则 u 也实现了对原线性系统 (5.80) 的解耦控制.

关于线性系统 (5.108) 和原线性系统 (5.80) 之间的关系, 有引理 5.4.3.

引理 5.4.3 设线性系统 (5.80) 的相对阶为 $\{r_1,r_2,\cdots,r_m\}$, 耦合矩阵为 $\Gamma(A,B,C)$, 则线性系统 (5.108) 的相对阶为 $\{\tilde{r}_1,\tilde{r}_2,\cdots,\tilde{r}_m\}=\{r_1+q_1,r_2+q_2,\cdots,r_m+q_m\}$, 耦合矩阵为

$$\Gamma(A,B,\tilde{C})=\Gamma(A,B,C) \tag{5.110}$$

证明 由于线性系统 (A,B,C) 的相对阶为 $\{r_1,r_2,\cdots,r_m\}$, 而 $\deg(\omega_i(s))=q_i$, 由式 (5.104) 可知传递函数矩阵 $\tilde{G}(s)$ 的相对阶为 $\{r_1+q_1,r_2+q_2,\cdots,r_m+q_m\}$. 根据耦合矩阵的定义式 (4.38) 和式 (5.104) 有

$$\Gamma(A,B,\tilde{C})=\lim_{s\to\infty}(s^{r_1+q_1}\oplus s^{r_2+q_2}\oplus\cdots\oplus s^{r_m+q_m})\tilde{G}(s)$$

$$
\begin{aligned}
&= \lim_{s\to\infty}\left(\frac{s^{r_1+q_1}}{\omega_1(s)}\oplus\frac{s^{r_2+q_2}}{\omega_2(s)}\oplus\cdots\oplus\frac{s^{r_m+q_m}}{\omega_m(s)}\right)G(s)\\
&= \lim_{s\to\infty}\left(\frac{s^{q_1}}{\omega_1(s)}\oplus\frac{s^{q_2}}{\omega_2(s)}\oplus\cdots\oplus\frac{s^{q_m}}{\omega_m(s)}\right)(s^{r_1}\oplus s^{r_2}\oplus\cdots\oplus s^{r_m})G(s)\\
&= \lim_{s\to\infty}(s^{r_1}\oplus s^{r_2}\oplus\cdots\oplus s^{r_m})G(s)=\varGamma(A,B,C)
\end{aligned}
$$

这就证明了式 (5.110). 证毕. □

这表明线性系统 (5.108) 是可解耦的当且仅当原线性系统 (5.80) 是可解耦的.

引理 5.4.4 设线性系统 (5.80) 的零点矩阵为 A_{00}, 线性系统 (5.108) 的零点矩阵为 $\tilde{A}_{00}$, 则

$$
\lambda(\tilde{A}_{00})=\mathcal{Z}_{\rm c}=\lambda(A_{00})-\mathcal{Z}_{\rm nc} \tag{5.111}
$$

证明 根据定理 4.3.3, 线性系统 (5.80) 和线性系统 (5.108) 的零点矩阵分别满足

$$
\left|\det\begin{bmatrix} A-sI_n & B\\ C & 0\end{bmatrix}\right| = |\det(\varGamma(A,B,C))|\,|\det(sI_{n-r}-A_{00})| \tag{5.112}
$$

$$
\left|\det\begin{bmatrix} A-sI_n & B\\ \tilde{C} & 0\end{bmatrix}\right| = \left|\det(\varGamma(A,B,\tilde{C}))\right|\left|\det(sI_{n-\tilde{r}}-\tilde{A}_{00})\right| \tag{5.113}
$$

其中, $\tilde{r}=\tilde{r}_1+\tilde{r}_2+\cdots+\tilde{r}_m$. 由式 (5.104) 和定理 A.1.1 可知

$$
\begin{aligned}
&\det\begin{bmatrix} A-sI_n & B\\ C & 0\end{bmatrix}\\
&=\det(A-sI_n)\det(C(sI_n-A)^{-1}B)=\det(A-sI_n)\det(G(s))\\
&=\det(A-sI_n)\det(W(s))\det(\tilde{G}(s))=\det(W(s))\det(A-sI_n)\det(\tilde{C}(sI_n-A)^{-1}B)\\
&=\det(W(s))\det\begin{bmatrix} A-sI_n & B\\ \tilde{C} & 0\end{bmatrix}
\end{aligned} \tag{5.114}
$$

由式 (5.112) ~ 式 (5.114) 并注意到式 (5.110) 有

$$
\det(sI_{n-r}-A_{00})=\det(sI_{n-\tilde{r}}-\tilde{A}_{00})\prod_{i=1}^{m}\omega_i(s)
$$

利用式 (5.101), 上式等价于 $\lambda(A_{00})=\lambda(\tilde{A}_{00})\cup\mathcal{Z}_{\rm nc}$, 而根据式 (5.102), 这进一步等价于式 (5.111). 证毕. □

引理 5.4.4 表明, 系统 $(A,B,\tilde{C})$ 相比原系统 (A,B,C) 少了一些不变零点, 这些不变零点就是多项式 $\omega_i(s)=0\ (i=1,2,\cdots,m)$ 的根, 也就是非耦合零点. 但系统 $(A,B,\tilde{C})$ 仍然保留了原线性系统 (A,B,C) 剩下的那些不变零点, 也就是耦合零点, 即其零点矩阵 $\tilde{A}_{00}$ 的特征值. 因此, 如果针对系统 $(A,B,\tilde{C})$ 利用定理 5.4.1 的方法进行解耦设计, 根据定理 5.4.2,

相应的状态反馈只对消系统 $(A,B,\tilde{C})$ 的不变零点即系统 (A,B,C) 的耦合零点. 因而, 如果系统 (A,B,C) 的耦合零点具有负实部, 则闭环系统的内稳定性就能得到保证.

下面针对线性系统 (5.108) 设计解耦控制律. 类似于式 (5.83), 设

$$\tilde{\gamma}_i(s)=s^{\tilde{r}_i}+\tilde{\gamma}_{i,\tilde{r}_i-1}s^{\tilde{r}_i-1}+\cdots+\tilde{\gamma}_{i1}s+\tilde{\gamma}_{i0},\quad i=1,2,\cdots,m$$

是 m 个任意给定的次数为 $\tilde{r}_i$ 的实系数 Hurwitz 首一多项式. 那么有定理 5.4.3.

定理 5.4.3　设线性系统 (5.80) 的相对阶为 $\{r_1,r_2,\cdots,r_m\}$, 耦合矩阵 Γ 非奇异, $\omega_i(s)$ 如式 (5.99) 所定义. 考虑反馈增益

$$K=-\Gamma^{-1}\begin{bmatrix}c_1\omega_1^{-1}(A)\tilde{\gamma}_1(A)\\ c_2\omega_2^{-1}(A)\tilde{\gamma}_2(A)\\ \vdots\\ c_m\omega_m^{-1}(A)\tilde{\gamma}_m(A)\end{bmatrix},\quad H=\Gamma^{-1}\tag{5.115}$$

则闭环系统 (5.81) 的传递函数矩阵为

$$G_{(K,H)}(s)=\frac{\omega_1(s)}{\tilde{\gamma}_1(s)}\oplus\frac{\omega_2(s)}{\tilde{\gamma}_2(s)}\oplus\cdots\oplus\frac{\omega_m(s)}{\tilde{\gamma}_m(s)}\tag{5.116}$$

闭环系统的极点集合为

$$\lambda(A+BK)=\mathcal{Z}_{\mathrm{c}}\cup\bigcup_{i=1}^{m}\{s:\tilde{\gamma}_i(s)=0\}\tag{5.117}$$

因此, 如果 $\mathcal{Z}_{\mathrm{c}}\subset\mathbf{C}_{<0}$ 即所有耦合零点都具有负实部, 则式 (5.115) 是问题 5.4.2 的解.

证明　将定理 5.4.1 作用于线性系统 (5.108) 得到形如式 (5.2) 的解耦控制律, 其中

$$K=-\Gamma^{-1}\begin{bmatrix}\tilde{c}_1\tilde{\gamma}_1(A)\\ \tilde{c}_2\tilde{\gamma}_2(A)\\ \vdots\\ \tilde{c}_m\tilde{\gamma}_m(A)\end{bmatrix},\quad H=\Gamma^{-1}$$

将式 (5.107) 代入上式即得到式 (5.115). 此外, 根据定理 5.4.1, 闭环系统

$$\begin{cases}\dot{x}=(A+BK)x+BHv\\ \tilde{y}=\tilde{C}x\end{cases}$$

的传递函数矩阵为

$$\tilde{G}_{(K,H)}(s)=\frac{1}{\tilde{\gamma}_1(s)}\oplus\frac{1}{\tilde{\gamma}_2(s)}\oplus\cdots\oplus\frac{1}{\tilde{\gamma}_m(s)}$$

即 $\tilde{Y}(s)=\tilde{G}_{(K,H)}(s)V(s)$. 基于此并由式 (5.109) 可知

$$Y(s)=W(s)\tilde{Y}(s)=W(s)\tilde{G}_{(K,H)}(s)V(s)=G_{(K,H)}(s)V(s)$$

其中, $G_{(K,H)}(s)$ 如式 (5.116) 所定义. 最后, 将定理 5.4.2 应用于线性系统 (5.108) 可得

$$\lambda(A+BK)=\lambda(\tilde{A}_{00})\cup\bigcup_{i=1}^{m}\{s:\tilde{\gamma}_i(s)=0\}$$

其中, $\tilde{A}_{00}$ 是线性系统 (5.108) 的零点矩阵. 根据式 (5.111), 上式即等价于式 (5.117). 证毕. □

关于定理 5.4.3, 给出如下 3 点说明.

说明 5.4.1 如果 $\omega_i(s)$ 是 Hurwitz 多项式, 取

$$\tilde{\gamma}_i(s)=\omega_i(s)\gamma_i(s),\quad i=1,2,\cdots,m$$

则 $\omega_i^{-1}(A)\tilde{\gamma}_i(A)=\gamma_i(A)$. 这表明控制增益 (5.115) 恰好退化为式 (5.84), 传递函数矩阵 (5.116) 退化为式 (5.85), 闭环极点集合 (5.117) 退化为式 (5.92). 因此, 定理 5.4.1 和定理 5.4.2 是定理 5.4.3 的特例.

说明 5.4.2 在以上的讨论中, $\omega_i(s)$ 取为 $n_{ij}(s)$ $(j=1,2,\cdots,m)$ 的最大公因式. 从保证稳定性的角度来看, 这是不必要的. 事实上, 只需要取 $\omega_i(s)$ 为 $n_{ij}(s)$ $(j=1,2,\cdots,m)$ 的那些不稳定零点的公因式即可. 此时定理 5.4.3 的结论仍然成立.

说明 5.4.3 虽然解耦控制问题本身没有要求系统能控或者能观, 但是, 从耦合矩阵可逆这一事实可知系统的输入输出规范型存在, 而根据推论 4.3.1 必有 ξ 子系统是能控又能观的. 事实上, 由本节的内容可知, 系统至少有 $\tilde{r}_1+\tilde{r}_2+\cdots+\tilde{r}_m=r_1+r_2+\cdots+r_m+q_1+q_2+\cdots+q_m$ 个模态是能控又能观的.

例 5.4.3 继续考虑例 5.4.1 中的系统. 计算可知

$$G(s)=\begin{bmatrix} g_1(s)\\ g_2(s)\end{bmatrix}=\begin{bmatrix}\dfrac{s^2-1}{s(s^3-2s^2-s+1)} & \dfrac{s-1}{s(s^3-2s^2-s+1)}\\ -\dfrac{s+1}{s^5-3s^4+4s^2-1} & \dfrac{s(s^2-2s-1)}{s^5-3s^4+4s^2-1}\end{bmatrix}$$

由式 (5.99) 可知 $\omega_1(s)=s-1,\omega_2(s)=1$. 因此该系统的非耦合零点集合为 $\mathcal{Z}_{\rm nc}=\{1\}$, 耦合零点集合为 $\mathcal{Z}_{\rm c}=\{-1\}$. 取期望的闭环系统传递函数分母多项式

$$\tilde{\gamma}_1(s)=(s+2)\gamma_1(s)=s^3+4s^2+6s+4,\quad \tilde{\gamma}_2(s)=\gamma_2(s)=s^2+2s+3$$

这里 $\gamma_i(s)$ $(i=1,2)$ 如例 5.4.1 所取. 将其代入式 (5.115) 得到 $H=\Gamma^{-1}=I_2$ 和

$$K=\begin{bmatrix} 2 & -16 & 15 & -11 & -1 & -17\\ -14 & -10 & 3 & -3 & 4 & 4\end{bmatrix}$$

因此, 闭环系统的传递函数矩阵为

$$G_{(K,H)}(s)=\frac{s-1}{s^3+4s^2+6s+4}\oplus\frac{1}{s^2+2s+3}=\frac{\omega_1(s)}{\tilde{\gamma}_1(s)}\oplus\frac{\omega_2(s)}{\tilde{\gamma}_2(s)}$$

极点集合为

$$\lambda(A+BK)=\left\{-2,-1,-1\pm \mathrm{i},-1\pm \sqrt{2}\mathrm{i}\right\}=\mathcal{Z}_{\mathrm{c}}\cup\{-2,-1\pm \mathrm{i}\}\cup\left\{-1\pm \sqrt{2}\mathrm{i}\right\}$$

因此闭环系统是渐近稳定的.

5.5 输出反馈镇定和极点配置

5.5.1 静态输出反馈的定义和性质

静态线性输出反馈 (简称输出反馈) 是指 (如图 5.3(a) 所示)

$$u=Fy+v \tag{5.118}$$

其中, $F\in \mathbf{R}^{m\times p}$ 称为输出反馈增益矩阵; $v\in \mathbf{R}^m$ 是外部输入信号. 将系统 (5.1) 的输出方程代入式 (5.118) 得到 $(I_m-FD)u=FCx+v$. 这表明在 $D\neq 0$ 时输出反馈控制律 (5.118) 存在代数环. 在假设 I_m-FD 可逆的前提下得到

$$u=(I_m-FD)^{-1}FCx+(I_m-FD)^{-1}v$$

将上式代入开环系统 (5.1) 得到闭环系统

$$\begin{cases} \dot{x}=(A+B(I_m-FD)^{-1}FC)x+B(I_m-FD)^{-1}v \\ y=(C+D(I_m-FD)^{-1}FC)x+D(I_m-FD)^{-1}v \end{cases} \tag{5.119}$$

此系统自然也是一个线性系统.

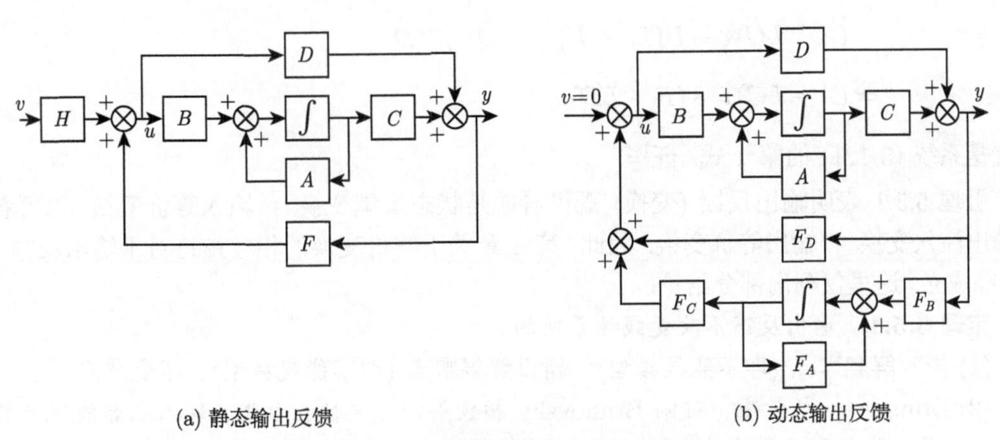

(a) 静态输出反馈　　(b) 动态输出反馈

图 5.3 静态输出反馈和动态输出反馈

引理 5.5.1 假设 I_m-FD 可逆, 则闭环系统 (5.119) 可以写成

$$\begin{cases} \dot{x}=(A+BK)x+BT_u^{-1}v \\ y=(C+DK)x+DT_u^{-1}v \end{cases} \tag{5.120}$$

其中, $K=(I_m-FD)^{-1}FC$ 是状态反馈增益; $T_u=I_m-FD$ 是输入变换矩阵. 此外, 闭环系统 (5.119) 也可以写成

$$\left\{\begin{array}{l}\dot{x}=(A+LC)x+(B+LD)v\\ y=T_y(Cx+Dv)\end{array}\right. \tag{5.121}$$

其中, $L=BF(I_p-DF)^{-1}$ 是输出注入增益; $T_y=(I_p-DF)^{-1}$ 是输出变换矩阵.

证明 闭环系统 (5.119) 可以写成系统 (5.120) 是显然的. 由于 I_m-FD 可逆, 矩阵 I_p-DF 也可逆, 且由推论 A.1.1 可知

$$(I_p-DF)^{-1}=I_p+D(I_m-FD)^{-1}F$$

因此系统 (5.119) 的输出方程可以写成

$$\begin{aligned}y&=(I_p+D(I_m-FD)^{-1}F)Cx+D(I_m-FD)^{-1}v\\&=(I_p-DF)^{-1}(Cx+(I_p-DF)D(I_m-FD)^{-1}v)\\&=(I_p-DF)^{-1}(Cx+(D-DFD)(I_m-FD)^{-1}v)\\&=(I_p-DF)^{-1}(Cx+D(I_m-FD)(I_m-FD)^{-1}v)\\&=(I_p-DF)^{-1}(Cx+Dv)\end{aligned}$$

这就是系统 (5.121) 的第 2 式. 注意到 $(I_m-FD)^{-1}F=F(I_p-DF)^{-1}$, 系统 (5.119) 的状态方程可以写成

$$\begin{aligned}\dot{x}&=(A+BF(I_p-DF)^{-1}C)x+B(I_m-FD)^{-1}(I_m-FD+FD)v\\&=(A+LC)x+B(I_m+(I_m-FD)^{-1}FD)v\\&=(A+LC)x+B(I_m+F(I_p-DF)^{-1}D)v\\&=(A+LC)x+(B+LD)v\end{aligned}$$

这就是系统 (5.121) 的第 1 式. 证毕. □

引理 5.5.1 表明输出反馈 (变换) 既可看成是状态反馈变换 + 输入等价变换, 也可看成是输出注入变换 + 输出等价变换. 因此, 第 4 章关于等价变换的相应结论对于输出反馈 (变换) 都成立. 这里仅列出部分结论.

定理 5.5.1 输出反馈不改变线性系统的

(1) 输入解耦零点 (即不能控振型)、输出解耦零点 (即不能观振型)、不变零点.

(2) Brunovsky 指数集、对偶 Brunovsky 指数集、可逆性指数集、输入函数能观性指数集、输出函数能控性指数集.

(3) 能控性、能观性、输出能控性、输入能观性、能稳性、能检测性.

(4) 输出函数能控性 (即右可逆性)、输入函数能观性 (即左可逆性)、可逆性.

(5) 强能控性、强能观性、强能稳性、强能检测性.

(6) 能控性指数、能观性指数.

此外, 如果 $D=0$, 则输出反馈也不改变能控性指数集和能观性指数集.

下面的结论是式 (4.7)、引理 4.6.1、引理 4.6.4 和引理 5.5.1 的直接推论.

推论 5.5.1 闭环系统 (5.119) 的传递函数矩阵 $G_F(s)$ 和开环系统 (5.1) 的传递函数矩阵 $G(s) = C(sI_n - A)^{-1}B$ 满足

$$G_F(s) = G(s)(I_m - FG(s))^{-1} = (I_p - G(s)F)^{-1}G(s)$$

如果线性系统 (5.1) 是 SISO 系统, 则对任意的输出反馈增益 $f \in \mathbf{R}$, 闭环系统 (5.119) 的传递函数为

$$g_f(s) = \frac{\beta(s)}{\alpha(s) - f\beta(s)} \tag{5.122}$$

其中, 开环系统的传递函数 $g(s) = \beta(s)/\alpha(s)$ 由式 (4.188) 定义.

推论 5.5.1 表明输出反馈闭环系统 (5.119) 可以看成是在开环系统 (5.1) 的前面引入前置滤波器 $(I_m - FG(s))^{-1}$ 或后置滤波器 $(I_m - G(s)F)^{-1}$ 而得到. 式 (5.122) 表明, 对于既能控又能观的 SISO 线性系统, 输出反馈不改变闭环系统传递函数的零点.

5.5.2 动态输出反馈的定义和性质

动态线性输出反馈控制律是指形如 (如图 5.3(b) 所示)

$$\begin{cases} \dot{\xi} = F_A\xi + F_By \\ u = F_C\xi + F_Dy \end{cases} \tag{5.123}$$

的动态补偿器, 其中, $\xi \in \mathbf{R}^q$ 是动态补偿器的状态; $F_A \in \mathbf{R}^{q\times q}$、$F_B \in \mathbf{R}^{q\times p}$、$F_C \in \mathbf{R}^{m\times q}$、$F_D \in \mathbf{R}^{m\times p}$ 是常值矩阵. 这里为了方便, 未考虑外部输入 v. 该动态补偿器以原系统 (5.1) 的输出作为输入, 即由原系统 (5.1) 的输出进行驱动. 将系统 (5.1) 的输出方程代入式 (5.123) 中 u 的表达式, 在 $I_m - F_DD$ 可逆的前提下得到

$$u = (I_m - F_DD)^{-1}F_C\xi + (I_m - F_DD)^{-1}F_DCx$$

将上式代入系统 (5.1) 和 (5.123) 得到闭环系统

$$\dot{x}_c = A_cx_c, \quad y = C_cx_c \tag{5.124}$$

其中, $x_c = [x^T, \xi^T]^T$;

$$\begin{bmatrix} A_c \\ C_c \end{bmatrix} = \left[\begin{array}{cc} A + B(I_m - F_DD)^{-1}F_DC & B(I_m - F_DD)^{-1}F_C \\ F_B(I_p + D(I_m - F_DD)^{-1}F_D)C & F_A + F_BD(I_m - F_DD)^{-1}F_C \\ \hline C + D(I_m - F_DD)^{-1}F_DC & D(I_m - F_DD)^{-1}F_C \end{array}\right]$$

为了研究动态输出反馈闭环系统 (5.124) 的性质, 定义如下 4 个系数矩阵:

$$\tilde{A} = \begin{bmatrix} A & 0 \\ 0 & 0_{q\times q} \end{bmatrix}, \quad \tilde{B} = \begin{bmatrix} 0 & B \\ I_q & 0 \end{bmatrix}, \quad \tilde{C} = \begin{bmatrix} 0 & I_q \\ C & 0 \end{bmatrix}, \quad \tilde{D} = \begin{bmatrix} 0_{q\times q} & 0 \\ 0 & D \end{bmatrix}$$

和一个参数矩阵:

$$\tilde{F} = \begin{bmatrix} F_A & F_B \\ F_C & F_D \end{bmatrix} \in \mathbf{R}^{(q+m)\times(q+p)}$$

引理 5.5.2 设 $I_m - F_D D$ 非奇异, 则闭环系统 (5.124) 等价于增广线性系统

$$\begin{cases} \dot{\tilde{x}} = \tilde{A}\tilde{x} + \tilde{B}\tilde{u} \\ \tilde{y} = \tilde{C}\tilde{x} + \tilde{D}\tilde{u} \end{cases} \tag{5.125}$$

在静态输出反馈

$$\tilde{u} = \tilde{F}\tilde{y} \tag{5.126}$$

作用下的闭环系统. 此外, $(\tilde{A}, \tilde{B})$ 能控/能稳当且仅当 (A, B) 能控/能稳, $(\tilde{A}, \tilde{C})$ 能观/能检测当且仅当 (A, C) 能观/能检测.

证明 选取状态向量 $\tilde{x}$、输出向量 $\tilde{y}$ 和控制向量 $\tilde{u}$ 如下:

$$\tilde{x} = \begin{bmatrix} x \\ \xi \end{bmatrix} = x_{\mathrm{c}}, \quad \tilde{y} = \begin{bmatrix} \xi \\ y \end{bmatrix}, \quad \tilde{u} = \begin{bmatrix} \dot{\xi} \\ u \end{bmatrix}$$

则系统 (5.1) 和式 (5.123) 可以分别写成系统 (5.125) 和式 (5.126) 的形式. 根据式 (5.119), 由系统 (5.125) 和式 (5.126) 组成的闭环系统为

$$\begin{cases} \dot{\tilde{x}} = (\tilde{A} + \tilde{B}(I_{m+q} - \tilde{F}\tilde{D})^{-1}\tilde{F}\tilde{C})\tilde{x} \\ y = \begin{bmatrix} 0_{p\times q} & I_p \end{bmatrix} (\tilde{C} + \tilde{D}(I_{m+q} - \tilde{F}\tilde{D})^{-1}\tilde{F}\tilde{C})\tilde{x} \end{cases} \tag{5.127}$$

此系统的状态和输出与系统 (5.124) 的状态和输出完全一样, 因此是同一个系统. 事实上, 将

$$(I_{m+q} - \tilde{F}\tilde{D})^{-1} = \begin{bmatrix} I_q & -F_B D \\ 0 & I_m - F_D D \end{bmatrix}^{-1} = \begin{bmatrix} I_q & F_B D(I_m - F_D D)^{-1} \\ 0 & (I_m - F_D D)^{-1} \end{bmatrix}$$

代入系统 (5.127) 的系数矩阵即得到系统 (5.124) 的系数矩阵. 下证 $(\tilde{A}, \tilde{B})$ 能控/能稳当且仅当 (A, B) 能控/能稳. 注意到

$$\operatorname{rank}\begin{bmatrix} \tilde{A} - sI_{n+q} & \tilde{B} \end{bmatrix} = \operatorname{rank}\begin{bmatrix} A - sI_n & 0 & 0 & B \\ 0 & -sI_q & I_q & 0 \end{bmatrix} = \operatorname{rank}\begin{bmatrix} A - sI_n & B \end{bmatrix} + q$$

结论显然. 能观/能检测的情形同理可证. 证毕. □

以上结论表明, 动态输出反馈可以转化为静态输出反馈. 因此, 可以不失一般性地仅讨论与静态输出反馈相关的控制问题.

5.5.3 镇定与极点配置

与状态反馈镇定问题类似, 输出反馈镇定问题即是寻求输出反馈控制律使得闭环系统是渐近稳定的. 但与状态反馈镇定问题不同, 输出反馈镇定问题相当困难, 到目前为止仍然是线性理论中的一个公开难题. 为了直观说明这个问题的难度, 下面举一个例子.

例 5.5.1 考虑例 1.2.2 的航天器轨道交会系统在 X-Z 平面内的线性化系统模型 (1.30). 根据例 2.1.2 和 2.2.1, 该系统既能控又能观. 设静态输出反馈控制律为

$$u = Fy = \omega \begin{bmatrix} f_{11} & f_{12} \\ f_{21} & f_{22} \end{bmatrix} y$$

则闭环系统的特征多项式是

$$s^4 + \omega^2(1 - f_{11} - f_{22})s^2 + 2\omega^3(f_{12} - f_{21})s + \omega^4(3f_{11} + f_{11}f_{22} - f_{21}f_{12})$$

由于 s^3 的系数是零, 无论如何设计反馈增益 F, 闭环系统都不可能是渐近稳定的.

对于一般 MIMO 线性系统的输出反馈镇定问题, 容易检验的充分必要条件目前尚未出现. 现有的各种方法大多把这一问题转化为另外一个同样难以检验的问题. 下面不加证明地介绍其中的一种方法. 为了方便, 以下假设 $D = 0$.

定理 5.5.2 给定线性系统 (A, B, C). 存在增益 F 使得 $A + BFC$ 是 Hurwitz 矩阵当且仅当存在正定对称矩阵 P 使得

$$B_0(AP + PA^{\mathrm{T}})B_0^{\mathrm{T}} < 0, \quad C_0^{\mathrm{T}}(A^{\mathrm{T}}Q + QA)C_0 < 0$$

其中, $B_0 \in \mathbf{R}_{n-m}^{(n-m)\times n}$ 和 $C_0 \in \mathbf{R}_{n-p}^{n\times(n-p)}$ 分别表示满足 $B_0B = 0$ 和 $CC_0 = 0$ 的满秩矩阵; $Q = P^{-1}$.

与输出反馈镇定问题类似, 输出反馈极点配置问题比状态反馈极点配置问题要困难得多, 也得到了相当多的研究. 由于历史上的原因, 如果存在 F 使得闭环系统 $A + BFC$ 的某个极点任意接近 λ, 则称极点 λ 是输出反馈可配置的; 如果对任意给定容许集合 $\Omega_n = \{\lambda_i\}_{i=1}^n$, 其中每一个元素 λ_i 都是输出反馈可配置的, 则称系统 (A, B, C) 是输出反馈可任意极点配置的. 这与状态反馈极点配置问题的描述稍有不同.

设以容许集合 $\Omega_n = \{\lambda_i\}_{i=1}^n$ 为期望极点的特征多项式 $\gamma(s)$ 如式 (5.21) 所定义, 则由

$$\det(sI_n - (A + BFC)) = \gamma(s)$$

可得 n 个方程 $z_k(F) = \gamma_k$ $(k = 0, 1, \cdots, n-1)$. 显然, 由 n 个非线性方程确定 mp 个未知数, 一个通常的必要条件是

$$mp \geqslant n \tag{5.128}$$

这样就得到了下面的结论.

引理 5.5.3 能控且能观的线性系统 (A, B, C) 是输出反馈可任意极点配置的, 仅当式 (5.128) 成立.

条件 (5.128) 显然不是输出反馈可任意极点配置的充分条件, 例 5.5.1 就是一个反例. 但如果将条件 (5.128) 进一步加强为

$$mp > n \tag{5.129}$$

则上述结论在某种意义上却是充分的.

引理 5.5.4 如果条件 (5.129) 成立, 则能控且能观的系统 (A, B, C) 是输出反馈可任意极点配置的.

不难看出条件 (5.129) 是苛刻的, 例如, 对于 $m=1,p=n$ 的情况, 条件 (5.129) 不成立. 但此条件对应于单输入系统的状态反馈极点配置问题, 而由 5.2.3 节讨论可知该问题总是有解的. 引理 5.5.5 在某种意义上对条件 (5.129) 进行了放松.

引理 5.5.5 对于能控又能观的线性系统 (A,B,C), 任意 $\min\{n,m+p-1\}$ 个极点是输出反馈可配置的. 进而如果有

$$m+p\geqslant n+1 \tag{5.130}$$

则能控又能观的线性系统 (A,B,C) 是输出反馈可任意极点配置的.

值得指出的是, 即便上面的充分条件 (5.129) 和 (5.130) 满足, 相应的计算增益 F 的算法也是非常复杂的.

下面讨论动态输出反馈极点配置问题. 根据引理 5.5.2, 该问题转化为增广系统 (5.125) 的静态输出反馈极点配置问题. 注意到增广系统 (5.125) 的状态、输入和输出的维数分别是 $\tilde{n}=n+q$、$\tilde{m}=m+q$ 和 $\tilde{p}=p+q$, 有推论 5.5.2.

推论 5.5.2 设线性系统 (A,B,C) 是能控又能观的, 则该系统可以利用 q 阶动态补偿器实现任意极点配置仅当 $(m+q)(p+q)\geqslant n+q$. 进一步地, 如果下面两个条件

$$(m+q)(p+q)>n+q \tag{5.131}$$

$$m+q+p\geqslant n+1 \tag{5.132}$$

之一成立, 则该系统可以利用 q 阶动态补偿器实现任意极点配置.

显然, 只要 q 充分大, 条件 (5.131) 和 (5.132) 总是可以满足的. 因此, 确定最小的 q 即最小阶动态补偿器问题是一个关键问题, 也是控制理论中的公开问题之一. 下面介绍一些目前已知的与此问题相关的结论.

引理 5.5.6 设线性系统 (A,B,C) 是能控又能观的, 其能控性指数和能观性指数分别为 μ 和 ν. 如果

$$q\geqslant\min\{\mu,\nu\}-1$$

则该系统可以利用 q 阶动态补偿器实现任意极点配置.

由引理 5.5.4 和引理 5.5.5 可知 mp 和 $m+p-1$ 是两个重要的常数. 下面的结论将动态补偿器的阶数 q 和这两个常数联系起来.

引理 5.5.7 设线性系统 (A,B,C) 是能控又能观的, 则该系统可以利用 q 阶动态补偿器实现任意极点配置仅当

$$q\geqslant\frac{n-mp}{m+p-1}$$

引理 5.5.7 给出的条件是必要的. 引理 5.5.8 则给出了与 mp 和 $m+p-1$ 这两个常数相关的充分条件.

引理 5.5.8 设线性系统 (A,B,C) 是能控又能观的. 如果

$$q\geqslant\frac{n-mp+\min\{l_m(p-1),l_p(m-1)\}}{m+p-1}$$

则该系统可以利用 q 阶动态补偿器实现任意极点配置. 其中, $l_m=q-m[q/m]$, $l_p=q-p[q/p]$, 这里 $[q/m]$ 表示 q/m 的整数部分.

最小阶动态补偿器问题虽然在理论上具有重要的意义, 但在实际应用中往往不是大问题, 这是因为随着科技的发展, 由较高阶的动态补偿器带来的计算量问题已经变得越来越不突出了. 在第 7 章将证明, 可以任意配置极点的阶数为 $q=\min\{n-p,n-m\}$ 的动态补偿器总是存在的, 相应的构造也比较简单. 这个阶数的动态补偿器在工程上认为是可以接受的.

5.6 最小相位系统的输出反馈

5.6.1 高增益输出反馈

从 5.5 节已经看到了输出反馈镇定和极点配置问题的困难性. 但对于一类特殊的系统, 可以给出比较简单和实用的结论. 对于一个用传递函数描述的 SISO 线性系统

$$g(s)=\frac{\beta(s)}{\alpha(s)}=\frac{Y(s)}{U(s)}$$

在静态输出反馈 $u=fy+v$ 作用下的闭环系统的传递函数为

$$g_f(s)=\frac{Y(s)}{V(s)}=\frac{g(s)}{1-fg(s)}=\frac{\beta(s)}{\alpha(s)-f\beta(s)}$$

因此, 闭环系统的特征方程是 $\alpha(s)-f\beta(s)=0$, 或者

$$1-fg(s)=0$$

这恰好是以 $-f$ 为变量的根轨迹方程. 根据根轨迹理论, 当 $-f$ 充分大时, 闭环系统的部分极点趋于开环系统的零点. 因此, 如果零点的个数为 $n-1$ 且都具有负实部, 那么当 $-f$ 充分大后闭环系统的 $n-1$ 个极点趋于开环零点, 另一个极点趋于 $-\infty$, 从而是渐近稳定的.

为了在时域框架下更清楚地认识上述事实, 并将之推广到更一般的情形, 考虑 SISO 线性系统 (A,b,c). 假设系统的相对阶为 $r=1$. 根据输入输出规范型理论即定理 4.3.1, 存在状态变换使得该系统等价于

$$\begin{cases}\dot{\eta}=A_{00}\eta+b_0\xi\\ \dot{\xi}=\alpha_0\eta+\alpha_1\xi+\Gamma u\\ y=\xi\end{cases}\tag{5.133}$$

其中, $\Gamma=cb\neq 0;\eta\in\mathbf{R}^{(n-1)\times 1}$ 是内动态系统的状态; $A_{00}\in\mathbf{R}^{(n-1)\times(n-1)}$、$b_0\in\mathbf{R}^{(n-1)\times 1}$、$\alpha_0\in\mathbf{R}^{1\times(n-1)}$ 和 $\alpha_1\in\mathbf{R}$ 都是适当定义的常数矩阵. 那么前述结论可以正式陈述如下.

定理 5.6.1 假设 SISO 系统 (A,b,c) 的相对阶 $r=1$ 且是最小相位的, 则存在常数 $f^*>0$ 使得如下高增益输出反馈能镇定该系统:

$$u=-\frac{f}{\Gamma}y,\quad \forall f\geqslant f^*$$

证明 由假设可知零点矩阵 $A_{00}\in\mathbf{R}^{(n-1)\times(n-1)}$ 是 Hurwitz 的, 故存在 $P_0>0$ 满足 Lyapunov 方程

$$A_{00}^{\mathrm{T}}P_0+P_0A_{00}=-I_{n-r}\tag{5.134}$$

取 $f=\alpha_1+f_0$, 其中 $f_0>0$ 是待设计的正数. 那么

$$\dot{\xi}=-f_0\xi+\alpha_0\eta \tag{5.135}$$

二次 Lyapunov 函数 $V(\xi,\eta)=\eta^{\mathrm{T}}P_0\eta+\xi^2$ 沿着系统 (5.135) 和系统 (5.133) 的第 1 个方程的导数满足

$$\begin{aligned}\dot{V}(\xi,\eta)&=\eta^{\mathrm{T}}(A_{00}^{\mathrm{T}}P_0+P_0A_{00})\eta+2\xi^{\mathrm{T}}b_0^{\mathrm{T}}P_0\eta+2\xi(-f_0\xi+\alpha_0\eta)\\&=-\|\eta\|^2+2\eta^{\mathrm{T}}P_0b_0\xi-2f_0\xi^2+2\xi\alpha_0\eta\\&\leqslant-\|\eta\|^2+\frac{1}{4}\|\eta\|^2+4b_0^{\mathrm{T}}P_0^2b_0\xi^2-2f_0\xi^2+\frac{1}{4}\|\eta\|^2+4\xi^2\alpha_0\alpha_0^{\mathrm{T}}\\&=-\frac{1}{2}\|\eta\|^2-2\left(f_0-2b_0^{\mathrm{T}}P_0^2b_0-2\|\alpha_0\|^2\right)\xi^2\end{aligned}$$

注意到 $\eta^{\mathrm{T}}P_0\eta\leqslant\|P_0\|\|\eta\|^2$, 并取 $f_0\geqslant 2b_0^{\mathrm{T}}P_0^2b_0+2\|\alpha_0\|^2+1/(4\|P_0\|)\overset{\mathrm{def}}{=\!=}f_0^*$, 有

$$\dot{V}(\xi,\eta)\leqslant-\frac{1}{2\|P_0\|}\eta^{\mathrm{T}}P_0\eta-\frac{1}{2\|P_0\|}\xi^2=-\frac{1}{2\|P_0\|}V(\xi,\eta),\quad\forall t\geqslant 0$$

因此

$$V(\xi(t),\eta(t))\leqslant\exp\left(-\frac{t}{2\|P_0\|}\right)V(\xi(0),\eta(0)),\quad\forall t\geqslant 0$$

即闭环系统指数稳定. 最后取 $f^*=f_0^*+\alpha_1$ 即完成证明. 证毕. □

现在考虑相对阶 $1<r\leqslant n$ 的 SISO 线性系统 (A,b,c). 设其输入输出规范型为 (见式 (4.50))

$$\begin{cases}\dot{\eta}=A_{00}\eta+b_0\xi_1\\\dot{\xi}_1=\xi_2\\\quad\vdots\\\dot{\xi}_{r-1}=\xi_r\\\dot{\xi}_r=\alpha_0\eta+\alpha_1\xi+\Gamma u\\y=\xi_1\end{cases}\tag{5.136}$$

其中, $\Gamma=cA^{r-1}b\neq 0$; $A_{00}\in\mathbf{R}^{(n-r)\times(n-r)}$、$b_0\in\mathbf{R}^{(n-r)\times 1}$、$\alpha_0\in\mathbf{R}^{1\times(n-r)}$ 和 $\alpha_1\in\mathbf{R}^{1\times r}$ 都是适当定义的常值矩阵;

$$\xi=\begin{bmatrix}\xi_1\\\xi_2\\\vdots\\\xi_r\end{bmatrix}=\begin{bmatrix}y\\y^{(1)}\\\vdots\\y^{(r-1)}\end{bmatrix}$$

对于这种情形, 可以通过定义新的输出将其转化成相对阶为 1 的情形.

考虑新的输出变量

$$\breve{y}\overset{\mathrm{def}}{=\!=}\gamma_0\xi_1+\gamma_1\xi_2+\cdots+\gamma_{r-2}\xi_{r-1}+\xi_r$$

$$= \gamma_0 y + \gamma_1 y^{(1)} + \cdots + \gamma_{r-2} y^{(r-2)} + y^{(r-1)}$$

其中, $\gamma_i\ (i = 0, 1, \cdots, r-2)$ 是待设计的常数. 令

$$\check{\eta} = \begin{bmatrix} \eta^{\mathrm{T}} & \xi_1 & \cdots & \xi_{r-1} \end{bmatrix}^{\mathrm{T}} \in \mathbf{R}^{n-1}, \quad \check{\xi} = \check{y} \in \mathbf{R}$$

将 $\check{\xi}$ 对 t 求导并利用系统模型 (5.136) 有

$$\begin{aligned} \dot{\check{\xi}} &= \gamma_0 y^{(1)} + \gamma_1 y^{(2)} + \cdots + \gamma_{r-2} y^{(r-1)} + y^{(r)} \\ &= \gamma_0 \xi_2 + \gamma_1 \xi_3 + \cdots + \gamma_{r-2} \xi_r + \dot{\xi}_r \\ &= \gamma_0 \xi_2 + \gamma_1 \xi_3 + \cdots + \gamma_{r-2} \xi_r + \alpha_0 \eta + \alpha_1 \xi + \Gamma u \\ &\stackrel{\text{def}}{=\!=} \check{\alpha}_0 \check{\eta} + \check{\alpha}_1 \check{\xi} + \Gamma u \end{aligned} \tag{5.137}$$

其中, $\check{\alpha}_0 \in \mathbf{R}^{1\times(n-1)}$ 和 $\check{\alpha}_1 \in \mathbf{R}$ 都是与 $\gamma_i\ (i = 0, 1, \cdots, r-2)$ 有关的常数矩阵. 一方面, 系统 (5.136) 的 η 子系统可以写成

$$\dot{\eta} = \begin{bmatrix} A_{00} & b_0 k_0 \end{bmatrix} \check{\eta} \tag{5.138}$$

其中, $k_0 = [1, 0_{1\times(r-2)}]$. 另一方面, 系统 (5.136) 的 $(\xi_1, \xi_2, \cdots, \xi_{r-1})$ 子系统可以写成

$$\begin{cases} \dot{\xi}_1 = \xi_2 \\ \quad\vdots \\ \dot{\xi}_{r-2} = \xi_{r-1} \\ \dot{\xi}_{r-1} = -(\gamma_0 \xi_1 + \gamma_1 \xi_2 + \cdots + \gamma_{r-2} \xi_{r-1}) + \check{\xi} \end{cases} \tag{5.139}$$

将系统 (5.137) ~ 系统 (5.139) 综合在一起得到

$$\begin{cases} \dot{\check{\eta}} = \begin{bmatrix} A_{00} & b_0 k_0 \\ 0 & \check{A}_{11} \end{bmatrix} \check{\eta} + \begin{bmatrix} 0 \\ \check{b}_{11} \end{bmatrix} \check{\xi} \\ \dot{\check{\xi}} = \check{\alpha}_0 \check{\eta} + \check{\alpha}_1 \check{\xi} + \Gamma u \\ \check{y} = \check{\xi} \end{cases} \tag{5.140}$$

其中

$$\check{A}_{11} = \left[\begin{array}{c|ccc} 0 & 1 & & \\ \vdots & & \ddots & \\ 0 & & & 1 \\ \hline -\gamma_0 & -\gamma_1 & \cdots & -\gamma_{r-2} \end{array}\right] \in \mathbf{R}^{(r-1)\times(r-1)}, \quad \check{b}_{11} = \left[\begin{array}{c} 0 \\ \vdots \\ 0 \\ \hline 1 \end{array}\right] \in \mathbf{R}^{(r-1)\times 1}$$

上述过程的本质是反步法, 即将 ξ_r 作为 ξ 子系统的虚拟输入并设计虚拟闭环系统 (5.139).

容易看出, 系统 (5.140) 和系统 (5.133) 有完全一样的形式, 因而是一个相对阶为 1 的线性系统, 其内动态系统的状态为 $\check{\eta}$. 如果原系统 (5.136) 是最小相位的, 且 $\check{A}_{11}$ 是 Hurwitz 矩阵, 则系统 (5.140) 也是最小相位的. 因此, 基于定理 5.6.1 有定理 5.6.2.

定理 5.6.2 假设相对阶为 $1 < r \leqslant n$ 的 SISO 线性系统 (A,b,c) 是最小相位的, 常系数首一多项式 $\gamma(s) = s^{r-1} + \gamma_{r-2}s^{r-2} + \cdots + \gamma_1 s + \gamma_0$ 是 Hurwitz 多项式, 则存在常数 $f^* > 0$ 使得如下比例微分高增益输出反馈控制律能镇定该线性系统:

$$u = -\frac{f}{\Gamma}\breve{y} = -\frac{f}{\Gamma}\left(\gamma_0 y + \gamma_1 y^{(1)} + \cdots + \gamma_{r-2}y^{(r-2)} + y^{(r-1)}\right), \quad \forall f \geqslant f^* \tag{5.141}$$

利用 MIMO 系统的输入输出规范型理论, 上面的结论极容易推广到 MIMO 系统情形. 下面不加证明地给出定理 5.6.3.

定理 5.6.3 设 MIMO 线性系统 $(A,B,C) \in (\mathbf{R}^{n\times n}, \mathbf{R}^{n\times m}, \mathbf{R}^{m\times n})$ 相对阶为 $\{r_1, r_2, \cdots, r_m\}$, 其中 $1 \leqslant r_i \leqslant n$, 耦合矩阵 $\Gamma(A,B,C)$ 是非奇异的. 假设系统是最小相位的. 设常系数首一多项式 $\gamma_i(s) = s^{r_i-1} + \gamma_{i,r_i-2}s^{r_i-2} + \cdots + \gamma_{i1}s + \gamma_{i0}$ $(i = 1,2,\cdots,m)$ 是 m 个任意给定的 Hurwitz 多项式. 那么, 存在常数 $f_i^* > 0$ $(i = 1,2,\cdots,m)$ 使得对任意 $f_i \geqslant f_i^*$ $(i = 1,2,\cdots,m)$, 如下比例微分高增益输出反馈控制律能镇定该线性系统:

$$u = -\Gamma^{-1}\begin{bmatrix} f_1\left(\gamma_{10}y_1 + \gamma_{11}y_1^{(1)} + \cdots + \gamma_{1,r_1-2}y_1^{(r_1-2)} + y_1^{(r_1-1)}\right) \\ f_2\left(\gamma_{20}y_2 + \gamma_{21}y_2^{(1)} + \cdots + \gamma_{2,r_2-2}y_2^{(r_2-2)} + y_2^{(r_2-1)}\right) \\ \vdots \\ f_m\left(\gamma_{m0}y_m + \gamma_{m1}y_m^{(1)} + \cdots + \gamma_{m,r_m-2}y_m^{(r_m-2)} + y_m^{(r_m-1)}\right) \end{bmatrix}$$

以上结论表明, 比例-1 阶微分输出反馈只能镇定相对阶为 2 的最小相位系统.

5.6.2 基于尺度变换的输出反馈

本节给出最小相位系统输出反馈控制律一种更简单的设计方法.

定理 5.6.4 假设相对阶为 $1 < r \leqslant n$ 的 SISO 线性系统 (A,b,c) 是最小相位的, 常系数首一多项式 $\gamma(s) = s^r + \gamma_{r-1}s^{r-1} + \cdots + \gamma_1 s + \gamma_0$ 是 Hurwitz 多项式, 则存在常数 $\tau^* > 0$ 使得如下比例微分高增益输出反馈控制律能镇定该系统:

$$u = -\frac{1}{\Gamma}\left(\tau^r\gamma_0 y + \tau^{r-1}\gamma_1 y^{(1)} + \cdots + \tau\gamma_{r-1}y^{(r-1)}\right), \quad \forall \tau \geqslant \tau^* \tag{5.142}$$

证明 考虑该系统的输入输出规范型 (5.136) 和状态尺度变换 $\tilde{\xi}_i = \tau^{r-i}\xi_i$ $(i = 1,2,\cdots,r)$, 即

$$\xi = S^{-1}(\tau)\tilde{\xi}, \quad S(\tau) = \tau^{r-1} \oplus \tau^{r-2} \oplus \cdots \oplus 1 \tag{5.143}$$

其中, $\tilde{\xi} = [\tilde{\xi}_1, \tilde{\xi}_2, \cdots, \tilde{\xi}_r]^{\mathrm{T}}$. 那么系统 (5.136) 可以写成

$$\begin{cases} \dot{\eta} = A_{00}\eta + b_0\xi_1 \\ \dot{\tilde{\xi}}_1 = \tau\tilde{\xi}_2 \\ \quad\vdots \\ \dot{\tilde{\xi}}_{r-1} = \tau\tilde{\xi}_r \\ \dot{\tilde{\xi}}_r = \alpha_0\eta + \alpha_1 S^{-1}(\tau)\tilde{\xi} + \Gamma u \end{cases} \tag{5.144}$$

而控制律 (5.142) 可以写成

$$
\begin{aligned}
u &= -\frac{1}{\Gamma}(\tau^r\gamma_0\xi_1+\tau^{r-1}\gamma_1\xi_2+\cdots+\tau\gamma_{r-1}\xi_r) \\
&= -\frac{\tau}{\Gamma}\left(\gamma_0\tilde{\xi}_1+\gamma_1\tilde{\xi}_2+\cdots+\gamma_{r-1}\tilde{\xi}_r\right)
\end{aligned} \tag{5.145}
$$

进而由系统 (5.144) 和控制律 (5.145) 组成的闭环系统可以写成

$$
\begin{cases}
\dot{\eta}=A_{00}\eta+\tau^{1-r}b_0c_{\mathrm{c}}\tilde{\xi} \\
\dot{\tilde{\xi}}=\tau A_{\mathrm{c}}\tilde{\xi}+b_{\mathrm{c}}(\alpha_0\eta+\alpha_1 S^{-1}(\tau)\tilde{\xi})
\end{cases} \tag{5.146}
$$

其中

$$
A_{\mathrm{c}}=\left[\begin{array}{c|ccc} 0 & 1 & & \\ \vdots & & \ddots & \\ 0 & & & 1 \\ \hline -\gamma_0 & -\gamma_1 & \cdots & -\gamma_{r-1}\end{array}\right],\quad b_{\mathrm{c}}=\left[\begin{array}{c}0\\ \vdots\\ 0\\ \hline 1\end{array}\right],\quad c_{\mathrm{c}}=\left[\begin{array}{c}1\\ \hline 0\\ \vdots\\ 0\end{array}\right]^{\mathrm{T}} \tag{5.147}
$$

由假设可知 A_{c} 是 Hurwitz 矩阵, 故 Lyapunov 方程

$$
A_{\mathrm{c}}^{\mathrm{T}}P_{\mathrm{c}}+P_{\mathrm{c}}A_{\mathrm{c}}=-I_r
$$

存在唯一对称正定解 P_{c}. 取二次 Lyapunov 函数 $V(\eta,\tilde{\xi})=\eta^{\mathrm{T}}P_0\eta+\tilde{\xi}^{\mathrm{T}}P_{\mathrm{c}}\tilde{\xi}$, 其中 P_0 是 Lyapunov 方程 (5.134) 的正定解. 那么 $V(\eta,\tilde{\xi})$ 沿着闭环系统 (5.146) 的解满足

$$
\begin{aligned}
\dot{V}(\eta,\tilde{\xi}) =& \eta^{\mathrm{T}}(A_{00}^{\mathrm{T}}P_0+P_0A_{00})\eta+2\tau^{1-r}\eta^{\mathrm{T}}P_0b_0c_{\mathrm{c}}\tilde{\xi} \\
&+\tau\tilde{\xi}^{\mathrm{T}}(A_{\mathrm{c}}^{\mathrm{T}}P_{\mathrm{c}}+P_{\mathrm{c}}A_{\mathrm{c}})\tilde{\xi}+2\tilde{\xi}^{\mathrm{T}}P_{\mathrm{c}}b_{\mathrm{c}}(\alpha_0\eta+\alpha_1S^{-1}(\tau)\tilde{\xi}) \\
=& -\|\eta\|^2-\tau\left\|\tilde{\xi}\right\|^2+2\tau^{1-r}\eta^{\mathrm{T}}P_0b_0c_{\mathrm{c}}\tilde{\xi}+2\tilde{\xi}^{\mathrm{T}}P_{\mathrm{c}}b_{\mathrm{c}}(\alpha_0\eta+\alpha_1S^{-1}(\tau)\tilde{\xi}) \\
\leqslant& -\|\eta\|^2-\tau\left\|\tilde{\xi}\right\|^2+\frac{1}{4}\|\eta\|^2+4\tau^{2(1-r)}\|P_0b_0c_{\mathrm{c}}\|^2\left\|\tilde{\xi}\right\|^2 \\
&+\frac{1}{4}\|\eta\|^2+4\|P_{\mathrm{c}}b_{\mathrm{c}}\alpha_0\|^2\left\|\tilde{\xi}\right\|^2+2\left\|P_{\mathrm{c}}b_{\mathrm{c}}\alpha_1S^{-1}(\tau)\right\|\left\|\tilde{\xi}\right\|^2 \\
=& -\frac{1}{2}\|\eta\|^2-\left(\tau-4\tau^{2(1-r)}\|P_0b_0c_{\mathrm{c}}\|^2-4\|P_{\mathrm{c}}b_{\mathrm{c}}\alpha_0\|^2-2\left\|P_{\mathrm{c}}b_{\mathrm{c}}\alpha_1S^{-1}(\tau)\right\|\right)\left\|\tilde{\xi}\right\|^2
\end{aligned}
$$

显然存在 $\tau^*>0$ 使得对任意 $\tau\geqslant\tau^*$ 都有

$$
\dot{V}(\eta,\tilde{\xi})\leqslant-\frac{1}{2}\|\eta\|^2-\left\|\tilde{\xi}\right\|^2
$$

余下证明和定理 5.6.1 的证明类似, 略去. 证毕. □

和控制律 (5.141) 相比, 控制律 (5.142) 也是高增益反馈, 但控制律 (5.142) 中 $y^{(k)}$ 的高增益系数与 τ^{r-k} 有关, 也就是说导数次数越高的输出在该控制律中的比例越小. 这比控制律 (5.141) 更合理. 与定理 5.6.2 类似, 定理 5.6.4 可以很容易推广到 MIMO 系统而得到类似于定理 5.6.3 的结论, 为节省篇幅, 这里不给出细节.

5.6.3 动态输出反馈

由 5.6.1 节和 5.6.2 节的内容可知, 当相对阶大于 1 时, 输出反馈控制律含有输出的导数. 这限制了这类控制律在实际问题中的应用. 本节借助动态输出反馈来解决这个问题.

定理 5.6.5 假设相对阶为 $1 < r \leqslant n$ 的 SISO 线性系统 (A, b, c) 是最小相位的,

$$g(s) = s^r + g_{r-1}s^{r-1} + \cdots + g_1 s + g_0, \quad \gamma(s) = s^{r-1} + \gamma_{r-2}s^{r-2} + \cdots + \gamma_1 s + \gamma_0$$

分别是给定的次数为 r 和 $r-1$ 的实系数 Hurwitz 多项式. 那么存在常数 $\rho^* > 0$ 和 $f^* > 0$ 使得对任意满足 $f \geqslant f^*$ 和 $\rho \geqslant \rho^*$ 的正常数, 如下动态输出反馈控制律能镇定该系统:

$$\begin{cases} \dot{\hat{\xi}}_1 = \hat{\xi}_2 + \rho g_{r-1}(y - \hat{\xi}_1) \\ \dot{\hat{\xi}}_2 = \hat{\xi}_3 + \rho^2 g_{r-2}(y - \hat{\xi}_1) \\ \quad \vdots \\ \dot{\hat{\xi}}_{r-1} = \hat{\xi}_r + \rho^{r-1} g_1(y - \hat{\xi}_1) \\ \dot{\hat{\xi}}_r = \rho^r g_0(y - \hat{\xi}_1) \\ u = -\dfrac{f}{\Gamma}\left(\gamma_0\hat{\xi}_1 + \gamma_1\hat{\xi}_2 + \cdots + \gamma_{r-2}\hat{\xi}_{r-1} + \hat{\xi}_r\right) \end{cases} \tag{5.148}$$

证明 为了后续使用, 定义如下矩阵:

$$A_0 = \left[\begin{array}{c|ccc} & 1 & & \\ & & \ddots & \\ & & & 1 \\ \hline 0 & & & \end{array}\right], \quad l = \begin{bmatrix} g_{r-1} \\ g_{r-2} \\ \vdots \\ g_0 \end{bmatrix}, \quad k = -f\begin{bmatrix} \gamma_0 \\ \vdots \\ \gamma_{r-2} \\ 1 \end{bmatrix}^{\mathrm{T}}$$

将动态输出反馈控制律 (5.148) 写成

$$\begin{cases} \dot{\hat{\xi}} = A_0\hat{\xi} + \rho^r S^{-1}(\rho) l(y - c_{\mathrm{c}}\hat{\xi}) \\ u = \dfrac{k}{\Gamma}\hat{\xi} \end{cases} \tag{5.149}$$

其中, c_{c} 如式 (5.147) 所定义; $S(\rho)$ 如式 (5.143) 所定义; $\hat{\xi} = [\hat{\xi}_1, \hat{\xi}_2, \cdots, \hat{\xi}_r]^{\mathrm{T}}$. 设 $e_i = \rho^{r-i}(\xi_i - \hat{\xi}_i)$ $(i = 1, 2, \cdots, r)$, 那么 $e = [e_1, e_2, \cdots, e_r]^{\mathrm{T}} = S(\rho)(\xi - \hat{\xi})$, 或者

$$\hat{\xi} = \xi - S^{-1}(\rho)e \tag{5.150}$$

对任意 $i = 1, 2, \cdots, r-1$, 由式 (5.136) 和式 (5.148) 可知

$$\dot{e}_i = \rho^{r-i}(\dot{\xi}_i - \dot{\hat{\xi}}_i) = \rho^{r-i}(\xi_{i+1} - \hat{\xi}_{i+1} - \rho^i g_{r-i}(y - \hat{\xi}_1)) = \rho e_{i+1} - \rho g_{r-i} e_1 \tag{5.151}$$

当 $i = r$ 时, 根据式 (5.136) 和式 (5.148) 有

$$\dot{e}_r = \dot{\xi}_r - \dot{\hat{\xi}}_r = \alpha_0\eta + \alpha_1\xi + \Gamma u - \rho g_0 e_1 \tag{5.152}$$

将式 (5.150) 代入式 (5.149) 中 u 的表达式可得

$$u = \frac{1}{\Gamma} k\hat{\xi} = \frac{1}{\Gamma}(k\xi - kS^{-1}(\rho)e)$$

因此式 (5.151) 和式 (5.152) 可以写成

$$\begin{aligned}\dot{e} &= \rho(A_0 - lc_{\mathrm{c}})e + b_{\mathrm{c}}(\alpha_0\eta + \alpha_1\xi + \Gamma u) \\ &= \rho(A_0 - lc_{\mathrm{c}})e + b_{\mathrm{c}}(\alpha_0\eta + \alpha_1\xi + k\xi - kS^{-1}(\rho)e) \\ &= (\rho(A_0 - lc_{\mathrm{c}}) - b_{\mathrm{c}}kS^{-1}(\rho))e + b_{\mathrm{c}}k_1\tilde{x}\end{aligned} \tag{5.153}$$

其中, b_{c} 如式 (5.147) 所定义; $k_1 = k_1(f) = [\alpha_0, \alpha_1 + k] \in \mathbf{R}^{1\times n}$; $\tilde{x} = [\eta^{\mathrm{T}}, \xi^{\mathrm{T}}]^{\mathrm{T}}$.

同理, 系统 (5.136) 可以写成

$$\dot{\tilde{x}} = \tilde{A}\tilde{x} + \tilde{b}k\xi - \tilde{b}kS^{-1}(\rho)e \overset{\mathrm{def}}{=\!=} \tilde{A}_{\mathrm{c}}\tilde{x} - \tilde{b}kS^{-1}(\rho)e \tag{5.154}$$

其中, $\tilde{A}$ 按式 (4.55) 的方式定义; $\tilde{b} = [0, \cdots, 0, 1]^{\mathrm{T}} \in \mathbf{R}^{n\times 1}$.

由定理 5.6.2 可知存在常数 $f^* > 0$ 使得 $\tilde{A}_{\mathrm{c}} = \tilde{A}_{\mathrm{c}}(f)$ 对任意 $f \geqslant f^*$ 都是 Hurwitz 矩阵. 因此存在正定矩阵 P 和 Q 使得

$$\tilde{A}_{\mathrm{c}}^{\mathrm{T}}P + P\tilde{A}_{\mathrm{c}} = -I_n, \quad (A_0 - lc_{\mathrm{c}})^{\mathrm{T}}Q + Q(A_0 - lc_{\mathrm{c}}) = -I_r$$

那么二次 Lyapunov 函数 $V(\tilde{x}, e) = \tilde{x}^{\mathrm{T}}P\tilde{x} + e^{\mathrm{T}}Qe$ 沿着系统 (5.153) 和 (5.154) 的导数满足

$$\begin{aligned}\dot{V}(\tilde{x}, e) =& -\|\tilde{x}\|^2 - \rho\|e\|^2 + 2e^{\mathrm{T}}Qb_{\mathrm{c}}k_1\tilde{x} - 2\tilde{x}^{\mathrm{T}}P\tilde{b}kS^{-1}(\rho)e \\ & - e^{\mathrm{T}}\left(Qb_{\mathrm{c}}kS^{-1}(\rho) + (b_{\mathrm{c}}kS^{-1}(\rho))^{\mathrm{T}}Q\right)e \\ \leqslant & -\|\tilde{x}\|^2 - \rho\|e\|^2 + \frac{1}{4}\|\tilde{x}\|^2 + 4\|Qb_{\mathrm{c}}k_1\|^2\|e\|^2 + \frac{1}{4}\|\tilde{x}\|^2 \\ & + 4\left\|S^{-1}(\rho)\right\|^2\left\|P\tilde{b}k\right\|^2\|e\|^2 + 2\left\|S^{-1}(\rho)\right\|\|Qb_{\mathrm{c}}k\|\|e\|^2 \\ =& -\frac{1}{2}\|\tilde{x}\|^2 - (\rho - \varphi(\rho))\|e\|^2\end{aligned}$$

其中

$$\varphi(\rho) = 4\|Qb_{\mathrm{c}}k_1\|^2 + 4\left\|S^{-1}(\rho)\right\|^2\left\|P\tilde{b}k\right\|^2 + 2\left\|S^{-1}(\rho)\right\|\|Qb_{\mathrm{c}}k\|$$

注意到 $\|S^{-1}(\rho)\| \xrightarrow{\rho\to\infty} 1$. 因此存在 $\rho^* > 0$ 使得当 $\rho \geqslant \rho^*$ 时有 $\rho - \varphi(\rho) \geqslant 1/2$. 从而有

$$\dot{V}(\tilde{x}, e) \leqslant -\frac{1}{2}\|\tilde{x}\|^2 - \frac{1}{2}\|e\|^2$$

余下证明和定理 5.6.1 的证明类似. 注意到 $(\tilde{x}, e)$ 的稳定性等价于 $(x, \hat{\xi})$ 的稳定性. 证毕. □

动态输出反馈 (5.148) 中 $\hat{\xi}$ 子系统的本质是输出微分器, 即当 $t \to \infty$ 时有 $\hat{\xi}_i \to y^{(i-1)}$ $(i = 1, 2, \cdots, r)$. 输出反馈 (5.148) 中的高增益参数 ρ 的作用是两方面的. 当其充

分大时, 一方面其可保证误差系统即 e 的稳定性, 另一方面其可降低 $\tilde{x}$ 系统和 e 系统之间的耦合, 进而 $\tilde{x}$ 系统和 e 系统的稳定性可保证整体系统的稳定性. 这种弱解耦的设计方法是一种使用非常广泛的设计方法.

定理 5.6.5 是将输出微分器应用于控制律 (5.141) 而得到的. 如果将输出微分器应用于控制律 (5.142), 也可得到类似的结论. 此外, 上述方法亦可推广到 MIMO 系统. 为了节省篇幅, 这里不再展开.

5.7 模态控制

根据说明 5.2.2, 极点配置算法一般先要消去开环系统的所有动态特性即开环极点, 将之转化成一组纯积分链即 Brunovsky 规范型, 然后引入全新的动态特性来保证期望的特征多项式或极点. 对于实际工程控制系统, 消去开环系统的动态特性是要付出代价即消耗能量的. 对于那些离虚轴比较远的具有负实部的极点即满意极点, 通过反馈来强制消除它们, 既显得不经济, 也没有必要. 因此, 设计合适的反馈控制律, 保持那些满意极点和相应的特征向量不变, 只移动那些不稳定或者离虚轴比较近的开环极点即不满意极点到期望的位置, 在工程上更有价值. 本节讨论该问题的求解方法.

5.7.1 模态能控性

为了方便, 假设 A 具有 n 个互异的特征值 λ_i $(i=1,2,\cdots,n)$. 因此存在非奇异特征向量矩阵

$$V=\begin{bmatrix} v_1 & v_2 & \cdots & v_n \end{bmatrix}\in \mathbf{C}^{n\times n}$$

使得

$$AV=VJ,\quad J=\lambda_1\oplus\lambda_2\oplus\cdots\oplus\lambda_n \tag{5.155}$$

其中, J 是 A 的 Jordan 标准型. 记 A 的左特征向量矩阵为

$$W=V^{-1}=\begin{bmatrix} w_1^{\mathrm{T}} & w_2^{\mathrm{T}} & \cdots & w_n^{\mathrm{T}} \end{bmatrix}^{\mathrm{T}}\in \mathbf{C}^{n\times n}$$

其中, $w_i\in\mathbf{C}^{1\times n}$ $(i=1,2,\cdots,n)$. 对任意 $i,j=1,2,\cdots,n$, 根据特征向量的定义和 $WV=I_n$ 有

$$Av_i=\lambda_i v_i,\quad w_iA=\lambda_i w_i,\quad w_iv_j=\begin{cases}1, & i=j\\ 0, & i\neq j\end{cases} \tag{5.156}$$

考虑状态等价变换 $\xi=V^{-1}x$, 则原系统 (5.1) 被等价地变换成

$$\dot{\xi}=V^{-1}AV\xi+V^{-1}Bu=J\xi+Qu \tag{5.157}$$

其中

$$\begin{aligned} Q&\overset{\text{def}}{=\!=}V^{-1}B=WB=W\begin{bmatrix} b_1 & b_2 & \cdots & b_m \end{bmatrix}\\ &\overset{\text{def}}{=\!=}\begin{bmatrix} q_1 & q_2 & \cdots & q_m \end{bmatrix}\end{aligned}$$

$$\stackrel{\text{def}}{=\!=} \begin{bmatrix} q_{11} & q_{12} & \cdots & q_{1m} \\ q_{21} & q_{22} & \cdots & q_{2m} \\ \vdots & \vdots & & \vdots \\ q_{n1} & q_{n2} & \cdots & q_{nm} \end{bmatrix} \tag{5.158}$$

据此可将系统 (5.157) 写成分量的形式:

$$\dot{\xi}_i = \lambda_i \xi_i + \sum_{j=1}^{m} q_{ij} u_j, \quad i = 1, 2, \cdots, n \tag{5.159}$$

根据第 1 章的介绍, A 的每一个特征值 λ_i 称为系统 (5.1) 的一个模态. 从式 (5.159) 可以看出, 第 j 个控制量 u_j 能够影响第 i 个模态 λ_i 当且仅当 $q_{ij} \neq 0$. 据此给出定义 5.7.1.

定义 5.7.1 设 A 具有 n 个互异的特征值. 如果 $q_{ij} \neq 0$, 则称系统 (5.1) 的第 i 个模态 λ_i 关于第 j 个控制量 u_j 是能控的, 否则称系统 (5.1) 的第 i 个模态 λ_i 关于第 j 个控制量 u_j 是不能控的. 如果存在 $j \in \{1, 2, \cdots, m\}$ 使得系统 (5.1) 的第 i 个模态 λ_i 关于第 j 个控制量 u_j 是能控的, 则称该模态是能控的. 如果系统 (5.1) 的 n 个模态都是能控的, 则称该系统是模态能控的.

根据定义 5.7.1, 可称矩阵 Q 为系统 (5.1) 的模态能控性矩阵.

线性系统 (5.1) 的模态能控性和第 2 章介绍的能控性之间有什么关系呢? 由于 A 具有 n 个互异的特征值, 其 Jordan 标准型的每个 Jordan 块 λ_i 都是 1×1 的, 根据基于 Jordan 标准型的能控性判据即定理 2.1.3, 系统 (5.1) 能控当且仅当其输入矩阵的对应行 $[q_{i1}, q_{i2}, \cdots, q_{im}]$ 非零, 这等价于模态 λ_i 是能控的. 由此可见, 系统 (5.1) 的模态能控性和第 2 章介绍的能控性是等价的.

如果从输入的角度看, 系统 (5.1) 的每个输入可以控制多少个模态呢? 引理 5.7.1 回答了这个问题.

引理 5.7.1 设 A 具有 n 个互异的特征值. 对任意 $j = 1, 2, \cdots, m$, 令

$$n_j = \operatorname{rank} \begin{bmatrix} b_j & Ab_j & \cdots & A^{n-1} b_j \end{bmatrix} \tag{5.160}$$

则第 j 个输入 u_j 可以控制 n_j 个模态.

证明 根据式 (5.155) 和式 (5.158) 有

$$V^{-1} \begin{bmatrix} b_j & Ab_j & \cdots & A^{n-1} b_j \end{bmatrix} = \begin{bmatrix} V^{-1} b_j & V^{-1} A b_j & \cdots & V^{-1} A^{n-1} b_j \end{bmatrix}$$

$$= \begin{bmatrix} V^{-1} b_j & J V^{-1} b_j & \cdots & J^{n-1} V^{-1} b_j \end{bmatrix} = \begin{bmatrix} q_j & J q_j & \cdots & J^{n-1} q_j \end{bmatrix}$$

$$= \begin{bmatrix} q_{1j} & \lambda_1 q_{1j} & \cdots & \lambda_1^{n-1} q_{1j} \\ q_{2j} & \lambda_2 q_{2j} & \cdots & \lambda_2^{n-1} q_{2j} \\ \vdots & \vdots & & \vdots \\ q_{nj} & \lambda_n q_{nj} & \cdots & \lambda_n^{n-1} q_{nj} \end{bmatrix} = \begin{bmatrix} q_{1j} & & & \\ & q_{2j} & & \\ & & \ddots & \\ & & & q_{nj} \end{bmatrix} \begin{bmatrix} 1 & \lambda_1 & \cdots & \lambda_1^{n-1} \\ 1 & \lambda_2 & \cdots & \lambda_2^{n-1} \\ \vdots & \vdots & & \vdots \\ 1 & \lambda_n & \cdots & \lambda_n^{n-1} \end{bmatrix}$$

上式右端的第 2 个矩阵是 Vandermonde 矩阵, 总是非奇异的. 由此可见 n_j 恰好等于向量 q_j 中非零元素的个数, 也就是第 j 个输入 u_j 能控制的模态个数. 证毕. □

需要注意的是, 集合 $\{n_1, n_2, \cdots, n_m\}$ 一般不等于 (A, B) 的能控性指数集 $\{\mu_1, \mu_2, \cdots, \mu_m\}$.

引理 5.7.1 只是回答了第 j 个输入 u_j 可以控制的模态个数, 至于哪 n_j 个模态能够受 u_j 控制, 还需要进一步阐明. 根据式 (5.160), 对任意 $j \in \{1, 2, \cdots, m\}$, 存在常数 $\alpha_{kj} \in \mathbf{R}$ $(k = 0, 1, \cdots, n_j - 1)$ 使得

$$A^{n_j} b_j = \sum_{k=0}^{n_j-1} \alpha_{kj} A^k b_j \tag{5.161}$$

成立. 据此可以给出引理 5.7.2.

引理 5.7.2 设 A 具有 n 个互异的特征值. 对任意 $j \in \{1, 2, \cdots, m\}$, 令 n_j 和 α_{kj} $(k = 0, 1, \cdots, n_j - 1)$ 分别如式 (5.160) 和式 (5.161) 所定义. 那么, 受第 j 个输入 u_j 控制的 n_j 个模态是如下多项式方程的根:

$$s^{n_j} = \sum_{k=0}^{n_j-1} \alpha_{kj} s^k, \quad j \in \{1, 2, \cdots, m\} \tag{5.162}$$

证明 将方程 (5.161) 的两边左乘 V^{-1} 并利用式 (5.155) 和式 (5.158) 得到

$$\begin{aligned} 0 &= V^{-1} A^{n_j} b_j - \sum_{k=0}^{n_j-1} \alpha_{kj} V^{-1} A^k b_j = J^{n_j} V^{-1} b_j - \sum_{k=0}^{n_j-1} \alpha_{kj} J^k V^{-1} b_j \\ &= J^{n_j} q_j - \sum_{k=0}^{n_j-1} \alpha_{kj} J^k q_j = \begin{bmatrix} \left(\lambda_1^{n_j} - \sum\limits_{k=0}^{n_j-1} \alpha_{kj} \lambda_1^k\right) q_{1j} \\ \vdots \\ \left(\lambda_n^{n_j} - \sum\limits_{k=0}^{n_j-1} \alpha_{kj} \lambda_n^k\right) q_{nj} \end{bmatrix} \end{aligned} \tag{5.163}$$

这表明, 对任意受第 j 个输入 u_j 控制的模态 λ_i, 由于 $q_{ij} \neq 0$, 式 (5.163) 成立当且仅当 λ_i 是方程 (5.162) 的根. 证毕. □

说明 5.7.1 为了求取系数 α_{kj} $(k = 0, 1, \cdots, n_j - 1)$, 将式 (5.161) 改写成

$$A^{n_j} b_j = Q_{\mathrm{c}}^{[n_j]}(A, b_j) \alpha_j \tag{5.164}$$

其中

$$Q_{\mathrm{c}}^{[n_j]}(A, b_j) = \begin{bmatrix} b_j & Ab_j & \cdots & A^{n_j-1} b_j \end{bmatrix}, \quad \alpha_j = \begin{bmatrix} \alpha_{0j} & \alpha_{1j} & \cdots & \alpha_{n_j-1,j} \end{bmatrix}^{\mathrm{T}}$$

由于 $Q_{\mathrm{c}}^{[n_j]}(A, b_j)$ 列满秩且方程 (5.164) 是相容方程, 根据定理 A.4.6, 它的一个解可表示为

$$\alpha_j = ((Q_{\mathrm{c}}^{[n_j]}(A, b_j))^{\mathrm{T}} Q_{\mathrm{c}}^{[n_j]}(A, b_j))^{-1} (Q_{\mathrm{c}}^{[n_j]}(A, b_j))^{\mathrm{T}} A^{n_j} b_j \tag{5.165}$$

例 5.7.1 考虑线性系统

$$A=\begin{bmatrix}-1&0&-1&2\\0&-2&-1&0\\0&2&0&0\\2&1&3&-1\end{bmatrix},\quad B=\begin{bmatrix}-1&2\\0&0\\2&0\\1&0\end{bmatrix}$$

系统矩阵 A 的 Jordan 标准型为 $J=1\oplus(-1+\mathrm{i})\oplus(-1-\mathrm{i})\oplus(-3)$, 相应的左右特征向量矩阵分别是

$$V=\begin{bmatrix}1&1+\mathrm{i}&1-\mathrm{i}&-1\\0&1&1&0\\0&-1-\mathrm{i}&-1+\mathrm{i}&0\\1&-1&-1&1\end{bmatrix},\quad W=\begin{bmatrix}\frac{1}{2}&\frac{1}{2}&\frac{1}{2}&\frac{1}{2}\\0&\frac{1}{2}+\frac{\mathrm{i}}{2}&\frac{\mathrm{i}}{2}&0\\0&\frac{1}{2}-\frac{\mathrm{i}}{2}&-\frac{\mathrm{i}}{2}&0\\-\frac{1}{2}&\frac{1}{2}&-\frac{1}{2}&\frac{1}{2}\end{bmatrix}$$

因此, 模态能控性矩阵为

$$Q=\begin{bmatrix}1&\mathrm{i}&-\mathrm{i}&0\\1&0&0&-1\end{bmatrix}^{\mathrm{T}}$$

这表明 u_1 可以控制 $\lambda_1=1$ 和 $\lambda_{2,3}=-1\pm\mathrm{i}$ 等 3 个模态, u_2 可以控制 $\lambda_1=1$ 和 $\lambda_4=-3$ 等 2 个模态. 事实上, 由于 $n_1=3, n_2=2$, 根据式 (5.165) 可以算得

$$\alpha_1=\begin{bmatrix}2&0&-1\end{bmatrix}^{\mathrm{T}},\quad \alpha_2=\begin{bmatrix}3&-2\end{bmatrix}^{\mathrm{T}}$$

因此, 受 u_1 控制的模态满足方程 $s^3=-s^2+2$, 即 $\lambda_1=1, \lambda_{2,3}=-1\pm\mathrm{i}$; 受 u_2 控制的模态满足方程 $s^2=-2s+3$, 即 $\lambda_1=1, \lambda_4=-3$.

5.7.2 模态控制问题与解

本节考虑系统 (5.1) 的模态控制 (modal control) 问题. 该问题描述如下.

问题 5.7.1 假设 A 具有 n 个互异的特征值, 且系统 (5.1) 有 $r\geqslant 1$ 个模态能控. 不失一般性, 假设 λ_i $(i=1,2,\cdots,r)$ 能控, 即存在依赖于 i 的 $j\in\{1,2,\cdots,m\}$ 使得 $q_{ij}\neq 0$ $(i=1,2,\cdots,r)$. 对任意给定的常数 $\sigma_i\notin\lambda(A)$ $(i=1,2,\cdots,r)$, 设计状态反馈控制律 $u=K_r x$ 将开环系统的模态 λ_i 移动到 σ_i $(i=1,2,\cdots,r)$, 并使得开环系统的其他模态和对应的右特征向量保持不变.

为了方便, 记

$$D_r(\sigma)=(\lambda_1-\sigma)\oplus(\lambda_2-\sigma)\oplus\cdots\oplus(\lambda_r-\sigma)$$

$$H_{m\times r}=\begin{bmatrix}h_{11}&h_{12}&\cdots&h_{1r}\\h_{21}&h_{22}&\cdots&h_{2r}\\\vdots&\vdots&&\vdots\\h_{m1}&h_{m2}&\cdots&h_{mr}\end{bmatrix}\in\mathbf{C}^{m\times r}$$

$$Q_{r\times m}=\begin{bmatrix} q_{11} & q_{12} & \cdots & q_{1m} \\ q_{21} & q_{22} & \cdots & q_{2m} \\ \vdots & \vdots & & \vdots \\ q_{r1} & q_{r2} & \cdots & q_{rm} \end{bmatrix}\in \mathbf{C}^{r\times m}$$

定理 5.7.1 假设 A 具有 n 个互异的特征值, 且系统 (5.1) 的模态 λ_i $(i=1,2,\cdots,r)$ 能控, 则问题 5.7.1 的解为

$$u=H_{m\times r}\begin{bmatrix} w_1 \\ \vdots \\ w_r \end{bmatrix} x \overset{\text{def}}{=\!=} K_r x \tag{5.166}$$

其中, $H_{m\times r}$ 满足代数方程组

$$\det(D_r(\sigma_k)+Q_{r\times m}H_{m\times r})=0,\quad k=1,2,\cdots,r \tag{5.167}$$

证明 设反馈控制律为

$$u_j=\sum_{i=1}^{r}h_{ji}w_i x,\quad j=1,2,\cdots,m \tag{5.168}$$

将控制律 (5.168) 代入系统 (5.1) 得到闭环系统 $\dot{x}=A_{\rm c}x$, 其中

$$A_{\rm c}=A+\sum_{j=1}^{m}\sum_{i=1}^{r}b_j h_{ji}w_i$$

对任意 $k\in\{r+1,\cdots,n\}$, 根据式 (5.156) 容易验证

$$A_{\rm c}v_k=\left(A+\sum_{j=1}^{m}\sum_{i=1}^{r}b_j h_{ji}w_i\right)v_k=Av_k=\lambda_k v_k \tag{5.169}$$

这表明状态反馈控制律 (5.168) 不改变开环系统矩阵的特征值 λ_k $(k=r+1,\cdots,n)$ 和其对应的右特征向量. 设闭环极点 σ_k 对应的右特征向量为 z_k, 即 $A_{\rm c}z_k=\sigma_k z_k$ $(k=1,2,\cdots,r)$. 将此式两边同时左乘非奇异矩阵 W 得到

$$\begin{aligned}
\sigma_k W z_k &= WA_{\rm c}z_k=W\left(A+\sum_{j=1}^{m}\sum_{i=1}^{r}b_j h_{ji}w_i\right)z_k=JWz_k+\sum_{j=1}^{m}\sum_{i=1}^{r}h_{ji}Wb_j w_i z_k \\
&= JWz_k+\sum_{j=1}^{m}\sum_{i=1}^{r}h_{ji}q_j w_i z_k=JWz_k+\left(\sum_{j=1}^{m}\sum_{i=1}^{r}h_{ji}q_j w_i V\right)Wz_k \\
&= JWz_k+\sum_{j=1}^{m}\sum_{i=1}^{r}h_{ji}q_j w_i\begin{bmatrix} v_1 & v_2 & \cdots & v_n \end{bmatrix}Wz_k \\
&= JWz_k+\sum_{j=1}^{m}\begin{bmatrix} h_{j1}q_j & \cdots & h_{jr}q_j & 0 & \cdots & 0 \end{bmatrix}Wz_k
\end{aligned}$$

$$
= JWz_k + \sum_{j=1}^{m} \left[\begin{array}{ccc|ccc} h_{j1}q_{1j} & \cdots & h_{jr}q_{1j} & 0 & \cdots & 0 \\ \vdots & & \vdots & \vdots & & \vdots \\ h_{j1}q_{rj} & \cdots & h_{jr}q_{rj} & 0 & \cdots & 0 \\ \hline h_{j1}q_{r+1,j} & \cdots & h_{jr}q_{r+1,j} & 0 & \cdots & 0 \\ \vdots & & \vdots & \vdots & & \vdots \\ h_{j1}q_{nj} & \cdots & h_{jr}q_{nj} & 0 & \cdots & 0 \end{array}\right] Wz_k
$$

这里用到了式 (5.155)、式 (5.156) 和式 (5.158). 将上式移项合并得到

$$
\left[\begin{array}{ccc|ccc} \sum_{j=1}^{m} h_{j1}q_{1j} + \lambda_1 - \sigma_k & \cdots & \sum_{j=1}^{m} h_{jr}q_{1j} & & & \\ \vdots & & \vdots & & & \\ \sum_{j=1}^{m} h_{j1}q_{rj} & \cdots & \sum_{j=1}^{m} h_{jr}q_{rj} + \lambda_r - \sigma_k & & & \\ \hline \sum_{j=1}^{m} h_{j1}q_{r+1,j} & \cdots & \sum_{j=1}^{m} h_{jr}q_{r+1,j} & \lambda_{r+1} - \sigma_k & & \\ \vdots & & \vdots & & \ddots & \\ \sum_{j=1}^{m} h_{j1}q_{nj} & \cdots & \sum_{j=1}^{m} h_{jr}q_{nj} & & & \lambda_n - \sigma_k \end{array}\right] Wz_k = 0 \tag{5.170}
$$

由于 $\sigma_k \notin \lambda(A)$, 上式表明存在非零右特征向量 z_k 即非零向量 Wz_k 当且仅当

$$
\det \begin{bmatrix} \sum_{j=1}^{m} h_{j1}q_{1j} + \lambda_1 - \sigma_k & \cdots & \sum_{j=1}^{m} h_{jr}q_{1j} \\ \vdots & & \vdots \\ \sum_{j=1}^{m} h_{j1}q_{rj} & \cdots & \sum_{j=1}^{m} h_{jr}q_{rj} + \lambda_r - \sigma_k \end{bmatrix} = 0, \quad k = 1, 2, \cdots, r
$$

此即式 (5.167). 证毕. □

说明 5.7.2　从式 (5.166) 可以看出

$$
\mathrm{rank}(K_r) \leqslant \min\{\mathrm{rank}(H_{m\times r}), \mathrm{rank}(Q_{r\times m})\} \leqslant \min\{r, m\}
$$

这表明控制增益的秩不会超过需要改变的模态的个数.

根据 5.2 节的讨论, 多输入系统的极点配置问题的解不唯一. 该现象对于模态控制也存在. 事实上, 方程组 (5.167) 共有 r 个方程和 rm 个未知数, 因此当 $m > 1$ 时, 其解是不唯一的. 为了获得唯一解, 5.7.3 节和 5.7.4 节将讨论一些特殊的情况.

5.7.3　单输入控制多模态

本节考虑只用一个输入进行模态控制. 不失一般性, 假设只利用输入 u_1.

定理 5.7.2 假设系统矩阵 A 具有 n 个互异的特征值, 且其模态 λ_i $(i=1,2,\cdots,r)$ 关于第 1 个控制量 u_1 是能控的, 即 $q_{i1}\neq 0$ $(i=1,2,\cdots,r)$, 则问题 5.7.1 的唯一解为

$$u_1=\sum_{i=1}^{r}h_{1i}w_ix\overset{\text{def}}{=\!=}K_rx \tag{5.171}$$

其中

$$h_{1i}=\frac{\prod\limits_{k=1}^{r}(\sigma_k-\lambda_i)}{q_{i1}\prod\limits_{k=1,k\neq i}^{r}(\lambda_k-\lambda_i)},\quad i=1,2,\cdots,r \tag{5.172}$$

证明 根据定理 5.7.1, 控制增益 $H_{1\times r}$ 满足方程组

$$\det(D_r(\sigma_k)+Q_{r\times 1}H_{1\times r})=0,\quad k=1,2,\cdots,r \tag{5.173}$$

利用定理 A.1.1, 方程组 (5.173) 可以写成

$$\begin{aligned}0&=\det(-1)\det(D_r(\sigma_k)-Q_{r\times 1}(-1)H_{1\times r})\\&=\det(D_r(\sigma_k))\det\left(-1-H_{1\times r}D_r^{-1}(\sigma_k)Q_{r\times 1}\right)\\&=\det(-1)\det(D_r(\sigma_k))\left(1-\sum_{i=1}^{r}\frac{h_{1i}q_{i1}}{\sigma_k-\lambda_i}\right),\quad k=1,2,\cdots,r\end{aligned}$$

由于 $\det(D_r(\sigma_k))\neq 0$, 上式成立当且仅当

$$1=\sum_{i=1}^{r}\frac{h_{1i}q_{i1}}{\sigma_k-\lambda_i},\quad k=1,2,\cdots,r$$

为了方便, 设 $h_{1i}q_{i1}=\chi_i$, 则上述方程组可以写成

$$1=\sum_{i=1}^{r}\frac{\chi_i}{\sigma_k-\lambda_i},\quad k=1,2,\cdots,r$$

该线性方程组的唯一解为

$$\chi_i=\frac{\prod\limits_{k=1}^{r}(\sigma_k-\lambda_i)}{\prod\limits_{k=1,k\neq i}^{r}(\lambda_k-\lambda_i)},\quad i=1,2,\cdots,r$$

将此代入式 (5.166) 即得到式 (5.171) 和式 (5.172). 最后, 由于本问题相当于单输入系统的极点配置问题, 反馈增益是唯一的. 证毕. □

关于定理 5.7.2, 给出下面的说明.

说明 5.7.3 考虑 $r=1$ 的特殊情形. 此时方程 (5.170) 变成

$$\left[\begin{array}{c|ccc} h_{11}q_{11}+\lambda_1-\sigma_1 & & & \\ \hline h_{11}q_{21} & \lambda_2-\sigma_1 & & \\ \vdots & & \ddots & \\ h_{11}q_{n1} & & & \lambda_n-\sigma_1 \end{array}\right] Wz_1 = 0$$

其中, $h_{11}=(\sigma_1-\lambda_1)/q_{11}$. 上述方程的解为

$$z_1 = W^{-1}\left[\begin{array}{cccc} 1 & \dfrac{q_{21}}{q_{11}}\dfrac{\sigma_1-\lambda_1}{\sigma_1-\lambda_2} & \cdots & \dfrac{q_{n1}}{q_{11}}\dfrac{\sigma_1-\lambda_1}{\sigma_1-\lambda_n} \end{array}\right]^{\mathrm{T}}$$

这就是闭环模态 σ_1 对应的右特征向量. 因此, 根据式 (5.169), 闭环系统的 Jordan 标准型和右特征向量矩阵分别为

$$J_{\mathrm{c}} = \lambda_2 \oplus \cdots \oplus \lambda_n \oplus \sigma_1, \quad V_{\mathrm{c}} = \left[\begin{array}{cccc} v_2 & \cdots & v_n & z_1 \end{array}\right]$$

下一步可以采取完全相同的方法将 λ_2 移动到 σ_2, 并重复此过程直至将所有开环极点都移动到期望的位置. 因此, 在每一步, 闭环系统的右特征向量矩阵能够自动更新而不必重新计算.

下面用一个数值算例来验证本节的理论.

例 5.7.2 仍然考虑例 5.7.1 中的线性系统. 这里利用 u_1 将模态 $\lambda_1=1$ 和 $\lambda_{2,3}=-1\pm\mathrm{i}$ 移动到期望的模态 $\sigma_1=-4$ 和 $\sigma_{2,3}=-2\pm2\sqrt{2}\mathrm{i}$. 因此 $r=3$. 根据式 (5.172) 可以算得 $h_{11}=-17, h_{12}=-3-5\mathrm{i}, h_{13}=-3+5\mathrm{i}$. 将之代入式 (5.171) 得到反馈增益

$$K_3 = \left[\begin{array}{cccc} -\dfrac{17}{2} & -\dfrac{13}{2} & -\dfrac{7}{2} & -\dfrac{17}{2} \end{array}\right]$$

5.7.4 多输入控制单模态

5.7.3 节考虑的情况相当于 $m=1$. 为了确定方程组 (5.167) 的解, 本节讨论另一种特殊的情况即 $r=1$. 此时方程组 (5.167) 变成

$$\sum_{j=1}^{m} h_{j1}q_{1j} + \lambda_1 - \sigma_1 = 0 \tag{5.174}$$

这是一个不定线性方程, 可以利用多余的自由参数来实现其他目标. 注意到此时反馈增益为

$$K_1 = H_{m\times1}w_1 \tag{5.175}$$

定理 5.7.3 假设 A 具有 n 个互异的特征值, 系统的模态 λ_1 能控, 即

$$Q_{1\times m} = \left[\begin{array}{cccc} q_{11} & q_{12} & \cdots & q_{1m} \end{array}\right] \neq 0$$

模态控制器 $u=K_1x$ 将 λ_1 移动到 σ_1 而保持其他开环极点和相应的右特征向量不变, 则 Frobenius 范数极小的模态控制增益 K_1 为

$$K_1^* = \frac{Q_{1\times m}^{\mathrm{H}}w_1}{\|Q_{1\times m}\|^2}(\sigma_1-\lambda_1) \tag{5.176}$$

且该极小范数为

$$\|K_1^*\|_{\mathrm{F}} = \frac{\|w_1\|}{\|w_1 B\|}\,|\sigma_1 - \lambda_1| \tag{5.177}$$

证明 将方程组 (5.174) 写成

$$Q_{1\times m} H_{m\times 1} = \sigma_1 - \lambda_1 \tag{5.178}$$

此时反馈增益 K_1 的 Frobenius 范数为

$$\begin{aligned}\|K_1\|_{\mathrm{F}} &= \mathrm{tr}^{\frac{1}{2}}(K_1 K_1^{\mathrm{H}}) = \mathrm{tr}^{\frac{1}{2}}(H_{m\times 1} w_1 w_1^{\mathrm{H}} H_{m\times 1}^{\mathrm{H}}) \\ &= (w_1 w_1^{\mathrm{H}})^{\frac{1}{2}} \mathrm{tr}^{\frac{1}{2}}(H_{m\times 1} H_{m\times 1}^{\mathrm{H}}) \\ &= \|w_1\|\,\mathrm{tr}^{\frac{1}{2}}(H_{m\times 1}^{\mathrm{H}} H_{m\times 1}) = \|w_1\|\,\|H_{m\times 1}\|\end{aligned} \tag{5.179}$$

为了使 $\|K_1\|_{\mathrm{F}}$ 极小, 只需求取相容线性方程 (5.178) 的极小范数解. 根据定理 A.4.7 有

$$H_{m\times 1}^* = Q_{1\times m}^{+}(\sigma_1 - \lambda_1) = Q_{1\times m}^{\mathrm{H}}(Q_{1\times m} Q_{1\times m}^{\mathrm{H}})^{-1}(\sigma_1 - \lambda_1) = \frac{Q_{1\times m}^{\mathrm{H}}}{\|Q_{1\times m}\|^2}(\sigma_1 - \lambda_1)$$

将此代入式 (5.175) 得到式 (5.176). 此外, 由式 (5.179) 可知

$$\|K_1^*\|_{\mathrm{F}} = \|w_1\|\,\|H_{m\times 1}^*\| = \frac{\|w_1\|}{\|Q_{1\times m}\|}\,|\sigma_1 - \lambda_1| = \frac{\|w_1\|}{\|w_1 B\|}\,|\sigma_1 - \lambda_1|$$

这就证明了式 (5.177). 证毕. □

关于定理 5.7.3, 有以下几点需要说明. 首先, 为了保证控制增益 K_1^* 是实向量, 要求 λ_1 和 σ_1 都是实数. 其次, 极小范数控制增益 (5.176) 有一个明显的特征, 即其秩为 1. 最后, 上述结果难以推广到 $r \geqslant 2$ 的情形.

不难理解, 改变开环系统的极点是需要耗费控制能量的. 一般来说, 控制能量可用指标

$$J(u) = \int_0^{\infty} \|u(t)\|^2\,\mathrm{d}t$$

进行衡量. 因此, 可以考虑这样一个问题: 将开环系统的极点从 λ_1 改变到 σ_1 所需要的控制能量与 σ_1 的关系如何? 定理 5.7.4 回答了这个问题.

定理 5.7.4 假设 A 具有 n 个互异的特征值, 系统 (5.1) 的模态 $\lambda_1 \in \mathbf{R}$ 能控, 模态 $\lambda_i\ (i = 2, 3, \cdots, n)$ 的实部皆小于零, 极小 Frobenius 范数模态控制器 $u_* = K_1^* x$ 将 λ_1 移动到 $\sigma_1 < 0$ 而保持其他开环极点和相应的右特征向量不变, 这里 K_1^* 如式 (5.176) 所定义, 则

$$J(u_*) = x_0^{\mathrm{T}} P_* x_0 \tag{5.180}$$

其中

$$P_* = -\frac{(\sigma_1 - \lambda_1)^2}{2\sigma_1} \frac{w_1^{\mathrm{T}} w_1}{\|w_1 B\|^2} \tag{5.181}$$

此外, 如果 $\lambda_1 > 0$, 则 $J(u_*)$ 达到极小当且仅当 $\sigma_1 = -\lambda_1$, 此时

$$P_* = 2\lambda_1 \frac{w_1^{\mathrm{T}} w_1}{\|w_1 B\|^2} \tag{5.182}$$

证明 设

$$P = \frac{w_1^{\mathrm{T}} w_1}{\|w_1 B\|^2}(\lambda_1 - \sigma_1)$$

由于 $Q_{1\times m} = w_1 B$, 由式 (5.176) 可知

$$K_1^* = B^{\mathrm{T}} \frac{w_1^{\mathrm{T}} w_1}{\|w_1 B\|^2}(\sigma_1 - \lambda_1) = -B^{\mathrm{T}} P$$

在极小 Frobenius 范数模态控制律 $u_* = K_1^* x$ 作用下的闭环系统为

$$\dot{x} = (A - BB^{\mathrm{T}}P)x, \quad x(0) = x_0$$

根据假设, $A - BB^{\mathrm{T}}P$ 是 Hurwitz 矩阵. 根据式 (3.40), 控制能量为

$$\begin{aligned} J(u_*) &= \int_0^\infty u_*^{\mathrm{T}}(t) u_*(t) \mathrm{d}t = \int_0^\infty x^{\mathrm{T}}(t) K_1^{*\mathrm{T}} K_1^* x(t) \mathrm{d}t \\ &= x_0^{\mathrm{T}} \left(\int_0^\infty \mathrm{e}^{(A-BB^{\mathrm{T}}P)^{\mathrm{T}} t} K_1^{*\mathrm{T}} K_1^* \mathrm{e}^{(A-BB^{\mathrm{T}}P)t} \mathrm{d}t \right) x_0 = x_0^{\mathrm{T}} P_\# x_0 \end{aligned}$$

其中, $P_\# \geqslant 0$ 是 Lyapunov 方程

$$(A - BB^{\mathrm{T}}P)^{\mathrm{T}} P_\# + P_\#(A - BB^{\mathrm{T}}P) = -K_1^{*\mathrm{T}} K_1^* \tag{5.183}$$

的唯一半正定解. 容易验证

$$PA = \frac{w_1^{\mathrm{T}} w_1 A}{\|w_1 B\|^2}(\lambda_1 - \sigma_1) = \lambda_1 \frac{w_1^{\mathrm{T}} w_1}{\|w_1 B\|^2}(\lambda_1 - \sigma_1) = \lambda_1 P$$

和

$$PBB^{\mathrm{T}}P = (\lambda_1 - \sigma_1)^2 \frac{w_1^{\mathrm{T}} w_1 B}{\|w_1 B\|^2} \frac{B^{\mathrm{T}} w_1^{\mathrm{T}} w_1}{\|w_1 B\|^2} = (\lambda_1 - \sigma_1)^2 \frac{w_1^{\mathrm{T}} w_1}{\|w_1 B\|^2} = (\lambda_1 - \sigma_1) P$$

注意到式 (5.181) 中的 $P_* = P(\sigma_1 - \lambda_1)/(2\sigma_1)$. 因此,

$$\begin{aligned} &(A - BB^{\mathrm{T}}P)^{\mathrm{T}} P_* + P_*(A - BB^{\mathrm{T}}P) + K_1^{*\mathrm{T}} K_1^* \\ &= \frac{\sigma_1 - \lambda_1}{2\sigma_1}(A^{\mathrm{T}}P + PA) + \left(1 - \frac{\sigma_1 - \lambda_1}{\sigma_1}\right) PBB^{\mathrm{T}}P \\ &= \left(\frac{\sigma_1 - \lambda_1}{\sigma_1} \lambda_1 + \left(1 - \frac{\sigma_1 - \lambda_1}{\sigma_1}\right)(\lambda_1 - \sigma_1) \right) P = 0 \end{aligned}$$

这表明 P_* 满足 Lyapunov 方程 (5.183). 另外, 由于 $A - BB^{\mathrm{T}}P$ 是 Hurwitz 矩阵, Lyapunov 方程 (5.183) 的解唯一. 因此, $P_\# = P_*$, 即式 (5.180) 成立. 最后, 注意到

$$P_* = \frac{\sigma_1^2 + \lambda_1^2 + 2|\sigma_1|\lambda_1}{2|\sigma_1|} \frac{w_1^{\mathrm{T}} w_1}{\|w_1 B\|^2} \geqslant \left(\frac{4|\sigma_1|\lambda_1}{2|\sigma_1|} \right) \frac{w_1^{\mathrm{T}} w_1}{\|w_1 B\|^2} = 2\lambda_1 \frac{w_1^{\mathrm{T}} w_1}{\|w_1 B\|^2}$$

其中, 等号成立当且仅当 $|\sigma_1| = \lambda_1$, 即 $\sigma_1 = -\lambda_1$. 这就证明了式 (5.182). 证毕. □

定理 5.7.4 表明, 将开环系统的不稳定模态λ_1 移动到其关于虚轴对称的位置所需要的控制能量最小. 这个结论在某种意义上是不平凡的, 因为直观上应该是 σ_1 越靠近虚轴, 所需要的控制能量越小. 上述结论可以推广到系统具有多个不稳定模态的情形. 详细讨论见第 6 章.

说明 5.7.4 不失一般性, 假设 B 的各列和 A 的左特征向量都已经归一化, 即 $\|w_1\| = \|b_i\| = 1\ (i = 1, 2, \cdots, m)$. 注意到

$$\|w_1 B\| = \sum_{i=1}^{m} |w_1 b_i|$$

其中, $|w_1 b_i|$ 表示 w_1 和 b_i 的夹角的余弦. 因此, 在 σ_1 给定的情况下, w_1 和 $b_i\ (i = 1, 2, \cdots, n)$ 的夹角越接近 $\pi/2$, $\|w_1 B\|$ 越小, 从而由式 (5.177) 和式 (5.181) 可知 $\|K_1^*\|_{\mathrm{F}}$ 与控制能量 $J(u_*)$ 就越大. 这说明 $\|w_1 B\|$ 可用于衡量模态 λ_1 受输入 u 控制的程度. 事实上, 当这些夹角都为 $\pi/2$ 时, 即 w_1 与 B 的各列正交时, 根据 PBH 判据, 模态 λ_1 就不能控了.

例 5.7.3 仍然考虑例 5.7.1 中的线性系统. 这里利用 u_1 和 u_2 将模态 $\lambda_1 = 1$ 移动到期望的模态 $\sigma_1 < 0$. 根据式 (5.176) 可以算得最小 Frobenius 范数控制增益

$$K_1^* = \begin{bmatrix} \dfrac{\sigma_1}{4} - \dfrac{1}{4} & \dfrac{\sigma_1}{4} - \dfrac{1}{4} & \dfrac{\sigma_1}{4} - \dfrac{1}{4} & \dfrac{\sigma_1}{4} - \dfrac{1}{4} \\ \dfrac{\sigma_1}{4} - \dfrac{1}{4} & \dfrac{\sigma_1}{4} - \dfrac{1}{4} & \dfrac{\sigma_1}{4} - \dfrac{1}{4} & \dfrac{\sigma_1}{4} - \dfrac{1}{4} \end{bmatrix}$$

进而为了保证控制能量最小, 根据定理 5.7.4, 应取 $\sigma_1 = -\lambda_1 = -1$. 此时控制增益为

$$K_1^* = \begin{bmatrix} -\dfrac{1}{2} & -\dfrac{1}{2} & -\dfrac{1}{2} & -\dfrac{1}{2} \\ -\dfrac{1}{2} & -\dfrac{1}{2} & -\dfrac{1}{2} & -\dfrac{1}{2} \end{bmatrix}$$

本章小结

本章系统地讨论了线性系统的反馈镇定问题. 在系统能控的前提下, 给出了基于加权能控性 Gram 矩阵的镇定方法, 进而给出了线性系统能通过状态反馈实现镇定的充要条件. 同时, 还通过对控制矩阵进行满秩分解给出了一种镇定控制律的降阶设计方法, 初步介绍了反步法的设计思想.

与镇定问题要求闭环系统的稳定性不同, 极点配置问题要求闭环系统具有给定的极点集合或特征多项式. 对于能控的线性系统, 基于 Luenberger 能控规范型给出了极点配置公式, 据此证明了极点配置问题可解等价于系统能控. 在期望极点集合关于能控性指数集可分的情形下, 给出了一个非常简洁的极点配置公式, 在单输入情形时, 该公式就是著名的 Ackermann 公式. 与极点配置问题相比, 不变因子配置问题进一步要求闭环系统具有指定的 Jordan 标准型, 最小多项式配置问题要求闭环系统具有指定的最小多项式, 而特征结构配置问题还更进一步要求将特征向量配置到期望的位置. 然而, 不同于极点, 闭环系统的 Jordan 标准型结构和最小多项式次数受到能控性指数集的约束, 而特征向量只能在特定的空间中取值. 从第 4 章知道反馈能改变的系统量是极其有限的, 稳定性是其中之一. 本章介绍的不变因子配置、最小多项式配置和特征结构配置等内容, 将反馈在改变稳定性方面的能力发挥到了极致.

无论是反馈镇定还是极点配置, 都是仅以闭环系统的稳定性为目标. 为了实现输入对输出的一对一控制以期获得满意的动态性能, 本章还讨论了解耦控制问题. 利用系统的输入输出规范型, 给出了解耦控制问题的显式解和问题可解的充要条件. 所给出的状态反馈增益公式和极点配置增益公式具有极高相似性, 体现了能控性指数集和相对阶之间的内在联系. 解耦控制器虽然可以实现输入输出解耦, 却不能保证闭环系统的内稳定性. 为此, 通过将系统的非耦合零点提取出来, 在耦合零点具有负实部的情况下给出了能保证系统内稳定的解耦控制方法.

本章还简要介绍了输出反馈镇定和极点配置问题. 与状态反馈情形不同, 输出反馈镇定和极点配置问题非常困难, 甚至是到目前为止都没有彻底解决的公开问题. 本章未加证明地给出了一些目前所知较好的结论. 对于最小相位系统, 利用系统的输入输出规范型给出了基于高增益比例微分反馈的输出反馈和动态输出反馈镇定方法.

最后, 考虑到极点配置问题针对整体系统进行而可能需要耗费较大的控制能量, 并为了尽可能地利用开环系统的满意极点即离虚轴较远的稳定极点和相应的右特征向量, 本章介绍了模态控制问题及其解法.

本章习题

5.1 设线性系统 $\dot{x}=Ax+Bu$ 是能稳的. 假设存在正定矩阵 P 使得 $A^{\mathrm{T}}P+PA\leqslant 0$. 试证: 状态反馈控制律 $u=-B^{\mathrm{T}}Px$ 能镇定该系统.

5.2 设 $(A,B)\in(\mathbf{R}^{n\times n},\mathbf{R}_m^{n\times m})$. 试证: 对任意常数 $c\neq 0$ 存在 $K\in\mathbf{R}^{m\times n}$ 使得 $\det(A+BK)=c$ 当且仅当

$$\operatorname{rank}\begin{bmatrix} A & B \end{bmatrix}=n$$

5.3 考虑能控的线性系统 $(A,B)\in(\mathbf{R}^{n\times n},\mathbf{R}^{n\times m})$. 设 $F=A+BK$, 其中 $K\in\mathbf{R}^{m\times n}$. 试证: 方程 $FX-XA=BK$ 有非奇异解 $X\in\mathbf{R}^{n\times n}$, 且

(1) 如果 $\lambda(A)\cap\lambda(A+BK)=\varnothing$, 则 (A,K) 能观.

(2) 如果 $\lambda(A)\cap\lambda(A+BK)\neq\varnothing$ 且 $m=1$, 则 (A,K) 不能观.

5.4 设线性系统 (A,B) 是能控的. 令 $\alpha_m=\|A\|$. 试证: Lyapunov 方程

$$(A+\alpha I_n)Q+Q(A+\alpha I_n)^{\mathrm{T}}=BB^{\mathrm{T}}$$

对任意 $\alpha>\alpha_m$ 有唯一正定解. 此外, 如果状态反馈增益取为 $K=-B^{\mathrm{T}}Q^{-1}$, 则相应的闭环系统的收敛速度不慢于 $\mathrm{e}^{-\alpha t}$.

5.5 考虑具有如下特殊结构的能控的线性系统:

$$A=\begin{bmatrix} A_1 & A_3 \\ 0 & A_2 \end{bmatrix},\quad B=\begin{bmatrix} B_1 \\ B_2 \end{bmatrix}$$

试证: 存在形如 $u=Kx+v$ 的状态反馈控制使闭环系统 $\dot{x}=(A+BK)x+Bv$ 等价于

$$\dot{\tilde{x}}=\begin{bmatrix} A_1 & \\ & \tilde{A}_2 \end{bmatrix}\tilde{x}+\begin{bmatrix} \tilde{B}_1 \\ \tilde{B}_2 \end{bmatrix}v$$

其中, $\tilde{A}_2$ 和 A_1 具有互不相同的特征值.

5.6 考虑单输入线性时变系统

$$\dot{x}=\left[\begin{array}{c|ccc}0 & 1 & & \\ \vdots & & \ddots & \\ 0 & & & 1 \\ \hline -\alpha_0(t) & -\alpha_1(t) & \cdots & -\alpha_{n-1}(t)\end{array}\right]x+\left[\begin{array}{c}0\\ \vdots\\ 0\\ \hline b_0(t)\end{array}\right]u$$

其中, $b_0(t)\neq 0$ 和 $\alpha_i(t)$ $(i=0,1,\cdots,n-1)$ 为给定的时变函数. 设期望的 n 次首一多项式是 $\gamma(s)=s^n+\gamma_{n-1}s^{n-1}+\cdots+\gamma_1 s+\gamma_0$. 试求状态反馈控制律使得闭环系统是线性定常系统且具有期望的特征多项式 $\gamma(s)$.

5.7 考虑 SISO 线性系统和状态反馈控制律

$$\dot{x}=\left[\begin{array}{c|ccc}0 & 1 & & \\ \vdots & & \ddots & \\ 0 & & & 1 \\ \hline -\alpha_0 & -\alpha_1 & \cdots & -\alpha_{n-1}\end{array}\right]x+\left[\begin{array}{c}0\\ \vdots\\ 0\\ \hline 1\end{array}\right]u,\quad x(0)=\left[\begin{array}{c}x_{01}\\ x_{02}\\ \vdots\\ x_{0n}\end{array}\right]$$

$$y=\left[\begin{array}{ccccccc}\beta_0 & \beta_1 & \cdots & \beta_m & 0 & \cdots & 0\end{array}\right]x$$

$$u=\left[\begin{array}{cccc}\alpha_0-\rho^n\gamma_0 & \alpha_1-\rho^{n-1}\gamma_1 & \cdots & \alpha_{n-1}-\rho\gamma_{n-1}\end{array}\right]x$$

其中, $\beta_m\neq 0, m\geqslant 0$ 表示系统零点的个数; Hurwitz 多项式 $\gamma(s)=s^n+\gamma_{n-1}s^{n-1}+\cdots+\gamma_1 s+\gamma_0$ 的零点集合为 $\{-\lambda_1,-\lambda_2,\cdots,-\lambda_n\}$, 即闭环系统的极点集合为 $\{-\rho\lambda_1,-\rho\lambda_2,\cdots,-\rho\lambda_n\}$ $(\rho>0)$. 试证:

$$\lim_{\rho\to\infty}\frac{\displaystyle\int_0^{\infty}y^2(t)\mathrm{d}t}{\rho^{2m-1}}=\beta_m^2\left[\begin{array}{cccc}x_{01} & 0 & \cdots & 0\end{array}\right]Q_m\left[\begin{array}{cccc}x_{01} & 0 & \cdots & 0\end{array}\right]^{\mathrm{T}}$$

这里 Q_m 是 Lyapunov 方程 $A_{\mathrm{c}}^{\mathrm{T}}Q_m+Q_mA_{\mathrm{c}}=-c_m^{\mathrm{T}}c_m$ 的正定解, 其中

$$A_{\mathrm{c}}=\left[\begin{array}{c|ccc}0 & 1 & & \\ \vdots & & \ddots & \\ 0 & & & 1 \\ \hline -\gamma_0 & -\gamma_1 & \cdots & -\gamma_{n-1}\end{array}\right],\quad c_m=\left[\begin{array}{c}0_{m\times 1}\\ 1\\ 0_{(n-1-m)\times 1}\end{array}\right]^{\mathrm{T}}$$

此外, 当且仅当该系统没有零点时有

$$\lim_{\rho\to\infty}\int_0^{\infty}y^2(t)\mathrm{d}t=0,\quad \forall x(0)\in\mathbf{R}^n$$

5.8 设 $(A,B)\in(\mathbf{R}^{n\times n},\mathbf{R}^{n\times m})$ 能控, λ_i 是任意给定的复数. 考虑奇异值分解

$$U_i\left[\begin{array}{cc}A-\lambda_iI_n & B\end{array}\right]V_i=\left[\begin{array}{cc}\Sigma & 0\end{array}\right]$$

其中, $(U_i, V_i) \in (\mathbf{C}^{n\times n}, \mathbf{C}^{(n+m)\times(n+m)})$ 是酉矩阵; $\Sigma = \sigma_1 \oplus \sigma_1 \oplus \cdots \oplus \sigma_n$; $\sigma_i > 0$ $(i = 1, 2, \cdots, n)$ 是 $[A - \lambda_i I_n, B]$ 的奇异值. 令

$$\begin{bmatrix} P_i & N_i \\ Q_i & D_i \end{bmatrix} = V_i \begin{bmatrix} \Sigma^{-1} U_i & 0 \\ 0 & I_m \end{bmatrix}$$

其中, $P_i \in \mathbf{C}^{n\times n}$. 试证: 上述 (P_i, Q_i, N_i, D_i) 满足式 (5.76) 和式 (5.77).

5.9 设线性系统 $(A, B, C) \in (\mathbf{R}^{n\times n}, \mathbf{R}^{n\times m}, \mathbf{R}^{m\times n})$ 可解耦, 相对阶为 $\{r_1, r_2, \cdots, r_m\}$. 给定集合 $\Omega_n = \{\lambda_i\}_{i=1}^n$. 试证: 如果 (A, B, C) 是无零点系统, 即 $r_1 + r_2 + \cdots + r_m = n$, 且 Ω_n 关于 $\{r_1, r_2, \cdots, r_m\}$ 是可分的, 则存在解耦控制律 $u = Kx + Hv$ 使得闭环系统具有期望的极点集合 Ω_n.

5.10 设线性系统 $(A, B, C) \in (\mathbf{R}^{n\times n}, \mathbf{R}^{n\times m}, \mathbf{R}^{m\times n})$ 可解耦, 相对阶为 $\{r_1, r_2, \cdots, r_m\}$ 且 $r_1 + r_2 + \cdots + r_m < n$. 试证: 对任意形如式 (5.84) 的解耦控制律, 闭环系统 $(A + BK, BH, C)$ 不可能是能观的.

5.11 设线性系统 $(A, B, C) \in (\mathbf{R}^{n\times n}, \mathbf{R}^{n\times m}, \mathbf{R}^{m\times n})$ 可解耦, 相对阶为 $\{r_1, r_2, \cdots, r_m\}$. 试证: 不存在解耦控制律 $u = Kx + Hv$ 使得闭环系统的传递函数矩阵为

$$G_{(K,H)} = \frac{1}{\gamma_1(s)} \oplus \frac{1}{\gamma_2(s)} \oplus \cdots \oplus \frac{1}{\gamma_m(s)}$$

其中, $\gamma_i(s)$ 都是首一多项式且至少有一个 $k \in \{1, 2, \cdots, m\}$ 满足 $\deg(\gamma_k(s)) > r_k$.

5.12 考虑线性系统 $(A, B, C) \in (\mathbf{R}^{n\times n}, \mathbf{R}^{n\times m}, \mathbf{R}^{m\times n})$. 如果存在控制律 $u = Kx + Hv$ 使得闭环线性系统 $(A + BK, BH, C)$ 是渐近稳定的, 且当 $s \to 0$ 时, 闭环系统的传递函数矩阵 $G_{(K,H)}(s) = C(sI_n - (A + BK))^{-1}BH$ 为非奇异对角阵, 则称该系统是静态能解耦的. 试证: 该系统是静态可解耦的充要条件是 (A, B) 能稳且

$$\operatorname{rank} \begin{bmatrix} A & B \\ C & 0 \end{bmatrix} = n + m$$

5.13 考虑带有干扰输入的线性系统 $\dot{x} = Ax + Bu + Ed, y = Cx$, 其中, $A \in \mathbf{R}^{n\times n}$、$B \in \mathbf{R}^{n\times m}$、$C \in \mathbf{R}^{m\times n}$ 和 $E \in \mathbf{R}^{n\times q}$ 都是常值矩阵; $d \in \mathbf{R}^q$ 是干扰输入. 设线性系统 (A, B, C) 的相对阶为 $\{r_1, r_2, \cdots, r_m\}$, 耦合矩阵 Γ 非奇异, 线性系统 (A, E, C) 的相对阶为 $\{\rho_1, \rho_2, \cdots, \rho_m\}$. 干扰解耦 (disturbance decoupling) 问题就是设计控制律 $u = Kx + Hv + K_{\mathrm{d}}d$ 使得闭环系统从 d 到 y 的传递函数矩阵恒为零, 即

$$G_{\mathrm{d}}(s) = C(sI_n - (A + BK))^{-1}(BK_{\mathrm{d}} + E) = 0, \quad \forall s \in \mathbf{C}$$

试证:

(1) 干扰解耦问题可解当且仅当

$$\rho_i \geqslant r_i, \quad i \in \{1, 2, \cdots, m\}$$

(2) 干扰不可测即 $K_{\mathrm{d}} = 0$ 时干扰解耦问题可解当且仅当

$$\rho_i > r_i, \quad i \in \{1, 2, \cdots, m\}$$

此外, 状态反馈增益 K 可按式 (5.84) 选取, 干扰增益 $K_{\rm d}$ 可取为

$$K_{\rm d}=-\Gamma^{-1}\left[\begin{array}{cccc}(c_1A^{r_1-1}E)^{\rm T} & (c_2A^{r_2-1}E)^{\rm T} & \cdots & (c_mA^{r_m-1}E)^{\rm T}\end{array}\right]^{\rm T}$$

且闭环系统矩阵 $A+BK$ 是 Hurwitz 矩阵当且仅当 (A,B,C) 是最小相位系统.

5.14　考虑参考模型 $\dot{x}^*=A^*x^*+B^*u^*, y^*=C^*x^*$, 其中 $(A^*,B^*,C^*)\in(\mathbf{R}^{n^*\times n^*},\mathbf{R}^{n^*\times m^*},\mathbf{R}^{m\times n^*})$, A^* 是 Hurwitz 矩阵, 其最小多项式为 $\psi^*(s)$. 线性系统 (5.80) 在线性控制律 $u=Kx+K^*x^*+H^*u^*$ 作用下的闭环系统从 u^* 到 y 的传递函数为 $G_{\rm c}(s)=C(sI_n-(A+BK))^{-1}(BH^*+BK^*(sI_{n^*}-A^*)^{-1}B^*)$. 设 $G_*(s)=C^*(sI_{n^*}-A^*)^{-1}B^*$ 和

$$\tilde{A}=\left[\begin{array}{cc}A & 0\\ 0 & A^*\end{array}\right],\quad \tilde{B}=\left[\begin{array}{c}B\\ 0\end{array}\right],\quad \tilde{E}=\left[\begin{array}{c}-BH^*\\ B^*\end{array}\right],\quad \left[\begin{array}{c}\tilde{C}\\ \tilde{K}\end{array}\right]=\left[\begin{array}{cc}C & C^*\\ \hline K & -K^*\end{array}\right]$$

试证:

(1) $G_{\rm c}(s)=G_*(s)$ $(\forall s\in\mathbf{C})$, 即精确模型匹配问题 (exact model matching) 可解, 当且仅当 $\tilde{C}(sI_{n+n^*}-(\tilde{A}+\tilde{B}\tilde{K}))^{-1}\tilde{E}=0$ $(\forall s\in\mathbf{C})$.

(2) 设 (A,B,C) 的相对阶为 $\{r_1,r_2,\cdots,r_m\}$, 耦合矩阵 Γ 非奇异, (A^*,B^*,C^*) 的相对阶为 $\{r_1^*,r_2^*,\cdots,r_m^*\}$. 则存在 (K,K^*,H^*) 使得 $G_{\rm c}(s)=G_*(s)$ $(\forall s\in\mathbf{C})$ 当且仅当

$$r_i^*\geqslant r_i,\quad i\in\{1,2,\cdots,m\}$$

此时, 控制增益 (K,K^*,H^*) 可取为

$$\left[\begin{array}{ccc}K & K^* & H^*\end{array}\right]=\Gamma^{-1}\left[\begin{array}{ccc}-c_1\gamma_1(A) & c_1^*\gamma_1(A^*) & c_1^*(A^*)^{r_1-1}B^*\\ -c_2\gamma_2(A) & c_2^*\gamma_2(A^*) & c_2^*(A^*)^{r_2-1}B^*\\ \vdots & \vdots & \vdots\\ -c_m\gamma_m(A) & c_m^*\gamma_m(A^*) & c_m^*(A^*)^{r_m-1}B^*\end{array}\right]$$

其中, $\gamma_i(s)$ $(i\in\{1,2,\ldots,m\})$ 是形如式 (5.83) 的 Hurwitz 多项式. 此外, $A+BK$ 满足式 (5.92), 从而是 Hurwitz 矩阵当且仅当 (A,B,C) 是最小相位系统.

(3) 如果 $r_i^*>r_i$, 则不存在多项式 $\gamma_i(s)$ 使得 $\gamma_i(A^*)=0$ $(i\in\{1,2,\cdots,m\})$.

(4) 如果 $r_i^*=r_i=\deg(\psi^*(s))$ $(i\in\{1,2,\cdots,m\})$, 控制增益 (K,H^*) 如上式所定义, 其中 $\gamma_i(s)=\psi^*(s)$ $(i\in\{1,2,\cdots,m\})$, 则

$$C(sI_n-(A+BK))^{-1}BH^*=C^*(sI_{n^*}-A^*)^{-1}B^*,\quad \forall s\in\mathbf{C}$$

5.15　考虑线性系统 $(A,B,C)\in(\mathbf{R}^{n\times n},\mathbf{R}^{n\times m},\mathbf{R}^{p\times n})$. 假设 $\mathrm{tr}(A)\geqslant 0$ 且 $CB=0$. 证明: 该系统不可能通过静态输出反馈 $u=Fy$ 实现镇定.

5.16　考虑各向同性线性系统 (1.118) 和输出反馈 $u=Fy, F\in\mathbf{R}^{2m\times 2p}$, 这里假设 B 列满秩, C 行满秩, $D=0$. 试证: 闭环系统是各向同性系统当且仅当 F 是各向同性矩阵.

5.17　设线性系统 $(A,B,C)\in(\mathbf{R}^{n\times n},\mathbf{R}^{n\times m},\mathbf{R}^{p\times n})$ 具有形如式 (4.17) 的 Kalman 分解. 试证: 该系统是输出反馈能镇定的当且仅当 $\breve{A}_{22}$、$\breve{A}_{33}$、$\breve{A}_{44}$ 都是 Hurwitz 矩阵且 $(\breve{A}_{11},\breve{B}_1,\breve{C}_1)$ 是输出反馈能镇定的.

5.18 考虑线性系统 $\dot{x}=Ax+Bu, y=Cx, x\in\mathbf{R}^n, u\in\mathbf{R}^m, y\in\mathbf{R}^p$. 设

$$\operatorname{rank}\begin{bmatrix} C \\ CA \end{bmatrix}=\operatorname{rank}(C)=p$$

矩阵 $C_0\in\mathbf{R}_{n-p}^{n\times(n-p)}$ 使得 $CC_0=0$. 令

$$T=\begin{bmatrix} C \\ C_0^{\mathrm{T}} \end{bmatrix}=\begin{bmatrix} C^{\mathrm{T}}(CC^{\mathrm{T}})^{-1} & C_0(C_0^{\mathrm{T}}C_0)^{-1} \end{bmatrix}^{-1}$$

试证: 该系统通过状态等价变换 $\tilde{x}=Tx$ 之后具有下面的形式:

$$\dot{\tilde{x}}=\begin{bmatrix} CAC^{\mathrm{T}}(CC^{\mathrm{T}})^{-1} & 0 \\ C_0^{\mathrm{T}}AC^{\mathrm{T}}(CC^{\mathrm{T}})^{-1} & C_0^{\mathrm{T}}AC_0(C_0^{\mathrm{T}}C_0)^{-1} \end{bmatrix}\tilde{x}+\begin{bmatrix} CB \\ C_0^{\mathrm{T}}B \end{bmatrix}u, \quad y=\begin{bmatrix} I_p & 0 \end{bmatrix}\tilde{x}$$

且该系统可由输出反馈 $u=Fy$ 镇定当且仅当 $C_0^{\mathrm{T}}AC_0(C_0^{\mathrm{T}}C_0)^{-1}$ 是 Hurwitz 矩阵且线性系统 $(CAC^{\mathrm{T}}(CC^{\mathrm{T}})^{-1}, CB)$ 是能稳的.

5.19 考虑线性系统 $(A,B,C)\in(\mathbf{R}^{n\times n},\mathbf{R}^{n\times m},\mathbf{R}^{m\times n})$. 假设 CB 非奇异, 且

$$A=\begin{bmatrix} A_{11} & A_{12} \\ A_{21} & A_{22} \end{bmatrix}, \quad B=\begin{bmatrix} I_m \\ 0 \end{bmatrix}, \quad C=\begin{bmatrix} C_1 & C_2 \end{bmatrix}$$

其中, $A_{11}, C_1\in\mathbf{R}^{m\times m}$. 试证: 该系统是最小相位系统当且仅当 $A_{22}-A_{21}C_1^{-1}C_2$ 是 Hurwitz 矩阵. 此外, 试设计输出反馈 $u=Fy$ 使得闭环系统渐近稳定.

5.20 考虑线性系统 $(A,B,C)\in(\mathbf{R}^{n\times n},\mathbf{R}^{n\times m},\mathbf{R}^{p\times n})$ 和给定集合 $\{\lambda_1,\lambda_2,\cdots,\lambda_p\}$. 试证:

(1) 对任意向量 $b, c^{\mathrm{T}}\in\mathbf{R}^n$ 和 $s\in\mathbf{C}$ 都有

$$\det(sI_n-(A+bc))=\det(sI_n-A)-c\operatorname{adj}(sI_n-A)b$$

(2) 存在 m 维列向量 z 使得

$$T=C\begin{bmatrix} \operatorname{adj}(\lambda_1 I_n-A)Bz & \operatorname{adj}(\lambda_2 I_n-A)Bz & \cdots & \operatorname{adj}(\lambda_p I_n-A)Bz \end{bmatrix}$$

是非奇异矩阵仅当 (A,B,C) 是输出能控的.

(3) 设 T 非奇异, $\lambda_i\notin\lambda(A)$ $(i=1,2,\cdots,p)$ 且 $F=zl$, 其中

$$l=\begin{bmatrix} \alpha(\lambda_1) & \alpha(\lambda_2) & \cdots & \alpha(\lambda_p) \end{bmatrix}T^{-1}$$

$\alpha(s)$ 是 A 的特征多项式, 则 $\{\lambda_1,\lambda_2,\cdots,\lambda_p\}\subset\lambda(A+BFC)$.

5.21 考虑线性系统 $(A,B)\in(\mathbf{R}^{n\times n},\mathbf{R}^{n\times m})$ 和给定的容许集合 $\Omega_n=\{\lambda_i\}_{i=1}^n$, 其中元素两两互异, 且 $\Omega_n\cap\lambda(A)=\varnothing$. 试证:

(1) 如下矩阵行满秩当且仅当 (A,B) 能控

$$P_{\rm c}(A,B)=\left[\begin{array}{cccc}(\lambda_1I_n-A)^{-1}B & (\lambda_2I_n-A)^{-1}B & \cdots & (\lambda_nI_n-A)^{-1}B\end{array}\right]$$

(2) 设 (A,B) 能控且存在 m 维列向量 $z_i\ (i=1,2,\cdots,n)$ 使得

$$P(Z)=\left[\begin{array}{cccc}(\lambda_1I_n-A)^{-1}Bz_1 & (\lambda_2I_n-A)^{-1}Bz_2 & \cdots & (\lambda_nI_n-A)^{-1}Bz_n\end{array}\right]$$

是非奇异矩阵, 其中 $Z=[z_1,z_2,\cdots,z_n]$ 且 $\lambda_i=\overline{\lambda}_j$ 蕴含 $z_i=\overline{z}_j$. 那么, $\lambda(A+BK)=\Omega_n$, 其中 $K=ZP^{-1}(Z)$.

5.22 考虑单输入控制多模态控制律 (5.171), 其中 $r=2$. 试证: 如果 $\lambda_1=\overline{\lambda}_2$ 且 $\sigma_1=\overline{\sigma}_2$, 或者 $\lambda_1,\lambda_2\in\mathbf{R}$ 且 $\sigma_1,\sigma_2\in\mathbf{R}$, 则反馈增益 K_2 是实向量.

5.23 考虑单输入控制多模态控制律 (5.171), 其中 $r=1$. 设 w_1 是开环模态 λ_1 对应的左特征向量. 试证: w_1 仍然是闭环模态 σ_1 对应的左特征向量. 此外, 请举例说明该结论对于 $r>2$ 的情形一般不成立.

本章附注

附注 5.1 单输入线性系统的极点配置公式 (定理 5.2.5) 是十分深刻的. 根据 Kalman 的描述[1], 极点配置问题的解首先由 Bertram 在 1959 年用根轨迹的方法得到; 1961 年 Bass 独立地发现了这一结论但未公开发表. 定理 5.2.5 的增益公式 (5.44) 应归功于 Kalman[1], 而增益公式 (5.39) 是由 Ackermann[2] 于 1972 年提出, 并在 MATLAB 中被封装为 `Acker` 函数. 但 Ackermann 算法是数值不稳定的, 数值稳定的算法可以参考综述 [3].

附注 5.2 由式 (1.65) 可知, SISO 线性系统的状态反馈 $u=kx$ 可以等价地写成

$$f_u(u,u^{(1)},\cdots,u^{(n)})=f_y(y,y^{(1)},\cdots,y^{(n)})$$

其中, $f_u(\cdot)$ 和 $f_y(\cdot)$ 是适当的线性函数. 我们曾证明[4], 如果期望的极点集合即 $\lambda(A+bk)$ 将开环系统的零点集合 (即 $\beta(s)=0$ 的零点组成的集合) 包含为子集, 则 $f_u(u,u^{(1)},\cdots,u^{(n)})=0\ (\forall t\geqslant 0)$. 这意味着此时状态反馈无法"实现". 因此, 如果所考虑的状态空间模型是由传递函数 (1.63) 转化而来的, 期望的极点集合必须不能将开环系统的零点集合包含为子集.

附注 5.3 1967 年 Wonham[5] 首次将单输入系统极点配置问题的结论推广到多输入系统, 即定理 5.2.2. 关于这个定理充分性的证明, Wonham 采用了循环子空间理论, 并将 A 转化为 Wonham 能控规范型. 这里给出的构造性证明采用了 Luenberger 能控规范型. 自从 Wonham 的结论发表以来, 极点配置问题得到了非常广泛的讨论, 并且影响至今, 许多学者提出了大量的算法. 在这些算法中, 脱颖而出的是 Kautsky-Nichols-Dooren 算法[6]. 该算法的思想是利用数值稳定的 QR 和 SVD 算法将特征向量参数化, 再通过极小化特征向量矩阵的条件数得到最优特征向量矩阵, 最后计算出反馈增益. 这一算法要求闭环系统是可对角化的, 因此每一个特征值的重数不得大于 m. 这一算法在 MATLAB 中被封装为 `place` 函数. Byers 等[7] 则进一步完善了这个方法. 多输入系统的极点配置方法在一定的条件下也可以推广到线性时变系统[8]. 极点配置的其他方法可以参考文献 [9] ~ [11].

附注 5.4 定理 5.3.1 由文献 [12] 给出，通常称为 Rosenbrock 定理，它揭示了状态反馈控制改变系统结构的能力，也是线性系统理论中最深刻的结论之一. 本书给出的基于 Luenberger 能控规范型的证明不同于文献 [12]. 定理 5.3.2 关于最小多项式配置的结论取自作者的工作[13]，该文也回答了例 5.3.2 提出的问题：对于哪类系统，“几何重数不超过输入维数”是不变因子任意配置的充要条件. 1976 年，Moore[14] 指出状态反馈除了能改变系统的极点之外还能提供更多的设计自由度，并给出了既能配置闭环系统极点又能配置特征向量的增益 K 存在的充要条件[15]，这就是定理 5.3.3. 定理 5.3.4 参考了文献 [15]，其证明参考了文献 [16]. 特征结构配置的代表性工作参见文献 [16] 和文献 [17]. 更多相关工作参见文献 [17] ~ [19] 及其引文.

附注 5.5 解耦控制问题又叫 Morgan 问题，或者非交互控制 (noninteracting control) 问题，在 20 世纪 60 年代被提出以来，得到了广泛的研究. 经典结果可参照文献 [20] ~ [22]. 这里进行了系统性的整理. 我们看到，借助于输入输出规范型，解耦控制问题不过是极点配置问题的推广，恰如能控规范型是输入输出规范型的特例. 事实上，解耦控制无非是将闭环系统的极点集合适当配置以包含系统的不变零点或者耦合零点.

附注 5.6 定理 5.5.2 由文献 [23] 证明，并给出了在定理条件成立时的所有控制增益. 引理 5.5.3 的严格证明需要参考文献 [24] 和文献 [25]. 此外，如果增益允许是复数，该引理的条件也是充分的. 引理 5.5.4 由文献 [26] 证明. 引理 5.5.5 由文献 [27] 证明，文献 [28] 改进了这个结果. 引理 5.5.6 由文献 [29] 给出，这个结论在理论上是比较深刻的，因为它把补偿器的阶数和系统的常数联系起来了. 引理 5.5.7 由文献 [25] 证明，引理 5.5.8 则来自文献 [30]. 高增益输出反馈镇定的结论 (定理 5.6.1) 在相对阶为 1 时见于文献 [31] 和文献 [32]. 对于 SISO 系统，由式 (5.122) 可知闭环系统的特征方程为 $\alpha(s) - f\beta(s) = 0$，这蕴含 $\beta(s) - \alpha(s)/f = 0$. 因此，当 $f \to \infty$ 时上述方程趋于 $\beta(s) = 0$，即部分闭环系统极点趋于系统的零点. 这事实上蕴含了一种利用高增益输出反馈计算不变零点的方法[33].

附注 5.7 模态控制作为一种特殊的极点配置方法，与一般的极点配置方法相比，以改变开环系统的特定模态为设计目标. 考虑到实际物理系统的模态具有特定的物理意义，模态控制更贴近物理实际. 事实上，模态控制在飞行器控制领域具有重要的应用价值，可以参考文献 [34]. 模态控制最早由 Simon 和 Mitter[35] 提出，故也称 Simon-Mitter 方法. 本章主要考虑 A 具有互异特征值的情形. 对于 A 具有重特征值的一般情形，可以参考文献 [36]. 定理 5.7.3 给出的结论似未见其他文献报道.

参考文献

[1] Kalman R E, Falb P L, Arbib M A. Topics in Mathematical System Theory. New York: McGraw-Hill, 1969.

[2] Ackermann J. Der entwurf linearer regelungssysteme im zustandsraum. Automatisierungstechnik, 1972, 20(1-12): 297-300.

[3] Arnold M, Datta B N. Single-input eigenvalue assignment algorithms: A close look. SIAM Journal on Matrix Analysis and Applications, 1998, 19(2): 444-467.

[4] Zhou B, Duan G R. On the role of zeros in the pole assignment of scalar high-order fully actuated linear systems. Journal of Systems Science and Complexity, 2022, 35(2): 535-542.

[5] Wonham W. On pole assignment in multi-input controllable linear systems. IEEE Transactions on Automatic Control, 1967, 12(6): 660-665.

[6] Kautsky J, Nichols N K, van Dooren P. Robust pole assignment in linear state feedback. International Journal of Control, 1985, 41(5): 1129-1155.

[7] Byers R, Nash S G. Approaches to robust pole assignment. International Journal of Control, 1989, 49(1): 97-117.

[8] Wolovich W. On the stabilization of controllable systems. IEEE Transactions on Automatic Control, 1968, 13(5): 569-572.

[9] Bhattacharyya S P, De Souza E. Pole assignment via Sylvester's equation. Systems & Control Letters, 1982, 1(4): 261-263.

[10] Brogan W. Applications of a determinant identity to pole-placement and observer problems. IEEE Transactions on Automatic Control, 1974, 19(5): 612-614.

[11] Zhou B, Duan G R. A new solution to the generalized Sylvester matrix equation $AV-EVF=BW$. Systems & Control Letters, 2006, 55(3): 193-198.

[12] Rosenbrock H H. State-Space and Multivariable Theory. London: Nelson, 1970.

[13] Zhou B, Jiang H Y. On the invariant factors and the minimal polynomial assignments of linear systems. Automatica, 2024: 111632.

[14] Moore B C. On the flexibility offered by state feedback in multivariable systems beyond closed loop eigenvalue assignment. IEEE Transactions on Automatic Control, 1976, 21(5): 689-692.

[15] Klein G, Moore B C. Eigenvalue-generalized eigenvector assignment with state feedback. IEEE Transactions on Automatic Control, 1977, 22(1): 140-141.

[16] Duan G R. On the solution to the Sylvester matrix equation $AV+BW=EVF$. IEEE Transactions on Automatic Control, 1996, 41(4): 612-614.

[17] Duan G R. Solutions of the equation $AV+BW=VF$ and their application to eigenstructure assignment in linear systems. IEEE Transactions on Automatic Control, 1993, 38(2): 276-280.

[18] Fahmy M, O'Reilly J. Eigenstructure assignment in linear multivariable systems–A parametric solution. IEEE Transactions on Automatic Control, 1983, 28(10): 990-994.

[19] White B A. Eigenstructure assignment: A survey. Proceedings of the Institution of Mechanical Engineers, Part I: Journal of Systems and Control Engineering, 1995, 209(1): 1-11.

[20] Falb P, Wolovich W. Decoupling in the design and synthesis of multivariable control systems. IEEE Transactions on Automatic Control, 1967, 12(6): 651-659.

[21] Gilbert E G. The decoupling of multivariable systems by state feedback. SIAM Journal on Control, 1969, 7(1): 50-63.

[22] Wolovich W A, Falb P L. On the structure of multivariable systems. SIAM Journal on Control, 1969, 7(3): 437-451.

[23] Iwasaki T, Skelton R E. Parametrization of all stabilizing controllers via quadratic Lyapunov functions. Journal of Optimization Theory and Applications, 1995, 85(2): 291-307.

[24] Hermann R, Martin C. Applications of algebraic geometry to systems theory–Part I. IEEE Transactions on Automatic Control, 1977, 22(1): 19-25.

[25] Willems J C, Hesselink W H. Generic properties of the pole placement problem. IFAC Proceedings Volumes, 1978, 11(1): 1725-1729.

[26] Wang X A. Grassmannian, central projection, and output feedback pole assignment of linear systems. IEEE Transactions on Automatic Control, 1996, 41(6): 786-794.

[27] Davison E, Wang S. On pole assignment in linear multivariable systems using output feedback. IEEE Transactions on Automatic Control, 1975, 20(4): 516-518.

[28] Kimura H. A further result on the problem of pole assignment by output feedback. IEEE Transactions on Automatic Control, 1977, 22(3): 458-463.

[29] Brasch F, Pearson J. Pole placement using dynamic compensators. IEEE Transactions on Automatic Control, 1970, 15(1): 34-43.

[30] Rosenthal J, Wang X A. Output feedback pole placement with dynamic compensators. IEEE Transactions on Automatic Control, 1996, 41(6): 830-843.

[31] Gu G. Stabilizability conditions of multivariable uncertain systems via output feedback control. IEEE Transactions on Automatic Control, 1990, 35(8): 925-927.

[32] Zeheb E. A sufficient condition of output feedback stabilization of uncertain systems. IEEE Transactions on Automatic Control, 1986, 31(11): 1055-1057.

[33] Davison E, Wang S. An algorithm for the calculation of transmission zeros of the system (C, A, B, D) using high gain output feedback. IEEE Transactions on Automatic Control, 1978, 23(4): 738-741.

[34] 张家余. 飞行器控制. 北京: 宇航出版社, 1993.

[35] Simon J D, Mitter S K. A theory of modal control. Information and Control, 1968, 13(4): 316-353.

[36] Porter B, Crossley R. Modal Control: Theory and Applications. London: Taylor & Francis, 1972.

第 6 章 二次最优控制

优化设计是控制系统设计的一个重要方面. 在线性系统理论框架下的优化设计, 就是针对线性系统模型

$$\dot{x}(t) = Ax(t) + Bu(t), \quad x(0) = x_0, \quad t \geqslant 0 \tag{6.1}$$

设计控制律使得某些性能指标达到最优, 这里 $(A, B) \in (\mathbf{R}^{n\times n}, \mathbf{R}^{n\times m})$ 是给定的矩阵对. 性能指标反映了控制系统的实际需求, 例如, 如果希望系统尽快稳定, 可以以调整时间作为最优指标; 为了避免过大的控制信号导致的执行器饱和, 可以采用控制信号的幅值作为指标, 即

$$J(u) = \sup_{t\geqslant 0}\{\|u(t)\|_\infty\}$$

如果为了节省能量, 可以采用控制能量作为性能指标, 即

$$J(u) = \int_0^T \|u(t)\|^2 \, \mathrm{d}t$$

其中, T 是控制时间. 当然还有其他一系列的性能指标, 如

$$\int_0^T \|u(t)\| \, \mathrm{d}t, \int_0^T \|u(t)\|_\infty \, \mathrm{d}t, \int_0^T (\|u(t)\|_\infty + \|x(t)\|_\infty)\mathrm{d}t, \cdots$$

这些性能指标也都具有一定的物理意义, 在一定程度上反映了控制系统的实际需求.

可以想象, 不同的性能指标不仅会导致问题的难易程度不同, 也会导致不同的最优控制器. 一般来说, 研究最优控制的主要数学方法是变分法、极大值原理、动态规划等. 这些专门的知识在线性系统理论这种以矩阵分析为基础的理论体系里面显得突兀、复杂且不协调. 本章考虑针对二次性能指标的最优控制问题. 二次性能指标允许我们采用简单、直接、易于操作和理解的配方法进行处理. 此外, 二次最优性能指标包含控制能量指标为特例, 具有重要的物理和系统意义. 更为重要的是, 针对二次性能指标的最优控制器是线性状态反馈, 与系统模型高度一致. 事实上, 基于这个原因, 二次最优控制是线性系统理论中最为"优雅"和"漂亮"的组成部分, 在理论上深具趣味.

6.1 自由终端有限时间最优控制

6.1.1 问题的描述与解

针对线性系统 (6.1), 考虑如下二次性能指标:

$$J_T(u) = \int_0^T (x^{\mathrm{T}}(t)Qx(t) + u^{\mathrm{T}}(t)Ru(t))\mathrm{d}t + x^{\mathrm{T}}(T)Lx(T) \tag{6.2}$$

其中, $L \geqslant 0$、$Q \geqslant 0$ 和 $R > 0$ 是给定的具有适当维数的常值矩阵, 一般称为加权矩阵.

问题 6.1.1　设 $T>0$ 是给定的正常数. 设计控制律 $u(t)$ 使得性能指标 (6.2) 最小化.

上述问题一般称为自由终端有限时间线性二次调节 (linear quadratic regulator, 简称 LQR, 这也是性能指标 (6.2) 中的加权矩阵分别用 L、Q 和 R 表示的一个原因) 问题. 之所以称为自由终端是因为 $x(T)$ 可以自由取值. 为了解决该问题, 下面先介绍 3 个逐步递进的引理.

引理 6.1.1　考虑倒向 (即末端时刻的值 $P(T)$ 给定) 微分 Riccati 方程:

$$\dot{P}(t)+A^{\mathrm{T}}P(t)+P(t)A-P(t)BR^{-1}B^{\mathrm{T}}P(t)+Q=0,\quad P(T)=L \tag{6.3}$$

则存在 $\sigma<T$ 使得该方程在 $t\in(\sigma,T]$ 上存在唯一的对称解 $P(t,L,T)$.

证明　考虑如下辅助倒向非线性微分方程:

$$\dot{S}(t)=-A^{\mathrm{T}}S(t)-S^{\mathrm{T}}(t)A+S^{\mathrm{T}}(t)BR^{-1}B^{\mathrm{T}}S(t)-Q,\quad S(T)=L \tag{6.4}$$

由于 $S^{\mathrm{T}}BR^{-1}B^{\mathrm{T}}S$ 为对称矩阵, 对任意 $S_i\in\mathbf{R}^{n\times n}\ (i=1,2)$ 有

$$\begin{aligned}\left\|S_1^{\mathrm{T}}BR^{-1}B^{\mathrm{T}}S_1-S_2^{\mathrm{T}}BR^{-1}B^{\mathrm{T}}S_2\right\|&=\max_{\|\eta\|=1}\left\{\left|\eta^{\mathrm{T}}(S_1^{\mathrm{T}}BR^{-1}B^{\mathrm{T}}S_1-S_2^{\mathrm{T}}BR^{-1}B^{\mathrm{T}}S_2)\eta\right|\right\}\\&=\max_{\|\eta\|=1}\left\{\left|\eta^{\mathrm{T}}(S_1+S_2)^{\mathrm{T}}BR^{-1}B^{\mathrm{T}}(S_1-S_2)\eta\right|\right\}\\&\leqslant\left\|(S_1+S_2)^{\mathrm{T}}BR^{-1}B^{\mathrm{T}}(S_1-S_2)\right\|\\&\leqslant\left\|BR^{-1}B^{\mathrm{T}}\right\|\|S_1+S_2\|\|S_1-S_2\|\end{aligned}$$

设 $f(S)=-A^{\mathrm{T}}S-S^{\mathrm{T}}A+S^{\mathrm{T}}BR^{-1}B^{\mathrm{T}}S-Q$, 则有

$$\begin{aligned}\|f(S_1)-f(S_2)\|&\leqslant 2\|A\|\|S_1-S_2\|+\left\|S_1^{\mathrm{T}}BR^{-1}B^{\mathrm{T}}S_1-S_2^{\mathrm{T}}BR^{-1}B^{\mathrm{T}}S_2\right\|\\&\leqslant\left(2\|A\|+\left\|BR^{-1}B^{\mathrm{T}}\right\|\|S_1+S_2\|\right)\|S_1-S_2\|\end{aligned} \tag{6.5}$$

这表明 $f(S)$ 在 T 处满足局部 Lipschitz 条件. 因此, 根据微分方程的存在性定理, 存在 $\sigma<T$ 使得方程 (6.4) 在 $t\in(\sigma,T]$ 上存在唯一解. 下证此唯一解必然是对称的. 将方程 (6.4) 取转置得到

$$\dot{S}^{\mathrm{T}}(t)=-A^{\mathrm{T}}S(t)-S^{\mathrm{T}}(t)A+S^{\mathrm{T}}(t)BR^{-1}B^{\mathrm{T}}S(t)-Q,\quad S^{\mathrm{T}}(T)=L$$

将上式和方程 (6.4) 相减并令 $S_\delta(t)=S(t)-S^{\mathrm{T}}(t)$ 得到 $\dot{S}_\delta(t)=0\ (t\in(\sigma,T]),S_\delta(T)=0$. 这显然蕴含 $S_\delta(t)=0\ (\forall t\in(\sigma,T])$, 即 $S(t)=S^{\mathrm{T}}(t)\ (\forall t\in(\sigma,T])$. 最后, 注意到该唯一的、对称的解 $S(t)$ 必然也满足微分 Riccati 方程 (6.3). 因此, 微分 Riccati 方程 (6.3) 有唯一的对称解. 证毕. □

引理 6.1.2　设 $P(t)=P(t,L,T)$ 是倒向微分 Riccati 方程 (6.3) 在 $(\sigma,T]$ 上的唯一对称解, 则

$$0\leqslant P(t)\leqslant\int_0^{T-\sigma}\mathrm{e}^{A^{\mathrm{T}}\theta}Q\mathrm{e}^{A\theta}\mathrm{d}\theta+\max_{\theta\in[0,T-\sigma]}\left\{\left\|\mathrm{e}^{A^{\mathrm{T}}\theta}L\mathrm{e}^{A\theta}\right\|\right\}I_n,\quad\forall t\in(\sigma,T] \tag{6.6}$$

证明 对任意 $s \in (\sigma, T]$, 考虑系统 $\dot{x}(t) = Ax(t) + Bu(t), x(s) = x_s \in \mathbf{R}^n$ 和二次性能指标

$$J_{(s,T)}(u) = \int_s^T (x^{\mathrm{T}}(t)Qx(t) + u^{\mathrm{T}}(t)Ru(t))\mathrm{d}t + x^{\mathrm{T}}(T)Lx(T)$$

取二次函数

$$V(t, x(t)) = x^{\mathrm{T}}(t)P(t)x(t), \quad \forall t \in (\sigma, T]$$

利用 $\dot{x}(t) = Ax(t) + Bu(t)$ 可以得到

$$\dot{V}(t, x(t)) = \begin{bmatrix} x(t) \\ u(t) \end{bmatrix}^{\mathrm{T}} \begin{bmatrix} \dot{P}(t) + A^{\mathrm{T}}P(t) + P(t)A & P(t)B \\ B^{\mathrm{T}}P(t) & 0 \end{bmatrix} \begin{bmatrix} x(t) \\ u(t) \end{bmatrix}$$

将上式两边同时从 s 到 T 积分, 有

$$\begin{aligned} & x^{\mathrm{T}}(T)P(T)x(T) - x_s^{\mathrm{T}}P(s)x_s \\ &= \int_s^T \begin{bmatrix} x(t) \\ u(t) \end{bmatrix}^{\mathrm{T}} \begin{bmatrix} \dot{P}(t) + A^{\mathrm{T}}P(t) + P(t)A & P(t)B \\ B^{\mathrm{T}}P(t) & 0 \end{bmatrix} \begin{bmatrix} x(t) \\ u(t) \end{bmatrix} \mathrm{d}t \end{aligned}$$

利用倒向微分 Riccati 方程 (6.3) 及其边界条件 $P(T) = L$, 经过简单的配方得到

$$\begin{aligned} J_{(s,T)}(u) &= \int_s^T \begin{bmatrix} x(t) \\ u(t) \end{bmatrix}^{\mathrm{T}} \begin{bmatrix} Q & 0 \\ 0 & R \end{bmatrix} \begin{bmatrix} x(t) \\ u(t) \end{bmatrix} \mathrm{d}t + x^{\mathrm{T}}(T)Lx(T) \\ &= \int_s^T \begin{bmatrix} x(t) \\ u(t) \end{bmatrix}^{\mathrm{T}} \begin{bmatrix} Q & 0 \\ 0 & R \end{bmatrix} \begin{bmatrix} x(t) \\ u(t) \end{bmatrix} \mathrm{d}t + x^{\mathrm{T}}(T)Lx(T) \\ &\quad + \int_s^T \begin{bmatrix} x(t) \\ u(t) \end{bmatrix}^{\mathrm{T}} \begin{bmatrix} \dot{P}(t) + A^{\mathrm{T}}P(t) + P(t)A & P(t)B \\ B^{\mathrm{T}}P(t) & 0 \end{bmatrix} \begin{bmatrix} x(t) \\ u(t) \end{bmatrix} \mathrm{d}t \\ &\quad + x_s^{\mathrm{T}}P(s)x_s - x^{\mathrm{T}}(T)P(T)x(T) \\ &= \int_s^T \begin{bmatrix} x(t) \\ u(t) \end{bmatrix}^{\mathrm{T}} \begin{bmatrix} P(t)BR^{-1}B^{\mathrm{T}}P(t) & P(t)B \\ B^{\mathrm{T}}P(t) & R \end{bmatrix} \begin{bmatrix} x(t) \\ u(t) \end{bmatrix} \mathrm{d}t + x_s^{\mathrm{T}}P(s)x_s \\ &= \int_s^T \left\| R^{\frac{1}{2}}(u(t) + R^{-1}B^{\mathrm{T}}P(t)x(t)) \right\|^2 \mathrm{d}t + x_s^{\mathrm{T}}P(s)x_s \end{aligned}$$

上式右端第 2 项 $x_s^{\mathrm{T}}P(s)x_s$ 与 $u(t)$ 无关而第 1 项非负. 因此, 当且仅当 $u = u_* = -R^{-1}B^{\mathrm{T}}P(t)x(t)$ $(t \in [s, T])$ 时 $J_{(s,T)}(u)$ 被极小化, 相应的极小值为 $x_s^{\mathrm{T}}P(s)x_s \geqslant 0$ $(s \in (\sigma, T])$. 由于 x_s 的任意性, 此式蕴含 $P(s) \geqslant 0$ $(\forall s \in (\sigma, T])$. 另外, 由上面的证明可知

$$x_s^{\mathrm{T}}P(s)x_s = J_{(s,T)}(u_*) \leqslant J_{(s,T)}(0) = x_s^{\mathrm{T}} \left(\int_s^T \mathrm{e}^{A^{\mathrm{T}}(t-s)}Q\mathrm{e}^{A(t-s)}\mathrm{d}t + \mathrm{e}^{A^{\mathrm{T}}(T-s)}L\mathrm{e}^{A(T-s)} \right) x_s$$

由初值 x_s 的任意性有

$$\begin{aligned}P(s) &\leqslant \int_s^T \mathrm{e}^{A^{\mathrm{T}}(t-s)} Q \mathrm{e}^{A(t-s)} \mathrm{d}t + \mathrm{e}^{A^{\mathrm{T}}(T-s)} L \mathrm{e}^{A(T-s)} \\ &\leqslant \int_0^{T-s} \mathrm{e}^{A^{\mathrm{T}}\theta} Q \mathrm{e}^{A\theta} \mathrm{d}\theta + \max_{s\in(\sigma,T]} \left\{ \left\| \mathrm{e}^{A^{\mathrm{T}}(T-s)} L \mathrm{e}^{A(T-s)} \right\| \right\} I_n \\ &\leqslant \int_0^{T-\sigma} \mathrm{e}^{A^{\mathrm{T}}\theta} Q \mathrm{e}^{A\theta} \mathrm{d}\theta + \max_{\theta\in[0,T-\sigma]} \left\{ \left\| \mathrm{e}^{A^{\mathrm{T}}\theta} L \mathrm{e}^{A\theta} \right\| \right\} I_n, \quad \forall s \in (\sigma, T]\end{aligned}$$

综合可知式 (6.6) 得证. 证毕. □

引理 6.1.3　*倒向微分 Riccati 方程 (6.3) 在 $(-\infty, T]$ 上存在唯一的对称解.*

证明　设使得辅助倒向非线性微分方程 (6.4) 在闭区间 $[s, T]$ 上有唯一解的 s 的集合为 $\mathcal{S}$. 根据引理 6.1.1, 集合 $\mathcal{S}$ 非空. 下证 $\mathcal{S} = (-\infty, T]$. 反证. 假设 $\mathcal{S} \neq (-\infty, T]$. 设 $\sigma \neq -\infty$ 是 $\mathcal{S}$ 的最大下界, 即倒向非线性微分方程 (6.4) 在 $(\sigma, T]$ 上有唯一解 $S(t)$, 但对任意 $\varepsilon > 0$, 在 $(\sigma - \varepsilon, T]$ 上不存在解. 由引理 6.1.2 可知 $P(t) = S(t)$ 在 $(\sigma, T]$ 上有界. 根据式 (6.5) 和微分方程的解的延拓定理, 存在 $\sigma' < \sigma$ 使得该唯一解 $S(t)$ 可被唯一地扩展到区间 $(\sigma', T]$ 上. 这与 σ 是 $\mathcal{S}$ 的最大下界矛盾. 因此 $\sigma = -\infty$, 即辅助倒向非线性微分方程 (6.4) 在 $(-\infty, T]$ 上存在唯一解, 也即该方程的解在 $(-\infty, T]$ 上不存在有限时间逃逸现象. 此外, 和引理 6.1.1 的证明类似, 该唯一解 $S(t)$ $(t \in (-\infty, T])$ 也是对称的. 这蕴含倒向微分 Riccati 方程 (6.3) 在 $(-\infty, T]$ 上存在唯一的对称解. 证毕. □

有了上述准备, 可以给出如下关于问题 6.1.1 的解的定理.

定理 6.1.1　*设 $P(t) = P(t, L, T)$ $(t \in [0, T])$ 是倒向微分 Riccati 方程 (6.3) 的唯一对称解, 则自由终端有限时间 LQR 问题 6.1.1 的解, 即最优控制律为*

$$u_*(t) = -R^{-1} B^{\mathrm{T}} P(t) x(t), \quad t \in [0, T] \tag{6.7}$$

相应的最优性能指标为

$$J_T^* \stackrel{\mathrm{def}}{=} J_T(u_*) = x_0^{\mathrm{T}} P(0) x_0 \tag{6.8}$$

证明　与引理 6.1.2 的证明类似, 可以得到

$$J_T(u) = \int_0^T \begin{bmatrix} x(t) \\ u(t) \end{bmatrix}^{\mathrm{T}} \begin{bmatrix} Q & 0 \\ 0 & R \end{bmatrix} \begin{bmatrix} x(t) \\ u(t) \end{bmatrix} \mathrm{d}t + x^{\mathrm{T}}(T) L x(T) \tag{6.9}$$

$$J_T(u) = \int_0^T \left\| R^{\frac{1}{2}} (u(t) + R^{-1} B^{\mathrm{T}} P(t) x(t)) \right\|^2 \mathrm{d}t + x_0^{\mathrm{T}} P(0) x_0 \tag{6.10}$$

上式右端第 2 项 $x_0^{\mathrm{T}} P(0) x_0$ 与 $u(t)$ 无关而第 1 项非负. 因此 $J_T(u)$ 被极小化当且仅当上式的第 1 项为零, 即最优控制律 $u_*(t)$ 满足式 (6.7). 此时最优性能指标恰好是式 (6.8). 证毕. □

由定理 6.1.1 可见, 自由终端有限时间 LQR 问题的解是线性状态反馈, 而且即使是线性定常系统, 反馈增益也是时变的. 这说明问题 6.1.1 会导致本质的线性时变系统.

例 6.1.1 设 T 是给定正常数. 试求取连续可微函数 $x(t)$ $(t\in[0,T], x(0)=x_0)$ 使得泛函

$$\tilde{J}(x,\dot{x})=\int_0^T(\dot{x}^2(t)+x^2(t))\mathrm{d}t$$

达到极小. 这虽然不是一个标准的自由终端有限时间 LQR 问题, 但可以转化成该问题. 考虑标量线性系统 $\dot{x}(t)=u(t), x(0)=x_0$. 那么上述泛函可以等价地写成

$$J_T(u)=\int_0^T(x^2(t)+u^2(t))\mathrm{d}t$$

这就是标准的自由终端有限时间 LQR 问题. 对应的微分 Riccati 方程 (6.3) 为

$$\dot{P}(t)=P^2(t)-1,\quad P(T)=0$$

其解为

$$P(t)=\tanh(T-t)=\frac{\mathrm{e}^{T-t}-\mathrm{e}^{-(T-t)}}{\mathrm{e}^{T-t}+\mathrm{e}^{-(T-t)}}$$

因此最优控制律为 $u_*(t)=-P(t)x(t)=-\tanh(T-t)x(t)$, 最优闭环系统为

$$\dot{x}_*(t)=-\tanh(T-t)x_*(t),\quad t\in[0,T]$$

解此变量可分离的线性微分方程可得

$$x_*(t)=\left(\cosh(t)-\frac{\sinh(T)}{\cosh(T)}\sinh(t)\right)x_0,\quad t\in[0,T]$$

这就是所要求的连续可微函数. 此时 $\tilde{J}(x,\dot{x})$ 的最小值为 $J_T(u_*)=x_0^2P(0)=x_0^2\tanh(T)$.

6.1.2 自由终端最小能量控制

本节讨论具有自由终端的最小能量控制问题. 令二次性能指标 (6.2) 中的加权矩阵 $Q=0$, 可得到如下退化的二次性能指标:

$$J_T(u)=\int_0^T u^{\mathrm{T}}(t)Ru(t)\mathrm{d}t+x^{\mathrm{T}}(T)Lx(T)\tag{6.11}$$

由于式 (6.11) 中的积分项通常表征系统的控制能量, 极小化 $J_T(u)$ 的问题就是最小能量控制问题. 为叙述方便, 将问题陈述如下.

问题 6.1.2 设 $T>0$ 是给定的正常数. 设计控制律 $u(t)$ 使得二次性能指标 (6.11) 最小化.

此问题显然是问题 6.1.1 的特例. 因此, 根据定理 6.1.1 立即得到推论 6.1.1.

推论 6.1.1 设 $L>0$, 则问题 6.1.2 的解为式 (6.7), 其中 $P(t)=W^{-1}(t)$, 这里

$$W(t)=\mathrm{e}^{A(t-T)}L^{-1}\mathrm{e}^{A^{\mathrm{T}}(t-T)}+G_0(T-t),\quad t\in[0,T]\tag{6.12}$$

是正定矩阵, $G_0(t)$ 是系统 (A,B) 相对矩阵 R 的加权能控性 Gram 矩阵, 即

$$G_0(t)=\int_0^t\mathrm{e}^{-As}BR^{-1}B^{\mathrm{T}}\mathrm{e}^{-A^{\mathrm{T}}s}\mathrm{d}s\tag{6.13}$$

证明 由于 $Q=0$, 倒向微分 Riccati 方程 (6.3) 可以简化成

$$\dot{P}(t)+A^{\mathrm{T}}P(t)+P(t)A-P(t)BR^{-1}B^{\mathrm{T}}P(t)=0,\quad P(T)=L>0$$

根据 $P(t)=W^{-1}(t)$, 上述方程可以进一步简化成

$$\begin{aligned}\dot{W}(t)&=-W(t)\dot{P}(t)W(t)=W(t)(A^{\mathrm{T}}P(t)+P(t)A-P(t)BR^{-1}B^{\mathrm{T}}P(t))W(t)\\&=W(t)A^{\mathrm{T}}+AW(t)-BR^{-1}B^{\mathrm{T}},\quad W(T)=L^{-1}\end{aligned}$$

因此有

$$\frac{\mathrm{d}}{\mathrm{d}t}\left(\mathrm{e}^{-At}W(t)\mathrm{e}^{-A^{\mathrm{T}}t}\right)=\mathrm{e}^{-At}(\dot{W}(t)-AW(t)-W(t)A^{\mathrm{T}})\mathrm{e}^{-A^{\mathrm{T}}t}=-\mathrm{e}^{-At}BR^{-1}B^{\mathrm{T}}\mathrm{e}^{-A^{\mathrm{T}}t}$$

将上式中的 t 换成 s 并两端同时从 t 到 T 积分可得

$$\mathrm{e}^{-AT}W(T)\mathrm{e}^{-A^{\mathrm{T}}T}-\mathrm{e}^{-At}W(t)\mathrm{e}^{-A^{\mathrm{T}}t}=-\int_t^T\mathrm{e}^{-As}BR^{-1}B^{\mathrm{T}}\mathrm{e}^{-A^{\mathrm{T}}s}\mathrm{d}s$$

利用边界条件 $W(T)=L^{-1}$, 从上式可以解出

$$\begin{aligned}W(t)&=\mathrm{e}^{A(t-T)}W(T)\mathrm{e}^{A^{\mathrm{T}}(t-T)}+\int_t^T\mathrm{e}^{A(t-s)}BR^{-1}B^{\mathrm{T}}\mathrm{e}^{A^{\mathrm{T}}(t-s)}\mathrm{d}s\\&=\mathrm{e}^{A(t-T)}L^{-1}\mathrm{e}^{A^{\mathrm{T}}(t-T)}+\int_0^{T-t}\mathrm{e}^{-A\theta}BR^{-1}B^{\mathrm{T}}\mathrm{e}^{-A^{\mathrm{T}}\theta}\mathrm{d}\theta\\&=\mathrm{e}^{A(t-T)}L^{-1}\mathrm{e}^{A^{\mathrm{T}}(t-T)}+G_0(T-t)\geqslant\mathrm{e}^{A(t-T)}L^{-1}\mathrm{e}^{A^{\mathrm{T}}(t-T)}>0,\quad t\in[0,T]\end{aligned}$$

这就证明了式 (6.12). 证毕. □

推论 6.1.1 表明, 对于问题 6.1.2, 可以通过计算 $G_0(t)$ 来避免求解微分 Riccati 方程 (6.3).

6.1.3 微分 Riccati 方程的解

自由终端有限时间 LQR 问题的解依赖于微分 Riccati 方程 (6.3) 的解. 该方程是非线性微分方程, 一般不能期望得到解析解. 然而, 由于其特殊的形式, 在一定的条件下可以得到解析解. 这就是定理 6.1.2.

定理 6.1.2 假设稳态代数 Riccati 方程

$$A^{\mathrm{T}}P+PA-PBR^{-1}B^{\mathrm{T}}P=-Q \tag{6.14}$$

有对称解 P_*. 设 $A_*=A-BR^{-1}B^{\mathrm{T}}P_*$. 进一步假设稳态 Lyapunov 方程

$$A_*W+WA_*^{\mathrm{T}}=-BR^{-1}B^{\mathrm{T}} \tag{6.15}$$

有对称解 W_*. 那么, 倒向微分 Riccati 方程 (6.3) 的解可表示为

$$P(t)=P_*+\left(\mathrm{e}^{A_*(t-T)}((L-P_*)^{-1}+W_*)\mathrm{e}^{A_*^{\mathrm{T}}(t-T)}-W_*\right)^{-1} \tag{6.16}$$

这里假设上述诸式中的矩阵求逆皆可进行.

证明 将微分 Riccati 方程 (6.3) 和代数 Riccati 方程 (6.14) 相减可得

$$\begin{aligned}\dot{P}(t) =& - A^{\mathrm{T}}P(t) - P(t)A + P(t)BR^{-1}B^{\mathrm{T}}P(t) + A^{\mathrm{T}}P_* + P_*A - P_*BR^{-1}B^{\mathrm{T}}P_* \\ =& - A_*^{\mathrm{T}}(P(t) - P_*) - (P(t) - P_*)A_* + (P(t) - P_*)BR^{-1}B^{\mathrm{T}}(P(t) - P_*)\end{aligned}$$

设 $P_\delta(t) = P(t) - P_*$. 那么上式可以写成

$$\dot{P}_\delta(t) = -A_*^{\mathrm{T}}P_\delta(t) - P_\delta(t)A_* + P_\delta(t)BR^{-1}B^{\mathrm{T}}P_\delta(t) \tag{6.17}$$

设 $W_\delta(t) = P_\delta^{-1}(t)$, 则 $\dot{W}_\delta(t) = -P_\delta^{-1}(t)\dot{P}_\delta(t)P_\delta^{-1}(t)$. 因此式 (6.17) 可进一步可写成

$$\dot{W}_\delta(t) = A_*W_\delta(t) + W_\delta(t)A_*^{\mathrm{T}} - BR^{-1}B^{\mathrm{T}} \tag{6.18}$$

根据方程 (6.3), 上述微分 Lyapunov 方程的终端条件为

$$W_\delta(T) = P_\delta^{-1}(T) = (P(T) - P_*)^{-1} = (L - P_*)^{-1} \tag{6.19}$$

将微分 Lyapunov 方程 (6.18) 和代数 Lyapunov 方程 (6.15) 相加可得

$$\frac{\mathrm{d}}{\mathrm{d}t}(W_\delta(t) + W_*) = A_*(W_\delta(t) + W_*) + (W_\delta(t) + W_*)A_*^{\mathrm{T}}$$

此即 $\mathrm{d}(\mathrm{e}^{-A_*t}(W_\delta(t) + W_*)\mathrm{e}^{-A_*^{\mathrm{T}}t})/\mathrm{d}t = 0$, 或者

$$W_\delta(t) = \mathrm{e}^{A_*t}C_0\mathrm{e}^{A_*^{\mathrm{T}}t} - W_* \tag{6.20}$$

其中, C_0 是适当的常值矩阵. 下面根据边界条件确定 C_0. 由式 (6.19) 可知 $\mathrm{e}^{A_*T}C_0\mathrm{e}^{A_*^{\mathrm{T}}T} - W_* = W_\delta(T) = (L - P_*)^{-1}$. 据此可以解出 $C_0 = \mathrm{e}^{-A_*T}((L - P_*)^{-1} + W_*)\mathrm{e}^{-A_*^{\mathrm{T}}T}$. 将此代入式 (6.20) 可得

$$W_\delta(t) = \mathrm{e}^{A_*(t-T)}((L - P_*)^{-1} + W_*)\mathrm{e}^{A_*^{\mathrm{T}}(t-T)} - W_* \tag{6.21}$$

进而由 $P(t) = P_* + P_\delta(t) = P_* + W_\delta^{-1}(t)$ 可得式 (6.16). 证毕. □

定理 6.1.2 给出的是倒向微分 Riccati 方程 (6.3) 的解析解. 当然用类似的方法也可得到正向微分 Riccati 方程的解. 关于稳态代数 Riccati 方程 (6.14) 的解的存在性问题, 详见 6.3.3 节.

线性系统 (6.1) 在最优控制律 (6.7) 作用下形成的闭环系统为

$$\dot{x}(t) = (A - BR^{-1}B^{\mathrm{T}}P(t))x(t) \tag{6.22}$$

这是一个线性时变系统. 一般而言, 线性时变系统的状态转移矩阵是难以获得的. 但对于系统 (6.22) 这种特殊情况, 却是可以得到显示表达式的.

定理 6.1.3 假设式 (6.16) 中的矩阵求逆皆可进行, 则闭环线性时变系统 (6.22) 的解可表示为

$$x(t) = \left(\mathrm{e}^{A_*(t-T)}((L - P_*)^{-1} + W_*)\mathrm{e}^{A_*^{\mathrm{T}}(t-T)} - W_*\right)\mathrm{e}^{-A_*^{\mathrm{T}}t}(P_0 - P_*)x_0 \tag{6.23}$$

其中

$$P_0 = P_* + \left(\mathrm{e}^{-A_*T}((L - P_*)^{-1} + W_*)\mathrm{e}^{-A_*^{\mathrm{T}}T} - W_*\right)^{-1}$$

此时闭环线性时变系统 (6.22) 的终端状态为

$$x(T) = (L - P_*)^{-1}\mathrm{e}^{-A_*^{\mathrm{T}}T}(P_0 - P_*)x_0 \tag{6.24}$$

证明　利用 $P_\delta(t) = P(t) - P_*$ 可将闭环线性时变系统 (6.22) 写成

$$\dot{x}(t) = (A - BR^{-1}B^{\mathrm{T}}(P_* + P_\delta(t)))x(t) = (A_* - BR^{-1}B^{\mathrm{T}}P_\delta(t))x(t) \tag{6.25}$$

考虑时变的状态变换

$$z(t) = P_\delta(t)x(t) \tag{6.26}$$

对上式求导并利用式 (6.25) 和式 (6.17) 可得

$$\dot{z}(t) = \dot{P}_\delta(t)x(t) + P_\delta(t)\dot{x}(t) = -A_*^{\mathrm{T}}P_\delta(t)x(t) = -A_*^{\mathrm{T}}z(t) \tag{6.27}$$

这是一个线性定常系统, 所以有 $z(t) = \mathrm{e}^{-A_*^{\mathrm{T}}t}z(0)$ $(t \geqslant 0)$. 因此从 $W_\delta(t) = P_\delta^{-1}(t)$ 和式 (6.26) 可得

$$x(t) = P_\delta^{-1}(t)\mathrm{e}^{-A_*^{\mathrm{T}}t}z(0) = W_\delta(t)\mathrm{e}^{-A_*^{\mathrm{T}}t}P_\delta(0)x_0$$

将式 (6.21) 代入上式并利用 $P_\delta(0) = P(0) - P_* = P_0 - P_*$ 即得式 (6.23). 而式 (6.24) 显然可从式 (6.23) 得到. 证毕. □

由上述结论可见, 自由终端有限时间 LQR 问题导致的闭环系统的终端状态与 x_0、L、P_*、W_* 等矩阵有关, 不能任意指定, 特别是不能保证 $x(T) = 0$, 后者通常是镇定问题需要满足的. 为此, 6.2 节将讨论固定终端二次最优控制问题.

例 6.1.2　考虑线性系统 $\dot{x}(t) = ax(t) + u(t), x(0) = x_0$ 和二次性能指标

$$J_T(u) = \int_0^T (qx^2(t) + u^2(t))\mathrm{d}t + lx^2(T)$$

其中, $q > 0$ 和 $l \geqslant 0$ 是定常的加权系数. 下面针对此系统求取自由终端有限时间 LQR 问题 6.1.1 的解. 对应的微分 Riccati 方程 (6.3) 可以写成

$$\dot{P}(t) + 2aP(t) - P^2(t) + q = 0, \quad P(T) = l \tag{6.28}$$

根据定理 6.1.2, 对应的稳态代数 Riccati 方程 (6.14) 可以写成

$$2aP_* - P_*^2 = -q \tag{6.29}$$

这是一个一元二次方程, 容易解出

$$P_* = a \pm \beta, \quad \beta = \sqrt{a^2 + q} \tag{6.30}$$

因此 $A_*=\mp\beta$, 进而 Lyapunov 方程 (6.15) 的解为 $W_*=\pm 1/(2\beta)$. 非常有趣的是, 将上述 $\pm$ 两组表达式代入式 (6.16) 都能得到

$$P(t)=a+\beta-\frac{2\beta(a-l+\beta)}{\mathrm{e}^{2(T-t)\beta}(\beta-(a-l))+a-l+\beta},\quad t\in[0,T] \tag{6.31}$$

容易验证 $P(t)$ 满足微分 Riccati 方程 (6.28). 根据定理 6.1.1, 最优反馈控制律为 $u_*(t)=-P(t)x(t)$.

6.2 固定终端有限时间最优控制

6.2.1 最小能量控制问题

为了解决针对一般二次性能指标的固定终端有限时间 LQR 控制问题, 首先考虑固定终端有限时间最小能量控制问题. 与 6.1 节考虑的问题不同, 这里需要考虑线性时变系统

$$\dot{x}(t)=A(t)x(t)+B(t)u(t),\quad x(0)=x_0,\quad t\geqslant 0 \tag{6.32}$$

其中, $A(t)$ 和 $B(t)$ 分别是 $n\times n$ 和 $n\times m$ 的连续函数矩阵. 设二次性能指标为

$$J_T(u)=\int_0^T u^{\mathrm{T}}(t)Ru(t)\mathrm{d}t \tag{6.33}$$

其中, $R>0$ 是给定的加权矩阵. 问题描述如下.

问题 6.2.1　设 $T>0$ 是给定的正常数, $x_T\in\mathbf{R}^n$ 是给定的向量. 设计控制律 $u(t)$ 使得性能指标 (6.33) 最小化并同时使得闭环系统的状态满足终端约束

$$x(T)=x_T \tag{6.34}$$

设线性时变系统 (6.32) 的状态转移矩阵是 $\Phi(t,s)$, 即 $\Phi(t,s)$ 是如下矩阵微分方程的唯一解:

$$\dot{X}(t)=A(t)X(t),\quad X(s)=I_n$$

容易验证状态转移矩阵 $\Phi(t,s)$ 有一些简单的性质, 如 $\Phi(t,s)$ 总是非奇异的, 且

$$\Phi(t,s)=\Phi(t,t_1)\Phi(t_1,s),\quad \frac{\partial}{\partial t}\Phi(t,s)=A(t)\Phi(t,s)$$

设线性时变系统 (6.32) 的加权能控性 Gram 矩阵为

$$G(t_1,t_2)=\int_{t_1}^{t_2}\Phi(t_1,s)B(s)R^{-1}B^{\mathrm{T}}(s)\Phi^{\mathrm{T}}(t_1,s)\mathrm{d}s \tag{6.35}$$

说明 6.2.1　在问题 6.2.1 中, 终端状态 x_T 是一般向量. 如果令 $\xi(t)=x(t)-\Phi(t,T)x_T$, 则

$$\dot{\xi}(t)=A(t)\xi(t)+B(t)u(t),\quad \xi(0)=x_0-\Phi(0,T)x_T \tag{6.36}$$

而相应的终端约束 (6.34) 变成

$$\xi(T) = x(T) - \Phi(T,T)x_T = 0 \tag{6.37}$$

注意到线性时变系统 (6.36) 和线性时变系统 (6.32) 具有完全相同的形式. 因此问题 6.2.1 变成针对线性时变系统 (6.36) 和终端约束 (6.37) 的最小能量控制问题, 这进而表明可不失一般性地假设问题 6.2.1 中的终端状态满足 $x_T = 0$. 但为了逻辑的顺畅, 下文仍考虑 x_T 为一般向量的情况.

关于问题 6.2.1 的解, 有定理 6.2.1.

定理 6.2.1　假设 T 使得 $G(0,T)$ 可逆, 则问题 6.2.1 的解为

$$u_*(t) = -R^{-1}B^{\mathrm{T}}(t)\Phi^{\mathrm{T}}(0,t)G^{-1}(0,T)(x_0 - \Phi(0,T)x_T), \quad t \in [0,T] \tag{6.38}$$

相应的最优值为

$$J_T(u_*) = (x_0 - \Phi(0,T)x_T)^{\mathrm{T}}G^{-1}(0,T)(x_0 - \Phi(0,T)x_T) \tag{6.39}$$

此外, 如果 $G(t,T)$ 对所有 $t \in [0,T)$ 都可逆, 则上述最优控制律还可以写成

$$u_*(t) = -R^{-1}B^{\mathrm{T}}(t)G^{-1}(t,T)(x(t) - \Phi(t,T)x_T), \quad t \in [0,T) \tag{6.40}$$

证明　容易验证最优闭环系统 $\dot{x}(t) = A(t)x(t) + B(t)u_*(t)$ 的解为

$$x(t) = \Phi(t,0)\left(x_0 + \int_0^t \Phi(0,s)B(s)u_*(s)\mathrm{d}s\right) \tag{6.41}$$

或写成

$$x(t) = \Phi(t,0)(x_0 - G(0,t)G^{-1}(0,T)\xi_0) \tag{6.42}$$

其中, $\xi_0 = \xi(0) = x_0 - \Phi(0,T)x_T$. 因此有

$$x(T) = \Phi(T,0)(x_0 - G(0,T)G^{-1}(0,T)\xi_0) = x_T$$

这表明在控制律 (6.38) 作用下的闭环系统满足终端条件 (6.34). 下证该控制律极小化二次性能指标 (6.33). 设 $u_1(t)$ 是另外一个保证闭环系统满足终端条件 (6.34) 的控制律, 即由式 (6.41) 可知

$$x_T = \Phi(T,0)\left(x_0 + \int_0^T \Phi(0,s)B(s)u_1(s)\mathrm{d}s\right)$$

当然也有

$$x_T = \Phi(T,0)\left(x_0 + \int_0^T \Phi(0,s)B(s)u_*(s)\mathrm{d}s\right)$$

将上面两式相减可得

$$\int_0^T \Phi(0,s)B(s)(u_*(s) - u_1(s))\mathrm{d}s = 0$$

将上式左乘 $(G^{-1}(0,T)\xi_0)^{\mathrm{T}}$ 并注意到 $u_*(t)$ 的表达式 (6.38), 有

$$\int_0^T u_*^{\mathrm{T}}(s)R(u_*(s) - u_1(s))\mathrm{d}s = 0$$

因此

$$
\begin{aligned}
J_T(u_1) - J_T(u_*) &= J_T(u_1) - J_T(u_*) + 2\int_0^T u_*^{\mathrm{T}}(s)R(u_*(s) - u_1(s))\mathrm{d}s \\
&= \int_0^T (u_1^{\mathrm{T}}(s)Ru_1(s) + u_*^{\mathrm{T}}(s)Ru_*(s) - 2u_*^{\mathrm{T}}(s)Ru_1(s))\mathrm{d}s \\
&= \int_0^T (u_1(s) - u_*(s))^{\mathrm{T}}R(u_1(s) - u_*(s))\mathrm{d}s \geqslant 0
\end{aligned}
$$

这表明 $J_T(u_*)$ 是 $J_T(u)$ 的极小值, 即最优控制问题 6.2.1 的解为式 (6.38). 再次利用式 (6.41) 可知

$$
\int_0^T \Phi(0,s)B(s)u_*(s)\mathrm{d}s = \Phi(0,T)x_T - x_0 = -\xi_0
$$

两端同时左乘 $-(G^{-1}(0,T)\xi_0)^{\mathrm{T}}$ 并注意到 $u_*(t)$ 的形式可得

$$
\xi_0^{\mathrm{T}}G^{-1}(0,T)\xi_0 = \int_0^T (-\xi_0^{\mathrm{T}}G^{-1}(0,T)\Phi(0,s)B(s)R^{-1})Ru_*(s)\mathrm{d}s = \int_0^T u_*^{\mathrm{T}}(s)Ru_*(s)\mathrm{d}s = J(u_*)
$$

这就证明了式 (6.39).

下证式 (6.40). 由式 (6.42) 可知

$$
\begin{aligned}
\Phi(0,t)x(t) &= x_0 - G(0,t)G^{-1}(0,T)(x_0 - \Phi(0,T)x_T) \\
&= (G(0,T) - G(0,t))G^{-1}(0,T)x_0 + G(0,t)G^{-1}(0,T)\Phi(0,T)x_T
\end{aligned} \tag{6.43}
$$

注意到

$$
\begin{aligned}
G(0,T) - G(0,t) &= \int_t^{\mathrm{T}} \Phi(0,s)B(s)R^{-1}B^{\mathrm{T}}(s)\Phi^{\mathrm{T}}(0,s)\mathrm{d}s \\
&= \Phi(0,t)\left(\int_t^{\mathrm{T}} \Phi(t,s)B(s)R^{-1}B^{\mathrm{T}}(s)\Phi^{\mathrm{T}}(t,s)\mathrm{d}s\right)\Phi^{\mathrm{T}}(0,t) \\
&= \Phi(0,t)G(t,T)\Phi^{\mathrm{T}}(0,t)
\end{aligned} \tag{6.44}
$$

所以从式 (6.43) 可以解出

$$
\Phi^{\mathrm{T}}(0,t)G^{-1}(0,T)x_0 = G^{-1}(t,T)x(t) - G^{-1}(t,T)\Phi(t,0)G(0,t)G^{-1}(0,T)\Phi(0,T)x_T
$$

将上式代入式 (6.38) 得到

$$
\begin{aligned}
u_*(t) =& -R^{-1}B^{\mathrm{T}}(t)\Phi^{\mathrm{T}}(0,t)G^{-1}(0,T)x_0 + R^{-1}B^{\mathrm{T}}(t)\Phi^{\mathrm{T}}(0,t)G^{-1}(0,T)\Phi(0,T)x_T \\
=& -R^{-1}B^{\mathrm{T}}(t)G^{-1}(t,T)x(t) + R^{-1}B^{\mathrm{T}}(t)\Phi^{\mathrm{T}}(0,t)G^{-1}(0,T)\Phi(0,T)x_T \\
&+ R^{-1}B^{\mathrm{T}}(t)G^{-1}(t,T)\Phi(t,0)G(0,t)G^{-1}(0,T)\Phi(0,T)x_T \\
=& -R^{-1}B^{\mathrm{T}}(t)G^{-1}(t,T)x(t) + R^{-1}B^{\mathrm{T}}(t)G^{-1}(t,T)\Omega(t)\Phi^{\mathrm{T}}(0,t)G^{-1}(0,T)\Phi(0,T)x_T
\end{aligned}
$$

其中

$$\begin{aligned}
\Omega(t) &\overset{\text{def}}{=} G(t,T)+\Phi(t,0)G(0,t)\Phi^{\mathrm{T}}(t,0)\\
&= G(t,T)+\Phi(t,0)\left(\int_0^t \Phi(0,s)B(s)R^{-1}B^{\mathrm{T}}(s)\Phi^{\mathrm{T}}(0,s)\mathrm{d}s\right)\Phi^{\mathrm{T}}(t,0)\\
&= G(t,T)+\int_0^t \Phi(t,s)B(s)R^{-1}B^{\mathrm{T}}(s)\Phi^{\mathrm{T}}(t,s)\mathrm{d}s\\
&= \int_0^{\mathrm{T}} \Phi(t,s)B(s)R^{-1}B^{\mathrm{T}}(s)\Phi^{\mathrm{T}}(t,s)\mathrm{d}s\\
&= \Phi(t,0)\left(\int_0^{\mathrm{T}} \Phi(0,s)B(s)R^{-1}B^{\mathrm{T}}(s)\Phi^{\mathrm{T}}(t,s)\mathrm{d}s\right)\Phi^{\mathrm{T}}(t,0)\\
&= \Phi(t,0)G(0,T)\Phi^{\mathrm{T}}(t,0)
\end{aligned}$$

因此, $u_*(t)$ 的第 2 项可以化成

$$\begin{aligned}
&R^{-1}B^{\mathrm{T}}(t)G^{-1}(t,T)\Omega(t)\Phi^{\mathrm{T}}(0,t)G^{-1}(0,T)\Phi(0,T)x_T\\
=&R^{-1}B^{\mathrm{T}}(t)G^{-1}(t,T)\Phi(t,0)G(0,T)\Phi^{\mathrm{T}}(t,0)\Phi^{\mathrm{T}}(0,t)G^{-1}(0,T)\Phi(0,T)x_T\\
=&R^{-1}B^{\mathrm{T}}(t)G^{-1}(t,T)\Phi(t,T)x_T
\end{aligned}$$

这就证明了式 (6.40). 证毕. □

最优控制律 (6.38) 只用到初始状态 x_0 以及终端状态 x_T, 因此一般称为开环控制律. 与此不同, 控制律 (6.40) 用到了系统的即时状态 $x(t)$, 因此一般称为闭环控制律. 注意到

$$\lim_{t\to T^-} G(t,T)=0$$

因此, 随着 t 向 T 增加, $G(t,T)$ 趋于零矩阵, 从而 $G^{-1}(t,T)$ 的各元素趋于 ∞, 也即闭环控制律 (6.40) 的反馈增益矩阵的各元素也趋于 ∞. 这表明闭环控制律 (6.40) 是一种无界的时变高增益反馈. 需要指出的是, 虽然闭环控制律 (6.40) 的控制增益趋于 ∞, 从开环最优控制律 (6.38) 可以发现控制信号始终是有界的.

下面针对线性定常系统 (6.1) 考虑固定终端最小能量控制问题 6.2.1 的解.

推论 6.2.1　假设线性系统 (6.1) 能控, 其加权能控性 Gram 矩阵 $G_0(t)$ 如式 (6.13) 所定义, 则相应的固定终端最小能量控制问题 6.2.1 的开环解可表示为

$$u_*(t)=-R^{-1}B^{\mathrm{T}}\mathrm{e}^{-A^{\mathrm{T}}t}G_0^{-1}(T)(x_0-\mathrm{e}^{-AT}x_T),\quad t\in[0,T] \tag{6.45}$$

相应的最优性能指标为

$$J_T(u_*)=(x_0-\mathrm{e}^{-AT}x_T)^{\mathrm{T}}G_0^{-1}(T)(x_0-\mathrm{e}^{-AT}x_T) \tag{6.46}$$

此外, 闭环解可表示为

$$u_*(t)=-R^{-1}B^{\mathrm{T}}G_0^{-1}(T-t)(x(t)-\mathrm{e}^{A(t-T)}x_T),\quad t\in[0,T) \tag{6.47}$$

证明　由于线性系统 (6.1) 的状态转移矩阵为 $\Phi(t,s)=\mathrm{e}^{A(t-s)}$, 根据定义 (6.35), 该系统的加权能控性 Gram 矩阵为

$$
\begin{aligned}
G(t_1,t_2) &= \int_{t_1}^{t_2} \mathrm{e}^{A(t_1-s)}BR^{-1}B^{\mathrm{T}}\mathrm{e}^{A^{\mathrm{T}}(t_1-s)}\mathrm{d}s \\
&= \int_0^{t_2-t_1} \mathrm{e}^{-As}BR^{-1}B^{\mathrm{T}}\mathrm{e}^{-A^{\mathrm{T}}s}\mathrm{d}s = G_0(t_2-t_1)>0, \quad \forall t_2>t_1
\end{aligned}
$$

因此控制律 (6.38) 和控制律 (6.40) 分别可以写成式 (6.45) 和式 (6.47). 证毕. □

当 $t\to T$ 时, 加权能控性 Gram 矩阵 $G_0(T-t)$ 趋于零矩阵, 因此闭环最优控制律 (6.47) 的无界时变高增益特性是显而易见的.

说明 6.2.2　注意到, 当 $R=I_m$ 时, 最优控制律 (6.45) 恰好是控制律 (2.8). 因此, 控制律 (2.8) 事实上是所有将 x_0 在 T 时刻驱动到 x_T 的控制律中所需能量最小的那一个.

下面介绍两个简单的数值例子.

例 6.2.1　考虑线性系统

$$
\dot{x}(t)=\begin{bmatrix}0&1\\0&0\end{bmatrix}x(t)+\begin{bmatrix}0\\1\end{bmatrix}u(t)
$$

的固定终端最小能量控制问题. 设 $R=1$ 和 $x_T=0$. 该系统的加权能控性 Gram 矩阵为

$$
G_0(t)=\begin{bmatrix}\dfrac{t^3}{3} & -\dfrac{t^2}{2}\\ -\dfrac{t^2}{2} & t\end{bmatrix}
$$

根据式 (6.47), 该系统的固定终端最小能量控制问题的最优闭环控制律为

$$
u_*(t)=-\begin{bmatrix}\dfrac{6}{(T-t)^2} & \dfrac{4}{T-t}\end{bmatrix}x(t), \quad t\in[0,T)
$$

显然, 当 $t\to T$ 时控制增益趋于 ∞.

例 6.2.2　设 $T>0$ 是给定正常数. 试求取连续可微的函数 $x(t)$ $(t\in[0,T])$ 满足 $x(T)=0$ 和 $x(0)=x_0$ 且使得

$$
J_T(\dot{x})=\int_0^T \dot{x}^2(t)\mathrm{d}t
$$

达到最小. 该问题和例 6.1.1 类似, 虽然不是一个标准的固定终端最小能量控制问题, 但可以转化成该问题. 考虑标量线性系统 $\dot{x}(t)=u(t), x(0)=x_0$, 则

$$
J_T(\dot{x})=\int_0^T u^2(t)\mathrm{d}t=J_T(u)
$$

这就是标准的固定终端 $x(T)=x_T=0$ 的最小能量控制问题. 该系统的加权能控性 Gram 矩

阵为 $G_0(t) = t$. 根据式 (6.45) 和式 (6.47), 最优开环和闭环控制律分别为

$$\begin{aligned} u_*(t) &= -\frac{1}{T}x_0, \quad t \in [0, T] \\ u_*(t) &= -\frac{1}{T-t}x(t), \quad t \in [0, T) \end{aligned} \tag{6.48}$$

最优闭环系统为 $\dot{x}_*(t) = -x_0/T$ $(t \in [0, T])$. 解之可得

$$x_*(t) = -\frac{x_0}{T}(t - T), \quad t \in [0, T]$$

这就是所要求的连续函数. 显然, 在 (t, x) 坐标系上, 这是一条连接点 $(0, x_0)$ 和点 $(T, 0)$ 的直线. 根据式 (6.46), $J_T(u)$ 的最小值为 $J_T(u_*) = x_0^{\mathrm{T}}G_0^{-1}(T)x_0 = x_0^2/T$.

6.2.2　一般二次性能指标情形

现在考虑线性系统 (6.1) 和一般的二次性能指标

$$J_T(u) = \int_0^T (x^{\mathrm{T}}(t)Qx(t) + u^{\mathrm{T}}(t)Ru(t))\mathrm{d}t \tag{6.49}$$

其中, $R > 0$ 和 $Q \geqslant 0$ 是给定的加权矩阵; $T > 0$ 是给定的正常数. 问题描述如下.

问题 6.2.2　设 $T > 0$ 是给定的正常数, $x_T \in \mathbf{R}^n$ 是给定的向量. 设计控制律 $u(t)$ 使得闭环系统的状态满足终端约束 (6.34), 且同时使得性能指标 (6.49) 最小化.

设 $P(t)$ 是倒向微分 Riccati 方程

$$\dot{P}(t) + A^{\mathrm{T}}P(t) + P(t)A - P(t)BR^{-1}B^{\mathrm{T}}P(t) + Q = 0, \quad P(T) = 0 \tag{6.50}$$

的一个对称解. 采取类似于 6.1.1 节的分析可知 (见式 (6.10)), 二次性能指标 (6.49) 可以写成

$$\begin{aligned} J_T(u) &= \int_0^T \left\| R^{\frac{1}{2}}(u(t) + R^{-1}B^{\mathrm{T}}P(t)x(t)) \right\|^2 \mathrm{d}t + x_0^{\mathrm{T}}P(0)x_0 - x^{\mathrm{T}}(T)P(T)x(T) \\ &= \int_0^T v^{\mathrm{T}}(t)Rv(t)\mathrm{d}t + x_0^{\mathrm{T}}P(0)x_0 \end{aligned}$$

这里用到了终端约束 (6.34) 和 $P(T) = 0$, 向量 $v(t) \in \mathbf{R}^m$ 如下式定义:

$$v(t) = u(t) + R^{-1}B^{\mathrm{T}}P(t)x(t)$$

由于 $x_0^{\mathrm{T}}P(0)x_0$ 与 u 和 v 都无关, $J_T(u)$ 被极小化当且仅当

$$\tilde{J}_T(v) = \int_0^T v^{\mathrm{T}}(t)Rv(t)\mathrm{d}t$$

被极小化. 此时相应的线性系统 (6.1) 变成

$$\dot{x}(t) = (A - BR^{-1}B^{\mathrm{T}}P(t))x(t) + Bv(t) \stackrel{\mathrm{def}}{=\!=} A_{\mathrm{c}}(t)x(t) + Bv(t) \tag{6.51}$$

这样问题 6.2.2 就变成了针对线性时变系统 (6.51) 的固定终端最小能量控制问题, 其解在 6.2.1 节已经给出. 设 $\Phi_{\mathrm{c}}(t,s)$ 是线性时变系统 (6.51) 的状态转移矩阵, 相应的加权能控性 Gram 矩阵为

$$G_{\mathrm{c}}(t_1,t_2)=\int_{t_1}^{t_2}\Phi_{\mathrm{c}}(t_1,s)BR^{-1}B^{\mathrm{T}}\Phi_{\mathrm{c}}^{\mathrm{T}}(t_1,s)\mathrm{d}s \tag{6.52}$$

因此, 根据定理 6.2.1 有推论 6.2.2.

推论 6.2.2 假设 T 使得 $G_{\mathrm{c}}(0,T)$ 可逆. 设 $P(t)$ 是倒向微分 Riccati 方程 (6.50) 的对称解. 那么问题 6.2.2 的开环解为

$$u_*(t)=v_*(t)-R^{-1}B^{\mathrm{T}}P(t)x(t) \tag{6.53}$$

$$v_*(t)=-R^{-1}B^{\mathrm{T}}\Phi_{\mathrm{c}}^{\mathrm{T}}(0,t)G_{\mathrm{c}}^{-1}(0,T)(x_0-\Phi_{\mathrm{c}}(0,T)x_T),\quad t\in[0,T] \tag{6.54}$$

相应的最优性能指标为

$$J_T(u_*)=(x_0-\Phi_{\mathrm{c}}(0,T)x_T)^{\mathrm{T}}G_{\mathrm{c}}^{-1}(0,T)(x_0-\Phi_{\mathrm{c}}(0,T)x_T)+x_0^{\mathrm{T}}P(0)x_0 \tag{6.55}$$

此外, 如果 $G_{\mathrm{c}}(t,T)$ 对所有 $t\in[0,T)$ 都可逆, 则上述最优控制律 $v_*(t)$ 还可以写成闭环的形式:

$$v_*(t)=-R^{-1}B^{\mathrm{T}}G_{\mathrm{c}}^{-1}(t,T)(x(t)-\Phi_{\mathrm{c}}(t,T)x_T),\quad t\in[0,T) \tag{6.56}$$

从理论上来说, 推论 6.2.2 已经给出了问题 6.2.2 的解. 但仍存在两个问题: 一是 $P(t)$ 的求解问题, 二是中间线性时变系统 (6.51) 的状态转移矩阵 $\Phi_{\mathrm{c}}(t,s)$ 和加权能控性 Gram 矩阵 $G_{\mathrm{c}}(t,T)$ 的计算问题. 为了解决这些问题, 利用稳态代数 Riccati 方程 (6.14) 的解 P_* 和 Lyapunov 方程 (6.15) 的解 W_* 定义

$$\begin{cases} G_*(t)=\mathrm{e}^{-A_*t}W_*\mathrm{e}^{-A_*^{\mathrm{T}}t}-W_* \\ S_*(t)=\mathrm{e}^{A_*^{\mathrm{T}}(T-t)}P_*\mathrm{e}^{A_*(T-t)} \end{cases},\quad t\in[0,T] \tag{6.57}$$

其中, $A_*=A-BR^{-1}B^{\mathrm{T}}P_*$. 此外, 定义一组闭环最优反馈增益矩阵

$$\begin{cases} K_1(t)=-R^{-1}B^{\mathrm{T}}(P_*+G_*^{-1}(T-t)) \\ K_2(t)=R^{-1}B^{\mathrm{T}}G_*^{-1}(T-t)\mathrm{e}^{A_*(t-T)} \end{cases},\quad t\in[0,T) \tag{6.58}$$

和一组开环最优反馈增益矩阵

$$\begin{cases} K_3(t)=-R^{-1}B^{\mathrm{T}}(I_n+P_*G_*(T-t))S_*(t)\mathrm{e}^{A_*t}S_*^{-1}(0)G_*^{-1}(T) \\ K_4(t)=R^{-1}B^{\mathrm{T}}(I_n+P_*G_*(-t))\mathrm{e}^{-A_*^{\mathrm{T}}t}G_*^{-1}(T)\mathrm{e}^{-A_*T} \end{cases},\quad t\in[0,T] \tag{6.59}$$

容易看出, 这两组增益矩阵只与 P_*、W_* 和 t 有关. 有了这些准备, 可以给出定理 6.2.2.

定理 6.2.2 设稳态代数 Riccati 方程 (6.14) 有对称且可逆的解 P_*, Lyapunov 方程 (6.15) 有解 W_*, 则最优控制问题 6.2.2 的闭环解和开环解可以分别写成

$$u_*(t)=K_1(t)x(t)+K_2(t)x_T,\quad t\in[0,T) \tag{6.60}$$

$$u_*(t) = K_3(t)x_0 + K_4(t)x_T, \quad t \in [0, T] \tag{6.61}$$

最优性能指标为

$$J_T(u_*) = x_0^{\mathrm{T}} P_* x_0 - x_T^{\mathrm{T}} P_* x_T + (x_0 - \mathrm{e}^{-A_* T} x_T)^{\mathrm{T}} G_*^{-1}(T)(x_0 - \mathrm{e}^{-A_* T} x_T) \tag{6.62}$$

此外, $G_*(t)$ 是 (A_*, B) 的加权能控性 Gram 矩阵, 即如果 (A, B) 能控, 则 $G_*(t)$ $(\forall t \in (0, T])$ 可逆.

定理 6.2.2 的证明涉及较复杂的计算. 详细的过程放在了附录 B.4 中.

从闭环控制律 (6.60) 可以看到其也具有无界时变高增益特性, 即当 $t \to T$ 时, 有 $G_*(T-t)$ 趋于零, 进而控制增益趋于 ∞.

例 6.2.3　考虑标量线性系统 $\dot{x}(t) = u(t), x(0) = x_0$. 设 $T > 0, q \geqslant 0$ 是给定的正常数. 下面求取最优控制使得二次性能指标

$$J_T(u) = \int_0^T (q^2 x^2(t) + u^2(t))\mathrm{d}t$$

达到极小并同时使得闭环系统的状态满足 $x(T) = 0$. 这是标准的固定终端有限时间 LQR 问题. 容易验证稳态代数 Riccati 方程 (6.14) 和 Lyapunov 方程 (6.15) 的解分别是 $P_* = q$ 和 $W_* = 1/(2q)$. 将此代入式 (6.58) 和式 (6.59) 分别得到闭环最优控制增益 $K_1(t)$ 和开环最优控制增益 $K_3(t)$:

$$K_1(t) = q\frac{\mathrm{e}^{-2q(T-t)} + 1}{\mathrm{e}^{-2q(T-t)} - 1}, \quad t \in [0, T)$$

$$K_3(t) = -q\frac{\mathrm{e}^{q(T-t)} + \mathrm{e}^{-q(T-t)}}{\mathrm{e}^{qT} - \mathrm{e}^{-qT}}, \quad t \in [0, T]$$

由于 $x(T) = 0$, 不需要计算 $K_2(t)$ 和 $K_4(t)$. 容易看出闭环最优控制增益 $K_1(t)$ 具有无界时变高增益特性. 此外, 令 $q \to 0^+$ 得到

$$\lim_{q \to 0^+} K_1(t) = -\frac{1}{T-t}, \quad \lim_{q \to 0^+} K_3(t) = -\frac{1}{T}$$

相应的最优开环和闭环控制律恰好为式 (6.48). 该结论与例 6.2.2 完全一致.

6.3　无限时间最优控制

6.3.1　自由终端无限时间最优控制

自由终端无限时间 LQR 问题, 就是将自由终端有限时间 LQR 问题对应的性能指标 (6.2) 中的 T 取为 ∞. 此时终端代价函数 $x^{\mathrm{T}}(\infty)Lx(\infty)$ 失去意义, 因此可设 $L = 0$, 即二次性能指标为

$$J_\infty(u) = \int_0^\infty (x^{\mathrm{T}}(t)Qx(t) + u^{\mathrm{T}}(t)Ru(t))\mathrm{d}t \tag{6.63}$$

其中, $R > 0$ 和 $Q = C^{\mathrm{T}}C \geqslant 0$ 是给定的具有适当维数的加权矩阵. 问题描述如下.

问题 6.3.1 考虑线性系统 (6.1), 设计控制律 $u(t)$ 使得二次性能指标 (6.63) 最小化.

对于自由终端无限时间 LQR 问题 6.3.1, 由于控制信号和系统状态持续的时间区间为 $[0,\infty)$, 因此要求系统 (6.1) 是能稳的. 不然, 不能稳的模态必然会导致指数发散的状态, 这在实际问题中是必须要避免的. 但需要指出的是, 即使系统 (6.1) 能稳, 问题 6.3.1 的解也不能保证闭环系统的稳定性, 详见 6.3.2 节和 6.3.3 节的分析.

为了给出问题 6.3.1 的解, 首先介绍引理 6.3.1.

引理 6.3.1 假设 (A,B) 能稳. 令 $P(t,T)=P(t,0,T)$ $(t\in[0,T])$ 是倒向微分 Riccati 方程

$$\dot{P}(t)+A^{\mathrm{T}}P(t)+P(t)A-P(t)BR^{-1}B^{\mathrm{T}}P(t)+Q=0,\quad P(T)=0 \tag{6.64}$$

的对称解, 则当 $T\to\infty$ 时矩阵 $P(0,T)$ 的极限存在. 记

$$P_{\infty}=\lim_{T\to\infty}P(0,T)\geqslant 0 \tag{6.65}$$

则 P_{∞} 满足如下以 P 为未知量的代数 Riccati 方程:

$$A^{\mathrm{T}}P+PA-PBR^{-1}B^{\mathrm{T}}P=-Q \tag{6.66}$$

证明 考虑二次性能指标 (6.2), 其中 $L=0,T\geqslant 0$. 根据定理 6.1.1, $J_T(u)$ 的最小值为

$$J_T^*\overset{\text{def}}{=\!=}\min_{u\in\mathbf{R}^m}\{J_T(u)\}=x_0^{\mathrm{T}}P(0,T)x_0\geqslant 0 \tag{6.67}$$

若将性能指标 $J_T(u)$ 中的 T 换成 $T+\Delta T$, 其中 $\Delta T>0$, 则同理有

$$J_{T+\Delta T}^*\overset{\text{def}}{=\!=}\min_{u\in\mathbf{R}^m}\{J_{T+\Delta T}(u)\}=x_0^{\mathrm{T}}P(0,T+\Delta T)x_0\geqslant 0 \tag{6.68}$$

下面证明, 对任意初值 x_0 都有

$$x_0^{\mathrm{T}}P(0,T+\Delta T)x_0\geqslant x_0^{\mathrm{T}}P(0,T)x_0 \tag{6.69}$$

假设式 (6.69) 不成立, 即存在 x_0 使得 $x_0^{\mathrm{T}}P(0,T+\Delta T)x_0<x_0^{\mathrm{T}}P(0,T)x_0$. 由式 (6.68) 可知存在最优控制 u_0 使得

$$\begin{aligned}
x_0^{\mathrm{T}}P(0,T+\Delta T)x_0&=\int_0^{T+\Delta T}(x^{\mathrm{T}}(t)Qx(t)+u_0^{\mathrm{T}}(t)Ru_0(t))\mathrm{d}t\\
&=J_T(u_0)+\int_T^{T+\Delta T}(x^{\mathrm{T}}(t)Qx(t)+u_0^{\mathrm{T}}(t)Ru_0(t))\mathrm{d}t\\
&\geqslant J_T(u_0)
\end{aligned}$$

这表明 $J_T(u_0)\leqslant x_0^{\mathrm{T}}P(0,T+\Delta T)x_0<x_0^{\mathrm{T}}P(0,T)x_0$, 即控制律 u_0 可使得 $J_T(u_0)$ 比最优性能指标 $x_0^{\mathrm{T}}P(0,T)x_0$ 还要小, 这与式 (6.67) 相矛盾. 因此式 (6.69) 成立, 即 $x_0^{\mathrm{T}}P(0,T)x_0$ 是 T 的增函数.

另外, 由于线性系统 (A,B) 能稳, 存在反馈增益 K_0 使得 $A+BK_0$ 是 Hurwitz 矩阵. 那么在反馈 $u(t)=u_1(t)=K_0x(t)$ 作用下的闭环系统为 $\dot{x}(t)=(A+BK_0)x(t), x(0)=x_0$, 相应的二次性能指标 (6.2) 满足

$$
\begin{aligned}
J_T(u_1) &= \int_0^T x^{\mathrm{T}}(t)(Q+K_0^{\mathrm{T}}RK_0)x(t)\mathrm{d}t \\
&= x_0^{\mathrm{T}}\left(\int_0^T \mathrm{e}^{(A+BK_0)^{\mathrm{T}}t}(Q+K_0^{\mathrm{T}}RK_0)\mathrm{e}^{(A+BK_0)t}\mathrm{d}t\right)x_0 \\
&\leqslant x_0^{\mathrm{T}}\left(\int_0^\infty \mathrm{e}^{(A+BK_0)^{\mathrm{T}}t}(Q+K_0^{\mathrm{T}}RK_0)\mathrm{e}^{(A+BK_0)t}\mathrm{d}t\right)x_0 = x_0^{\mathrm{T}}P_{K_0}x_0
\end{aligned}
$$

其中, P_{K_0} 是 Lyapunov 方程

$$
(A+BK_0)^{\mathrm{T}}P_{K_0}+P_{K_0}(A+BK_0)=-(Q+K_0^{\mathrm{T}}RK_0)
$$

的唯一半正定解. 因此 $0\leqslant x_0^{\mathrm{T}}P(0,T)x_0=J_T^*\leqslant J_T(u_1)\leqslant x_0^{\mathrm{T}}P_{K_0}x_0<\infty$. 根据"有上界的单调上升函数必有极限"可以推知当 $T\to\infty$ 时函数 $x_0^{\mathrm{T}}P(0,T)x_0$ 的极限存在. 由 x_0 的任意性可知当 $T\to\infty$ 时矩阵函数 $P(0,T)$ 的极限存在. 此外, 由于微分 Riccati 方程 (6.64) 关于 $P(t)$ 是时不变的, 所以 $P(0,t)=P(-t,0)$. 因此有

$$
\lim_{t\to-\infty}P(t,0)=\lim_{t\to\infty}P(0,t)=P_\infty\geqslant 0
$$

将微分 Riccati 方程 (6.64) 两端令 $t\to-\infty$ 可知, 当 $t\to-\infty$ 时 $\dot{P}(t,0)$ 的极限也存在. 该极限必为零, 不然, $P(t,0)$ 的极限必不存在. 综上可知 $P_\infty\geqslant 0$ 满足代数 Riccati 方程 (6.66). 证毕. □

注意到方程 (6.66) 就是稳态代数 Riccati 方程 (6.14). 一般称式 (6.65) 定义的 P_∞ 是代数 Riccati 方程 (6.66) 的稳态解 (steady state solution) 或者极限解 (limiting solution). 该解显然是唯一的. 由定理 6.1.1 可知, 问题 6.1.1 的解和微分 Riccati 方程 (6.3) 的解密切相关. 与此类似, 问题 6.3.1 的解与代数 Riccati 方程 (6.66) 的稳态解密切相关. 见定理 6.3.1.

定理 6.3.1 设线性系统 (A,B) 能稳, $P_\infty\geqslant 0$ 是代数 Riccati 方程 (6.66) 的稳态解, 则问题 6.3.1 的解可表示为

$$
u_*(t)=-R^{-1}B^{\mathrm{T}}P_\infty x(t) \tag{6.70}
$$

相应的最优二次性能指标为

$$
J_\infty(u_*)=x_0^{\mathrm{T}}P_\infty x_0 \tag{6.71}
$$

证明 将线性系统 (6.1) 和控制律 (6.70) 组成的闭环系统写成

$$
\dot{x}(t)=(A-BR^{-1}B^{\mathrm{T}}P_\infty)x(t),\quad x(0)=x_0 \tag{6.72}
$$

则 $V(x)=x^{\mathrm{T}}P_\infty x$ 沿着上述系统的导数满足

$$
\dot{V}(x(t))=x^{\mathrm{T}}(t)(A^{\mathrm{T}}P_\infty+P_\infty A-2P_\infty BR^{-1}B^{\mathrm{T}}P_\infty)x(t)
$$

$$= -x^{\mathrm{T}}(t)(Q + P_{\infty}BR^{-1}B^{\mathrm{T}}P_{\infty})x(t) = -(x^{\mathrm{T}}(t)Qx(t) + u_*^{\mathrm{T}}(t)Ru_*(t))$$

两边从 0 到 T 积分并注意到 $P_{\infty} \geqslant 0$ 得到

$$\begin{aligned} J_T(u_*) &= \int_0^T (x^{\mathrm{T}}(t)Qx(t) + u_*^{\mathrm{T}}(t)Ru_*(t))\mathrm{d}t \\ &= x_0^{\mathrm{T}}P_{\infty}x_0 - x^{\mathrm{T}}(T)P_{\infty}x(T) \leqslant x_0^{\mathrm{T}}P_{\infty}x_0, \quad \forall T \geqslant 0 \end{aligned}$$

上式两边关于 T 取极限可得

$$\lim_{T\to\infty} J_T(u_*) \leqslant x_0^{\mathrm{T}}P_{\infty}x_0 \tag{6.73}$$

另外, 对任意 $T \geqslant 0$, 由式 (6.67) 可知 $J_T(u_*) \geqslant J_T^* = x_0^{\mathrm{T}}P(0,T)x_0$. 两边取极限并利用式 (6.65) 得到

$$\lim_{T\to\infty} J_T(u_*) \geqslant \lim_{T\to\infty} x_0^{\mathrm{T}}P(0,T)x_0 = x_0^{\mathrm{T}}P_{\infty}x_0 \tag{6.74}$$

综合式 (6.73) 和式 (6.74) 有

$$J_{\infty}(u_*) = \lim_{T\to\infty} J_T(u_*) = x_0^{\mathrm{T}}P_{\infty}x_0 \tag{6.75}$$

这表明在 u_* 的作用下, 相应的二次性能指标为式 (6.71). 因此, 只需要证明问题 6.3.1 的解是 $u_*(t)$. 设 $J_{\infty}^* = \min\limits_{u\in\mathbf{R}^m}\{J_{\infty}(u)\}$. 那么根据式 (6.75) 有

$$J_{\infty}^* \leqslant J_{\infty}(u_*) = \lim_{T\to\infty} J_T(u_*) = x_0^{\mathrm{T}}P_{\infty}x_0$$

下证上述不等式中的不等号不可能成立. 假设 $J_{\infty}^* < x_0^{\mathrm{T}}P_{\infty}x_0$. 设 $u_1(t)$ $(t \geqslant 0)$ 是 J_{∞}^* 对应的最优控制律, 即 $J_{\infty}^* = J_{\infty}(u_1) = \lim\limits_{T\to\infty} J_T(u_1)$. 由式 (6.65) 可知

$$\lim_{T\to\infty} J_T(u_1) = J_{\infty}^* < x_0^{\mathrm{T}}P_{\infty}x_0 = \lim_{T\to\infty} x_0^{\mathrm{T}}P(0,T)x_0$$

这表明对于充分大的 T 必有 $J_T(u_1) < x_0^{\mathrm{T}}P(0,T)x_0$. 然而, 由式 (6.67) 可知, 对任意 $T > 0$, 二次指标 $J_T(u)$ 的最小值为 $x_0^{\mathrm{T}}P(0,T)x_0$, 即不可能存在其他控制 u_1 使得 $J_T(u_1)$ 比 $x_0^{\mathrm{T}}P(0,T)x_0$ 更小. 矛盾. 因此必有 $J_{\infty}^* = J_{\infty}(u_*)$, 即问题 6.3.1 的解为 $u_*(t)$. 证毕. □

下面给出一个简单的例子来说明如何求取问题 6.3.1 的解.

例 6.3.1　仍然考虑例 6.1.2 中的标量线性系统. 设二次性能指标取为

$$J_{\infty}(u) = \int_0^{\infty} (qx^2(t) + u^2(t))\mathrm{d}t$$

根据式 (6.31), 微分 Riccati 方程 (6.64) 的解为

$$P(t,T) = a + \beta - \frac{2\beta(a+\beta)}{\mathrm{e}^{2(T-t)\beta}(\beta - a) + a + \beta}$$

其中, $\beta=\sqrt{a^2+q}$. 因此, 由式 (6.65) 可知 $P_\infty=a+\beta$. 将此式和式 (6.30) 比较可以看出, 虽然代数 Riccati 方程 (6.29) 有两个解, 一个是正定解 $a+\beta$, 另一个是负定解 $a-\beta$, 但 $P(t,T)$ 收敛到其中的正定解. 根据定理 6.3.1, 最优反馈为线性状态反馈 $u_*(t)=-(a+\beta)x(t)$, 对应的闭环系统是 $\dot{x}(t)=-\beta x(t)$.

由定理 6.3.1 可知, 线性定常系统的自由终端无限时间 LQR 问题的解是定常线性状态反馈, 闭环系统 (6.72) 也是线性定常系统. 然而, 最优控制律 (6.70) 并不能保证闭环系统 (6.72) 的渐近稳定性.

例 6.3.2　考虑线性系统 (6.1) 和二次性能指标 (6.63). 假设 (A,B) 能稳, $Q=0$. 此时微分 Riccati 方程 (6.64) 退化成

$$\dot{P}(t)+A^{\mathrm{T}}P(t)+P(t)A-P(t)BR^{-1}B^{\mathrm{T}}P(t)=0,\quad P(T)=0$$

显然有 $P(t,T)=0\ (t\in[0,T])$. 由此得稳态解 $P_\infty=0$, 该解也是对应代数 Riccati 方程 (6.66), 即

$$A^{\mathrm{T}}P+PA-PBR^{-1}B^{\mathrm{T}}P=0 \tag{6.76}$$

的半正定解. 相应的最优控制律为 $u_*=0$. 此时闭环系统 (6.72) 的稳定性就是开环系统 (6.1) 的稳定性, 而开环系统可以是稳定的, 也可以是不稳定的.

因此, 为了保证闭环系统 (6.72) 的稳定性, 还需要增加额外的假设. 这个问题将在后面予以解决.

6.3.2　固定终端无限时间最优控制

6.3.1 节讨论的自由终端无限时间 LQR 问题的解不能保证闭环系统的稳定性. 如果将闭环系统的终端状态限定为零, 其稳定性就可能得到保证. 这就是固定终端无限时间 LQR 问题.

问题 6.3.2　考虑线性系统 (6.1), 设计控制律 $u(t)$ 使得二次性能指标 (6.63) 最小化, 且对任意初值 x_0, 闭环系统的状态满足终端条件

$$\lim_{t\to\infty}\|x(t)\|=0 \tag{6.77}$$

这实际上是要求在极小化二次性能指标 (6.63) 的同时保证闭环系统的稳定性. 为解决此问题, 先给出定义 6.3.1.

定义 6.3.1　如果代数 Riccati 方程 (6.66) 的解 P 使得 $A-BR^{-1}B^{\mathrm{T}}P$ 是 Hurwitz 矩阵, 则称 P 是镇定解.

有了上述定义, 就可以给出问题 6.3.2 的解了.

定理 6.3.2　设代数 Riccati 方程 (6.66) 存在一个镇定解 P, 则问题 6.3.2 的解为线性状态反馈

$$u_*(t)=-R^{-1}B^{\mathrm{T}}Px(t) \tag{6.78}$$

相应的二次最优性能指标为

$$J_\infty(u_*)=x_0^{\mathrm{T}}Px_0 \tag{6.79}$$

证明 设 $u(t)$ 是线性系统 (6.1) 的一个任意的镇定控制律, 即保证闭环系统的状态满足式 (6.77). 取函数 $V(x)=x^{\mathrm{T}}Px$. 利用代数 Riccati 方程 (6.66), 经过简单配方得到

$$\begin{aligned}\dot{V}(x(t))&=x^{\mathrm{T}}(t)(A^{\mathrm{T}}P+PA)x(t)+x^{\mathrm{T}}(t)PBu(t)+u^{\mathrm{T}}(t)B^{\mathrm{T}}Px(t)\\&=-x^{\mathrm{T}}(t)Qx(t)-u^{\mathrm{T}}(t)Ru(t)+(u(t)+R^{-1}B^{\mathrm{T}}Px(t))^{\mathrm{T}}R(u(t)+R^{-1}B^{\mathrm{T}}Px(t))\end{aligned}$$

将上式两边从 0 到 ∞ 积分并利用式 (6.77) 得到

$$\begin{aligned}J_{\infty}(u)&=\int_0^{\infty}(u(t)+R^{-1}B^{\mathrm{T}}Px(t))^{\mathrm{T}}R(u(t)+R^{-1}B^{\mathrm{T}}Px(t))\mathrm{d}t+V(x_0)-\lim_{t\to\infty}V(x(t))\\&=\int_0^{\infty}(u(t)+R^{-1}B^{\mathrm{T}}Px(t))^{\mathrm{T}}R(u(t)+R^{-1}B^{\mathrm{T}}Px(t))\mathrm{d}t+V(x_0)\end{aligned}\tag{6.80}$$

根据假设, $u_*(t)=-R^{-1}B^{\mathrm{T}}Px(t)$ 是一个镇定控制律, 因此由式 (6.80) 可知 $J_{\infty}(u_*)=V(x_0)=x_0^{\mathrm{T}}Px_0$. 据此由式 (6.80) 进一步得到

$$J_{\infty}(u)=J_{\infty}(u_*)+\int_0^{\infty}(u(t)+R^{-1}B^{\mathrm{T}}Px(t))^{\mathrm{T}}R(u(t)+R^{-1}B^{\mathrm{T}}Px(t))\mathrm{d}t\geqslant J_{\infty}(u_*)$$

这表明式 (6.78) 的确是最优控制律, 且式 (6.79) 成立. 证毕. □

下面考虑问题 6.3.2 的一个特殊情况, 即 $Q=0$ 或者 $C=0$. 此时二次性能指标 (6.63) 变成

$$J_{\infty}(u)=\int_0^{\infty}u^{\mathrm{T}}(t)Ru(t)\mathrm{d}t\tag{6.81}$$

该指标通常表示控制能量. 在 (A,B) 能稳的前提下, 由例 6.3.2 可知, 对应的自由终端无限时间 LQR 问题 6.3.1 的解是平凡解 $u_*=0$, 此时闭环系统的稳定性与开环系统的稳定性完全相同, 也就是说闭环系统并不一定是渐近稳定的. 因此, 必须考虑固定终端无限时间 LQR 问题. 鉴于此问题的重要性, 将其重新陈述如下.

问题 6.3.3 考虑线性系统 (6.1), 设计控制律 $u(t)$ 使得二次性能指标 (6.81) 最小化, 且对任意初值 x_0, 闭环系统的状态满足终端约束 (6.77).

该问题实际上就是固定终端无限时间能量最优控制问题. 关于该问题的解, 根据定理 6.3.2 立刻得到推论 6.3.1.

推论 6.3.1 设退化代数 Riccati 方程 (6.76) 存在一个镇定解 P, 则问题 6.3.2 的解为线性状态反馈 (6.78), 相应的最优二次性能指标为式 (6.79).

6.3.3 代数 Riccati 方程的稳态解和镇定解

根据 6.3.1 节和 6.3.2 节的讨论, 无限时间 LQR 问题的解依赖于代数 Riccati 方程 (6.66) 的稳态解和镇定解. 本节讨论其存在性问题. 为了方便, 首先给出引理 6.3.2.

引理 6.3.2 设 P_1 是代数 Riccati 方程 (6.66) 的一个解, 令 $A_1=A-BR^{-1}B^{\mathrm{T}}P_1$. 那么 P_2 也是代数 Riccati 方程 (6.66) 的一个解当且仅当

$$A_1^{\mathrm{T}}(P_1-P_2)+(P_1-P_2)A_1+(P_1-P_2)BR^{-1}B^{\mathrm{T}}(P_1-P_2)=0\tag{6.82}$$

证明　根据假设有 $-Q = A^{\mathrm{T}}P_1 + P_1A - P_1BR^{-1}B^{\mathrm{T}}P_1$. 直接计算可知

$$\begin{aligned}\Delta &\overset{\text{def}}{=} A^{\mathrm{T}}P_2 + P_2A - P_2BR^{-1}B^{\mathrm{T}}P_2 + Q \\ &= A^{\mathrm{T}}P_2 + P_2A - P_2BR^{-1}B^{\mathrm{T}}P_2 - (A_1^{\mathrm{T}}P_1 + P_1A_1 + P_1BR^{-1}B^{\mathrm{T}}P_1) \\ &= (A_1 + BR^{-1}B^{\mathrm{T}}P_1)^{\mathrm{T}}P_2 + P_2(A_1 + BR^{-1}B^{\mathrm{T}}P_1) - P_2BR^{-1}B^{\mathrm{T}}P_2 \\ &\quad - (A_1^{\mathrm{T}}P_1 + P_1A_1 + P_1BR^{-1}B^{\mathrm{T}}P_1) \\ &= -A_1^{\mathrm{T}}(P_1 - P_2) - (P_1 - P_2)A_1 - (P_1 - P_2)BR^{-1}B^{\mathrm{T}}(P_1 - P_2)\end{aligned}$$

因此, P_2 是代数 Riccati 方程 (6.66) 的一个解即 $\Delta = 0$ 当且仅当式 (6.82) 成立. 证毕. □

基于引理 6.3.2, 立刻得到下面的结论.

引理 6.3.3　*代数 Riccati 方程 (6.66) 的镇定解 P 如果存在则必然是唯一的.*

证明　设 P_1 和 P_2 都是代数 Riccati 方程 (6.66) 的镇定解, 那么根据引理 6.3.2 有

$$\begin{aligned}A_1^{\mathrm{T}}P_{12} + P_{12}A_1 &= -P_{12}BR^{-1}B^{\mathrm{T}}P_{12} \\ A_2^{\mathrm{T}}P_{21} + P_{21}A_2 &= -P_{21}BR^{-1}B^{\mathrm{T}}P_{21}\end{aligned}$$

其中, $P_{12} = P_1 - P_2, P_{21} = P_2 - P_1, A_i = A - BR^{-1}B^{\mathrm{T}}P_i\ (i = 1, 2)$. 由于 $A_i\ (i = 1, 2)$ 都是 Hurwitz 矩阵, 从上面两个 Lyapunov 方程可以分别推知 $P_{12} \geqslant 0$ 和 $P_{21} \geqslant 0$, 即 $P_1 \geqslant P_2$ 和 $P_2 \geqslant P_1$. 因此 $P_1 = P_2$. 证毕. □

关于代数 Riccati 方程 (6.66) 的稳态解和镇定解, 有下面的定理 6.3.3.

定理 6.3.3　*设线性系统 (A, B) 能稳, $R > 0$ 和 $Q = C^{\mathrm{T}}C \geqslant 0$ 是给定的加权矩阵.*

(1) 如果 (A, C) 能检测, 则代数 Riccati 方程 (6.66) 有唯一的半正定解 P, 且该半正定解 P 是其唯一的镇定解, 也是其稳态解.

(2) 如果 (A, C) 能观, 则代数 Riccati 方程 (6.66) 有唯一的正定解 P, 且该正定解 P 是其唯一的镇定解, 也是其稳态解.

证明　结论 (1) 的证明: 注意到在本定理的大前提下, 由引理 6.3.1 可知代数 Riccati 方程 (6.66) 存在半正定解 P. 下面证明, 如果 (A, C) 能检测, 则代数 Riccati 方程 (6.66) 的任意半正定解 P 必然是镇定解. 不然, 设 λ 是 $A - BR^{-1}B^{\mathrm{T}}P$ 的一个不稳定的特征值, ξ 是相应的特征向量, 即 $(A - BR^{-1}B^{\mathrm{T}}P)\xi = \lambda\xi$. 将代数 Riccati 方程 (6.66) 改写成

$$(A - BR^{-1}B^{\mathrm{T}}P)^{\mathrm{T}}P + P(A - BR^{-1}B^{\mathrm{T}}P) = -C^{\mathrm{T}}C - PBR^{-1}B^{\mathrm{T}}P$$

将此方程两边分别乘以 ξ^{H} 和 ξ 得到

$$(\lambda + \overline{\lambda})\xi^{\mathrm{H}}P\xi = -\|C\xi\|^2 - \left\|R^{-\frac{1}{2}}B^{\mathrm{T}}P\xi\right\|^2$$

由于 $\xi^{\mathrm{H}}P\xi \geqslant 0, \lambda + \overline{\lambda} = 2\operatorname{Re}\{\lambda\} \geqslant 0$, 所以有 $C\xi = 0, B^{\mathrm{T}}P\xi = 0$, 即 $A\xi = \lambda\xi$. 这表明 λ 也是 A 的一个不稳定的特征值, 且

$$\begin{bmatrix} A - \lambda I_n \\ C \end{bmatrix}\xi = 0$$

根据 PBH 判据, 上式表明 (A,C) 不能检测. 矛盾. 因此, 该半正定解是代数 Riccati 方程 (6.66) 的镇定解. 然而, 根据引理 6.3.3, 代数 Riccati 方程 (6.66) 的镇定解是唯一的, 从而其半正定解也是唯一的. 另外, 由于稳态解是半正定的, 故该唯一的半正定解也必然是其稳态解.

结论 (2) 的证明: 由于 (A,C) 能观蕴含 (A,C) 能检测, 根据本定理的结论 (1) 可知代数 Riccati 方程 (6.66) 有唯一的半正定/镇定解 P, 故只需要证明 P 还是正定的. 假设不然, 则存在实向量 $\xi \neq 0$ 使得 $P\xi = 0$. 将代数 Riccati 方程 (6.66) 两端左乘 ξ^{T}, 右乘 ξ 得到 $\|C\xi\|^2 = 0$. 因此有 $C\xi = 0$. 再将代数 Riccati 方程 (6.66) 两端右乘 ξ 得到

$$PA\xi = -C^{\mathrm{T}}C\xi = 0$$

现在将代数 Riccati 方程 (6.66) 两端左乘 $(A\xi)^{\mathrm{T}}$, 右乘 $A\xi$ 并利用上式可得 $\|CA\xi\|^2 = 0$. 因此有 $CA\xi = 0$. 再将代数 Riccati 方程 (6.66) 两端右乘 $A\xi$ 得到 $PA^2\xi = -C^{\mathrm{T}}CA\xi = 0$. 重复上面的过程可以得到一系列的等式 $CA^i\xi = 0\ (i = 0, 1, \cdots)$, 即

$$\begin{bmatrix} C \\ CA \\ \vdots \\ CA^{n-1} \end{bmatrix} \xi = 0 \tag{6.83}$$

这与 (A,C) 能观相矛盾. 证毕. □

例 6.3.3 设 $R = 1, (A,B,C)$ 如下:

$$A = \begin{bmatrix} 0 & 1 & 0 \\ 0 & 0 & 1 \\ 0 & 0 & 0 \end{bmatrix}, \quad B = \begin{bmatrix} 0 \\ 0 \\ 1 \end{bmatrix}, \quad C = \begin{bmatrix} q \\ 0 \\ 0 \end{bmatrix}^{\mathrm{T}}$$

其中, $q > 0$ 是常数. 显然 (A,B) 能控, (A,C) 能观. 可以验证代数 Riccati 方程 (6.66) 的一个解为

$$P = \begin{bmatrix} 2q^{\frac{5}{3}} & 2q^{\frac{4}{3}} & q \\ 2q^{\frac{4}{3}} & 3q & 2q^{\frac{2}{3}} \\ q & 2q^{\frac{2}{3}} & 2q^{\frac{1}{3}} \end{bmatrix}$$

这是一个正定解, 从而也是其唯一的正定解、镇定解和稳态解.

在定理 6.3.3 的条件下, 代数 Riccati 方程 (6.66) 的唯一镇定/正定解 P 提供了闭环系统 (6.72) 的一个二次 Lyapunov 函数

$$V(x) = x^{\mathrm{T}}Px \tag{6.84}$$

该 Lyapunov 函数可进一步用于其他目的. 为了说明这一点, 给出下面的简单结论.

推论 6.3.2 设线性系统 (A,B) 能稳, $R > 0$ 和 $Q > 0$ 是给定的加权矩阵. 令 P 是代数 Riccati 方程 (6.66) 的唯一正定解. 那么, 对任意 $\eta \geqslant 0$, 由系统 (6.1) 和线性状态反馈

$$u_\eta(t) = -\left(\frac{1}{2} + \eta\right) R^{-1}B^{\mathrm{T}}Px(t) \tag{6.85}$$

组成的闭环系统渐近稳定.

证明　利用代数 Riccati 方程 (6.66) 可知 Lyapunov 函数 (6.84) 沿着闭环系统

$$\dot{x}(t)=\left(A-\left(\frac{1}{2}+\eta\right)BR^{-1}B^{\mathrm{T}}P\right)x(t) \tag{6.86}$$

的导数满足

$$\begin{aligned}\dot{V}(x(t))&=x^{\mathrm{T}}(t)(A^{\mathrm{T}}P+PA-(1+2\eta)PBR^{-1}B^{\mathrm{T}}P)x(t)\\&=-x^{\mathrm{T}}(t)(Q+2\eta PBR^{-1}B^{\mathrm{T}}P)x(t)\leqslant -x^{\mathrm{T}}(t)Qx(t)\end{aligned}$$

由 Lyapunov 方法可知闭环系统 (6.86) 渐近稳定. 证毕. □

说明 6.3.1　比较控制律 (6.85) 和最优状态反馈控制律 (6.78) 可知

$$u_{\eta}(t)=\left(\frac{1}{2}+\eta\right)u_{*}(t)$$

这表明最优状态反馈控制律 (6.78) 乘以任意大于或等于 1/2 的常数后, 所形成的控制律仍能镇定线性系统 (6.1). 这说明最优状态反馈控制律 (6.78) 具有 $[1/2,\infty)$ 的增益裕度.

从定理 6.3.3 可以看出, (A,C) 能检测/能观只是代数 Riccati 方程 (6.66) 有唯一的半正定/正定解 P 的充分条件, 并不是必要条件. 但若考虑代数 Riccati 方程 (6.66) 的稳态解的正定性, (A,C) 能观还是必要的. 这就是下面进一步的结论.

定理 6.3.4　设线性系统 (A,B) 能稳, 则代数 Riccati 方程 (6.66) 的稳态解是正定的当且仅当 (A,C) 能观.

证明　根据定理 6.3.3, 只需证明, 如果代数 Riccati 方程 (6.66) 的稳态解 $P_{\infty}>0$, 则 (A,C) 能观. 假设 (A,C) 不能观, 则存在非零向量 ξ 使得式 (6.83) 成立. 这表明

$$C\mathrm{e}^{At}\xi=C\sum_{i=0}^{\infty}\frac{(At)^{i}}{i!}\xi=0$$

取 $x_0=\xi$, 由定理 6.3.1 可知

$$\xi^{\mathrm{T}}P_{\infty}\xi=J_{\infty}(u_{*})\leqslant J_{\infty}(0)=\int_{0}^{\infty}x^{\mathrm{T}}(t)C^{\mathrm{T}}Cx(t)\mathrm{d}t=\int_{0}^{\infty}\xi^{\mathrm{T}}\mathrm{e}^{A^{\mathrm{T}}t}C^{\mathrm{T}}C\mathrm{e}^{At}\xi\mathrm{d}t=0$$

这和 $P_{\infty}>0$ 相矛盾. 证毕. □

本章主要在 (A,B) 能稳和 (A,C) 能检测/能观的条件下讨论代数 Riccati 方程 (6.66) 的解. 在这些条件下, 上面的几个定理比较完整地给出了代数 Riccati 方程 (6.66) 的半正定/正定解和镇定解的存在条件. 粗略地说, 只要系统 (A,B) 能稳, (A,C) 能检测, 无限时间 LQR 问题的解是线性反馈, 且相应的闭环系统 (6.72) 是渐近稳定的. 从应用的角度来看, (A,B) 能稳和 (A,C) 能检测这两个条件已经相当弱了. 但从数学角度来看, 代数 Riccati 方程 (6.66) 的镇定解的存在性并不要求 (A,B) 能稳和 (A,C) 能检测. 具体的讨论比较复杂, 此处从略.

6.3.4 退化代数 Riccati 方程的镇定解

为了保证代数 Riccati 方程 (6.66) 的镇定解存在, 定理 6.3.3 要求 (A, C) 能检测/能观. 该条件对于退化代数 Riccati 方程 (6.76) 显然不满足. 为了研究后者的镇定解的存在性, 设 $\lambda_-(A)$ 和 $\lambda_+(A)$ 分别表示 A 的稳定和不稳定特征值组成的集合, 即

$$\lambda_-(A) = \{s \in \lambda(A) : \mathrm{Re}\{s\} < 0\}, \quad \lambda_+(A) = \{s \in \lambda(A) : \mathrm{Re}\{s\} > 0\}$$

对任意一个集合 $\mathcal{S}$, 记 $-\mathcal{S} = \{-s : s \in \mathcal{S}\}$.

定理 6.3.5 设 $R > 0$, 则退化代数 Riccati 方程 (6.76)

(1) 存在镇定解 P 的充要条件是 (A, B) 能稳且 A 不存在位于虚轴上的特征值. 在此条件下, 该镇定解是唯一的且是半正定的, 其对应的闭环系统矩阵满足

$$\lambda(A - BR^{-1}B^{\mathrm{T}}P) = \lambda_-(A) \cup (-\lambda_+(A)) \tag{6.87}$$

(2) 存在正定的镇定解当且仅当 (A, B) 能控且 A 的所有特征值都具有正实部. 在此条件下, 其对应的闭环系统矩阵满足

$$\lambda(A - BR^{-1}B^{\mathrm{T}}P) = -\lambda(A) \tag{6.88}$$

证明 结论 (1) 的证明: 先证充分性, 即如果 (A, B) 能稳且 A 不存在位于虚轴上的特征值, 则退化代数 Riccati 方程 (6.76) 存在镇定解 P, 且该镇定解是半正定的, 并保证对应的闭环系统矩阵满足式 (6.87). 不失一般性, 令

$$A = \begin{bmatrix} A_- & 0 \\ 0 & A_+ \end{bmatrix}, \quad B = \begin{bmatrix} B_- \\ B_+ \end{bmatrix}$$

其中, $\lambda(A_-) = \lambda_-(A), \lambda(A_+) = \lambda_+(A)$. 考虑 Lyapunov 方程

$$W_+A_+^{\mathrm{T}} + A_+W_+ = B_+R^{-1}B_+^{\mathrm{T}} \tag{6.89}$$

由于 (A, B) 能稳, 必有 (A_+, B_+) 能控. 而 A_+ 反稳定, 故根据习题 3.12 可知上述 Lyapunov 方程有唯一的正定解 W_+. 令

$$P = \begin{bmatrix} 0 & 0 \\ 0 & W_+^{-1} \end{bmatrix} \geqslant 0$$

则直接验证可知 P 满足退化代数 Riccati 方程 (6.76). 下证 P 的确是镇定解. 将方程 (6.89) 改写成

$$A_+ - B_+R^{-1}B_+^{\mathrm{T}}W_+^{-1} = -W_+A_+^{\mathrm{T}}W_+^{-1}$$

据此容易验证

$$A - BR^{-1}B^{\mathrm{T}}P = \begin{bmatrix} A_- & -B_-R^{-1}B_+^{\mathrm{T}}W_+^{-1} \\ 0 & A_+ - B_+R^{-1}B_+^{\mathrm{T}}W_+^{-1} \end{bmatrix} = \begin{bmatrix} A_- & -B_-R^{-1}B_+^{\mathrm{T}}W_+^{-1} \\ 0 & -W_+A_+^{\mathrm{T}}W_+^{-1} \end{bmatrix}$$

这表明闭环系统的极点满足

$$\lambda(A - BR^{-1}B^{\mathrm{T}}P) = \lambda(A_-) \cup \lambda(-A_+) = \lambda_-(A) \cup (-\lambda_+(A))$$

因此该半正定解 P 是镇定解. 由引理 6.3.3 可知该镇定解必然是唯一的, 且式 (6.87) 成立.

下证必要性, 即如果退化代数 Riccati 方程 (6.76) 存在镇定解, 必有 (A,B) 能稳且 A 不存在位于虚轴的特征值. 要求 (A,B) 能稳是显然的. 下面假设 A 存在虚轴上的特征值 $\omega\mathrm{i}$, 则存在非零向量 ξ 使得 $A\xi = \omega\mathrm{i}\xi$. 将退化代数 Riccati 方程 (6.76) 两边分别左乘 ξ^{H} 和右乘 ξ 得到

$$\xi^{\mathrm{H}}PBR^{-1}B^{\mathrm{T}}P\xi = \xi^{\mathrm{H}}A^{\mathrm{T}}P\xi + \xi^{\mathrm{H}}PA\xi = 0$$

这表明 $B^{\mathrm{T}}P\xi = 0$. 因此

$$(A - BR^{-1}B^{\mathrm{T}}P)\xi = A\xi = \omega\mathrm{i}\xi \tag{6.90}$$

即 $\omega\mathrm{i}$ 也是 $A - BR^{-1}B^{\mathrm{T}}P$ 的一个特征值. 这表明退化代数 Riccati 方程 (6.76) 的任意解都不是镇定解. 矛盾.

结论 (2) 的证明: 先证充分性. 如果 (A,B) 能控且 A 的所有特征值都具有正实部, 由上面充分性证明可知 A_- 不存在, 退化代数 Riccati 方程 (6.76) 有一个正定解 $P = W_+^{-1}$, 且也是镇定解, 并有式 (6.88) 成立.

下证必要性, 即如果退化代数 Riccati 方程 (6.76) 有一个正定的镇定解 P, 则必有 (A,B) 能控且 A 的所有特征值都具有正实部. 设 λ 是 A 的一个任意特征值, ξ 是相应的右特征向量. 将退化代数 Riccati 方程 (6.76) 两边分别左乘 ξ^{H} 和右乘 ξ 得到

$$\xi^{\mathrm{H}}PBR^{-1}B^{\mathrm{T}}P\xi = \xi^{\mathrm{H}}A^{\mathrm{T}}P\xi + \xi^{\mathrm{H}}PA\xi = 2\,\mathrm{Re}\{\lambda\}\xi^{\mathrm{H}}P\xi$$

这表明 $\mathrm{Re}\{\lambda\} \geqslant 0$. 但是, 如果 $\mathrm{Re}\{\lambda\} = 0$, 由式 (6.90) 可知 $\lambda = \omega\mathrm{i}$ 也是 $A - BR^{-1}B^{\mathrm{T}}P$ 的一个特征值, 这与 P 是镇定解相矛盾. 现在假设 (A,B) 不能控, 则 A 存在一个特征值 λ 和非零左特征向量 z 使得 $z^{\mathrm{H}}A = \lambda z^{\mathrm{H}}$ 和 $z^{\mathrm{H}}B = 0$. 将退化代数 Riccati 方程 (6.76) 两边分别乘以 P^{-1} 得到

$$P^{-1}A^{\mathrm{T}} + AP^{-1} = BR^{-1}B^{\mathrm{T}} \tag{6.91}$$

式 (6.91) 左乘 z^{H} 和右乘 z 得到 $(\lambda + \overline{\lambda})z^{\mathrm{H}}P^{-1}z = 0$, 这表明 $\mathrm{Re}\{\lambda\} = 0$. 同理, 由式 (6.90) 可知 $\lambda = \omega\mathrm{i}$ 必然也是 $A - BR^{-1}B^{\mathrm{T}}P$ 的一个特征值, 这也与 P 是镇定解相矛盾. 证毕. □

定理 6.3.5 和定理 6.3.3 表明, (A,C) 能检测/能观只是代数 Riccati 方程 (6.66) 有半正定/正定解的充分条件. 此外, 从定理 6.3.5 的证明可以看出, 退化代数 Riccati 方程 (6.76) 的正定解如果存在, 可以通过求解线性 Lyapunov 方程 (6.91) 得到.

说明 6.3.2　需要注意的是, 退化代数 Riccati 方程 (6.76) 的正定解未必是镇定解. 例如

$$A = \begin{bmatrix} 0 & \omega \\ -\omega & 0 \end{bmatrix}, \quad \omega \in \mathbf{R}, \quad B = 0$$

容易看出 $P = rI_2\ (r > 0)$ 是其正定解, 但它显然不是镇定解.

说明 6.3.3 根据常识, 能量最优控制律应该是在保持稳定的开环极点不变的同时, 将不稳定的开环极点移动到左半平面且离虚轴尽量近的位置. 但从定理 6.3.5 可以看出, 能量最优控制即问题 6.3.3 的解虽然保持稳定的开环极点位置不变, 但却将不稳定的开环极点移动到其关于虚轴对称的位置, 且不改变相应极点的几何和代数重数. 见示意图 6.1, 其中 × 表示开环极点, ∘ 表示闭环极点. 这多少与常识相悖, 且其蕴含的物理和系统意义值得仔细品味.

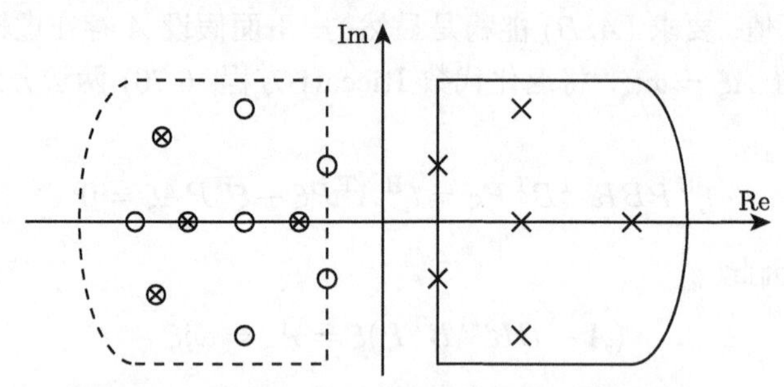

图 6.1　开环不稳定的极点相对虚轴做镜像移动

6.3.5 代数 Riccati 方程的解析解

鉴于代数 Riccati 方程 (6.66) 在 LQR 问题中的重要性, 有必要对其解析解的计算进行一些简单的介绍. 设

$$H_n = \begin{bmatrix} A & -BR^{-1}B^{\mathrm{T}} \\ -Q & -A^{\mathrm{T}} \end{bmatrix} = \begin{bmatrix} A & -BR^{-1}B^{\mathrm{T}} \\ -C^{\mathrm{T}}C & -A^{\mathrm{T}} \end{bmatrix}$$

该矩阵通常称为代数 Riccati 方程 (6.66) 的 Hamilton 矩阵.

引理 6.3.4 Hamilton 矩阵 H_n 的特征值关于虚轴对称. 此外, 如果 (A, B) 能稳, (A, C) 能检测, 则 H_n 没有位于虚轴上的特征值, 即 H_n 有 n 个稳定的特征值和 n 个不稳定的特征值.

证明 定义矩阵

$$J_n = \begin{bmatrix} 0 & I_n \\ -I_n & 0 \end{bmatrix}, \quad J_n^{-1} = \begin{bmatrix} 0 & -I_n \\ I_n & 0 \end{bmatrix} = -J_n$$

则容易验证 $H_nJ_n = -J_nH_n^{\mathrm{T}}$. 直接计算 H_n 的特征多项式, 即

$$\begin{aligned}\varDelta_n(s) &= \det(sI_{2n} - H_n) = \det(sI_{2n} + J_nH_n^{\mathrm{T}}J_n^{-1}) = \det(sI_{2n} + H_n^{\mathrm{T}}) \\ &= \det(sI_{2n} + H_n) = (-1)^{2n}\det(-sI_{2n} - H_n) = \varDelta_n(-s)\end{aligned}$$

这表明, 如果 λ 是 Hamilton 矩阵 H_n 的一个特征值, 则 $-\lambda$ 也是它的一个特征值, 即 H_n 的特征值关于虚轴对称. 下面用反证法证明第 2 个结论. 设 $\omega\mathrm{i}$ 是 Hamilton 矩阵 H_n 的一个特征值, 则存在特征向量 $x = [x_1^{\mathrm{T}}, x_2^{\mathrm{T}}]^{\mathrm{T}} \neq 0$ 使得 $H_nx = \omega\mathrm{i}x$, 即

$$\begin{bmatrix} \omega\mathrm{i}I_n - A & BR^{-1}B^{\mathrm{T}} \\ Q & \omega\mathrm{i}I_n + A^{\mathrm{T}} \end{bmatrix}\begin{bmatrix} x_1 \\ x_2 \end{bmatrix} = 0 \tag{6.92}$$

令 $y=[x_2^{\mathrm{T}},x_1^{\mathrm{T}}]^{\mathrm{T}}$, 则有

$$y^{\mathrm{H}}H_nx+x^{\mathrm{H}}H_n^{\mathrm{T}}y=y^{\mathrm{H}}H_nx+(H_nx)^{\mathrm{H}}y=\omega\mathrm{i}y^{\mathrm{H}}x+(\omega\mathrm{i}x)^{\mathrm{H}}y=0 \tag{6.93}$$

另外, 直接计算可知

$$y^{\mathrm{H}}H_nx=x_2^{\mathrm{H}}Ax_1-x_2^{\mathrm{H}}BR^{-1}B^{\mathrm{T}}x_2-x_1^{\mathrm{H}}Qx_1-x_1^{\mathrm{H}}A^{\mathrm{T}}x_2$$

因此有

$$y^{\mathrm{H}}H_nx+x^{\mathrm{H}}H_n^{\mathrm{T}}y=-2x_2^{\mathrm{H}}BR^{-1}B^{\mathrm{T}}x_2-2x_1^{\mathrm{H}}Qx_1$$

将上式和式 (6.93) 比较可知 $B^{\mathrm{T}}x_2=0$ 和 $Cx_1=0$. 将此代入式 (6.92) 得到 $(\omega\mathrm{i}I_n-A)x_1=0$ 和 $(\omega\mathrm{i}I_n+A^{\mathrm{T}})x_2=0$. 这就是

$$\begin{bmatrix} A-\omega\mathrm{i}I_n \\ C \end{bmatrix}x_1=0,\quad x_2^{\mathrm{H}}\begin{bmatrix} A-\omega\mathrm{i}I_n & B \end{bmatrix}=0$$

由于 x_1 和 x_2 不全为零, 根据 PBH 判据, 上式表明 (A,C) 不能检测或 (A,B) 不能稳. 矛盾. 证毕. □

根据引理 6.3.4, 在 (A,B) 能稳和 (A,C) 能检测的条件下, H_n 没有位于虚轴上的特征值, 因此存在实矩阵 $V\in\mathbf{R}_n^{2n\times n}$ 使得

$$H_nV=VS_n,\quad V=\begin{bmatrix} V_1 \\ V_2 \end{bmatrix},\quad V_i\in\mathbf{R}^{n\times n},\quad i=1,2 \tag{6.94}$$

其中, S_n 包含 H_n 的所有稳定的特征值. 由于 V 列满秩, 可假设 V_1 可逆 (该假设可由 (A,B) 能稳和 (A,C) 能检测得到保证, 详细证明参见文献 [1] 的定理 13.6). 那么

$$VV_1^{-1}=\begin{bmatrix} I_n \\ V_2V_1^{-1} \end{bmatrix} \tag{6.95}$$

定理 6.3.6　设 (A,B) 能稳, (A,C) 能检测, $V_i\in\mathbf{R}^{n\times n}$ $(i=1,2)$ 如式 (6.94) 和式 (6.95) 所定义, 则 $P=V_2V_1^{-1}$ 是代数 Riccati 方程 (6.66) 的唯一半正定解, 也是其唯一的镇定解, 且 $A-BR^{-1}B^{\mathrm{T}}P=V_1S_nV_1^{-1}$.

证明　首先证明 P 满足代数 Riccati 方程 (6.66). 由式 (6.94) 可知

$$H_n\begin{bmatrix} I_n \\ P \end{bmatrix}=H_n\begin{bmatrix} V_1 \\ V_2 \end{bmatrix}V_1^{-1}=VV_1^{-1}V_1S_nV_1^{-1}=\begin{bmatrix} I_n \\ P \end{bmatrix}\tilde{S}_n \tag{6.96}$$

其中, $\tilde{S}_n=V_1S_nV_1^{-1}$ 是 Hurwitz 矩阵. 上式左乘 $[P,-I_n]$ 得到 $A^{\mathrm{T}}P+PA+Q-PBR^{-1}B^{\mathrm{T}}P=0$, 即 P 满足代数 Riccati 方程 (6.66). 其次证明 P 是对称的. 将式 (6.96) 左端乘以 $[-P^{\mathrm{T}},I_n]$ 得到

$$-A^{\mathrm{T}}P-P^{\mathrm{T}}A+P^{\mathrm{T}}BR^{-1}B^{\mathrm{T}}P-Q=(P-P^{\mathrm{T}})\tilde{S}_n$$

这表明 $(P-P^{\mathrm{T}})\tilde{S}_n$ 是对称矩阵, 即 $(P-P^{\mathrm{T}})\tilde{S}_n=((P-P^{\mathrm{T}})\tilde{S}_n)^{\mathrm{T}}=\tilde{S}_n^{\mathrm{T}}(P^{\mathrm{T}}-P)$, 或者

$$(P-P^{\mathrm{T}})\tilde{S}_n+\tilde{S}_n^{\mathrm{T}}(P-P^{\mathrm{T}})=0$$

由 $\tilde{S}_n$ 是 Hurwitz 矩阵知 $\lambda(\tilde{S}_n)\cap\lambda(-\tilde{S}_n^{\mathrm{T}})=\varnothing$. 因此上述方程仅有唯一解 $P-P^{\mathrm{T}}=0$, 即 P 是对称矩阵. 比较式 (6.96) 两端可知 $A-BR^{-1}B^{\mathrm{T}}P=\tilde{S}_n=V_1S_nV_1^{-1}$ 显然是 Hurwitz 矩阵. 综上可知, P 是代数 Riccati 方程 (6.66) 的镇定解, 而根据引理 6.3.3 和定理 6.3.3, 该镇定解是唯一的, 且是半正定的. 证毕. □

定理 6.3.6 事实上给出了代数 Riccati 方程 (6.66) 的唯一镇定解的解析表达式, 并同时指出闭环系统 $A-BR^{-1}B^{\mathrm{T}}P$ 的特征值就是 Hamilton 矩阵 H_n 的稳定特征值. 然而, 计算唯一镇定解 P 依赖于计算 Hamilton 矩阵 H_n 的稳定特征值和相应的特征向量. 一般来说, 由于 5 次及以上多项式方程一般没有解析 (根式) 解, 对于 $n\geqslant 3$ 的线性系统, 难以获得 H_n 的稳定特征值和相应特征向量的解析表达式. 但也不是绝对的, 如例 6.3.3.

6.4 保证收敛速度的最优控制

6.4.1 问题的描述与解

本节考虑比式 (6.63) 更一般的二次性能指标

$$J_{\infty,\gamma}(u)=\int_0^{\infty}\mathrm{e}^{\gamma t}(x^{\mathrm{T}}(t)Qx(t)+u^{\mathrm{T}}(t)Ru(t))\mathrm{d}t \tag{6.97}$$

其中, $R>0$ 和 $Q=C^{\mathrm{T}}C\geqslant 0$ 是给定的具有适当维数的加权矩阵; γ 是一个定常参量. 显然, 如果 $\gamma=0$, 上述二次性能指标退化为式 (6.63). 所考虑的最优控制问题描述如下.

问题 6.4.1 考虑线性系统 (6.1), 设计控制律 $u(t)$ 使得二次性能指标 (6.97) 最小化.

该问题本质上可以转化为针对性能指标 (6.63) 的标准二次最优控制问题.

定理 6.4.1 设线性系统 $(A+\gamma I_n/2,B)$ 能稳, $P_{\infty}=P_{\infty}(\gamma)\geqslant 0$ 是参量代数 Riccati 方程

$$A^{\mathrm{T}}P+PA-PBR^{-1}B^{\mathrm{T}}P=-\gamma P-Q \tag{6.98}$$

的稳态解, 则问题 6.4.1 的解可表示为

$$u_*(t)=-R^{-1}B^{\mathrm{T}}P_{\infty}x(t) \tag{6.99}$$

相应的最优性能指标为 $J_{\infty,\gamma}(u_*)=x_0^{\mathrm{T}}P_{\infty}x_0$.

证明 定义新的状态和控制变量

$$x_{\gamma}(t)=\mathrm{e}^{\frac{\gamma}{2}t}x(t),\quad u_{\gamma}(t)=\mathrm{e}^{\frac{\gamma}{2}t}u(t) \tag{6.100}$$

则容易验证 $(x_{\gamma}(t),u_{\gamma}(t))$ 满足线性系统

$$\dot{x}_{\gamma}(t)=\left(A+\frac{\gamma}{2}I_n\right)x_{\gamma}(t)+Bu_{\gamma}(t),\quad x_{\gamma}(0)=x(0) \tag{6.101}$$

且性能指标 (6.97) 可以表示为

$$J_{\infty,\gamma}(u) = \int_0^{\infty} (x_\gamma^{\mathrm{T}}(t) Q x_\gamma(t) + u_\gamma^{\mathrm{T}}(t) R u_\gamma(t)) \mathrm{d}t \tag{6.102}$$

由于转化后的性能指标 (6.102) 和 (6.63) 具有完全相同的形式, 问题 6.4.1 转化为针对线性系统 (6.101) 的自由终端无限时间 LQR 问题. 根据定理 6.3.1, 该问题的最优解为线性状态反馈

$$u_{*\gamma}(t) = -R^{-1} B^{\mathrm{T}} P_{\infty} x_\gamma(t) \tag{6.103}$$

其中, $P_{\infty} = P_{\infty}(\gamma) \geqslant 0$ 是代数 Riccati 方程

$$\left(A + \frac{\gamma}{2} I_n\right)^{\mathrm{T}} P + P \left(A + \frac{\gamma}{2} I_n\right) - P B R^{-1} B^{\mathrm{T}} P = -Q$$

的稳态解, 且相应的最优性能指标为 $J_{\infty,\gamma} = x_\gamma^{\mathrm{T}}(0) P_{\infty} x_\gamma(0) = x_0^{\mathrm{T}} P_{\infty} x_0$. 注意到上述方程可以等价地写成方程 (6.98). 最后, 将式 (6.100) 代入式 (6.103) 即得式 (6.99). 证毕. □

由于参量代数 Riccati 方程 (6.98) 是系统 (6.101) 对应的代数 Riccati 方程, 与原始系统 (6.1) 对应的代数 Riccati 方程 (6.66) 不同, 为避免混淆, 进一步给出定义 6.4.1.

定义 6.4.1 如果 $A + \gamma I_n/2 - B R^{-1} B^{\mathrm{T}} P$ 是 Hurwitz 矩阵, 则称 P 是参量代数 Riccati 方程 (6.98) 的 $(A + \gamma I_n/2, B)$-镇定解; 如果 $A - B R^{-1} B^{\mathrm{T}} P$ 是 Hurwitz 矩阵, 则称 P 是参量代数 Riccati 方程 (6.98) 的 (A, B)-镇定解.

当然, 如果 $\gamma \geqslant 0$, 参量代数 Riccati 方程 (6.98) 的 $(A + \gamma I_n/2, B)$-镇定解必然也是 (A, B)-镇定解. 关于最优控制 (6.99) 导致的闭环系统的稳定性, 有定理 6.4.2.

定理 6.4.2 假设 $(A + \gamma I_n/2, B)$ 能稳, $(A + \gamma I_n/2, C)$ 能检测/能观, 则参量代数 Riccati 方程 (6.98) 具有唯一的半正定/正定解 P, 该解同时也是稳态解 P_{∞}, 且由系统 (6.1) 和控制律 (6.99) 组成的闭环系统的极点满足

$$\mathrm{Re}\left\{\lambda_i(A - B R^{-1} B^{\mathrm{T}} P_{\infty})\right\} < -\frac{\gamma}{2}, \quad i = 1, 2, \cdots, n \tag{6.104}$$

此外, 存在正常数 k 使得相应的闭环系统的状态满足

$$\|x(t)\| \leqslant k \mathrm{e}^{-\frac{\gamma}{2} t} \|x(0)\|, \quad t \geqslant 0 \tag{6.105}$$

证明 转化后的线性系统 (6.101) 在最优控制律 (6.103) 作用下的闭环系统为

$$\dot{x}_\gamma(t) = \left(A + \frac{\gamma}{2} I_n - B R^{-1} B^{\mathrm{T}} P_{\infty}\right) x_\gamma(t) \tag{6.106}$$

根据定理 6.3.3, 在本定理的前提下, 参量代数 Riccati 方程 (6.98) 具有唯一的半正定/正定解 P, 该解同时是稳态解 P_{∞}, 也是 $(A + \gamma I_n/2, B)$-镇定解, 即

$$\mathrm{Re}\left\{\lambda_i \left(A + \frac{\gamma}{2} I_n - B R^{-1} B^{\mathrm{T}} P_{\infty}\right)\right\} < 0, \quad i = 1, 2, \cdots, n$$

这就证明了式 (6.104). 另外, 由于线性系统 (6.106) 渐近稳定, 存在正常数 k 使得 $\|x_\gamma(t)\| \leqslant k \|x_\gamma(0)\|$ $(t \geqslant 0)$. 此式和式 (6.100) 蕴含式 (6.105). 证毕. □

在定理 6.4.2 的条件下, 最优控制律 (6.99) 导致的闭环系统的状态以不慢于 $\mathrm{e}^{-\frac{\gamma}{2} t}$ 的速度收敛到零. 这里假设 $\gamma \geqslant 0$. 因此, 通常称问题 6.4.1 为保证收敛速度的 LQR 问题.

6.4.2 保证收敛速度的最小能量控制

本节讨论二次性能指标 (6.97) 中 $Q=0$ 的情况, 即

$$J_{\infty,\gamma}(u)=\int_0^{\infty}\mathrm{e}^{\gamma t}u^{\mathrm{T}}(t)Ru(t)\mathrm{d}t \tag{6.107}$$

其中, $R>0$ 是给定的加权矩阵, γ 是一个常值参量. 显然, 如果 $\gamma=0$, 上述二次性能指标退化为式 (6.81). 所考虑的最优控制问题描述如下.

问题 6.4.2 考虑线性系统 (6.1), 设计控制律 $u(t)$ 使得二次性能指标 (6.107) 最小化, 且对任意初值 x_0, 闭环系统的状态满足

$$\lim_{t\to\infty}\left\|\mathrm{e}^{\frac{\gamma}{2}t}x(t)\right\|=0 \tag{6.108}$$

从式 (6.108) 可以看出闭环系统的状态以不慢于 $\mathrm{e}^{-\frac{\gamma}{2}t}$ 的速度收敛到零. 因此, 上述问题可看成是保证收敛速度的最小能量控制问题. 根据 6.4.1 节的讨论, 特别是定理 6.4.1 的证明和推论 6.3.1, 不难得到推论 6.4.1.

推论 6.4.1 设退化参量代数 Riccati 方程

$$A^{\mathrm{T}}P+PA-PBR^{-1}B^{\mathrm{T}}P=-\gamma P \tag{6.109}$$

存在一个 $(A+\gamma I_n/2,B)$-镇定解 P, 则问题 6.4.2 的解为式 (6.78), 相应的最优性能指标为式 (6.79).

由最优状态反馈 (6.78) 和线性系统 (6.1) 组成的闭环系统为

$$\dot{x}(t)=(A-BR^{-1}B^{\mathrm{T}}P)x(t) \tag{6.110}$$

显然, 如果 $\gamma\geqslant 0$, 终端约束 (6.108) 保证了闭环系统 (6.110) 的状态 $x(t)$ 以不慢于 $\mathrm{e}^{-\frac{\gamma}{2}t}$ 的速度趋于零. 退化参量代数 Riccati 方程 (6.109) 的 $(A+\gamma I_n/2,B)$-镇定解 P 保证了问题 6.4.2 的可解性, 也就保证了式 (6.108), 进而保证了闭环系统 (6.110) 的稳定性. 但如果 $\gamma<0$, 参量代数 Riccati 方程 (6.109) 的 $(A+\gamma I_n/2,B)$-镇定解 P 不一定是 (A,B) 镇定解. 因此, 有必要给出闭环系统 (6.110) 渐近稳定的条件. 为此, 设 $\lambda_-(A,\gamma)$ 和 $\lambda_+(A,\gamma)$ 分别表示矩阵 A 在复平面直线 $s=-\gamma/2$ 左侧和右侧的特征值的集合, 即

$$\lambda_-(A,\gamma)=\left\{s\in\lambda(A):\mathrm{Re}\{s\}<-\frac{\gamma}{2}\right\},\quad \lambda_+(A,\gamma)=\left\{s\in\lambda(A):\mathrm{Re}\{s\}>-\frac{\gamma}{2}\right\}$$

定理 6.4.3 可看成是定理 6.3.5 的推广.

定理 6.4.3 设 $R>0$, 则退化参量代数 Riccati 方程 (6.109)

(1) 存在唯一 $(A+\gamma I_n/2,B)$-镇定解 P 的充要条件是 $(A+\gamma I_n/2,B)$ 能稳且 A 不存在位于复平面直线 $s=-\gamma/2$ 上的特征值. 在此条件下, 该 $(A+\gamma I_n/2,B)$-镇定解 P 是半正定的, 对应的闭环系统矩阵满足

$$\lambda(A-BR^{-1}B^{\mathrm{T}}P)=\lambda_-(A,\gamma)\cup(-\gamma-\lambda_+(A,\gamma)) \tag{6.111}$$

(2) 存在唯一正定的 $(A+\gamma I_n/2, B)$-镇定解当且仅当 (A, B) 能控且

$$\gamma > -2\,\mathrm{Re}\{\lambda_i(A)\}, \quad i=1,2,\cdots,n \tag{6.112}$$

在此条件下, 对应的闭环系统矩阵满足

$$\lambda(A-BR^{-1}B^{\mathrm{T}}P) = -\gamma - \lambda(A) \tag{6.113}$$

即闭环系统 (6.110) 渐近稳定当且仅当

$$\gamma > -\,\mathrm{Re}\{\lambda_i(A)\}, \quad i=1,2,\cdots,n \tag{6.114}$$

证明 结论 (1) 的证明: 将退化参量代数 Riccati 方程 (6.109) 改写成

$$\left(A+\frac{\gamma}{2}I_n\right)^{\mathrm{T}} P + P\left(A+\frac{\gamma}{2}I_n\right) - PBR^{-1}B^{\mathrm{T}}P = 0 \tag{6.115}$$

此方程具有退化代数 Riccati 方程 (6.76) 的形式. 根据定理 6.3.5, 方程 (6.115) 存在 $(A+\gamma I_n/2, B)$-镇定解 P 的充要条件是 $(A+\gamma I_n/2, B)$ 能稳且 $A+\gamma I_n/2$ 不存在位于虚轴上的特征值, 即 A 不存在位于复平面直线 $s=-\gamma/2$ 上的特征值. 此 $(A+\gamma I_n/2, B)$-镇定解 P 也是半正定的. 根据式 (6.87) 有

$$\lambda\left(A+\frac{\gamma}{2}I_n - BR^{-1}B^{\mathrm{T}}P\right) = \lambda_-\left(A+\frac{\gamma}{2}I_n\right) \cup \left(-\lambda_+\left(A+\frac{\gamma}{2}I_n\right)\right) \tag{6.116}$$

另外, 根据 $\lambda_-(A,\gamma)$ 和 $\lambda_+(A,\gamma)$ 的定义有

$$\begin{aligned}\lambda_-\left(A+\frac{\gamma}{2}I_n\right) &= \left\{s : \mathrm{Re}\{s\}<0, s\in\lambda\left(A+\frac{\gamma}{2}I_n\right)\right\}\\ &= \left\{s+\frac{\gamma}{2} : \mathrm{Re}\{s\} < -\frac{\gamma}{2}, s\in\lambda(A)\right\} = \frac{\gamma}{2}+\lambda_-(A,\gamma)\end{aligned}$$

同理 $\lambda_+(A+\gamma I_n/2) = \gamma/2+\lambda_+(A,\gamma)$. 因此由式 (6.116) 可以得到

$$\begin{aligned}\lambda(A-BR^{-1}B^{\mathrm{T}}P) &= -\frac{\gamma}{2}+\lambda\left(A+\frac{\gamma}{2}I_n - BR^{-1}B^{\mathrm{T}}P\right)\\ &= \left(-\frac{\gamma}{2}+\lambda_-\left(A+\frac{\gamma}{2}I_n\right)\right) \cup \left(-\frac{\gamma}{2}-\lambda_+\left(A+\frac{\gamma}{2}I_n\right)\right)\\ &= \lambda_-(A,\gamma)\cup(-\gamma-\lambda_+(A,\gamma))\end{aligned}$$

这就证明了式 (6.111).

结论 (2) 的证明: 根据定理 6.3.5, 退化代数 Riccati 方程 (6.115) 存在正定的 $(A+\gamma I_n/2, B)$-镇定解当且仅当 $(A+\gamma I_n/2, B)$ 能控且 $A+\gamma I_n/2$ 的所有特征值具有正实部, 即 $\mathrm{Re}\{\lambda_i(A+\gamma I_n/2)\}>0$ $(i=1,2,\cdots,n)$. 这显然等价于不等式 (6.112). 根据式 (6.88) 有 $\lambda(A+\gamma I_n/2 - BR^{-1}B^{\mathrm{T}}P) = -\lambda(A+\gamma I_n/2)$, 这就是式 (6.113). 最后从式 (6.113) 立得不等式 (6.114). 证毕. □

说明 6.4.1 从式 (6.111) 可以看出, 保证收敛速度的最小能量控制在不改变那些位于直线 $s=-\gamma/2$ 左侧的开环极点的同时, 将那些位于直线 $s=-\gamma/2$ 右侧的开环极点关于直线 $s=-\gamma/2$ 做镜像移动, 且不改变相应极点的几何和代数重数. 如图 6.2 所示. 但如果进一步要求退化代数 Riccati 方程 (6.76) 存在正定的 $(A+\gamma I_n/2, B)$-镇定解, 则保证收敛速度的最小能量控制将所有的开环极点关于直线 $s=-\gamma/2$ 做镜像移动. 如图 6.3 所示.

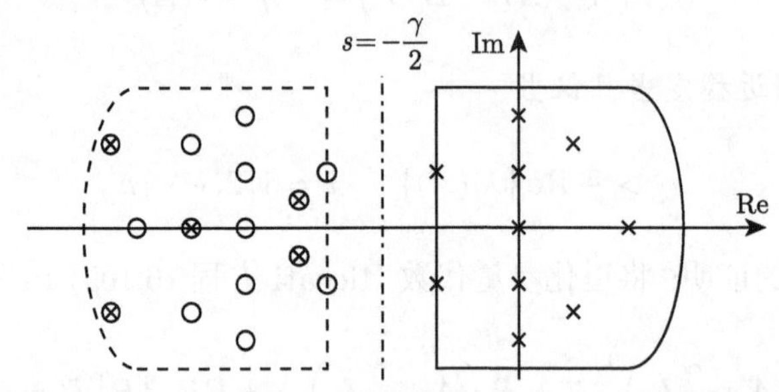

图 6.2　直线 $s=-\gamma/2$ 右侧的开环极点关于该直线做镜像移动

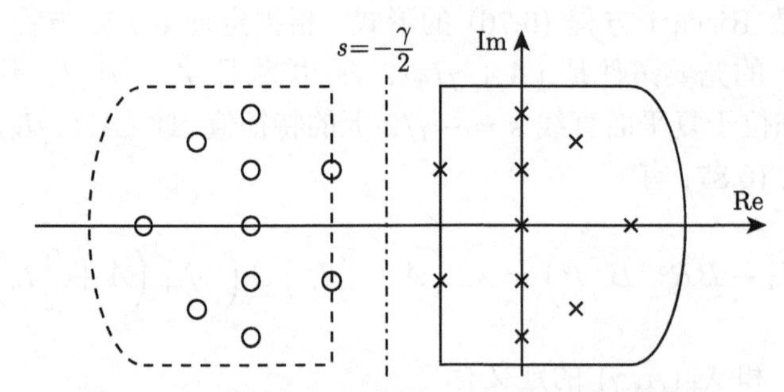

图 6.3　开环极点关于直线 $s=-\gamma/2$ 做镜像移动

说明 6.4.2 如果 $\gamma \geqslant 0$, 退化参量代数 Riccati 方程 (6.109) 的 $(A+\gamma I_n/2, B)$-镇定解显然一定是 (A,B) 镇定解. 但如果 $\gamma<0$, 退化参量代数 Riccati 方程 (6.109) 的 $(A+\gamma I_n/2, B)$-镇定解不一定是 (A,B) 镇定解. 为此考虑

$$A=\begin{bmatrix} -a & 0 \\ 0 & b \end{bmatrix}, \quad a>0, \quad b>0, \quad B=\begin{bmatrix} 1 \\ 1 \end{bmatrix}, \quad R=1$$

设 $\gamma \in (-2b, 0)$, 则 $\lambda_-(A,\gamma)=\{-a\}, \lambda_+(A,\gamma)=\{b\}$. 根据定理 6.4.3, 退化参量代数 Riccati 方程 (6.109) 总存在 $(A+\gamma I_n/2, B)$-镇定解 P. 根据式 (6.111) 有 $\lambda(A-BR^{-1}B^{\mathrm{T}}P)=\{-a,-\gamma-b\}$. 因此闭环系统 (6.110) 渐近稳定当且仅当 $\gamma>-b$. 这表明, 如果 $\gamma\in(-2b,-b]$, 则退化参量代数 Riccati 方程 (6.109) 的 $(A+\gamma I_2/2, B)$-镇定解不是 (A,B) 镇定解. 即问题 6.4.2 的解不能保证闭环系统 (6.110) 的渐近稳定性. 但如果

$$\gamma > -\min\left\{\mathrm{Re}\left\{\lambda_i(A)\right\}, 2\,\mathrm{Re}\left\{\lambda_i(A)\right\}\right\}, \quad i=1,2,\cdots,n$$

则退化参量代数 Riccati 方程 (6.109) 的唯一正定解 P 也一定是 (A,B)-镇定解. 当然, 以上主要从数学角度考虑问题, 如果从应用的角度来看, 没必要在终端约束 (6.108) 中选择 $\gamma<0$.

退化参量代数 Riccati 方程 (6.109) 存在正定解的情形最为重要. 一方面, 正定解提供了闭环系统适当的 Lyapunov 函数 (见推论 6.3.2). 事实上, Lyapunov 函数 $V(x)=x^{\mathrm{T}}Px$ 沿着闭环系统 (6.110) 的导数满足

$$\begin{aligned}\dot{V}(x(t)) &= x^{\mathrm{T}}(t)\left((A-BR^{-1}B^{\mathrm{T}}P)^{\mathrm{T}}P+P(A-BR^{-1}B^{\mathrm{T}}P)\right)x(t)\\ &= x^{\mathrm{T}}(t)(-\gamma P-PBR^{-1}B^{\mathrm{T}}P)x(t)\leqslant -\gamma x^{\mathrm{T}}(t)Px(t)=-\gamma V(x(t))\end{aligned} \tag{6.117}$$

因此有

$$\|x(t)\|\leqslant\sqrt{\frac{\lambda_{\max}(P)}{\lambda_{\min}(P)}}\|x(0)\|\,\mathrm{e}^{-\frac{\gamma}{2}t},\quad \forall t\geqslant 0 \tag{6.118}$$

这再一次验证了闭环系统的收敛速度不慢于 $\mathrm{e}^{-\frac{\gamma}{2}t}$. 另一方面, 如果正定解存在, 令 $W=P^{-1}$, 则退化代数 Riccati 方程 (6.109) 可以等价地写成

$$W\left(A+\frac{\gamma}{2}I_n\right)^{\mathrm{T}}+\left(A+\frac{\gamma}{2}I_n\right)W=BR^{-1}B^{\mathrm{T}} \tag{6.119}$$

这是一个含有参量的 Lyapunov 方程, 其解 W 很容易求出. 事实上, 根据定理 3.3.1 的证明有

$$W(\gamma)=\int_0^{\infty}\mathrm{e}^{-(A+\frac{\gamma}{2}I_n)s}BR^{-1}B^{\mathrm{T}}\mathrm{e}^{-(A+\frac{\gamma}{2}I_n)^{\mathrm{T}}s}\mathrm{d}s \tag{6.120}$$

此时, 由于退化代数 Riccati 方程 (6.109) 与参量 Lyapunov 方程 (6.119) 等价, 故可以对此两个方程不加区别, 笼统地称之为参量 Lyapunov 方程. 6.4.3 节将对参量 Lyapunov 方程 (6.109) 存在正定解的情形进行比较详细的讨论.

6.4.3　参量 Lyapunov 方程的性质和应用

参量 Lyapunov 方程 (6.109) 的正定解有许多有趣的性质. 下面介绍其中的部分性质.

定理 6.4.4　设 $(A,B)\in(\mathbf{R}^{n\times n},\mathbf{R}^{n\times m})$ 能控, $\gamma>0$ 满足不等式 (6.112), $P=P(\gamma)>0$ 是参量 Lyapunov 方程 (6.109) 的唯一正定解, 则线性状态反馈 (6.78) 最小化二次性能指标

$$J_{\gamma}(u)=\int_0^{\infty}(x^{\mathrm{T}}(t)\gamma P(\gamma)x(t)+u^{\mathrm{T}}(t)Ru(t))\mathrm{d}t \tag{6.121}$$

证明　由于 (A,B) 能控, $(A,\gamma P(\gamma))$ 能观, 根据定理 6.3.1 和定理 6.3.3, 最小化二次性能指标 (6.121) 的最优控制器为 $u_*(t)=-R^{-1}B^{\mathrm{T}}Xx(t)$, 其中 X 是如下代数 Riccati 方程

$$A^{\mathrm{T}}X+XA-XBR^{-1}B^{\mathrm{T}}X=-\gamma P \tag{6.122}$$

的唯一正定解, 且闭环系统矩阵 $A-BR^{-1}B^{\mathrm{T}}X$ 是 Hurwitz 矩阵. 为了证明本定理, 仅需证明 $X=P$. 事实上, 通过比较参量 Lyapunov 方程 (6.109) 和方程 (6.122) 可知 $X=P$ 显然是方程 (6.122) 的一个正定解和镇定解. 另外, 根据引理 6.3.3, 代数 Riccati 方程 (6.122) 仅有唯一的镇定解. 因此必有 $X=P$. 证毕. □

定理 6.4.4 表明, 由参量 Lyapunov 方程 (6.109) 的唯一正定解导出的线性状态反馈 (6.78) 是相对某对加权矩阵 (Q,R) 的无限时间 LQR 问题的解.

定理 6.4.5 设 (A, B) 能控, $\gamma > 0$ 满足不等式 (6.112). 如果 $m = 1$, 则参量 Lyapunov 方程 (6.109) 的唯一正定解 $P(\gamma)$ 是 γ 的多项式矩阵; 如果 $m > 1$, 则参量 Lyapunov 方程 (6.109) 的唯一正定解 $P(\gamma)$ 是 γ 的有理分式矩阵, 且一般不是多项式矩阵.

证明 首先, 从式 (6.119) 容易看出 W 是 γ 的有理分式矩阵, 从而 $P = W^{-1}$ 也是 γ 的有理分式矩阵. 例如, 对于线性系统

$$A = \begin{bmatrix} 0 & 1 & 0 \\ 0 & 0 & 1 \\ 0 & 0 & 0 \end{bmatrix}, \quad B = \begin{bmatrix} 1 & 0 \\ 0 & 0 \\ 0 & 1 \end{bmatrix}$$

参量 Lyapunov 方程 (6.109) 的唯一正定解为

$$P(\gamma) = \begin{bmatrix} \dfrac{\gamma^5}{\gamma^4+1} & \dfrac{2\gamma^4}{\gamma^4+1} & \dfrac{\gamma^3}{\gamma^4+1} \\ \dfrac{2\gamma^4}{\gamma^4+1} & \dfrac{\gamma^3(\gamma^4+5)}{\gamma^4+1} & \dfrac{\gamma^2(\gamma^4+3)}{\gamma^4+1} \\ \dfrac{\gamma^3}{\gamma^4+1} & \dfrac{\gamma^2(\gamma^4+3)}{\gamma^4+1} & \dfrac{(2\gamma^4+3)\gamma}{\gamma^4+1} \end{bmatrix}$$

这显然是一个关于 γ 的有理分式矩阵, 但不是多项式矩阵. 下面证明当 $m = 1$ 时参量 Lyapunov 方程 (6.109) 的唯一正定解 $P(\gamma)$ 还是 γ 的多项式矩阵.

不失一般性, 令 $R = 1$ 且 (A, B) 形如式 (4.135) 的能控规范型. 令 $P(\gamma) = [p_{ij}]_{n\times n}$. 易得 $A - BR^{-1}B^{\mathrm{T}}P$ 有如下结构:

$$A - BR^{-1}B^{\mathrm{T}}P = \left[\begin{array}{c|ccc} 0 & 1 & & \\ \vdots & & \ddots & \\ 0 & & & 1 \\ \hline -\alpha_0 - p_{n1} & -\alpha_1 - p_{n2} & \cdots & -\alpha_{n-1} - p_{nn} \end{array}\right]$$

令 λ 为 A 的一个特征值, 即

$$\lambda^n + \alpha_{n-1}\lambda^{n-1} + \cdots + \alpha_1\lambda + \alpha_0 = 0 \tag{6.123}$$

根据式 (6.113), $-\lambda - \gamma$ 是 $A - BR^{-1}B^{\mathrm{T}}P$ 的一个特征值, 即

$$(-\lambda-\gamma)^n + (\alpha_{n-1} + p_{nn})(-\lambda-\gamma)^{n-1} + \cdots + (\alpha_0 + p_{n1}) = 0$$

或等价地,

$$\lambda^n + \beta_{n-1}\lambda^{n-1} + \cdots + \beta_1\lambda + \beta_0 = 0 \tag{6.124}$$

其中

$$\beta_i = (-1)^n \sum_{k=i}^{n} (\alpha_k + p_{n,k+1})(-1)^k C_k^{k-i}\gamma^{k-i}, \quad i = 0, 1, \cdots, n$$

这里取 $\alpha_n = 1$ 和 $p_{n,n+1} = 0$. 对比式 (6.123) 与式 (6.124) 的系数可得

$$\alpha_i = \beta_i = (-1)^n \left(\sum_{k=i}^{n} (\alpha_k + p_{n,k+1})(-1)^k C_k^{k-i} \gamma^{k-i} \right)$$

由此可以解得

$$p_{n,i+1} = (-1)^i \left((-1)^n \alpha_i - (-1)^i \alpha_i - \sum_{k=i+1}^{n} (\alpha_k + p_{n,k+1})(-1)^k C_k^{k-i} \gamma^{k-i} \right) \tag{6.125}$$

其中, $i = n-1, n-2, \cdots, 0$. 比较参量 Lyapunov 方程 (6.109) 等号两端 (k,n) 位置的元素可得

$$p_{k,n-1} = \alpha_{k-1} p_{nn} + \alpha_{n-1} p_{kn} + p_{kn} p_{nn} - p_{n,k-1} - \gamma p_{kn} \tag{6.126}$$

其中, $k = n-1, n-2, \cdots, 1$. 由于 $p_{ni} = p_{in}$ $(i = n, n-2, \cdots, 1)$ 已由式 (6.125) 确定, 因此 $p_{k,n-1} = p_{n-1,k}$ $(k = n-1, n-2, \cdots, 1)$ 可通过式 (6.126) 递推求得. 类似地, 比较参量 Lyapunov 方程 (6.109) 两端 $(k, n-1)$ 位置的元素可得

$$p_{k,n-2} = \alpha_{k-1} p_{n-1,n} + \alpha_{n-2} p_{kn} + p_{kn} p_{n,n-1} - p_{n-1,k-1} - \gamma p_{k,n-1}$$

其中, $k = n-2, n-3, \cdots, 1$. 再一次地, 由于元素 $p_{ni} = p_{in}$ $(i = 1, 2, \cdots, n)$ 与 $p_{k,n-1} = p_{n-1,k}$ $(k = n-1, n-2, \cdots, 1)$ 已被确定, 由上述关系式可以解出 $p_{k,n-2} = p_{n-2,k}$ $(k = n-2, n-3, \cdots, 1)$. 重复上述过程可得

$$p_{kj} = \alpha_{k-1} p_{j+1,n} + \alpha_j p_{kn} + p_{kn} p_{n,j+1} - p_{j+1,k-1} - \gamma p_{k,j+1}$$

其中, $k = j, j-1, \cdots, 1, j = n-1, n-2, \cdots, 1$, 且 $\alpha_n = 1, p_{n,n+1} = 0, p_{0i} = p_{i0} = 0$ $(i = 1, 2, \cdots, n)$. 因此, P 的各元素都是 γ 的多项式. 证毕. □

定理 6.4.5 的证明事实上给出了 $m = 1$ 情形下参量 Lyapunov 方程 (6.109) 的显式解.

定理 6.4.6　设 (A, B) 能控, γ 满足不等式 (6.112), 则参量 Lyapunov 方程 (6.109) 的唯一正定解 $P(\gamma)$ 满足

$$\operatorname{tr}\left(R^{-\frac{1}{2}} B^{\mathrm{T}} P B R^{-\frac{1}{2}}\right) = n\gamma + 2\operatorname{tr}(A) \tag{6.127}$$

且 $P(\gamma)$ 对参数 γ 可微且严格单调递增, 即

$$\frac{\mathrm{d}P(\gamma)}{\mathrm{d}\gamma} > 0 \tag{6.128}$$

证明　将参量 Lyapunov 方程 (6.109) 两边同时右乘 P^{-1} 得到

$$A^{\mathrm{T}} + PAP^{-1} - PBR^{-1}B^{\mathrm{T}} = -\gamma I_n$$

上式两边同时取迹得到

$$\operatorname{tr}\left(R^{-\frac{1}{2}} B^{\mathrm{T}} P B R^{-\frac{1}{2}}\right) = \operatorname{tr}(PBR^{-1}B^{\mathrm{T}}) = \operatorname{tr}(A^{\mathrm{T}} + PAP^{-1} + \gamma I_n) = n\gamma + 2\operatorname{tr}(A)$$

这就证明了式 (6.127). $P(\gamma)$ 对参数 γ 可微是显然的. 将式 (6.109) 两边同时对 γ 微分得到

$$A_{\mathrm{c1}}^{\mathrm{T}}(\gamma)\frac{\mathrm{d}P(\gamma)}{\mathrm{d}\gamma}+\frac{\mathrm{d}P(\gamma)}{\mathrm{d}\gamma}A_{\mathrm{c1}}(\gamma)=-P(\gamma) \tag{6.129}$$

其中, $A_{\mathrm{c1}}(\gamma)=A+\gamma I_n/2-BR^{-1}B^{\mathrm{T}}P$. 根据定理 6.4.3, 参量 Lyapunov 方程 (6.109) 的唯一正定解 $P(\gamma)$ 是 $(A+\gamma I_n/2,B)$-镇定解, 故 $A_{\mathrm{c1}}(\gamma)$ 是 Hurwitz 矩阵. 依据推理 3.3.1, Lyapunov 方程 (6.129) 有唯一对称正定解 $\mathrm{d}P(\gamma)/\mathrm{d}\gamma>0$. 这就证明了式 (6.128). 证毕. □

当系统矩阵 A 的所有特征值都在虚轴上时, 参量 Lyapunov 方程 (6.109) 的解 $P(\gamma)$ 有更进一步的性质. 在这种情况下, 不等式 (6.112) 和不等式 (6.114) 都等价于

$$\gamma>0 \tag{6.130}$$

定理 6.4.7 设 $(A,B)\in(\mathbf{R}^{n\times n},\mathbf{R}^{n\times m})$ 能控, A 的所有特征值都位于虚轴上, A 的 Jordan 标准型中 Jordan 块的最大阶数为 n_*, γ 满足不等式 (6.130). 令 P 为参量 Lyapunov 方程 (6.109) 的唯一正定解. 那么, 对任意给定正常数 $\gamma_*>0$, 存在常数 $k_2=k_2(\gamma_*)$ 使得

$$\frac{k_1\gamma^{2n_*-1}}{\sum\limits_{i=0}^{n_*-1}\gamma^{2(n_*-i-1)}}I_n\leqslant P(\gamma)\leqslant k_2\gamma I_n,\quad\forall\gamma\in(0,\gamma_*] \tag{6.131}$$

成立, 其中 $k_1>0$ 是不依赖于 γ_* 的正常数. 因此 $\lim\limits_{\gamma\to0^+}P(\gamma)$ 存在且满足

$$\lim_{\gamma\to0^+}P(\gamma)=0 \tag{6.132}$$

证明 虽然式 (6.132) 可从式 (6.131) 立得, 但这里给出一个更为简洁的证明. 根据定理 6.4.6, $P(\gamma)$ 关于 γ 可微且单调递增. 因此, 当 γ 趋于零时 $P(\gamma)$ 的极限存在. 令该极限为 $P_0\geqslant0$. 将参量 Lyapunov 方程 (6.109) 两端令 γ 趋于零并取极限得

$$A^{\mathrm{T}}P_0+P_0A-P_0BR^{-1}B^{\mathrm{T}}P_0=0 \tag{6.133}$$

设 P_0 的秩为 n_0 $(0<n_0\leqslant n)$. 不失一般性, 令

$$P_0=\begin{bmatrix}0&0\\0&P_2\end{bmatrix},\quad A=\begin{bmatrix}A_{11}&A_{12}\\A_{21}&A_{22}\end{bmatrix},\quad B=\begin{bmatrix}B_1\\B_2\end{bmatrix}$$

其中, $P_2\in\mathbf{R}^{n_0\times n_0}$ 是正定矩阵, $A_{22}\in\mathbf{R}^{n_0\times n_0},B_2\in\mathbf{R}^{n_0\times m}$. 将 P_0 与 (A,B) 代入方程 (6.133) 可得

$$\begin{bmatrix}0&A_{21}^{\mathrm{T}}P_2\\P_2A_{21}&A_{22}^{\mathrm{T}}P_2+P_2A_{22}-P_{22}B_2R^{-1}B_2^{\mathrm{T}}P_2\end{bmatrix}=0$$

由此可得 $A_{21}=0$ 且

$$P_2^{-1}A_{22}^{\mathrm{T}}+A_{22}P_2^{-1}=B_2R^{-1}B_2^{\mathrm{T}} \tag{6.134}$$

因此矩阵 A 可简化为

$$A=\begin{bmatrix} A_{11} & A_{12} \\ 0 & A_{22} \end{bmatrix}$$

由于 (A,B) 能控, 故 (A_{22},B_{22}) 也能控. 根据 Lyapunov 稳定性定理 (见习题 3.12), 从 Lyapunov 方程 (6.134) 可以推知 $-A_{22}$ 是 Hurwitz 矩阵. 这与 A 的所有特征值都位于虚轴上相矛盾. 因此必有 $P_0=0$, 即式 (6.132) 得证.

由于 $P(\gamma)$ 是 γ 的有理分式矩阵, 由式 (6.132) 可知 $\lim\limits_{\gamma\to 0^+} P(\gamma)/\gamma$ 存在且是有限的. 因此

$$\|P(\gamma)\|=\gamma\left\|\frac{1}{\gamma}P(\gamma)\right\|\leqslant\gamma\max_{\gamma\in[0,\gamma_*]}\left\|\frac{1}{\gamma}P(\gamma)\right\|\overset{\text{def}}{=\!=}k_2(\gamma_*)\gamma$$

对所有 $\gamma\in[0,\gamma_*]$ 都成立. 式 (6.131) 右端的不等式由此得证. 由于 A 的所有特征值都在虚轴上, 故 A 的谱横坐标为零. 根据引理 3.2.1, 存在正常数 $k=k(A)$ 使得

$$\left\|\mathrm{e}^{-At}\right\|\leqslant k\sum_{i=0}^{n_*-1}t^i,\quad \forall t\geqslant 0$$

注意到, 对任意正常数 a 和非负整数 b 有 $\int_0^\infty \mathrm{e}^{-at}t^b\mathrm{d}t=b!/a^{b+1}$. 因此, 根据式 (6.120) 可以得到

$$\begin{aligned}W(\gamma)&\leqslant I_nk^2\|B\|^2\int_0^\infty \mathrm{e}^{-\gamma s}\left(\sum_{i=0}^{n_*-1}s^i\right)^2\mathrm{d}s\leqslant I_nk^2\|B\|^2n_*\int_0^\infty \mathrm{e}^{-\gamma s}\left(\sum_{i=0}^{n_*-1}s^{2i}\right)\mathrm{d}s\\&=k^2\|B\|^2n_*\sum_{i=0}^{n_*-1}\frac{(2i)!}{\gamma^{2i+1}}I_n\leqslant(2(n_*-1))!k^2\|B\|^2n_*\sum_{i=0}^{n_*-1}\gamma^{2(n_*-i-1)}\frac{1}{\gamma^{2n_*-1}}I_n\end{aligned}$$

这就证明了式 (6.131) 左端的不等式. 证毕. □

根据式 (6.118), γ 越大, 闭环系统的收敛速度越快. 另外, 由式 (6.128) 可知 $P(\gamma)$ 也越"大", 最优性能指标 $J_\infty(u_*)=x_0^{\mathrm{T}}P(\gamma)x_0$ 也越大, 反馈增益 $K(\gamma)=-R^{-1}B^{\mathrm{T}}P(\gamma)$ 也必然越"大". 因此, 闭环系统快速的收敛速度是以大的控制信号幅值和控制能量作为代价的. 此外, 由定理 6.4.7 可知, 如果 A 的所有特征值都在虚轴上, 则通过降低 γ 可以用任意小的控制能量 $x_0^{\mathrm{T}}P(\gamma)x_0$ 镇定该系统. 事实上, 通过降低 γ 也可以减小控制信号的幅值.

定理 6.4.8　设 $(A,B)\in(\mathbf{R}^{n\times n},\mathbf{R}^{n\times m})$ 能控, $R=I_m$, γ 满足

$$\gamma>\max_{i=1,2,\cdots,n}\{0,-2\,\mathrm{Re}\{\lambda_i(A)\}\}\tag{6.135}$$

P 是参量 Lyapunov 方程 (6.109) 的唯一正定解, 最优状态反馈 $u_*=-R^{-1}B^{\mathrm{T}}Px$ 和线性系统 (6.1) 组成的闭环系统为系统 (6.110), 则

$$\|u_*(t)\|_\infty^2\leqslant(n\gamma+2\mathrm{tr}(A))x_0^{\mathrm{T}}P(\gamma)x_0,\quad\forall t\geqslant 0\tag{6.136}$$

进一步地, 如果 A 的所有特征值都位于虚轴上, 则

$$\|u_*(t)\|_\infty^2\leqslant n\gamma x_0^{\mathrm{T}}P(\gamma)x_0,\quad\forall t\geqslant 0\tag{6.137}$$

即对任意有界的初值 x_0, 存在 $\gamma_* > 0$ 使得 $\|u_*(t)\|_\infty \leqslant 1$ $(\forall t \geqslant 0, \forall \gamma \in (0, \gamma_*])$.

证明 取 Lyapunov 函数 $V(x) = x^{\mathrm{T}}Px$. 由于 $\gamma > 0$, 根据式 (6.117) 得到 $V(x(t)) \leqslant V(x_0)$ $(\forall t \geqslant 0)$. 利用式 (6.127) 有

$$
\begin{aligned}
\|u_*(t)\|_\infty^2 &\leqslant \|u_*(t)\|_2^2 = u_*^{\mathrm{T}}(t)u_*(t) = x^{\mathrm{T}}(t)PBB^{\mathrm{T}}Px(t) \\
&= x^{\mathrm{T}}(t)P^{\frac{1}{2}}P^{\frac{1}{2}}BB^{\mathrm{T}}P^{\frac{1}{2}}P^{\frac{1}{2}}x(t) \leqslant x^{\mathrm{T}}(t)P^{\frac{1}{2}}\mathrm{tr}\left(P^{\frac{1}{2}}BB^{\mathrm{T}}P^{\frac{1}{2}}\right)P^{\frac{1}{2}}x(t) \\
&= \mathrm{tr}(B^{\mathrm{T}}PB)x^{\mathrm{T}}(t)Px(t) = (n\gamma + 2\mathrm{tr}(A))V(x(t)) \\
&\leqslant (n\gamma + 2\mathrm{tr}(A))x_0^{\mathrm{T}}P(\gamma)x_0, \quad \forall t \geqslant 0
\end{aligned}
$$

这就证明了式 (6.136). 如果 A 的所有特征值都位于虚轴上, 则式 (6.135) 等价于 $\gamma > 0$ 且有 $\mathrm{tr}(A) = 0$, 此时式 (6.136) 变成式 (6.137). 此外, 由式 (6.132) 可知, 对任意有界的初值 x_0, 存在 $\gamma_* > 0$ 使得 $n\gamma x_0^{\mathrm{T}}P(\gamma)x_0 \leqslant 1$ $(\forall \gamma \in (0, \gamma_*])$. 证毕. □

定理 6.4.8 事实上解决了在输入受限情形下的半全局镇定问题, 即在输入信号的幅值有界的情况下可保证闭环系统 (6.110) 的吸引域任意大. 参量 Lyapunov 方程 (6.109) 还有许多其他的性质和应用, 限于篇幅, 这里不再进行过多的介绍.

最后用一个例子说明如何利用参量 Lyapunov 方程 (6.109) 设计最优反馈控制律.

例 6.4.1 考虑航天器轨道交会系统在 X-Z 平面内的线性化系统模型 (1.30), 并假设只有在轨道方向安装推力器, 即控制矩阵为式 (1.30) 中矩阵 B 的第 1 列 b_1. 根据例 2.1.2, 该系统是能控的. 开环极点集合是 $\lambda(A) = \{0, 0, \pm\omega\mathrm{i}\}$. 因此, 根据定理 6.4.3, 对任意的 $\gamma > 0$, 参量 Lyapunov 方程 (6.109) 有唯一对称正定解 $P(\gamma)$, 且相应的闭环系统矩阵是 Hurwitz 矩阵. 取 $R = 1$ 并将 γ 替换成 $\gamma\omega$. 通过求解线性 Lyapunov 方程 (6.119) 得到

$$
P = \omega \begin{bmatrix}
\dfrac{\gamma^3(\gamma^2+1)^2}{9} & -\dfrac{\gamma(\gamma^3+\gamma)}{3} & \dfrac{\gamma^2(3\gamma^4+7\gamma^2+4)}{6} & \dfrac{\gamma^3(\gamma^4+11\gamma^2+10)}{18} \\
-\dfrac{\gamma(\gamma^3+\gamma)}{3} & 4\gamma & -\gamma(2\gamma^2+7) & -\dfrac{\gamma^2(\gamma^2+19)}{6} \\
\dfrac{\gamma^2(3\gamma^4+7\gamma^2+4)}{6} & -\gamma(2\gamma^2+7) & \dfrac{\gamma(5\gamma^4+16\gamma^2+25)}{2} & \dfrac{\gamma^2(3\gamma^4+40\gamma^2+73)}{12} \\
\dfrac{\gamma^3(\gamma^4+11\gamma^2+10)}{18} & -\dfrac{\gamma^2(\gamma^2+19)}{6} & \dfrac{\gamma^2(3\gamma^4+40\gamma^2+73)}{12} & \dfrac{\gamma(\gamma^6+20\gamma^4+145\gamma^2+18)}{36}
\end{bmatrix}
$$

相应的最优镇定增益矩阵为

$$
-b_1^{\mathrm{T}}P(\gamma) = \omega \begin{bmatrix} \dfrac{\gamma(\gamma^3+\gamma)}{3} & -4\gamma & \gamma(2\gamma^2+7) & \dfrac{\gamma^2(\gamma^2+19)}{6} \end{bmatrix}
$$

此外, 不难验证

$$
\lambda(A - BB^{\mathrm{T}}P(\gamma)) = \{-\gamma\omega, -\gamma\omega, -\gamma\omega \pm \omega\mathrm{i}\} = -\gamma\omega + \lambda(A)
$$

因此, 根据推论 6.4.1 和定理 6.4.4, 控制律 $u(t) = -b_1^{\mathrm{T}}P(\gamma)x(t)$ 既是极小化二次性能指标 (6.107) 的最优控制律, 也是极小化二次性能指标 (6.121) 的最优控制律.

本章小结

本章系统地介绍了线性二次最优控制, 即 LQR 问题. 根据调节时间的长度, 该问题分为有限时间 LQR 问题和无限时间 LQR 问题; 根据终端是否受约束, 该问题分为自由终端 LQR 问题和固定终端 LQR 问题. 两两组合, 一共有四种 LQR 问题. 通过分析本章所介绍的结论, 可以发现:

(1) 有限时间 LQR 问题与微分 Riccati 方程有关, 其解为线性时变状态反馈, 而无限时间 LQR 问题与代数 Riccati 方程有关, 其解为线性定常反馈.

(2) 自由终端 LQR 问题不一定能保证闭环系统的稳定性或者终端状态的位置, 而固定终端 LQR 问题可以保证闭环系统的稳定性或者终端状态的位置.

(3) 一般来说, 有限时间 LQR 问题比无限时间 LQR 问题复杂, 而固定终端 LQR 问题比自由终端 LQR 问题复杂.

读者不难发现, 本章综合运用了线性系统分析的各种概念和技巧, 包括能控性、能稳性、能观性、能检测性、稳定性、Lyapunov 稳定性理论等, 是线性系统分析和设计完美结合的典范. 作者认为, LQR 理论是线性系统理论中最为漂亮的组成部分, 是线性系统理论的精华. 事实上, LQR 理论也是各种先进控制理论的出发点和基础, 如模型预测控制 (见附注 6.5)、基于策略迭代的自适应动态规划 (见附注 6.7) 等. 作者也基于 LQR 特别是保证收敛速度的最小能量控制理论做了一系列相关的工作 (见附注 6.3、附注 6.7 ~ 附注 6.9).

本章习题

6.1　设 $R>0$、$Q\geqslant 0$ 和 $L\geqslant 0$ 是具有适当维数的加权矩阵, $T>0$ 是给定的正常数, $P(t,L,T)$ 是倒向微分 Riccati 方程 (6.3) 的解. 试证: 如果 $L_2\geqslant L_1\geqslant 0$, 则 $P(t,L_2,T)\geqslant P(t,L_1,T)$ $(\forall t\in(-\infty,T])$.

6.2　设 $R>0$ 和 $Q\geqslant 0$ 是具有适当维数的加权矩阵, $T>0$ 是给定的正常数. 考虑线性系统 $\dot{x}(t)=Ax(t)+Bu(t)$ 和二次性能指标

$$J_T(u)=\int_0^T(x^{\mathrm{T}}(t)Qx(t)+u^{\mathrm{T}}(t)Ru(t))\mathrm{d}t+x^{\mathrm{T}}(T)Lx(T)$$

其中, L 满足代数 Riccati 方程 $A^{\mathrm{T}}L+LA-LBR^{-1}B^{\mathrm{T}}L+Q=0$ 且是正定的. 试证: 极小化 $J_T(u)$ 的控制律为线性定常反馈 $u(t)=Kx(t)$.

6.3　设 $R>0$、$Q\geqslant 0$ 和 $L\geqslant 0$ 是具有适当维数的加权矩阵, $T>0$ 是给定的正常数, $P(t)=P(t,L,T)$ 是倒向微分 Riccati 方程 (6.3) 的解. 试证: $\tilde{P}(t)=\mathrm{e}^{A^{\mathrm{T}}t}P(t,L,T)\mathrm{e}^{At}$ 满足倒向微分 Riccati 方程

$$\dot{\tilde{P}}(t)=\tilde{P}(t)\mathrm{e}^{-At}BR^{-1}B^{\mathrm{T}}\mathrm{e}^{-A^{\mathrm{T}}t}\tilde{P}(t)-\mathrm{e}^{A^{\mathrm{T}}t}Q\mathrm{e}^{At},\quad \tilde{P}(T)=\mathrm{e}^{A^{\mathrm{T}}T}L\mathrm{e}^{AT}$$

6.4　设 $R>0,Q=C^{\mathrm{T}}C\geqslant 0$ 和 $L>0$ 是具有适当维数的加权矩阵, $T>0$ 是给定的正常数. 试证: 倒向微分 Riccati 方程 (6.3) 的唯一解 $P(t)$ 对所有 $t\leqslant T$ 都有 $P(t)>0$.

6.5 考虑线性系统 $\dot{x}(t)=Ax(t)+Bu(t), x(0)=x_0, x\in\mathbf{R}^n, u\in\mathbf{R}^m$, 其中 x_0 是任意向量. 设 $T>0$ 是给定的正常数. 试证: 不存在连续函数矩阵 $K(t)\in\mathbf{R}^{m\times n}$ ($t\in[0,T]$) 使得该系统在控制律 $u(t)=K(t)x(t), t\in[0,T]$ 作用下的闭环系统的状态满足 $x(T)=0$.

6.6 设 $T>0$ 是给定的正常数. 考虑线性系统

$$\dot{x}(t)=\begin{bmatrix}0&1&0\\0&0&1\\0&0&0\end{bmatrix}x(t)+\begin{bmatrix}0\\0\\1\end{bmatrix}u(t),\quad x(0)=x_0$$

其中, x_0 是任意向量. 试求 u 使得 $J_T(u)=\int_0^T\|u(t)\|^2\,\mathrm{d}t$ 极小化并保证 $x(T)=0$.

6.7 考虑线性系统

$$\dot{x}(t)=Ax(t)+Bu(t)+Ev(t),\quad x(0)=x_0$$

其中, A、B、E 分别为 $n\times n$、$n\times m$、$n\times q$ 的常值矩阵; (A,B) 能控; $v(t)$ 是已知函数. 设 $T>0$ 是给定正常数. 试求 $u(t)$ 使得 $J_T(u)=\int_0^T\|u(t)\|^2\,\mathrm{d}t$ 极小化并保证闭环系统的状态满足 $x(T)=0$.

6.8 考虑标量线性系统 $\dot{x}(t)=ax(t)+u(t), x(0)=x_0$, 其中 a 是常数. 设 $T>0, q\geqslant 0$ 是给定的正常数. 求取最优控制使得闭环系统的状态满足 $x(T)=0$ 并同时极小化二次性能指标

$$J_T(u)=\int_0^T(q^2x^2(t)+u^2(t))\mathrm{d}t$$

6.9 设线性系统 (A,B) 能稳, $R>0$ 和 $Q\geqslant 0$ 是给定的加权矩阵, $\alpha>0$ 是常数. 考虑针对二次性能指标

$$J_\infty(u)=\int_0^\infty(x^{\mathrm{T}}(t)Qx(t)+u^{\mathrm{T}}(t)Ru(t))\mathrm{d}t$$

的自由终端无限时间 LQR 问题. 试回答: 如果将加权矩阵对 (Q,R) 换成 $(\alpha Q,\alpha R)$, 该问题的解与加权矩阵对为 (Q,R) 时该问题的解有什么关系? 如果将加权矩阵对 (Q,R) 换成 $(\alpha Q,R)$ 或者 $(Q,\alpha R)$ 呢?

6.10 设 $R>0$ 和 $Q=C^{\mathrm{T}}C$ 是具有适当维数的加权矩阵, 线性系统 (A,B) 能控, (A,C) 能检测, P 是代数 Riccati 方程 $A^{\mathrm{T}}P+PA-PBR^{-1}B^{\mathrm{T}}P+Q=0$ 的镇定解. 设

$$N=\int_0^\infty \mathrm{e}^{(A-BR^{-1}B^{\mathrm{T}}P)t}BR^{-1}B^{\mathrm{T}}\mathrm{e}^{(A-BR^{-1}B^{\mathrm{T}}P)^{\mathrm{T}}t}\mathrm{d}t$$

试证: N 是正定的, $P-N^{-1}$ 也是该代数 Riccati 方程的解, 且 $A-BR^{-1}B^{\mathrm{T}}P+BR^{-1}B^{\mathrm{T}}N^{-1}$ 的特征值都位于开右半平面上.

6.11 令 P 为代数 Riccati 方程 $A^{\mathrm{T}}P+PA-PBB^{\mathrm{T}}P+C^{\mathrm{T}}C=0$ 的正定解. 试证: 如果 $A=A^{\mathrm{T}}$ 且 $B=C^{\mathrm{T}}$, 则 $-P^{-1}$ 也满足上述方程.

6.12 考虑各向同性线性系统 (1.118) 和其对应的复线性系统 (1.120). 试证:

(1) (A,B) 能控/能稳当且仅当 $(\phi(A),\phi(B))$ 能控/能稳, (A,C) 能观/能检测当且仅当 $(\phi(A),\phi(C))$ 能观/能检测, 这里 $\phi(\cdot)$ 如式 (1.119) 所定义.

(2) 设 (A,B) 能稳, $0 \leqslant Q \in \mathbf{R}^{2n\times 2n}$ 和 $0 < R \in \mathbf{R}^{2m\times 2m}$ 是给定的各向同性加权矩阵, (A,Q) 能检测, 则代数 Riccati 方程 $A^{\mathrm{T}}P+PA-PBR^{-1}B^{\mathrm{T}}P=-Q$ 有唯一半正定解 P, 且 P 和相应的反馈增益 $K=-R^{-1}B^{\mathrm{T}}P$ 都是各向同性矩阵.

6.13 设线性系统 (A,B) 能稳, $R>0, Q\geqslant 0$ 是给定加权矩阵. 考虑代数 Riccati 方程 $A^{\mathrm{T}}P+PA-PBR^{-1}B^{\mathrm{T}}P=-Q$ 的对称解 P_+. 如果该方程的任意其他对称解 P 都满足 $P\leqslant P_+$, 则称 P_+ 是最大解. 试证: 如果 P_+ 是最大解, 则必有

$$\mathrm{Re}\left\{\lambda_i(A-BR^{-1}B^{\mathrm{T}}P_+)\right\}\leqslant 0,\quad i=1,2,\cdots,n$$

6.14 设代数 Riccati 方程 $A^{\mathrm{T}}P+PA-PBR^{-1}B^{\mathrm{T}}P=-Q$ 存在解 P, 构造状态反馈 $u(t)=-R^{-1}B^{\mathrm{T}}Px(t)$ 并得到闭环系统 $\dot{x}(t)=(A-BR^{-1}B^{\mathrm{T}}P)x(t)$. 令 H_n 表示该代数 Riccati 方程对应的 Hamilton 矩阵. 试证:

$$\lambda(A-BR^{-1}B^{\mathrm{T}}P)\cup\lambda(-(A-BR^{-1}B^{\mathrm{T}}P))=\lambda(H_n)$$

6.15 设连续函数矩阵 $Q(\varepsilon_1):\mathbf{R}\to\mathbf{R}^{n\times n}$ 和 $R(\varepsilon_2):\mathbf{R}\to\mathbf{R}^{m\times m}$ 分别是半正定矩阵和正定矩阵, (A,B) 能稳, $(A,Q(\varepsilon_1))$ 能检测. 令 $P(\varepsilon_1,\varepsilon_2)$ 是代数 Riccati 方程

$$A^{\mathrm{T}}P+PA-PBR^{-1}(\varepsilon_2)B^{\mathrm{T}}P=-Q(\varepsilon_1)$$

的唯一镇定解. 试证:

$$\frac{\mathrm{d}Q(\varepsilon_1)}{\mathrm{d}\varepsilon_1}>(\geqslant)\,0\Rightarrow\frac{\partial P(\varepsilon_1,\varepsilon_2)}{\partial\varepsilon_1}>(\geqslant)\,0$$

$$\frac{\mathrm{d}R(\varepsilon_2)}{\mathrm{d}\varepsilon_2}\geqslant 0\Rightarrow\frac{\partial P(\varepsilon_1,\varepsilon_2)}{\partial\varepsilon_2}\geqslant 0$$

6.16 考虑用 $n\times n$ 的单位矩阵定义的 $2n\times 2n$ 方阵

$$J_n=\begin{bmatrix}0 & I_n\\ -I_n & 0\end{bmatrix}$$

如果 $2n\times 2n$ 矩阵 M_n 满足 $M_n^{\mathrm{T}}J_nM_n=J_n$, 则称其为辛矩阵 (symplectic matrix). 试证: 辛矩阵是可逆的, 并且两个辛矩阵的乘积也是辛矩阵. 此外, 设代数 Riccati 方程 $A^{\mathrm{T}}P+PA-PBR^{-1}B^{\mathrm{T}}P=-Q$ 对应的 Hamilton 矩阵为 H_n, 则 $\dot{x}(t)=H_nx(t)$ 的状态转移矩阵是辛矩阵.

6.17 考虑 2 维线性系统

$$\begin{bmatrix}\dot{x}_1(t)\\ \dot{x}_2(t)\end{bmatrix}=\begin{bmatrix}0 & 1\\ 0 & 0\end{bmatrix}\begin{bmatrix}x_1(t)\\ x_2(t)\end{bmatrix}+\begin{bmatrix}0\\ b\end{bmatrix}u(t)$$

其中, $b>0$ 是常数. 求取最优控制律使得如下二次性能指标被极小化:

$$J_\infty(u)=\int_0^\infty \mathrm{e}^{2t}(x_1^2(t)+u^2(t))\mathrm{d}t$$

6.18　设 $\gamma \geqslant 0$ 是给定的常数, $R>0, Q=C^{\mathrm{T}}C \geqslant 0$ 是具有适当维数的加权矩阵, (A,B) 能控, (A,C) 能观, $P(\gamma)$ 是参量代数 Riccati 方程

$$A^{\mathrm{T}}P+PA-PBR^{-1}B^{\mathrm{T}}P=-\gamma P-Q$$

的唯一正定解 P. 试证: $\mathrm{d}P(\gamma)/\mathrm{d}\gamma>0\ (\forall \gamma \geqslant 0)$.

6.19　考虑线性系统 $\dot{x}(t)=Ax(t)+Bu(t)$. 设 $\gamma \geqslant 0$ 是给定的常数, $R>0, Q=C^{\mathrm{T}}C \geqslant 0$ 是加权矩阵, $(A+\gamma I_n/2, B)$ 能稳, $(A+\gamma I_n/2, C)$ 能检测, P 是参量代数 Riccati 方程

$$A^{\mathrm{T}}P+PA-PBR^{-1}B^{\mathrm{T}}P=-\gamma P-Q$$

的唯一半正定解. 试证: 存在 $Q_\gamma \geqslant 0$ 使得 $u_*(t)=-R^{-1}B^{\mathrm{T}}Px(t)$ 极小化二次性能指标

$$J_\infty(u)=\int_0^\infty (x^{\mathrm{T}}(t)Q_\gamma x(t)+u^{\mathrm{T}}(t)Ru(t))\mathrm{d}t$$

6.20　设线性系统 $(A,B)\in(\mathbf{R}^{n\times n},\mathbf{R}^{n\times m})$ 能稳, $R>0, Q>0$, P 是代数 Riccati 方程 $A^{\mathrm{T}}P+PA-PBR^{-1}B^{\mathrm{T}}P=-Q$ 的唯一镇定解即正定解, $K_0\in\mathbf{R}^{m\times n}$ 是任意使得 $A_0=A+BK_0$ 为 Hurwitz 矩阵的反馈增益. 设 $P_k, K_k\ (k=0,1,2,\cdots)$ 按照下述方式递推给出:

$$0=(A+BK_k)^{\mathrm{T}}P_k+P_k(A+BK_k)+Q+K_k^{\mathrm{T}}RK_k,\quad K_{k+1}=-R^{-1}B^{\mathrm{T}}P_k$$

试证:

(1) $A_k=A+BK_k\ (k=1,2,\cdots)$ 都是 Hurwitz 矩阵.

(2) $P\leqslant P_{k+1}\leqslant P_k\ (k=0,1,\cdots)$.

(3) $P_k \xrightarrow{k\to\infty} P$.

6.21　设线性系统 $(A,B)\in(\mathbf{R}^{n\times n},\mathbf{R}^{n\times m})$ 能控, $R>0, \gamma$ 满足不等式 (6.135), P 是参量 Lyapunov 方程 $A^{\mathrm{T}}P+PA-PBR^{-1}B^{\mathrm{T}}P=-\gamma P$ 的唯一正定解, $K_0\in\mathbf{R}^{m\times n}$ 是任意使得 $A+BK_0+\gamma I_n/2$ 为 Hurwitz 矩阵的反馈增益. 设 $P_k, K_k\ (k=0,1,2,\cdots)$ 按照下述方式递推给出:

$$0=(A+BK_k)^{\mathrm{T}}P_k+P_k(A+BK_k)+\gamma P_k+K_k^{\mathrm{T}}RK_k,\quad K_{k+1}=-R^{-1}B^{\mathrm{T}}P_k$$

试证:

(1) $A_k=A+BK_k\ (k=0,1,\cdots)$ 都是 Hurwitz 矩阵且其特征值的实部不小于 $-\gamma/2$.

(2) $P\leqslant P_{k+1}\leqslant P_k\ (k=0,1,\cdots)$.

(3) $P_k \xrightarrow{k\to\infty} P$.

本章附注

附注 6.1　从本章考虑的二次性能指标 (6.2) 的紧凑形式 (6.9) 可以看出, 中间的加权矩阵是块对角矩阵. 加权矩阵是否可以换成一般的半正定矩阵呢? 答案是肯定的, 即

$$J_T(u)=\int_0^T \begin{bmatrix} x(t)\\ u(t)\end{bmatrix}^{\mathrm{T}}\begin{bmatrix} Q & S\\ S^{\mathrm{T}} & R\end{bmatrix}\begin{bmatrix} x(t)\\ u(t)\end{bmatrix}\mathrm{d}t,\quad \begin{bmatrix} Q & S\\ S^{\mathrm{T}} & R\end{bmatrix}\geqslant 0 \tag{6.138}$$

注意到

$$\begin{bmatrix} Q & S \\ S^{\mathrm{T}} & R \end{bmatrix} = \begin{bmatrix} I_n & 0 \\ R^{-1}S^{\mathrm{T}} & I_m \end{bmatrix}^{\mathrm{T}} \begin{bmatrix} Q - SR^{-1}S^{\mathrm{T}} & 0 \\ 0 & R \end{bmatrix} \begin{bmatrix} I_n & 0 \\ R^{-1}S^{\mathrm{T}} & I_m \end{bmatrix}$$

因此 $Q - SR^{-1}S^{\mathrm{T}} \geqslant 0$ 且有

$$J_T(u) = \int_0^T \begin{bmatrix} x(t) \\ v(t) \end{bmatrix}^{\mathrm{T}} \begin{bmatrix} Q - SR^{-1}S^{\mathrm{T}} & 0 \\ 0 & R \end{bmatrix} \begin{bmatrix} x(t) \\ v(t) \end{bmatrix} \mathrm{d}t$$

其中, $v(t) = R^{-1}S^{\mathrm{T}}x(t) + u(t)$. 相应地原线性系统变成 $\dot{x}(t) = (A - BR^{-1}S^{\mathrm{T}})x(t) + Bv(t)$. 这样性能指标 (6.138) 就转化为本章所讨论的情形 (6.9).

附注 6.2　微分方程理论中的微分 Riccati 方程主要指形如

$$\dot{y}(t) = p(t)y^2(t) + q(t)y(t) + r(t) \tag{6.139}$$

的 1 阶非线性微分方程, 这里仅 $y(t)$ 是未知量. 将 $y(t) = -\dot{z}(t)/(p(t)z(t))$ 代入式 (6.139) 并化简得到

$$\ddot{z}(t) = \left(\frac{\dot{p}(t)}{p(t)} + q(t)\right)\dot{z}(t) - p(t)r(t)z(t)$$

这是一个关于 z 的 2 阶线性微分方程, 还可以写成向量形式:

$$\frac{\mathrm{d}}{\mathrm{d}t}\begin{bmatrix} z(t) \\ \dot{z}(t) \end{bmatrix} = \begin{bmatrix} 0 & 1 \\ -p(t)r(t) & \dfrac{\dot{p}(t)}{p(t)} + q(t) \end{bmatrix} \begin{bmatrix} z(t) \\ \dot{z}(t) \end{bmatrix}$$

这表明 1 阶非线性微分方程 (6.139) 可以转化为 2 阶线性微分方程. 容易看出微分 Riccati 方程 (6.3) 具有方程 (6.139) 的形式, 其中系数还是定常的, 因此应该也可以转换成线性微分方程. 设 $x, \xi \in \mathbf{R}^n$ 满足线性系统

$$\begin{bmatrix} \dot{x}(t) \\ \dot{\xi}(t) \end{bmatrix} = \begin{bmatrix} A & -BR^{-1}B^{\mathrm{T}} \\ -Q & -A^{\mathrm{T}} \end{bmatrix} \begin{bmatrix} x(t) \\ \xi(t) \end{bmatrix} = H_n \begin{bmatrix} x(t) \\ \xi(t) \end{bmatrix} \tag{6.140}$$

其中, H_n 是微分 Riccati 方程 (6.3) 对应的 Hamilton 矩阵. 令该系统的状态转移矩阵为

$$\mathrm{e}^{H_n t} = \begin{bmatrix} \varPhi_{11}(t) & \varPhi_{12}(t) \\ \varPhi_{21}(t) & \varPhi_{22}(t) \end{bmatrix}, \quad \varPhi_{ij}(t) \in \mathbf{R}^{n \times n}$$

则容易验证

$$\begin{aligned} P(t, L, T) &= (\varPhi_{22}(T-t) - L\varPhi_{12}(T-t))(L\varPhi_{11}(T-t) - \varPhi_{21}(T-t))^{-1} \\ &= (\varPhi_{21}(t-T) + \varPhi_{22}(t-T)L)(\varPhi_{11}(t-T) + \varPhi_{12}(t-T)L)^{-1} \end{aligned}$$

满足微分 Riccati 方程 (6.3). 这里假设上面的矩阵求逆皆可进行. 因此, 非线性微分 Riccati 方程 (6.3) 也转化成了线性系统 (6.140) 的状态转移矩阵求取问题. 据此和定理 6.3.6 能看出 Riccati 方程和 Hamilton 矩阵的关系十分密切. 本章介绍的基于稳态代数 Riccati 方程的微分 Riccati 方程的解法 (见 6.1.3 节) 参考了文献 [2]. 事实上, 利用稳态代数 Riccati 方程的极大和极小解 (见习题 6.13) 也可以给出微分 Riccati 方程的参数化解和相关二次最优控制问题的解[3]. 文献 [4] 还给出了微分 Riccati 方程 (6.64) 的一种显式解式, 并指出式 (6.65) 定义的极限关于 T 的收敛速度至少是指数的. Riccati 方程在二次最优控制中的作用十分突出, 这方面的工作可以参见文献 [5] $\sim$ [9] 和文献 [10] 及文献 [11].

附注 6.3　本书介绍的有限时间 LQR 理论主要参考了文献 [2] 和文献 [12]. 由于本书采取配方法, 避免了复杂的耦合微分 Riccati 方程, 因此所得到的公式与上述文献有区别. 固定终端特别是 $x(T)=0$ 的有限时间 LQR 问题的闭环控制律是时变的高增益反馈, 即控制增益随着时间趋于终端时刻而趋于 ∞. 对线性系统而言, 如果限定采用无记忆的线性反馈, 由习题 6.5 可知有限时间控制问题避免不了无界的时变高增益反馈. 的确, 近年来无界的时变高增益反馈在有限时间控制问题中得到了越来越广泛的重视. 例如, 文献 [13] 利用时变高增益反馈解决了具有规范型的非线性系统的有限时间镇定问题. 作者借助参量 Lyapunov 方程的性质, 通过令表征收敛速度的参数 γ 在有限时间之内增加到 ∞ (这直接导致时变高增益反馈), 解决了输入受限情形下线性系统的有限时间镇定问题[14,15]. 可以参见文献 [13] $\sim$ [15] 中提及的文献及引用它们的最新文献.

附注 6.4　固定终端有限时间 LQR 问题的解有多种表达方式. 例如[16]

$$u_*(t)=-R^{-1}B^{\mathrm{T}}P^{-1}(T-t)x(t) \tag{6.141}$$

其中, $P(t)$ $(t\in[0,T])$ 是正向微分 Riccati 方程

$$\dot{P}(t)+AP(t)+P(t)A^{\mathrm{T}}+P(t)QP(t)-BR^{-1}B^{\mathrm{T}}=0,\quad P(0)=0 \tag{6.142}$$

的解. 虽然微分方程 (6.142) 是正向的, 但最优反馈控制律 (6.141) 中用到的 $P(T-t)$ 仍然是倒向的. 注意到与定理 6.2.2 类似, 最优反馈控制律 (6.141) 的增益也具有时变高增益特性, 即当 $t\to T$ 时有 $P^{-1}(T-t)\to\infty$.

附注 6.5　固定终端有限时间 LQR 问题有许多变体, 如滚动时域优化控制 (receding horizon control) 问题, 即考虑如下性能指标[16]:

$$J_T(t,u)=\int_t^{t+T}(x^{\mathrm{T}}(s)Qx(s)+u^{\mathrm{T}}(s)Ru(s))\mathrm{d}s$$

和终端约束 $x(t+T)=0$. 与本章考虑的固定终端有限时间 LQR 问题不同, 上述二次性能指标 $J_T(t,u)$ 和终端约束都与时间 t 有关. 有趣的是, 该问题的解为线性定常反馈

$$u_*(t)=-R^{-1}B^{\mathrm{T}}P^{-1}(T)x(t) \tag{6.143}$$

其中, $P(t)$ $(t\in[0,T])$ 是正向微分 Riccati 方程 (6.142) 的解, 且在 (A,B) 能控的情形下可以证明闭环系统是渐近稳定的. 特别地, 如果 $Q=0$, 正向微分 Riccati 方程 (6.142) 的解满足

$$P(T)=\int_0^T \mathrm{e}^{-A^{\mathrm{T}}s}BR^{-1}B^{\mathrm{T}}\mathrm{e}^{-As}\mathrm{d}s$$

此时最优状态反馈控制器 (6.143) 就是基于能控性 Gram 矩阵的镇定控制器[17]. 滚动优化控制问题经过长期发展, 已经形成了一门十分重要的理论: 模型预测控制 (model predictive control) 理论[18]. 该理论在工程中具有相当广泛的应用.

附注 6.6 与最小能量控制即 $Q=0$ 相对应, 还有一类廉价控制 (cheap control) 问题, 即考虑二次性能指标

$$J_{\varepsilon}(u)=\int_{0}^{\infty}(x^{\mathrm{T}}(t)Qx(t)+\varepsilon^{2}\|u(t)\|^{2})\mathrm{d}t$$

其中, $Q\geqslant 0,\varepsilon\to 0$ (相当于 $R=0$). 之所以称之为廉价控制是因为随着 $\varepsilon\to 0$, 控制量 u 在二次性能指标 $J_{\varepsilon}(u)$ 中的比重趋于零, 即控制不受约束从而是廉价的. 对应的代数 Riccati 方程为

$$A^{\mathrm{T}}P_{\varepsilon}+P_{\varepsilon}A-\frac{1}{\varepsilon^{2}}P_{\varepsilon}BB^{\mathrm{T}}P_{\varepsilon}=-Q \tag{6.144}$$

最优值为 $J_{\varepsilon}(u_*)=x_0^{\mathrm{T}}P_{\varepsilon}x_0$. 可以想象, 随着 ε 趋于零, 一方面, 控制量会越来越大, 这导致闭环系统的状态趋于零的速度越来越快, 或者说闭环系统 $A-BB^{\mathrm{T}}P_{\varepsilon}/\varepsilon^{2}$ 的特征值的实部趋于 $-\infty$; 另一方面, 由于 $x(t)$ 趋于零的速度越来越快, 二次性能指标的最优值 $J_{\varepsilon}(u_*)=x_0^{\mathrm{T}}P_{\varepsilon}x_0$ 会趋于零. 但事实上情况会比较复杂. 为此考虑 2 维系统[14]

$$A=\begin{bmatrix}0 & 1\\ -a & b\end{bmatrix},\ a\geqslant 0,\ b\geqslant 0,\ B=\begin{bmatrix}0\\ 1\end{bmatrix}$$

和加权矩阵 $Q=I_2$. 代数 Riccati 方程 (6.144) 的唯一正定解为

$$P_{\varepsilon}=\begin{bmatrix}ab+\sqrt{a^{2}+\gamma}p_{1}(\gamma) & \sqrt{a^{2}+\gamma}-a\\ \sqrt{a^{2}+\gamma}-a & b+p_{1}(\gamma)\end{bmatrix}$$

其中, $\gamma=1/\varepsilon^{2},p_{1}(\gamma)=(\gamma-2a+b^{2}+2\sqrt{a^{2}+\gamma})^{1/2}$. 容易计算

$$\lambda\left(A-\frac{1}{\varepsilon^{2}}BB^{\mathrm{T}}P_{\varepsilon}\right)=\left\{\frac{-p_{1}(\gamma)\pm p_{2}(\gamma)}{2}\right\}$$

其中, $p_{2}(\gamma)=(\gamma-2a+b^{2}-2\sqrt{a^{2}+\gamma})^{1/2}$. 显然有

$$\lim_{\varepsilon\to 0}\lambda_{1}(\gamma)=\lim_{\gamma\to\infty}\lambda_{1}(\gamma)=-\infty,\quad \lim_{\varepsilon\to 0}\lambda_{2}(\gamma)=\lim_{\gamma\to\infty}\lambda_{2}(\gamma)=-1$$

这表明闭环系统 $A-BB^{\mathrm{T}}P_{\varepsilon}/\varepsilon^{2}$ 只有一个特征值离虚轴越来越远, 而另一个特征值则趋于定值. 此外,

$$\lim_{\varepsilon\to 0}P_{\varepsilon}=\lim_{\gamma\to\infty}P_{\varepsilon}\neq 0$$

即最优性能指标 $J_{\varepsilon}(u_*)=x_0^{\mathrm{T}}P_{\varepsilon}x_0$ 也不会趋于零. 事实上, 当 ε 趋于零时闭环系统的一部分极点以特定的方式趋于无穷远, 另一部分极点趋于某传递函数的传输零点. 详见文献 [11] 和文献 [19]. 以上是 $R\to 0$ 的情形. 如果 R 半正定但不正定, 相应的二次最优控制问题一般称为奇异最优控制 (singular optimal control). 最新进展可参见文献 [20].

附注 6.7　习题 6.20 所介绍的迭代算法最早由 Kleinman[21] 于 1968 年提出, 故也称之为 Kleinman 迭代. Kleinman 迭代至少是二次收敛的. 该方法的关键在于初值 K_0 的选取. 近年来, Kleinman 迭代在强化学习-策略迭代 (policy iteration) 算法中起到了关键作用. 这类算法主要针对线性系统模型 (A,B) 部分或全部未知的情形设计二次最优控制律. 根据 Kleinman 迭代, 这类算法利用系统的在线运行数据将代数 Riccati 方程的求解转为在线进行[22,23]. 由于系统模型 (A,B) 未知, 运用 Kleinman 迭代的关键在于确定初始镇定增益 K_0. 对于某些具体的系统, 如果其标称模型 (A_0,B_0) 已知, 通过将对应的参量 Lyapunov 方程

$$A_0^{\mathrm{T}}P_0+P_0A-PB_0R^{-1}B_0^{\mathrm{T}}P_0=-\gamma P_0$$

中的 γ 取得充分大以压制系统模型 (A,B) 中的不确定性, 可以保证 $K_0=-R^{-1}B_0^{\mathrm{T}}P_0$ 是 (A,B) 的一个镇定增益. 可参见作者的相关工作[24].

附注 6.8　参量 Lyapunov 方程 (6.109) 最早由 Zhou 等[25] 提出用于估计输入受限线性系统的吸引域. 该方程后来进一步用于解决输入受限线性系统的半全局镇定和全局镇定[26,27]、时滞系统的镇定[28]、线性系统的有限时间镇定[14] 等问题. 目前作者仍致力于将该方程用于其他控制问题的研究. 该方程之所以具有广泛的应用, 是因为它具有许多特别有趣的性质. 特别地, 借助参量 Lyapunov 方程, 可以将向量值系统的分析和设计转换成标量微分方程/不等式的分析和设计. 称该方法为标量化 (scalarization) 方法[14]. 除了本章介绍的这些性质之外, 参量 Lyapunov 方程的其他性质可以参见文献 [28] 的附录 A.

附注 6.9　从定理 6.3.6 可以看出, 只要加权矩阵 Q 和 R 给定, 在最优控制律作用下的闭环系统矩阵 $A-BR^{-1}B^{\mathrm{T}}P$ 的特征值即 Hamilton 矩阵 H_n 的稳定特征值就唯一确定了. 这意味着没有多余的自由度可以改变最优闭环系统的极点位置. 这就引出一个问题: 可否设计这样的线性状态反馈控制律, 既能保证闭环系统具有期望的极点位置, 又能保证能极小化某个二次性能指标? 该问题即最优极点配置问题. 这个问题是不平凡的, 得到了相当广泛的讨论. 作者利用参量 Lyapunov 方程 (6.109) 能将开环系统的极点移动到关于直线 $s=-\gamma/2$ 对称的位置 (定理 6.4.3) 并同时极小化某个二次性能指标 (定理 6.4.4) 的性质, 建立了一个递推的最优极点配置算法[29]. 该算法每次移动一个或一对极点而保持其他极点位置不变, 最终将所有极点都移动到期望的位置 (但不能改变虚部), 并得到对应的二次性能指标.

参考文献

[1] Dullerud G E, Paganini F. A Course in Robust Control Theory: A Convex Approach. Berlin: Springer Science & Business Media, 2013.

[2] Brockett R W. Finite Dimensional Linear Systems. Philadelphia: SIAM, 1970.

[3] Ferrante A, Marro G, Ntogramatzidis L. A parametrization of the solutions of the finite-horizon LQ problem with general cost and boundary conditions. Automatica, 2005, 41(8): 1359-1366.

[4] Callier F M, Winkin J, Willems J L. On the exponential convergence of the time-invariant matrix Riccati differential equation. Proceedings of the 31st IEEE Conference on Decision and Control, Tucson, 1992: 1536-1537.

[5] Kalman R E. Contributions to the theory of optimal control. Boletin de la Sociedad Matematica Mexicana, 1960, 5(2): 102-119.

[6] Kalman R E, Ho Y, Narendra K S. Controllability of linear dynamical systems. Contribution to Differential Equations, 1963, 1: 189-213.

[7] Kučera V. A review of the matrix Riccati equation. Kybernetika, 1973, 9(1): 42-61.

[8] Molinari B P. The time-invariant linear-quadratic optimal control problem. Automatica, 1977, 13(4): 347-357.

[9] Willems J. Least squares stationary optimal control and the algebraic Riccati equation. IEEE Transactions on Automatic Control, 1971, 16(6): 621-634.

[10] Anderson B D, Moore J B. Linear Optimal Control. Upper Saddle River: Prentice-Hall, 1971.

[11] Kwakernaak H, Sivan R. Linear Optimal Control System. New York: Wiley-Interscience, 1969.

[12] Juang J N, Turner J D, Chun H M. Closed-form solutions for a class of optimal quadratic regulator problems with terminal constraints. ASME Journal of Dynamic Systems Measurement and Control, 1986, 108(1): 44-48.

[13] Song Y D, Wang Y J, Holloway J, et al. Time-varying feedback for regulation of normal-form nonlinear systems in prescribed finite time. Automatica, 2017, 83: 243-251.

[14] Zhou B. Finite-time stabilization of linear systems by bounded linear time-varying feedback. Automatica, 2020, 113: 108760.

[15] Zhou B. Finite-time stability analysis and stabilization by bounded linear time-varying feedback. Automatica, 2020, 121: 109191.

[16] Kwon W, Pearson A. A modified quadratic cost problem and feedback stabilization of a linear system. IEEE Transactions on Automatic Control, 1977, 22(5): 838-842.

[17] Thomas Y A. Linear quadratic optimal estimation and control with receding horizon. Electronics Letters, 1975, 11(1): 19-21.

[18] Morari M, Lee J H. Model predictive control: Past, present and future. Computers & Chemical Engineering, 1999, 23(4-5): 667-682.

[19] Francis B, Glover K. Bounded peaking in the optimal linear regulator with cheap control. IEEE Transactions on Automatic Control, 1978, 23(4): 608-617.

[20] Zhang H S, Xu J J. Optimal control with irregular performance. Science China Information Sciences, 2019, 62(9): 192203.

[21] Kleinman D. On an iterative technique for Riccati equation computations. IEEE Transactions on Automatic Control, 1968, 13(1): 114-115.

[22] Jiang Y, Jiang Z P. Computational adaptive optimal control for continuous-time linear systems with completely unknown dynamics. Automatica, 2012, 48(10): 2699-2704.

[23] Vrabie D, Pastravanu O, Abu-khalaf M, et al. Adaptive optimal control for continuous-time linear systems based on policy iteration. Automatica, 2009, 45(2): 477-484.

[24] Jiang H Y, Zhou B, Li D X, et al. Data-driven-based attitude control of combined spacecraft with noncooperative target. International Journal of Robust and Nonlinear Control, 2019, 29(16): 5801-5819.

[25] Zhou B, Duan G R. On analytical approximation of the maximal invariant ellipsoids for linear systems with bounded controls. IEEE Transactions on Automatic Control, 2009, 54(2): 346-353.

[26] Zhou B, Duan G R, Lin Z L. A parametric Lyapunov equation approach to the design of low gain feedback. IEEE Transactions on Automatic Control, 2008, 53(6): 1548-1554.

[27] Zhou B, Lin Z L, Duan G R. Robust global stabilization of linear systems with input saturation via gain scheduling. International Journal of Robust and Nonlinear Control, 2009, 20(4): 424-447.

[28] Zhou B. Truncated Predictor Feedback for Time-Delay Systems. Berlin: Springer, 2014.

[29] Zhou B, Li Z Y, Duan G R, et al. Optimal pole assignment for discrete-time systems via Stein equations. IET Control Theory & Applications, 2009, 3(8): 983-994.

第 7 章　观 测 器

从第 5 章和第 6 章已经知道状态反馈对于解决以稳定性为主要目标的控制问题十分有效. 但状态反馈是建立在系统的所有状态变量都精确已知的基础上, 而在许多实际问题中往往仅知道部分状态即系统的输出. 另外, 从第 5 章已经知道仅仅利用输出进行反馈通常不能达到和状态反馈相当的效果. 因此, 一个自然的观点就是利用输出信号来重构系统的状态, 再利用重构的状态进行状态反馈控制器设计. 重构系统状态的部件称为状态观测器.

本章考虑下面一般的线性系统

$$\begin{cases} \dot{x} = Ax + Bu \\ y = Cx + Du \end{cases}, \quad x(0) = x_0,\, t \geqslant 0 \tag{7.1}$$

的观测器设计问题, 这里 $A \in \mathbf{R}^{n\times n}$、$B \in \mathbf{R}^{n\times m}$、$C \in \mathbf{R}^{p\times n}$ 和 $D \in \mathbf{R}^{p\times m}$ 都是常数矩阵. 一般情况下矩阵 D 不为零, 如果要求 $D = 0$, 我们将明确指出. 本章中, 为方便阅读, 若无特别说明, 任何时间函数如状态向量 $x(t)$ 均记作 x, 任何时间函数 x 的观测值均记作 $\hat{x}$.

对于线性系统 (7.1), 如果状态 x 可测, 可以构造状态反馈

$$u = Kx + v \tag{7.2}$$

其中, $K \in \mathbf{R}^{m\times n}$ 是状态反馈增益; $v \in \mathbf{R}^m$ 是外部输入信号. 由系统 (7.1) 和状态反馈 (7.2) 组成的闭环系统为

$$\begin{cases} \dot{x} = (A + BK)x + Bv \\ y = (C + DK)x + Dv \end{cases} \tag{7.3}$$

该系统从 v 到 y 的传递函数矩阵为

$$G_K(s) = (C + DK)(sI_n - (A + BK))^{-1}B + D$$

本章将在 x 不可直接测量的情况下讨论状态反馈 (7.2) 的实现问题, 并讨论相应的闭环系统与闭环系统 (7.3) 的关系.

7.1　全维状态观测器

7.1.1　全维状态观测器的设计

出于实际的需要和理论上的方便, 下面给出线性系统观测器的严格定义.

定义 7.1.1　设动态系统 Σ_o 同时满足下面 3 个条件:

(1) (线性) Σ_o 是一个线性动态系统, 该系统的输入是原系统 (7.1) 的输入 u 和输出 y.

(2) (即时性) 对任意输入 u 和初始条件 $x(0)$, 如果存在 $t_* \geqslant 0$ 使得 Σ_o 的状态 $\hat{x}$ 满足 $\hat{x}(t_*) = x(t_*)$, 则恒有 $\hat{x}(t) = x(t)\ (\forall t \geqslant t_*)$.

(3) (渐近性) 对任意的 $u, \hat{x}(0)$ 和 $x(0)$, Σ_o 的状态 $\hat{x}(t)$ 渐近重构系统 (7.1) 的状态 $x(t)$, 即

$$\lim_{t\to\infty} \|x(t)-\hat{x}(t)\| = 0 \tag{7.4}$$

则称其为线性系统 (7.1) 的一个观测器.

定义 7.1.1 的含义可以解释如下.

(a) 条件 (1) 的含义是, 观测器 Σ_o 能够利用的信息仅仅是线性系统 (7.1) 的输入和输出信息, 而不能利用它的内部信息, 如初始条件 $x(0)=x_0$.

(b) 条件 (2) 的含义是观测器 Σ_o 应该具有某种意义上的即时性, 即一旦观测器在某个时刻精确地观测到了系统的状态, 则此后的状态也能被精确和即时地观测到.

(c) 条件 (3) 条表示观测器在一般情况下对原始系统的观测是 "渐近" 的. 这就是为什么观测器也称为 "渐近观测器".

对任意给定的矩阵 $L\in\mathbf{R}^{n\times p}$, 定义矩阵 $F\in\mathbf{R}^{n\times n}$、$G\in\mathbf{R}^{n\times p}$ 和 $H\in\mathbf{R}^{n\times m}$ 如下:

$$F=A+LC,\quad G=-L,\quad H=B-GD \tag{7.5}$$

定理 7.1.1 给出了观测器的存在条件.

定理 7.1.1 设 $L\in\mathbf{R}^{n\times p}$ 是使得 $F=A+LC$ 为 Hurwitz 矩阵的任意矩阵, (F,G,H) 如式 (7.5) 所定义, 则 Σ_o 是线性系统 (7.1) 的一个观测器当且仅当它是下面的动态系统:

$$\dot{\hat{x}} = F\hat{x}+Gy+Hu \tag{7.6}$$

证明 基于定义 7.1.1 的条件 (1), 可以假设观测器具有式 (7.6) 的形式, 其初值为 $\hat{x}(0)=\hat{x}_0$, 其系数 F、G、H 是具有适当维数的矩阵.

必要性: 设 $e=x-\hat{x}$, 则由系统 (7.1) 和式 (7.6) 可知

$$\dot{e}=Fe+(A-F-GC)x+(B-H-GD)u \tag{7.7}$$

设 $u(t)=0\,(\forall t\geqslant 0)$, 则系统 (7.7) 可写成 $\dot{e}=Fe+(A-F-GC)x$. 又假设 $x(0)\neq 0$, 那么由 $u(t)=0\,(\forall t\geqslant 0)$ 可知 $x(t)\neq 0\,(\forall t\geqslant 0)$. 因此, 根据定义 7.1.1 的条件 (2), 如果存在 t_* 使得 $\hat{x}(t_*)=x(t_*)$ 即 $e(t_*)=0$, 那么, $\hat{x}(t)=x(t)$ 即 $e(t)=0\,(\forall t\geqslant t_*\geqslant 0)$ 恒成立仅当 $A-F-GC=0$. 这就是式 (7.5) 的第 1 和第 2 式. 从而系统 (7.7) 可以写成 $\dot{e}=Fe+(B-H-GD)u$. 根据定义 7.1.1 的条件 (3), 对任意的输入 u 和初始状态 $\hat{x}(0), x(0)$, 都有式 (7.4) 成立, 即 $\|e(t)\|\xrightarrow{t\to\infty}0$, 这显然必须有 $B-H=GD$. 这是式 (7.5) 的第 3 式. 从而系统 (7.7) 可以进一步写成

$$\dot{e}=Fe,\quad e(0)=x(0)-\hat{x}(0) \tag{7.8}$$

因此, $\|e(t)\|\xrightarrow{t\to\infty}0$ 仅当上述系统是渐近稳定的.

充分性: 根据上面的推导, 观测误差 $e=x-\hat{x}$ 满足渐近稳定的线性系统 (7.8), 显然定义 7.1.1 的条件 (2) 和条件 (3) 得到满足. 证毕. □

由于观测器 (7.6) 的维数和系统 (7.1) 的维数相等, 习惯上称观测器 (7.6) 为全维状态观测器 (full-order state observer). 另外, 由式 (7.8) 可知观测误差 e 满足方程

$$\dot{e}=(A+LC)e \tag{7.9}$$

习惯上称式 (7.9) 为观测器误差系统. 不难看出, 观测器误差系统 (7.9) 的系统矩阵 $A+LC$ 就是输出注入变换后系统 (4.193) 的系统矩阵. 对于全维状态观测器 (7.6), 唯一需要设计的是矩阵 L, 它通常被称为观测器增益或 Luenberger 增益. 根据定理 7.1.1, 对观测器增益 L 唯一的要求是它能使得观测器误差系统 (7.9) 是渐近稳定的.

显然, $A+LC$ 是 Hurwtiz 矩阵等价于 $A^{\mathrm{T}}+C^{\mathrm{T}}L^{\mathrm{T}}$ 是 Hurwitz 矩阵, 根据命题 5.1.1, 这等价于 $(A^{\mathrm{T}},C^{\mathrm{T}})$ 是能稳的. 由定义 3.5.4, 上述要求等价于 (A,C) 是能检测的. 如果进一步要求观测器误差系统的极点可以任意配置, 还需要 (A,C) 是能观的. 在 (A,C) 是能检测/能观的条件下, 可用第 5 章介绍的各种镇定增益设计方法来设计反馈增益 K 使得 $A^{\mathrm{T}}+C^{\mathrm{T}}K$ 是 Hurwitz 矩阵, 进而观测器增益可取为 $L=K^{\mathrm{T}}$. 也就是说, 观测器增益 L 的设计问题转化成了线性系统 $(A^{\mathrm{T}},C^{\mathrm{T}})$ 的镇定增益设计问题. 鉴于此, 本章不加证明地给出观测器增益的三种设计方法.

第一种方法可看成是定理 5.1.1 的对偶结论.

定理 7.1.2　设线性系统 (7.1) 是能观的. 如果观测器增益取为

$$L=-\left(\int_0^T \mathrm{e}^{-\sigma s}\mathrm{e}^{-A^{\mathrm{T}}s}C^{\mathrm{T}}C\mathrm{e}^{-As}\mathrm{d}s\right)^{-1}C^{\mathrm{T}}$$

其中, $T>0$ 为任意正常数; $\sigma\geqslant 0$ 为任意非负常数, 则 $A+LC$ 是 Hurwitz 矩阵.

第二种方法可看成是定理 6.3.3 的对偶结论.

定理 7.1.3　设 $S\in\mathbf{R}^{p\times p}$ 是给定的正定矩阵, $W\in\mathbf{R}^{n\times n}$ 是给定的半正定矩阵, (A,C) 能检测, (A,W) 能稳/能控, 则以 Q 为未知矩阵的对偶代数 Riccati 方程

$$AQ+QA^{\mathrm{T}}-QC^{\mathrm{T}}S^{-1}CQ=-W \tag{7.10}$$

有唯一的半正定/正定解 Q. 此外, 观测器增益可取为

$$L=-QC^{\mathrm{T}}S^{-1}\in\mathbf{R}^{n\times p} \tag{7.11}$$

且 $A+LC$ 是 Hurwitz 矩阵.

第三种方法可看成是定理 6.4.3 的对偶结论.

定理 7.1.4　设 $S\in\mathbf{R}^{p\times p}$ 是给定的正定矩阵, σ 是给定的标量. 考虑对偶参量 Lyapunov 方程

$$AQ+QA^{\mathrm{T}}-QC^{\mathrm{T}}S^{-1}CQ=-\sigma Q \tag{7.12}$$

并定义相应的观测器增益 (7.11). 那么, 方程 (7.12) 存在唯一的正定解 $Q>0$ 当且仅当 (A,C) 能观且

$$\sigma>-2\,\mathrm{Re}\,\{\lambda_i(A)\},\quad i=1,2,\cdots,n$$

在此条件下有 $Q=U^{-1}$, 其中 $U>0$ 是对偶参量 Lyapunov 方程

$$\left(A+\frac{\sigma}{2}I_n\right)^{\mathrm{T}}U+U\left(A+\frac{\sigma}{2}I_n\right)=C^{\mathrm{T}}S^{-1}C \tag{7.13}$$

的唯一正定解, 且对应的观测器误差系统矩阵满足

$$\lambda(A+LC)=\lambda(A-QC^{\mathrm{T}}S^{-1}C)=-\sigma-\lambda(A)$$

即观测器误差系统渐近稳定当且仅当

$$\sigma > -\operatorname{Re}\{\lambda_i(A)\}, \quad i = 1, 2, \cdots, n$$

最后给出一个数值算例说明全维状态观测器的设计步骤.

例 7.1.1 考虑航天器轨道交会系统在 X-Z 平面内的线性化系统模型, 并假设只有在轨道切线方向安装位置传感器. 对应的线性系统 (7.1) 的参数为

$$A = \omega \begin{bmatrix} 0 & 1 & 0 & 0 \\ 0 & 0 & 0 & 2 \\ 0 & 0 & 0 & 1 \\ 0 & -2 & 3 & 0 \end{bmatrix}, \quad B = \begin{bmatrix} 0 & 0 \\ 1 & 0 \\ 0 & 0 \\ 0 & 1 \end{bmatrix}, \quad C = \begin{bmatrix} 1 \\ 0 \\ 0 \\ 0 \end{bmatrix}^{\mathrm{T}}, \quad D = 0 \tag{7.14}$$

其中, $\omega > 0$ 表示轨道角速率. 由例 2.2.1 可知该系统是能观的. 由于 $\lambda(A) = \{0, 0, \pm\omega\mathrm{i}\}$, 根据定理 7.1.4, 对任意常数 $\sigma > 0$, 对偶参量 Lyapunov 方程 (7.12) 存在唯一的正定解 Q. 设 $S = 1, \sigma = 2\omega$. 通过求解对偶参量 Lyapunov 方程 (7.13) 得到

$$Q = \omega \begin{bmatrix} 8 & 24 & \dfrac{46}{3} & 14 \\ 24 & 116 & 78 & 86 \\ \dfrac{46}{3} & 78 & \dfrac{491}{9} & 63 \\ 14 & 86 & 63 & 81 \end{bmatrix}$$

根据式 (7.11) 可求得观测器增益

$$L = -\omega \begin{bmatrix} 8 & 24 & \dfrac{46}{3} & 14 \end{bmatrix}^{\mathrm{T}}$$

容易验证 $\lambda(A + LC) = \{-2\omega, -2\omega, (-2 \pm \mathrm{i})\omega\}$. 因此, 根据定理 7.1.1, 该系统的全维状态观测器为

$$\dot{\hat{x}} = \omega \begin{bmatrix} -8 & 1 & 0 & 0 \\ -24 & 0 & 0 & 2 \\ -\dfrac{46}{3} & 0 & 0 & 1 \\ -14 & -2 & 3 & 0 \end{bmatrix} \hat{x} + \omega \begin{bmatrix} 8 \\ 24 \\ \dfrac{46}{3} \\ 14 \end{bmatrix} y + \begin{bmatrix} 0 & 0 \\ 1 & 0 \\ 0 & 0 \\ 0 & 1 \end{bmatrix} u \tag{7.15}$$

7.1.2 观测器的构造原理

为了说明全维状态观测器 (7.6) 的构造原理, 将其改写成

$$\begin{cases} \dot{\hat{x}} = A\hat{x} + Bu - L(y - \hat{y}) \\ \hat{y} = C\hat{x} + Du \end{cases} \tag{7.16}$$

其中, $\hat{y}$ 定义为观测器输出. 状态观测器 (7.16) 分为两部分: 系统的复制和误差的修正, 如图 7.1 所示. 下面对这两部分进行分析.

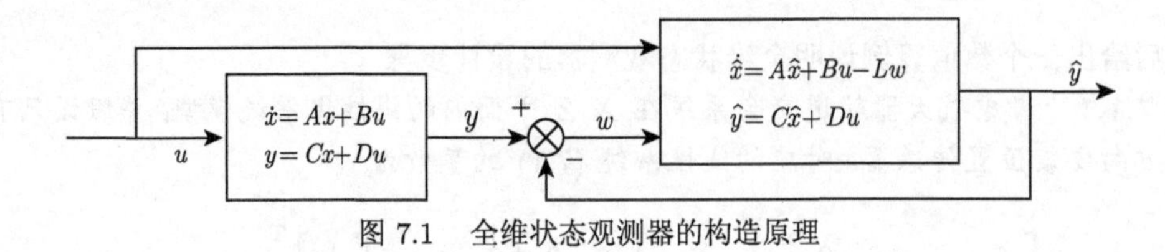

图 7.1 全维状态观测器的构造原理

状态观测器 (7.16) 的第一部分

$$\begin{cases} \dot{\hat{x}} = A\hat{x} + Bu \\ \hat{y} = C\hat{x} + Du \end{cases} \tag{7.17}$$

恰好复制了原系统 (7.1) 的状态和输出方程, 以达到复现原系统状态的目的. 事实上, 将复制系统 (7.17) 和原系统 (7.1) 作差可得到误差系统

$$\dot{e} = Ae, \quad e(0) = x(0) - \hat{x}(0) \tag{7.18}$$

其中, $e = x - \hat{x}$ 是观测误差. 因此, 如果 A 是 Hurwitz 矩阵, 观测误差趋于零, 即式 (7.4) 成立.

由于 A 不一定是 Hurwitz 矩阵, 所以状态观测器还必须引入第二部分

$$L(y - \hat{y}) = LCe \tag{7.19}$$

以对误差系统 (7.18) 进行修正. 这一项是原系统的输出 y 与观测器输出 $\hat{y}$ 的偏差的一个比例项. 一方面, 如果观测器输出 $\hat{y}$ 和原系统的输出 y 相等, 那么该修正量是零, 状态观测器的状态方程恰好是原系统的状态方程, 也就是 $\hat{x}$ 与 x 相等 (如果某个时刻相等的话), 从而能达到状态观测的目的. 另一方面, 修正量 (7.19) 的引入, 误差系统 (7.18) 被修正为系统 (7.9). 因此, 修正量 LCe 的引入改变了观测器误差系统的极点. 如果选择 L 使得 $A+LC$ 是 Hurwitz 矩阵, 观测误差就会趋于零, 从而实现了渐近观测的目的.

上面所介绍的状态观测器构造原理几乎贯穿本章所介绍的其他所有观测器的设计.

7.1.3 基于观测器的状态反馈

前面已经述及, 设计状态观测器的目的是获得状态的估计值 $\hat{x}$, 并利用此估计值代替精确的状态 x 实现状态反馈. 因此, 状态反馈 (7.2) 变成

$$u = K\hat{x} + v \tag{7.20}$$

其中, $v \in \mathbf{R}^m$ 是外部输入信号; $K \in \mathbf{R}^{m\times n}$ 是状态反馈增益矩阵 (如图 7.2 所示). 利用观测器误差 $e = x - \hat{x}$ 可以将 u 写成

$$u = K(x - e) + v = Kx - Ke + v$$

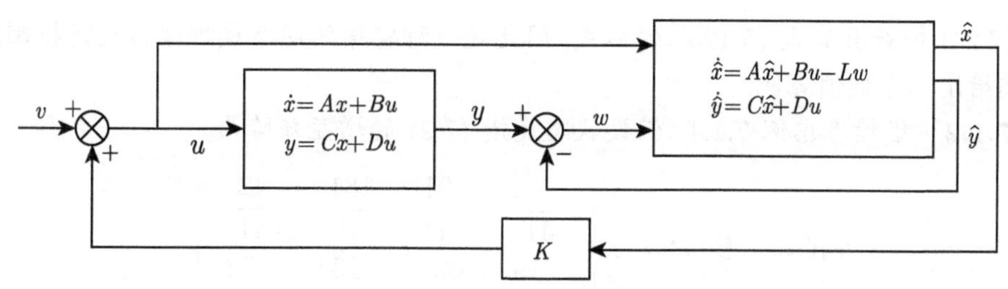

图 7.2 基于全维观测器的状态反馈

将上式代入系统 (7.1) 得到

$$\begin{cases} \dot{x} = (A + BK)x - BKe + Bv \\ y = (C + DK)x - DKe + Dv \end{cases} \tag{7.21}$$

通过定义增广状态向量 $\breve{x} = [x^{\mathrm{T}}, e^{\mathrm{T}}]^{\mathrm{T}}$, 可将闭环系统 (7.9) 和 (7.21) 写成

$$\begin{cases} \dot{\breve{x}} = \begin{bmatrix} A + BK & -BK \\ 0 & A + LC \end{bmatrix} \breve{x} + \begin{bmatrix} B \\ 0 \end{bmatrix} v \\ y = \begin{bmatrix} C + DK & -DK \end{bmatrix} \breve{x} + Dv \end{cases} \tag{7.22}$$

基于上面的分析, 关于闭环系统 (7.22) 的稳定性, 有下面显然的结论.

定理 7.1.5 由全维状态观测器 (7.6) 和状态反馈 (7.20) 构成的闭环系统 (7.22) 满足

$$\lambda\left(\begin{bmatrix} A + BK & -BK \\ 0 & A + LC \end{bmatrix}\right) = \lambda(A + BK) \cup \lambda(A + LC) \tag{7.23}$$

此外, 系统 (7.22) 的传递函数矩阵 $G_{\text{foo}}(s)$ 等于状态反馈闭环系统 (7.3) 的传递函数矩阵 $G_K(s)$.

从系统设计的角度看, 定理 7.1.5 体现的思想是, 观测器增益 L 和状态反馈增益 K 可以分开设计. 如果矩阵 K 和 L 分别使得 $A + BK$ 和 $A + LC$ 是 Hurwitz 矩阵, 则闭环系统 (7.22) 是渐近稳定的. 特别地, 由式 (7.23) 可知闭环系统的极点集合是状态反馈闭环系统的极点集合 $\lambda(A + BK)$ 与观测器误差系统的极点集合 $\lambda(A + LC)$ 的并集. 这一特性通常称为极点分离原理, 简称分离原理. 另外, 定理 7.1.5 还表明, 虽然观测器的引入增加了闭环系统的维数, 但并不改变闭环系统的输入输出关系. 这事实上表明闭环系统 (7.22) 不可能同时能控又能观.

说明 7.1.1 设 $v = 0$. 将式 (7.16) 和式 (7.20) 写成整体有

$$\begin{cases} \dot{\hat{x}} = F_A\hat{x} + F_By \\ u = F_C\hat{x} + F_Dy \end{cases} \tag{7.24}$$

其中

$$\begin{bmatrix} F_A & F_B \\ F_C & F_D \end{bmatrix} = \left[\begin{array}{c|c} A + LC + (B + LD)K & -L \\ \hline K & 0 \end{array}\right]$$

控制器 (7.24) 恰好具有式 (5.123) 的形式, 因此是一种特殊的动态线性输出反馈控制器.

下面给出一个数值算例.

例 7.1.2 继续考虑例 7.1.1. 假设状态反馈 (7.2) 的增益矩阵为

$$K=-B^{\mathrm{T}}P=\omega\begin{bmatrix}\frac{7}{41} & -\frac{91}{41} & \frac{181}{41} & \frac{42}{41}\\ -\frac{19}{41} & \frac{42}{41} & -\frac{134}{41} & -\frac{73}{41}\end{bmatrix}\tag{7.25}$$

其中, P 是参量 Lyapunov 方程 (6.109) 的解 (其中 $\gamma=\omega$). 因此闭环系统矩阵 $A+BK$ 的特征值集合为 $\{-\omega,-\omega,(-1\pm\mathrm{i})\omega\}$. 那么基于全维状态观测器 (7.15) 状态反馈为

$$\begin{cases}\dot{\hat{x}}=\omega\begin{bmatrix}-8 & 1 & 0 & 0\\ -24 & 0 & 0 & 2\\ -\frac{46}{3} & 0 & 0 & 1\\ -14 & -2 & 3 & 0\end{bmatrix}\hat{x}+\omega\begin{bmatrix}8\\ 24\\ \frac{46}{3}\\ 14\end{bmatrix}y+\begin{bmatrix}0 & 0\\ 1 & 0\\ 0 & 0\\ 0 & 1\end{bmatrix}u\\ u=\omega\begin{bmatrix}\frac{7}{41} & -\frac{91}{41} & \frac{181}{41} & \frac{42}{41}\\ -\frac{19}{41} & \frac{42}{41} & -\frac{134}{41} & -\frac{73}{41}\end{bmatrix}\hat{x}\end{cases}$$

这里假设 $v=0$. 因此闭环系统的极点集合为 $\lambda(A+BK)\cup\lambda(A+LC)=(-\omega+\lambda(A))\cup(-2\omega+\lambda(A))$.

7.2 降维状态观测器

全维状态观测器的维数和原系统的维数相等, 也就是系统的全部状态都通过观测器进行观测. 由于系统的部分状态可以直接从输出 y 中得到, 这一部分状态显然不需要通过构造状态观测器来观测. 需要观测的状态仅是那些从 y 中不能直接得到的状态. 基于这样的考虑, 本节讨论降维状态观测器 (reduced-order state observer) 设计问题. 本节的结论在一定程度上可看成是 5.1.2 节的对偶结论.

7.2.1 降维状态观测器的设计

不失一般性, 假设 C 是行满秩的 (若不满足, 见习题 7.2). 那么存在矩阵 $C_0\in\mathbf{R}_{n-p}^{n\times(n-p)}$ 使得 $CC_0=0$. 构造矩阵

$$T_0=\begin{bmatrix}C\\ C_0^{\mathrm{T}}\end{bmatrix}\in\mathbf{R}^{n\times n}$$

容易验证 T_0 是非奇异的且

$$T_0^{-1}=\begin{bmatrix}C^{\mathrm{T}}(CC^{\mathrm{T}})^{-1} & C_0(C_0^{\mathrm{T}}C_0)^{-1}\end{bmatrix}$$

考虑状态等价变换

$$\tilde{x}=\begin{bmatrix}\tilde{x}_1\\ \tilde{x}_2\end{bmatrix}=T_0x$$

容易验证系统 (7.1) 的输出矩阵被变换成

$$CT_0^{-1} = C\begin{bmatrix} C^{\mathrm{T}}(CC^{\mathrm{T}})^{-1} & C_0(C_0^{\mathrm{T}}C_0)^{-1} \end{bmatrix} = \begin{bmatrix} I_p & 0 \end{bmatrix} \tag{7.26}$$

因此系统 (7.1) 被变换成

$$\begin{cases} \begin{bmatrix} \dot{\tilde{x}}_1 \\ \dot{\tilde{x}}_2 \end{bmatrix} = \begin{bmatrix} A_{11} & A_{12} \\ A_{21} & A_{22} \end{bmatrix} \begin{bmatrix} \tilde{x}_1 \\ \tilde{x}_2 \end{bmatrix} + \begin{bmatrix} B_1 \\ B_2 \end{bmatrix} u \\ y = \tilde{x}_1 + Du \end{cases} \tag{7.27}$$

其中

$$\begin{bmatrix} A_{11} & A_{12} \\ A_{21} & A_{22} \end{bmatrix} = T_0AT_0^{-1} = \begin{bmatrix} CAC^{\mathrm{T}}(CC^{\mathrm{T}})^{-1} & CAC_0(C_0^{\mathrm{T}}C_0)^{-1} \\ C_0^{\mathrm{T}}AC^{\mathrm{T}}(CC^{\mathrm{T}})^{-1} & C_0^{\mathrm{T}}AC_0(C_0^{\mathrm{T}}C_0)^{-1} \end{bmatrix} \tag{7.28}$$

$$\begin{bmatrix} B_1 \\ B_2 \end{bmatrix} = T_0B = \begin{bmatrix} CB \\ C_0^{\mathrm{T}}B \end{bmatrix} \tag{7.29}$$

由此可见, 第一部分状态 $\tilde{x}_1$ 恰好就是输出 y, 所以只需要设计一个 $n-p$ 维的状态观测器来观测剩下的 $n-p$ 维状态 $\tilde{x}_2$. 为方便, 对任意给定的矩阵 $L_{21} \in \mathbf{R}^{(n-p)\times p}$, 定义如下 6 个矩阵

$$\begin{cases} F = A_{22} + L_{21}A_{12} \\ G = A_{21} + L_{21}A_{11} - FL_{21} \\ H = B_2 + L_{21}B_1 - GD \\ M = T_0^{-1}\begin{bmatrix} 0 \\ I_{n-p} \end{bmatrix} = C_0(C_0^{\mathrm{T}}C_0)^{-1} \\ N = T_0^{-1}\begin{bmatrix} I_p \\ -L_{21} \end{bmatrix} = C^{\mathrm{T}}(CC^{\mathrm{T}})^{-1} - C_0(C_0^{\mathrm{T}}C_0)^{-1}L_{21} \\ P = -ND \end{cases} \tag{7.30}$$

那么可以给出定理 7.2.1.

定理 7.2.1 令 (F, G, H, M, N, P) 如式 (7.30) 所定义. 设存在 $L_{21} \in \mathbf{R}^{(n-p)\times p}$ 使得 F 是 Hurwitz 矩阵. 那么, 线性系统 (7.1) 的 $n-p$ 维状态观测器可设计为

$$\begin{cases} \dot{z} = Fz + Gy + Hu \\ \hat{x} = Mz + Ny + Pu \end{cases} \tag{7.31}$$

证明 为了利用 7.1.2 节介绍的全维状态观测器设计原理来观测 $\tilde{x}_2$, 应该将 $\tilde{x}_2$ 满足的线性系统写成形如系统 (7.1) 的标准形式, 即

$$\begin{cases} \dot{\tilde{x}}_2 = \check{A}\tilde{x}_2 + \check{B}u_2 \\ y_2 = \check{C}\tilde{x}_2 + \check{D}u_2 \end{cases} \tag{7.32}$$

其中, u_2 和 y_2 必须是 u 和 y 的线性函数; $\check{A}$、$\check{B}$、$\check{C}$、$\check{D}$ 为具有适当维数的矩阵.

首先从式 (7.27) 注意到 x_2 满足

$$\begin{aligned}\dot{\tilde{x}}_2 =& A_{22}\tilde{x}_2 + A_{21}\tilde{x}_1 + B_2u = A_{22}\tilde{x}_2 + A_{21}(y - Du) + B_2u \\ =& A_{22}\tilde{x}_2 + (B_2 - A_{21}D)u + A_{21}y\end{aligned} \tag{7.33}$$

再由 $y = \tilde{x}_1 + Du$ 和 $\tilde{x}_1$ 满足的方程可知

$$\begin{aligned}\dot{y} &= \dot{\tilde{x}}_1 + D\dot{u} = A_{11}\tilde{x}_1 + A_{12}\tilde{x}_2 + B_1u + D\dot{u} = A_{11}(y - Du) + A_{12}\tilde{x}_2 + B_1u + D\dot{u} \\ &= A_{12}\tilde{x}_2 + (B_1 - A_{11}D)u + A_{11}y + D\dot{u}\end{aligned} \tag{7.34}$$

因此, 如果取 $y_2 = \dot{y} - D\dot{u}$ 和 $u_2 = [u^{\mathrm{T}}, y^{\mathrm{T}}]^{\mathrm{T}}$, 则式 (7.33) 和式 (7.34) 恰好具有式 (7.32) 的形式, 其中

$$\check{A} = A_{22}, \quad \check{B} = \begin{bmatrix} B_2 - A_{21}D & A_{21} \end{bmatrix}, \quad \check{C} = A_{12}, \quad \check{D} = \begin{bmatrix} B_1 - A_{11}D & A_{11} \end{bmatrix}$$

根据 7.1.2 节介绍的全维状态观测器设计原理, 针对系统 (7.32) 可以设计全维状态观测器

$$\begin{cases} \dot{\hat{\tilde{x}}}_2 = \check{A}\hat{\tilde{x}}_2 + \check{B}u_2 - L_{21}(y_2 - \hat{y}_2) \\ \hat{y}_2 = \check{C}\hat{\tilde{x}}_2 + \check{D}u_2 \end{cases} \tag{7.35}$$

此外, 如果定义观测误差 $\tilde{e}_2 = \tilde{x}_2 - \hat{\tilde{x}}_2$, 则根据全维观测器的设计理论有

$$\dot{\tilde{e}}_2 = (\check{A} + L_{21}\check{C})\tilde{e}_2 = (A_{22} + L_{21}A_{12})\tilde{e}_2 \tag{7.36}$$

由于 $A_{22} + L_{21}A_{12}$ 是 Hurwitz 矩阵, 故有 $\|\tilde{e}_2(t)\| \xrightarrow{t\to\infty} 0$. 因此式 (7.35) 是 $\tilde{x}_2$ 的一个观测器.

但是, 由于 u_2 和 y_2 不是原始系统 (7.1) 的输入 u 和输出 y, 观测器 (7.35) 不是完全由 (u, y) 驱动的. 下面解决此问题. 注意到

$$\begin{aligned}\dot{\hat{\tilde{x}}}_2 =& (\check{A} + L_{21}\check{C})\hat{\tilde{x}}_2 + (\check{B} + L_{21}\check{D})u_2 - L_{21}y_2 \\ =& (A_{22} + L_{21}A_{12})\hat{\tilde{x}}_2 + (B_2 - A_{21}D + L_{21}(B_1 - A_{11}D))u \\ & + (A_{21} + L_{21}A_{11})y - L_{21}\dot{y} + L_{21}D\dot{u}\end{aligned} \tag{7.37}$$

如果记 $z = \hat{\tilde{x}}_2 + L_{21}y - L_{21}Du$, 方程 (7.37) 可以等价地写成

$$\begin{aligned}\dot{z} =& (A_{22} + L_{21}A_{12})\hat{\tilde{x}}_2 + (B_2 - A_{21}D + L_{21}(B_1 - A_{11}D))u + (A_{21} + L_{21}A_{11})y \\ =& (A_{22} + L_{21}A_{12})(z - L_{21}y + L_{21}Du) + (A_{21} + L_{21}A_{11})y \\ & + (B_2 - A_{21}D + L_{21}(B_1 - A_{11}D))u \\ =& (A_{22} + L_{21}A_{12})z + (A_{21} + L_{21}A_{11} - (A_{22} + L_{21}A_{12})L_{21})y \\ & + (B_2 - A_{21}D + L_{21}(B_1 - A_{11}D) + (A_{22} + L_{21}A_{12})L_{21}D)u\end{aligned}$$

这恰好就是方程 (7.31) 的第 1 式. 此外, 由

$$\hat{\tilde{x}} = \begin{bmatrix} \tilde{x}_1 \\ \hat{\tilde{x}}_2 \end{bmatrix} = \begin{bmatrix} I_p & 0 \\ -L_{21} & I_{n-p} \end{bmatrix} \begin{bmatrix} y \\ z \end{bmatrix} - \begin{bmatrix} I_p \\ -L_{21} \end{bmatrix} Du$$

可知 $\hat{x} = T_0^{-1}\hat{\tilde{x}}$ 恰好就是方程 (7.31) 的第 2 式. 证毕. □

定理 7.2.1 的关键是观测器增益 L_{21} 的求取. 与全维状态观测器的情形类似, 存在 L_{21} 使得 $A_{22}+L_{21}A_{12}$ 是 Hurwitz 矩阵或 $A_{22}+L_{21}A_{12}$ 的极点可以任意配置当且仅当 (A_{22}, A_{12}) 是能检测的或能观的. 下面的结论将 (A_{22}, A_{12}) 的能检测/能观性与原系统 (7.1) 的能检测/能观性联系起来了.

命题 7.2.1 考虑线性系统 (7.1), 其中系数矩阵 (A, B, C) 满足式 (7.28) 和式 (7.29), 则 (A_{22}, A_{12}) 能检测/能观当且仅当 (A, C) 能检测/能观.

证明 对任意 $s \in \mathbf{C}_{\geqslant 0}$ 或 $s \in \mathbf{C}$ 有

$$\begin{aligned}\operatorname{rank}\begin{bmatrix} A - sI_n \\ C \end{bmatrix} &= \operatorname{rank}\begin{bmatrix} T_0AT_0^{-1} - sI_n \\ CT_0^{-1} \end{bmatrix} \\ &= \operatorname{rank}\begin{bmatrix} A_{11} - sI_p & A_{12} \\ A_{21} & A_{22} - sI_{n-p} \\ I_p & 0 \end{bmatrix} = p + \operatorname{rank}\begin{bmatrix} A_{22} - sI_{n-p} \\ A_{12} \end{bmatrix}\end{aligned}$$

因此, 根据 PBH 判据, (A, C) 能检测/能观当且仅当 (A_{22}, A_{12}) 能检测/能观. 证毕. □

最后给出一个例子说明降维状态观测器的设计步骤.

例 7.2.1 仍然考虑例 7.1.1 中的航天器轨道交会系统在 X-Z 平面内的线性化系统模型. 由于 $p = 1$, 可设计 $n - p = 3$ 维降维状态观测器. 注意到矩阵 C 已经具有式 (7.26) 的形式. 根据式 (7.28) 和式 (7.29) 可对 (A, B) 进行如下分块:

$$\begin{bmatrix} A_{11} & A_{12} \\ A_{21} & A_{22} \end{bmatrix} = \omega \left[\begin{array}{c|ccc} 0 & 1 & 0 & 0 \\ \hline 0 & 0 & 0 & 2 \\ 0 & 0 & 0 & 1 \\ 0 & -2 & 3 & 0 \end{array}\right], \quad \begin{bmatrix} B_1 \\ B_2 \end{bmatrix} = \left[\begin{array}{cc} 0 & 0 \\ \hline 1 & 0 \\ 0 & 0 \\ 0 & 1 \end{array}\right]$$

可以验证 (A_{22}, A_{12}) 是能观的, $\lambda(A_{22}) = \{0, \pm\omega\mathrm{i}\}$. 针对系统 (A_{22}, A_{12}) 运用定理 7.1.4, 通过求解对偶参量 Lyapunov 方程 (7.12) (其中 $S = I, \sigma = 2\omega$), 得到观测器增益

$$L_{21} = -\begin{bmatrix} 6 & \dfrac{14}{3} & 6 \end{bmatrix}^{\mathrm{T}}$$

容易验证

$$\lambda(A_{22} + L_{21}A_{12}) = \{-2\omega, (-2 \pm \mathrm{i})\omega\} \tag{7.38}$$

根据定理 7.2.1, 该系统的降维状态观测器为

$$
\begin{cases}
\dot{z} = \omega \begin{bmatrix} -6 & 0 & 2 \\ -\dfrac{14}{3} & 0 & 1 \\ -8 & 3 & 0 \end{bmatrix} z - \omega \begin{bmatrix} 24 \\ 22 \\ 34 \end{bmatrix} y + \begin{bmatrix} 1 & 0 \\ 0 & 0 \\ 0 & 1 \end{bmatrix} u \\
\hat{x} = \begin{bmatrix} 0 & 0 & 0 \\ 1 & 0 & 0 \\ 0 & 1 & 0 \\ 0 & 0 & 1 \end{bmatrix} z + \begin{bmatrix} 1 \\ 6 \\ \dfrac{14}{3} \\ 6 \end{bmatrix} y
\end{cases}
\tag{7.39}
$$

7.2.2 基于观测器的状态反馈

下面考虑基于降维状态观测器的状态反馈

$$
\begin{aligned}
u &= K\hat{x} + v = KT_0^{-1}\hat{\tilde{x}} + v \\
&= KT_0^{-1}\begin{bmatrix} \tilde{x}_1 \\ \hat{\tilde{x}}_2 \end{bmatrix} + v = KT_0^{-1}\begin{bmatrix} \tilde{x}_1 \\ \tilde{x}_2 - \tilde{e}_2 \end{bmatrix} + v \\
&= KT_0^{-1}\tilde{x} - KT_0^{-1}\begin{bmatrix} 0 \\ \tilde{e}_2 \end{bmatrix} + v = Kx - KC_0(C_0^{\mathrm{T}}C_0)^{-1}\tilde{e}_2 + v
\end{aligned}
\tag{7.40}
$$

其中, $v \in \mathbf{R}^m$ 是外部输入信号; $K \in \mathbf{R}^{m\times n}$ 是状态反馈增益矩阵; $\tilde{e}_2 = \tilde{x}_2 - \hat{\tilde{x}}_2$ 是观测误差. 将此代入线性系统 (7.1) 得到

$$
\begin{cases}
\dot{x} = (A+BK)x - BKC_0(C_0^{\mathrm{T}}C_0)^{-1}\tilde{e}_2 + Bv \\
y = (C+DK)x - DKC_0(C_0^{\mathrm{T}}C_0)^{-1}\tilde{e}_2 + Dv
\end{cases}
\tag{7.41}
$$

如果定义增广状态向量 $\breve{x} = [x^{\mathrm{T}}, \tilde{e}_2^{\mathrm{T}}]^{\mathrm{T}}$, 则可将闭环系统 (7.36) 和系统 (7.41) 写成

$$
\begin{cases}
\dot{\breve{x}} = \begin{bmatrix} A+BK & -BKC_0(C_0^{\mathrm{T}}C_0)^{-1} \\ 0 & A_{22}+L_{21}A_{12} \end{bmatrix} \breve{x} + \begin{bmatrix} B \\ 0 \end{bmatrix} v \\
y = \begin{bmatrix} C+DK & -DKC_0(C_0^{\mathrm{T}}C_0)^{-1} \end{bmatrix} \breve{x} + Dv
\end{cases}
\tag{7.42}
$$

基于上面的分析, 关于闭环系统 (7.42) 的稳定性, 有下面显然的结论.

定理 7.2.2 由线性系统 (7.1) 和基于降维状态观测器 (7.31) 的状态反馈 (7.40) 组成的闭环系统 (7.42) 的系统矩阵满足

$$
\lambda\left(\begin{bmatrix} A+BK & -BKC_0(C_0^{\mathrm{T}}C_0)^{-1} \\ 0 & A_{22}+L_{21}A_{12} \end{bmatrix}\right) = \lambda(A+BK) \cup \lambda(A_{22}+L_{21}A_{12})
$$

此外, 闭环系统的传递函数矩阵 $G_{\mathrm{roo}}(s)$ 等于状态反馈闭环系统 (7.3) 的传递函数矩阵 $G_K(s)$.

定理 7.2.2 表明闭环系统的极点集合是状态反馈闭环系统的极点集合 $\lambda(A+BK)$ 与降维状态观测器误差系统极点集合 $\lambda(A_{22}+L_{21}A_{12})$ 的并集. 这表明极点分离原理对于降维状态观测器同样成立.

说明 7.2.1 设 $v=0$ 且 $D_K=I_m-KP$ 非奇异. 将式 (7.40) 和式 (7.31) 写成整体有

$$\begin{cases}\dot{z}=F_Az+F_By\\ u=F_Cz+F_Dy\end{cases}\tag{7.43}$$

其中

$$\begin{bmatrix}F_A & F_B\\ F_C & F_D\end{bmatrix}=\begin{bmatrix}F+HD_K^{-1}KM & G+HD_K^{-1}KN\\ D_K^{-1}KM & D_K^{-1}KN\end{bmatrix}$$

因此, 与全维状态观测器的情形类似 (见说明 7.1.1), 基于降维状态观测器的控制器 (7.43) 也具有式 (5.123) 的形式, 因此也是一种特殊的动态线性输出反馈控制器.

下面给出一个数值算例.

例 7.2.2 继续考虑例 7.2.1. 假设状态反馈 (7.2) 的增益矩阵为式 (7.25), 则基于降维状态观测器 (7.39) 的状态反馈控制器为 (这里假设 $v=0$)

$$\begin{cases}\dot{z}=\omega\begin{bmatrix}-6 & 0 & 2\\ -\dfrac{14}{3} & 0 & 1\\ -8 & 3 & 0\end{bmatrix}z+\omega\begin{bmatrix}24\\ 22\\ 34\end{bmatrix}y+\begin{bmatrix}1 & 0\\ 0 & 0\\ 0 & 1\end{bmatrix}u\\ u=\omega\begin{bmatrix}-\dfrac{91}{41} & \dfrac{181}{41} & \dfrac{42}{41}\\ \dfrac{42}{41} & -\dfrac{134}{41} & -\dfrac{73}{41}\end{bmatrix}z+\omega\begin{bmatrix}\dfrac{1673}{123}\\ -\dfrac{2491}{123}\end{bmatrix}y\end{cases}$$

7.3 函数观测器

由于状态反馈控制律 (7.2) 是状态的线性组合, 因此, 如果状态观测是为了状态反馈, 观测全部的状态是不必要的. 据此可以提出问题 7.3.1.

问题 7.3.1 设 $R\in\mathbf{R}^{r\times n}\ (r\leqslant n)$ 为给定的矩阵, 考虑状态的线性组合

$$f=Rx\tag{7.44}$$

设计一个观测器, 其状态向量是 $z\in\mathbf{R}^q$, 其输入是线性系统 (7.1) 的输入 u 和输出 y, 其输出 $\hat{f}$ 是 f 的渐近观测值, 即对任意输入信号 u 和任意的初始状态 $x(0)=x_0$ 和 $z(0)=z_0$, 都有

$$\lim_{t\to\infty}\left\|f(t)-\hat{f}(t)\right\|=\lim_{t\to\infty}\left\|Rx(t)-\hat{f}(t)\right\|=0\tag{7.45}$$

为了叙述的方便, 称 f 为观测函数, 并称解决上述问题的观测器为函数观测器 (function observer). 显然, 可不失一般性地假设 R 行满秩, 即

$$\operatorname{rank}(R)=r\tag{7.46}$$

7.3.1 函数观测器的存在性

显然, 所设计的函数观测器应该以其状态 z 和 (u,y) 的线性组合作为输出. 因此, 和全维状态观测器与降维状态观测器一样, 其一般结构为

$$\begin{cases} \dot{z} = Fz + Gy + Hu \\ \hat{f} = Mz + Ny + Pu \end{cases} \tag{7.47}$$

其中, 矩阵 $F \in \mathbf{R}^{q\times q}$、$G \in \mathbf{R}^{q\times p}$、$H \in \mathbf{R}^{q\times m}$、$M \in \mathbf{R}^{r\times q}$、$N \in \mathbf{R}^{r\times p}$ 和 $P \in \mathbf{R}^{r\times m}$ 为待设计的观测器参数, q 表示函数观测器的阶次. 关于函数观测器的存在性, 有定理 7.3.1.

定理 7.3.1 设线性系统 (7.1) 能控, (F,M) 能观, 则线性系统 (7.1) 存在形如式 (7.47) 的函数观测器当且仅当 F 是 Hurwitz 矩阵且存在矩阵 $T \in \mathbf{R}^{q\times n}$ 使得下面 4 个条件同时成立:

$$P + ND = 0 \tag{7.48}$$

$$H + GD - TB = 0 \tag{7.49}$$

$$TA - FT - GC = 0 \tag{7.50}$$

$$MT + NC - R = 0 \tag{7.51}$$

证明 本定理必要性的证明比较复杂, 放在了附录 B.5 中, 这里只证明充分性. 考虑状态变换

$$e = z - Tx \tag{7.52}$$

则由系统 (7.1) 和观测器 (7.47) 可知

$$\begin{aligned} \dot{e} &= Fz + G(Cx + Du) + Hu - T(Ax + Bu) \\ &= Fe + (FT + GC - TA)x + (H + GD - TB)u \end{aligned}$$

因此, 如果方程 (7.49) 和方程 (7.50) 成立, 则

$$\dot{e} = Fe, \quad e(0) = z(0) - Tx(0) \tag{7.53}$$

由于 F 是 Hurwitz 矩阵, 所以 $\|e(t)\| \xrightarrow{t\to\infty} 0$. 另外, 由方程 (7.48) 和方程 (7.51) 可知

$$\begin{aligned} f - \hat{f} &= Rx - (Mz + Ny + Pu) \\ &= (R - NC - MT)x - (P + ND)u - Me = -Me \end{aligned} \tag{7.54}$$

因此必有式 (7.45) 成立. 证毕. □

7.3.2 基于函数观测器的状态反馈

与全维状态观测器类似, 现在考虑基于函数观测器的状态反馈. 此时函数观测器用于观测状态反馈信号 Kx, 即 $R = K$, 其中 $K \in \mathbf{R}^{m\times n}$ 是状态反馈增益矩阵. 因此有 $r = m$. 相应的状态反馈 (7.2) 可以写成

$$u = \hat{f} + v = f + Me + v = Kx + Me + v \tag{7.55}$$

这里用到了式 (7.54), 其中 e 如式 (7.52) 所定义. 据此可将系统 (7.1) 写成

$$\begin{cases} \dot{x} = (A+BK)x + BMe + Bv \\ y = (C+DK)x + DMe + Dv \end{cases} \tag{7.56}$$

定义 $\breve{x} = [x^{\mathrm{T}}, e^{\mathrm{T}}]^{\mathrm{T}}$, 则由系统 (7.53) 和系统 (7.56) 组成的闭环系统可写成

$$\begin{cases} \dot{\breve{x}} = \begin{bmatrix} A+BK & BM \\ 0 & F \end{bmatrix} \breve{x} + \begin{bmatrix} B \\ 0 \end{bmatrix} v \\ y = \begin{bmatrix} C+DK & DM \end{bmatrix} \breve{x} + Dv \end{cases} \tag{7.57}$$

类似于全维状态观测器 (定理 7.1.5) 和降维状态观测器 (定理 7.2.2) 的情形, 有下面关于闭环系统极点分离原理的定理 7.3.2.

定理 7.3.2 基于函数观测器的状态反馈闭环系统 (7.57) 的极点集合为

$$\lambda\left(\begin{bmatrix} A+BK & BM \\ 0 & F \end{bmatrix}\right) = \lambda(A+BK) \cup \lambda(F)$$

此外, 系统 (7.57) 的传递函数矩阵 $G_{\mathrm{fo}}(s)$ 等于状态反馈闭环系统 (7.3) 的传递函数矩阵 $G_K(s)$.

说明 7.3.1 设 $v=0$ 且 $I_m - P$ 是非奇异矩阵. 将式 (7.47) 和式 (7.55) 写成整体有

$$\begin{cases} \dot{z} = F_A z + F_B y \\ u = F_C z + F_D y \end{cases} \tag{7.58}$$

其中

$$\begin{bmatrix} F_A & F_B \\ F_C & F_D \end{bmatrix} = \begin{bmatrix} F + H(I_m - P)^{-1}M & G + H(I_m - P)^{-1}N \\ (I_m - P)^{-1}M & (I_m - P)^{-1}N \end{bmatrix} \tag{7.59}$$

因此, 与全维和降维状态观测器的情形类似 (见说明 7.1.1 和说明 7.2.1), 基于函数观测器的控制器 (7.58) 也具有式 (5.123) 的形式, 因此仍然是一种特殊的动态线性输出反馈控制器.

7.3.3 函数观测器与状态观测器的关系

不难看出, 全维和降维状态观测器不过是函数观测器中的矩阵 R 取为单位矩阵的情形. 因此, 有定理 7.3.3.

定理 7.3.3 考虑线性系统 (7.1) 和相应的全维状态观测器 (7.6), 降维状态观测器 (7.31) 和函数观测器 (7.47), 则:

(1) 全维状态观测器 (7.6) 是 $q=n$ 和观测函数为 $f=x$ 的函数观测器.

(2) 降维状态观测器 (7.31) 是 $q=n-p$ 和观测函数为 $f=x$ 的函数观测器.

证明 无论是全维还是降维状态观测器, 所要观测的都是系统的状态, 从而对应的观测函数都是 $f=Rx=x$, 观测值都是 $\hat{f}=R\hat{x}=\hat{x}$. 由于全维状态观测器 (7.6) 和降维状态观测

器 (7.31) 都具有与函数观测器 (7.47) 相同的形式, 只需要证明相应的系数矩阵满足函数观测器的所有条件 (7.48) ~ (7.51) 即可.

(1) 在全维状态观测器情形, 取 $T = I_n$, 则不难验证式 (7.5) 定义的 $\{F, G, H\}$ 和 $\{M, N, P\} = \{I_n, 0, 0\}$ 满足函数观测器的所有条件 (7.48) ~ (7.51).

(2) 在降维状态观测器情形, 取

$$T = \begin{bmatrix} L_{21} & I_{n-p} \end{bmatrix} T_0$$

则利用记号 (7.28) ~ (7.29), 通过简单的计算可知式 (7.30) 定义的系数矩阵 $\{F, G, H, M, N, P\}$ 满足条件 (7.48) ~ (7.51). 证毕. □

由于上面的结论, $q = n - p$ 的函数观测器 (7.47) 可以直接称为降维状态观测器.

7.3.4 观测器方程组的解

尽管定理 7.3.3 表明当 $q = n$ 和 $q = n - p$ 时函数观测器总是存在的, 但在实际设计时, 特别是在设计 $q < n$ 的函数观测器时, 人们不愿意构造性地获取观测器参数, 而是希望直接通过解方程 (7.48) ~ 方程 (7.51) 来确定观测器参数. 因此, 直接求解方程 (7.48) ~ 方程 (7.51) 是必要的.

显然, 方程 (7.48) 和方程 (7.49) 总是可解的. 因此关键是方程 (7.50) 和方程 (7.51). 研究它们的解的存在性时要考虑矩阵 F 和 G 的选择问题. 注意到方程 (7.50) 是非线性的, 且只有当 F 给定时才是线性的 Sylvester 方程. 考虑到非线性方程不易求解, F 应该给定. 为了保证 Sylvester 方程 (7.50) 有唯一解, 需要进一步假设

$$\lambda(A) \cap \lambda(F) = \varnothing \tag{7.60}$$

矩阵 T 确定后, 方程 (7.51) 可以写成

$$\begin{bmatrix} M & N \end{bmatrix} \Phi = R, \quad \Phi = \begin{bmatrix} T \\ C \end{bmatrix} \in \mathbf{R}^{(q+p) \times n} \tag{7.61}$$

因此线性方程 (7.51) 或者 (7.61) 有解当且仅当

$$\operatorname{rank} \begin{bmatrix} \Phi \\ R \end{bmatrix} = \operatorname{rank}(\Phi) \tag{7.62}$$

下面讨论两种特殊情况.

(1) $q = n$ 的情形: 此时如果选择 (F, G) 使得方程 (7.50) 的解 T 是非奇异的, 那么容易验证

$$\{H, M, N, P\} = \{TB - GD, RT^{-1}, 0, 0\}$$

是矩阵方程 (7.48) ~ 方程 (7.51) 的解.

(2) $q = n - p$ 的情形: 此时式 (7.61) 定义的 Φ 是方阵. 如果 Φ 是非奇异的, 那么

$$\begin{bmatrix} M & N \end{bmatrix} = R\Phi^{-1}, \quad P = -ND, \quad H = TB - GD \tag{7.63}$$

确定的 $\{H,M,N,P\}$ 就是方程 (7.48) $\sim$ 方程 (7.51) 的解.

因此, 在上述两种情形下, 如何保证 T 或 $\varPhi$ 的非奇异性是关键问题.

定理 7.3.4 设 F 是 Hurwitz 矩阵且满足式 (7.60), G 是给定矩阵, T 是 Sylvester 方程 (7.50) 的唯一解, $\varPhi$ 如式 (7.61) 所定义, 则:

(1) 当 $q=n$ 时, T 是非奇异矩阵的必要条件为 (F,G) 能控且 (A,C) 能观. 如果 $p=1$, 即系统为单输出系统, 则 T 非奇异当且仅当 (F,G) 能控和 (A,C) 能观.

(2) 当 $q=n-p$ 时, $\varPhi$ 是非奇异的必要条件为 C 行满秩、(F,G) 能控且 (A,C) 能观. 如果 $p=1$, 即系统为单输出系统, 则 $\varPhi$ 非奇异当且仅当 (F,G) 能控和 (A,C) 能观.

证明 根据定理 A.4.5, 方程 (7.50) 的唯一解 T 满足

$$-\alpha(F)T=\begin{bmatrix} G & FG & \cdots & F^{n-1}G \end{bmatrix}(S_\alpha\otimes I_p)Q_\mathrm{o}(A,C) \tag{7.64}$$

其中, $\alpha(s)$ 和 S_α 分别是 A 的特征多项式和对称化子. 由假设可知 $\alpha(F)$ 非奇异. 此外注意到当 $p=1$ 时, 式 (7.64) 右端的矩阵都是方阵. 因此本定理的结论 (1) 从式 (7.64) 立得.

下面证明结论 (2). 矩阵 $\varPhi$ 非奇异仅当 C 行满秩和 T 行满秩, 根据式 (7.64), T 行满秩仅当 (F,G) 能控. 下证 (A,C) 能观也是必要的. 假设 (A,C) 不能观, 那么存在非零向量 $\eta\in\mathbf{R}^n$ 使得 $Q_\mathrm{o}(A,C)\eta=0$. 根据式 (7.64), 这意味着 $T\eta=0$ 和 $C\eta=0$. 从而 $\varPhi\eta=0$. 这与 $\varPhi$ 可逆相矛盾. 故 (A,C) 一定是能观的.

下面证明当 $p=1$ 时 (F,G) 能控和 (A,C) 能观还是保证 $\varPhi$ 可逆的充分条件. 注意到当 $p=1$ 时 C 是 n 维行向量而 G 为 $n-1$ 维列向量. 下面采用反证法. 假设 $\varPhi$ 是奇异的, 那么存在非零向量 $\eta\in\mathbf{R}^n$ 使得 $\varPhi\eta=0$, 即 $T\eta=0$ 和 $C\eta=0$. 设 $\xi=S_\alpha Q_\mathrm{o}(A,C)\eta\overset{\text{def}}{=\!=}[\xi_1,\xi_2,\cdots,\xi_n]^\mathrm{T}$. 由于 (A,C) 能观, 所以有 $\eta=Q_\mathrm{o}^{-1}(A,C)S_\alpha^{-1}\xi$. 因此

$$0=C\eta=CQ_\mathrm{o}^{-1}(A,C)S_\alpha^{-1}\xi=\begin{bmatrix} 1 & 0 & \cdots & 0 \end{bmatrix}S_\alpha^{-1}\xi=\begin{bmatrix} 0 & \cdots & 0 & 1 \end{bmatrix}\xi=\xi_n$$

由于 $\eta\neq 0$, 上式蕴含 $[\xi_1,\xi_2,\cdots,\xi_{n-1}]\neq 0$. 将式 (7.64) 右乘 η 得到

$$\begin{aligned} 0&=\begin{bmatrix} G & FG & \cdots & F^{n-1}G \end{bmatrix}S_\alpha Q_\mathrm{o}(A,C)\eta \\ &=\begin{bmatrix} G & FG & \cdots & F^{n-1}G \end{bmatrix}\xi=\xi_1G+\xi_2FG+\cdots+\xi_{n-1}F^{n-2}G \end{aligned}$$

上式表明 $\{G,FG,\cdots,F^{n-2}G\}$ 线性相关, 这与 (F,G) 能控矛盾. 证毕. □

经验表明, 当 (A,C) 能观时, 几乎所有能控的 (F,G) 都可以保证 T 或者 $\varPhi$ 是非奇异的.

与 7.2 节的方法相比, 直接通过解线性方程 (7.48) $\sim$ 方程 (7.51) 来设计降维观测器避免了对系统进行分解, 从而更程式化, 便于利用计算机进行辅助设计.

例 7.3.1 仍然考虑例 7.1.1 中的航天器轨道交会系统在 X-Z 平面内的线性化系统模型. 选择如下能控的矩阵对 $(F,G)\in(\mathbf{R}^{3\times 3},\mathbf{R}^{3\times 1})$:

$$F=\omega\begin{bmatrix} -2 & 0 & 0 \\ 0 & -2 & 1 \\ 0 & -1 & -2 \end{bmatrix},\quad G=\omega\begin{bmatrix} 1 \\ 0 \\ 1 \end{bmatrix}$$

由于 $\lambda(F)=\{-2\omega,(-2\pm \mathrm{i})\omega\}$, 条件 (7.60) 显然满足. 注意到 F 的特征值集合和式 (7.38) 完全相同. 求得方程 (7.50) 的唯一解

$$T=\begin{bmatrix} \frac{1}{2} & -\frac{1}{20} & -\frac{3}{10} & \frac{1}{5} \\ \frac{1}{5} & -\frac{1}{50} & -\frac{21}{100} & \frac{3}{20} \\ \frac{2}{5} & -\frac{7}{50} & \frac{3}{100} & \frac{1}{20} \end{bmatrix}$$

根据定理 7.3.4, 按式 (7.61) 构造的矩阵 Φ 是非奇异的. 因此, 根据式 (7.47) 和式 (7.63) 可构造函数或降维状态观测器

$$\begin{cases} \dot{z}=\omega\begin{bmatrix} -2 & 0 & 0 \\ 0 & -2 & 1 \\ 0 & -1 & -2 \end{bmatrix} z+\omega\begin{bmatrix} 1 \\ 0 \\ 1 \end{bmatrix} y+\begin{bmatrix} -\frac{1}{20} & \frac{1}{5} \\ -\frac{1}{50} & \frac{3}{20} \\ -\frac{7}{50} & \frac{1}{20} \end{bmatrix} u \\ \hat{x}=\begin{bmatrix} 0 & 0 & 0 \\ -20 & 28 & -4 \\ -\frac{80}{3} & 34 & \frac{14}{3} \\ -40 & 58 & 6 \end{bmatrix} z+\begin{bmatrix} 1 \\ 6 \\ \frac{14}{3} \\ 6 \end{bmatrix} y \end{cases}$$

7.3.5 函数观测器的阶次

函数观测器的存在性问题和阶次 q 是相关的. 阶次 q 越高, $\operatorname{rank}(\Phi)$ 越大, 条件 (7.62) 越容易满足, 即函数观测器存在的可能性就越大. 在讨论观测器阶次时, 应该考虑观测器的稳定程度问题: 矩阵 F 是观测器的系统矩阵, 代表了观测器系统的稳定程度或者观测误差的收敛速度. 因此, "矩阵 F 是稳定的 q 阶观测器" 的存在性问题和 "矩阵 F 的极点可以任意配置的 q 阶观测器" 的存在性问题是不一样的问题. 前者可以称为稳定观测器的存在性问题, 后者可以称为固定极点观测器的存在性问题. 显然, 后一个问题比前一个问题更难.

另外, 在理论上和工程上都希望设计一个阶次最低的观测器. 显然, 这个最低阶次 $q_{\min}$ 和观测器的系统矩阵 F 是否指定有关, 即稳定观测器的最小阶次不超过固定极点观测器的最小阶次. 为了简便, 这里考虑固定极点观测器.

定义 7.3.1 如果形如式 (7.47) 的 q 阶动态系统的系数矩阵满足条件 (7.48) ~ (7.51), 且实矩阵 F 的极点可以位于复平面上的任意位置, 则称 q 阶函数观测器是存在的. 如果 $q_{\min}$ 阶观测器存在而 $q_{\min}-1$ 阶观测器不存在, 则称 $q_{\min}$ 为函数观测器的最小阶次 (minimal order).

很显然, q 阶函数观测器存在当且仅当 $q\geqslant q_{\min}$. 根据定理 7.3.3, 显然有

$$q_{\min}\leqslant n-p \tag{7.65}$$

事实上, 如果 $r=1$, 还有下面更好的结论.

定理 7.3.5 考虑线性系统 (7.1). 设 C 行满秩, (A,C) 能观, 其能观性指数是 ν, 且 $r=1$, 则存在阶次为 $q=\nu-1$ 的函数观测器, 即

$$q_{\min} \leqslant \nu - 1 \tag{7.66}$$

证明 不失一般性, 假设 (A,B,C) 已经具备式 (7.26)、式 (7.28) 和式 (7.29) 的结构, 即

$$\begin{bmatrix} A & B \\ C & D \end{bmatrix} = \left[\begin{array}{cc|c} A_{11} & A_{12} & B_1 \\ A_{21} & A_{22} & B_2 \\ \hline I_p & 0 & D \end{array}\right] \tag{7.67}$$

设 $R=[R_1,R_2]$, 其中 $R_1 \in \mathbf{R}^{1\times p}, R_2 \in \mathbf{R}^{1\times(n-p)}$, 以及

$$T = \begin{bmatrix} T_1 & T_2 \end{bmatrix}, \quad T_1 = \begin{bmatrix} t_{11} \\ \vdots \\ t_{1q} \end{bmatrix} \in \mathbf{R}^{q\times p}, \quad T_2 = \begin{bmatrix} t_{21} \\ \vdots \\ t_{2q} \end{bmatrix} \in \mathbf{R}^{q\times(n-p)}$$

那么方程 (7.50) 和方程 (7.51) 等价于

$$\begin{cases} 0 = MT_1 + N - R_1 \\ 0 = T_1 A_{11} + T_2 A_{21} - FT_1 - G \end{cases} \tag{7.68}$$

和

$$\begin{cases} 0 = MT_2 - R_2 \\ 0 = T_1 A_{12} + T_2 A_{22} - FT_2 \end{cases} \tag{7.69}$$

设 $\gamma(s) = s^q + \gamma_{q-1}s^{q-1} + \cdots + \gamma_1 s + \gamma_0$ 是任意给定的实系数 Hurwitz 多项式. 取

$$F = \left[\begin{array}{c|ccc} 0 & 1 & & \\ \vdots & & \ddots & \\ 0 & & & 1 \\ \hline -\gamma_0 & -\gamma_1 & \cdots & -\gamma_{q-1} \end{array}\right], \quad M = \left[\begin{array}{c} 1 \\ \hline 0 \\ \vdots \\ 0 \end{array}\right]^{\mathrm{T}} \in \mathbf{R}^{1\times q}$$

据此可知方程组 (7.69) 等价于

$$\begin{cases} t_{21} = R_2 \\ t_{22} = t_{11}A_{12} + t_{21}A_{22} \\ t_{23} = t_{12}A_{12} + t_{22}A_{22} \\ \quad\vdots \\ t_{2q} = t_{1,q-1}A_{12} + t_{2,q-1}A_{22} \end{cases} \tag{7.70}$$

和

$$\delta_q \overset{\text{def}}{=\!=} \sum_{i=1}^{q} \gamma_{i-1} t_{2i} + t_{1q}A_{12} + t_{2q}A_{22} = 0 \tag{7.71}$$

根据方程组 (7.70) 的结构可知其进一步等价于

$$\begin{cases} t_{21} = R_2 \\ t_{22} = R_2 A_{22} + t_{11} A_{12} \\ t_{23} = R_2 A_{22}^2 + t_{11} A_{12} A_{22} + t_{12} A_{12} \\ \quad \vdots \\ t_{2q} = R_2 A_{22}^{q-1} + t_{11} A_{12} A_{22}^{q-2} + \cdots + t_{1,q-2} A_{12} A_{22} + t_{1,q-1} A_{12} \end{cases} \tag{7.72}$$

因此根据 δ_q 的定义有

$$\begin{aligned} \delta_q = & \sum_{i=1}^{q} \gamma_{i-1} R_2 A_{22}^{i-1} + t_{11}(\gamma_1 A_{12} + \gamma_2 A_{12} A_{22} + \cdots + \gamma_{q-1} A_{12} A_{22}^{q-2}) \\ & + t_{12}(\gamma_2 A_{12} + \gamma_3 A_{12} A_{22} + \cdots + \gamma_{q-1} A_{12} A_{22}^{q-3}) \\ & + \cdots + t_{1,q-1} \gamma_{q-1} A_{12} + t_{1q} A_{12} \\ & + (R_2 A_{22}^{q-1} + t_{11} A_{12} A_{22}^{q-2} + \cdots + t_{1,q-1} A_{12}) A_{22} \\ = & \sum_{i=1}^{q+1} \gamma_{i-1} R_2 A_{22}^{i-1} + t_{11}(\gamma_1 A_{12} + \gamma_2 A_{12} A_{22} + \cdots + \gamma_{q-1} A_{12} A_{22}^{q-2} + A_{12} A_{22}^{q-1}) \\ & + t_{12}(\gamma_2 A_{12} + \gamma_3 A_{12} A_{22} + \cdots + \gamma_{q-1} A_{12} A_{22}^{q-3} + A_{12} A_{22}^{q-2}) \\ & + \cdots + t_{1,q-1}(\gamma_{q-1} A_{12} + A_{12} A_{22}) + t_{1q} A_{12} \end{aligned}$$

其中, $\gamma_q = 1$. 因此方程 (7.71) 可以写成

$$-\sum_{i=1}^{q+1} \gamma_{i-1} R_2 A_{22}^{i-1} = \begin{bmatrix} t_{11} & t_{12} & \cdots & t_{1q} \end{bmatrix} (S_\gamma \otimes I_p) Q_{\rm o}^{[q]}(A_{22}, A_{12}) \tag{7.73}$$

其中, $Q_{\rm o}^{[q]}(A_{22}, A_{12})$ 如式 (2.112) 所定义, S_γ 是 $\gamma(s)$ 的对称化子. 容易验证上述过程可逆, 即如果 (T_1, T_2) 满足式 (7.72) 和式 (7.73), 则它们也满足方程 (7.69).

由 (A, C) 的能观性指数为 ν 可知 (A_{22}, A_{12}) 的能观性指数为 $\nu - 1$ (见习题 7.7). 因此当 $q \geqslant \nu - 1$ 时有 $\operatorname{rank}(Q_{\rm o}^{[q]}(A_{22}, A_{12})) = n - p$. 此时对任意 R_2 都有

$$\operatorname{rank} \begin{bmatrix} (S_\gamma \otimes I_p) Q_{\rm o}^{[q]}(A_{22}, A_{12}) \\ R_2 A_{22}^q + \sum_{i=0}^{q-1} \gamma_i R_2 A_{22}^i \end{bmatrix} = \operatorname{rank}((S_\gamma \otimes I_p) Q_{\rm o}^{[q]}(A_{22}, A_{12})) = n - p$$

即方程 (7.73) 总是有解 T_1. 将 T_1 代入式 (7.72) 得到 T_2. 进而根据式 (7.68) 有 $N = R_1 - MT_1$ 和 $G = T_1 A_{11} + T_2 A_{21} - FT_1$. 最后根据方程 (7.48) 和方程 (7.49) 有 $P = -ND$ 和 $H = TB - GD$. 至此, 方程 (7.48) ~ 方程 (7.51) 的解全部获得. 证毕. □

由命题 2.6.1 的对偶结论可知 $n/p - 1 \leqslant \nu - 1 \leqslant n - p$. 因此, 条件 (7.66) 比条件 (7.65) 更好. 但条件 (7.66) 只对 $r = 1$ 成立. 下面的定理 7.3.6 在另一种特殊情况下给出了 $q_{\min}$ 的值.

定理 7.3.6 考虑线性系统 (7.1). 假设 (A,C) 能观, 且输出的维数是 1 即 $p=1$, 则 $q_{\min}=n-1$.

当 $r>1$ 时, 确定 $q_{\min}$ 的问题目前尚未得到完全解决. 下面给出 $q_{\min}$ 的一个下界.

定理 7.3.7 考虑线性系统 (7.1). 设 (A,B) 能控, (A,C) 能观, R 满足式 (7.46), i^* 是使得

$$\operatorname{rank}\begin{bmatrix} Q_{\mathrm{o}}^{[i+1]}(A,R) \\ Q_{\mathrm{o}}^{[i]}(A,C) \end{bmatrix} = \operatorname{rank}\begin{bmatrix} Q_{\mathrm{o}}^{[i]}(A,R) \\ Q_{\mathrm{o}}^{[i]}(A,C) \end{bmatrix}$$

成立的最小正整数 i, 其中 $Q_{\mathrm{o}}^{[i]}(A,C)$ 如式 (2.112) 所定义. 此外, 设 $\omega_1=r$ 和

$$\omega_i = \begin{bmatrix} Q_{\mathrm{o}}^{[i]}(A,R) \\ Q_{\mathrm{o}}^{[i-1]}(A,C) \end{bmatrix} - \begin{bmatrix} Q_{\mathrm{o}}^{[i-1]}(A,R) \\ Q_{\mathrm{o}}^{[i-1]}(A,C) \end{bmatrix}$$

其中, $i=2,3,\cdots,i^*$. 那么, $q_{\min}\geqslant\omega_1+\omega_2+\cdots+\omega_{i^*}$.

上面的结论蕴含 $q_{\min}\geqslant r$, 即函数观测器的阶次 q 不可能低于观测函数的维数 r. 因此, 通常称 $q=r$ 的函数观测器为极值观测器 (minimum-observer). 定理 7.3.8 给出了极值观测器存在的充要条件.

定理 7.3.8 考虑线性系统 (7.1). 设 C 行满秩, 则 $q=r$ 阶即极值观测器存在的充要条件是

$$\operatorname{rank}\begin{bmatrix} C \\ CA \\ R \\ RA \end{bmatrix} = \operatorname{rank}\begin{bmatrix} C \\ CA \\ R \end{bmatrix}, \quad \operatorname{rank}\begin{bmatrix} C \\ CA \\ RA-sR \end{bmatrix} = \operatorname{rank}\begin{bmatrix} C \\ CA \\ R \end{bmatrix}, \quad \forall s\in\mathbf{C}$$

此外, 如果只要求观测器是稳定的, 则上述条件中的 $s\in\mathbf{C}$ 可以改为 $s\in\mathbf{C}_{\geqslant 0}$.

显然, 如果定理 7.3.8 的条件得不到满足, 应该增加函数观测器的阶次 q. 但在一般情况下确定 $q_{\min}$ 到目前为止仍然是一个没有解决的公开问题. 这个问题在理论上固然重要, 但在工程上并不是非常迫切. 由式 (7.47) 可知, 观测器的阶次越低, 意味着输出 y 直接进入观测值 $\hat{f}$ 的量越大. 因此, 如果输出 y 含有噪声 (这是工程上难以避免的), 则观测器的阶次越低, 观测值 $\hat{f}$ 受到噪声的影响也越大, 对控制性能的影响也越大. 因此, 函数观测器的最低阶次并不是工程设计的唯一目标.

7.4 对偶观测器-控制器

7.4.1 对偶方程组

将方程 (7.48) ~ 方程 (7.51) 中的 (A,B,C,D) 换成其对偶系统 $(A^{\mathrm{T}},C^{\mathrm{T}},B^{\mathrm{T}},D^{\mathrm{T}})$ 得到方程组

$$P_{\mathrm{d}}+N_{\mathrm{d}}D^{\mathrm{T}}=0 \tag{7.74}$$

$$H_{\mathrm{d}}+G_{\mathrm{d}}D^{\mathrm{T}}-T_{\mathrm{d}}C^{\mathrm{T}}=0 \tag{7.75}$$

$$T_{\rm d}A^{\rm T} - F_{\rm d}T_{\rm d} - G_{\rm d}B^{\rm T} = 0 \tag{7.76}$$

$$M_{\rm d}T_{\rm d} + N_{\rm d}B^{\rm T} - R_{\rm d} = 0 \tag{7.77}$$

其中, $R_{\rm d} \in \mathbf{R}^{r_{\rm d}\times n}, T_{\rm d} \in \mathbf{R}^{q\times n}, F_{\rm d} \in \mathbf{R}^{q\times q}, G_{\rm d} \in \mathbf{R}^{q\times m}, H_{\rm d} \in \mathbf{R}^{q\times p}$, $M_{\rm d} \in \mathbf{R}^{r_{\rm d}\times q}, N_{\rm d} \in \mathbf{R}^{r_{\rm d}\times m}, P_{\rm d} \in \mathbf{R}^{r_{\rm d}\times p}$; $r_{\rm d}$ 是任意正整数. 将方程 (7.74) ~ 方程 (7.77) 两边取转置得到

$$P' + DN' = 0 \tag{7.78}$$

$$H' + DG' - CT' = 0 \tag{7.79}$$

$$AT' - T'F' - BG' = 0 \tag{7.80}$$

$$T'M' + BN' - R' = 0 \tag{7.81}$$

其中, $R' = R_{\rm d}^{\rm T} \in \mathbf{R}^{n\times r_{\rm d}}, T' = T_{\rm d}^{\rm T} \in \mathbf{R}^{n\times q}, F' = F_{\rm d}^{\rm T} \in \mathbf{R}^{q\times q}, G' = G_{\rm d}^{\rm T} \in \mathbf{R}^{m\times q}, H' = H_{\rm d}^{\rm T} \in \mathbf{R}^{p\times q}, M' = M_{\rm d}^{\rm T} \in \mathbf{R}^{q\times r_{\rm d}}, N' = N_{\rm d}^{\rm T} \in \mathbf{R}^{m\times r_{\rm d}}, P' = P_{\rm d}^{\rm T} \in \mathbf{R}^{p\times r_{\rm d}}$.

现在的问题是: 方程 (7.78) ~ 方程 (7.81) 作为方程 (7.48) ~ 方程 (7.51) 的对偶方程组, 有什么系统意义呢? 能不能像方程 (7.48) ~ 方程 (7.51) 一样用于观测器的设计? 本节将对这个问题进行比较详细的讨论.

7.4.2 对偶观测器-控制器的结构

根据对偶方程 (7.78) ~ 方程 (7.81) 的解 $\{T', F', G', H', M', N', P'\}$, 构造如下 q 阶对偶观测器-控制器:

$$\begin{cases} \dot{z} = F'z + M'w \\ u = G'z + N'w + v \\ w = H'z + P'w + y - Dv \end{cases} \tag{7.82}$$

其中, $z \in \mathbf{R}^q$ 是对偶观测器的状态向量; $w \in \mathbf{R}^p$ 是对偶观测器的修正向量; $v \in \mathbf{R}^m$ 是外部输入向量. 为了保证系统 (7.82) 的第 2 个方程的维数相容, 假设 $r_{\rm d} = p$. 且为了保证系统 (7.82) 的第 3 个方程是相容方程, 还要假设

$$\det(I_p - P') \neq 0 \tag{7.83}$$

注意到, 如果 $D = 0$ 即 $P' = 0$, 上述条件自动满足. 记

$$R' = L \in \mathbf{R}^{n\times r_{\rm d}} = \mathbf{R}^{n\times p} \tag{7.84}$$

和

$$\check{x} = \begin{bmatrix} e \\ z \end{bmatrix}, \quad e = x + T'z \tag{7.85}$$

定理 7.4.1 设 (A, C) 能检测, $F' \in \mathbf{R}^{q\times q}$ 是 Hurwitz 矩阵, $\{T', F', G', H', M', N', P'\}$ 满足对偶方程 (7.78) ~ 方程 (7.81), 且条件 (7.83) 和 (7.84) 成立, 则由系统 (7.1) 和 q 阶对偶观测器-控制器 (7.82) 组成的闭环系统为

$$
\left\{\begin{array}{l}
\dot{\check{x}}=\begin{bmatrix} A+LC & 0 \\ M'C & F' \end{bmatrix}\check{x}+\begin{bmatrix} B \\ 0 \end{bmatrix}v \\
y=\begin{bmatrix} (I_p-P')C & -H' \end{bmatrix}\check{x}+Dv
\end{array}\right. \tag{7.86}
$$

因此, 闭环系统的极点满足

$$
\lambda\left(\begin{bmatrix} A+LC & 0 \\ M'C & F' \end{bmatrix}\right)=\lambda(A+LC)\cup\lambda(F') \tag{7.87}
$$

此外, 闭环系统 (7.86) 的传递函数为

$$
G_{\mathrm{do}}(s)=(I_p-P')C(sI_n-(A+LC))^{-1}B+D \tag{7.88}
$$

证明 根据系统 (7.82) 的第 2 和第 3 个方程以及对偶方程 (7.78) 和方程 (7.79) 有

$$
\begin{aligned}
w&=y+H'z-DN'w-Dv=y+H'z+D(G'z-u+v)-Dv \\
&=y+(H'+DG')z-Du \\
&=y+CT'z-Du=C(x+T'z)=Ce
\end{aligned} \tag{7.89}
$$

这里还用到了式 (7.85). 将式 (7.89) 代入系统 (7.82) 的第 1 式有

$$
\dot{z}=F'z+M'Ce \tag{7.90}
$$

另外, 由系统 (7.82) 的第 1 和第 2 式以及对偶方程 (7.80) 和方程 (7.81) 可知

$$
\begin{aligned}
\dot{e}&=\dot{x}+T'\dot{z}=Ax+Bu+T'\dot{z} \\
&=A(e-T'z)+B(G'z+N'w+v)+T'(F'z+M'w) \\
&=Ae+(T'F'-AT'+BG')z+(BN'+T'M')w+Bv \\
&=Ae+Lw+Bv=(A+LC)e+Bv
\end{aligned} \tag{7.91}
$$

这里还用到了式 (7.84) 和式 (7.89). 此外,

$$
\begin{aligned}
y&=C(e-T'z)+D(G'z+N'w+v)=Ce+(DG'-CT')z+DN'w+Dv \\
&=Ce-H'z-P'Ce+Dv=(I_p-P')Ce-H'z+Dv
\end{aligned}
$$

上式、式 (7.90) 和式 (7.91) 恰好可以写成系统 (7.86) 的形式, 而式 (7.87) 是显然成立的. 最后, 传递函数 (7.88) 也是显然的. 证毕. □

在观测器设计理论中, 如果一个动态系统是一个状态观测器, 那么对任意输入 u 都有观测误差趋于零. 但对动态系统 (7.82) 而言, u 是给定的信号 (见系统 (7.82) 的第 2 式). 因此,

动态系统 (7.82) 不是常规意义下线性系统 (7.1) 的状态观测器. 这是为什么上面将其称为对偶观测器-控制器.

通过比较函数观测器导致的闭环系统 (7.57) 和对偶观测器-控制器导致的闭环系统 (7.86), 不难发现它们之间的对偶特性.

说明 7.4.1　如果 $v=0$ 并消去系统 (7.82) 的中间变量 w, 能得到如下紧凑的对偶观测器-控制器:

$$
\begin{cases} \dot{z} = F_A z + F_B y \\ u = F_C z + F_D y \end{cases} \tag{7.92}
$$

其中

$$
\begin{bmatrix} F_A & F_B \\ F_C & F_D \end{bmatrix} = \begin{bmatrix} F' + M'(I_p - P')^{-1}H' & M'(I_p - P')^{-1} \\ G' + N'(I_p - P')^{-1}H' & N'(I_p - P')^{-1} \end{bmatrix}
$$

注意到上述参数矩阵具有与式 (7.59) 对偶的结构. 从式 (7.92) 还可以看出, 与全维、降维和函数观测器的情形类似 (见说明 7.1.1、说明 7.2.1 和说明 7.3.1), 对偶观测器-控制器 (7.92) 也具有式 (5.123) 的形式, 因此也是一种特殊的动态线性输出反馈控制器.

7.4.3 对偶观测器-控制器的构造

本节讨论对偶观测器-控制器 (7.82) 的构造问题. 首先讨论 $q=n$ 的全维情形.

定理 7.4.2　设 (A,B) 能稳, (A,C) 能检测, $K\in\mathbf{R}^{m\times n}$ 使得 $A+BK$ 是 Hurwitz 矩阵, $L\in\mathbf{R}^{n\times p}$ 使得 $A+LC$ 是 Hurwitz 矩阵, 则

$$
(T', F', G', H', M', N', P') = (-I_n, A+BK, K, -C-DK, -L, 0, 0)
$$

满足对偶方程 (7.78) ~ 方程 (7.81), 其中 $q=n$, 矩阵 R' 由式 (7.84) 给出.

定理 7.4.2 可直接验证, 细节略去.

说明 7.4.2　在定理 7.4.2 的前提下, 对偶观测器-控制器 (7.82) 可写成

$$
\begin{cases} \dot{z} = Az + B(u - v) - L(y - (Cz + Du)) \\ u = Kz + v \end{cases} \tag{7.93}
$$

可以看出当 $v=0$ 时全维对偶观测器-控制器 (7.93) 与全维状态观测器 (7.6) 和基于状态观测器的状态反馈 (7.20) 完全相同. 因此, 此情形下对偶观测器-控制器和基于全维状态观测器的状态反馈控制完全相同.

下面讨论 $q=n-m$ 的情形. 与函数观测器类似, 此时称系统 (7.82) 为降维对偶观测器-控制器. 下面根据 5.1.2 节的讨论来构造相应的系数. 经过状态等价变换 (5.10), 系统 (7.1) 的状态方程变成式 (5.11), 即

$$
\tilde{A} = T_0^{-1}AT_0 = \begin{bmatrix} A_{11} & A_{12} \\ A_{21} & A_{22} \end{bmatrix}, \quad \tilde{B} = T_0^{-1}B = \begin{bmatrix} I_m \\ 0 \end{bmatrix}, \quad \tilde{C} = CT_0 = \begin{bmatrix} C_1 & C_2 \end{bmatrix} \tag{7.94}
$$

根据 5.1.2 节的结论, 如果设计控制律 (5.17), 则闭环系统 (5.20) 渐近稳定.

设 $\hat{\tilde{x}}_2$ 是 $\tilde{x}_2$ 的观测状态, 观测误差为 $\tilde{e}_2=\tilde{x}_2-\hat{\tilde{x}}_2$. 若 $\|\tilde{e}_2(t)\| \xrightarrow{t\to\infty} 0$, 则由式 (5.13) 知

$$\lim_{t\to\infty}\left\|\tilde{x}_1(t)-K_{12}\hat{\tilde{x}}_2(t)\right\|=\lim_{t\to\infty}\|\tilde{x}_1(t)-K_{12}(\tilde{x}_2(t)-\tilde{e}_2(t))\|=\lim_{t\to\infty}\|\check{x}_1(t)+K_{12}\tilde{e}_2(t)\|=0$$

这表明 $K_{12}\hat{\tilde{x}}_2$ 是 $\tilde{x}_1$ 的估计. 因此, 只需要观测子状态 $\tilde{x}_2$ 即可, 且全部状态 $\tilde{x}$ 的观测值为

$$\hat{\tilde{x}}=\begin{bmatrix}\hat{\tilde{x}}_1\\ \hat{\tilde{x}}_2\end{bmatrix}=\begin{bmatrix}K_{12}\hat{\tilde{x}}_2\\ \hat{\tilde{x}}_2\end{bmatrix}=-T'\hat{\tilde{x}}_2,\quad T'=-\begin{bmatrix}K_{12}\\ I_{n-m}\end{bmatrix}\tag{7.95}$$

相应的估计误差定义为 $\tilde{e}=\tilde{x}-\hat{\tilde{x}}$. 因此, 下面的任务是设计 $\hat{\tilde{x}}_2$ 满足的动态系统即观测器方程以保证误差 $\tilde{e}$ 是趋于零的, 即 $\tilde{e}$ 满足渐近稳定的线性系统.

设 (A,C) 能检测, 即 $(\tilde{A},\tilde{C})$ 能检测. 那么存在观测器增益

$$\tilde{L}=\begin{bmatrix}L_1\\ L_2\end{bmatrix}\in\mathbf{R}^{n\times p},\quad L_1\in\mathbf{R}^{m\times p},\quad L_2\in\mathbf{R}^{(n-m)\times p}\tag{7.96}$$

使得 $\tilde{A}+\tilde{L}\tilde{C}$ 是 Hurwitz 矩阵. 根据引理 5.1.1, 只要 (A,B) 能稳, 存在 $K_{12}\in\mathbf{R}^{m\times(n-m)}$ 使得 $F'=A_{22}+A_{21}K_{12}$ 是 Hurwitz 矩阵. 那么根据系统 (7.1) 的状态方程有

$$\begin{aligned}\dot{\tilde{e}}&=\dot{\tilde{x}}-\dot{\hat{\tilde{x}}}=\tilde{A}(\tilde{e}+\hat{\tilde{x}})+\tilde{B}u+T'\dot{\hat{\tilde{x}}}_2=\tilde{A}\tilde{e}-\tilde{A}T'\hat{\tilde{x}}_2+\tilde{B}u+T'\dot{\hat{\tilde{x}}}_2\\&=\tilde{A}\tilde{e}+\begin{bmatrix}(A_{12}+A_{11}K_{12})\hat{\tilde{x}}_2+u-K_{12}\dot{\hat{\tilde{x}}}_2\\ (A_{22}+A_{21}K_{12})\hat{\tilde{x}}_2-\dot{\hat{\tilde{x}}}_2\end{bmatrix}\end{aligned}\tag{7.97}$$

为了保证误差 $\tilde{e}$ 趋于零, 必须要在方程 (7.97) 的右端引入误差的反馈项. 因此必须有

$$\begin{bmatrix}(A_{12}+A_{11}K_{12})\hat{\tilde{x}}_2+u-K_{12}\dot{\hat{\tilde{x}}}_2\\ (A_{22}+A_{21}K_{12})\hat{\tilde{x}}_2-\dot{\hat{\tilde{x}}}_2\end{bmatrix}=\tilde{L}\tilde{C}\tilde{e}=\begin{bmatrix}L_1\\ L_2\end{bmatrix}\tilde{C}\tilde{e}$$

即

$$\begin{cases}\dot{\hat{\tilde{x}}}_2=(A_{22}+A_{21}K_{12})\hat{\tilde{x}}_2-L_2\tilde{C}\tilde{e}\\ u=K_{12}\dot{\hat{\tilde{x}}}_2-(A_{12}+A_{11}K_{12})\hat{\tilde{x}}_2+L_1\tilde{C}\tilde{e}\end{cases}\tag{7.98}$$

此时, 观测误差系统 (7.97) 可以写成

$$\dot{\tilde{e}}=(\tilde{A}+\tilde{L}\tilde{C})\tilde{e}\tag{7.99}$$

根据假设, 这是一个渐近稳定的线性系统.

根据系统 (7.1) 的输出方程和式 (7.95) 可以得到

$$w\overset{\text{def}}{=\!=}\tilde{C}\tilde{e}=y-(\tilde{C}\hat{\tilde{x}}+Du)=y-((C_2+C_1K_{12})\hat{\tilde{x}}_2+Du)\tag{7.100}$$

将式 (7.100) 代入式 (7.98) 得到

$$\begin{cases}\dot{\hat{\tilde{x}}}_2=(A_{22}+A_{21}K_{12})\hat{\tilde{x}}_2-L_2w\\ u=(K_{12}(A_{22}+A_{21}K_{12})-(A_{11}K_{12}+A_{12}))\hat{\tilde{x}}_2-(K_{12}L_2-L_1)w\end{cases}\tag{7.101}$$

将 u 的表达式代入式 (7.100) 并化简得到

$$
\begin{aligned}
w = &-(C_2 + C_1K_{12} + D(K_{12}(A_{22} + A_{21}K_{12}) - (A_{12} + A_{11}K_{12})))\hat{\tilde{x}}_2 \\
&+ y + D(K_{12}L_2 - L_1)w
\end{aligned} \tag{7.102}
$$

式 (7.102) 是相容的当且仅当

$$
\det(I_p - D(K_{12}L_2 - L_1)) \neq 0 \tag{7.103}
$$

将式 (7.101) 和式 (7.102) 写成

$$
\begin{cases}
\dot{\hat{\tilde{x}}}_2 = F'\hat{\tilde{x}}_2 + M'w \\
u = G'\hat{\tilde{x}}_2 + N'w \\
w = H'\hat{\tilde{x}}_2 + P'w + y
\end{cases} \tag{7.104}
$$

其中

$$
\begin{cases}
F' = A_{22} + A_{21}K_{12} \\
G' = K_{12}F' - (A_{11}K_{12} + A_{12}) \\
H' = -(C_2 + C_1K_{12}) - D(K_{12}F' - (A_{12} + A_{11}K_{12})) \\
M' = -L_2 \\
N' = L_1 - K_{12}L_2 \\
P' = D(K_{12}L_2 - L_1)
\end{cases} \tag{7.105}
$$

注意到式 (7.104) 恰好具有对偶观测器-控制器 (7.82) 的形式, 且由观测器-控制器 (7.104) 和系统 (7.1) 组成的闭环系统 (见式 (7.99))

$$
\begin{bmatrix} \dot{\tilde{e}} \\ \dot{\hat{\tilde{x}}}_2 \end{bmatrix} = \begin{bmatrix} \tilde{A} + \tilde{L}\tilde{C} & 0 \\ M'\tilde{C} & F' \end{bmatrix} \begin{bmatrix} \tilde{e} \\ \hat{\tilde{x}}_2 \end{bmatrix} = \begin{bmatrix} \tilde{A} + \tilde{L}\tilde{C} & 0 \\ -L_2\tilde{C} & A_{22} + A_{21}K_{12} \end{bmatrix} \begin{bmatrix} \tilde{e} \\ \hat{\tilde{x}}_2 \end{bmatrix} \tag{7.106}
$$

恰好具有式 (7.86) 的形式.

综合上面的讨论, 得到定理 7.4.3.

定理 7.4.3　设 (A, B) 能稳, B 列满秩, (A, C) 能检测, (A, B, C) 具有形如式 (7.94) 的分解, K_{12} 使得 $A_{22} + A_{21}K_{12}$ 是 Hurwitz 矩阵, L 使得 $A + LC$ 是 Hurwitz 矩阵, $\tilde{L} = T_0^{-1}L$ 如式 (7.96) 所分块, 则式 (7.105) 和 (7.95) 所定义的 $\{T', F', G', H', M', N', P'\}$ 满足对偶方程 (7.78) ~ 方程 (7.81), 其中 R' 如式 (7.84) 给出. 此外, 条件 (7.103) 等价于条件 (7.83).

定理 7.4.3 可直接计算验证, 详细过程略去. 将降维对偶观测器-控制器 (7.104) 导致的闭环系统 (7.106) 和降维观测器-控制器 (7.31)、(7.40) 导致的闭环系统 (7.42) 相比, 不难发现它们之间有趣的对偶关系.

说明 7.4.3　本节基于对偶方程 (7.78) ~ 方程 (7.81) 构造了对偶观测器-控制器 (7.82). 那自然要问, 为什么对偶观测器-控制器具有式 (7.82) 的形式? 其内在机理是什么? 定理 7.4.3 的论证过程对这些问题进行了一定程度的解释和说明.

当考虑基于观测器的状态反馈时, 如果采取降维状态观测器, 则需要构造 $n-p$ 维观测器; 如果采取降维对偶观测器-控制器, 则需要构造 $n-m$ 维观测器. 因此, 到底选用哪种观测器-控制器结构, 取决于输入维数 m 和输出维数 p 大小: 若 $m<p$, 则宜采用降维状态观测器-控制器; 如果 $m>p$, 则宜采用降维对偶观测器-控制器; 如果 $m=p$, 则任选其一.

例 7.4.1 考虑例 7.1.1 中的系统 (7.14). 构造状态变换 $\tilde{x}=T_0^{-1}x$, 其中 T_0 根据式 (5.9) 而取为

$$T_0=\left[\begin{array}{c|c} B & B_0 \end{array}\right]=\left[\begin{array}{cc|cc} 0 & 0 & 1 & 0 \\ 1 & 0 & 0 & 0 \\ 0 & 0 & 0 & 1 \\ 0 & 1 & 0 & 0 \end{array}\right]$$

根据式 (7.94), 线性系统 (7.14) 等价于

$$\tilde{A}=\omega\left[\begin{array}{cc|cc} 0 & 2 & 0 & 0 \\ -2 & 0 & 0 & 3 \\ \hline 1 & 0 & 0 & 0 \\ 0 & 1 & 0 & 0 \end{array}\right]=\left[\begin{array}{cc} A_{11} & A_{12} \\ A_{21} & A_{22} \end{array}\right],\quad \tilde{B}=\left[\begin{array}{cc} 1 & 0 \\ 0 & 1 \\ \hline 0 & 0 \\ 0 & 0 \end{array}\right]$$

$$\tilde{C}=\left[\begin{array}{cc|cc} 0 & 0 & 1 & 0 \end{array}\right]=\left[\begin{array}{cc} C_1 & C_2 \end{array}\right]$$

通过求解对偶参量 Lyapunov 方程 (7.12), 其中 $S=1,\sigma=2\omega$, 得到观测器增益

$$\tilde{L}=\omega\left[\begin{array}{cccc} -24 & -14 & -8 & -\dfrac{46}{3} \end{array}\right]^{\mathrm{T}}$$

另外, 显然 (A_{22},A_{21}) 能控. 设反馈增益 $K_{12}=-I_2$, 则 $\lambda(A_{22}+A_{21}K_{12})=\omega\lambda(K_{12})=\{-\omega,-\omega\}$. 将上述参数代入式 (7.105) 可得到 $\{F',G',H',M',N'\}$, 进而代入式 (7.92) 可得到如下的降维对偶观测器-控制器:

$$\begin{cases} \dot{z}=\omega\left[\begin{array}{cc} -9 & 0 \\ -\dfrac{46}{3} & -1 \end{array}\right]z+\omega\left[\begin{array}{c} 8 \\ \dfrac{46}{3} \end{array}\right]y \\ u=\omega\left[\begin{array}{cc} 33 & 2 \\ \dfrac{82}{3} & -2 \end{array}\right]z-\omega\left[\begin{array}{c} 32 \\ \dfrac{88}{3} \end{array}\right]y \end{cases}$$

与例 7.2.2 的降维观测器相比, 上述降维对偶观测器-控制器的维数更低.

7.4.4 对偶方程组的解

与函数观测器类似, 我们也期望直接求解对偶方程 (7.78) ~ 方程 (7.81) 来获取对偶观测器-控制器的参数. 类似于 7.3.4 节的讨论, 首先应选择满足

$$\lambda(F')\cap\lambda(A)=\varnothing \tag{7.107}$$

的 Hurwitz 矩阵 $F' \in \mathbf{R}^{q\times q}$ 和 $G' \in \mathbf{R}^{m\times q}$ 并求解 Sylvester 方程 (7.80) 得到 $T' \in \mathbf{R}^{n\times q}$. 然后求解方程 (7.81) 即

$$\Phi' \begin{bmatrix} M' \\ N' \end{bmatrix} = R', \quad \Phi' = \begin{bmatrix} T' & B \end{bmatrix} \in \mathbf{R}^{n\times(q+m)} \tag{7.108}$$

获得 (M', N'). 最后从方程 (7.78) 和方程 (7.79) 得到 $P' = -DN'$ 和 $H' = CT' - DG'$.

与函数观测器情形类似, 也讨论两种情形.

(1) $q = n$ 的情形: 此时如果选择 (F', G') 使得方程 (7.80) 的解 T' 是非奇异的, 那么容易验证

$$\{H', M', N', P'\} = \{CT' - DG', T'^{-1}R', 0, 0\}$$

是矩阵方程 (7.78) 和方程 (7.81) 的解.

(2) $q = n - m$ 的情形: 此时式 (7.108) 定义的 Φ' 是方阵. 如果 Φ' 是非奇异的, 那么

$$\begin{bmatrix} M' \\ N' \end{bmatrix} = \Phi'^{-1}R', \quad P' = -DN', \quad H' = CT' - DG'$$

确定的 $\{H', M', N', P'\}$ 就是方程 (7.78) 和方程 (7.81) 的解.

为了保证 T' 或 Φ' 的非奇异性, 也有下面对偶于定理 7.3.4 的结论.

定理 7.4.4 设 F' 是 Hurwitiz 矩阵且满足式 (7.107), G' 是给定矩阵, T' 是 Sylvester 方程 (7.80) 的唯一解, Φ' 如式 (7.108) 所定义, 则:

(1) 当 $q = n$ 时, T' 是非奇异矩阵的必要条件为 (F', G') 能观且 (A, B) 能控. 如果 $m = 1$, 即系统为单输入系统, 则 T' 非奇异当且仅当 (F', G') 能观且 (A, B) 能控.

(2) 当 $q = n - m$ 时, Φ' 是非奇异的必要条件为 B 列满秩、(F', G') 能观且 (A, B) 能控. 如果 $m = 1$, 即系统为单输入系统, 则 Φ' 非奇异当且仅当 (F', G') 能观且 (A, B) 能控.

最后指出, 7.3.5 节关于函数观测器阶次的讨论也适用于对偶观测器-控制器. 为了节省篇幅, 这里略去细节.

7.5 未知输入观测器

7.5.1 问题的描述和转化

考虑含有未知输入 d 的线性系统

$$\begin{cases} \dot{x} = Ax + Bu + Ed \\ y = Cx + Du \end{cases} \tag{7.109}$$

其中, $x \in \mathbf{R}^n$、$u \in \mathbf{R}^m$、$d \in \mathbf{R}^l$ 和 $y \in \mathbf{R}^p$ 分别是系统的状态、输入、未知输入和输出; $A \in \mathbf{R}^{n\times n}$、$B \in \mathbf{R}^{n\times m}$、$C \in \mathbf{R}^{p\times n}$、$D \in \mathbf{R}^{p\times m}$ 和 $E \in \mathbf{R}^{n\times l}$ 都是已知矩阵. 不失一般性, 假设 E 列满秩, 即

$$\operatorname{rank}(E) = l \tag{7.110}$$

其中, 函数 d 可以用来描述加性干扰、模型不确定性、噪声、大系统的各个子系统之间的耦合项、线性化误差等, 一般都是未知的. 此外, d 也可用于描述不可获知的输入量. 本节讨论系统 (7.109) 的状态观测器设计问题. 该问题称为未知输入观测器 (unknown input observer) 设计问题. 注意, 未知输入观测器是用于观测具有未知输入的系统的状态, 而不是观测系统未知的输入.

根据本章之前的讨论, 状态观测器应该包含原系统的一个复制. 但由于 d 是未知输入, 既不能自由设计也不能作为已知量直接使用, 因此自然不能用于状态观测器设计. 也就是说, 系统 (7.109) 的观测器的输入只能是 u、y 以及其函数而不能含有 d. 由此可见, 含有未知输入的线性系统的观测器设计问题比前面介绍的观测器设计问题更困难.

下面利用广义逆将未知输入观测器设计问题转化为标准的状态观测器设计问题. 对 y 求导得到

$$\dot{y} = C\dot{x} + D\dot{u} = CAx + CBu + D\dot{u} + CEd$$

这里用到了式 (7.109) 的系统方程. 上式可以等价地写成

$$CEd = \dot{y} - (CAx + CBu + D\dot{u}) \xlongequal{\text{def}} \tilde{y}$$

由于 y 是系统的输出, 对任意的 x、u 和 d 都存在 y 即 $\tilde{y}$ 使得上式成立, 因此上述方程是一个关于 d 的相容线性方程. 根据定理 A.4.6, 必然存在 $\tilde{d} \in \mathbf{R}^l$ 使得

$$d = (CE)^{-}\tilde{y} + (I_l - (CE)^{-}CE)\tilde{d}$$

将此代入线性系统 (7.109) 的状态方程得到

$$\begin{aligned}
\dot{x} =& Ax + Bu + E(I_l - (CE)^{-}CE)\tilde{d} + E(CE)^{-}\tilde{y} \\
=& Ax + Bu + E(I_l - (CE)^{-}CE)\tilde{d} + E(CE)^{-}(\dot{y} - (CAx + CBu + D\dot{u})) \\
=& (I_n - E(CE)^{-}C)Ax + (I_n - E(CE)^{-}C)Bu + E(CE)^{-}\dot{y} - E(CE)^{-}D\dot{u} \\
&+ E(I_l - (CE)^{-}CE)\tilde{d}
\end{aligned}$$

如果 (C, E) 满足条件

$$E(I_l - (CE)^{-}CE) = 0 \tag{7.111}$$

则线性系统 (7.109) 可以写成

$$\begin{cases} \dot{x} = \tilde{A}x + \tilde{B}\tilde{u} \\ y = Cx + \tilde{D}\tilde{u} \end{cases} \tag{7.112}$$

其中, $\tilde{u} = [u^{\mathrm{T}}, \dot{u}^{\mathrm{T}}, \dot{y}^{\mathrm{T}}]^{\mathrm{T}}$ 是增广的输入向量 (其中各分量都是已知或可测量的);

$$\tilde{A} = (I_n - WC)A \tag{7.113}$$

$$\tilde{B} = \begin{bmatrix} (I_n - WC)B & -WD & W \end{bmatrix} \tag{7.114}$$

$$\tilde{D} = \begin{bmatrix} D & 0 & 0 \end{bmatrix}$$

$W = E(CE)^-$. 可以看出系统 (7.112) 已经不含有未知输入 d 了, 因此可以采用一般线性系统的观测器设计方法来设计它的状态观测器.

上面的推导依赖于关键条件 (7.111). 该条件何时成立呢? 引理 7.5.1 回答了这个问题.

引理 7.5.1 矩阵 $C \in \mathbf{R}^{p\times n}$ 和 $E \in \mathbf{R}^{n\times l}$ 满足等式 (7.111) 当且仅当

$$\text{rank}(CE) = \text{rank}(E) = l \tag{7.115}$$

此时 CE 的一个广义逆可表示为

$$(CE)^- = ((CE)^{\text{T}}CE)^{-1}(CE)^{\text{T}}$$

证明 由于 E 列满秩, 只需要考虑式 (7.115) 的第 1 个等式. 注意到

$$\text{rank}\begin{bmatrix} CE \\ E \end{bmatrix} = \text{rank}\left(\begin{bmatrix} I_p & C \\ 0 & I_n \end{bmatrix}\begin{bmatrix} 0 \\ E \end{bmatrix}\right) = \text{rank}\begin{bmatrix} 0 \\ E \end{bmatrix} = \text{rank}(E)$$

因此, 条件 (7.115) 等价于

$$\text{rank}(CE) = \text{rank}\begin{bmatrix} CE \\ E \end{bmatrix} \tag{7.116}$$

充分性: 如果式 (7.116) 成立, 则根据线性方程理论, 存在 $X \in \mathbf{R}^{n\times p}$ 使得 $XCE = E$. 因此

$$E(I_l - (CE)^-CE) = XCE(I_l - (CE)^-CE) = X(CE - CE(CE)^-CE) = 0$$

这里最后一步用到了附录 A.4.3 中广义逆矩阵的定义式.

必要性: 设 $X = E(CE)^- \in \mathbf{R}^{n\times p}$, 则由式 (7.111) 可知

$$0 = E(I_l - (CE)^-CE) = E - E(CE)^-CE = E - XCE$$

这表明线性方程 $XCE = E$ 有解. 再一次由线性方程理论可知必有式 (7.116) 成立. 证毕. □

说明 7.5.1 条件 (7.115) 成立的一个必要条件是 $p \geqslant l$, 即输出的维数大于或等于未知输入的维数. 条件 (7.115) 的系统意义可以解释如下. 在条件 (7.110) 下, 存在矩阵 $E_0 \in \mathbf{R}_{n-l}^{n\times(n-l)}$ 使得 $T_1 = [E_0, E]$ 是非奇异矩阵. 通过状态等价变换 $[x_1^{\text{T}}, x_2^{\text{T}}]^{\text{T}} = T_1^{-1}x, x_2 \in \mathbf{R}^l$, 原系统 (7.109) 可以等价地变换成

$$\begin{cases} \begin{bmatrix} \dot{x}_1 \\ \dot{x}_2 \end{bmatrix} = \begin{bmatrix} A_{11} & A_{12} \\ A_{21} & A_{22} \end{bmatrix}\begin{bmatrix} x_1 \\ x_2 \end{bmatrix} + \begin{bmatrix} B_1 \\ B_2 \end{bmatrix}u + \begin{bmatrix} 0 \\ I_l \end{bmatrix}d \\ y = \begin{bmatrix} C_1 & C_2 \end{bmatrix}\begin{bmatrix} x_1 \\ x_2 \end{bmatrix} + Du \end{cases}$$

这里各个分块矩阵具有相容的维数. 此时条件 (7.115) 变成 $\text{rank}(CE) = \text{rank}(C_2) = l$. 这表明直接受未知输入 d 影响的子状态 x_2 必须全部都要能从输出 y 中得到. 条件 (7.115) 的另外一层含义是, 当 $p = l$ 时线性系统 (A, E, C) 的相对阶为 $\{1, 1, \cdots, 1\}$.

7.5.2 全维状态观测器

根据 7.5.1 节的讨论, 含有未知输入的线性系统 (7.109) 的状态观测器设计问题转化为不含未知输入的线性系统 (7.112) 的状态观测器设计问题, 后者可以用 7.1 节的方法予以解决. 为方便, 对任意 $L \in \mathbf{R}^{n\times p}$, 设

$$\begin{cases} F = (I_n - WC)A + LC \\ G = FN - L \\ H = (I_n - WC)B - GD \\ M = I_n \\ N = W \\ P = -ND \end{cases} \tag{7.117}$$

定理 7.5.1 令矩阵簇 $\{F, G, H, M, N, P\}$ 如式 (7.117) 所定义. 设 $((I_n - WC)A, C)$ 能检测/能观, $L \in \mathbf{R}^{n\times p}$ 使得 $F = (I_n - WC)A + LC$ 是 Hurwitz 矩阵. 那么, 带有未知输入的线性系统 (7.109) 的全维状态观测器为

$$\begin{cases} \dot{z} = Fz + Gy + Hu \\ \hat{x} = Mz + Ny + Pu \end{cases} \tag{7.118}$$

证明 根据全维状态观测器构造原理 (见 7.1.2 节), 系统 (7.112) 的一个全维状态观测器为

$$\begin{cases} \dot{\hat{x}} = \tilde{A}\hat{x} + \tilde{B}\tilde{u} - L(y - \hat{y}) \\ \hat{y} = C\hat{x} + \tilde{D}\tilde{u} \end{cases} \tag{7.119}$$

设 $e = x - \hat{x}$. 将式 (7.112) 和式 (7.119) 相减得到

$$\dot{e} = (\tilde{A} + LC)e = Fe$$

由于 F 是 Hurwitz 矩阵, 有 $\|x(t) - \hat{x}(t)\| \xrightarrow{t\to\infty} 0$. 下面证明式 (7.119) 等价于式 (7.118).

将 $\tilde{u} = [u^{\mathrm{T}}, \dot{u}^{\mathrm{T}}, \dot{y}^{\mathrm{T}}]^{\mathrm{T}}$ 代入式 (7.119) 可得

$$\dot{\hat{x}} = (\tilde{A} + LC)\hat{x} + ((I_n - WC)B + LD)u + W\dot{y} - WD\dot{u} - Ly \tag{7.120}$$

和 7.2 节讨论的降维状态观测器类似, 为了消去式 (7.120) 右端 u 和 y 的导数, 设

$$z = \hat{x} - Wy + WDu \tag{7.121}$$

则式 (7.120) 可以等价地写成

$$\begin{aligned} \dot{z} =& (\tilde{A} + LC)\hat{x} + ((I_n - WC)B + LD)u - Ly \\ =& (\tilde{A} + LC)(z + Wy - WDu) + ((I_n - WC)B + LD)u - Ly \\ =& (\tilde{A} + LC)z + ((\tilde{A} + LC)W - L)y + ((I_n - WC)B + LD - (\tilde{A} + LC)WD)u \end{aligned}$$

利用式 (7.117), 上式就是系统 (7.118) 的第 1 式, 而式 (7.121) 就是系统 (7.118) 的第 2 式. 证毕. □

不难看出, 如果令 $E=0$, 则式 (7.117) 退化成式 (7.5), 从而观测器 (7.118) 即为观测器 (7.6).

现在自然要问 $(\tilde{A},C)$ 能检测/能观与原系统 (7.109) 有何关系? 定理 7.5.2 回答了该问题.

定理 7.5.2　设矩阵 (C,E) 满足式 (7.110) 和式 (7.115), 则 $(\tilde{A},C)=((I_n-WC)A,C)$ 能检测/能观当且仅当

$$\operatorname{rank}\begin{bmatrix} A-sI_n & E \\ C & 0 \end{bmatrix}=n+l,\quad s\in\mathbf{C}_{\geqslant 0}/s\in\mathbf{C} \tag{7.122}$$

证明　考虑矩阵

$$\Pi=\begin{bmatrix} I_n-WC & -sW \\ 0 & I_p \\ WC & sW \end{bmatrix}$$

经过行、列变换容易验证 Π 列满秩. 由 $\tilde{A}$ 的定义式 (7.113) 和引理 A.1.1 可知

$$\operatorname{rank}\begin{bmatrix} A-sI_n & E \\ C & 0 \end{bmatrix}=\operatorname{rank}\left(\Pi\begin{bmatrix} A-sI_n & E \\ C & 0 \end{bmatrix}\right)=\operatorname{rank}\begin{bmatrix} \tilde{A}-sI_n & 0 \\ C & 0 \\ WCA & E \end{bmatrix}$$

$$=\operatorname{rank}\begin{bmatrix} \tilde{A}-sI_n & 0 \\ C & 0 \\ WCA & E \end{bmatrix}\begin{bmatrix} I_n & 0 \\ -(CE)^{-}CA & I_l \end{bmatrix}=\operatorname{rank}\begin{bmatrix} \tilde{A}-sI_n & 0 \\ C & 0 \\ 0 & E \end{bmatrix}=\operatorname{rank}\begin{bmatrix} \tilde{A}-sI_n \\ C \end{bmatrix}+l$$

因此, $(\tilde{A},C)$ 能检测/能观当且仅当式 (7.122) 成立. 证毕.　□

根据定理 3.5.2 和定理 2.5.1, 条件 (7.122) 等价于线性系统 (A,E,C) 是强能检测/强能观的, 即线性系统 (A,E,C) 没有不稳定的不变零点 (最小相位)/不变零点. 考虑到强能检测/强能观的定义, 定理 7.5.2 的系统意义是非常明确的.

7.5.3　降维状态观测器

降维状态观测器的设计问题也可类似地进行处理. 不失一般性, 假设

$$C=\begin{bmatrix} I_p & 0 \end{bmatrix} \tag{7.123}$$

相应地对系数矩阵 (A,B,E) 进行分块:

$$A=\begin{bmatrix} A_{11} & A_{12} \\ A_{21} & A_{22} \end{bmatrix},\quad B=\begin{bmatrix} B_1 \\ B_2 \end{bmatrix},\quad E=\begin{bmatrix} E_1 \\ E_2 \end{bmatrix} \tag{7.124}$$

其中, $A_{11}\in\mathbf{R}^{p\times p}, B_1\in\mathbf{R}^{p\times m}, E_1\in\mathbf{R}^{p\times l}$. 注意到

$$I_n-WC=\begin{bmatrix} I_p-E_1(CE)^{-} & 0 \\ -E_2(CE)^{-} & I_{n-p} \end{bmatrix}$$

因此式 (7.113) 和式 (7.114) 定义的矩阵 $(\tilde{A},\tilde{B})$ 可以写成

$$\tilde{A}=\begin{bmatrix}(I_p-E_1(CE)^-)A_{11} & (I_p-E_1(CE)^-)A_{12}\\ A_{21}-E_2(CE)^-A_{11} & A_{22}-E_2(CE)^-A_{12}\end{bmatrix}\stackrel{\text{def}}{=\!=}\begin{bmatrix}\tilde{A}_{11} & \tilde{A}_{12}\\ \tilde{A}_{21} & \tilde{A}_{22}\end{bmatrix}$$

$$\tilde{B}=\begin{bmatrix}(I_p-E_1(CE)^-)B_1 & -E_1(CE)^-D & E_1(CE)^-\\ B_2-E_2(CE)^-B_1 & -E_2(CE)^-D & E_2(CE)^-\end{bmatrix}\stackrel{\text{def}}{=\!=}\begin{bmatrix}\tilde{B}_{11} & \tilde{B}_{12} & \tilde{B}_{13}\\ \tilde{B}_{21} & \tilde{B}_{22} & \tilde{B}_{23}\end{bmatrix}$$

设 $\tilde{L}_{21}\in\mathbf{R}^{(n-p)\times p}$. 定义下述 6 个矩阵:

$$\begin{cases}F=\tilde{A}_{22}+\tilde{L}_{21}\tilde{A}_{12}\\ G=\tilde{A}_{21}+\tilde{L}_{21}\tilde{A}_{11}-F(\tilde{L}_{21}-(\tilde{B}_{23}+\tilde{L}_{21}\tilde{B}_{13}))\\ H=\tilde{B}_{21}+\tilde{L}_{21}\tilde{B}_{11}+F(\tilde{B}_{22}+\tilde{L}_{21}\tilde{B}_{12}+(\tilde{B}_{23}+\tilde{L}_{21}\tilde{B}_{13})D)-GD\\ M=\begin{bmatrix}0\\ I_{n-p}\end{bmatrix}\\ N=\begin{bmatrix}I_p\\ \tilde{B}_{23}+\tilde{L}_{21}\tilde{B}_{13}-\tilde{L}_{21}\end{bmatrix}\\ P=\begin{bmatrix}-D\\ \tilde{B}_{22}+\tilde{L}_{21}(\tilde{B}_{12}+D)\end{bmatrix}\end{cases}\tag{7.125}$$

定理 7.5.3　设矩阵簇 $\{F,G,H,M,N,P\}$ 如式 (7.125) 所定义. $(\tilde{A}_{22},\tilde{A}_{12})$ 能检测, $\tilde{L}_{21}\in\mathbf{R}^{(n-p)\times p}$ 使得 $F=\tilde{A}_{22}+\tilde{L}_{21}\tilde{A}_{12}$ 是 Hurwitz 矩阵. 那么, 线性系统 (7.109) 的降维状态观测器为

$$\begin{cases}\dot{z}=Fz+Gy+Hu\\ \hat{x}=Mz+Ny+Pu\end{cases}\tag{7.126}$$

证明　根据式 (7.123) 和式 (7.124) 的矩阵分块, 线性系统 (7.112) 可以写成

$$\begin{cases}\begin{bmatrix}\dot{x}_1\\ \dot{x}_2\end{bmatrix}=\begin{bmatrix}\tilde{A}_{11} & \tilde{A}_{12}\\ \tilde{A}_{21} & \tilde{A}_{22}\end{bmatrix}\begin{bmatrix}x_1\\ x_2\end{bmatrix}+\begin{bmatrix}\tilde{B}_{11} & \tilde{B}_{12} & \tilde{B}_{13}\\ \tilde{B}_{21} & \tilde{B}_{22} & \tilde{B}_{23}\end{bmatrix}\begin{bmatrix}u\\ \dot{u}\\ \dot{y}\end{bmatrix}\\ y=x_1+Du\end{cases}$$

据此可知 x_2 满足的状态方程为

$$\begin{aligned}\dot{x}_2&=\tilde{A}_{21}x_1+\tilde{A}_{22}x_2+\tilde{B}_{21}u+\tilde{B}_{22}\dot{u}+\tilde{B}_{23}\dot{y}=\tilde{A}_{22}x_2+\tilde{A}_{21}(y-Du)+\tilde{B}_{21}u+\tilde{B}_{22}\dot{u}+\tilde{B}_{23}\dot{y}\\ &=\tilde{A}_{22}x_2+(\tilde{B}_{21}-\tilde{A}_{21}D)u+\tilde{B}_{22}\dot{u}+\tilde{A}_{21}y+\tilde{B}_{23}\dot{y}\end{aligned}\tag{7.127}$$

再由 $y=x_1+Du$ 和 x_1 满足的方程可知

$$\begin{aligned}\dot{y}&=\dot{x}_1+D\dot{u}=\tilde{A}_{11}x_1+\tilde{A}_{12}x_2+\tilde{B}_{11}u+\tilde{B}_{12}\dot{u}+\tilde{B}_{13}\dot{y}+D\dot{u}\\ &=\tilde{A}_{11}(y-Du)+\tilde{A}_{12}x_2+\tilde{B}_{11}u+\tilde{B}_{12}\dot{u}+\tilde{B}_{13}\dot{y}+D\dot{u}\end{aligned}$$

$$= \tilde{A}_{12}x_2 + (\tilde{B}_{11} - \tilde{A}_{11}D)u + (\tilde{B}_{12} + D)\dot{u} + \tilde{A}_{11}y + \tilde{B}_{13}\dot{y} \tag{7.128}$$

因此, 如果取 $y_2 = \dot{y}, u_2 = [u^{\mathrm{T}}, \dot{u}^{\mathrm{T}}, y^{\mathrm{T}}, \dot{y}^{\mathrm{T}}]^{\mathrm{T}}$, 则式 (7.127) 和式 (7.128) 恰好具有式 (7.32) 的形式, 即

$$\begin{cases} \dot{x}_2 = \check{A}x_2 + \check{B}u_2 \\ y_2 = \check{C}x_2 + \check{D}u_2 \end{cases} \tag{7.129}$$

其中

$$\begin{bmatrix} \check{A} & \check{B} \\ \check{C} & \check{D} \end{bmatrix} = \left[\begin{array}{c|cccc} \tilde{A}_{22} & \tilde{B}_{21} - \tilde{A}_{21}D & \tilde{B}_{22} & \tilde{A}_{21} & \tilde{B}_{23} \\ \hline \tilde{A}_{12} & \tilde{B}_{11} - \tilde{A}_{11}D & \tilde{B}_{12} + D & \tilde{A}_{11} & \tilde{B}_{13} \end{array}\right]$$

根据 7.1.2 节介绍的状态观测器构造原理, 针对系统 (7.129) 可以设计全维状态观测器

$$\begin{cases} \dot{\hat{x}}_2 = \check{A}\hat{x}_2 + \check{B}u_2 - \tilde{L}_{21}(y_2 - \hat{y}_2) \\ \hat{y}_2 = \check{C}\hat{x}_2 + \check{D}u_2 \end{cases} \tag{7.130}$$

定义观测误差 $e_2 = x_2 - \hat{x}_2$, 将式 (7.130) 和式 (7.129) 作差有

$$\dot{e}_2 = (\check{A} + \tilde{L}_{21}\check{C})e = (\tilde{A}_{22} + \tilde{L}_{21}\tilde{A}_{12})e_2$$

由于 $\tilde{A}_{22} + \tilde{L}_{21}\tilde{A}_{12}$ 是 Hurwitz 矩阵, 式 (7.130) 是 x_2 的一个状态观测器.

与 7.2 节讨论的情形类似, 由于 u_2 和 y_2 不是原线性系统 (7.109) 的输入 u 和输出 y, 状态观测器 (7.130) 不是完全由 (u, y) 驱动的. 注意到

$$\begin{aligned} \dot{\hat{x}}_2 =& (\check{A} + \tilde{L}_{21}\check{C})\hat{x}_2 + (\check{B} + \tilde{L}_{21}\check{D})u_2 - \tilde{L}_{21}y_2 \\ =& (\tilde{A}_{22} + \tilde{L}_{21}\tilde{A}_{12})\hat{x}_2 + (\tilde{B}_{21} - \tilde{A}_{21}D + \tilde{L}_{21}(\tilde{B}_{11} - \tilde{A}_{11}D))u + (\tilde{A}_{21} + \tilde{L}_{21}\tilde{A}_{11})y \\ & + (\tilde{B}_{22} + \tilde{L}_{21}(\tilde{B}_{12} + D))\dot{u} + (\tilde{B}_{23} + \tilde{L}_{21}\tilde{B}_{13} - \tilde{L}_{21})\dot{y} \end{aligned} \tag{7.131}$$

如果记

$$z = \hat{x}_2 - (\tilde{B}_{23} + \tilde{L}_{21}\tilde{B}_{13} - \tilde{L}_{21})y - (\tilde{B}_{22} + \tilde{L}_{21}(\tilde{B}_{12} + D))u$$

则方程 (7.131) 可以等价地写成

$$\begin{aligned} \dot{z} =& (\tilde{A}_{22} + \tilde{L}_{21}\tilde{A}_{12})\hat{x}_2 + (\tilde{B}_{21} - \tilde{A}_{21}D + \tilde{L}_{21}(\tilde{B}_{11} - \tilde{A}_{11}D))u + (\tilde{A}_{21} + \tilde{L}_{21}\tilde{A}_{11})y \\ =& (\tilde{A}_{22} + \tilde{L}_{21}\tilde{A}_{12})(z + (\tilde{B}_{23} + \tilde{L}_{21}\tilde{B}_{13} - \tilde{L}_{21})y + (\tilde{B}_{22} + \tilde{L}_{21}(\tilde{B}_{12} + D))u) \\ & + (\tilde{B}_{21} - \tilde{A}_{21}D + \tilde{L}_{21}(\tilde{B}_{11} - \tilde{A}_{11}D))u + (\tilde{A}_{21} + \tilde{L}_{21}\tilde{A}_{11})y \end{aligned}$$

这恰好就是观测器 (7.126) 的第 1 个方程. 此外, 由

$$\begin{aligned} \hat{x} = \begin{bmatrix} x_1 \\ \hat{x}_2 \end{bmatrix} &= \begin{bmatrix} y - Du \\ z + (\tilde{B}_{23} + \tilde{L}_{21}\tilde{B}_{13} - \tilde{L}_{21})y + (\tilde{B}_{22} + \tilde{L}_{21}(\tilde{B}_{12} + D))u \end{bmatrix} \\ &= \begin{bmatrix} 0 \\ I_{n-p} \end{bmatrix} z + \begin{bmatrix} I_p \\ \tilde{B}_{23} + \tilde{L}_{21}\tilde{B}_{13} - \tilde{L}_{21} \end{bmatrix} y + \begin{bmatrix} -D \\ \tilde{B}_{22} + \tilde{L}_{21}(\tilde{B}_{12} + D) \end{bmatrix} u \end{aligned}$$

可知 $\hat{x}$ 恰好满足观测器 (7.126) 的第 2 个方程. 证毕. □

显然, 当 $E=0$ 时, 矩阵簇 (7.125) 退化成式 (7.30), 从而观测器 (7.126) 退化成观测器 (7.31).

关于 $(\tilde{A}_{22},\tilde{A}_{12})$ 的能检测/能观性, 可以很容易地证明下面类似于命题 7.2.1 的结论.

命题 7.5.1 矩阵对 $(\tilde{A}_{22},\tilde{A}_{12})$ 能检测/能观当且仅当 $(\tilde{A},C)$ 能检测/能观, 即线性系统 (A,E,C) 是强能检测/强能观的, 也即式 (7.122) 成立.

7.5.4 函数观测器

下面可讨论具有未知输入的线性系统的函数观测器设计问题. 考虑如下观测函数:

$$f=Rx \tag{7.132}$$

其中, $R\in\mathbf{R}^{r\times n}\ (r\leqslant n)$ 为给定的矩阵. 与 7.3 节讨论的情形相同, 函数观测器就是用于构造 f 的观测值 $\hat{f}$, 其一般结构为

$$\begin{cases}\dot{z}=Fz+Gy+Hu\\ \hat{f}=Mz+Ny+Pu\end{cases} \tag{7.133}$$

其中, $z\in\mathbf{R}^q$ 是观测器的状态向量; 矩阵 F、G、H、M、N 和 P 为待设计的观测器参数.

定理 7.5.4 设 (A,B) 能控, (F,M) 能观, 则线性系统 (7.109) 存在形如式 (7.133) 的函数观测器当且仅当 F 是 Hurwitz 矩阵且存在矩阵 $T\in\mathbf{R}^{q\times n}$ 使得

$$P+ND=0 \tag{7.134}$$

$$H+GD-\tilde{T}B=0 \tag{7.135}$$

$$\tilde{T}A-F\tilde{T}-GC=0 \tag{7.136}$$

$$M\tilde{T}+NC-R=0 \tag{7.137}$$

都成立, 这里 $\tilde{T}=T(I_n-WC)$.

证明 本定理的必要性证明类似于定理 7.3.1, 这里略去. 下面证明充分性. 考虑 $e=z-Tx$, 则由式 (7.112) 和式 (7.133) 可知

$$\begin{aligned}\dot{e}=&Fz+Gy+Hu-T(\tilde{A}x+\tilde{B}\tilde{u})\\ =&F(e+Tx)+G(Cx+\tilde{D}\tilde{u})+Hu-T(\tilde{A}x+\tilde{B}\tilde{u})\\ =&Fe+(FT+GC-T\tilde{A})x+(G\tilde{D}-T\tilde{B})\tilde{u}+Hu\\ =&Fe+(FT+GC-T\tilde{A})x+TWD\dot{u}-TW\dot{y}+(H+GD-T(I_n-WC)B)u\end{aligned}$$

为了消去右端的 $\dot{u}$ 和 $\dot{y}$, 设 $\varepsilon=e-TWDu+TWy$. 将上式微分并将 $\dot{e}$ 代入可得

$$\begin{aligned}\dot{\varepsilon}&=\dot{e}-TWD\dot{u}+TW\dot{y}\\ &=Fe+(FT+GC-T\tilde{A})x+(H+GD-T(I_n-WC)B)u\\ &=F\varepsilon+(FT+GC-T\tilde{A}-FTWC)x+(H+GD-T(I_n-WC)B)u\end{aligned}$$

$$= F\varepsilon + (F\tilde{T} + GC - T\tilde{A})x + (H + GD - \tilde{T}B)u$$

$$= F\varepsilon + (F\tilde{T} + GC - \tilde{T}A)x + (H + GD - \tilde{T}B)u$$

因此, 如果方程 (7.135) 和方程 (7.136) 成立, 则有

$$\dot{\varepsilon} = F\varepsilon, \quad \varepsilon(0) = z(0) - Tx(0) - TWDu(0) + TWy(0)$$

由于 F 是 Hurwitz 矩阵, 所以 $\|\varepsilon(t)\| \xrightarrow{t\to\infty} 0$. 另外, 由方程 (7.134)、方程 (7.136) 和方程 (7.137) 知

$$\begin{aligned} f - \hat{f} &= Rx - Mz - Ny - Pu = Rx - M(\varepsilon + TWDu - TWy + Tx) - Ny - Pu \\ &= -M\varepsilon + (R - MT)x + (MTW - N)y - (P + MTWD)u \\ &= -M\varepsilon - (MT(I_n - WC) + NC - R)x - (ND + P)u \\ &= -M\varepsilon - (M\tilde{T} + NC - R)x - (ND + P)u = -M\varepsilon \end{aligned}$$

因此必有 $f(t) - \hat{f}(t) \xrightarrow{t\to\infty} 0$. 证毕. □

将方程 (7.134) ~ 方程 (7.137) 和方程 (7.48) ~ 方程 (7.51) 相比可以发现, 如果 $E = 0$ 即 $W = 0$, 则前者恰好退化成后者.

当观测函数 (7.132) 中的矩阵 R 取为单位阵时, 函数观测器 (7.133) 观测的就是系统 (7.109) 的状态. 此时, 函数观测器与全维、降维观测器之间的关系可由定理 7.5.5 予以揭示.

定理 7.5.5 考虑具有未知输入的线性系统 (7.109) 和相应的全维状态观测器 (7.118)、降维状态观测器 (7.126) 和函数观测器 (7.133), 则:

(1) 全维状态观测器 (7.118) 是 $q = n$ 且观测函数是 $f = x$ 时的函数观测器.

(2) 降维状态观测器 (7.126) 是 $q = n - p$ 且观测函数是 $f = x$ 时的函数观测器.

证明 本定理的证明和定理 7.3.3 的证明类似. 对于全维观测器情形, 取 $T = I_n$, 则可以验证式 (7.117) 定义的 $\{F, G, H, M, N, P\}$ 满足函数观测器的所有条件 (7.134) ~ (7.137). 对于降维状态观测器情形, 取

$$T = \begin{bmatrix} \tilde{L}_{21} & I_{n-p} \end{bmatrix}$$

则同样可以验证式 (7.125) 定义的 $\{F, G, H, M, N, P\}$ 满足条件 (7.134) ~ (7.137). 证毕. □

定理 7.5.5 可看成是定理 7.3.3 在具有未知输入的线性系统 (7.109) 上的推广.

7.6 干扰观测器

考虑带有干扰 d 的线性系统

$$\begin{cases} \dot{x} = Ax + Bu + Ed \\ y = Cx + Du + Jd \end{cases} \tag{7.138}$$

其中, $x \in \mathbf{R}^n$、$u \in \mathbf{R}^m$、$d \in \mathbf{R}^l$ 和 $y \in \mathbf{R}^p$ 分别是系统的状态、输入、干扰和输出; $A \in \mathbf{R}^{n\times n}$、$B \in \mathbf{R}^{n\times m}$、$C \in \mathbf{R}^{p\times n}$、$D \in \mathbf{R}^{p\times m}$、$E \in \mathbf{R}^{n\times l}$ 和 $J \in \mathbf{R}^{p\times l}$ 都是已知矩阵. 与系统 (7.109)

不同的是, 这里 d 主要代表系统所受到的干扰. 本节讨论系统 (7.138) 的观测器设计问题. 与 7.5 节不同, 本节除了要观测系统 (7.138) 的状态 x, 还要观测干扰 d. 不失一般性, 假设 E 列满秩.

7.6.1 干扰的建模

容易想象, 如果对干扰 d 的信息一无所知, 设计观测器来观测干扰 d 的任务事实上是不可能实现的. 为此, 需要对干扰进行一定的假设. 工程中的干扰包括以下两种典型形式.

(1) 多项式干扰, 即

$$d(t) = c_{k-1}t^{k-1} + c_{k-2}t^{k-2} + \cdots + c_1 t + c_0$$

其中, $k \geqslant 1$ 是整数, $c_i\,(i = 0, 1, \cdots, k-1)$ 是未知的常数. 特别地, 如果 $k = 1$, d 就是常值干扰. 通过简单的计算可知此 d 满足

$$\dot{v} = Sv, \quad v(0) = v_0, \quad d = Vv \tag{7.139}$$

其中

$$S = \begin{bmatrix} 0 & 1 & & \\ & \ddots & \ddots & \\ & & 0 & 1 \\ & & & 0 \end{bmatrix} \in \mathbf{R}^{k\times k}, \quad V = \begin{bmatrix} 1 \\ 0 \\ \vdots \\ 0 \end{bmatrix}^{\mathrm{T}}, \quad v(0) = \begin{bmatrix} c_0 \\ 1!c_1 \\ \vdots \\ (k-1)!c_{k-1} \end{bmatrix} \tag{7.140}$$

(2) 周期干扰, 即

$$d(t) = a\cos(\omega t) + b\sin(\omega t)$$

其中, a 和 b 是未知的常数; ω 是已知的常数. 容易验证此时 d 也满足式 (7.139), 其中

$$S = \begin{bmatrix} 0 & \omega \\ -\omega & 0 \end{bmatrix}, \quad V = \begin{bmatrix} 1 \\ 0 \end{bmatrix}^{\mathrm{T}}, \quad v(0) = \begin{bmatrix} a \\ b \end{bmatrix} \tag{7.141}$$

实际上, 对于更广泛的干扰, 如周期干扰和多项式干扰的叠加、具有多个不同周期的周期干扰、多项式调制的周期干扰等, 都满足式 (7.139), 其中 $S \in \mathbf{R}^{k\times k}$ 和 $V \in \mathbf{R}^{l\times k}$ 都是常数矩阵, v_0 是未知的初值. 因此, 可以称式 (7.139) 为干扰发生器.

一般来说, 干扰发生器 (7.139) 的系统矩阵 S 有下面的特点.

(1) S 一般不包含实部小于零的特征值. 事实上, 如果 S 包含实部小于零的特征值, 那这些特征值对应的响应的影响随时间衰减, 可以不予考虑或者忽略不计.

(2) S 一般不包含实部大于零的特征值. 这是因为如果 S 包含实部大于零的特征值, 干扰 d 呈现指数增长, 从而干扰的能量也是指数级地趋于 ∞. 这显然是不现实的.

因此, 最为常见的情形是 S 仅包含位于虚轴上的特征值, 如式 (7.140) 和式 (7.141). 当然, 本节并不需要做如此假设. 此外, 还可不失一般性地假设 (S, V) 能观. 不然, 通过合适的状态变换对系统进行能观性分解, 系统 (7.139) 可化为

$$\begin{bmatrix} \dot{v}_1 \\ \dot{v}_2 \end{bmatrix} = \begin{bmatrix} S_1 & 0 \\ S_{12} & S_2 \end{bmatrix} \begin{bmatrix} v_1 \\ v_2 \end{bmatrix}, \quad d = \begin{bmatrix} V_1 & 0 \end{bmatrix} \begin{bmatrix} v_1 \\ v_2 \end{bmatrix} = V_1 v_1$$

其中, (S_1, V_1) 能观. 这表明 d 满足能观的线性系统 $\dot{v}_1 = S_1 v_1, v_1(0) = v_{10}, d = V_1 v_1$.

7.6.2 干扰和状态观测器

通过对干扰进行建模, 对干扰 d 的观测就可以通过对干扰发生器的状态 v 进行观测得以实现. 本节考虑对系统 (7.138) 的状态和干扰发生器 (7.139) 的状态同时进行观测的问题. 该问题通常称为干扰观测器 (disturbance observer) 设计问题. 下面将采取系统增广的手段解决这个问题. 定义增广状态 $w = [x^{\mathrm{T}}, v^{\mathrm{T}}]^{\mathrm{T}}$, 则可以将系统 (7.138) 和干扰发生器 (7.139) 写成

$$\begin{cases} \dot{w} = A_w w + B_w u \\ y = C_w w + Du \end{cases} \tag{7.142}$$

其中

$$A_w = \begin{bmatrix} A & EV \\ 0 & S \end{bmatrix}, \quad B_w = \begin{bmatrix} B \\ 0 \end{bmatrix}, \quad C_w = \begin{bmatrix} C & JV \end{bmatrix} \tag{7.143}$$

这是一个形如式 (7.1) 的标准的线性系统, 对原系统 (7.138) 的状态 x 和干扰发生器 (7.139) 的状态 v 的观测就等价于对增广系统 (7.142) 的状态 w 的观测. 因此, 根据 7.1 节的讨论, 可以立刻得到定理 7.6.1.

定理 7.6.1　假设 (A_w, C_w) 能检测, $L_w \in \mathbf{R}^{(n+k)\times p}$ 使得 $A_w + L_w C_w$ 是 Hurwitz 矩阵, 则线性系统 (7.142) 的全维状态观测器为

$$\dot{\hat{w}} = (A_w + L_w C_w)\hat{w} + (B_w + L_w D)u - L_w y \tag{7.144}$$

证明　根据定理 7.1.1, 系统 (7.142) 的全维状态观测器为

$$\begin{cases} \dot{\hat{w}} = A_w \hat{w} + B_w u - L_w(y - \hat{y}) \\ \hat{y} = C_w \hat{w} + Du \end{cases} \tag{7.145}$$

这就是式 (7.144). 记 $e = w - \hat{w}$. 将式 (7.142) 和式 (7.145) 作差可得

$$\dot{e} = (A_w + L_w C_w)e \tag{7.146}$$

因此, 如果 $A_w + L_w C_w$ 是 Hurwitz 矩阵, 则观测误差满足 $\|e(t)\| \xrightarrow{t\to\infty} 0$. 证毕.　□

说明 7.6.1　将 (A_w, B_w, C_w) 的表达式 (7.143) 代入式 (7.145) 并记 $L_w = [L_1^{\mathrm{T}}, L_2^{\mathrm{T}}]^{\mathrm{T}}$, 得到

$$\begin{cases} \dot{\hat{x}} = A\hat{x} + Bu + E\hat{d} - L_1(y - \hat{y}) \\ \hat{y} = C\hat{x} + Du + J\hat{d} \end{cases} \tag{7.147}$$

和

$$\begin{cases} \dot{\hat{v}} = S\hat{v} - L_2(y - \hat{y}) \\ \hat{d} = V\hat{v} \end{cases} \tag{7.148}$$

由此可见, 状态 x 的观测器 (7.147) 和干扰状态 v 的观测器 (7.148) 分别包含原系统 (7.138) 和干扰发生器 (7.139) 的一个复制, 并同时由输出误差 $y - \hat{y}$ 进行修正. 因此, 状态 x 的观测器 (7.147) 和干扰 v 的观测器 (7.148) 在一定程度上可以分开进行设计. 但是观测器增益 L_w 必须要针对增广系统 (A_w, C_w) 进行设计.

类似地不难讨论系统 (7.142) 的降维观测器和函数观测器设计问题, 具体细节此处从略.

7.6.3 干扰观测器的构造

本节讨论这样一个问题: 假设系统的状态 x 是已知的, 设计观测器来观测干扰发生器的状态 v. 在不引起歧义的情况下, 该问题也称为干扰观测器设计问题. 根据 7.1.2 节介绍的观测器构造原理, 要想设计干扰发生器 (7.139) 的状态观测器, 必须要有输出方程. 从原系统 (7.138) 可以看出, v 既出现在其状态方程中, 也出现在其输出方程中. 因此, 可以将系统 (7.138) 的状态方程和输出方程都看成是干扰发生器 (7.139) 的输出方程, 据此可以设计干扰状态 v 的观测器.

为方便, 设

$$L_{xy}=\begin{bmatrix} L_x & L_y \end{bmatrix}\in\mathbf{R}^{k\times(n+p)},\quad L_x\in\mathbf{R}^{k\times n},\quad L_y\in\mathbf{R}^{k\times p}\tag{7.149}$$

并定义下述 6 个矩阵:

$$\begin{cases} F=S+(L_xE+L_yJ)V \\ G_x=L_xA-FL_x+L_yC \\ G_y=-L_y \\ H=L_xB+L_yD \\ M=I_k \\ N=-L_x \end{cases}\tag{7.150}$$

则有定理 7.6.2.

定理 7.6.2 假设 (S,V) 能检测, E 列满秩, $L_{xy}\in\mathbf{R}^{k\times(n+p)}$ 使得 $F=S+L_{xy}\Omega$ 是 Hurwitz 矩阵, 其中

$$\Omega=\begin{bmatrix} E \\ J \end{bmatrix}V$$

矩阵簇 $\{F,G_x,G_y,H,M,N\}$ 如式 (7.150) 所定义, 则干扰发生器状态 v 的观测器为

$$\begin{cases} \dot{z}=Fz+G_xx+G_yy+Hu \\ \hat{v}=Mz+Nx \end{cases}\tag{7.151}$$

证明 根据引理 A.1.1, 任意矩阵左乘列满秩的矩阵不改变其秩. 因此

$$\operatorname{rank}\begin{bmatrix} sI_k-S \\ EV \end{bmatrix}=\operatorname{rank}\left(\begin{bmatrix} I_k & \\ & E \end{bmatrix}\begin{bmatrix} sI_k-S \\ V \end{bmatrix}\right)=\operatorname{rank}\begin{bmatrix} sI_k-S \\ V \end{bmatrix}$$

这表明 (S,EV) 是能检测的, 从而 (S,Ω) 也是能检测的, 进而存在 $L_{xy}\in\mathbf{R}^{k\times(n+p)}$ 使得 $F=S+L_{xy}\Omega$ 是 Hurwitz 矩阵. 将干扰发生器 (7.139) 和系统 (7.138) 组合得到

$$\begin{cases} \dot{v}=Sv \\ \xi=\Omega v+\check{x} \end{cases}\tag{7.152}$$

其中

$$\xi = \begin{bmatrix} \dot{x} \\ y \end{bmatrix}, \quad \breve{x} = \begin{bmatrix} A \\ C \end{bmatrix} x + \begin{bmatrix} B \\ D \end{bmatrix} u$$

对于系统 (7.152), 可以将 $\breve{x}$ 看成其输入, ξ 看成其输出. 根据 7.1.2 节介绍的观测器构造原理, 其全维状态观测器为

$$\begin{cases} \dot{\hat{v}} = S\hat{v} - L_{xy}(\xi - \hat{\xi}) \\ \hat{\xi} = \varOmega\hat{v} + \breve{x} \end{cases} \tag{7.153}$$

这里 $\hat{\xi}$ 是 ξ 的观测值, $L_{xy} \in \mathbf{R}^{k\times(n+p)}$ 如式 (7.149) 定义. 设 $e_v = v - \hat{v}$. 将式 (7.152) 和式 (7.153) 作差得到

$$\dot{e}_v = (S + L_{xy}\varOmega)e_v \tag{7.154}$$

由于 $S + L_{xy}\varOmega$ 是 Hurwitz 矩阵, 有 $\|e_v(t)\| \xrightarrow{t\to\infty} 0$.

下面化简观测器 (7.153). 将其第 2 式代入第 1 式得到

$$\dot{\hat{v}} = S\hat{v} - L_{xy}(\xi - (\varOmega\hat{v} + \breve{x})) = (S + L_{xy}\varOmega)\hat{v} - L_x\dot{x} - L_y y + L_{xy}\breve{x} \tag{7.155}$$

此方程右边含有 $\dot{x}$, 可以采取 7.2 节的办法消去. 取

$$z = \hat{v} + L_x x \tag{7.156}$$

则式 (7.155) 可以写成

$$\begin{aligned} \dot{z} =& (S + L_{xy}\varOmega)\hat{v} - L_y y + L_{xy}\breve{x} \\ =& (S + L_{xy}\varOmega)z - L_y y + (L_x B + L_y D)u + (L_x A + L_y C - (S + L_{xy}\varOmega)L_x)x \end{aligned}$$

这就是系统 (7.151) 的第 1 式. 而式 (7.156) 恰好是系统 (7.151) 的第 2 式. 证毕. □

在上述观测器的设计中, 将系统 (7.138) 的输出方程和状态方程同时当成干扰发生器 (7.139) 的输出方程. 如果仅把系统 (7.138) 的输出方程作为干扰发生器 (7.139) 的输出方程, 也可以达到干扰观测器设计的目的. 事实上, 只需要令观测器 (7.151) 中的观测器增益 $L_x = 0$ 即可. 此时, 式 (7.150) 中的诸矩阵退化为

$$\begin{cases} F = S + L_y JV \\ G_x = L_y C \\ G_y = -L_y \\ H = L_y D \end{cases} \tag{7.157}$$

定理 7.6.2 退化为推论 7.6.1.

推论 7.6.1 假设 (S, JV) 能检测, $L_y \in \mathbf{R}^{k\times p}$ 使得 $F = S + L_y JV$ 是 Hurwitz 矩阵, $\{F, G_x, G_y, H\}$ 如式 (7.157) 所定义, 则干扰发生器状态 v 的观测器为

$$\dot{\hat{v}} = F\hat{v} + G_x x + G_y y + Hu$$

同样, 如果仅把系统 (7.138) 的状态方程作为干扰发生器 (7.139) 的输出方程, 也可以达到干扰观测器设计的目的. 此时只需要令观测器 (7.151) 中的观测器增益 $L_y = 0$. 相应地, 式 (7.150) 中的诸矩阵退化为

$$\begin{cases} F = S + L_x EV \\ G_x = L_x A - F L_x \\ H = L_x B \\ M = I_k \\ N = -L_x \end{cases} \tag{7.158}$$

定理 7.6.2 退化为推论 7.6.2.

推论 7.6.2 假设 (S, V) 能检测, E 列满秩, $L_x \in \mathbf{R}^{k\times n}$ 使得 $F = S + L_x EV$ 是 Hurwitz 矩阵, $\{F, G_x, H, M, N\}$ 如式 (7.158) 所定义, 则干扰发生器状态 v 的观测器为

$$\begin{cases} \dot{z} = Fz + G_x x + Hu \\ \hat{v} = Mz + Nx \end{cases}$$

上面讨论的是全维状态观测器设计问题, 降维状态观测器和函数观测器可以类似地进行讨论, 具体细节此处不再赘述.

7.6.4 基于观测器的控制

本节简单考虑由系统 (7.138) 和干扰发生器 (7.139) 组成的复合系统 (7.142) 的控制问题. 注意到干扰发生器 (7.139) 是不受控的系统, 且 S 一般仅是临界稳定的, 因此系统 (A_w, B_w) 总是不能稳的. 这表明即使系统 (7.138) 的状态和干扰发生器 (7.139) 的状态都是已知的, 也无法设计控制律来镇定复合系统 (7.142).

由此可见, 只能考虑系统 (7.138) 的镇定问题. 然而, 无法控制的干扰 d 始终会影响系统 (7.138) 的状态, 其镇定问题并不总是可解的. 但是, 如果系统 (7.138) 的参数矩阵满足一定的条件, 具体来说, 就是

$$EV = BE_{\mathrm{d}} \tag{7.159}$$

其中, $E_{\mathrm{d}} \in \mathbf{R}^{m\times k}$ 是已知矩阵, 则系统 (7.138) 的镇定问题变得相当简单. 此时, 系统 (7.138) 可以写成

$$\dot{x} = Ax + Bu + EVv = Ax + B(u + E_{\mathrm{d}} v)$$

因此, 如果取状态反馈控制律

$$u = Kx - E_{\mathrm{d}} v \tag{7.160}$$

其中, $K \in \mathbf{R}^{m\times n}$ 是适当的状态反馈增益矩阵, 则可得到闭环系统

$$\dot{x} = (A + BK)x \tag{7.161}$$

这表明系统 (7.138) 的干扰通过控制律 (7.160) 得到了全部补偿, 闭环系统 (7.161) 完全不受干扰 d 的影响. 当条件 (7.159) 成立时, 称系统 (7.138) 受到的干扰为匹配型干扰 (matching disturbance). 在大量工程问题中, 干扰和控制信号往往出现在同一通道, 所以匹配型干扰是比较常见的.

以上是假设干扰状态 v 可以直接获得的情形. 当干扰状态 v 无法直接获取时, 应采取前两节介绍的观测器对 v 进行观测. 考虑两种情形.

(1) 系统状态 x 和干扰状态 v 都无法直接获取. 此时控制律 (7.160) 应该变成

$$u = K\hat{x} - E_{\rm d}\hat{v} = \begin{bmatrix} K & -E_{\rm d} \end{bmatrix} \hat{w}$$

其中, $\hat{w}$ 由观测器 (7.144) 生成.

(2) 系统状态 x 可以直接获取而干扰状态 v 无法直接获取. 此时控制律 (7.160) 应该变成

$$u = Kx - E_{\rm d}\hat{v}$$

其中, $\hat{v}$ 由观测器 (7.151) 生成.

对于第一种情形, 根据定理 7.6.1 的证明和式 (7.159), 闭环系统可以写成

$$\begin{aligned}\dot{x} &= Ax + B(K\hat{x} - E_{\rm d}\hat{v}) + EVv = Ax + B\begin{bmatrix} K & -E_{\rm d} \end{bmatrix}(w - e) + EVv \\ &= (A+BK)x - BE_{\rm d}v + EVv - B\begin{bmatrix} K & -E_{\rm d} \end{bmatrix} e = (A+BK)x - B\begin{bmatrix} K & -E_{\rm d} \end{bmatrix} e\end{aligned}$$

其中, e 满足线性系统 (7.146). 因此, 闭环系统可以写成

$$\begin{bmatrix} \dot{x} \\ \dot{e} \end{bmatrix} = \begin{bmatrix} A+BK & -B\begin{bmatrix} K & -E_{\rm d} \end{bmatrix} \\ 0 & A_w + L_w C_w \end{bmatrix} \begin{bmatrix} x \\ e \end{bmatrix} \tag{7.162}$$

这表明闭环系统的极点集合是状态反馈闭环系统 (7.161) 的极点集合与观测器误差系统 (7.146) 的极点集合的并集, 即极点分离原理成立. 如果 $A+BK$ 是 Hurwitz 矩阵, 则闭环系统 (7.162) 是渐近稳定的.

对于第二种情形, 根据定理 7.6.2 的证明和式 (7.159) 有

$$\dot{x} = Ax + B(Kx - E_{\rm d}\hat{v}) + EVv = (A+BK)x - BE_{\rm d}(v - e_v) + EVv = (A+BK)x + BE_{\rm d}e_v$$

其中, e_v 满足线性系统 (7.154). 因此, 闭环系统可以写成

$$\begin{bmatrix} \dot{x} \\ \dot{e}_v \end{bmatrix} = \begin{bmatrix} A+BK & BE_{\rm d} \\ 0 & S + L_{xy}\Omega \end{bmatrix} \begin{bmatrix} x \\ e_v \end{bmatrix} \tag{7.163}$$

同理, 式 (7.163) 表明闭环系统的极点集合是状态反馈闭环系统 (7.161) 的极点集合与观测器误差系统 (7.154) 的极点集合的并集, 即极点分离原理也成立. 进而, 如果 $A+BK$ 是 Hurwitz 矩阵, 则闭环系统 (7.163) 是渐近稳定的.

说明 7.6.2 对于非匹配型干扰, 在状态反馈 $u = Kx - Qv$ 作用下的闭环系统为

$$\dot{x} = (A+BK)x - (BQ - EV)v$$

由于式 (7.159) 不成立, 不存在 Q 使得 $BQ - EV = 0$, 从而无法消除干扰 v 对闭环系统的影响. 因此, 为了减少 v 对闭环系统的影响, 一种可能的设计思路是使得 $\|BQ - EV\|$ 达到极小. 根据线性方程理论 (定理 A.4.7), 可取 $Q = B^+EV$. 此时, 也可考虑 v 和 x 无法测量时基于观测器的反馈控制. 具体细节略去.

本章小结

本章系统性地介绍了线性系统的观测器设计问题. 首先介绍了全维状态观测器. 从全维状态观测器设计总结出来的观测器构造原理是指导其他大多数形式的观测器设计的重要原则, 包括降维状态观测器. 函数观测器虽然包含全维和降维状态观测器, 但其设计方法与全维和降维状态观测器有很大的不同, 即通过设定观测器的形式, 将对状态施加的要求转化为矩阵方程组的可解性. 这种方法的思路简单, 容易推广到各种复杂情形如时滞系统等, 但矩阵方程组的可解性问题相当复杂. 这也就导致函数观测器的阶数问题到目前为止还没有彻底被解决. 从函数观测器的方程组出发, 根据对偶原理, 本章还导出了对偶观测器-控制器. 降维对偶观测器-控制器作为降维状态观测器的补充, 当输入维数大于输出维数时, 相比降维状态观测器具有更低的阶数.

本章在一般线性系统的全维、降维和函数观测器设计的基础上, 还介绍了具有未知输入和干扰的线性系统的观测器设计问题. 前者是在系统具有未知输入的情况下设计状态观测器, 后者是通过对干扰进行建模, 设计观测器来观测系统的状态和干扰, 或者仅仅观测系统的干扰. 对于未知输入观测器, 通过将该问题转化为一般线性系统的状态观测器设计问题, 介绍了全维、降维和函数等三种观测器的设计方法. 对于干扰观测器, 为了节省篇幅, 本章仅考虑了全维观测器的设计问题.

观测器设计问题作为状态反馈镇定问题的对偶问题, 观测器增益的设计问题可以很容易转化为镇定增益的设计问题, 因此没有作为本章的重点进行介绍. 本章的重点放在了各种观测器形式的确定和问题的可解性上面. 基于观测器的状态反馈能非常有效地克服状态不能获取的问题, 是纯状态反馈的一种重要补充. 观测器和状态反馈增益的设计相互独立, 显著降低了基于观测器的状态反馈的设计难度.

从本章介绍的内容可以看出, 基于观测器的状态反馈几乎与状态反馈有完全相同的能力. 例如, 根据定理 7.1.5、定理 7.2.2 和定理 7.3.2, 输入输出解耦问题可以很容易用基于观测器的状态反馈来解决. 基于观测器的状态反馈也叫基于观测器的输出反馈. 它如此之常用, 以至于在大多数语境下直接称为输出反馈. 因此, 当状态不可用时, 基于观测器的输出反馈而非静态输出反馈几乎总是第一选择.

本章习题

7.1 设线性系统 (7.1) 是能观的. 令

$$Y = \begin{bmatrix} y \\ \dot{y} \\ \vdots \\ y^{(n-1)} \end{bmatrix}, \quad U = \begin{bmatrix} u^{(n-1)} \\ \vdots \\ \dot{u} \\ u \end{bmatrix}$$

试证: 该系统的状态 x 可以通过下面的公式精确地求出:

$$x = (Q_{\mathrm{o}}^{\mathrm{T}}(A,C)Q_{\mathrm{o}}(A,C))^{-1}Q_{\mathrm{o}}^{\mathrm{T}}(A,C)(Y - Q_{\mathrm{i}}^{[n-1]}(A,B,C,D)U)$$

其中, $Q_{\rm o}(A,C)$ 是能观性矩阵; $Q_{\rm i}^{[n-1]}(A,B,C,D)$ 如式 (2.53) 所定义. 此外, 请说明为什么不用上述公式获得 x 而需要设计观测器获得 x 的估计值, 并请给出一种不需要对输入和输出求导的方法来精确获得 x.

7.2 考虑线性系统 (7.1). 假设 (A,C) 可检测且

$$0 < p_0 = \operatorname{rank}(C) < p = \operatorname{rank}\begin{bmatrix} C & D \end{bmatrix}$$

试推导该系统的降维, 即 $n-p_0$ 阶观测器.

7.3 考虑线性系统 (7.1) 和线性函数 (7.44), 其函数观测器为式 (7.47), 其中 $q = n, (A,C)$ 能观, (F,G) 能控, $N=0, P=0$. 称

$$\begin{cases} \dot{\hat{x}} = A\hat{x} + Bu - L(y-\hat{y}) \\ \hat{y} = C\hat{x} + Du \\ \hat{f} = R\hat{x} \end{cases}$$

为基本函数观测器, 这里 L 是使得 $A+LC$ 为 Hurwitz 矩阵的适当增益. 试证: 如果 $r=n$ 或者 $p=1$, 则函数观测器 (7.47) 和上述基本函数观测器是代数等价的. 此外, 请举例说明当 $p>1$ 且 $r<n$ 时上述结论一般不成立.

7.4 考虑线性系统 (7.1) 和二次性能指标

$$J(u) = \int_0^\infty (x^{\rm T}(t)Q_0x(t) + u^{\rm T}(t)R_0u(t))\mathrm{d}t$$

其中, $Q_0 \geqslant 0, R_0 > 0$. 设 (A,B) 能稳, $(A, Q_0^{1/2})$ 能检测, 最优状态反馈增益为 $K = -R_0^{-1}B^{\rm T}P_0$, 其中 $P_0 \geqslant 0$ 是代数 Riccati 方程 $A^{\rm T}P_0 + P_0A - P_0BR_0^{-1}B^{\rm T}P_0 = -Q_0$ 的唯一镇定解. 设该系统的函数观测器为式 (7.47), 其中观测函数为 $f = Rx, R = K$. 试证: 由系统 (7.1)、函数观测器 (7.47) 和 $u = u^* = \hat{f} = K\hat{x}$ 组成的闭环系统对应的二次性能指标为

$$J(u^*) = x_0^{\rm T}P_0x_0 + e_0^{\rm T}Se_0$$

其中, $e_0 = z_0 - Tx_0$; $S \geqslant 0$ 是 Lyapunov 方程 $F^{\rm T}S + SF = -M^{\rm T}R_0M$ 的解.

7.5 设线性系统 (7.1) 是能稳和能检测的. 考虑状态反馈 $u = Kx$, 其中 K 使得 $A+BK$ 是 Hurwitz 矩阵. 设存在 Hurwitz 矩阵 $F \in \mathbf{R}^{m\times m}$ 和矩阵 $G \in \mathbf{R}^{m\times p}$ 使得

$$KA - FK - GC = 0$$

令 $H = KB - GD$. 试证: 如下系统是 u 的一个观测器 (即观测函数为 Kx 的函数观测器)

$$\begin{cases} \dot{z} = Fz + Gy + Hu \\ \hat{u} = z \end{cases}$$

7.6 设线性系统 (7.1) 能检测, 其中 C 行满秩. 全维比例积分观测器是指形如

$$\begin{cases} \dot{\hat{x}} = A\hat{x} + Bu - L_1w_1 - L_2w_2 \\ \hat{y} = C\hat{x} + Du \\ w_1 = y - \hat{y} \\ \dot{w}_2 = L_3w_1 \end{cases}$$

的观测器, 其中 $L_1 \in \mathbf{R}^{n\times p}, L_2 \in \mathbf{R}^{n\times q}, L_3 \in \mathbf{R}^{q\times p}$ 是具有适当维数的待求参数矩阵. 试证: 存在形如上式的比例积分观测器当且仅当

$$\operatorname{rank}\begin{bmatrix} A & L_2 \\ C & 0 \end{bmatrix} = n+q$$

7.7 考虑线性系统 (7.1), 其中系数矩阵 (A, C) 形如式 (7.67). 试证:

(1) 对任意 $k=1,2,\cdots,n$, 存在非奇异矩阵 Φ_k 使得

$$\Phi_k \begin{bmatrix} C \\ CA \\ \vdots \\ CA^{k-1} \end{bmatrix} = \left[\begin{array}{c|c} I_p & \\ \hline & A_{12} \\ & \vdots \\ & A_{12}A_{22}^{k-2} \end{array}\right]$$

(2) 设 (A, C) 的对偶 Brunovsky 指数集为 $\varphi_{\rm o}(A,C) = \{\varphi_{\rm o}^{[1]}, \varphi_{\rm o}^{[2]}, \cdots, \varphi_{\rm o}^{[n]}\}$, 能观性指数为 ν, 则 (A_{22}, A_{12}) 的对偶 Brunovsky 指数集为 $\varphi_{\rm o}(A_{22}, A_{12}) = \{\varphi_{\rm o}^{[2]}, \varphi_{\rm o}^{[3]}, \cdots, \varphi_{\rm o}^{[n-p+1]}\}$, 能观性指数为 $\nu - 1$.

7.8 考虑线性系统 (7.1), 其中 $D=0$, A 是循环矩阵, (A,B) 能控, 能控性指数为 μ, (A,C) 能观, 能观性指数为 ν. 试利用习题 2.6 和定理 7.3.5 证明: 存在形如式 (5.123) 的阶次为 $\min\{\mu-1, \nu-1\}$ 的动态补偿器使得闭环系统的极点可以任意配置.

7.9 考虑线性函数 (7.44). 如果对任意初值 $x(0)$, 存在有限时间 τ 使得 $f(0) = Rx(0)$ 可由输出 $y(t)\,(t\in[0,\tau])$ 和输入 $u(t)\,(t\in[0,\tau])$ 唯一确定, 则称线性系统 (7.1) 是函数能观的. 试证: 线性系统 (7.1) 是函数能观的当且仅当下面 3 个条件之一成立:

$$\operatorname{rank}\begin{bmatrix} Q_{\rm o}(A,C) \\ Q_{\rm o}(A,R) \end{bmatrix} = \operatorname{rank}(Q_{\rm o}(A,C))$$

$$\operatorname{rank}\begin{bmatrix} Q_{\rm o}(A,C) \\ R \end{bmatrix} = \operatorname{rank}(Q_{\rm o}(A,C))$$

$$\operatorname{rank}\begin{bmatrix} W_{\rm o}(\tau) \\ R \end{bmatrix} = \operatorname{rank}(W_{\rm o}(\tau))$$

其中, $Q_{\rm o}(A,C)$ 和 $W_{\rm o}(\tau)$ 分别是系统的能观性矩阵和能观性 Gram 矩阵.

7.10 设线性系统 (7.1) 即 (A,C) 的能观性结构分解为

$$\tilde{A} = QAQ^{-1} = \begin{bmatrix} A_1 & 0 \\ A_{21} & A_2 \end{bmatrix}, \quad \tilde{C} = CQ^{-1} = \begin{bmatrix} C_1 & 0 \end{bmatrix}$$

其中, $(A_1, C_1) \in (\mathbf{R}^{n_{\rm o}\times n_{\rm o}}, \mathbf{R}^{n_{\rm o}\times p})$ 能观. 定义

$$\tilde{R} = RQ^{-1} = \begin{bmatrix} R_1 & R_2 \end{bmatrix}, \quad R_1 \in \mathbf{R}^{r\times n_{\rm o}}$$

试证: 线性系统 (7.1) 是函数能观的当且仅当 $R_2 = 0$.

7.11　试证: 如果线性系统 (7.1) 是函数能观的, 则

$$\operatorname{rank}\begin{bmatrix} A-sI_n \\ C \\ R \end{bmatrix} = \operatorname{rank}\begin{bmatrix} A-sI_n \\ C \end{bmatrix}, \quad \forall s\in \mathbf{C}$$

此外, 请举反例说明上述结论的逆命题不成立.

7.12　试证: 线性系统 (7.1) 存在形如式 (7.47) 的函数观测器且 $f(t)-\hat{f}(t)\to 0$ 的速度不慢于任意指定的指数函数当且仅当该系统是函数能观的.

7.13　假设线性系统 (7.109) 满足式 (7.110) 和式 (7.115). 设 $T\in \mathbf{R}^{n\times(n-l)}$ 各列正交且张成 E 的左零空间, $T_\perp \in \mathbf{R}^{n\times l}$ 是其正交补, 即 $T^{\mathrm{T}}E=0$ 且 $[T,T_\perp]$ 是酉矩阵. 同样, 设 $S\in \mathbf{R}^{p\times(p-l)}$ 各列正交且张成 CE 的左零空间, $S_\perp\in \mathbf{R}^{p\times l}$ 是其正交补, 即 $S^{\mathrm{T}}CE=0$ 且 $[S,S_\perp]$ 是酉矩阵. 考虑状态变换和输出变换

$$\begin{bmatrix} \tilde{x}_1 \\ \tilde{x}_2 \end{bmatrix} = \begin{bmatrix} T^{\mathrm{T}} \\ T_\perp^{\mathrm{T}} \end{bmatrix} x, \quad \begin{bmatrix} \tilde{y}_1 \\ \tilde{y}_2 \end{bmatrix} = \begin{bmatrix} S^{\mathrm{T}} \\ S_\perp^{\mathrm{T}} \end{bmatrix} y$$

试证: 变换后的系统具有下面的形式:

$$\begin{cases} \dot{\tilde{x}}_1 = \tilde{A}_{11}\tilde{x}_1 + \tilde{A}_{12}\tilde{x}_2 + \tilde{B}_1 u \\ \dot{\tilde{x}}_2 = \tilde{A}_{21}\tilde{x}_1 + \tilde{A}_{22}\tilde{x}_2 + \tilde{B}_2 u + \tilde{E}_2 d \\ \tilde{y}_1 = C_{11}\tilde{x}_1 + C_{12}\tilde{x}_2 + D_1 u \\ \tilde{y}_2 = C_{21}\tilde{x}_1 + C_{22}\tilde{x}_2 + D_2 u \end{cases}$$

其中, $\tilde{E}_2 = T_\perp^{\mathrm{T}}E$ 可逆,

$$\begin{bmatrix} \tilde{A}_{11} & \tilde{A}_{12} & \tilde{B}_1 \\ \tilde{A}_{21} & \tilde{A}_{22} & \tilde{B}_2 \end{bmatrix} = \begin{bmatrix} T^{\mathrm{T}}AT & T^{\mathrm{T}}AT_\perp & T^{\mathrm{T}}B \\ T_\perp^{\mathrm{T}}AT & T_\perp^{\mathrm{T}}AT_\perp & T_\perp^{\mathrm{T}}B \end{bmatrix}$$

$$\begin{bmatrix} C_{11} & C_{12} & D_1 \\ C_{21} & C_{22} & D_2 \end{bmatrix} = \begin{bmatrix} S^{\mathrm{T}}CT & 0 & S^{\mathrm{T}}D \\ S_\perp^{\mathrm{T}}CT & S_\perp^{\mathrm{T}}CT_\perp & S_\perp^{\mathrm{T}}D \end{bmatrix}$$

且 C_{22} 也可逆.

7.14　在习题 7.13 的基础上, 设 $\xi = C_{21}\tilde{x}_1 + C_{22}\tilde{x}_2$. 试证: 变换后的系统形如

$$\begin{cases} \dot{\tilde{x}}_1 = A_{11}\tilde{x}_1 + A_{12}\xi + \tilde{B}_1 u \\ \dot{\xi} = A_{21}\tilde{x}_1 + A_{22}\xi + B_2 u + E_2 d \\ \tilde{y}_1 = C_{11}\tilde{x}_1 + D_1 u \\ \tilde{y}_2 = \xi + D_2 u \end{cases}$$

其中

$$\begin{cases} A_{11} = \tilde{A}_{11} - \tilde{A}_{12}C_{22}^{-1}C_{21} \\ A_{12} = \tilde{A}_{12}C_{22}^{-1} \\ A_{21} = C_{21}\tilde{A}_{11} + C_{22}\tilde{A}_{21} - (C_{21}\tilde{A}_{12} + C_{22}\tilde{A}_{22})C_{22}^{-1}C_{21} \\ A_{22} = (C_{21}\tilde{A}_{12} + C_{22}\tilde{A}_{22})C_{22}^{-1} \\ B_2 = C_{21}\tilde{B}_1 + C_{22}\tilde{B}_2 \\ E_2 = C_{22}E_2 \end{cases}$$

此外, (A_{11}, C_{11}) 能检测/能观测当且仅当式 (7.122) 成立.

7.15 假设线性系统 (7.109) 满足式 (7.110)、式 (7.115) 和式 (7.122). 试证: 在习题 7.13 和习题 7.14 的基础上, 该系统的 $n-l$ 维未知输入状态观测器为

$$\begin{cases} \dot{\hat{\tilde{x}}}_1 = A_{11}\hat{\tilde{x}}_1 + A_{12}\xi + \tilde{B}_1 u + L_{11}(\tilde{y}_1 - \hat{\tilde{y}}_1) \\ \hat{\tilde{y}}_1 = C_{11}\hat{\tilde{x}}_1 + D_1 u \\ \hat{x} = \begin{bmatrix} T & T_\perp \end{bmatrix} \begin{bmatrix} \hat{\tilde{x}}_1 \\ C_{22}^{-1}(\xi - C_{21}\hat{\tilde{x}}_1) \end{bmatrix} \end{cases}$$

其中, L_{11} 使得 $A_{11} + L_{11}C_{11}$ 是 Hurwitz 矩阵; $\xi = \tilde{y}_2 - D_2 u = S_\perp^{\mathrm{T}} y - D_2 u$.

7.16 在习题 7.13 ~ 习题 7.15 的基础上, 请写出未知输入 d 的估计式.

7.17 考虑受到外部扰动的线性系统 $\dot{x} = Ax + Ed, y = Cx + Jd$, 其中 d 是 l 维常值外部扰动. 试证明: 状态 x 和外部扰动 d 可由输出 y 观测的充要条件是 (A, C) 能检测且

$$\operatorname{rank} \begin{bmatrix} A & E \\ C & J \end{bmatrix} = n + l$$

7.18 考虑线性系统 $\dot{x} = Ax + Bu, y = Cx$. 状态反馈 $u = Kx$ 导致的闭环系统在输入处的回路传递函数为 $G_K(s) = K(sI_n - A)^{-1}B$, 动态补偿器 (7.58) 和 (7.59) 导致的闭环系统在输入处的回路传递函数为 $G_F(s) = (F_D + F_C(sI_q - F_A)^{-1}F_B)C(sI_n - A)^{-1}B$, 其中 (F, G, H, M, N) 满足方程 (7.49) ~ 方程 (7.51), 且 $R = K$. 如果这两个断点处的回路传递函数完全相同, 即 $G_K(s) = G_F(s)\,(\forall s \in \mathbf{C})$, 则称由动态补偿器 (7.58) 和 (7.59) 导致的闭环系统具有回路传递复现 (loop transfer recovery) 特性. 设 $\Phi(s) = M(sI_q - F)^{-1}H$. 试证:

(1) $G_K(s) - G_F(s) = \Phi(s)(I_m - \Phi(s))^{-1}(G_K(s) - I_m)$.

(2) $G_K(s) = G_F(s)\,(\forall s \in \mathbf{C})$ 成立当且仅当 $\Phi(s) = 0\,(\forall s \in \mathbf{C})$.

(3) 若动态补偿器 (7.58) 为基于全维状态观测器的状态反馈控制器, 即 $F = A + LC, H = B, M = K$, 则 $G_K(s) = G_F(s)\,(\forall s \in \mathbf{C})$ 成立当且仅当

$$\tilde{C}(sI_n - (\tilde{A} + \tilde{B}\tilde{K}))^{-1}\tilde{E} = 0, \quad \forall s \in \mathbf{C}$$

其中, $(\tilde{A}, \tilde{B}, \tilde{C}, \tilde{E}, \tilde{K}) = (A^{\mathrm{T}}, C^{\mathrm{T}}, B^{\mathrm{T}}, K^{\mathrm{T}}, L^{\mathrm{T}})$. 此外, 请基于习题 5.13 的结论给出上式成立的一个充要条件和观测器增益 L 的设计方法.

(4) 若动态补偿器 (7.58) 为基于降维状态观测器的状态反馈控制器, 即 $F = A_{22} + L_{21}A_{12}, H = B_2 + L_{21}B_1$ 和 $M = KC_0(C_0^{\mathrm{T}}C_0)^{-1}$, 且 CB 非奇异, 则使得 $G_K(s) = G_F(s)\,(\forall s \in \mathbf{C})$ 成立的一个观测器增益可取为

$$L_{21} = -B_2 B_1^{-1} = -C_0^{\mathrm{T}} B(CB)^{-1}$$

且 $F = A_{22} + L_{21}A_{12}$ 是 Hurwitz 矩阵当且仅当系统是最小相位系统.

本章附注

附注 7.1　根据 Astrom[1] 和 Kalman 等[2] 的考证, 全维状态观测器最早由 Bertram 和 Bass 提出, 但都未正式发表. Kalman[3] 在有噪声的情况下设计的一种滤波器恰好具有全维状态观测器的形式, 故全维状态观测器也称 Kalman 观测器. 通过定义 7.1.1 而推出观测器的形式 (命题 7.1.1) 的想法最早由 Luenberger[4] 提出.

附注 7.2　从第 6 章可以知道, 在二次最优控制问题中, 基于代数 Riccati 方程的控制增益能最小化某个二次性能指标. 基于对偶代数 Riccati 方程 (7.10) 的观测器增益 (7.11) 在某种意义上也是最优的. 为了说明其最优性, 一般需要在随机控制的框架下进行讨论, 即 Kalman 滤波. 感兴趣的读者可以参考专著 [5] 的第 4 章.

附注 7.3　降维状态观测器的思想最早由 Luenberger[6] 在 1964 年提出. Luenberger 的方法是不直接的. 目前广泛采用的方法最早由 Cumming[7] 提出, 但其对观测器增益 $\tilde{L}$ 的存在性没有给出证明. Gopinath[8] 在 1971 年首次证明了 $(\tilde{A}_{22}, \tilde{A}_{12})$ 能观当且仅当 (A, C) 能观, 即解决了 $\tilde{L}_{21}$ 的存在性问题. 这里的命题 7.2.1 比该结论更一般. 因此, 降维状态观测器在有些文献中被称为 Cumming-Gopinath 观测器.

附注 7.4　函数观测器是由 Luenberger 于 1963 年在其博士论文[4] 中提出的, 核心结论于 1964 年在杂志正式发表[6], 因此函数观测器有时也称为 Luenberger 观测器. Luenberger[6] 也指出了函数观测器设计的极点分离原理. 定理 7.3.1 给出的函数观测器存在性条件 (7.48) ~ (7.51) 首次由文献 [9] 建立. 如文献 [10] 所指出, 文献 [9] 以及其他文献如文献 [11] 给出的必要性的证明可能存在一定的不足. 本书给出的证明借鉴了文献 [12] 的思路. 这个证明显然是非平凡的, 而且显得过于复杂. 最近, 文献 [13] 亦意识到必要性证明的不平凡并在 $q = r$ 时给出了一个严格证明.

附注 7.5　观测器误差系统的极点即 F 的特征值决定了观测误差趋于零的速度. 工程上都希望观测误差收敛到零的速度尽量快, 因此要求观测器的极点尽量远离虚轴. 但如果实部的绝对值过大, 对噪声的抑制作用也会降低. 因此, 工程上需要一个折中. 通常取

$$|\mathrm{Re}\{\lambda_i(F)\}| \geqslant (2 \sim 3)\,|\mathrm{Re}\{\lambda_j(A + BK)\}|$$

附注 7.6　最小阶函数观测器设计是一个很困难的问题, 目前还有不少学者在研究[14-20]. 文献 [21] 指出该问题事实上是两个问题: 一个是观测器极点可以任意配置的最小阶观测器问题, 另一个是保证观测器极点稳定的最小阶观测器问题. 显然, 后者的最小阶次不高于前者的最小阶次. 定理 7.3.5 由 Luenberger[22] 于 1966 年提出, 文献 [23] 给出了该结论的一个简单的证明和观测器参数矩阵的计算方法, 但本书采用了文献 [24] 提供的证明. 定理 7.3.6 给出的结论由文献 [25] 证明. 定理 7.3.7 给出的 $q_{\min}$ 的下界由文献 [21] 建立. 定理 7.3.8 给出的极值观测器存在的充要条件由文献 [26] 得到, 该结论产生了广泛的影响, 并被文献 [27] 推广到了线性时变系统.

附注 7.7　对偶观测器-控制器由 Brasch 提出, 但未公开发表[28]. 本章利用对偶原理, 在函数观测器方程组的基础上导出了对偶方程组, 并在 $D \neq 0$ 的一般情况下给出了对偶观

测器-控制器的形式, 还给出了其构造性设计方法和设计原理. 这些内容似未见其他文献报道(文献 [29] 给出了类似于式 (7.105) 的公式但未给出原理).

附注 7.8 渐近观测器只有当 $t \to \infty$ 时才能精确地观测到系统的状态, 有限时间观测器则可以在有限时间内精确地观测到系统的状态. 一种有限时间观测器是 Engel-Kreisselmeier 观测器[30], 另一种是作者和其合作者提出的周期滞后观测器[31]. 其他高级观测器如环路复现观测器和比例积分观测器 (例 7.6) 可参考其他专著, 如文献 [32]. 观测器除了用来观测当前的状态之外, 也可用于观测输入时滞系统的未来状态. 用观测的未来状态进行反馈可以补偿输入时滞. 这种观测器-补偿器的控制器结构实现简单, 具有强大的功能, 作者在此方向上做了大量的工作, 感兴趣的读者可以参考文献 [31] 和文献 [33]. 当然, 观测器也可用于观测时滞系统的当前状态[34,35].

附注 7.9 未知输入观测器在许多领域特别是故障诊断领域具有重要的应用[36], 并持续受到关注[37]. 将新问题转化成已经解决过的问题是解决新问题的重要手段. 本章通过将未知输入观测器的设计问题转化成一般线性系统的观测器设计问题, 从而可以利用解决后者的方法来解决前一个问题. 未知输入观测器设计早期最好的工作之一可以参考文献 [38] (全维) 和文献 [39] (降维), 但都较本章介绍的方法复杂. 未知输入观测器的存在性条件 (7.115) 和 (7.122) 不仅是充分的, 在一定意义上也是必要的[40,41]. 未知输入观测器可以针对更一般的线性系统

$$\begin{cases} \dot{x} = Ax + Bu + Ed \\ y = Cx + Du + Jd \end{cases}$$

进行设计. 此时, 利用矩阵的广义逆, 也可将未知输入观测器的设计问题转化成状态观测器设计问题[42]. 习题 7.13 ~ 7.16 蕴含的未知输入观测器设计方法取自作者的工作[43].

附注 7.10 干扰观测器设计问题在工程中具有非常广泛的用途, 可以参考综述 [44]. 本章介绍的干扰状态观测器 (推论 7.6.2) 取自文献 [45], 在那里 $B = E$, 即干扰是匹配型干扰. 定理 7.6.2 所要求的条件和给出的观测器形式显然更一般. 最近, 作者的两位学生将该方法和文献 [31] 的方法相结合设计了有限时间干扰观测器[46].

参考文献

[1] Astrom K J. Introduction to Stochastic Control Theory. New York: Elsevier, 1971.

[2] Kalman R E, Falb P L, Arbib M A.Topics in Mathematical System Theory. New York: McGraw-Hill, 1969.

[3] Kalman R E. On the general theory of control systems. Proceedings First International Conference on Automatic Control, Moscow, 1960: 481-492.

[4] Luenberger D G. Determining the state of a linear system with observers of low dynamic order. Palo Alto: Stanford University, 1963.

[5] Kwakernaak H, Sivan R. Linear Optimal Control Systems. New York: Wiley-interscience, 1969.

[6] Luenberger D G. Observing the state of a linear system. IEEE Transactions on Military Electronics, 1964, 8(2): 74-80.

[7] Cumming S D G. Design of observers of reduced dynamics. Electronics Letters, 1969, 5(10): 213-214.

[8] Gopinath B. On the control of linear multiple input-output systems. Bell System Technical Journal, 1971, 50(3): 1063-1081.

[9] Fortmann T, Williamson D. Design of low-order observers for linear feedback control laws. IEEE Transactions on Automatic Control, 1972, 17(3): 301-308.

[10] Yuan Y H, Yan Z B. Revisiting the necessary condition for the existence of Luenberger observer. 2015 34th Chinese Control Conference, Hangzhou, 2015: 342-346.

[11] Moore J, Ledwich G. Minimal order observers for estimating linear functions of a state vector. IEEE Transactions on Automatic Control, 1975, 20(5): 623-632.

[12] Fuhrmann P A, Helmke U. On the parametrization of conditioned invariant subspaces and observer theory. Linear Algebra and Its Applications, 2001, 332-334: 265-353.

[13] Darouach M, Fernando T. On the existence and design of functional observers. IEEE Transactions on Automatic Control, 2019, 65(6): 2751-2759.

[14] Fernando T, Trinh H. A procedure for designing linear functional observers. Applied Mathematics Letters, 2013, 26(2): 240-243.

[15] Fernando T, Trinh H. A system decomposition approach to the design of functional observers. International Journal of Control, 2014, 87(9): 1846-1860.

[16] Fernando T L, Trinh H M, Jennings L. Functional observability and the design of minimum order linear functional observers. IEEE Transactions on Automatic Control, 2010, 55(5): 1268-1273.

[17] Fuhrmann P A. Observer theory. Linear Algebra and Its Applications, 2008, 428(1): 44-136.

[18] Jennings L S, Fernando T L, Trinh H M. Existence conditions for functional observability from an eigenspace perspective. IEEE Transactions on Automatic Control, 2011, 56(12): 2957-2961.

[19] Rotella F, Zambettakis I. Minimal single linear functional observers for linear systems. Automatica, 2011, 47(1): 164-169.

[20] Tsui C C. What is the minimum function observer order? Journal of the Franklin Institute, 1998, 335(4): 623-628.

[21] Sirisena H R. Minimal-order observers for linear functions of a state vector. International Journal of Control, 1979, 29(2): 235-254.

[22] Luenberger D. Observers for multivariable systems. IEEE Transactions on Automatic Control, 1966, 11(2): 190-197.

[23] Murdoch P. Observer design for a linear functional of the state vector. IEEE Transactions on Automatic Control, 1973, 18(3): 308-310.

[24] Gupta R, Fairman F, Hinamoto T. A direct procedure for the design of single functional observers. IEEE Transactions on Circuits and Systems, 1981, 28(4): 294-300.

[25] Roman J, Bullock T. Design of minimal order stable observers for linear functions of the state via realization theory. IEEE Transactions on Automatic Control, 1975, 20(5): 613-622.

[26] Darouach M. Existence and design of functional observers for linear systems. IEEE Transactions on Automatic Control, 2000, 45(5): 940-943.

[27] Rotella F, Zambettakis I. On functional observers for linear time-varying systems. IEEE Transactions on Automatic Control, 2012, 58(5): 1354-1360.

[28] Luenberger D. An introduction to observers. IEEE Transactions on Automatic Control, 1971, 16(6): 596-602.

[29] Blanvillain P J, Johnson T L. Specific-optimal control with a dual minimal-order observer-based compensator. International Journal of Control, 1978, 28(2): 277-294.

[30] Engel R, Kreisselmeier G. A continuous-time observer which converges in finite time. IEEE Transactions on Automatic Control, 2002, 47(7): 1202-1204.

[31] Zhou B, Michiels W, Chen J. Fixed-time stabilization of linear delay systems by smooth periodic delayed feedback. IEEE Transactions on Automatic Control, 2022, 67(2): 557-573.

[32] 段广仁. 线性系统理论. 2 版. 哈尔滨: 哈尔滨工业大学出版社, 2004.

[33] Zhou B, Liu Q S, Mazenc F. Stabilization of linear systems with both input and state delays by observer-predictors. Automatica, 2017, 83: 368-377.

[34] Zhou B. Observer-based output feedback control of discrete-time linear systems with input and output delays. International Journal of Control, 2014, 87(11): 2252-2272.

[35] Zhou B, Li Z Y, Lin Z L. Observer based output feedback control of linear systems with input and output delays. Automatica, 2013, 49(7): 2039-2052.

[36] Chen J, Patton R J, Zhang H Y. Design of unknown input observers and robust fault detection filters. International Journal of Control, 1996, 63(1): 85-105.

[37] Kong H, Shan M, Su D, et al. Filtering for systems subject to unknown inputs without a priori initial information. Automatica, 2020, 120: 109122.

[38] Darouach M, Zasadzinski M, Xu S J. Full-order observers for linear systems with unknown inputs. IEEE Transactions on Automatic Control, 1994, 39(3): 606-609.

[39] Hou M, Muller P C. Design of observers for linear systems with unknown inputs. IEEE Transactions on Automatic Control, 1992, 37(6): 871-875.

[40] Hautus M L J. Strong detectability and observers. Linear Algebra and Its Applications, 1983, 50: 353-368.

[41] Kudva P, Viswanadham N, Ramakrishna A. Observers for linear systems with unknown inputs. IEEE Transactions on Automatic Control, 1980, 25(1): 113-115.

[42] Hou M, Muller P C. Disturbance decoupled observer design: A unified viewpoint. IEEE Transactions on Automatic Control, 1994, 39(6): 1338-1341.

[43] Li H F, Zhou B, Michiels W, et al. Prescribed-time unknown input observers design by using periodic delayed output with application to fault estimation. IEEE Transactions on Systems, Man, and Cybernetics: Systems, 2022, 53(2): 664-674.

[44] Chen W H, Yang J, Guo L, et al. Disturbance-observer-based control and related methods—An overview. IEEE Transactions on Industrial Electronics, 2015, 63(2): 1083-1095.

[45] Guo L, Chen W H. Disturbance attenuation and rejection for systems with nonlinearity via DOBC approach. International Journal of Robust and Nonlinear Control, 2005, 15(3): 109-125.

[46] Li H F, Zhang Z. Prescribed-time stabilisation of linear systems with matched unknown external disturbance by smooth periodic delayed feedback. International Journal of Control, 2023, 96(10): 2600-2610.

第 8 章 跟踪与调节

在经典控制理论中, 跟踪 (tracking) 问题, 指的是使动态系统的输出能跟随设定的参考信号, 该参考信号可以随时间变化, 而不是一个常值信号; 调节 (regulation) 问题, 一般指的是将动态系统的输出驱动到设定点 (set point) 并将其保持在那里. 由此可见, 跟踪与调节是两个类似但又不同的问题.

在现代控制理论中, 由于约定成俗的原因, 调节问题一般指的是输出调节 (output regulation) 问题或伺服 (servomechanism) 问题. 该问题的目标是, 寻找适当的控制器使得闭环系统的输出能够渐近跟踪由一类外系统 (exosystem, 通常是一个无输入的线性系统) 生成的参考 (reference) 信号, 并能抑制由另一类外系统生成的外部干扰 (external disturbance) 信号, 还能同时保证闭环系统的内稳定性. 由于被跟踪的信号通常由一个线性系统产生, 只能是形如

$$t^k \mathrm{e}^{at}\sin(\omega t), \quad t^k \mathrm{e}^{at}\cos(\omega t), \quad k=0,1,\cdots \tag{8.1}$$

这样的函数的线性组合, 这里 a、ω 是常数. 跟踪问题一般指的是轨迹跟踪 (trajectory tracking) 问题, 即要求系统的状态或者输出能够跟踪一个参考信号. 与调节问题假设参考信号或扰动信号是由不受控的外系统产生的不同, 跟踪问题中的参考信号一般不是由外系统产生的, 而是事先设定的时间函数, 通常由轨迹规划等方法得到. 在许多实际问题中, 被跟踪的信号往往是一条充分光滑的曲线, 如机械手的规划轨迹, 而该曲线往往并不能写成式 (8.1) 这样的函数的线性组合. 从这个意义上说, 轨迹跟踪的应用范围更广泛.

本章将系统性地讨论线性系统的轨迹跟踪控制问题和输出调节问题. 与前面几章类似, 若无特别需要, 一切时间的函数均省略 (t).

8.1 输出跟踪

8.1.1 问题描述与控制器结构

考虑 MIMO 线性系统

$$\begin{cases} \dot{x} = Ax + Bu \\ y = Cx \end{cases} \tag{8.2}$$

其中, $x \in \mathbf{R}^n$、$u \in \mathbf{R}^m$ 和 $y \in \mathbf{R}^p$ 分别是状态、输入和输出向量. 假设系统的初始状态 $x(0) = x_0$ 是有界的. 输出跟踪问题描述如下.

问题 8.1.1 设 $y^*(t) = [y_1^*(t), y_2^*(t), \cdots, y_p^*(t)]^{\mathrm{T}} : \mathbf{R}_{\geqslant 0} \to \mathbf{R}^p$ 是给定的充分光滑且有界的期望输出信号, 求取有界的控制律 u 使得系统 (8.2) 的状态 x 有界且输出 y 满足

$$\lim_{t\to\infty} \|y(t) - y^*(t)\| = 0 \tag{8.3}$$

在经典控制理论中, 解决上述问题的办法是利用实际输出 $y(t)$ 与期望输出 $y^*(t)$ 的偏差 $y(t)-y^*(t)$ 进行反馈. 对于一些简单的期望输出信号, 如常值信号、斜坡信号和抛物线信号, 只有当系统的型别满足一定的要求时才能保证输出跟踪问题是可解的. 在线性系统理论的框架下, 可以给出一种解决该问题的非常一般的方法.

定理 8.1.1　设 (A,B) 能稳, $K\in\mathbf{R}^{m\times n}$ 使得 $A+BK$ 是 Hurwitz 矩阵. 如果存在有界的向量函数 $x^*(t):\mathbf{R}_{\geqslant 0}\to\mathbf{R}^n$ 和 $u^*(t):\mathbf{R}_{\geqslant 0}\to\mathbf{R}^m$ 满足

$$\begin{cases} \dot{x}^*=Ax^*+Bu^* \\ y^*=Cx^* \end{cases} \tag{8.4}$$

则输出跟踪问题 8.1.1 的解可表示为

$$u=u^*+K(x-x^*)=u^*-Kx^*+Kx \tag{8.5}$$

证明　将系统 (8.2) 和系统 (8.4) 相减得到偏差系统

$$\begin{cases} \dot{x}_\delta=Ax_\delta+Bu_\delta \\ y_\delta=Cx_\delta \end{cases} \tag{8.6}$$

其中, $x_\delta=x-x^*,u_\delta=u-u^*,y_\delta=y-y^*$. 注意到控制律 (8.5) 可以写成

$$u_\delta=u-u^*=K(x-x^*)=Kx_\delta \tag{8.7}$$

将此代入偏差系统 (8.6) 得到闭环偏差系统

$$\begin{cases} \dot{x}_\delta=(A+BK)x_\delta \\ y_\delta=Cx_\delta \end{cases} \tag{8.8}$$

由于 $A+BK$ 是 Hurwitz 矩阵, 因此 $\|x_\delta\|\xrightarrow{t\to\infty}0$, 这蕴含 $\|y_\delta\|\xrightarrow{t\to\infty}0$, 即式 (8.3) 成立. 另外, 由于 x_δ、u_δ、x^* 和 u^* 都是有界的, 故 $x=x_\delta+x^*$ 和 $u=u^*+u_\delta$ 也是有界的. 证毕. □

满足式 (8.4) 的向量函数 $x^*(t)$ 和 $u^*(t)$ 的系统意义是, 当系统 (8.2) 的输出 $y(t)$ 恰好是期望输出 $y^*(t)$ 时, 该系统应该具有的状态和控制信号, 即期望的状态和期望的输入. 二者可统称为期望轨迹. 因此, 输出 $y(t)$ 对期望输出 $y^*(t)$ 的跟踪转化成了状态 $x(t)$ 对期望状态 $x^*(t)$ 的跟踪. 通过将系统 (8.2) 和系统 (8.4) 作差得到偏差系统 (8.6), 输出跟踪问题就转化成了偏差系统 (8.6) 的镇定问题, 而系统 (8.6) 与原系统 (8.2) 具有完全相同的形式. 这就是为什么经常说镇定问题是最基础的控制系统设计问题. 此外, 我们指出, (u^*,x^*,y^*) 也可以看成是系统的一个工作点 (见定义 1.2.1).

在控制律 (8.5) 中, u^* 称为前馈项, $u_\delta=K(x-x^*)$ 称为反馈项. 当然也可称 u^*-Kx^* 为前馈项, Kx 为反馈项. 因此, 控制律 (8.5) 具有前馈 + 反馈的结构. 如图 8.1 所示. 这种控制方法一般称为二自由度控制方法. 相应地, 只用跟踪误差 $y(t)-y^*(t)$ 进行反馈的控制方法通常称为单自由度控制方法. 在二自由度控制结构中, 前馈控制负责提供期望的状态 x^* 对应的期望输入 u^*, 而反馈控制 u_δ 负责消除真实状态与期望状态之间的偏差 x_δ. 因此, 当闭环偏差系统 (8.8) 是渐近稳定时, 状态偏差 x_δ 和控制偏差 u_δ 会趋于零, 从而保证了实际状态 x 和输入 u 趋于期望状态 x^* 和期望输入 u^*.

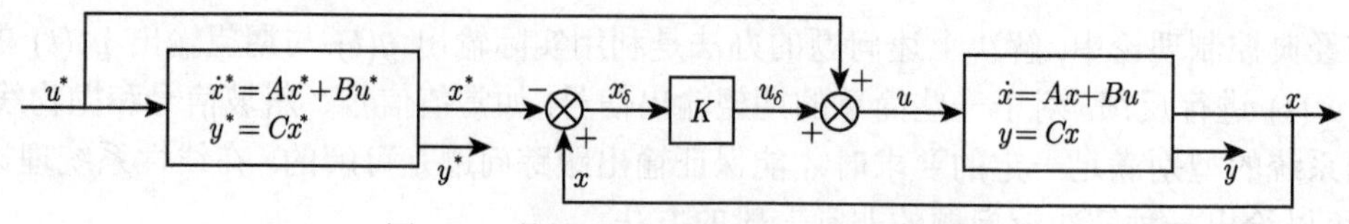

图 8.1　前馈 + 反馈二自由度控制框图

说明 8.1.1　反馈增益 K 可用第 5 章介绍的任何方法进行设计, 当然也可用第 6 章的 LQR 理论进行设计. 特别地, 可取 $K=-R^{-1}B^{\mathrm{T}}P$, 其中 P 是代数 Riccati 方程

$$A^{\mathrm{T}}P+PA-PBR^{-1}B^{\mathrm{T}}P=-C^{\mathrm{T}}C$$

的唯一正定解, 这里 $R>0,(A,C)$ 能观以及 (A,B) 能稳. 根据 LQR 理论和定理 8.1.1 的证明, 此时控制律 (8.5) 最小化如下二次指标函数:

$$J(u)=\int_0^\infty\left(\|y(t)-y^*(t)\|^2+(u(t)-u^*(t))^{\mathrm{T}}R(u(t)-u^*(t))\right)\mathrm{d}t$$

对于一般的期望输出 y^*, 例如 y^* 是周期信号, 相应的期望输入 u^* 一般并非平方可积. 当系统 (8.2) 的输出 y 跟踪上 y^* 时, 其输入 u 必然也趋于 u^*, 从而 u 也不是平方可积的. 因此, 针对系统 (8.2) 通过直接极小化二次指标函数

$$J(u)=\int_0^\infty\left(\|y(t)-y^*(t)\|^2+u^{\mathrm{T}}(t)Ru(t)\right)\mathrm{d}t$$

来设计控制器一般是没有意义的.

说明 8.1.2　定理 8.1.1 给出的是状态反馈的情形. 可以很容易将之推广到基于观测器的输出反馈情形. 特别地, 针对系统 (8.6) 可设计如下基于全维状态观测器的输出反馈:

$$\left\{\begin{array}{l}\dot{\hat{x}}_\delta=A\hat{x}_\delta+Bu_\delta-L(y_\delta-C\hat{x}_\delta)\\ u_\delta=K\hat{x}_\delta\end{array}\right. \tag{8.9}$$

相应的闭环偏差系统可以写成

$$\left\{\begin{array}{l}\dot{x}_\delta=(A+BK)x_\delta-BKe_\delta\\ \dot{e}_\delta=(A+LC)e_\delta\end{array}\right.$$

其中, $e_\delta=x_\delta-\hat{x}_\delta$. 如果 $A+LC$ 和 $A+BK$ 都是 Hurwitz 矩阵, 则有式 (8.3) 成立. 注意到如果设 $\hat{x}=\hat{x}_\delta+x^*$ 或者 $\hat{x}_\delta=\hat{x}-x^*$, 则式 (8.9) 还可以写成

$$\left\{\begin{array}{l}\dot{\hat{x}}=A\hat{x}+Bu-L(y-C\hat{x})\\ u=u^*-Kx^*+K\hat{x}\end{array}\right.$$

与式 (8.9) 相比, 上述观测器不需要期望状态 x^* 和期望输入 u^*. 这也说明, 只需要直接针对系统 (8.2) 设计观测器, 并将控制律 (8.5) 中的 x 换成观测状态 $\hat{x}$ 即可. 此外, 容易发现极点分离原理仍然成立.

说明 8.1.3　对闭环偏差系统 (8.8) 取 Laplace 变换得到

$$Y(s) - Y^*(s) = C(sI_n - (A+BK))^{-1}(x(0) - x^*(0))$$

其中, $Y(s)$ 和 $Y^*(s)$ 分别是 $y(t)$ 和 $y^*(t)$ 的 Laplace 变换. 上式表明, 在 $x(0) = x^*(0)$ 的条件下, 从期望输出 $y^*(t)$ 到闭环系统的输出 $y(t)$ 的传递函数为 I_p. 因此, 前馈 + 反馈二自由度控制律 (8.5) 可以保证输出 y 完全跟踪期望输出 y^*. 在经典控制理论中, 基于误差反馈的控制系统的跟踪能力取决于系统的带宽和被跟踪信号 (假设是正弦) 的频率. 据此可以认为前馈 + 反馈二自由度控制方案显著优于经典控制理论中基于误差反馈的控制方案.

8.1.2　常值干扰下的输出跟踪

本节考虑带有常值干扰输入的 MIMO 线性系统

$$\begin{cases} \dot{x} = Ax + Bu + Ed \\ y = Cx \end{cases} \tag{8.10}$$

的输出跟踪问题, 这里各向量和矩阵与系统 (8.2) 完全相同, $d \in \mathbf{R}^l$ 是未知但有界的常值干扰, $E \in \mathbf{R}^{n\times l}$ 是未知的常值矩阵. 问题描述如下.

问题 8.1.2　设 $y^*(t) = [y_1^*(t), y_2^*(t), \cdots, y_p^*(t)]^{\mathrm{T}} : \mathbf{R}_{\geqslant 0} \to \mathbf{R}^p$ 是给定的充分光滑且有界的期望输出信号, 求取有界的控制律 u 使得系统 (8.10) 的状态 x 有界且输出 y 满足式 (8.3).

根据定理 8.1.1 和其证明, 如果 (x^*, u^*) 满足系统 (8.4), 则跟踪偏差满足系统

$$\begin{cases} \dot{x}_\delta = Ax_\delta + Bu_\delta + Ed \\ y_\delta = Cx_\delta \end{cases} \tag{8.11}$$

其中, x_δ 和 u_δ 如前所定义. 与系统 (8.6) 不同, 系统 (8.11) 在干扰 d 的作用下, 控制律 (8.7) 不能使得 $\|x_\delta\| \xrightarrow{t\to\infty} 0$, 也就是说式 (8.3) 不再成立. 事实上, 容易看出系统 (8.11) 在控制律 (8.7) 的作用下存在常值稳态误差. 在经典控制理论中, 比例积分反馈可以消除常值稳态误差. 因此, 可以在控制律 (8.7) 中引入 y_δ 的积分, 即

$$\begin{cases} \dot{z}_\delta = y_\delta \\ u_\delta = K_{\mathrm{P}}x_\delta + K_{\mathrm{I}}z_\delta \end{cases} \tag{8.12}$$

其中, $K_{\mathrm{P}} \in \mathbf{R}^{m\times n}$ 和 $K_{\mathrm{I}} \in \mathbf{R}^{m\times p}$ 分别是比例和积分增益. 据此可以给出定理 8.1.2.

定理 8.1.2　设存在有界的向量函数 $x^*(t) : \mathbf{R}_{\geqslant 0} \to \mathbf{R}^n$ 和 $u^*(t) : \mathbf{R}_{\geqslant 0} \to \mathbf{R}^m$ 满足式 (8.4), 则输出跟踪问题 8.1.2 的解为式 (8.12), 即

$$\begin{cases} \dot{z} = y - y^* \\ u = u^* - K_{\mathrm{P}}x^* + K_{\mathrm{P}}x + K_{\mathrm{I}}z \end{cases} \tag{8.13}$$

其中, 增益矩阵 $K_{\mathrm{P}} \in \mathbf{R}^{m\times n}$ 和 $K_{\mathrm{I}} \in \mathbf{R}^{m\times p}$ 使得

$$\begin{bmatrix} A & 0 \\ C & 0 \end{bmatrix} + \begin{bmatrix} B \\ 0 \end{bmatrix} \begin{bmatrix} K_{\mathrm{P}} & K_{\mathrm{I}} \end{bmatrix} \tag{8.14}$$

为 Hurwitz 矩阵. 此外, 上述增益矩阵 $K_{\rm P}$ 和 $K_{\rm I}$ 存在当且仅当 (A,B) 能稳且

$$\operatorname{rank}\begin{bmatrix} A & B \\ C & 0 \end{bmatrix} = n+p \tag{8.15}$$

证明 由控制律 (8.12) 和系统 (8.11) 组成的闭环系统为

$$\begin{bmatrix} \dot{x}_\delta \\ \dot{z}_\delta \end{bmatrix} = \begin{bmatrix} A+BK_{\rm P} & BK_{\rm I} \\ C & 0 \end{bmatrix}\begin{bmatrix} x_\delta \\ z_\delta \end{bmatrix} + \begin{bmatrix} E \\ 0 \end{bmatrix} d \tag{8.16}$$

将式 (8.16) 两边求导并注意到 d 是常值, 可得

$$\begin{bmatrix} \ddot{x}_\delta \\ \ddot{z}_\delta \end{bmatrix} = \begin{bmatrix} A+BK_{\rm P} & BK_{\rm I} \\ C & 0 \end{bmatrix}\begin{bmatrix} \dot{x}_\delta \\ \dot{z}_\delta \end{bmatrix}$$

上述系统的系统矩阵恰好为式 (8.14), 从而是 Hurwitz 矩阵. 因此有 $\|\dot{z}_\delta\| \xrightarrow{t\to\infty} 0$, 这蕴含 $\|y_\delta\| \xrightarrow{t\to\infty} 0$, 即式 (8.3) 成立. 另外, 由式 (8.16) 可知 x_δ 和 z_δ 都是有界的, 从而 x 和 u 也是有界的, 即控制律 (8.12) 的确是问题 8.1.2 的解. 最后, 若将 z_δ 换成 z, 则式 (8.12) 等价于式 (8.13).

下面证明存在 $K_{\rm P}$ 和 $K_{\rm I}$ 使得式 (8.14) 中的矩阵是 Hurwitz 矩阵当且仅当 (A,B) 能稳且式 (8.15) 成立. 根据能稳性的 PBH 判据, $K_{\rm P}$ 和 $K_{\rm I}$ 的存在性等价于

$$\operatorname{rank}\begin{bmatrix} A-sI_n & 0 & B \\ C & -sI_p & 0 \end{bmatrix} = n+p, \quad \forall s \in \mathbf{C}_{\geqslant 0} \tag{8.17}$$

如果 $s \neq 0$, 则

$$\operatorname{rank}\begin{bmatrix} A-sI_n & 0 & B \\ C & -sI_p & 0 \end{bmatrix} = p + \operatorname{rank}\begin{bmatrix} A-sI_n & B \end{bmatrix}$$

如果 $s = 0$, 则

$$\operatorname{rank}\begin{bmatrix} A-sI_n & 0 & B \\ C & -sI_p & 0 \end{bmatrix} = \operatorname{rank}\begin{bmatrix} A & B \\ C & 0 \end{bmatrix}$$

因此, 式 (8.17) 成立当且仅当 (A,B) 能稳且式 (8.15) 成立. 证毕. □

注意到式 (8.15) 的意义是系统 (A,B,C) 为右可逆的且 $z=0$ 不是该系统的不变零点. 因此该条件也可称为不变零点条件. 需要指出的是, 这里考虑的常值干扰是最简单的干扰, 也是工程中最常见的干扰. 至于其他形式的干扰, 8.5 节和 8.6 节将进行详细的讨论.

8.2 基于逆系统的输出跟踪

根据 8.1 节的讨论, 输出跟踪问题转化成了已知期望输出 y^* 求取满足式 (8.4) 的期望状态 x^* 和期望输入 u^* 的问题. 为了便于叙述, 该问题描述如下.

问题 8.2.1　设 $y^*(t)=[y_1^*(t),y_2^*(t),\cdots,y_p^*(t)]^{\mathrm{T}}:\mathbf{R}_{\geqslant 0}\to\mathbf{R}^p$ 是给定的充分光滑且有界的信号, 求取有界的向量函数组 $(x^*,u^*):\mathbf{R}_{\geqslant 0}\to(\mathbf{R}^{n\times 1},\mathbf{R}^{m\times 1})$ 满足式 (8.4).

问题 8.2.1 的可解性取决于系统 (8.2) 的特性, 当然也与期望输出 $y^*(t)$ 的形式有关. 本节讨论一般形式的期望输出.

8.2.1　逆系统

设 (u^*,x^*,y^*) 的 Laplace 变换为 (U^*,X^*,Y^*), 则可将系统 (8.4) 写成

$$\begin{bmatrix} A-sI_n & B \\ C & 0 \end{bmatrix}\begin{bmatrix} X^* \\ U^* \end{bmatrix}=\begin{bmatrix} -x^*(0) \\ Y^* \end{bmatrix} \tag{8.18}$$

由此可见, 求取满足系统 (8.4) 的 (u^*,x^*) 的问题本质上是 Rosenbrock 系统矩阵的求逆问题. 为了保证方程 (8.18) 对任意 Y^* 都有解 (U^*,X^*), 应有

$$\operatorname{nrank}\begin{bmatrix} A-sI_n & B \\ C & 0 \end{bmatrix}=n+p$$

根据推论 1.6.1, 上式等价于系统 (A,B,C) 是右可逆的. 因此 $p\leqslant m$ 是保证存在 (u^*,x^*) 满足系统 (8.4) 的一个必要条件. 为了讨论的方便, 下面假设 $p=m$. 此时右可逆等价于可逆.

基于输入输出规范型和定理 4.3.5 给出的逆系统可立即得到定理 8.2.1.

定理 8.2.1　设线性系统 $(A,B,C)\in(\mathbf{R}^{n\times n},\mathbf{R}^{n\times m},\mathbf{R}^{m\times n})$ 满足假设 4.3.2, $y_i^{*(k)}(t)\,(k=0,1,\cdots,r_i,i=1,2,\cdots,m)$ 存在且有界, T 如式 (4.81) 所定义, $\varGamma$ 如式 (4.37) 所定义, A_{00} 如式 (4.73) 所定义, B_0 如式 (4.78) 所定义, C_0 如式 (4.100) 所定义, $D_0(\mathrm{d})$ 如式 (4.110) 所定义. 如果存在有界函数 $\eta^*(t)\,(t\geqslant 0)$ 满足内动态系统

$$\dot{\eta}^*=A_{00}\eta^*+B_0y^* \tag{8.19}$$

则问题 8.2.1 的解可表示为

$$x^*=T^{-1}\begin{bmatrix} \eta^* \\ \xi^* \end{bmatrix} \tag{8.20}$$

$$u^*=\varGamma^{-1}(D_0(\mathrm{d})y^*-C_0\eta^*) \tag{8.21}$$

其中, ξ^* 是通过将 ξ 的定义式 (4.59) 和式 (4.61) 中的 y 换成 y^* 得到的, 即

$$\xi^*=\begin{bmatrix} \xi_1^* \\ \xi_2^* \\ \vdots \\ \xi_m^* \end{bmatrix},\quad \xi_i^*=\begin{bmatrix} \xi_{i1}^* \\ \xi_{i2}^* \\ \vdots \\ \xi_{i,r_i}^* \end{bmatrix}=\begin{bmatrix} y_i^* \\ y_i^{*(1)} \\ \vdots \\ y_i^{*(r_i-1)} \end{bmatrix},\quad i=1,2,\cdots,m$$

通常称满足内动态系统 (8.19) 的有界解 η^* 为理想内动态 (ideal internal dynamics). 至此, 问题 8.2.1 的求解转化成了理想内动态 η^* 的求取问题, 后者将在 8.2.2 节进行详细讨论. 最后, 基于逆系统的输出跟踪二自由度控制框图如图 8.2 所示.

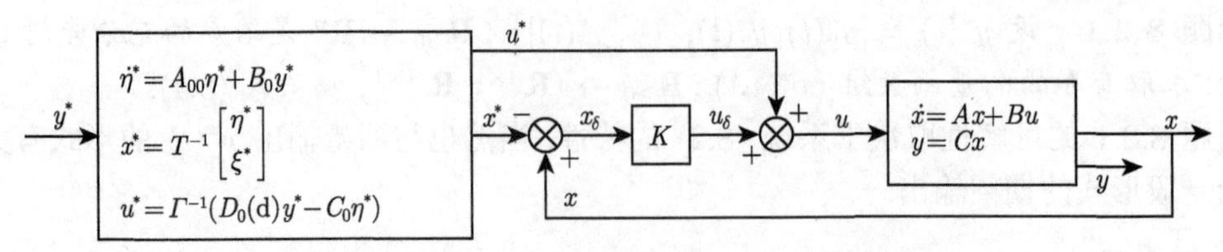

图 8.2 基于逆系统的输出跟踪二自由度控制框图

说明 8.2.1 显然, 如果线性系统 (A,B,C) 是可逆的但不满足假设 4.3.2, 可考虑输出变换使之满足假设 4.3.2 (见附注 4.1). 如果输出变换不存在, 则可利用定理 4.7.5 给出的逆系统替代定理 4.3.5 所给出的逆系统.

8.2.2 理想内动态

由于内动态系统 (8.19) 的所有参数 A_{00}、B_0 和 y^* 都是已知的, 求取理想内动态 η^* 的问题关键是求取合适的初始条件 $\eta^*(0)$ 使得 $\eta^*(t)$ 有界. 直观上看, 内动态系统 (8.19) 的状态 η^* 是否有界取决于该系统是否稳定. 的确, 如果 A_{00} 是 Hurwitz 矩阵, 很容易得到引理 8.2.1.

引理 8.2.1 设线性系统 $(A,B,C)\in(\mathbf{R}^{n\times n},\mathbf{R}^{n\times m},\mathbf{R}^{m\times n})$ 满足假设 4.3.2. 如果 A_{00} 是 Hurwitz 矩阵, 则对任意有界初值 $\eta^*(0)$,

$$\eta^*(t)=\mathrm{e}^{A_{00}t}\eta^*(0)+\int_0^t \mathrm{e}^{A_{00}(t-s)}B_0y^*(s)\mathrm{d}s,\quad t\geqslant 0 \tag{8.22}$$

都是理想内动态.

证明 只需证明 $\eta^*(t)$ 有界. 事实上, 如果设 $\|y^*(t)\|\leqslant d$ 并注意到 $\left\|\mathrm{e}^{A_{00}t}\right\|\leqslant k\mathrm{e}^{-\alpha t}$, 其中 k 和 α 都是正常数, 则

$$\begin{aligned}\|\eta^*(t)\|&\leqslant\left\|\mathrm{e}^{A_{00}t}\right\|\|\eta^*(0)\|+\int_0^t\left\|\mathrm{e}^{A_{00}(t-s)}B_0y^*(s)\right\|\mathrm{d}s\leqslant k\mathrm{e}^{-\alpha t}\|\eta^*(0)\|+kd\|B_0\|\int_0^t\mathrm{e}^{-\alpha(t-s)}\mathrm{d}s\\&=k\mathrm{e}^{-\alpha t}\|\eta^*(0)\|+kd\|B_0\|\frac{1-\mathrm{e}^{-\alpha t}}{\alpha}\leqslant k\|\eta^*(0)\|+\frac{kd\|B_0\|}{\alpha}\end{aligned}$$

证毕. □

下面讨论 A_{00} 是反稳定矩阵的情形, 即系统 (A,B,C) 是最大相位系统. 直观上看, 此时内动态系统 (8.19) 似乎不存在有界解. 但在适当的条件下有出乎意料的结论.

引理 8.2.2 设线性系统 $(A,B,C)\in(\mathbf{R}^{n\times n},\mathbf{R}^{n\times m},\mathbf{R}^{m\times n})$ 满足假设 4.3.2, A_{00} 是反稳定矩阵. 如果对任意时刻 t, 该时刻之后的期望输出 $y^*(s)\,(s\geqslant t)$ 都是已知的, 即 $y^*(t)$ 在所有时刻上的值都是事先已知的, 则

$$\eta^*(t)=-\int_0^\infty \mathrm{e}^{-A_{00}s}B_0y^*(t+s)\mathrm{d}s,\quad t\geqslant 0 \tag{8.23}$$

是一个理想内动态.

证明　由于 $-A_{00}$ 是 Hurwitz 矩阵且 y^* 有界, 类似于引理 8.2.1的证明可以证明 $\eta^*(t)$ 是有界的. 下面证明该 $\eta^*(t)$ 满足内动态系统 (8.19). 事实上, 对任意初值 $\eta^*(0)$, 由式 (8.22) 可知

$$\begin{aligned}\eta^*(t) &= \mathrm{e}^{A_{00}t}\eta^*(0)+\int_0^t \mathrm{e}^{A_{00}(t-s)}B_0y^*(s)\mathrm{d}s+\int_t^\infty \mathrm{e}^{A_{00}(t-s)}B_0y^*(s)\mathrm{d}s-\int_t^\infty \mathrm{e}^{A_{00}(t-s)}B_0y^*(s)\mathrm{d}s\\ &= \mathrm{e}^{A_{00}t}\left(\eta^*(0)+\int_0^\infty \mathrm{e}^{-A_{00}s}B_0y^*(s)\mathrm{d}s\right)-\int_t^\infty \mathrm{e}^{A_{00}(t-s)}B_0y^*(s)\mathrm{d}s\\ &= \mathrm{e}^{A_{00}t}\left(\eta^*(0)+\int_0^\infty \mathrm{e}^{-A_{00}s}B_0y^*(s)\mathrm{d}s\right)-\int_0^\infty \mathrm{e}^{-A_{00}s}B_0y^*(t+s)\mathrm{d}s\end{aligned}$$

由于 y^* 有界且 $-A_{00}$ 是 Hurwitz 矩阵, 上式中的广义积分皆存在. 因此, 如果取

$$\eta^*(0)=-\int_0^\infty \mathrm{e}^{-A_{00}s}B_0y^*(s)\mathrm{d}s \tag{8.24}$$

则 $\eta^*(t)$ 恰好可以写成式 (8.23) 的形式. 而初值 (8.24) 又恰好是式 (8.23) 中 $t=0$ 的情形. 证毕. □

前已述及, 求取理想内动态 $\eta^*(t)$ 等价于求取内动态系统 (8.19) 的初值 $\eta^*(0)$. 引理 8.2.2 表明, 当系统 (8.2) 是最大相位系统时, 内动态系统 (8.19) 的初值 $\eta^*(0)$ 就是式 (8.24). 根据引理 8.2.2 计算理想内动态要求期望输出 y^* 在未来所有时刻的信息都是精确已知的. 因此, 表达式 (8.23) 事实上是非因果的. 但在很多情形下, 由于期望输出 y^* 都是事先设定的, 该条件并不苛刻.

设 A_{00} 既有实部小于零又有实部大于零的特征值, 但没有位于虚轴上的特征值. 此时通常称系统 (8.19) 为双曲 (hyperbolic) 系统. 那么存在非奇异矩阵 T_{00} 使得

$$T_{00}A_{00}T_{00}^{-1}=\begin{bmatrix}A_{-0} & \\ & A_{+0}\end{bmatrix},\quad T_{00}B_0=\begin{bmatrix}B_{-0}\\ B_{+0}\end{bmatrix} \tag{8.25}$$

其中, A_{-0} 和 $-A_{+0}$ 都是 Hurwitz 矩阵. 通过状态等价变换

$$\begin{bmatrix}\eta_-^*\\ \eta_+^*\end{bmatrix}=T_{00}\eta^*$$

内动态系统 (8.19) 被变换成

$$\begin{cases}\dot{\eta}_-^*=A_{-0}\eta_-^*+B_{-0}y^*\\ \dot{\eta}_+^*=A_{+0}\eta_+^*+B_{+0}y^*\end{cases}$$

其中, η_-^* 和 η_+^* 子系统分别满足引理 8.2.1 和引理 8.2.2 的条件. 因此

$$\eta^*=T_{00}^{-1}\begin{bmatrix}\mathrm{e}^{A_{-0}t}\eta_-^*(0)+\displaystyle\int_0^t \mathrm{e}^{A_{-0}(t-s)}B_{-0}y^*(s)\mathrm{d}s\\ -\displaystyle\int_0^\infty \mathrm{e}^{-A_{+0}s}B_{+0}y^*(t+s)\mathrm{d}s\end{bmatrix},\quad t\geqslant 0 \tag{8.26}$$

其中, $\eta_-^*(0)$ 为任意具有适当维数的向量.

综合上面的讨论, 可以给出下面关于问题 8.2.1 可解性的定理 8.2.2.

定理 8.2.2 设线性系统 $(A,B,C)\in(\mathbf{R}^{n\times n},\mathbf{R}^{n\times m},\mathbf{R}^{m\times n})$ 满足假设 4.3.2. 如果系统 (8.2) 的零点矩阵 A_{00} 没有位于虚轴上的特征值, 则问题 8.2.1可解. 此外, 如果 A_{00} 存在稳定的特征值, 则问题 8.2.1 的解不唯一.

证明 只需证明定理的后半部分. 从式 (8.26) 可以看出, 只要 A_{00} 存在稳定的特征值, 选择不同的 $\eta_-^*(0)$ 可以获得不同的理想内动态 η^*, 即 η^* 是不唯一的, 进而由式 (8.20) 和式 (8.21) 可知问题 8.2.1 的解是不唯一的. 证毕. □

下面用一个例子说明理想内动态的求取过程.

例 8.2.1 考虑小车倒立摆系统的线性化系统模型 (1.26). 设期望的输出为

$$y^*(t)=a\cos(\omega t),\quad t\geqslant 0 \tag{8.27}$$

其中, a 和 ω 都是正常数, 即期望小车做周期为 $2\pi/\omega$、幅值为 a 的往复运动. 根据例 4.3.7, 其逆系统为式 (4.113). 下面求取理想内动态 η^*. 由于 $\lambda(A_{00})=\{\pm z_0\}, z_0=\sqrt{3g/l}/2>0$, 该系统是非最小相位的. 满足式 (8.25) 的各个矩阵为

$$T_{00}=\frac{1}{2}\begin{bmatrix}-z_0 & 1\\ z_0 & 1\end{bmatrix},\quad \begin{bmatrix}A_{-0} & \\ & A_{+0}\end{bmatrix}=\begin{bmatrix}-z_0 & \\ & z_0\end{bmatrix},\quad \begin{bmatrix}B_{-0}\\ B_{+0}\end{bmatrix}=\begin{bmatrix}-\dfrac{9g}{32l^2}\\ -\dfrac{9g}{32l^2}\end{bmatrix}$$

因此, 根据式 (8.26) 可以算得理想内动态

$$\eta^*=\begin{bmatrix}-\dfrac{\sqrt{3}k\mathrm{e}^{-z_0t}-54ag^{\frac{3}{2}}\cos(\omega t)}{24\sqrt{g}l(4l\omega^2+3g)}\\ \dfrac{k\mathrm{e}^{-z_0t}-36ag\sqrt{l}\omega\sin(\omega t)}{16l^{\frac{3}{2}}(4l\omega^2+3g)}\end{bmatrix} \tag{8.28}$$

其中, $k=9\sqrt{3}ag^{\frac{3}{2}}+16(3gl^{\frac{3}{2}}+4l^{\frac{5}{2}}\omega^2)\eta_-^*(0)$, 这里 $\eta_-^*(0)$ 是任意初值. 最后, 将 η^* 和 y^* 代入式 (8.20) 和式 (8.21) 得到

$$x^*=\begin{bmatrix}a\cos(\omega t)\\ -a\omega\sin(\omega t)\\ -\dfrac{\sqrt{3}k\mathrm{e}^{-z_0t}+72a\sqrt{g}l\omega^2\cos(\omega t)}{24\sqrt{g}l(4l\omega^2+3g)}\\ \dfrac{k\mathrm{e}^{-z_0t}+48al^{\frac{3}{2}}\omega^3\sin(\omega t)}{16l^{\frac{3}{2}}(4l\omega^2+3g)}\end{bmatrix},\quad u^*=-\frac{\sqrt{3}k\sqrt{g}m\mathrm{e}^{-z_0t}+32laa_1\omega^2\cos(\omega t)}{32l(4l\omega^2+3g)} \tag{8.29}$$

其中, $a_1=3Mg+3mg+lm\omega^2+4Ml\omega^2$. 容易看出, 如果 $k=0$ 即

$$\eta_-^*(0)=-\frac{9\sqrt{3}ag^{\frac{3}{2}}}{16(3gl^{\frac{3}{2}}+4l^{\frac{5}{2}}\omega^2)}$$

则式 (8.29) 退化成

$$x^*(t) = a\begin{bmatrix} \cos(\omega t) \\ -\omega\sin(\omega t) \\ -\dfrac{3\omega^2\cos(\omega t)}{4l\omega^2+3g} \\ \dfrac{3\omega^3\sin(\omega t)}{4l\omega^2+3g} \end{bmatrix}, \quad u^*(t) = -\frac{aa_1\omega^2\cos(\omega t)}{4l\omega^2+3g} \tag{8.30}$$

由于 $z_0 > 0$, 随着 $t \to \infty$, 式 (8.29) 中的 x^* 和 u^* 分别趋于式 (8.30) 中的 x^* 和 u^*. 为了仿真需要, 设

$$M = 2\text{kg}, \quad m = 1\text{kg}, \quad l = 0.5\text{m}, \quad g = 9.8\text{m/s}^2 \tag{8.31}$$

以及 $a = 0.1\text{m}, \omega = 2\text{rad/s}$. 期望状态 x^* 和输入 u^* 如图 8.3 中的实线所示. 控制律 (8.5) 可写成

$$u = Kx + u^* - Kx^* = Kx + \alpha_\text{c}\cos(\omega t) + \alpha_\text{s}\sin(\omega t), \quad t \geqslant 0 \tag{8.32}$$

其中, 反馈增益 K 取为式 (5.46) 中的 k,

$$\alpha_\text{c} = -\frac{al}{4l\omega^2+3g}(4M+m)(\omega^4 - 163\omega^2 + 986)$$

$$\alpha_\text{s} = -\frac{10al}{4l\omega^2+3g}(4M+m)\omega(2\omega^2 - 63)$$

设状态的初值为

$$x(0) = \begin{bmatrix} 0.1 & -0.1 & -0.1 & 0.1 \end{bmatrix}^\text{T} \neq x^*(0) \tag{8.33}$$

则闭环系统的状态如图 8.3 中的虚线所示. 由此可见输出 y 很好地跟踪了期望输出 y^*.

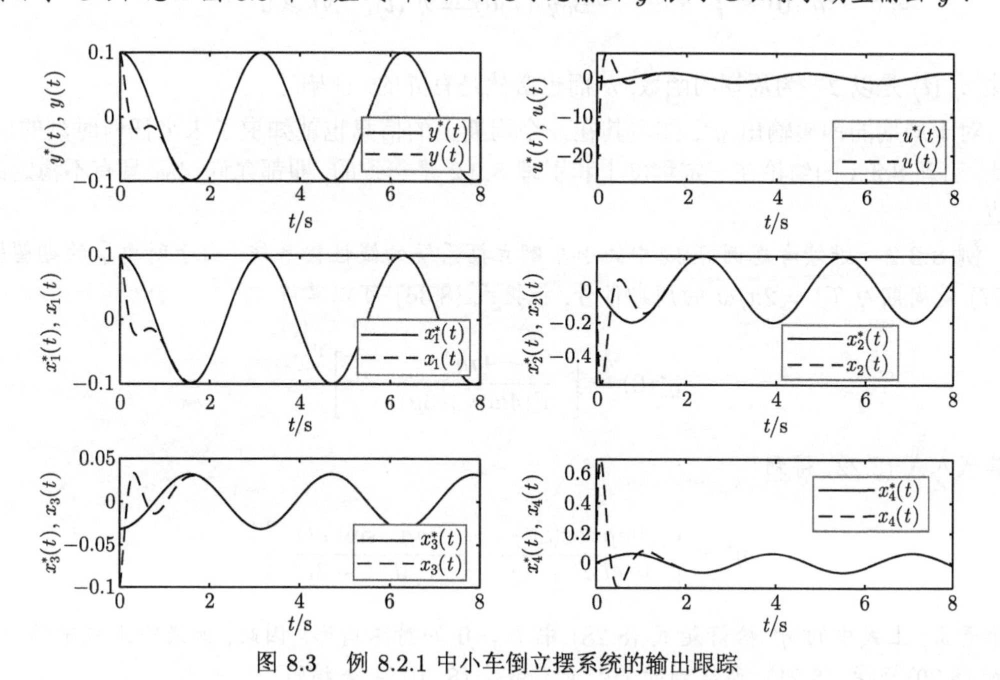

图 8.3 例 8.2.1 中小车倒立摆系统的输出跟踪

8.2.3 周期期望输出的理想内动态

前已述及, 问题 8.2.1 的可解性既与线性系统 (8.2) 的特点有关, 也与期望输出 y^* 有关. 定理 8.2.2 考虑的是一般情形的期望输出 y^*, 从而对线性系统 (8.2) 的零点矩阵 A_{00} 作出了特殊的要求. 对于特殊的期望输出 y^*, 定理 8.2.2 的要求可以放松.

引理 8.2.3 令线性系统 $(A,B,C)\in(\mathbf{R}^{n\times n},\mathbf{R}^{n\times m},\mathbf{R}^{m\times n})$ 满足假设 4.3.2. 设 y^* 是以 $T^*>0$ 为周期的函数. 如果 A_{00} 没有零特征值, 且 $\eta^*(0)$ 满足

$$\eta^*(0)=\left(I_{n-r}-\mathrm{e}^{A_{00}T^*}\right)^{-1}\int_0^{T^*}\mathrm{e}^{A_{00}(T^*-s)}B_0y^*(s)\mathrm{d}s \tag{8.34}$$

则式 (8.22) 定义的 $\eta^*(t)$ 是以 T^* 为周期的函数且满足内动态系统 (8.19).

证明 由于 A_{00} 没有零特征值, 矩阵 $I_{n-r}-\mathrm{e}^{A_{00}T^*}$ 是非奇异的. 式 (8.22) 定义的 $\eta^*(t)$ 显然满足内动态系统 (8.19). 由式 (8.34) 和 $y^*(t+T^*)=y^*(t)$ 可知

$$\begin{aligned}
\eta^*(t+T^*)&=\mathrm{e}^{A_{00}(t+T^*)}\eta^*(0)+\int_0^{t+T^*}\mathrm{e}^{A_{00}(t+T^*-s)}B_0y^*(s)\mathrm{d}s\\
&=\mathrm{e}^{A_{00}(t+T^*)}\eta^*(0)+\int_0^{T^*}\mathrm{e}^{A_{00}(t+T^*-s)}B_0y^*(s)\mathrm{d}s+\int_{T^*}^{t+T^*}\mathrm{e}^{A_{00}(t+T^*-s)}B_0y^*(s)\mathrm{d}s\\
&=\mathrm{e}^{A_{00}t}\left(\mathrm{e}^{A_{00}T^*}\eta^*(0)+\int_0^{T^*}\mathrm{e}^{A_{00}(T^*-s)}B_0y^*(s)\mathrm{d}s\right)+\int_0^t\mathrm{e}^{A_{00}(t-\tau)}B_0y^*(\tau+T^*)\mathrm{d}\tau\\
&=\mathrm{e}^{A_{00}t}\left(\mathrm{e}^{A_{00}T^*}\eta^*(0)+(I_{n-r}-\mathrm{e}^{A_{00}T^*})\eta^*(0)\right)+\int_0^t\mathrm{e}^{A_{00}(t-\tau)}B_0y^*(\tau)\mathrm{d}\tau\\
&=\mathrm{e}^{A_{00}t}\eta^*(0)+\int_0^t\mathrm{e}^{A_{00}(t-\tau)}B_0y^*(\tau)\mathrm{d}\tau=\eta^*(t),\quad\forall t\geqslant 0
\end{aligned}$$

因此, $\eta^*(t)$ 是以 T^* 为周期的函数, 从而也必然是有界的. 证毕. □

对于周期的期望输出 y^*, 知道其在一个周期上的信息也就知道了未来任何时刻的信息. 因此, 引理 8.2.3 的结论在一定程度上和引理 8.2.2 是一致的, 即都允许 A_{00} 具有不稳定的特征值.

例 8.2.2 继续考虑例 8.2.1中的小车倒立摆系统的线性化系统. 由于所要求的期望输出 (8.27) 是周期为 $T^*=2\pi/\omega$ 的周期信号, 根据式 (8.34) 可以算得

$$\eta^*(0)=\begin{bmatrix}\dfrac{9ag}{4l(4l\omega^2+3g)} & 0\end{bmatrix}^{\mathrm{T}}$$

将其代入式 (8.22) 得到

$$\eta^*=\begin{bmatrix}\dfrac{9ag\cos(\omega t)}{4l(4l\omega^2+3g)} & -\dfrac{9ag\omega\sin(\omega t)}{4l(4l\omega^2+3g)}\end{bmatrix}^{\mathrm{T}}$$

不难看出, 上式中的 η^* 恰好是式 (8.28) 中 $k=0$ 的特殊情形. 因此, 如果将上式中的 η^* 代入式 (8.20) 和式 (8.21), 所得到的 (u^*,x^*) 和式 (8.30) 完全相同.

8.3　最小相位系统的输出跟踪

本节讨论系统 (8.2) 满足假设 4.3.2 且是最小相位系统的特殊情况. 将控制律 (8.5) 改写成 $u-Kx=u^*-Kx^*$. 如果记

$$\mu^* \stackrel{\text{def}}{=\!=} u^*-Kx^* \tag{8.35}$$

则控制律 (8.5) 可以写成

$$u=Kx+\mu^* \tag{8.36}$$

这表明, 为了得到控制律 (8.5), 不需要单独计算期望输入 u^* 和期望状态 x^* 而只需要计算 μ^*, 后者可以称为等效前馈控制. 由式 (8.35) 可知 $u^*=Kx^*+\mu^*$. 因此系统 (8.4) 可写成

$$\begin{cases} \dot{x}^*=(A+BK)x^*+B\mu^* \\ y^*=Cx^* \end{cases} \tag{8.37}$$

在一般情况下, 根据定理 8.2.1求取满足系统 (8.37) 的 μ^* 仍然需要求取该系统的理想内动态, 由于状态反馈不会改变零点系统, 系统 (8.37) 和系统 (8.4) 的理想内动态完全相同. 因此, 针对系统 (8.37) 求取 μ^* 并不比针对系统 (8.4) 求取 (u^*,x^*) 更容易. 但对于最小相位系统, 可以设计特殊的镇定增益 K 来求取满足系统 (8.37) 的 μ^* (依赖于 K) 并避免求取其理想内动态.

8.3.1　等效前馈跟踪控制律

考虑线性系统 (8.2) 的输入输出规范型 (4.82). 由于 A_{00} 是 Hurwitz 矩阵, 控制律 (8.36) 中的反馈增益 K 只需使得 ξ 子系统被镇定并与 η 系统解耦即可. 对于形如式 (5.83) 的任意 m 个 r_i 次实系数 Hurwitz 首一多项式, 根据系统 (4.82) 的最后一个状态方程, 如果取

$$c_iA^{r_i-1}Bu=-c_iA^{r_i}x-\sum_{k=0}^{r_i-1}\gamma_{ik}\xi_{i,k+1}+c_iA^{r_i-1}B\mu^*,\quad i=1,2,\cdots,m \tag{8.38}$$

则由开环系统 (4.82) 可得到闭环系统

$$\begin{cases} \dot{\eta}=A_{00}\eta+B_0y \\ \dot{\xi}_i=\varPhi_{ii}\xi_i+b_{ii}v_i^* \\ y_i=c_{ii}\xi_i,\quad v_i^*=c_iA^{r_i-1}B\mu^*, \end{cases} \quad i=1,2,\cdots,m \tag{8.39}$$

其中, $(\varPhi_{ii},b_{ii},c_{ii})$ 如式 (5.94) 所定义. 由于 ξ 子系统是渐近稳定的且与 η 子系统解耦, 闭环系统 (8.39) 在无外部输入 μ^* 的情况下是渐近稳定的, 在外部输入 μ^* 有界的情况下的解是有界的. 注意到式 (8.38) 可以写成

$$c_iA^{r_i-1}Bu=-c_iA^{r_i}x-\sum_{k=0}^{r_i-1}\gamma_{ik}c_iA^kx+c_iA^{r_i-1}B\mu^*=-c_i\gamma_i(A)x+c_iA^{r_i-1}B\mu^*$$

其中, $i=1,2,\cdots,m$. 因此控制律 (8.38) 的确可以写成式 (8.36) 的形式, 其中

$$K = -\Gamma^{-1}\begin{bmatrix} c_1\gamma_1(A) \\ c_2\gamma_2(A) \\ \vdots \\ c_m\gamma_m(A) \end{bmatrix} \tag{8.40}$$

此增益就是解耦控制增益 (5.84).

综合上面的分析, 可以得到引理 8.3.1.

引理 8.3.1　令线性系统 $(A,B,C)\in(\mathbf{R}^{n\times n},\mathbf{R}^{n\times m},\mathbf{R}^{m\times n})$ 满足假设 4.3.2, 且是最小相位系统. 如果反馈增益 K 取为式 (8.40), 则由控制律 (8.36) 和系统 (8.2) 组成的闭环系统

$$\begin{cases} \dot{x} = (A+BK)x + B\mu^* \\ y = Cx \end{cases} \tag{8.41}$$

等价于渐近稳定的线性系统 (8.39).

注意系统 (8.37) 与系统 (8.41) 形式完全相同. 因此根据引理 8.3.1 可得推论 8.3.1.

推论 8.3.1　令线性系统 $(A,B,C)\in(\mathbf{R}^{n\times n},\mathbf{R}^{n\times m},\mathbf{R}^{m\times n})$ 满足假设 4.3.2, 且是最小相位系统. 当 K 具有式 (8.40) 的形式时, 线性系统 (8.37) 等价于如下类似于式 (8.39) 的线性系统:

$$\begin{cases} \dot{\eta}^* = A_{00}\eta^* + B_0 y^* \\ \dot{\xi}_i^* = \Phi_{ii}\xi_i^* + b_{ii}v_i^* \\ y_i^* = c_{ii}\xi_i^*, \quad v_i^* = c_iA^{r_i-1}B\mu^* \end{cases}, \quad i=1,2,\cdots,m \tag{8.42}$$

下面讨论如何确定 μ^*. 由系统 (8.42) 的 ξ_i^* 子系统的最后一个方程可以解得

$$v_i^* = c_iA^{r_i-1}B\mu^* = \dot{\xi}_{i,r_i}^* + \sum_{k=0}^{r_i-1}\gamma_{ik}\xi_{i,k+1}^* = \gamma_i(\mathrm{d})y_i^*, \quad i=1,2,\cdots,m \tag{8.43}$$

这就得到了 μ^* 的表达式

$$\mu^* = \Gamma^{-1}v^*, \quad v^* = \begin{bmatrix} v_1^* \\ v_2^* \\ \vdots \\ v_m^* \end{bmatrix} = \begin{bmatrix} \gamma_1(\mathrm{d})y_1^* \\ \gamma_2(\mathrm{d})y_2^* \\ \vdots \\ \gamma_m(\mathrm{d})y_m^* \end{bmatrix} \tag{8.44}$$

显然, 如果 $y_i^{*(k)}(t)\,(k=0,1,\cdots,r_i, i=1,2,\cdots,m)$ 存在且有界, 则 μ^* 也是有界的. 正是由于 η 子系统和 ξ 子系统之间的解耦特性, 上述 μ^* 与 η^* 无关, 从而避免了求内动态系统 (8.19) 的有界解, 即理想内动态.

最后, 将式 (8.40) 和式 (8.44) 代入式 (8.36) 得到最终的控制律

$$u = \Gamma^{-1} \begin{bmatrix} \gamma_1(\mathrm{d})y_1^* - c_1\gamma_1(A)x \\ \gamma_2(\mathrm{d})y_2^* - c_2\gamma_2(A)x \\ \vdots \\ \gamma_m(\mathrm{d})y_m^* - c_m\gamma_m(A)x \end{bmatrix} \tag{8.45}$$

控制律 (8.45) 和式 (8.5) 类似, 也是由包含状态 x 的反馈部分和包含 y^* 的前馈部分组成. 但与式 (8.5) 相比, 控制律 (8.45) 最大的好处是不需要求取满足线性系统 (8.4) 的期望状态 x^* 和期望输出 u^*.

总结上面的推导, 得到定理 8.3.1.

定理 8.3.1　令线性系统 $(A, B, C) \in (\mathbf{R}^{n\times n}, \mathbf{R}^{n\times m}, \mathbf{R}^{m\times n})$ 满足假设 4.3.2, 且是最小相位系统, 被跟踪信号 y_i^* 至少 $r_i\,(i = 1, 2, \cdots, m)$ 次可导且各阶导数都有界, 则对任意形如式 (5.83) 的 r_i 次 Hurwitz 首一多项式 $\gamma_i(s)\,(i = 1, 2, \cdots, m)$, 控制律 (8.45) 是问题 8.1.1的解.

关于定理 8.3.1, 给出如下几点说明.

说明 8.3.1　观察式 (8.39) 不难看出, 闭环系统的极点集合是 $\lambda(A_{00}) \cup \lambda(\Phi_{11}) \cup \cdots \cup \lambda(\Phi_{mm})$. 虽然 $\lambda(\Phi_{ii})\,(i = 1, 2, \cdots, m)$ 可以任意配置, 但整体的动态性能取决于不能配置的部分 $\lambda(A_{00})$. 因此, 有理由认为, 当 A_{00} 有离虚轴很近的特征值时, 跟踪效果可能会较差. 但事实并非如此. 为说明此, 设 e_{ik} 表示跟踪误差 $y_i - y_i^*$ 的 $k-1$ 阶导数, 即

$$e_{ik} = y_i^{(k-1)} - y_i^{*(k-1)}, \quad k = 1, 2, \cdots, r_i,\ i = 1, 2, \cdots, m \tag{8.46}$$

将式 (8.39) 的 ξ 子系统和式 (8.42) 的 ξ^* 子系统作差得到

$$\dot{e}_i = \Phi_{ii} e_i, \quad i = 1, 2, \cdots, m \tag{8.47}$$

其中, $e_i = [e_{i1}, e_{i2}, \cdots, e_{i,r_i}]^{\mathrm{T}} \in \mathbf{R}^{r_i\times 1}$. 这表明可以通过选择合适的 Hurwitz 多项式 $\gamma_i(s)$ 使得 e_i 以任意快的速度趋于零, 即输出 $y(t)$ 以任意快的速度跟踪期望输出 $y^*(t)$, 或者说跟踪效果与开环系统的零点集合 $\lambda(A_{00})$ 无关. 此外, 问题 8.1.1 要求状态的有界性是从实际应用的角度出发的. 如果仅仅要求输出 y 跟踪 y^*, 从上面的分析可以发现, 即使系统不是最小相位的, 控制律 (8.45) 也可以达到目的.

说明 8.3.2　闭环系统 (8.39) 的框图如图 8.4 所示. 将此图和解耦控制的闭环系统框图 5.2 比较, 或者将式 (8.39) 和式 (5.93) 比较, 可以发现, 前者就是后者的外部输入 v_i 取为 v_i^* 的情形. 这体现了输出跟踪控制和输入输出解耦控制的内在联系. 事实上, 如果将控制器 (8.45) 写成

$$u = Kx + Hv^* \tag{8.48}$$

则其中 (K, H) 恰好就是式 (5.84) 中的解耦控制增益 (K, H), 而 v^* 为闭环系统的输出恰好是期望输出 y^* 时所对应的期望输入. 和 5.4.2 节讨论的情形类似, 跟踪控制律 (8.48) 也可分为功能不同的几个部分: 一部分实现 $\xi_i\,(i = 1, 2, \cdots, m)$ 子系统之间的解耦, 一部分实现 $\xi_i\,(i = 1, 2, \cdots, m)$ 子系统的镇定, 一部分提供前馈信号 v^* 以保证闭环系统的输出能跟踪期望输出 y^*.

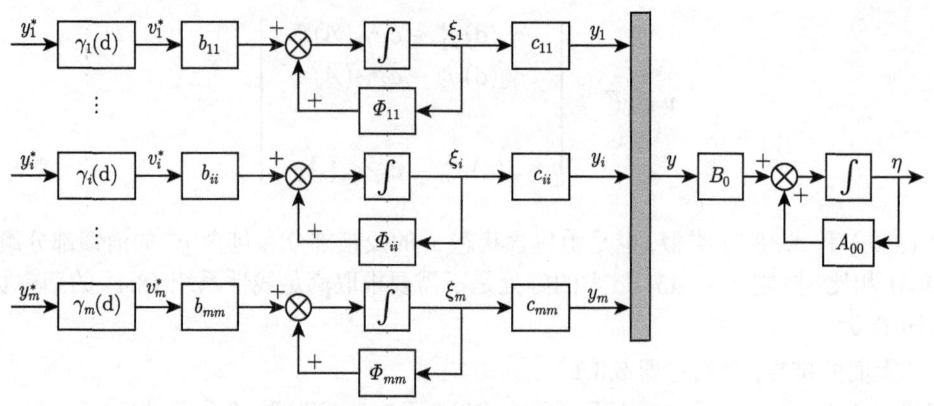

图 8.4　输出轨迹跟踪控制闭环系统框图

最后用一个例子说明最小相位系统输出跟踪控制的设计步骤.

例 8.3.1　考虑例 1.1.2 中的小车倒立摆系统的线性化系统 (1.26) 的输出跟踪控制问题. 根据定理 8.3.1, 要求系统 (1.26) 是最小相位系统. 根据例 4.3.6 的计算, 该系统有一个不稳定的不变零点, 所以不是最小相位系统. 因此, 需要选择其他的输出. 为了保证物理意义明确, 应该选择位移 w 和角度 θ 的线性组合作为输出信号, 即

$$c = \begin{bmatrix} \psi_1 & 0 & \psi_3 & 0 \end{bmatrix}$$

其中, $\psi_i\,(i=1,3)$ 是待定系数. 此时该系统的传递函数为

$$g(s) = c(sI_4 - A)^{-1}b = -\frac{(3\psi_3 - 4l\psi_1)s^2 + 3\psi_1 g}{(4M+m)ls^2\left(s^2 - \dfrac{3(M+m)g}{(4M+m)l}\right)}$$

该系统是最小相位系统当且仅当 $3\psi_3 = 4l\psi_1$. 不妨设 $\psi_1 = 1$. 那么, $\psi_3 = 4l/3$. 由此可见

$$y = cx = w + \frac{4l}{3}\theta \approx w + \frac{4l}{3}\sin(\theta) \tag{8.49}$$

因此, 系统的输出就是摆杆从下往上 2/3 处那一点的水平位移. 如图 1.2 中的 P 点所示. 设

$$y^*(t) = \mathrm{e}^{a\cos(\omega t)} - \frac{\mathrm{e}^{a} + \mathrm{e}^{-a}}{2}, \quad t \geqslant 0$$

其中, a 和 ω 都是正常数, 即期望摆杆上的 P 点做周期为 $2\pi/\omega$、幅值为 $(\mathrm{e}^a - \mathrm{e}^{-a})/2$ 的往复运动. 需要特别强调的是, $y^*(t)$ 不可能是某个线性系统的输出. 选择实系数 Hurwitz 多项式 (5.45), 根据式 (8.43) 计算 $v^* = y^{*(4)} + 20y^{*(3)} + 163y^{*(2)} + 630y^{*(1)} + 986y^*$. 因表达式比较复杂, 这里不给出具体形式. 根据式 (8.45) 或者式 (8.2) 可以确定控制律 u, 其中的反馈增益 K 可取为式 (5.46) 中的 k. 设各参数选为式 (8.31) 以及 $a = 0.1\mathrm{m}, \omega = 4\mathrm{rad/s}$. 状态的初值取为式 (8.33). 在控制律 (8.48) 作用下闭环系统的状态如图 8.5 中的虚线所示. 由此可见输出 y 很好地跟踪上了期望输出 y^*.

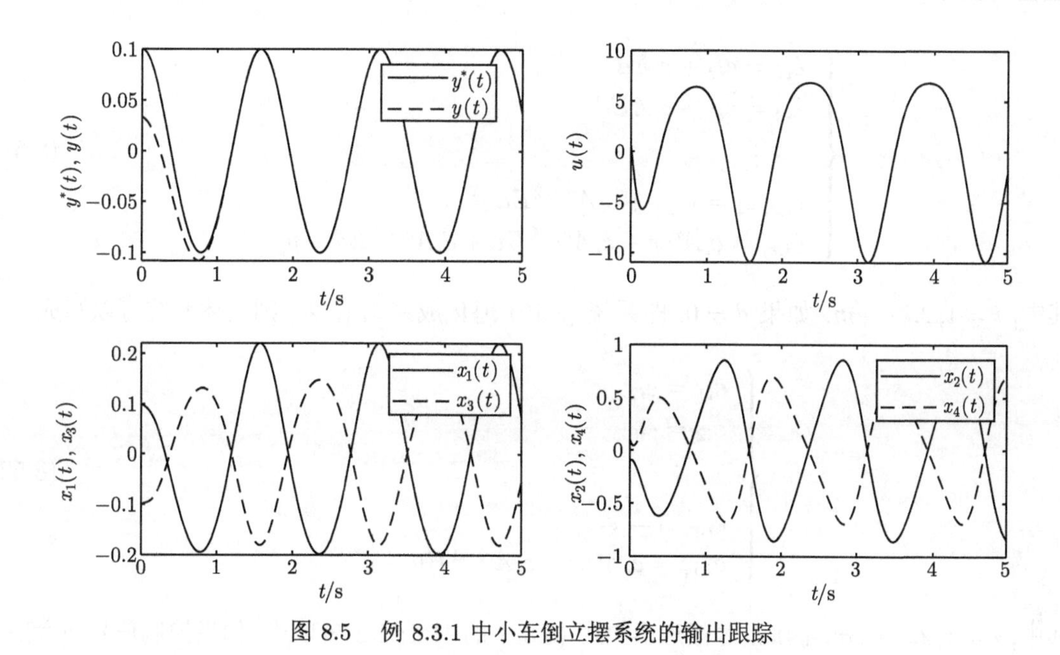

图 8.5 例 8.3.1 中小车倒立摆系统的输出跟踪

8.3.2 常值干扰下的输出跟踪

本节讨论受常值干扰的最小相位线性系统的输出跟踪问题. 与 8.3.1 节不同, 这里将给出一种新的推导方法. 首先给出引理 8.3.2.

引理 8.3.2 设线性系统 $(A,B,C)\in(\mathbf{R}^{n\times n},\mathbf{R}^{n\times m},\mathbf{R}^{m\times n})$ 满足假设 4.3.2, 则在状态变换 (4.81) 之下线性系统 (8.10) 等价于如下的输入输出规范型:

$$\begin{cases}\dot{\eta}=A_{00}\eta+B_0y+(N-HO)Ed\\ \dot{\xi}_{i1}=\xi_{i2}+c_iEd\\ \dot{\xi}_{i2}=\xi_{i3}+c_iAEd\\ \quad\vdots\\ \dot{\xi}_{i,r_i-1}=\xi_{i,r_i}+c_iA^{r_i-2}Ed\\ \dot{\xi}_{i,r_i}=c_iA^{r_i}x+c_iA^{r_i-1}Bu+c_iA^{r_i-1}Ed\\ y_i=\xi_{i1}\end{cases}\tag{8.50}$$

其中, $i=1,2,\cdots,m$; 各系数矩阵与式 (4.82) 中的系数矩阵相同.

证明 本引理是定理 4.3.2 应用于带有常值干扰的线性系统的情形. 由式 (8.10) 和式 (4.81) 可知

$$\begin{bmatrix}\dot{\eta}\\ \dot{\xi}\end{bmatrix}=T\dot{x}=\left(TAT^{-1}\begin{bmatrix}\eta\\ \xi\end{bmatrix}+TBu\right)+TEd$$

上式右端括号中的部分就是系统 (4.82) 的右端部分. 因此, 根据式 (4.81) 定义的 T 结构可知结论成立. 证毕. □

设 e_{ik} 如式 (8.46) 所定义, 则从式 (8.50) 可得如下跟踪误差满足的线性系统:

$$
\begin{cases}
\dot{e}_{i1} = e_{i2} + c_i E d \\
\dot{e}_{i2} = e_{i3} + c_i A E d \\
\quad \vdots \\
\dot{e}_{i,r_i-1} = e_{i,r_i} + c_i A^{r_i-2} E d \\
\dot{e}_{i,r_i} = c_i A^{r_i} x + c_i A^{r_i-1} B u + c_i A^{r_i-1} E d - y_i^{*(r_i)}
\end{cases} \tag{8.51}
$$

其中, $i = 1, 2, \cdots, m$. 如果 $d = 0$, 即系统 (8.10) 退化成系统 (8.2), 则上述系统可以写成

$$
\begin{cases}
\dot{e}_{i1} = e_{i2} \\
\dot{e}_{i2} = e_{i3} \\
\quad \vdots \\
\dot{e}_{i,r_i-1} = e_{i,r_i} \\
\dot{e}_{i,r_i} = c_i A^{r_i} x + c_i A^{r_i-1} B u - y_i^{*(r_i)}
\end{cases} \tag{8.52}
$$

其中, $i = 1, 2, \cdots, m$. 因此, 对任意形如式 (5.83) 的 Hurwitz 多项式, 如果控制信号 u 满足

$$
c_i A^{r_i} x + c_i A^{r_i-1} B u - y_i^{*(r_i)} = -\sum_{k=0}^{r_i-1} \gamma_{ik} e_{i,k+1}, \quad i = 1, 2, \cdots, m \tag{8.53}
$$

则系统 (8.52) 可以写成式 (8.47) 的形式, 从而有式 (8.3) 成立. 经过简单的推导可以验证 (8.53) 恰好就是式 (8.45). 此外, 如果线性系统 (8.2) 是最小相位的, 即 A_{00} 是 Hurwitz 矩阵, 则 η 子系统的状态 η 是有界的, 进而原线性系统 (8.2) 的状态 x 是有界的.

与 8.1.2 节讨论的情形类似, 由于未知常值干扰 d 的存在, 系统 (8.51) 的状态, 即跟踪误差 $e_{i1}\,(i = 1, 2, \cdots, m)$ 不会趋于零. 利用经典控制理论中积分反馈可以消除稳态误差的理论, 控制律 u 应该包含误差的积分 e_{i0}, 即

$$
\dot{e}_{i0} = e_{i1} = y_i - y_i^*, \quad i = 1, 2, \cdots, m \tag{8.54}
$$

基于这样的考虑, 可以给出定理 8.3.2.

定理 8.3.2 令线性系统 $(A, B, C) \in (\mathbf{R}^{n\times n}, \mathbf{R}^{n\times m}, \mathbf{R}^{m\times n})$ 满足假设 4.3.2, 零点矩阵 A_{00} 是 Hurwitz 矩阵, 被跟踪输出 y_i^* 至少 $r_i\,(i = 1, 2, \cdots, m)$ 次可导且各阶导数都是有界的, 则对于任意 $r_i + 1$ 次实系数 Hurwitz 首一多项式

$$
\tilde{\gamma}_i(s) = s^{r_i+1} + \tilde{\gamma}_{i,r_i} s^{r_i} + \cdots + \tilde{\gamma}_{i1} s + \tilde{\gamma}_{i0}, \quad i = 1, 2, \cdots, m
$$

问题 8.1.2 的解为

$$
u = \Gamma^{-1} \begin{bmatrix}
\tilde{\gamma}_1(\mathrm{d}) y_1^* - c_1 \tilde{\gamma}_1(A) x - \tilde{\gamma}_{10} e_{10} \\
\tilde{\gamma}_2(\mathrm{d}) y_2^* - c_2 \tilde{\gamma}_2(A) x - \tilde{\gamma}_{20} e_{20} \\
\vdots \\
\tilde{\gamma}_m(\mathrm{d}) y_m^* - c_m \tilde{\gamma}_m(A) x - \tilde{\gamma}_{m0} e_{m0}
\end{bmatrix} \tag{8.55}
$$

其中, e_{i0} 满足式 (8.54); $\check{\gamma}_i(s)\,(i=1,2,\cdots,m)$ 定义如下:

$$\check{\gamma}_i(s)=s^{r_i}+\tilde{\gamma}_{i,r_i}s^{r_i-1}+\cdots+\tilde{\gamma}_{i2}s+\tilde{\gamma}_{i1}$$

证明　设控制律 u 满足

$$c_iA^{r_i}x+c_iA^{r_i-1}Bu-y_i^{*(r_i)}=-\sum_{k=0}^{r_i}\tilde{\gamma}_{ik}e_{ik},\quad i=1,2,\cdots,m \tag{8.56}$$

则跟踪误差满足的闭环系统 (8.51) 和系统 (8.54) 可以写成

$$\begin{cases}\dot{e}_{i0}=e_{i1}\\ \dot{e}_{i1}=e_{i2}+c_iEd\\ \dot{e}_{i2}=e_{i3}+c_iAEd\\ \qquad\vdots\\ \dot{e}_{i,r_i-1}=e_{i,r_i}+c_iA^{r_i-2}Ed\\ \dot{e}_{i,r_i}=-\displaystyle\sum_{k=0}^{r_i}\tilde{\gamma}_{ik}e_{ik}+c_iA^{r_i-1}Ed\end{cases}$$

设 $\tilde{e}_i=[e_{i0},e_{i1},\cdots,e_{i,r_i}]^{\mathrm{T}}\in\mathbf{R}^{(r_i+1)\times 1}$, 则上述系统还可以写成

$$\dot{\tilde{e}}_i=\tilde{\varPhi}_{ii}\tilde{e}_i+\tilde{B}_id,\quad i=1,2,\cdots,m \tag{8.57}$$

其中

$$\tilde{\varPhi}_{ii}=\left[\begin{array}{c|ccc}0 & 1 & & \\ \vdots & & \ddots & \\ 0 & & & 1\\ \hline -\tilde{\gamma}_{i0} & -\tilde{\gamma}_{i1} & \cdots & -\tilde{\gamma}_{i,r_i}\end{array}\right]\in\mathbf{R}^{(r_i+1)\times(r_i+1)},\quad \tilde{B}_i=\begin{bmatrix}0\\ c_iE\\ \vdots\\ c_iA^{r_i-1}E\end{bmatrix}$$

将系统 (8.57) 两边同时求导并注意到 $\dot{d}=0$ 得到

$$\ddot{\tilde{e}}_i=\tilde{\varPhi}_{ii}\dot{\tilde{e}}_i,\quad i=1,2,\cdots,m$$

根据假设, $\tilde{\varPhi}_{ii}$ 是 Hurwitz 矩阵, 因此有 $\|\dot{\tilde{e}}_i\|\xrightarrow{t\to\infty}0\,(i=1,2,\cdots,m)$. 这蕴含

$$\lim_{t\to\infty}\|\dot{e}_{i0}\|=\lim_{t\to\infty}\|y_i-y_i^*\|=0,\quad i=1,2,\cdots,m$$

即式 (8.3) 成立. 此外, 由式 (8.57) 可知 $\tilde{e}_i$ 有界, 从式 (8.50) 的 η 子系统可知 η 有界, 故 x 有界.

最后, 从式 (8.56) 可以得到

$$c_iA^{r_i-1}Bu=-c_iA^{r_i}x-\sum_{k=0}^{r_i}\tilde{\gamma}_{ik}e_{ik}+y_i^{*(r_i)}$$

$$
\begin{aligned}
&= -c_iA^{r_i}x - \left(\sum_{k=1}^{r_i}\tilde{\gamma}_{ik}\left(y_i^{(k-1)} - y_i^{*(k-1)}\right) + \tilde{\gamma}_{i0}e_{i0}\right) + y_i^{*(r_i)} \\
&= -c_iA^{r_i}x - \sum_{k=1}^{r_i}\tilde{\gamma}_{ik}y_i^{(k-1)} + \sum_{k=1}^{r_i}\tilde{\gamma}_{ik}y_i^{*(k-1)} + y_i^{*(r_i)} - \tilde{\gamma}_{i0}e_{i0} \\
&= -c_iA^{r_i}x - \sum_{k=1}^{r_i}\tilde{\gamma}_{ik}c_iA^{k-1}x + \sum_{k=1}^{r_i}\tilde{\gamma}_{ik}y_i^{*(k-1)} + y_i^{*(r_i)} - \tilde{\gamma}_{i0}e_{i0} \\
&= -c_i\left(A^{r_i} + \sum_{k=1}^{r_i}\tilde{\gamma}_{ik}A^{k-1}\right)x + \left(\mathrm{d}^{r_i} + \sum_{k=1}^{r_i}\tilde{\gamma}_{ik}\mathrm{d}^{k-1}\right)y_i^* - \tilde{\gamma}_{i0}e_{i0} \\
&= -c_i\check{\gamma}_i(A)x + \check{\gamma}_i(\mathrm{d})y_i^* - \tilde{\gamma}_{i0}e_{i0}, \quad i = 1, 2, \cdots, m
\end{aligned}
$$

上式写成整体即是式 (8.55). u 的有界性显然. 证毕. □

显然, 控制律 (8.55) 是前馈 + 比例积分反馈控制律. 此外, 需要指出的是, 说明 8.3.1 和说明 8.3.2 也适用于定理 8.3.2. 为了节省篇幅, 这里不再重复.

8.4 状态跟踪

8.4.1 基于运动规划的状态跟踪

在很多情况下, 不是要求系统的输出能跟踪期望输出, 而是要求系统的状态能跟踪期望的状态. 具体来说, 对于多输入线性系统

$$
\dot{x} = Ax + Bu \tag{8.58}
$$

其中, $x \in \mathbf{R}^n$ 和 $u \in \mathbf{R}^m$ 分别是状态和输入向量, 给定有界的期望状态 $x^*(t) : \mathbf{R}_{\geqslant 0} \to \mathbf{R}^n$, 寻求有界的控制律 u 使得

$$
\lim_{t\to\infty} \|x(t) - x^*(t)\| = 0 \tag{8.59}
$$

与输出跟踪情形类似, 如果能找到满足

$$
\dot{x}^* = Ax^* + Bu^* \tag{8.60}
$$

的有界期望输入 u^*, 那么控制律也具有式 (8.5) 的前馈 + 反馈结构, 即

$$
u = u^* + K(x - x^*) \tag{8.61}
$$

其中, $K \in \mathbf{R}^{m\times n}$ 是使得 $A + BK$ 为 Hurwitz 矩阵的反馈增益矩阵. 基于定理 8.1.1 有定理 8.4.1.

定理 8.4.1 设线性系统 $(A, B) \in (\mathbf{R}^{n\times n}, \mathbf{R}^{n\times m})$ 能稳, $K \in \mathbf{R}^{m\times n}$ 使得 $A + BK$ 为 Hurwitz 矩阵. 如果存在期望输入 u^* 满足方程 (8.60), 那么在二自由度控制器 (8.61) 的作用下, 闭环系统的状态满足式 (8.59).

为了节省篇幅, 基于观测器的输出反馈情形 (说明 8.1.2) 这里不再讨论. 现在的问题是如何确定满足方程 (8.60) 的 u^*. 在方程 (8.4) 中, 已知的是信息量较少的输出 y^*, 未知的是信息量较多的 x^* 和 u^*, 因此有较多的自由度来确定 x^* 和 u^*. 与此不同, 对于工程中的绝大部分系统, 由于 $m<n$, 方程 (8.60) 中已知的是信息量较多的 x^*, 未知的是信息量较少的 u^*, 从而 u^* 通常是无法确定的. 因此, 上述意义下的状态跟踪问题一般无法求解. 这也说明应该同时确定满足方程 (8.60) 的期望状态 x^* 和对应的期望输入 u^*.

将方程 (8.60) 写成标准的线性方程的形式:

$$\begin{bmatrix} A-sI_n & B \end{bmatrix}\begin{bmatrix} X^*(s) \\ U^*(s) \end{bmatrix}=0 \tag{8.62}$$

其中, $(U^*(s),X^*(s))$ 是 $(u^*(t),x^*(t))$ 的 Laplace 变换. 显然, 上述关于 $(U^*(s),X^*(s))$ 的方程是齐次的, 系数矩阵 $[A-sI_n,B]$ 的列数大于行数, 从而不具有唯一解. 因此, 为了确定 $(u^*(t),x^*(t))$, 需要附加额外的条件.

在很多问题中, 我们并不是要求期望状态 x^* 每时每刻都完全已知, 而是要求期望状态 x^* 在给定的时刻通过状态空间中的给定点. 同时为了保证期望控制信号 u^* 的存在性和连续性, 也要求其在给定的时刻通过给定点. 如图 8.6 所示. 通过施加的这些附加条件, 方程 (8.62) 的解可以在一定程度上确定下来. 为了方便, 给出如下问题描述.

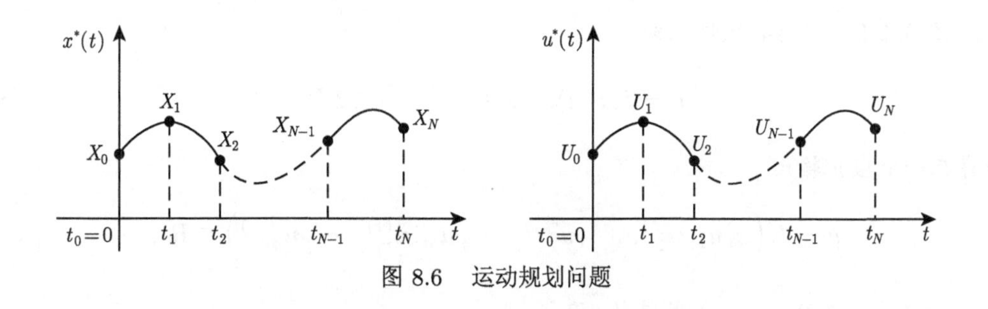

图 8.6 运动规划问题

问题 8.4.1 设 $t_i\in\mathbf{R}\,(i=0,1,\cdots,N)$ 是事先指定的一些时刻, 它们满足

$$0=t_0<t_1<\cdots<t_N=\tau<\infty \tag{8.63}$$

针对系统 (8.60), 寻找有界控制律 $u^*(t)$ 和状态 $x^*(t)$ 使得

$$(u^*(t_k),x^*(t_k))=(U_k,X_k),\quad k=0,1,\cdots,N \tag{8.64}$$

其中, $N\geqslant 1$ 是给定的正整数; $(U_k,X_k)\in(\mathbf{R}^m,\mathbf{R}^n)$ 是已知的向量组.

上述问题虽然是期望状态 x^* 和期望输入 u^* 的设计问题, 本质却是确定系统 (8.60) 或系统 (8.62) 的一条满足特定要求 (8.64) 的运动轨迹, 因此也称为运动规划 (motion planning) 问题. 在数学上, 这是一个多点边值问题 (multiple-point boundary value problem). 在一般情况下, 该问题的求解比较困难, 因为可能需要通过数值方法进行迭代计算才能找到满足要求的 (x^*,u^*). 但如果采取参数化的技术手段, 上述问题可以较容易被解决. 基本思路如下.

(1) 参数化: 将满足微分方程 (8.60) 的所有解用自由参数或函数 $w(t)$ 表示出来, 即

$$x(t)=\varPsi_x(w(t)),\quad u(t)=\varPsi_u(w(t)) \tag{8.65}$$

其中, $\varPsi_x(\cdot)$ 和 $\varPsi_u(\cdot)$ 是适当的函数.

(2) 条件转换: 利用式 (8.65), 将 $(u^*(t),x^*(t))$ 需要满足的条件 (8.64) 转化成 $w^*(t)$ 需要满足的条件, 即

$$(\varPsi_u(w^*(t_k)),\varPsi_x(w^*(t_k)))=(U_k,X_k),\quad k=0,1,\cdots,N \tag{8.66}$$

(3) 确定 $w^*(t)$: 指定 $w^*(t)$ 的形式 (通常是多项式函数) 并待定其中的系数, 根据 $w^*(t)$ 需要满足的条件 (8.66) 确定这些系数, 从而确定 $w^*(t)$.

(4) 确定 $(u^*(t),x^*(t))$: 根据式 (8.65) 有

$$x^*(t)=\varPsi_x(w^*(t)),\quad u^*(t)=\varPsi_u(w^*(t)) \tag{8.67}$$

显然, 关键的是前三个步骤. 下面分别讨论它们的实现.

8.4.2 微分平坦系统

首先讨论线性系统 (8.60) 的解的参数化问题. 为此, 给出微分平坦 (differential flat) 的定义.

定义 8.4.1 考虑非线性系统

$$\dot{x}=f(x,u),\quad x\in\mathbf{R}^n,\quad u\in\mathbf{R}^m \tag{8.68}$$

如果存在一个虚拟输出

$$w=h\left(x,u_1,u_1^{(1)},\cdots,u_1^{(p_1)},\cdots,u_m,u_m^{(1)},\cdots,u_m^{(p_m)}\right)\in\mathbf{R}^m$$

其中, $p_i\geqslant 0\,(i=1,2,\cdots,m)$ 是整数, 使得

$$\begin{cases} x=\varPsi_x\left(w_1,w_1^{(1)},\cdots,w_1^{(q_1)},\cdots,w_m,w_m^{(1)},\cdots,w_m^{(q_m)}\right)\overset{\text{def}}{=\!=}\varPsi_x(w) \\ u=\varPsi_u\left(w_1,w_1^{(1)},\cdots,w_1^{(q_1+1)},\cdots,w_m,w_m^{(1)},\cdots,w_m^{(q_m+1)}\right)\overset{\text{def}}{=\!=}\varPsi_u(w) \end{cases} \tag{8.69}$$

恒满足非线性系统 (8.68), 即

$$\dot{\varPsi}_x(w)=f(\varPsi_x(w),\varPsi_u(w))$$

这里 $q_i\geqslant 0\,(i=1,2,\cdots,m)$ 也是整数, 则称该系统是微分平坦系统. 此外, 称 w 为系统 (8.68) 的平坦输出 (flat output).

例 8.4.1 考虑非线性系统

$$\begin{cases} \dot{x}_1=-\sin(x_2)+u \\ \dot{x}_2=x_1-\cos(x_2^3)x_2 \end{cases}$$

可以选择 $w = x_2$ 作为该系统的一个平坦输出. 事实上, 容易得到

$$\begin{bmatrix} x_1 \\ x_2 \end{bmatrix} = \begin{bmatrix} \dot{x}_2 + \cos(x_2^3)x_2 \\ x_2 \end{bmatrix} = \begin{bmatrix} \dot{w} + \cos(w^3)w \\ w \end{bmatrix} \stackrel{\text{def}}{=} \Psi_x(w)$$

$$u = \dot{x}_1 + \sin(x_2) = -3\sin(w^3)w^3\dot{w} + \cos(w^3)\dot{w} + \ddot{w} + \sin(w) \stackrel{\text{def}}{=} \Psi_u(w)$$

在平坦系统的定义中, 要求平坦输出 w 是 x 和 u 的函数. 实际上, 平坦输出 w 可以认为是一个参量函数, 系统的状态 x 和输入 u 都可表示为该参量函数 w 及其各阶导数的函数, 或者说, (u,x) 通过 w 被参数化了. 可以看到参量函数 w 的维数为 m, 与输入的维数相同. 这是因为, 对于能控的线性系统, 方程 (8.62) 的解空间的维数为 m.

说明 8.4.1　对于一个线性系统 (A,B,C,D), 如果它是强能控的, 那么其输出就是一个平坦输出. 事实上, 根据定理 2.5.6, 式 (2.103) 恰好具有式 (8.69) 的形式, 其中 w 就是系统的输出 y. 由此可见平坦系统是强能控系统的一种推广. 与平坦系统稍有不同的是, 强能控系统的输出即平坦输出的维数可以小于输入的维数.

一般来说, 非线性系统平坦性的验证和平坦输出的构造都比较困难. 但对于线性系统 (8.58) 却有非常简洁的结论. 由于所考虑的是线性系统, 可以构造线性的输出

$$w = \begin{bmatrix} w_1 \\ w_2 \\ \vdots \\ w_m \end{bmatrix} = \begin{bmatrix} p_1 \\ p_2 \\ \vdots \\ p_m \end{bmatrix} x \stackrel{\text{def}}{=} Px \tag{8.70}$$

作为其平坦输出, 其中 $p_i \in \mathbf{R}^{1\times n}\ (i=1,2,\cdots,m)$ 是待定的向量. 下面讨论如何选择 P 使得 w 是线性系统 (8.58) 的一个平坦输出. 为了方便, 设

$$W = \begin{bmatrix} W_1 \\ W_2 \\ \vdots \\ W_m \end{bmatrix}, \quad W_i = \begin{bmatrix} w_i \\ w_i^{(1)} \\ \vdots \\ w_i^{(\mu_i-1)} \end{bmatrix}, \quad i=1,2,\cdots,m$$

那么有定理 8.4.2.

定理 8.4.2　设线性系统 $(A,B) \in (\mathbf{R}^{n\times n}, \mathbf{R}^{n\times m})$ 能控, 其能控性指数集为 $\{\mu_1,\mu_2,\cdots,\mu_m\}$, 变换矩阵 T 如式 (4.143) 所定义, $p_i\,(i=1,2,\cdots,m)$ 根据式 (4.138) 确定, 耦合矩阵 $\Gamma(A,B)$ 如式 (4.139) 所定义, 则式 (8.70) 是线性系统 (8.58) 的一个平坦输出, 且系统的状态可表示为

$$x = T^{-1}W \stackrel{\text{def}}{=} \Psi_x(w) \tag{8.71}$$

输入可表示为

$$u = \Gamma^{-1}(A,B) \begin{bmatrix} w_1^{(\mu_1)} \\ w_2^{(\mu_2)} \\ \vdots \\ w_m^{(\mu_m)} \end{bmatrix} - \Gamma^{-1}(A,B) \begin{bmatrix} p_1A^{\mu_1} \\ p_2A^{\mu_2} \\ \vdots \\ p_mA^{\mu_m} \end{bmatrix} x \stackrel{\text{def}}{=} \Psi_u(w) \tag{8.72}$$

证明 本结论事实上是第 4 章能控规范型的直接推论. 为了方便阅读, 这里提供简单的证明. 由定义可知 $p_i \in \mathbf{R}^{1\times n}$ 满足式 (4.140) 和式 (4.141). 对 $w_i = p_i x$ 求导 μ_i 次并利用式 (4.140) 和式 (4.141) 可得

$$w_i^{(k)} = p_i A^k x, \quad k = 0,1,\cdots,\mu_i - 1,\ i = 1,2,\cdots,m \tag{8.73}$$

和

$$w_i^{(\mu_i)} = p_i A^{\mu_i} x + p_i A^{\mu_i - 1} B u, \quad i = 1,2,\cdots,m \tag{8.74}$$

式 (8.73) 写成矩阵的形式就是

$$W_i = \begin{bmatrix} w_i \\ w_i^{(1)} \\ \vdots \\ w_i^{(\mu_i - 1)} \end{bmatrix} = \begin{bmatrix} p_i \\ p_i A \\ \vdots \\ p_i A^{\mu_i - 1} \end{bmatrix} x = T_i x, \quad i = 1,2,\cdots,m \tag{8.75}$$

由于 T 是非奇异矩阵 (见第 4 章), 式 (8.75) 就是式 (8.71). 另外, 式 (8.74) 也可写成矩阵的形式

$$\Gamma(A,B)u = \begin{bmatrix} w_1^{(\mu_1)} \\ w_2^{(\mu_2)} \\ \vdots \\ w_m^{(\mu_m)} \end{bmatrix} - \begin{bmatrix} p_1 A^{\mu_1} \\ p_2 A^{\mu_2} \\ \vdots \\ p_m A^{\mu_m} \end{bmatrix} x \tag{8.76}$$

由于耦合矩阵 $\Gamma(A,B)$ 非奇异, 式 (8.76) 就是式 (8.72). 证毕. □

定理 8.4.2 解决了线性系统 (8.60) 的解的参数化问题.

8.4.3 运动规划问题的解

基于解的参数化, 8.4.1 节所述步骤中的第 (2) 步即条件转化就能很容易完成. 事实上, 根据定理 8.4.2, 或直接根据式 (8.75) 和式 (8.76), 条件 (8.66) 等价于

$$\begin{bmatrix} w_i^*(t_k) \\ w_i^{*(1)}(t_k) \\ \vdots \\ w_i^{*(\mu_i - 1)}(t_k) \end{bmatrix} = T_i X_k, \quad \begin{bmatrix} w_1^{*(\mu_1)}(t_k) \\ w_2^{*(\mu_2)}(t_k) \\ \vdots \\ w_m^{*(\mu_m)}(t_k) \end{bmatrix} = \Gamma(A,B)U_k + \begin{bmatrix} p_1 A^{\mu_1} \\ p_2 A^{\mu_2} \\ \vdots \\ p_m A^{\mu_m} \end{bmatrix} X_k$$

其中, $i = 1,2,\cdots,m; k = 0,1,\cdots,N$. 因此有推论 8.4.1.

推论 8.4.1 设线性系统 $(A,B) \in (\mathbf{R}^{n\times n}, \mathbf{R}^{n\times m})$ 能控, 能控性指数集为 $\{\mu_1,\mu_2,\cdots,\mu_m\}$, $p_i\,(i = 1,2,\cdots,m)$ 根据式 (4.138) 确定, 则式 (8.66) 成立当且仅当存在

$$w^*(t) = \begin{bmatrix} w_1^*(t) & w_2^*(t) & \cdots & w_m^*(t) \end{bmatrix}^{\mathrm{T}}$$

其中, $w_i^*(t)$ 至少 μ_i 次可微, 使得对所有 $k \in \{0,1,\cdots,N\}$ 都有

$$\begin{bmatrix} w_i^*(t_k) \\ w_i^{*(1)}(t_k) \\ \vdots \\ w_i^{*(\mu_i-1)}(t_k) \\ w_i^{*(\mu_i)}(t_k) \end{bmatrix} = \begin{bmatrix} p_i \\ p_iA \\ \vdots \\ p_iA^{\mu_i-1} \\ p_iA^{\mu_i} \end{bmatrix} X_k + \begin{bmatrix} 0 \\ 0 \\ \vdots \\ 0 \\ p_iA^{\mu_i-1}B \end{bmatrix} U_k \overset{\text{def}}{=\!=} f_{ik} \tag{8.77}$$

说明 8.4.2 在有些情况下会进一步假设 (U_k, X_k) 是系统 (8.58) 或系统 (8.60) 的工作点, 即 $\dot{x}^*(t_k) = 0\,(k = 0, 1, \cdots, N)$. 因此根据式 (8.60) 和式 (8.64) 有

$$AX_k + BU_k = 0, \quad k = 0, 1, \cdots, N$$

此时, 根据式 (4.140) 和式 (4.141), 条件 (8.77) 变成

$$\begin{bmatrix} w_i^*(t_k) \\ w_i^{*(1)}(t_k) \\ \vdots \\ w_i^{*(\mu_i-1)}(t_k) \\ w_i^{*(\mu_i)}(t_k) \end{bmatrix} = \begin{bmatrix} p_iX_k \\ p_iAX_k \\ \vdots \\ p_iA^{\mu_i-1}X_k \\ p_iA^{\mu_i-1}(AX_k+BU_k) \end{bmatrix} = \begin{bmatrix} p_iX_k \\ -p_iBU_k \\ \vdots \\ -p_iA^{\mu_i-2}BU_k \\ 0 \end{bmatrix} = \begin{bmatrix} p_iX_k \\ 0 \\ \vdots \\ 0 \\ 0 \end{bmatrix} \tag{8.78}$$

根据 8.4.1 节, 需要求取 μ_i 次可微函数 $w_i^*(t)$ 使得 $w_i^{*(j)}(t_k)\,(j=0,1,\cdots,\mu_i, i=1,2,\cdots,m, k=0,1,\cdots,N)$ 满足式 (8.77). 这是一个典型的插值问题. 由于 μ_i 次可微函数的选择余地非常大, 上述插值问题的解肯定是不唯一的. 对任意 $i \in \{1, 2, \cdots, m\}$, 式 (8.77) 对应

$$N_i = (N+1)(\mu_i+1) \tag{8.79}$$

个条件. 满足这些条件的最简单的函数 $w_i^*(t)$ 是次数为 $N_i - 1$ 的多项式函数. 不妨设

$$w_i^*(t) = \sum_{l=0}^{N_i-1} \omega_{il} \frac{t^l}{l!} \tag{8.80}$$

其中, $\omega_{il}\,(l = 0, 1, \cdots, N_i - 1)$ 是待定的系数. $w_i^*(t)$ 的各阶导数为

$$w_i^{*(j)}(t) = \sum_{l=j}^{N_i-1} \omega_{il} \frac{t^{l-j}}{(l-j)!}, \quad j = 0, 1, \cdots, \mu_i$$

令 $t = t_k\,(k = 0, 1, \cdots, N)$, 得到线性方程组

$$\begin{bmatrix} 1 & \frac{t_k}{1!} & \frac{t_k^2}{2!} & \frac{t_k^3}{3!} & \cdots & \frac{t_k^{N_i-2}}{(N_i-2)!} & \frac{t_k^{N_i-1}}{(N_i-1)!} \\ & 1 & \frac{t_k}{1!} & \frac{t_k^2}{2!} & \cdots & \frac{t_k^{N_i-3}}{(N_i-3)!} & \frac{t_k^{N_i-2}}{(N_i-2)!} \\ & & \ddots & \ddots & \ddots & \vdots & \vdots \\ & & & 1 & \frac{t_k}{1!} & \cdots & \frac{t_k^{N_i-2-\mu_i}}{(N_i-2-\mu_i)!} \\ & & & & 1 & \cdots & \frac{t_k^{N_i-1-\mu_i}}{(N_i-1-\mu_i)!} \end{bmatrix} \begin{bmatrix} \omega_{i0} \\ \omega_{i1} \\ \omega_{i2} \\ \omega_{i3} \\ \vdots \\ \omega_{i,N_i-2} \\ \omega_{i,N_i-1} \end{bmatrix} = \begin{bmatrix} w_i^*(t_k) \\ w_i^{*(1)}(t_k) \\ \vdots \\ w_i^{*(\mu_i-1)}(t_k) \\ w_i^{*(\mu_i)}(t_k) \end{bmatrix}$$

此线性方程组可以写成整体的形式:

$$
\begin{bmatrix} V_{i0} \\ V_{i1} \\ \vdots \\ V_{iN} \end{bmatrix} \begin{bmatrix} \omega_{i0} \\ \omega_{i1} \\ \vdots \\ \omega_{i,N_i-1} \end{bmatrix} = \begin{bmatrix} f_{i0} \\ f_{i1} \\ \vdots \\ f_{iN} \end{bmatrix} \tag{8.81}
$$

其中, $f_{ik} \in \mathbf{R}^{\mu_i+1}\,(k=0,1,\cdots,N)$ 是如式 (8.77) 所定义的已知向量;

$$
V_{ik} = \begin{bmatrix} 1 & \frac{t_k}{1!} & \frac{t_k^2}{2!} & \frac{t_k^3}{3!} & \cdots & \frac{t_k^{N_i-2}}{(N_i-2)!} & \frac{t_k^{N_i-1}}{(N_i-1)!} \\ & 1 & \frac{t_k}{1!} & \frac{t_k^2}{2!} & \cdots & \frac{t_k^{N_i-3}}{(N_i-3)!} & \frac{t_k^{N_i-2}}{(N_i-2)!} \\ & & \ddots & \ddots & \ddots & \vdots & \vdots \\ & & & 1 & \frac{t_k}{1!} & \cdots & \frac{t_k^{N_i-2-\mu_i}}{(N_i-2-\mu_i)!} \\ & & & & 1 & \cdots & \frac{t_k^{N_i-1-\mu_i}}{(N_i-1-\mu_i)!} \end{bmatrix} \in \mathbf{R}^{(\mu_i+1)\times N_i}
$$

方程 (8.81) 是关于未知量 $\omega_{il}\,(l=0,1,\cdots,N_i-1)$ 的线性方程, 其系数

$$
V_i = \begin{bmatrix} V_{i0} \\ V_{i1} \\ \vdots \\ V_{iN} \end{bmatrix} \in \mathbf{R}^{N_i\times N_i}
$$

是 $\{t_0,t_1,\cdots,t_N\}$ 对应的广义 Vandermonde 矩阵 (见式 (A.22)). 由式 (8.63) 可知 V_i 是可逆的. 故方程 (8.81) 有唯一解 $\omega_{il}\,(l=0,1,\cdots,N_i-1)$.

在实际问题中, 为了增加 $w_i^*(t)$ 的光滑性, 即 $x^*(t)$ 和 $u^*(t)$ 的光滑性, 可以适当增加多项式函数 $w_i^*(t)$ 的次数. 根据上面的分析, 这当然会导致 $w_i^*(t)$ 不再是唯一的.

至此, 基于平坦输出的运动规划问题已经获得解决. 具体求解步骤总结如下.

(1) 求解线性方程 (8.81) 得到 $\omega_{il}\,(l=0,1,\cdots,N_i-1, i=1,2,\cdots,m)$.

(2) 根据式 (8.80) 得到 μ_i 次可微函数 $w_i^*(t)\,(i=1,2,\cdots,m)$, 即期望的平坦输出.

(3) 将期望平坦输出 $w_i^*(t)\,(i=1,2,\cdots,m)$ 代入式 (8.67) 得到期望状态 $x^*(t)$ 和输入 $u^*(t)$.

至此, 基于状态规划的状态跟踪问题已经获得解决, 相应的二自由度控制方案如图 8.7 所示. 需要指出的是, 由于 $(u^*(t),x^*(t))$ 只在时间区间 $[t_0,t_N]$ 上有效, 为了保证实际状态 x 和输入 u 能在 t_N 时刻达到期望的状态 x^* 和输入 u^*, 控制增益 K 应使得 $A+BK$ 的实部离虚轴充分远, 以保证 $x_\delta = x - x^*$ 和 $u_\delta = u - u^*$ 在 $t=\tau$ 时充分接近零.

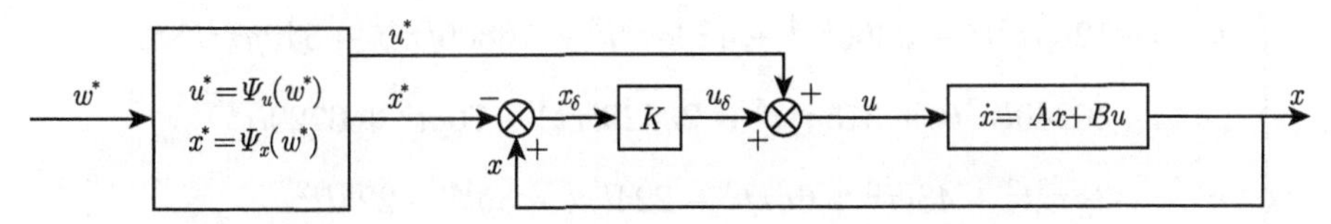

图 8.7　基于平坦输出的前馈 + 反馈二自由度控制框图

最后, 用一个例子来结束本节.

例 8.4.2　考虑例 1.1.2 中的小车倒立摆系统的线性化系统. 首先考虑该系统从起始工作点 $(X_0, U_0) = (0, 0)$ 运动到终端工作点

$$(U_1, X_1) = \left(0, \begin{bmatrix} \delta & 0 & 0 & 0 \end{bmatrix}^{\mathrm{T}}\right)$$

的运动规划问题, 这里 δ 是任意常数. 为了符号方便, 设 $t_0 = 0$ 和 $t_1 = \tau$. 该问题就是设计一条让小车从水平位移为零且摆杆处于竖直状态的位置移动到水平位移为 δ 的位置的运动轨迹, 并同时保持摆杆最终仍处于竖直位置. 但在移动的过程中, 摆杆可以偏离竖直位置. 对本系统而言, 输入维数 $m = 1, N = 1, \mu_1 = 4$, $p_1 = p$ 如式 (4.136) 所示. 因此该系统的平坦输出为

$$w_1 = \begin{bmatrix} -\dfrac{(4M+m)l}{3g} & 0 & -\dfrac{4(4M+m)l^2}{9g} & 0 \end{bmatrix} x = -\dfrac{(4M+m)l}{3g} \begin{bmatrix} 1 & 0 & \dfrac{4l}{3} & 0 \end{bmatrix} x$$

该平坦输出和式 (8.49) 定义的使得系统为最小相位的输出只差一个倍数 $-(4M+m)l/(3g)$. 根据式 (8.79) 有 $N_1 = (N+1)(\mu_1+1) = 10$. 求解线性方程 (8.81) 得到

$$\begin{bmatrix} \omega_{10} & \omega_{11} & \omega_{12} & \omega_{13} & \omega_{14} \\ \omega_{15} & \omega_{16} & \omega_{17} & \omega_{18} & \omega_{19} \end{bmatrix} = \frac{5040\delta l(4M+m)}{g\tau^9} \begin{bmatrix} 0 & 0 & 0 & 0 & 0 \\ -\tau^4 & 20\tau^3 & -180\tau^2 & 840\tau & -1680 \end{bmatrix}$$

将上述 $\omega_{1l}\,(l = 0, 1, 2, \cdots, 9)$ 代入式 (8.80) 得到期望的平坦输出

$$w_1^*(t) = -\frac{(4M+m)\delta l}{3g\tau^9} t^5 (126\tau^4 - 420\tau^3 t + 540\tau^2 t^2 - 315\tau t^3 + 70t^4)$$

将期望的平坦输出 $w^*(t) = w_1^*(t)$ 代入式 (8.67) 得到期望状态和输入

$$x^*(t) = \begin{bmatrix} -\dfrac{t^3\kappa_1}{\tau^9 g} & -\dfrac{210t^2(\tau-t)^2\kappa_2}{\tau^9 g} & \dfrac{2520t^3(\tau-t)^3(\tau-2t)}{\tau^9 g} & \dfrac{2520t^2(\tau-t)^2(3\tau^2-14\tau t+14t^2)}{\tau^9 g} \end{bmatrix}^{\mathrm{T}} \delta$$

$$u^*(t) = \frac{2520\delta t}{\tau^9 g}(\tau^2 - 3\tau t + 2t^2)\kappa_3$$

其中, $t \in [0, \tau]$;

$$\begin{cases} \kappa_1 = -126g\tau^4t^2 + 3360l\tau^4 + 420g\tau^3t^3 - 16800l\tau^3t - 540g\tau^2t^4 \\ \qquad +30240l\tau^2t^2 + 315g\tau t^5 - 23520l\tau t^3 - 70gt^6 + 6720lt^4 \\ \kappa_2 = -3g\tau^2t^2 + 48l\tau^2 + 6g\tau t^3 - 224l\tau t - 3gt^4 + 224lt^2 \\ \kappa_3 = mgt^4 - 14mlt^2 - 8M\tau^2l + Mgt^4 - 56Mlt^2 - 2m\tau^2l + 14m\tau lt \\ \qquad -2M\tau gt^3 - 2m\tau gt^3 + M\tau^2gt^2 + m\tau^2gt^2 + 56M\tau lt \end{cases}$$

使得 $A+bk$ 是 Hurwitz 矩阵的反馈增益已经在例 5.2.4 中完成, 即式 (5.46). 最终的二自由度控制律如式 (8.61) 所示. 为了仿真需要, 设 $\tau=2\text{s}, \delta=0.2\text{m}$, 初值为式 (8.33), 其余各参数仍取为式 (8.31). 显然 $x(0)\neq X_0$. 期望的平坦输出 w^*、状态 x^* 和输入 u^* 分别如图 8.8 中的实线所示. 在二自由度控制器 (8.61) 作用下闭环系统的状态 x 和对应的控制信号 u 如图 8.8 中的虚线所示. 由此可见, 状态 $x(t)$ 很好地跟踪上了期望状态 $x^*(t)$.

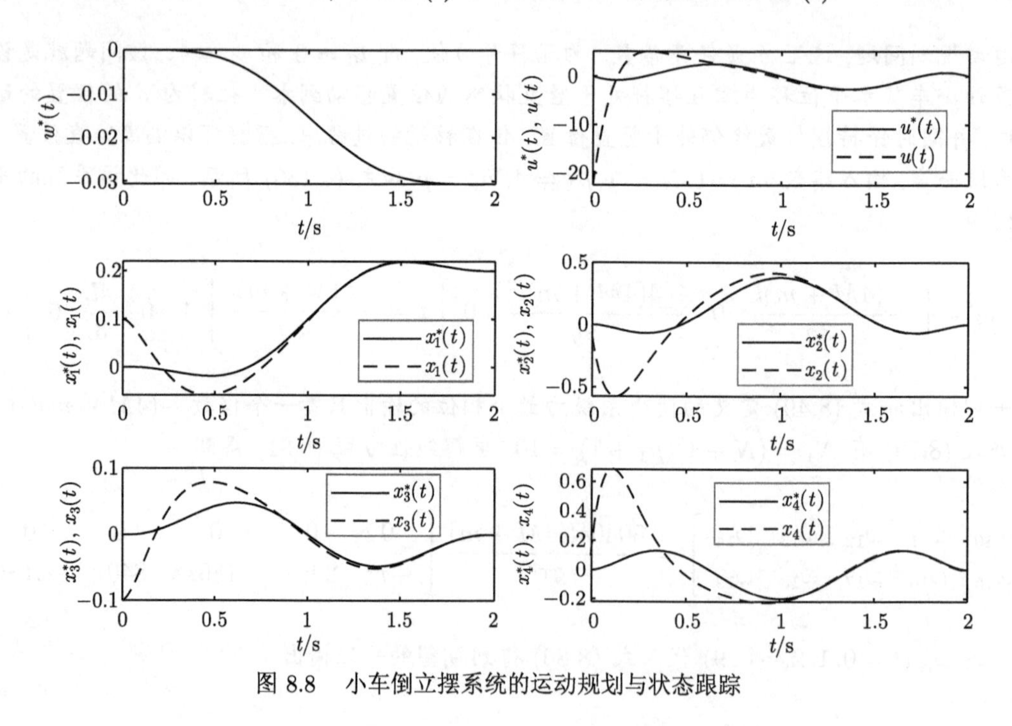

图 8.8 小车倒立摆系统的运动规划与状态跟踪

8.5 输出调节

8.5.1 问题描述

图 8.9 是经典控制理论所讨论的典型控制系统框图. 在该图中, $d\in\mathbf{R}^{n_\text{d}}$ 是外部干扰, $r\in\mathbf{R}^p$ 是参考信号. 目标是设计控制器使得闭环系统指数稳定, 且系统的输出 y 渐近跟踪参考信号 r, 即

$$\lim_{t\to\infty}\|e(t)\| = \lim_{t\to\infty}\|y(t)-r(t)\| = 0 \tag{8.82}$$

上述问题被称为渐近跟踪和干扰抑制 (asymptotic tracking and disturbance rejection) 问题. 在 $r=0$ 的特殊情况下, 这个问题则称为渐近调节 (asymptotic regulation) 问题. 许多实际

系统的控制问题, 如机器人手臂的轨迹跟踪控制、战术导弹对运动目标的制导、受转矩干扰的航天器姿态控制、受发射干扰的武器系统的控制等, 都属于图 8.9 所考虑的问题.

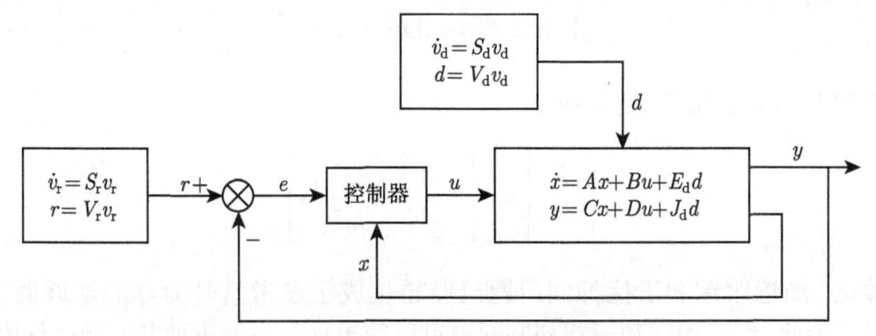

图 8.9 典型的渐近跟踪和干扰抑制控制系统

设被控对象的数学模型为

$$\begin{cases} \dot{x} = Ax + Bu + E_d d \\ y = Cx + Du + J_d d \end{cases} \tag{8.83}$$

其中, $x \in \mathbf{R}^n$、$u \in \mathbf{R}^m$、$y \in \mathbf{R}^p$ 和 $d \in \mathbf{R}^{n_d}$ 分别是状态、输入、输出和干扰信号. 从图 8.9 可以看出跟踪误差为

$$e = y - r = Cx + Du + J_d d - r \tag{8.84}$$

根据 7.6 节的讨论, 在许多实际问题中, 干扰信号通常是幅值未知的常值信号、斜率未知的斜坡信号、系数未知的抛物线信号、相位和幅值未知的正弦信号等. 这些信号有一个共同的特征, 就是可以由不受控线性系统

$$\dot{v}_d = S_d v_d, \quad v_d(0) = v_{d0}, \quad d = V_d v_d \tag{8.85}$$

产生, 其中, $(S_d, V_d) \in (\mathbf{R}^{k_d \times k_d}, \mathbf{R}^{n_d \times k_d})$ 是已知的参数矩阵对; $v_{d0} \in \mathbf{R}^{k_d}$ 是未知的初始状态. 与 8.1 ~ 8.3 节考虑的情形不同, 参考信号 r 同样也由如下不受控线性系统

$$\dot{v}_r = S_r v_r, \quad v_r(0) = v_{r0}, \quad r = V_r v_r \tag{8.86}$$

产生, 其中, $(S_r, V_r) \in (\mathbf{R}^{k_r \times k_r}, \mathbf{R}^{p \times k_r})$ 是已知的参数矩阵对; $v_{r0} \in \mathbf{R}^{k_r}$ 是初始状态. 与系统 (8.85) 的输出 d 不同, 系统 (8.86) 的输出 r 一般认为是可以直接测量或者已知的.

为了处理的方便, 一般将系统 (8.85) 和系统 (8.86) 合并. 为此, 令

$$v = \begin{bmatrix} v_r \\ v_d \end{bmatrix} \in \mathbf{R}^k, \quad S = \begin{bmatrix} S_r & 0 \\ 0 & S_d \end{bmatrix} \in \mathbf{R}^{k \times k}$$

其中, $k = k_r + k_d$, 则有

$$\dot{v} = Sv, \quad v(0) = \begin{bmatrix} v_{r0} \\ v_{d0} \end{bmatrix} \stackrel{\text{def}}{=\!=} v_0 \tag{8.87}$$

上述系统称为外系统, 它同时产生参考信号和干扰信号. 当不需要区分参考信号和干扰信号时, 将统一用外源信号 (exogenous signal) 指代. 利用外系统 (8.87) 的状态, 系统 (8.83) 的状

态方程和跟踪误差 (8.84) 可写为

$$\begin{cases} \dot{x} = Ax + Bu + Ev \\ e = Cx + Du + Jv \end{cases} \tag{8.88}$$

其中, $E \in \mathbf{R}^{n\times k}$ 和 $J \in \mathbf{R}^{p\times k}$ 定义如下:

$$\begin{bmatrix} E \\ J \end{bmatrix} = \left[\begin{array}{cc} 0 & E_{\mathrm{d}}V_{\mathrm{d}} \\ \hline -V_{\mathrm{r}} & J_{\mathrm{d}}V_{\mathrm{d}} \end{array}\right]$$

通过上述转化, 渐近跟踪和干扰抑制问题已经转化成了参考信号为零的渐近调节问题, 如图 8.10 所示. 因此, 渐近跟踪和干扰抑制问题可以简单地称为输出调节问题或伺服问题.

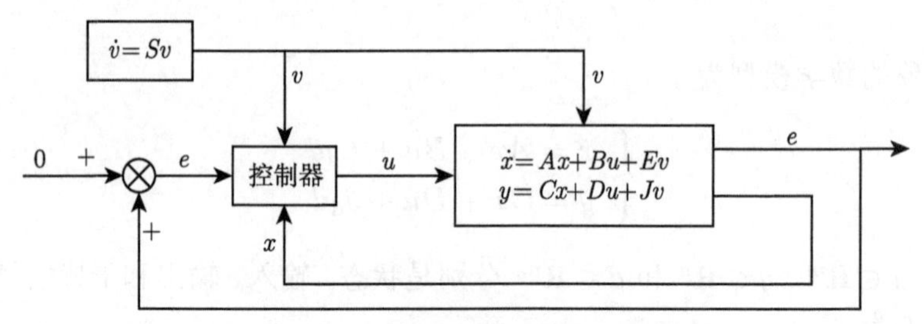

图 8.10　标准输出调节问题的控制框图

为了方便, 通常将系统 (8.87) 和系统 (8.88) 写成整体:

$$\begin{cases} \dot{x} = Ax + Bu + Ev \\ \dot{v} = Sv \\ e = Cx + Du + Jv \end{cases} \tag{8.89}$$

该系统称为复合系统 (composite system), 而

$$\chi = \begin{bmatrix} x^{\mathrm{T}} & v^{\mathrm{T}} \end{bmatrix}^{\mathrm{T}} \in \mathbf{R}^{n+k} \tag{8.90}$$

称为复合状态 (composite state).

由于系统 (8.89) 是线性的, 控制器自然也被限定为线性的. 对于任何静态或者动态的线性控制律

$$u = \mathscr{U}(x, v, e) \tag{8.91}$$

闭环系统都可以写成

$$\begin{cases} \dot{x}_{\mathrm{c}} = A_{\mathrm{c}}x_{\mathrm{c}} + B_{\mathrm{c}}v \\ \dot{v} = Sv \\ e = C_{\mathrm{c}}x_{\mathrm{c}} + D_{\mathrm{c}}v \end{cases} \tag{8.92}$$

其中, $x_{\mathrm{c}} \in \mathbf{R}^{n_{\mathrm{c}}}$ 是闭环系统的增广状态; $(A_{\mathrm{c}}, B_{\mathrm{c}}, C_{\mathrm{c}}, D_{\mathrm{c}})$ 是具有适当维数的系数矩阵. 输出调节问题可以正式描述如下.

问题 8.5.1 设计线性控制律 (8.91) 使得闭环系统 (8.92) 具有如下性质.

(1) (稳定性) 在 $v=0$ 时是渐近稳定的.

(2) (调节性) 对于所有初始状态 $x_{\rm c}(0)$ 和 v_0, 闭环系统 (8.92) 的跟踪误差 e 都满足式 (8.82).

如果闭环系统 (8.92) 满足问题 8.5.1 的性质 (1), 则称其是内稳定的. 如果闭环系统满足问题 8.5.1 的性质 (2), 则称其具有输出调节特性. 由此可见, 解决输出调节问题的控制律在保证闭环系统是内稳定的同时, 还要实现在外部扰动 d 影响下的输出 y 能够渐近跟踪参考信号 r. 能够实现上述两个功能的控制律称为系统的一个伺服调节器.

为了解决输出调节问题 8.5.1, 首先给出一个假设.

假设 8.5.1 矩阵 S 的所有特征值都具有非负实部.

上述假设是为了更方便地解决输出调节问题, 并没有失去一般性. 事实上, 如果 S 含有负实部的模态, 这些稳定模态对应的响应一定随时间衰减至零, 不会影响条件 (8.82). 另外, 闭环系统在 $v=0$ 时的稳定性和 S 无关. 因此, 问题 8.5.1 的可解性与矩阵 S 的稳定模态无关.

8.5.2 问题的可解性

关于问题 8.5.1 的可解性, 可以给出引理 8.5.1.

引理 8.5.1 令假设 8.5.1 成立, 对于闭环系统 (8.92) 考虑方程组

$$X_{\rm c}S=A_{\rm c}X_{\rm c}+B_{\rm c} \tag{8.93}$$

$$0=C_{\rm c}X_{\rm c}+D_{\rm c} \tag{8.94}$$

则控制律 (8.91) 是问题 8.5.1 的解当且仅当 $A_{\rm c}$ 是 Hurwitz 矩阵且方程 (8.93) 的唯一解 $X_{\rm c}\in\mathbf{R}^{n_{\rm c}\times k}$ 满足方程 (8.94).

证明 充分性: 假设引理的两个条件都成立. 由于 $A_{\rm c}$ 是 Hurwitz 矩阵, 矩阵 S 的所有特征值都具有非负实部, 根据推论 A.4.1, 对任意 $B_{\rm c}$, 方程 (8.93) 都有唯一解 $X_{\rm c}\in\mathbf{R}^{n_{\rm c}\times k}$. 令 $\xi=x_{\rm c}-X_{\rm c}v$, 则根据式 (8.92) 和式 (8.93) 有

$$\begin{aligned}\dot{\xi}&=\dot{x}_{\rm c}-X_{\rm c}\dot{v}=A_{\rm c}x_{\rm c}+B_{\rm c}v-X_{\rm c}Sv=A_{\rm c}(\xi+X_{\rm c}v)+B_{\rm c}v-X_{\rm c}Sv\\&=A_{\rm c}\xi+(A_{\rm c}X_{\rm c}+B_{\rm c}-X_{\rm c}S)v=A_{\rm c}\xi\end{aligned} \tag{8.95}$$

以及

$$e=C_{\rm c}\xi+(C_{\rm c}X_{\rm c}+D_{\rm c})v \tag{8.96}$$

由于 $A_{\rm c}$ 是 Hurwitz 矩阵, 必有 $\xi(t)\xrightarrow{t\to\infty}0$. 因此, 方程 (8.94) 蕴含 $e(t)\xrightarrow{t\to\infty}0$. 这表明问题 8.5.1 的两个条件都满足, 即控制律 (8.91) 是问题 8.5.1 的解.

必要性: 假设控制律 (8.91) 是问题 8.5.1 的解, 根据问题 8.5.1 的条件 (1) 可知 $A_{\rm c}$ 必须是 Hurwitz 矩阵, 即本引理的第 1 个条件必须成立. 根据上面充分性的证明, 此时方程 (8.93) 有唯一解 $X_{\rm c}\in\mathbf{R}^{n_{\rm c}\times k}$, 从而也有式 (8.95) 和式 (8.96) 成立. 现考虑 k 个线性无关的初值 $v_{0i}\in\mathbf{R}^k\,(i=1,2,\cdots,k)$, 其对应的外系统状态为 $v_i(t)={\rm e}^{St}v_{0i}$, 跟踪误差为 $e_i(t)$, 则根据式 (8.96) 有

$$\begin{bmatrix} e_1(t) & e_2(t) & \cdots & e_k(t) \end{bmatrix} = C_{\rm c}\begin{bmatrix} \xi_1(t) & \xi_2(t) & \cdots & \xi_k(t) \end{bmatrix} + (C_{\rm c}X_{\rm c} + D_{\rm c}){\rm e}^{St}\begin{bmatrix} v_{01} & v_{02} & \cdots & v_{0k} \end{bmatrix}$$

其中, $\xi_i(t) = x_{\rm c}(t) - X_{\rm c}v_i(t)$ 满足 $\|\xi_i(t)\| \xrightarrow{t\to\infty} 0$. 由假设 8.5.1 可知 ${\rm e}^{St}$ 对任意 t 都是非奇异的且不会趋于零. 因此, $\|e_i(t)\| \xrightarrow{t\to\infty} 0\,(i = 1, 2, \cdots, k)$ 成立仅当式 (8.94) 成立. 证毕. □

引理 8.5.1 将问题 8.5.1 的可解性转化成了方程 (8.93) 和方程 (8.94) 的可解性问题, 从而将系统设计问题转化成了代数问题. 以下主要基于方程 (8.93) 和方程 (8.94) 开展进一步的讨论.

说明 8.5.1 可以在时域内对方程 (8.93) 和方程 (8.94) 做一些解释. 从闭环系统 (8.92) 的第 1 个方程可知

$$\begin{aligned} x_{\rm c}(t) &= {\rm e}^{A_{\rm c}t}x_{\rm c}(0) + \int_0^t {\rm e}^{A_{\rm c}(t-s)}B_{\rm c}v(s){\rm d}s = {\rm e}^{A_{\rm c}t}x_{\rm c}(0) + \int_0^t {\rm e}^{A_{\rm c}(t-s)}B_{\rm c}{\rm e}^{Ss}{\rm d}sv(0) \\ &= {\rm e}^{A_{\rm c}t}x_{\rm c}(0) + \int_0^t {\rm e}^{A_{\rm c}(t-s)}B_{\rm c}{\rm e}^{S(s-t)}{\rm d}s{\rm e}^{St}v(0) = {\rm e}^{A_{\rm c}t}x_{\rm c}(0) + \int_0^t {\rm e}^{A_{\rm c}s}B_{\rm c}{\rm e}^{-Ss}{\rm d}sv(t) \end{aligned}$$

由于 $A_{\rm c}$ 是 Hurwitz 矩阵, S 满足假设 8.5.1, 存在常数 $\lambda_0 > 0$ 使得 $A_{\rm c} + \lambda_0 I_{n_{\rm c}}$ 和 $-S - \lambda_0 I_k$ 都是 Hurwitz 矩阵. 因此, 根据引理 A.4.1 有

$$\begin{aligned} x_{\rm c}(t) =&\ {\rm e}^{A_{\rm c}t}x_{\rm c}(0) + \left(\int_0^t {\rm e}^{(A_{\rm c}+\lambda_0 I_{n_{\rm c}})s}B_{\rm c}{\rm e}^{(-S-\lambda_0 I_k)s}{\rm d}s\right)v(t) \\ &\xrightarrow{t\to\infty} \left(\int_0^\infty {\rm e}^{(A_{\rm c}+\lambda_0 I_{n_{\rm c}})s}B_{\rm c}{\rm e}^{(-S-\lambda_0 I_k)s}{\rm d}s\right)v(t) = X_{{\rm c}\infty}v(t) \end{aligned}$$

其中, $X_{{\rm c}\infty}$ 是 $(A_{\rm c} + \lambda_0 I_{n_{\rm c}})X_{{\rm c}\infty} + X_{{\rm c}\infty}(-S - \lambda_0 I_k) = -B_{\rm c}$ 的唯一解. 上述方程显然和方程 (8.93) 等价. 因此 $X_{{\rm c}\infty} = X_{\rm c}$. 根据闭环系统 (8.92) 的第 3 个方程有

$$e(t) = C_{\rm c}x_{\rm c}(t) + D_{\rm c}v(t) \xrightarrow{t\to\infty} (C_{\rm c}X_{\rm c} + D_{\rm c})v(t)$$

由此可见, 式 (8.82) 成立当且仅当式 (8.94) 成立.

8.5.3 静态状态反馈

本节考虑静态状态反馈 (简称状态反馈)

$$u = K_x x + K_v v \tag{8.97}$$

其中, $(K_x, K_v) \in (\mathbf{R}^{m\times n}, \mathbf{R}^{m\times k})$ 是一对控制增益, 分别称为反馈增益和前馈增益. 由系统 (8.89) 和控制律 (8.97) 组成的闭环系统为式 (8.92), 其中, $x_{\rm c} = x, x_{\rm c}(0) = x_{\rm c0}, v(0) = v_0$;

$$\begin{bmatrix} A_{\rm c} & B_{\rm c} \\ C_{\rm c} & D_{\rm c} \end{bmatrix} = \begin{bmatrix} A + BK_x & E + BK_v \\ C + DK_x & J + DK_v \end{bmatrix}$$

显然, 引理 8.5.1 可以直接应用于此种情况.

引理 8.5.1 的第 2 个条件依赖于方程 (8.93) 的解 X_c, 而 X_c 又依赖于 K_x. 那么自然要问, 不同的镇定增益 K_x 是否会导致问题 8.5.1 可解或不可解? 定理 8.5.1 回答了这个问题.

定理 8.5.1 令假设 8.5.1 成立, 则问题 8.5.1 存在形如式 (8.97) 的状态反馈解当且仅当 (A,B) 能稳且存在 $(X,U)\in(\mathbf{R}^{n\times k},\mathbf{R}^{m\times k})$ 满足方程

$$XS = AX + BU + E \tag{8.98}$$

$$0 = CX + DU + J \tag{8.99}$$

此时, 可设 $K_x\in\mathbf{R}^{m\times n}$ 为任意使得 $A+BK_x$ 是 Hurwitz 矩阵的反馈增益, 而

$$K_v = U - K_x X \tag{8.100}$$

证明 充分性: 如果本定理的条件成立, 设 (K_x,K_v) 如本定理所选取, 且令 $X_c = X$, 则根据式 (8.98) 有

$$\begin{aligned} A_c X_c + B_c &= (A+BK_x)X + E + BK_v = AX + B(K_x X + K_v) + E \\ &= AX + BU + E = XS = X_c S \end{aligned} \tag{8.101}$$

而根据式 (8.99) 有

$$\begin{aligned} C_c X_c + D_c &= (C+DK_x)X + J + DK_v \\ &= CX + J + D(K_x X + K_v) = CX + DU + J = 0 \end{aligned} \tag{8.102}$$

因此引理 8.5.1 的两个条件都满足, 从而状态反馈 (8.97) 是问题 8.5.1 的解.

必要性: 假设问题 8.5.1 有形如式 (8.97) 的状态反馈解, 根据引理 8.5.1 的第 1 个条件, 存在反馈增益 $K_x\in\mathbf{R}^{m\times n}$ 使得 $A_c = A+BK_x$ 是 Hurwitz 矩阵, 从而 (A,B) 必须能稳. 另外, 根据引理 8.5.1 的第 2 个条件, 存在前馈增益 $K_v\in\mathbf{R}^{m\times k}$ 使得方程 (8.93) 的唯一解 $X_c\in\mathbf{R}^{n\times k}$ 满足方程 (8.94). 取 $X = X_c$ 和 $U = K_v + K_x X$. 注意到后者就是式 (8.100). 因此, 颠倒式 (8.101) 和式 (8.102) 的推导过程, 由方程 (8.93) 和方程 (8.94) 可知 (X,U) 满足方程 (8.98) 和方程 (8.99). 证毕. □

说明 8.5.2 由于方程 (8.98) 和方程 (8.99) 的解 (X,U) 与反馈增益 K_x 无关, 从式 (8.100) 可以看出前馈增益 K_v 是反馈增益 K_x 的线性函数. 此外, 粗略地说, 定理 8.5.1 表明反馈增益 K_x 用于保证稳定性, 而前馈增益 K_v 用于保证调节性 (见问题 8.5.1).

方程 (8.98) 和方程 (8.99) 通常称为调节器方程组 (regulator equations). 为了解释调节器方程组的系统意义, 先给出引理 8.5.2.

引理 8.5.2 设存在矩阵对 $(X,U)\in(\mathbf{R}^{n\times k},\mathbf{R}^{m\times k})$ 满足调节器方程组. 令 $\xi = x - Xv, \mu = u - Uv$, 则开环系统 (8.89) 可以写成

$$\begin{cases} \dot{\xi} = A\xi + B\mu \\ e = C\xi + D\mu \end{cases} \tag{8.103}$$

证明 根据式 (8.98) 和开环系统 (8.89) 的第 1 和第 2 个方程有

$$\begin{aligned}\dot{\xi} &= Ax + Bu + Ev - XSv = A(\xi + Xv) + B(Uv + \mu) + Ev - XSv \\ &= (AX + BU + E - XS)v + A\xi + B\mu = A\xi + B\mu\end{aligned}$$

同理, 根据式 (8.99) 和开环系统 (8.89) 的第 3 个方程有

$$e = C(\xi + Xv) + D(Uv + \mu) + Jv = (CX + DU + J)v + C\xi + D\mu = C\xi + D\mu$$

上述两式就是式 (8.103). 证毕. □

由此可见, 利用调节器方程组, 问题 8.5.1 被转化成针对线性系统 (8.103) 设计状态反馈控制律 $\mu = K_x\xi$ 使得闭环系统 $\dot{\xi} = (A + BK_x)\xi$ 是渐近稳定的. 这是在第 5 章深入讨论过的状态反馈镇定问题. 换句话说, 利用调节器方程组, 状态反馈输出调节问题被转化成了状态反馈镇定问题.

根据定理 8.5.1 和上述引理可立即得到推论 8.5.1.

推论 8.5.1 设定理 8.5.1 的条件都成立, (K_x, K_v) 是问题 8.5.1 的一个解, 则

$$\lim_{t\to\infty}\|x(t) - Xv(t)\| = \lim_{t\to\infty}\|\xi(t)\| = 0, \quad \lim_{t\to\infty}\|u(t) - Uv(t)\| = \lim_{t\to\infty}\|\mu(t)\| = 0$$

这表明闭环系统 (8.92) 的状态 $x(t)$ 渐近趋于 $Xv(t)$, 而控制信号 $u(t)$ 渐近趋于 $Uv(t)$. 这两个量 $Xv(t)$ 和 $Uv(t)$ 通常称为闭环系统的稳态 (steady-state) 状态和稳态输入. 对引理 8.5.2 和定理 8.1.1 进行比较不难发现, 稳态状态 $Xv(t)$ 和稳态输入 $Uv(t)$ 事实上就是期望状态 $x^*(t)$ 和期望输入 $u^*(t)$, 它们完全由调节器方程组的解和外系统的状态 v 来表征.

控制律 (8.97) 需要外系统 (8.87) 的状态. 干扰通常是不可测量的. 因此控制律 (8.97) 要求外系统只生成参考信号而不生成干扰信号. 此时, 根据式 (8.87), 控制律 (8.97) 可写成

$$u = K_x x + K_v \mathrm{e}^{St} v_0 \overset{\text{def}}{=\!=} K_x x + u^*(t) \tag{8.104}$$

例 8.5.1 考虑小车倒立摆系统的线性化系统模型 (1.26), 即

$$\dot{x} = Ax + Bu, \quad y = Cx \tag{8.105}$$

这里为了和前述理论保持一致, 控制和输出矩阵分别用大写字母 B 和 C 表示. 设被跟踪的参考信号为 $r(t) = a\cos(\omega t)\,(t \geqslant 0)$, 这里 a 和 ω 都是正常数, 即期望小车做周期为 $2\pi/\omega$、幅值为 a 的往复运动. 该信号和式 (8.27) 完全相同. 容易验证

$$\dot{v} = \begin{bmatrix} 0 & \omega \\ -\omega & 0 \end{bmatrix} v, \quad v_0 = \begin{bmatrix} 1 \\ 0 \end{bmatrix}, \quad r = \begin{bmatrix} a & 0 \end{bmatrix} v \tag{8.106}$$

因此跟踪误差为

$$e = y - r = Cx - \begin{bmatrix} a & 0 \end{bmatrix} v \tag{8.107}$$

式 (8.105)、式 (8.106) 和式 (8.107) 可以写成式 (8.89) 的标准形式, 其中各个参数为

$$E = 0, \quad D = 0, \quad S = \begin{bmatrix} 0 & \omega \\ -\omega & 0 \end{bmatrix}, \quad J = \begin{bmatrix} -a & 0 \end{bmatrix}$$

调节器方程组的唯一解为

$$X=\begin{bmatrix} a & 0 \\ 0 & a\omega \\ -\dfrac{3a\omega^2}{4l\omega^2+3g} & 0 \\ 0 & -\dfrac{3a\omega^3}{4l\omega^2+3g} \end{bmatrix},\quad U=\begin{bmatrix} -\dfrac{a\omega^2(3Mg+3mg+lm\omega^2+4Ml\omega^2)}{4l\omega^2+3g} & 0 \end{bmatrix}$$

设反馈增益 $K_x=k$, 其中 k 由例 5.2.4 的式 (5.46) 给出. 根据式 (8.100), 前馈增益可以设计为

$$K_v=\frac{al(4M+m)}{4l\omega^2+3g}\begin{bmatrix} -(\omega^4-163\omega^2+986) & 10\omega(2\omega^2-63) \end{bmatrix}$$

根据式 (8.97)、式 (8.104) 和式 (8.106), 可以构造静态状态反馈控制律

$$u=K_xx+K_vv=K_xx+K_v\mathrm{e}^{St}v_0=K_xx+\alpha_{\mathrm{c}}\cos(\omega t)+\alpha_{\mathrm{s}}\sin(\omega t),\quad t\geqslant 0 \tag{8.108}$$

其中, α_{c} 和 α_{s} 与控制律 (8.32) 中的参数完全相同. 故上述控制律和式 (8.32) 完全相同. 为了仿真需要, 设小车倒立摆的各个参数如式 (8.31) 以及 $a=0.1\mathrm{m}, \omega=2\mathrm{rad/s}$, 状态的初值为式 (8.33). 那么, 在控制律 (8.108) 作用下的闭环系统的状态如图 8.11 所示. 由此可见输出 y 很好地跟踪了参考信号 r.

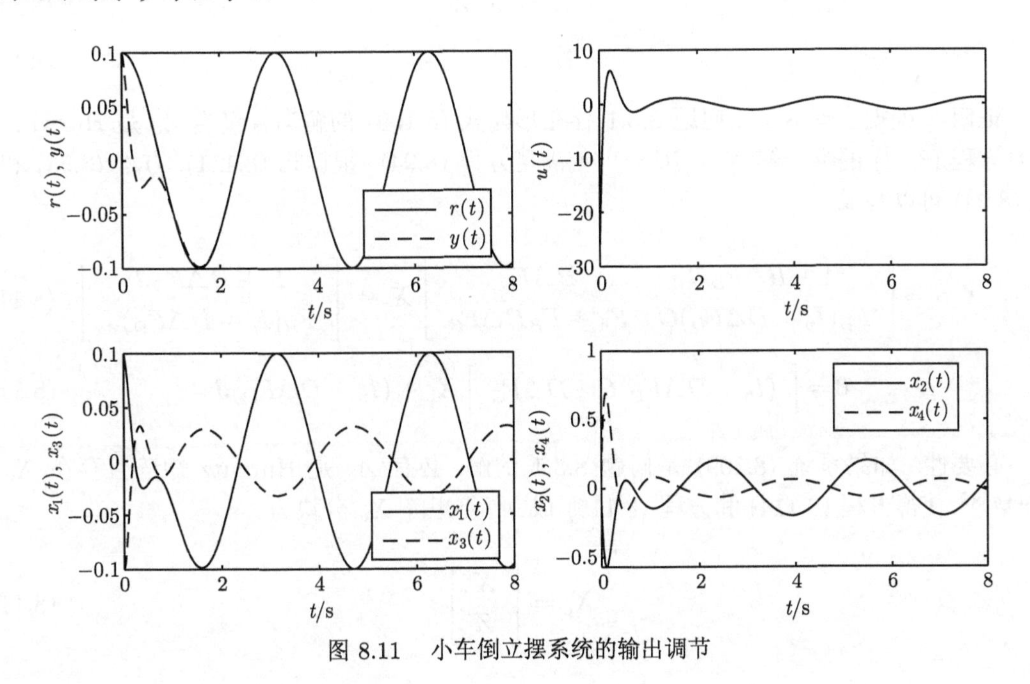

图 8.11　小车倒立摆系统的输出调节

8.5.4　动态输出反馈

在一般情况下, 干扰 d 是无法测量的, 也就是 v 是无法直接测量的. 另外, 很多情况下, 系统 (8.89) 的状态 x 也是不可直接测量的. 因此, 状态反馈在大多数情况下并不适用. 为此

考虑动态输出反馈

$$\begin{cases} \dot{z} = F_A z + F_B e \\ u = F_C z + F_D e \end{cases} \tag{8.109}$$

其中, $z \in \mathbf{R}^q$ 是动态补偿器的状态; $(F_A, F_B, F_C, F_D) \in (\mathbf{R}^{q\times q}, \mathbf{R}^{q\times p}, \mathbf{R}^{m\times q}, \mathbf{R}^{m\times p})$ 为常数矩阵簇. 设控制律 (8.109) 的初值为 $z(0) = z_0$. 假设 $I_m - F_D D$ 可逆并令

$$\Delta = (I_m - F_D D)^{-1} \tag{8.110}$$

则系统 (8.89) 和控制律 (8.109) 组成的闭环系统也可写成式 (8.92) 的形式, 其中, $x_c = [x^{\mathrm{T}}, z^{\mathrm{T}}]^{\mathrm{T}}$;

$$\left[\begin{array}{cc} A_c & B_c \\ C_c & D_c \end{array}\right] = \left[\begin{array}{cc|c} A + B\Delta F_D C & B\Delta F_C & E + B\Delta F_D J \\ F_B(I_p + D\Delta F_D)C & F_A + F_B D\Delta F_C & F_B(I_p + D\Delta F_D)J \\ \hline (I_p + D\Delta F_D)C & D\Delta F_C & (I_p + D\Delta F_D)J \end{array}\right] \tag{8.111}$$

定理 8.5.2 是定理 8.5.1 在动态输出反馈情形下的推广.

定理 8.5.2 令假设 8.5.1成立, 则问题 8.5.1 存在形如式 (8.109) 的动态输出反馈解当且仅当式 (8.111) 中的 A_c 是 Hurwitz 矩阵, 存在矩阵对 (X, U) 满足调节器方程组, 且存在矩阵 $Z \in \mathbf{R}^{q\times k}$ 满足方程

$$ZS = F_A Z \tag{8.112}$$

$$U = F_C Z \tag{8.113}$$

证明 根据引理 8.5.1, 问题 8.5.1 存在形如式 (8.109) 的解当且仅当 A_c 是 Hurwitz 矩阵且方程 (8.93) 的唯一解 $X_c \in \mathbf{R}^{(n+q)\times k}$ 满足方程 (8.94). 根据式 (8.111), 方程 (8.93) 和方程 (8.94) 可以写成

$$X_c S = \begin{bmatrix} A + B\Delta F_D C & B\Delta F_C \\ F_B(I_p + D\Delta F_D)C & F_A + F_B D\Delta F_C \end{bmatrix} X_c + \begin{bmatrix} E + B\Delta F_D J \\ F_B(I_p + D\Delta F_D)J \end{bmatrix} \tag{8.114}$$

$$0 = \begin{bmatrix} (I_p + D\Delta F_D)C & D\Delta F_C \end{bmatrix} X_c + (I_p + D\Delta F_D)J \tag{8.115}$$

必要性: 如果系统 (8.109) 是问题 8.5.1 的解, 必有 A_c 是 Hurwitz 矩阵且存在 $X_c \in \mathbf{R}^{(n+q)\times k}$ 使得方程 (8.114) 和方程 (8.115) 成立. 将矩阵 X_c 分块为

$$X_c = \begin{bmatrix} X \\ Z \end{bmatrix} \tag{8.116}$$

其中, $X \in \mathbf{R}^{n\times k}, Z \in \mathbf{R}^{q\times k}$. 那么, 方程 (8.114) 和方程 (8.115) 可改写为

$$XS = AX + B\Delta(F_D(CX + J) + F_C Z) + E \tag{8.117}$$

$$0 = CX + D\Delta(F_D(CX + J) + F_C Z) + J \tag{8.118}$$

$$ZS = F_B(CX + D\Delta(F_D(CX + J) + F_C Z) + J) + F_A Z \tag{8.119}$$

因此, 如果设

$$U = \Delta(F_D(CX + J) + F_C Z) \tag{8.120}$$

则式 (8.117) ~ 式 (8.119) 分别就是调节器方程组和方程 (8.112). 最后, 由式 (8.120) 和方程 (8.99) 可知

$$U = \Delta(F_C Z - F_D DU) = (I_m - F_D D)^{-1}(F_C Z - F_D DU)$$

左乘 $I_m - F_D D$ 并化简得到 $U = F_C Z$. 这就是方程 (8.113).

充分性: 设 (F_A, F_B, F_C, F_D) 使得 A_c 是 Hurwitz 矩阵, 调节器方程组有解, 且存在 $Z \in \mathbf{R}^{q\times k}$ 使得方程 (8.112) 和方程 (8.113) 成立. 由式 (8.117) ~ 式 (8.119) 和式 (8.120) (此式和方程 (8.113) 等价) 可知式 (8.116) 定义的 X_c 一定满足方程 (8.114) 和方程 (8.115). 因此, 系统 (8.109) 是问题 8.5.1 的解. 证毕. □

现在关心矩阵簇 (F_A, F_B, F_C, F_D) 的构造问题. 在状态反馈情形, 已经知道如何利用状态 x 和外系统状态 v 设计状态反馈控制器, 所以很自然地想到可以通过观测状态 x 和外系统状态 v 来构造动态输出反馈控制器. 为此将状态 x 和外系统状态 v 结合起来得到系统 (即系统 (8.89))

$$\begin{cases} \dot{\chi} = \tilde{A}\chi + \tilde{B}u \\ e = \tilde{C}\chi + \tilde{D}u \end{cases}$$

其中, 复合状态 χ 如式 (8.90) 所定义;

$$\begin{bmatrix} \tilde{A} & \tilde{B} \\ \tilde{C} & \tilde{D} \end{bmatrix} = \left[\begin{array}{cc|c} A & E & B \\ 0 & S & 0 \\ \hline C & J & D \end{array}\right]$$

考虑到全维和降维状态观测器都可以看出是函数观测器的特例, 直接考虑函数观测器

$$\begin{cases} \dot{z} = Fz + Ge + Hu \\ u = Mz + Ne + Pu \end{cases} \tag{8.121}$$

其中, $z \in \mathbf{R}^q$ 是观测器状态; $(F, G, H, M, N, P) \in (\mathbf{R}^{q\times q}, \mathbf{R}^{q\times p}, \mathbf{R}^{q\times m}, \mathbf{R}^{m\times q}, \mathbf{R}^{m\times p}, \mathbf{R}^{m\times m})$ 是参数矩阵; F 是 Hurwitz 矩阵; $I_m - P$ 是可逆矩阵. 显然, $q = n + k$ 对应全维状态观测器, 而 $q = n + k - p$ 对应降维状态观测器. 根据函数观测器的设计理论, 存在 $T \in \mathbf{R}^{q\times(n+k)}$ 满足方程 (定理 7.3.1)

$$P + ND = 0 \tag{8.122}$$

$$H + GD - T\tilde{B} = 0 \tag{8.123}$$

$$T\tilde{A} - FT - G\tilde{C} = 0 \tag{8.124}$$

$$MT + N\tilde{C} - K = 0 \tag{8.125}$$

其中, $K \in \mathbf{R}^{m\times(n+k)}$ 是适当的反馈增益矩阵. 注意到式 (8.121) 可以写成式 (8.109) 的形式, 其中

$$\begin{bmatrix} F_A & F_B \\ F_C & F_D \end{bmatrix} = \begin{bmatrix} F + H(I_m - P)^{-1}M & G + H(I_m - P)^{-1}N \\ (I_m - P)^{-1}M & (I_m - P)^{-1}N \end{bmatrix} \tag{8.126}$$

定理 8.5.3 令假设 8.5.1 成立, (A, B) 能稳, 调节器方程组有解 (X, U). 设

$$K = \begin{bmatrix} K_x & K_v \end{bmatrix}$$

其中, $K_x \in \mathbf{R}^{m\times n}$ 使得 $A + BK_x$ 是 Hurwitz 矩阵; $K_v \in \mathbf{R}^{m\times k}$ 如式 (8.100) 所定义. 此外, 设存在 (F, G, H, M, N, P) 使得方程 (8.122) ~ 方程 (8.125) 成立, 其中, F 是 Hurwitz 矩阵; $I_m - P$ 是可逆矩阵. 那么, 式 (8.109) 和式 (8.126) 是问题 8.5.1 的解.

证明 只需要证明动态补偿器增益 (8.126) 对应的 A_c (见式 (8.111)) 是 Hurwitz 矩阵且存在 Z 使得方程 (8.112) 和方程 (8.113) 成立. 根据式 (8.110) 和方程 (8.122) 有

$$\Delta = (I_m - (I_m - P)^{-1}ND)^{-1} = (I_m + (I_m - P)^{-1}P)^{-1} = I_m - P \tag{8.127}$$

设 $T = [T_1, T_2], T_1 \in \mathbf{R}^{q\times n}, T_2 \in \mathbf{R}^{q\times k}$. 那么, 方程 (8.123) ~ 方程 (8.125) 可以分别写成

$$0 = H + GD - T_1B \tag{8.128}$$

$$0 = \begin{bmatrix} T_1A - FT_1 - GC & T_1E + T_2S - FT_2 - GJ \end{bmatrix} \tag{8.129}$$

$$0 = \begin{bmatrix} MT_1 + NC - K_x & MT_2 + NJ - K_v \end{bmatrix} \tag{8.130}$$

利用上述 3 个等式和方程 (8.122), 经过直接计算有

$$\Pi_1 \stackrel{\text{def}}{=} (G + H(I_m - P)^{-1}N)(I_p + DN) = G + T_1BN$$

$$\Pi_2 \stackrel{\text{def}}{=} H(I_m - P)^{-1} + (G + H(I_m - P)^{-1}N)D = T_1B$$

将式 (8.126) 代入式 (8.111), 并利用上面两个等式和式 (8.127) 得到

$$A_c = \begin{bmatrix} A + BNC & BM \\ \Pi_1C & F + \Pi_2M \end{bmatrix} = \begin{bmatrix} A + BNC & BM \\ GC + T_1BNC & F + T_1BM \end{bmatrix}$$

设

$$\Pi_3 = \begin{bmatrix} I_n & \\ -T_1 & I_q \end{bmatrix} = \begin{bmatrix} I_n & \\ T_1 & I_q \end{bmatrix}^{-1}$$

则由式 (8.128) ~ 式 (8.130) 可知

$$\Pi_3A_c\Pi_3^{-1} = \begin{bmatrix} A + BK_x & BM \\ 0 & F \end{bmatrix}$$

因此 A_c 是 Hurwitz 矩阵. 下面证明方程 (8.112) 和方程 (8.113) 成立. 设

$$Z = T\begin{bmatrix} X \\ I_k \end{bmatrix} = T_1X + T_2$$

根据方程 (8.99) 和式 (8.100), 方程 (8.122) 和方程 (8.130) 有

$$\begin{aligned} U &= K_xX + K_v = (MT_1 + NC)X + MT_2 + NJ \\ &= M(T_1X + T_2) + N(CX + J) = MZ - NDU = MZ + PU \end{aligned}$$

或者 $U = (I_m - P)^{-1}MZ = F_CZ$. 这表明方程 (8.113) 成立. 同理, 利用方程 (8.98)、方程 (8.99), 式 (8.128) 和式 (8.129) 可知

$$\begin{aligned} F_AZ &= (F + HF_C)(T_1X + T_2) = F(T_1X + T_2) + HF_CZ = FT_1X + FT_2 + HU \\ &= (T_1A - GC)X + T_1E + T_2S - GJ + HU = T_1(AX + E) - G(CX + J) + T_2S + HU \\ &= T_1(XS - BU) + GDU + T_2S + HU = (T_1X + T_2)S + (GD + H - T_1B)U = ZS \end{aligned}$$

这表明方程 (8.113) 也成立. 证毕. □

在定理 8.5.3 中, 虽然未要求 $(\tilde{A}, \tilde{C})$ 能检测, 但该条件却是函数观测器 (8.121) 存在的必要条件 (命题 7.2.1), 因此也是需要满足的.

8.5.5 调节器方程组

从 8.5.3 节和 8.5.4 节的介绍可以看出, 调节器方程组的可解性是输出调节问题可解的关键条件. 本节给出调节器方程组可解的充要条件.

定理 8.5.4 令假设 8.5.1 成立, 对任意矩阵 $E \in \mathbf{R}^{n\times k}$ 和 $J \in \mathbf{R}^{p\times k}$, 调节器方程组有解当且仅当

$$\operatorname{rank}\begin{bmatrix} A - sI_n & B \\ C & D \end{bmatrix} = n + p, \quad \forall s \in \lambda(S) \tag{8.131}$$

此时如果 $m = p$, 则调节器方程组有唯一解.

证明 将调节器方程组改写为

$$\begin{bmatrix} I_n & 0 \\ 0 & 0_{p\times m} \end{bmatrix}\begin{bmatrix} X \\ U \end{bmatrix}S - \begin{bmatrix} A & B \\ C & D \end{bmatrix}\begin{bmatrix} X \\ U \end{bmatrix} = \begin{bmatrix} E \\ J \end{bmatrix}$$

这是附录 A.4 中讨论的标准线性方程. 根据定理 A.4.4, 上述线性方程对任意 E 和 J 都有解当且仅当

$$\Pi \overset{\text{def}}{=\!=} S^{\mathrm{T}} \otimes \begin{bmatrix} I_n & 0 \\ 0 & 0_{p\times m} \end{bmatrix} - I_k \otimes \begin{bmatrix} A & B \\ C & D \end{bmatrix} \in \mathbf{R}^{(n+p)k\times(n+m)k}$$

是行满秩矩阵. 设 $S^{\mathrm{T}} = V_0 J_0 V_0^{-1}$, 其中 J_0 为 S^{T} 的 Jordan 标准型, 即

$$J_0 = \begin{bmatrix} \lambda_1 & * & & \\ & \lambda_2 & \ddots & \\ & & \ddots & * \\ & & & \lambda_k \end{bmatrix}$$

其中, $\lambda_i\,(i=1,2,\cdots,k)$ 是 S 的特征值; $*$ 表示可能的非零量. 那么

$$\begin{aligned}\varPi &= (V_0 J_0 V_0^{-1}) \otimes \begin{bmatrix} I_n & 0 \\ 0 & 0_{p\times m} \end{bmatrix} - I_k \otimes \begin{bmatrix} A & B \\ C & D \end{bmatrix} \\ &= (V_0 \otimes I_{n+p}) \left(J_0 \otimes \begin{bmatrix} I_n & 0 \\ 0 & 0_{p\times m} \end{bmatrix} - I_k \otimes \begin{bmatrix} A & B \\ C & D \end{bmatrix} \right) (V_0^{-1} \otimes I_{n+m}) \\ &= (V_0 \otimes I_{n+p}) \begin{bmatrix} \varPi_1 & * & & \\ & \varPi_2 & \ddots & \\ & & \ddots & * \\ & & & \varPi_k \end{bmatrix} (V_0^{-1} \otimes I_{n+m})\end{aligned}$$

其中

$$\varPi_i = \begin{bmatrix} \lambda_i I_n - A & -B \\ -C & -D \end{bmatrix}, \quad i=1,2,\cdots,k$$

因此 $\varPi$ 行满秩当且仅当

$$n+p = \operatorname{rank}(\varPi_i) = \operatorname{rank} \begin{bmatrix} A - \lambda_i I_n & B \\ C & D \end{bmatrix}, \quad i=1,2,\cdots,k$$

这就是式 (8.131). 最后有唯一解的结论是显然的. 证毕. □

关于定理 8.5.4, 给出两点说明.

说明 8.5.3 定理 8.5.4 表明调节器方程组可解仅当系统 (A,B,C,D) 是右可逆的或输出函数能控的 (见推论 1.6.1 和定理 2.4.8); 仅当输入的维数 m 不低于输出的维数 p, 即 $m \geqslant p$; 当且仅当系统 (A,B,C,D) 的任何不变零点都不是矩阵 S 的特征值. 特别地, 如果系统 (A,B,C,D) 是最小相位系统, 即其所有不变零点都具有负实部, 则由假设 8.5.1 可知条件 (8.131) 恒成立, 即调节器方程组总是可解的, 也就是说在 (A,B) 能稳的前提下输出调节问题总是可解的. 由于上面的原因, 通常称条件 (8.131) 为不变零点条件.

说明 8.5.4 定理 8.5.4 的前提是"对任意矩阵 $E \in \mathbf{R}^{n\times k}$ 和 $J \in \mathbf{R}^{p\times k}$". 事实上, 根据定理 A.4.4, 调节器方程组有解的充要条件是

$$\operatorname{rank} \begin{bmatrix} \varPi & \operatorname{vec}\left(\begin{bmatrix} E \\ J \end{bmatrix} \right) \end{bmatrix} = \operatorname{rank}(\varPi) \tag{8.132}$$

因此, 如果不变零点条件 (8.131) 不成立, 对于某些矩阵 $E \in \mathbf{R}^{n\times k}$ 和 $J \in \mathbf{R}^{p\times k}$, 调节器方程组仍然可能存在解. 但这种情况并不常见, 并且条件 (8.132) 是不鲁棒的, 即 (A, B, C, D, E, J) 中的任意一个矩阵有微小的摄动都可能导致该条件不成立.

8.6　结构稳定的输出调节

8.6.1　问题描述与可解性

在实际问题中, 线性系统大多是由非线性系统在工作点处线性化得到的. 因此, 线性系统的系数矩阵总是不精确的. 具体来说, 就是系统 (8.89) 的系数矩阵簇 (A, B, C, D, E, J) 总会在标称值 $(A_0, B_0, C_0, D_0, E_0, J_0)$ 的附近取值. 为了和标称情形相区别, 将系统 (8.89) 写成

$$\begin{cases} \dot{x} = A_w x + B_w u + E_w v \\ \dot{v} = Sv \\ e = C_w x + D_w u + J_w v \end{cases} \tag{8.133}$$

其中, w 为在某紧集中取值的未知向量;

$$\begin{bmatrix} A_w & B_w & E_w \\ C_w & D_w & J_w \end{bmatrix} = \begin{bmatrix} A_0 & B_0 & E_0 \\ C_0 & D_0 & J_0 \end{bmatrix} + \begin{bmatrix} \Delta(A) & \Delta(B) & \Delta(E) \\ \Delta(C) & \Delta(D) & \Delta(J) \end{bmatrix}$$

$\Delta(\cdot)$ 表示未知的部分, 它们与 w 有关、不确定且不随时间变化. 不失一般性, 假设

$$w = \mathrm{vec}\left(\begin{bmatrix} \Delta(A) & \Delta(B) & \Delta(E) \\ \Delta(C) & \Delta(D) & \Delta(J) \end{bmatrix}\right) \in \mathbf{R}^{(n+p)(n+m+k)\times 1}$$

为了符号简单, 令

$$\begin{bmatrix} A_0 & B_0 & E_0 \\ C_0 & D_0 & J_0 \end{bmatrix} = \begin{bmatrix} A & B & E \\ C & D & J \end{bmatrix}$$

这里后者是标称系统 (8.89) 的系数矩阵.

由于 w 是未知的, 其信息不可用于系统的分析和设计. 真正能用于系统分析和设计的是标称参数 (A, B, C, D, E, J). 那么问题是: 针对标称参数 (A, B, C, D, E, J) 的某个性质 $\mathcal{P}$, 是否存在 $w = 0$ 的邻域 $\mathcal{W}$ 使得该性质对于实际参数 $(A_w, B_w, C_w, D_w, E_w, J_w)$ $(\forall w \in \mathcal{W})$ 仍然成立? 即

$$\mathcal{P}(A, B, C, D, E, J) = \mathcal{P}(A_w, B_w, C_w, D_w, E_w, J_w), \quad \forall w \in \mathcal{W} \tag{8.134}$$

这个问题是非常重要的. 事实上, 如果式 (8.134) 不成立, 任何小的摄动 w 都使得性质 $\mathcal{P}$ 对于实际参数 $(A_w, B_w, C_w, D_w, E_w, J_w)$ 都不成立, 从而该性质 $\mathcal{P}$ 几乎没有什么应用价值. 如果性质 $\mathcal{P}$ 满足式 (8.134), 则称 $\mathcal{P}$ 在 (A, B, C, D, E, J) 处是结构稳定的 (structurally stable).

一个性质 $\mathcal{P}$ 是否是结构稳定的取决于性质 $\mathcal{P}$ 本身. 例如, 性质 $\mathcal{P}: \det(A) = 0$ 就不是结构稳定的, 因为存在很小的摄动 $\Delta(A)$ 使得 $\det(A + \Delta(A)) \neq 0$, 即性质 $\mathcal{P}$ 对 A_w 不成立. 但

性质 $\mathcal{P}: \mathrm{Re}\{\lambda_i(A)\}<0\,(i=1,2,\cdots,n)$ 即矩阵 A 的稳定性就是结构稳定的, 因为矩阵的特征值关于其元素是连续的, 故存在 $w=0$ 的邻域 $\mathcal{W}$ 使得对任意 $w\in\mathcal{W}$ 都有 $A_w=A+\Delta(A)$ 的特征值与 A 的对应特征值充分接近, 从而具有负实部. 一般来说, 用等式描述的性质不是结构稳定的, 而用不等式描述的性质是结构稳定的.

根据上面的分析, 有必要讨论输出调节的两个性质 (即稳定性和调节性) 是否是结构稳定的. 由于稳定性是结构稳定的性质, 因此关键是调节性. 和 8.5 节类似, 仍然考虑线性控制律

$$u=\mathscr{U}(x,v,e) \tag{8.135}$$

因此闭环系统一定可以写成

$$\begin{cases}\dot{x}_{\mathrm{c}}=A_{\mathrm{c}w}x_{\mathrm{c}}+B_{\mathrm{c}w}v\\ \dot{v}=Sv\\ e=C_{\mathrm{c}w}x_{\mathrm{c}}+D_{\mathrm{c}w}v\end{cases} \tag{8.136}$$

其中, $A_{\mathrm{c}w}$、$B_{\mathrm{c}w}$、$C_{\mathrm{c}w}$、$D_{\mathrm{c}w}$ 是具有适当维数的依赖于 w 的系数矩阵. 考虑结构稳定性的输出调节问题可以正式描述如下.

问题 8.6.1 考虑线性系统 (8.133), 设计线性控制律 (8.135), 保证存在 $w=0$ 的一个邻域 $\mathcal{W}$, 使得闭环系统 (8.136) 对任意 $w\in\mathcal{W}$ 都有下述性质成立.

(1) 在 $v=0$ 时是渐近稳定的.

(2) 对于所有初始状态 $x_{\mathrm{c}}(0)$ 和 v_0, 闭环系统的跟踪误差 e 都满足式 (8.82).

由于闭环系统 (8.136) 与系统 (8.92) 形式相同, 类似于引理 8.5.1, 可以得到引理 8.6.1.

引理 8.6.1 令假设 8.5.1 成立, 对于闭环系统 (8.136), 考虑方程组

$$X_{\mathrm{c}w}S=A_{\mathrm{c}w}X_{\mathrm{c}w}+B_{\mathrm{c}w} \tag{8.137}$$

$$0=C_{\mathrm{c}w}X_{\mathrm{c}w}+D_{\mathrm{c}w} \tag{8.138}$$

则线性控制律 (8.135) 是问题 8.6.1 的解当且仅当存在 $w=0$ 的邻域 $\mathcal{W}$ 使得对任意 $w\in\mathcal{W}$ 都有 $A_{\mathrm{c}w}$ 是 Hurwitz 矩阵, 且方程 (8.137) 的唯一解 $X_{\mathrm{c}w}$ 满足方程 (8.138).

方程 (8.137)、方程 (8.138) 和方程 (8.93)、方程 (8.94) 相比, 其难度在于: 方程 (8.137) 的唯一解 $X_{\mathrm{c}w}$ 与 $(C_{\mathrm{c}w},D_{\mathrm{c}w})$ 无关, 因此总可以改变 w 使 $(C_{\mathrm{c}w},D_{\mathrm{c}w})$ 不满足方程 (8.138). 事实上, 如果采取类似于定理 8.5.1 的方式处理方程 (8.137) 和方程 (8.138), 将其转化为调节器方程组

$$X_wS=A_wX_w+B_wU_w+E_w \tag{8.139}$$

$$0=C_wX_w+D_wU_w+J_w \tag{8.140}$$

由于 (X_w,U_w) 都依赖于 w, 式 (8.100) 中的前馈增益 K_v 必然会依赖于 w. 由于 w 的信息不可精确获得, 前馈增益是不能确定的. 为了更具体地说明这一点, 给出引理 8.6.2.

引理 8.6.2 问题 8.6.1 不存在形如式 (8.97) 的静态状态反馈解.

证明 将式 (8.97) 代入开环系统 (8.133) 得到闭环系统 (8.136), 其中

$$\begin{bmatrix}A_{\mathrm{c}w} & B_{\mathrm{c}w}\\ C_{\mathrm{c}w} & D_{\mathrm{c}w}\end{bmatrix}=\begin{bmatrix}A_w+B_wK_x & E_w+B_wK_v\\ C_w+D_wK_x & J_w+D_wK_v\end{bmatrix}$$

现在考虑一个特别的 w, 即 $\Delta(A)=0, \Delta(B)=0, \Delta(C)=0, \Delta(D)=0$. 那么方程 (8.137) 和方程 (8.138) 可以写成

$$X_{cw}S = (A+BK_x)X_{cw} + E_w + BK_v$$
$$0 = (C+DK_x)X_{cw} + J_w + DK_v$$

利用拉直算子, 上述方程组可以写成

$$\varPi \mathrm{vec}(X_{cw}) = \pi_w \tag{8.141}$$

其中

$$\varPi = \begin{bmatrix} S^{\mathrm{T}} \otimes I_n - I_k \otimes (A+BK_x) \\ -I_k \otimes (C+DK_x) \end{bmatrix} \in \mathbf{R}^{(n+p)k\times nk}, \quad \pi_w = \begin{bmatrix} \mathrm{vec}(E_w + BK_v) \\ \mathrm{vec}(J_w + DK_v) \end{bmatrix} \in \mathbf{R}^{(n+p)k}$$

根据线性方程理论, 方程 (8.141) 有解当且仅当

$$\mathrm{rank}\begin{bmatrix} \varPi & \pi_w \end{bmatrix} = \mathrm{rank}(\varPi)$$

由于 $\varPi$ 的行数大于列数, 而 π_w 是在紧集上取值的任意向量, 故上式是不可能成立的. 证毕.

□

8.6.2　动态状态反馈

根据引理 8.6.2, 问题 8.6.1 不存在静态状态反馈形式的解. 因此, 只能寻求动态状态反馈控制律, 其一般形式为

$$\begin{cases} \dot{\eta} = \varOmega\eta + \varPi e \\ u = K_x x + K_\eta \eta \end{cases} \tag{8.142}$$

其中, $\eta \in \mathbf{R}^l$ 是动态补偿器的状态; $(\varOmega, \varPi) \in (\mathbf{R}^{l\times l}, \mathbf{R}^{l\times p})$ 是动态补偿器的系数矩阵; $(K_x, K_\eta) \in (\mathbf{R}^{m\times n}, \mathbf{R}^{m\times l})$ 是一对待定的控制增益. 不失一般性, 假设 $(\varOmega, \varPi)$ 能控. 比较式 (8.142) 和静态状态反馈控制律 (8.97) 可见, 在某种意义上说, 与 η-子系统相关的项 $K_\eta\eta$ 是对 $K_v v$ 这一项的估计. 本节将讨论动态状态反馈控制律 (8.142) 的存在性和求解问题.

将式 (8.142) 代入开环系统 (8.133) 得到闭环系统 (8.136), 其中

$$\begin{bmatrix} A_{cw} & B_{cw} \\ C_{cw} & D_{cw} \end{bmatrix} = \left[\begin{array}{cc|c} A_w + B_w K_x & B_w K_\eta & E_w \\ \varPi(C_w + D_w K_x) & \varOmega + \varPi D_w K_\eta & \varPi J_w \\ \hline C_w + D_w K_x & D_w K_\eta & J_w \end{array}\right] \tag{8.143}$$

根据引理 8.6.1, 问题 8.6.1 有解当且仅当 A_{cw} 是 Hurwitz 矩阵, 且方程 (8.137) 的唯一解 $X_{cw} \in \mathbf{R}^{(n+l)\times k}$ 满足方程 (8.138). 设

$$X_{cw} = \begin{bmatrix} X_w \\ Z_w \end{bmatrix}, \quad X_w \in \mathbf{R}^{n\times k}, \quad Z_w \in \mathbf{R}^{l\times k} \tag{8.144}$$

将此代入方程 (8.137) 并化简得到

$$\begin{aligned} Z_wS &= \Pi(C_w + D_wK_x)X_w + (\Omega + \Pi D_wK_\eta)Z_w + \Pi J_w \\ &= \Omega Z_w + \Pi(C_wX_w + D_w(K_xX_w + K_\eta Z_w) + J_w) \\ &= \Omega Z_w + \Pi(C_{cw}X_{cw} + D_{cw}) \end{aligned} \tag{8.145}$$

因此, 如果上式能蕴含 $C_{cw}X_{cw} + D_{cw} = 0$, 则方程 (8.138) 自然成立.

由于 (Ω, Π) 能控, 为方便计, 假设

$$\begin{cases} \Omega = \Omega_1 \oplus \Omega_2 \oplus \cdots \oplus \Omega_p \\ \Pi = \Pi_1 \oplus \Pi_2 \oplus \cdots \oplus \Pi_p \end{cases} \tag{8.146}$$

其中

$$\Omega_i = \left[\begin{array}{c|ccc} 0 & 1 & & \\ \vdots & & \ddots & \\ 0 & & & 1 \\ \hline -\gamma_{i0} & -\gamma_{i1} & \cdots & -\gamma_{i,l_i-1} \end{array}\right] \in \mathbf{R}^{l_i \times l_i}, \quad \Pi_i = \left[\begin{array}{c} 0 \\ \vdots \\ 0 \\ \hline 1 \end{array}\right] \in \mathbf{R}^{l_i \times 1} \tag{8.147}$$

显然有 $l = l_1 + l_2 + \cdots + l_p$. 那么有引理 8.6.3.

引理 8.6.3 设 $(A_{cw}, B_{cw}, C_{cw}, D_{cw})$ 如式 (8.143) 所定义, A_{cw} 是 Hurwitz 矩阵. 记 Ω_i 的特征多项式为 $\gamma_i(s) = s^{l_i} + \gamma_{i,l_i-1}s^{l_i-1} + \cdots + \gamma_{i1}s + \gamma_{i0}\,(i = 1, 2, \cdots, p)$. 如果

$$\gamma_i(S) = 0, \quad i = 1, 2, \cdots, p \tag{8.148}$$

则方程 (8.137) 的唯一解 $X_{cw} \in \mathbf{R}^{(n+l)\times k}$ 满足方程 (8.138).

证明 将式 (8.144) 中的 Z_w 按照 $\Omega_i\,(i = 1, 2, \cdots, p)$ 的维数进行分块:

$$Z_w = \begin{bmatrix} Z_1^{\mathrm{T}} & Z_2^{\mathrm{T}} & \cdots & Z_p^{\mathrm{T}} \end{bmatrix}^{\mathrm{T}}, \quad Z_i \in \mathbf{R}^{l_i \times k}, \quad i = 1, 2, \cdots, p$$

此外, 设

$$C_{cw}X_{cw} + D_{cw} = \begin{bmatrix} \delta_1^{\mathrm{T}} & \delta_2^{\mathrm{T}} & \cdots & \delta_p^{\mathrm{T}} \end{bmatrix}^{\mathrm{T}}, \quad \delta_i \in \mathbf{R}^{1\times k}$$

将 (Ω, Π) 的表达式 (8.146) 代入式 (8.145) 得到

$$Z_iS = \Omega_iZ_i + \Pi_i\delta_i, \quad i = 1, 2, \cdots, p \tag{8.149}$$

进一步设

$$Z_i = \begin{bmatrix} z_{i1}^{\mathrm{T}} & z_{i2}^{\mathrm{T}} & \cdots & z_{i,l_i}^{\mathrm{T}} \end{bmatrix}^{\mathrm{T}}, \quad z_{ij} \in \mathbf{R}^{1\times k}, \quad i = 1, 2, \cdots, p$$

代入方程 (8.149) 并利用式 (8.147) 可得到

$$\begin{cases} z_{i1}S = z_{i2} \\ z_{i2}S = z_{i3} \\ \quad\vdots \\ z_{i,l_i-1}S = z_{i,l_i} \\ z_{i,l_i}S = -\gamma_{i0}z_{i1} - \gamma_{i1}z_{i2} - \cdots - \gamma_{i,l_i-1}z_{i,l_i} + \delta_i \end{cases} \tag{8.150}$$

其中, $i = 1, 2, \cdots, p$. 从上述方程的前 $l_i - 1$ 个式子得到

$$z_{ij} = z_{i1}S^{j-1}, \quad j = 2, 3, \cdots, l_i$$

将此代入方程 (8.150) 的第 l_i 个式子得到

$$\begin{aligned} \delta_i &= z_{i,l_i}S + \gamma_{i,l_i-1}z_{i,l_i} + \cdots + \gamma_{i1}z_{i2} + \gamma_{i0}z_{i1} \\ &= z_{i1}S^{l_i} + \gamma_{i,l_i-1}z_{i1}S^{l_i-1} + \cdots + \gamma_{i1}z_{i1}S + \gamma_{i0}z_{i1} = z_{i1}\gamma_i(S), \quad i = 1, 2, \cdots, p \end{aligned}$$

因此, 如果条件 (8.148) 成立, 必有 $\delta_i = 0\,(i = 1, 2, \cdots, p)$. 证毕. □

满足条件 (8.148) 的次数最低的多项式 $\gamma_i(s)$ 当然是 S 的最小多项式

$$\psi_S(s) = s^{k_0} + \psi_{k_0-1}s^{k_0-1} + \cdots + \psi_1 s + \psi_0 \tag{8.151}$$

其中, $1 \leqslant k_0 \leqslant k$. 此时

$$\gamma_1(s) = \gamma_2(s) = \cdots = \gamma_p(s) = \psi_S(s) \tag{8.152}$$

现在的问题是如何保证 A_{cw} 的稳定性. 注意到

$$A_{cw} = \begin{bmatrix} A_w & 0 \\ \Pi C_w & \Omega \end{bmatrix} + \begin{bmatrix} B_w \\ \Pi D_w \end{bmatrix} \begin{bmatrix} K_x & K_\eta \end{bmatrix}$$

这是一个标准的状态反馈闭环系统矩阵. 因此 A_{cw} 是 Hurwitz 矩阵的一个必要条件为

$$A_{c0} = \begin{bmatrix} A & 0 \\ \Pi C & \Omega \end{bmatrix} + \begin{bmatrix} B \\ \Pi D \end{bmatrix} \begin{bmatrix} K_x & K_\eta \end{bmatrix}$$

是 Hurwitz 矩阵, 即线性系统

$$\left(\begin{bmatrix} A & 0 \\ \Pi C & \Omega \end{bmatrix}, \begin{bmatrix} B \\ \Pi D \end{bmatrix} \right) \tag{8.153}$$

是能稳的. 关于系统 (8.153) 的能稳性, 有引理 8.6.4.

引理 8.6.4　设 (A,B,C,D) 满足不变零点条件 (8.131), (A,B) 能稳, 且

$$(\lambda(\Omega)\cap\mathbf{C}_{\geqslant 0})\subseteq\lambda(S) \tag{8.154}$$

即 Ω 的任何一个不稳定的特征值都是 S 的特征值, 则线性系统 (8.153) 能稳.

证明　根据 PBH 判据, 只需要证明

$$\text{rank}\begin{bmatrix} A-sI_n & 0 & B \\ \Pi C & \Omega-sI_l & \Pi D \end{bmatrix}=n+l,\quad \forall s\in\mathbf{C}_{\geqslant 0}$$

考虑两种情况. 情况 1: $s\in\mathbf{C}_{\geqslant 0}$ 但 $s\notin\lambda(S)$. 此时根据式 (8.154) 有 $\det(\Omega-sI_l)\neq 0$. 因此, 由 (A,B) 能稳可知

$$\begin{aligned}\text{rank}\begin{bmatrix} A-sI_n & 0 & B \\ \Pi C & \Omega-sI_l & \Pi D \end{bmatrix}&=\text{rank}\begin{bmatrix} A-sI_n & B & 0 \\ \Pi C & \Pi D & \Omega-sI_l \end{bmatrix}\\&=\text{rank}\begin{bmatrix} A-sI_n & B \end{bmatrix}+l=n+l\end{aligned}$$

情况 2: $s\in\lambda(S)$. 注意到

$$\begin{bmatrix} A-sI_n & 0 & B \\ \Pi C & \Omega-sI_l & \Pi D \end{bmatrix}=\left[\begin{array}{c|cc} I_n & 0 & 0 \\ \hline 0 & \Pi & \Omega-sI_l \end{array}\right]\left[\begin{array}{cc|c} A-sI_n & B & 0 \\ C & D & 0 \\ \hline 0 & 0 & I_l \end{array}\right]\left[\begin{array}{c|cc} I_n & 0 & 0 \\ \hline 0 & 0 & I_m \\ 0 & I_l & 0 \end{array}\right]$$

根据不变零点条件 (8.131) 有

$$\text{rank}\left[\begin{array}{cc|c} A-sI_n & B & 0 \\ C & D & 0 \\ \hline 0 & 0 & I_l \end{array}\right]=n+p+l$$

根据引理 A.1.1, 即右乘行满秩矩阵不改变秩, 由 (Ω,Π) 能控可知

$$\begin{aligned}\text{rank}\begin{bmatrix} A-sI_n & 0 & B \\ \Pi C & \Omega-sI_l & \Pi D \end{bmatrix}&=\text{rank}\left[\begin{array}{c|cc} I_n & 0 & 0 \\ \hline 0 & \Pi & \Omega-sI_l \end{array}\right]\\&=n+\text{rank}\begin{bmatrix} \Pi & \Omega-sI_l \end{bmatrix}=n+l\end{aligned}$$

综合上述两种情况即得所证结论. 证毕. □

综合上述诸引理, 可以得到定理 8.6.1.

定理 8.6.1　令假设 8.5.1 成立, (A,B) 能稳, (A,B,C,D) 满足不变零点条件 (8.131), S 的最小多项式如式 (8.151) 所定义, 矩阵对 $(\Omega,\Pi)\in(\mathbf{R}^{l\times l},\mathbf{R}^{l\times p})$ 如式 (8.146)、式 (8.147) 和式 (8.152) 所定义 (其中 $l_i=k_0$), 反馈增益 $(K_x,K_\eta)\in(\mathbf{R}^{m\times n},\mathbf{R}^{m\times l})$ 使得

$$\begin{bmatrix} A & 0 \\ \Pi C & \Omega \end{bmatrix}+\begin{bmatrix} B \\ \Pi D \end{bmatrix}\begin{bmatrix} K_x & K_\eta \end{bmatrix}=\begin{bmatrix} A+BK_x & BK_\eta \\ \Pi(C+DK_x) & \Omega+\Pi DK_\eta \end{bmatrix} \tag{8.155}$$

是 Hurwitz 矩阵, 这里 $l=pk_0$. 那么, 动态状态反馈 (8.142) 是问题 8.6.1 的一个解.

证明　当 $(\varOmega,\varPi)$ 满足式 (8.152) 时, 式 (8.154) 自然成立. 根据引理 8.6.4, 存在反馈增益 (K_x,K_η) 使得 A_{c0} 是 Hurwitz 矩阵. 由于稳定性是结构稳定的性质, 从而存在 $w=0$ 的邻域 $\mathcal{W}$ 使得 A_{cw} 对任意 $w\in\mathcal{W}$ 都是 Hurwitz 矩阵. 另外, 根据引理 8.6.3, 方程 (8.137) 的唯一解 $X_{cw}\in\mathbf{R}^{(n+l)\times k}$ 满足方程 (8.138). 因此, 根据引理 8.6.1, 动态状态反馈 (8.142) 是问题 8.6.1的一个解. 证毕. □

基于定理 8.6.1, 可立即得到命题 8.6.1.

命题 8.6.1　令假设 8.5.1 成立, 则问题 8.6.1 存在形如式 (8.142) 的动态状态反馈解当且仅当 (A,B) 能稳, 且 (A,B,C,D) 满足不变零点条件 (8.131).

证明　充分性由定理 8.6.1 立得. 下证必要性. (A,B) 能稳显然是必要的. 根据引理 8.6.1, 如果式 (8.142) 是问题 8.6.1 的解, 则存在 $X_{cw}\in\mathbf{R}^{(n+l)\times k}$ 满足方程 (8.137) 和方程 (8.138). 将 X_{cw} 按照式 (8.144) 的方式分块, 则由方程 (8.137) 和方程 (8.138) 可知

$$\begin{aligned}X_wS&=\begin{bmatrix}A_w+B_wK_x & B_wK_\eta\end{bmatrix}\begin{bmatrix}X_w\\Z_w\end{bmatrix}+E_w\\0&=\begin{bmatrix}C_w+D_wK_x & D_wK_\eta\end{bmatrix}\begin{bmatrix}X_w\\Z_w\end{bmatrix}+J_w\end{aligned}$$

设 $U_w=K_xX_w+K_\eta Z_w$, 则上述两个方程分别可以写成方程 (8.139) 和方程 (8.140) 的形式. 注意到方程 (8.139) 和方程 (8.140) 具有与方程 (8.98) 和方程 (8.99) 完全相同的形式, 而 (E_w,J_w) 可在任意紧集中取值, 根据定理 8.5.4, 必有

$$\operatorname{rank}\begin{bmatrix}A_w-sI_n & B_w\\C_w & D_w\end{bmatrix}=n+p,\quad \forall s\in\lambda(S)$$

上式蕴含不变零点条件 (8.131). 证毕. □

8.6.3　动态输出反馈

现在考虑状态 x 不可直接测量的情况. 此时应设计观测器或动态补偿器对动态状态反馈控制律 (8.142) 中的 K_xx 项进行观测. 这可通过函数观测器予以解决, 即所考虑的动态输出反馈控制律为

$$\begin{cases}\dot{\xi}=F\xi+Ge+Hu\\\dot{\eta}=\varOmega\eta+\varPi e\\u=M\xi+Ne+Pu+K_\eta\eta\end{cases}\tag{8.156}$$

其中, $\xi\in\mathbf{R}^q$ 是观测器的状态; η-子系统和动态状态反馈控制律 (8.142) 完全相同. 为了保证 ξ-子系统是观测 K_xx 的函数观测器, 根据第 7 章的讨论, 应使得 F 是 Hurwitz 矩阵, 各参数 $(F,G,H,M,N,P)\in(\mathbf{R}^{q\times q},\mathbf{R}^{q\times p},\mathbf{R}^{q\times m},\mathbf{R}^{m\times q},\mathbf{R}^{m\times p},\mathbf{R}^{m\times m})$ 满足方程

$$P+ND=0\tag{8.157}$$

$$H+GD-TB=0\tag{8.158}$$

$$TA - FT - GC = 0 \tag{8.159}$$

$$MT + NC - K_x = 0 \tag{8.160}$$

其中, $T \in \mathbf{R}^{q\times n}$ 是未知参数矩阵; $(K_x, K_\eta) \in (\mathbf{R}^{m\times n}, \mathbf{R}^{m\times l})$ 是一对适当的控制增益. 显然, $q = n$ 对应全维状态观测器, 而 $q = n - p$ 对应降维状态观测器. 本节将讨论动态输出反馈控制律 (8.156) 的存在性和求解问题.

说明 8.6.1 如前所述, 从某种意义上说 ξ-子系统和 η-子系统分别用于观测静态状态反馈控制律 (8.97) 中的 $K_x x$ 和 $K_v v$. 需要说明的是, ξ-子系统用于观测标称 (即 $w = 0$) 情形时的 $K_x x$, 也就是针对线性系统

$$\begin{cases} \dot{x} = Ax + Bu \\ e = Cx + Du \end{cases}$$

设计的观测 $K_x x$ 的函数观测器. 因此, 为了保证观测器的存在性, 应假设 (A, C) 能检测. 此外, 若记 $z = [\xi^{\mathrm{T}}, \eta^{\mathrm{T}}]^{\mathrm{T}}$, 通过简单计算可将动态输出反馈 (8.156) 写成式 (8.109) 的标准形式, 其中

$$\begin{bmatrix} F_A & F_B \\ F_C & F_D \end{bmatrix} = \left[\begin{array}{cc|c} F + H(I_m - P)^{-1}M & H(I_m - P)^{-1}K_\eta & H(I_m - P)^{-1}N + G \\ 0 & \varOmega & \varPi \\ \hline (I_m - P)^{-1}M & (I_m - P)^{-1}K_\eta & (I_m - P)^{-1}N \end{array}\right]$$

将动态输出反馈控制律 (8.156) 代入开环系统 (8.133) 并化简得到闭环系统 (8.136), 其中

$$\begin{bmatrix} A_{\mathrm{c}w} & B_{\mathrm{c}w} \\ C_{\mathrm{c}w} & D_{\mathrm{c}w} \end{bmatrix} = \left[\begin{array}{ccc|c} A_w + B_w\varDelta_1 C_w & B_w\varDelta_2 & B_w\varDelta_3 & E_w + B_w\varDelta_1 J_w \\ (G + H_w\varDelta_1)C_w & F + H_w\varDelta_2 & H_w\varDelta_3 & (G + H_w\varDelta_1)J_w \\ \varPi(I_p + D_w\varDelta_1)C_w & \varPi D_w\varDelta_2 & \varOmega + \varPi D_w\varDelta_3 & \varPi(I_p + D_w\varDelta_1)J_w \\ \hline (I_p + D_w\varDelta_1)C_w & D_w\varDelta_2 & D_w\varDelta_3 & (I_p + D_w\varDelta_1)J_w \end{array}\right] \tag{8.161}$$

这里为了简单, 记 $\varDelta_1 = \varDelta N, \varDelta_2 = \varDelta M, \varDelta_3 = \varDelta K_\eta$,

$$\varDelta = (I_m - P - ND_w)^{-1}, \quad H_w = H + GD_w \tag{8.162}$$

根据引理 8.6.1, 问题 8.6.1 有解当且仅当 $A_{\mathrm{c}w}$ 是 Hurwitz 矩阵, 且方程 (8.137) 的唯一解 $X_{\mathrm{c}w} \in \mathbf{R}^{(n+q+l)\times k}$ 满足方程 (8.138). 设

$$X_{\mathrm{c}w} = \begin{bmatrix} X_w \\ Y_w \\ Z_w \end{bmatrix}, \quad X_w \in \mathbf{R}^{n\times k}, \quad Y_w \in \mathbf{R}^{q\times k}, \quad Z_w \in \mathbf{R}^{l\times k}$$

将此代入方程 (8.137) 并化简得到

$$Z_w S = \varPi(I_p + D_w\varDelta N)C_w X_w + \varPi D_w\varDelta M Y_w + (\varOmega + \varPi D_w\varDelta K_\eta)Z_w + \varPi(I_p + D_w\varDelta N)J_w$$

$$= \Pi((I_p + D_w\Delta N)C_wX_w + D_w\Delta MY_w + D_w\Delta K_\eta Z_w + (I_p + D_w\Delta N)J_w) + \Omega Z_w$$

$$= \Omega Z_w + \Pi(C_{\rm cw}X_{\rm cw} + D_{\rm cw}) \tag{8.163}$$

式 (8.163) 具有与式 (8.145) 完全相同的形式. 因此, 如果 (Ω, Π) 满足条件 (8.146)、式 (8.147) 和式 (8.148), 式 (8.163) 蕴含 $C_{\rm cw}X_{\rm cw} + D_{\rm cw} = 0$, 即方程 (8.138) 成立.

根据上面的分析, 可以得到下面类似于定理 8.6.1 的结论.

定理 8.6.2 令假设 8.5.1 成立, (A, B) 能稳, (A, C) 能检测, (A, B, C, D) 满足不变零点条件 (8.131), S 的最小多项式如式 (8.151) 所定义, 矩阵对 $(\Omega, \Pi) \in (\mathbf{R}^{l\times l}, \mathbf{R}^{l\times p})$ 如式 (8.146)、式 (8.147) 和式 (8.152) 所定义 (其中 $l_i = k_0$), 反馈增益 $(K_x, K_\eta) \in (\mathbf{R}^{m\times n}, \mathbf{R}^{m\times l})$ 使得式 (8.155) 中的矩阵是 Hurwitz 矩阵 (其中 $l = pk_0$), 矩阵簇 (F, G, H, M, N, P) 满足方程 (8.157) ~ 方程 (8.160) (其中 F 是 Hurwitz 矩阵, $I_m - P$ 是可逆矩阵). 那么, 动态输出反馈 (8.156) 是问题 8.6.1 的一个解.

证明　当 $w = 0$ 时, 由式 (8.162)、方程 (8.157)、方程 (8.158) 可知 $\Delta = I_m$ 和 $H_0 = H + GD = TB$. 因此

$$A_{\rm c0} = \begin{bmatrix} A + BNC & BM & BK_\eta \\ (G + TBN)C & F + TBM & TBK_\eta \\ \Pi(I_p + DN)C & \Pi DM & \Omega + \Pi DK_\eta \end{bmatrix}$$

设

$$T_0 = \left[\begin{array}{c|cc} I_n & 0 & 0 \\ \hline 0 & 0 & I_l \\ -T & I_q & 0 \end{array}\right] = \left[\begin{array}{c|cc} I_n & 0 & 0 \\ \hline T & 0 & I_q \\ 0 & I_l & 0 \end{array}\right]^{-1}$$

利用方程 (8.157) ~ 方程 (8.160), 经过直接但烦琐的计算可以得到

$$T_0A_{\rm c0}T_0^{-1} = \left[\begin{array}{cc|c} A + BK_x & BK_\eta & BM \\ \Pi(C + DK_x) & \Omega + \Pi DK_\eta & \Pi DM \\ \hline 0 & 0 & F \end{array}\right]$$

因此, $A_{\rm c0}$ 是 Hurwitz 矩阵, 进而可知存在 $w = 0$ 的邻域 $\mathcal{W}$ 使得式 (8.161) 中的 $A_{\rm cw}$ 对任意 $w \in \mathcal{W}$ 都是渐近稳定的. 余下证明和定理 8.6.1 的证明完全类似, 故略去. 证毕.　□

说明 8.6.2　值得特别指出的是, 与 8.5.3 节的静态状态反馈控制律 (8.97) 和动态输出反馈控制律 (8.109) 相比, 由于式 (8.155) 确定的反馈增益 (K_x, K_η) 与干扰相关矩阵 (E, J) 无关, 动态状态反馈控制律 (8.142) 和动态输出反馈控制律 (8.156) 都与 (E_w, J_w) 无关.

最后给出与命题 8.6.1 相平行的结论. 证明类似, 这里略去.

命题 8.6.2　令假设 8.5.1 成立, 则问题 8.6.1 存在形如式 (8.156) 的动态输出反馈解当且仅当 (A, B) 能稳, (A, C) 能检测, 且 (A, B, C, D) 满足不变零点条件 (8.131).

8.6.4 内模原理

从 8.6.2 节和 8.6.3 节的内容可知, 结构稳定的输出调节问题的解与 8.5 节输出调节问题的解的最大区别是前者包含 η-子系统

$$\dot{\eta} = \Omega\eta + \Pi e$$

其中, $(\Omega, \Pi) \in (\mathbf{R}^{l\times l}, \mathbf{R}^{l\times p})$ 如式 (8.146)、式 (8.147) 和式 (8.152) 所定义. 由式 (8.152) 可知 Ω 的特征值包含了 S 的所有特征值. 由此可见, η-子系统在一定程度上复制了外系统 (8.87) 的数学模型. 这个 η-子系统模型一般称为内模. 8.6.2 节和 8.6.3 节的结论表明, "任何一个能良好地抵消外部扰动或跟踪参考信号的反馈控制系统, 其反馈回路必须包含一个与外系统相同的数学模型". 这一原理被称为内模原理 (internal model principle).

从系统的角度来看, 内模原理是说控制器应能自发产生和外系统相同的信号, 知己知彼, 方能有效地实现对外部信号的跟踪或者抑制. 从数学的角度来看, 就是为了让方程 (8.137) 的唯一解 X_{cw} 自动满足方程 (8.138); 而根据式 (8.145) 和式 (8.163), 上述情形仅在 Ω 与 S 有相同的特征值时才有可能发生.

在经典控制理论中, 要想让控制系统能无静差地跟踪 n 阶外部信号, 即阶跃、斜坡、抛物线等, 在开环系统无积分环节的前提下, 控制器必须包含有 n 阶积分环节. 由于 n 阶信号由 n 阶积分器产生, 上述结论就是说控制器必须包含 n 阶外部信号的模型. 由此可见, 内模原理是对经典跟踪控制理论的推广和一般化, 或者说经典跟踪控制理论是内模原理的一个应用.

根据 8.6.2 节和 8.6.3 节的讨论, 基于内模原理的控制器对系统参数 (A, B, C, D, E, J) 的摄动有较强的容忍能力, 或者说相对于这些参数的变化是鲁棒的. 但基于内模原理的控制器对外系统的参数即 S 的摄动是不鲁棒的. 事实上, 从引理 8.6.3 可以看出, 当 S 发生摄动时, 条件 (8.148) 不再成立, 从而方程 (8.137) 的唯一解 X_{cw} 无法满足方程 (8.138). 但聊胜于无, 理论和工程实践都表明, 即使 S 存在摄动, 基于内模原理的控制方案仍然会优于其他控制方案.

在工程中, 干扰信号 d 和参考信号 r 通常有阶跃信号、斜坡信号、抛物线信号和正弦信号等几种常见的情形. 这些典型信号对应的最小多项式如表 8.1 所示. 当干扰信号 d 和参考信号 r 包含这些典型信号时, 相应的最小多项式是这些典型信号对应多项式的最小公倍式. 例如, 如果干扰信号 d 和参考信号 r 都是阶跃信号, 那么 $\psi_S(s) = s$; 如果干扰信号 d 是斜坡信号而参考信号 r 是阶跃信号叠加角频率为 ω 的正弦信号, 则 $\psi_S(s) = s^2(s^2 + \omega^2)$.

表 8.1 典型信号对应的最小多项式

信号类型	阶跃信号	斜坡信号	抛物线信号	角频率为 ω 的正弦信号
最小多项式 $\psi_S(s)$	s	s^2	s^3	$s^2 + \omega^2$

最后用一个例子结束本节.

例 8.6.1 考虑受干扰的小车倒立摆系统的线性化系统模型 (1.26), 即

$$\dot{x} = Ax + Bu + Ed, \quad y = Cx$$

这里假设系统受到的干扰 d 为常值, 被跟踪的参考信号为 $r(t)=\delta\,(t\geqslant 0)$, 其中 $\delta>0$ 是一个常数, 即期望小车移动到水平位移为 δ 的位置. 注意到其控制目的和例 8.4.2 的控制目的相同. 显然, 干扰信号 d 和参考信号 r 对应的最小多项式为 $\psi_S(s)=s$. 根据式 (8.146) 和式 (8.147) 构造矩阵 $\varOmega=0,\varPi=1$. 因此 $l=1$. 下面设计 $(K_x,K_\eta)\in(\mathbf{R}^{1\times n},\mathbf{R})$ 使得

$$\begin{bmatrix} A & 0 \\ \varPi C & \varOmega \end{bmatrix}+\begin{bmatrix} B \\ \varPi D \end{bmatrix}\begin{bmatrix} K_x & K_\eta \end{bmatrix}=\begin{bmatrix} A & 0 \\ C & 0 \end{bmatrix}+\begin{bmatrix} B \\ 0 \end{bmatrix}\begin{bmatrix} K_x & K_\eta \end{bmatrix}$$

是 Hurwitz 矩阵. 根据引理 8.6.4, 只需要 (A,B) 能稳且 (A,B,C,D) 满足不变零点条件 (8.131), 即

$$\operatorname{rank}\begin{bmatrix} A & B \\ C & 0 \end{bmatrix}=n+1$$

容易验证上述条件成立. 事实上, 容易验证增广线性系统

$$\left(\begin{bmatrix} A & 0 \\ C & 0 \end{bmatrix},\begin{bmatrix} B \\ 0 \end{bmatrix}\right)$$

还是能控的. 设期望的特征值集合为 $\{-5,-5\pm 2\mathrm{i},-5\pm 3\mathrm{i}\}$. 根据 Ackermann 公式 (5.39) 可以获得反馈增益

$$\begin{aligned}&\begin{bmatrix} K_x & K_\eta \end{bmatrix}\\ =&\left[\begin{array}{cccc|c} \dfrac{4136l(4M+m)}{3g} & \dfrac{85l(4M+m)(51g+232l)}{9g^2} & \dfrac{k_3}{9g} & \dfrac{5l(4M+m)k_4}{27g^2} & \dfrac{4930l(4M+m)}{3g}\end{array}\right]\end{aligned}$$

其中, 各参数如例 1.1.2 所定义; $k_4=45g^2+3468gl+15776l^2$, $k_3=9Mg^2+66176Ml^2+9g^2m+16544l^2m+3156Mgl+789glm$.

最后, 根据式 (8.142) 构造动态状态反馈控制律

$$\begin{cases} \dot{\eta}=0\times\eta+e=e \\ u=K_x x+K_\eta\eta \end{cases}$$

即

$$u=K_x x+K_\eta\int_0^t e(s)\mathrm{d}s=K_x x+K_\eta\int_0^t(y(s)-r(s))\mathrm{d}s \tag{8.164}$$

显然, 这是一个典型的比例积分反馈控制器. 该结论和经典控制理论中的熟知结论“比例积分反馈可以消除常值干扰并实现对常值信号的渐近跟踪”相符合. 为了仿真需要, 设小车倒立摆的各个参数如式 (8.31) 以及 $\delta=0.2\mathrm{m}$, 状态的初值为式 (8.33), 干扰 $d=0.05$,

$$E=\begin{bmatrix} 1 & 0 & 0 & 0 \end{bmatrix}^{\mathrm{T}}$$

则在比例积分控制律 (8.164) 作用下的闭环系统的状态如图 8.12 所示. 由此可见, 输出 y 很好地跟踪了参考信号 r 并实现了对干扰 d 的抑制.

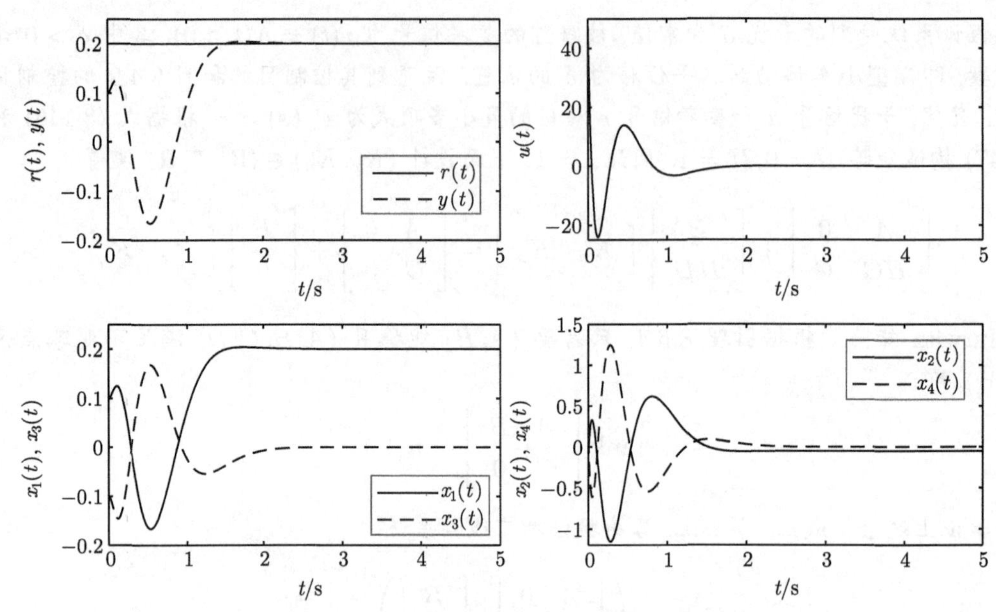

图 8.12 基于内模原理的小车倒立摆系统的输出跟踪

本 章 小 结

本章作为本书的最后一章, 介绍了线性系统的高级设计: 跟踪与调节. 8.1 ～ 8.4 节分别讨论了输出跟踪和状态跟踪问题, 8.5 节和 8.6 节讨论了输出调节问题.

如果能够获取被跟踪信号即期望输出对应的期望状态和期望输入, 那么输出跟踪问题可以转化成镇定问题, 相应的控制器具有反馈 + 前馈的二自由度结构. 利用期望状态和输入, 基于比例积分控制的思想, 反馈 + 前馈的二自由度控制方法甚至可以解决受到未知常值干扰的线性系统的输出跟踪问题. 因此, 输出跟踪问题的关键是期望状态和期望输入的获取. 当期望输出是某个不受控线性系统的输出时, 期望状态和期望输入可以通过求解调节器方程组得到; 当期望输出是一般形式的有界函数时, 求取期望状态和期望输入的问题本质上是系统求逆的问题. 利用线性系统的输入输出规范型, 期望状态和期望输入的求取问题或系统求逆问题进一步转化成了求取内动态的有界解即理想内动态的问题. 只要系统的零点矩阵没有位于虚轴上的特征值, 就可以给出理想内动态的表达式. 但当零点矩阵具有正实部特征值时, 求取理想内动态要求知道期望输出在未来时刻的全部信息, 因此是非因果的. 此外, 当零点矩阵具有负实部的特征值时, 理想内动态是不唯一的. 如果假设期望输出是周期信号, 则只要零点矩阵没有零特征值就可以确定理想内动态.

对于最小相位系统的输出跟踪问题, 通过引入等效前馈控制信号并设计特殊的反馈增益使得内动态和外动态解耦, 避免了期望状态和期望输入的求取, 从而显著地降低了输出跟踪问题的求解难度并简化了相应控制器的结构. 因此, 最小相位系统的输出跟踪问题比非最小相位系统的输出跟踪问题本质上更简单. 类似的现象也存在于非线性系统情形.

状态跟踪问题与输出跟踪问题的提法相同, 但由于一般线性系统输入变量的个数小于状态变量的个数, 无法由期望状态确定期望输入. 因此, 对于状态跟踪问题, 难点是获取期望的状态轨迹和对应的期望输入, 即运动规划问题. 本章考虑的期望状态和期望输入在某些时刻通过状态和输入空间中的某些定点. 借助平坦输出的概念, 求取期望状态和期望输入的运动规划问题转化成了平坦输出的插值问题. 通过假设平坦输出是时间变量的多项式函数, 插值问题进而转化成了线性方程组的求解问题, 从而可以很容易地获得解决. 一旦获得了期望的状态轨迹和对应的期望输入, 状态跟踪问题可以由前馈 + 反馈的二自由度控制方法解决.

在输出调节问题中, 被跟踪信号即期望输出和干扰信号都由不受控线性系统产生. 与输出跟踪问题类似, 输出调节问题的解也具有反馈 + 前馈的二自由度结构, 其中镇定增益可按常规方法获取, 而前馈控制增益可通过求解调节器方程组获取. 因此, 输出调节问题的关键是调节器方程组的求解. 调节器方程组可解当且仅当零点条件成立, 且当系统是最小相位时总是可解的. 由此可见, 与输出跟踪问题类似, 最小相位系统的输出调节问题也具有一定的特殊性.

与输出调节问题不同, 结构稳定的输出调节问题要求控制器对系统的参数摄动具有鲁棒性. 由于调节器方程组对参数的不鲁棒性, 结构稳定的输出调节问题没有状态反馈解. 本质上, 结构稳定的输出调节问题要求一个 Sylvester 方程的唯一解自动满足另一个方程. 这只有当控制器对应的系统矩阵包含外系统的全部模态时才有可能. 因此, 该问题的控制器必须在一定程度上复制外系统的数学模型. 这就是内模原理.

本章习题

8.1　考虑内动态方程

$$\dot{\eta}=\begin{bmatrix}0 & -1\\ 1 & 0\end{bmatrix}\eta+\begin{bmatrix}3\\ 2\end{bmatrix}y$$

设期望输出 y^* 是周期 $T=\pi$ 的周期信号, 且

$$y^*(t)=\begin{cases}\sin^3(2t), & t\in[0,T/2]\\ 0, & t\in[T/2,T]\end{cases}\tag{8.165}$$

请计算理想内动态 $\eta^*(t)\ (t\geqslant 0)$.

8.2　考虑非最小相位 SISO 线性系统

$$A=\begin{bmatrix}-1 & 1 & 0 & -1\\ 0 & -1 & 0 & -1\\ -1 & 0 & -1 & 1\\ 1 & 0 & 1 & 0\end{bmatrix},\quad B=\begin{bmatrix}0\\ 1\\ 0\\ 1\end{bmatrix},\quad C=\begin{bmatrix}1\\ 0\\ 1\\ 0\end{bmatrix}^{\mathrm{T}}$$

请设计前馈 + 反馈二自由度控制律 u 使得系统的输出能跟踪期望输出 (8.165), 并绘制跟踪曲线.

8.3　进一步假设 8.2 题中的系统受到常值干扰. 请设计比例积分型的前馈 + 反馈二自由度控制律 u 使得系统的输出能跟踪期望输出 (8.165), 并绘制状态跟踪曲线.

8.4　考虑最小相位 SISO 线性系统

$$A=\begin{bmatrix}-1 & 1 & 2 & -1\\ 0 & -2 & 1 & -1\\ -1 & 0 & -2 & 1\\ 1 & 0 & 1 & 0\end{bmatrix},\quad B=\begin{bmatrix}0\\1\\0\\1\end{bmatrix},\quad C=\begin{bmatrix}1\\0\\1\\0\end{bmatrix}^{\mathrm{T}}$$

请设计前馈 + 反馈二自由度控制律 u 使得系统的输出能跟踪期望输出 (8.165), 并绘制跟踪曲线.

8.5　进一步假设 8.4 题中的系统受到常值干扰. 请设计比例积分型的前馈 + 反馈二自由度控制律 u 使得系统的输出能跟踪期望输出 (8.165), 并绘制跟踪曲线.

8.6　考虑 MIMO 线性系统

$$\dot{x}=\begin{bmatrix}0 & 1 & 0\\ -1 & 0 & 1\\ 1 & -2 & 0\end{bmatrix}x+\begin{bmatrix}1 & 0\\ 0 & 0\\ 0 & 1\end{bmatrix}u,\quad y=\begin{bmatrix}1 & -1 & 1\\ 1 & 1 & 1\end{bmatrix}x$$

请判断该系统的耦合矩阵是否奇异. 如果是, 将输出做如下变换:

$$\tilde{y}=\begin{bmatrix}1 & 0\\ -1 & 1\end{bmatrix}y=\begin{bmatrix}1 & -1 & 1\\ 0 & 2 & 0\end{bmatrix}x$$

请判断以 $\tilde{y}$ 为新输出的线性系统的耦合矩阵是否非奇异. 如果是, 请设计控制律 u 使得原系统的输出 y 能跟踪期望输出 $y^*=[\sin(t),\cos(2t)]^{\mathrm{T}}$.

8.7　考虑线性系统

$$\dot{x}=Ax+Bu,\quad y=Cx$$

其中, $A\in\mathbf{R}^{n\times n}$、$B\in\mathbf{R}^{n\times 1}$ 和 $C\in\mathbf{R}^{1\times n}$ 都是常值矩阵. 假设期望输出 $y^*(t)$ 由一个线性系统产生, 该线性系统的特征多项式为 $\pi(s)=s^l+\pi_{l-1}s^{l-1}+\cdots+\pi_1 s+\pi_0$, 即

$$\pi(\mathrm{d})y^*=y^{*(l)}+\pi_{l-1}y^{*(l-1)}+\cdots+\pi_1 y^{*(1)}+\pi_0 y^*=0$$

设 η^* 是该系统的理想内动态, 即 $\dot{\eta}^*=A_{00}\eta^*+B_0 y^*\,(t\geqslant 0)$, 其中 A_{00} 没有零特征值. 令 $c(s)=s^l+c_{l-1}s^{l-1}+\cdots+c_1 s+c_0$ 是给定的 Hurwitz 多项式. 考虑以 y^* 为输入的高阶线性微分方程

$$\hat{\eta}^{(l)}+c_{l-1}\hat{\eta}^{(l-1)}+\cdots+c_1\hat{\eta}^{(1)}+c_0\hat{\eta}=-(P_{l-1}B_0 y^{*(l-1)}+\cdots+P_1 B_0 y^{*(1)}+P_0 B_0 y^*)$$

其中

$$\begin{cases}P_{l-1}=(I_{n-r}+c_{l-1}A_{00}^{-1}+\cdots+c_0 A_{00}^{-l})(I_{n-r}+\pi_{l-1}A_{00}^{-1}+\cdots+\pi_0 A_{00}^{-l})^{-1}-I_{n-r}\\ P_{l-2}=c_{l-2}A_{00}^{-1}+\cdots+c_0 A_{00}^{-(l-1)}-(P_{l-1}+I_{n-r})\left(\pi_{l-2}A_{00}^{-1}+\cdots+\pi_0 A_{00}^{-(l-1)}\right)\\ \quad\vdots\\ P_1=c_1 A_{00}^{-1}+c_0 A_{00}^{-2}-(P_{l-1}+I_{n-r})(\pi_1 A_{00}^{-1}+\pi_0 A_{00}^{-2})\\ P_0=c_0 A_{00}^{-1}-(P_{l-1}+I_{n-r})(\pi_0 A_{00}^{-1})\end{cases}$$

进一步地, 定义 $\hat{x}^*$ 和 $\hat{u}^*$ 如下:

$$\hat{x}^* = T^{-1}\begin{bmatrix} \hat{\eta} \\ \xi^* \end{bmatrix}, \quad \hat{u}^* = \Gamma^{-1}(D_0(\mathrm{d})y^* - C_0\hat{\eta})$$

其中, 各参数与定理 8.2.1 中的各参数意义相同. 试证:

(1) 令 $e(t) = \dot{\hat{\eta}} - A_{00}\hat{\eta} - B_0 y^*\,(t \geqslant 0)$, 则

$$e^{(l)} + c_{l-1}e^{(l-1)} + \cdots + c_1 e^{(1)} + c_0 e = 0$$

(2) 设 $A + BK$ 是 Hurwitz 矩阵, 则控制器

$$u = K(x - \hat{x}^*) + \hat{u}^*$$

可使得输出 y 能跟踪上期望输出 y^* 且状态 x 有界.

8.8 设方 MIMO 线性系统 (8.2) 的相对阶为 $\{r_1, r_2, \cdots, r_m\}$, 耦合矩阵 Γ 非奇异, 且是最小相位的; $y^*(t): \mathbf{R}_{\geqslant 0} \to \mathbf{R}^m$ 由参考模型 $\dot{x}^* = A^*x^* + B^*u^*, y^* = C^*x^*$ 生成, 其中 A^* 是 Hurwitz 矩阵, u^* 是分段连续的有界输入. 渐近模型匹配 (asymptotic model matching) 问题或者模型参考输出跟踪 (model reference output tracking) 问题就是求取有界的控制律使得系统的状态 x 有界且输出 y 满足式 (8.3). 试证: 如果 (A^*, B^*, C^*) 的相对阶 $\{r_1^*, r_2^*, \cdots, r_m^*\}$ 满足

$$r_i^* \geqslant r_i, \quad i = 1, 2, \cdots, m$$

则渐近模型匹配问题的解为

$$u = \Gamma^{-1}\begin{bmatrix} -c_1\gamma_1(A)x + c_1^*\gamma_1(A^*)x^* + c_1^*(A^*)^{r_1-1}B^*u^* \\ -c_2\gamma_2(A)x + c_2^*\gamma_2(A^*)x^* + c_2^*(A^*)^{r_m-1}B^*u^* \\ \vdots \\ -c_m\gamma_m(A)x + c_m^*\gamma_m(A^*)x^* + c_m^*(A^*)^{r_m-1}B^*u^* \end{bmatrix}$$

其中, $\gamma_i(s)\,(i = 1, 2, \cdots, m)$ 是任意形如式 (5.83) 的 r_i 次 Hurwitz 多项式.

8.9 考虑理想内动态方程 $\dot{\eta}^* = A_{00}\eta^* + B_0 y^*$, 其中, $y^* \in \mathbf{R}^p$ 是周期为 T^* 的函数; $A_{00} \in \mathbf{R}^{(n-r)\times(n-r)}$ 是零点矩阵. 试证: 如果存在初值 $\eta^*(0)$ 满足线性方程

$$\left(I_{n-r} - \mathrm{e}^{A_{00}T^*}\right)\eta^*(0) = \int_0^{T^*} \mathrm{e}^{A_{00}(T^*-s)}B_0 y^*(s)\mathrm{d}s$$

则对应的理想内动态 η^* 也是以 T^* 为周期的函数.

8.10 考虑单输入线性系统

$$\dot{x} = \begin{bmatrix} 0 & 1 & 1 \\ 0 & -1 & 0 \\ 1 & 0 & 2 \end{bmatrix} x + \begin{bmatrix} 1 \\ -1 \\ 0 \end{bmatrix} u, \quad x(0) = \begin{bmatrix} -10 \\ 10 \\ 8 \end{bmatrix}$$

和该系统的两个工作点 $(U_0, X_0) = (0, 0)$ 和 $(U_1, X_1) = (1, [0, -1, 0]^{\mathrm{T}})$. 设 $t_0 = 1$ 和 $t_1 = 5$. 请针对该系统规划一条满足 $(u^*(t_i), x^*(t_i)) = (U_i, X_i)\,(i = 0, 1)$ 的运动轨迹

$(u^*(t), x^*(t))\,(t \in [t_0, t_1])$, 设计二自由度控制律 u 使得该系统的状态 $x(t)$ 能跟踪 $x^*(t)$, 并绘制跟踪曲线.

8.11 试证: 对任意 $i \in \{1, 2, \cdots, m\}$, 满足式 (8.78) (其中 $N = 1, t_1 = \tau$) 的 $2\mu_i + 1$ 次多项式函数 $w_i^*(t)$ 可表示为

$$w_i^*(t) = p_i\left(X_0 + (X_1 - X_0)\left(\frac{t}{\tau}\right)^{\mu_i+1}\left(\sum_{l=0}^{\mu_i}\pi_{il}\left(\frac{t}{\tau}\right)^l\right)\right)$$

其中, $\pi_{il}\,(l = 0, 1, \cdots, \mu_i)$ 满足下面的线性方程:

$$\begin{bmatrix} 1 & 1 & \cdots & 1 \\ \mu_i + 1 & \mu_i + 2 & \cdots & 2\mu_i + 1 \\ (\mu_i+1)\mu_i & (\mu_i+2)(\mu_i+1) & \cdots & (2\mu_i+1)2\mu_i \\ \vdots & \vdots & & \vdots \\ \dfrac{(\mu_i+1)!}{1!} & \dfrac{(\mu_i+2)!}{2!} & \cdots & \dfrac{(2\mu_i+1)!}{(\mu_i+1)!} \end{bmatrix}\begin{bmatrix} \pi_{i0} \\ \pi_{i1} \\ \vdots \\ \pi_{i,\mu_i} \end{bmatrix} = \begin{bmatrix} 1 \\ 0 \\ \vdots \\ 0 \end{bmatrix}$$

特别地, $\pi_{il}\,(l = 0, 1, \cdots, \mu_i)$ 具有下面的形式:

$$\pi_{il} = \frac{(-1)^l(2\mu_i+1)!}{\mu_i!\,l!\,(\mu_i - l)!\,(\mu_i + 1 + l)}, \quad l = 0, 1, \cdots, \mu_i$$

8.12 考虑受未知常值干扰的线性系统

$$\dot{x} = Ax + Bu + Ed$$

其中, $x \in \mathbf{R}^n$ 和 $u \in \mathbf{R}^m$ 分别是状态和输入向量; $d \in \mathbf{R}^l$ 是未知的常值干扰; $E \in \mathbf{R}^{n\times l}$ 是未知的常值矩阵. 设存在有界的函数 $x^*(t)$ 和 $u^*(t)$ 满足 $\dot{x}^* = Ax^* + Bu^*\,(t \in [0, \tau])$. 试问: 是否存在比例积分控制器

$$\begin{cases} \dot{z} = x - x^* \\ u = u^* + K_{\mathrm{P}}(x - x^*) + K_{\mathrm{I}}z \end{cases}$$

使得状态跟踪问题可解? 即 $\|x - x^*\| \xrightarrow{t\to\infty} 0$. 请给出理由.

8.13 令假设 8.5.1 成立, 问题 8.5.1 可解. 对任意 $\lambda_0 \in \lambda(S)$, 设 $Sv_\infty = \lambda_0 v_\infty$, 即 v_∞ 是 λ_0 对应的右特征向量. 试证: 存在向量 x_∞ 和 u_∞ 满足线性方程

$$\begin{bmatrix} A - \lambda_0 I_n & B \\ C & D \end{bmatrix}\begin{bmatrix} x_\infty \\ u_\infty \end{bmatrix} = -\begin{bmatrix} E \\ J \end{bmatrix} v_\infty$$

8.14 考虑线性系统

$$\dot{x} = \begin{bmatrix} 0 & 1 & 0 \\ 0 & 0 & 1 \\ 0 & 0 & 0 \end{bmatrix} x + \begin{bmatrix} 0 \\ 0 \\ 1 \end{bmatrix} u, \quad y = \begin{bmatrix} 1 & 0 & -1 \end{bmatrix} x$$

请设计静态状态反馈控制器 $u = Kx + u^*(t)$ 使得系统的输出 y 能渐近跟踪参考信号 $r_0\cos(\omega t)$. 这里 r_0 和 ω 是正常数.

8.15　考虑方程 (8.93), 对任意 $s \in \mathbf{C}$, 试证:

$$X_c(sI_k - S)^{-1} = (sI_{n_c} - A_c)^{-1}X_c + (sI_{n_c} - A_c)^{-1}B_c(sI_k - S)^{-1}$$

8.16　考虑线性系统 $\dot{x} = Ax + Bu, y = Cx + Du$, 其中 $A \in \mathbf{R}^{n\times n}$、$B \in \mathbf{R}^{n\times m}$、$C \in \mathbf{R}^{p\times n}$ 和 $D \in \mathbf{R}^{p\times m}$ 都是常值矩阵且 $p = m$. 设状态反馈 $u = K_x x + K_v r$ 使得闭环系统是内稳定的且输出 y 能跟踪常值参考信号 $r \in \mathbf{R}^p$, 即 $\|y(t) - r\| \xrightarrow{t\to\infty} 0$. 试证: 如果 K_x 使得 $A + BK_x$ 是 Hurwitz 矩阵且

$$\operatorname{rank}\begin{bmatrix} A & B \\ C & D \end{bmatrix} = n + p$$

成立, 则前馈增益 K_v 可取为

$$K_v = (D - (C + DK_x)(A + BK_x)^{-1}B)^{-1}$$

或者

$$K_v = \begin{bmatrix} -K_x & I_m \end{bmatrix}\begin{bmatrix} A & B \\ C & D \end{bmatrix}^{-1}\begin{bmatrix} 0_{n\times p} \\ I_p \end{bmatrix}$$

此外, 请说明上述两个 K_v 是否等价.

8.17　考虑线性系统

$$\dot{x} = \begin{bmatrix} 0 & 1 \\ -2 & 2 \end{bmatrix}x + \begin{bmatrix} 0 \\ 1 \end{bmatrix}u + \begin{bmatrix} 1 \\ 2 \end{bmatrix}d, \quad y = \begin{bmatrix} 1 & 0 \end{bmatrix}x$$

其中, d 是常值干扰. 请用内模原理设计控制器, 使得系统的输出 y 能渐近跟踪参考信号 $r_0\cos(\omega t)$.

本章附注

附注 8.1　据作者所知, 线性系统的输出跟踪问题散见于大批学术论文之中而没有专门的教材或者著作进行系统性的讨论. 8.1 ~ 8.4 节的内容主要由作者根据现有学术论文整理而成, 部分内容似未见文献报道. 这里介绍的方法一般称为基于逆系统的输出跟踪方法 (inversion-based output tracking). 非线性情形由文献 [1] 给出, 线性情形则由文献 [2] 给出. 此外, 文献 [3] 对线性情形特别是理想内动态的求取做了比较详细的综述和整理. 基于第 4 章介绍的输入输出规范型理论, 这里介绍的求取理想内动态的方法更简洁且系统化. 周期期望输出情形下的理想内动态求取方法 (引理 8.2.3) 取自文献 [4]. 习题 8.7 给出的结论取自文献 [5]. 由于确定非最小相位系统的理想内动态是一个难点问题, 这类系统的输出跟踪控制仍然是当前研究的热点问题[6]. 例如, 文献 [3] 采用预见控制 (preview control) 方法解决理想内动态的非因果问题. 该方法不要求知道全部未来时刻的期望输出, 而只需要知道当前时刻之后一定时间段, 即预见时长上的期望输出. 当然, 这会导致输出不能精确跟踪期望输出, 跟踪误差与不稳定零点的实部和预见时长有关.

附注 8.2　状态跟踪问题与输出跟踪问题虽然提法类似, 但由于前者需要跟踪的信号更多, 事实上比后者更困难. 因此, 状态跟踪问题一般不能指定期望状态, 而是要根据需要对期望状态进行规划. 线性系统的运动规划和跟踪问题在文献中考虑得比较少. 本章介绍的基于平坦输出的运动规划方法是在著作 [7] 的基础上结合能控规范型理论整理和扩充而成.

附注 8.3　关于输出调节问题的研究可以追溯到 1769 年 Watt 为蒸汽机设计的自动调速器. 然而, 直到 20 世纪 70 年代该问题才能够在现代控制理论的状态空间框架下进行严格的描述. 在 Davison[8]、Francis 和 Wonham[9,10] 等学者的努力下, 该问题已经得到了彻底的解决. 在解决输出调节问题过程中提炼出的内模原理[10], 将经典的比例积分微分控制包含为特例. 从控制理论的角度来看, 内模原理的意义在于它可以将输出调节问题转换为增广线性系统的镇定问题 (见定理 8.6.1). 本章关于输出调节和结构稳定的输出调节问题的内容主要参考了著作 [11], 但在结构和细节上有很大的不同, 特别是关于动态输出反馈部分, 本章考虑了更一般的情况 (见定理 8.5.3 和定理 8.6.2). 此外, 关于内模的引入和性质 (见 8.6.2 节), 作者希望这里介绍的方法和内容更有助于读者的深入理解.

参考文献

[1] Devasia S, Chen D G, Paden B. Nonlinear inversion-based output tracking. IEEE Transactions on Automatic Control, 1996, 41(7): 930-942.

[2] Hunt L R, Meyer G, Su R. Noncausal inverses for linear systems. IEEE Transactions on Automatic Control, 1996, 41(4): 608-611.

[3] Zou Q, Devasia S. Preview-based stable-inversion for output tracking of linear systems. Journal of Dynamic Systems, Measurement, and Control, 1999, 121(4): 625-630.

[4] Galeani S, Possieri C, Sassano M. Asymptotic tracking for nonminimum phase linear systems via steady-state compensation. IEEE Transactions on Automatic Control, 2021, 66(9): 4176-4183.

[5] Shkolnikov I A, Shtessel Y B. Tracking in a class of nonminimum-phase systems with nonlinear internal dynamics via sliding mode control using method of system center. Automatica, 2002, 38(5): 837-842.

[6] Berger T. Tracking with prescribed performance for linear non-minimum phase systems. Automatica, 2020, 115: 108909.

[7] Levine J. Analysis and Control of Nonlinear Systems: A Flatness-Based Approach. Berlin: Springer, 2009.

[8] Davison E. The robust control of a servomechanism problem for linear time-invariant multivariable systems. IEEE Transactions on Automatic Control, 1976, 21(1): 25-34.

[9] Francis B A. The linear multivariable regulator problem. SIAM Journal on Control and Optimization, 1977, 15(3): 486-505.

[10] Francis B A, Wonham W M. The internal model principle of control theory. Automatica, 1976, 12(5): 457-465.

[11] Huang J. Nonlinear Output Regulation: Theory and Applications. Philadelphia: SIAM, 2004.

附录 A　数学基础

为了方便读者, 本附录简要介绍本书用到的且相对不常见的数学基础知识, 特别是矩阵理论. 国内外有关矩阵分析的教材十分丰富, 读者可以自行参考. 本附录主要参考了陈景良和陈向晖的《特殊矩阵》(清华大学出版社, 2001 年)、史荣昌的《矩阵分析》(北京理工大学出版社, 1995 年)、王国荣的《矩阵与算子广义逆》(科学出版社, 1994 年) 等著作.

A.1　若干矩阵理论知识

A.1.1　分块矩阵

任何具有多个子块的分块矩阵都可通过如下 2×2 块矩阵

$$\Phi=\begin{bmatrix} A & B \\ C & D \end{bmatrix}\in \mathbf{C}^{n\times n} \tag{A.1}$$

进行嵌套定义得到. 因此, 上述 2×2 块矩阵的性质具有重要价值. 注意到

$$\begin{aligned}\Phi&=\begin{bmatrix} I_{n_1} & 0 \\ CA^{-1} & I_{n_2} \end{bmatrix}\begin{bmatrix} A & 0 \\ 0 & S_A \end{bmatrix}\begin{bmatrix} I_{n_1} & A^{-1}B \\ 0 & I_{n_2} \end{bmatrix}\\&=\begin{bmatrix} I_{n_1} & BD^{-1} \\ 0 & I_{n_2} \end{bmatrix}\begin{bmatrix} S_D & 0 \\ 0 & D \end{bmatrix}\begin{bmatrix} I_{n_1} & 0 \\ D^{-1}C & I_{n_2} \end{bmatrix}\end{aligned}$$

其中, $S_A=D-CA^{-1}B$ 和 $S_D=A-BD^{-1}C$, 可以立即得到定理 A.1.1.

定理 A.1.1　*考虑分块矩阵* (A.1), *其中*, $A\in\mathbf{C}^{n_1\times n_1},B\in\mathbf{C}^{n_1\times n_2},C\in\mathbf{C}^{n_2\times n_1},D\in\mathbf{C}^{n_2\times n_2};n_1+n_2=n$. *如果 A 可逆, 则矩阵 Φ 可逆当且仅当 S_A 可逆, 并且在该条件下有*

$$\begin{bmatrix} A & B \\ C & D \end{bmatrix}^{-1}=\begin{bmatrix} A^{-1}+A^{-1}BS_A^{-1}CA^{-1} & -A^{-1}BS_A^{-1} \\ -S_A^{-1}CA^{-1} & S_A^{-1} \end{bmatrix} \tag{A.2}$$

$$\det(\Phi)=\det(A)\det(S_A)=\det(A)\det(D-CA^{-1}B) \tag{A.3}$$

$$\operatorname{rank}\begin{bmatrix} A & B \\ C & D \end{bmatrix}=n_1+\operatorname{rank}(D-CA^{-1}B)$$

如果 D 可逆, 则矩阵 Φ 可逆当且仅当 S_D 可逆, 并且在该条件下有

$$\begin{bmatrix} A & B \\ C & D \end{bmatrix}^{-1}=\begin{bmatrix} S_D^{-1} & -S_D^{-1}BD^{-1} \\ -D^{-1}CS_D^{-1} & D^{-1}+D^{-1}CS_D^{-1}BD^{-1} \end{bmatrix} \tag{A.4}$$

$$\det(\Phi) = \det(D)\det(S_D) = \det(D)\det(A - BD^{-1}C) \tag{A.5}$$

$$\operatorname{rank}\begin{bmatrix} A & B \\ C & D \end{bmatrix} = n_2 + \operatorname{rank}(A - BD^{-1}C)$$

当 $B = 0$ 或 $C = 0$ 时, 由定理 A.1.1 可立即得到

$$\begin{bmatrix} A & 0 \\ C & D \end{bmatrix}^{-1} = \begin{bmatrix} A^{-1} & 0 \\ -D^{-1}CA^{-1} & D^{-1} \end{bmatrix}, \quad \begin{bmatrix} A & B \\ 0 & D \end{bmatrix}^{-1} = \begin{bmatrix} A^{-1} & -A^{-1}BD^{-1} \\ 0 & D^{-1} \end{bmatrix}$$

此外, 当 $A = I_{n_1}$ 和 $D = -I_{n_2}$ 时, 比较式 (A.3) 和式 (A.5) 可以得到

$$\det(I_{n_1} + BC) = \det(I_{n_2} + CB)$$

说明 A.1.1 定理 A.1.1 要求 A 或者 D 是非奇异的. 但 A 或者 D 可逆不是矩阵 Φ 可逆的必要条件. 如果该条件不满足, 可以考虑用下面的方法处理. 注意到 $A^{-1} = A^{\mathrm{H}}(AA^{\mathrm{H}})^{-1}$. 所以

$$\begin{aligned} \begin{bmatrix} A & B \\ C & D \end{bmatrix}^{-1} &= \begin{bmatrix} A & B \\ C & D \end{bmatrix}^{\mathrm{H}} \left(\begin{bmatrix} A & B \\ C & D \end{bmatrix} \begin{bmatrix} A & B \\ C & D \end{bmatrix}^{\mathrm{H}} \right)^{-1} \\ &= \begin{bmatrix} A & B \\ C & D \end{bmatrix}^{\mathrm{H}} \begin{bmatrix} AA^{\mathrm{H}} + BB^{\mathrm{H}} & AC^{\mathrm{H}} + BD^{\mathrm{H}} \\ CA^{\mathrm{H}} + DB^{\mathrm{H}} & CC^{\mathrm{H}} + DD^{\mathrm{H}} \end{bmatrix}^{-1} \end{aligned} \tag{A.6}$$

由 Φ 可逆可知

$$\operatorname{rank}\begin{bmatrix} A & B \end{bmatrix} = n_1, \quad \operatorname{rank}\begin{bmatrix} C & D \end{bmatrix} = n_2$$

因此 $AA^{\mathrm{H}} + BB^{\mathrm{H}}$ 和 $CC^{\mathrm{H}} + DD^{\mathrm{H}}$ 一定是可逆的, 故可利用式 (A.2) 和式 (A.4) 计算式 (A.6) 中的分块矩阵的逆. 上述方法甚至不要求 A 或者 D 是方阵.

比较式 (A.2) 和式 (A.4) 中 Φ^{-1} 的 $(1,1)$ 位置的矩阵块可立即得到下面著名的 Sherman-Morrison-Woodbury 公式.

推论 A.1.1 设 $A \in \mathbf{C}^{n_1 \times n_1}, B \in \mathbf{C}^{n_1 \times n_2}, C \in \mathbf{C}^{n_2 \times n_2}, D \in \mathbf{C}^{n_2 \times n_1}$, 则

$$(A + BCD)^{-1} = A^{-1} - A^{-1}B(C^{-1} + DA^{-1}B)^{-1}DA^{-1} \tag{A.7}$$

这里假设各个逆矩阵均存在.

下面考虑分块矩阵 (A.1) 的秩. 定理 A.1.1 仅考虑了 A 或者 D 可逆的情况. 下面特别考虑 A、D 非方且 $C = 0$ 或者 $B = 0$ 的情形.

定理 A.1.2 设 $A \in \mathbf{C}^{n_1 \times n_2}, B \in \mathbf{C}^{n_1 \times n_3}, D \in \mathbf{C}^{n_4 \times n_3}$. 如果 A 行满秩或者 D 列满秩, 则

$$\operatorname{rank}\begin{bmatrix} A & B \\ 0 & D \end{bmatrix} = \operatorname{rank}(A) + \operatorname{rank}(D) \tag{A.8}$$

证明 如果 A 行满秩, 则 AA^{H} 可逆, 从而有

$$\begin{bmatrix} A & B \\ 0 & D \end{bmatrix}\begin{bmatrix} I_{n_2} & -A^{\mathrm{H}}(AA^{\mathrm{H}})^{-1}B \\ 0 & I_{n_3} \end{bmatrix}=\begin{bmatrix} A & 0 \\ 0 & D \end{bmatrix}$$

如果 D 列满秩, 则 $D^{\mathrm{H}}D$ 可逆, 从而有

$$\begin{bmatrix} I_{n_1} & -B(D^{\mathrm{H}}D)^{-1}D^{\mathrm{H}} \\ 0 & I_{n_4} \end{bmatrix}\begin{bmatrix} A & B \\ 0 & D \end{bmatrix}=\begin{bmatrix} A & 0 \\ 0 & D \end{bmatrix}$$

上述两式均蕴含式 (A.8). 证毕. □

说明 A.1.2 需要特别指出的是, 式 (A.8) 并不是无条件成立的, 即一般情况下仅有

$$\operatorname{rank}\begin{bmatrix} A & B \\ 0 & D \end{bmatrix} \geqslant \operatorname{rank}(A)+\operatorname{rank}(D)$$

例如

$$\operatorname{rank}\left[\begin{array}{c|cc} 1 & 0 & 1 \\ 1 & 0 & 0 \\ \hline 0 & 1 & 1 \end{array}\right]=3>2=\operatorname{rank}\begin{bmatrix} 1 \\ 1 \end{bmatrix}+\operatorname{rank}\begin{bmatrix} 1 & 1 \end{bmatrix}$$

A.1.2 特征多项式和预解矩阵

设 $A \in \mathbf{C}^{n\times n}$ 的特征多项式为

$$\alpha(\lambda)=\det(\lambda I_n - A)=\lambda^n+\alpha_{n-1}\lambda^{n-1}+\cdots+\alpha_1\lambda+\alpha_0 \tag{A.9}$$

多项式方程 $\alpha(\lambda)=0$ 的 n 个根是 A 的特征值. 直接根据定义 (A.9) 计算特征多项式显然是不方便的. 注意到

$$(\lambda I_n - A)^{-1}=\frac{\operatorname{adj}(\lambda I_n - A)}{\det(\lambda I_n - A)}$$

一般称 $(\lambda I_n - A)^{-1}$ 为 A 的预解矩阵 (resolvent matrix). 著名的 Faddeev-Leverrier 公式可以同时计算出 A 的特征多项式和伴随矩阵 $\operatorname{adj}(\lambda I_n - A)$.

定理 A.1.3 矩阵 A 的特征多项式 $\alpha(\lambda)$ 和伴随矩阵 $\operatorname{adj}(\lambda I_n - A)$ 由下式给出:

$$\alpha(\lambda)=\sum_{i=0}^{n}\alpha_i\lambda^i, \quad \operatorname{adj}(\lambda I_n - A)=\sum_{i=0}^{n-1}R_i\lambda^i$$

其中, R_{n-k}、$\alpha_{n-k}\,(k=1,2,\cdots,n)$ 按式 (A.10) 和式 (A.11) 迭代计算:

$$R_{n-k}=AR_{n-k+1}+\alpha_{n-k+1}I_n \tag{A.10}$$

$$\alpha_{n-k}=-\frac{\operatorname{tr}(AR_{n-k})}{k} \tag{A.11}$$

其中, $R_n=0, \alpha_n=1$.

如果将式 (A.10) 和式 (A.11) 的迭代关系式写成显式, 则有推论 A.1.2.

推论 A.1.2 设 A 的特征多项式为 $\alpha(\lambda)$, 则其系数可递推地表示为

$$\begin{cases} \alpha_{n-1} = -\dfrac{\operatorname{tr}(A)}{1} \\ \alpha_{n-2} = -\dfrac{\operatorname{tr}(A^2)}{2} - \alpha_{n-1}\dfrac{\operatorname{tr}(A)}{2} \\ \alpha_{n-3} = -\dfrac{\operatorname{tr}(A^3)}{3} - \alpha_{n-1}\dfrac{\operatorname{tr}(A^2)}{3} - \alpha_{n-2}\dfrac{\operatorname{tr}(A)}{3} \\ \quad\vdots \\ \alpha_0 = -\dfrac{\operatorname{tr}(A^n)}{n} - \alpha_{n-1}\dfrac{\operatorname{tr}(A^{n-1})}{n} - \cdots - \alpha_1\dfrac{\operatorname{tr}(A)}{n} \end{cases}$$

预解矩阵 $(\lambda I_n - A)^{-1}$ 可表示为

$$(\lambda I_n - A)^{-1} = \sum_{k=0}^{n-1} \frac{p_k(\lambda)}{\alpha(\lambda)} A^k \tag{A.12}$$

其中, 多项式函数 $p_k(\lambda)\,(k = 0, 1, \cdots, n-1)$ 由式 (A.13) 给出:

$$\begin{cases} p_0(\lambda) = \lambda^{n-1} + \alpha_{n-1}\lambda^{n-2} + \alpha_{n-2}\lambda^{n-3} + \cdots + \alpha_2\lambda + \alpha_1 \\ p_1(\lambda) = \lambda^{n-2} + \alpha_{n-1}\lambda^{n-3} + \cdots + \alpha_3\lambda + \alpha_2 \\ \quad\vdots \\ p_{n-2}(\lambda) = \lambda + \alpha_{n-1} \\ p_{n-1}(\lambda) = 1 \end{cases} \tag{A.13}$$

A.1.3 矩阵乘积的秩

对于两个维数相容的矩阵 $A \in \mathbf{C}^{n\times m}$ 和 $B \in \mathbf{C}^{m\times p}$, 二者乘积 AB 的秩有下面著名的不等式:

$$\operatorname{rank}(A) + \operatorname{rank}(B) - m \leqslant \operatorname{rank}(AB) \leqslant \min\{\operatorname{rank}(A), \operatorname{rank}(B)\}$$

上述左端的不等式也称为 Sylvester 不等式. 借助 Sylvester 不等式, 可以得到引理 A.1.1.

引理 A.1.1 设 $A \in \mathbf{C}^{n\times m}$ 和 $B \in \mathbf{C}^{m\times p}$, 则

$$\operatorname{rank}(B) = m \Rightarrow \operatorname{rank}(AB) = \operatorname{rank}(A)$$

$$\operatorname{rank}(A) = m \Rightarrow \operatorname{rank}(AB) = \operatorname{rank}(B)$$

即对任何一个矩阵右乘行满秩或左乘列满秩的矩阵不改变其秩. 特别地, 如果 $\operatorname{rank}(A) = m$, 则 $B = 0$ 当且仅当 $AB = 0$.

证明 当 $\operatorname{rank}(B) = m$ 时, 根据 Sylvester 不等式有

$$\operatorname{rank}(A) \leqslant \operatorname{rank}(AB) \leqslant \min\{\operatorname{rank}(A), m\} = \operatorname{rank}(A)$$

由此可知结论成立. 当 $\operatorname{rank}(A) = m$ 时同理可证. 证毕. □

引理 A.1.1 虽然简单, 但在本书的很多场合下能显著简化问题的分析.

A.2 几种特殊矩阵

特殊矩阵指的是具有特殊结构的矩阵, 如 Jordan 矩阵. 特殊矩阵也称为特型矩阵, 一般都以提出者的名字命名. 本节简要介绍几种在线性系统理论中常用的特殊矩阵.

A.2.1 Jordan 矩阵和标准型

假设 $A\in\mathbf{C}^{n\times n}$ 有 ϖ 个互不相同的特征值 $\lambda_i\,(i=1,2,\cdots,\varpi)$, 其重数分别为 n_i, 即

$$\alpha(\lambda)=\det(\lambda I_n-A)=\prod_{i=1}^{\varpi}(\lambda-\lambda_i)^{n_i} \tag{A.14}$$

该重数 n_i 称为 λ_i 的代数重数. 因此 $n_1+n_2+\cdots+n_{\varpi}=n$. 对于某一个 λ_i, 假设存在 q_i 个线性无关的特征向量, 记为 $v_{i1}^{[1]},v_{i2}^{[1]},\cdots,v_{i,q_i}^{[1]}$, 这里 q_i 称为特征值 λ_i 的几何重数. 对每个特征向量 $v_{ij}^{[1]}$, 一定存在 $p_{ij}-1\,(p_{ij}\geqslant 1)$ 个广义右特征向量 $v_{ij}^{[k]}\,(k=2,3,\cdots,p_{ij})$ 满足

$$\begin{cases} (A-\lambda_iI_n)v_{ij}^{[1]}=0\\ (A-\lambda_iI_n)v_{ij}^{[2]}=v_{ij}^{[1]}\\ \qquad\vdots\\ (A-\lambda_iI_n)v_{ij}^{[p_{ij}]}=v_{ij}^{[p_{ij}-1]} \end{cases} \tag{A.15}$$

其中, $p_{i1}+p_{i2}+\cdots+p_{i,q_i}=n_i$.

将式 (A.15) 的 p_{ij} 个向量方程写成矩阵的形式:

$$AV_{ij}=V_{ij}J_{ij} \tag{A.16}$$

其中

$$V_{ij}=\begin{bmatrix} v_{ij}^{[1]} & v_{ij}^{[2]} & \cdots & v_{ij}^{[p_{ij}]}\end{bmatrix}\in\mathbf{C}^{n\times p_{ij}},\quad J_{ij}=\begin{bmatrix}\lambda_i & 1 & & \\ & \lambda_i & \ddots & \\ & & \ddots & 1\\ & & & \lambda_i\end{bmatrix}\in\mathbf{C}^{p_{ij}\times p_{ij}}$$

J_{ij} 称为 Jordan 矩阵或 Jordan 块, p_{ij} 称为其阶数. 对任意 $i=1,2,\cdots,\varpi$, 如果定义

$$V=\begin{bmatrix} V_1 & V_2 & \cdots & V_{\varpi}\end{bmatrix}\in\mathbf{C}^{n\times n},\quad J=J_1\oplus J_2\oplus\cdots\oplus J_{\varpi}\in\mathbf{C}^{n\times n}$$
$$V_i=\begin{bmatrix} V_{i1} & V_{i2} & \cdots & V_{i,q_i}\end{bmatrix}\in\mathbf{C}^{n\times n_i},\quad J_i=J_{i1}\oplus J_{i2}\oplus\cdots\oplus J_{i,q_i}\in\mathbf{C}^{n_i\times n_i}$$

则式 (A.16) 可以写成矩阵的形式 $AV=VJ$, 或者

$$A=VJV^{-1} \tag{A.17}$$

式 (A.17) 称为 A 的 Jordan 分解, 其中 V 称为 A 的广义特征向量矩阵, J 称为 A 的 Jordan 标准型. 设 $W=V^{-1}$. 那么, 可将式 (A.17) 变形得到 $WA=JW$, 或者 $A=W^{-1}JW$. 这里 W 称为 A 的广义左特征向量矩阵, 其各行是 J 的对应位置特征值的广义左特征向量.

每个特征值 λ_i 对应 q_i 个 Jordan 块, 将这些 Jordan 块的最大阶数记作 m_i, 即 $m_i=\max\limits_{j=1,2,\cdots,q_i}\{p_{ij}\}\leqslant n_i$. 显然有 $n_0\overset{\text{def}}{=\!=}m_1+m_2+\cdots+m_{\varpi}\leqslant n$. 称

$$\psi(\lambda)=\prod_{i=1}^{\varpi}(\lambda-\lambda_i)^{m_i}=\lambda^{n_0}+\psi_{n_0-1}\lambda^{n_0-1}+\cdots+\psi_1\lambda+\psi_0 \tag{A.18}$$

为 A 的最小多项式. 显然, A 的特征多项式 $\alpha(\lambda)$ 能被最小多项式 $\psi(\lambda)$ 整除.

在很多情况下人们只关心 Jordan 块的个数而并不关心每个 Jordan 块的特征值是否相同, 即不关心特征值的几何重数. 此时可将 A 的 Jordan 分解 (A.17) 写成

$$A=VJV^{-1}=V(J_1\oplus J_2\oplus\cdots\oplus J_r)V^{-1} \tag{A.19}$$

其中, J_i 是特征值为 λ_i 对应的 Jordan 矩阵, 即

$$J_i=\begin{bmatrix}\lambda_i & 1 & & \\ & \lambda_i & \ddots & \\ & & \ddots & 1\\ & & & \lambda_i\end{bmatrix}\in\mathbf{C}^{d_i\times d_i}$$

其中, λ_i 不必互异. 因此有 $r\geqslant\varpi$.

根据特征向量和广义特征向量确定 A 的 Jordan 标准型 J 是相当复杂的. 注意到

$$\lambda_iI_{p_{ij}}-J_{ij}=\left[\begin{array}{c|c} & I_{p_{ij}-1}\\ \hline 0 & \end{array}\right],(\lambda_iI_{p_{ij}}-J_{ij})^2=\left[\begin{array}{c|c} & I_{p_{ij}-2}\\ \hline 0_{2\times2} & \end{array}\right],\cdots,(\lambda_iI_{p_{ij}}-J_{ij})^{p_{ij}}=0$$

而 $\lambda_kI_{p_{ij}}-J_{ij}\ (\forall k\neq i)$ 非奇异. 因此, 如果

$$\begin{aligned}\operatorname{rank}(\lambda_iI_n-A)&=k_1\\ \operatorname{rank}(\lambda_iI_n-A)^2&=k_2<k_1\\ &\vdots\\ \operatorname{rank}(\lambda_iI_n-A)^l&=k_l=k_{l-1}\end{aligned}$$

则 λ_i 对应的 Jordan 块一共有 $n-k_1$ 个, 其中阶数最高为 $l-1$. 阶数 $\geqslant2$ 的 Jordan 块有 k_1-k_2 个, 阶数 $\geqslant3$ 的 Jordan 块有 k_2-k_3 个, $\cdots\cdots$, 阶次为 $l-1$ 的 Jordan 块有 $k_{l-2}-k_{l-1}$ 个.

例 A.2.1 试求矩阵

$$A=\begin{bmatrix}-1 & 2 & 3 & 4\\ & -1 & 2 & 0\\ & & -1 & 0\\ & & & -1\end{bmatrix}$$

的 Jordan 标准型. 注意到 A 的特征多项式为 $\alpha(\lambda) = (\lambda+1)^4$. 因此只有一个特征值 $\lambda_1 = -1$, 代数重数为 4. 注意到

$$\mathrm{rank}(\lambda_1 I_4 - A) = 2 = k_1, \quad \mathrm{rank}(\lambda_1 I_4 - A)^2 = 1 = k_2$$
$$\mathrm{rank}(\lambda_1 I_4 - A)^3 = 0 = k_3, \quad \mathrm{rank}(\lambda_1 I_4 - A)^4 = 0 = k_4 = k_3$$

因此 $\lambda_1 = -1$ 对应的 Jordan 块一共有 $n - k_1 = 2$ 个, 其中阶数最高为 $l - 1 = 3$. 阶数 $\geqslant 2$ 的 Jordan 块有 $k_1 - k_2 = 1$ 个; 阶数 $\geqslant 3$ 的 Jordan 块有 $k_2 - k_3 = 1$ 个. 综合可知

$$J = \begin{bmatrix} -1 & 1 & \\ & -1 & 1 \\ & & -1 \end{bmatrix} \oplus [-1]$$

矩阵的 Jordan 分解有两种特殊的情形需要特别强调. 第一种特殊情形是 A 的每个特征值 λ_i 的几何重数 q_i 等于代数重数 n_i, 这意味着每个特征值对应的 Jordan 块都是 1×1 的, 或者说 A 的 Jordan 矩阵是对角矩阵. 这种情形的矩阵 A 称为是可对角化的. 特别地, A 有 n 个不相同的特征值的情形就是上述情形的特例. 第二种特殊情形是 A 的每个特征值 λ_i 的几何重数 $q_i = 1$, 这意味着每个特征值只有一个对应的 Jordan 块, 即 $m_i = n_i$. 这种情形的矩阵 A 称为循环矩阵. 循环矩阵的特征多项式 $\alpha(\lambda)$ 和最小多项式 $\psi(\lambda)$ 相同.

命题 A.2.1 A 是循环矩阵当且仅当和 A 可交换的矩阵 B 都满足 $B = p(A)$, 其中 $p(s)$ 是多项式.

A.2.2 Vandermonde 矩阵

设 $\lambda_1, \lambda_2, \cdots, \lambda_n \in \mathbf{C}$ 为一组给定的数, 称矩阵

$$V(\lambda_1, \lambda_2, \cdots, \lambda_n) = \begin{bmatrix} 1 & 1 & \cdots & 1 \\ \lambda_1 & \lambda_2 & \cdots & \lambda_n \\ \vdots & \vdots & & \vdots \\ \lambda_1^{n-1} & \lambda_2^{n-1} & \cdots & \lambda_n^{n-1} \end{bmatrix} \in \mathbf{C}^{n \times n} \tag{A.20}$$

为 $\lambda_1, \lambda_2, \cdots, \lambda_n$ 对应的 Vandermonde 矩阵. 注意 Vandermonde 矩阵的第 j 列是比值为 λ_j 的等比序列. 有时也称 $V^{\mathrm{T}}(\lambda_1, \lambda_2, \cdots, \lambda_n)$ 为 Vandermonde 矩阵. Vandermonde 矩阵的行列式为

$$\det(V(\lambda_1, \lambda_2, \cdots, \lambda_n)) = \prod_{n \geqslant j \geqslant i \geqslant 1} (\lambda_j - \lambda_i) = \prod_{i=1}^{n} \prod_{j=i+1}^{n} (\lambda_j - \lambda_i)$$

因此, Vandermonde 矩阵可逆当且仅当

$$\lambda_i \neq \lambda_j, \quad i \neq j \tag{A.21}$$

对任意 $\lambda \in \mathbf{C}$, 定义 $n \times q$ 的广义 Vandermonde 矩阵块

$$V_q(\lambda) = \begin{bmatrix} 1 & & & & \\ \lambda & 1 & & & \\ \lambda^2 & C_2^1\lambda & 1 & & \\ \lambda^3 & C_3^1\lambda^2 & C_3^2\lambda & \ddots & \\ \vdots & \vdots & \vdots & \ddots & 1 \\ \lambda^q & C_q^1\lambda^{q-1} & C_q^2\lambda^{q-2} & \cdots & C_q^{q-1}\lambda \\ \vdots & \vdots & \vdots & & \vdots \\ \lambda^{n-1} & C_{n-1}^1\lambda^{n-2} & C_{n-1}^2\lambda^{n-3} & \cdots & C_{n-1}^{q-1}\lambda^{n-q} \end{bmatrix} \in \mathbf{C}^{n\times q}$$

设 $\lambda_i \in \mathbf{C}\,(i = 1, 2, \cdots, \varpi)$ 为给定的数, $n_i\,(i = 1, 2, \cdots, \varpi)$ 为给定的正整数, 且满足 $n_1 + n_2 + \cdots + n_\varpi = n$. 称

$$V\left(\lambda_1^{[n_1]}, \lambda_2^{[n_2]}, \cdots, \lambda_\varpi^{[n_\varpi]}\right) = \begin{bmatrix} V_{n_1}(\lambda_1) & V_{n_2}(\lambda_2) & \cdots & V_{n_\varpi}(\lambda_\varpi) \end{bmatrix} \in \mathbf{C}^{n\times n}$$

为广义 Vandermonde 矩阵. 当 $\varpi = n$ 或 $n_i = 1$ 时, 广义 Vandermonde 矩阵就是 Vandermonde 矩阵 (A.20). 与 Vandermonde 矩阵类似, 广义 Vandermonde 矩阵可逆当且仅当式 (A.21) 成立. 设

$$D_n = \frac{1}{0!} \oplus \frac{1}{1!} \oplus \cdots \oplus \frac{1}{(n-1)!}$$

那么容易验证

$$D_n V_q(\lambda) D_q^{-1} = \begin{bmatrix} 1 & & & & \\ \dfrac{\lambda}{1!} & 1 & & & \\ \dfrac{\lambda^2}{2!} & \dfrac{\lambda}{1!} & 1 & & \\ \dfrac{\lambda^3}{3!} & \dfrac{\lambda^2}{2!} & \dfrac{\lambda}{1!} & \ddots & \\ \vdots & \vdots & \vdots & \ddots & 1 \\ \dfrac{\lambda^q}{q!} & \dfrac{\lambda^{q-1}}{(q-1)!} & \dfrac{\lambda^{q-2}}{(q-2)!} & \cdots & \dfrac{\lambda}{1!} \\ \vdots & \vdots & \vdots & & \vdots \\ \dfrac{\lambda^{n-1}}{(n-1)!} & \dfrac{\lambda^{n-2}}{(n-2)!} & \dfrac{\lambda^{n-3}}{(n-3)!} & \cdots & \dfrac{\lambda^{n-q}}{(n-q)!} \end{bmatrix} \tag{A.22}$$

有时为了方便, 也称式 (A.22) 右端的矩阵或其转置为广义 Vandermonde 矩阵块.

设矩阵 $A \in \mathbf{C}^{n\times n}$ 的特征多项式为式 (A.9). 容易验证矩阵

$$C = \left[\begin{array}{c|ccc} 0 & 1 & & \\ \vdots & & \ddots & \\ 0 & & & 1 \\ \hline -\alpha_0 & -\alpha_1 & \cdots & -\alpha_{n-1} \end{array}\right] \tag{A.23}$$

的特征多项式与式 (A.9) 完全相同. 因此, 称 C 为 A 的特征多项式 $\alpha(\lambda)$ 的友矩阵 (companion matrix) 或 Frobenius 矩阵, 或直接称 C 为 A 的友矩阵. 友矩阵可以有不同的形式, 如

$$\left[\begin{array}{ccc|c} 0 & \cdots & 0 & -\alpha_0 \\ \hline 1 & & & -\alpha_1 \\ & \ddots & & \vdots \\ & & 1 & -\alpha_{n-1} \end{array}\right], \quad \left[\begin{array}{c|ccc} -\alpha_{n-1} & 1 & & \\ \vdots & & \ddots & \\ -\alpha_1 & & & 1 \\ \hline -\alpha_0 & 0 & \cdots & 0 \end{array}\right], \quad \left[\begin{array}{ccc|c} -\alpha_{n-1} & \cdots & -\alpha_1 & -\alpha_0 \\ \hline 1 & & & 0 \\ & \ddots & & \vdots \\ & & 1 & 0 \end{array}\right]$$

友矩阵 C 可逆当且仅当 $\alpha_0 \neq 0$, 此时 C^{-1} 仍然是一个友矩阵.

定理 A.2.1 设 $A \in \mathbf{C}^{n\times n}$ 是循环矩阵, C 是 A 的友矩阵, 则 C 相似于 A 的 Jordan 标准型 J, 即 $C = VJV^{-1}$, 其中 V 是对应的广义 Vandermonde 矩阵. 此外, A 相似于它的友矩阵 C.

需要特别指出的是, 定理 A.2.1 对于非循环矩阵是不成立的.

A.2.3 Hankel 矩阵

Hankel 矩阵具有下面的形式:

$$H = \begin{bmatrix} h_1 & h_2 & h_3 & \cdots & h_n \\ h_2 & h_3 & h_4 & \cdots & h_{n+1} \\ h_3 & h_4 & h_5 & \cdots & h_{n+2} \\ \vdots & \vdots & \vdots & & \vdots \\ h_m & h_{m+1} & h_{m+2} & \cdots & h_{m+n-1} \end{bmatrix}$$

显然, Hankel 矩阵完全由其第 1 行和第 n 列的 $n+m-1$ 个元素 $h_1, h_2, \cdots, h_{n+m-1}$ 确定. 方 Hankel 矩阵是对称矩阵.

考虑矩阵 A 的特征多项式 (A.9). 由 $\alpha(\lambda)$ 的系数确定的 Hankel 矩阵

$$S_\alpha = \begin{bmatrix} \alpha_1 & \alpha_2 & \cdots & \alpha_{n-1} & 1 \\ \alpha_2 & \alpha_3 & \cdots & 1 & \\ \vdots & \vdots & \iddots & & \\ \alpha_{n-1} & 1 & & & \\ 1 & & & & \end{bmatrix} \tag{A.24}$$

称为 $\alpha(\lambda)$ 或者矩阵 A 的对称化子 (symmetrizer). 注意, 对称化子 S_α 不依赖 $\alpha(\lambda)$ 的尾项系数 α_0. 对称化子是经常出现的特殊矩阵. 之所以得名对称化子, 是因为 $S_\alpha C$ 是对称矩阵, 即

$$S_\alpha C = \left[\begin{array}{c|ccccc} -\alpha_0 & 0 & 0 & \cdots & 0 & 0 \\ \hline 0 & \alpha_2 & \alpha_3 & \cdots & \alpha_{n-1} & 1 \\ 0 & \alpha_3 & \cdot^{\cdot^{\cdot}} & \cdot^{\cdot^{\cdot}} & 1 & \\ \vdots & \vdots & \cdot^{\cdot^{\cdot}} & \cdot^{\cdot^{\cdot}} & & \\ 0 & \alpha_{n-1} & 1 & & & \\ 0 & 1 & & & & \end{array}\right] = (S_\alpha C)^{\mathrm{T}} = C^{\mathrm{T}} S_\alpha \tag{A.25}$$

其中, C 是式 (A.23) 定义的友矩阵. 反复运用式 (A.25) 可得到

$$S_\alpha C^k = C^{\mathrm{T}} S_\alpha C^{k-1} = \cdots = (C^{\mathrm{T}})^k S_\alpha$$

其中, $k \geqslant 1$ 是任意整数. 这表明 $(S_\alpha C)^k$ 都是对称矩阵.

A.3　矩阵函数与函数矩阵

A.3.1　矩阵函数

设 $A_k = (a_{ij}^{[k]}) \in \mathbf{C}^{m\times n}$. 若 $m \times n$ 个常数项级数

$$\sum_{k=1}^{\infty} a_{ij}^{[k]} = a_{ij}^{[1]} + a_{ij}^{[2]} + \cdots + a_{ij}^{[k]} + \cdots \tag{A.26}$$

对所有 $i = 1, 2, \cdots, m, j = 1, 2, \cdots, n$ 都收敛, 便称矩阵级数

$$\sum_{k=1}^{\infty} A_k = A_1 + A_2 + \cdots + A_k + \cdots \tag{A.27}$$

收敛. 若级数 (A.26) 都绝对收敛, 便称矩阵级数 (A.27) 绝对收敛. 设 $A \in \mathbf{C}^{n\times n}$, 称形如

$$\sum_{k=0}^{\infty} c_k A^k = c_0 I_n + c_1 A + c_2 A^2 + \cdots + c_k A^k + \cdots \tag{A.28}$$

的矩阵级数为矩阵幂级数, 这里 $c_i\,(i = 0, 1, \cdots)$ 是常数.

定理 A.3.1　*设 A 为 n 阶方阵, 幂级数*

$$\sum_{k=0}^{\infty} c_k \lambda^k = c_0 + c_1\lambda + c_2\lambda^2 + \cdots + c_k\lambda^k + \cdots \tag{A.29}$$

绝对收敛, 且收敛半径为 R. 若 $\rho(A) < R$, 则矩阵幂级数 (A.28) 绝对收敛. 若 $\rho(A) > R$, 则矩阵幂级数 (A.28) 发散.

证明 由矩阵 A 的 Jordan 分解 (A.19) 可知

$$A^k = VJ^kV^{-1} = V(J_1^k \oplus J_2^k \oplus \cdots \oplus J_r^k)V^{-1}$$

其中

$$J_i^k = \begin{bmatrix} \lambda_i^k & C_k^1\lambda_i^{k-1} & \cdots & C_k^{d_i-2}\lambda_i^{k-d_i} & C_k^{d_i-1}\lambda_i^{k-d_i+1} \\ & \lambda_i^k & \cdots & C_k^{d_i-3}\lambda_i^{k-d_i-1} & C_k^{d_i-2}\lambda_i^{k-d_i} \\ & & \ddots & \vdots & \vdots \\ & & & \lambda_i^k & C_k^1\lambda_i^{k-1} \\ & & & & \lambda_i^k \end{bmatrix} \in \mathbf{C}^{d_i \times d_i} \tag{A.30}$$

其中, C_k^l 是广义组合数, 即

$$C_k^l = \begin{cases} \dfrac{1}{l!}k(k-1)\cdots(k-l+1), & k \geqslant l \\ 0, & k < l \end{cases}$$

如果 $k \geqslant l$, 则 C_k^l 就是通常的组合数. 将式 (A.30) 代入矩阵幂级数 (A.28) 得到

$$\sum_{k=0}^{\infty} c_k A^k = \sum_{k=0}^{\infty} c_k (VJ^kV^{-1}) = V\left(\sum_{k=0}^{\infty} c_k J_1^k \oplus \sum_{k=0}^{\infty} c_k J_2^k \oplus \cdots \oplus \sum_{k=0}^{\infty} c_k J_r^k\right)V^{-1} \tag{A.31}$$

其中

$$\sum_{k=0}^{\infty} c_k J_i^k = \begin{bmatrix} \sum\limits_{k=0}^{\infty} c_k C_k^0 \lambda_i^k & \sum\limits_{k=0}^{\infty} c_k C_k^1 \lambda_i^{k-1} & \cdots & \sum\limits_{k=0}^{\infty} c_k C_k^{d_i-1} \lambda_i^{k-d_i+1} \\ & \sum\limits_{k=0}^{\infty} c_k C_k^0 \lambda_i^k & \cdots & \sum\limits_{k=0}^{\infty} c_k C_k^{d_i-2} \lambda_i^{k-d_i} \\ & & \ddots & \vdots \\ & & & \sum\limits_{k=0}^{\infty} c_k C_k^0 \lambda_i^k \end{bmatrix} \tag{A.32}$$

注意到

$$1!\sum_{k=0}^{\infty} c_k C_k^1 \lambda^{k-1},\ 2!\sum_{k=0}^{\infty} c_k C_k^2 \lambda^{k-2},\ \cdots,\ (d-1)!\sum_{k=0}^{\infty} c_k C_k^{d-1} \lambda^{k-d+1} \tag{A.33}$$

分别是幂级数 (A.29) 的导数、2 阶导数、$\cdots$、$d-1$ 阶导数. 由于幂级数 (A.29) 是绝对收敛的, 根据幂级数绝对收敛的性质, 式 (A.33) 中的幂级数也是绝对收敛的, 且收敛半径也是 R. 因此式 (A.32) 右端矩阵中的每一项是绝对收敛的, 从而式 (A.32) 左端的矩阵幂级数是绝对收敛的. 由于 V 是常数矩阵, 进而由式 (A.31) 可知矩阵幂级数 (A.28) 是绝对收敛的. 当 $\rho(A) > R$ 时, 存在 λ_i 使得幂级数 $\sum\limits_{k=0}^{\infty} c_k \lambda_i^k$ 发散, 故矩阵幂级数 (A.28) 也是发散的. 证毕. □

正如微积分学的幂级数理论一样, 在矩阵分析中用矩阵幂级数表示矩阵函数是常用的方法. 设函数 $f(x)$ 在 $|x| < R$ 可以展开成幂级数

$$f(\lambda) = \sum_{k=0}^{\infty} c_k \lambda^k, \quad |\lambda| < R \tag{A.34}$$

那么矩阵函数可以定义为矩阵幂级数的形式:

$$f(A) = \sum_{k=0}^{\infty} c_k A^k \tag{A.35}$$

根据定理 A.3.1, 上述矩阵幂级数是绝对收敛的当且仅当 $\rho(A) < R$.

利用定理 A.3.1 的证明还可以给出矩阵幂级数 (A.35) 的计算方法. 由于式 (A.34) 的收敛半径为 R, 对任意 $\lambda_i \in \lambda(A)$ 有

$$f(\lambda_i) = \sum_{k=0}^{\infty} c_k \lambda_i^k, \ \frac{f^{(1)}(\lambda_i)}{1!} = \sum_{k=0}^{\infty} c_k C_k^1 \lambda_i^{k-1}, \ \cdots, \ \frac{f^{(d_i-1)}(\lambda_i)}{(d_i-1)!} = \sum_{k=0}^{\infty} c_k C_k^{d_i-1} \lambda_i^{k-d_i+1}$$

因此式 (A.32) 可写成

$$f(J_i) = \sum_{k=0}^{\infty} c_k J_i^k = \begin{bmatrix} f(\lambda_i) & \dfrac{f^{(1)}(\lambda_i)}{1!} & \cdots & \dfrac{f^{(d_i-2)}(\lambda_i)}{(d_i-2)!} & \dfrac{f^{(d_i-1)}(\lambda_i)}{(d_i-1)!} \\ & f(\lambda_i) & \cdots & \dfrac{f^{(d_i-3)}(\lambda_i)}{(d_i-3)!} & \dfrac{f^{(d_i-2)}(\lambda_i)}{(d_i-2)!} \\ & & \ddots & \ddots & \vdots \\ & & & f(\lambda_i) & \dfrac{f^{(1)}(\lambda_i)}{1!} \\ & & & & f(\lambda_i) \end{bmatrix} \tag{A.36}$$

将式 (A.36) 代入式 (A.31) 得到

$$f(A) = V(f(J_1) \oplus f(J_2) \oplus \cdots \oplus f(J_r))V^{-1} \tag{A.37}$$

注意到, 如果函数 $f(\lambda)$ 分别为 A 的特征多项式 $\alpha(\lambda)$ 和最小多项式 $\psi(\lambda)$, 必有 $f(J_i) = 0\,(i = 1, 2, \cdots, r)$. 因此, 从式 (A.37) 可得到下面著名的 Cayley-Hamilton 定理.

定理 A.3.2 设 n 阶方阵 A 的特征多项式和最小多项式分别为式 (A.14) 和式 (A.18), 则

$$A^n + \alpha_{n-1}A^{n-1} + \cdots + \alpha_1 A + \alpha_0 I_n = 0_{n\times n}$$
$$A^{n_0} + \psi_{n_0-1}A^{n_0-1} + \cdots + \psi_1 A + \psi_0 I_n = 0_{n\times n}$$

基于上述讨论可以得到一系列常数矩阵函数的幂级数表示式. 因为

$$\mathrm{e}^{\lambda}=1+\lambda+\frac{1}{2!}\lambda^2+\cdots+\frac{1}{k!}\lambda^k+\cdots,\quad |\lambda|<\infty$$

$$\sin(\lambda)=\lambda-\frac{1}{3!}\lambda^3+\frac{1}{5!}\lambda^5-\cdots+\frac{(-1)^k}{(2k+1)!}\lambda^{2k+1}+\cdots,\quad |\lambda|<\infty$$

$$\cos(\lambda)=1-\frac{1}{2!}\lambda^2+\frac{1}{4!}\lambda^4-\cdots+\frac{(-1)^k}{(2k)!}\lambda^{2k}+\cdots,\quad |\lambda|<\infty$$

故可以得到如下矩阵函数:

$$\mathrm{e}^{A}=\sum_{k=0}^{\infty}\frac{1}{k!}A^k,\quad \rho(A)<\infty$$

$$\sin(A)=\sum_{k=0}^{\infty}\frac{(-1)^k}{(2k+1)!}A^{2k+1},\quad \rho(A)<\infty$$

$$\cos(A)=\sum_{k=0}^{\infty}\frac{(-1)^k}{(2k)!}A^{2k},\quad \rho(A)<\infty$$

它们分别称为矩阵指数、矩阵正弦和矩阵余弦.

A.3.2 矩阵函数的计算

虽然式 (A.37) 给出了矩阵函数的计算方法, 但需要先计算 A 的 Jordan 标准型, 通常比较烦琐. 本节介绍一种简便方法. 该方法可用于计算任何形式的矩阵函数. 由 Cayley-Hamilton 定理可知 $A^k\,(k\geqslant n)$ 都可表示为 $A^0,A^1,\cdots,A^{n-1}$ 的线性组合, 从而存在 $h_i\,(i=0,1,\cdots,n-1)$ 使得

$$f(A)=\sum_{k=0}^{\infty}c_kA^k=\sum_{k=0}^{n-1}h_kA^k=h(A)\tag{A.38}$$

其中

$$h(\lambda)=h_0+h_1\lambda+\cdots+h_{n-1}\lambda^{n-1}\tag{A.39}$$

是一个次数不超过 $n-1$ 的多项式. 上述分析表明, 任何一个矩阵函数的计算可以归结为求取一个次数不超过 $n-1$ 的多项式 $h(\lambda)$. 这就是定理 A.3.3.

定理 A.3.3 设函数 $f(x)$ 在 $|x|<R$ 上可以展开成幂级数, 矩阵 $A\in\mathbf{C}^{n\times n}$ 的互异特征值为 λ_i, 代数重数为 $n_i\,(i=1,2,\cdots,\varpi)$. 假设 $\rho(A)<R$. 如果 $n-1$ 次多项式 (A.39) 满足

$$f^{(l)}(\lambda_i)=h^{(l)}(\lambda_i),\quad l=0,1,\cdots,n_i-1,\ i=1,2,\cdots,\varpi\tag{A.40}$$

那么式 (A.38) 成立.

证明 设 A 的 Jordan 分解为式 (A.19). 根据式 (A.37) 有

$$f(A)=V(f(J_1)\oplus f(J_2)\oplus\cdots\oplus f(J_r))V^{-1}$$

$$h(A)=V(h(J_1)\oplus h(J_2)\oplus\cdots\oplus h(J_r))V^{-1}$$

由于式 (A.40) 成立, 由式 (A.36) 可知 $f(J_i)=h(J_i)\,(i=1,2,\cdots,r)$. 结论显然. 证毕. □

在定理 A.3.3 中, 如果将 n_i 换成 m_i 结论也是成立的, 此时 h 为 n_0-1 次多项式. 由定理 A.3.3 可见, 计算矩阵函数 $f(A)$ 的关键是求取满足式 (A.40) 的 $n-1$ 次多项式 $h(\lambda)$. 当 A 的所有特征值都互异时, 即 $\varpi=n$ 或 $n_i=1$, 则由插值理论可知

$$h(\lambda)=\sum_{i=1}^{n} f(\lambda_i)L_i(\lambda),\quad L_i(\lambda)=\frac{\prod\limits_{j=1,j\neq i}^{n}(\lambda-\lambda_j)}{\prod\limits_{j=1,j\neq i}^{n}(\lambda_i-\lambda_j)}$$

其中, $L_i(\lambda)$ 称为 Lagrange 插值多项式.

在 A 有重根的一般情形下有

$$h(\lambda)=\sum_{i=1}^{\varpi} L_i(\lambda)S_i(\lambda)$$

$$L_i(\lambda)=(\lambda-\lambda_1)^{n_1}\cdots(\lambda-\lambda_{i-1})^{n_{i-1}}(\lambda-\lambda_{i+1})^{n_{i+1}}\cdots(\lambda-\lambda_{\varpi})^{n_{\varpi}}$$

$$S_i(\lambda)=a_{i1}+a_{i2}(\lambda-\lambda_i)+\cdots+a_{i,n_i}(\lambda-\lambda_i)^{n_i-1}$$

其中

$$a_{ij}=\frac{1}{(j-1)!}\frac{\mathrm{d}^{j-1}}{\mathrm{d}\lambda^{j-1}}\left((\lambda-\lambda_i)^{n_i}\frac{f(\lambda)}{\psi(\lambda)}\right)\Bigg|_{\lambda=\lambda_i}$$

上式称为 Lagrange-Sylvester 插值公式.

在实际操作中, 可以直接通过式 (A.40) 列写方程求解系数 h_i. 为此, 考虑 A 有 3 个不同的特征值 λ_1、λ_2、λ_3, 对应的代数重数为 $n_1=3$、$n_2=2$、$n_3=1$. 那么

$$h(\lambda)=h_0+h_1\lambda+h_2\lambda^2+h_3\lambda^3+h_4\lambda^4+h_5\lambda^5$$

根据式 (A.40) 可得如下 6 个方程:

$$\left[\begin{array}{cccccc}1 & \lambda_1 & \lambda_1^2 & \lambda_1^3 & \lambda_1^4 & \lambda_1^5\\ 0 & 1 & 2\lambda_1 & 3\lambda_1^2 & 4\lambda_1^3 & 5\lambda_1^4\\ 0 & 0 & 1 & 3\lambda_1 & 6\lambda_1^2 & 10\lambda_1^3\\ \hline 1 & \lambda_2 & \lambda_2^2 & \lambda_2^3 & \lambda_2^4 & \lambda_2^5\\ 0 & 1 & 2\lambda_2 & 3\lambda_2^2 & 4\lambda_2^3 & 5\lambda_2^4\\ \hline 1 & \lambda_3 & \lambda_3^2 & \lambda_3^3 & \lambda_3^4 & \lambda_3^5\end{array}\right]\begin{bmatrix}h_0\\ h_1\\ h_2\\ h_3\\ h_4\\ h_5\end{bmatrix}=\left[\begin{array}{c}f(\lambda_1)\\ \dfrac{f^{(1)}(\lambda_1)}{1!}\\ \dfrac{f^{(2)}(\lambda_1)}{2!}\\ \hline f(\lambda_2)\\ \dfrac{f^{(1)}(\lambda_2)}{1!}\\ \hline f(\lambda_3)\end{array}\right] \tag{A.41}$$

上述方程左端是广义 Vandermonde 矩阵的转置. 解此方程可得到 $h_i\,(i=0,1,\cdots,5)$.

下面举两个例子说明插值法的计算步骤.

例 A.3.1 设 n 阶方阵 A 只有一个特征值 λ_*, 其代数重数为 n. 由于 $h(\lambda)$ 是次数不超过 $n-1$ 的多项式, 可以将其写成

$$h(\lambda)=h_0^*+\frac{h_1^*}{1!}(\lambda-\lambda_*)+\frac{h_2^*}{2!}(\lambda-\lambda_*)^2+\cdots+\frac{h_{n-1}^*}{(n-1)!}(\lambda-\lambda_*)^{n-1}$$

其中, $h_i^*\,(i=0,1,\cdots,n-1)$ 是待定的系数. 根据式 (A.40) 得方程组

$$\begin{bmatrix}1 & & & & \\ & 1 & & & \\ & & \ddots & & \\ & & & 1 & \\ & & & & 1\end{bmatrix}\begin{bmatrix}h_0^*\\ h_1^*\\ \vdots\\ h_{n-2}^*\\ h_{n-1}^*\end{bmatrix}=\begin{bmatrix}f(\lambda_*)\\ f^{(1)}(\lambda_*)\\ \vdots\\ f^{(n-2)}(\lambda_*)\\ f^{(n-1)}(\lambda_*)\end{bmatrix}$$

因此有 $h_i^*=f^{(i)}(\lambda_*)\,(i=0,1,\cdots,n-1)$. 将上式代入式 (A.38) 可得

$$\begin{aligned}f(A)&=h_0^*I_n+\frac{h_1^*}{1!}(A-\lambda_*I_n)+\frac{h_2^*}{2!}(A-\lambda_*I_n)^2+\cdots+\frac{h_{n-1}^*}{(n-1)!}(A-\lambda_*I_n)^{n-1}\\&=f(\lambda_*)I_n+\frac{f^{(1)}(\lambda_*)}{1!}(A-\lambda_*I_n)+\frac{f^{(2)}(\lambda_*)}{2!}(A-\lambda_*I_n)^2+\cdots+\frac{f^{(n-1)}(\lambda_*)}{(n-1)!}(A-\lambda_*I_n)^{n-1}\\&=\sum_{l=0}^{n-1}\frac{f^{(l)}(\lambda_*)}{l!}(A-\lambda_*I_n)^l\end{aligned}$$

例 A.3.2 考虑航天器轨道交会系统在 X-Z 平面内的线性化系统的系统矩阵 (1.30). 容易计算 A 的特征值集合为 $\lambda(A)=\{0,0,\pm\omega\mathrm{i}\}$. 取 $f(\lambda)=\mathrm{e}^{\lambda t}$. 类似于式 (A.41) 可得方程组

$$\left[\begin{array}{cccc}1 & 0 & 0 & 0\\ 0 & 1 & 0 & 0\\ \hline 1 & \omega\mathrm{i} & -\omega^2 & -\omega^3\mathrm{i}\\ \hline 1 & -\omega\mathrm{i} & -\omega^2 & \omega^3\mathrm{i}\end{array}\right]\begin{bmatrix}h_0\\ h_1\\ h_2\\ h_3\end{bmatrix}=\left[\begin{array}{c}f(0)\\ f^{(1)}(0)\\ \hline f(\omega\mathrm{i})\\ \hline f(-\omega\mathrm{i})\end{array}\right]=\left[\begin{array}{c}1\\ t\\ \hline \exp(\omega t\mathrm{i})\\ \hline \exp(-\omega t\mathrm{i})\end{array}\right]$$

解之可得

$$\begin{bmatrix}h_0 & h_1 & h_2 & h_3\end{bmatrix}=\begin{bmatrix}1 & t & \dfrac{1-\cos(\omega t)}{\omega^2} & \dfrac{\omega t-\sin(\omega t)}{\omega^3}\end{bmatrix}$$

因此该系统的状态转移矩阵为

$$\begin{aligned}\mathrm{e}^{At}&=h_0I_4+h_1A+h_2A^2+h_3A^3\\&=\begin{bmatrix}1 & 4\sin(\omega t)-3\omega t & 6\omega t-6\sin(\omega t) & 2(1-\cos(\omega t))\\ 0 & 4\cos(\omega t)-3 & 6(1-\cos(\omega t)) & 2\sin(\omega t)\\ 0 & 2(\cos(\omega t)-1) & 4-3\cos(\omega t) & \sin(\omega t)\\ 0 & -2\sin(\omega t) & 3\sin(\omega t) & \cos(\omega t)\end{bmatrix}\end{aligned}$$

A.3.3 多项式和有理分式矩阵

如果一个 $m \times n$ 矩阵 $A(t) = (a_{ij}(t))_{m \times n}$ 的各元 $a_{ij}(t)\,(i = 1, 2, \cdots, m, j = 1, 2, \cdots, n)$ 都是标量 t 的函数, 则称该矩阵是函数矩阵. 矩阵各元素为实系数多项式和有理分式的函数矩阵分别称为实多项式矩阵和有理分式矩阵. 分别用 $\mathbf{R}^{p\times m}[s]$ 和 $\mathbf{R}^{p\times m}(s)$ 表示变量为 s 的 $p \times m$ 实多项式矩阵和有理分式矩阵的集合.

一个 $p \times m$ 多项式矩阵 $P(s) = [p_{ij}(s)]$ 的任何一个 $i \times i$ 方形子矩阵的行列式都称为 $P(s)$ 的 i 阶子式. 考虑多项式族 $\{\varDelta_i(s) : 0 \leqslant i \leqslant r\}$, 其中 $\varDelta_0(s) = 1$, 而 $\varDelta_i(s)$ 是 $P(s)$ 的全部 i 阶非零子式的首一最大公因式, 称为多项式矩阵 $P(s)$ 的 i 阶行列式因子. 此时整数 r 是多项式矩阵 $P(s)$ 的常秩, 即 $r = \mathrm{nrank}(P(s))$. 由此可知, $P(s)$ 的所有大于 r 阶的子式都等于零, 即没有大于 r 阶的行列式因子. 行列式因子可以反映多项式矩阵 $P(s)$ 行和列的线性相关性. 容易看出

$$\mathrm{nrank}(P(s)) = \max_{s\in\mathbf{C}} \{\mathrm{rank}(P(s))\}$$

由于任何 $(i-1)\times(i-1)$ 子矩阵必然是某 $i \times i$ 子矩阵的子矩阵, 因此每个 $\varDelta_{i-1}(s)$ 都可以整除 $\varDelta_i(s)$, 即

$$\delta_i(s) \overset{\mathrm{def}}{=\!=} \frac{\varDelta_i(s)}{\varDelta_{i-1}(s)}, \quad i = 1, 2, \cdots, r$$

都是多项式. 这些多项式称为 $P(s)$ 的不变因子. 事实上每个 $\delta_{i-1}(s)$ 还可以整除 $\delta_i(s)$.

定义 A.3.1 称对角实多项式矩阵

$$S_P(s) = \delta_1(s) \oplus \delta_2(s) \oplus \cdots \oplus \delta_r(s) \oplus 0_{(p-r)\times(m-r)} \in \mathbf{R}^{p\times m}[s]$$

为 $P(s) \in \mathbf{R}^{p\times m}[s]$ 的 Smith 规范型, 其中 $\delta_i(s)\,(i = 1, 2, \cdots, r)$ 是 $P(s)$ 的不变因子.

易知标量首一多项式的 Smith 规范型就是其本身.

例 A.3.3 考虑多项式矩阵

$$P(s) = \begin{bmatrix} s(s+2) & 0 \\ 0 & (s+1)^2 \\ (s+1)(s+2) & s+1 \\ 0 & s(s+1) \end{bmatrix}$$

其 1 阶非零子式有 $s(s+2), (s+1)^2, (s+1)(s+2), s+1, s(s+1)$, 2 阶非零子式有 $s(s+2)(s+1)^2, s(s+2)(s+1), s^2(s+2)(s+1), -(s+1)^3(s+2), s(s+1)^2(s+2)$. 因此, 其行列式因子为 $\varDelta_0(s) = 1, \varDelta_1(s) = 1, \varDelta_2(s) = (s+1)(s+2)$, 其不变因子为 $\delta_1(s) = 1$ 和 $\delta_2(s) = (s+1)(s+2)$. 故该多项式矩阵的 Smith 规范型为

$$S_P(s) = \begin{bmatrix} 1 & 0 \\ 0 & (s+1)(s+2) \\ 0 & 0 \\ 0 & 0 \end{bmatrix} \tag{A.42}$$

对于两个具有相同行数的多项式矩阵 $P_i(s) \in \mathbf{R}^{p\times m_i}[s]\,(i=1,2,m_1+m_2 \geqslant p)$, 如果 $P(s)=[P_1(s),P_2(s)]$ 的 p 个不变因子都是 1, 或者

$$\operatorname{rank}(P(s)) = \operatorname{rank}\begin{bmatrix} P_1(s) & P_2(s) \end{bmatrix} = p, \quad \forall s \in \mathbf{C}$$

则称它们是左互质的 (有时也直接称 $P(s)$ 是左互质的). 同理, 对于两个具有相同列数的多项式矩阵 $P_i(s) \in \mathbf{R}^{p_i\times m}[s]\,(i=1,2,p_1+p_2 \geqslant m)$, 如果

$$\operatorname{rank}(P(s)) = \operatorname{rank}\begin{bmatrix} P_1(s) \\ P_2(s) \end{bmatrix} = m, \quad \forall s \in \mathbf{C}$$

则称它们是右互质的 (有时也直接称 $P(s)$ 是右互质的). 如果一个 $p\times p$ 实多项式矩阵 $P(s)$ 是左互质或者右互质的, 则称它是幺模矩阵. 显然, 一个多项式矩阵是幺模矩阵当且仅当它的行列式是非零常数. 多项式矩阵左乘或右乘幺模矩阵不改变其行列式因子和不变因子.

Smith 规范型具有十分重要的意义, 因为一个多项式矩阵总是可以通过多项式矩阵的初等变换转换成 Smith 规范型. 由于这些初等变换矩阵都是幺模矩阵, 所以有定理 A.3.4.

定理 A.3.4 对任意的实多项式矩阵 $P(s) \in \mathbf{R}^{p\times m}[s]$ 及其 Smith 规范型 $S_P(s)$, 存在幺模矩阵 $U_L(s) \in \mathbf{R}^{p\times p}[s]$ 和 $U_R(s) \in \mathbf{R}^{m\times m}[s]$ 使得

$$P(s) = U_L(s)S_P(s)U_R(s)$$

多项式矩阵 $P(s) \in \mathbf{R}^{p\times m}[s]$ 第 k 列所有元素次数的最大值 p_k 称为该列的次数, 而有序集合 $\{p_1,p_2,\cdots,p_m\}$ 称为 $P(s)$ 的列次. 容易看出 $P(s)$ 可以写成

$$P(s) = P_0(s^{p_1} \oplus s^{p_2} \oplus \cdots \oplus s^{p_m}) + \sum_{i=1}^{p^*} P_i(s^{p_1-i} \oplus s^{p_2-i} \oplus \cdots \oplus s^{p_m-i})$$

其中, $P_i \in \mathbf{R}^{p\times m}\,(i=0,1,\cdots,p^*), p^* = \max\limits_{k=1,2,\cdots,m}\{p_k\}$, 并规定 $s^k=0\,(k \leqslant -1)$. 通常称 P_0 为 $P(s)$ 的主导列系数矩阵. 当 $p=m$ 时显然有

$$\det(P(s)) = \det(P_0)s^{p_1+p_2+\cdots+p_m} + \operatorname{lopoly}(s^{p_1+p_2+\cdots+p_m}) \tag{A.43}$$

其中, $\operatorname{lopoly}(s^k)$ 表示次数低于 k 的多项式. 因此, $\deg(\det(P(s))) = p_1+p_2+\cdots+p_m$ 当且仅当 P_0 非奇异. 此时称 $P(s)$ 是列简约的 (column-reduced) ①.

定义 A.3.2 如果 $P(s)=[p_{ij}(s)] \in \mathbf{R}^{m\times m}[s]$ 的对角线元素 $p_{ii}(s)$ 为首一多项式, 且对任意 $i,j \in \{1,2,\cdots,m\}, j \neq i$ 都有 $\deg(p_{ji}(s)) < \deg(p_{ii}(s)) = p_i \geqslant 0$, 则称其为 Luenberger 多项式矩阵.

显然, Luenberger 多项式矩阵 $P(s)$ 必然是列简约的, 且可以写成

$$P(s) = s^{p_1} \oplus s^{p_2} \oplus \cdots \oplus s^{p_m} + P_0(s)$$

其中, $P_0(s)$ 第 i 列的列次小于 $p_i\,(i=1,2,\cdots,m)$.

① 亦有文献将 “column-reduced” 翻译为 “列既约的”. 但 “既约” 和 “互质” 是同义词, 为了避免混淆, 本书按字面含义翻译成 “列简约的”.

引理 A.3.1 设 $P(s)=[p_{ij}(s)]\in\mathbf{R}^{m\times m}[s]$ 是 Luenberger 多项式矩阵, 且列次为 $\{p_i\}_{i=1}^m$. 假设存在 $j,k\in\{1,2,\cdots,m\},j>k$ 使得 $p_j<p_k$. 那么, 存在幺模矩阵 $V(s)\in\mathbf{R}^{m\times m}[s]$ 和 $U(s)\in\mathbf{R}^{m\times m}[s]$ 使得 $\tilde{P}(s)=U(s)P(s)V(s)$ 仍然是 Luenberger 多项式矩阵, 且其列次 $\{\tilde{p}_i\}_{i=1}^m$ 满足

$$\tilde{p}_j=p_j+1,\quad \tilde{p}_k=p_k-1,\quad \tilde{p}_i=p_i,\quad i\notin\{j,k\}$$

证明 将 $P(s)$ 的第 j 行乘以 s 加到第 k 行上得到

$$\check{P}(s)=\begin{bmatrix}\cdots & p_{1k}(s) & \cdots & p_{1j}(s) & \cdots\\ \ddots & \vdots & & \vdots & \\ \cdots & p_{kk}(s)+sp_{jk}(s) & \cdots & p_{kj}(s)+sp_{jj}(s) & \cdots\\ & \vdots & \ddots & \vdots & \\ \cdots & p_{jk}(s) & \cdots & p_{jj}(s) & \cdots\\ & \vdots & & \vdots & \ddots\\ \cdots & p_{mk}(s) & \cdots & p_{mj}(s) & \cdots\end{bmatrix}$$

设 $p_{kk}(s)+sp_{jk}(s)=\beta_k s^{p_k}+\operatorname{lopoly}(s^{p_k})$, 这里 β_k 可能为零. 将 $\check{P}(s)$ 的第 k 列减去第 j 列的 $\beta_k s^{p_k-p_j-1}$ 倍得到

$$\hat{P}(s)=\begin{bmatrix}\cdots & p_{1k}(s)-\gamma(s)p_{1j}(s) & \cdots & p_{1j}(s) & \cdots\\ \ddots & \vdots & & \vdots & \\ \cdots & \hat{p}_{kk}(s) & \cdots & p_{kj}(s)+sp_{jj}(s) & \cdots\\ & \vdots & \ddots & \vdots & \\ \cdots & p_{jk}(s)-\gamma(s)p_{jj}(s) & \cdots & p_{jj}(s) & \cdots\\ & \vdots & & \vdots & \ddots\\ \cdots & p_{mk}(s)-\gamma(s)p_{mj}(s) & \cdots & p_{mj}(s) & \cdots\end{bmatrix}$$

其中, $\gamma(s)=\beta_k s^{p_k-p_j-1}$;

$$\begin{aligned}\hat{p}_{kk}(s)&\overset{\text{def}}{=\!=}p_{kk}(s)+sp_{jk}(s)-\gamma(s)(p_{kj}(s)+sp_{jj}(s))\\&=\beta_k s^{p_k}+\operatorname{lopoly}(s^{p_k})-\beta_k s^{p_k-p_j-1}(p_{kj}(s)+s(s^{p_j}+\operatorname{lopoly}(s^{p_j})))\\&=\operatorname{lopoly}(s^{p_k})-\beta_k s^{p_k-p_j-1}p_{kj}(s)-\beta_k s^{p_k-p_j}\operatorname{lopoly}(s^{p_j})=\operatorname{lopoly}(s^{p_k})\end{aligned}$$

这表明 $\deg(\hat{p}_{kk}(s))\leqslant p_k-1$. 由于 $p_k>p_j$, 容易看出 $\hat{P}(s)$ 第 k 列其他元素的次数都不超过 p_k-1. 因此, $\hat{P}(s)$ 第 k 列的列次数 $\hat{p}_k\leqslant p_k-1$. 另外, $\hat{P}(s)$ 第 j 列的最高次数为

$\deg(p_{kj}(s)+sp_{jj}(s))=p_j+1$. 此外, $\hat{P}(s)$ 的其他列 $i\,(i\notin\{j,k\})$ 的列次数不发生变化. 综合上面的分析可知

$$\begin{aligned}\hat{P}(s)=&\hat{P}_0(s^{p_1}\oplus\cdots\oplus s^{\hat{p}_k}\oplus\cdots\oplus s^{p_j+1}\oplus\cdots\oplus s^{p_m})\\&+\hat{P}_1(s^{p_1-1}\oplus\cdots\oplus s^{\tilde{p}_k-1}\oplus\cdots\oplus s^{p_j}\oplus\cdots\oplus s^{p_m-1})+\cdots\end{aligned}\tag{A.44}$$

其中, $\hat{P}_0$ 是 $\hat{P}(s)$ 的主导列系数矩阵.

由上面的变换可知

$$\hat{P}(s)=\hat{U}(s)P(s)\hat{V}(s)\tag{A.45}$$

其中, 幺模矩阵 $\hat{U}(s)\in\mathbf{R}^{m\times m}[s]$ 和 $\hat{V}(s)\in\mathbf{R}^{m\times m}[s]$ 为

$$\hat{U}(s)=\left[\begin{array}{c|ccc|c}I&&&&\\\hline&1&\cdots&s&\\&&\ddots&\vdots&\\&&&1&\\\hline&&&&I\end{array}\right],\quad \hat{V}(s)=\left[\begin{array}{c|ccc|c}I&&&&\\\hline&1&&&\\&\vdots&\ddots&&\\&-\beta_k s^{p_k-p_j-1}&\cdots&1&\\\hline&&&&I\end{array}\right]$$

由式 (A.43)、式 (A.44) 和式 (A.45) 可知, 如果 $\hat{P}_0$ 奇异, 则

$$\begin{aligned}\deg(\det(P(s)))=\deg(\det(\hat{P}(s)))&<p_1+\cdots+\hat{p}_k+\cdots+p_j+1+\cdots+p_m\\&\leqslant p_1+\cdots+p_k-1+\cdots+p_j+1+\cdots+p_m=p_1+p_2+\cdots+p_m\end{aligned}$$

但根据 $P(s)$ 的假设有 $\deg(\det(P(s)))=p_1+p_2+\cdots+p_m$. 矛盾. 因此必有 $\hat{P}_0$ 非奇异, 且 $\hat{p}_k=p_k-1$.

最后, 取 $U(s)=\hat{P}_0^{-1}\hat{U}(s)$ 和 $V(s)=\hat{V}(s)$, 则

$$\begin{aligned}\tilde{P}(s)=&\hat{P}_0^{-1}\hat{U}(s)P(s)\hat{V}(s)=\hat{P}_0^{-1}\hat{P}(s)\\=&s^{p_1}\oplus\cdots\oplus s^{p_k-1}\oplus\cdots\oplus s^{p_j+1}\oplus\cdots\oplus s^{p_m}\\&+\hat{P}_0^{-1}\hat{P}_1(s^{p_1-1}\oplus\cdots\oplus s^{p_k-2}\oplus\cdots\oplus s^{p_j}\oplus\cdots\oplus s^{p_m-1})+\cdots\end{aligned}$$

因此, $\tilde{P}(s)$ 是 Luenberger 多项式矩阵, 且其第 k 列的次数为 p_k-1, 第 j 列的列次数为 p_j+1, 其他列的列次数和 $P(s)$ 的对应列的列次数相同. 证毕. □

例 A.3.4 考虑 Luenberger 多项式矩阵

$$P_1(s)=(s^2+2s+2)^2(s+2)\oplus(s^2+2s+2)\oplus 1$$

其列次为 $\{5,2,0\}$. 根据引理 A.3.1 的证明步骤可以构造出幺模矩阵

$$U_1(s)=\begin{bmatrix}0&0&-1\\0&1&0\\1&0&s+6\end{bmatrix},\quad V_1(s)=\begin{bmatrix}1&0&0\\0&1&0\\-s^4&0&1\end{bmatrix}$$

使得 $P_2(s)=U_1(s)P_1(s)V_1(s)$ 仍然是 Luenberger 多项式矩阵且其列次为 $\{4,2,1\}$. 计算可得

$$P_2(s)=\begin{bmatrix} s^4 & 0 & -1 \\ 0 & s^2+2s+2 & 0 \\ 16s^3+24s^2+20s+8 & 0 & s+6 \end{bmatrix}$$

再次根据引理 A.3.1 的步骤可以构造出幺模矩阵

$$U_2(s)=\begin{bmatrix} 0 & 0 & -1 \\ 0 & 1 & 0 \\ 1 & 0 & s-78 \end{bmatrix},\quad V_2(s)=\begin{bmatrix} 1 & 0 & 0 \\ 0 & 1 & 0 \\ -17s^2 & 0 & 1 \end{bmatrix}$$

使得 $P_3(s)=U_2(s)P_2(s)V_2(s)$ 仍然是 Luenberger 多项式矩阵且其列次为 $\{3,2,2\}$. 计算可得

$$P_3(s)=\begin{bmatrix} s^3+78s^2-20s-8 & 0 & -s-6 \\ 0 & s^2+2s+2 & 0 \\ 6121s^2-1552s-624 & 0 & s^2-72s-469 \end{bmatrix} \tag{A.46}$$

任意有理分式矩阵 $G(s)\in \mathbf{R}^{p\times m}(s)$ 都可以表示为

$$G(s)=\frac{P(s)}{d(s)} \tag{A.47}$$

其中, $d(s)$ 是 $G(s)$ 中所有项的分母的最小首一公倍式, $P(s)\in \mathbf{R}^{p\times m}[s]$ 是一个多项式矩阵. 类似于多项式矩阵的常秩, 也可定义有理分式矩阵的常秩. 事实上, 根据式 (A.47) 有

$$\operatorname{nrank}(G(s))=\operatorname{nrank}(P(s))=r=\max_{s\in\mathbf{C}}\{\operatorname{rank}(G(s))\}$$

因此, 由定理 A.3.4 可立即得出定理 A.3.5.

定理 A.3.5 对任意实有理分式矩阵 $G(s)\in \mathbf{R}^{p\times m}(s)$, 存在幺模矩阵 $U_L(s)\in \mathbf{R}^{p\times p}[s]$ 和 $U_R(s)\in \mathbf{R}^{m\times m}[s]$ 使得

$$G(s)=\frac{P(s)}{d(s)}=U_L(s)M_G(s)U_R(s)$$

其中

$$M_G(s)\overset{\text{def}}{=\!=}\frac{S_P(s)}{d(s)}=\frac{\varepsilon_1(s)}{\psi_1(s)}\oplus\frac{\varepsilon_2(s)}{\psi_2(s)}\oplus\cdots\oplus\frac{\varepsilon_r(s)}{\psi_r(s)}\oplus 0_{(p-r)\times(m-r)}$$

是 $G(s)$ 的 Smith-McMillan 规范型, 这里每一对 $\{\varepsilon_i(s),\psi_i(s)\}$ 都是互质的, $\psi_1(s)=d(s)$, 多项式 $\varepsilon_i(s)$ 整除 $\varepsilon_{i+1}(s)$, 而多项式 $\psi_{i+1}(s)$ 整除 $\psi_i(s)\,(i=1,2,\cdots,r-1)$.

注意 Smith-McMillan 规范型对角线上的分式 $\varepsilon_i(s)/\psi_i(s)$ 不一定是真分式.

例 A.3.5 考虑如下有理分式矩阵:

$$G(s)=\begin{bmatrix} \dfrac{s+2}{s+1} & 0 \\ 0 & \dfrac{s+1}{s} \\ \dfrac{s+2}{s} & \dfrac{1}{s} \\ 0 & 1 \end{bmatrix}=\frac{P(s)}{s(s+1)},\quad P(s)=\begin{bmatrix} s(s+2) & 0 \\ 0 & (s+1)^2 \\ (s+1)(s+2) & s+1 \\ 0 & s(s+1) \end{bmatrix}$$

由例 A.3.3 可知 $P(s)$ 的 Smith 规范型为式 (A.42). 因此 $G(s)$ 的 Smith-McMillan 规范型为

$$M_G(s)=\frac{S_P(s)}{d(s)}=\begin{bmatrix} \dfrac{1}{s(s+1)} & 0 \\ 0 & \dfrac{s+2}{s} \\ 0 & 0 \\ 0 & 0 \end{bmatrix}$$

A.4 线 性 方 程

本节介绍形如

$$A_1XB_1+A_2XB_2+\cdots+A_hXB_h=C \tag{A.48}$$

的线性矩阵代数方程, 其中, $A_j\in\mathbf{C}^{m\times n}$、$B_j\in\mathbf{C}^{p\times q}\ (j=1,2,\cdots,h)$ 和 $C\in\mathbf{C}^{m\times q}$ 是已知的系数矩阵; $X\in\mathbf{C}^{n\times p}$ 是待求的未知矩阵. 注意到这里 A_j 和 B_j 不必是方阵.

A.4.1 Kronecker 积与线性方程

设 $A=(a_{ij})_{m\times n}\in\mathbf{C}^{m\times n}, B=(b_{ij})_{p\times q}\in\mathbf{C}^{p\times q}$. 称 $mp\times nq$ 矩阵

$$A\otimes B\overset{\text{def}}{=\!=}\begin{bmatrix} a_{11}B & a_{12}B & \cdots & a_{1n}B \\ a_{21}B & a_{22}B & \cdots & a_{2n}B \\ \vdots & \vdots & & \vdots \\ a_{m1}B & a_{m2}B & \cdots & a_{mn}B \end{bmatrix}$$

为 A 与 B 的 Kronecker 积, 也叫直积或张量积. 计算两个矩阵 A 和 B 的乘积 AB 要求 A 的列数必须等于 B 的行数. Kronecker 积是一种与此不同的矩阵乘法运算, 它对矩阵的行数和列数没有任何要求. 显然, Kronecker 积不满足交换律, 即一般 $A\otimes B\neq B\otimes A$.

定理 A.4.1 是 Kronecker 积的一个重要性质, 它在 Kronecker 积的研究中起着很重要的作用.

定理 A.4.1 设 $A\in\mathbf{C}^{m\times n}, B\in\mathbf{C}^{t\times r}, C\in\mathbf{C}^{n\times p}, D\in\mathbf{C}^{r\times s}$, 则

$$(A\otimes B)(C\otimes D)=AC\otimes BD$$

下面介绍方阵 A、B 的特征值与 $A\otimes B$ 的特征值之间的关系. 考虑由变量 x 和 y 组成的复系数二元多项式

$$f(x,y)=\sum_{j=0}^{l_2}\sum_{i=0}^{l_1}c_{ij}x^iy^j,\quad i,j\in\mathbf{N}$$

对任意 $A\in\mathbf{C}^{m\times m}$ 和 $B\in\mathbf{C}^{p\times p}$, 考虑矩阵

$$f(A,B)=\sum_{j=0}^{l_2}\sum_{i=0}^{l_1}c_{ij}A^i\otimes B^j\in\mathbf{C}^{mp\times mp}$$

特别地, 如果 $f(x,y)=xy$, 则 $f(A,B)=A\otimes B$; 如果 $f(x,y)=x+y$, 则 $f(A,B)=A\otimes I_p+I_m\otimes B$ (该矩阵有时也称为矩阵 A 和 B 的 Kronecker 和). 定理 A.4.2 给出了 A、B 的特征值和 $f(A,B)$ 的特征值之间的关系.

定理 A.4.2 设 $\lambda_1,\lambda_2,\cdots,\lambda_m$ 是矩阵 $A\in\mathbf{C}^{m\times m}$ 的特征值, $\mu_1,\mu_2,\cdots,\mu_p$ 是矩阵 $B\in\mathbf{C}^{p\times p}$ 的特征值, 则

$$\lambda(f(A,B))=\{f(\lambda_l,\mu_k),l=1,2,\cdots,m,k=1,2,\cdots,p\}$$

特别地, 有

$$\lambda(A\otimes B)=\{\lambda_l\mu_k,l=1,2,\cdots,m,k=1,2,\cdots,p\}$$

$$\lambda(A\otimes I_p+I_m\otimes B)=\{\lambda_l+\mu_k,l=1,2,\cdots,m,k=1,2,\cdots,p\}$$

为了研究方程 (A.48) 的可解性, 还要介绍定义 A.4.1.

定义 A.4.1 设 $A=(a_{ij})_{m\times n}\in\mathbf{C}^{m\times n}$. 将 A 的各列依次纵排得到的 mn 维列向量, 称为矩阵 A 的列展开, 记为 $\mathrm{vec}(A)$, 即

$$\mathrm{vec}(A)=\left[\begin{array}{cccc|cccc|c|cccc} a_{11} & a_{21} & \cdots & a_{m1} & a_{12} & a_{22} & \cdots & a_{m2} & \cdots & a_{1n} & a_{2n} & \cdots & a_{mn}\end{array}\right]^{\mathrm{T}}$$

变换 $\mathrm{vec}(\cdot):\mathbf{C}^{m\times n}\to\mathbf{C}^{mn}$ 有时也称为拉直变换或拉直算子. 显然拉直变换是线性变换.

定理 A.4.3 设 $A\in\mathbf{C}^{m\times n},B\in\mathbf{C}^{n\times p},C\in\mathbf{C}^{p\times q}$, 则

$$\mathrm{vec}(ABC)=(C^{\mathrm{T}}\otimes A)\mathrm{vec}(B)$$

将拉直变换 $\mathrm{vec}(\cdot)$ 同时作用在矩阵方程 (A.48) 的两端并利用定理 A.4.3 可得到线性方程组

$$Ax=b \tag{A.49}$$

其中, $x=\mathrm{vec}(X);b=\mathrm{vec}(C)$;

$$A=\sum_{j=1}^{h}(B_j^{\mathrm{T}}\otimes A_j)\in\mathbf{C}^{qm\times pn}$$

注意到方程 (A.49) 是标准的线性方程, 因此有定理 A.4.4.

定理 A.4.4 矩阵 $X \in \mathbf{C}^{n\times p}$ 是矩阵方程 (A.48) 的解的充要条件是 $x = \text{vec}(X)$ 为线性方程 (A.49) 的解. 因此, 矩阵方程 (A.48) 有解当且仅当

$$\text{rank}\begin{bmatrix} A & b \end{bmatrix} = \text{rank}(A)$$

对任意 C 都有解当且仅当 $\text{rank}(A) = qm$; 对任意 C 都有唯一解当且仅当 A 非奇异.

下面考虑矩阵方程 (A.48) 的一个重要的特殊情况, 即 Sylvester 方程

$$A_1X - XB_2 = C \tag{A.50}$$

其中, $A_1 \in \mathbf{C}^{m\times m}$、$B_2 \in \mathbf{C}^{p\times p}$、$C \in \mathbf{C}^{m\times p}$ 是已知矩阵; $X \in \mathbf{C}^{m\times p}$ 是未知矩阵.

推论 A.4.1 线性方程 (A.50) 有唯一解的充要条件是 A_1 和 B_2 没有相同的特征值, 即

$$\lambda(A_1) \cap \lambda(B_2) = \varnothing \tag{A.51}$$

最后给出在一种特殊情况下线性方程 (A.50) 的唯一解的表达式.

引理 A.4.1 设 $A_1 \in \mathbf{C}^{m\times m}$、$B_2 \in \mathbf{C}^{p\times p}$、$C \in \mathbf{C}^{m\times p}$ 是已知矩阵. 如果 A_1 和 $-B_2$ 都是 Hurwitz 矩阵, 则方程 (A.50) 的唯一解 X 可表示为

$$X = -\int_0^\infty \mathrm{e}^{A_1 s} C \mathrm{e}^{-B_2 s} \mathrm{d}s \tag{A.52}$$

证明 如果 A_1 和 $-B_2$ 都是 Hurwitz 矩阵, 则条件 (A.51) 显然成立. 此时式 (A.52) 中的广义积分是有定义的. 注意到

$$\begin{aligned} A_1X - XB_2 &= \int_0^\infty \left(-A_1\mathrm{e}^{A_1 s}C\mathrm{e}^{-B_2 s} + \mathrm{e}^{A_1 s}C\mathrm{e}^{-B_2 s}B_2\right)\mathrm{d}s \\ &= -\int_0^\infty \frac{\mathrm{d}}{\mathrm{d}s}(\mathrm{e}^{A_1 s}C\mathrm{e}^{-B_2 s})\mathrm{d}s = C - \lim_{s\to\infty} \mathrm{e}^{A_1 s}C\mathrm{e}^{B_2 s} = C \end{aligned}$$

这表明式 (A.52) 的确是方程 (A.50) 的解. 证毕. □

A.4.2 Jameson 公式

本节介绍一种求解线性方程 (A.50) 的有效算法. 该算法由 A. Jameson 于 1968 年提出, 故称为 Jameson 公式.

定理 A.4.5 设 $A_1 \in \mathbf{C}^{m\times m}$、$B_2 \in \mathbf{C}^{p\times p}$、$C \in \mathbf{C}^{m\times p}$, A_1 和 B_2 满足条件 (A.51), 且特征多项式分别是

$$\begin{aligned} \alpha(s) &= s^m + \alpha_{m-1}s^{m-1} + \cdots + \alpha_1 s + \alpha_0 \\ \beta(s) &= s^p + \beta_{p-1}s^{p-1} + \cdots + \beta_1 s + \beta_0 \end{aligned}$$

则方程 (A.50) 的唯一解 $X \in \mathbf{R}^{m\times p}$ 可以表示为

$$X = -\left(\sum_{i=1}^{m}\sum_{j=0}^{i-1}\alpha_i A_1^j C B_2^{i-1-j}\right)\alpha^{-1}(B_2) = \beta^{-1}(A_1)\left(\sum_{i=1}^{p}\sum_{j=0}^{i-1}\beta_i A_1^j C B_2^{i-1-j}\right) \tag{A.53}$$

此外, 设 C 可以分解为

$$C = C_1 C_2, \quad C_1 \in \mathbf{R}^{m\times q}, \quad C_2 \in \mathbf{R}^{q\times p} \tag{A.54}$$

如果 $m \leqslant p$, 则 X 满秩仅当 (A_1, C_1) 能控; 如果 $m \geqslant p$, 则 X 满秩仅当 (B_2, C_2) 能观.

证明 用数学归纳法容易证明, 对任意非负整数 i 都有

$$A_1^i X - X B_2^i = \sum_{j=0}^{i-1} A_1^j C B_2^{i-1-j}$$

这里规定当 $j=-1$ 时 $A^j = 0$. 将上述方程乘以 $\alpha_i\ (i = 0, 1, \cdots, m, \alpha_m = 1)$ 并相加得到

$$\begin{aligned}\sum_{i=1}^{m}\sum_{j=0}^{i-1} \alpha_i A_1^j C B_2^{i-1-j} &= \left(\sum_{i=0}^{m-1} \alpha_i A_1^i + A_1^m\right) X - X \left(\sum_{i=0}^{m-1} \alpha_i B_2^i + B_2^m\right) \\ &= \alpha(A_1)X - X\alpha(B_2) = -X\alpha(B_2)\end{aligned} \tag{A.55}$$

这里用到了 Cayley-Hamilton 定理, 即 $\alpha(A_1) = 0$. 容易验证 $\alpha(B_2)$ 的特征值集合为 $\{\alpha(\lambda_k), \lambda_k \in \lambda(B_2)\}$. 因此, $\alpha(B_2)$ 非奇异当且仅当条件 (A.51) 成立, 此时方程 (A.55) 的唯一解可表示为式 (A.53) 的第 1 式. 如果将上面的 α 换成 β, 则式 (A.53) 的第 2 式同理可证.

如果 C 可以分解成式 (A.54) 的形式, 那么由式 (A.55) 可知

$$-X\alpha(B_2) = \begin{bmatrix} C_1 & A_1C_1 & \cdots & A_1^{m-1}C_1 \end{bmatrix} (S_\alpha \otimes I_q) \begin{bmatrix} C_2 \\ C_2B_2 \\ \vdots \\ C_2B_2^{m-1} \end{bmatrix}$$

这里 S_α 是 A_1 的对称化子. 由此可见, 如果 $m \leqslant p$, 则 $X \in \mathbf{R}^{m\times p}$ 满秩仅当 (A_1, C_1) 能控. 如果 $m \geqslant p$, 则同理可证 $X \in \mathbf{R}^{m\times p}$ 满秩仅当 (B_2, C_2) 能观. 证毕. □

A.4.3 广义逆与线性方程

根据 A.4.1 节的介绍, 矩阵方程 (A.48) 可以转化成标准的线性方程 (A.49). 众所周知, 当矩阵 $A \in \mathbf{C}^{n\times n}$ 非奇异时, 线性方程 (A.49) 有唯一解 $x = A^{-1}b$, 其中 A^{-1} 是 A 的逆矩阵. 当 A 不可逆或者是非方矩阵时, 线性方程或者有无数/唯一解即相容方程, 或者无解即不相容方程. 此时能否找到一个适当的矩阵 X 使得 Xb 是线性方程 (A.49) 的某个解? 这个 X 通常称为 A 的一个广义逆, 它是非奇异矩阵的逆矩阵的推广.

定义 A.4.2 设 $A \in \mathbf{C}^{m\times n}$, 则满足 Penrose 条件

$$(1)\ AXA = A,\ (2)\ XAX = X,\ (3)\ (AX)^{\mathrm{H}} = AX,\ (4)\ (XA)^{\mathrm{H}} = XA$$

的矩阵 $X \in \mathbf{C}^{n\times m}$ 称为 A 的 Moore-Penrose 逆 (简称 M-P 逆), 记作 $X = A^{+}$.

M-P 逆看起来需要满足的条件很苛刻, 但却是存在且唯一的. M-P 逆 A^{+} 有许多与通常的逆矩阵 A^{-1} 相仿的性质. 可参考专门的著作. 不难验证下面的结论成立.

引理 A.4.2 如果 $A \in \mathbf{C}_m^{m\times n}$ 即 A 行满秩, 则 $A^+ = A^{\mathrm{H}}(AA^{\mathrm{H}})^{-1}$. 如果 $A \in \mathbf{C}_n^{m\times n}$ 即 A 列满秩, 则 $A^+ = (A^{\mathrm{H}}A)^{-1}A^{\mathrm{H}}$.

除了 M-P 逆还有其他的矩阵逆. 设 $i,j,k \in \{1,2,3,4\}$ 且 $i<j<k$. 称满足 Penrose 条件 (i)、(j)、(k) 的矩阵 X 为 A 的 $\{i,j,k\}$ 逆, 记作 $X = A^{\{i,j,k\}}$. 有时为了方便, 矩阵 A 的 $\{1\}$ 逆也记作 A^-, 即 $A^{\{1\}} = A^-$. 根据上述定义, 一共有 14 种 $\{i,j,k\}$ 逆. 在这 14 种 $\{i,j,k\}$ 逆和 $\{1,2,3,4\}$ 逆即 M-P 逆之中, 以 $\{1\}$、$\{1,3\}$、$\{1,4\}$ 和 M-P 逆最为常用. 由于 M-P 逆一定是 $\{i,j,k\}$ 逆, 故 $\{i,j,k\}$ 逆是存在的. 但一般来说, $\{i,j,k\}$ 逆是不唯一的.

线性方程 (A.49) 与矩阵的广义逆密切相关. 首先给出 $\{1\}$ 逆在线性方程中的应用.

定理 A.4.6 设 $A \in \mathbf{C}^{m\times n}, b \in \mathbf{C}^m, A^-$ 为 A 的任意 $\{1\}$ 逆, 则线性方程 (A.49) 有解当且仅当 $AA^-b = b$. 如果此条件满足, 则线性方程 (A.49) 的通解为

$$x = A^-b + (I_n - A^-A)y, \quad \forall y \in \mathbf{C}^n \tag{A.56}$$

推论 A.4.2 矩阵 $A \in \mathbf{C}^{m\times n}$ 列满秩当且仅当其 $\{1\}$ 逆满足

$$A^-A = I_n \tag{A.57}$$

此外, 如果 $A \in \mathbf{C}^{m\times n}$ 列满秩且线性方程 (A.49) 有解, 则必有唯一解

$$x = A^-b \tag{A.58}$$

证明 如果式 (A.57) 成立, 则显然 A 列满秩. 反之, 如果 A 列满秩, 由定义 $AA^-A = A$ 即 $A(A^-A - I_n) = 0$ 可知, 必有 $A^-A - I_n = 0$ 成立 (引理 A.1.1). 显然, 式 (A.58) 从式 (A.56) 立得. 下证相容线性方程 (A.49) 的解唯一. 设 $x_i\,(i=1,2)$ 为其任意两个解, 则由 $A(x_1 - x_2) = b - b = 0$ 和 A 列满秩知 $x_1 = x_2$. 证毕. □

为了介绍 $\{1,3\}$、$\{1,4\}$ 和 M-P 逆在线性方程中的应用, 给出定义 A.4.3.

定义 A.4.3 对于相容方程 (A.49), 如果它的一个解 $x_{\mathrm{M}} \in \mathbf{C}^n$ 使得 $\|x_{\mathrm{M}}\| \leqslant \|x\|$ 对该方程的任意解 $x \in \mathbf{C}^n$ 都成立, 则称 x_{M} 为该方程的极小范数 (minimal norm) 解. 对于不相容方程 (A.49), 如果存在 $x_{\mathrm{L}} \in \mathbf{C}^n$ 使得 $\|Ax_{\mathrm{L}} - b\| \leqslant \|Ax - b\|$ 对任意 $x \in \mathbf{C}^n$ 都成立, 则称 x_{L} 为该方程的最小二乘 (least square) 解. 对于不相容方程 (A.49), 如果其最小二乘解 $x_{\mathrm{ML}} \in \mathbf{C}^n$ 使得 $\|x_{\mathrm{ML}}\| \leqslant \|x_{\mathrm{M}}\|$ 对其任意的最小二乘解 $x_{\mathrm{M}} \in \mathbf{C}^n$ 都成立, 则称 x_{ML} 为该方程的极小范数最小二乘 (minimal norm least square) 解.

关于这几种特殊的解, 有定理 A.4.7.

定理 A.4.7 设 $A \in \mathbf{C}^{m\times n}, b \in \mathbf{C}^m$, 则线性方程 (A.49) 的极小范数解 x_{M}、最小二乘解 x_{L} 和极小范数最小二乘解 x_{ML} 分别为

$$x_{\mathrm{M}} = A^{\{1,4\}}b, \quad x_{\mathrm{L}} = A^{\{1,3\}}b, \quad x_{\mathrm{ML}} = A^{\{1,2,3,4\}}b = A^+b$$

A.5 集合的共轭分拆

将有序数集 $\{n_1, n_2, \cdots, n_p\}$ 各元素按照从大到小的顺序排序之后的有序数集记为 $\{n_{i_1}, n_{i_2}, \cdots, n_{i_p}\}$, 即 $n_{i_1} \geqslant n_{i_2} \geqslant \cdots \geqslant n_{i_p}$, 其中 $i_j \neq i_k, j \neq k$, 且 $\bigcup_{j=1}^{p}\{i_j\} = \{1,2,\cdots,p\}$. 记

$$\{n_{i_1}, n_{i_2}, \cdots, n_{i_p}\} = \mathscr{H}\{n_1, n_2, \cdots, n_p\}$$

其中, $\mathscr{H}(\cdot)$ 称为集合的降序排序算子.

定义 A.5.1 设 $\{n_1, n_2, \cdots, n_m\}$ 是给定的有序非负整数集合,

$$q = \max_{i=1,2,\cdots,m} \{n_i\} > 0$$

设 p_k 是集合 $\{n_1, n_2, \cdots, n_m\}$ 中大于等于 k 的元素的个数, $k = 1, 2, \cdots, q$. 称有序正整数集合 $\{p_1, p_2, \cdots, p_q\}$ 为集合 $\{n_1, n_2, \cdots, n_m\}$ 的共轭分拆 (conjugate partition), 记作

$$\{p_1, p_2, \cdots, p_q\} = \#\{n_1, n_2, \cdots, n_m\}$$

共轭分拆有下面的性质.

引理 A.5.1 设有序非负整数集合 $\{n_1, n_2, \cdots, n_m\}$ 的共轭分拆为 $\{p_1, p_2, \cdots, p_q\}$, 则

$$p_1 \geqslant p_2 \geqslant \cdots \geqslant p_q \geqslant 1 \tag{A.59}$$

$$n_1 + n_2 + \cdots + n_m = p_1 + p_2 + \cdots + p_q \tag{A.60}$$

$$\mathscr{H}\{n_1, n_2, \cdots, n_m\} = \#\{p_1, p_2, \cdots, p_q\} \tag{A.61}$$

这里去掉了集合 $\mathscr{H}\{n_1, n_2, \cdots, n_m\}$ 中排在后面的可能的零元素. 特别地, 如果 $n_1 \geqslant n_2 \geqslant \cdots \geqslant n_m > 0$, 则

$$\#(\#\{n_1, n_2, \cdots, n_m\}) = \{n_1, n_2, \cdots, n_m\} \tag{A.62}$$

引理 A.5.1 很容易验证. 性质 (A.62) 说明按非升序排序的有序正整数集合的共轭分拆的共轭分拆是其自身. 这是"共轭"一词的含义. 下面举一个例子来验证引理 A.5.1 中的性质.

例A.5.1 考虑非负整数集合 $\{3, 2, 5, 0, 1, 5\}$. 根据定义, $\#\{3, 2, 5, 0, 1, 5\} = \{5, 4, 3, 2, 2\}$. 显然式 (A.59) 和式 (A.60) 都成立. 注意到 $\#\{5, 4, 3, 2, 2\} = \{5, 5, 3, 2, 1\}$ 和 $\mathscr{H}\{3, 2, 5, 0, 1, 5\} = \{5, 5, 3, 2, 1\}$, 这里去掉了排在后面的零元素, 因此式 (A.61) 也成立. 另外, 很容易验证

$$\#(\#\{5, 5, 3, 2, 1\}) = \#\{5, 4, 3, 2, 2\} = \{5, 5, 3, 2, 1\}$$

即式 (A.62) 也成立.

附录 B 部分结论的证明

B.1 定理 4.2.3 的证明

为了便于理解, 本定理的证明分 5 步完成.

第 1 步: 证明存在 $P_{21}\in\mathbf{R}^{(n_c-r)\times n_c}$ 和 $P_{42}\in\mathbf{R}^{(n-n_c-n_o+r)\times(n-n_c)}$ 使得式 (4.16) 中的矩阵 P 是非奇异的. 由假设可知 $\operatorname{rank}(Q_o(\tilde{A},\tilde{C}))=n_o$. 因此 $r=\operatorname{rank}(O_1)\leqslant\min\{n_o,n_c\}$. 由于 $O_2\in\mathbf{R}^{pn\times(n-n_c)}$, 因此 $n_o-r\leqslant n-n_c$. 又由于 $\operatorname{rank}(O_1)=\operatorname{rank}(O_{11})=r$, 式 (4.15) 的第 1 式表明 $\operatorname{rank}(P_{11})=r$. 将式 (4.15) 写成

$$\begin{bmatrix} O_1 & O_2 \end{bmatrix}=\begin{bmatrix} O_{11} & O_{22} \end{bmatrix}\left[\begin{array}{c|c} P_{11} & P_{12} \\ \hline 0 & P_{32} \end{array}\right] \tag{B.1}$$

由于 $\operatorname{rank}[O_1,O_2]=\operatorname{rank}[O_{11},O_{22}]=n_o$, 式 (B.1) 表明

$$\operatorname{rank}\left[\begin{array}{c|c} P_{11} & P_{12} \\ \hline 0 & P_{32} \end{array}\right]=n_o$$

由于 P_{11} 行满秩, 根据定理 A.1.2, 上式蕴含 $\operatorname{rank}(P_{32})=n_o-r$, 即 P_{32} 行满秩. 因此一定存在矩阵 $P_{21}\in\mathbf{R}^{(n_c-r)\times n_c}$ 和 $P_{42}\in\mathbf{R}^{(n-n_c-n_o+r)\times(n-n_c)}$ 使得式 (4.16) 中的矩阵是非奇异的. 因此, $\breve{x}=P\tilde{x}=PTx$ 是合适的状态等价变换. 记变换后的系统为

$$\begin{bmatrix} \breve{A} & \breve{B} \\ \breve{C} & D \end{bmatrix}=\begin{bmatrix} P\tilde{A}P^{-1} & P\tilde{B} \\ \tilde{C}P^{-1} & D \end{bmatrix} \tag{B.2}$$

由于 P 和 $\tilde{A}$ 都是上三角矩阵, 根据式 (4.13) 和式 (4.16) 容易验证:

$$\breve{A}=\begin{bmatrix} P_1A_{11}P_1^{-1} & * \\ 0 & P_3A_{22}P_3^{-1} \end{bmatrix}\overset{\text{def}}{=\!=}\left[\begin{array}{c|c} \breve{A}_1 & \breve{A}_2 \\ 0 & \breve{A}_4 \end{array}\right],\quad \breve{B}=\begin{bmatrix} P_1B_1 \\ 0 \end{bmatrix}\overset{\text{def}}{=\!=}\begin{bmatrix} \breve{B}_{11} \\ \breve{B}_{12} \\ 0 \end{bmatrix} \tag{B.3}$$

其中, $*$ 表示不关心的项; $\breve{A}_1\in\mathbf{R}^{n_c\times n_c}$, $\breve{B}_{11}\in\mathbf{R}^{r\times m}$, $\breve{B}_{12}\in\mathbf{R}^{(n_c-r)\times m}$.

第 2 步: 确定 $(\breve{A},\breve{B},\breve{C})$ 的结构. 注意到式 (4.15) 可以写成

$$\begin{bmatrix} O_1 & O_2 \end{bmatrix}=\begin{bmatrix} O_{11} & 0 & O_{22} & 0 \end{bmatrix}P=\begin{bmatrix} O_{11} & O_{22} & 0 & 0 \end{bmatrix}GP \tag{B.4}$$

其中

$$G=\begin{bmatrix} I_r & 0 & 0 & 0 \\ 0 & 0 & I_{n_o-r} & 0 \\ 0 & I_{n_c-r} & 0 & 0 \\ 0 & 0 & 0 & I_{n-n_c-n_o+r} \end{bmatrix}=G^{-1}\in\mathbf{R}_n^{n\times n}$$

设 $R = GP$. 显然 R 也是 $n \times n$ 非奇异矩阵. 构造状态等价变换 $\hat{x} = R\tilde{x}$ 并记变换后的系统为

$$\begin{bmatrix} \hat{A} & \hat{B} \\ \hat{C} & D \end{bmatrix} = \begin{bmatrix} R\tilde{A}R^{-1} & R\tilde{B} \\ \tilde{C}R^{-1} & D \end{bmatrix}, \quad \hat{A} \overset{\text{def}}{=\!=} \begin{bmatrix} \hat{A}_1 & \hat{A}_2 \\ \hat{A}_3 & \hat{A}_4 \end{bmatrix} \tag{B.5}$$

其中, $\hat{A}_1 \in \mathbf{R}^{n_o \times n_o}$. 从式 (4.14) 和式 (B.4) 可以得到

$$\begin{bmatrix} O_{11} & O_{22} & 0 & 0 \end{bmatrix} = \begin{bmatrix} O_1 & O_2 \end{bmatrix} R^{-1} = \begin{bmatrix} \tilde{C}R^{-1} \\ \tilde{C}\tilde{A}R^{-1} \\ \vdots \\ \tilde{C}\tilde{A}^{n-1}R^{-1} \end{bmatrix} = \begin{bmatrix} \hat{C} \\ \hat{C}\hat{A} \\ \vdots \\ \hat{C}\hat{A}^{n-1} \end{bmatrix} \tag{B.6}$$

设

$$\begin{bmatrix} O_{11} & O_{22} \end{bmatrix} = \begin{bmatrix} \hat{C}_1 \\ \vdots \\ \hat{C}_n \end{bmatrix}, \quad \hat{C}_i \in \mathbf{R}^{p \times n_o}, \quad i = 1, 2, \cdots, n$$

比较式 (B.6) 的两端可以得到

$$\hat{C}\hat{A}^{i-1} = \begin{bmatrix} \hat{C}_i & 0 \end{bmatrix}, \quad i = 1, 2, \cdots, n \tag{B.7}$$

根据 Cayley-Hamilton 定理, 由式 (B.7) 可知存在 $\hat{C}_{n+1} \in \mathbf{R}^{p \times n_o}$ 使得 $\hat{C}\hat{A}^n = [\hat{C}_{n+1}, 0]$. 当 $i = 1$ 时, 式 (B.7) 表明

$$\hat{C} = \begin{bmatrix} \hat{C}_1 & 0 \end{bmatrix} \tag{B.8}$$

当 $i = 2$ 时, 从式 (B.7) 和式 (B.5) 可以得到

$$\hat{C}\hat{A} = \begin{bmatrix} \hat{C}_1 & 0 \end{bmatrix} \begin{bmatrix} \hat{A}_1 & \hat{A}_2 \\ \hat{A}_3 & \hat{A}_4 \end{bmatrix} = \begin{bmatrix} \hat{C}_1\hat{A}_1 & \hat{C}_1\hat{A}_2 \end{bmatrix} = \begin{bmatrix} \hat{C}_2 & 0 \end{bmatrix}$$

这表明 $\hat{C}_1\hat{A}_2 = 0$. 同理, 当 $i = 3$ 时, 由式 (B.7) 和式 (B.5) 可知

$$\hat{C}\hat{A}^2 = \begin{bmatrix} \hat{C}_2 & 0 \end{bmatrix} \begin{bmatrix} \hat{A}_1 & \hat{A}_2 \\ \hat{A}_3 & \hat{A}_4 \end{bmatrix} = \begin{bmatrix} \hat{C}_2\hat{A}_1 & \hat{C}_2\hat{A}_2 \end{bmatrix} = \begin{bmatrix} \hat{C}_3 & 0 \end{bmatrix}$$

这表明 $\hat{C}_2\hat{A}_2 = 0$. 重复上述过程可知 $\hat{C}_i\hat{A}_2 = 0\,(i = 1, 2, \cdots, n)$. 因此有

$$0 = \begin{bmatrix} \hat{C}_1 \\ \vdots \\ \hat{C}_n \end{bmatrix} \hat{A}_2 = \begin{bmatrix} O_{11} & O_{22} \end{bmatrix} \hat{A}_2$$

由于矩阵 $[O_{11}, O_{22}]$ 列满秩, 必有 $\hat{A}_2 = 0$. 因此, 根据式 (B.5) 和式 (B.8) 可设

$$\hat{A} = \begin{bmatrix} \hat{A}_1 & 0 \\ \hat{A}_3 & \hat{A}_4 \end{bmatrix} \stackrel{\text{def}}{=\!=} \left[\begin{array}{cc|cc} \hat{A}_{11} & \hat{A}_{12} & 0 & 0 \\ \hat{A}_{21} & \hat{A}_{22} & 0 & 0 \\ \hline \hat{A}_{31} & \hat{A}_{32} & \hat{A}_{33} & \hat{A}_{34} \\ \hat{A}_{41} & \hat{A}_{42} & \hat{A}_{43} & \hat{A}_{44} \end{array}\right] \tag{B.9}$$

$$\hat{C} = \begin{bmatrix} \hat{C}_1 & 0 \end{bmatrix} \stackrel{\text{def}}{=\!=} \left[\begin{array}{cc|cc} \hat{C}_{11} & \hat{C}_{12} & 0 & 0 \end{array}\right] \tag{B.10}$$

其中, $\hat{A}_{11} \in \mathbf{R}^{r \times r}, \hat{A}_{22} \in \mathbf{R}^{(n_o - r)\times(n_o - r)}, \hat{A}_{33} \in \mathbf{R}^{(n_c - r)\times(n_c - r)}, \hat{A}_{44} \in \mathbf{R}^{(n - n_c - n_o + r)\times(n - n_c - n_o + r)}$, $\hat{C}_{11} \in \mathbf{R}^{p \times r}, \hat{C}_{12} \in \mathbf{R}^{p \times (n_o - r)}$. 由式 (B.2)、式 (B.5)、式 (B.9)、式 (B.10) 和 $R = GP$ 可知

$$\breve{A} = P\tilde{A}P^{-1} = GR\tilde{A}R^{-1}G = G\hat{A}G = \left[\begin{array}{cc|cc} \hat{A}_{11} & 0 & \hat{A}_{12} & 0 \\ \hat{A}_{31} & \hat{A}_{33} & \hat{A}_{32} & \hat{A}_{34} \\ \hline \hat{A}_{21} & 0 & \hat{A}_{22} & 0 \\ \hat{A}_{41} & \hat{A}_{43} & \hat{A}_{42} & \hat{A}_{44} \end{array}\right]$$

$$\breve{C} = \tilde{C}P^{-1} = \tilde{C}R^{-1}G = \hat{C}G = \left[\begin{array}{cc|cc} \hat{C}_{11} & 0 & \hat{C}_{12} & 0 \end{array}\right]$$

将上式和式 (B.3) 比较可知 $\hat{A}_{21} = 0, \hat{A}_{41} = 0, \hat{A}_{43} = 0$. 综合上式和式 (B.3) 可知经变换 $\breve{x} = P\tilde{x}$ 后的系统具有下面的形式:

$$\begin{bmatrix} \breve{A} & \breve{B} \\ \breve{C} & D \end{bmatrix} = \left[\begin{array}{cccc|c} \hat{A}_{11} & 0 & \hat{A}_{12} & 0 & \breve{B}_{11} \\ \hat{A}_{31} & \hat{A}_{33} & \hat{A}_{32} & \hat{A}_{34} & \breve{B}_{12} \\ 0 & 0 & \hat{A}_{22} & 0 & 0 \\ 0 & 0 & \hat{A}_{42} & \hat{A}_{44} & 0 \\ \hline \hat{C}_{11} & 0 & \hat{C}_{12} & 0 & D \end{array}\right] \tag{B.11}$$

此系统已经具备式 (4.17) 的结构.

第 3 步: 证明各子系统的能控/能观性. 由于 (A_{11}, B_1) 能控, 由式 (B.3) 和式 (B.11) 可知

$$(P_1 A_{11} P_1^{-1}, P_1 B_1) = \left(\begin{bmatrix} \hat{A}_{11} & 0 \\ \hat{A}_{31} & \hat{A}_{33} \end{bmatrix}, \begin{bmatrix} \breve{B}_{11} \\ \breve{B}_{12} \end{bmatrix} \right)$$

也能控. 由 PBH 判据很容易说明 $(\hat{A}_{11}, \breve{B}_{11})$ 也能控. 由式 (B.5)、式 (B.6) 和式 (B.9)、式 (B.10) 可知

$$Q_o(\tilde{A}, \tilde{C}) = \begin{bmatrix} \hat{C} \\ \hat{C}\hat{A} \\ \vdots \\ \hat{C}\hat{A}^{n-1} \end{bmatrix} R = \left[\begin{array}{c|c} \hat{C}_1 & 0 \\ \hat{C}_1\hat{A}_1 & 0 \\ \vdots & \vdots \\ \hat{C}_1\hat{A}_1^{n-1} & 0 \end{array}\right] R$$

因此有 $\mathrm{rank}(Q_\mathrm{o}(\hat{A}_1,\hat{C}_1))=\mathrm{rank}(Q_\mathrm{o}(\tilde{A},\tilde{C}))=n_\mathrm{o}$, 即 $(\hat{A}_1,\hat{C}_1)$ 能观. 注意到

$$(\hat{A}_1,\hat{C}_1)=\left(\begin{bmatrix}\hat{A}_{11} & \hat{A}_{12}\\ 0 & \hat{A}_{22}\end{bmatrix},\begin{bmatrix}\hat{C}_{11} & \hat{C}_{12}\end{bmatrix}\right)$$

同理, 由 PBH 判据易说明 $(\hat{A}_{11},\hat{C}_{11})$ 也能观.

第 4 步: 证明 $r=n_*$. 设 $Q_\mathrm{c}=Q_\mathrm{c}(A,B),Q_\mathrm{o}=Q_\mathrm{o}(A,C),\check{Q}_\mathrm{c}=Q_\mathrm{c}(\check{A},\check{B}),\check{Q}_\mathrm{o}=Q_\mathrm{o}(\check{A},\check{C})$. 由于 (A,B,C,D) 等价于 $(\check{A},\check{B},\check{C},D)$, 所以有 $CA^kB=\check{C}\check{A}^k\check{B}\,(k=0,1,\cdots)$. 因此有 $Q_\mathrm{o}Q_\mathrm{c}=\check{Q}_\mathrm{o}\check{Q}_\mathrm{c}$. 根据式 (B.11) 中 $(\check{A},\check{B},\check{C})$ 的特殊形式, 容易验证 $\check{C}\check{A}^k\check{B}=\hat{C}_{11}\hat{A}_{11}^k\check{B}_{11}\,(k=0,1,\cdots)$. 因此有

$$\check{Q}_\mathrm{o}\check{Q}_\mathrm{c}=\begin{bmatrix}\hat{C}_{11}\\ \hat{C}_{11}\hat{A}_{11}\\ \vdots\\ \hat{C}_{11}\hat{A}_{11}^{n-1}\end{bmatrix}\begin{bmatrix}\check{B}_{11} & \hat{A}_{11}\check{B}_{11} & \cdots & \hat{A}_{11}^{n-1}\check{B}_{11}\end{bmatrix}$$

由于 $(\hat{A}_{11},\check{B}_{11},\hat{C}_{11})$ 能控又能观, 上式表明 $\mathrm{rank}(\check{Q}_\mathrm{o}\check{Q}_\mathrm{c})=\mathrm{rank}(Q_\mathrm{c}(\hat{A}_{11},\check{B}_{11}))=r$. 这意味着 $n_*=\mathrm{rank}(Q_\mathrm{o}Q_\mathrm{c})=\mathrm{rank}(\check{Q}_\mathrm{o}\check{Q}_\mathrm{c})=r$.

第 5 步: 将上述符号做替换

$$\left[\begin{array}{cccc|c}\hat{A}_{11} & 0 & \hat{A}_{12} & 0 & \check{B}_{11}\\ \hat{A}_{31} & \hat{A}_{33} & \hat{A}_{32} & \hat{A}_{34} & \check{B}_{12}\\ 0 & 0 & \hat{A}_{22} & 0 & 0\\ 0 & 0 & \hat{A}_{42} & \hat{A}_{44} & 0\\ \hline \hat{C}_{11} & 0 & \hat{C}_{12} & 0 & D\end{array}\right]\mapsto\left[\begin{array}{cccc|c}\check{A}_{11} & 0 & \check{A}_{13} & 0 & \check{B}_{1}\\ \check{A}_{21} & \check{A}_{22} & \check{A}_{23} & \check{A}_{24} & \check{B}_{2}\\ 0 & 0 & \check{A}_{33} & 0 & 0\\ 0 & 0 & \check{A}_{43} & \check{A}_{44} & 0\\ \hline \check{C}_{1} & 0 & \check{C}_{3} & 0 & D\end{array}\right]$$

即完成证明.

B.2 引理 4.7.3 的证明

为了证明该引理, 引入引理 B.2.1.

引理 B.2.1 设 $F\in\mathbf{R}^{q\times q}$ 和 $G=[g_1,g_2,\cdots,g_n]\in\mathbf{R}^{q\times n}$ 是任意给定矩阵,

$$N=\left[\begin{array}{c|c}0 & I_{n-1}\\ \hline 0 & 0\end{array}\right],\quad b=\begin{bmatrix}0_{(n-1)\times 1}\\ 1\end{bmatrix},\quad c=\begin{bmatrix}1 & 0_{1\times(n-1)}\end{bmatrix}$$

设 $S=[s_1,s_2,\cdots,s_n]\in\mathbf{R}^{q\times n}$ 的各列向量和 $h\in\mathbf{R}^{q\times 1}$ 由下式确定:

$$s_n=0,\quad s_k=\sum_{i=k+1}^{n}F^{i-(k+1)}g_i,\quad h=\sum_{i=1}^{n}F^{i-1}g_i$$

其中, $k=n-1,n-2,\cdots,1$. 那么下述两个等式成立:

$$FS-SN+G=hc,\quad Sb=0 \tag{B.12}$$

证明 直接验证可知 $Sb = s_n = 0$, 即式 (B.12) 的第 2 式成立. 此外有

$$Fs_k - s_{k-1} + g_k = \sum_{i=k+1}^{n} F^{i-k} g_i - \sum_{i=k}^{n} F^{i-k} g_i + g_k = 0$$

其中, $k = n-1, n-2, \cdots, 2$. 当 $k = n$ 时有 $-s_{n-1} + g_n = 0$, 而当 $k = 1$ 时有

$$Fs_1 + g_1 = \sum_{i=2}^{n} F^{i-1} g_i + g_1 = \sum_{i=1}^{n} F^{i-1} g_i = h$$

上述诸式蕴含式 (B.12) 的第 1 式成立. 证毕. □

首先证明存在 S_{13} 满足方程组 (4.220). 设 $F = A_1 + B_1 K_{11}$,

$$B_1 K_{13} = -\begin{bmatrix} G_1 & \cdots & G_{k_3} \end{bmatrix}, \quad S_{13} = \begin{bmatrix} S_1 & \cdots & S_{k_3} \end{bmatrix}, \quad H_{13} = \begin{bmatrix} h_1 & \cdots & h_{k_3} \end{bmatrix}$$

其中, $G_i \in \mathbf{R}^{n_1 \times q_i}, S_i \in \mathbf{R}^{n_1 \times q_i}, h_i \in \mathbf{R}^{n_1 \times 1}\ (i = 1, 2, \cdots, k_3)$, 这里各整数如定理 4.7.2 所定义. 那么由定理 4.7.2 中 (A_3, B_3) 的结构可知方程组 (4.220) 可以等价地写成

$$FS_i - S_i N_i + G_i = h_i c_i, \quad S_i b_i = 0 \tag{B.13}$$

其中, $i = 1, 2, \cdots, k_3$;

$$N_i = \left[\begin{array}{c|c} 0 & I_{q_i - 1} \\ \hline 0 & 0 \end{array}\right], \quad b_i = \begin{bmatrix} 0_{(q_i-1)\times 1} \\ 1 \end{bmatrix}, \quad c_i = \begin{bmatrix} 1 & 0_{1\times(q_i-1)} \end{bmatrix}$$

注意到方程组 (B.13) 恰好具有式 (B.12) 的形式. 因此, 结论从引理 B.2.1 立得.

其次证明存在 S_{32} 满足方程组 (4.221). 定义矩阵

$$P = \begin{bmatrix} & & 1 \\ & \cdot^{\cdot^{\cdot}} & \\ 1 & & \end{bmatrix}_{q_1 \times q_1} \oplus \cdots \oplus \begin{bmatrix} & & 1 \\ & \cdot^{\cdot^{\cdot}} & \\ 1 & & \end{bmatrix}_{q_{k_3} \times q_{k_3}}$$

显然 $P \in \mathbf{R}^{n_3 \times n_3}$ 且满足 $P^{\mathrm{T}} = P^{-1} = P$. 此外容易验证

$$B_3^{\mathrm{T}} P = C_3, \quad P A_3^{\mathrm{T}} P = A_3 \tag{B.14}$$

将方程组 (4.221) 两端同时取转置并将式 (B.14) 代入得到

$$SA_3 - (A_2 + L_{22} C_2)^{\mathrm{T}} S - C_2^{\mathrm{T}} L_{32}^{\mathrm{T}} P = H_{32}^{\mathrm{T}} C_3, \quad SB_3 = 0$$

其中, $S = S_{32}^{\mathrm{T}} P$. 注意到上述方程组和式 (4.220) 具有完全相同的形式. 因此, 根据上面的证明, 必然存在 (S, H_{32}^{T}) 使之成立, 即 (S_{32}, H_{32}) 存在.

最后证明存在 Z_2 使得 Sylvester 方程 (4.222) 有唯一解 S_{12}. 取

$$Z_2=\begin{bmatrix} z_{1,l_1-1}\\ \vdots \\ z_{11}\\ z_{10}\end{bmatrix}\oplus\begin{bmatrix} z_{2,l_2-1}\\ \vdots \\ z_{21}\\ z_{20}\end{bmatrix}\oplus\cdots\oplus\begin{bmatrix} z_{k_2,l_{k_2}-1}\\ \vdots \\ z_{k_2,1}\\ z_{k_2,0}\end{bmatrix}\in\mathbf{R}^{n_2\times k_2}$$

其中, $z_{ij}\,(j=0,1,\cdots,l_i-1,i=1,2,\cdots,k_2)$ 都是实数. 利用 (A_2,B_2) 的结构可知

$$A_2+Z_2C_2=\left[\begin{array}{c|ccc} z_{1,l_1-1} & 1 & & \\ \vdots & & \ddots & \\ z_{11} & & & 1\\ \hline z_{10} & 0 & \cdots & 0\end{array}\right]\oplus\cdots\oplus\left[\begin{array}{c|ccc} z_{k_2,l_{k_2}-1} & 1 & & \\ \vdots & & \ddots & \\ z_{k_2,1} & & & 1\\ \hline z_{k_2,0} & 0 & \cdots & 0\end{array}\right]$$

因此, 必然存在 Z_2 使得 $\lambda(A_2+Z_2C_2)\cap\lambda(A_1+B_1K_{11})=\varnothing$. 根据推论 A.4.1, 后者可保证 Sylvester 方程 (4.222) 有唯一解 S_{12}.

B.3　引理 5.4.2 的证明

为了证明引理 5.4.2, 先介绍引理 B.3.1.

引理 B.3.1　*考虑 SISO 线性系统 $(A,b,c)\in(\mathbf{R}^{n\times n},\mathbf{R}^{n\times 1},\mathbf{R}^{1\times n})$. 假设其传递函数为*

$$g(s)=c(sI_n-A)^{-1}b=\frac{\beta_0(s)}{\alpha_0(s)}=\frac{\omega(s)q(s)}{\alpha_0(s)}\tag{B.15}$$

其中, $\beta_0(s)$、$\alpha_0(s)$、$\omega(s)$ 和 $q(s)$ 均为多项式函数, $(\alpha_0(s),\beta_0(s))$ 互质, 且 $\omega(s)\neq 0\,(\forall s\in\lambda(A))$. 那么

$$\tilde{g}(s)\overset{\text{def}}{=\!=}\frac{g(s)}{\omega(s)}=\frac{q(s)}{\alpha_0(s)}=c\omega^{-1}(A)(sI_n-A)^{-1}b\tag{B.16}$$

证明　注意到 $\omega(s)\neq 0\,(\forall s\in\lambda(A))$ 保证了 $\omega(A)$ 是可逆矩阵. 不失一般性, 假设系统 (A,b,c) 已进行能控性结构分解, 即 (见定理 4.2.1)

$$A=\begin{bmatrix} A_{11} & A_{12}\\ 0 & A_{22}\end{bmatrix},\quad b=\begin{bmatrix} b_1\\ 0\end{bmatrix},\quad c=\begin{bmatrix} c_1 & c_2\end{bmatrix}$$

其中, $(A_{11},b_1)\in(\mathbf{R}^{n_c\times n_c},\mathbf{R}^{n_c\times 1})$ 能控. 不失一般性地进一步假设 (A_{11},b_1) 具有能控规范型的形式, 即 (见定理 4.2.2)

$$A_{11}=\left[\begin{array}{c|ccc} 0 & 1 & & \\ \vdots & & \ddots & \\ 0 & & & 1\\ \hline -\alpha_0 & -\alpha_1 & \cdots & -\alpha_{n_c-1}\end{array}\right],\quad b_1=\left[\begin{array}{c} 0\\ \vdots\\ 0\\ \hline 1\end{array}\right],\quad c_1=\begin{bmatrix}\theta_0\\ \vdots\\ \theta_{n_c-2}\\ \theta_{n_c-1}\end{bmatrix}^{\mathrm{T}}$$

由此可见

$$(sI_n - A)^{-1}b = \begin{bmatrix} (sI_{n_c} - A_{11})^{-1} & * \\ 0 & (sI_{n-n_c} - A_{22})^{-1} \end{bmatrix} \begin{bmatrix} b_1 \\ 0 \end{bmatrix} = \frac{1}{\alpha(s)} \begin{bmatrix} l_{n_c}(s) \\ 0 \end{bmatrix} \tag{B.17}$$

其中, $*$ 表示不关心的项; $\alpha(s) = s^{n_c} + \alpha_{n_c-1}s^{n_c-1} + \cdots + \alpha_1 s + \alpha_0$ 是 A_{11} 的特征多项式; $l_h(s) = [1, s, \cdots, s^{h-1}]^{\mathrm{T}}$. 由此可知

$$g(s) = c(sI_n - A)^{-1}b = \frac{c_1 l_{n_c}(s)}{\alpha(s)} = \frac{1}{\alpha(s)} \sum_{i=0}^{n_c-1} \theta_i s^i \overset{\text{def}}{=\!=} \frac{\theta(s)}{\alpha(s)} \tag{B.18}$$

由式 (B.15)、式 (B.18) 以及 $(\alpha_0(s), \beta_0(s))$ 互质可知存在多项式函数 $\delta(s)$ 使得 $\alpha(s) = \alpha_0(s)\delta(s)$. 令 $p(s) = q(s)\delta(s)$. 从式 (B.15) 能得到

$$g(s) = \frac{\beta_0(s)}{\alpha_0(s)} = \frac{\omega(s)q(s)}{\alpha_0(s)} = \frac{\omega(s)q(s)\delta(s)}{\alpha(s)} = \frac{p(s)\omega(s)}{\alpha(s)}$$

将上式和式 (B.18) 比较可知

$$p(s)\omega(s) = \theta(s) = \sum_{i=0}^{n_c-1} \theta_i s^i \tag{B.19}$$

由此可见 $\deg(p(s)) + \deg(\omega(s)) = \deg(\theta(s)) \leqslant n_c - 1$, 从而可设

$$p(s) = p_0 + p_1 s + \cdots + p_k s^k, \quad \omega(s) = \omega_0 + \omega_1 s + \cdots + \omega_h s^h$$

其中, $k \geqslant 0, h \geqslant 0$ 且 $k + h = n_c - 1$. 再设

$$\check{p} = \begin{bmatrix} p_0 & p_1 & \cdots & p_k \end{bmatrix} \in \mathbf{R}^{1\times(k+1)}, \quad \check{\omega} = \begin{bmatrix} \omega_0 & \omega_1 & \cdots & \omega_h \end{bmatrix} \in \mathbf{R}^{1\times(h+1)}$$

$$\varOmega = \begin{bmatrix} \omega_0 & \omega_1 & \cdots & \omega_h & 0 & \cdots & 0 \\ 0 & \omega_0 & \omega_1 & \cdots & \omega_h & \ddots & \vdots \\ \vdots & \ddots & \ddots & \ddots & \ddots & \ddots & 0 \\ 0 & \cdots & 0 & \omega_0 & \omega_1 & \cdots & \omega_h \end{bmatrix} \in \mathbf{R}^{(k+1)\times(k+h+1)}$$

因此

$$\begin{aligned} p(s)\omega(s) &= p_0\check{\omega}l_{h+1}(s) + p_1 s\check{\omega}l_{h+1}(s) + \cdots + p_k s^k \check{\omega}l_{h+1}(s) \\ &= \begin{bmatrix} p_0 & p_1 & \cdots & p_k \end{bmatrix} \begin{bmatrix} \check{\omega}l_{h+1}(s) \\ \check{\omega}sl_{h+1}(s) \\ \vdots \\ \check{\omega}s^k l_{h+1}(s) \end{bmatrix} \\ &= \check{p}\varOmega l_{k+h+1}(s) = \check{p}\varOmega l_{n_c}(s) \end{aligned}$$

这表明式 (B.19) 等价于

$$c_1 = \check{p}\Omega \tag{B.20}$$

另外, 利用 A 的特殊结构可以得到

$$\omega(A) = \begin{bmatrix} \omega(A_{11}) & * \\ 0 & \omega(A_{22}) \end{bmatrix} \tag{B.21}$$

再利用 A_{11} 的特殊结构, 通过直接计算有

$$\omega(A_{11}) = \begin{bmatrix} \tilde{\Omega} \\ * \end{bmatrix}, \quad \tilde{\Omega} = \begin{bmatrix} \omega_0 & \omega_1 & \cdots & \omega_h & 0 & \cdots & 0 \\ 0 & \omega_0 & \omega_1 & \cdots & \omega_h & \ddots & \vdots \\ \vdots & \ddots & \ddots & \ddots & \ddots & \ddots & 0 \\ 0 & \cdots & 0 & \omega_0 & \omega_1 & \cdots & \omega_h \end{bmatrix} \in \mathbf{R}^{(n_c-h)\times n_c}$$

由 $k+h=n_c-1$ 可知 $\tilde{\Omega}=\Omega$.

最后, 由式 (B.17) ~ 式 (B.21) 可以得到

$$\begin{aligned}
\Delta(s) &\xlongequal{\text{def}} c\omega^{-1}(A)(sI_n-A)^{-1}b - \frac{g(s)}{\omega(s)} = c\omega^{-1}(A)(sI_n-A)^{-1}b - \frac{c(sI_n-A)^{-1}b}{\omega(s)} \\
&= c\omega^{-1}(A)\frac{1}{\alpha(s)}\begin{bmatrix} l_{n_c}(s) \\ 0 \end{bmatrix} - \frac{\theta(s)}{\omega(s)\alpha(s)} = c\omega^{-1}(A)\frac{1}{\alpha(s)}\begin{bmatrix} l_{n_c}(s) \\ 0 \end{bmatrix} - \frac{p(s)}{\alpha(s)} \\
&= \frac{1}{\alpha(s)}\left(c\omega^{-1}(A)\begin{bmatrix} l_{n_c}(s) \\ 0 \end{bmatrix} - p(s)\right) = \frac{1}{\alpha(s)}(c_1\omega^{-1}(A_{11})l_{n_c}(s) - p(s)) \\
&= \frac{1}{\alpha(s)}\left(c_1 - \begin{bmatrix} \check{p} & 0_{1\times(n_c-k-1)} \end{bmatrix}\omega(A_{11})\right)\omega^{-1}(A_{11})l_{n_c}(s) \\
&= \frac{1}{\alpha(s)}\left(c_1 - \begin{bmatrix} \check{p} & 0_{1\times(n_c-k-1)} \end{bmatrix}\begin{bmatrix} \Omega \\ * \end{bmatrix}\right)\omega^{-1}(A_{11})l_{n_c}(s) \\
&= \frac{1}{\alpha(s)}(c_1 - \check{p}\Omega)\omega^{-1}(A_{11})l_{n_c}(s) = 0
\end{aligned}$$

这就证明了式 (B.16). 证毕. □

下面证明引理 5.4.2. 设

$$g_i(s) = \begin{bmatrix} g_{i1}(s) & g_{i2}(s) & \cdots & g_{im}(s) \end{bmatrix}, \quad \tilde{g}_i(s) = \begin{bmatrix} \tilde{g}_{i1}(s) & \tilde{g}_{i2}(s) & \cdots & \tilde{g}_{im}(s) \end{bmatrix}$$

其中, $g_{ij}(s) = c_i(sI_n - A)b_j$. 由定义式 (5.98) 和式 (5.103) 可知

$$g_{ij}(s) = \frac{n_{ij}(s)}{d_{ij}(s)} = \frac{\omega_i(s)\tilde{n}_{ij}(s)}{d_{ij}(s)} = \omega_i(s)\tilde{g}_{ij}(s)$$

其中, $i=1,2,\cdots,p, j=1,2,\cdots,m$. 上式恰好具有式 (B.15) 的形式, 因此, 由假设 (5.100) 和引理 B.3.1 可知 $\tilde{g}_{ij}(s)$ 的一个实现为 $(A,b_j,c_i\omega_i^{-1}(A))$, 即 $\tilde{g}_{ij}(s)=c_i\omega_i^{-1}(A)(sI_n-A)^{-1}b_j$, 或者

$$\tilde{g}_i(s)=c_i\omega_i^{-1}(A)(sI_n-A)^{-1}B,\quad i=1,2,\cdots,p$$

上式写成矩阵的形式就是式 (5.106).

B.4　定理 6.2.2 的证明

由 $W_\delta(t)$、$G_*(t)$ 和 $S_*(t)$ 的表达式 (见定理 6.1.2 和式 (6.57)) 可知

$$W_\delta(t)=\mathrm{e}^{A_*(t-T)}(W_*-P_*^{-1})\mathrm{e}^{A_*^{\mathrm{T}}(t-T)}-W_*=G_*(T-t)-S_*^{-1}(t)\tag{B.22}$$

将式 (6.56) 代入式 (6.53) 可得形如式 (6.60) 的闭环最优控制律, 其中

$$\begin{cases}K_1(t)=-R^{-1}B^{\mathrm{T}}(P(t)+G_{\mathrm{c}}^{-1}(t,T))\\K_2(t)=R^{-1}B^{\mathrm{T}}G_{\mathrm{c}}^{-1}(t,T)\varPhi_{\mathrm{c}}(t,T)\end{cases}\tag{B.23}$$

为了化简上述最优反馈增益 $K_i(t)\,(i=1,2)$, 首先需要计算中间线性时变系统 (6.51) 的状态转移矩阵 $\varPhi_{\mathrm{c}}(t,s)$ 和加权能控性 Gram 矩阵 $G_{\mathrm{c}}(t_1,t_2)$. 由式 (6.27) 可知

$$P_\delta(t)x(t)=z(t)=\mathrm{e}^{-A_*^{\mathrm{T}}(t-s)}z(s)=\mathrm{e}^{-A_*^{\mathrm{T}}(t-s)}P_\delta(s)x(s)$$

即 $x(t)=P_\delta^{-1}(t)\mathrm{e}^{-A_*^{\mathrm{T}}(t-s)}P_\delta(s)x(s)$. 因此

$$\varPhi_{\mathrm{c}}(t,s)=P_\delta^{-1}(t)\mathrm{e}^{-A_*^{\mathrm{T}}(t-s)}P_\delta(s)\tag{B.24}$$

那么, 利用式 (6.17), 中间线性时变系统 (6.51) 的加权能控性 Gram 矩阵 (6.52) 为

$$\begin{aligned}G_{\mathrm{c}}(t_1,t_2)&=\int_{t_1}^{t_2}P_\delta^{-1}(t_1)\mathrm{e}^{-A_*^{\mathrm{T}}(t_1-s)}P_\delta(s)BR^{-1}B^{\mathrm{T}}(P_\delta^{-1}(t_1)\mathrm{e}^{-A_*^{\mathrm{T}}(t_1-s)}P_\delta(s))^{\mathrm{T}}\mathrm{d}s\\&=P_\delta^{-1}(t_1)\int_{t_1}^{t_2}\mathrm{e}^{-A_*^{\mathrm{T}}(t_1-s)}P_\delta(s)BR^{-1}B^{\mathrm{T}}P_\delta(s)\mathrm{e}^{-A_*(t_1-s)}\mathrm{d}sP_\delta^{-1}(t_1)\\&=P_\delta^{-1}(t_1)\int_{t_1}^{t_2}\mathrm{e}^{-A_*^{\mathrm{T}}(t_1-s)}(\dot{P}_\delta(s)+A_*^{\mathrm{T}}P_\delta(s)+P_\delta(s)A_*)\mathrm{e}^{-A_*(t_1-s)}\mathrm{d}sP_\delta^{-1}(t_1)\\&=P_\delta^{-1}(t_1)\int_{t_1}^{t_2}\frac{\mathrm{d}}{\mathrm{d}s}(\mathrm{e}^{-A_*^{\mathrm{T}}(t_1-s)}P_\delta(s)\mathrm{e}^{-A_*(t_1-s)})\mathrm{d}sP_\delta^{-1}(t_1)\\&=P_\delta^{-1}(t_1)(\mathrm{e}^{-A_*^{\mathrm{T}}(t_1-t_2)}P_\delta(t_2)\mathrm{e}^{-A_*(t_1-t_2)}-P_\delta(t_1))P_\delta^{-1}(t_1)\\&=P_\delta^{-1}(t_1)\mathrm{e}^{-A_*^{\mathrm{T}}(t_1-t_2)}P_\delta(t_2)\mathrm{e}^{-A_*(t_1-t_2)}P_\delta^{-1}(t_1)-P_\delta^{-1}(t_1)\end{aligned}\tag{B.25}$$

利用 Sherman-Morrison-Woodbury 公式 (A.7) 和式 (B.22) 可以得到

$$-G_{\mathrm{c}}^{-1}(t,T)=(P_\delta^{-1}(t)-P_\delta^{-1}(t)\mathrm{e}^{A_*^{\mathrm{T}}(T-t)}P_\delta(T)\mathrm{e}^{A_*(T-t)}P_\delta^{-1}(t))^{-1}$$

$$
\begin{aligned}
&= P_\delta(t) + \mathrm{e}^{A_*^{\mathrm{T}}(T-t)}(P_\delta^{-1}(T) - \mathrm{e}^{A_*(T-t)}P_\delta^{-1}(t)\mathrm{e}^{A_*^{\mathrm{T}}(T-t)})^{-1}\mathrm{e}^{A_*(T-t)} \\
&= P_\delta(t) + (\mathrm{e}^{A_*(t-T)}P_\delta^{-1}(T)\mathrm{e}^{A_*^{\mathrm{T}}(t-T)} - P_\delta^{-1}(t))^{-1} \\
&= P_\delta(t) - (\mathrm{e}^{A_*(t-T)}P_*^{-1}\mathrm{e}^{A_*^{\mathrm{T}}(t-T)} + W_\delta(t))^{-1} \\
&= P_\delta(t) - (S_*^{-1}(t) + W_\delta(t))^{-1} = P_\delta(t) - G_*^{-1}(T-t), \quad t \in [0,T]
\end{aligned} \tag{B.26}
$$

将式 (B.26) 代入式 (B.23) 中最优控制增益 $K_1(t)$ 可以得到

$$
K_1(t) = -R^{-1}B^{\mathrm{T}}(P_* + P_\delta(t) + G_{\mathrm{c}}^{-1}(t,T)) = -R^{-1}B^{\mathrm{T}}(P_* + G_*^{-1}(T-t)), \quad t \in [0,T)
$$

另外, 将式 (B.26) 和式 (B.24) 代入式 (B.23) 中最优控制增益 $K_2(t)$ 并利用式 (6.21) 得到

$$
\begin{aligned}
K_2(t) &= R^{-1}B^{\mathrm{T}}G_{\mathrm{c}}^{-1}(t,T)P_\delta^{-1}(t)\mathrm{e}^{-A_*^{\mathrm{T}}(t-T)}P_\delta(T) \\
&= -R^{-1}B^{\mathrm{T}}(G_*^{-1}(T-t) - P_\delta(t))P_\delta^{-1}(t)\mathrm{e}^{-A_*^{\mathrm{T}}(t-T)}P_* \\
&= -R^{-1}B^{\mathrm{T}}(G_*^{-1}(T-t)P_\delta^{-1}(t) - I_n)\mathrm{e}^{-A_*^{\mathrm{T}}(t-T)}P_* \\
&= -R^{-1}B^{\mathrm{T}}G_*^{-1}(T-t)(W_\delta(t) - G_*(T-t))\mathrm{e}^{-A_*^{\mathrm{T}}(t-T)}P_* \\
&= R^{-1}B^{\mathrm{T}}G_*^{-1}(T-t)S_*^{-1}(t)\mathrm{e}^{-A_*^{\mathrm{T}}(t-T)}P_* \\
&= R^{-1}B^{\mathrm{T}}G_*^{-1}(T-t)\mathrm{e}^{A_*(t-T)}P_*^{-1}\mathrm{e}^{A_*^{\mathrm{T}}(t-T)}\mathrm{e}^{-A_*^{\mathrm{T}}(t-T)}P_* \\
&= R^{-1}B^{\mathrm{T}}G_*^{-1}(T-t)\mathrm{e}^{A_*(t-T)}, \quad t \in [0,T)
\end{aligned}
$$

上述化简的反馈增益 $K_i(t)\ (i=1,2)$ 即为式 (6.58).

下面证明开环控制律 (6.61). 类似于式 (6.44) 可以验证

$$
G_{\mathrm{c}}(0,T) - G_{\mathrm{c}}(0,t) = \Phi_{\mathrm{c}}(0,t)G_{\mathrm{c}}(t,T)\Phi_{\mathrm{c}}^{\mathrm{T}}(0,t) \tag{B.27}
$$

将中间线性时变系统 (6.51) 和最优控制律 (6.54) 组成的闭环系统写成

$$
\dot{x}(t) = A_{\mathrm{c}}(t)x(t) + Bv_*(t) = A_{\mathrm{c}}(t)x(t) - BR^{-1}B^{\mathrm{T}}\Phi_{\mathrm{c}}^{\mathrm{T}}(0,t)G_{\mathrm{c}}^{-1}(0,T)(x_0 - \Phi_{\mathrm{c}}(0,T)x_T)
$$

根据式 (B.27), 该系统的解 $x(t)\ (t \in [0,T])$ 是

$$
\begin{aligned}
x(t) &= \Phi_{\mathrm{c}}(t,0)x_0 - \int_0^t \Phi_{\mathrm{c}}(t,s)BR^{-1}B^{\mathrm{T}}\Phi_{\mathrm{c}}^{\mathrm{T}}(0,s)\mathrm{d}sG_{\mathrm{c}}^{-1}(0,T)(x_0 - \Phi_{\mathrm{c}}(0,T)x_T) \\
&= \Phi_{\mathrm{c}}(t,0)x_0 - \Phi_{\mathrm{c}}(t,0)G_{\mathrm{c}}(0,t)G_{\mathrm{c}}^{-1}(0,T)(x_0 - \Phi_{\mathrm{c}}(0,T)x_T) \\
&= \Phi_{\mathrm{c}}(t,0)(G_{\mathrm{c}}(0,T) - G_{\mathrm{c}}(0,t))G_{\mathrm{c}}^{-1}(0,T)x_0 + \Phi_{\mathrm{c}}(t,0)G_{\mathrm{c}}(0,t)G_{\mathrm{c}}^{-1}(0,T)\Phi_{\mathrm{c}}(0,T)x_T \\
&= G_{\mathrm{c}}(t,T)\Phi_{\mathrm{c}}^{\mathrm{T}}(0,t)G_{\mathrm{c}}^{-1}(0,T)x_0 + \Phi_{\mathrm{c}}(t,0)G_{\mathrm{c}}(0,t)G_{\mathrm{c}}^{-1}(0,T)\Phi_{\mathrm{c}}(0,T)x_T
\end{aligned}
$$

将式 (6.54) 代入式 (6.53) 并将其中的 $x(t)$ 换成上述表达式可得形如式 (6.61) 的开环最优控制律, 其中增益矩阵 $K_3(t)$ 形如

$$
K_3(t) = -R^{-1}B^{\mathrm{T}}\Phi_{\mathrm{c}}^{\mathrm{T}}(0,t)G_{\mathrm{c}}^{-1}(0,T) - R^{-1}B^{\mathrm{T}}P(t)G_{\mathrm{c}}(t,T)\Phi_{\mathrm{c}}^{\mathrm{T}}(0,t)G_{\mathrm{c}}^{-1}(0,T)
$$

$$
\begin{aligned}
&= -R^{-1}B^{\mathrm{T}}(I_n + P(t)G_{\mathrm{c}}(t,T))\Phi_{\mathrm{c}}^{\mathrm{T}}(0,t)G_{\mathrm{c}}^{-1}(0,T) \\
&= -R^{-1}B^{\mathrm{T}}(I_n + P(t)G_{\mathrm{c}}(t,T))(P_\delta^{-1}(0)\mathrm{e}^{A_*^{\mathrm{T}}t}P_\delta(t))^{\mathrm{T}}G_{\mathrm{c}}^{-1}(0,T) \\
&= -R^{-1}B^{\mathrm{T}}(I_n + P(t)G_{\mathrm{c}}(t,T))P_\delta(t)\mathrm{e}^{A_*t}P_\delta^{-1}(0)G_{\mathrm{c}}^{-1}(0,T) \qquad \text{(B.28)}
\end{aligned}
$$

这里用到了状态转移矩阵 (B.24), 而增益矩阵 $K_4(t)$ 为

$$
\begin{aligned}
K_4(t) &= R^{-1}B^{\mathrm{T}}\Phi_{\mathrm{c}}^{\mathrm{T}}(0,t)G_{\mathrm{c}}^{-1}(0,T)\Phi_{\mathrm{c}}(0,T) - R^{-1}B^{\mathrm{T}}P(t)\Phi_{\mathrm{c}}(t,0)G_{\mathrm{c}}(0,t)G_{\mathrm{c}}^{-1}(0,T)\Phi_{\mathrm{c}}(0,T) \\
&= R^{-1}B^{\mathrm{T}}(I_n - P(t)\Phi_{\mathrm{c}}(t,0)G_{\mathrm{c}}(0,t)\Phi_{\mathrm{c}}^{\mathrm{T}}(t,0))\Phi_{\mathrm{c}}^{\mathrm{T}}(0,t)G_{\mathrm{c}}^{-1}(0,T)\Phi_{\mathrm{c}}(0,T)
\end{aligned}
$$

下面化简增益矩阵 $K_3(t)$. 利用式 (B.26) 和式 (B.22) 可以得到

$$
\begin{aligned}
P_\delta^{-1}(0)G_{\mathrm{c}}^{-1}(0,T) &= P_\delta^{-1}(0)(G_*^{-1}(T) - P_\delta(0)) = P_\delta^{-1}(0)G_*^{-1}(T) - I_n \\
&= W_\delta(0)G_*^{-1}(T) - I_n = (G_*(T) - S_*^{-1}(0))G_*^{-1}(T) - I_n \\
&= -S_*^{-1}(0)G_*^{-1}(T) \qquad \text{(B.29)}
\end{aligned}
$$

此外, 利用式 (B.25) (其中 $t_1 = t, t_2 = T$) 和式 (B.22) 有

$$
\begin{aligned}
(I_n + P(t)G_{\mathrm{c}}(t,T))P_\delta(t) &= (I_n + (P_\delta(t) + P_*)G_{\mathrm{c}}(t,T))P_\delta(t) \\
&= (I_n + P_*G_{\mathrm{c}}(t,T) + P_\delta(t)G_{\mathrm{c}}(t,T))P_\delta(t) \\
&= (P_*G_{\mathrm{c}}(t,T) + \mathrm{e}^{A_*^{\mathrm{T}}(T-t)}P_\delta(T)\mathrm{e}^{A_*(T-t)}P_\delta^{-1}(t))P_\delta(t) \\
&= P_*G_{\mathrm{c}}(t,T)P_\delta(t) + \mathrm{e}^{A_*^{\mathrm{T}}(T-t)}P_\delta(T)\mathrm{e}^{A_*(T-t)} \\
&= P_*(P_\delta^{-1}(t)\mathrm{e}^{A_*^{\mathrm{T}}(T-t)}P_\delta(T)\mathrm{e}^{A_*(T-t)} - I_n) - S_*(t) \\
&= -P_*(P_\delta^{-1}(t)\mathrm{e}^{A_*^{\mathrm{T}}(T-t)}P_*\mathrm{e}^{A_*(T-t)} + I_n) - S_*(t) \\
&= -P_*W_\delta(t)S_*(t) - P_* - S_*(t) \\
&= -P_*(G_*(T-t) - S_*^{-1}(t))S_*(t) - P_* - S_*(t) \\
&= -(I_n + P_*G_*(T-t))S_*(t) \qquad \text{(B.30)}
\end{aligned}
$$

将式 (B.29) 和式 (B.30) 代入式 (B.28) 可得

$$
K_3(t) = -R^{-1}B^{\mathrm{T}}(I_n + P_*G_*(T-t))S_*(t)\mathrm{e}^{A_*t}S_*^{-1}(0)G_*^{-1}(T)
$$

下面化简 $K_4(t)$. 根据式 (B.22)、式 (B.24) 和式 (B.26) 容易计算

$$
\begin{aligned}
\Phi_{\mathrm{c}}^{\mathrm{T}}(0,t)G_{\mathrm{c}}^{-1}(0,T)\Phi_{\mathrm{c}}(0,T) &= (P_\delta^{-1}(0)\mathrm{e}^{A_*^{\mathrm{T}}t}P_\delta(t))^{\mathrm{T}}G_{\mathrm{c}}^{-1}(0,T)P_\delta^{-1}(0)\mathrm{e}^{A_*^{\mathrm{T}}T}P_\delta(T) \\
&= -P_\delta(t)\mathrm{e}^{A_*t}P_\delta^{-1}(0)G_{\mathrm{c}}^{-1}(0,T)P_\delta^{-1}(0)\mathrm{e}^{A_*^{\mathrm{T}}T}P_* \\
&= -P_\delta(t)\mathrm{e}^{A_*t}P_\delta^{-1}(0)(G_*^{-1}(T) - P_\delta(0))P_\delta^{-1}(0)\mathrm{e}^{A_*^{\mathrm{T}}T}P_* \\
&= -P_\delta(t)\mathrm{e}^{A_*t}(W_\delta(0)G_*^{-1}(T) - I_n)W_\delta(0)\mathrm{e}^{A_*^{\mathrm{T}}T}P_*
\end{aligned}
$$

$$
\begin{aligned}
&= -P_\delta(t)\mathrm{e}^{A_*t}((G_*(T)-S_*^{-1}(0))G_*^{-1}(T)-I_n)W_\delta(0)\mathrm{e}^{A_*^{\mathrm{T}}T}P_*\\
&= P_\delta(t)\mathrm{e}^{A_*t}S_*^{-1}(0)G_*^{-1}(T)(G_*(T)-S_*^{-1}(0))\mathrm{e}^{A_*^{\mathrm{T}}T}P_*\\
&= P_\delta(t)\mathrm{e}^{A_*t}S_*^{-1}(0)(I_n-G_*^{-1}(T)S_*^{-1}(0))\mathrm{e}^{A_*^{\mathrm{T}}T}P_*\\
&= P_\delta(t)\mathrm{e}^{A_*t}(I_n-S_*^{-1}(0)G_*^{-1}(T))S_*^{-1}(0)\mathrm{e}^{A_*^{\mathrm{T}}T}P_*\\
&= P_\delta(t)\mathrm{e}^{A_*t}(I_n-S_*^{-1}(0)G_*^{-1}(T))\mathrm{e}^{-A_*T}
\end{aligned}
\tag{B.31}
$$

同样, 根据式 (B.22)、式 (B.24) 和式 (B.25) (其中 $t_1=0, t_2=t$) 可以得到

$$
\begin{aligned}
\varPhi_{\mathrm{c}}(t,0)G_{\mathrm{c}}(0,t) &= P_\delta^{-1}(t)\mathrm{e}^{-A_*^{\mathrm{T}}t}P_\delta(0)(P_\delta^{-1}(0)\mathrm{e}^{A_*^{\mathrm{T}}t}P_\delta(t)\mathrm{e}^{A_*t}P_\delta^{-1}(0)-P_\delta^{-1}(0))\\
&= \mathrm{e}^{A_*t}P_\delta^{-1}(0)-P_\delta^{-1}(t)\mathrm{e}^{-A_*^{\mathrm{T}}t}\\
&= (\mathrm{e}^{A_*t}P_\delta^{-1}(0)\mathrm{e}^{A_*^{\mathrm{T}}t}-P_\delta^{-1}(t))\mathrm{e}^{-A_*^{\mathrm{T}}t}\\
&= (\mathrm{e}^{A_*t}W_\delta(0)\mathrm{e}^{A_*^{\mathrm{T}}t}-W_\delta(t))\mathrm{e}^{-A_*^{\mathrm{T}}t}\\
&= \left(\mathrm{e}^{A_*t}(G_*(T)-S_*^{-1}(0))\mathrm{e}^{A_*^{\mathrm{T}}t}-(G_*(T-t)-S_*^{-1}(t))\right)\mathrm{e}^{-A_*^{\mathrm{T}}t}\\
&= \left(\mathrm{e}^{A_*t}G_*(T)\mathrm{e}^{A_*^{\mathrm{T}}t}-G_*(T-t)-(\mathrm{e}^{A_*t}S_*^{-1}(0)\mathrm{e}^{A_*^{\mathrm{T}}t}-S_*^{-1}(t))\right)\mathrm{e}^{-A_*^{\mathrm{T}}t}
\end{aligned}
$$

根据 $G_*(t)$ 和 $S_*(t)$ 的定义 (6.57) 容易验证

$$
\mathrm{e}^{A_*t}G_*(T)\mathrm{e}^{A_*^{\mathrm{T}}t}-G_*(T-t)=-G_*(-t) \tag{B.32}
$$

$$
\mathrm{e}^{A_*t}S_*^{-1}(0)\mathrm{e}^{A_*^{\mathrm{T}}t}-S_*^{-1}(t)=0 \tag{B.33}
$$

因此有 $\varPhi_{\mathrm{c}}(t,0)G_{\mathrm{c}}(0,t)=-G_*(-t)\mathrm{e}^{-A_*^{\mathrm{T}}t}$. 再一次利用式 (B.24) 有

$$
\begin{aligned}
T_1(t) &\overset{\mathrm{def}}{=\!=} I_n-P(t)\varPhi_{\mathrm{c}}(t,0)G_{\mathrm{c}}(0,t)\varPhi_{\mathrm{c}}^{\mathrm{T}}(t,0)\\
&= I_n+P(t)G_*(-t)\mathrm{e}^{-A_*^{\mathrm{T}}t}(P_\delta^{-1}(t)\mathrm{e}^{-A_*^{\mathrm{T}}t}P_\delta(0))^{\mathrm{T}}\\
&= (P_\delta(t)+P(t)G_*(-t)\mathrm{e}^{-A_*^{\mathrm{T}}t}P_\delta(0)\mathrm{e}^{-A_*t})P_\delta^{-1}(t)\\
&= (P_\delta(t)+(P_\delta(t)+P_*)G_*(-t)\mathrm{e}^{-A_*^{\mathrm{T}}t}P_\delta(0)\mathrm{e}^{-A_*t})P_\delta^{-1}(t)\\
&= P_\delta(t)(I_n+G_*(-t)\mathrm{e}^{-A_*^{\mathrm{T}}t}P_\delta(0)\mathrm{e}^{-A_*t})P_\delta^{-1}(t)+P_*G_*(-t)\mathrm{e}^{-A_*^{\mathrm{T}}t}P_\delta(0)\mathrm{e}^{-A_*t}P_\delta^{-1}(t)\\
&= P_\delta(t)(\mathrm{e}^{A_*t}P_\delta^{-1}(0)\mathrm{e}^{A_*^{\mathrm{T}}t}+G_*(-t))\mathrm{e}^{-A_*^{\mathrm{T}}t}P_\delta(0)\mathrm{e}^{-A_*t}P_\delta^{-1}(t)\\
&\quad +P_*G_*(-t)\mathrm{e}^{-A_*^{\mathrm{T}}t}P_\delta(0)\mathrm{e}^{-A_*t}P_\delta^{-1}(t)
\end{aligned}
$$

根据式 (B.22)、式 (B.32)、式 (B.33) 和 $G_*(t)$ 的定义式, 可以计算

$$
\begin{aligned}
T_2(t) &\overset{\mathrm{def}}{=\!=} \mathrm{e}^{A_*t}P_\delta^{-1}(0)\mathrm{e}^{A_*^{\mathrm{T}}t}+G_*(-t)=\mathrm{e}^{A_*t}W_\delta(0)\mathrm{e}^{A_*^{\mathrm{T}}t}+G_*(-t)\\
&= \mathrm{e}^{A_*t}(G_*(T)-S_*^{-1}(0))\mathrm{e}^{A_*^{\mathrm{T}}t}+G_*(-t)=\mathrm{e}^{A_*t}G_*(T)\mathrm{e}^{A_*^{\mathrm{T}}t}+G_*(-t)-\mathrm{e}^{A_*t}S_*^{-1}(0)\mathrm{e}^{A_*^{\mathrm{T}}t}
\end{aligned}
$$

$$= G_*(T-t) - S_*^{-1}(t) = W_\delta(t)$$

将上式代入 $T_1(t)$ 的表达式可得

$$\begin{aligned}
T_1(t) &= P_\delta(t)W_\delta(t)\mathrm{e}^{-A_*^{\mathrm{T}}t}P_\delta(0)\mathrm{e}^{-A_*t}P_\delta^{-1}(t) + P_*G_*(-t)\mathrm{e}^{-A_*^{\mathrm{T}}t}P_\delta(0)\mathrm{e}^{-A_*t}P_\delta^{-1}(t) \\
&= \mathrm{e}^{-A_*^{\mathrm{T}}t}P_\delta(0)\mathrm{e}^{-A_*t}P_\delta^{-1}(t) + P_*G_*(-t)\mathrm{e}^{-A_*^{\mathrm{T}}t}P_\delta(0)\mathrm{e}^{-A_*t}P_\delta^{-1}(t) \\
&= (I_n + P_*G_*(-t))\mathrm{e}^{-A_*^{\mathrm{T}}t}P_\delta(0)\mathrm{e}^{-A_*t}P_\delta^{-1}(t)
\end{aligned} \tag{B.34}$$

再一次根据式 (B.22) 可以验证

$$P_\delta(0)(I_n - S_*^{-1}(0)G_*^{-1}(T)) = P_\delta(0)(G_*(T)-S_*^{-1}(0))G_*^{-1}(T) = P_\delta(0)W_\delta(0)G_*^{-1}(T) = G_*^{-1}(T)$$

将上式、式 (B.31) 和式 (B.34) 依次代入 $K_4(t)$ 的表达式有

$$\begin{aligned}
K_4(t) &= R^{-1}B^{\mathrm{T}}T_1(t)P_\delta(t)\mathrm{e}^{A_*t}(I_n - S_*^{-1}(0)G_*^{-1}(T))\mathrm{e}^{-A_*T} \\
&= R^{-1}B^{\mathrm{T}}(I_n + P_*G_*(-t))\mathrm{e}^{-A_*^{\mathrm{T}}t}P_\delta(0)(I_n - S_*^{-1}(0)G_*^{-1}(T))\mathrm{e}^{-A_*T} \\
&= R^{-1}B^{\mathrm{T}}(I_n + P_*G_*(-t))\mathrm{e}^{-A_*^{\mathrm{T}}t}G_*^{-1}(T)\mathrm{e}^{-A_*T}
\end{aligned}$$

上述化简的反馈增益 $K_i(t)\,(i=3,4)$ 即为式 (6.59).

下面证明最优性能指标的表达式 (6.62). 由式 (6.55) 可知

$$J_T(u_*) = \begin{bmatrix} x_0 \\ x_T \end{bmatrix}^{\mathrm{T}} \begin{bmatrix} G_{\mathrm{c}}^{-1}(0,T) + P(0) & -G_{\mathrm{c}}^{-1}(0,T)\varPhi_{\mathrm{c}}(0,T) \\ -\varPhi_{\mathrm{c}}^{\mathrm{T}}(0,T)G_{\mathrm{c}}^{-1}(0,T) & \varPhi_{\mathrm{c}}^{\mathrm{T}}(0,T)G_{\mathrm{c}}^{-1}(0,T)\varPhi_{\mathrm{c}}(0,T) \end{bmatrix} \begin{bmatrix} x_0 \\ x_T \end{bmatrix}$$

一方面, 根据式 (B.26) (取 $t=0$) 有

$$G_{\mathrm{c}}^{-1}(0,T) + P(0) = P(0) + G_*^{-1}(T) - P_\delta(0) = P_* + G_*^{-1}(T)$$

另一方面, 根据式 (B.31) (取 $t=T$) 和 $S_*(t)$ 的定义式 (6.57) 有

$$\begin{aligned}
&\varPhi_{\mathrm{c}}^{\mathrm{T}}(0,T)G_{\mathrm{c}}^{-1}(0,T)\varPhi_{\mathrm{c}}(0,T) \\
&= P_\delta(T)\mathrm{e}^{A_*T}(I_n - S_*^{-1}(0)G_*^{-1}(T))\mathrm{e}^{-A_*T} = (P(T)-P_*)\mathrm{e}^{A_*T}(I_n - S_*^{-1}(0)G_*^{-1}(T))\mathrm{e}^{-A_*T} \\
&= -P_*\mathrm{e}^{A_*T}(I_n - (\mathrm{e}^{A_*^{\mathrm{T}}T}P_*\mathrm{e}^{A_*T})^{-1}G_*^{-1}(T))\mathrm{e}^{-A_*T} = \mathrm{e}^{-A_*^{\mathrm{T}}T}G_*^{-1}(T)\mathrm{e}^{-A_*T} - P_*
\end{aligned}$$

此外, 再一次利用式 (B.31) (取 $t=0$) 和式 (B.22) (取 $t=0$) 有

$$\begin{aligned}
&G_{\mathrm{c}}^{-1}(0,T)\varPhi_{\mathrm{c}}(0,T) \\
&= P_\delta(0)(I_n - S_*^{-1}(0)G_*^{-1}(T))\mathrm{e}^{-A_*T} = P_\delta(0)(G_*(T) - S_*^{-1}(0))G_*^{-1}(T)\mathrm{e}^{-A_*T} \\
&= P_\delta(0)W_\delta(0)G_*^{-1}(T)\mathrm{e}^{-A_*T} = G_*^{-1}(T)\mathrm{e}^{-A_*T}
\end{aligned}$$

将以上 3 式代入 $J_T(u_*)$ 的表达式可得

$$J_T(u_*) = \begin{bmatrix} x_0 \\ x_T \end{bmatrix}^{\mathrm{T}} \begin{bmatrix} P_* + G_*^{-1}(T) & -G_*^{-1}(T)\mathrm{e}^{-A_*T} \\ -\mathrm{e}^{-A_*^{\mathrm{T}}T}G_*^{-1}(T) & \mathrm{e}^{-A_*^{\mathrm{T}}T}G_*^{-1}(T)\mathrm{e}^{-A_*T} - P_* \end{bmatrix} \begin{bmatrix} x_0 \\ x_T \end{bmatrix}$$

上式也可以等价地写成式 (6.62).

最后证明 $G_*(t)$ 是 (A_*,B) 的加权能控性 Gram 矩阵. 由方程 (6.15) 可知

$$\frac{\mathrm{d}}{\mathrm{d}t}(\mathrm{e}^{A_*t}W_*\mathrm{e}^{A_*^{\mathrm{T}}t})=\mathrm{e}^{A_*t}(A_*W_*+W_*A_*^{\mathrm{T}})\mathrm{e}^{A_*^{\mathrm{T}}t}=-\mathrm{e}^{A_*t}BR^{-1}B^{\mathrm{T}}\mathrm{e}^{A_*^{\mathrm{T}}t}$$

将上式中的 t 换成 s 并两边同时从 0 到 $-t$ 积分可得

$$G_*(t)=\mathrm{e}^{-A_*t}W_*\mathrm{e}^{-A_*^{\mathrm{T}}t}-W_*=\int_0^{-t}\mathrm{d}(\mathrm{e}^{A_*t}W_*\mathrm{e}^{A_*^{\mathrm{T}}t})=\int_0^{t}\mathrm{e}^{-A_*s}BR^{-1}B^{\mathrm{T}}\mathrm{e}^{-A_*^{\mathrm{T}}s}\mathrm{d}s$$

上式最后一个式子恰好是 (A_*,B) 的加权能控性 Gram 矩阵. 因此, 如果 (A,B) 能控, (A_*,B) 也能控, 从而该加权能控性 Gram 矩阵 $G_*(t)$ 对任意 $t\in(0,T]$ 都是可逆的.

B.5 定理 7.3.1 必要性的证明

该定理必要性的证明比较复杂. 为了使得证明易懂, 先引入引理 B.5.1.

引理 B.5.1 设 $\alpha_i(s)$、$\beta_i(s)\,(i=1,2)$ 是 4 个给定的多项式, $\deg(\alpha_1(s))=p_1, \deg(\alpha_2(s))=p_2$, $\deg(\beta_1(s))\leqslant p_1-1, \deg(\beta_2(s))\leqslant p_2-1$, 且 $\alpha_1(s)$ 和 $\alpha_2(s)$ 互质, 则

$$\frac{\beta_1(s)}{\alpha_1(s)}+\frac{\beta_2(s)}{\alpha_2(s)}=0,\quad \forall s\in\mathbf{C} \tag{B.35}$$

当且仅当 $\beta_1(s)=\beta_2(s)=0\,(\forall s\in\mathbf{C})$.

证明 充分性显然. 方程 (B.35) 等价于

$$\beta_1(s)\alpha_2(s)+\beta_2(s)\alpha_1(s)=0,\quad \forall s\in\mathbf{C} \tag{B.36}$$

设 s_0 是 $\alpha_1(s)=0$ 的一个根, 其重数是 l, 即

$$\left.\frac{\mathrm{d}^i}{\mathrm{d}s^i}\alpha_1(s)\right|_{s=s_0}=0,\quad i=0,1,\cdots,l-1 \tag{B.37}$$

由于 $\alpha_1(s)$ 和 $\alpha_2(s)$ 互质, 所以 $\alpha_2(s_0)\neq 0$. 令方程 (B.36) 中的 $s=s_0$ 并利用式 (B.37) 可知 $\beta_1(s_0)=0$. 将方程 (B.36) 两端对 s 求导

$$\left.\frac{\mathrm{d}\beta_1(s)}{\mathrm{d}s}\alpha_2(s)+\beta_1(s)\frac{\mathrm{d}\alpha_2(s)}{\mathrm{d}s}+\frac{\mathrm{d}\beta_2(s)}{\mathrm{d}s}\alpha_1(s)+\beta_2(s)\frac{\mathrm{d}\alpha_1(s)}{\mathrm{d}s}\right|_{s=s_0}=0,\quad \forall s\in\mathbf{C}$$

再一次利用式 (B.37) 可知 $\frac{\mathrm{d}}{\mathrm{d}s}\beta_1(s)|_{s=s_0}=0$. 重复上面的过程可得

$$\left.\frac{\mathrm{d}^i}{\mathrm{d}s^i}\beta_1(s)\right|_{s=s_0}=0,\quad i=0,1,\cdots,l-1$$

这表明 s_0 是 $\beta_1(s)=0$ 的重根, 且重数不低于 l. 因此 $\beta_1(s)=0$ 至少有 p_1 个根. 由于 $\deg(\beta_1(s))\leqslant p_1-1$, 这表明只有 $\beta_1(s)=0\,(\forall s\in\mathbf{C})$. 同理可证 $\beta_2(s)=0\,(\forall s\in\mathbf{C})$. 证毕. □

下证定理 7.3.1 的必要性. 对线性系统 (7.1), 观测函数 (7.44) 和函数观测器 (7.47) 取 Laplace 变换得到

$$
\begin{aligned}
E(s) &\stackrel{\text{def}}{=\!=} \mathscr{L}(f(t)) - \mathscr{L}(\hat{f}(t)) \\
&= G_s A_s x_0 - MF_s z_0 + (G_s A_s B - MF_s(H+GD) - P - ND)U(s)
\end{aligned} \tag{B.38}
$$

其中, $F_s=(sI_q-F)^{-1}, A_s=(sI_n-A)^{-1}, G_s=R-NC-MF_sGC$. 下面分 5 步完成证明.

第 1 步: 证明 F 必须是 Hurwitz 矩阵. 取 $x_0=0$ 和 $u(t)=0\,(\forall t\geqslant 0)$, 则由式 (B.38) 可知

$$
\hat{f}(t)-f(t)=\mathscr{L}^{-1}(M(sI_n-F)^{-1}z_0)=M\mathrm{e}^{Ft}z_0
$$

将上式两端对 t 反复求导得到

$$
\begin{bmatrix} f(t)-\hat{f}(t) \\ \dfrac{\mathrm{d}}{\mathrm{d}t}(f(t)-\hat{f}(t)) \\ \vdots \\ \dfrac{\mathrm{d}^{q-1}}{\mathrm{d}t^{q-1}}(f(t)-\hat{f}(t)) \end{bmatrix} = \begin{bmatrix} M \\ MF \\ \vdots \\ MF^{q-1} \end{bmatrix} \mathrm{e}^{Ft}z_0 = Q_{\mathrm{o}}\mathrm{e}^{Ft}z_0 \tag{B.39}
$$

其中, $Q_{\mathrm{o}}=Q_{\mathrm{o}}(M,F)$. 由于$f(t)$ 和 $\hat{f}(t)$ 都是形如 $t^k\mathrm{e}^{\alpha t}\cos(\omega t), t^k\mathrm{e}^{\alpha t}\sin(\omega t)\,(k=0,1,\cdots)$, 这样的解析函数的线性组合, 由式 (7.45) 可知

$$
\lim_{t\to\infty}\frac{\mathrm{d}^i}{\mathrm{d}t^i}(f(t)-\hat{f}(t))=0,\quad i=0,1,\cdots
$$

因此, 当 $t\to\infty$ 时式 (B.39) 左端趋于零. 又由于 z_0 的任意性, 必有 $Q_{\mathrm{o}}\mathrm{e}^{Ft}\xrightarrow{t\to\infty}0$. 由 Q_{o} 列满秩可知

$$
\left\|Q_{\mathrm{o}}\mathrm{e}^{Ft}\right\|^2=\lambda_{\max}(\mathrm{e}^{F^{\mathrm{T}}t}Q_{\mathrm{o}}^{\mathrm{T}}Q_{\mathrm{o}}\mathrm{e}^{Ft})\geqslant\lambda_{\min}(Q_{\mathrm{o}}^{\mathrm{T}}Q_{\mathrm{o}})\lambda_{\max}(\mathrm{e}^{F^{\mathrm{T}}t}\mathrm{e}^{Ft})=\lambda_{\min}(Q_{\mathrm{o}}^{\mathrm{T}}Q_{\mathrm{o}})\left\|\mathrm{e}^{Ft}\right\|^2
$$

因此有 $\left\|\mathrm{e}^{Ft}\right\|\xrightarrow{t\to\infty}0$, 即 F 必然是 Hurwitz 矩阵.

第 2 步: 证明条件 (7.48) 成立且存在常数矩阵 T_1 使得

$$
H+GD=T_1B \tag{B.40}
$$

由于 $u(t)$ 是任意外部信号, 若要式 (7.45) 成立, 必有 $U(s)$ 前面的系数等于零, 即

$$
G_s(sI_n-A)^{-1}B-M(sI_q-F)^{-1}(H+GD)-(P+ND)=0 \tag{B.41}
$$

令 $|s|\to\infty$ 得 $P+ND=0$. 这恰好是条件 (7.48). 因此式 (B.41) 可以写为

$$
M(sI_q-F)^{-1}(H+GD)=G_s(sI_n-A)^{-1}B \tag{B.42}
$$

将 $(sI_n-A)^{-1}=I_n/s+A/s^2+A^2/s^3+\cdots$ 和 $(sI_q-F)^{-1}=I_q/s+F/s^2+F^2/s^3+\cdots$ 代入式 (B.42) 得到

$$
\left(\sum_{i=0}^{\infty}\frac{MF^i}{s^{i+1}}\right)(H+GD)=\left(\sum_{i=0}^{\infty}\frac{\Theta_i}{s^{i+1}}\right)B
$$

其中, Θ_i 是适当的常数矩阵. 比较上式两端 $1/s^i\,(i=1,2,\cdots,q)$ 的系数可以得到

$$\begin{bmatrix} M \\ MF \\ \vdots \\ MF^{q-1} \end{bmatrix}(H+GD)=\begin{bmatrix} \Theta_0 \\ \Theta_1 \\ \vdots \\ \Theta_{q-1} \end{bmatrix}B$$

由于 (F,M) 能观, 由推论 A.4.2 可知必有 (见式 (A.58))

$$H+GD=\begin{bmatrix} M \\ MF \\ \vdots \\ MF^{q-1} \end{bmatrix}^{-}\begin{bmatrix} \Theta_0 \\ \Theta_1 \\ \vdots \\ \Theta_{q-1} \end{bmatrix}B\stackrel{\text{def}}{=\!=}T_1B$$

注意到这里广义逆不唯一, 即 T_1 不是唯一的.

第 3 步: 证明存在常数矩阵 T_2 使得

$$R-NC=MT_2 \tag{B.43}$$

由于存在常数矩阵 T_1 使得式 (B.40) 成立, 可以将式 (B.42) 改写成

$$(R-NC)(sI_n-A)^{-1}B=M\varPhi_2(s) \tag{B.44}$$

其中, $\varPhi_2(s)=(sI_q-F)^{-1}GC(sI_n-A)^{-1}B+(sI_q-F)^{-1}T_1B$. 将式 (B.44) 两边取转置得到

$$B^{\mathrm{T}}(sI_n-A^{\mathrm{T}})^{-1}(R-NC)^{\mathrm{T}}=\varPhi_2^{\mathrm{T}}(s)M^{\mathrm{T}}$$

此式和式 (B.42) 具有完全相同的形式, 且 $(A^{\mathrm{T}},B^{\mathrm{T}})$ 能观. 因此, 从上面第 2 步的证明可知存在适当的常数矩阵 T_2 使得式 (B.43) 成立.

第 4 步: 在 F 和 A 满足

$$\lambda(F)\cap\lambda(A)=\varnothing \tag{B.45}$$

的条件下证明存在 T 使得条件 (7.48) ~ (7.51) 都成立. 将式 (B.40) 和式 (B.43) 代入式 (B.42) 得到

$$0=M(sI_q-F)^{-1}(D_0+sD_1)(sI_n-A)^{-1}B \tag{B.46}$$

其中

$$D_0=T_1A-FT_2-GC,\quad D_1=T_2-T_1 \tag{B.47}$$

由于 F 和 A 满足式 (B.45), 下面的 Sylvester 方程

$$D_0+D_1A=\varDelta_AA-F\varDelta_A \tag{B.48}$$

有唯一解 $\varDelta_A$ (见推论 A.4.1). 再令

$$\varDelta_F=D_1-\varDelta_A \tag{B.49}$$

注意到

$$
\begin{aligned}
D_0 + sD_1 &= \Delta_A A - F\Delta_A - D_1 A + sD_1 = \Delta_A A - F\Delta_A + D_1(sI_n - A)\\
&= \Delta_A A - F\Delta_A + (\Delta_F + \Delta_A)(sI_n - A) = (sI_q - F)\Delta_A + \Delta_F(sI_n - A)
\end{aligned}
$$

将上式代入式 (B.46) 得到

$$
\begin{aligned}
0 &= M(sI_q - F)^{-1}((sI_q - F)\Delta_A + \Delta_F(sI_n - A))(sI_n - A)^{-1}B\\
&= M(sI_q - F)^{-1}\Delta_F B + M\Delta_A(sI_n - A)^{-1}B\\
&= \left[\frac{a_{ij}(s)}{\det(sI_n - A)} + \frac{f_{ij}(s)}{\det(sI_q - F)}\right]_{r\times m}
\end{aligned}
$$

其中, $a_{ij}(s)$ 和 $f_{ij}(s)$ 满足

$$
M\Delta_A(sI_n - A)^{-1}B = \frac{[a_{ij}(s)]_{r\times m}}{\det(sI_n - A)},\quad M(sI_q - F)^{-1}\Delta_F B = \frac{[f_{ij}(s)]_{r\times m}}{\det(sI_q - F)}
$$

显然有 $\deg(a_{ij}(s)) \leqslant n-1, \deg(f_{ij}(s)) \leqslant q-1\,(i = 1,2,\cdots,r, j = 1,2,\cdots,m)$. 由于 F 和 A 满足式 (B.45), 所以 $\det(sI_q - F)$ 和 $\det(sI_n - A)$ 互质, 从而由引理 B.5.1 可知 $a_{ij}(s) = f_{ij}(s) = 0\,(\forall s \in \mathbf{C})$ 对所有 $i = 1,2,\cdots,r, j = 1,2,\cdots,m$ 都成立. 也就是

$$
M(sI_q - F)^{-1}\Delta_F B = 0,\quad M\Delta_A(sI_n - A)^{-1}B = 0
$$

上面两个方程的左端分别形如式 (B.42) 和式 (B.44). 因此, 由 (F, M) 能观和 (A, B) 能控可知

$$
\Delta_F B = 0,\quad M\Delta_A = 0 \tag{B.50}
$$

另外, 由式 (B.47) 和式 (B.49) 可知 $D_1 = T_2 - T_1 = \Delta_F + \Delta_A$. 取 $T = T_1 + \Delta_F = T_2 - \Delta_A$. 由 Sylvester 方程 (B.48) 和方程 (B.49) 有 $D_0 = -F\Delta_A - \Delta_F A$. 因此, 由式 (B.47) 可知

$$
\begin{aligned}
TA - FT &= (T_1 + \Delta_F)A - F(T_2 - \Delta_A) = T_1 A - FT_2 + \Delta_F A + F\Delta_A\\
&= GC + D_0 + \Delta_F A + F\Delta_A = GC
\end{aligned}
$$

此外, 由式 (B.40)、式 (B.43) 和式 (B.50) 可知

$$
TB = (T_1 + \Delta_F)B = T_1 B = H + GD,\quad MT = M(T_2 - \Delta_A) = MT_2 = R - NC
$$

这表明存在 T 使得式 (7.48) ~ 式 (7.51) 都成立.

第 5 步: 在 F 和 A 不满足式 (B.45) 的条件下证明存在 T 使得条件 (7.48) ~ (7.51) 都成立. 由于 (A, B) 能控, 存在矩阵 K 使得 $\lambda(A + BK) \cap \lambda(F) = \varnothing$. 设计如下的控制输入:

$$
u(t) = Kx(t) + v(t) \tag{B.51}
$$

其中, $v(t)$ 是任意的外部输入. 那么, 由线性系统 (7.1)、控制输入 (B.51) 和函数观测器 (7.47) 组成的增广系统可以写成

$$\begin{cases} \dot{x} = (A+BK)x + Bv \\ y = (C+DK)x + Dv \\ f = Rx \\ \dot{z} = Fz + (GC + (H+GD)K)x + (H+GD)v \\ \hat{f} = Mz + (NC + (P+ND)K)x + (P+ND)v \end{cases}$$

设 $x_0 = 0$ 和 $z_0 = 0$. 类似于传递函数 (B.38), 从上述系统可以得到

$$\begin{aligned} E_K(s) &\stackrel{\text{def}}{=\!=} \mathscr{L}(f(t)) - \mathscr{L}(\hat{f}(t)) \\ &= (G_s(K)(sI_n - (A+BK))^{-1}B - MF_s(H+GD) - P - ND)V(s) \end{aligned}$$

其中, $V(s)$ 是 $v(t)$ 的 Laplace 变换,

$$G_s(K) = R - NC - (P+ND)K - MF_s(GC + (H+GD)K)$$

与原传递函数 (B.38) 相比, 上述传递函数是将其中的矩阵做了替换 $A \to A+BK, GC \to GC+(H+GD)K, NC \to NC-(P+ND)K$ 而得到的. 此外, 注意到 $(A+BK, B)$ 依然能控. 因此, 类似于上面第 2 步 ~ 第 4 步的证明, 对任意输入 v, 条件 (7.45) 成立仅当存在 T_K 满足

$$\begin{cases} P + ND = 0 \\ H + GD - T_K B = 0 \\ T_K(A+BK) - FT_K - (GC + (H+GD)K) = 0 \\ MT_K + NC + (P+ND)K - R = 0 \end{cases}$$

此 4 个等式显然进一步等价于式 (7.48) ~ 式 (7.51), 其中 $T = T_K$. 这表明即使假设式 (B.45) 不成立, 也必存在 T 使得式 (7.48) ~ 式 (7.51) 成立.